Klaus-J. Vetter:
Das große Handbuch der Dampflokomotiven

Am eindrucksvollsten ist der Dampflokbetrieb im Winter, wenn der Abdampf durch die Kälte dicke Wolken bildet. Die Schnellzuglok 01 519 hat an einem kalten Januarmorgen einen Sonderzug für Eisenbahnfreunde am Haken, als sie bei Eyach das Neckartal aufwärts donnert (Foto: Jacobson)

Klaus-J. Vetter

Das große Handbuch der Dampf-Lokomotiven

Titelbild: Rudolf Heym
Rücktitelbilder: Claus-Jürgen Jacobson, cws

.

Ein kostenloses Gesamtverzeichnis
erhalten Sie beim
GeraMond Verlag
D-81664 München

www.geramond.de

Schlussredaktion: Diana Thaler, Claus-Jürgen Jacobson
Herstellung: Thomas Fischer
Umschlag- und Einbandgestaltung: Bille Fuchs

Alle Angaben dieses Werkes wurden vom Autor sorgfältig recherchiert und auf
den aktuellen Stand gebracht sowie vom Verlag geprüft. Für die Richtigkeit der
Angaben kann jedoch keine Haftung übernommen werden. Für Hinweise und
Anregungen sind wir jederzeit dankbar. Bitte richten Sie diese an:

GeraMond Verlag
Lektorat
Innsbrucker Ring 15
D-81673 München
e-mail: lektorat@geranova.de

Die Deutsche Bibliothek – CIP Einheitsaufnahme
Ein Titeldatensatz für diese Publikation ist bei der Deutschen Bibliothek erhältlich.

© 2003 Sconto by Bruckmann Verlag GmbH, München

© 1995-1998 GeraMond Verlag im Hause GeraNova Verlag GmbH, München

ISBN 3-7654-4007-8

INHALT

Typisch für die Dampflokzeit
waren die notwendigen
Versorgungseinrichtungen wie
Wasserkran, Drehscheibe
und Rundlokschuppen. Noch
heute ist diese Atmosphäre im
Museum Darmstadt-Kranichstein
zu erleben. (Foto: Jacobson)

Einleitung

Fast anderthalb Jahrhunderte lang gehörte die Dampflokomotive zum Alltag auf den Schienensträngen der Welt – und vereinzelt ist sie noch heute unverzichtbar. Kaum eine andere Erfindung hat das Leben des Menschen ähnlich revolutioniert wie die Dampfmaschine. Fast schlagartig änderte sich das Leben der Menschen von Grund auf. Die Industrialisierung wäre ohne die Dampfmaschine nicht vorstellbar gewesen. Doch die Auswirkungen waren viel tiefgreifender, denn mit der zunehmenden Industrialisierung entstand auch ein enormes Mobilitätsbedürfnis, das es zuvor so nicht gegeben hatte. Zum einen verlangte die Industrie nach Transportmöglichkeiten für ihre Produkte, zum anderen waren die Menschen zunehmend gezwungen, zum Broterwerb dorthin zu gehen, wo es Arbeit gab. So war es nur naheliegend, dass aus den zunächst stationären Dampfmaschinen schon bald mobile Kraftwerke werden sollten.

Zahlreiche Erfinder bemühten sich, die Dampfmaschine eisenbahntauglich zu machen. Den Durchbruch erzielte 1829 George Stephenson mit seiner „Rocket", die beim legendären Lokomotivrennen von Rainhill überlegen gewann. Sie trug bereits zahlreiche Merkmale jener Maschinen, die noch bis in das letzte Drittel des 20. Jahrhunderts auf europäischen Schienen im Einsatz standen. Bemerkenswerteste Neuerung der Rocket war der Röhrenkessel, ein Prinzip der Wassererhitzung, das bis zum Bau der letzten Dampflok in seinen Grundzügen nicht mehr verändert wurde.

Damit sind wir nun aber schon mitten drin im Thema dieses Buches. Denn wenn auch der Dampflok völlig zu Recht nachgesagt wird, sie sei noch „Technik zum Anfassen", so dürften doch viele nicht wissen, wie komplex diese urtümlichen Maschinen in Wirklichkeit sind. Denn die Entwicklungsgeschichte der Dampflokomotive brachte eine Fülle unterschiedlichster Typen und Techniken hervor, die die Fahrzeuge für nahezu alle Einsatzbereiche tauglich machten.

Dieses Buch kann trotz seines großen Umfanges natürlich keine vollständige Darstellung der Dampflokgeschichte sein. Daher beschränkt sich das Werk im Wesentlichen auf die Dampflokomotiven in Deutschland. Der erste Teil des Buches widmet sich der Technik allgemein. Hier erfährt der geneigte Leser, wie die Dampflokomotive grundsätzlich funktioniert. Denn es ist ja nicht einfach damit getan, einen Kessel auf eine Anzahl Räder zu setzen, anzuheizen und loszufahren. Vielmehr benötigt die Dampflokomotive eine Vielzahl von Einrichtungen, um ihre Aufgabe erfüllen zu können. Dazu gehören die verschiedenen Feuerungseinrichtungen, die Steuerung, Bremsen, Führerstandseinrichtungen, aber auch die zahlreichen stationären Anlagen wie Drehscheiben, Wasser- und Brennstoffversorgungen, Ausbesserungswerke und vieles mehr.

Der zweite Hauptteil des Buches stellt die wichtigsten Dampflokbaureihen Deutschlands der Reihe nach vor. Und spätestens hier wird klar, wie vielfältig (und damit für die Eisenbahnverwaltungen aufwändig) der Dampfbetrieb war. Denn allein das Vorhalten zahlloser verschiedener Typen in oft nur geringen Stückzahlen ist alles andere als wirtschaftlich, vom niedrigen Wirkungsgrad einer Dampflokomotive ganz zu schweigen.

Dennoch dauerte es in Deutschland jedoch erstaunlich lange, ehe die beiden deutschen Staatsbahnen ganz auf die Dampflok verzichten konnten. In der damaligen Bundesrepublik hielten sich die letzten Maschinen bis 1977. Gut zehn Jahre länger dampfte es auf den Gleisen der Deutschen Reichsbahn in der damaligen DDR. Und streng genom-

Eine der bekanntesten deutschen Dampfloks: Die Baureihe 01, hier die 01 066 des Bay. Eisenbahnmuseums in Nördlingen (Foto: cws)

Die schnellste betriebsfähige Dampflokomotive der Welt ist die einstige DR-Lokomotive 18 201. Die für 180 km/h zugelassene Maschine ist seit April 2002 wieder betriebsfähig und im Sonderzugeinsatz in ganz Deutschland unterwegs
(Foto: Jacobson)

men gibt es den planmäßigen Betrieb mit Dampflokomotiven sogar noch heute – denn auf den Schmalspurbahnen in Sachsen und an der Ostseeküste ist die Dampflok noch immer das alleinige Zugpferd. Und wenn auch allen diesen Bahnen ein stark touristischer „touch" anhaftet: Es sind doch allesamt Bahnen des öffentlichen Verkehrs mit täglichem Zugangebot, die nach wie vor reguläre Personenzüge für jedermann anbieten.

Auf den Regelspurgleisen hingegen ist die Dampflokzeit zu Ende. Im Zeitalter von ICE und Konsorten wären die schwarzen Ungetüme wohl auch ein zu großer Anachronismus. Doch mit den Dampfloks verschwand auch ein gutes Stück jener Faszination, die die Eisenbahn früherer Tage für viele so anziehend gemacht hatte. Es ist daher umso erfreulicher, dass sich zahllose Enthusiasten darum bemühen, die Erinnerung an jene Epoche am Leben zu erhalten. Mehrere hundert Dampflokomotiven verschiedenster Bauarten gibt es noch immer in Deutschland. Viele davon sind noch oder wieder betriebsfähig und zeigen regelmäßig vor Museumszügen, dass sie noch lange nicht zum alten Eisen gehören. In praktisch jedem Teil Deutschlands hat der Interessierte hinreichend Gelegenheit,

den unnachahmlichen Duft der Dampflok einzuatmen. Und der Zuspruch ist groß – in unserer heutigen Spaß- und Eventgesellschaft ist ein dampfbespannter Plattformwagenzug eben auch schon ein Ereignis für die ganze Familie. Dass damit ganz nebenbei ein gehöriges Stück Technik- und Kulturgeschichte vermittelt wird, ist sicher ein nicht zu unterschätzender Nebeneffekt.

Und selbst die DB AG, Rechtsnachfolgerin der beiden deutschen Staatsbahnen, hat mittlerweile ein etwas besseres Verhältnis zu ihrer eigenen Geschichte, als dies die Bundesbahn, eine ihrer Vorgängerinnen, seinerzeit demonstrierte. Denn so verständlich die Abkehr vom Dampf aus betriebswirtschaftlicher wie auch aus verkehrstechnischer Sicht ist: Die nach dem Dampfende 1977 eingeschlagene harte Linie des generellen Dampfverbotes führte den Modernitätsgedanken ad absurdum. Zur Erinnerung: Damals gewöhnte die DB nicht nur ihren eigenen Loks „das Rauchen ab", sondern untersagte es gleichzeitig auch den privaten Vereinen, mit ihren zumeist mustergültig gepflegten Maschinen auf DB-Gleisen zu fahren.

Zum Glück blieb dies eine nur kurze Episode – heute dürfen private

Maschinen, sofern sie die entsprechenden Auflagen erfüllen, fast überall in Deutschland fahren. Mittlerweile ist es sogar soweit, dass die DB AG selbst Nostalgiezüge anbietet, für die sie, in Ermangelung eigener Loks, private Maschinen anmietet. Sogar ein echtes Dampflok-Ausbesserungswerk gibt es in Deutschland noch immer. In der thüringischen Kleinstadt Meiningen werden noch heute jahraus, jahrein Dampflokomotiven der verschiedensten Bauarten wieder hergerichtet. Regelmäßig bietet das Werk interessierten Besuchern einen Blick hinter die Kulissen an und sorgt so auf seine Art dafür, dass die Erinnerung an die Dampflokzeit wach gehalten wird.

Die Dampflokzeit ist zu Ende, und jeder nur halbwegs objektive Betrachter sollte dafür Verständnis haben. Dennoch, ihre Faszination haben die schwarzen Riesen bis heute bewahren können. Dieses Buch zeigt, warum.

München, im Mai 2002

Klaus-Jürgen Vetter

D ie erste Dampflokomotive war – ein Auto! Bereits 1870 fuhr der Franzose **Nicolas Joseph Cugnot** mit seinem Dampfwagen. Das zweiachsige, dreirädrige Fahrzeug war lenkbar, fuhr ohne Schienen auf der Straße – oder dem, was man damals so nannte. Ein ähnliches Gefährt ersann 1784 der Engländer **William Murdoch**. Auch der erste Dampfwagen des

Die Stammväter

Es gibt in der Geschichte der Lokomotive viele kleine technische Fortschritte, und es gibt Qualitätssprünge, die der Entwicklung eine völlig neue Richtung gaben. Alle und alles aufzuzählen, würde den Rahmen sprengen. Beschränken wir uns deshalb auf einige Schlaglichter. Die Entdeckung der Haftreibung, die Entwicklung des Rad-Schiene-Systems, die Erfindung des Verbundprinzips und des Heißdampfes sind einige dieser bemerkenswerten Etappen

Richard Trevithick (1771-1833) mit gigantischen zweieinhalb Metern Treibraddurchmesser war noch ein lenkbares Straßenfahrzeug. Weil die Automobilindustrie heute sicherlich nicht gern daran erinnert wird, einst mit der Dampfkraft begonnen zu haben, setzen wir diese beiden Vehikel an den Anfang der Lokomotivgeschichte.

Richard Trevithicks PEN-Y-DARREN zog im Jahre 1804 auf der gleichnamigen Kohlenbahn einen mit 70 Personen besetzten 5-Wagen-Zug

Haftreibung – die unbekannte Größe

Das Mißtrauen, das die ersten Lokomotivkonstrukteure dem System Rad-Schiene entgegenbrachten, ist nachvollziehbar. Glatte Radreifen auf glatten Schienen – wie sollte das funktionieren! Den Begriff Haftreibung gab es noch nicht, dabei hätte sich ohne die auch am römischen Streitwagen kein Rad gedreht.

Richard Trevithick baute auch die erste Lokomotive, die auf gußeisernen Winkelschienen fuhr. Das war 1804. Angetrieben wurde das Gefährt von einer einzylindrigen Dampfmaschine über Zahnräder. Die beiden Treibstangen arbeiteten auf ein Vorgelege, dieses trieb ein großes Schwungzahnrad an, jenes wiederum die beiden Treibradsätze, die ebenfalls Zahnräder trugen. (Einen ähnlichen Zahnradantrieb hatten Märklin-Lokomotiven bis in die siebziger Jahre!) Die Räder von Trevithicks Lokomotive hatten noch keine Spurkränze, die Führung übernahmen die Winkelschienen. Um auch tatsächlich einen Vortrieb zu erreichen, ließ Trevithick die Räder außerhalb der Lauffläche mit Nägeln beschlagen, die in das Holz der Langschwellen eingriffen.

Acht Jahre später baute der Bergwerksingenieur **John Blenkinsop** (1783-1831) eine Lokomotive mit zwei senkrecht im

Kessel stehenden Zylindern, die ein Zahnrad zwischen den beiden Laufradsätzen antrieben. Die Zahnstange war neben den Schienen verlegt. Bei der Grubenbahn von Middleton war man mit der PRINCE ROYAL getauften Maschine so zufrieden, daß sogleich drei weitere geordert wurden.

Ein anderer Mann aus dem Bergbau, der Grubeninspektor **William Hedley** (1779-1843), mochte sich mit den aufwendigen Zahnstangen nicht zufriedengeben. Er hatte bereits 1808 im Bergwerk von Wylam die hölzernen Schienen durch eiserne ersetzen lassen. Einer Intuition folgend, ließ er die Reibungsverhältnisse zwischen eisernen Rädern und eisernen Schienen untersuchen. Und siehe da – sie reichten aus, um die gleichen Lasten wie beim Zahnradbetrieb zu ziehen. Mit der PUFFING BILLY setzte Hedley im Jahre 1813 die erste im wirtschaftlichen Betrieb genutze Adhäsionslokomotive auf die

Schienen. Technisch langte Hedley also dort an, wo der beim Verwerten seiner Erfindungen stets glücklose Trevithick bereits zehn Jahre zuvor war. Aber wie wir heute wissen, ist auch das Rad mehrfach erfunden worden...

Durchbruch mit der ROCKET

Mehr oder weniger erfolgreich bastelten in der Folgezeit englische Ingenieure an Dampflokomotiven für die vielen Grubenbahnen. Am pfiffigsten betrieb dieses Geschäft **George Stephenson** (1781-1848) aus Wylam. Mit 33 Jahren hatte er seine erste Lok, die MY-LORD, gebaut. Doch ihn interessierten nicht allein die

Mit der dreieinhalb Tonnen schweren ROCKET gewannen die beiden Stephensons im Jahre 1829 das legendäre Lokomotivrennen von Rainhill. Die Lok brachte es dabei auf 56 Kilometer in der Stunde

Wie funktioniert die Dampflok

Dampfmaschinen. Stephenson war der erste, der die Eisenbahn als ein äußerst zukunftsträchtiges System begriff: es genügte nicht, leistungsstarke, aber schwere Maschinen auf brüchige Schienen zu stellen, vielmehr mußten Loks und Wagen, Gleise, Weichen (von ihm eingeführt!) und Umschlagplätze optimal zusammengefügt werden. Die Gesellschaft, die die

vorindustriellen Konstruktionsphase". Sagen wir es schlichter: Die beiden Stephensons brachten eine wirklich für den Altagsbetrieb brauchbare Lokomotive hervor – mit Konstruktionsmerkmalen, die für anderthalb Jahrhunderte bestimmend bleiben sollten, darunter der Kessel mit zahlreichen Heizrohren und die Feuerbüchse. Sowohl die in der Stephensonschen Fabrik für die erste deutsche Eisenbahn Nürnberg – Fürth 1835 gebaute ADLER als auch die

Auf der ersten deutschen Eisenbahn fuhr der ADLER, ein Serienprodukt der Stephensonschen Lokomotivfabrik. Dort war man bis 1835 vom Rocket- über den Planet- (1A) zum Patentee-Typ (1A1) gekommen

Cramptons Ungetüme

In den vierziger Jahren des 19. Jahrhunderts erfuhr die Dampflokomotive zahllose Verbesserungen. Immer ging es darum, Zugkraft und Geschwindigkeit zu steigern, den Wirkungsgrad zu erhöhen und die Laufruhe zu verbessern. Der Durchbruch gelang **Thomas Russel Crampton** (1816-1888) mit seiner 1842 patentierten Schnellzuglokomotive. Der Kessel war besonders lang (und also besonders verdampfungsfreudig), lag extrem tief (was der Laufruhe zugute kam), und den Antrieb besorgte ein Treibrad mit mehr als 2 Meter Durchmesser (was besonders hohe Geschwindigkeiten versprach). Noch nach der Jahrhundertwende taten in Europa und Nordamerika Crampton-Lokomotiven ihren Dienst.

Die Kraft der zwei Dämpfe

Trotz vieler Verbesserungen im kleinen – die Dampflokomotiven fraßen viel mehr Kohle, als den Heizern und den Zahlmeistern der Eisenbahn lieb war. Ihr Gesamtwirkungsgrad lag Mitte des vergangenen Jahrhunderts immer noch um die 2 Prozent. Zwar war man zeitig auf die Idee der doppelten Dampfdehnung gekommen – ihn also nicht ins Freie zu entlassen, nachdem er im ersten Zylinder seine Arbeit getan hatte, sondern ihn gleich noch ein-

Eisenbahn von Stockton nach Darlington baute, berief Stephenson 1821 zum Bauleiter. Mit viel Beredsamkeit versuchte er, seine Auftraggeber von der Idee einer Pferde- und Seilzugbahn abzubringen. Immerhin ließen die sich auf einen Versuch ein. Stephenson erhielt den Auftrag über drei Dampfloks, deren bekannteste die LOCOMOTION war, die bis 1840 im Dienst stand.

Speziell für das Lokomotivrennen von Rainhill im Jahre 1829 baute Stephenson gemeinsam mit seinem Sohn **Robert** (1803-1859) in seiner mittlerweile florierenden Fabrik in Newcastle die ROCKET. Oft wird sie als die erste Dampflokomotive der Welt bezeichnet. Das ist nicht ganz richtig und nicht ganz falsch. Auf jeden Fall verkörperte die ROCKET eine völlig neue Qualität im Lokomotivbau. Die Technikhistoriker sprechen vom „Übergang von der Pionierzeit des Dampflokbaus zur höherentwickelten

von **Johann Andreas Schubert** (1808-1870) im Jahre 1838 in Uebigau gebaute SAXONIA folgten diesen Merkmalen.

Nach englischem Vorbild baute der sächsische Ingenieur Johann Andreas Schubert in der Maschinenfabrik Uebigau bei Dresden die erste brauchbare deutsche Lokomotive. Er gab ihr den Namen SAXONIA

mal durch einen zweiten Zylinder zu jagen – doch dem standen lange Zeit die Patente des **James Watt** (1736-1819) auf die Dampfmaschine entgegen. Während die Verbundwirkung in stationären und Schiffsdampfmaschinen bereits in den 30er Jahren des vergangenen Jahrhunderts angewendet werden konnte (Compoundmaschinen), bedurfte es noch langwieriger Versuche, ehe der Franzose **Anatole Mallet** (1837-1919) im Jahre 1876 für die Bayonne-Biarritzer Bahn die ersten brauchbaren Verbundlokomotiven kon-

Anatole Mallets Verbundprinzip fand rasch Verbreitung und erfuhr viele Variationen. 1886 entstand mit der „701" der französischen Nordbahn die erste Vierzylinder-Verbundmaschine

struierte. Im Hochdruckzylinder dehnte sich der Dampf das erste Mal aus, im Niederdruckzylinder, der ein größeres Volumen besaß, das zweite Mal. Alsbald entstanden auch Dreizylinder- und Vierzylinder-Verbundlokomotiven.

Die Einführung des Heißdampfes in den Lokomotivbau ließ später die Vorzüge der Verbundlokomotive zurücktreten, wenngleich nach der Jahrhundertwende auch Heißdampf-Verbundlokomotiven gebaut wurden.

Belohntes Risiko

Unter den vielen bahnbrechenden Erfindungen für den Dampflokomotivbau, von denen hier nur einige wenige erwähnt sind – auf die Entwicklung der Dampfsteuerung beispielsweise sind wir gar nicht eingegangen, sie wird an anderer Stelle ausführlich gewürdigt –, ist die des Heißdampfes sicherlich die letzte von fundamentaler Bedeutung gewesen. **Wilhelm Schmidt** (1858-1924) hatte sich bereits während seiner Studienzeit mit unorthodoxen Ideen einen Namen gemacht: 1880 ließ er sich eine rotierende Dampfmaschine ohne hin- und hergehende Massen patentieren. Dann beschäftigte er sich mit der Anwendung

hochgespannten Dampfes. Dazu trieb er die Temperaturen immer höher (und geriet dabei mitunter in Kollision mit den strengen deutschen Kesselvorschriften). Hatten sich seine Vorgänger gerade so an 250°C herangewagt, riskierte Schmidt mit seiner 1894 patentierten Heißdampfmaschine gleich 350°C. Mit durchschlagendem Erfolg: Gegenüber einer von der Leistung her vergleichbaren Naßdampfmaschine halbierte sich der Brennstoffverbrauch!

Dem preußischen „Lokomotivpapst" **Robert Garbe** (1847-1932) gebührt der Ruhm, die Einführung des Schmidtschen Heißdampfes bei der Bahn riskiert zu haben. 1898 ließ er eine Schnellzuglokomotive der Gattung S 3 und eine Personenzuglokomotive der Gattung P 4 mit Flammrohrüberhitzern versehen. Das war der Beginn eines einzigartigen Siegeszuges, der rasch den Lokomotivbau in aller Welt erfaßte.

Erfindungen auf Vorrat?

Erfindungen werden gemacht, wenn ein Bedarf besteht. Als der Bedarf bestand, größere Lasten als zuvor mit Fuhrwerken üblich, zu befördern, erfand man die Lokomotive, die Dampflokomotive.

Erfindungen auf Vorrat sind unüblich. Es war die Tragik des Richard Trevithick, mit seinen Lokomotiven zu zeitig gekommen zu sein. Die Idee für seine erste Lokomotive kam ihm beim feuchtfröhlichen Gelage mit dem Grubenbesitzer Hill. Trevithick wettete die damals unvorstellbare Summe von 1000 Pfund Sterling, er könne einen Dampfwagen bauen, der 10 Tonnen Anhängelast vom Fleck zieht. Seine INVICTA nahm dann auf der Merthyr-Tydfik-Bahn sogar 26 Tonnen. Das bewahrte sie dennoch nicht vor dem Umbau zur ortsfesten Dampfmaschine; die gußeisernen Schienen waren unter der schweren Lokomotive gebrochen.

Seine Lokomotive CATCH ME WHO CAN („Fang mich, wer kann") erreichte im Sommer 1808 die damals schier unglaubliche Geschwindigkeit von 30 Kilometern in der Stunde. Doch wer brauchte damals solch ein Gefährt? Wo sollte er damit fahren? Das Wunderding taugte einzig und allein zur Volksbelustigung. In London drehte sie, einer Modelleisenbahn gleich, auf einem eingezäunten Schienenkreis ihre Runden und konnte dort gegen ein wohlfeiles Entgelt bestaunt werden. Trevithick gab seine Karriere als Lokomotivbauer auf, wurde aber im Schiffbau und als Bergwerksingenieur in Südamerika kaum glücklicher. Hätte er dort nicht zufälligerweise Robert Stephenson getroffen, der ihm ein paar Pfund vorschoß, hätte er nicht einmal das Ticket zur Überfahrt in die Heimat bezahlen können, wo er dann bald völlig verarmt starb.

Robert Stephenson wußte, was er und sein Vater dem Manne zu verdanken hatten: die Einführung des Hochdruckdampfes im Lokmotivbau war ebenso wie der Flammrohrkessel und die Kupplung mehrerer Achsen ein Verdienst Richard Trevithicks.

CLEMENS HAHN/MANFRED WEISBROD

Die Heißdampflokomotiven der Preußischen Staatseisenbahn überzeugten ob ihrer ausgezeichneten Wirtschaftlichkeit. Eine der ersten mit dem Schmidtschen Überhitzer ausgestattete Baureihe war die T 12

Speis'
und
Trank

Die Dampflok im Bw

Eine schwere Schnellzug- oder Güterzuglokomotive fraß und soff des Heizers Kraft und Schweiß. Mitunter mußte der Kohlenmann während der Schicht den ganzen Tender leerputzen. Ehe er sich nach Feierabend endlich stärken konnte, verlangte seine Maschine nach neuem Futter

Immer war es der „Meister", dem Staunen und Achtung galten. Seinem Kohlenmann und dem Eisenbahner, die unbeachtet von der Öffentlichkeit im Bahnbetriebswerk ihren Dienst taten, galt solche Ehrfurcht nicht: Wärter, Ausschlakker, Schuppenheizer, Schlosser, Lokputzer. Dabei wären die Dampfloks ohne die harte Arbeit dieser Männer – und Frauen! – keinen Meter weit gefahren

Sämtliche nicht elektrischen Triebfahrzeuge müssen von Zeit zu Zeit ein Bahnbetriebswerk (Bw) anlaufen, um Betriebsstoffe zu ergänzen oder weil Reparaturen erforderlich sind. Zu Zeiten des Dampflokbetriebes entstanden an den meisten Knotenpunkten oder Abzweigbahnhöfen Betriebswerke oder wenigstens sogenannte Lokbahnhöfe, die zumindest die Versorgung der Dampflokomotiven mit Kohlen, Wasser und Schmierölen sicherstellen sollten. Lokbahnhöfe waren einem „Mutter-Bw" zugeordnet, das nicht nur den Einsatz der Lokomotiven regelte, sondern auch mit allen für die technische Instandhaltung erforderlichen Anlagen ausgerüstet war. Dazu gehörten neben den eigentlichen

Wie funktioniert die Dampflok

Der Abschied vom „König Dampf" bedeutet auch das Ende der typischen Infrastruktur. Rundlokschuppen, Wassertürme, Schlackegruben, Schmieden und andere markante Anlagen werden bald aus dem Alltagsbild der Eisenbahn verschwunden sein

Eine schwere und schmutzige Arbeit

„Lokbehandlungsanlagen" wie z.B. Wasserkränen, Bekohlungs- und Besandungsanlagen und Schlackenkanal vor allem Untersuchungsgruben, Hebeböcke, Bockkräne, Flurförderfahrzeuge (z.B. Gabelstapler) sowie eine Schlosserei mit angeschlossener Schmiede, Schweißerei und Schreinerei für die Reparatur von Teilen oder Armaturen.

Um den Arbeitsablauf in einem Bahnbetriebswerk zur Dampflokzeit zu verdeutlichen, nehmen wir einmal an, daß die schwere Güterzugdampflok 44 546 an einem Freitag des Jahres 1970 mit dem Güterzug Dg 55906 im Zielbahnhof angekommen ist, der Heizer Martin B. die Lok abgekuppelt hat und die Maschine nun zur Rangierfahrt ins Bw bis zum Sperrsignal vorgerückt ist. Während des Wartens hat Lokführer Wolfgang Sch. bereits die Mappe mit den Lokunterlagen zur Hand genommen, um das Übergabebuch und seinen Betriebsleistungszettel auszufüllen. Endlich erteilt der Fahrdienstleiter die Rangiererlaubnis zur Fahrt ins Bw. Größere Dienststellen haben von vornherein die Gleise für ein- bzw. ausrückende Lokomotiven getrennt, um unnötige Wartezeiten zu vermeiden. Ankommende Dampflokomotiven werden zunächst zum Restaurieren geschickt. So fährt unsere 44 546 zunächst auf den „Kanal" zum Ausschlacken. Mit einer separat aufgesteckten Spindel kurbelt der Heizer den Kipprost hinunter. Das bereits vorher zusammengeschobene, weitgehend ausgebrannte Feuer fällt nun in den Aschkasten bzw. durch dessen geöffnete Bodenklappen in den Schlackensumpf. Kleinere Betriebswerke besaßen meist nur ein bis zwei in der Grube verfahrbare Hunte, in die die Schlacke gekippt wurde; diese hob dann später ein Kran zum Entleeren aus dem Kanal.

Während des Ausschlackens war in vielen Betriebswerken gleichzeitig die Möglichkeit gegeben, aus dem Wasserkran die Wasservorräte zu ergänzen. Unsere 44 546 hat mit ihrem 1600 Tonnen schweren Güterzug erheblichen Durst: rund 25 m³ des 34 m³ fassenden T34-Tenders müssen ergänzt werden. Der Lokführer kümmert sich – während das Wasser gurgelnd in den Tender läuft – um die richtige „Dosierung". Das „gewöhnliche" Wasser war in den meisten Fällen wegen seines Gehalts an kalkbildenen Sedimenten für die Verdampfung in Lokkesseln nicht sonderlich gut geeignet. Aus diesem Grunde wurden dem Speisewasser Enthärtungsmittel beigegeben, die sich in ihrer Zusammensetzung nach der Beschaffenheit des Wassers richtete. Lange Zeit wurden die sogenannten „Dosierungsmittel" bereits im Wasserturm dem Wasservorrat beigegeben. In den 50er Jahren begannen beide deutsche Bahnverwaltun-

gen damit, die „innere Speisewasseraufbereitung" einzuführen. Je nach gefaßter Wassermenge war eine entsprechende Becherzahl des Mittels einfach mit dem Wasser in den Tender zu kippen.

Inzwischen hat der Heizer den Aschkasten vollständig geleert, den Kipprost wie-

der hochgekurbelt und an der Rohrwand, den Seitenwänden und der Feuerbüchsrückwand ein sogenanntes „Ringfeuer" als Ruhefeuer angelegt. Dazu hat er den Bläser schwach angestellt, um die Rauchgase während der Feuerbehandlung durch den Schornstein abzusaugen. Nun muß auch die Rauchkammer noch von Flugasche befreit werden. Mit dem Hammer werden die Vorreiber aufgeschlagen und dann der Rauchkammer-Zentralverschluß entriegelt. Mit einer am Werkzeuggerüst besonders vorgehaltenen Schaufel mit extrem langem Stiel wird die „Lösche" Stück für Stück entfernt – eine anstrengende und schmutzige Arbeit.

Inzwischen sind nicht nur die Wasservorräte ergänzt; der Lokführer hat auch die Ölvorräte in den Kannen (Achsenöl, Heiß-

Der Lokomotivführer hinterließ seinen Kollegen im Schuppen zusammen mit der Lokomotive einen Auftragszettel für fällige Reparaturen. Am 12. September 1972 sollten an der Altonaer 012 102 die schadhaften Bremsklötze gewechselt, eine Undichtigkeit am Druckübersetzer beseitigt und lose Muttern festgezogen werden. Der Schlosser bestätigte die ordnungsgemäße Erledigung mit seiner Unterschrift. Und beim nächsten Dienstantritt fand das Personal eine einwandfreie Lokomotive vor

AUFNAHMEN: STAIGER (3), SCHULZ, STUMPF; S. 38/39: STAIGER, ENDERLEIN

Schlechte Kohle bedeutet viel Heizerschweiß

dampföl, Maschinenöl für die Luft- und Speisepumpen) auf „Sollstärke" gebracht. Die 44 546 kann nun zum Bekohlungskran vorrücken.

Für die Dampflokfeuerung kamen hauptsächlich Fett- und Gaskohlen in Form von sogenannter Stückkohle, als „Knabbel" oder als Nußkohle, zur Anwendung. Der Heizwert dieser Kohlensorten liegt zwischen 6900 und 8000 kcal/kg. Nur in geringen Mengen wurden auch Eßkohlen oder Steinkohlenbriketts verwendet. Briketts lagen hinsichtlich der flüchtigen Bestandteile in der Größenordnung der unteren Fettkohlen, hatten jedoch den Vorteil, schnell zu zünden und auch ein abgebranntes Feuer schnell wieder „hell" zu machen. Besonders in der DDR waren bei der Reichsbahn in den 50er Jahren Braunkohlenbriketts bevorzugtes Futter für die Dampfloks; in so mancher Schicht verfeuerte ein Heizer seinen gesamten mitgeführten Brikettvorrat, mitunter bis zu 8 Tonnen. Eine elende Schinderei! Immer wieder Ärger gab es auch deshalb, weil die Kohlenlader natürlich die Loks des eigenen Bw mit bester Kohle versorgten, während man den Wendeloks fremder Dienststellen versuchte, die „Blumenerde" unterzuschieben. Das Gewicht, nicht jedoch die Art der verladenen Kohle wurde im Ausgabebuch vermerkt und vom Lokführer quittiert...

Während der Heizer sich um die Zuteilung der Kohle kümmert, auch darum, daß die Kohlen möglichst weit vorn am Tender geladen werden – dies erspart ihm bei längeren Fahrten das ungeliebte Kohlenvorziehen –, führt der Lokführer Wolfgang Sch. auf der Grube den technischen Abschlußdienst („A1") aus, bei dem er u.a. den Zustand der Lager, der Bremsklötze, des Rostes, des Feuerschirms sowie der gesamten Feuerbüchse zu überprüfen hat. Auch muß er auf Beschädigungen, z. B. durch Anbrüche, achten. Kleinere Mängel behebt er gleich selbst, größere Schäden müssen auf dem sogenannten Ausbesserungszettel vermerkt werden. Die Reparaturen werden dann durch die Werkstatt erledigt. Bei den Dreizylinder-Maschinen der Baureihe 44 ist das Innentriebwerk stets ein Sorgenkind und muß besonders sorgfältig überwacht werden.

Sorgfältig wurde über den Verbrauch der Lokomotiven Buch geführt. Loks, die viel Kohle schluckten, waren oft schadhaft. Lokführer, Heizer und Werkstatt suchten dann nach den Ursachen. Oder das Personal arbeitete schlecht. Wer dagegen mit wenig Brennstoff viele Tonnen bewegte, wurde prämiert. Abbildung unten: Ausschnitt aus dem Kohlenscheckheft der 80 021 vom Bahnbetriebswerk Berlin Anhalter Bahnhof aus dem Frühjahr 1952

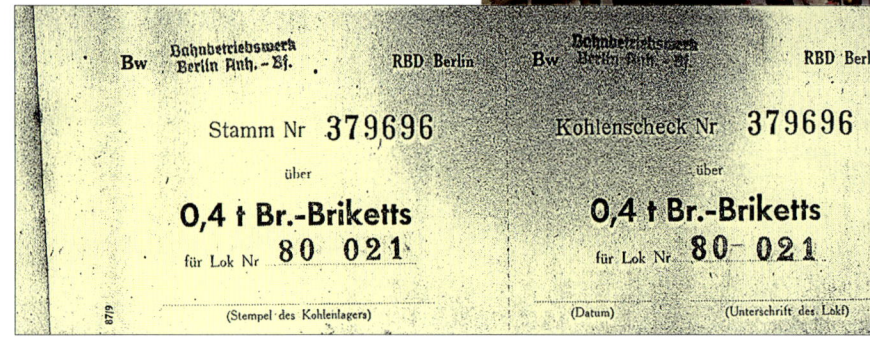

Bw Bahnbetriebswerk Berlin Anh.-Bf.	RBD Berlin	Bw Bahnbetriebswerk Berlin Anh.-Bf.	RBD Berlin
Stamm Nr 379696		Kohlenscheck Nr 379696	
über		über	
0,4 t Br.-Briketts		0,4 t Br.-Briketts	
für Lok Nr 80 021		für Lok Nr 80-021	
(Stempel des Kohlenlagers)		(Datum)	(Unterschrift des Lokf.)

In bestimmten Zeitabständen oder nach einer festgelegten Kilometerlaufleistung wurde ein erweiterter Abschlußdienst, die „Nachschau" durchgeführt. Diese Untersuchung erstreckte sich auf alle Teile, die für den betriebssicheren Zustand von Lok und Tender von Bedeutung waren, also z.B. alle Befestigungsmittel wie Keile, Schrauben, Muttern und Kontermuttern, Bolzen, Splin-

te usw. Durch Beklopfen mit dem Hammer konnte der erfahrene Lokführer schnell feststellen, ob alles, was fest sein sollte, auch fest war. Ferner waren die Rahmenverbindungen, die Radsätze (hier insbesondere die Spurkränze), die Federspannschrauben, die gesamte mechanische Bremse (richtiger Bremskolbenhub, Dichtigkeit von Bremszylinder und Hauptluftleitung,

AUFN.: STAIGER (3), SLG. BRAUN

Die Gerüche im Dampf-Bw, diese Mischung aus Kohlequalm, heißem Öl und Teer, sind für den Fan heute so etwas wie Genußmittel. Dabei war es alles andere als gesund, tagein, tagaus in dieser Athmosphäre zu arbeiten

ausreichende Stärke der Bremsklotzsohlen) und nicht zuletzt das Gestänge zu untersuchen. Gerade bei den Stangenlagern mußte größte Sorgfalt geübt werden, damit die Maschinen die erforderlichen Laufleistungen erreichten und nicht irgendwo mit ausgeschlagenen Lagern liegenblieben..

Schließlich waren die Sandvorräte zu überprüfen. Größere Betriebswerke verfügten über einen Hochbehälter mit Trocknungsanlage, wobei der Sand mittels eines Galgens direkt in die Sanddome auf dem Kesselscheitel eingefüllt werden konnte. In kleineren Bw gab es kleine Schüttkiepen, die zu ebener Erde befüllt und schließlich per Hand zu den Sanddomen befördert werden mußten.

Endlich ist das Dienstende für unsere Lokmannschaft in greifbare Nähe gerückt. Der Heizer hat den Kessel zu rund drei Viertel vollgespeist, das Ruhefeuer angelegt und die Maschine mit dem Wasserschlauch im Rauchkammerbereich sowie am Aschkasten abgespritzt – nun kann die 44 546 langsam in Richtung Drehscheibe rollen. Ein kurzer Halt am Wartezeichen, bis der Drehscheibenwärter die Scheibe in die richtige Position gedreht hat. Ra 2 – Herkommen! Schon rollt die Lok mit dem vertrauten „Tack – Tatatatack" über die Schienenstöße auf die Scheibe. Exakt an der Führerhausmarkierung „BR 44" bringt der Lokführer die Maschine zum Stehen. Auf Stand 3 soll die Lok abgestellt werden, hatte der Lokleiter angeordnet. Am Stand 3 befindet sich die Auswaschanlage: 44 546 war bereits seit 26 Tagen im Dienst und ist nun zur „Frist" fällig, die am Montag von der Frühschicht der Werkstatt ausgeführt werden soll.

Beim Auswaschen werden zweckmäßigerweise gleich die üblichen Kesselfristarbeiten mit erledigt. Zunächst wird das Kesselwasser – nachdem sich der Kessel abgekühlt hat – abgelassen. (Größere Bahnbetriebswerke besaßen – vor allem zur Zeitersparnis, aber auch zur Schonung des Kessels – eine Vorrichtung, die das noch heiße Kesselwasser speicherte und die Restwärme dieses Wassers gleich zum Auswaschen nutzte. Nachdem das Kesselwasser abgelassen war, wurde mit einem Spritzschlauch mit scharfem Strahl der Schlamm, der sich am Kesselboden gesetzt hat, gelöst und ausgespült.

Die Zeit während des Auswaschens wird gleich für die übrigen Fristarbeiten am Dampfkessel ausgenutzt: Alle wasserführenden Armaturen neigen – je nach Wasserqualität – früher oder später zum Verkalken, was zum Ausfall des jeweiligen Bauteils führt, wenn man es nicht pflegen würde. So werden zu jeder Fristarbeit die Wasserstandsköpfe abgebaut, gereinigt,

Ein Bierchen auf dem Heimweg

gegebenenfalls eingeschliffen oder die Kugeln der Selbstschlußeinrichtung gewechselt. Bei den Injektoren, auch Dampfstrahlpumpen genannt, müssen regelmäßig die Düsenstöcke gezogen und in Salzsäure zum Entkalken gelegt werden. Das gleiche gilt für die Rückschlagventile der Kesselspeiseventile; bei beginnender Verkalkung neigen sie zum Festsitz, was dann den Ausfall der Speiseeinrichtung und somit eine drohende Betriebsgefahr zur Folge hätte. Selbstverständlich werden bei einer Kesselfristarbeit auch sämtliche

Stopfbuchspackungen geprüft und nachgezogen, Kegelhähne gefettet oder gegebenenfalls neu eingeschliffen, bis sie wieder leichtgängig, aber trotzdem dicht sind.

Doch damit muß sich die Lokmannschaft unserer 44 546 nicht mehr befassen. Sie hat ihr Tagwerk fast vollbracht. Ein letzter Gang um die Lok. Zuletzt ziehen die Männer noch die Schmierdochte der Dochtschmiergefäße und hängen sie in eine alte Konservendose. Immerhin wird die Maschine nun einige Tage stehen, und nur so kann das „Kleckern" der Schmierstellen verhindert werden. Lokführer Wolfgang Sch. hat alle festgestellten Mängel im Ausbesserungszettel eingetragen und den an den Fahrplanhalter geheftet, damit die Werkstattleute gleich gezielt die Schäden beheben können. Nach der Abgabe der Lokschlüssel beim Lokleiter folgt der obligatorische Gang zur Kantine. Endlich liegen wieder einmal zwei freie Tage vor den beiden, noch dazu am Wochenende. – Grund genug, vor dem Heimweg zusammen ein Bierchen zu trinken... A. Braun

Die Betriebswerke unserer Tage gleichen mitunter bereits blitzenden Industrieanlagen. Der Schmutz aus der Dampflokzeit ist ebenso verschwunden wie der allgegenwärtige Mann mit der Schubkarre. Kein Wunder, daß die Eisenbahner der „schwarzen Zeit" nicht nachtrauern. Oder beschleicht manch einen doch ein bißchen Wehmut beim Betrachten solcher Bilder?

AUFNAHMEN: STAIGER (5), RAMPP

Wie funktioniert die Dampflok

Physik und Technik

Wenn so eine 44er ausfahrbereit vor einem Zug mit 3000 Tonnen Zugmasse stand, die Kesselsicherheitsventile schon leicht säuselnd weiße Wölkchen hatten – warum platzt der Kessel nicht? Und wenn er schon nicht platzt und der Lokführer den Regler öffnet, warum fliegen nicht die Zylinder davon? Und wenn sie schon nicht davonfliegen, warum drehen sich die Räder nicht auf der Stelle? Und wenn sich die Lok doch bewegt, warum reißt nicht die Kupplung wie ein Bindfaden? Es sind doch letztlich lächerlich dünne Häkchen, an denen die 3000 Tonnen hängen. Haben Sie sich diese Fragen auch schon gestellt?

Geschichten vom Dampf

Wenn man Wasser ausreichend erhitzt, entsteht Dampf. Unter normalen Bedingungen bei 100° C. Diese Erkenntnis ist, abgesehen von der Temperaturangabe, so alt, wie die Menschheit das Feuer nutzt. Die Erkenntnis, den Dampf zu nutzen, ist wesentlich jünger, die Idee, den Dampf arbeiten zu lassen, ist noch keine 230 Jahre alt. Der Engländer James Watt, auch das weiß man noch aus dem Physikunterricht, gilt als Erfinder der Dampfmaschine. Am 5. Januar 1769 erhielt er das Patent für seine Kolbendampfmaschine.

Es ist sicherlich ein überflüssiger Streit, welche Erfindungen die Menschheit vorangebracht haben. Ich halte die Erfindung des

---

Wie funktioniert sie eigentlich, die Dampflokomotive? Man hat uns einiges im Physikunterricht beigebracht, vieles haben wir in zahlreichen Büchern gelesen. Womöglich haben wir sogar alles begriffen und können es vermitteln. Aber es bleibt ein Phänomen. Ein anderes ist das Flugzeug. Wieso kann sich ein tonnenschwerer Airbus in die Luft erheben als wöge er fast nichts? Wieso kann dieser Koloß im Landeanflug mit aufreizender Langsamkeit über der Stadt schweben und fällt nicht wie ein Stein zur Erde? Jürgen von der Lippe würde sagen: Das muß aber unter uns bleiben!

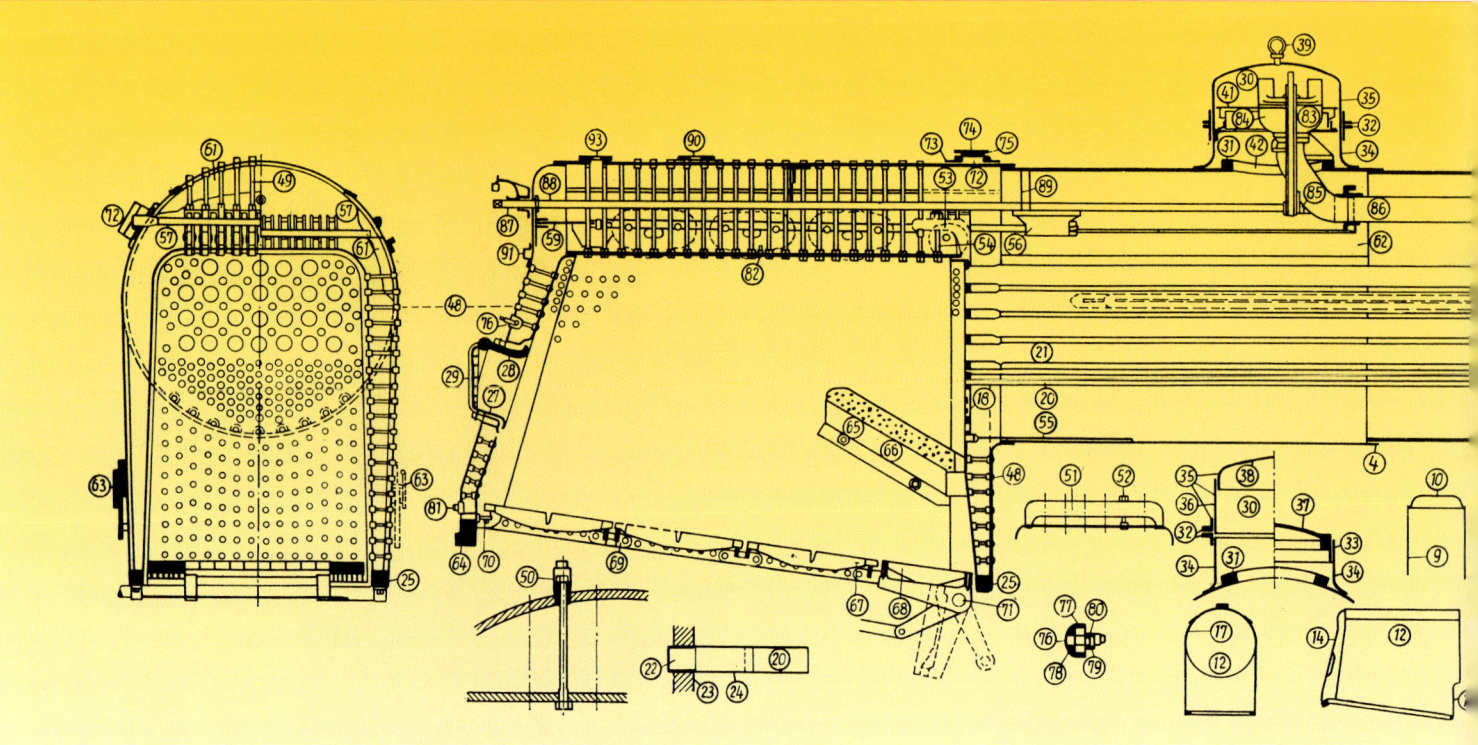

1 Langkessel, 2 vorderer Kesselschuß, 3 hinterer Kesselschuß, 4 Rundnaht, 5 Hinterkessel, 6 Feuerbüchse, 7 Feuerbüchsrohrwand, 8 Feuerbüchsrückwand, 9 Feuerbüchsseitenwand, 10 Feuerbüchsdecke, 11 Feuerbüchsmantel, 12 Stehkessel, 13 Stehkesselvorderwand, 14 Stehkesselrückwand, 15 Stehkesselseitenwand, 16 Stehkesseldecke, 17 Stehkesselmantel, 18 Rohrleitung der Feuerbüchse, 19 Rohrleitung der Rauchkammerrohrwand, 20 Heizrohr, 21 Rauchrohr, 22 Brandring, 23 Dichtring, 24 Vorschuh, 25 Bodenring, 26 Feuerloch, 27 Feuerlochring, 28 Feuerlochschoner, 29 Feuertür,

30 Dom, 31 Domlochring, 32 Domring außenliegend, 33 Domring innenliegend, 34 Domunterteil, 35 Domoberteil, 36 Dommantel, 37 Domdeckel, 38 Domhaube, 39 Domöse, 40 Domhaken, 41 Wasserabscheider im Dom, 42 Mannloch zum Dom, 43 Dom zum Speisewasserreiniger, 44 Einführungsdüse zum Speisewasserreiniger, 45 Rieselblech zum Speisewasserreiniger, 46 Mannloch zum Speisewasserreiniger, 47 Schlammsammler zum Speisewasserreiniger, 48 Stehbolzen, 49 Deckenstehbolzen, 50 bewegliche Deckenstehbolzen, 51 Barrenanker, 52 Barrenankerstehbolzen, 53 Bügelanker, 54 Bügelankerstehbolzen,

55 Bodenanker, 56 Längsanker und Träger, 57 Queranker, 58 Querankeruntersätze, 59 Blechanker an der Stehkesselrückwand, 60 Blechanker an der Rauchkammerrohrwand, 61 Versteifung am Stehkesselmantel, 62 Laschenenden zum Kessel, 63 Stehkesselträger, 64 Schlingerstück, 65 Feuerschirm, 66 Feuerschirmträger, 67 Roststäbe, 68 Kipproststäbe, 69 Rostbalken und Träger, 70 Nietschrauben für Rostbalken, 71 vordere Welle mit Hebel zum Kipprost, 72 Waschluke mit Deckel, 73 Lukenuntersatz, 74 Lukenpilz, 75 Lukendeckel, 76 Waschluke mit Pilz, 77 Lukenfutter, 78 Lukenpilz, 79 Lukenbügel, 80 Lukenstift, 81 Reinigungsschraube, 82 Schmelzpfropfen,

130 Jahre Entwicklungsarbeit waren vonnöten, um dem Dampfkessel ein Optimum an Leistung zu entlocken. Der Kessel einer modernen Heißdampflokomotive

Rades und die der Dampfmaschine für zwei der bedeutendsten. Beides, auf sinnvolle Weise vereint, ergab die Lokomotive. Womit James Watt dem Erfinder der ersten brauchbaren Adhäsionslokomotive, George Stephenson, die Hälfte der Arbeit abgenommen hatte.

Verdunsten

Wenn ein offenes Gefäß mit 1 Liter Wasser lange genug im Zimmer steht, ist es irgendwann leer. Das Wasser ist verdunstet. Die Wassermoleküle bemächtigen sich der Wärmeenergie der Umgebungstemperatur, um sich unsichtbar als Wasserdampf in die Lüfte zu schwingen. Je höher die Umgebungstemperatur, desto schneller die Verdunstung. Regenpfützen sind im Hochsommer schneller verschwunden als im Herbst oder Frühjahr. Verdunsten können nur die Moleküle an der Wasseroberfläche; tiefer angesiedelte müssen warten, bis sie dran sind. Mit der Verdunstung läßt sich keine Lokomotive betreiben, für deren Betrieb ist die Verdunstung bedeutungslos.

Der Naßdampf

Verdampfen

Um 1 Liter Wasser zu verdampfen, also Dampf zu erzeugen, muß man es zum Kochen bringen, ihm bis zum Erreichen des Siedepunktes Wärmeenergie zuführen. Von 0°C bis 100°C sind das 100 kcal (um bei der alten Maßeinheit zu bleiben). Diese Wärmemenge speichert das Wasser (ohne eine einzige Dampfblase zu erzeugen) als Flüssigkeitswärme. Will man den Liter Wasser komplett in Dampf verwandeln, muß man weitere 540 kcal aufwenden.

Im Gegensatz zur oberflächlichen Verdunstung ist von der Verdampfung die gesamte Wassermenge betroffen. Überall in ihr steigen Dampfblasen auf, zerplatzen an der Oberfläche und entweichen als Dampf. Es ist nicht möglich, Wasser in einem offenen Gefäß auf mehr als 100°C zu erhitzen. Größere Wärmezufuhr erhöht nicht die Wassertemperatur, fördert nur die Verdampfung. Der so erzeugte Dampf hat

also 640 Kalorien aufgenommen, 100 kcal als Flüssigkeitswärme, 540 kcal als Verdampfungswärme.

Das alles gilt für einen Luftdruck von 1 bar und Meeresspiegelhöhe. Weil der Luftdruck in größeren Höhen geringer ist, schaffen es dort die Wassermoleküle eher, sich in Dampf zu verwandeln. Auf der Zugspitze kocht das Wasser also eher als in Hamburg.

Verdampfen im geschlossenen Gefäß

Wenn Wasser in einem geschlossenen Gefäß, als den man den Lokomotivkessel betrachten kann, verdampft wird, füllen die Dampfmoleküle den Raum oberhalb des Wasserspiegels (der Kessel ist ja nicht randvoll gefüllt), bis genügend versammelt sind und auch dort der Druck von 1 bar herrscht. Das System ist im Gleichgewicht, den im Wasser befindlichen Molekülen fehlt es an Energie, sich gegen die von oben drückenden Dampfmoleküle durchzusetzen. Um weiteren Dampf zu erzeugen, muß mehr Wärmeenergie zugeführt werden. Die im Dampfraum befindlichen Moleküle müssen enger zusammenrücken, um weiteren Platz zu machen. Sie erzeugen dabei einen Druck auf die Kesselwandung.

In Zahlen dargestellt: Wenn das Kesselwasser auf 132,8°C erhitzt wird, besteht im Kessel bereits ein Druck von 2 bar. Bei älteren Länderbahnlokomotiven, die einen Kesseldruck von 10 bar hatten, mußte die Temperatur des Kesselwassers bereits 183,1°C betragen, um weitere Dampfblasen zu erzeugen.

Die Flüssigkeitswärme, die jetzt aufzubringen war, um das Wasser auf den Siedepunkt zu bringen, betrug schon 185,8 kcal, während als Verdampfungswärme nur noch 481,3 kcal erforderlich waren. Der Dampf von 10 bar Druck hatte also einen Wärmeinhalt von 667,1 kcal, nur 27 kcal mehr als der Dampf, der im offenen Gefäß erzeugt worden ist.

Noch ein Zahlenbeispiel: Um den bei Einheits- und Neubaulokomotiven üblichen Kesseldruck von 16 bar zu erzielen, muß man das Kesselspeisewasser auf ca. 203°C erhitzen und braucht dazu nicht einmal 672 kcal pro Liter Wasser. Es ist also mit relativ geringem Aufwand an Wärmeenergie möglich, einen hohen Dampfdruck zu erzielen. Je höher der Druck des Dampfes, desto größer ist sein Bestreben, sich wieder „normal bewegen" zu können, sich auf das atmosphärische Niveau auszudehnen. Desto größer ist auch seine Bereitschaft, Leistung abzugeben, sich zu entspannen. Aber auch Dampf von 200°C ist noch Naßdampf und bleibt es, solange er mit der Wasseroberfläche Kontakt hat.

16 bar sind natürlich eine enorme Kraft, mit der die Dampfmoleküle gegen das Kesselblech trommeln und einen Ausweg aus

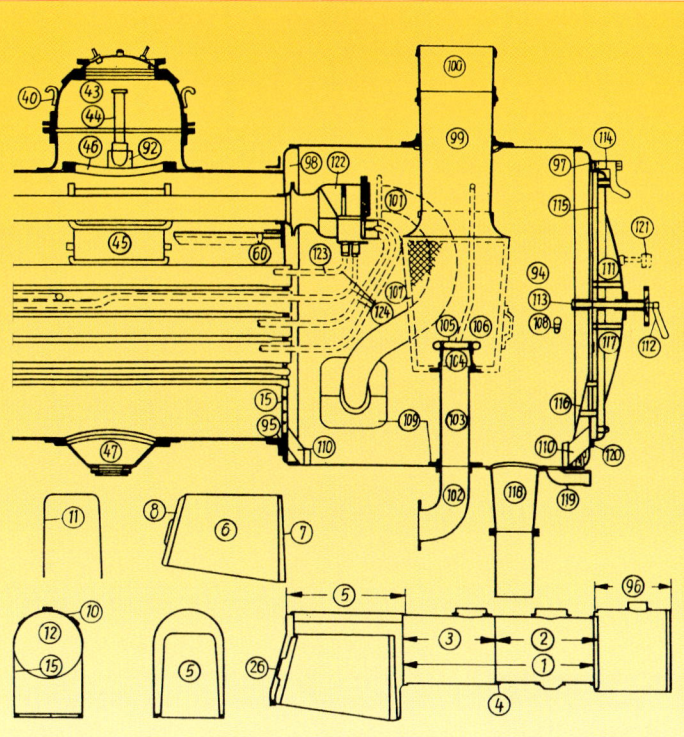

83 Regler (Ventil-Schieberregler), 84 Reglerkopf mit Schieber, Reglerventil, 85 Reglerknierohr, 86 Reglerrohr, 87 Reglerstopfbuchse, 88 Reglerwelle und Teile, 89 Halter für Reglerwelle, 90 Untersatz zum Sicherheitsventil, 91 Untersatz zum Wasserstandsanzeiger, 92 Untersatz zum Kesselspeiseventil, 93 Untersatz zum Dampfentnahmestutzen, 94 Rauchkammer, 95 Winkelring an der Rauchkammer, 96 Rauchkammerverschluß, 97 Rauchkammertürwand, 98 Rauchkammerrohrwand, 99 Schornstein, 100 Schornsteinaufsatz, 101 Dampfeinströmrohr, 102 Ausströmkrümmer, 103 Standrohr, 104 Blasrohr, 105 Blasrohrsteg, 106 Hilfsbläser und Teile, 107 Funkenfänger, 108 Rauchkammerspritzrohr und Teile, 109 Paßbleche für Ausschnitte im Rauchkammermantel, 110 Rauchkammerbodenschutz, 111 Rauchkammertür, 112 Verschluß zur Rauchkammertür, 113 Verschlußbalken zur Rauchkammertür, 114 Vorreiber zur Rauchkammertür, 115 Schutzblech zur Rauchkammertür, 116 Schonerblech zur Rauchkammertür, 117 Abstandhalter zur Rauchkammertür, 118 Löschefall, 119 Entwässerungsstutzen an der Rauchkammer, 120 Verstärkungsring an der Rauchkammertürwand, 121 Laternenstütze an der Rauchkammer, 122 Dampfsammelkasten, 123 Überhitzereinheit, 124 Überhitzerrohr

mit allen seinen wichtigen Bauteilen in der Schnittdarstellung

Zylinderblock einer Drillingsmaschine (01 1075 beim Neuaufbau im Ausbesserungswerk Meiningen)

ihrer Zwangslage suchen. Es ist immerhin der Druck, den eine 160 m hohe Wassersäule auf einen Quadratzentimeter ausübt. Es obliegt der Kunst des Konstrukteurs, die Zusammensetzung und die Dicke des Kesselblechs zu ermitteln, die diesem Druck mit absoluter Sicherheit standhalten kann. Damit der Druck im Kessel nicht in einer Ecke größer ist als in der anderen, hat der Kessel keine Ecken, sondern ist, wie alle Druckgefäße, zylindrisch, damit sich der Druck gleichmäßig auf alle Stellen der Wandung verteilt.

Ein paar „Ecken" hat der Kessel aber doch, nicht der Langkessel, sondern der Hinterkessel, in den die Feuerbüchse eingebaut ist. Es sind aber „runde Ecken", denn die Bauteile sind gekümpelt und besonders sorgfältig versteift.

Verbrennung

Verdampfung ist im Lokomotivkessel ohne Verbrennung nicht möglich. Die Verdampfung ist ein physikalischer Vorgang, die Verbrennung ein chemischer. Hier wird den Bestandteilen des Brennstoffs (vor allem Kohlenstoff, Wasserstoff und Schwefel) mit der Verbrennungsluft Sauerstoff zugeführt. Verbrennung ist eine Oxidation. Der Brennstoff setzt seine chemisch gespeicherte Energie in Form von Wärme frei und verwandelt sich in Kohlenmonoxid (CO), Kohlendioxid (CO_2), Wasserdampf (H_2O) und Schwefeldioxid (SO_2).

Um 1 kg Kohlenstoff, dem Hauptbestandteil der Steinkohle, zu verbrennen, sind 2,67 kg Sauerstoff erforderlich. In der atmosphärischen Luft sind aber nur ca. 21 Prozent Sauerstoff enthalten, so daß für die Verbrennung von 1 kg Steinkohle 8 m^3 Luft benötigt werden. Theoretisch! Praktisch reicht das nicht aus, denn vor allem bei Stückkohlefeuerung muß die Luftzufuhr zur angestrebten vollkommenen Verbrennung um 50 bis 60 Prozent größer sein. Dieser Faktor ist die Luftüberschußzahl. Bei Kohlenstaub- oder Ölfeuerung, wo der Brennstoff fein verteilt in den Brennraum gelangt, ist die Luftüberschußzahl geringer.

Die Luft wählt nicht freiwillig den Weg durch den Rost in die Feuerbüchse, sie muß angesaugt werden. Stationäre Kesselanlagen sind da im Vorteil. Sie haben einen 60 bis 80 Meter hohen Schornstein, der für den Saugzug sorgt. Selbst Kamin oder Kachelofen können sich mit 8 bis 10 Meter hohen Schornsteinen die Luft noch selbst ansaugen. Lokomotiven mit 10 Meter hohen Schornsteinen stünden zu wacklig auf den Rädern und hätten Probleme mit Brücken und Fahrleitungen. Die Eisenbahn-Bau- und -Betriebsordnung (BO) gibt mit dem sogenannten Umgrenzungsprofil den lichten Raum vor, in dem sich die die Lokomotive ausbreiten darf.

Abgetrennter Hinterkessel. Gut sichtbar sind hier die Feuerbüchse und die Deckenstehbolzen

Je höher die Kessellage, desto geringer die Schornsteinhöhe. Man hilft sich mit einem Trick, dem Blasrohr. Hier pfeift durch einen ringförmigen Düsenkranz der Abdampf der Zylinder, der ja mit Überdruck aus den Zylindern austritt, millimetergenau durch die Schornsteinöffnung, erzeugt dabei in der Rauchkammer einen Unterdruck, der sich durch die Heiz- und Rauchrohre bis in die Feuerbüchse fortpflanzt. Und da die Rostspalten das einzige „Leck" in diesem System sind, wird durch sie die Luft unter dem Bodenring oder durch den Aschkasten angesaugt.

Das funktioniert aber nur, wenn die Lokomotive fährt, die als Ohrenschmaus so beliebten Auspuffschläge zu hören sind. Damit dem Heizer bei längeren Pausen das Feuer nicht erlischt, gibt es wieder einen Trick, den Hilfbläser. Mit ihm kann dem Blasrohr Frischdampf aus dem Kessel zugeführt werden, um den Saugzug auch ohne Zylinderabdampf zu erzeugen. Das Anstellventil für den Hilfsbläser ist im Führerstand auf der Heizerseite angebracht.

Ein entscheidender Faktor für die Leistung des Kessels ist die Größe der Rostfläche, die in Quadratmetern angegeben wird und sich aus Länge mal Breite des Rostes errechnet. Je größer die Rostfläche, desto mehr Kohle kann verbrannt werden, desto größer ist die erzielbare Wärmeenergie. Die Berechnung der Rostgröße ist für den Konstrukteur eine problematische Aufgabe. Er weiß, welche Heizfläche er braucht, um die geforderte stündliche Dampfleistung des Kessels zu erreichen. Er weiß auch, welche Wärmeenergie erforderlich ist, um bei dieser Heizfläche die erforderliche Dampfmenge zu erzeugen, wieviel Kohle also stündlich verbrannt werden muß. Dividiert man die stündlich verbrannte Kohlemenge durch die Größe der Rostfläche, erhält man die spezifische Rostflächenbelastung. Sie liegt in der Regel bei 300 kg/m^2h, kann bei hochwertiger Kohle bis 700 kg/m^2h ansteigen. Bei einer spezifischen Rostflächenbelastung von 300 kg/m^2h und einer Rostfläche von 4,0 m^2 können also stündlich 1,2 t Kohle verfeuert werden. Das sagt jedoch noch nichts aus über die dabei erzielbare Wärmeenergie, denn die ist abhängig vom Heizwert des Brennstoffs, und womit die Lokomotive gefeuert wird, weiß der Konstrukteur nicht präzis, denn auch bei Steinkohle kann der Heizwert um 1000 kcal/kg schwanken.

Etwas genauer wird die Rechnung, wenn man dabei den Heizwert der Kohle berücksichtigt und die pro m^2 Rostfläche erzielbare Wärmeenergie ermittelt, die sogenannte Rostanstrengung (A), die in kcal/m^2h angegeben wird. Die Rostanstrengung ist abhängig vom Heizwert des Brennstoffs und von der geforderten Leistung der Lokomotive und berücksichtigt in ihrer Einteilung die verschiedenen Stufen von geringer Leistung (A = 2) bis vorübergehende Höchstleistung (A = 5). So kann man ermitteln, daß für eine gute Dauerleistung eine spezifische Rostflächenbelastung bei Steinkohle von 430 kg/m²h, für Braunkohlenbriketts von 670 kg/m²h erforderlich ist. Man muß also, um die gleiche Wärmeenergie zu erzeugen, erheblich mehr Braunkohlenbriketts verfeuern als Steinkohle.

Wie überall stellt man auch beim Lokomotivkessel die Frage nach dem Verhältnis von Aufwand und Nutzen, nach dem Kesselwirkungsgrad. Wieviel der im Brennstoff enthaltenen Wärmeenergie finde ich im Dampf wieder? Es sind bei Heißdampflokomotiven, die durch die Überhitzung die Wärmeenergie besser ausnutzen, nur 70-80 Prozent Eine vollkommene Verbrennung ist bei Stückkohlefeuerung nicht möglich; etwas vom Brennstoff fällt durch die Rostspalten, etwas wird durch den Saugzug mit den Rauchgasen mitgerissen und landet in der Rauchkammer.   Reichsbahnlokomotiven, die in der Nachkriegszeit mit Braunkohle gefeuert wurden, boten nachts einen besonders malerischen Anblick durch den Funkenschweif, der aus dem Schornstein kam. Auf diese Weise und vor allem durch die mit den Rauchgasen entweichende Wärme gehen zwischen 21 bis 27 Prozent der mit dem Brennstoff zugeführten Wärmeenergie verloren, weitere 5 Prozent durch Wärmeabstrahlung des gesamten Kessels.

Der Sattdampf

Naßdampf heißt so, weil er winzig kleine Wassertröpfchen enthält, die beim Aufsteigen der Dampfblasen mitgerissen worden sind. Er hat überdies die unangenehme Eigenschaft, seine Wärme schnell an kühlere Wandungen (Einströmrohre, Schieberka-

Stehkessel während des Einsetzens neuer Stehbolzen (52 8087 in Meiningen, September 1990)

sten, Zylinder) abzugeben, wobei sich einzelne Dampfmoleküle in Wassertröpfchen verwandeln, die natürlich ein geringeres Volumen als in ihrem dampfförmigen Zustand besitzen. Das Ergebnis – der Dampfdruck sinkt.

Solche Tücken hat man erkannt, noch ehe der Überhitzer erfunden worden war. Durch den Dampftrockner versuchte man, diese unangenehmen Eigenschaften des Naßdampfes zu beseitigen. Bekannte Bauarten sind die von Pielock oder Ranafier. Dabei ist dem vom Kesselwasser getrennten Dampf nochmals Wärme zugeführt worden, der auch die Wassertröpfchen noch in Dampf verwandelte. Es entstand gesättigter Dampf, der Sattdampf. Dieser hat die gleiche Temperatur wie das Kesselwasser, aus dem er entstand, enthält aber keine Wassertröpfchen mehr, verliert also auch nicht so schnell an Druck. Baulicher Aufwand und wirtschaftlicher

Gewinn, das heißt Einsparung an Wasser und Brennstoff und Zuwachs an Leistung, standen in keinem gesunden Verhältnis.

Der Heißdampf

Der Kasseler Zivilingenieur Wilhelm Schmidt (1858-1924) erfand den Heißdampf. Entdecken kann man wohl nicht sagen, denn es gab ihn vorher nicht. Er erfand ihn für stationäre Dampfmaschinen. Kurioserweise hat ein Professor für Kältetechnik, Carl von Linde, Schmidt angeregt, den Heißdampf im Lokomotivbetrieb zu erproben. Schmidt fand in Robert Garbe bei den Preußisch-Hessischen Staatsbahnen einen wackeren Mitstreiter.

Heißdampf entsteht, wenn man dem Dampf, der nicht mehr mit dem Wasserspiegel in Verbindung steht, weitere Wärmeenergie zuführt. Zunächst entsteht der oben beschriebene Sattdampf, aus ihm der Heißdampf. Das ist also überhitzter Dampf, der im Überhitzer erzeugt wird. Heißdampflokomotiven haben zwei Dampfsammelkammern, eine für Naß-, eine für Heißdampf. Beim Öffnen des Reglers strömt der Dampf aus dem Kessel in die Naßdampfsammelkammer, von dort in die Überhitzerelemente. Das sind Rohrbündel, die in Richtung Feuerbüchse in die Rauchrohre eingeschoben sind. Der Kessel einer Heißdampflokomotive hat bekanntlich zwei Sorten von Rohren: die im Durchmesser kleineren Heizrohre und die im Durchmesser größeren Rauchrohre. Ihre Aufgabe ist die gleiche. Durch sie strömen die Rauchgase von der Feuerbüchse zur Rauchkammer und geben dabei einen Teil ihrer Wärme an das Kesselwasser ab. Rauchrohre heizen also auch das Kesselwasser auf. Sie geben aber auch Rauchgaswärme an die Überhitzerelemente ab und heizen den dort durchströmenden Dampf auf 350-400°C auf. Die Temperatur des Naßdampfes betrug bei 16

Die Kraft des Dampfes treibt die Kolben (vorn im Bild) durch die Zylinder. 38 2267 im Raw Meiningen

Wie funktioniert die Dampflok

bar Kesseldruck 203°C. Wenn er mit 400°C im Heißdampfsammelkasten ankommt, ist er also um 197°C überhitzt worden.

Heißdampf hat andere Eigenschaften als Naßdampf. Der Rauminhalt, den 1 kg Heißdampf einnimmt, ist schon bei einer Überhitzung auf 350°C um 30 Prozent größer als der des Naßdampfes. Die gleiche Dampfmenge wiegt also bei Heißdampf weniger. Man muß bei einer Heißdampflokomotive folglich weniger Dampf in die Zylinder geben, als bei einer Naßdampflokomotive. Deshalb gehen Heißdampflokomotiven sparsamer mit Wasser und Brennstoff um. Bei einer Überhitzung auf 400°C beträgt bei der Heißdampflokomotive die Ersparnis an Wasser ca. 45 Prozent, die an Brennstoff ca. 21 Prozent gegenüber einer Naßdampflokomotive mit gleichem Kesseldruck. Heißdampf ist außerdem ein schlechter Wärmeleiter. Er ist kaum bereit, seine Wärme an kühlere Flächen abzugeben, was sich natürlich nicht vermeiden läßt. Aber er verändert, im Gegensatz zum Naßdampf, dabei kaum sein Volumen, also seinen Druck.

Die Erfindung des Heißdampfes war jedoch nur die eine Seite der Medaille. Für den Lokomotivbetrieb konnte sie erst dann genutzt werden, als auch das Heißdampföl erfunden oder entwickelt worden war. Die zuvor brauchbaren Zylinderöle verloren bei den im Heißdampfbereich üblichen Temperaturen ihre Schmierfähigkeit und verkokten. Am fehlenden Heißdampföl hat es gelegen, wenn die Heißdampflokomotive nicht sofort ihren Siegeszug antreten konnte. Es lag auch an den Kolbenringen für Schieber und Dampfkolben, die Schieber und Kolben gegen die Laufbuchsen abdichten. Man zahlte Lehrgeld, ehe man herausfand, daß sie schmal und federnd sein müssen.

Die Leistung des Kessels

Wieviel Dampf kann man nun pro Stunde in einem Lokomotivkessel kochen? Das ist abhängig von der Heizfläche des Kessels, die sich aus der Strahlungsheizfläche der Feuerbüchse und der Berührungsheizfläche der Rauch- und Heizrohre zusammensetzt. Die hochwertigere Heizfläche, die mit der größten Verdampfungsleistung, ist die Strahlungsheizfläche. Die Heizleistung der Rohrheizfläche nimmt mit der Entfernung von der Feuerbüchse ab, weil sich die Rauchgase beim Durchströmen der Rohre abkühlen.

Die Väter der Einheitslokomotive vertraten die Meinung, man müsse durch möglichst lange Heiz- und Rauchrohre die Wärmeenergie der Rauchgase so gründlich wie möglich ausnutzen. Bereits zu DRG-Zeiten jedoch reifte die Erkenntnis, auch unter dem Einfluß ausländischer Konstruktionen, daß es günstiger sei, die hochwertige Feuerbüchsheizfläche zu vergrößern.

Nun war das so ohne weiteres nicht möglich. Breiter werden konnte die Feuerbüchse nicht, damit der Hinterkessel im Umgrenzungsprofil blieb. Länger werden konnte sie auch nicht beliebig, weil dadurch die Rostfläche größer geworden wäre. Die großen Einheitslokomotiven hatten so um 5 m² Rostfläche, das Maximum dessen, was man einem Heizer zumuten konnte. So erfand man die Verbrennungskammer, eine Verlängerung des oberen Teils der Feuerbüchse in den Langkessel hinein. Dadurch vergrößerte sich wohl die Strahlungsheizfläche, nicht aber die Rostfläche. Die erste Lokomotive, die eine solche Verbrennungskammer bei deutschen Bahnen besaß, war die 05 003 von Borsig.

Die stündlich pro Quadratmeter Verdampfungsheizfläche erzeugbare Dampfmenge bezeichnet man als spezifische Heizflächenbelastung. Man nennt sie auch die Kesselgrenze, bei deren Überschreiten Materialschäden auftreten können. Für alle DRG-Lokomotiven, Länderbahn- und Einheitslokomotiven, wurde eine spezifische Heizflächenbelastung von 57 kg/m²h festgelegt. Mehr als 57 kg Wasser durften also pro Quadratmeter Heizfläche stündlich nicht verdampft werden. Es war natürlich ohne weiteres möglich, bei Spitzenleistungen diese Kesselgrenze zu überschreiten, also mehr Wasser als nur die 57 kg/m²h zu verdampfen, doch führte das meist dazu, daß die Verbindung zwischen Heiz- bzw. Rauchrohr und Feuerbüchsrohrwand undicht wurde. Selbst die Wagnerschen Langrohrkessel mit 7500 mm Rohrlänge bei den BR 06 und 45 ließen keine höhere Dampferzeugung zu, wenngleich sie im Kesselwirkungsgrad ein paar Zehntelprozentchen günstiger lagen.

Mit dem Verbrennungskammerkessel waren spezifische Heizflächenbelastungen von 65 bis 80 kg/m²h möglich, also eine wesentlich höhere Dampferzeugung pro Quadratmeter Heizfläche, wenngleich die Rauchgase dann mit einer höheren Temperatur durch den Schornstein pfiffen.

Ein mobiles Kraftwerk wie die Dampflokomotive, das zwischen Ruhefeuer und Höchstleistung bei maximal zulässiger Geschwindigkeit beansprucht wird, ist im Wirkungsgrad natürlich allen anderen Wärmekraftmaschinen hoffnungslos unterlegen. Der Wirkungsgrad der Dampflokomotive, also das Verhältnis der mit dem Brennstoff zugeführte Energie zur nutzbaren Zughakenleistung wird mit 8 bis 10 Prozent angegeben. Dagegen brüsten sich die Diesellokomotive mit einem Wirkungsgrad von 22 bis 28 Prozent, die Ellok sogar mit 70-80 Prozent. Besonders bei der Ellok ist dieser Wirkungsgrad mit großer Skepsis zu betrachten, und er mag für Länder wie die Schweiz gelten, die Bahnstrom

aus Wasserkraft erzeugen. In Deutschland wird Bahnstrom vorrangig in Kohlekraftwerken erzeugt, so daß der für Elloks angegebene Wirkungsgrad nur von Leuten errechnet werden sein kann, die meinen, Strom käme aus der Steckdose. Um vergleichbar zu bleiben, dürfte man bei Dampflokomotiven den Wirkungsgrad erst ab Heißdampfsammelkasten errechnen.

Warum fährt die Dampflokomotive?

Der im Dampfraum des Kessels erzeugte Naßdampf hat nur einen Fluchtweg – den durch die Kesselsicherheitsventile. Diese geben ihm den Weg aber nur frei, wenn der Dampfdruck die an den Ventilen üblicherweise eingestellten 16 bar übersteigt. Manchmal passiert das, und die Ventile blasen ab. Das erzeugt einen Höllenlärm.

Wenn der Regler geöffnet wird, strömt der Dampf aus dem Kessel durch die Naßdampfkammer, den Überhitzer und den Heißdampfsammelkasten in die Einströmung. Je nach Kurbelstellung leitet ihn der Schieber vorn oder hinten in den Zylinder. In jedem Falle ist aber der Dampfkolben im Weg, doch der ist das einzige bewegliche Glied in diesem System. Er wird weggedrückt, bis die Ausströmung frei ist und der Dampf mit dem ersten Auspuffschlag durch Blasrohr und Schornstein entkommt. Daß der Dampf mal von der einen, mal von der anderen Seite auf den Kolben wirkt, dafür sorgt der Schieber. Und wenn sich der Dampfkolben bewegt, bewegt sich auch die Treibstange, die über den Kreuzkopf mit der Kolbenstange verbunden ist. So wird aus der hin- und hergehenden Bewegung der Kolbenstange am Treibzapfen eine Drehbewegung – die Lokomotive fährt.

Die Haftreibung bewirkt, daß sich der Treibradsatz (und die gekuppelten Radsätze) nicht nur dreht, sondern dabei auch eine Wegstrecke zurücklegt. Man hat die Haftreibung anfangs gar nicht gekannt, und die allerersten Lokomotivkonstruktionen sich durch Stelzen fortbewegen lassen. Dann hat man sie lange unterschätzt, weil sie schwer zu berechnen ist und witterungsabhängig schwankt. Als man entdeckte, daß die Haftreibung zwischen den glatten Schienen und den spiegelblanken Radreifen größer war, als bisher angenommen, konnte man auf den gemischten Reibungs- und Zahnradbetrieb verzichten und die Zahnstangen ausbauen. Voraussetzung dafür war, möglichst viel der Lokomotivmasse als Reibungsmasse zu nutzen. Von den 109 t, die eine betriebsfähige Lokomotive der BR 44 auf die Waage bringt, werden immerhin 95 t als Reibungsmasse auf die Schienen gebracht.

Manfred Weisbrod

Dienst-schicht

Ein Tag auf der Dampflokomotive

Die meiste Zeit, so wissen die alten Dampflok-Männer zu erzählen, verbrachte man nicht etwa auf der Strecke, sondern mit der Pflege der Lokomotive. Der Dienst begann und endete meist im Bahnbetriebswerk

Heutzutage steigt der Lokomotivführer meist am Bahnsteig auf seine Diesel- oder Ellok, drückt dem Kollegen, den er ablöst, kurz die Hand – und ab geht die Fuhre. Unterwegs wechselt er mitunter zwei-, dreimal die Maschine, ehe er irgendwann wieder am Bahnsteig absteigt oder die Lok im Betriebshof zur Durchsicht „abgibt".

Zur Dampflokzeit liefen die Schichten ganz anders ab – nach fest gefügten Ritualen.

Die Lokleitung

Wann der Lokführer zum Dienst antreten muß, erfährt er vom Dienstplan, der in der Lokleitung aushängt. Er gilt gewöhnlich für eine Fahrplanperiode, ist auf die Laufpläne der Lokomotiven abgestimmt und wird vom Gruppenleiter B (Betrieb) ausgearbeitet. Bei drei Lokomotiven und dreifacher Besetzung sind neun Personale erforderlich. Diese fahren nun in einem Neuntageplan unter Berücksichtigung gesetzlich festgelegter Arbeits- und Ruhezeit. Wie für die Lokomotiven gilt auch für die Lokführer (und Heizer) ein Tag 1, Tag 2 usw. Außer den dienstplanmäßigen Personalen gibt es auf den Dienststellen noch die sogenannten „Wilden" oder „Springer". Das sind Lokführer und Heizer, die überall streckenkundig sind und bei Urlaubs-, Krankenvertretungen und Sonderleistungen eingesetzt werden.

Der Lokführer muß sich beim Lokleiter bei Dienstantritt mit seinem Namen zum Dienst melden, die Dienstplan-Nummer nennen – auch wenn man sich persönlich kennt und, wie üblich, per Du ist.

Die Bilder aus der Dampfzeit verheißen vor allem Romantik. Herr sein über ein viele Tonnen schweres, schnaufendes und unendlich starkes Ungetüm – wer beneidete nicht die Männer auf dem Führerstand? Indes, wer sich den Kindertraum erfüllte und nach einer langen und anspruchsvollen Laufbahnausbildung endlich auf die Lokomotive steigen durfte, den erwartete dort alles andere als Zuckerschlecken. Das begann mit den Dienstplänen, die einen oft mitten in der Nacht aus dem Bett warfen und setzte sich fort mit der Plackerei beim Entschlacken und Abschmieren der Maschine. Und wenn sie dann endlich fuhr, schlug den Männern von vorn eine Höllenhitze und von hinten ein eisiger Zugwind entgegen

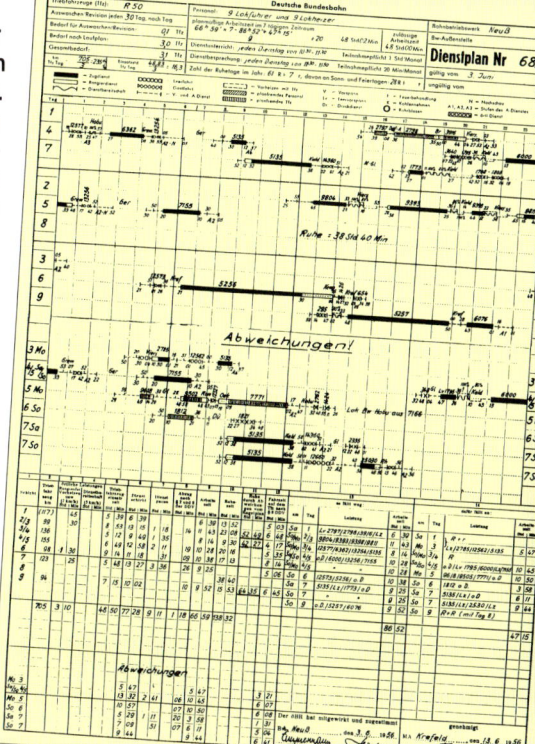

Jede Dampflok hatte ihren eigenen „Charakter". Die eine galt als genügsam, die andere als faul, die nächste wieder pflegte sich vor schweren Zügen mörderisch zu schütteln. Wohl dem, der eine „Stammlok" sein eigen nennen durfte und deren Eigenheiten richtig zu behandeln wußte. Manche Maschine strömte Wohlbefinden aus, wenn sie nur einen Tropfen Öl an der rechten Stelle erhielt, manch anderer war nur durch gutes Zureden zu helfen...

Vom Lokleiter erfährt der Lokführer, welche Lokomotive er erhält und welchen Zug er zu bespannen hat. Da bei der Eisenbahn jeder Zug, natürlich auch jeder Güterzug, eine Nummer hat, genügt dem Lokführer die Zugnummer, um zu wissen, daß er zunächst von A-Stadt nach B-Dorf fahren muß. Aus dem „Triebfahrzeug-Umlauf" (Dienstplan) erfährt der Lokführer, welche Leistungen er während seiner Dienstschicht mit seiner Lokomotive zu erbringen hat, welche Züge er bespannen muß und wann er (voraussichtlich) wieder zu Hause sein wird.

Der Lokleiter sagt dem Lokführer außerdem, wo seine Lokomotive steht (hoffentlich die Planlok!). In der Lokleitung nimmt er die „La", das Verzeichnis der Langsamfahrstellen und anderen betrieblichen Besonderheiten, in Empfang, oder er findet sie auf der Lokomotive vor. Die „La" erscheint jede Woche und gilt immer von Montag bis Montag.

Im Lokschuppen

Ein weiteres Zeremoniell gilt für den Dienstantritt im Bahnbetriebswerk. Der Lokführer erhält vom Lokleiter die Schlüssel für die Lokomotive und findet sie gewöhnlich im Lokschuppen. Zuvor hat er seinen Lokdienstzettel ausgefüllt, auf den später vom Zugführer oder Fertigsteller alle während der Dienstschicht erbrachten Leistungen eingetragen werden.

Nun sind eine ganze Reihe von Kontrollen erforderlich. Ehe damit begonnen wird, begrüßt der Lokführer seinen Heizer, der schon an der Maschine ist.

Lokführer-Pflichten

Kontrolliert werden müssen der Wasserstand des Kessels, die Vorräte an Wasser und Brennstoff, der ordnungsgemäße Zustand der Splinte in den Muttern, der Füllungsstand der Ölkannen, der Vorrat an Sand im Sandkasten. Der Lokführer muß sich auch vom Vorhandensein von Ersatzgläsern für den Wasserstand und der Knallkapseln – für alle Un-Fälle – überzeugen. (In grenznahen Gebieten, wie z. B. den Bw Sonneberg, Probstzella oder Oebisfelde, galten für die Knallkapseln bei der DR besondere Spielregeln. Das war Sprengstoff, der nach Dienstende gegen Quittung in der Lokleitung abgegeben werden und bei Dienstantritt gegen Quittung wieder empfangen wurde!)

Der Lokführer hat sich zu überzeugen, daß die Rauchkammer dicht verschlossen ist, daß Luft-, Kolbenspeise- und Dampfstrahlpumpe funktionieren und die Schmierpresse bzw. der Öler arbeitsfähig ist. Der Lokführer hat für seine Kontrollen zwei Instrumente. Der langstielige Hammer ist sein verlängertes Ohr, mit dem er beim Abklopfen bestimmter Bauteile hört, ob sie festsitzen oder Spiel haben. Der Splinthaken ist sein verlängerter Zeigefinger, mit dem er z.B. die Zylinderhähne auf Funktionsfähigkeit überprüft.

Pflichten des Heizers

Der Heizer hat sich zunächst davon zu überzeugen, daß der Regler geschlossen, die Bremse angezogen und die Steuerung auf Mitte ausgelegt ist.

Dann kümmert er sich um das Feuer, damit sich die Lokomotive auch aus eigener Kraft bewegen kann. Bei der abgestellten Lokomotive haben die Schuppenheizer ein Ruhefeuer unterhalten, das für einen Kesseldruck von mindestens 4 bar sorgt. Ehe sich der Heizer um das Feuer sorgt, muß er den Wasserstand und alle Hähne durch Öffnen und Schließen auf ihre Funktion prüfen. Dann zieht es das vor der Rohrwand liegende Ruhe- oder Reservefeuer mit der Kratze über den Rost und stellt bei geöffneten Luftklappen den Bläser an, damit das hell durchbrennende Feuer beschickt werden kann. Er muß jetzt über der gesamten Rostfläche ein Grundfeuer aufbauen, damit der Kesseldruck bis zur Fahrt aus dem Schuppen in die Nähe des zulässigen Höchstdruckes ansteigt. Weiterhin hat er alle Ölgefäße zu kontrollieren, wenn nötig, nachzufüllen und alle Unregelmäßigkeiten dem Lokführer zu melden. Der wiederum überwacht, daß der Heizer alle Aufgaben erfüllt. Wenn einer von beiden, Lokführer oder Heizer, unter die Maschine steigt, informiert er den anderen, damit es keine unliebsamen Überraschungen gibt.

So geht der „Dienst nach Vorschrift". Theoretisch hätte sich der Heizer vor Dienstantritt beim Lokführer zu melden, doch in der Praxis, in der das Personal über Jahre oder Jahrzehnte aufeinander eingespielt ist, weiß jeder, was er zu tun hat. Und tut es. Ohne große Worte. Weil eine ganze

Menge Arbeiten zu verrichten sind, ehe sich die Lokomotive zum Zug in Bewegung setzen kann, liegt der Dienstbeginn von Lokführer und Heizer mindestens eine Stunde vor Abfahrt des Zuges.

Es gibt noch eine Kontrolle, die in keiner Dienstvorschrift steht, die aber jeder vor der Fahrt aus dem Schuppen vornimmt: die Kontrolle der Brotbüchse. Was hat Mutter heute auf die Stullen geschmiert?

Die Fahrt zum Zug

Der Lokführer wird die für seine Zugfahrt zutreffende Seite im Buchfahrplan aufschlagen und in den Fahrplanbuchhalter klemmen. Wenn Lokführer und Heizer meinen, es sei nun alles in Ordnung, kann ausgerückt werden. Es ist Aufgabe des Lokführers, sich davon zu überzeugen, daß die Schuppentore ordnungsgemäß angehängt sind, daß die Handbremse, die Extersche Wurfhebelbremse, funktioniert. Da vor dem Lokschuppen üblicherweise eine Drehscheibe ist, gibt der Lokführer durch Pfeifsignal dem Drehscheibenwärter seine Absicht bekannt, die Scheibe zu befahren, und erwartet die Freigabe. Die Fahrt auf die Drehscheibe geschieht mit voll ausgelegter Steuerung, damit der Schieber seine Lauffläche in gesamter Länge überstreicht und Öl- und Schmutzreste entfernt.

Das Befahren der Drehscheibe erfordert einiges Fingerspitzengefühl. Deshalb waren zur Dampflokzeit am Drehscheibengeländer kleine, nach außen abgewinkelte Blechschilder angebracht, auf denen die Baureihennummer der Lokomotiven stand, die im Bw beheimatet waren oder ständig dort wendeten. Wenn das Schild, das für die Baureihe zutraf, die auf die Drehscheibe fuhr, in Höhe des Führerhausfensters auf der Führerseite war, konnte der Lokführer sicher sein, daß der 1. Radsatz der Lokomotive und der letzte Radsatz des Tenders auf der Drehscheibe standen. Dem Drehscheibenwärter wird die Zielrichtung und die Fahrtrichtung angesagt: die Lokübergabestelle. Diese ist an der Bw-Ausfahrt durch ein Schild besonders markiert. Dort meldet sich der Lokführer beim Stellwerk über das Telefon und nennt die Zugnummer. Vom Stellwerk erfährt er, auf welchem Gleis sein Zug steht, und er erhält das Signal zur Weiterfahrt.

Am Zug

Unser Personal ist zum Zug-, nicht zum Rangierdienst eingeteilt. Es gibt für jeden Bahnhof eine Bahnhofsfahrordnung, die der Lokführer zu kennen hat. Wenn ihm vom Stellwerk die Gleisnummer mitgeteilt worden ist, weiß er, welche Gleisabschnitte und Weichen er befahren muß, um an den Zug zu gelangen. Im Normalfall erwartet

Auf den Punkt genau zu bremsen, ist eine Kunst

ihn dort ein Rangierer, der die Lokomotive ankuppelt, die Bremsluftleitungen und, bei Reisezügen, die Heizdampfleitung verbindet. Ist kein Rangierer zur Stelle, muß der Heizer das übernehmen.

Vom Rangierer oder Wagenmeister wird der Lokführer zur Bremsprobe aufgefordert. Auf Personenbahnhöfen sind dazu am Bahnsteig drei untereinander angeordnete weiße Signallampen vorhanden, die Anlegen der Bremse, Lösen der Bremse und „Bremse in Ordnung" anzeigen.

Der Wagenmeister hat an allen Wagen das Funktionieren der Bremsen zu überprü-

fen. Bei langen Güterzügen dauert das geraume Zeit. Vom Zugführer erhält der Lokführer den Bremszettel, auf dem die Zahl der Achsen steht, die der Zug hat, die Zugmasse in Tonnen, die Art der Bremsen und deren Anzahl sowie die Anzahl der vorhandenen Bremshundertstel. Bei Güterzügen konnte es durchaus möglich sein, daß ungebremste Wagen eingestellt waren.

Für jeden Zug, für jede Strecke und für jede Lokomotivbaureihe gibt es eine Planlast. Das ist die maximale Zugmasse, die von der betreffenden Lokomotive auf dieser Strecke planmäßig befördert werden kann. Hat der Zug Überlast, was bei Verstärkungswagen im Reisezugdienst oder bei starkem Güteraufkommen durchaus möglich ist, muß der Zugführer den Lokführer befragen, ob der den Zug mit Überlast übernehmen will. Gibt der Lokführer sein Einverständnis, übernimmt er damit die volle Verantwortung, den Zug auch unter diesen Bedingungen planmäßig zu befördern. Lehnt er ab, müssen die überzähligen Wagen abgehängt oder eine Vorspannlokomotive gestellt werden.

Eine Lokomotive fahren können, heißt einen Zug bremsen zu können. Dazu braucht es neben Erfahrung und einer gehörigen Portion Gefühl auch Informationen über Anzahl und Art der Bremsen im Zuge. Die entnimmt der Lokomotivführer dem Bremszettel. Die 012 102 bekam am 13. September 1972 den 627 Tonnen schweren D 533 an den Haken. Dem Bremszettel entnahm der Lokführer, daß er den Zug auch aus 140 km/h stets sicher zum Halten bringen konnte

Ein besonderer Abfahrbefehl wird bei Güterzügen nicht erteilt – hier genügt das auf Fahrt stehende Ausfahrsignal. Anders bei Reisezügen, Expreßgut- und Postzügen am Bahnsteig. Hier hebt die Aufsicht oder der Zugführer die grünumrandete „Kelle" oder nachts die grün leuchtende Lampe. Lokführer und Heizer wünschen sich gute Fahrt, und der Lokomotivführer öffnet den Regler mit den Worten: „Los geht's!"

Die Zugfahrt

Die eine Kunst, die der Lokführer beherrschen muß, ist, den Zug ruckfrei anzufahren, die andere, ihn punktgenau abzubremsen und ruckfrei zum Halten zu bringen. Wenn der Regler zu stürmisch geöffnet wird, kommt die Lokomotive ins Schleudern. Das ist mit dem Kavalierstart eines Auto an der Ampel zu vergleichen, das sich mit quietschenden Reifen und durchdrehenden Rädern in Bewegung setzt. Eine schleudernde Lokomotive erbringt keine Zugleistung. Ein erfahrener Lokführer sandet auf dem Durchgangsbahnhof kurz vor dem Stillstand seines Zuges, besonders bei feuchtem Wetter, damit beim Anfahren der Ädhäsionswert zwischen Rad und Schiene verbessert wird. Angefahren wird mit voll ausgelegter Steuerung und vorsichtig geöff-

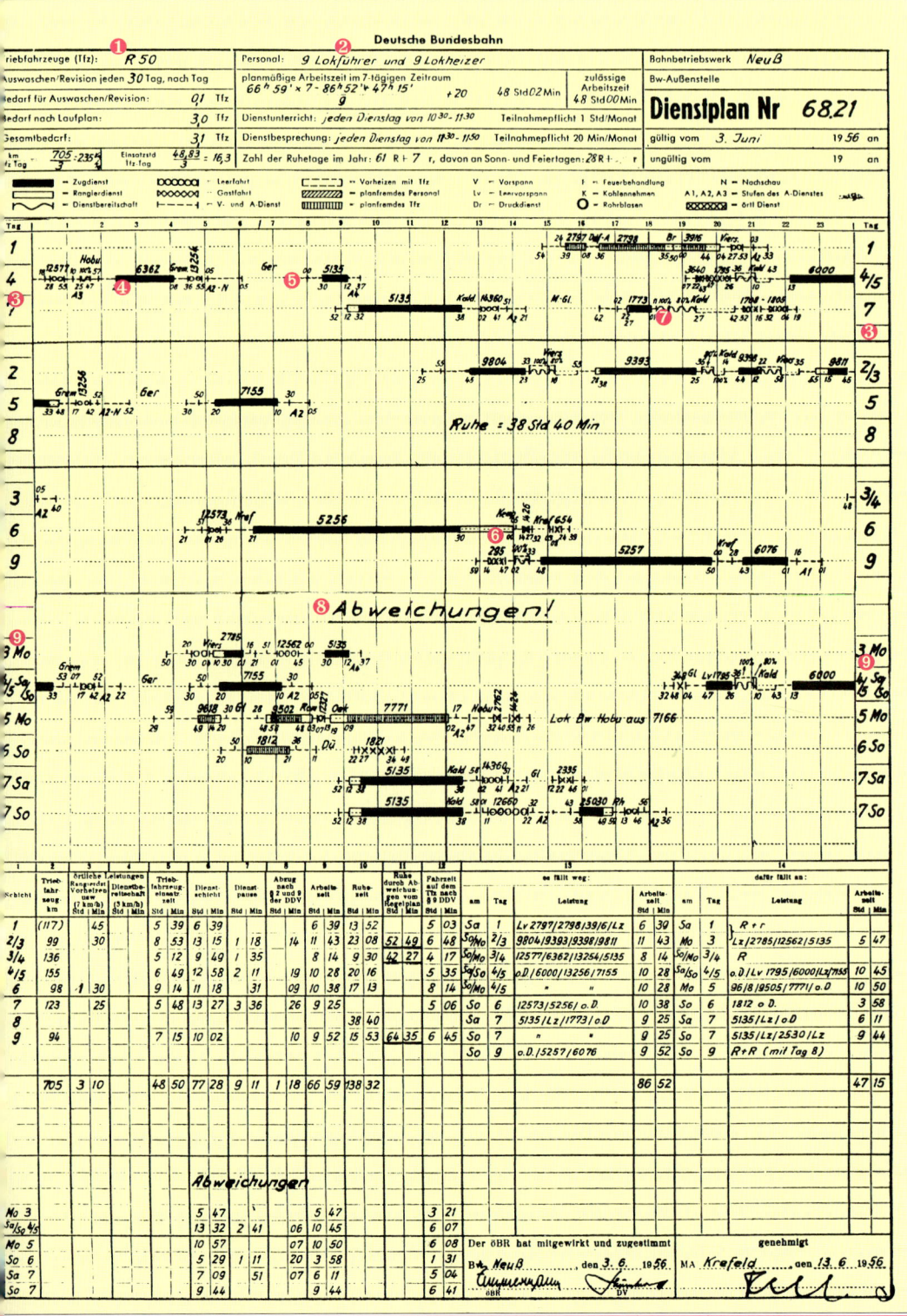

Wann sie wo welchen Zug übernehmen müssen, erfahren Lokomotivführer und Heizer aus dem Dienstplan. Unser Beispiel stammt aus dem Sommer 1956; der Dienstplan galt für neun Lokführer und Lokheizer und drei Lokomotiven der Baureihe 50 aus dem Bw Neuß

Allgemeine Informationen

❶ Bedarf an Lokomotiven. Zu dem durch den Laufplan bedingten Bedarf von drei Lokomotiven der Baureihe 50 kommt „statistisch" 0,1 Triebfahrzeug hinzu. Es wird benötigt, weil jede Lok an jedem 30. Tag zum Auswaschen des Kessels und zur Revision abgestellt wird. An diesen Tagen steigen die Personale auf eine „wilde" Ersatzlokomotive

❷ Arbeitszeitgestaltung der Personale – neben den planmäßigen Arbeitszeiten und Ruhetagen sind hier die Zeiten für Dienstunterricht und Dienstbesprechungen geregelt.

Lok- und Personalumlauf

❸ Der Dienstplan setzt sich für die Personale aus neun Plantagen zusammen. Am Tag 1 beginnt der Dienst um 14.54 und endet um 21.33, die nächste Schicht beginnt am Tag 2 um 11.25 und endet am Tag 3 um 0.40. So geht es bis zum Tag 9; dann folgt wieder der Tag 1. Lokomotivführer und Heizer haben außer dem Zugdienst (dicke Linie ❹) noch weitere Aufgaben, z. B. Vorbereitungs- und Abschlußdienst (gestrichelte Linie ❺), Rangierdienst (weißer Kasten ❻) oder Dienstbereitschaft (Wellenlinie ❼).

❽ Weil mancher Zug nur an bestimmten Tagen verkehrt, gibt es Abweichungen, z.B., wenn Tag 3 auf einen Montag fällt (❾).

❿ Anders als für die Personale sind für die Lokomotiven nur drei wiederkehrende Plantage vorgesehen.

netem Regler. Wenn sich der Zug in Bewegung gesetzt hat, nimmt der „Meister" die Steuerung (Füllungsgrad der Zylinder) bei zunehmender Geschwindigkeit zurück. Es bedarf schon Könnens und einiger Erfahrung, mit dem Regler ein kräftiges Anfahren zu erzielen und das Schleudern zu vermeiden. Lokomotiven, die bei der Anfahrt nach zwei oder drei normalen Auspuffschlägen zu schleudern beginnen und bei denen Qualm und Flugasche aus dem Schornstein stieben, sind sehr effektvoll für Video- oder Tonbandaufnahmen, aber kein Zeugnis der Fahrkunst des Lokführers.

Auf der Strecke

Es kann durchaus vorkommen, daß die Lokomotive auf der Strecke unvermittelt zu schleudern beginnt, wenn im Herbst oder Frühjahr Einschnitte oder Waldstücke befahren werden, in denen die Schienen feucht oder von Laub bedeckt sind. Ehe der Lokführer den Sandstreuer betätigen darf, muß der Regler beigezogen oder geschlossen werden.

Auf der Strecke soll der Lokführer die Dampfdehnung, nicht die Dampfmenge, arbeiten lassen. Das heißt, er soll möglichst mit vollem Schieberkastendruck und geringster Füllung fahren. Das spart Dampf und Brennstoff und macht dem Heizer die Arbeit nicht unnötig schwer. Wenn irgend möglich, wird der Lokführer den Leerlauf nutzen, besonders in Gefällestrecken, dabei den Regler schließen und die Steuerung so weit auslegen, wie es für den ruckfreien Lauf der Lokomotive möglich ist.

Der Lokführer und auch sein Heizer haben sich besonders um die Beobachtung der Strecke und der Signale zu bemühen. Wer von beiden zuerst das Signalbild wahrnimmt, ruft es dem anderen zu, der es mit gleichem Wortlaut bestätigt. In Linksbögen wird zuerst der Heizer das Signal erkennen, in Rechtsbögen der Lokführer. Ein gelegentlicher Blick sollte in Gleisbögen auch dem Zugschluß gelten. Einst leuchteten die Schlußlaternen, die „Owala", nach hinten rot und nach vorn weiß. So sah das Lokpersonal, ob der Zug noch „komplett" war. Heute können die Schlußsignale von der Lokomotive aus kaum noch beobachtet werden.

Während der Lokführer für die Einhaltung der zulässigen Streckengeschwindigkeit und des Fahrplans (nicht allein die Halte, auch die Durchfahrzeiten sind im Buchfahrplan minutengenau bestimmt) verantwortlich ist, muß sich der Heizer um die Kesselspeisung, das Feuer und den Kesseldruck kümmern.

Wichtig ist eine gleichmäßig durchbrennende Feuerschicht. Helle Stellen im Feuerbett zeigen an, daß es zu dünn ist und Luft durchpfeift, die eine unerwünschte Abküh-

Für jeden Zug gibt es einen Fahrplan

lung der Feuerbüchse bewirken kann. Beim Beschicken des Feuers hilft der Lokführer, wenn er die linke Hand frei hat, durch Öffnen und Schließen der Feuertüre, denn die bei Einheitslokomotiven übliche Marcotty-Feuertüre hat sowohl auf der Heizer- als auch auf der Lokführerseite einen Griff.

Die Feuerschicht wandert während der Fahrt durch die Bewegung der Lokomotive in Richtung Feuerbüchsrohrwand. Die Feuerungstechnik, die der Heizer anwenden muß, kann von Baureihe zu Baureihe verschieden sein. In der Regel wird die Kohle hufeisenförmig in die rechte und linke hintere Ecke der Feuerbüchse und dicht hinter die Feuertür geworfen. Viel hilft hier nicht viel. Es geht also nicht, den Kessel vollzupumpen und soviel Kohle wie möglich in die Feuerbüchse zu werfen, um eine halbe Stunde Ruhe zu haben. Das bestraft die Maschine mit einer dicken schwarzen Qualmwolke aus dem Schornstein, mangelnder Überhitzung und Wasserüberreißen, also mit Leistungsabfall.

Lokführer und Heizer wissen aufgrund ihrer Streckenkenntnis, wo sie den Zug „laufen" lassen können und wo die Maschine arbeiten muß. Es ist nicht tragisch, wenn in der Beharrungsfahrt oder im Gefälle der Kesseldruck von 16 auf 14 bar absinkt, aber wenn die Maschine gefordert wird, muß der volle Druck wieder anliegen. Als die Reichsbahn nach dem Kriege mit Braunkohle heizen mußte, war es keine Schande, wenn unterwegs angehalten werden mußte, um Dampf zu kochen. Mit guter Lokomotivkohle erspart man sich diese Situation.

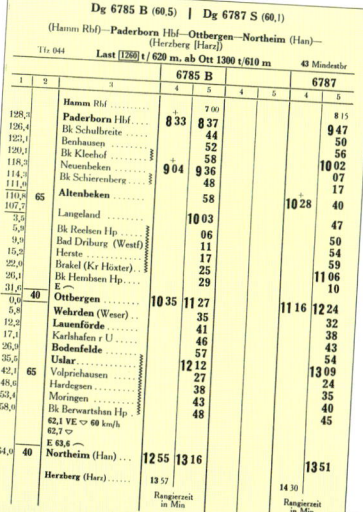

Auch für Güterzüge gilt bei der Eisenbahn die Herrschaft der Minute. Die Abfahrts-, Durchfahrts- und Ankunftszeiten entnimmt der Lokomotivführer ebenso wie die zulässigen Lasten und Zuglängen dem Buchfahrplan. Links eine solche Fahrplanseite vom Sommer 1969. Nach diesem Plan brachten damals Dampflokomotiven der Reihe 044 die Durchgangs-Güterzüge 6785 und 6787 von Hamm Rangierbahnhof über Paderborn Hbf, Ottbergen und Northeim (Han) nach Herzberg (Harz)

Wie funktioniert die Dampflok

Der Unterwegshalt

Er kann planmäßig oder außerplanmäßig sein. Bei Reisezügen treten planmäßige Aufenthalte durch eine Kreuzung oder das Warten auf einen Anschluß ein. Der Lokführer wird die Zeit nutzen, um seine Maschine zu inspizieren. Dazu gehört die Prüfung der Lagertemperatur der Achs- und Stangenlager mit dem Handrücken. Kann man sie berühren, ist alles in Ordnung. Strahlen sie zu viel Wärme ab, muß die Ursache gesucht und behoben werden. Der langstielige Hammer ist immer dabei, denn durch Klopfen erfährt der Meister, was er nicht sehen kann.

Der Aufenthalt kann auch unplanmäßig sein, wenn beispeilsweise auf dem vorausliegenden Streckenabschnitt eine Betriebsstörung behoben werden muß, die Durchlaßfähigkeit der Strecke wegen zu vieler Langsamfahrstellen nicht ausreicht oder ein verspäteter höherwertiger Zug überholen muß. Über den Signalfernsprecher können sich Lokführer oder Zugführer über Grund und Dauer des außerplanmäßigen Haltes informieren.

Ein außerplanmäßiger Halt bedeutet in jedem Fall Verspätung und erhöht den Brennstoffverbrauch. Ob die Verspätung wieder eingefahren werden kann, hängt von der zulässigen Streckengeschwindigkeit und der Entfernung bis zum Zielbahnhof ab.

Am Zielbahnhof

Der Zielbahnhof kann für das Personal ein beliebiger Bahnhof sein, wo es von anderem Personal abgelöst wird. Das ist häufig dort der Fall gewesen, wo „aus der Mitte" gefahren wurde, das Heimat-Bahnbetriebswerk der Lokomotive zwischen den angefahrenen Zielbahnhöfen lag. Das Bw Wittenberge ist ein typisches und sehr bekanntes Beispiel dafür gewesen. Es bespannte z.B. mit seinen ölgefeuerten Lokomotiven der Baureihe 01^5 Züge zwischen Berlin und Hamburg, Magdeburg und Rostock oder Berlin und Schwerin. In Wittenberge fand aber kein Lokwechsel, nur Personalwechsel statt.

Die andere Variante ist das sogenannte Wende-Bw. Die Lokomotive wird nach Erreichen des Zielbahnhofs abgekuppelt und rückt ins Bahnbetriebswerk ein. Das war z. B. für die Schnellzugleistungen zwischen Hamburg und der Insel Sylt für die Maschinen der Reihe 012 vom Bw Hamburg-Altona das Bw Westerland oder für die Hofer Dampflokomotiven das Bw Bamberg. Wenn die Berliner 01^5 von Dresden Hbf ins Bw Altstadt einrückten, ging es zunächst an die Bekohlung, wo der Kran den Kohlevorrat ergänzte. In anderen Bw, wie z.B. Rheine, war die Bekohlung aus dem Hochbunker heraus möglich.

Erst wenn die Lok versorgt ist, geht es nach Hause

Ist der Kohlekasten gefüllt, geht es auf die Schlackengrube. Dort befreit der Heizer den Rost von Schlackeresten, die über den Kipprost in den Aschkasten fallen, und leert den Aschkasten. Außerdem muß aus der Rauchkammer die Lösche gezogen werden. Das ist die von der Rauchkammerspritze angefeuchtete Flugasche, die sich dort angesammelt hat.

Die Rauchkammer muß ausgeschaufelt werden. Lösche, Asche und Schlacke fallen in den Schlackensumpf und werden von dort mit einem Förderband auf einen Schlackewagen befördert.

Heizer ölgefeuerter Lokomotiven hatten es besser, denn dort fielen weder Asche noch Lösche an.

Wenn diese Arbeiten erledigt sind, der Heizer sein Ruhefeuer aufgebaut hat, geht es an den Wasserkran, um den Tenderwasserkasten wieder zu füllen. Dann wird die Maschine im Schuppen abgestellt, das Öl in den Schmiergefäßen nachgefüllt und die Lokomotive durch den Lokführer von unten inspiziert. Schuppengleise haben gewöhnlich einen „Kanal", eine Grube zwischen den Gleisen, wo der Lokführer die Federn, das Bremsgehänge und den Ausgleich kontrollieren kann. Wenn alles in Ordnung ist,

nehmen die „Schwarzen" in der Kantine die wohlverdiente Mahlzeit ein.

Bei der Rückleistung vollzieht sich dann die gleiche Prozedur, wie wir sie vom Dienstantritt kennen.

Übernachtung

Nun beginnt der Dienst von Lokführer und Heizer nicht regelmäßig früh um sechs Uhr und endet pünktlich 14 Uhr, damit man noch Zeit für den Garten und die Hühner hat. Dienstbeginn kann zu allen möglichen Tages- und Nachtzeiten sein, das Dienstende entsprechend – wie es eben der Laufplan der Lokomotive erfordert. Wenn abends der letzte Zug zum Zielbahnhof gefördert wurde und früh der erste wieder bespannt werden muß, übernachtet das Personal. Nicht im Hotel, sondern im Bahnbetriebswerk. Dort sind Übernachtungsräume vorhanden, kärglich eingerichtet, die nur so viel Komfort bieten, daß man sich langlegen, ein paar Stunden schlafen und morgens waschen und rasieren kann.

Auch Zuführungen zum Ausbesserungswerk waren meist mit Übernachtungen verbunden. Wenn Lokomotiven nicht mehr aus eigener Kraft dorthin fahren konnten, wurden spezielle Lokzüge mit eigenem Fahrplan zusammengestellt, die wegen ihrer geringen Höchstgeschwindigkeit möglichst in den verkehrsarmen Nachstunden über die Strecke gingen. Stralsunder Personale, die ihre 03^{10} nach Meiningen zu überführen hatten, waren oft drei Tage lang unterwegs.

Eisenbahner, und daran hat sich bis heute nichts geändert, brauchen sehr verständnisvolle Ehepartner und Familien, weil hier die Grenze zwischen Beruf und Berufung fließend ist.

MANFRED WEISBROD

Aus dem „Laufplan der Triebfahrzeuge" ersieht der Lokleiter im Bw, welche Maschine sich gerade wo befinden muß. Unsere Abbildung: der Laufplan von vier 38ern des Bw Bamberg, 1956

Regelmäßigen Dienst auf der Dampflok leisten nach wie vor die Männer auf dem „Molli".
Die Schmalspurbahn von Bad Doberan nach Kühlungsborn wird bis heute ausschließlich mit
Dampfloks betrieben (Foto: Jacobson)

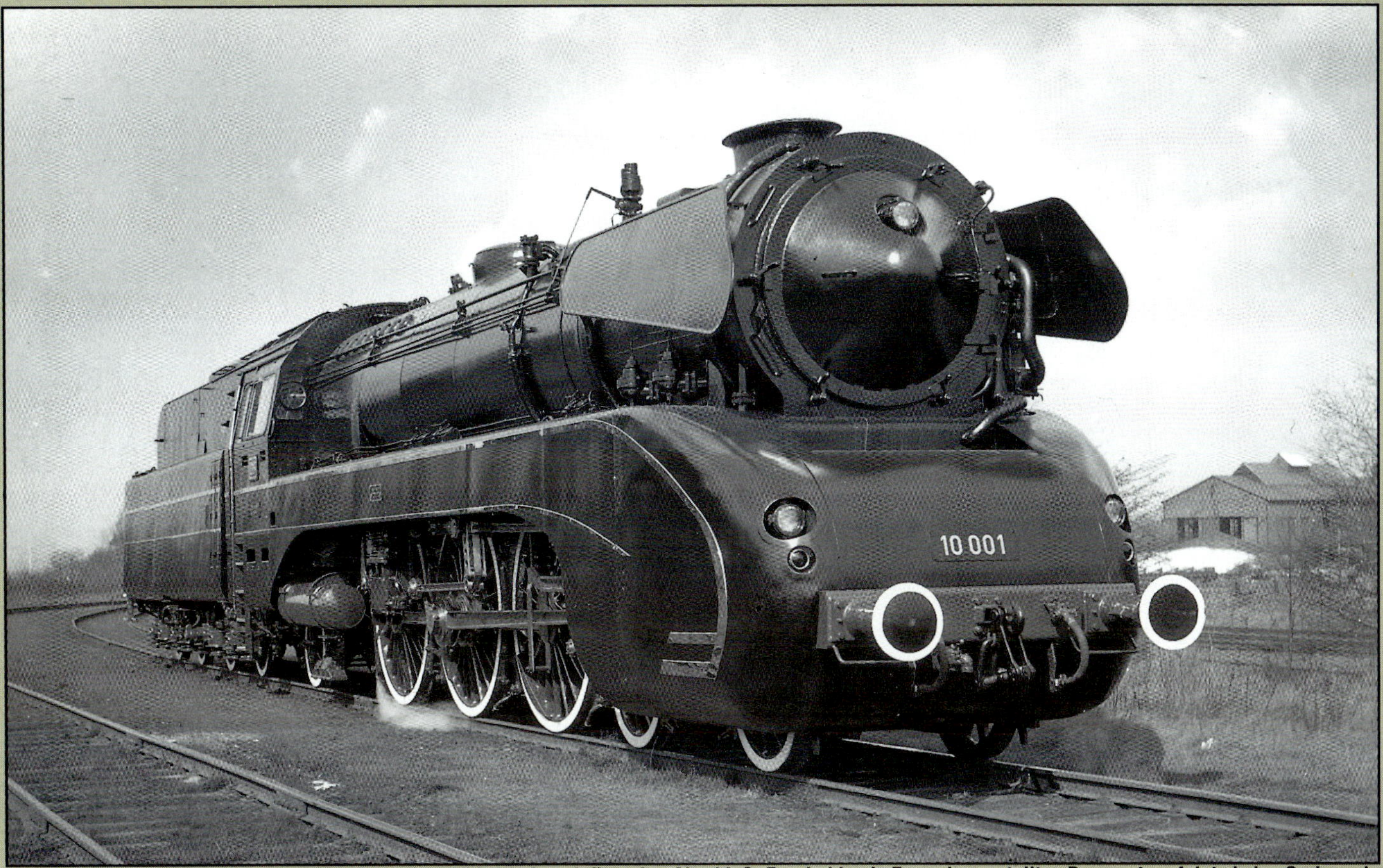

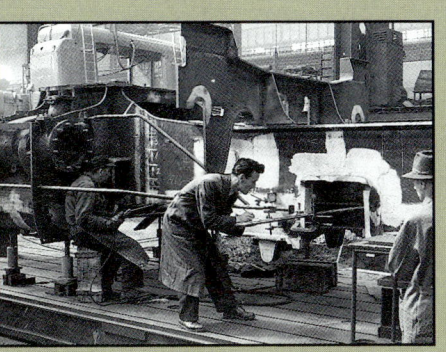

▲ Mit der Reihe 10 fand der Dampflokbau in Deutschland einen krönenden Abschluß. Den beiden in Essen hergestellten Baumustern folgte keine Serie mehr

Eine Legende wird geboren: die 10 001

Eine Dampflok entsteht

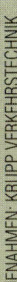

1956. In den Werkhallen der Krupp Maschinenfabriken Essen schweißten und schraubten die Arbeiter längst an Diesellokomotiven der Reihe V 100. Da kam noch einmal der Auftrag, zwei Dampflokomotiven zu bauen – so groß und so schön wie selten zuvor

AUFNAHMEN: KRUPP VERKEHRSTECHNIK

Mit der Baureihe 10 wollte die „Dampflok-Fraktion" in der Führungsetage der Bundesbahn eine Lokomotivgattung schaffen, welche im schweren Schnellzugdienst die Reihen 01^{10} und 03^{10} ablösen sollte. In der Diesellok V 200 sah man noch keinen vollwertigen Ersatz für die Dreizylinder-Einheitslokomotiven. Doch auch solche Finessen wie Kohlennachschubeinrichtung und Ölzusatzfeuerung (10 001) oder Ölhauptfeuerung (10 002), modernste Kessel und die schnittige Teilverkleidung konnten nicht kaschieren, daß diese Maschinen Technik-Dinosaurier waren. 200 Tonnen Dienstmasse (Lok und Tender) waren vonnöten, um einen 300-Tonnen-Schnellzug in der Ebene auf 140 km/h zu bringen. Wegen ihrer hohen Achslast von 22 Tonnen blieben den 10ern viele Hauptstrecken versperrt. Dennoch, die Schöpfer der Baureihe 10 ließen 120 Jahre Dampflokbau in Deutschland nicht einfach „ausklingen", sie setzten einen gewaltigen Schlußpunkt! ●

▲ Die Stehkesselrückwand, von innen gesehen, in der Schweißvorrichtung

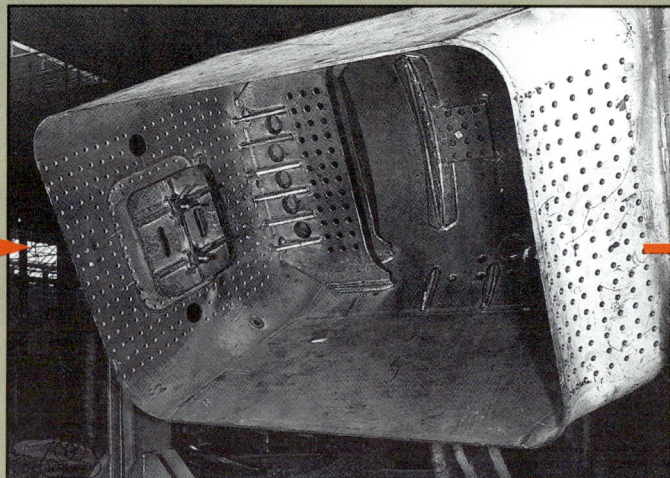

▲ Blick von unten in den Stehkessel mit eingeschweißten Versteifungen

Eine Legende wird geboren: die 10 001

▲ Schweißen des Bodenringes

▲ Die Feuerbüchse mit dem bereits angehefteten U-förmigen Bodenring

▲ Der Hauptrahmen entsteht in einer drehbaren Schweißvorrichtung

▲ Fertig geschweißter Rahmen für die 10 001 (dahinter der für 10 002)

▲ Vorsichtig wird die Feuerbüchse in den Stehkessel eingesetzt

▲ Der Aschkasten aus Chomstahlblech, fertig geschweißt

▲ Nach dem Guß hat der Dreizylinderblock die erste Oberflächenbearbeitung erfahren

Die Baureihe 10 vereinte alle von Friedrich Witte nach dem Kriege formulierten „Neuen Baugrundsätze". Der geschweißte Kessel mit Verbrennungskammer entsprach weitgehend dem 1953 für die BR 01^{10} entwickelten Ersatzkessel. Die Achsen und Stangen liefen in Rollenlagern

▲ Vor dem Einziehen der Zylinderlaufbuchse wird die Zylinderbohrung erwärmt

▲ Rahmen mit angeschweißten Trägern für Steh- und Langkessel

▲ Der Zylinderblock wird an den Rahmen geschweißt

▲ An den Langkessel wird die Rauchkammer angesetzt

▲ Unter Dampf! Der Kessel auf dem Prüfstand bei der Dehnungsmessung

▲ Die Formen der Lokomotive werden erkennbar – der Kessel sitzt jetzt auf dem Rahmen

Völlig neu war das Feuerungskonzept der 10 001. Die klassische Rostfeuerung wurde um eine Ölzusatzfeuerung ergänzt, die dem Heizer die Arbeit erleichtern sollte, wenn die Maschine längere Zeit mit voller Leistung fuhr. 1959 erhielt die Lokomotive dann wie ihr Pendant 10 002 eine Ölhauptfeuerung

▲ Nach dem Verschweißen werden alle anderen Rahmenteile montiert

▲ Der Kran holt den Rahmen mit aufgesetztem Kessel zur Endmontage

▲ Radsatzwellen mit aufgezogenen Rollenlagern

▲ Das Lenkgestell, komplett montiert und zum Einbau vorbereitet

▲ Vor dem Aufziehen werden die Radreifen erwärmt

**Eine Legende
wird geboren:
die 10 001**

▲ Einer der Kuppelradsätze, fertig zusammengesetzt, zur Nachbearbeitung auf dem Bohrwerk

▲ Das Führerhaus in der Blechwerkstatt

▲ Nach dem Aufsetzen des Führerhauses werden die seitlichen Blechverkleidungen angepaßt

Wie funktioniert die Dampflok

▲ Die Lok steht auf eigenen Rädern! Nun beginnt die Verlegung der Rohre

▲ Unter dem Führerhaus hängt der Indusi-Apparatekasten

Eine Legende wird geboren: die 10 001

▲ In der Schweißverkstatt: Tender-Drehgestellrahmen

▲ Noch in der Werkhalle muß die Nachschubeinrichtung den ersten Test bestehen

▲ Wasser- und Kohlenkasten, zunächst provisorisch aneinandergeheftet

▲ Montage der mechanischen Kohlennachschubeinrichtung

Wie funktioniert die Dampflok

▲ Es ist geschafft, sie fährt mit eigener Kraft!   Noch ohne Verkleidungen absolviert die 10 001 ihre erste Probefahrt auf dem Krupp-Werksgelände

▲ Jetzt erst werden Windleitbleche und Zylinderverkleidungen angebracht

Als Einzelstücke war den beiden 10ern angesichts des rasch voranschreitenden Traktionswechsels bei der Deutschen Bundesbahn kein langes Leben beschieden. Bereits 1967 wurde die 10 002 nach einem Triebwerksschaden abgestellt und als Heizlokomotive zum Ludwigshafener Hauptbahnhof abgegeben. Nach mehreren Triebwerksschäden endete ein Jahr darauf auch die Karriere der 10 002. Immerhin blieb sie uns erhalten; wir können den stählernen Koloss heute im Deutschen Dampflok-Museum Neuenmarkt-Wirsberg bewundern

▲ Die Werks-Abnahmefahrt vor der Übergabe an die Bundesbahn

Dank Rekonstruktion auch nach 50 Jahren noch im Dienst – vor dem „Gurkenzug" von Lübbenau nach Nauen war 052 117 am 4. September 1993 unterwegs

Rekolokomotiven – Spitzenleistungen deutscher Lokomotivbaukunst:
Lokomotiv-Recycling

Die „Rekolokomotive" – ein oft gebrauchter Begriff, wenn es sich um Dampflokomotiven der Deutschen Reichsbahn handelte. Die Ursprünge liegen mehr als 35 Jahre weit zurück. Das Dampflok-Neubauprogramm war abgeschlossen, doch noch standen nicht die Diesel- und Elektrolokomotiven zur Verfügung, um gerade die leistungsstarken Dampflok-Reihen zu ersetzen. Da entschied sich die DR für die „Rekonstruktion"

Den Begriff Rekonstruktion übersetzt der Fremdwörter-Duden mit Wiederherstellen, Nachbilden. Das trifft es bei den Rekolokomotiven der DR nicht. Im philologischen Sinne war der Wiederaufbau der in Vietnam gefundenen Zahnradlok für die Furka-Oberalp-Bahn eine Rekonstruktion, als das Raw Meiningen um ein korrodiertes Kesselschild herum eine neue Lokomotive baute.

Versuchen wir also, uns dem Begriff der „Rekonstruktion" von der tatsächlichen Seite her zu nähern. Die Rekolok war die Alternative zwischen Neubau oder Verschrottung. Als man nach Kriegsende 1945 Bestandsaufnahme machte, war die DR nicht gerade reich mit Lokomotiven gesegnet. In weiser Voraussicht war der größte Teil der Maschinen in den westlichen Teil

Deutschlands gebracht worden, so beispielsweise alle Lokomotiven der BR 01.10, die Mehrzahl der Lokomotiven der BR 01 und 03. Von den Einheitslokomotiven verblieb nur die BR 43 komplett bei der DR – ganze 11 Lokomotiven! Den Luxus, den sich die Reichsbahn in den westlichen Besatzungszonen leistete, nämlich 1948 alle Baureihen mit weniger als 20 Lokomotiven als Splittergattungen auszumustern, konnte sich die östliche Reichsbahn nicht einmal als Gedankenspiel leisten. Hier war man noch über mehrere Erhaltungsabschnitte, also auf Jahrzehnte, auf alle vorhandenen Dampflokomotiven angewiesen.

Beim elektrischen Betrieb sah es nicht besser aus: Alles, was zur E-Traktion gehörte, und das war in Ostdeutschland ohnehin nicht viel, hatten die Sowjets als

Wie funktioniert die Dampflok

Reparationsleistung weggeschleppt – die Lokomotiven, den Fahrdraht und selbst die Fahrleitungsmasten.

Zu den Engpässen im Fahrzeugpark kam noch hinzu, daß Steinkohle für den Lokomotivbetrieb nicht mehr im eigenen Land gefördert wurde: Oberschlesien, das Ruhr- und das Saargebiet waren zum Ausland geworden. Zu all diesen Problemen (geringer Lokbestand mit hohem Schadlokanteil, Reparationen, fehlende Lokomotivkohle) kam eine weitere Hypothek: die Lokomotivkessel aus dem Kesselbaustoff St 47 K. Dieser Stahl, bevorzugt und kriegsbedingt in den 40er Jahren eingesetzt, offenbarte nach reichlich zehn Jahren seine Tücken. Er war nicht alterungsbeständig und wurde schweißbrüchig. Reparaturen durch den Einsatz von Flicken aus IZ II-Stahl wurden von den Kesselprüfern eine zeitlang toleriert, dann verboten. Mit den Problemkesseln aus St 47 K waren beide deutsche Bahnverwaltungen konfrontiert, und beide mußten in gleicher Weise reagieren: Neubekesselung oder Verschrottung.

Bei der Deutschen Reichsbahn waren alle Lokomotiven der BR 03.10 und viele der Baureihen 41 und 50 mit Kesseln aus St 47 K ausgerüstet. Es war bereits zu DRG-Zeiten erkannt worden, daß die Einheitslokkessel mit einer spezifischen Heizflächenbelastung von nur 57 kg/m²h und einer Überbewertung der Verdampfungsheizfläche (Rohrheizfläche) nicht zur Leistungssteigerung der Lokomotiven geeignet waren.

Warum Rekonstruktion?

Heinz Kirchhoff von der Hauptverwaltung Maschinenwirtschaft der DR begründete das wie folgt: „Durch das Abwirtschaften in der Zeit von 1935 bis 1945, die in diesen Jahren betriebene Entfeinerung, den Materialmangel der ersten Nachkriegsjahre und nicht zuletzt durch Überalterung bedingt, hatten die Fahrzeuge wichtiger Baureihen einen so schlechten Allgemeinzustand erreicht, daß ihre betriebssichere Erhaltung, auch mit dem Aufwand von Generalreparaturen, bis zum Anschluß an den Traktionswechsel nicht mehr gesichert erschien... Das im Jahre 1953 angelaufene und im Jahre 1960 abgeschlossene Dampflok-Neubauprogramm schöpfte zwar die vorhandenen Fertigungskapazitäten voll aus, gestattete aber bei der stetig steigenden Transportleistung keine großzügige Ausmusterung (Anm.: der mit Kesseln aus St 47 K ausgerüsteten Lokomotiven). Da die Generalreparatur sich unter Erhaltung der Leistungsdaten von Kessel und Maschine nur auf den großzügigen Ersatz der verbrauchten oder störanfälligen Bauteile beschränkte und somit künftige erhöhte Leistungsanforderungen nicht berücksich-

tigt hätte, entschied man sich für die Rekonstruktion der noch drei oder mehr Erhaltungsabschnitte im Einsatz verbliebenen Lok-Baureihen."

Was ist Rekonstruktion?

Kernstück der Rekonstruktion war die Ausrüstung der Lokomotiven mit neuen, geschweißten Ersatzkesseln, die Verbrennungskammer und Mischvorwärmeranlagen besaßen. Die Verbrennungskammerkessel hatten einen höheren Anteil hochwertiger Strahlungsheizfläche als die Einheitskessel, waren somit spezifisch höher belastbar (bis 75 kg/m2h) und hatten eine höhere stündliche Dampfleistung.

Bei der Entwicklung der Rekokessel nutzte man die modernen Konstruktionsgrundsätze und Erfahrungen, die man bei den Neubau-Dampflokomotiven (BR 23.10 und 50.40) gewonnen hatte und verwendete auch die für die Neubaulokomotiven entwickelten Kümpelteile. So entstand ein Rekokessel für die Baureihen 03/03.10, 39 und 41, ein zweiter für die Baureihen 50, 52 und 58. Lediglich der Rekokessel für die

BRe 01.5 ist völlig neu entwickelt worden.

Mit diesen drei Kesseltypen sind acht Baureihen und die fünf Sonderlokomotiven der VES-M Halle rekonstruiert worden.

Über die Ausrüstung mit neuen Kesseln hinaus sind bei den Baureihen in unterschiedlichem Maße Verbesserungen und Modernisierungen vorgenommen worden. Erhalten blieben, meist in unveränderter Form, der Rahmen, das Fahrwerk und das Triebwerk, so daß die Rekonstruktion kostengünstiger als ein Neubau war.

Die Rekonstruktion erfolgte in den Reichsbahn-Ausbesserungswerken Meiningen, Karl-Marx-Stadt, Stendal und Zwickau. Als Kesselhersteller waren das Raw Halberstadt, LKM Babelsberg und der Schwermaschinenbau „Karl Liebknecht" (SKL) Magdeburg beteiligt.

Wieviel wurde rekonstruiert?

Die erste Rekolok war die 50 3501, die am 12. November 1957 das Raw Stendal verließ, dem sie als 50 380 zugeführt worden war. Heimatdienststelle der ersten

Zu den gelungensten Rekonstruktionen zählte die Baureihe 58.30, die aus der preußischen G 12 entstand

Die Austauschbarkeit vieler Bauteile bis hin zum Kessel vereinfachte die notorisch schwierige Ersatzteilfrage in der DDR: 52 8149 am 23. Mai 1987 bei Bautzen

Rekolok wurde das Bw Güsten. Mit der Ablieferung der 01 535 durch das Raw Meiningen am 31. Mai 1965 galt das Reko-Programm zunächst als beendet, war es aber noch nicht. 1968 forderte die Staats- und Parteiführung der DDR die Reichsbahn auf, eine strategische Reserve von 45 Schnellzuglokomotiven der BR 03 (18 t mittlere Kuppelradsatzfahrmasse) zu schaffen. Zu diesem Zeitpunkt waren die 03-Lokomotiven in keinem besonders guten Erhaltungszustand, seit 1968 häuften sich Ausmusterungsanträge. So sind von 1969 bis 1972 im Raw Meiningen nicht nur die geforderten 45, sondern sogar 52 03-Lokomotiven mit den Rekokesseln der weitgehend ausgemu-

Trotz der weitgehenden Vereinheitlichung vieler Bauteile behielt die Dreizylinder-03 ihre Eleganz

sterten BR 22 (ehemals BR 39, pr. P 10) ausgerüstet worden. Weil die Lokomotiven mit Altbaukessel bereits größtenteils ausgemustert waren oder zur Ausmusterung anstanden, verzichtete man auf eine Umzeichnung der Reko-03 in die BR 03.5.

Insgesamt wurden rekonstruiert:

Jahr	Anzahl	Neue Bezeichnung
1962-1965	35 Lokomotiven der BR 01	BR 01.5
1969-1972	52 Lokomotiven der BR 03	–
1959	18 Lokomotiven der BR 03.10	–
1958-1962	85 Lokomotiven der BR 39	BR 22
1957-1960	101 Lokomotiven der BR 41	–
1957-1961	208 Lokomotiven der BR 50	BR 50.35-37
1960-1965	154 Lokomotiven der BR 52	BR 52.80
1958-1962	56 Lokomotiven der BR 58	BR 58.30
1961-1965	5 Versuchslokomotiven der VES-M Halle	18 201, 18 314, 19 015, 19 022, 23 001

Das waren 714 Rekolokomotiven, die den 320 Neubaulokomotiven der Deutschen Reichsbahn mindestens ebenbürtig, wenn nicht gar in der Solidität ihrer Konstruktion überlegen waren. Auch wirtschaftlich schlug die Rekonstruktion zu Buche: die störungsfreie Laufleistung stieg auf 206.000 km, der Brennstoffverbrauch sank um 12 Prozent, der Ausbesserungsstand um 6,5 Prozent.

Weitere Merkmale

Wie bereits erwähnt, war der Rekonstruktionsaufwand bei den einzelnen Baureihen unterschiedlich. Im folgenden seien die Besonderheiten aufgeführt.

Baureihe 01 (01.5)

Außer der Neubekesselung, die nur Lokomotiven mit 1000 mm Laufraddurchmesser im Drehgestell betraf, sind bei fast allen Lokomotiven neue, verstärkte Drehgestellrahmen in Schweißausführung, neue Stahlschweißzylinder und generell Druckausgleich-Kolbenschieber Bauart Trofimoff eingebaut worden. Das Experiment, die Lokomotiven mit Boxpok-Treib- und Kuppelradsätzen auszurüsten, schlug fehl. Die Lokomotiven erhielten später konventionelle Speichenradsätze in verstärkter Ausführung.

Baureihe 03

Die Rekonstruktion beschränkte sich auf die Neubekesselung und die erforderlichen Anpaßarbeiten. Die Steuerungsbetätigung wurde auf Seitenzugregler umgestellt.

Baureihe 03.10

Die Rekonstruktion beschränkte sich auf Neubekesselung, Umbau der Steuerungsbetätigung auf Seitenzug, die Ausrüstung mit Trofimoff-Schiebern und die Beschaf-

Nach der Ölkrise 1980 war die Baureihe 50.35 einmal mehr unentbehrlich: Mit dem Ng nach Annaberg fährt 50 3628 am 19.7.1987 aus Schwarzenberg aus

Mit der 01.5 entstand die vielleicht leistungsfähigste deutsche Dampflokomotive: die hauptuntersuchte 01 509 am 11. April 1993 vor einem Sonderzug bei Milbitz

Die Vielseitigkeit der Baureihe 41 dokumentieren die Einsätze, die selbst in den letzten Betriebsjahren sowohl Schnell- als auch Güterzüge umfaßte (April 1991)

fung mehrerer Treib- und Kuppelradsatzgruppen mit verstärkten „Schwimmhäuten".

Baureihe 39 (22)

Grund der Rekonstruktion war die schlechte Abstimmung zwischen Kessel- und Maschinenleistung. Der Einbau des Rekokessels mit Seitenzugbetätigung der Steuerung machte ein Zurückversetzen des Schlepppradsatzes um 550 mm erforderlich. Der Innenzylinder wurde durch eine Neukonstruktion in Schweißausführung ersetzt, alle drei Zylinder erhielten Trofimoff-Schieber.

Baureihe 41

Die Rekonstruktion beschränkte sich bei dieser Reihe auf die Neubekesselung, die Umstellung der Steuerungsbetätigung auf Seitenzugregler und die erforderlichen Anpaßarbeiten.

Baureihe 50 (50.35-37)

Der Rekokessel erforderte Änderungen von Rauchkammer- und Stehkesselauflagerung. Ein besonderer Pumpenträger und Trofimoff-Schieber wurden eingebaut.

Baureihe 52 (52.80)

Außer dem Einbau des Rekokessels bekamen die Lokomotiven Achslagerführungen mit Keilnachstellung.

Baureihe 58 (58.30)

Grund für die Rekonstruktion war die schlechte Abstimmung zwischen Dampferzeugung und Dampfverbrauch. Mit dem Einbau des Rekokessels mußte der Laufradsatz um 500 mm nach vorn verlegt werden, was eine Änderung des Rauchkammerauflagers nach sich zog. Die Lokomotiven erhielten einen neuen Innenzylinder in Schweißkonstruktion, Trofimoff-Schieber in allen Zylindern, das Führerhaus der BR 23.10 und einen neuen Steuerungsantrieb für den Innenzylinder (Antrieb der Schwinge vom 5. Kuppelradsatz). Änderungen am Kuppelkasten machten die Kupplung mit dem Tender 2'2' T 28 und den Einheitstendern möglich.

AUFNAHMEN: MIETHE, WEISBROD, HÖGEMANN, HAFENRICHTER

Ein einzigartiger Renner blieb die 02 0201 der VES-M Halle, entstanden aus Teilen der 61 002 und H 45 024

Ein Fazit

Mit den Rekolokomotiven der Deutschen Reichsbahn entstanden, die Sonderlokomotiven der Versuchs- und Entwicklungsstelle Halle einbezogen, architektonisch hervorragende und leistungstechnisch ausgezeichnete Maschinen. Die in Deutschland einmalige Manufakturarbeit des Reichsbahn-Ausbesserungswerkes Meiningen bei der Fertigung von Stahlschweißzylindern in Verbindung mit dem Trofimoff-Schieber erreichte Serienreife. Die eleganten und leistungsstarken Rekolokomotiven der Baureihe 01.5 und die Sonderlokomotiven der VES-M Halle (bei der Baureihe 19 wurde letztmalig in Deutschland ein Vierzylinder-Verbund-Heißdampf-Triebwerk konstruiert) waren unbestritten Spitzenleistungen der deutschen Lokomotivbaukunst.

Um nun die eingangs gestellte Frage, was „Rekonstruktion" eigentlich war, zu beantworten: Es war die gelungene Gratwanderung zwischen Neubau und Austausch ersatzbedürftiger Teile und Weiterverwendung brauchbarer alter Teile – so gesehen, eine ökonomisch optimale Lösung, ganz im Sinne unserer dem Bekunden nach recyclingorientierten Gesellschaft – erfunden allerdings vor 35 Jahren in einer zu sparsamen Wirtschaften gezwungenen Gesellschaft.

MANFRED WEISBROD

Nach einer Phase brauner Triebwerkslackierung fand sich Mitte der Achtziger wieder rote Farbe (Oktober `87)

Mit schweren Nahgüterzügen auf steigungsreichen Strecken im Erzgebirge vollbrachten die Reko-50er bis 1988 erstaunliche Leistungen: 50 3576 bei St. Egidien

Wieder-geburt

Die Dampflok im Ausbesserungs-werk

Alles, was existiert, unterliegt der Alterung; alles, was sich bewegt, unterliegt dem Verschleiß. Die Dampflokomotive unterliegt beidem. Damit beides unter Kontrolle bleibt, denn Sicherheit ist das höchste Prinzip der Eisenbahn, müssen die Alterung überwacht und der Verschleiß korrigiert werden: Der „TÜV" der Bahn ist die regelmäßige Untersuchung im AW.

Im Laufe ihres langen „Lebens" wurde eine jede Lok mehrfach zerlegt und wieder zusammengesetzt. Dabei wechselten solche Baugruppen wie Radsätze, Kessel, und Führerhaus mehrfach. Die „Identität" einer Maschine bestand im Grunde nur in ihrem Rahmen. Alle anderen Teile konnten zwischen den Maschinen gleicher oder ähnlicher Bauart getauscht werden

Es ist fast so wie beim Auto. Dort bekommt der Käufer eines Neuwagens ein Service-Heft, in dem steht, wann er sich zu welchen Inspektionen in der Werkstatt einzufinden hat. Das Service-Heft der Lokomotive heißt Betriebsbuch, ist wesentlich umfassender als beim Auto und widerspiegelt den Lebenslauf der Lokomotive von der Ablieferung bis zur Verschrottung. Es ist quasi die Personalakte der Lokomotive.

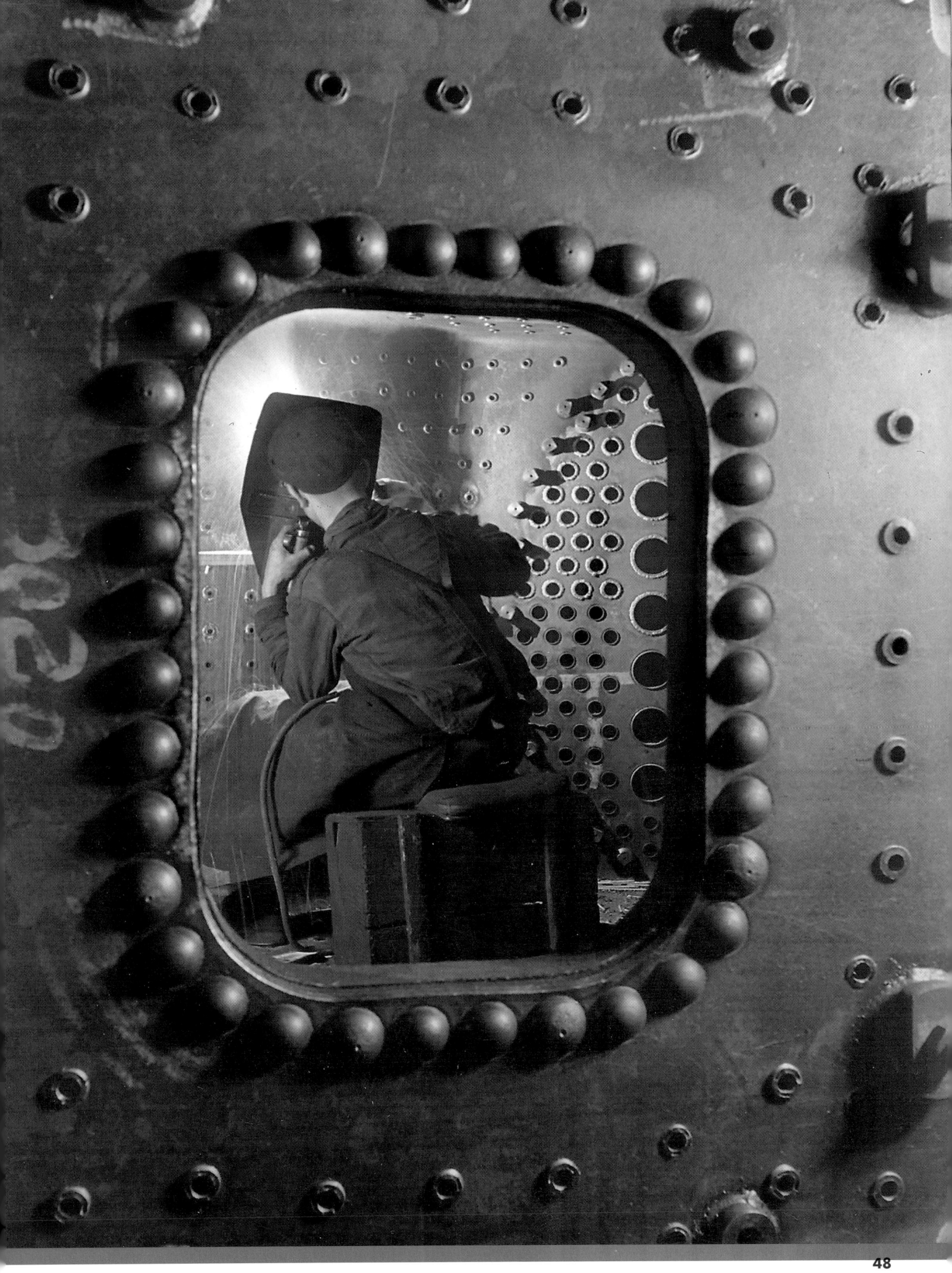

Die Schadgruppen

Der Gesetzgeber hatte, noch ehe der TÜV erfunden worden war, festgelegt, wann eine Lokomotive zur Kesseluntersuchung anzutreten hat. Weil die Untersuchung und Aufarbeitung einer Lokomotive eine kostspielige Angelegenheit war und ist, überließ man sie nicht Dritten, sondern die Bahnverwaltungen schufen sich eigene Ausbesserungswerke (AW oder Raw). Die Deutsche Reichsbahn-Gesellschaft hat die Einheitslokomotiven entwickelt, Normung, Typisierung und Austauschbau eingeführt, das Ausbesserungswesen grundlegend umgestaltet und bestimmten Ausbesserungswerken bestimmte Baureihen zugewiesen. Eine Aufgabe der Ausbesserungswerke war und ist es, die Austauschbarkeit der Bauteile zu erhalten.

Weil nicht alle Teile gleichmäßig altern und verschleißen, muß die Lokomotive nicht jedesmal, wenn sie ins Ausbesserungswerk kommt, vollständig auseinandergenommen werden. Erfahrungs- und Meßwerte führten zur Einführung der Schadgruppen, vergleichbar der kleinen und großen Inspektion beim Auto. Es gab vier planmäßige und eine außerplanmäßige Schadgruppe, die von L 1 bis L 4 und mit L 0 bezeichnet waren. L steht für Lokomotive.

Planmäßige Schadgruppen:

L 1   **Betriebsausbesserung**
     Ausführender: Bahnbetriebswerk (Bw)

L 2   **Zwischenausbesserung**
     Ausführender: Raw (auch Bw möglich)

L 3   **Zwischenuntersuchung**
     Ausführender: Raw

L 4   **Hauptuntersuchung**
     Ausführender: Raw

Außerplanmäßige Schadgruppe:

L 0   **Bedarfsausbesserung**
     Ausführender: Bw oder Raw

Den Zeitraum zwischen zwei Hauptuntersuchungen (L 4) nennt man Erhaltungsabschnitt. Er beträgt sechs Jahre. Zwischen zwei L 4 liegt nach drei Jahren eine L 3, zwischen L 3 und L 4 liegen gewöhnlich ein oder zwei L 2 und mehrere L 0. Der Kessel als Tauschteil unterliegt dem gleichen Zyklus, hier werden die Schadgruppen als K 2, K 3 und K 4 bezeichnet. Maßgebend für den Zuführungszyklus zum AW ist der Zustand des Fahrgestells, nur in Ausnahmefällen der des Kessels. Zum 1. Januar 1974 hatte die Deutsche Reichsbahn eine neue Schadgruppeneinteilung eingeführt, die auf den Erhaltungszyklus von Brennkraft- und Elektrolokomotiven abgestimmt war und sieben Stufen umfaßte. Die „klassische" Einteilung in L 0 bis L 4 ist schon von der DRG festgelegt worden.

Die Betriebsnummer (Ordnungsnummer) der Lokomotive ist an den Rahmen

AUFNAHMEN: DR. WOLFF & TRITSCHLER, WEISBROD. STAIGER: S. 100/101: DR. WOLFF & TRITSCHLER, WEISBROD

Grobschmiede und Feinmechaniker

gebunden. Kessel, Führerhaus, Radsätze usw. sind Tauschteile.

Bei der Eisenbahn gibt es für alles eine Dienstvorschrift (DV). Was bei einer Schadgruppe überprüft und bearbeitet werden muß, regelt die DV 946, ein sehr umfangreiches Werk aus vielen Teilheften. Sie schreibt auch vor, wie die Aufarbeitung zu erfolgen hat.

Maße und Spiele

Im System der DRG bildeten Konstruktion und Erhaltung eine Einheit. Es wurde so konstruiert, daß man mit einer möglichst geringen Zahl von Teilen auskam, diese Teile aber in möglichst vielen Baureihen verwenden konnte. Um diese vielfältige Verwendung zu gewährleisten, mußten die Teile austauschbar bleiben. Es gab nur zwei Typen von Laufradsätzen mit 850 mm Laufkreisdurchmesser, einen für die 20 t-Klasse, einen für die 15 t-Klasse. Es gab nur zwei Größen von Schieberbuchsen – 220 mm Durchmesser für kleinere, 300 mm Durchmesser für größere Lokomotiven. Schieberbuchsen unterliegen dem Verschleiß und nutzen sich ab. Sie werden nun nicht gleich ausgebaut und auf den Schrott geworfen, sondern in Stufen von 1,5 mm ausgebohrt. Die 300er Buchse hat nach der ersten Ausbesserung 301,5 mm Durchmesser, nach der zweiten 303 mm, nach der dritten 304,5 mm und nach der vierten 306 mm Durchmesser. Dann ist das Betriebsgrenzmaß erreicht. Bei der nächsten Ausbesserung wird die Buchse ausgebaut und durch eine neue ersetzt. Die Schieberkörper werden mit einem Durchmesser von 305 mm hergestellt. Sie sollen 1 mm Spiel in der Buchse haben, damit die Schieberringe gut

Die Reparatur von Dampflokomotiven verlangt den Männern im Ausbesserungswerk nicht nur viel Kraft, sondern auch enormes Fingerspitzengefühl ab. Einmal sind zentnerschwere Teile zu wuchten, dann aber kommt es beim Montieren wieder auf Zehntelmillimeter an: Schweißen der Feuerbüchse (großes Bild), Einstellen des Indikators (oben) und Rahmenarbeiten (Foto links)

abdichten. Der neue Schieber wird also in die älteste Buchse eingebaut und läuft erst nach mehreren Ausbesserungsstufen in einer neuen Buchse.

So sind im Ausbesserungswesen verschiedene Maße und Spiele festgelegt. Bewegliche Teile können sich nur bewegen, wenn sie zueinander ein bestimmtes Spiel haben (ein Bolzen von 5 mm Durchmesser bewegt sich nicht in einer Bohrung von 5 mm Durchmesser). Man unterscheidet:

Urmaß (Maß auf Zeichnungen und Schriftstücken [Konstruktionsmaß]),

Werkgrenzmaß (Mindestmaß, mit dem ein Bauteil nach einer Ausbesserung wieder in Betrieb genommen werden darf),

Betriebsgrenzmaß (wird nach dem Werkgrenzmaß erreicht und darf aus Sicherheitsgründen nicht unterschritten werden. Ist das Betriebsgrenzmaß erreicht, muß das Teil ersetzt oder auf Urmaß aufgearbeitet werden),

Stufenmaß (zwischen Urmaß und Werkgrenzmaß liegende Nennmaße, die für die

Die Lokomotive wird in ihre Einzelteile zerlegt

Aufarbeitung vorgeschrieben sind – siehe obiges Beispiel Schieberbuchsen).

Entsprechend gibt es Spiele, die zwischen beweglichen Teilen einzuhalten sind:

Urspiel (Spiel, das bei Neuanfertigung aufgrund der Toleranzen vorgeschrieben ist),

Werkgrenzspiel (Höchstzulässiges Spiel zwischen den Teilen nach einer Ausbesserung),

Betriebsgrenzspiel (Höchstzulässiges Spiel, das aus Sicherheitsgründen nicht überschritten werden darf).

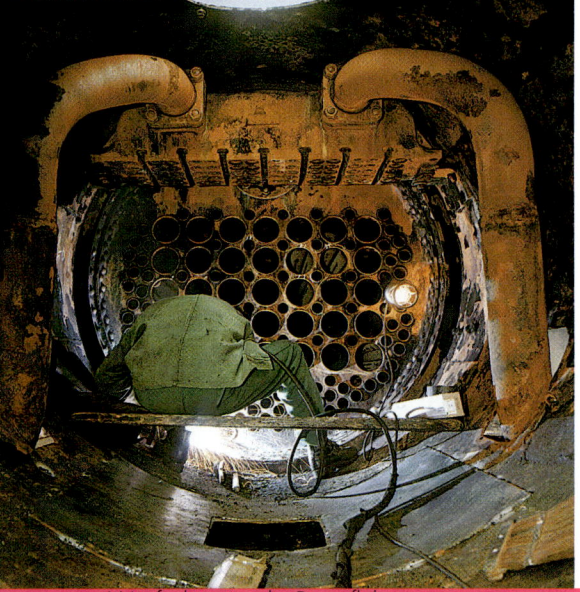

Das klassische Dampflok-AW war schlechter ausgestattet als eine Lokomotivfabrik. Selbst für den Neubau von Kessel und Rahmen war es gewappnet. Eine der letzten „Schmieden" dieser Art ist das Fahrzeugwerk Meiningen (Bild oben). Es bedarf einiger Prüfungen, bis ein Schweißer am Kessel arbeiten darf. Kaum auszudenken, was passieren würde, wenn hier plötzlich eine Naht risse...

Die Aufarbeitung

Die DV 946 galt für alle Dampflokomotiven ohne Ansehen der Baureihe. In den Teilheften ist natürlich auf Besonderheiten eingegangen worden, denn beispielsweise war bei der BR 01[10] auch das Innentriebwerk aufzuarbeiten, das die BR 01 nicht besaß. Der Durchlauf einer Lokomotive durch das Ausbesserungswerk verläuft entsprechend der Schadgruppe immer nach dem gleichen Schema.

Die Vormeldung

Wie man sich in seiner Autowerkstatt einen Termin für die Inspektion holt, steht man auch beim Ausbesserungswerk nicht unangemeldet mit einer Lokomotive vor dem Werktor. So fanden quartalsweise zwischen den Direktionen und dem Ausbesserungswerk Absprachen über die Zahl der zuzuführenden Lokomotiven und die entsprechenden Schadgruppen statt. Das Heimat-Bw hat nach DV 947 eine Vorausmeldung für Triebfahrzeuge über die Direktion an das AW zu schicken, aus der Heimat-Direktion und -Betriebswerk, Triebfahrzeugnummer, Schadgruppe und der Termin der letzten planmäßigen und außerplanmäßigen Schadgruppe und der Termin der nächst fälligen L 3 oder L 4 entnommen werden können. Handelt es sich um eine außerplanmäßige Schadgruppe, ist der Grund anzugeben. Außerdem sind Radreifen- und Spurkranzdicke aller Lok- und Tenderräder zu vermessen und in das Formular einzutragen. Das Bw muß auch alle Schäden angeben, die nur im Betrieb (also während der Fahrt) und an der unter Dampf stehenden Lokomotive festgestellt werden können.

Zuführung und Eingangsuntersuchung

Das Bahnbetriebswerk führt die Lokomotive dem Ausbesserungswerk zu. Das geschieht mit eigener Kraft oder, wenn mehrere Maschinen einer Dienststelle ins AW müssen, im Lokzug, der mit eigenem Fahrplan fährt. Für die Zuführungsfahrten zum Ausbesserungswerk gab es meist bestimmtes Personal, das über die erforderliche Streckenkenntnis verfügte. Im AW rüstet das Personal die Lokomotive ab und übergibt sie samt dem Betriebsbuch dem Arbeitsaufnehmer.

Das AW nimmt eine Eingangsuntersuchung vor. Dabei werden die in der Vormeldung angegebenen Schäden überprüft und gewöhnlich noch eine Reihe weiterer gefunden. Aus Vormeldung und Eingangsuntersuchung entsteht der Arbeitsauftrag, die Schadmeldung.

Nach einer vom Gesetz bestimmten Frist mußte jede Lokomotive zur Hauptuntersuchung ins AW. Dort wurde sie völlig zerlegt; der Aufarbeitung oder dem Tausch der Baugruppen folgte das Zusammensetzen in der großen Richthalle

Solch eine Dampflok ist ein kompliziertes Ding und zerfällt in unglaublich viele Einzelteile. Um die fachmännisch zu warten, arbeiten viele Gewerke zusammen: Schmiede, Schlosser, Meßtechniker, Schweißer, Elektriker, Laboranten, Maler und andere mehr

Der Abbau

Ehe die Lokomotive in ihre Einzelteile zerlegt wird, reinigt man sie durch Abspritzen mit heißem Wasser. Handelt es sich um eine Schlepptenderlok, werden Lok und Tender entkuppelt, denn sie erfahren fortan eine getrennte Aufarbeitung.

Nun werden Stangen, Steuerung, Bremse, Kreuzköpfe, Zylinderdeckel, Kolben, Schieber und Gleitbahnen abgebaut. Da diese Teile meist stark mit Fett oder Öl behaftet sind, werden sie in einem Silironbad ausgekocht. Die Lokomotive kommt in den Hubstand, wird ausgeachst, und der Ausgleich wird abgebaut. In der nächsten Etappe werden Armaturen, Pumpen, Rohrleitungen, die Kesselgrob- und -feinausrüstung und die Berohrung ab- bzw. ausgebaut. Wenn auch Führerhaus, Laufbleche und Kesselbekleidung entfernt worden sind, steht der nackte Kessel auf dem Rahmen. Ein Außenstehender hält es für ziemlich unwahrscheinlich, daß die Schlosser später alle Teile wiederfinden und an der richtigen Stelle montieren.

Die Aufarbeitung

Die abgebauten Teile kommen in die zuständigen Meistereien zur Aufarbeitung. Es gibt so unter anderen eine Stangenwerkstatt, eine Radsatzwerkstatt, eine Lagerwerkstatt. Hier werden die Federn, da wird der Ausgleich, dort die Steuerung aufgearbeitet. Ein Raw wie beispielsweise Meiningen hat jedoch nicht alles selbst aufgearbeitet. Luft- und Speisepumpen wurden nur getauscht, deren Aufarbeitung übernahm das Raw Leipzig in Engelsdorf. Auch Lichtmaschinen sind nicht in Meiningen aufgearbeitet worden. Die Zylinder verbleiben gewöhnlich am Rahmen. Mobile Bohrwerke bearbeiten Zylinder und Schieberbuchsen.

Bei Lokomotiven mit Barrenrahmen darf der Rahmen nur mit aufgesetztem Kessel bewegt werden. Der Rahmen wird, wie auch der Kessel, außerhalb der Richthalle gereinigt. Der Kessel wird ausgewaschen, sandgestrahlt, untersucht und in der Kesselschmiede aufgearbeitet. Er erfährt dort auch seine Druckprobe.

Werfen wir einen kurzen Blick in die Radsatzwerkstatt. Das Rad einer Lokomotive besteht aus dem gegossenen Radstern und dem Radreifen. Dieser ist erheblichem Verschleiß ausgesetzt. Zum einen durch das Abrollen auf der Schiene, zum anderen durch die Bremsklötze und durch das ständige Anlaufen an den Schienenkopf, was besonders an führenden Radsätzen und deren Spurkränzen zehrt. Der Radreifen ist ein Verschleißteil. Hat der das Betriebsgrenzmaß erreicht, muß er gewechselt werden. Dazu wird er mit radial angeordneten Gasflammen erhitzt und dann hydraulisch

Schweißer und Laborant arbeiten Hand in Hand

abgepreßt, nachdem zuvor der Sprengring entfernt worden ist. Die Neubereifung erfolgt auf umgekehrtem Wege. Der Radreifen wird erhitzt, wodurch er sich ausdehnt, hydraulisch auf den Radstern gepreßt und durch den Sprengring gegen Verdrehen gesichert. Wenn sich der Radreifen abkühlt, zieht er sich wieder zusammen und legt sich fest auf den Radstern. Man nennt das Aufschrumpfen. Neuerdings traut man wohl auch dem Sprengring nicht mehr, denn neubereifte Brennkraft- und Elektrolokomotiven erhalten einen gelben Strich über Radstern und -reifen, um Wanderbewegungen des Radreifens auf die Spur zu kommen. Wenn keine Neubereifung erforderlich ist, muß doch eine Umrißbearbeitung durchgeführt werden. Spurkranzhöhe und -dicke, die

Neigung der Lauffläche (notwendig zum selbsttätigen Zentrieren des Radsatzes auf dem Gleis) und die Ausrundungsradien zwischen Lauffläche und Spurkranz sowie des Spurkranzes müssen wieder auf Urmaß gebracht werden. Das geschieht auf der Radsatzdrehbank. Alle gekuppelten Radsätze müssen natürlich exkat den gleichen Laufkreisdurchmesser erhalten, weil ein Rad mit kleinerem Laufkreisdurchmesser schneller drehen müßte, um in der Zeiteinheit die gleiche Strecke zurückzulegen.

Der Aufbau

Der Zusammenbau geschieht in umgekehrter Reihenfolge. Der Kessel erhält seine Bekleidung. Gleitbahnen, Kolben, Schieber, Kreuzköpfe und Zylinderdeckel werden angebaut, der Ausgleich wird montiert. Inzwischen sind auch Führerhaus, Laufbleche, Armaturen, Pumpen, Züge, die Groß- und Kleinberohrung eingebaut, der Feuerschirm ist gemauert oder, bei ölgefeuerten Lokomotiven, die Feuerbüchse mit Schamottesteinen ausgekleidet. Ein- und Ausströmung und die Rauchkammerausrüstung werden montiert, die Windleitbleche, sofern vorgesehen, angebracht.

In der Richthalle fliegen die Fetzen, weht der Staub, rieseln die Späne, zittert der Boden unter den Hammerschlägen. Und ganz in der Nähe geht es beinahe klinisch rein zu, zählen die Toleranzen nach Millimeterbruchteilen: Lokomotiv-Endmontage (oben) und Vermessen eines Zylinderblocks (links)

AUFNAHMEN: STAIGER, EURICH, CH. MÜLLER, BRAUN, DR. WOLFF & TRITSCHLER (2)

Das Hochgefühl, wenn die Lok wieder dampft

Wenn der Lastausgleich angebaut ist, kann die Lokomotive aufgeachst werden. Dazu kommt sie, je nach AW-üblicher Technologie, in den Hubstand oder wird per Kran angehoben. Das Aufachsen ist eine heilige Handlung. Die Kuppelradsätze werden eingerollt (per Hand) und müssen millimetergenau ausgerichtet werden, um in die Achslagerführungen zu gleiten und die Stangen anbauen zu können. Nachträgliche Korrekturen sind nur durch erneutes Ausachsen möglich. Hat alles geklappt, werden die Bremse und die Stangen sowie die Teile der äußeren Steuerung angebaut. Ehe die Lokomotive den Richtstand verläßt, wird geprüft, ob die Bremse auch tatsächlich funktioniert. Die Lokomotive kann jetzt der AW-eigenen Kontrollorganisation vorgestellt werden, und wenn von dort keine Beanstandungen

kommen, wird die Lokomotive ins Heizhaus umgesetzt und zum Anheizen freigegeben.

Da man zum Heizen Wasser und Kohle braucht, erhält die Lokomotive wieder ihren oder einen anderen Tender und wird zur Probefahrt vorbereitet.

Die Probefahrt

Den ersten Dampf, den der Kessel liefern kann, verwendet man, um die Schiebergehäuse und Zylinder auszublasen. Falls die Schieber schon eingebaut waren, baut man sie nochmals aus. Bei dieser Prozedur werden alle Verunreinigungen (Bohrspäne etc.) gründlich entfernt. Dann müssen die Pumpen ihre Funktion unter Beweis stellen, die beiden Speisepumpen und die Luftpumpe. Die Zylinder erhalten ihre Ventile, die beim Ausblasen ausgebaut sind. Eine lärmintensive Arbeit ist das Einstellen der Kesselsicherheitsventile. Wegen Verbrühungsgefahr durch den über 200°C heißen Dampf hantiert der Kesselprüfer mit überlangen Schraubenschlüsseln, wegen des Höllenlärms mit Gehörschutz. Dann wird abgeölt, aufgerüstet und die Indiziereinrichtung an die Dampfzylinder angebaut. Letzte Kontrolle: das Maß „z" wird überprüft (Abstand zwischen Mitte Achswelle und Ausschnitt Rah-

menoberkante) und der Pufferstand. Jetzt ist die Lokomotive fertig zur Probefahrt. Die führt aber nicht das AW durch, sondern die Abnahmeinspektion Triebfahrzeuge (AIT).

Die Abnahme

Die Abnahmeinspektion ist eine sehr gute und nützliche Einrichtung, die Arbeit des Ausbesserungswerkes zu überprüfen. Die AIT unterstand bei der Deutschen Reichsbahn nicht dem Raw, auch nicht der Direktion Ausbesserungswerke, sondern der Hauptverwaltung Maschinenwirtschaft (HvM), also dem Auftraggeber des Raw. Sie hatte aber ihren Sitz im Raw (in Meiningen in einem Anbau des Heizhauses).

Die Abnahmeinspektoren sind hochqualifizierte Fachleute mit jahre- oder jahrzehntelanger Erfahrung. Sie kennen jede Schraube an der Lokomotive und die Tücken jeder Baureihe und jeder Lokomotive. Selbstverständlich sind sie als Heizer und Lokführer ausgebildet.

Zunächst erfolgt eine kurze Leerprobefahrt, um festzustellen, ob alles funktioniert und ob alle Teile, die sich bewegen müssen, dies auch tun. Dann wird die Lokomotive indiziert, d.h. die Dampfverteilung in den Zylindern wird überprüft und, falls erforderlich, korrigiert. Man erkennt das an den Dampfdruckschaubildern, die der Maihak-Indikator aufzeichnet. Der Dampfdruck muß auf beiden Seiten des Kolbens gleich sein. Nach der Dichtprobe aller dampfführenden Organe kann die Lastprobefahrt starten. Das geschieht als Zuglok vor planmäßigen Zügen. Reisezuglokomotiven müssen, wenn sie ausgeachst waren, verwogen werden, um die Radsatzfahrmasse jedes Radsatzes zu ermitteln. Im Raw kontrolliert man das schon provisorisch, indem man vor jedes Rad kleine Stückchen Kupferdraht legt und sie überfährt. Anhand der Abplattung kann man zumindest grobe Fehler beim Lastausgleich erkennen. Die Meininger fuhren dann zur VES-M nach Halle, die eine Lokomotivwaage besaß. So erledigte man Lastprobefahrt und Verwiegen in einem Arbeitsgang.

Alles, was den Abnahmeinspektoren auffiel, wird notiert. Es fließt ein in die Probefahrtsmeldung an das AW. Unter 50 bis 60 Mängelmeldungen kommt selten eine Lokomotive davon. Die Schlosser des AW müssen die Mängel beseitigen. Ist das geschehen, wird in der Farbgebung der Anstrich erneuert und die Lokomotive beschriftet (letzte Schadgruppe, letzte Bremsuntersuchung, Gestängebauart, Lagermetall usw.). Nun schaut sich die Abnahmeinspektion die Lokomotive nochmals an und vollzieht die Endabnahme. Gibt es keine weiteren Beanstandungen, kann das Stammpersonal des Heimat-Bw benachrichtigt werden, die Lokomotive abzuholen.   MANFRED WEISBROD

Für den Laien ist es schier unglaublich wie aus Tausenden im Werk verstreuten Teilen wieder eine Lok entsteht. Und auch die Profis beschleicht ein Hochgefühl, wenn die Maschine wieder dampft und auf Probefahrt geht (Bild rechts: Raw Meiningen, 1990)

Wie funktioniert die Dampflok

AUFNAHMEN: DR. WOLFF & TRITSCHLER, (2), SCHEDLER

Die preußische P 8 – bekannt geworden als Mädchen für alles – übernahm in Deutschland mehrere Jahrzehnte die Hauptlast der Personenzugverkehrs

Schlepptenderlokomotiven

Ein Streifzug durch die Geschichte der deutschen Länderbahnlokomotiven

Die technische Entwicklung der Schlepptender-Dampflokomotiven bei den einzelnen Länderbahn-Verwaltungen war durch vielfältige Etappen gekennzeichnet. Während sich für den Übergang insbesondere der Güterwagen zwischen den einzelnen Privat-Eisenbahngesellschaften schon in der Frühzeit unter maßgeblicher Federführung des 1847 gegründeten Vereins Deutscher Eisenbahn-Verwaltungen (VDEV) beispielsweise einheitliche Zug- und Stoßvorrichtungen durchsetzten, wurde der Lokomotivbau von den einzelnen Bahnverwaltungen in eigener Regie nach individuellen Gesichtspunkten vorangetrieben, da die Maschinen nur in Ausnahmefällen den eigenen Einzugsbereich verlassen brauchten.

Nach der Verstaatlichung der großen Privatbahn-Gesellschaften bemühten sich die Länderbahnverwaltungen in den siebziger und achtziger Jahren des 19. Jahrhunderts zumindest für ihre eigenen Netze bewährte Schlepptenderlokomotiven in möglichst großer Stückzahl zu beschaffen, um die Instandhaltungs- und Unterhaltungskosten merklich senken zu können. Vielfach wurden die Aufträge für den Bau neuer Lokomotiven auf der Grundlage spezieller Forderungsprogramme an die Herstellerwerke des eigenen

Landes vergeben. Beispiele sind dafür vor allem Bayern mit den Firmen Krauss und Maffei, aber auch Sachsen mit der traditionellen Sächsischen Maschinenfabrik, vorm. Richard Hartmann, in Chemnitz. Erst in den neunziger Jahren gingen einzelne Länderbahnverwaltungen dazu über, die eine oder andere anspruchsvolle Lokkonstruktion im Rahmen von Preisausschreiben „überregional" zu vergeben. Dazu gehörte 1906 unter anderem in Preußen ein Wettbewerb um die spätere pr. S 6.

Vielfach hing die Weiterentwicklung der Schlepptenderlokomotiven von den Fähigkeiten der Chefingenieure in den Konstruktionsbüros der einzelnen Firmen ab. Technisch hoch versierte Maschinentechniker der jeweiligen Privatbahngesellschaften drängten mit unterschiedlichem Erfolg auf die Berücksichtigung ihrer Forderungen, die aus den jeweiligen Streckenverhältnissen und zu bewegenden Zugmassen abgeleitet wurden. Die daraus entstandene Synthese kennzeichnete schließlich das „Know-how" der ständig weiterentwickelten Länderbahn-Schlepptender-Lokomotiven. Wesentlich in diesem Prozeß waren zudem zahlreiche Erfindungen deutscher und ausländischer Konstrukteure. In der ersten Phase gehörten dazu die 1853 entwickelten „Hall'schen Kurbeln" von Joseph Hall

(1810 – 1870), der viele Jahre als Betriebsleiter der Augsburg-Münchner Eisenbahn und später bei Maffei tätig war. Er entwickelte eine Kurbel, die auf das Achslager der Lokomotive aufgesteckt wurde und somit eine verschleißarme Übertragung der kinetischen Energie auf die Treibstangen bewirkte. Ebenso übernahmen deutsche Lokomotivfabriken die Erfindung des Amerikaners William Norris (1800 – 1860), der ein wartungsfreundliches Antriebsgestänge konstruierte. Verbreitung fand überdies die weithin bekannte Crampton-Lokomotive, die der englische Ingenieur Thomas Russel Crampton (1816 – 1888) durchsetze, indem er ab 1852 die Treibachse unter den Stehkessel verlagerte und somit Platz für das Unterbringen leistungsfähiger Kessel schuf.

Bereits in der Länderbahn-Ära entwickelte August v. Borries (1852 – 1906) die Verbundtechnik, die erstmals 1880 praktisch angewendet wurde. Preußen führte sie 1890/91 bei vielen Maschinen ein, und Bayern wollte auf dieses System bis nach dem Ende des Ersten Weltkriegs nicht so recht verzichten. Richard Helmholtz (1852 – 1934), Sohn des bekannten Physikers Hermann v. Helmholtz, wurde durch das 1885 erstmals angewendete seitenverschiebbare Achsensystem berühmt. Zusammen mit der Münchner

Die sächsischen VII-Maschinen hatten sich bewährt. Von Hartmann 1864 gebaut, gelangte die Lokomotive BERNOULLI noch bis 1920 zum Einsatz

Firma Krauss & Comp. entwickelte er das über die deutschen Grenzen bekannt gewordene Krauss-Helmholtz-Gestell.

Die wohl revolutionärste Erfindung stammte jedoch von Wilhelm Schmidt (1858 – 1924). Er gilt durch die Einführung des Überhitzers als der Vater der Heißdampftechnik, die ab 1894 Dampftemparaturen von 350° C ermöglichten und den Kohleverbrauch um durchschnittlich 25 Prozent sinken ließ. Wilhelm Schmidt fand im damaligen Chef des Lokdezernats in der Königlichen Eisenbahn-Direktion Berlin, Robert Garbe (1847 – 1932), einen auf alle Zeiten mit ihm verbündeten Kollegen, der den Bau von Heißdampflokomotiven nicht nur in Preußen, sondern auch darüber hinaus maßgeblich beschleunigte.

Bemerkenswert erscheint in diesem Zusammenhang die Haltung der Generaldirektion der Königlich Bayerischen Staatseisenbahnen. Obwohl innerhalb weniger Jahre die praktische Überlegenheit des Überhitzersystems gegenüber dem Naßdampfprinzip nachgewiesen werden

konnte, vertrat man in München nach wie vor die Auffassung, daß zwei- und vierzylindrige Naßdampf-Verbundlokomotiven wirtschaftlicher seien. Erst sehr zögerlich setzte sich auch hier unter Beibehaltung des Verbundsystems eine zunächst sehr knapp bemessene Überhitzerheizfläche durch, die aber nicht ausreichte, um die Vorteile der Heißdampftechnik zur Geltung zu bringen. Eine ähnlich „stures Verhalten" ist von den Bayern aus der Zeit des Ersten Weltkriegs überliefert. Als es um die Entwicklung einer sogenannten Einheitslokomotive für den Güterzugdienst ging, die später als G 12 in großen Stückzahlen gebaut wurde, lehnten die Staatseisenbahnen eine Mitwirkung an diesem Vorhaben strikt ab.

An dieser Stelle sei auf einen Gedanken hingewiesen, der keineswegs auf Bayern beschränkt bleiben kann: Mit großer Wahrscheinlichkeit bestanden zwischen vielen Staatseisenbahn-Verwaltungen und Hoflieferanten der Lokomotivindustrie auch finanzielle Abhängigkeiten. Und noch mehr waren es die Lokomotivfabriken selbst, die bestimmte Patente ge-

kauft hatten und diese ebenso vermarkten wollten wie die Entwicklungen der eigenen Konstruktionsbüros. Über derartige „Verstrickungen" zwischen ingenieurtechnischen Leistungen und kaufmännischen Gesichtspunkten gibt es kaum konkrete Erkenntnisse. Dieses noch unerforschte Gebiet könnte mit Sicherheit bisher völlig unbekannte Einzelheiten über derartige Zusammenhänge vermitteln. Doch zurück zu den Länderbahn-Schlepptender-Lokomotiven!

Obwohl bald nach „Verreichlichung" der Länderbahnen die Entwicklung der Einheitslokomotiven im Vordergrund stand, hatten zahlreiche und bewährte Länderbahnlokomotiven noch nicht ausgedient. Im Gegenteil: Da durch Reparationsabgaben im Ergebnis des Ersten Weltkriegs ein empfindlicher Lokomotivmangel eingetreten war, wurde zum Teil bis Ende der zwanziger Jahre der Nachbau gut bewährter Länderbahnmaschinen gestattet. Erinnert sei in diesem Zusammenhang nicht nur an die preußische P 8, die P 10 oder die sächsische XII H 2, sondern auch an die legendäre bayerische S 3/6 und die G 12.

In den folgenden Jahren entschied sich die Reichsbahn, einige Länderbahn-Schlepptender-Lokomotiven zu modernisieren oder Einzelexemplare für Versuchszwecke herzurichten. Dazu zählten die Ausrüstung von zahlreichen G 8¹-Lokomotiven mit Laufachsen und Versuche mit den Kohlenstaubsystemen Strug und AEG in der DRG-Zeit. Den Höhepunkt der Kohlenstaub-Ära erreichte Hans Wendler mit seinem System in der DDR. Von den Länderbahn-Lokomotiven wurden hier zahlreiche Maschinen der Baureihe 58 (ex G 12) umgerüstet.

Bis in die sechziger Jahre hinein versuchten beide deutsche Bahnverwaltungen, den Wirkungsgrad der inzwischen mehre-

Geliefert wurde diese Lok 1867 von Hartmann an die Löbau-Zittauer Eisenbahn

AUFNAHMEN: SLG. HÖRNEMANN

Die Aufnahme von der preußischen Lokomotive G 8¹ mit der Bezeichnung 5239 MÜNSTER entstand 1915 im Herstellerwerk Hanomag

re Jahrzehnte alten, aber noch immer unverzichtbaren Länderbahn-Schlepptender-Lokomotiven zu verbessern. Die nachweislich letzten Veränderungen erfuhren noch 1967 einige P 8-Lokomotiven der Deutschen Reichsbahn: sie erhielten Giesl-Ejektoren.

Knapp zehn Jahre später, im September 1976, konnte endgültig auf den Planeinsatz der Länderbahn-Schlepptender-Lokomotiven verzichtet werden. Es handelte sich um die von der Deutschen Reichsbahn bis dahin noch genutzten G 12-Maschinen im Westerzgebirge. Bereits zwei Jahre zuvor hatte die Deutsche Bundesbahn als letzte Länderbahnmaschinen ihre verbliebenen P 8-Lokomotiven ausgemustert.

Die Entwicklung in Preußen

Schon in der Anfangszeit der preußischen Staatsbahn orientierte man sich im Ergebnis des deutsch-französischen Krieges 1870/71 auf einheitliche Lokomotivbau-Grundsätze. Beim Transport von Truppen und Kriegsgerät hatte sich nämlich herausgestellt, daß die Bedienung und Unterhaltung der dafür genutzten und sehr unterschiedlichen Lokomotivtypen Probleme bereiteten. Das betraf die laufende Unterhaltung ebenso wie die Beschaffung von Ersatzteilen. Bis dahin hatte jede Staatsbahn, jede auf Rechnung des Staates betriebene Privatbahn und jede in eigener Regie verwaltete Privatbahn bei der Anwendung von Konstruktionen einen recht großzügigen

Spielraum nutzen können. Sowohl der Staat, die einzelnen Eisenbahngesellschaften als auch die Lokomotivindustrie standen der Entwicklung von Normen für bestimmte Bauteile aus Kostengründen aufgeschlossen gegenüber. Bereits im Oktober 1871 nahm eine Kommission die Arbeit auf, um unter anderem für den Lokomotivbau einheitliche Grundsätze zu entwickeln. Nachdem erste Ergebnisse vorgelegt worden waren, beauftragte der Minister für Handel, Gewerbe und öffentliche Arbeiten am 15. März 1875 die Direktion der dem Staat gehörenden Niederschlesisch-Märkischen Eisenbahn

einheitliche Entwürfe für den Bau von Lokomotiven und Wagen vorzulegen. Diese Betriebsmittel sollten auf der im Bau befindlichen „Kanonenbahn" Berlin – Wetzlar zum Einsatz gelangen. Wenig später wurde eine spezielle „Normalien-Kommission" gebildet, die erste Erkenntnisse aufarbeitete und gemäß dem Erlaß vom 10. Juli 1875 „Normallokomotiven, Normalwagen und genormte Einzelteile" festlegen sollte. Die in diesem Zusammenhang erarbeiteten Konstruktionszeichnungen wurden schließlich im Verlaufe des Jahres 1877 vom Minister für Handel, Gewerbe und öffentliche Arbeiten als „Musterblätter"

Bis 1945 war die „aufgeschnittene" Schnellzuglokomotive 17 008 im Verkehrs- und Baumuseum Berlin zu besichtigen, wo dieses Foto für eine Ansichtskarte entstand

DIE VON DER DRG ÜBERNOMMENEN LÄNDERBAHNLOKOMOTIVEN MIT SCHLEPPTENDER

DRG-Nr.	Länderherkunft	Bezeichnung	erste Indienststellung (Jahr)	Bauart	Anzahl der gebauten Lokomotiven	letzte Ausmusterungen bei DRG/DB/DR (Jahr)	Bemerkungen
13^0	Preußen	pr. S 3	1893	2'Bn2v	1 029	1927	identisch mit old. S 3
13^{18}	Oldenburg	old. S 3	1903	2'Bn2v	6	1927	identisch mit pr. S 3
13^5	Preußen	pr. S 4	1902	2'Bh2	104	um 1926	
13^{6-8}	Preußen	pr. S 5^2	1905	2'Bn2v	367	um 1930	identisch mit old. S 5^2
13^{18}	Oldenburg	old. S 5^2	1909	2'Bn2v	11	um 1928	identisch mit pr. S 5^2
13^{10-12}	Preußen	pr. S 6	1906	2'Bh2	584	1930	
13^{15}	Sachsen	sä. VIII V_1	1896	2'Bn2v	32	1929	Schnellzuglokomotive
13^{71}	Sachsen	sä. VIII V_2	1896	2'Bn2v	118	1931	Personenzuglokomotive
13^{16}	Württemberg	wü. AD	1899	2'Bn2v	98	1928	
13^{17}	Württemberg	wü. ADh	1907	2'Bh2	17	1932	
13^{70}	Sachsen	sä. VIII 2	1891	2'nBn2	20	1928	
14^0	Preußen	pr. S 9	1908	2'B1'n4v	99	1926	
14^1	Pfalz (Bayern)	pfälz. P3^I	1898	1'B1'h4v	12	1926	
14^1	Bayern	bay. S 2/5	1904	1'B1'n4v	10	1927	
14^2	Sachsen	sä. XV	1900	2'B1'n4v	15	1926	
14^3	Sachsen	sä. XH 1	1909	2'B1h2	18	1932	
15^0	Bayern	bay. S 2/6	1906	2'B2'h4v	1	1925	Einzelstück
16^0	Oldenburg	old. S 10	1916	1'C1'h2	3	1926	Eigentwicklung
17^{0-1}	Preußen	pr. S 10	1911	2'Ch4	200	1951	
17^2	Preußen	pr. S 10^2	1914	2'Ch3	124	1948	
17^3	Bayern	bay. C V	1896	2'Cn4v	43	1930	
17^4	Bayern	bay. S 3/5 N	1903	2'Cn4v	39	1938	
17^5	Bayern	bay. S 3/5 H	1906	2'Ch4v	30	1948	wie bay. S 3/5 N, jedoch Heißdampfversion ab 1928 nur Heizlok
17^6	Sachsen	sä. XII HV	1906	2'Ch4	6	1956	
17^7	Sachsen	sä. XII HV	1908	2'Ch4v	42	1936	
17^8	Sachsen	sä. XII H 1	1909	2'Ch2	7	1929	
17^{10-11}	Preußen	pr. S 10^1	1911	2'Ch4v	143	1963	Bauart 1911
17^{11-12}	Preußen	pr. S 10^1	1914	2'Ch4v	102	1963	Bauart 1914
18^0	Sachsen	sä. XVIII H	1917	2'C1'h3	10	1967	
18^1	Württemberg	wü. C	1909	2'C1'h4	41	1955	
18^2	Baden	bad. IV h$^{1-4}$	1907	2'C1'h4v	35	1930	
18^3	Baden	bad. IV h$^{1-3}$	1918	2'C1'h4v	28	1948	incl DRG-Nachbau
18^{4-5}	Bayern	bay. S 3/6	1908	2'C1'h4v	139	1960	ausschließlich DB-Umbau-Lokomotiven
19^0	Sachsen	sä. XX HV	1918	1'D1'h4v	23	1975	
34^{73}	Mecklenburg	meck. P 3^1	1888	1Bn2	41	1930	identisch mit pr. P 3^1
34^{76}	Sachsen	sä. III	1871	1'Bn2	73	1925	nur eine Lok bei DRG
34^{77-78}	Sachsen	sä. III b	1874	1'Bn2	218	1930	
34^{79}	Sachsen	sä. III B V	1889	1'Bn2	18	1924	
34^{80}	Sachsen	sä. VI b V	1886	1'Bn2	14	1925	
34^{81}	Württemberg	wü. A	1878	1Bn2	25	1925	
34^{82}	Württemberg	wü. Ac	1889	1Bn2v	36	1926	
36^{0-4}	Preußen	pr. P4^2	1898	2'Bn2v	695	1959	
36^6	Mecklenburg	meck. P4^2	1903	2'Bn2v	32	1931	identisch mit pr. P4^2
36^{12}	Oldenburg	old. P 4^2	1907	2'Bn2v	8	1929	identisch mit pr. P4^2
36^{7-8}	Bayern	B XI	1892	2'Bn2(v)	139	1931	
36^{9-10}	Sachsen	sä. VIII V_2	1896	2'Bn2v	118	1931	
36^{12}	Oldenburg	old. P4^1	1896	2'Bn2	19	1931	identisch mit pr. P4^1
37^{0-1}	Preußen	pr. P 6	1902	1'Ch2	275	1945	
38^0	Bayern	bay. P 3/5 H	1905	2'Cn4v	36	1938	
38^{2-3}	Sachsen	sä. XII H 2	1910	2'Ch2	159	1971	
38^4	Bayern	bay. P 3/5 H	1921	2'Ch4v	80	1955	
38^{10-40}	Preußen	pr. P 8	1906	2'Ch2	3444	1975	
38^{70}	Baden	bad. IVe$^{2-6}$	1894	2'Cn4v	83	1932	
39^{0-2}	Preußen	pr. P 10	1922	1'D1'h3	260	1967	85 DR-Lok Reko (BR 22)

bestätigt. Darin eingeschlossen waren auch die Schlepptender-Dampflokomotiven.

Fortan durfte nur noch in Ausnahmefällen von den „Normalien-Lokomotiven" abgewichen werden, beispielsweise bei der Entwicklung von kleineren Serien für streckenspezifische Bedingungen. Aber auch diese Spezial-Lokomotivtypen wurden ab Ende der achtziger Jahre des

19. Jahrhunderts nachträglich in die Musterblätter aufgenommen.

Eine markante Etappe im preußischen Lokomotivbau stellte die Einführung des Verbundsystems dar, war doch damit eine spürbar verbesserte Zugkraft bei unveränderten Kesselgrößen möglich. Diese Neuerung wurde unter Federführung des bei der Eisenbahn-Direktion Hannover beschäftigten August v. Borries im Jahre

1880 eingeführt. Unabhängig davon forderte auch die Eisenbahndirektion Bromberg Lokomotiven mit Verbundwirkung. Zunächst nur bei Tenderlokomotiven eingeführt, setzte sich diese Technik zehn Jahre später auch bei den Schlepptenderlokomotiven durch. Beispiele hierfür sind die Gattungen S 2, P 4 und S 3 ab 1890/91. Etwa zeitgleich wurden auch Güterzug-Schlepptenderlokomotiven der Gattungen G 7^1 (Normalbauart), G 7^3 und

AUFNAHMEN: KNIPPING, HÖRNEMANN

DIE VON DER DRG ÜBERNOMMENEN LÄNDERBAHNLOKOMOTIVEN MIT SCHLEPPTENDER

DRG-Nr.	Länderherkunft	Bezeichnung	erste Indienststellung (Jahr)	Bauart	Anzahl der gebauten Lokomotiven	letzte Ausmusterungen bei DRG/DB/DR (Jahr)	Bemerkungen
53^0	Preußen	pr. G4^2	1882	Cn2v	774	1929	
53^3	Preußen	pr. G4^3	1903	Cn2v	63	1930	
53^{6-7}	Sachsen	sä. VV	1885	Cn2	165	1930	
53^8	Württemberg	wü. Fc	1890	Cn2v	125	1928	
53^{10}	Oldenburg	old. G 4^2	1895	Cn2v	27	1932	ähnlich pr. G 4^2
$53^{70-71,\,76}$	Preußen	pr. G 3	1877	Cn2	2 233	1929	einschließlich G 4^1
$53^{80,\,80-81}$	Bayern	bay. C IV	1884	Cn2/Cn2v	187	1931	dav. 100 Loks Cn2v
53^{82}	Sachsen	sä. V	1859	Cn2	213	1927	
53^{83}	Württemberg	wü. F 2	1889	Cn2	6	1925	
53^{85}	Baden	bad. VII a/VII c	1875	Cn2	421	1929	diverse Unterbauarten
54^0	Preußen	pr. G 5^1	1892	1'Cn2	264	1930	
54^1	Preußen	pr. G 5^2	1895	1'Cn2v	491	1932	
54^6	Preußen	pr. G 5^3	1903	1'Cn2	206	1930	
54^{8-10}	Preußen	pr. G 5^4	1901	1'Cn2v	750	1951	
54^{10}	Preußen	pr. G 5^5	1910	1'Cn2v	27	um 1930	
54^{12}	Mecklenburg	meck. G 5^4	1906	1'Cn2v	9	1940	baugleich mit pr. G 5^4
54^{13}	Bayern	bay. C VI	1899	1'Cn2v	83	1935	
54^{14}	Bayern	bay. G 3/4 N	1907	1'Cn2v	37	1935	
54^{15-17}	Bayern	bay. G 3/4 H	1919	1'Ch2	225	1966	
55^{0-6}	Preußen	pr. G 7^1	1893	Dn2	1 215	1966	
55^{7-13}	Preußen	pr. G 7^2	1895	Dn2v	1 642	1961	
55^{16-22}	Preußen	pr. G 8	1902	Dh2	1 054	1969	
55^{23-24}	Preußen	pr. G 9	1908	Dn2 (h2)	200	1961	
55^{25-56}	Preußen	pr. G 8^1	1913	Dh2	4 958	1972	
55^{57}	Mecklenburg	meck. G 7^2	1914	Dn2v	11	1940	baugleich mit pr. G 7^2
55^{58}	Mecklenburg	meck G 8^1	1918	Dh2	12	1951	baugleich mit pr. G 8^1
55^{59}	Pfalz	pfälz. G 5	1906	Dn2v	24	1929	
55^{60}	Sachsen	sä. I V	1898	B'Bn4v	30	um 1926	
55^{62}	Oldenburg	old. G 7^1	1912	Dn2v	22	1935	Eigenentwicklung
55^{72}	Pfalz	pfälz. G 4^1	1898	Dn2	27	1927	
56^0	Preußen	pr. G 7^3	1903	Dn2v	13	1928	1917 Nachbau von 70 Loks für Heeresdienst
56^1	Preußen	pr. G 8^3	1919	1'Dh3	85	1967	
56^2	Mecklenburg	meck G 7^3	1917	1'Dn2v	5	1927	
56^{2-8}	Preußen	pr. G 8^1	1934	1'Dh2	691	1969	mit Laufachse, Umbau 1934 – 1941 aus G 8^1
56^4	Bayern	bay. G 4/5 N	1905	2'Dn2	7	1927	
56^5	Sachsen	sä. IX V	1902	1'Dn2v (h2)	22	1932	
56^6	Sachsen	sä. IX HV	1907	1'Dh2v	30	1932	
56^7	Baden	bad. VIIIe$^{1-8}$	1908	1'Dn4v	70	1931	
56^{8-11}	Bayern	bay. G 4/5 H	1916	1'Dh4v	230	1947	
56^{20-29}	Preußen	pr. G 8^2	1919	1'Dh2	846	1971	
57^0	Sachsen	sä. XI V	1905	En2v	108	1927	
57^1	Sachsen	sä. XI H	1905	Eh2	8	1930	
57^2	Sachsen	sä. XI HV	1905	Eh2v	31	1933	
57^3	Württemberg	wü. H	1905	En2v	8	1935	
57^4	Württemberg	wü. HH	1909	Eh2	26	1935	
57^5	Bayern	bay. G 5/5	1911	Eh4v	95	1950	
57^{10-35}	Preußen	pr. G 10	1910	Eh2	2 615	1972	
58^0	Preußen	pr. G 12^1	1915	1'Eh3	21	1935	
$58^{1,\,4}$	Sachsen	sä. XIII H	1917	1'Eh3	82	1974	
58^{2-3}	Baden	bad G 12$^{1-7}$	1918	1'Eh3	160	1970	
58^5	Württemberg	wü. G 12	1919	1'Eh3	43	1970	
58^{10-21}	Preußen	pr. G 12	1917	1'Eh3	1 168	1976	
59^0	Württemberg	wü. K	1917	1'Fh4v	15	1953	nach 1945 bei DB nicht mehr in Betrieb

die B'Bn4vt-Mallet-Maschinen als Verbundvarianten in Dienst gestellt, wobei sich das System nur bei der G 7^1 richtig durchzusetzen vermochte. Obwohl die Verbundwirkung in den folgenden Jahren verbessert werden konnte, blieb sie bei einigen Technikern umstritten.

Auf der Suche nach noch günstigeren Lösungen erwies sich die Erfindung der schon erwähnten Heißdampftechnik als ein revolutionärer Schritt. Trotz vieler Vorbehalte setzte der Erfinder, Wilhelm Schmidt, mit Hilfe von Robert Garbe beim preußischen Ministerium der öffentlichen Arbeiten den Bau einer S 4-Lok und von zwei P 4-Maschinen in Heißdampfausführung für Probezwecke durch. 1898 standen dann diese von Henschel in Kassel und Vulcan in Stettin gefertigten Maschinen als erste Heißdampflokomotiven der Welt auf Preußens Staatsbahngleisen!

Die umfangreiche Versuchsfahrten überzeugten auf Anhieb: Trotz eines merklich geringeren Kohle- und Wasserverbrauchs waren wesentlich höhere Leistungen erzielt worden, wenngleich der Überhitzer noch verbessert und hitzeunempfindliche Werkstoffe einzusetzen waren. Bald danach entwickelte Robert Garbe, wohl wissend, daß die Kinderkrankheiten des neuen Systems innerhalb kürzester Zeit überwunden sein würden, erste Entwürfe

Einst zählte die Schnellzuglokomotive 17 708 – hier um 1935 in Dresden – zu den hochwertigen Maschinen Sachsens

eines „Typenprogrammes für Heißdampflokomotiven", das unter anderem die späteren Schlepptendermaschinen der Gattungen S 4, P 6 und G 8 berücksichtigte. 1901 gab Preußen schließlich grünes Licht für die Heißdampf-Ära innerhalb des Lokbeschaffungsprogramms. Mit dem Bau der Schnellzuglokomotiven S 6 und P 8 ab 1906 war die Heißdampftechnik weiter entwickelt worden, und als wenig später die S 10[1] und G 10 als leistungsstarke Maschinen zur Verfügung standen, hatte man fast alle Kinderkrankheiten dieses neuen Systems überwunden. Die volle Betriebsreife wurde im Verlaufe des Jahres 1911 durch den Einsatz von Kolbenschiebern mit schmalen, federnden Ringen erreicht.

Bis zum Beginn des Ersten Weltkrigs gab es in Preußen 60 Musterblätter, von denen immerhin 17 den Heißdampfmaschinen vorbehalten waren. Maßgeblichen Anteil an dieser Entwicklung hatte das am 1. April 1907 gegründete Eisenbahn-Zentralamt (EZA), in dem technische Neuerungen konzentriert bearbeitet und geprüft werden konnten.

Nach der Jahrhundertwende wurden aber auch noch neue Naßdampfmaschinen in Betrieb genommen. Dabei handelte es sich vielfach nur um weiterentwickelte bzw. modernisierte ältere Typen, die teilweise Krauss-Helmholtz-Lenkgestelle oder vergrößerte Kessel erhielten. Dazu zählten unter anderem die Gattungen G 5,

G 5[4] und S 3 / S 5[2], letztere als Dreizylindermaschine.

Nach Ausbruch des Ersten Weltkriegs stand abermals die Entwicklung einer Einheitslokomotive auf der Tagesordnung, über die man nach dem deutsch-französischen Krieg 1870/71 nicht nur in Preußen nachgedacht hatte. Im Ergebnis dieser Bemühungen entstand die G 12, die außerdem von anderen deutschen Länderbahnen und später von der Reichsbahn weiter beschafft wurde.

Die Entwicklung in Bayern

Sechs Jahre nach Inbetriebnahme der ersten deutschen Eisenbahn zwischen Nürnberg und Fürth verließ 1841 die erste in Bayern gebaute Lokomotive das Werk von Joseph Anton v. Maffei. Diese 1A1-Maschine namens MÜNCHNER absolvierte ihre Probefahrt zwar mit Bravour, doch waren Nachbesserungen erforderlich, bevor die Lok 1845 endgültig von der Staatsbahn übernommen wurde. Noch 1845 erhielt v. Maffei den Auftrag, erste Serienlokomotiven für die Bayerische Nord-Südbahn und die Pfalzbahn herzustellen. Damit war zugleich der Weg frei für eine technisch bemerkenswerte Entwicklung des bayerischen Lokomotivbaus, der genaugenommen erst in DRG-Zeiten mit der Auslieferung der letzten S 3/6 als 18 528 im Jahre 1927 endete.

Die ersten 1847/48 beschafften Maschinen der Gattung A II waren Langboiler-

Die H 17 206 (ex pr S 10[2]) diente bei der DRG als Versuchsträger für eine bessere Wärmewirtschaft

AUFNAHMEN: SLG. HÖRNEMANN

Versuchsfahrten gab es in Halle an der Saale schon vor dem Zweiten Weltkrieg: 56 1677 (vorne), gefolgt von der 56 1002, vor einem Meßzug

Lokomotiven mit einem weit über die starre vordere Laufachse ragenden Kessel, um mehr Heizrohre unterzubringen. Ein weiterer Fortschritt stellte die Entwicklung und Anwendung der Hallschen Kurbeln und der Crampton-Bauart an. Obwohl letztere keine bayerische Erfindung war, wurde sie beim Bau der Lokomotiven doch weitestgehend den dortigen Verhältnissen angepaßt. Die hierfür erforderliche Entwicklungsarbeit – es ging vor allem um einen möglichst tiefen Schwerpunkt – fand ebenfalls bei Maffei statt. Doch der Bedarf an 1A1-Maschinen war Ende der fünfziger Jahre des 19. Jahrhunderts abgedeckt.

Gefragt waren jetzt zweifachgekuppelte Universalloks für den Personenzug- und Güterzugdienst, wobei sich für letzteren Cn2-Maschinen als günstiger erwiesen. Grundlage hierzu bildeten die 1847 entwickelten Lokomotiven der Gattung C I, denen die der Gattung C II folgten. Hier war die dritte Achse als Treibachse ausgebildet worden, während man bei der C III wieder zur mittleren Treibachse überging. Die Maschinen dieser Gattung bewährten sich gut, waren für damalige Verhältnisse zugkräftig und anspruchslos in der Unterhaltung. Von den 308 zwischen 1868 und 1874 gebauten Schlepptender-Güterzugloks dieser Gattung waren 1920 bei Bildung der Reichsbahn noch 277 in Betrieb. In Form von weiter ausgereiften Versionen hielt Bayern für schnellfahrende Züge auch an den B-Kupplern fest. Die B VII-Lokomotive, von der neu gegründeten Lokomotivfabrik Krauss 1868 geliefert, setzte weitreichende Impulse für sich bewährende technische Lösungen. Dazu gehörten insbesondere innenliegende

Wasserkastenrahmen, Außenzylinder – zunächst mit Allan-Steuerung –, und domlose, glatte Kessel. Das Zeitalter der eigentlichen Schnellzuglokomotive leitete der Bau der Gattung B VIII ab 1872 bei Maffei ein. Es handelte sich um eine 1Bn2-Maschine, die bis 1911 treue Dienste leistete. Schon zwei Jahre später stand mit der B IX die damals „Schnellste unter den Schnellen" zur Verfügung. Ebenfalls als Bauart 1Bn2 konzipiert, brachten es die bis 1887 gefertigten Maschinen mit ihren 1 870 mm großen Treibrädern in der Ebene auf 90 km/h. Eine Stagnation im bayerischen Lokomotivbau ist aus den siebziger und achtziger Jahren des 19. Jahrhunderts überliefert. Bedingt durch die Gründerkrachkrise bestand kaum Bedarf an neuen Lokomotiven, da sich die Verkehrsleistungen in Grenzen hielten. Diesen „Freiraum" nutzten die Konstruktionsbüros der Lokfabriken, um die vorhandene Technik weiterzuentwickeln. Priorität genoß dabei die Entwicklung von Innenrahmen, Druckluftbremsen und des Krauss-Helmholtz-

Laufdrehgestells. Den wohl bedeutendsten Schritt aber brachte die Einführung des Verbundsystems. Diese Erkenntnisse wurden schließlich in den Maschinen der Gattung B X vereinigt. Insgesamt 14 dieser 1'Bn2v-Lokomotiven wurden 1890/ 1891 von Krauss gebaut. Ähnliche Baumerkmale wies die C V auf, eine von 1899 bis 1905 beschaffte 2'Cn4v-Lok für den Personen- und Eilgüterzugdienst. Bereits zuvor war auch der Bau von zugkräftigen Vierkupplern der Bauart 1'Dn2 aufgenommen worden.

Obwohl inzwischen der Rauchrohrüberhitzer von Wilhelm Schmidt den Siegeszug des Heißdampfs über die Grenzen Deutschlands hinaus angetreten hatte, glaubte man in Bayern am Verbundsystem festhalten zu müssen. Doch zunächst sorgten je zwei von Baldwin aus den USA importierte Schnell- und Güterzuglokomotiven für grundlegende Veränderungen. An diesen Maschinen erreichten zwei unmittelbar übereinanderliegende Hoch- und Niederdruckzylinder der

Die Vierzylinder-Verbund-Schnellzugloks – wie hier die bad IV h – beeindruckten durch ihre Leistung

Sächsisch-bayerische Lokparade in Hof. Vorne 57 022 (ex sä. XI V) und sieben bayerische C IV-Maschinen im Jahre 1919

Bauart Vauclain mit einem gemeinsamen Kreuzkopf die gleichen Effekte wie bei einer Zwillingsmaschine, doch konnte ein Innentriebwerk eingespart werden. Zwar gab es an diesen Lokomotiven häufig auftretende undichte Stellen an den Triebwerken, aber wesentlich erschien für die Weiterentwicklung des bayerischen Lokomotivbaus der vorteilhafte Barrenrahmen, der ab 1903 grundsätzlich bei den von Maffei entwickelten Maschinen berücksichtigt wurde.

Im Jahre 1908 erzielte Maffei den Höhepunkt im bayerischen Schnellzuglokbau mit der legendären S 3/6. Letztendlich entstand die außerordentlich gut gelungene Konstruktion im Wettlauf der Zeit, waren doch mehr und mehr leistungsfähige Lokomotiven für den Schnellzugdienst gefragt. In diesem Zusammenhang hatte Maffei als eine Vorläuferkonstruktion die S 2/6 entwickelt, die am 2. Juli 1908 auf der Strecke München – Nürnberg eine Höchstgeschwindigkeit von 145 km/h erzielte. Was dabei erstaunt, ist eine für Bayern neue Tatsache. Es handelte sich um die Bauart 2'B2'h4v! Damit war bewiesen, daß sich nun auch bayerische Lokomotivtechniker nicht mehr dem Heißdampfprinzip verschließen konnten, denn solche Leistungen, die übrigens erst 30 Jahre später mit der DRG-Lokomotive 05 002 überboten werden konnten, waren eben nur der Schmidtschen Erfindung zu verdanken. Die S 2/6 blieb ein Einzelgänger, beeinflußte aber maßgeblich über die Entwicklung der S 3/5 den Bau der S 3/6, die mit Fug und Recht als die Königin aller bayerischen Dampflokomotiven bezeichnet werden darf. Hier hatte sich nun erstmalig konsequent die Heißdampfversion durchgesetzt, allerdings glaubte man noch immer, auf das Verbundsystem nicht verzichten zu können. Allerdings war die erste Heißdampflokomotive Bayerns keine

Schnellzugmaschine, sondern eine zweifachgekuppelte Lokalbahnlokomotive! Diese kurios anmutende Entwicklung dürfte auf die Gegner des Rauchrohrüberhitzers zurückzuführen sein, die vielleicht annahmen, bei einer kleinen Lokomotive nicht viel „verderben" zu können. Doch schließlich gab es für auch in Bayern für moderne Dampflokomotive keine Alternative mehr; die Heißdampf-G 3/4 wurde zwischen 1919 und 1923 mit immerhin 225 Exemplaren in Dienst gestellt. Bereits zuvor war mit der G 5/5 der Sprung zum leistungsfähigen Fünfkuppler gelungen. Zwischen 1911 und 1924 wurden noch 95 Lokomotiven dieser Reihe in Dienst gestellt. Die Leistung dieser Maschine lag sogar über der der G 12, ein Anhaltspunkt dafür, daß die bayerische Lokomotivindustrie trotz des zeitweisen Nachholbedarfs die Zeichen der Zeit erkannt hatte und nun den deutschen Lokomotivbau noch maßgeblich mitbestimmte.

Die Entwicklung in Sachsen

Der sächsische Lokomotivbau war ebenso wie in anderen Ländern Deutschlands durch Erfolge, Mißerfolge, Erfindungen und Erfahrungen geprägt. Zunächst waren auch hier die englischen Vorbilder maßgebend. Einen nachhaltigen Impuls auf die Weiterentwicklung der „beweglichen Dampfmaschine" hatten die berühmte, von Johann Andreas Schubert (1808 – 1870) konstruierte und 1839 in Übigau gebaute SAXONIA, die COMET von Rothwell und die nicht minder bekannte PEGASUS von der Sächsischen Maschinen-Compagnie in Chemnitz. Schon damals war bekannt, daß aufgrund der topographischen Bedingungen in Sachsen dem Einsatz von 1A1-Maschinen kein großer Erfolg beschieden sein würde, so daß man sich

bald auf die Konstruktion steifachsiger 1B-Versionen konzentrierte. Den eigentlichen Durchbruch erreichte man in Sachsen mit der 1848 gegründeten Maschinenfabrik von Richard Hartmann in Chemnitz. Hartmann, sie entwickelte sich schnell zum Hauslieferanten der Sächsischen Staatseisenbahn und blieb es bis 1919.

Die in Chemnitz noch 1848 fertiggestellte 1B-Maschine GLÜCK AUF für die Sächsisch-Bayerische Eisenbahn bildete eine weitere Grundlage für den sächsischen Lokomotivbau. Schon früh griff Hartmann auf das Bisselgestell zurück, da die Erfahrung lehrte, daß die Lokomotiven und Schienen ansonsten auf den krümmungsreichen Strecken viel zu schnell abgenutzt werden. Die ersten Bissel-Gestell-Maschinen (Gattung IIb) verkehrten auf der 1858 eröffneten Obererzgebirgischen Eisenbahn Zwickau – Aue – Schwarzenberg. Die fehlende Rückstelleinrichtung führte zu unbefriedigenden Laufeigenschaften. Abhilfe schaffte die entsprechende Erfindung von Novotny in Form eines einachsigen Drehgestells mit dem Drehzapfen über der Achsmitte. Diese Technik bewährte sich ausgezeichnet. Sie wurde zuletzt an den 1'B-Lokomotiven der Gattungen VIb und IIIb V angewendet. 1855 wurden auf der Albertbahn Dresden – Tharandt die ersten dreifach gekuppelten Lokomotiven in Betrieb. Das einer größeren Leistungskraft gerecht werdende zweiachsige Drehgestell wurde erstmals 1891 bei den 2'nBn2-Maschinen der Gattung VIII$_2$ wirksam. Diese Lokomotiven bewährten sich gut, und die letzten Vertreter wurden erst 1928 ausgemustert. Mit derartigen Drehgestellen ließ man auch die nachfolgenden Maschinen ausrüsten. Erst mit dem Bau der XX HV, der DRG-Baureihe 19⁰, wurde gezwungenermaßen auf das Krauss-Helmholtz-Gestell zurückgegriffen.

AUFNAHMEN: SLG. HÖRNEMANN (2), SLG. KNIPPING

Die im Originalzustand wieder aufgearbeitete S 3/6 Nr. 3673 (ex 18 478) auf dem Gelände des Bayerischen Eisenbahnmuseums Nördlingen

Noch 1900 war aber eine 2'B1'-Lokomotive als einzige De-Glehn-Maschine entwickelt worden, die aber einen leistungsmäßig unzureichenden Kessel erhalten hatte. Doch schon bald hatte sich auch in Sachsen die Achsfolge 2'C durchgesetzt und mit ihr das Heißdampfprinzip. Eingeleitet wurde diese Entwicklung mit Erprobungsmaschinen der Gattungen XII H, XII HV und X II H 1. Entschieden wurde zugunsten der XII HV (DRG-Baureihe 17⁷), die durch einen geringen Kohleverbrauch auffiel. Den Abschluß der Schnellzuglokentwicklung bildeten die Gattungen XVIII H (DRG-Baureihe 18⁰) und XX HV (DRG-Baureihe 19⁰). Mit den wachsenden Aufgaben im Personenzugdienst hielten auch die dafür in Dienst gestellten Lokomotiven Schritt. Hier genügten zwar die 1'B-Maschinen noch etwas länger den Anforderungen, wurden aber ab 1896 durch 2'B-Maschinen der Gattungen VIII V2 und VIII V1 abgelöst. Zu den glücklichsten Konstruktionen gehörte die XII H2-Lokomotive, der bekannte Rollwagen mit der DRG-Bezeichnung 38²⁻³. Er stand ab 1910 zur Verfügung. Für den schweren Güterzugdienst wurden ab 1902 1'D-Lokomotiven der Gattungen IX V und IX HV in Dienst gestellt. Versuche mit drei verschiedenen Musterlokomotiven der fünffachgekuppelten Gattung XI ergaben, daß die Naßdampfversion am besten abgeschnitten hatte. Diese Maschine wurde bis 1915 gebaut. In dieser Zeit schloß sich Sachsen

dem Bau der G 12 an. Die letzten der in Sachsen als Gattung XIII H bezeichneten und verstärkt ausgeführten 1'E-Maschinen stellte die Reichs-bahn 1924 in Dienst.

Die Entwicklung in Baden und Württemberg

Zunächst beschafften auch die Badischen Staatsbahnen Lokomotiven aus England. Erst im Jahre 1842 begann die Karlsruher Lokomotivfabrik Emil Kessler mit der Fertigung der damals verbreiteten 1A1-Maschinen. Wesentlich weiter entwickelt

war in jenen Jahren die Lokomotivtechnik in Nordamerika, so daß Baden bei der Lokomotivfabrik William Norris 1846 2'Bn2-Maschinen mit führendem Drehgestell in Auftrag gab.

Inzwischen hatte die einheimische Lokomotivindustrie einen merklichen Qualitätssprung vollzogen, so daß ab Mitte der vierziger Jahre die hier kostengünstiger erhältlichen Lokomotiven vorgezogen wurden. 1846 stand die erste selbst entwickelte dreifachgekuppelte Güterzug-Schlepptenderlokomotive zur Verfügung. Die als Gattung VI bezeichnete Maschine wies

Eine der letzten Länderbahnloks: Die Lok 58 1934 wartet 1975 in Aue auf den nächsten Einsatz

Diese preußische P 8 dampfte am 5. Juli 1971 noch planmäßig als 038 772 in Freudenstadt

Die Entwicklung in Oldenburg und Mecklenburg

Kleinere Staatseisenbahn-Verwaltungen, wie Oldenburg und Mecklenburg, investierten nur wenig Initiativen in die konstruktive Entwicklung des eigenen Lokomotivparks. Aus Kostengründen orientierte man sich hier überwiegend auf den Kauf von ausgereiften Maschinen anderer Staatsbahnen, zumal „landeseigene Lokomotivfabriken" nicht vorhanden waren oder kaum Bedeutung erlangten. In Oldenburg kamen zunächst eiligst von der Niederschlesisch-Märkischen Eisenbahn im Jahre 1866 angekaufte 2'An2-Norris-Lokomotiven zum Einsatz.

eine Reibungsmasse von 21,8 Tonnen auf. Zwei Jahre später kamen A1-Maschinen für den gemischten Dienst hinzu. Eine Besonderheit besaßen diese Maschinen jedoch alle: die Spurweite von 1600 mm! Mit dem Umbau des bestehenden Netzes auf Normalspur vom Mai 1854 bis April 1855 wurden 63 der vorhandenen 66 Breitspurloks ebenfalls umgespurt. Gleichzeitig begann sich Baden im Zusammenwirken mit der Maschinenfabrik Karlsruhe auf die Entwicklung neuer Lokomotiven zu konzentrieren. Dazu zählten 2An2-Crampton-Schnellzugloks. Die weitere Entwicklung des badischen Lokomotivparks ähnelte der anderer deutscher Länderbahnen. Zwischen 1861 und 1875 wurden zahlreiche 2B-Maschinen mit den Gattungsbezeichnungen XII (III) und IIIa in Dienst gestellt. Die von 1866 bis 1891 beschafften 171 Lokomotiven galten als Standardfahrzeuge für den Güterzugdienst.

Ab 1892 setzte sich das Verbundprinzip durch (Gattung VIId). Während für den Reiseverkehr vorzugsweise Tenderlokomotiven entwickelt wurden, dominierte im Güterverkehr bis zur Jahrhundertwende die Schlepptenderlok. Der Höhepunkt in der Entwicklung war hier im Jahre 1908 mit Indienststellung der Gattung VIIIe erreicht, einer 1'Dh4v-Maschine, die als Baureihe 56[7] noch von der DRG übernommen wurde. Bereits 1894 stand mit der 2'Cn4v-Maschine der Gattung IVe eine maßgeschneiderte Personenzugschlepptenderlok für die Schwarzwaldbahn zur Verfügung. Diese Maschine reichte aber für die durchgehende Beförderung von Schnellzügen auf der Rheintalstrecke nicht aus. Erst mit Übernahme der 2'C1'h4v-Maschine der Gattung IVf war Maffei der gewünschte Durchbruch gelungen. Mit Barrenrahmen, Heißdampftechnik und vier Zylindern bewährten sich diese Maschinen, deren Entwicklung mit den Gattungen IVg – aus Gründen der Masseersparnis allerdings wiederum als Naßdampfversion – und IVh (DRG-Bau-

reihe 18[3]) fortgesetzt und zugleich im Jahre 1920 beendet wurde.

Die württembergische Lokomotivgeschichte weist Ähnlichkeiten mit der badischen auf. Auch hier verkehrten ursprünglich englische Maschinen und amerikanische Norris-Lokomotiven. Gerade letztere bewährten sich so gut, daß sie bei Maffei und in Karlsruhe nachgebaut werden mußten. Dabei handelte es sich um die Gattungen III und V der Bauart 2'Bn2. Zu allen Zeiten galt die Geislinger Steige für Württembergs Staatseisenbahnen als eine Herausforderung. Hier wurden 1851 die ersten dreifach gekuppelten Güterzug-Schlepptenderlokomotiven der Gattung IV aus Esslingen eingesetzt. Drei Jahre später folgten Schnellzugmaschinen der Bauarten 2'Bn2 als Gattung VII und in einer weiterentwickelten Form ab 1859 als Gattung E. Einen besonderen Stellenwert nahmen 1Bn2-Personenzugloks der Gattung D ein, die bis 1878 immer wieder nachbestellt und ausschließlich in der zur „Hausfabrik" gewordenen Maschinenfabrik Esslingen gebaut wurden. Eine besonders bewährte Cn2-Güterzuglok war die Gattung F, von der zwischen 1864 und 1898 insgesamt 98 Maschinen in Dienst gestellt wurden.

Der Bedarf an leistungsfähigen Schnellzuglokomotiven führte 1878 zur Entwicklung einer 1Bn2-Maschine der Gattung A, die in mehreren Etappen bis zur Gattung AD als 2'Bn2v weiterentwickelt und ab 1907 sogar noch in Heißdampfversion gefertigt wurde. Der Schnellzuglokbau endete in Württemberg mit der 2'C1'h4v-Maschine der Gattung C, die bis 1921 hergestellt wurde und bei DRG als BR 18[1] noch gute Dienste leistete.

Die Güterzuglokbeschaffung erreichte 1905 mit den En2v-Maschinen der Gattung und deren Weiterentwicklung zur Eh2 als Gattung Hh ihren Höhepunkt und war 1917 mit der 1'Fh4v-Lok der Gattung K, bei der DRG als 59[0] eingeordnet, abgeschlossen worden.

Die danach beschafften Maschinen entstammten den preußischen Normalien. Für den Reiseverkehr handelte es sich um solche der Gattungen P 3[2], P 4[1], S 3, P 4[2], S 5[2], S 10 und P 8. Für den gemischten Zugdienst gab es ab 1866 zunächst eine als G 1 bezeichnete Bn2-Lok, die sich trotz ihres 1520 mm großen Treibraddurchmessers bewährte und von der bis 1894 immerhin 91 Exemplare gebaut wurden. Entwickelt hatte diesen Zweikuppler die sächsische Maschinenfabrik im fernen Chemnitz. Als reine Güterzuglokomotiven wurden ab 1895 preußische Maschinen der Gattungen G 4[2], G 7 und G 8[2] beschafft. Wie in Mecklenburg waren diese Gattungsbezeichnungen identisch mit den bauartgleichen Lokomotiven der Preußischen Staatseisenbahnen.

Zwischen 1848 und 1871 beschaffte die Mecklenburgische Eisenbahngesellschaft 1A1n2- und 1Bn2-Lokomotiven, die als Gattungen I – IV bezeichnet wurden. Hersteller waren Hartmann, Wöhlert und Borsig. Zwar wurden für diese Maschinen Forderungsprogramme aufgestellt, doch technische Details nicht für wesentlich gehalten. Wichtig waren die Eigenschaften dieser Lokomotiven im täglichen Einsatz, und die dürften nicht die schlechtesten gewesen sein, da die letzte Maschine erst im Jahre 1912 ausgemustert wurde. Gleiches galt für drei 1Bn2- bzw. B1n2-Güterzuglokomotiven, die 1859, 1866 und 1868 in Dienst gestellt wurden und bis 1905 zum Betriebspark gehörten.

Ansonsten beschaffte die spätere Großherzogliche Mecklenburgische Friedrich-Franz-Eisenbahn Maschinen der preußischen und (nun auch mecklenburgischen) Gattungen P 3[2], P 4[1], S 3, P 4[2], S 5[2], S 10 und P 8 sowie G 4[2], G 7 und G 8[2], die zum Teil von der Deutschen Reichsbahn-Gesellschaft übernommen wurden und im Umzeichnungsplan von 1925 in besonderen Betriebsnummernblöcken zu finden sind.

AUTOR: WOLF-DIETGER MACHEL; AUFNAHMEN: CWS, G. WAGNER (2)

Ein wichtiges Einsatzgebiet der Länderbahn-Tenderlokomotiven war der Vorortverkehr: Um 1935 entstand diese Aufnahme von der 74 849 vor einem Personenzug in Wuppertal-Oberbarmen auf der Raenthaler Brücke. Vor solchen Zügen bewährte sich die preußische T 12 besonders gut

Länderbahn-Tenderloks

Ein Streifzug durch die Geschichte der deutschen Tenderlokomotiven

Auf deutschen Eisenbahnen haben sich Tenderlokomotiven im wesentlichen für vier Aufgaben als technisch sinnvoll und wirtschaftlich zweckmäßig erwiesen: Zum einen war es der Rangierdienst auf großen Bahnhöfen, zum anderen der Schiebedienst vor allem auf Steilrampen. Ebenso unabkömmlich galten diese Maschinen im Nebenbahndienst – egal ob vor Reise- oder Güterzügen – und im Vorort- bzw. Nahverkehr großer Städte und Ballungsräume. Derartige Verkehrsbedürfnisse waren in den ersten Jahrzehnten des Eisenbahnwesens in Deutschland noch nicht ausgeprägt. So nimmt es auch nicht Wunder, daß die erste deutsche Tenderlokomotive erst 1850 in Dienst gestellt wurde. Es war eine 2A-Maschine der Taunusbahn, übrigens probehalber ausgerüstet mit der gerade erst erfundenen Heusinger-Steuerung. Vier Jahre später wurden in Baden die Breitspur-Schlepptenderlokomotiven auf Normalspur umgespurt und gleichzeitig zu Tenderloks umgebaut. Im Jahre 1855 nahm die Rheinische Eisenbahn-Gesellschaft ihre ersten fabrikneuen, dreiachsigen Tendermaschinen speziell für den Einsatz auf Steigungsstrecken in Betrieb.

Das Zeitalter der Tenderlokomotive hielt 1856 bei der Saarbrücker Bahn Einzug, und ein Jahr darauf gehörten Cn2t-Maschinen auch zwischen Göttingen und Kassel zum täglichen Bild. Bevorzugt wurden Tenderlokomotiven zunächst auf Gebirgs- oder Hügellandstrecken eingesetzt. Etwa zeitgleich baute man die ersten Tenderlokomotiven für den Verschiebedienst und für die Köln-Mindener Eisenbahn-Gesellschaft. Vorherrschend war aufgrund baulich günstiger Voraussetzungen zunächst die Bauart B1n2t, die sich für solche Aufgaben auch schnell bei anderen großen Eisenbahn-Gesellschaften durchsetzte. Erst nach 1870, zu Beginn der Länderbahn-Ära, ging man verstärkt zum Bau von 1B-Lokomotiven über.

Vorzüge erkannt

Mitte der sechziger Jahre des 19. Jahrhunderts erkannten Ingenieure und Techniker die Vorzüge einer Tenderlokomotive für den Nahverkehr. Bereits damals setzte die Köln-Mindener Eisenbahn-Gesellschaft im Kölner Vorortverkehr Tenderlokomotiven ein, die Drehscheiben an den jeweiligen Endpunkten überflüssig werden ließen. Kleinere deutsche Bahnverwaltungen folgten dem Beispiel Badens von 1854 und bauten zunächst ältere Schlepptenderlokomotiven in eigenen Hauptwerkstätten zu Tendermaschinen um. Mit dem Bau der ersten Vicinalbahnen in Bayern erhielt der Tenderlokbau ab 1871 einen erneuten Aufschwung, wobei die von Maffei gebauten Zweikuppler anfänglich voll auf den Anforderungen genügten. Ähnliche Maschinen bot auch die Karlsruher Maschinenbau-Gesellschaft an, die als Rangier- und Streckenlokomotiven über die Grenzen Badens hinaus als „Karlsruher Teckel" bekannt geworden sind.

Für den Nebenbahndienst

Zum Durchbruch verhalf der Tenderlokomotive die 1878 erlassene Bahnordnung für Eisenbahnen untergeordneter Bedeutung, nach der in allen deutschen Staaten Sekundärbahn gebaut und betrieben werden konnten. Ein weiterer Meilenstein in der Entwicklung stellte die Inbetriebnahme der Berliner Stadtbahn im Jahre 1882 mit 1Bn2t-Lokomotiven der späteren Gattung T 4[1] dar. Hier waren be-

AUFNAHME: SLG. HÖRNEMANN

Diese einst badische VIc-Lokomotive, nunmehr mit der DRG-Nummer 75 433 gekennzeichnet, verschlug es ins Mecklenburgische (Sülze 1928)

sonders leistungsfähige Tenderlokomotiven mit hohem Beschleunigungsvermögen gefragt. Preußen hatte schon 1875 einen Normalienausschuß gegründet, um auch die Entwicklung der Tenderlokomotiven zu steuern. Zehn Jahre später setzte hier der genormte Tenderlokbau mit der ab 1906 als T 2 bezeichneten „2/2 Rangier-T.L." ein, einer Bn2t der sogenannten Normalbauart. Andere Tendermaschinen wurden nachträglich genormt. Zu den bekanntesten Vertreterinnen gehörte die preußische T 3 als Inbegriff für eine Rangier- und Nebenbahnlok. Allein von deren Normalbauart beschafften die Preußischen Staatseisenbahnen zwischen 1882 und 1903 insgesamt 1 260 Maschinen. Hinzu kamen T 3-Lieferungen fast al-

ler deutscher Lokomotivfabriken an zahlreiche Privat- und Kleinbahnen und in das Ausland. Am Beginn der neunziger Jahre des 19. Jahrhunderts dominierten auf den Vorortstrecken noch immer Zweikuppler, in Bayern die D XII, Pt 2/3 und Pt 2/4, in Preußen T 4- und T 5-Bauarten.

Das Krauss-Helmholtz-Gestell

Ein neues Zeitalter im Tenderlokbau hatte Krauss schon 1888 mit Indienststellung der bayerischen D VIII-Lokomotive eingeläutet. Erstmals kam an dieser Maschine die sich auf steigungsreichen Strecken mit kleinen Krümmungshalbmessern bewährende Bauart C'1 mit dem bekannten

Krauss-Helmholtz-Gestell zur Anwendung. Die dadurch bessere Masseverteilung ermöglichte den Einbau größerer und leistungsfähiger Kessel und Rostflächen. Diese bewährte Bauart setzte sich in Preußen erst bei den ab 1901 gebauten 1'Cn2t-Maschinen der späteren Gattung T 9³ im großen Stil durch. Preußen hielt nun am Krauss-Helmholtz-Gestell fest und berücksichtigte es auch an den zunächst für die Berliner Stadt-, Ring- und Vorortbahnen gedachten Lokomotiven der Gattungen T 11 und T 12. Baden hatte bereits zur Jahrhundertwende eine 1'C1'n2t mit Adamsachsen entwickeln lassen, die als Gattung VIb auch mit Erfolg auf der Höllentalbahn eingesetzt wurde. Ähnlich konstruiert war die württembergische T 5. Auch Sachsen entschied sich für 1'C1'-Lokomotiven mit Adamsachsen in Gestalt der XIV HT.

Die Preußischen Staatseisenbahnen erreichten den Höhepunkt in der Tenderlokentwicklung für den Vorortverkehr mit der Gattung T 18, einer 1912 unter Federführung von Robert Garbe entwickelten 2'C2'h2t-Maschine, die sich gut bewährte, nachdem der 1906 in Dienst gestellten dreifach gekuppelten Heißdampflok T 8 kein rechter Erfolg beschieden war. Die ursprünglich für den Berliner Vorortverkehr bestimmten 1'D1'h2t-Lokomotiven der preußischen Gattung T 14 mit Adamsachsen durch eine schlechte Masseverteilung auf, die bei der T 14¹ etwas korrigiert wurde.

Die Gölsdorf-Achsen

Einen Durchbruch für leistungsstarke Gebirgs- und Rangierlokomotiven bedeu-

Die Omnibus-Bn2t der Bauart Magdeburg, später als pr T 1 bezeichnet, kamen nicht mehr zur DRG

AUTOR: W.-D. MACHEL; AUFNAHME: SLG. HÖRNEMANN

tete die Einführung der seitenverschiebbaren Gölsdorf-Achsen. Benannt nach seinem Erfinder, dem Österreicher Gölsdorf, ermöglichten die Gölsdorf-Achsen den Bau von kurvenläufigen Vier-, Fünf- und Sechskupplern in einem starren Rahmen. Dieses Prinzip setzte sich auch bei den deutschen Länderbahnen durch. Preußen entwickelte die 1905 erstmals gebaute T 16, die weiter vervollkommnet wurde und in der ab 1913 gebauten T 16¹ gipfelte. Eine ähnliche Entwicklung vollzog sich in Sachsen mit der XI HT und in Württemberg mit der Tn.

Eine besonders gelungene Konstruktion war die auf Grundlage einer 1'E1'2t-Lokomotive für die Halberstadt-Blankenburger Eisenbahn entwickelte Maschine gleicher Bauart, die preußische T 20. Mit zwei Krauss-Helmholtz-Gestellen ausgestattet, begann die Serienproduktion dieses zu den Länderbahnloks zählenden Fünfkupplers erst in Reichsbahnzeiten. Sie war dann auch die letzte auf Deutschlands Staatsbahngleisen im Plandienst genutzte Länderbahn-Lokomotive und wurde erst 1980 entbehrlich.

Indes reichten für den Nebenbahn- und Rangierdienst auch oft einfachere Maschinen aus. Beispielsweise baute Krauss noch 1914 1'Bh2t-Maschinen für die Badische Staatseisenbahnen, die sogar Ende zwanziger Jahre nochmals von der Deutschen Reichsbahn-Gesellschaft nachbestellt wurden und sich vorzüglich bewährten. Gleiches galt für die Bh2t-PtL 2/2 der Bayerischen Staatseisenbahnen, die von 1905 bis 1914 geliefert wurde.

Fortschritte und Rückschläge

Auf der Grundlage jahrzehntelanger Erfahrungen haben Maschinentechniker der Länderbahnverwaltungen entsprechend den Streckenverhältnissen die benötigten Lokomotiven weiter entwickeln lassen und sich häufig daran selbst mit Engagement beteiligt.

Bestimmte Konstruktionen konnten sich nicht immer durchsetzen oder wurden nur dann berücksichtigt, wenn keine andere Lösungen möglich waren oder spezielle Erfahrungen gesammelt werden sollten. Ein bemerkenswerter Versuch in dieser Richtung war die sächsische XV HTV, eine Vierzylinder-Heißdampf-Verbund-Tenderlok mit zwei dreifach gekuppelten Triebwerken, die 1916 gebaut wurde. Zu diesem Zeitpunkt hatte sich für den Einsatz auf Gebirgsstrecken längst das Gölsdorf-Prinzip durchgesetzt.

Weniger glücklich war man auch trotz starker Zugkräfte mit der 1897 entwickelten preußischen T 15, einer En2t-Maschine mit Schwinghebeln nach dem Patent von Christian Hagans. Auch Drehgestellokomotiven nach den Systemen Mallet und Meyer wurden nur dann in

Eine verstärkte Ausführung der pr T 3 übernahm die DRG mit der Bremer Hafenbahn 1930. Ausgemustert wurde der nun als 89 7513 bezeichnete B-Kuppler 1964 in Hannover

Kleinserien beschafft, wenn ihr Einsatz für unbedingt erforderlich gehalten wurde. Erinnert sei dabei an die sächsische I T V. Zwei B'B'n4vt-Meyer-Lokomotiven wurden für den Betrieb auf den Erzgebirgsbahnen gebaut und später für die Windbergbahn bei Dresden als Serienmaschine weiter entwickelt.

Verkauft und zurückerhalten

Dieser bei weitem nicht vollständige Exkurs in die Geschichte der deutschen Länderbahn-Tenderlokomotiven zeigt, wie vielfältig auch hier die technische Entwicklung war. Immer ging es darum, den Wirkungsgrad, die Zugkraft und die Laufeigenschaften der Dampflokomotive mit Hilfe technischer Verbesserungen zu erhöhen, was gleichermaßen für den Vorortverkehr, Nebenbahn- und Rangierdienst zutraf.

Es gab dabei Fehlentwicklungen, Kompromisse und erstaunliche Erfolge. Daß manche Länderbahn-Tenderlok die eine andere oder Einheitsmaschine oder gar nach dem Zweiten Weltkrieg entwickelte Neubaulok überlebte, spricht für die ingenieurtechnische Leistungen längst nicht mehr lebender Generationen. Bleibt noch, auf ein heute kurios anmutenden Vorgang politischen Ursprungs hinzuweisen. Mit der Indienststellung von immer mehr Einheitslokomotiven wurde so manche Länderbahntenderlok überflüssig und in den zwanziger und dreißiger Jahren an Privatbahn-Gesellschaften verkauft. Einige dieser Privatbahnen ließ die Regierung des Dritten Reichs zwischen 1938 und 1943 zwangsverstaatlichen und die teilweise überalterten und mitunter unbeliebten gehörten Veteranen praktisch wieder über Nacht zum Bestand der Staatsbahn. Ein klassisches Beispiel für solche Vorgänge ist die 1941 von der Deutschen Reichsbahn übernommene Mecklenburgische Friedrich Wilhelm Eisenbahn, die 1926 von DRG zwei preußischen T 8-Lokomotiven kaufte, die nun wieder in den Besitz der Deutschen Reichsbahn übergingen.

Noch viel größere Auswirkungen hatte die Übernahme fast aller Privat- und Kleinbahnen durch die Deutsche Reichsbahn in der sowjetisch besetzten Zone Deutschlands im Frühjahr 1949. Allein 108 Lokomotiven der ehemaligen preußischen Gattung T 3 kamen auf diese Weise in den Besitz der Deutschen Reichsbahn. Unter ihnen befand sich auch die heutige Museumslokomotive 89 6009, die Humboldt 1902 als T 3 an die Preußischen Staatseisenbahnen geliefert hatte, 1925 von der DRG als 89 7403 in den Bestand aufgenommen und 1931 an die Kleinbahn Heudeber-Mattierzoll verkauft wurde. 1949 gelang die Maschine wieder zur Deutschen Reichsbahn, erhielt die Betriebsnummer 89 6009 und schließlich 1953 noch den Schlepptender einer preußischen G 5, um 1969 ausgemustert und 1971 vom Verkehrsmuseum Dresden übernommen zu werden.

Auf solche Details kann in diesem Fahrzeug-Katalog nur am Rande eingegangen werden. Ebenso war es nicht möglich, alle Länderbahntenderlokomotiven aufzunehmen. Der Schwerpunkt ist auf jene Maschinen gerichtet worden, die die Deutsche Reichsbahn-Gesellschaft in ihrem endgültigen Umzeichnungsplan von 1925 noch berücksichtigt hatte. Nur in Ausnahmefällen ist davon abgewichen worden, wie etwa bei der preußischen T 15, die aufgrund ihrer besonderen Konstruktion nach Patent von Christian Hagans den Überblick über die technische Entwicklung um wichtige Details ergänzen.

DIE VON DER DRG ÜBERNOMMENEN LÄNDERBAHN-TENDERLOKOMOTIVEN

DRG-Nr.	Länderherkunft	Bezeichnung	erste Indienst-stellung (Jahr)	Bauart	Anzahl der gebauten Lokomotiven	letzte Ausmuste-rungen bei DRG/DB/DR (Jahr)	Bemerkungen
70^0	Bayern	bay Pt 2/3	1909	1(')Bh2t	97	1963	bei ÖBB + 1968
70^1	Baden	bad I g	1914	1(')Bh2t	20	1955	teilweise Nachbau DRG
70^{71}	Bayern	bay D IX	1888	1Bn2t	55	1932	
71	Preußen	pr T 5^1	1895	1'B1'n2t	345	1930	
71^2, 72^1	Bayern	bay Pt 2/4 N/H	1909/1906	2'Bn2t/1'B1'h2t	2/12	1929/1936	
71^3	Sachsen	sä IV T	1891	1'B1'n2t	91	1955	bis 1921 gebaut
71^4	Oldenburg	old T 5^1	1907	1'B1'n2t	20	1930	
72^0	Preußen	pr T 5^2	1899	2'Bn2t	36	1930 u. 1950	
73^0	Pfalz (Bayern)	pfälz P 2^{II}	1900	1'B2'n2t	31	1935	
73^{0-1}	Bayern	bay D XII	1897	1'B2'n2t	96	1935	
73^1	Bayern	bay Pt 2/5 N	1907	1'B2'n2t	9	1935	
73^2	Bayern	bay Pt 2/5 H	1906	1'B2'h2t	1	1933	
$74^{0-3, 4-13}$	Preußen	pr T 11, pr T 12	1903/1902	1'Cn2t/1'Ch2t	471/924	1965/1968	
75^0	Württemberg	wü T 5	1910	1'C1'h2t	96	1963	
$75^{1-3, 4}$	Baden	bad VI b, bad VI c	1900/1914	1'C1'n2t/1'C1'n2t	173/92	1965/1969	
75^5	Sachsen	sä XIV HT	1911	1'C1'h2t	106	1970	
75^{10-11}	Baden	bad VI c^{8-9}	1920	1'C1'h2t	43	1969	
76^0	Preußen	pr T 10	1909	2'Ch2t	12	1949	z. T. an NE-Bahnen
77^0	Pfalz (Bayern)	pfälz P 5	1908	1'C2'n2t	12	1947	z. T. an NE-Bahnen
77^1	Pfalz (Bayern)	pfälz Pt 3/6	1912	1'C2'h2t	19	1956	
78^{0-5}	Preußen	pr T 18	1912	2'C2'h2t	458	1974	
79^0	Sachsen	sä XV HTV	1916	CCh4vt	2	1932	
88^{71-72}	Bayern	bay D IV	1875	Bn2t	132	1930	
88^{73}	Pfalz (Bayern)	pfälz T 1	1892	Bn2t	31	1936 (1961)	
88^{74}	Württemberg	wü T 2	1896	Bn2t	10	1925	
88^{75}	Baden	bad I b, I e	1874	Bn2t	33	1930	
89^0	Preußen	pr T 8	1906	Ch2t	100	1931/1967	
89^1	Pfalz (Bayern)	pfälz T 3	1889	Cn2t	27	1953	
$89^{2, 82}$	Sachsen	sä V T	1872	Cn2t	154	1967	
89^{3-4}	Württemberg	wü T 3	1891	Cn2t	114	1950	
89^6	Bayern	bay D II^{II}	1898	Cn2t	73	1958	
89^{7-8}	Bayern	bay R 3/3	1906	Cn2t	18	1961	
$89^{70-75, 80}$	Preußen, Mecklenb.	pr/meck T 3	1882/1884	Cn2t	1 260/68	1969	
89^{78}	Preußen	pr T 7	1881	Cn2t	371	1932	
89^{81}	Bayern	bay D V	1877	Cn2t	10	1928	
89^{83}	Baden	bad IX a	1887	Cn2(4)t	7	1932	
90^{0-2}	Preußen	pr T 9^1	1893	C1'n2t	426	1953	
91^{0-1}	Preußen	pr T 9^2	1892	1'Cn2t	231	1966	
91^{3-18}	Preußen	pr T 9^3	1901	1'Cn2t	2 052	1970	
91^{19}	Mecklenburg	meck T 4	1907	1'Cn2t	50	1970	
91^{20}	Württemberg	wü T 9	1906	1'Cn2t	10	1950	
$92^{0, 1}$	Württemberg	wü T 6, wü T 4	1916/1906	Dh2t/Dn2t	12/8	1948	z. T. an NE-Bahnen
92^{2-3}	Baden	bad X b^{1-7}	1907	Dn2t	98	1966	
92^4	Preußen/Oldenburg	pr/old T 13^1	1911/1911	Dn(h)2t	10/4	1950	z. T. an NE-Bahnen
92^{5-10}	Preußen	pr T 13	1909	Dn(h)2t	587	1970	
92^{20}	Pfalz (Bayern)	pfälz/bay R 4/4	1913/1918	Dn2t	9/42	1962	bis 1925 gebaut
$93^{0-4, 5-12}$	Preußen	pr T 14, T 14^1	1914/1918	1'D1'h2t	547/729	1972	
94^0	Pfalz (Bayern)	pfälz T 5	1907	En2t	4	1930	
94^1	Württemberg	wü Tn	1921	Eh2t	30	1961	
$94^{2-4, 5-17}$	Preußen	pr T 16, pr T 16^1	1905/1913	Eh2t	343/1 236	1975	
94^{19-21}	Sachsen	sä XI HT	1908	Eh2t	163	1976	
95^0	Preußen	pr T 20	1922	1'E1'h2t	45	1980	
96^0	Bayern	bay Gt 2 x 4/4	1913	D'Dh4vt	25	1948	
97^0	Preußen	pr T 26	1902	C1'n2(4v)t	35	1933	
97^1	Bayern	bay PtzL 3/4	1912	C1'h2(4v)t	4	1963	
97^2	Baden	bad IX b^{1-2}	1910	C1'n2(4v)t	7	1934	
97^3	Württemberg	wü Fz	1893	1'Cn2(4v)t	9	1937	
98^0	Sachsen	sä I T V	1890	B'B'n4vt	21	1969	
98^{1-2}	Oldenburg	old T 2, old T 3	1896/1898	Bn2t/Cn2t	38/15	1933/1925	
98^3	Bayern	bay PtL 2/2	1905	Bh2t	48	1962	
98^{4-5}	Pfalz/Bayern	pfälz T 4^{II}/bay D XI	1900/1895	C1'n2t	3/139	1960	
98^6	Bayern	bay D VIII/pfälz T 4^I	1888/1895	C1'n2t	19	1930	
98^7	Bayern	bay BB II	1899	B'Bn4vt	31	1942	
98^{8-9}	Bayern	bay GtL 4/4	1911	Dh2t	100	1970	bis 1924 gebaut
98^{70}	Sachsen	sä VII T	1877	Bn2t	57	1967	
98^{71}	Sachsen	sä VII	1868	Bn2	32	1925	
98^{72}	Sachsen	sä IIIb T	1874	B1'n2t	42	1929	
98^{73}	Sachsen	sä II	1852	1Bn2	132	1925	
98^{74}	Oldenburg	old T 1	1873	Bn2t	34	1933	
98^{75}	Bayern	bay D VI	1880	Bn2t	53	1937	
98^{76}	Bayern	bay D VII	1880	Cn2t	75	1935	
98^{76}	Bayern	bay PtL 3/3	1889	Cn2t	2	1927	
98^{77}	Bayern	bay D X	1890	C1'n2t	9	1931	

Symbolhaft gaben die Reichsbahn-Maschinenchefs der gewaltigen Zweizylinder-Einheitspazifik in ihrem Nummernschema die Reihenbezeichnung 01

Lokomotiven für ganz Deutschland
Vorgeschichte, kurze Blüte und Ende des Einheitsprogramms der Reichsbahn

Den Schöpfern der Einheitslokomotiven war die Aufgabe gestellt, in politisch und wirtschaftlich schwierigsten Zeiten den hohen Leistungsstand der deutschen Lokomotivindustrie, die neuesten ingenieurwissenschaftlichen Erkenntnisse und das unter Weltkriegsbedingungen vorangeschrittene System der technischen Normung für die Lokomotivbeschaffung des größten Verkehrsunternehmens der Welt zu optimalem Nutzen zu vereinen. In zwei Jahrzehnten Lokomotivbau wurden Meisterleistungen erbracht, aber auch Fehlentscheidungen durchgesetzt.

Ein kühn erdachtes Baukastenprinzip erwies sich als tragfähig selbst für den Export, hemmte aber auch den Fortschritt. Zu einer Zeit, in der sich die Verkehrstechnik bereits weltweit von der Dampflokomotive abzuwenden begann, und als die deutsche Politik allen technischen Fortschritt der Intensivierung und Verlängerung eines neuen Weltkrieges unterordnete, brach das Werk der Lokomotivvereinheitlichung unvollendet ab. Dennoch: die deutschen Einheitslokomotiven und ihre technologischen Abkömmlinge waren in halb Europa noch über Jahrzehnte hinweg unverzichtbar.

Der erste Weltkrieg hatte an der technischen, personellen und finanziellen Substanz der deutschen Eisenbahnen gezehrt. Waffenstillstand und Friedensvertrag hatten die Abgabe wertvollen Materials an die Siegermächte erzwungen. Die nach dem Zusammenbruch der Monarchien errichtete Republik hatte in ihrer Verfassung den Beschluß verankert, das durch Gebietsabtretungen verkleinerte Streckennetz der deutschen Länderbahnen dem Reich zu unterstellen. Nach Jahrzehnten der regionalen Zersplitterung und nach vier Jahren Raubbau durch die Kriegsführung und mitten in einer politisch und wirtschaftlich chaotischen Nachkriegszeit hatte das neue Verkehrsunternehmen erheblichen materiellen und organisatorischen Sanierungsbedarf.

Der Krieg hatte aber auch in aller Welt technische Entwicklungen beschleunigt, die nun für den friedlichen Aufbau genutzt werden sollten. Zu befinden war Anfang der zwanziger Jahre über die Streckenelektrifizierung und über die elektrische Zugbeleuchtung, über die durchgehende Druckluftbremse für Güterzüge und über mechanisierte Be- und Entladungsverfahren, über den Triebwageneinsatz und über die

Modernisierung des großstädtischen Nahverkehrs. Zu entscheiden war aber auch über die nächste Generation der noch immer nicht wegzudenkenden Dampflokomotiven.

Ein Sprung in die Gegenwart: Die „Bahn-AG" unserer Tage gibt der Industrie wieder Spielräume bei der Durchbildung der Triebfahrzeuge im Rahmen grob definierter Leistungsvorgaben. Sie kehrt damit zu einem Zustand zurück, den die deutschen Länderbahnen – besonders die preußische – vor mehr als hundert Jahren verlassen hatten. Unter allen noch so gegensätzlichen politischen Vorzeichen hatten die deutschen Staatsbahnen nämlich seit der Aufstellung der ersten „Normalien" nicht mehr auf das letzte Wort bei der Konstruktion ihrer Fahrzeuge verzichtet. Bei der uns interessierenden Reichsbahn der Zwischenkriegszeit hatte das Reichsbahn-Zentralamt (RZA) hierfür die Federführung. Im „Fachausschuß Lokomotiven" (hervorgegangen im Jahre 1895 aus der „Normalien-Kommission" der Preußischen Staatsbahn und aufgelöst erst gegen Ende der Entwicklungsarbeit an Dampflokomotiven im Jahre 1961), zusammengesetzt aus

Die preußische G 12 wurde von vielen Herstellern an vier deutsche Länderbahnen geliefert und galt als eine Art erster Einheitslok. Normung und Austauschbau waren aber hier noch nicht maßgebend

erfahrenen Männern aus Konstruktion, Betrieb und Werkstättendienst, fanden die entscheidenden Beratungen über Typenauswahl und Typendurchbildung statt. Den hier gefaßten Beschlüssen pflegte das RZA bei den Lokbestellungen zu folgen. Auf seiten der Hersteller war Partner des RZA das „Vereinheitlichungs-Büro", das aus den eingeholten Firmenentwürfen gemäß den bahnamtlichen Vorgaben die endgültige Konstruktion erarbeitete.

Bei ihren Überlegungen zur Fahrzeugkonzeption für die Deutsche Reichsbahn hatten die zur Entscheidung berufenen Gremien in vieler Hinsicht Neuland zu betreten, zugleich konnten sie sich aber auch auf reiche Erfahrungen stützen.

Die Grundlagen der Typenwahl

Bereits in den ersten Jahren des Dampflokomotivbaus hatte man physikalisch-technische Prinzipien erkannt, die für die Entscheidung zwischen unterschiedlichen Grundbauformen der Lokomotive maßgeblich blieben.

- Die Reibungsverhältnisse zwischen Rad und Schiene machten es bei nicht beliebig vergrößerbarer Belastung der Schienen erforderlich, zur Beförderung schwererer Züge die Zahl der angetriebenen Radsätze zu erhöhen.
- Um unzuträgliche Arbeitsgeschwindigkeiten der Dampfmaschine zu vermeiden, hatte man schnellfahrende Lokomotiven mit Treibrädern größeren Durchmessers auszustatten.

Schon bis zur Mitte des 19. Jahrhunderts hatten sich diesen Prämissen entsprechend herausgebildet:
- der ungekuppelte Schnelläufer,
- die zweifach gekuppelte Lokomotive für Personenzüge und gemischten Dienst und

- die dreifach gekuppelte Lokomotive ohne Laufachsen für Güterzüge und Rampenbetrieb.

Diese Grundtypen wurden von den Herstellern und den Bahnverwaltungen über Jahrzehnte hinweg zu immer höherer Leistung und Wirtschaftlichkeit weiterentwickelt.

Der technische Fortschritt stützte sich in den ersten fünfzig Jahren des Lokomotivbaus weniger auf wissenschaftliche Erkenntnisse als vielmehr auf die Betriebserfahrungen und auf die schrittweise wachsenden Möglichkeiten der Hersteller. Mit dem Mangel an theoretischer Durchdringung der technischen und wirtschaftlichen Grundlagen des Lokomotivbaus und -betriebes ist es auch zu erklären, daß die jeweils aus den Spitzendiensten verdrängten Maschinen älterer Bauarten ohne Rücksicht auf ihre Eignung jahrzehntelang in nachrangigen Diensten verwendet wurden. Fiskalisch denkende Beamte der Staatsbahnen und dividendenhungrige Aktionäre privater Gesellschaften mochten die lange Nutzung des Materials als Erfolg verbuchen, in Verbrauch und Unterhaltung aber arbeiteten die zur unbeholfenen Tenderlok für den Rangierdienst umgebaute großrädrige Schnellzuglok oder die auf eine schwierig profilierte Nebenbahn versetzte Personenzuglok älteren Jahrgangs niemals wirtschaftlich.

Von den achtziger Jahren des 19. Jahrhunderts an machten der Lokomotivbau und seine theoretische Fundierung in Deutschland erhebliche Fortschritte. Die rasant wachsende Wirtschaft forderte immer schwerere Züge, während nicht zuletzt der internationale Prestigewettstreit die immer weitere Erhöhung der Schnellzuggeschwindigkeiten zum politischen Anliegen werden ließ. Man schritt über hergebrachte Grenzen von Gewicht, Kesseldruck und Geschwindigkeit mutig hinaus. Das Tempo der Entwicklung ist kaum vorstellbar: Zwischen den preußischen S 1 und B X (Achsfolge 1B, Kesseldruck 12 bar, Dienstgewicht mit Tender um 70 t), die dafür gelobt wurden, daß sie 170 t Zuglast in der Ebene kontinuierlich mit etwas mehr als 80 Kilometern pro Stunde befördern konnten, und den mehr als doppelt so schweren bayerischen S 3/6 und preußischen S 10[1] (2'C1'bzw. 2'C-Heißdampf-Vierzylinder-Verbundloks mit 16 bzw. 15 bar Kesseldruck), die in der Ebene 650 bzw. 450 t mit 100 km/h beförderten, liegen keine 25 Jahre!

Was uns von der Geschichte der Typenauswahl her mehr zu interessieren hat als die reine Steigerung der Höchstleistung, ist die Tatsache, daß die Beschaffung nun zunehmend zwischen Lokomotiven für verschiedene Leistungsbereiche differenzierte. Während die Entwicklung der Schnellzuglok von der 1B zur 2'B und

Die Erfahrungen aus dem Feldeisenbahnbetrieb von 1914 bis 1918 verliehen dem Austauschbau mächtigen Auftrieb. Das Bild zeigt preußische und österreichische Loktypen im Feld-Bw Bialystok

ABBILDUNGEN: SCHULZ, SLG. KNIPPING (4)

Die preußische P 10 verkörperte den letzten Stand der Technik vor der ersten Einheitslokomotive. Ihr Bau begann erst in der Reichsbahnzeit; wie die G 12 wurde auch sie sofort an „nichtpreußische" Direktionen geliefert – eine echte Länderbahnlokomotive war sie also nicht mehr

schließlich über die 2'B1' und 2'C zur 2'C1' voranschritt und während der Vierkuppler den schweren Güterverkehr übernahm, wurde gleichzeitig versucht, mit C- und 1'C-Schlepptenderloks zeitgemäßer Bauart den Personen- und Güterverkehr auf Strecken mittlerer Belastung wirtschaftlich zu gestalten und mit den verschiedensten Tenderloks von drei bis acht Achsen die speziellen Bedürfnisse des Lokalbahndienstes, des großstädtischen Nahverkehrs, des Rampenbetriebes und des Verschiebedienstes gezielt zu erfüllen. Mit Erfolg: Als wirtschaftlichste Lokomotiven des späten Länderbahnzeitalters sind nicht Schnellzuggiganten, sondern Maschinen wie die bayerischen G 3/4 H und Pt 2/3 oder die preußische T 18 in Erinnerung.

Die Wissenschaft holte in den letzten beiden Jahrzehnten vor der Jahrhundertwende stark auf: Gesellschaftliche Eliten, die geistig früheren Epochen verhaftet geblieben waren, hatten zur Kenntnis nehmen müssen, daß „das Volk der Dichter und Denker" vom Maschinenexport besser leben konnte als von der Besinnung auf die literarische Klassik (und mit Krupp-Geschützen mehr Kriege gewinnen konnte als mit der Rezitation der Nibelungensage). Die Gleichstellung der Technischen Hochschulen mit den Universitäten war ein äußeres Zeichen dieser Entwicklung. Der Maschinenbau wurde nun akademisches Fach, der Wärmehaushalt des Dampfkessels, die Energieentfaltung im Zylinder und die Laufeigenschaften einer mehrachsigen Lokomotive wurden Gegenstände wissenschaftlicher Erforschung.

So erhielten die Konstrukteure das theoretische Rüstzeug nicht nur zu einer früher nie für möglich gehaltenen Steigerung der Lokomotivleistung, sondern auch zu einer virtuosen Bestimmung von Treibraddurchmessern, Achsanordnungen, Kesseldrücken und Triebwerksformen für die optimale Lösung der unterschiedlichsten Traktionsaufgaben. Praxis und Wissenschaft arbeiteten Hand in Hand auch bei der Vervollkommnung der Verbundmaschine und bei der Einführung von Speisewasservorwärmung und von Dampfüberhitzung.

Die technisch gereifte Differenzierung des Lokangebots wurde vom Beginn unseres Jahrhunderts an auch zunehmend in Anspruch genommen, als nämlich die Bahnverwaltungen die Zahl der Zuggattungen mehr und mehr vergrößerten. Hatten die Fahrpläne des Personenverkehrs früher gerade eben den Schnellzug vom Personenzug unterschieden, so bot man einem wählerischeren Publikum nun den leichten Schnellzug mit kürzester Fahrzeit für den Geschäftsreiseverkehr, den schweren internationalen D-Zug mit zahlreichen Kurswagen, den Eilzug, den „Beschleunigten Personenzug", den regulären Perso-

nenzug, den schweren Nahverkehrszug mit schneller Beschleunigung im Taktfahrplan, den leichten Zug zur Ausfüllung von Fahrplanlücken und den Nebenbahn- und Lokalbahnzug an. Im Güterverkehr forderte der schwere durchgehende Kohle- oder Erzzug von der Lokomotive ein ganz anderes Leistungsprofil als der an jedem Unterwegsbahnhof rangierende Nahgüterzug von einst. Als man nach dem ersten Weltkrieg im Zeichen der beginnenden Konkurrenz mit dem Kraftfahrzeug auch im Güterverkehr auf Schnelligkeit setzen mußte, brachte man Güterzuglokomotiven in einer wenige Jahre zuvor noch nicht einmal im Personenverkehr verlangten Geschwindigkeitsklasse.

Zu Beginn der Reichsbahnzeit 1920 hatten die Entfaltung der Lokomotivtechnik und die Differenzierung des Zugangebots einen Höchststand erreicht.

Die preußische G 10 – mehrtausendfach produziert, mit dem Kessel der ebenfalls weit verbreiteten P 8 versehen und in mehr als zehn europäischen Ländern eingesetzt – war eine Bannerträgerin des Normungsgedankens. Mit Kuhfänger und Tropenführerhaus gelangte sie auch nach Argentinien

Die für die Lokomotivkonzeption zuständigen Stellen durften sich aber in dieser Situation nicht dazu verleiten lassen, umfangreiche Typenwunschlisten aller Direktionen an die Hersteller weiterzugeben, sondern mußten die verantwortungsvolle Aufgabe erfüllen, die Zahl der Bauarten auf das notwendige Minimum zu beschränken, um die Entwicklungskosten im Rahmen zu halten und den Werkstättendienst nicht mit einer noch größeren als der ohnehin schon gegebenen Typenvielfalt zu belasten.

Freilich war bei dieser Beschränkung auch Vorsicht vor dem anderen Extrem geboten: So vertretbar es war, dem Betrieb die eine oder andere spezielle Lok für die Beschleunigung des Verkehrs auf einer schwierigen Strecke jedenfalls zeitweise zu verweigern, so sehr mußte man sich darüber im klaren sein, daß einerseits die Abdeckung schwächerer Leistungsbereiche mit überdimensionierten Lokomotiven unwirtschaftlich ist, während sich andererseits die Überforderung von Maschinen in zu anstrengenden Diensten oder auch nur ihr dauernder Einsatz an der Leistungsgrenze auf Dauer mit weit überhöhten Unterhaltungskosten rächten. Etwa gar wegen fehlender Lokomotiven höchster Leistungsstufe regelmäßig mit Vorspann zu fahren, war jedenfalls im Dampflokzeitalter äußerst unwirtschaftlich. (Die politischen und wirtschaftlichen Miseren dieses Jahrhunderts führten dazu, daß alle genannten Mißstände bei den meisten europäischen Bahnen jahrzehntelang allgegenwärtig waren.)

Nach alledem war eine sorgfältige Auswahl der Lokomotiv-Typen für eine auf längere Sicht angelegte Beschaffungsperiode erforderlich.

Länderbahnlokomotiven für die Reichsbahn

Der Übergang von der Entwicklung und Lieferung von Länderbahntypen an die einzelnen deutschen Staatsbahnen zur gemeinsamen Lokbeschaffung für die Bahnen in ganz Deutschland begann nicht erst mit der „Verreichlichung" des Jahres 1920, sondern schon in den letzten Jahren des ersten Weltkrieges, als die Ludendorffsche Militärdiktatur unter formaler Fortgeltung der monarchisch-bundesstaatlichen Verfassung mit ihren parlamentarischen Anteilen alle Bereiche des politischen und wirtschaftlichen Zivillebens einer zentralistischen Zwangsverwaltung unterwarf, die auch von der Eisenbahnhoheit der deutschen Teilstaaten im Kern wenig übrigließ. Die preußischen G 12 wurde wegen ihrer Lieferung nach Baden, Sachsen und Württemberg der Ruhm einer „ersten Einheitslok" zuteil, aber auch die preußischen T 14[1] und T 18 wurden für Württemberg und die P 8 für Baden und Mecklenburg in Auftrag gegeben.

So trat in den Jahren, in denen das Reichsbahn-Zentralamt und das Vereinheitlichungsbüro ihre Arbeit aufnahmen, nicht etwa eine Beschaffungspause zwischen der letzten Länderbahnlok und der ersten Einheitslok ein. Vielmehr wurden mehrere

Baureihen von Länderbahnlokomotiven in bemerkenswerter Stückzahl nachbestellt und einige noch von den Ländern in Auftrag gegebenen Typen überhaupt erst an die Reichseisenbahnen ausgeliefert. Die Zusammenstellung auch nur der wichtigeren Länderbahnbaureihen, deren Lieferung über die Verreichlichung zum 1. April 1920 hinaus andauerte oder bis 1933 (!) neu veranlaßt wurde, liest sich als eine Liste von Bestleistungen des deutschen Lokomotivbaus:

18[4-5]	2'C1'	h4v	S 3/6 bay
19[0]	1'D1'	h4v	XX HV sä
38[2-3]	2'C	h2	XII H[2] sä
38[(27)-40]	2'C	h2	P 8 pr/bad/meck
39[0-2]	1'D1'	h3	P 10 pr
54[15-17]	1'C	h2	G 3/4 H bay
55[(54)-56]	D	h2	G 8[1] pr
56[20-29]	1'D	h2	G 8[2] pr
57[5]	E	h4v	G 5/5 bay
57[(21)-35]	E	h2	G 10 pr
58[2,4,5, (16)-21]	1'E	h3	G 12 bad/wü/pr, XIII H sä
59[0]	1'F	h4v	K wü
70[1]	1B	h2t	I g bad
75[2]	1'C1'	n2t	VI b bad
75[11]	1'C1'	h2t	VI c bad
77[1]	1'C2'	h2t	Pt 3/6 bay
78[(2)-5]	2'C2'	h2t	T 18 pr
91[19]	1'C	h2t	T 4 meck
92[2-3]	D	n2t	X b bad
92[4]	D	h2t	T 13[1] pr
92[10]	D	n2t	T 13 pr
92[20]	D	n2t	R 4/4 bay
93[(6)-12]	1'D1'	h2t	T 14[1] pr
94[1]	E	h2t	Tn wü
94[(9)-17]	E	h2t	T 16[1] pr

Die „anderen Einheitsloks" – so könnte man die vom Engeren Lokomotiv-Normen-Ausschuß erarbeiteten C-, 1'C-, und D-Tenderloks für Privatbahnen nennen. Sie wurden von zwölf Herstellern von 1922 bis 1946 in 213 Exemplaren gebaut. Hier die von Henschel gelieferte 182 der Görlitzer Kreisbahn

ABBILDUNGEN: SLG. KNIPPING

So drastisch akzentuierte Heinz Völkel, Illustrator des 1948 in Leipzig erschienenen Sachbuchs „Die Eisenbahn erobert die Welt", den Unterschied zwischen Länderbahnlokomotive und Einheitspazifik. Ganz so grandios war der Entwicklungsschritt in Wirklichkeit freilich nicht...

94[20-21]	E	h2t	XI HT sä
95[0]	1'E1'	h2t	T 20 pr
96[0]	D'D	h4vt	Gt 2x4/4 bay
97[5]	E	h2(zz4v)	Hz wü
98[8-9]	D	h2t	GtL 4/4 bay
98[10]	D1'	h2t	GtL 4/5 bay
99[18]	E	h2t	T 40 pr (1000 mm)
99[19]	E	h2t	Ts 5 wü (1000 mm)
99[31]	D	n2t	T 42 meck (900 mm)
99[44]	E	h2t	T 39 pr (785 mm)

Die Zahl dieser Lokomotiven wurde von der Summe der gebauten Einheitsloks erst 1940 übertroffen.

Viele dieser Lokomotiven wurden als Markenartikel des deutschen Lokomotivbaus exportiert oder in anderen Ländern nachgebaut: So fanden preußische P 8 und G 10 Verbreitung in Rumänien, G 8 und T 18 wurden für die Türkei nachgebaut. Aus preußischen Typen wurden aber auch modernere Bauarten für das Ausland abgeleitet, so die polnische Ok 22 als Fortentwicklung der P 8 und die türkischen 2D und 1'E'1-Reihen 46.0 und 57.0, deren Abstammung von P 8 und G 10 schon optisch unübersehbar war.

Für die Reichsbahn konnte freilich der Weiterbau von Länderbahnloks nur eine Übergangslösung sein. So ausgereift die Bauarten im einzelnen auch waren, jede Konstruktion war zwischen fünf und 15 Jahren alt. Die Mehrzahl der

Lokomotiven arbeitete an der Grenze ihrer Belastbarkeit, eine schon gegenwärtig geforderte oder aber in naher Zukunft fällige Leistungssteigerung konnten sie nicht erbringen.

Die Länderbahnlokomotiven entsprachen auch nicht den aktuellen Normungsbestrebungen. Im frontnahen Betrieb des ersten Weltkriegs hatte man die Erfahrung machen müssen, daß Lokomotivteile oft nicht einmal zwischen Maschinen desselben Bauloses, geschweige denn zwischen Loks verschiedener Hersteller oder Bahnverwaltungen, austauschbar waren. Die Normungsausschüsse strebten daher ab 1918 an, für Eisenbahnfahrzeuge die einheitliche Ausführung möglichst vieler Teile vorzuschreiben.

Die Werkstättenreform der frühen zwanziger Jahre (siehe Bahn-Spezial 4/94 S.78) stellte sich zur Durchsetzung moderner Fließbandverfahren im Ausbesserungswesen mit Nachdruck hinter diese Forderungen. Bei der weiteren Beschaffung der Länderbahnloks sowie bei den Großreparaturen der schon vorhandenen Exemplare brachte man bereits viele Teile auf genormte Maße oder baute neue Armaturen, Bremsausrüstungen oder Puffer in vereinheitlichter Ausführung ein, doch in ihren größeren Baugruppen war eine nachträgliche Standardisierung von Typen unterschiedlicher Konstruktionstradition nicht möglich.

Das große Typenprogramm

Mit jener Grundeinstellung, die unsere Vorfahren noch ohne jede Selbstironie als „deutsche Gründlichkeit" rühmten, gingen Zentralamt, Lokausschuß, ein hieraus abgeleiteter „Engerer Lokomotivausschuß" und das Vereinheitlichungsbüro scheinbar unberührt von den chaotischen Zeitumständen daran, die Lokomotiven der Zukunft zu konzipieren. Als bestimmende Persönlichkeit bleibt der Ausschußvorsitzende Richard Paul Wagner (1882-1953) in Erinnerung, ein Ingenieur mit beeindruckenden Fähigkeiten und Kenntnissen und bewundernswerter Energie, aber auch ein Mann des Eigensinns und der unverrückbaren Dogmen.

Während in den Gremien über Treibraddurchmesser, Kesseldrücke und Verbundwirkung verhandelt wurde, brach „draußen" die Währung zusammen, fielen führende demokratische Politiker rechtsradikalen Attentaten zum Opfer, besetzten die Franzosen das Ruhrgebiet, kämpften Kommunisten mit Waffengewalt für die Revolution, unternahm Hitler seinen Putschversuch in München, kamen und gingen erfolglose Regierungen, streikten die Eisenbahner, hungerte das Volk.

Der Lokausschuß legte nach mehreren Vorstufen ein durchaus epochal zu nen-

Eine Lokomotive mit komplizierter Geschichte. Von BMAG als Reihe 56 für die Türkei gebaut, konnte diese an deutschen Einheitsgrundsätzen orientierte Lok kriegsbedingt nicht mehr dorthin abgeliefert werden. Die DR übernahm sie als 58 2802 und verkaufte sie bald nach Bulgarien weiter

nendes Typenprogramm vor, das nachstehend mit den Baureihennummern des später dann auch endgültig beschlossenen Systems wiedergegeben ist.

Reihe	Bauart		Achslast
01	2'C1'	h2	20 t
02	2'C1'	h4v	20 t
20	2'C	h2	20 t
22	2'D1'	h3	20 t
24	1'C	h2	15 t
40	1'C	h2	20 t
41	1'D	h2	20 t
43	1'E	h2	20 t
44	1'E	h3	20 t
60	1'C1'	h2t	20 t
62	2'C2'	h2t	20 t
64	1'C1'	h2t	15 t
80	C	h2t	17 t
81	D	h2t	17 t
82	E	h2t	17 t
83	1'D1'	h2t	20 t
84	1'E1'	h2t	20 t
85	1'E1'	h3t	20 t
86	1'D1'	h2t	15 t
87	E	h2t	17 t
99[73]	1'E1'	h2t 750mm	9 t

Mit den Baureihen 01 und 02 bzw. 43 und 44 wollte man im Großversuch die günstigste Triebwerksgestaltung ermitteln. Für mehrere Baureihen waren einheitliche Kessel vorgesehen, mindestens aber die gemeinsame Verwendung wesentlicher Kesselteile. Entsprechendes galt für Zylinderblöcke, Trieb- und Laufwerk. Die Bauprinzipien folgten im wesentlichen preußischen Traditionen, lediglich die Entscheidung für den Barrenrahmen war ein Zugeständnis an süddeutsche Vorstellungen.

Bei aller Vorsicht, die der Nachgeborene bei der Beurteilung von Entscheidungen einer längst vergangenen Zeit zu wahren hat, muß Kritik am Einheitskonzept erlaubt sein, zumal diese Kritik schon sehr viel früher und von sehr viel berufenerer Seite

formuliert wurde. Das oben zitierte Programm enthielt Typen, die auf absehbare Zeit vom Betrieb nicht verlangt werden konnten, weil noch während der Entwurfsarbeiten Länderbahnnachbauten für dieselben Verwendungszwecke laufend in Dienst gestellt wurden. Um die Verwendbarkeit von Baugruppen auch bei den abseitigeren Entwürfen sicherzustellen, beschränkte man die konstruktive Freiheit bei der Durchbildung der tatsächlich gefragten Modelle.

Gewiß stellte man sich damals vor, eine Reihe 40 oder 83 werde nach Jahr und Tag als Ersatz für alternde Länderbahnloks abgerufen werden. Dennoch: Gerade nach den stürmischen Fortschritten der Lokomotivtechnik in den vorangegangenen 40 Jahren hätte man aber doch kaum erwarten dürfen, daß gegenwärtige Entwürfe nach zehn oder 15 Jahren noch aktuell sein würden.

Uns überrascht heute der Anspruch auf Endgültigkeit, mit dem die Väter der Einheitslokomotiven die betrieblichen Erfordernisse definierten und ihre technischen Festlegungen trafen. Wir erkennen hier denselben Geist, der die großen Gesetzeskodifikationen des späten Kaiserreiches inspirierte. Wahrscheinlich entsprach es der Haltung einer vom ersten Weltkrieg erschütterten Generation, allen Stürmen der Zeit trotzend „nun erst recht" für eine vermeintliche Ewigkeit zu planen. Man ging wohl auch bei der Standardisierung von Bauteilen über das günstigste Maß hinaus. Die bei einer Beschaffung von einigen dutzend Loks absolut vernünftige Beschränkung der Entwicklungs- und Herstellungskosten durch Verwendung einheitlicher Großteile war wohl zu teuer erkauft, wenn man bei den Kesseln für viele hundert Lokomotiven der 15-t-Nebenbahn-Typenreihe auf die Herausarbeitung des

Daß sich ausländische Konstruktionen durchaus mit den deutschen Einheitsloks messen konnten, bewies die polnische Pt 31. Als der deutsche Maschinendienst diese „Mikado" 1939 kennenlernte, gab er ihr im schweren Schnellzugdienst im Mittelgebirge den Vorzug vor jeder Einheits-Pazifik

ABBILDUNGEN: SLG. HÖRNEMANN, SLG. KNIPPING (3)

wirtschaftlichen Optimums verzichtete, nur um möglichst viele Teile auch in den Dampferzeugern der 17-t-Rangierlok-Gruppe zu verwenden.

Dieselben Fesseln hemmten übrigens die Fortschreibung der damals für die deutschen Privatbahnen aufgestellten ELNA-Typenreihe: Bei diesen 1'C- und D-Tenderloks war so kunstvoll auf eine Gemeinsamkeit von Kesseln und Triebwerken geachtet worden, daß der Übergang zu etwas schwereren und schnelleren Fünffachsern ohne Sprengung des Systems nicht möglich war.

Schon oft kritisiert wurde das Experiment mit den Pazifik-Vergleichsbauarten: Die 02 war so unglücklich bearbeitet, daß der Sieg der Zwillings-01 von vornherein feststand. Daß Behörden mit Sitz in Berlin und ein Vereinheitlichungsbüro, das in den Räumen des Lokfabrikanten Borsig residierte, dem „norddeutschen" Zwilling zum Sieg über die „süddeutsche" Verbundlok verhelfen würde, war vielleicht absehbar gewesen.

Im Betrieb aber blieben die durchaus nicht mehr neuen Länderbahn-Schnellzuglokomotiven mit ihren ungeliebten Vier-Zylinder-Triebwerken dermaßen unentbehrlich, daß es im Falle der (bereits im Jahre 1908 erstmals gebauten!) bayerischen S 3/6 noch bis 1930 zum Nachbau kam, während an der 01 noch immer Kinderkrankheiten beseitigt wurden. Hätte es dem Vereinheitlichungskonzept tatsächlich so unerträglich widersprochen, wenn die süddeutschen Direktionen eine 2'D1'h4v Maffeischer Konzeption und die norddeutschen Bezirke ihre vielleicht noch ein wenig leichtfüßigere 2'C1'h2 bekommen hätten,

Unschwer zu erkennen ist die Verwandtschaft der von Borsig für die Jugoslawischen Staatsbahnen gebauten 1'D1'-Type mit den deutschen Einheitslokomotiven

selbstverständlich mit vereinheitlichten Laufgestellen, Führerhäusern, Tendern, Armaturen usw.

Schwer verständliche Kunstfehler beging man auch bei der Durchkonstruktion weniger spektakulärer Baureihen: Mit dem einfachen Bisselgestell für die Laufachsen der 24, 64 und 86 blieb man ohne Not hinter dem schon zu Länderbahnzeiten erreichten Stand der Technik zurück, und daß eine Baureihe 86 mit vier starr gelagerten Treibachsen zum Feind des Nebenbahnoberbaus werden würde, war nur allzu absehbar. Erst nach der Lieferung mehrerer hundert Loks korrigierte man den Fehler und ging auf das Krauss-Helmholtz-Gestell über.

Einheitsloks nicht nur für Deutschland

Sechs Jahre nach der Verreichlichung der Länderbahnen erschienen endlich die ersten Einheitslokomotiven. In der Reihenfolge der ersten Baujahre präsentierten die Hersteller:
- 1926 die 01, 02 und 44
- 1927 die 24, 43, 64, 80 und 87
- 1928 die 62, 81, 86 und 99[73]

Ihr zahlenmäßiger Anteil im Lokbestand blieb zunächst unbedeutend, auch wenn die 01 Ende der zwanziger Jahre ihren festen Platz im Schnellzugdienst hatte und die 24, 64 und 86 einen bereits spür-

Die tschechoslowakische 387 gehörte zu den Maschinen, die jedem Verfechter der deutschen Einheitslok zu denken geben mußten. Wer die mit 17 t Achslast wirklich leichtfüßige Lok ab 1938 dienstlich kennenlernte, wußte, daß sie mit allen Zwillingen und Drillingen der Reihen 01 und 03 mithielt

In den dreißiger Jahren fand mit der nachhaltigen Beschleunigung des Schnellzugverkehrs die Stromlinienverkleidung Eingang in den Dampflokomotivbau. Neben anderen erhielten auch die Maschinen der Reihe 03.10 windschnittige Blechschalen. 03 1080 in Wien Westbahnhof um 1940

baren Beitrag zur Modernisierung des Nebenbahnbetriebes leisteten. Erste Änderungen während der laufenden Beschaffung deuten darauf hin, daß sich die Zufriedenheit mit den Loks in Grenzen hielt: So wurde ab 01 077 die Rohrlänge um einen Meter auf 6800 mm erhöht, um nur eine Maßnahme besonders grundsätzlicher Art zu erwähnen.

Wenn die Reichsbahn in den ersten zehn Jahren ihres Bestehens tausende von Lokomotiven, nämlich nahezu alle Zweikuppler und laufachslosen Dreikuppler, fast alle Naßdampflokomotiven und fast alle Vierzylinderlokomotiven unterhalb der höchsten Leistungsklasse nach oftmals kaum 20 Betriebsjahren ausmustern konnte, dann nicht wegen der Beschaffung von Einheitslokomotiven, sondern aufgrund des Zugangs später Länderbahnloks, durch epochale Verbesserungen bei Lokeinsatz und -unterhaltung und schließlich wegen der Verkehrsrückgänge in der Weltwirtschaftskrise.

Der Wirtschaftszusammenbruch ließ denn auch ab 1929 sowohl den Bedarf an neuen Lokomotiven und noch mehr die finanziellen Spielräume für ihre Beschaffung immer mehr zusammenschrumpfen. Den sehr gelungenen Baureihen 62, 80 und 81 blieb daher der Weiterbau versagt, die 44 kam über zehn Stück zunächst nicht hinaus.

Das Einheitslokkonzept hatte eine erhebliche Ausstrahlung auf ausländische Staatsbahnen. Dies kam dem Lokomotivexport zugute und linderte damit ein ganz klein wenig die Not der Massenarbeitslosigkeit.

Drei Bahnverwaltungen bestellten in Deutschland Lokomotiven in Anlehnung an das Einheitsprogramm, nämlich die Bahnen der einstigen Weltkriegsverbündeten Bulgarien und Türkei sowie die Jugoslawischen Staatsbahnen, die mit deutschen Reparationslieferungen gut gefahren waren. Die Lokkonstruktionen für Bulgarien und die Türkei waren eng verwandt mit den mächtigsten Bauarten der ersten Einheitslokgeneration 01, 02, 43 und 44. Deren Kessel mit der Rohrlänge 5800 mm, im Prinzip hervorgegangen aus dem der preußischen P 10, wurde mit geringen Abwandlungen zum Standarddampferzeuger für eine Typenreihe eindrucksvoller bulgarischer Lokomotiven (BDZ-Reihe, Bauart, Treibraddurchmesser, erster Hersteller, erstes Baujahr):

01	1'D1' h2	1650 mm	Hanomag, 1930
10	1'E h2	1450 mm	BMAG, 1931
46	1'F2' h2t	1340 mm	Cegielski, 1931
02	1'D1' h3	1650 mm	Henschel, 1934

Mit verlängerter Rauchkammer wurde er auch verwendet für die Drillingsreihe

03	2'D1' h3	1650 mm	Henschel, 1941
11	2'E h3	1450 mm	Henschel, 1941
46	1'F2' h2t	1340 mm	BMAG, 1943

Auch für Jugoslawien wurde 1930 der naheliegende Gedanke verwirklicht, für unterschiedliche schwere Hauptbahndienste eine Familie sehr ähnlicher Bauarten zu entwerfen. Dies waren die

05	2'C1' h2	1850 mm	BMAG, 1930
06	1'D1' h2	1650 mm	Borsig, 1930
30	1'E h3	1350 mm	Borsig, 1930

Die Loks waren bis auf die Lauf- und Triebwerke völlig gleich und ähnelten sich äußerlich zum Verwechseln.

Schließlich bediente sich noch die Türkei, bereits im Besitz vieler preußischer Länderbahnloks und ihrer Abkömmlinge, der deutschen Einheitsloktechnologie, als sie 1937 bei Henschel ihre bis dahin größten Lokomotiven bauen ließ, nämlich die

| 46.1 | 1'D1' h2 | 1750 mm |

und die

| 56.0 | 1'E h2 | 1450 mm, |

beide ausgestattet mit demselben Kessel, der ebenfalls stark dem der 01 und 44 glich, ihn aber in der Rohrlänge mit 6000 mm noch übertraf.

Neue Lokomotiven – alte Grundsätze

Schon wenige Jahre nach Erstellung des ersten Typenprogramms verlangte der Betrieb weitere Lokomotivbauarten. Die Super-P 8 der Reihe 20 oder die Ersatz-P 10 der Reihe 22 waren aber nun genau-

ABBILDUNGEN: SLG. NIEDT, SLG. HÖRNEMANN, KIEPER

so vergessen wie die 1'C- und 1'D-Güterzugloks oder die Tenderloks mit 20 t Achslast.

Zunächst war eine leichtere Alternative zur 01 für die vielen noch nicht für 20 t Achslast ausgebauten Hauptstrecken zu entwickeln. Dogmatisches Festhalten an hergebrachten Baugrundsätzen erzwang die sehr enge konstruktive Anlehnung der so entstehenden 03 an die im Betrieb keineswegs unumstrittene 01. Verbesserungen des thermischen Wirkungsgrades etwa durch Anwendung einer Verbrennungskammer mußten außer Betracht bleiben. Erst Umbaumaßnahmen der Nachkriegszeit in Ost und West brachten die 03 wie auch die 01 in vorgerückten Jahren zu größerer Vollendung.

Für spezielle Einsatzbereiche entwickelte die Reichsbahn die Schmalspurbaureihen 99^{22} (1'E1'h2t für 1000 mm) und 99^{32}(1'D1'h2t für 900 mm) sowie die schon im oben erwähnten Typenplan enthaltenen 1'E1'-Tenderloks der Baureihen 84 und 85. Das dem Einheitsprogramm zugrundeliegende Baukastenprinzip erwies sich für die kostengünstige und schnelle Entwicklung solcher Sondertypen als vorteilhaft. So erhielt die Meterspurlok den Kessel der 81 und die 85 den der 62.

Anfang der dreißiger Jahre wurde mit den vom Einheitsprogramm abgeleiteten Loks 04 001 – 002, 24 069 – 070 und 44 011 – 012 ohne befriedigende Ergebnisse die Erhöhung des Kesseldrucks auf 25 bar erprobt.

Als Konkurrenzmodelle zu den mehr und mehr vordringenden Motorfahrzeugen sind zwei sehr kleine Tenderlokbaureihen aus dem Jahre 1934 mit den Achsanordnungen 1'B1' und C zu betrachten. Sie

Gigantomanisch und unsinnig: die Baureihe 45 mit 7500 mm Rohrlänge und ohne mechanische Rostbeschickung. Der DB war es vorbehalten, einige dieser Loks betriebsertüchtigend umzubauen

enthielten entgegen der Systematik des Bezeichnungsplans Nummern ausgemusterter Länderbahnloks am Anfang der Reihen 71 und 89. Bei der 89 wurde letztmals bei einer deutschen Staatsbahnlok die Naßdampfbauart erprobt. Ein Weiterbau blieb sowohl der mißglückten 71 als auch der neben der Motorkleinlok wohl kaum mehr gefragten 89 versagt.

Die Erhöhung der Güterzuggeschwindigkeiten war der Anlaß für die zügige Entwicklung einer sehr erfolgreichen Einheitslok, der 1936 erschienenen Baureihe 41. Ihre Konstruktion ist weitgehend von der 03 abgeleitet.

Für den Weiterbau in den dreißiger Jahren wurden Bauarten der ersten Einheitsgeneration überarbeitet, nämlich die 01 und die 44. Bei der 01 wurden ab Nr. 102 die Vorlaufräder von 850 auf 1000 mm vergrößert, um den Übergang von 120 auf 130 km/h Höchstgeschwindigkeit zu erleichtern. Dieser Schritt wurde bei der 03 ab Nummer 163 nachvollzogen. Die 44, anfangs für ein größeres Lichtraumprofil gebaut, wurde dem Regelprofil angepaßt und ging ab 44 013 im Jahre 1937 in die Serienfertigung – ein Jahrzehnt nach der ersten Lieferung! Daß die 41 sowie neue Serien der 01, 03, 44 und auch der 64 und 86 nun vom Betrieb benötigt wurden, lag am Wirtschaftsaufschwung, der zwar weltweit zu spüren war, in Deutschland aber durch die Aufrüstungspolitik des 1933 installierten nationalsozialistischen Regimes verstärkt wurde.

Mitte der dreißiger Jahre wurde die bisherige Reihe der Einheitsbauarten gekrönt durch fünf bemerkenswerte Schnellfahrloks der Reihen 05 und 61. Mit ihnen fand – nach Vorversuchen mit der 03 – die Stromlinienverkleidung Eingang in den deutschen Dampflokbau. Ihr Treibraddurchmesser von 2300 mm wurde zur Legende – einer Legende, die in der 18 201/02 0201, die aus der 61 002 hervorging, noch lebendig ist. Ein Weiterbau dieser Versuchsloks war nicht vorgesehen. Eher politisches Prestigedenken und Planungen für den Kriegsfall als reale Bedürfnisse des Betriebes waren bestimmend für die Entstehung der beiden größten in Deutschland je gebauten Dampfloktypen. So imposant die stromlinienverkleidete achtachsige 06 und die siebenachsige 45 mit ihren fünfachsigen Tendern waren,

Das dem Einheitsprogramm zugrundeliegende Baukastenprinzip erwies sich für die kostengünstige und schnelle Entwicklung von Sondertypen als vorteilhaft: Die 900-mm-Schmalspurlok 99 321

Ab Februar 1942 war das Reichsministerium für Bewaffnung und Munition für die Lokentwicklung verantwortlich. Es ebnete neue technische Wege: Kriegslokomotive 52 3113 mit Brotankessel

technisch waren sie Fehlkonstruktionen. Ihre Erbauer ignorierten alle innovativen Ideen, die den noch sehr regen Dampflokbau jener Zeit in den USA, in Frankreich, in England, in der Tschechoslowakei und in der Sowjetunion beeinflußten. Statt eine Verbrennungskammer vorzusehen, verlängerte man die Rohre des Kessels auf technisch kaum mehr beherrschbare und thermisch unsinnige 7500 mm. Mit dem Verzicht auf eine mechanische Rostbeschickung bürdete man den Heizern eine unerträgliche Belastung auf. Der Bundesbahn der Nachkriegszeit war es vorbehalten, einige 45er betriebsertüchtigend umzubauen. Mit der mißglückten 06 versäumte die Reichsbahn ihre letzte Chance, dem Betrieb endlich den seit Jahr und Tag verlangten Vierkuppler für den Schnellzugdienst im Mittelgebirge zur Verfügung zu stellen. So mußte die P 10 – in der DDR schließlich erfolgreich umgebaut – bis in die sechziger Jahre durchhalten, 01 und 03 wurden mit der Folge überhöhter Ausbesserungskosten jahrzehntelang überfordert, und die 41 mußte mehr recht als schlecht als Schnellzuglok (mit 1600 mm großen Treibrädern!) herhalten. Allein die durchaus konventionelle polnische Pt 31 zeigt, wie einfach eine Lösung des Problems aussehen konnte.

Einheitslokomotiven am Vorabend des zweiten Weltkrieges

Mit der Ausarbeitung der 03 und der 41 gemäß aktuellen Forderungen des Betriebes hatten die Verantwortlichen stillschweigend das Konzept des breitgefächerten Typenprogramms für alle Einsatzbereiche verlassen. Die nächsten genau definierten Arbeitsaufträge an Zentralamt und Lokausschuß galten einer Leistungs- und Geschwindigkeitssteigerung

der Schnellzuglokomotiven sowie der Verbesserung ihrer Laufeigenschaften und der Entwicklung einer „Ersatz-P 8" und einer „Ersatz-G 10".

Bei der Neugestaltung der Schnellzugloks entschied man sich für die Beibehaltung des Grundaufbaus der beiden Gewichtsvarianten 01 und 03, stattete sie aber mit Stromlinienverkleidung und Drillingstriebwerk aus. Noch einmal konnten sich Wagner und seine Mitstreiter mit aller Sturheit gegen Versuche mit Verbrennungskammer und Verbundmaschine durchsetzen. So blieb der mit den Stromlinienloks erzielte Fortschritt gegenüber der nun fast 15 Jahre alten 01 gering. Nach unbefriedigenden Erfahrungen mit den Stromlinienloks ließ man dann endlich doch Entwürfe für fortschrittliche 1'C2'h3 und -h4v mit modernen Kesseln anfertigen, jedoch zu spät: Man schrieb August 1939, einen Monat später stürzte der Krieg die Prioritäten um.

Die neue Personenzuglok für 17 t und die Güterzuglok für 15 t Achslast sollten wie ihre preußischen Vorläufer denselben Kessel erhalten. Weniger aus Einsicht in Fehler bei früheren Bauarten, sondern um die Verfeuerung von Kohlen mit geringerem Heizwert zu ermöglichen, wählte man nun endlich ein günstigeres Verhältnis zwischen Feuerbüchs- und Rohrheizfläche mit einem ausreichend großen Rost. Weitsichtig war auch der Entschluß, die Ersatz-G 10 als Fünfkuppler mit Vorlaufachse sowohl für höhere Zuglasten als auch für höhere Geschwindigkeiten zu befähigen. Das Ergebnis, die Baureihe 50, konnte sich sehen lassen und wurde eine der erfolgreichsten deutschen Lokomotiven.

Die 23 kam über zwei Probeausführungen nicht hinaus; die Eignung des 50er-Kessels für die Personenzuglok wurde im übrigen vielfach bezweifelt.

Die Bedarfssituation auf dem Lokomotivsektor hatte sich schon in den ersten funfzehn Jahren der Einheitslokgeschichte zwischen Inflation, Stabilisierung, Weltwirtschaftskrise und Aufrüstung so sprunghaft verändert, daß eine systematische Entwicklungs- und Beschaffungspolitik kaum gedeihen konnte. Sie wandelte sich ab 1938 erneut nachhaltig. Während das Regime mit dem Ausbau des hochwertigen Reiseverkehrs seine friedlichen Absichten zu beweisen suchte und zu diesem Zweck auf Schnelltriebwagen und Stromlinienloks Wert legte, forcierte es zugleich die Aufrüstung sowie die Ertüchtigung von Wirtschaft und Verkehr im angeschlossenen Österreich („Ostmark") und in den annektierten Gebieten der Tschechoslowakei („Sudetenland") für den geplanten Krieg. Die von BBÖ und CSD übernommenen Lokomotiven waren großenteils veraltet und leistungsschwach, die Typenvielfalt war groß. Mit alledem ergab sich für das ganze Reich ein hoher Lokbedarf. Im März

Die zu Tausenden gebauten und eigentlich nur für eine kurze Nutzungszeit konzipierten Kriegslokomotiven blieben auf Jahrzehnte unentbehrlich: 52 2195 der Deutschen Reichsbahn, Oktober 1987

ABBILDUNGEN: SLG. HÖRNEMANN, SCHULZ, HÖGEMANN, SLG. VÖLK

Im Eisenbahnbetrieb blieben die Einheitslokomotiven lange Zeit in Deutschland und in vielen anderen Ländern unentbehrlich, sei es im Originalzustand oder in vielfältigen Abwandlungen. Trotz mancher optischen Veränderung ist die 01 150 der DB sofort als Einheitslok auszumachen

1939 stellte das RZA ein Beschaffungsprogramm auf, das in einer seit 1920 nicht gekannten Großzügigkeit den Bau von 5520 Dampflokomotiven in den Jahren 1940 – 1943 vorsah. Die Verteilung auf Baureihen war wie folgt gedacht:

400	BR 01.10	80	BR 62
800	BR 23	400	BR 64
80	BR 24	120	BR 81
470	BR 41	160	BR 82
540	BR 44	790	BR 86
320	BR 45	120	BR 89
1200	BR 50		

Im September 1939 begann mit dem Angriff auf Polen der zweite Weltkrieg. Für eine Anpassung der Lokomotivproduktion an die Bedingungen eines langen und kräftezehrenden Krieges sahen die führenden Verkehrspolitiker und Reichsbahnbeamten noch keinen Anlaß, wollte man ihn doch mit raschen Vormärschen motorisierter Verbände und massierten Luftschlägen schnell hinter sich bringen. Die überraschenden Erfolge bei den „Blitzkriegen" gegen Dänemark, Norwegen, die Niederlande, Belgien, Frankreich, Jugoslawien und Griechenland ließen sie auch 1940/41 noch an einer annähernd friedensmäßigen Beschaffungspolitik festhalten. Allerdings wurde der Schwerpunkt bereits auf die Baureihen 44 und 50 verlagert, der Bau bzw. Weiterbau der 23, 24, 62, 81, 82 und 89 wurde storniert.

Von der Einheitslok zur Kriegslok

Der Angriff gegen die Sowjetunion brachte 1941 die Wende des Weltkrieges. Im Spätherbst jenes Jahres kam es vor Moskau zur militärischen Katastrophe, an der die Transportprobleme erheblichen Anteil hatten.

Zu hunderten standen die alten preußischen Länderbahnlokomotiven mit Minen- oder Frostschäden auf den provisorisch umgespurten Strecken „im Osten", während die Kriegsmaschinerie im gewaltsam vergrößerten Reich und in den besetzten Gebieten zwischen der französischen Atlantikküste und dem Balkan immer höhere Transportleistungen forderte. Ständig spürbarer wurde im übrigen die Beeinträchtigung des Bahnbetriebes durch alliierte Luftangriffe.

Die deutsche Staatsführung forderte nun den überstürzten Übergang von der zivilen Lokbeschaffung zur Massenproduktion einer „Kriegslokomotive". Damit kam das Ende der traditionellen Zuständigkeiten und Verfahrensweisen bei der Lokomotiventwicklung. Ab Februar 1942 war Speers Reichsministerium für Bewaffnung und Munition – und hier speziell ein sogenannter „Hauptausschuß Schienenfahrzeuge" – für die Entwicklung von Lokomotiven und Wagen und die Forcierung ihrer Fertigung verantwortlich. Die Deutsche Reichsbahn bestellte bei der „Gemeinschaft Großdeutscher Lokomotivfabriken" die schier sagenhafte Menge von 15.000 Kriegslokomotiven – zu liefern im Laufe von nur zwei Jahren!

Bis die Industrie ihre Fertigung vollends auf Kriegslokomotiven umstellen konnte, baute sie die 44, 50 und 86 als entfeinerte „ÜK"-Baureihen weiter (86 1727 in Zwickau, 2. September 1974)

Es dauerte aber noch viele Monate, bis aus der Baureihe 50 über viele Stufen der Entfeinerung („Übergangskriegslok" mit den Buchstaben „ÜK" hinter der Nummer) die Kriegslok 52 (mit Blechrahmen anstelle des Barrenrahmens, ohne Achsstellkeile und Vorwärmer) abgeleitet war und bis die Fabriken von Belgien und Frankreich bis nach Polen und in die „Ostmark" auf ihre ausschließliche Fertigung umgestellt waren. Bis dahin wurden auch noch die 44 und die 86 weitergebaut, zuletzt wie die 50 als entfeinerte „ÜK"-Baureihen mit grauem Kriegsanstrich.

Der Krieg konnte durch solche technisch-industriellen Kraftakte nicht mehr gewonnen werden: Die Sowjetunion hatte genauso wie das britische Weltreich dem deutschen Angriff standgehalten, und durch die Kriegserklärung an die USA hatte Hitler im Dezember 1941 endgültig ein Kräfteverhältnis geschaffen, das einen militärischen Sieg seines Reiches ausschloß. Dreieinhalb Jahre lang konnte es dem Nazireich nur noch darum gehen, den Krieg an den Fronten mit allen Mitteln zu verlängern, den Terror im Inneren zu verschärfen – und mit der Ermordung der europäischen Juden einen perversen „Krieg" gegen Millionen Wehrlose doch noch zu gewinnen.

Die Produktion der 52 erreichte im September 1943 mit einer Monatsleistung von fast 500 Stück ihren Höhepunkt. Diese Zahl entsprach der Summe aller in den fünf Jahren von 1926 bis 1930 insgesamt gelieferten Einheitsloks! Zwangsarbeiter aus den besetzten Ländern hatten großen Anteil an solchen Bauerfolgen.

Die Arbeit der Techniker war mit der Schaffung der 52 noch nicht beendet: 1944 folgte ihr eine schwerere zweite Kriegslok, die 42. Wirklich erforderlich war sie für den Betrieb in dem nun immer kleiner werdenden deutschen Machtbereich nicht mehr.

Die Stromlinienlokomotiven faszinierten ihre Zeitgenossen in besonderem Maße. Im Guten wie im Schlechten prägten solche technischen Errungenschaften das Selbstbewußtsein der Deutschen

Völlig an der Entwicklung der Kriegslage vorbei arbeitenden Reichsbahn, Rüstungsministerium und Herstellerwerke dann noch intensiv am Entwurf einer dritten Kriegslok. Dabei wurden nun vorurteilslos alle modernen Errungenschaften des internationalen Dampflokbaus diskutiert.

Wie finster der historische Hintergrund auch war: Auf die Bewährung z.B. einer 1'Fh3 oder einer 1'E1'h3 mit Hilfsantrieb der hinteren Laufachse, hergestellt in weitgehender Anwendung der Schweißtechnik, selbstverständlich mit Verbrennungskammer – hätte man gespannt sein dürfen. Die politische und militärische Führung verlor aufgrund der schweren Niederlagen in der zweiten Hälfte des Jahres 1944 jedes Interesse an weiteren Lokomotiven. Doch war das 1942/43 kunstvoll organisierte System zur Fließbandfertigung der 42 und 52 nicht schlagartig auf den Bau von Panzern oder Flugzeugen umzustellen. So

wurden auch in den Monaten Januar bis April 1945 noch Lokomotiven in ein immer größeres Chaos hinein abgeliefert.

Erfahrungsschatz für den Nachkriegs-Lokomotivbau

Mit dem Zusammenbruch der Produktion in den letzten Wochen und Tagen vor der Kapitulation endete die Geschichte des Lokomotivbaus für das Deutsche Reich. Ein verlorener Weltkrieg war der historische Ausgangspunkt für das Einheitskonzept gewesen, ein noch verheerenderer Weltkrieg zerstörte den politischen Rahmen und die wirtschaftlichen Voraussetzungen für die Fortführung jenes Konzepts und wohl auch jenes nicht unproblematischen Selbstbewußtseins „deutschen Geistes", von dem es seine Kraft, aber auch seine Begrenztheiten erhalten hatte. Der Kreis von der G 12 zur 42 hatte sich geschlossen.

Anregungen, Errungenschaften und Prinzipien des Einheitslokprogramms wie auch der Kriegslokfertigung fanden Eingang auch in den Lokomotivbau der Nachkriegszeit, und zwar nicht nur bei den Bahnen der beiden deutschen Staaten, sondern auch bei den letzten Dampfloksschöpfungen z.B. in Polen, Rumänien und in der Tschechoslowakei sowie bei den deutschen Dampflokexporten der fünfziger Jahre.

Im Eisenbahnbetrieb blieben deutsche Einheitslokomotiven und die Kriegslokomotiven als ihre Abkömmlinge lange Zeit in Deutschland und in vielen anderen Ländern unentbehrlich, sei es im Originalzustand oder in vielfältigen Abwandlungen, bei denen mancher Fehler aus den zwanziger, dreißiger und vierziger Jahren noch korrigiert werden konnte.

ANDREAS KNIPPING

Nach dem Krieg verschlug es die Einheitsloks zu vielen Bahnverwaltungen, wo sie unterschiedlichste Bauartänderungen erfuhren. Eine 03.10 als polnische Pm 3-4 im Jahre 1958 in Poznan

ABBILDUNGEN: SLG. KNIPPING

Die in 18 Exemplaren von der Münchner Firma Krauss-Maffei gebaute Baureihe 65 sollte die Nachfolge der Länderbahntypen 78 und 93 antreten

Die Nachfolger der Einheitsloks
Neuentwicklungen, Umbauten und Rekonstruktionen deutscher Dampfloks

Der Bau von Dampflokomotiven war nach 1945 in beiden Teilen Deutschlands durchaus noch nicht zu Ende. Von bemerkenswerten Exportlieferungen z.B. nach Indien und Südamerika und von einer ganzen Reihe leistungsfähiger Tenderloks für Industrie und Bergbau soll hier allerdings nicht die Rede sein, sondern von den Lokomotiven, die ab 1950 an die Deutsche Bundesbahn und an die Deutsche Reichsbahn geliefert wurden. Unter den Begriff „Neubaulokomotiven" fallen nur Lokomotiven, die nach 1945 neu entwickelt wurden, nicht aber eine Anzahl von Maschinen älterer Bauarten, die in der Nachkriegszeit fertiggebaut oder in bescheidenem Umfang nachgeliefert wurden. Weiterhin werden auch die vielen Loktypen näher beleuchtet, die von der DB umgebaut bzw. von der DR rekonstruiert worden sind, um den jeweiligen Sprachgebrauch zu verwenden.

Deutsche Bundesbahn

Als im Mai 1945 die Waffen schwiegen, bot sich den Alliierten und den besiegten Deutschen wie in fast allen Bereichen der Volkswirtschaft auch auf dem Gebiet des Eisenbahnwesens ein – schon oft beschriebenes – katastrophales Bild. Zur Verbesserung der desolaten Fahrzeugsituation konnte der Neubau von Lokomotiven kein Mittel erster Wahl sein, denn es standen ja unzählige Maschinen unterschiedlichster Beschädigungszustände auf dem Abstellgleis, und deren Reparatur hatte damals Vorrang. Alsbald stellte sich auch heraus, daß auf den Gebieten der amerikanischen und britischen Besatzungszonen mehr Dampflokomotiven vorhanden waren, als man zunächst überhaupt benötigte. Die französische Zone konnte später davon profitieren. Im Hinblick auf wieder mögliche Neubautätigkeit verfügte die bizonale „Hauptverwaltung der Eisenbahnen" in Bielefeld 1947 die Wiederbegründung des „Fachausschusses Lokomotiven", eines Gremiums aus Praktikern des Betriebs- und Werkstättendienstes, das schon in preußischer Zeit tätig war, und über die gesamte Zwischenkriegszeit das für die Lokbeschaffung zuständige Reichsbahnzentralamt Berlin beraten hatte. Dieser Ausschuß entwickelte 1948 ein umfangreiches Typenprogramm, das in Anlehnung an die Lieferungen und unverwirklichten Projekte der Vorkriegs- und Kriegszeit nicht

weniger als 15 Baureihen vorsah – vom Ersatz für die BR 01 bis hin zur Schmalspurdampflok.

An dieser Stelle mag die Frage angerissen werden, warum man Ende der vierziger Jahre überhaupt noch an eine Modernisierung des Dampflokparks dachte. Gewiß, der elektrische Betrieb hatte seine Überlegenheit längst bewiesen, doch es war ebenso klar, daß eine Elektrifizierung auch nur der wichtigsten Hauptstrecken aus technischen und hauptsächlich aus finanziellen Gründen Jahrzehnte in Anspruch nehmen würde. Der Dieselbetrieb machte Ende der vierziger Jahre besonders in den USA schnell Fortschritte, doch war er in Europa, vom Triebwagenverkehr abgesehen, noch nicht über das Versuchsstadium hinausgekommen. Noch schwerer wog, daß das westzonale Deutschland 1948 noch nicht erwarten konnte, alsbald mit frei konvertierbarer starker Währung auf dem Weltmarkt genügend Öl beschaffen zu können.

Schon in den ersten Beratungen über einen Lokomotivneubau wurde deutlich, daß man nicht einfach da ansetzen konnte, wo die Reichsbahn an der Schwelle von der Einheits- zur Kriegslok haltgemacht hatte.

Meistgebaute Neubaudampflok der DB war die Baureihe 23 mit insgesamt 105 Exemplaren. Die 23 058 wurde im November 1975 im Bw Crailsheim aufgearbeitet und an die EUROVAPOR verkauft

– Mindestens eine kritische Erkenntnis war nicht mehr angreifbar: Die Reichsbahn hatte bei ihren Kesselkonstruktionen die Rohrheizfläche zulasten der Feuerbüchsheizfläche überdimensioniert. Von daher arbeiteten die Kessel mit herabgesetzter Wirtschaftlichkeit und erhöhter Schadanfälligkeit.

– Ausländische Erfahrungen legten neue Überlegungen zur Verbundbauart und zur Blasrohrkonstruktion nahe.

– Unter kriegsbedingtem Vereinfachungsdruck hatten die Schweißtechnik und die Verwendung neuartiger Werkstoffe große Fortschritte gemacht, die auch in Friedenszeiten genutzt werden sollten. Genietete Kessel, Rahmen und Tender hatten keine Zukunft mehr.

Personell war die Möglichkeit zur Verwirklichung der alsbald so benannten „neuen Baugrundsätze" dadurch erleichtert, daß der alte Vorsitzer des Lokausschusses, R. P. Wagner, pensioniert und durch den ehemaligen „Oppositionsführer" Friedrich Witte ersetzt worden war.

Im Dampflokwesen war – wie auf den Gebieten der Elektro- und Dieselzugförderung sowie in der Wagenwirtschaft – vor einer großen Beschaffungswelle zunächst die Zeit der Versuche fällig. Überall galt es, die Zeit seit dem kriegsbedingten Ende des Reichsbahnversuchswesens anfangs der vierziger Jahre aufzuholen und den Anschluß an ausländische Entwicklungen zu finden.

Ich möchte hier nur einige Beispiele aus den vielfältigen Erprobungen der Jahre 1948 bis 1951 nennen:

– Nachgebaute 52er erhielten Mischvorwärmer verschiedener Bauarten bzw. Franco-Crosti-Abgasvorwärmer.

– Eine Anzahl 01, 44 und 45 erhielten Verbrennungskammern, Mischvorwärmer und teilweise auch mechanische Rostbeschickung (Stoker).

– Zwei Loks der BR 38.10 sollten mit neuen Kurztendern bessere Rückwärtsfahreigenschaften erhalten (BR 78.10).

– In allen Traktionsarten (z.B. 78, E 44 und V 36) erprobte man den Wendezugbetrieb.

Das 1948 vorgelegte Typenprogramm mußte eingeschränkt werden. Für viele Zugförderungsaufgaben hatte die Reichsbahn so viele Loks beschafft, daß eine Ergänzung nicht und ein Ersatz erst in späterer Zeit erforderlich sein konnten. So war der Güterverkehr mit den Baureihen 41, 44, 50 und notfalls 52 mehr als gut bedient, und echte Mängel zeigten sich am ehesten im Personenzug- und Rangierdienst.

Daher forderte das Reichsbahnzentralamt (RZA) Göttingen am 4. März 1949 von den namhaftesten Lokherstellern Entwürfe an für eine

– Ersatz-23 (1'C1'h2), mit der die preußische P 8 (BR 38.10) abgelöst werden sollte, nachdem die Reichsbahn von der einst hierzu bestimmten „alten" 23 im Jahr 1940 nur zwei Stück in Dienst gestellt hatte.

– Ersatz-78 (2'C2'h2t), mit der im Nahverkehr

der Großstädte die bewährte, aber 25 bis 35 Jahre alte preuß. T 18 (BR 78) ersetzt werden sollte.

– Ersatz-93 (1'D2'h2t), welche im Aufgabenbereich der BR 86 und 93 (pr T 14.1) auf kürzeren Strecken im Mittelgebirge sowohl den Personen- als auch den Güterverkehr bewältigen sollte.

– Ersatz-94 (Eh2t), die den schweren Rangierdienst und den Güterzugdienst auf Kurzstrecken und Steilrampen, insbesondere von der T 16.1 (BR 94.5) übernehmen sollte.

Im letzten Moment nahm das RZA den Entwurfsauftrag für die Ersatz-78 mit der Begründung zurück, deren Aufgaben seien durch Ersatz-23 und Ersatz-93 vorerst mit erfüllbar. Im Laufe des Jahres 1949 nahmen die drei verbliebenen Baureihen Gestalt an, ihre Bezeichnungen wurden mit 23 (neu), 65 und 82 festgelegt, die Aufträge zu endgültiger Durchkonstruktion und Herstellung wurden vergeben. Am 13. September 1950 lieferte Henschel die 82 023 als erste Neubaudampflok an die DB ab, am 7. Dezember 1950 folgte ebenfalls von Henschel die Anlieferung der 23 001, und im Februar 1951 stellte Krauss-Maffei die 65 001 vor.

Alle drei Baureihen kündeten schon äußerlich von einem neuen Geist: Man hatte die Kesselbekleidungen frei von Rohrleitungen und Armaturen gehalten, so daß sich großzügige glatte Außenflächen ergaben. Die Schweißtechnik ließ zudem die bisherigen Nietreihen entfallen. Kranzschornsteine und blanke Kesselreifen setzten optische Akzente.

Die Baureihe 23 zeigte mit vollständig geschweißtem Kessel, Rahmen und Tender, mit Verbrennungskammer, Heißdampfregler, vornliegender Steuerspindel, vollständig geschlossenem Führerhaus und zentraler Schmierung neue Bauelemente, die über Vorkriegstraditionen weit hinauswiesen. Als Vorwärmer war zunächst der hergebrachte Ober-

Gerade bei den Kesseln zeigten sich die „neuen Baugrundsätze" für Dampflokomotiven: vollständig geschweißt und mit Verbrennungskammer ausgerüstet waren auch die Kessel der Baureihe 66

ABBILDUNGEN: REINSHAGEN, SCHÖPPNER, SLG. CLÖSSNER

Die BR 82 war die erste an die DB abgelieferte Neubaudampflok. Die Kesselbekleidungen waren weitgehend frei von Rohrleitungen und Armaturen

flächenvorwärmer eingebaut, da der vorgesehene Mischvorwärmer noch nicht serienreif war. Mit 1313 kW und einer Höchstgeschwindigkeit von 110 km/h bei einem gegenüber der P 8 unveränderten Treibraddurchmesser von 1750 mm war die Baureihe 23 außer für den Personenzugdienst auch für den Eil- und Schnellzugdienst der damaligen Zeit geeignet.

1950 bis 1959 bauten Henschel, Jung, Krupp und Esslingen 105 Stück. Die 23 105 war am 4. Dezember 1959 die letzte für die Deutsche Bundesbahn neugelieferte Dampflok. Sie war 13 Jahre in Betrieb, dann genauso lang eine kalt aufbewahrte Museumslok, und 1985 feierte sie ihre Auferstehung als betriebsfähige „Nostalgie"-Dampflok auf DB-Gleisen.

Die BR 23 wurde neu zugewiesen den Bw Kempten, Bremen Hbf, Siegen, Frankfurt (Main), Paderborn, Mönchengladbach, Oberlahnstein, Oldenburg Hbf, Krefeld, Braunschweig Vbf und Minden. Größere Bedeutung erlangte sie nach Umbeheimatung auch in Bielefeld, Emden und Gießen. Wichtige Heimatorte der späten Jahre waren Bestwig und zuletzt noch Kaiserslautern, Saarbrücken und das württembergische Crailsheim, wo Ende 1975 die 023 (das Computerzeitalter hatte den Dampfloks eine Null vor der Reihennummer verschafft) 023, 029 und 058 als letzte Neubaudampfloks der DB ihren Dienst beendeten.

Das Einsatzspektrum der Lokomotiven der Baureihe 23 reichte vom F-Zug „Rheingold" auf der Strecke Köln – Venlo über Eil- und Personenzüge an Rhein und Mosel bis zum Wendezugbetrieb im Saarbrücker Nahverkehr.

Die Baureihe 65 hatte eine Höchstgeschwindigkeit von 85 km/h bei einem Treibraddurchmesser von 1500 mm. Das waren für den Ersatz der Baureihe 93 großzügige, als Alternative zur Baureihe 78 jedoch zu knappe Maße. Auch die 65 war in allen ihren wesentlichen Bestandteilen geschweißt und entsprach den „neuen Baugrundsätzen". 1951 und 1955/56 stellte Krauss-Maffei ganze 18 Stück von dieser Baureihe auf die Schienen.

Sie gingen an die Betriebswerke Darmstadt, Düsseldorf Abstellbahnhof, Letmathe und Essen Hbf. Man sah sie im Wendezugdienst des Ruhrgebiets, im Personenzugdienst auf der Odenwaldbahn, spä-

ter in gemischten Aufgabengebieten beim Bw Limburg, schließlich gar im Rangierbetrieb von Dillenburg, und am Ende ihrer Laufbahn bedienten sie vom Bw Aschaffenburg aus die Strecke nach Miltenberg. 1972 war auch dort ihre Zeit vorbei.

Die BR 82 benötigte für die im Rangier- und Kurzstreckendienst notwendige Dampfproduktion keine Verbrennungskammer; ein Treibraddurchmesser von 1400 mm und eine Führung des ersten und zweiten bzw. vierten und fünften Radsatzes in Beugniotgestellen ermöglichten eine Höchstgeschwindigkeit von 70 km/h in beiden Richtungen und damit eine Verwendung auch im Streckendienst. 1950/51 und 1955 er-

Nicht nur in technischer Hinsicht sollte der Fortschritt Einzug in den Dampflokbau halten. Auch die Arbeitsbedingungen für das Personal wollte man u.a. durch geschlossene Führerhäuser verbessern

bauten Krupp, Henschel und die Maschinenfabrik Esslingen 41 dieser kräftigen Tenderloks.

Sie nahmen ihren Dienst auf in Soest, Hamm, Hamburg-Wilhelmsburg, Siegen, Ratingen West, Bremen-Walle, Emden, Altenkirchen und Freudenstadt. Ihre Aufgabengebiete waren höchst unterschiedlich: Im Norden widmeten sie sich dem Rangierdienst auf weitverzweigten Hafenbahnen, andernorts mühten sie sich am Ablaufberg. Im Westerwald und im Schwarzwald waren 82er – teilweise mit Gegendruckbremse ausgerüstet – auf landschaftlich reizvollen Steilstrecken zu finden. Anfang 1972 schied die letzte 82er aus dem Betrieb aus.

Die Mängel einer noch unerprobten Technik und das Bedürfnis nach weiteren Versuchen führten zu zahlreichen Änderungen während des Serienbaus der genannten drei Baureihen. So hatten 82 001 – 012 und 023 – 037 keinen Vorwärmer, 23 001 – 015, 65 001 – 013 und 82 013 – 022 einen Oberflächenvorwärmer und der Rest Mischvorwärmer verschiedenster Bauarten. Eine Turbospeisepumpe war eingebaut in 23 024 – 025, 65 014 – 018 und 82 038 – 041. Rollenlager im gesamten Laufwerk besaßen 23 024 – 025 und 053 – 105. Die Führerhäuser wurden verbessert ab 23 024 und 65 014. Von Anfang an Indusi trugen nur 23 053 – 105. Die Krupp-Loks 23 024 – 025 aus dem Jahre 1953 waren Versuchsloks mit zahlreichen bemerkenswerten Verbesserungen, die im „Kylchap"-Blasrohr der 23 024 gipfelten, einer finnisch-französischen Entwicklung, die den vom Triebwerksabdampf hervorgerufenen Saugzug zur Feueranfachung verbessern sollte. Im Versuch zeigte sie aber keine eindeutige Überlegenheit. Die Bewährung der neuen Typen hielt sich trotz aller Experimente und Nachbesserungen in Grenzen, hohe Unterhaltungskosten und zahlreiche Änderungen begleiteten ihren Lebensweg. Noch in den Jahren von 1967 bis 1972 konnte man nicht umhin, für die verbleibende Betriebszeit die störanfälligen Heißdampfregler der Baureihe 23 durch die Naßdampfregler abgestellter Loks zu ersetzen. Mit den genannten Typen war das Neubauprogramm noch nicht abge-

schlossen. Im nächsten Durchgang wollte man nun auch eine Schnellzuglokomotive schaffen. Von einer anfangs erwogenen 1'C1'h2, einer Art „Super-23", baute man dieses Projekt allmählich zu Plänen für eine schwere mehrzylindrige 2'C1'-Schnellzuglok aus, die an Leistung sogar die 01 und 01.10 übertreffen sollte. 1953 entschied sich die Hauptverwaltung endgültig für die Pacifik-Achsfolge, jedoch gegen die Verbundbauart, und gab der Firma Krupp den Auftrag zum Bau zweier Versuchsloks der Bauart 2'C1'h3, für die inzwischen auch die Bezeichnung Baureihe 10 gefunden war. Als Kessel wurde der für die 01.10 konstruierte Neubaukessel übernommen. Ansonsten packte man die beiden 10er mit Versuchseinrichtungen voll, so daß die beiden Exemplare viele Unterschiede aufwiesen. Erst zur Jahreswende 1956/57 waren die Loks fertiggestellt, zu einer Zeit, da die Frage der Schnellzugförderung längerfristig längst zugunsten von E 10 und V 200 entschieden war. Ihren Ruhm verdankt die 10 nicht einer überzeugenden Technik, sondern ästhetischen Ausgestaltung, war sie doch mit einer Teilverkleidung des Triebwerks ausgestattet, die ihr den Beinamen „Schwarzer Schwan" eintrug. Die 10 002 war übrigens die einzige deutsche Dampflok, die von Anfang an mit Ölhauptfeuerung ausgerüstet war.

Dem deutschen Lokomotivbau war es aber auch vergönnt, neben der etwas tragisch wirkenden Abschieds-Pacifik in einer viel bescheideneren Dimension noch einen „großen Wurf" zu verwirklichen. Aus Vor-

überlegungen zu einer 1'C1'h2t als „Ersatz-64" und einer 1'Ch2 als „Ersatz-24/54" entstand 1952 das Projekt einer 1'C2'h2t, die alle Aufgaben der BR 64, aber auch viele Aufgaben der Baureihen 24, 38 und 78 übernehmen sollte. Damit waren sowohl ein nebenbahntauglicher Achsdruck von 15 t als auch eine Höchstgeschwindigkeit von 100 km/h und eine entsprechende Zugkraft verlangt, keine einfache Kombination. Und siehe da, als die beiden Loks der Baureihe 66 von Henschel fertiggestellt waren, erfüllten sie alle Forderungen. Ein Anschlußauftrag blieb aber aus.

Die BR 10 war bis Ende 1967 bzw. Anfang 1968 von Bebra und Kassel aus auf den Hauptstrecken nach Hamm, Würzburg und Frankfurt (Main) eingesetzt, und zwar meist vor Schnellzügen. Häufig teilte sie sich die Einsatzpläne mit der 01.10, die sie eigentlich ablösen sollte. Ihr letzter Plandienst fand auf der Strecke Kassel – Münster statt. Die Lokomotiven der BR 66 waren in Gießen und Frankfurt zu Hause und auf einem weitverzweigten Streckennetz dieses Gebietes zu finden, zeitweise sogar vor D-Zügen, doch nach etwas mehr als zehn Jahren wurde auch sie schon nicht mehr benötigt.

Ein hohes Alter war den Neubauloks der Deutschen Bundesbahn nicht beschieden. Mehr als 20 Jahre liegen zwischen Abnahme und z-Stellung nur bei 35 Loks der BR 23, drei der BR 65, und vier der BR 82. Noch nicht einmal zwölf Jahre umfaßt dieser Zeitraum jedoch bei beiden 10ern bzw. 66ern, bei fünf BR 23 und einer Lok der Baureihe 65.

ANDREAS KNIPPING

Für den schweren Schnellzugdienst auf nicht elektrifizierten Strecken konnte die DB lange Zeit noch nicht auf die modernisierten 01.10er verzichten. So stand vor allem die ölgefeuerte Variante noch bis Mitte der siebziger Jahre als BR 012 im Dienst

Das Gegenstück zur DB-Baureihe 01.10 war bei der Deutschen Reichsbahn die BR 01.5, die durch Rekonstruktion der Einheitstype 01 enstanden war

Deutsche Reichsbahn

Trotz der gemeinsamen Stunde Null waren 1945 die Startbedingungen für die Eisenbahnen in den westlichen Besatzungszonen und in der sowjetischen Besatzungszone (SBZ) nicht gleich. In der SBZ lagen 35 Prozent des DRG-Streckennetzes, aber es verblieben dort nur ca. 20 Prozent des Lokomotivbestandes. Es ist in Deutschland offensichtlich auch der DRG bekannt gewesen, welche Einflußsphären nach Kriegsende vorgesehen waren, hätte man sonst versucht, möglichst viele Lokomotiven möglichst weit nach Westen abzufahren, um sie sowjetischem Zugriff zu entziehen? Der Kalte Krieg hatte also schon vor Kriegsende am 8. Mai 1945 begonnen.

Die Politik der verbrannten Erde ist in dem Teil Deutschlands, der bei Kriegsende unter sowjetische Verwaltung fallen sollte, von den Alliierten und der faschistischen Wehrmacht gleichermaßen akribisch betrieben worden. Acht Wochen nach dem infernalischen Bombardement Dresdens, am 17. April 1945, flog die anglo-amerikanische Luftwaffe noch einen Angriff, der ausschließlich der Zerstörung der Dresdener Bahnanlagen galt. Die Wehrmacht hatte auf dem Gebiet der späteren SBZ mehr als 1000 Eisenbahnbrücken gesprengt, davon allein 27 auf der Strecke zwischen Görlitz und Zittau.

Wenn auch die Sowjetische Militär-Administration in Deutschland (SMAD) mit dem Befehl Nr. 8 vom 11. August 1945 die Eisenbahn zum 1. September 1945 wieder in deutsche Hände gab, hinderte sie das nicht, fast in der gesamten SBZ das zweite Streckengleis zu demontieren, die Oberleitung einzurollen, die Fahrleitungsmasten abzubrennen, Elektrolokomotiven und Dampflokomotiven aller Spurweiten Richtung Osten abzufahren.

Wenn die spätere Deutsche Bundesbahn der Deutschen Reichsbahn bei der Instandsetzung ihres Streckennetzes, beim Neubauprogramm und bei der Traktionsumstellung immer einen Schritt voraus war, ist das zu großen Teilen den wesentlich schlechteren Startbedingungen und nachfolgenden Schwierigkeiten im Osten (Abtrennung von Rohstoffbasen, Demontage der Schwerindustrie) geschuldet.

Bestandsaufnahme

Wenn auch ab 1. September 1945 die Eisenbahn wieder „in Volkes Hand" war, wie man damals zu sagen pflegte, was zu tun war, bestimmte die Besatzungsmacht. So ordnete der SMAD-Befehl Nr. 36 vom 31. August 1945 eine Bestandsaufnahme des rollenden Materials an. Sie ergab 4928 Schadlokomotiven und über 30 000 nicht oder nur beschränkt einsatzfähige Wagen. Der Präsident der gerade gegründeten Deutschen Zentralverwaltung für Verkehr erhielt den Befehl, die Reparaturen zu organisieren. 1950 standen dem Betriebsdienst wieder ca. 2500 Dampflokomotiven zur Verfügung. Der Schadlokbestand betrug immer noch 55 Prozent. Man arbeitete nach der Devise „aus zwei mach eins" und versuchte, mit den Teilen von einer oder zwei anderen Lokomotiven eine betriebsfähig herzurichten.

Gattungsbereinigung

Der ohnehin geringe Lokomotivbestand, fehlende Erhaltungskapazität und Mangel an Ersatzteilen zwang dazu, das Wenige, was man hatte, so effektiv wie möglich einzusetzen. Dies war der Grundgedanke der sogenannten Gattungsbereinigung, die man mit Hilfe der Transportverwaltung der SMAD kampagneartig durchzusetzen versuchte. Danach sollten die durch die Kriegswirren überall verstreut vorhandenen Lokomotiven gattungsweise bestimmten Direktionen zugeordnet werden, damit die Direktionen mit einer möglichst geringen Zahl von Baureihen ihre Zugförderungsaufgaben erfüllen und die Vorhaltung und Aufarbeitung von Ersatzteilen konzentriert werden konnten. Nach dieser Konzeption sollte die Rbd Erfurt die BR 01, die Rbd Halle die BR 03, die Rbd Berlin die BR 17, die Rbd Magdeburg die BR 41 und 50 sowie die Rbd Schwerin die BR 57 erhalten. Alle Direktionen bekamen pr. P 8 (BR 38.10-40), Berlin, Cottbus und Halle die BR 52, und nur den südlichen Direktionen wie Dresden und Erfurt wurden Dreizylinder-Maschinen der Baureihen 44 und 58.10-12 zugewiesen. Diese Gattungsbereinigung war dem Inhalt nach keine neue Idee von SED und SMAD, sondern sie setzte die Lokomotiven nur dort wieder ein, wo sie im wesentlichen auch vor dem Krieg eingesetzt waren. Sie ist nie mit der geplanten Konsequenz durchsetzbar gewesen,

Zwar wurden die Lokomotiven der Baureihe 44 nicht rekonstruiert, durch zahlreiche größere Bauartänderungen aber noch für eine längere Nutzungszeit vorbereitet, da die Deutsche Reichsbahn auf diese starken Güterzugmaschinen bis Anfang der achtziger Jahre kaum verzichten konnte

weil z. B. Schnellzugleistungen in der Rbd Schwerin nicht mit der Baurei-he 57 und auch nicht mit Maschinen der Baureihe 03 aus der Rbd Halle gefahren werden konnten.

Konnte es sich die Reichsbahn in den westlichen Besatzungszonen mit dem wesentlich reicheren Lokbestand schon 1948 leisten, sogenannte Splittergattungen mit weniger als 20 Lokomotiven auszumustern, brauchte die Reichsbahn viel Zeit, um die 1949 vorhandene Zahl von 156 Baureihen bis 1959 auf 86 zu reduzieren.

Problem Nr. 1 – der Brennstoff

Deutsche Lokomotiven waren auf Steinkohlefeuerung ausgelegt. Die Kessel waren so berechnet, daß sie mit Brennstoffen von ca. 7000 Wärmeeinheiten (kcal) betrieben werden konnten. In der SBZ stand dieser Brennstoff nur in bescheidenem Maße aus den Gruben im Revier Zwickau/Oelsnitz zur Verfügung. Aus dem oberschlesischen Revier kam durch die neue Grenzziehung an Oder und Neiße nichts mehr. Die anfangs noch funktionierende Versorgung aus dem Ruhrgebiet drosselte die westdeutsche Montanindustrie mit dem Eskalieren des Kalten Krieges und stellte sie im Zeitraum zwischen Berlin-Blockade und Gründung der DDR am 7. Oktober 1949 ganz ein. So wurde die Reichsbahn recht unvermittelt mit der Tatsache konfrontiert, für die Lokomotivfeuerung nur noch einheimische Brennstoffe, also Braunkohle, einsetzen zu müssen.

Nicht unbedingt der Lokomotivmangel, nicht der hohe Schadlokbestand, sondern die erzwungene Umstellung auf Braunkohlenfeuerung war für Jahre das Hauptproblem der Reichsbahn, von dem alle Kapazitäten im wissenschaftlichen, konstruktiven und im Bereich des Versuchswesens gebunden wurden. Über die Dampflokomotivbaureihen der DR ist nicht nur in der jüngeren Literatur viel geschrieben wor-

den, über die Problematik der Braunkohlenfeuerung jedoch kaum, so daß wir ihr hier etwas mehr Raum einräumen.

Steinkohle hat neben dem Vorteil, einen Brennstoff von hohem Heizwert zu verfeuern, den Nachteil der erheblichen Rauchentwicklung, so daß in der Anfangszeit der Eisenbahn die Lokomotiven mit teurem Koks gefeuert wurden und man wegen des genannten Nachteils zur Torf- oder Holzfeuerung überging oder wieder zur Koksfeuerung zurückkehrte.

Braunkohlenfeuerung für Lokomotiven ist nun beileibe keine Erfindung der Deutschen Reichsbahn. Sowohl die Sächsische Staatsbahn als auch die Bahnen in der K.u.k.-Monarchie setzten Braunkohle zur Lokomotivfeuerung vor allem im Güterzugdienst ein. Das war jedoch Kohle mit einem Heizwert von 4500 kcal aus dem nordböhmischen Becken. Braunkohle aus dem

mitteldeutschen Revier oder aus der Lausitz bringt es nur auf 3000 bis 3500 kcal.

Auch die DRG hat im Lokomotivversuchsamt Grunewald von 1920 bis 1924 Versuche mit Braunkohlenbrikettfeuerung an einer G 7.1 vorgenommen und zu diesem Zweck die Rostspaltenbreite verringert, den Feuerschirm verlängert, einen besonderen Funkenfänger eingebaut, das Blasrohr tiefer gesetzt sowie Schornstein und Blasrohr erweitert. Die Ergebnisse waren nicht ermutigend. Die spezifische Rostbelastung stieg von 383 kg/m²h bei Steinkohle auf 695 kg/m²h bei Briketts, der spezifische Kohleverbrauch von 2,31 kg/PSeh auf Werte zwischen 4,2 und 5,4 kg/PSeh an. Der Kesselwirkungsgrad hatte sich also erheblich verschlechtert. Der Heizer mußte stündlich etwa 1800 kg Brikett verfeuern, was schon die physische Grenzleistung bedeutet, und erzielte damit nur eine mitt-

Über 200 Lokomotiven der Einheitsbaureihe 50 wurden bei der Deutschen Reichsbahn in das Rekonstruktionsprogramm miteinbezogen, um als 50.35 bis 1988 im Plandienst Verwendung zu finden

ABBILDUNGEN: NIEDT, SCHÖPPNER, HÖGEMANN

lere spezifische Heizflächenbelastung von etwas mehr als 40 kg/m²h. Wenn überhaupt, so schlußfolgerte das Versuchsamt, konnte man die Braunkohlenbrikettfeuerung bestenfalls im Nebenbahn- oder Rangierbetrieb betreiben.

Konstruktive Maßnahmen

Ohne konstruktive Veränderungen waren die Lokomotiven nicht mit Braunkohlenbrikettfeuerung zu betreiben. In der Anfahrphase und bei angestrengter Arbeit auf Steigungen entwich aus dem Schornstein ein gewaltiger Funkenregen, der nach dem Verglühen als Flugasche niederging. Durch die Auspuffschläge wurden glühende Kohleteilchen aus der Feuerbüchse durch die Rohre in die Rauchkammer gerissen. Der Holzapfel-Funkenfänger mit 6 mm Maschenweite erwies sich als unwirksam, weil die meisten Funken kleiner als 6 mm waren. Erste Maßnahme war der Einbau eines sogenannten Prallbleches, auf das die aus den Heiz- und Rauchrohren kommenden Funken trafen, zerschlagen und abgeleitet wurden und zum Teil in der Rauchkammer verblieben. Das Prallblech war zwar ein wirksamer, aber auch nur unvollkommener Funkenschutz. 1949 sind bei einer Anzahl von Lokomotiven die Feuerschirme verlängert worden. Nach anfänglichen Erfolgsmeldungen zeigten sich die Nachteile. Die Rauchgase unter dem Feuerschirm wurden nicht ausreichend abgesaugt, besonders in der Nähe der Rohrwand brannte das Feuer nicht mehr hell genug, so daß man praktisch mit verkleinerter Rostfläche fuhr und eine Minderung der Kesselleistung in Kauf nehmen mußte. Die Versuche mit verlängertem Feuerschirm wurden abgebrochen.

Im Gegensatz zur DB, die ihre Loks der Baureihe 52 schon in den fünfziger Jahren ausmusterte, wurden viele Maschinen dieser Bauart bei der DR für einen längeren Einsatz zur 52.80 umgebaut

Die geringe Festigkeit der Briketts bewirkte, daß ein erheblicher Teil des Brennstoffs unverbrannt durch die genormten Rostspalten von 14 mm fiel, im Aschkasten weiterbrannte und sich dieser durch Ausglühen verzog. Der Aschkasten war deshalb nach kurzer Zeit gefüllt, behinderte die Zufuhr von Verbrennungsluft, was zu Dampfmangel führte. Das Personal war gezwungen, den Aschkasten auf die Strecke zu entleeren, was zur Verschmutzung führte und Schwellenbrände zur Folge hatte. Eine Verringerung der Rostspaltenbreite auf sieben Millimeter verringerte zwar das Durchfallen unverbrannter Kohleteilchen, schränkte aber zugleich die

Luftzufuhr zum Rost ein, so daß der Anteil an Unverbranntem in den Rauchgasen stieg. Die Düsenwirkung der verkleinerten Rostspalten bewirkte eine höhere Strömungsgeschwindigkeit der Verbrennungsluft und damit wiederum höheren Funkenauswurf durch den Schornstein.

So bemühten sich in den Jahren 1949/1950 die Maschinentechniker der Reichsbahn, einen Rost zu entwickeln, der für die wirtschaftliche Verbrennung der Braunkohle geeignet war. Die Forderungen, die an diesen Rost gestellt wurden, waren an sich unvereinbar. Er sollte einerseits enge Rostspalten haben, um das Durchfallen von Unverbranntem zu verhin-

Eine durchaus gelungene Konstruktion der Deutschen Reichsbahn für den Personenverkehr war die Baureihe 65.10 (Bf Quedlinburg, 23. Mai 1992)

Zusammen mit der Baureihe 01.5 trugen die Drillingslokomotiven 03.10 die Hauptlast im hochwertigen Reisezugdienst auf DR-Strecken. Die 03 1010, die lange Jahre für die Versuchsanstalt in Halle im Einsatz war, wurde wieder auf Rostfeuerung zurückgebaut und blieb als Traditionslok erhalten

dern, andererseits genügend freie Rostfläche besitzen, um ausreichend Verbrennungsluft durchströmen lassen und den Funkenflug zu vermindern. Schließlich sollte der Rost jederzeit auf Steinkohlenfeuerung umstellbar sein.

Es entstanden eine Reihe von Sonderrosten, die diesen Anforderungen genügen sollten und eine Einsparung an Brennstoff versprachen. Das waren der Wellrost, der Canehlrost, der Bullrost und der Treppenrost Bauart Kulka. Die Berichte der Direktionen über die betriebliche Bewährung der Roste waren durchweg günstig, so daß eine Entscheidungsfindung schwer fiel, weil die jeweiligen Ergebnisse unter nicht vergleichbaren Bedingungen erzielt worden waren.

Die Direktionen Magdeburg und Dresden hatten einige Lokomotiven mit dem sogenannten Toten Feuerbett ausgerüstet. Das war nichts weiter als eine Lage faustgroßer feuerfester Steine auf dem Normrost mit 14 mm Spaltenbreite. Diese Steine verhinderten nicht nur das Durchfallen von Brennstoffteilchen, sondern führten den Luftstrom feinverteilt an den Brennstoff, so daß der Funkenflug erheblich eingedämmt wurde. Ein exakter Vergleich der verschiedenen Rostbauarten wäre nur in der Beharrungsfahrt mit Bremslok und Meßwagen

möglich gewesen, doch einen eigenen Meßwagen besaß die Fahrzeug-Versuchsanstalt (FVA) Halle nicht. Erst im Herbst 1950 war der Meßwagen wieder hergestellt und einsatzbereit.

Anfang des Jahres 1951 erhielt die Meßwagengruppe den Auftrag zur Untersuchung der Sonderroste. Man verwendete eine Lokomotive der BR 38.10-40, weil sie eine relativ kleine Rostfläche hatte und jede Veränderung am Rost sich auf die Verbrennung und die Kesselleistung auswirken mußte. Vergleichsbasis war der bisher verwendete Braunkohlenrost mit sieben Millimeter Spaltenbreite. Das Ergebnis der Beharrungsmeßfahrten überraschte selbst die Fachleute. Das beste Ergebnis erzielten nicht die Sonderroste, sondern das Tote Feuerbett. Es erbrachte Brennstoffeinsparungen über den gesamten Leistungsbereich, während mit den Sonderbauarten nur Einsparungen in Teilbereichen zu erzielen waren. Am niedrigsten war der Brennstoffverbrauch, wenn für das Tote Feuerbett nicht 14 mm, sondern 24 mm Rostspaltenbreite verwendet wurden, jedoch mußte hier der Steinschicht große Aufmerksamkeit gewidmet werden, weil bei ungepflegtem Feuerbett die Aschkastenverluste größer waren als bei 14 mm Spaltenbreite.

Zu dieser Zeit waren auch neue Funkenfänger in Erprobung. Einer davon arbeitete mit einem Leitblech zur Ablenkung der Funken und einem Wasserschleier gegen die noch zum Schornstein mitgerissenen Teile, der andere entsprach der Bauart Holzapfel mit geringerer Maschenweite. Beide Bauarten bewirkten eine Eindämmung des Funkenfluges ohne Mehrverbrauch an Brennstoff.

Schließlich waren noch die am besten geeigneten Brikettsorten und -formate zu ermitteln. Briketts aus dem mitteldeutschen Revier waren wegen ihres höheren Salz- und Aschegehaltes nicht geeignet. Die Braunkohlenverwaltung Lauchhammer konnte nach einem besonderen Herstellungsverfahren Briketts von hoher Härte und Feuerstandfestigkeit anbieten, die als Semmel-, Halbstein- oder Salonformat geliefert wurden. Das Salonformat war dabei für den Lokomotivbetrieb ungeeignet. Es wurden auch Versuche mit Generator-Feinkornbriketts aus dem Senftenberger Revier (Meuro-Stollen) gefahren, mit denen die größten Brennstoffeinsparungen zu erzielen waren. Von den Lauchhammer-Briketts war das Halbsteinformat bis zu Leistungen von 700 PS gut geeignet, bei höheren Leistungen hatte das Semmelformat Vorteile.

ABBILDUNGEN: HÖGEMANN, LINDENBLATT, F. LÜDECKE

Betriebliche Maßnahmen

Die Umstellung auf Braunkohlenfeuerung brachte nicht nur einen höheren Kohleverbrauch und eine höhere physische Belastung des Heizers, sondern auch eine Leistungseinbuße bei den Lokomotiven von 20 bis 25 Prozent. Da wegen des hohen Ascheanfalls die Lokomotiven öfters restaurieren mußten, erreichte die tägliche Laufleistung einer Güterzuglokomotive in den ersten Nachkriegsjahren kaum 150 km und stieg erst nach 1950 auf über 200 km an (Reisezugdienst ca. 250 km).

Bis der Maschinenpark technisch auf Braunkohlefeuerung umgerüstet war und die Heizer sich eine neue Feuerungstechnik angeeignet hatten, mußte die Fahrplangestaltung auf die verminderte Leistungsfähigkeit der Lokomotiven Rücksicht nehmen. Die Fahrzeiten der Züge wurden mittels grafischer Verfahren nach dem sV-Diagramm ermittelt, das für jede Baureihe vorlag und in jahrelanger Arbeit von der Grunewalder Versuchsanstalt auf der Basis von Steinkohlenfeuerung aufgestellt worden war. Für die Aufstellung neuer sV-Diagramme fehlte bis Herbst 1950 der Meßwagen, außerdem hätte diese Arbeit mehrere Jahre erfordert. Man behalf sich damit, in die vorhandenen sV-Diagramme eine neue Kurve mit um 20 bis 25 Prozent geminderter Zugmasse einzuzeichnen. So galt die obere Kurve weiterhin für Steinkohlenfeuerung, die untere für Braunkohlenfeuerung. Man hatte bei der ersten Korrektur den Fehler gemacht, auch für die Reibungszugkraft der Lokomotive eine neue Lastlinie einzuzeichnen; in einer zweiten Korrektur wurde der Fehler vermieden, weil die Reibungszugkraft nicht vom Brennstoff abhängig ist. Die enormen Anstregungen, die die Reichsbahner unter-

In fast allen Landesteilen der damaligen DDR waren die universellen 50.35 in Betrieb zu erleben

nahmen, um den Eisenbahnbetrieb zu normalisieren, und der Ideenreichtum bei der technischen Umrüstung der Lokomotiven und der Erarbeitung neuer Feuerungstechnik machte es möglich, die Leistungseinbuße gegenüber Steinkohlenfeuerung auf 10 bis 15 Prozent zu reduzieren, obwohl der Heizwert des Brennstoffes um 50 Prozent niedriger als der von Steinkohle lag.

Kohlenstaubfeuerung

Die effektivste Form, Braunkohle in Lokomotiven zu verbrennen, ist die Kohlenstaubfeuerung. Auch hier waren ab 1924 bei der DRG schon Vorarbeiten bis zur Entwicklung betriebsreifer Lokomotiven geleistet worden. Ein System wurde von den zu einer Studiengesellschaft (STUG) zusammengeschlossenen Lokomotivfabriken und den Braunkohlegruben bei Henschel entwickelt, das zweite entwickelte die AEG nach ihren Erfahrungen beim Bau ortsfester Kesselanlagen. Beide Systeme arbeiteten mit mechanischer Staubaustragung durch Förderschnecken aus dem Bunker im Tender. Das STUG-System bezog seine Verbrennungsluft ausschließlich als Primärluft durch die Brenner, das AEG-System arbeitete mit Primär- und Sekundärluft.

Die Deutsche Reichsbahn griff unter dem Zwang, mit Braunkohle Lokomotiven feuern zu müssen, die Kohlenstaubfeuerung wieder auf. Ein von Hans Wendler geleitetes Kollektiv entwickelte ein System, das auf die nicht immer störungsfrei arbeitende mechanische Staubaustragung verzichtete und den Staub auf pneumatischem Wege vom Tenderbunker zu den Brennern transportierte.

Dieses System Wendler ist mit Unterstützung der FVA Halle zur Betriebsreife entwickelt worden. Bis 1957 erhielten 130 Lokomotiven der Baureihen 17.10-12, 44, 52 und 58 Kohlenstaubfeuerung, versuchsweise auch kurzzeitig eine Lokomotive der Baureihe 65.10. Die Kohlenstaublokomotiven verbrauchten ca. 20 bis 25 Prozent weniger Brennstoff als vergleichbare rostgefeuerte Loks und erzielten Leistungen, die denen mit Steinkohle gefeuerten Lokomotiven mindestens ebenbürtig waren. Dabei war der Heizer von schwerer körperlicher Arbeit entlastet und konnte sich mehr auf die Streckenbeobachtung konzentrie-

Mit der Kohlenstaubfeuerung fand die Deutsche Reichsbahn die effektivste Form der Verbrennung von Braunkohle. Allerdings ließen die starken Staubauswürfe nur einen Einsatz vor Güterzügen zu

Wie viele andere Baureihen, so erhielten auch einige 65.10er einen Giesl-Ejektor. Da die DR diese nicht als Gußteile, sondern in Blechbauweise verwandte, ergab sich eine geringere Nutzungsdauer

Erste Neubaulokomotiven

Im Jahre 1951 begannen im Zentralen Konstruktionsbüro Wildau des VEB Lokomotivbau „Karl Marx" Babelsberg in Zusammenarbeit mit dem Technischen Zentralamt (TZA) der Deutschen Reichsbahn die Konstruktionsarbeiten für eine Neubaulokomotive, die 1952 abgeschlossen werden konnten. Angesichts der geringen Lokomotivbaukapazität (Babelsberg mußte zugleich Dampflokomotiven verschiedener Spurweiten als Reparationsleistung für die Sowjetunion bauen) beschränkte man sich auf eine Baureihe mit möglichst universellem Einsatzgebiet.

Von dieser Lokomotive wurde eine hohe Anfahrbeschleunigung gefordert, um auf dem eingleisigen Streckennetz zur Räumung der Strecke mit hoher Reisegeschwindigkeit zu fahren. Man plante zwei Varianten mit der Achsfolge 1'D. Eine Variante für den Einsatz auf Mittelgebirgsstrecken sollte 1600 mm Kuppelraddurchmesser erhalten, die Flachlandvariante 1750 mm Kuppelraddurchmesser.

Gebaut wurden lediglich zwei Maschinen mit jeweils 1600 mm Kuppelraddurchmesser, die 25 001 mit Rostfeuerung und Stoker, die 25 1001 mit Kohlenstaubfeuerung. Als 1954 die 25 001 auf der Leipziger Frühjahrsmesse präsentiert wurde, war sie bereits von der Entwicklung überholt worden, denn der Lokausschuß hatte 1952 ein Typenprogramm für Neubaulokomotiven beschlossen.

ren. Wendlers Voraussage, der bei der Brikettierung anfallende Abriebstaub würde ausreichen, alle Lokomotiven mit Staubfeuerung zu betreiben, war zu optimistisch. Es mußten in Arnstadt, Halle und Dresden Mahlanlagen geschaffen werden, die nicht nur die Lokomotiven mit Kohlenstaub, sondern auch die Umwelt mit einem schwarzen Belag versorgten. Für den Reisezugdienst war die Kohlenstaubfeuerung wegen des Asche- und Staubauswurfs aus dem Schornstein keine optimale Lösung, so daß

als erste die Baureihe 17.10-12 durch die Neubaulok der BR 23.10 abgelöst wurde. Die letzten Kohlenstaublokomotiven der Baureihen 44 und 52 sind erst 1974/1975 im Zuge des Traktionswandels ausgemustert worden. Für den VEB Braunkohlenwerk Geiseltal (bei Halle/Saale) sind im Raw Meiningen sogar noch 1983 zwei einst ölgefeuerte 44er auf Wendlersche Kohlenstaubfeuerung umgebaut und anschließend als Werklokomotiven eingesetzt worden.

Basierend auf den beiden Einheitsloks der BR 23, die vor dem Krieg gebaut wurden, entwickelte die Deutsche Reichsbahn die Neubauloks der BR 23.10

ABBILDUNGEN: SCHULZ, MEHNERT, TRUNK, LINDENBLATT

Das Neubauprogramm der Deutschen Reichsbahn umfaßte nicht nur regelspurige Fahrzeuge, sondern auch Schmalspurloks (Wernigerode, 1989)

Das Typenprogramm für die Neubauloks

Schon 1950 hatte die Generaldirektion der Deutschen Reichsbahn den VEB Lokomotivbau-Elektrotechnische Werke Hennigsdorf beauftragt, Entwürfe für Neubaulokomotiven zu erarbeiten, so auch für eine Tenderlokomotive, die für den Personen- und Güterzugdienst auf Nebenstrecken einsetzbar war. Die Lokomotive sollte die Achsfolge 1'D1' oder 1'D2' bei 15,45 t Kuppelradsatzfahrmasse besitzen und 1000 t Zugmasse in der Ebene mit 60 km/h befördern können. Die LEW-Entwürfe lagen im Februar 1951 vor. Etwa zeitgleich arbeitete auch das Zentrale Konstruktionsbüro der LOWA unter der Leitung von Johannes Töpelmann im Auftrag des vorläufigen

Lokomotiv-Ausschusses an einem Typenprogramm für Neubauloks. Im Dezember 1952 lagen schließlich die ersten Typenskizzen für folgende Baureihen vor:

1. 2'C1' h4v-Schnellzuglokomotive (als Baureihe 01.20; 140 km/h)
2. 1'E h2-Güterzuglokomotive (analog zur Baureihe 42, 18 t Kuppelradsatzfahrmasse)
3. E h2-Rangierlokomotive mit 2 T 14 (10 t Kohle), 17,5 t Kuppelradsatzfahrmasse
4. 1'D2' h2-Tenderlokomotive mit 1250 mm Kuppelraddurchmesser und 15 t Kuppelradsatzfahrmasse
5. 1'D2' h2-Tenderlokomotive mit 1600 mm Kuppelraddurchmesser und 15 t Kuppelradsatzfahrmasse
6. 1'C2' h2-Tenderlok mit 1500 mm Kuppelraddurchm. und 15 t Kuppelradsatzfahrmasse.

Ausgeführt davon wurden die Positionen Nr. 4 als BR 83.10 und Nr. 5 als BR 65.10. Der Schwerpunkt lag auf der Beschaffung von Nebenbahnlokomotiven, weil man die Typenvielfalt des zum Teil überalterten Lokomotivparkes, den man 1949 bei der Verstaatlichung der Privatbahnen übernommen hatte, mindern wollte. Die 1'E h2-Güterzuglokomotive sollte die Baureihen 52, 55, 56, 57 und 58 ersetzen. Eine 1954 bei allen Direktionen durchgeführte Umfrage, ob als Ersatz für diese Baureihen eine Lokomotive analog der BR 42 oder der BR 50 gebaut werden solle, ergab bei fast allen Direktionen ein Votum für die BR 50, nur die Direktionen Erfurt und Dresden wünschten für ihre Mittelgebirgsstrecken eine schwerere Maschine. Ohne das Projekt der 18-t-Maschine zu verwerfen, wurde die bevorzugte Beschaffung einer Lokomotive mit 15 t Kuppelradsatzfahrmasse beschlossen, der späteren Baureihe 50.40. Für den schweren Güterzugdienst war eine 1'E1' h3 mit Kohlenstaubfeuerung in die Reihe der Projekte aufgenommen worden. Nachträglich wurde noch die 1'C1' h2-Personenzuglokomotive der BR 23.10 als Nachfolgerin der BR 23 (Einheitslok) und Ersatz für die pr. P 8 (BR 38.10-40) in das Neubauprogramm aufgenommen. Von dieser war dann die 1'E h2-Güterzuglokomotive unter Verwendung möglichst vieler Teile und Baugruppen abgeleitet. Weiterhin entstanden zwei 1'E1' h2-Schmalspurdampflokomotivbaureihen für 1000 mm und 750 mm Spurweite, die als Baureihe 99.23-24 und 99.77-79 bezeichnet wurden. Die 2'C1' h4v-Schnellzuglokomotive ist nicht weiter verfolgt worden, weil sich zu diesem Zeitpunkt bereits der bevorstehende Traktionswandel abzeichnete. Am 1. September 1955 wurde der elektrische

Nach der Neubekesselung wurde aus der Baureihe 41 eine wirklich universell einsetzbare Loktype

Zugbetrieb auf der Strecke Halle – Köthen wieder aufgenommen, 1960 hatte LKM Babelsberg die Baumuster der ersten Großdiesellokomotiven fertiggestellt, ein Jahr später lieferte LEW Hennigsdorf die Baumusterlok E 11 001.

Versuchsbauarten

Im Rahmen der Erprobung der Kohlenstaubfeuerung entstanden einige interessante Lokomotivumbauten, die hier kurz erwähnt werden sollen. 1952 rüstete das Raw Stendal die auf dem Gebiet der DR stehengebliebene französische 231 E 18 mit deutschen Armaturen und Kohlenstaubfeuerung aus. Die Lokomotive erhielt die Betriebsnummer 07 1001. Ein Jahr zuvor war die französische 241 A 21 vom Raw Zwickau auf gleiche Art umgebaut und mit der Betriebsnummer 08 1001 versehen worden. Man wollte hier das Vierzylinder-Verbund-Heißdampftriebwerk mit den Vorteilen der Kohlenstaubfeuerung kombinieren.

Bereits 1949 hatte das Raw Stendal die 17 1119 auf Kohlenstaubfeuerung System Wendler umgebaut und mit einem vierachsigen Kondenstender (von Lok 52 2009) gekuppelt. Mehr ein Kuriosum war die 17 1104, ebenfalls kohlenstaubgefeuert und mit einem Langlauftender gekuppelt, der Kohlenstaub für 4000 km Fahrstrecke bunkern konnte. Konstruktiv unausgereift blieben die 1951 unternommenen Versuche, die 45 024 in eine Hochdrucklokomotive mit La Mont-Zwangsumlaufkessel und Dreizylinder-Heißdampf-Verbundtriebwerk umzubauen (H 45 024).

Die Rekolokomotiven

Trotz des um 1960 einsetzenden Traktionswandels mußte die Reichsbahn noch über einige Erhaltungsabschnitte die Hauptlast der Zugförderung mit Dampflokomotiven erbringen. Es gab zum einen Baureihen,

deren grundlegende konstruktive Mängel seit langem bekannt waren und auch durch eine Generalreparatur mit dem Ersatz von Großbauteilen nicht dauerhaft zu beheben waren (BR 39.0-2, 58). Zum anderen bestand der Zwang, Lokomotiven, deren Kessel aus dem schweißbrüchigen und nicht alterungsbeständigem Kesselstahl St 47 K bestanden, kurzfristig neu zu bekesseln Baureihen 03.10, 41 und 50).

Die DR verband die dafür notwendigen Arbeiten mit einer Leistungssteigerung und Modernisierung der Lokomotiven und nannte diesen Prozeß schließlich Rekonstruktion. Das Kernstück war der Einbau eines neuen, geschweißten Verbrennungskammerkessels mit einem höheren Anteil an hochwertiger Strahlungsheizfläche.

Das Rekonstruktionsprogramm begann 1958 mit der Rekonstruktion aller vorhandenen 85 Lokomotiven der BR 39.0-2 zur BR 22. Sie erhielten den Verbrennungskammerkessel Typ 39 E, der auch für die Baureihen 03, 03.10 und 41 verwendet werden konnte. Ein weiterer Rekokessel war für die Baureihe 50, 52 und 58 vom Kessel der Neubaulok 23.10/50.40 abgeleitet worden.

Neben anderen hochbelasteten Baureihen rüstete die DR auch insgesamt 72 Lokomotiven der BR 50.35 mit einer Ölhauptfeuerung aus

Eine Neukonstruktion war der Rekokessel für die Baureihe 01.5. Auch die in das Rekonstruktionsprogramm einbezogenen Sonderlokomotiven der VES-M Halle (18 201, 18 314, 19 015 und 19 022) erhielten den Kesseltyp 39 E. Schmalspurlokomotiven sind nicht in das Rekoprogramm aufgenommen worden.

Die dort ersetzten Kessel waren nur Nachbauten in Schweißausführung. Viele Lokomotiven hochbelasteter Baureihen wie 01.5, 03.10, 44, 50.35 und 95 (auch die oben genannten vier Sonderlokomotiven der VES-M) erhielten Mitte der 60er Jahre eine Ölhauptfeuerung, mußten aber wegen Ölmangels zum Jahreswechsel 1981/1982 abgestellt oder auf Rostfeuerung zurückgebaut werden.

Ausklang

Mit der Weisung, die Ölloks abzustellen, war der Lebensnerv der Dampftraktion bei der DR zerschnitten. Zwar hat das Raw Meiningen noch eine erhebliche Anzahl ölgefeuerter Lokomotiven der BR 44 auf Rostfeuerung zurückgebaut, doch gab es für diese Lokomotiven keine Zugleistungen, es waren nur Dampfkocher für Heizzwecke. Auf einigen Strecken führten die Rekolokomotiven der Baureihen 50.35 und 52.80 bis 1986 das Dampfende herbei.

MANFRED WEISBROD

Nicht alle 52er der Deutschen Reichsbahn wurden in das Rekonstruktionsprogramm aufgenommen – teilweise wurden die Loks nur in einigen wenigen Punkten modernisiert oder verbessert

ABBILDUNGEN: U. WEHMEYER, SCHÖPPNER (2), JASTER

Die Schmalspurbahnen in der DDR bekamen nach dem Zweiten Weltkrieg teilweise neue Lokomotiven, zum Beispiel die Baureihe 99²³⁻²⁴ für 1.000-Millimeter-Strecken. Als die 99 7233 im September 1984 durch Wernigerode schnauft, sind die Neubaumaschinen längst zum Rückgrat des Harzbahnverkehrs geworden (Foto: Lindenblatt)

Bis 1964 stand diese Lok bei der DB noch im Plandienst. Seit Juli 1990 ist sie als Museumslok auf der Strecke am Amstetten – Oppingen anzutreffen

Alte Technik – unvergessen

Schmalspurdampflokomotiven der beiden deutschen Staatsbahnen ab 1949

Hauptbahnen mit schnellen Zügen fanden bei Eisenbahnfreunden schon vor einem halben Jahrhundert Interesse, vor allem die großen und zugkräftigen Schnellzuglokomotiven. Weniger im Mittelpunkt des Geschehens standen in jener Zeit die langsameren Güterzuglokomotiven oder gar die reinen Rangierlokomotiven. Fast keinen Anziehungspunkt bildeten die Schmalspurbahnen mit ihren Lokomotiven, hatten diese Strecken doch nur lokale Bedeutung.

Im Zeitalter der Computertechnik wächst das Interesse an technischer Nostalgie und auch das an den Schmalspurlokomotiven, wenngleich viele dieser Fahrzeuge inzwischen verschrottet worden sind. Gerade bei derartigen Maschinen mit ihrem vielfältigen Artenreichtum konnten noch bis in die jüngste Vergangenheit konstruktive Besonderheiten der Lokomotiventwicklung vorgefunden werden, die bei den normalspurigen Fahrzeugen schon lange nicht mehr üblich waren. Dazu zählten auch die unterschiedlichen Brems-

systeme, wie Seilzugbremsen der Bauart Heberlein oder Gewichtsbremsen, die sich übrigens betrieblich gemeinsam einsetzen ließen. Hinzu kamen die Vakuumbremsen der Bauarten Körting und Hardy.

Auf einigen Strecken standen viele Jahrzehnte Lokomotiven der Bauarten Mallet, Fairlie und Meyer im Einsatz, mit denen eine gute Kurvenläufigkeit bei hoher Zugkraft erreicht werden konnte. Später setzten sich die seitenverschiebbaren Achsen nach dem System Gölsdorf als optimale Lösung durch.

Zahlreiche Strecken der ehemaligen Klein- und Privatbahnen, die vom 1. April 1949 an durch die Deutsche Reichsbahn in der sowjetisch besetzten Zone Deutschlands betrieben wurden und bei denen das Verkehrsaufkommen stets in engen Grenzen blieb, waren schon von ihren Erbauern nur mit der allernotwendigsten Technik ausgerüstet worden. So bestand vielfach nur auf zentralen Stationen die Möglichkeit der Wasseraufnahme über einen Wasserkran, unterwegs mußte Oberflächenwasser genügen. Deshalb

waren viele Lokomotiven mit einer Ejektoreinrichtung ausgerüstet, einer mit Dampf betriebenen Saugpumpe. In manchen Veröffentlichungen wird diese Pumpenart unrichtigerweise als Elevator bzw. als Pulsometer bezeichnet – letzteres ist eine stationäre Pumpanlage.

Ausgangsbasis 1949

In diesem Fahrzeugkatalog werden all jene schmalspurigen Dampflokomotiven betrachtet, die ab 1949 von der Deutschen Bundesbahn und der Deutschen Reichsbahn betrieben und nachweisbar eine Betriebsnummer in der Baureihe 99 erhalten hatten. Das Jahr 1949 wurde deshalb gewählt, weil einerseits ein erheblicher Teil der von der Deutschen Reichsbahn-Gesellschaft eingegliederten Länderbahn-Lokomotiven längst ausgemustert war und andererseits eine Vielzahl von Lokomotiven früherer Klein- und Privatbahnen ab Ende 1949 bei der Deutschen Reichsbahn in die Baureihe 99 aufgenommen wurde. Nicht enthalten sind fast alle Lokomotiven,

Bis 1967 war die im Jahre 1927 gebaute 99 193 auf der Strecke Nagold – Altensteig eingesetzt

Bauarten nicht einfach in einer Baureihe und dabei geordnet zusammenfassen. So unterteilte man zunächst die Betriebsnummern nach Spurweiten geordnet in gewisse Blöcke ein:

99 001 – 99 299 für 1000-mm-Spur
99 301 – 99 399 für 900-mm-Spur
99 401 – 99 499 für 785-mm-Spur
99 501 – 99 799 für 750-mm-Spur

Innerhalb eines jeden Blocks wurde mit dem kleinsten bzw. ältesten Typ in der Reihenfolge der Ordnungsnummern begonnen, wobei anschließend genügend Zahlen für neu zu beschaffende Maschinen oder sonstige Zugänge zur Verfügung standen.

Begriffe für die Lokomotivnumerierung an einem Beispiel	
99 5702	Betriebsnummer
99	Baureihe
5702	Ordnungsnummer
99^{570}	Baureihenbezeichnung

die noch bei der DBAG bzw. bei den inzwischen regionalisierten Bahnen im Einsatz stehen und bereits im Eisenbahn-Fahrzeugkatalog 1 ausführlich beschrieben worden sind.

Wie in dieser Veröffentlichungsreihe üblich, werden die Beschreibungen in der bewährten Einteilung in *Allgemeines*, *Konstruktion* und *Betriebseinsatz* gegliedert. Im Abschnitt *Konstruktion* wurde Wert auf eine knappe Schilderung gelegt, also auf Details verzichtet, die auf den Abbildungen leicht zu erkennen sind. Dafür wird aber auf Einzelheiten hingewiesen, die nicht erkennbar, aber erwähnenswert sind.

Daten zum Vergleichen

Bei den technischen Daten wird mancher Leser in einigen Fällen Abweichungen gegenüber anderen Veröffentlichungen feststellen. Speziell die Kesseldaten wurden grundsätzlich aus den Kesselzeichnungen übernommen. Außerdem ist stets – wie übrigens in den einschlägigen Vorschriften der Deutschen Reichsbahn-Gesellschaft – die feuerberührte Heizfläche angegeben. Die Zugkraft ist einheitlich nach der Formel $0,6 \times p \times d^2 \times s : D$ (bei Verbundwirkung 0,45) berechnet worden, wobei für p = Betriebsdruck in bar, d = Zylinderdurchmesser in mm, s = Kolbenhub in mm und D = Treibraddurchmesser in mm eingesetzt werden. Dabei blieb die Reibungsgrenze unberücksichtigt, da sie unter normalen Bedingungen auch nicht erreicht wird. Die effektive Leistung, also die am Zughaken einer jeden Lokomotive erzielte, basiert auf einer vereinfachten Berechnung mit empirischen Werten und auf einer Verdampfungsleistung von 57 kg/m²h. Diese Angabe soll hauptsächlich *den Vergleich* der einzelnen Lokomotiven *untereinander* ermöglichen. In diesem Zusammenhang sei darauf hingewie-

sen, daß in zahlreichen Publikationen geringfügige Abweichungen zu finden sind, da die meisten Hersteller überwiegend selbst entwickelte Berechnungsformeln benutzt hatten und · in ihren Prospekten nur selten angaben, ob es sich um die effektive oder um die größere indizierte Kesselleistung handelt. Versuchsmessungen wurden gerade bei schmalspurigen Lokomotiven äußerst selten vorgenommen, so daß entsprechende Angaben nicht zur Verfügung stehen.

Das System der Ordnungsnummern

Die bei der Bildung der Deutschen Reichsbahn-Gesellschaft von den einzelnen Länderbahnen übernommenen schmalspurigen Dampflokomotiven ließen sich wegen verschiedener Spurweiten und

Wegen der geringen Zahl bauartgleicher Lokomotiven genügten bereits „Zehnersprünge" bei der Baureihenbezeichnung, das heißt man strich von der letzten Betriebsnummer nur die letzte Stelle und erhielt somit bereits die Baureihenbezeichnung. Das geschah im Gegensatz zu den normalspurigen Lokomotiven, bei denen die letzten beiden Ziffern entfielen. So erhielt die Lokomotive 99 004 die Baureihenbezeichnung 99^{00}, die Lokomotive 99 7203 die 99^{720} usw. Wie bei den Normalspurlokomotiven bekamen jene Schmalspurmaschinen, bei denen eine baldige Ausmusterung vorgesehen war, eine Ordnungsnummer über 7000.

Die bereits erwähnte Einteilung in Blöcke enthielt noch viele Freiräume, so daß Lokomotiven weiterer Bahnen, die später von der Deutschen Reichsbahn wurden, noch in dieses System eingegliedert wer-

Die 600-mm-spurigen Lokomotiven der DR gehörten zweifellos zu den Exoten dieser Staatsbahn

AUFNAHMEN: SEITZ, ERNST, LUFT

Loks der sächsischen Gattung IV K bewährten sich bei der DR auch auf den Strecken Rügens (1966)

den konnten. Zu ihnen gehörten z. B. die Maschinen der Lokalbahn-AG München und der luxemburgischen Prinz-Heinrich-Bahn.

Erweitert wurde dieses Nummernsystem im Jahre 1938 nach der Annexion Österreichs. Die hier verkehrenden Schmalspurlokomotiven der Österreichischen Bundesbahnen (BBÖ) – sämtlich mit 760 - mm-Spurweite – erhielten wegen der Typenvielfalt Betriebsnummern von 99 801 (99^{80}) bis 99 1203 (99^{120}).

Aus dem Gebiet der Tschechoslowakei übernahm die Reichsbahn ebenfalls 1938 drei 750-mm-spurige C1'n2t-Lokomotiven der ehemaligen Friedländer Bezirksbahnen. Diese Maschinen paßten noch in den Block für diese Spurweite und erhielten die Betriebsnummern 99 791 bis 99 793. Eine weitere 760-mm-spurige 1'D1'1h2t-Lok von Henschel reihte man hinter die letzte österreichische Maschine ein und gab ihr die Betriebsnummer 99 1301. Dieses Einzelexemplar blockierte gleich die gesamte Baureihenbezeichnung 99^{130}, aber „nach oben" war ja noch genügend Platz vorhanden.

Ein weiterer Zugang schmalspuriger Dampflokomotiven in großer Zahl kam Ende 1939 durch die Besetzung Polens mit den vielen von den dortigen Staatsbahnen betriebenen 600-mm- und 750-mm-spurigen Bahnen zustande. Dadurch mußte das Nummernsystem abermals erweitert werden: Lokomotiven der 600-mm-Spur erhielten Betriebsnummern ab 99 1501 und die der 750-mm-Spur ab 99 2501. Um bei den zahlreichen Maschinen etwas Ordnung zu bewahren, „sortierte" man die Maschinen nur noch nach der Achsanordnung, aber unabhängig von Hersteller, Baujahr und sonstiger Bauart.

Obwohl nicht nachweisbar, ist es aber folgerichtig und logisch, daß bereits im Vorgriff zu den damals geplanten „Osterweiterungen" gleich ganze Tausenderblöcke für die zu erwartenden Schmalspurlokomotiven vorgesehen waren, und zwar:

3000er Ordnungsnummern für 600-mm-Spur
4000er Ordnungsnummern für 750-mm-Spur
5000er Ordnungsnummern für 1000-mm-Spur

Exakt dieser Einteilung bediente sich die

Deutsche Reichsbahn Ende 1949 nach Übernahme der Klein- und Privatbahnen für die nunmehr einzureihenden Lokomotiven. Das System wurde jedoch spezifiziert, indem die zweite Ziffer der Ordnungsnummer die jeweilige Achsfahrmasse angibt sowie die Endziffern bis 50 den Tenderlokomotiven und ab 51 den Lokomotiven mit Schlepptendern zugeordnet waren. Auf eine Unterscheidung in Naß- oder Heißdampfvariante, wie bei den normalspurigen Lokomotiven der früheren Klein- und Privatbahnen, wurde verzichtet. Alle von den ehemaligen Klein- und Privatbahnen in den Bestand der Deutschen Reichsbahn übernommenen Lokomotiven erhielten zu Beginn des Jahres 1950 Betriebsnummern nach diesem System. Lokomotiven anderer Herkunft versuchte man, teilweise in Vermischung vorgenannter Kriterien, erkennbar einzuordnen. Dazu zählten die

99 1401:
Neubau für 750-mm-Spur, als Lückenfüller zwischen 99^{130} und 99^{150}
99 3001:
im Auftrag der DR aufgearbeitete Schadlok für 600-mm-Spur
99 4001:
ein im Bereich der Rbd Dresden kurzzeitig eingesetzter C-Kuppler und wurde bereits 1950 an die Industrie verkauft (hier nicht beschrieben)
99 4051, 99 4052:
Schlepptenderlokomotiven fremdländischer Herkunft (99 4052 später falsch in 99 4541 umgezeichnet)
99 5001, 99 5201:
von der DR angekaufte Tenderlok der stillgelegten Spremberger Stadtbahn. (Bei der Entscheidung für die Bezeichnung 99 5201 hatte die Achsfahrmasse von 12 t unsinnigerweise Einfluß, die richtige Bezeichnung hätte 99 5002 lauten müssen.)

Bis 1991 gültig

Bleibt noch nachzutragen, daß das ab 1925 wirksam gewordene und bis zu Beginn der fünfziger Jahre weiter entwickelte Bezeichnungssystem der Deutschen Reichsbahn-Gesellschaft bzw. der Deutschen Reichsbahn abgesehen von kleineren Veränderungen im Zusammenhang mit der computergerechten Bezeichnung bei beiden deutschen Bahnverwaltungen in den Jahren 1968 (Deutsche Bundesbahn) und 1970 (Deutsche Reichsbahn) bis zur Einführung eines gemeinsamen Kennzeichnungssystems ab 1. Januar 1992 gültig war.

Daß das alte Bezeichnungsschema letzten Endes nur noch bei der Deutschen Reichsbahn angewendet wurde, weil die Deutsche Bundesbahn bereits Ende der sechziger Jahres sämtliche Schmalspurdampfloks ausgemustert hatte und von der DB auch keine Privat- und Kleinbahn-Lokomotiven übernommen werden brauchten, ist dabei unwesentlich.

Diese Dh2-Maschine sowjetischen Ursprungs gelangte nach 1945 in den DR-Park (Senzke, 1960)

AUTOR: KLAUS JÜNEMANN; AUFNAHMEN: KIEPER, NICKEL

Die Maschinen mit der Baureihenbezeichnung 01 galten als die klassischen Einheitslokomotiven. Charakteristisch waren ihre großen Windleitbleche

Baureihe 01 (DB 001/DR 01.20-22)

Der vom Vereinheitlichungsbüro der Lokomotivbauindustrie unter Mitwirkung des Eisenbahn-Zentralamts 1923 aufgestellte Typisierungsplan enthielt zwei Schnellzuglokomotiven mit 20 t Achslast: eine 2'C1' mit Zwillingsdampfmaschine und eine 2'C1' mit Vierzylinder-Verbundtriebwerk. Die „Pacific-Bauart" sah man auch für das Hügelland als ausreichend an. Ein großzügig bemessener Kessel sollte die Lok befähigen, schwere Anhängelasten selbst auf langen Rampenstrecken zu befördern. Das Leistungsprogramm sah noch auf 10 ‰ Steigung 500 t mit 50 km/h vor, in der Ebene 800 t bei 100 km/h. Beide Loktypen wurden zu Vergleichszwecken mit identischem Kessel gebaut, wobei Lokomotivbaudezernent Richard Paul Wagner aber von vornherein die Zweizylinder-Version favorisierte. Wagner vertrat ebenso wie der preußische Maschinendirektor Robert Garbe (Schöpfer u.a. der berühmten P 8) die These, bei Heißdampfmaschinen reiche die einstufige Dampfdehnung vollkommen aus. Bezeichnenderweise erhielt dann die Zwillingsversion der neuen Schnellzuglok die Stammnummer 01; im ersten vorläufigen Nummernplan von 1923 sollten noch die vierzylindrigen preußischen S 10.1 als 01 eingereiht werden.

Anfangs hatte der Lokomotiv-Ausschuß durchaus den Nachbau bewährter Länderbahngattungen als künftige Reichsbahn-Schnellzuglok erwogen. Mit der 01 setzten sich schließlich die Verfechter der Zwillingsmaschinen durch. Die vierzylindrige 02 wurde als Zugeständnis an die süddeutsche „Verbund-Fraktion" noch entwickelt, war jedoch wegen konstruktiver Mängel des Triebwerks zum Scheitern verurteilt. Die vom Lokomotiv-Versuchsamt Grunewald ab

Januar 1926 durchgeführten Versuche mit den 1925 fertiggestellten 01 001 und 02 002 zeigten für Wagner wunschgemäß die wirtschaftliche Überlegenheit der Zweizylinder-Maschine. Einen sparsameren Brennstoffverbrauch bescheinigten der 01 auch die Bw Erfurt P, Hamm und Hof; sie hatten die übrigen neun Vorserien-01 gemeinsam mit den 02 im Plandienst erprobt. Die DRG beschaffte 1927/28 die 01 012 bis 076, dann von 1930 bis 1938 die mit modifiziertem Kessel (Wagner'schem Langrohrkessel) ausgerüsteten 01 077 bis 232. Die 1937 bis 1942 in Zweizylinderloks umgebauten 02 erhielten die Betriebsnummern 01 011 sowie 01 233 bis 241. Gefertigt wurden die 01 zunächst von Borsig und AEG (Prototypen), später beteiligten sich auch Henschel, Hohenzollern, Schwartzkopff und Krupp am Bau der Serienloks.

Anfangs noch mit kurzen und niedrigen Windleitblechen geliefert, erhielten die klassischen Einheitsloks schlechthin – nach Verlegung der zuvor in Rauchkammerni-

schen untergebrachten Pumpen auf Umlaufblechhöhe – ab 1930 ihre charakteristischen „großen Ohren". Die DB ersetzte sie durch die kleinen Witte-Bleche und verlegte die Pumpen in Fahrzeugmitte. Ab 1950 rüstete sie fünf Maschinen (01 042, 046, 112, 154, 192) mit Mischvorwärmern und Verbrennungskammern aus, ab 1958 fünfzig Loks (ab Betriebsnummer 01 103) mit Neubaukesseln. Die DR veränderte die Altkesselloks weniger auffällig; die Windleitbleche wurden zum Teil gekürzt oder durch ursprünglich bei der BR 44 verwendete ersetzt. 35 Maschinen (ab 01 107) ließ die DR ab 1962 zur BR 01.5 rekonstruieren. Ebenso wie bei der DB konnte sich auch die Altbau-Version noch behaupten, als das Umbauprogramm längst abgeschlossen war.

Konstruktion

Die Maschinen besaßen genietete Einheitslokkessel mit 5.800 mm (bis 01 076) bzw. 6.800 mm Rohrlänge (ab 01 077). Der maximale Kesseldruck betrug 16 bar (bei

TECHNISCHE DATEN						
Bezeichnung	bis 1967 bzw. 1970		01	001 – 012	013 – 101	102 – 149	150 – 232
	ab 1968 (DB)		001				
	ab 1970 (DR)		01.20-22				
Indienststellung (1. Jahr)				1926			
Hersteller				Borsig, AEG u.a			
Bauart				2'C1'h2			
Spurweite		mm	1.435	1.435	1.435	1.435
Länge über Puffer							
mit Tender 2'2'T 32		mm	23.750	23.940	23.940	23.940
Lokdienstmasse (ohne Tender)		t	108,9	108,9	111,3	111,1
Reibungsmasse		t	59,2	59,2	59,7	59,7
Betriebsvorräte	Kohle	t	10	10	10	10
	Wasser	m³	32	32	32	32
indizierte Leistung		kWi	1.650	1.650	1.650	1.650
Höchstgeschwindigkeit		km/h	120	120	130	130

Die 01 005, älteste erhaltene Lokomotive ihrer Gattung, gehört heute dem Verkehrsmuseum Dresden. Sie ist im ehemaligen Bw Staßfurt hinterstellt

01 001 – 010 anfangs auf 14 bar begrenzt). Bis zur Loknummer 01 101 waren die Feuerbüchsen aus Kupfer, ab 01 02 aus Stahl gefertigt. Wie bei allen nachfolgenden 2'C1'-Einheitsschnellzugloks der DRG/DRB hatte der zweischüssige Langkessel zwei Domaufbauten mit mittig angeordnetem Sandkasten; auf dem vorderen Kesselschuß befand sich der Speisedom, auf dem hinteren der Dampfdom mit Naßdampf-Ventilregler Bauart Schmidt & Wagner (Reglerdom). Der Kessel wurde mittels Dampfstrahl- und Kolbenspeisepumpe über einen in eine Rauchkammernische eingelassenen Knorr-Oberflächenvorwärmer gespeist.

Der 100 mm starke Barrenrahmen war in vier Punkten auf dem Laufwerk abgestützt: in zwei Punkten auf dem Drehgestell, in den beiden anderen auf den durch Ausgleichshebel verbundenen Kuppelradsätzen und auf der Schleppachse. Im Bereich der Schleppachse war der Rahmen auf 40 mm geschwächt, um dieser die nötige seitliche Beweglichkeit zu ermöglichen. Die Drehgestell-Laufräder der für 120 km/h zugelassenen 01 001 bis 101 maßen 850 mm. Bei den mit 1.000 mm-Laufrädern gelieferten Loks ab 01 102 setzte man die Höchstgeschwindigkeit auf 130 km/h herauf (einige bei der DR verbliebene 01 erhielten 1.000 mm-Räder in geschweißten Drehgestellen). Die Räder der fest im Rahmen gelagerten Kuppelachsen hatten 2.000 mm Durchmesser (Spurkränze des Treibradsatzes um 15 mm geschwächt), die der als Adamsachse ausgebildeten Schleppachse 1.250 mm.

Die beiden Dampfzylinder (bis 01 010: 650 mm, ab 01 012: 600 mm Durchmesser; alle: Kolbenhub 660 mm) trieben die zweite Kuppelachse an. Die Lokomotiven besaßen außenliegende Heusinger-Steuerung für innere Einströmung und Kolbenschieber mit Eckventil-Druckausgleichern (Regelbauart), ab 1937 gelangten Druckausgleichkolbenschieber der Bauart Karl Schulz zum Einbau.

Als Bremse wirkte die selbsttätige Einkammer-Druckluftbremse Bauart Knorr mit Zusatzbremse. Bei 01 001 – 101 wurden Kuppel- und Drehgestellräder einseitig abgebremst, ab 01 102 auch die Schleppräder einseitig und die Kuppelräder doppelseitig mittels Scherenklotzbremse. Der Preßluftsandstreuer sandete (wie bei allen Schnellzugloks) die Kuppelräder von vorn. Die ersten zehn Lokomotiven hatten anfangs Gasbeleuchtung, alle anderen elektrische Beleuchtung. Die 01 liefen mit genieteten Tendern 2'2'T32 verschiedener Bauformen, ab 1936 auch mit geschweißten 2'2'T34 (später überwiegend). Wenige Exemplare waren mit der kurzen Bauart 2'2 T30 gekuppelt.

An der 01 070 testete das Lokomotiv-Versuchsamt Grunewald alternative Windleiteinrichtungen

Die fabrikneue 01 008, noch mit kleinen Windleitblechen, verläßt 1926 das Berliner Borsig-Werk

FOTOS: SLG. REINSHAGEN, SCHULZ, SLG. BÄZOLD, ARCHIV GERANOVA

Betriebseinsatz

Die von Januar bis Dezember 1926 abgenommenen 01 002 bis 010 teilte die Reichsbahn in Dreiergruppen den Bw Hamm, Hof und Erfurt P zu. Die durch das Lokomotiv-Versuchsamt Grunewald erprobte 01 001 gelangte im November 1927 an das Bw Hamm, das ebenso wie Erfurt P seinen 01-Bestand rasch kräftig aufstockte. Weitere Erstzuteilungs-Bw der Jahre 1927 und 1928 waren Altona, Bebra, Berlin Anhalter Bf, Hannover Ost, Kassel Bahndreieck und Magdeburg Hbf. Ende 1928 verfügte die DRG über 75 Exemplare der BR 01. Auf den nord- und mitteldeutschen Ost-West-Magistralen bespannten die 01 die hochrangigsten FD- und schwere D-Züge, vom Rhein-Ruhrgebiet und von Hamburg nach Berlin ebenso wie in der Relation Kassel bzw. Frankfurt (Main) – Leipzig. Auch auf den Strecken Berlin – Leipzig und Berlin – Dresden waren die Einheitsloks früh zu Hause. Die Leistungen zwischen Leipzig und Regensburg teilten sich die Hofer Maschinen bis Mitte 1929 mit den 02. Erst ab 1937 beheimatete Hof wieder die Zwillingslokomotiven, neben den umgebauten 02 auch fabrikneue Exemplare.

Zu Beginn der dreißiger Jahre stationierte die Reichsbahn 01 erstmals in Berlin Lehrter Bf, Frankfurt (Main) 1 und Offenburg, zog sie jedoch aus Altona wieder ab. Ein Jahrzehnt später (1942) waren die insgesamt 241 Loks u.a. auch in Berlin Potsdamer Gbf, Braunschweig, Breslau Hbf, Dresden-Altstadt, Halle P, Köln-Deutzerfeld, Königsberg, Leipzig Hbf West, Schneidemühl und Würzburg beheimatet. 1935 – 39 spielte die

Nach dem Kriege erhielten die Bundesbahn-01 Witte-Windleitbleche. 01 001, aufgenommen 1953

Baureihe 01 beim Bw Nürnberg Hbf eine herausragende Rolle, so glänzte sie mit Langläufen bis Berlin. Für die Unterhaltung der fast im gesamten Reichsgebiet anzutreffenden Lokomotiven waren die RAW Braunschweig, Frankfurt-Nied, Meiningen, Offenburg und Stargard zuständig.

Ab 1943 verlegte die Reichsbahn die Loks aus den RBD Osten (Bw Schneidemühl), Breslau und Königsberg in westliche Bezirke. Nach Kriegsende gelangten 171 Maschinen zur DB und 70 zur DR. In der Bundesrepublik mußten sechs 01 (038, 053, 145, 155, 201 und 238), in der DDR fünf 01 (026, 030, 035, 110 und 214) wegen Kriegsschäden ausgemustert werden.

Die übrigen 165 DB-Lokomotiven blieben bis 1957 vollzählig im Bestand und wurden durch die AW Braunschweig und Frankfurt-Nied unterhalten. Ausgesprochene 01-Hochburgen waren in den fünfziger Jahren die Bw Frankfurt (Main) 1, Hamm P, Hannover Ost (später Hbf), Köln Betriebsbf, Treuchtlingen und das Bw Würzburg. Das Bw Osnabrück Hbf entwickelte sich um 1950 ebenfalls zu einer wichtigen 01-Heimatdienststelle, hier traten aber 1955 die 01.10 die Nachfolge an. In Dortmund Bbf standen die 01 lange im Schatten der 03.10; 1958 gewannen sie hier größere Bedeutung, und die Drillingsloks

verdrängten die 01 nunmehr aus Hagen-Eckesey. Die Hofer 01 hatten nach dem Krieg ihr nördliches Einsatzgebiet verloren, deshalb kam das Bw der Saalestadt bis 1957 mit weniger als zehn Maschinen aus; erst als die ebenfalls dort stationierten bayerischen S 3/6 verschwanden, stieg der Hofer Bestand wieder stärker an. 1955 verabschiedete das Bw Nürnberg Hbf seine 01 und beheimatete sie ab 1957 erneut. Das Bw Braunschweig Hbf hatte noch bis Ende Juni 1948 die Züge über Helmstedt nach Berlin zu bespannen. Die Blockade brachte eine Zäsur, nach Abzug der 03 blieben den Braunschweiger 01 aber noch zahlreiche Leistungen vor allem auf der Strecke nach Hamm, ehe sie 1958 wiederum durch 03 ersetzt wurden.

In den „goldenen Fünfzigern" absolvierten die Bundesbahn-01 imposante Langläufe wie Aachen – Hamburg-Altona (524 km), Mannheim – Arnheim (421 km) oder Frankfurt (Main) – München (414 km). Einige Umlaufpläne enthielten Tagesdurchschnittsleistungen von mehr als 800 km. Ausgemustert wurden ab 1957 zunächst nur Unfallokomotiven. 01 001 schied im Frühjahr 1959 aus. Seit Mitte 1958 bekamen Loks der Lieferjahre ab 1934 Neubaukessel, nach Abschluß des Umbauprogramms und weiterer Ausmusterungen älterer Maschinen unterhielt das AW Frankfurt-Nied Ende 1961 neben 50 Neubau- noch 106 Altbaukesselloks. Deren Bestand verminderte sich in den folgenden fünf Jahren aber drastisch.

Bis 1965/66 lösten die Hochburgen Hamm, Hannover Hbf, Köln Bbf, Würzburg und Treuchtlingen ihre 01-Bestände auf. Dafür erschienen die Pacifics – neben neubekesselten auch noch solche mit alten Kesseln – nun bei Dienststellen, die sich bislang mit P 8 oder P 10 begnügt hatten, so in Dillenburg, Gießen, Kaiserslautern, Mühldorf und Trier. Außerdem wies die DB ihre 01 erneut Betriebswerken zu, die schon früher

Zu den letzten Reichsbahn-01ern zählte die 01 2204. Am 7. August 1976 stand sie abfahrbereit mit dem D 673 auf dem Berliner Ostbahnhof

Bis ins Jahr 1974 hinein führte die DB Altbaukessellokomotiven der Reihe 001 in ihrem Bestand

mit einigen Exemplaren bedacht waren, wie Bremen Hbf, Köln-Deutzerfeld, Ludwigshafen und Paderborn. Langläufe im Schnellzugdienst gehörten nun der Vergangenheit an, mehr und mehr wanderten die Maschinen in den Personen- und Eilzugdienst ab.

Im Mai 1967 schieden sämtliche Altbau-01 aus dem Unterhaltungsbestand, und nur noch 36 Altbau-Maschinen erlebten Anfang 1968 die EDV-gerechte Umzeichnung zur Baureihe 001. Ende 1968 waren die letzten in Augsburg, Braunschweig, Ehrang und vor allem in Hof (14 Stück) zu Hause. Nur in ihrer fränkischen Urheimat verrichteten sie noch Plandienst auf den Strecken von Hof nach Bamberg, Nürnberg und Regensburg. Wegen Diesellokmangels setzte allerdings von November 1969 bis Januar 1972 auch das Bw Ehrang eine oder zwei 01 wieder planmäßig vor Personen-, Eil- und Schnellzügen auf der Moselstrecke Trier – Koblenz ein. Ab Mitte 1972 waren alle sieben noch betriebsfähigen Altbau-01 (008, 088, 111, 150, 168, 173, 202) in Hof zusammengefaßt. Vor allem sie schleppten die Eil- und Schnellzüge von Bamberg und Lichtenfels über die „Schiefe Ebene", die acht neubekesselten Maschinen mußten dagegen meist mit Nahverkehrsleistungen auf der Regensburger Strecke vorliebnehmen. Vier Altbau-01 überlebten die letzten Umbauloks, doch auch ihnen blieb im Sommer 1973 nur noch ein Nahverkehrszugpaar zwischen Hof und Regensburg. Im November des gleichen Jahres wurden 001 008, 111, 150 und 173 abgestellt und bald darauf ausgemustert. Als letzte DB-01 schied 001 111 erst im März 1974 aus dem Bestand.

Die meisten der 65 in den DR-Erhaltungsbestand übernommenen 01 waren noch Anfang 1946 nicht betriebsfähig. Etliche der wiederaufgearbeiteten Lokomotiven nahm die UdSSR als „Kolonnenlok" in Beschlag. In Berlin-Rummelsburg, Frankfurt (Oder) und kurzzeitig Brest-Litowsk stationiert, beförderten sie Züge der Besatzungsmacht zwischen Berlin und der polnisch-russischen Grenze. Erst 1955 wurden die letzten der insgesamt 23 Kolonnen-01 wieder für zivile Aufgaben freigegeben. Bis 1960 blieben die DR-Lokomotiven weitgehend auf die Bahnbetriebswerke Erfurt P, Magdeburg und Wittenberge konzentriert. 1961 erhielt das Bw Berlin Ostbahnhof 01. Sie beförderten ebenso wie die Magdeburger Maschinen auch Interzonenzüge in der Relation Helmstedt – Berlin; von Helmstedt aus gab es außerdem einen 398 km-Langlauf über Zentralflughafen Berlin-Schönefeld bis Görlitz.

1962 lief die Rekonstruktion von 35 Loks zur BR 01.5 an, die die Altbauloks vollständig aus Erfurt und Wittenberge verdrängten. Erneut heimisch wurden die großohrigen 01 dagegen ab 1967 in Dresden und leisteten internationale Schnellzugdienste zwischen Berlin und Dresden. Bald verbanden sich mit 01-Leistungen klangvolle Zugnamen wie Pannonia, Istropolitan oder Meridian. Nach vereinzelten Ausmusterungen erhielten 26 Lokomotiven der Ursprungsausführung ab Juli 1970 computergerechte Nummern. 1972 verabschiedeten sich die letzten 01.20 (wie sie jetzt bezeichnet wurden) aus Magdeburg; die dort beheimatete 01 005 übereignete die DR

dem Verkehrsmuseum Dresden. Im Oktober 1974 waren die 14 noch durch das Raw Meiningen unterhaltenen Loks auf die Bw Dresden Altstadt (8) und Berlin Ostbahnhof/Einsatzstelle Lichtenberg (6) verteilt. Der Plandienst Berlin – Dresden endete am 24. September 1977. Die mittlerweile 50jährigen Berliner 01 2029 und 20 2065 beförderten aber nach wie vor ein Schnell- und Eilzugpaar zwischen Berlin und Szczecin (Stettin). Am 30. September 1978 brachte die 01 2065 letztmalig den E 315 von Stettin nach Berlin-Lichtenberg. 01 2114 und 2137 hatte es 1978 nach Halberstadt verschlagen.

Die Reichsbahn konzentrierte die betriebsfähigen Kohle-01 ab März 1980 beim Bw Saalfeld (außer 01.15 die 01 2114, 2118, 2204 und später 01 2137). Der zum Sommer erstellte Laufplan sah vor allem Eil- und Personenzüge auf der Strecke Saalfeld – Gera – Leipzig vor, aber auch einen Schnellzug durch das Saaletal nach Camburg. Im März 1981 war es mit dieser Herrlichkeit vorbei. Zu Ende ging die Geschichte des 01-Plandienstes aber beim Bw Wismar: von November 1981 bis Mai 1982 dampfte 01 2204 mit Personenzügen nach Güstrow, Rostock und Stralsund. Schon kurz nach ihrem Einsatzende gelangte sie in den Westen (Museum Hermeskeil), desgleichen die heute durch das Verkehrsmuseum Nürnberg eingesetzte 01 118 (Historische Eisenbahn Frankfurt); 01 137 kam 1981 als betriebsfähige Traditionslok zum Bw Dresden. Erst 1993 wieder betriebsfähig wurde die 01 066 (Bayerisches Eisenbahn Museum Nördlingen). 01 005 ist im ehemaligen Bw Staßfurt hinterstellt, 01 024 dient in Nördlingen als Ersatzteilspender.

Bei der DB blieben erhalten: 01 150 (unter Dampf für Verkehrsmuseum Nürnberg) sowie nicht betriebsfähig 01 008 (Deutsche Gesellschaft für Eisenbahngeschichte, Museum Bochum), 01 111 (Deutsches Dampflokmuseum, Neuenmarkt-Wirsberg), 01 173 (Museum für Verkehr und Technik, Berlin), 01 202 (Schweiz).

Im Juni 1972 stand die 01 2048-5 in untergeordneten Diensten – aufgenommen in Wittenberge

REDAKTION: KONRAD KOSCHINSKI. FOTOS: SLG. REINSHAGEN, SCHÖPPNER, VORSTEHER, KIEPER

Für den Einsatz im schweren Schnellzugdienst rüstete die Deutsche Bundesbahn 50 Maschinen der Baureihe 01 mit geschweißten Neubaukesseln aus

Baureihe 01 (DB 001)

Die ersten Einheits-Schnellzuglokomotiven erreichten 1950 ein Dienstalter von 25 Jahren und damit die ursprünglich angesetzte Nutzungsdauer. Bei den Neukonstruktionen hatten Personenzug- und Rangierlokomotiven Vorrang. Durch Umbauten entsprechend neuen, von Friedrich Witte geprägten Baugrundsätzen wollte die Deutsche Bundesbahn die Wirtschaftlichkeit und Leistungsfähigkeit des vorhandenen Dampflokparks verbessern. Anläßlich fälliger Hauptuntersuchungen rüsteten die AW Braunschweig und Nied in den Jahren 1950 und 1951 neben 01 042 und 046 auch die relativ jungen 01 112, 154 und 192 mit Verbrennungskammer-Hinterkesseln sowie Henschel-Mischvorwärmeranlagen aus. Durch den Einbau der Verbrennungskammer änderte sich das Verhältnis Rohrheizfläche zu Strahlungsheizfläche zugunsten der hochwertigen Strahlungsheizfläche. Im Mischvorwärmer wurde das von der Pumpe geförderte Wasser mit einem Teil des Zylinderabdampfs vermischt und dabei vorgewärmt; das wirkte der Kesselsteinbildung entgegen und erhöhte – da heißes Wasser auch im Leerlauf oder Stillstand entnommen werden konnte – den thermischen Wirkungsgrad der Lokomotive.

Am über der Rauchkammer gewölbten Mischkasten ließen sich die fünf Umbauloks leicht von den übrigen Maschinen ihrer Baureihe unterscheiden. Sonstige Änderungen der Frontpartie (wie die bei 01 046 und 154 bis auf das Abdeckblech unter der Rauchkammer entfernten Schürzenbleche) wurden aber auch an anderen 01 vorgenommen.

Mitte der fünfziger Jahre beschloß die Bundesbahn, 80 Maschinen der Serien mit 1000 mm-Vorlauffrädern (Betriebsnummern 01 102 bis 232) mit vollständig geschweißten Hochleistungskesseln des schon für die BR 01.10 verwendeten Typs zu versehen. Tatsächlich wurden von 1958 bis 1961 im AW Nied nur 50 Loks ab Nummer 01 103 neu bekesselt (erst 1966 bekam 01 131 den Kessel der unfallbeschädigten 01 122). Zum Einbau gelangten von Jung, der Maschinenfabrik Esslingen und dem AW Nied gefertigte Kessel. Vom alten Einheitskessel unterschieden sie sich markant durch nur noch einen Domaufbau und den flachen, im Durchmesser vergrößerten Schornstein. Nach Entfernen der Schürze, Änderungen an Zylinderblock und vorderer Rahmenpartie erhielten die 01 das für DB-Neubau- und Umbaulokomotiven typische wuchtige Aussehen.

Technisch entscheidend waren dabei der erhöhte Anteil der Strahlungsheizfläche (22,0 m² gegenüber 16,9 m²) an der insgesamt reduzierten Verdampfungsheizfläche (193,09 m² gegenüber 247,15 m²), die von 85,0 m² auf 100,54 m² vergrößerte Überhitzerheizfläche sowie die von 4,32 m² auf 3,96 m² verkleinerte Rostfläche.

TECHNISCHE DATEN

Bezeichnung			01
	ab 1968		001
1. Umbaujahr			1950[1]/1958[2]
Bauart			2'C1'h2
Spurweite		mm	1435
Länge über Puffer		mm	23940
mit Tender 2'2'T34			
Leermasse (ohne Tender)		t	99,4[1]/99,6[2]
Dienstmasse (ohne Tender)		t	111,1[1]/108,3[2]
Reibungsmasse		t	59,7[1]/57,7[2]
Verdampfungsheizfläche		m²	216,2[1]/193,1[2]
Strahlungsheizfläche		m²	22,0
Überhitzerheizfläche		m²	95,0[1]/100,5[2]
Betriebsstoffvorräte	Kohle	t	10
	Wasser	m³	34
indizierte Leistung		kWi	1800[1]/1710[2]
Höchstgeschwindigkeit		km/h	120/130

[1] 01 042, 046, 112, 154, 192
[2] 01 103 ff.

Nach dem Einbau des neuen Kessels hatten die 01er das bei der DB typische „Neubaulokgesicht"

Die Nenndampfleistung konnte gegenüber dem Wagnerschen Langrohrkessel von 14 auf 14,5 Tonnen pro Stunde gesteigert werden. Allerdings erforderte die kleine Rostfläche hochwertige Kohle; praktisch entschied im angestrengten Dienst weniger die spezifische Heizflächenbelastbarkeit, sondern die Rostflächenbelastbarkeit über die Dampfleistung. Zudem klagten Lokpersonale über die – angeblich durch den Mischvorwärmer begünstigte – Neigung des Kessels zum „Wasserüberreißen" und die (infolgedessen) mit Schlammrückständen zugesetzten, schwer zu betätigenden Heißdampfregler. In der Tat nahmen die Mischvorwärmer ein ungenaues Dosieren mit Wasserzusatzmitteln übler als Oberflächenvorwärmer. Daß etliche Neubaukessel-01 keine zehn Dienstjahre erreichten, lag jedoch am rasch voranschreitenden Strukturwandel und nicht an bauartbedingten Mängeln.

Konstruktion

Umbau 1950/51: Der dem alten Langkessel angeschweißte Hinterkessel besaß eine Stahlfeuerbüchse mit 1000 mm langer Verbrennungskammer, die Rohre wurden auf 5800 mm verkürzt. Als Speiseeinrichtung dienten der Henschel-Mischvorwärmer Typ MVR mit Turbospeisepumpe und die Dampfstrahlpumpe. Der Mischkasten ragte nach oben aus der Rauchkammer heraus. Rahmen, Lauf- und Triebwerk, Steuerung und Bremsen entsprachen den Einheitsloks (bei 01 112, 154 und 192 den Serien ab 01 102).

Umbau 1958-61: Der zylindrische Langkessel mit konischem Übergangsschuß zum Hinterkessel war (bis auf den eingenieteten Domhals) vollständig geschweißt, für 18 bar ausgelegt, aber nur mit 16 bar betrieben. Die Rohrlänge betrug bei wesentlich geänderter Rohrteilung nur noch 5000 mm. Gespeist wurde der Kessel mittels einstufiger Kolbenspeisepumpe über den in der Rauchkammer untergebrachten DB-Einheits-Mischvorwärmer der Bauart 1957 sowie mit der Dampfstrahlpumpe. Auf den Speisedom konnte man wegen der inneren Kesselspeisewasseraufbereitung verzichten; die Sandkästen wurden ins Umlaufblech verlegt. Anstelle der Ackermann-Sicherheitsventile kamen zwei Hochleistungs-Sicherheitsventile zum Einbau, statt des Naßdampf-Ventilreglers der Einfach-Ventil-Heißdampfregler mit Seitenzug. Der Kessel besaß eine Stahlfeuerbüchse mit 1122 mm langer Verbrennungskammer. Neue am Rahmen befestigte Aschkästen mit einer größeren Anzahl von Luftklappen sorgten für eine verbesserte Luftzufuhr zum kleinen, spezifisch hochbelasteten Rost.

Wichtige sonstige Änderungen betrafen Rahmen, Triebwerk und Steuerung: Die Loks erhielten Hartmanganplatten in den Achslagerführungen, Umlaufbleche entsprechend der DB-Einheitsausführung 1950, neue Dampfzylinder mit angegossenen Ausströmkästen und federlose Druckausgleichkolbenschieber Bauart Müller. Bei 20 Maschinen ersetzte man die Gleitlager durch Pendelrollenlager.

Betriebseinsatz

Die fünf 1950/51 mit Verbrennungskammer-Hinterkesseln bestückten 01 waren zunächst verschiedenen Bahnbetriebswerken zugeteilt und ab 1954 in Würzburg zusammengefaßt. Dort wurde die 01 042 bereits 1957 unfallbeschädigt ausgemustert. Die 01 192 erhielt 1958 einen neuen Hochleistungskessel und wechselte zusammen mit den übrigen Loks 1959/60 zum Bw Nürnberg Hbf; hier quittierte 01 046 als letzte Vertreterin der frühen

Umbauversion 1968 den Dienst. Ihre ab 1958 komplett neubekesselten Lokomotiven beheimatete die DB u.a. in den klassischen 01-Hochburgen Hannover Hbf, Hof, Nürnberg Hbf und Treuchtlingen. Fast überall waren sie zusammen mit Altbaumaschinen eingesetzt, so auch in den erstmals oder nach langer Zeit wieder mit 01 bedachten Bw Paderborn (1958), Gießen (1961), Rheine (1962) und Kaiserslautern (1963). Rheine verfügte von 1965 bis 1968 dann allerdings nur über Umbau-01, dito Paderborn von 1967 bis 1970. Einige Rheiner Loks waren wegen der kurzen niederländischen Drehscheiben mit dem Tender 2'2 T 30 gekuppelt.

Ab Mai 1967 durften 01 mit Neubaukesseln nur mit Zustimmung der Oberbetriebsleitung eine Hauptuntersuchung erhalten, noch im gleichen Jahr setzte die Ausmusterungswelle ein. EDV-gerecht in 001 umgezeichnet wurden ab 1. Januar 1968 noch 32 Loks, am Jahresende war der Einsatzbestand auf 21 Stück geschrumpft, die sich auf die Bw Braunschweig, Paderborn und Hof verteilten.

In der 1969/70 einsetzenden Hochkonjunkturphase mußte die DB sogar auf abgestellte Schnellzugdampflokomotiven zurückgreifen, etliche 01 erhielten wieder Auslaufuntersuchungen. Nach dem Zwischenspiel einiger Neubaukessel-Loks in Ehrang war Hof im Sommer 1972 alleiniges Heimat-Bw. Per 1. Juli 1972 zählten hier noch acht Exemplare zum Einsatzbestand und bespannten häufig Nahverkehrszüge auf der Strecke nach Regensburg. Im schweren Dienst über die „Schiefe Ebene" favorisierten die Hofer dagegen Altbauloks. Nur 001 131 und 180 blieben bis zum Planwechsel Ende Mai 1973 aktiv und wurden kurz darauf ausgemustert – einige Monate vor den letzten Altbau-01.

Schlecht weggekommen ist die Umbauversion auch bei der musealen Erhaltung. Sicher bekannt sind nur drei nicht betriebsfähige Loks: 01 164, 01 180 (Bowil/Schweiz), 01 220 (Denkmal Treuchtlingen). Angeblich befindet sich in einer Gutshofscheune in Bärnau bei Tirschenreuth noch die 01 210.

01 113 verläßt mit einem Eilzug am Haken den Bahnhof Lauda

REDAKTION: KONRAD KOSCHINSKI; FOTOS: SCHÖPPNER (2), MÜLLER

Die durch Rekonstruktion entstandenen Maschinen der BR 01.5 waren für die Deutsche Reichsbahn eine wichtige Stütze im schweren Reisezugverkehr

Baureihe 01.5 (DR 01.15/01.05)

Für 1961 plante die DR die Einführung eines Städte-Schnellverkehrs von den Bezirkshauptstädten nach Berlin, der es Dienstreisenden ermöglichen sollte, auch von entfernt liegenden Orten den Ausgangsbahnhof am gleichen Tage wieder zu erreichen. Versuchsfahrten mit Lokomotiven der Reihen 01, 03 und 22 und 320 t Wagenzugmasse ergaben, daß nur die 01 in der Lage war, diese Züge zuzüglich Verkehrslast mit 120 km/h zu befördern. Nun zeigten sich an den teilweise 30 Jahre und älteren Maschinen Verschleißerscheinungen, die zumindest die Erneuerung der Stehkessel erforderten. So fiel im Februar 1959 die Entscheidung, alle 65 Maschinen der Baureihe 01 in das Rekoprogramm aufzunehmen und mit einem Verbrennungskammerkessel auszurüsten. Die Konstruktionszeichnungen für den Kessel und die gesamte Rekonstruktion fertigte die Versuchs- und Entwicklungsstelle der Maschinenwirtschaft (VES-M).

Konstruktion

Nach Vorgaben der Hauptverwaltung sollte der neue Kessel eine spezifische Heizflächenbelastung von 70 kg/m²h besitzen und 15 t/h Dampf liefern. Weil Kessellei-

stung und Höchstgeschwindigkeit der 01 auch für künftige Zeiten als ausreichend angesehen wurden, hielt die HvM eine Kesselleistung von Ni = 1765 kW (7 % mehr als beim Ursprungskessel) für ausreichend. Der angedachte Umbau auf Dreizylinder-Triebwerk wurde verworfen, weil nur der besseren Laufruhe halber ein Drillingstriebwerk nicht gerechtfertigt war. Die architektonischen Empfehlungen, die die HvM gab, wie flachgewölbte Rauchkammertür ohne Zentralverschluß, Kohlekastenabdeckklappen usw., sind von der VES-M nicht in allen Fällen berücksichtigt worden. Nun besaß die DR 22 Lokomotiven bis Betriebsnummer 01 102, die nur die einfache Kuppelradbremse und keine Schlepppradbremse hatten und nur für 120 km/h zugelassen waren. Das Raw Meiningen gab zu bedenken, daß bei der Rekonstruktion auch dieser Lokomotiven Baugleichheit mit der Serie ab 01 102 erzielt werden müssen, also folgende zusätzliche Arbeiten vorzunehmen waren: Neue Radsterne, Radreifen und Achswellen für Drehgestellradsätze mit 1000 mm Laufkreisdurchmesser, verstärkter Drehgestellrahmen und Drehgestellbremse der neueren Bauart, Anbau einer Scherenbremse, vorderer Rahmenvorschuh, hinterer Rahmenvorschuh und

neuer Längsausgleichhebel. Angesichts der erheblichen Mehrkosten beschloß man, vorerst nur Lokomotiven ab Betriebsnummer 01 102 zu rekonstruieren. HvM und Erhaltungswirtschaft forderten für die rekonstruierten Maschinen eine neue Baureihenbezeichnung, um sie von den nichtrekonstruierten unterscheiden zu können.

TECHNISCHE DATEN

Bezeichnung		01.5
ab 1970		01.15[1]/01.05[2]
Rekonstruktion (1. Jahr)		1962
Umbaustätte		Raw Meiningen
Bauart		2'C1'h2
Spurweite	mm	1435
Länge über Puffer		
mit Tender 2'2'T 34	mm	24350
Leermasse (ohne Tender)	t	98,9
Dienstmasse (ohne Tender)	t	111,0
Reibungsmasse	t	60,4
Verdampfungsheizfläche	m²	224,5
Strahlungsheizfläche	m²	23,5
Überhitzerheizfläche	m²	97,5
Betriebsvorräte	Kohle	t	10[1]
	Öl	m³	13,5[2]
	Wasser	m³	340
Höchstgeschwindigkeit	km/h	130

[1] Kohlelok; [2] Öllok

Als erste Lok ihrer Baureihe erhielt die 01 504 Boxpok-Treibradsätze sowie eine Laufblechschürze

Es wurde die Baureihenbezeichnung 01.5 festgelegt. Statt der geplanten zwei Baumuster gab es nur eines – die 1961 in Bitterfeld verunglückte und zur L4 anstehende 01 174. Hier waren einige Kompromisse erforderlich, denn mit Baubeginn waren weder alle Zeichnungen durchgearbeitet noch alle Teile verfügbar. So mußte der Kessel vom Raw Meiningen gefertigt werden, weil das Raw Halberstadt noch nicht lieferfähig war. Auch die geplanten Boxpok-Radsätze waren nicht verfügbar, so daß Speichenradsätze üblicher Ausführung verwendet wurden. Außerdem mußte man sich mit einem alten, aber verstärkten Drehgestell und Graugußzylindern behelfen. Die Sonderwindleitbleche, die die Rauchkammer schalenförmig umschlossen, bewirkten das Gegenteil ihrer Zweckbestimmung: sie leiteten Abdampf und Rauchgase direkt in das Führerhaus.

Gegen die Stahlschweißzylinder, die bereits bei der Baureihe 62 mit gutem Erfolg im Einsatz waren, gab es Widerstand von VES-M und HvM, die für Stahlgußzylinder plädierten. Die von beiden Institutionen bemängelte, nicht strömungsgünstige Gestaltung dampfführender Kanäle hat das Raw in den Entwurfszeichnungen überarbeitet. Letztlich setzte sich der realistische Standpunkt des Raw Meiningen durch. Diese Zylinder konnten im Raw gefertigt werden, man war nicht auf Zulieferer angewiesen. Kapazitäten für derart hochwertigen Stahlguß waren in der DDR knapp und vorrangig für Export- und Rüstungsgüter gebunden. Nach anfänglichen Schwierigkeiten haben sich die Stahlschweißzylinder bewährt, und es mußte während der gesamten Einsatzzeit der BR 01.5 kein einziger Zylinder getauscht werden.

Außer der Ende April 1962 fertiggestellten 01 501 verließen im gleichen Jahr noch die 01 502 bis 01 507 das Ausbesserungswerk in Meiningen, also acht Lokomotiven weniger als geplant. Bei dem unterschiedlichen Aussehen der Maschinen konnte man

noch nicht von einer Serienausführung sprechen. Für die 01 503 stand kein neues, geschweißtes Drehgestell zur Verfügung; sie erhielt ein verstärktes in genieteter Ausführung. Die 01 504 bekam als erste Boxpok-Radsätze und eine 400 mm breite Laufblechschürze. 01 505 bis 01 507 bekamen für die Kuppelradsätze Speichenradsätze alter Ausführung, aber 01 502 – 507 hatten Stahlschweißzylinder.

1963 entstanden die 01 508 bis 01 518, von denen die 01 508 – 511, 513 und 517 – 518 Boxpok-Radsätze und Laufblechschürze bekamen. Auch 01 502, 503, 507 und 512 erhielten nachträglich Boxpok-Radsätze, so daß insgesamt zwölf Maschinen damit ausgerüstet waren. Der vom Betriebsmaschinendienst ständig bemängelte unruhige Lauf der Lokomotiven hatte seine Ursache in den Boxpok-Radsatzgruppen. Abweichend vom Zeichnungssatz waren von der Gießerei Veränderungen vorgenommen worden, die zu dem beklagten unruhi-

gen Lauf führten. Der Lokausschuß untersagte daraufhin den weiteren Einbau von Boxpok-Radsatzgruppen.

Betriebseinsatz

Der Beschluß der Hauptverwaltung, hochbelastete Baureihen auf Ölhauptfeuerung umzurüsten, betraf auch die BR 01.5. Bereits bei der Rekonstruktion erhielten ab 01 519 (Baujahr 1964) alle Lokomotiven bis 01 535 Ölhauptfeuerung. Bis auf die Lokomotiven des Bw Berlin Osb sind alle anderen 01.5 noch 1965 umgerüstet worden. Mit dem Umbau des Tenders 2'2'T 34 zum Öltender verbesserte sich auch die Architektur der Loks. Die Wölbung des Ölbehälters erhöhte die Oberkante des Tenders und näherte sie an das Führerhausdach an, so daß die von Mischvorwärmer bis zum Führerhausdach durchlaufende Linie vom Tender in etwa fortgesetzt wurde.

Das Rekonstruktionsprogramm für die BR 01 wurde auf 35 Maschinen begrenzt und umfaßte damit nicht einmal alle Lokomotiven ab Betriebsnummer 01 102. Die ölgefeuerten Maschinen waren bei den Bw Erfurt P und Wittenberge beheimatet, die rostgefeuerten beim Bw Berlin Osb.

Beim Bw Wittenberge endete der 01.5-Einsatz, als die baufällige Elbebrücke 1978 für die Maschinen wegen zu hoher Metermasse gesperrt werden mußte. Die Lokomotiven sind nach Rostock, Pasewalk und Saalfeld umbeheimatet worden. Bereits 1973 hatte Erfurt seine Maschinen (meist nach Saalfeld) abgegeben, weil der hochwertige Reisezugdienst von der Baureihe 132 übernommen worden war. Saalfeld entwickelte sich damit zur dritten und letzten Hochburg ölgefeuerter 01.5-Lokomotiven. Die HvM mußte 1981/82 wegen Ölmangels alle ölgefeuerten Lokomotiven, auch die der Baureihen 44, 50 und 95, abstellen. Die Lokomotiven 01 509, 514, 519, 531 und 533 werden museal erhalten.

In den letzten Einsatzjahren entwickelte sich das Bw Saalfeld zur 01.5-Hochburg (29. Mai 1978)

REDAKTION: MANFRED WEISBROD; FOTOS: TRUNK, REINSHAGEN, LINDENBLATT

Die 01 1088 unmittelbar nach ihrer Indienststellung 1939. Zwei Jahre später wurden die Verkleidungen aller 01.10 im Laufwerksbereich zurückgeschnitten

Baureihe 01.10

Bereits 1934 hatte die DRG auf vielen Fernstrecken durch Erhöhung der zulässigen Geschwindigkeit auf 120 km/h die Reisezeiten erheblich verkürzt. Nach Aufbau eines FDt-Netzes wollte sie auch schwere lokbespannte FD- und D-Züge nochmals beschleunigen. Neben der für den Henschel-Wegmann-Zug gebauten 61 001 auf der Strecke Berlin – Dresden beeindruckten ab 1936 die zwischen Berlin und Hamburg eingesetzten 05 001 und 002 mit einem Reisetempo von weit über 100 km/h. Die allgemein angestrebten Reisegeschwindigkeiten zwischen 90 und 100 km/h erforderten keine derartigen Schnellfahrlokomotiven, andererseits waren sie mit den 01 und 03 vor schweren Zügen kaum einzuhalten. Erfahrungen mit beiden 05, der teilverkleideten 03 154 und der vollverkleideten 03 193 sprachen zugunsten der den Luftwiderstand mindernden Stromschale. Jedoch stieß das Zweizylindertriebwerk der auf 140 km/h heraufgesetzten 03 lauftechnisch an seine Grenzen. Mit Drillingstrieb-

werken ließen sich die Fliehkräfte der hin- und hergehenden Massen besser ausgleichen. Nach anfänglichen Vorbehalten entschied die Reichsbahn-Hauptverwaltung 1937, für den Schnellzugdienst nur noch Stromlinienlokomotiven mit Drillingstriebwerk zu beschaffen. Die Berliner Maschinenbau-AG (vorm. L. Schwartzkopff) erhielt den Auftrag, die 150 km/h schnelle 01.10 als dreizylindrige Weiterentwicklung der 01 zu konstruieren und zu bauen. In den Jahren 1939/40 bezog die Reichsbahn 55 Lokomotiven (01 1001, 01 1052 – 1105). Die Bestellung weiterer 150 Exemplare wurde zugunsten kriegswichtigerer Loktypen zurückgenommen.

Die Leistungstafel sah in der Ebene die Beförderung von 380 t mit 140 km/h vor (für die 01 galten 375 t bei 130 km/h). In oberen Geschwindigkeitsbereichen wies die Tabelle höhere Lasten aus, weil aus der günstigeren Aerodynamik eine höhere Zughakenleistung resultierte. Wegen Wartungsproblemen und nicht ausreichender Fahrtwind-Kühlung des Laufwerks ordnete

die DRB im März 1941 den Rückschnitt der Verkleidungen im Laufwerksbereich an, gleichzeitig setzte sie die Höchstgeschwindigkeit auf 140 km/h herab. Zum Einsatz im schnellen FD-Verkehr kam es aber ohnehin nicht mehr. Gegen Kriegsende büßten einige Maschinen alle Verkleidungsbleche unterhalb des Umlaufs ein. Die DB ließ die

TECHNISCHE DATEN

Bezeichung		01.10
Indienststellung (1. Jahr)		1939
Hersteller		BMAG
Bauart		2'C1'h3
Spurweite	mm	1.435
Länge über Puffer		
mit Tender 2'3 T38 St	mm	24.130
Lokdienstmasse (ohne Tender)	t	114,3
Reibungsmasse	t	60,2
Betriebsvorräte Kohle	t	10
Wasser	m³	38
indizierte Leistung	kWi	1.560
Höchstgeschwindigkeit	km/h	140
mit Stromschale und vollständiger		
Triebwerksverkleidung	km/h	150

Nach dem Krieg wurden die 01.10 von ihren Stromschalen entkleidet. 01 1088 im Bw Hagen-Eckesey nach ihrer Wiederinbetriebnahme

Stromschale 1949 bis 1951 komplett entfernen, einen Kesselumlaufsteg, normale Kesselbleche und Witte-Windleitbleche anbringen. In diesem Bauzustand unterschieden sich die 01.10 von anderen Einheitslokomotiven auffällig durch den direkt über der abgeflachten Rauchkammertür befindlichen Vorwärmer. Die zu Rißbildungen neigenden Ursprungskessel wurden ab 1953 durch Hochleistungskessel mit Verbrennungskammer ersetzt. Erst als DB-Umbaulokomotiven erlebten die 01.10 ihre Glanzzeit.

Konstruktion

Kessel, Rahmen und Laufwerk entsprachen in ihren Hauptkenndaten weitgehend der Baureihe 01 mit 6.800 mm Rohrlänge und 1.000 mm-Drehgestellrädern. Der Kessel bestand jedoch aus Sonderstahl St 47 K, die geschweißte Feuerbüchse aus IZ II-Stahl. Die Rauchkammernische für den Knorr-Oberflächenvorwärmer war wegen der Stromlinienverkleidung nach vorne verlegt. Der Innenzylinder trieb die erste Kuppelachse (Kropfachse) an, die beiden Außenzylinder wirkten auf die zweite Kuppelachse. Die Zylinderdurchmesser betrugen einheitlich 500 mm, der Kolbenhub 660 mm; um für das Innentriebwerk eine ausreichend lange Treibstange unterbringen zu können, war der Mittelzylinder um 600 mm nach vorn versetzt und im Verhältnis 1:10 geneigt. Die Frischdampfzufuhr besorgten Druckausgleichkolbenschieber der Bauart Nicolai. Die Außen- und Innensteuerungen (Bauart Heusinger für Inneneinströmung) arbeiteten unabhängig voneinander, die gekröpfte Radsatzwelle des zweiten Kuppelradsatzes trieb die Innenschwinge an. Die Abbremsung der Lok erfolgte zweiseitig auf die Räder der Kuppelachsen, einseitig auf die Laufräder des Drehgestells und der Schleppachse. Außer der üblichen Einkammer-Druckluftbremse Bauart Knorr mit Zusatzbremse besaß die 01.10 eine als Druckluft-Schnellbremse ausgeführte Treibrad- und Tenderbremse.

Geliefert wurden die Loks mit einer bis zu 400 mm über Schienenoberkante reichenden Stromlinienverkleidung. Türen bzw. Klappen gewährleisteten den Zugang zur Rauchkammer und allen der Wartung unterliegenden Teilen, im Bereich der Kuppelradsätze befanden sich Metalljalousien. Die vollständig verkleideten Tender der Bauart 2'3 T38 St verfügten über eine Kohlennachschubvorrichtung, die Kohlenbehälter hatten Schiebedächer.

Betriebseinsatz

Die im August 1939 abgenommene 01 1001 kam zwecks Erprobung zum Lokomotiv-Versuchsamt Grunewald, das sie sieben Monate später gegen 01 1052 tauschte. Diese erste Serienmaschine blieb noch bis November 1943 in Berlin-Grunewald stationiert. Weitere sechs Serienloks und 01 1001 wurden im Frühjahr 1940 dem Bw Leizpig Hbf West zugewiesen. Unmittelbar nach Abnahme der 01 1105 als letztes Exemplar beheimateten zehn Bw Ende September 1940 jeweils vier bis sieben 01.10: Bebra, Berlin Anhalter Bf, Dresden-Altstadt, Erfurt P, Frankfurt (Oder) Pbf, Halle P, Hannover Ost, Leipzig Hbf West, München Hbf und Würzburg. Noch im selben Jahr gab das Bw Bebra drei Loks nach Köln-Deutzerfeld ab, die vier anderen im Dezember 1942 nach Braunschweig. Mit der Unterhaltung der Baureihe 01.10 waren die RAW Braunschweig, Meiningen, Frankfurt-Nied und Stargard betraut.

An einen hochwertigen FD-Zugdienst war nicht zu denken, immerhin bespannten die Dreizylinder-01 zunächst noch planmäßig vor allem zivile Schnellzüge u.a. auf der Nord-Süd-Strecke von Frankfurt (Main) und Würzburg nach Hannover, in der Relation Kassel/Frankfurt (Main) – Erfurt – Leipzig/Berlin, zwischen Berlin und Dresden, Magdeburg und Hamm sowie München und Würzburg/Nürnberg. Den Loks des Bw Berlin Anhalter Bf wurde häufig die zweifelhafte Ehre zuteil, Sonderzüge mit NS-Prominenz und Staatsgästen des Dritten Rei-

ches zu befördern. Der eskalierende Krieg bescherte den – von Repräsentationsaufgaben abgesehen – eigentlich unnötigen Stromlinien-Rennern ab 1942 ein Wandervogel-Dasein, sie wurden von Bw zu Bw geschoben. Mehr und mehr mußten 01.10 nun Schnellzüge für Fronturlauber (SF) und andere Wehrmachtszüge bespannen, besonders aus diesem Grund gelangten sie ab 1942/43 nach Breslau und Kattowitz. In beiden schlesischen Städten waren im Februar 1944 insgesamt 18 Lokomotiven beheimatet, im Sommer kehrten sie wieder zu westlichen Einsatzorten zurück. Ende 1944 konzentrierte die Reichsbahn alle 55 Maschinen bei den Bw Braunschweig Hbf, Hannover Ost, Göttingen Pbf und Kassel Bahndreieck. Viele von ihnen warteten schon monatelang auf Aufnahme ins Ausbesserungswerk oder waren z-gestellt. Wenige der 1945/46 in Bebra, Kassel und Göttingen zusammengefaßten Stromlinienloks standen – damals noch halbwegs verkleidet – auch die ersten Nachkriegsjahre unter Dampf. Als einzige der sämtlich im Gebiet der DB verbliebenen 01.10 wurde die 01 1067 im Juni 1948 ausgemustert, die anderen erhielten ab 1949 eine Hauptausbesserung. Nennenswerte Heimat-Bw zu Beginn der fünfziger Jahre waren Bebra, Hagen-Eckesey, Kassel und Paderborn. Letzteres tauschte seinen Bestand im April 1952 gegen 03.10 aus Offenburg. Den in Baden stationierten 01.10 oblag gemeinsam mit bald hinzugekommenen 01 vor allem der F- und D-Zugdienst entlang des Rheins zwischen Basel Badischer Bf – Hannover – Würzburg war Paradestrecke der Bebraer Lokomotiven, noch vor und erst recht nach der Neubekesselung. Diese begann für die Baureihe im November 1953 mit 01 1052 und endete im Oktober 1956 mit 01 1082. Ein Sonderling blieb 01 1095: sie hatte 1953 einen alterungsbeständigen 01-Kessel erhalten, den das AW Braunschweig erst im März 1962 durch einen Verbrennungskammerkessel austauschte. Die meisten Umbaulokomotiven standen bis Anfang der siebziger Jahre im Dienst, einige sogar bis 1975.

REDAKTION: KONRAD KOSCHINSKI; AUFNAHMEN: SLG. BÄZOLD, SLG. HÖRNEMANN

Gegenüber ihren zweizylindrigen Pendant, der Baureihe 01, ließ die Wirtschaftlichkeit der Verbundlokomotiven der BR 02 zu wünschen übrig

Baureihe 02

Bei Gründung der Reichseisenbahnen 1920 unterschied sich der Bestand an Schnellzugloks bei den ehemaligen Länderbahnen grundlegend. Während in Süddeutschland 2'C1'-Typen wie die bayerische S 3/6, die badischen IV f und IV h oder die württembergische C schon seit mehreren Jahren vorherrschten, waren Maschinen dieser Achsfolge in Sachsen nur in wenigen Exemplaren, in Preußen

Gut zu erkennen sind hier die beiden Innenzylinder der 02 006

überhaupt nicht vorhanden. Dort wurde der Schnellzugverkehr meist mit 2'C-Lokomotiven bestritten, die in verschiedenen Spielarten der S 10 und der P 8 in großer Zahl zur Verfügung standen.

Die bisher in Deutschland gebauten 2'C1'-Lokomotiven besaßen fast ausnahmslos Vierzylinder-Verbundtriebwerke. Mit dem ersten Typisierungsplan des Jahres 1923 entschieden sich die Fachleute der Industrie und des Eisenbahn-Zentralamts in Berlin (maßgeblich Borsig-Chefkonstrukteur August Meister und Lokbaudezernent Richard Paul Wagner) für die 2'C1' als *die* künftige Schnellzuglok-Bauart. Aber nur auf Drängen der süddeutschen Vertreter im Lokausschuß wurde neben der Zweizylindermaschine (Reihe 01) noch eine Vierzylinderverbundversion als Reihe 02 ins Programm genommen. Mit dem parallelen Bau ansonsten identischer Lokomotiven wollte man überprüfen, wie sich die unterschiedlichen Heißdampf-Triebwerke auf das Leistungsvermögen und die Wirtschaftlichkeit auswirkten.

Die erste Einheits-Verbundlokomotive 02 001 war zugleich die erste überhaupt fertiggestellte Einheitslok. Sie wurde von Henschel und Sohn, Kassel, im Oktober 1925 geliefert. Unmittelbar danach brachte man sie zur Münchener Verkehrsausstellung, wo sie lebhafteste Debatten über das Für und Wider von einstufiger Dampfdehnung und Verbundwirkung auslöste. Bei Verbunddampfmaschinen erfolgt die Dampfdehnung mehrstufig, wobei Frischdampf nur den Hochdruckzylindern zugeführt wird und nach Teilexpansion in die Niederdruckzylinder strömt. Als Vorteile galten geringer Dampf- und damit Brennstoffverbrauch infolge reduzierter Kondensation durch Begrenzung der Temperaturgefälle und gleichmäßigere Verteilung der Triebwerkskräfte.

Mit der nur wenige Tage nach der 02 001 fertiggestellten 02 002 begann das Lokomotiv-Versuchsamt Grunewald sofort ausgedehnte Versuchsfahrten und zog Vergleiche mit der inzwischen ebenfalls gelieferten 01 001. Dabei zeigte sich bei einer Zughakenleistung von etwa 1.000 PS (736 kW) die wirtschaftliche Überlegenheit der Zwillingslokomotive, bei höherer Leistung in nur recht geringem Maße der Verbundlok. In den intensiv untersuchten Geschwindigkeitsbereichen zwischen 70 und 80 km/h wurden die Leistungskurven der 01 von der 02 nicht erreicht.

TECHNISCHE DATEN

Baureihenbezeichnung		02
Indienststellung (1. Jahr)		1926
Hersteller		Henschel, Maffei
Bauart		2'C1'h4v
Spurweite	mm	1.435
Länge über Puffer		
mit Tender 2'2'T32	mm	23.750
Lokdienstmasse (ohne Tender)	t	113,5
Reibungsmasse	t	60,3
Betriebsvorräte Kohle	t	10
Wasser	m³	32
indizierte Leistung	kWi	1.690
Höchstgeschwindigkeit	km/h	120

Die in Erfurt beheimatete 02 004 beim Bekohlen im Bahnbetriebswerk Leipzig Hbf Nord

Experten führten die Nachteile auf eine Fehlkonstruktion der Verbunddampfmaschine zurück: Dampfkanäle und Steuerorgane wären für die großen Zylinder zu knapp bemessen. Die Einwände nutzten nichts. Zwar verlängerte man bei den 02 die Kesselrohre von 5.800 auf 6.800 mm, änderte die Rohrteilung und führte Anfang der 30er Jahre nochmals Vergleichsuntersuchungen zwischen 02 010 und 01 093 (ebenfalls 6.800 mm Rohrlänge) durch. Dabei schnitt die 02 wiederum schlechter ab – kein Wunder, war sie doch triebwerksseitig völlig unverändert belassen.

Alle zehn 1925/26 gelieferten Lokomotiven (02 001 bis 008 von Henschel, 009 und 010 von Maffei) baute das RAW Meiningen in den Jahren 1937 bis 1942 in zweizylindrige 01 um. Die Reichsbahn reihte sie als 01 011 und 232 bis 241 ein. Die Betriebsnummer 01 011 war ursprünglich für eine später als H 02 1001 gebaute Hochdrucklok reserviert.

Konstruktion

Der genietete Einheitslokkessel mit einer Rohrlänge von 5.800 mm und Kupferfeuerbüchse war baugleich mit dem der 01 aus den Lieferserien bis 01 076, hatte wegen der beiden Innenzylinder jedoch einen abgeflachten Rauchkammerboden. Den ursprünglich auf 14 bar begrenzten Kesseldruck setzte man bald auf 16 bar herauf. Nachträglich wurde der Abstand zwischen den Rohrwänden auf 6.800 mm vergrößert, entsprechend die Rauchkammer gekürzt und die Rohrteilung geändert (nun Kessel wie ab 01 077). Die lichte Weite des Barrenrahmens betrug 1.150 mm (Baureihe 01 nur 1.000 mm), ansonsten entsprachen Rahmen und Laufwerk denen der 01. Grundlegend anders das Triebwerk: Es besaß zwei außenliegende Niederdruckzylinder mit 720 mm Durchmesser und zwei innenliegende, geneigte Hochdruckzylinder mit 460 mm Durchmesser (beide mit 660 mm Kolbenhub), die zusammen

mit ihren Schieberkästen ein Gußstück bildeten. Hoch- und Niederdruckzylinder trieben die zweite, als Kropfachse ausgebildete Kuppelachse an. Per Heusinger-Steuerung wurde die innere Einströmung für die Hochdruckzylinder und die äußere Einströmung für die Niederdruckzylinder gesteuert. Auf den Schieberkästen sitzende Druckausgleicher mit Eckventilen dienten zugleich als „Anfahrventile". Diese Anfahrvorrichtung war notwendig, wenn das innenliegende Hochdrucktriebwerk sich im Totpunkt befand. In diesem Fall mußte den Niederdruckzylindern unter Umgehung der Kolben der Hochdruckzylinder direkt Frischdampf zugeführt werden. Dies geschah eben durch Öffnen der Druckausgleicher-Ventile.

Die Einkammerdruckluftbremse der Bauart Knorr mit Zusatzbremse wirkte einseitig von vorn auf alle Räder der Kuppelachsen. Geliefert wurden die Lokomotiven der Reihe 02 mit kurzen Tendern der Einheitsbauart 2'2 T30, später auch gegen Tender 2'2'T32 getauscht.

Betriebseinsatz

Fabrikneue Einheits-Verbundlokomotiven erhielten die Bahnbetriebswerke Erfurt P (02 001, 003, 004), Hamm (02 005 – 007) und Hof (02 008 – 010). Gemeinsam mit jeweils drei der ersten 01 wurden sie zur Praxiserprobung vor Schnellzügen eingesetzt. Der Dienstplan in Hamm verzeichnete 1927 u.a. den Langlauf Aachen – Köln – Hannover, die Erfurter 02 liefen vor allem auf den Strecken nach Frankfurt (Main) und Leipzig.

Die 02 002 kam nach Abschluß der Versuche beim Lokomotiv-Versuchsamt Grunewald nach Erfurt und Mitte 1929 nach Hof, wo nun alle zehn Vertreterinnen der glücklosen Baureihe zusammengefaßt waren. Die 01 verschwanden dagegen wieder aus dem fränkischen Bw. Hofer Lokschlosser und Lokmannschaften verfügten bereits über langjährige Erfahrung mit Vierzylinder-Verbundtriebwerken, da die Bayerische Staatsbahn ihnen schon 1918 die S 3/6 anvertraut hatte. Wendebahnhöfe für die 02 waren in den dreißiger Jahren u.a. Regensburg, München, Dresden und Breslau. Auf den steigungsreichen Strecken in Franken und Sachsen bewährten sich die Maschinen durchaus, für die Reichsbahn stellten sie jedoch eine ungeliebte Splittergattung dar. Der vergleichsweise hohe Unterhaltungsaufwand gab den Ausschlag zum 1937 eingeleiten Umbau in Zwillingslokomotiven.

Als 01 blieben die ehemaligen 02 Hof bis zum Ende des Zweiten Weltkriegs erhalten. Mit Ausnahme der im April 1946 ausgemusterten 01 238 (ex 02 009) wurden sie alle von der Bundesbahn übernommen und behielten bis zum Schluß Altbaukessel. Auch in den fünfziger Jahren war die Mehrzahl der Loks noch in der Saalestadt anzutreffen. 01 234 (ex 02 003) blieb gut vier Jahrzehnte lang fast ununterbrochen in Hof stationiert – erst am 8. November 1972 traf sie die Ausmusterungsverfügung.

Im Ursprungszustand mit kleinen Windleitblechen: 02 006 in Wuppertal-Elberfeld, um 1926

REDAKTION: KONRAD KOSCHINSKI, FOTOS: SLG. KNIPPING (2) SLG. BÄZOLD, SLG. REIMER

Mit ihrer Höchstgeschwindigkeit von 140 km/h galten die Lokomotiven der Baureihe 03 in den dreißiger Jahren als die „Salondampfer" der DRG

Baureihe 03 (DB 003/DR 03.20-22)

Wegen angespannter Finanzlage konnte die Deutsche Reichsbahn-Gesellschaft den Ausbau ihres Hauptstrecken-Netzes für 20 t Achslast nicht im beabsichtigten Maße vorantreiben. Deshalb waren die Einsatzmöglichkeiten der Baureihe 01 eingeschränkt. Den süddeutschen Direktionen standen immerhin leistungsfähige 2'C1'-Schnellzuglokomotiven mit 16 bis 18 t Achslast zur Verfügung. Die Gruppenverwaltung Bayern beschaffte 1927/28 sogar nochmals zwanzig S 3/6. Anders die Situation in Norddeutschland: Die dort in großer Zahl vorhandenen preußischen 2'C-Lokomotiven waren mit den schwerer gewordenen FD- und D-Zügen überfordert. So sah sich die DRG genötigt, eine neue 2'C1'-Lok mit etwa 17,5 t mittlerer Kuppelachslast entwickeln zu lassen. Um vor deren Serienreife den dringendsten Bedarf zu decken, orderte die Hauptverwaltung weitere zwanzig S 3/6. Diese (18 529 bis 548) wurden 1930/31 auf die Bahnbetriebswerke Osnabrück, Halle P und Darmstadt verteilt.
Interessanterweise standen 1928 noch einmal Projekte einer Einheits-Verbundlokomotive zur Debatte. Das Vereinheitlichungsbüro sowie die Firmen Henschel, Maffei und Schwartzkopff entwarfen sowohl „leichte" 2'C1'-Bauarten mit Vierzylinder-Verbundtriebwerk als auch solche mit zwei Zylindern und einstufiger Dampfdehnung. Der Lokausschuß entschied sich 1929 für die Zwillingsmaschine, und Borsig erhielt den Auftrag, sie in Zusammenarbeit mit dem Reichsbahn-Zentralamt zu kon-

struieren. In ihrem Grundaufbau sollte die neue Reihe 03 der 01 möglichst nahekommen. Dies galt prinzipiell auch für die leichtere und schlankere Version des Wagner'schen Langrohrkessels.
In kurzer Zeit stellte Borsig die drei Vorauslokomotiven fertig. Schon im Juli 1930 konnte 03 001 abgenommen werden und kam nach zweimonatiger Erprobung durch das Lokomotiv-Versuchsamt Grunewald zum Bw Osnabrück Hbf/Bremer Bf, das auch 03 002 und 003 erhielt. In den Jahren 1931 bis 1938 lieferten Borsig, Schwartzkopff bzw. die Nachfolgefirma Berliner Maschinenbau AG, Henschel und Krupp die 03 004 bis 298. Im Zeitraum der Serienproduktion gab es einige Bauartänderungen, dazu zählt auch die Vergrößerung der Laufräder. Unabhängig davon setzte die Reichsbahn nach Versuchsfahrten zwischen Berlin und Hamburg aber schon 1933 die Höchstgeschwindigkeit der 03 allgemein von 120 auf 130 km/h herauf. Ausgewählte Maschinen durften sogar 140 km/h laufen – ein Indiz dafür, daß die 03, ob nun zu Recht oder Unrecht, in den dreißiger Jahren als „Salondampfer" galten. Der damals zuständige Versuchsdezernent, Professor Hans Nordmann, lobte den „ziemlich ruhigen Lauf" bei Tempo 140, räumte allerdings ein, daß in Fachkreisen trotzdem die Forderung nach einer für hohe Drehzahlen geeigneteren Dreizylinder-Maschine überwog. Später konstatierte Theodor Düring (bei der DB für das Versuchswesen verantwortlich), Laufeigenschaften und Eignung der 03 für schwerste

Züge seien deutlich überbewertet worden. Die mannigfaltigen Schnellfahrversuche mit teilweise oder vollständig verkleideten 03 nehmen in der Geschichte der Baureihe jedenfalls einen besonderen Platz ein. Der 03 154 verpaßte man 1934 ein windschnittiges Führerhaus, eine halbkugelförmige Rauchkammerhaube und Triebwerksverkleidung. Damit erbrachte die Lok bei hohen Geschwindigkeiten erheblich mehr Zughakenleistung. Noch gesteigert wurde der durch den verminderten Luftwiderstand erzielte Leistungsgewinn bei der 1936 vollständig mit Stromschale versehenen 03 193. Weitere 03 dienten als Erprobungsträger neuer Bauteile: 03 175 und 207 erhielten Lentz-Ventilsteuerung (je zwei liegende Ein- und Auslaßventile pro Zylinder),

TECHNISCHE DATEN

Bezeichnung	bis 1967 bzw. 1970		03
	ab 1968 (DB)		003
	bis 1.7.1970 (DR)		03.20
Indienststellung (1. Jahr)			1930
Hersteller			Borsig u.a
Bauart			2'C1'h2
Spurweite		mm	1.435
Länge über Puffer			
mit Tender 2'2'T32		mm	23.905
Lokdienstmasse (ohne Tender)		t	99,6/100,3[1]
Reibungsmasse		t	53,0/54,3[1]
Betriebsvorräte	Kohle	t	10
	Wasser	m³	32
indizierte Leistung		kWi	1.460
Höchstgeschwindigkeit		km/h	130

1 ab 03 123

003 160 in Lauda, 15. März 1970. Ihr Heimat-Bw Ulm gehörte zu den letzten 03er-Herbergen der DB

03 194 eine Kylchap-Saugzuganlage (Doppelblasrohr und -schornstein), 03 081 und 082 anstelle Kolbenspeisepumpe und Oberflächenvorwärmer den Abdampfinjektor Bauart Friedmann.

Selbstredend büßten 03 154 und 193 ihre Verkleidung wieder ein. Die DB ersetzte die üblichen großen Wagner-Bleche durch Witte-Bleche und verlegte die Pumpen generell in Fahrzeugmitte (bei 03 123–298 bereits ab Werk erfolgt, Kuppelachslast dadurch auf 18 t erhöht). Ab 1960 brachte auch die DR kleine Windleitbleche an, im Rahmen einer Modernisierungsaktion an 51 Lokomotiven außerdem Mischvorwärmer, neue Aschkästen und teils neue Hinterkessel; Speise- und Luftpumpe rückten ebenfalls in Fahrzeugmitte. Das Raw Chemnitz bestückte die 03 162, 172 und 256 mit Nachbaukesseln, das Raw Meiningen ab 1969 noch 52 Maschinen mit zuvor für die BR 22 und 41 verwendeten Reko-kesseln.

Konstruktion

Die 03 war mit genietetem Einheitslokkessel von 6.800 mm Rohrlänge ausgerüstet (gegenüber 01 reduzierte Rohranzahl). Der Kesseldruck betrug bei den Baumusterlokomotiven zunächst 14 bar und wurde dann allgemein auf 16 bar erhöht. Die Maschinen bis zur Betriebsnummer 03 122 besaßen eine kupferne, ab 03 123 eine stählerne Feuerbüchse. Als Speiseeinrichtungen dienten Dampfstrahlpumpe, Kolbenspeisepumpe und Knorr-Oberflächenvorwärmer. Der 90 mm starke Barrenrahmen war im Bereich der Schleppachse auf 40 mm geschwächt. Er stützte sich in vier Punkten auf dem Laufwerk ab. Die Drehgestell-Laufräder wiesen bei 03 001 – 162 einen Durchmesser von 850 mm auf. Erst nach Anhebung der für die BR 03 geltenden Höchstgeschwindigkeit auf 130 km/h wurden ab 03 163 Laufräder mit 1.000 mm

eingebaut. Die Räder der Kuppelachsen maßen 2.000 mm (Spurkränze des Treibradsatzes um 15 mm geschwächt). Die Schleppachse mit 1.250-mm-Rädern war als Adamsachse ausgebildet. Die beiden Dampfzylinder von 570 mm Durchmesser (bei 03 001 bis 003 ursprünglich 600 mm) trieben die zweite Kuppelachse an. Die außenliegende Heusinger-Steuerung für Inneneinströmung entsprach der Einheitsausführung. Die drei Baumusterlokomotiven hatten Kolbenschieber mit Eckventil-Druckausgleichern, die Serienlokomotiven Druckausgleichkolbenschieber der Bauart Nicolai.

Wie die 01 erhielt auch die 03 die selbsttätig wirkende Einkammer-Druckluftbremse Bauart Knorr mit Zusatzbremse. Bis 03 162 erfolgte die Abbremsung der Kuppel- und Drehgestellräder einseitig. Bei den nachfolgenden Lieferserien eingebaute Scherenklotzbremsen wirkten beidseitig auf die Kuppelräder, zusätzlich zu den Drehgestellrädern wurden nun auch die

Räder der Schleppachse einseitig abgebremst.

Die 03 erhielten als erste Einheitsloks eine Triebwerksbeleuchtung. Die Maschinen waren ab Werk meist mit Tendern 2'2'T32 gekuppelt, ab 1936 auch mit 2'2'T34. Um sie auf 20-m-Drehscheiben wenden zu können, kuppelten einige Bw 03 zwischenzeitlich auch mit dem kurzen Tender 2'2' T30.

Betriebseinsatz

Gut ein Jahr nach Zuteilung der drei Vorauslokomotiven erhielt das Bw Osnabrück Hbf auch Serien-03. Vom Sommer 1931 an bedachte die Reichsbahn vorrangig weitere Betriebswerke im nord- und ostdeutschen Flachland mit der neuen Loktype. Die ersten 93 Maschinen beheimateten Ende 1932 die Bw Hamburg-Altona, Breslau Hbf, Dortmunderfeld, Frankfurt (Oder) Pbf, Halberstadt, Hamm P, Hannover Ost, Koblenz Hbf, Königsberg (Preußen), Köln Bbf, Leipzig Hbf West, Schneidemühl Pbf, Stargard (Pommern), Stralsund und – mit 17 Stück führend – eben Osnabrück Hbf. Die dort stationierten 03 übernahmen den 524 km-Langlauf Hamburg-Altona – Köln – Aachen; gut ein Jahrzehnt behielt das „Kamerun" genannte Bw eine Spitzenstellung als Heimat der leichten Einheits-Schnellzuglok. Nach Zuteilung ans Bw Rheine war sie im Münsteraner Direktionsbezirk ab Herbst 1934 mit 20, bald mit über 30 Exemplaren vertreten. Über eine ähnlich hohe Anzahl verfügte die Rbd Hannover, wo die 03 nach kurzem Zwischenspiel in Braunschweig vor allem beim Bw Magdeburg Hbf größere Bedeutung gewann. Ebenfalls zur 03-Hochburg entwickelte sich seit 1933 Berlin mit den Bw Grunewald, Karlshorst und Lehrter Bf. Mitte der dreißiger Jahre wurden die eigentlich für das Flachland prädestinierten Loks auch in Süddeutschland heimisch: u.a. erschienen sie auf den Bestandslisten der Bw Ludwigshafen, Frankfurt (Main) 1 und vor allem

Meist waren die 03er mit Tendern 2'2'T32 gekuppelt. Aufnahme der 03 240 aus den 30er Jahren

FOTOS: ARCHIV GERANOVA, SCHÖPPNER, SLG. HÖRNEMANN

Würzburg. Nun mutete man die 03 vor
500 t schweren Schnellzügen den Durchlauf Frankfurt (Main) – Würzburg – München (414 km) zu, womit sie aber chronisch
überfordert waren. Derart anstrengende
Dienste übernahmen ab 1939 dem Bw
Würzburg zugeteilte 01.

Im Januar 1938 nahm die Reichsbahn ihre
letzten 03 in Betrieb. Nördlich der Mainlinie
hatten bis dahin neben anderen noch die
Bw Cottbus, Gießen, Halle P, Köln-Deutzerfeld, Wiesbaden und Wuppertal-Langerfeld fabrikneue Lokomotiven erhalten.
Zu den bemerkenswertesten Leistungen
zählten vor Kriegsausbruch die FD-Dienste
auf der Strecke Berlin – Hamburg. Bei Ausfall von Schnelltriebwagen mußten für
140 km/h zugelassene 03 einspringen. Die
stromlinienverkleidete 03 193 kam nach
Meßfahrten beim Lokomotiv-Versuchsamt
Grunewald ab 1937/38 oft im Plan der 05
zum Einsatz. Schließlich verdienen die
Korridorverkehre durch Polen und das
„Reichsprotektorat Böhmen und Mähren"
besondere Erwähnung. Grunewälder und
Schneidemühler Lokomotiven beförderten
die Züge auf der Ostbahn zwischen Berlin
und Konitz, Königsberger im Abschnitt
Marienburg – Königsberg – Eydtkuhnen.
Durch den polnischen Korridor zogen polnische Maschinen; nach Eingliederung
Westpreußens ins „Reich" übernahmen
auch hier 03 (und 01) die Traktion. Für die
durch Polen und das „Protektorat" geführten Schnellzüge zwischen Berlin und Wien
erhielt im November 1938 das Bw Heide-
breck (RBD Oppeln) einige 03, ab Frühjahr
1940 liefen sie von Oderberg aus bis Wien
durch. Vom Sommer 1942 an war Oderberg dann Heimat-Bw. Generell setzte
1941/42 eine Umbeheimatungswelle in
östliche Direktionen ein, auch Danzig und
Kattowitz wurden mit 03 bedacht. An der
Tatsache, daß Ende 1943 allein das pommersche RAW Stargard 130 Maschinen
unterhielt, wird die Ostwanderung deutlich;
weitere Erhaltungs-RAW waren Braunschweig, Meiningen und Schwerte.

Die einzige 03 mit voller Stromlinienverkleidung war die 03 193. Ludwigslust, 23. Mai 1937

03 154 mit Stromlinien-Versuchsverkleidung 1934 im Lokomotiv-Versuchsamt Grunewald

Der Verbleib aller 03 bei Kriegsende ließ
sich nicht exakt klären. Jedenfalls befanden sich 149 Loks in den Westzonen, 86 in
der sowjetischen Zone und eine in Österreich. 01 174 war bereits 1939 nach einem
Kesselzerknall ausgemustert worden,

kriegsbeschädigt schied Anfang 1945 die
03 217 aus dem Bestand. Die restlichen 60
Loks blieben größtenteils in Polen, einige in
der UdSSR. Etwa 40 Maschinen reihte die
polnische PKP als Pm 2 ein.
Nach Ausmusterung von fünf Schadlokomotiven bis 1950 und Rückkehr der 01 113
aus Österreich zählten von 1953 an sechs
Jahre lang 145 Maschinen zum Erhaltungsbestand der DB. In diesem Zeitraum
leisteten sie vor allem bei den Bw Hamburg-Altona, Köln-Deutzerfeld und Osnabrück Hbf (jeweils mehr als 20) sowie Bremen Hbf, Hannover Hbf, Köln Bbf, Ludwigshafen, Rheine und Wiesbaden Dienst.
Osnabrücker 03 liefen erneut in Langläufen wie Hamburg-Altona – Köln (478 km) oder
Hamburg-Altona – Düsseldorf (421 km);
diese mußten sie aber 1957/58 an 01.10
abtreten. 1957 erhielt auch das Bw Saarbrücken 03, im Jahre 1958 wieder Braunschweig und 1959 Mönchengladbach.
Dafür endete 1959 der Einsatz in Köln Bbf,
1960/61 bei den Bw Hannover Hbf, Ludwigshafen und Osnabrück Hbf.
Als erste DB-Lok wurde im September 1959
die unfallbeschädigte 03 048 ausgemustert,
einige weitere folgten. Allmählich sank der

Beim Bw Gremberg warteten am 6. Juni 1970 keine spektakulären Einsätze mehr auf 03 111

Die Baumusterlok 03 001 ist noch heute betriebsfähig. Aufnahme vom Dezember 1980 im Bw Löbau

Unterhaltungsbestand bis Oktober 1963 auf 134 Maschinen. Inzwischen hatten sich rund ein Dutzend 03 beim Bw Ulm eingefunden, wo sie seit 1960 namentlich S 3/6 verdrängten. Dagegen schwand die Bedeutung der verbliebenen norddeutschen Hochburgen zusehends. Elektrifizierung und Verdieselung machten die 03 im Jahr 1966 in Köln-Deutzerfeld entbehrlich, in Rheine traten neubekesselte 01 die Nachfolge an. Ab Juni 1967 wurde die Baureihe nicht mehr hauptuntersucht, nur etwa 40 Maschinen ließ die DB ab Januar 1968 noch zur 003 umzeichnen. Eine letzte große Zäsur brachte im September 1968 die Aufnahme des elektrischen Betriebs zwischen Hamburg und Osnabrück. Jetzt übernahmen bisher noch in Osnabrück beheimatete ölgefeuerte 01.10 und freigewordene V 200 alle 03-Planleistungen in Schleswig-Holstein. Wegen Lokmangels mußte das Bw Hamburg-Altona allerdings noch 1969 auf Kohleloks zurückgreifen, im Oktober des Jahres dampfte dann als letzte betriebsfähige Maschine die 003 262 zum Bw Ulm ab. Nur dort spielten die 003 jetzt eine nennenswerte Rolle. Passé waren die Sonderdienste einiger Loks in Braunschweig (1967 – 69), und die wenigen 1968/69 von Mönchengladbach nach Gremberg und Neuß gelangten Maschinen führten bis 1970 ein Schattendasein. Das Bw Ulm hingegen benötigte im Winter 1970/71 noch sechs 003 für Eil- und Nahverkehrszüge auf den Strecken Ulm – Friedrichshafen, Ulm – Crailsheim – Lauda – Wertheim/Würzburg, Crailsheim – Backnang und Crailsheim – Heilbronn. Den Sommer 1971 hindurch verblieben für 003 088, 131, 268 und 276 letztmalig drei Plantage, die Leistungen nach Friedrichshafen und Schelklingen sowie immerhin einen Schnellzug (D 599) von Friedrichshafen nach Lindau enthielten. Ausgenommen 003 276 konnten sich die genannten Loks betriebsfähig ins Jahr 1972 hinüberretten, die Ausmusterung von 003 088 im Dezember 1972 besiegelte das Schicksal der Baureihe bei der DB endgültig.

Zurück zur Deutschen Reichsbahn nach 1945: Von 86 bei Kriegsende in der Sowjetischen Zone verbliebenen 03 mußten zwei oder drei an die PKP abgegeben werden, nach dem Ausscheiden schwer beschädigter Maschinen waren Ende 1954 noch 78 Stück bei der DR vorhanden. Das Gros beheimateten die Bw Berlin Ostbahnhof (auch 03 096 und 157 für den Regierungszug), Halle P und Leipzig Hbf West. Bei beiden letztgenannten Bw war 1960 etwa die Hälfte aller 03 konzentriert. 1959 teilte die Reichsbahn einige Loks dem Bw Dresden-Altstadt zu. In Berlin ging 1961 infolge Zuweisung von 01 der 03-Bedarf stark zurück; soweit nach Frankfurt (Oder) umgesetzt, blieben die Loks immerhin im Direktionsbezirk. Mitte der sechziger Jahre verfügte die Rbd Schwerin nach Halle über den zweithöchsten Bestand an 03, davon ca. 15 beim Bw Wittenberge und mindestens sieben beim Bw Rostock. „Aus der Mitte heraus" bespannte Wittenberge die Interzonenzüge zwischen Berlin und Hamburg. Ferner erhielten im Zeitraum 1967 – 1969 Halberstadt, Pasewalk, Stendal, Cott-

bus und (mit 10 Stück am reichlichsten bedacht) Görlitz einige der Schnellzuglokomotiven. Endlich erschien 1969 auch Magdeburg wieder dauerhaft auf der Liste der 03-Betriebswerke. Erst die Reko-03 konnten später die 01 ganz aus Magdeburg verdrängen. Nach 1968/69 erfolgter Abstellung von 03 021 und 03 042 dürfte der zum 1. Juli 1970 gültige Umzeichnungsplan 76 Maschinen erfaßt haben. Wohl nicht mehr umgenummert wurden jedoch die als Museumslok vorgesehene 03 001 und die bald z-gestellte 03 070. Noch waren in typischen 03-Relationen der frühen siebziger Jahre Lokomotiven mit alten Kesseln anzutreffen: Berlin – Frankfurt (Oder), Berlin – Magdeburg, Dresden – Görlitz, Leipzig – Cottbus, Magdeburg – Oebisfelde, Magdeburg – Halberstadt und Berlin – Stendal. Im Herbst 1975 trugen dann 52 Loks den Rekokessel, deren weitere Geschichte hier nicht zu behandeln ist. Mit den nicht mehr umgerüsteten 03 ging es entschieden bergab. Rund 20 Loks waren 1975 noch auf die Bw Berlin Ostbahnhof/Est. Lichtenberg, Falkenberg, Frankfurt (Oder), Görlitz, Leipzig Hbf West und Süd sowie Oebisfelde (hier nur 03 2228) verstreut. 1976/77 fanden sich vier Exemplare beim Bw Lutherstadt Wittenberg ein: 03 2067, 2083, 2128 und 2148) führen Personenzüge auf der Strecke Bitterfeld – Berlin, 1978 wurden sie von Rekolokomotiven abgelöst. Auch bei den übrigen Betriebswerken waren die Streckeneinsätze der Altkessel-Loks nun beendet. Als letzte wurde 03 128 offiziell aber bis Juni 1981 im Betriebspark des Bw Leipzig Hbf Süd geführt.

Betriebsfähig erhalten sind die weitgehend in den Ursprungszustand versetzte 03 001 (Bw Dresden-Altstadt) und die seit 1993 reaktivierte 03 204 mit altem Kessel und Mischvorwärmer (Lausitzer Dampflok Club Cottbus). Lediglich „kalt" sind zwei ehemalige Bundesbahn-Lokomotiven zu bewundern: 03 131 im Deutschen Dampflokmuseum Neuenmark-Wirsberg und 03 188 als Denkmal in Kirchheim (Teck).

Im Dezember 1972 beendete sie die 03-Geschichte der DB: 003 088 am 2. August 1972 in Aulendorf

REDAKTION: KONRAD KOSCHINSKI;FOTOS: SLG. GLÖCKNER, (2), SLG. BÁZOLD, LINDENBLATT (2), SPILLNER

Ab 1969 rüstete die Deutsche Reichsbahn die Lokomotiven der Baureihe 03 nach und nach mit den noch recht neuen Rekokesseln der Baureihe 22 aus

Baureihe 03 (DR 03.2)

Eine Rekonstruktion der Baureihe 03 war im Reko-Programm der Deutschen Reichsbahn nicht vorgesehen. Angesichts des 1960 mit der Lieferung der letzten Lokomotiven der Baureihe 50.40 auslaufenden Neubauprogrammes (die letzten Maschinen der Baureihe 23.10 waren 1959 ausgeliefert worden) beriet der Lokomotiv-Ausschuß in einer Sondersitzung am 10. Februar 1959 über Maßnahmen, für den Zeitraum bis 1980 den Einsatz von Dampflokomotiven im Schnellzugdienst zu sichern. Die Rekonstruktion der Dreizylinder-Lokomotiven der Baureihe 03.10 war zu diesem Zeitpunkt in vollem Gange, mußten doch die aus St 47 K bestehenden Kessel nach dem Kesselzerknall der 03 1046 vom 10. Oktober 1958 schnellstens ersetzt werden. Der Lokomotiv-Ausschuß beschloß die Rekonstruktion der Baureihe 01. Der Konstruktionsverantwortliche des mit der Erhaltung der BR 03 betrauten Raw Karl-Marx-Stadt lehnte eine Rekonstruktion der Baureihe 03 wegen ihres guten Erhaltungszustandes ab. Überdies gehöre der 03-Kessel mit seiner Verdampfungswilligkeit zu den am besten gelungenen Einheitslokkesseln. Das war zweifellos richtig und auch durch die umfangreichen Meßfahrten des Lokomotiv-Versuchsamtes Grunewald nachge-

wiesen. Dennoch mußte das Raw Karl-Marx-Stadt im Jahre 1961 bei fünf Lokomotiven der Baureihe 03 die verschlissenen Hinterkessel ersetzen und beantragte den Bau dreier neuer Kessel zur Aufstockung des Tauschbestandes. Die Befürworter einer Rekonstruktion der Baureihe 03 hielten es für wenig sinnvoll, eine 30 Jahre alte Konstruktion nachzubauen und plädierten für eine Neubekesselung mit dem Kesseltyp 39 E, wie auch für die Rekonstruktion der Baureihen 03.10, 22 und 41 verwendet wurde. Auch die Versuchs- und Entwicklungsstelle Maschinenwirtschaft (VES-M) Halle schloß sich dieser Argumentation an. Die Hauptverwaltung für die Maschinenwirtschaft (HvM) änderte jedoch ihre 1959 gefaßte Meinung nicht und lehnte eine Rekonstruktion der Baureihe 03 weiterhin ab.

Der Deutschen Reichsbahn standen für den hochwertigen Reisezugdienst 65 Lokomotiven der Baureihe 01, 78 Lokomotiven der Baureihe 03 und 16 Lokomotiven der Baureihe 03.10 zur Verfügung. Das hatte zur Folge, daß die Baureihen 01 und 03 in gleichen Dienstplänen eingesetzt werden bzw. die gleichen Züge bespannen mußten. Wegen der hohen Belegung der meist eingleisigen Strecken durch den ständig steigenden Güterverkehr war die

DR zur Förderung weniger, aber dafür langer und schwerer Reisezüge gezwungen. Die Baureihe 03 mußte in Leistungsbereichen arbeiten, für die die Baureihe 01 bestimmt war. Vor allem in der Direktion Schwerin (Bw Wittenberge) waren die Lokomotiven der Baureihe 03 vor den schweren Zügen des innerdeutschen Verkehrs permanent überfordert. Die Rekonstruktion der Baureihe 01 zur BR 01.5 hatte das Leistungsgefälle zwischen den Baureihen 01 und 03 noch vergrößert.

Beschwerden des Betriebsmaschinendienstes über eine zu hohe Beanspruchung der Baureihe 03 hatten zur Analyse aller Dienstpläne der Baureihen 01 und 03 geführt. Diese ergab, daß die in der Rbd Schwerin in vier Dienstplänen eingesetzten 03 nicht nur die höchsten Zugmassen zu bewältigen hatten, sondern auch die höchste Reisegeschwindigkeit erreichen mußten. Nach der langfristig geplanten Strategie der Lokbeheimatung sollte die Rbd Schwerin erst im Jahre 1970 Lokomotiven der BR 03 zugewiesen bekommen. Die Dienstplananalyse bewirkte, daß bereits im Dezember 1964 sechs Maschinen der Baureihe 01.5 vom Bw Erfurt P zum Bw Wittenberge umbeheimatet wurden.

Rekonstruktion

Die Dienstplananalyse ließ auch die Befürworter einer Rekonstruktion der BR 03 wieder aktiv werden. Die HvM brachte den Vorschlag zur Rekonstruktion von zwölf Lokomotiven der Baureihe 03 ins Spiel. Das Raw Karl-Marx-Stadt sollte in der ersten Jahreshälfte 1964 zwei Baumuster fertigen, die von der VES-M Halle und im Betriebsdienst zu erproben waren. Bei Bewährung hätte die Rekonstruktion weiterer zehn Maschinen erfolgen sollen, bei Nichtbewährung wären die beiden Baumuster beim Bw Stralsund in die Dienstpläne der BR 03.10 gekommen. Außer dem Neubau der Rekokessel war auch schon an die Verwendung nicht mehr benötigter Rekokessel der Baureihe 22 gedacht.

Das Büro für Neuererwesen der HvM legte eine Kostenrechnung vor, nach der eine L4 der BR 03 mit Einbau des Rekokessels nur 60000.– Mark teurer gekommen wäre als die L4 mit geschweißtem Ersatzstehkessel, Einbau einer Mischvorwärmeranlage und Einbau des Aschkastens Bauart Stühren. Zugleich gab es Kritik am Ausmaß der Rekonstruktion bei der Baureihe 01 zu 01.5 Eine derartige Leistungssteigerung sei weder gefordert noch notwendig gewesen, allerlei überflüssige Zutaten wie spitze Rauchkammertür, Boxpok-Radsätze und Umlaufschürze, neue Zylinder in Stahlschweißkonstruktion und beengte, klapprige Führerhäuser verteuerten die Rekonstruktion und verschlechterten die Be-

Bereits als fünfte 03-Lokomotive hatte die 03 117 im Jahre 1969 den Kessel der 22 076 erhalten

triebstauglichkeit gegenüber der Einheitslok. Der Lokausschuß begrenzte 1963 die Zahl der zu rekonstruierenden 01-Lokomotiven auf 35, untersagte weitere Experimente mit dem Boxpok-Radsatz und lehnte eine Rekonstruktion der Baureihe 03 auch weiterhin ab.

1968 kam von der Staats- und Parteiführung die Weisung, eine strategische Dampflok-Reserve anzulegen, die auch 45 Lokomotiven der Baureihe 03 umfassen sollte, weil diese Maschinen mit 18 t Kuppelradsatzfahrmasse relativ freizügig einsetzbar waren. Die HvM entschied, diese 45 Loks mit Kesseln der Baureihe 22 (dem Ersatzkessel Typ 39 E) auszurüsten, um die inzwischen 30 bis 35 Jahre alten Lokomotiven zu modernisieren und für den geplanten Einsatzzweck zu rüsten. 1968 war die Baureihe 22 auf dem Weg zum Abstellgleis oder schon dort gelandet. Die Elektrifizierung des sächsischen Dreiecks hatte die Hügellandmaschine in ihrem Haupteinsatzgebiet überflüssig werden lassen, so daß die Reichsbahn auf einem Berg von nahezu neuwertigen Rekokesseln saß, der ihre Bilanz erheblich belastete. Die Weiter-

verwendung dieser Kessel auf Lokomotiven der Baureihe 03 war also eine volkswirtschaftlich sinnvolle Angelegenheit. Sowohl das Raw Meiningen als auch die VES–M Halle wurden beauftragt, die Anpassung des 22er Kessels an den Rahmen der BR 03 zu prüfen und einen Kostenvergleich zu einer L3 mit Originalkessel durchzuführen. Einen Tag bevor die Stellungnahmen des Raw Meiningen und der VES-M Halle vorlagen, hatte die HvM am 28. Oktober 1968 das Raw Meiningen angewiesen, die letzten beiden für 1968 zur L3 anfallenden 03-Lokomotiven mit den Kesseln der 22 008 und 22 030 auszurüsten.

Betriebseinsatz

So verließen denn im Januar 1969 die 03 151 und die 03 081 als erste Reko-03 das Raw Meiningen und kamen zum Bw Berlin Ostbahnhof zur Betriebserprobung. Leider sind bei der VES-M Halle nur wenige Rekolokomotiven meßtechnisch untersucht worden, weil man mit anderen Aufgaben ausgelastet war. So blieb auch für die Reko-03 nur die Betriebserprobung, die sehr positiv ausfiel. Allerdings vermied man den Begriff Rekonstruktion, weil das Reko-Programm offiziell mit der Baureihe 52.80 abgeschlossen worden war, und sprach nur von Neubekesselung. Nach der Definition der Rekonstruktion durch die DR war die Neubekesselung zweifelsfrei eine Rekonstruktion, die sich nicht nur auf die vorgegebenen 45 Lokomotiven, sondern auf insgesamt 52 erstreckte und von 1969 bis 1975 dauerte. Zu diesem Zeitpunkt (die geforderten 45 Lokomotiven der strategischen Reserve waren auch erst 1974 komplett) begann aber der Bedarf an Lokomotiven der BR 03 schon drastisch zu sinken, so daß sich bei manchen Lokomotiven die Neubekesselung nicht mehr amortisiert hat. Dort, wo die Reko-03 rechtzeitig eingesetzt worden ist, hat sie hervorragende Leistungen vollbracht und ist in den Leistungsbereich der BR 01 eingedrungen.

Die neubekesselten Maschinen der BR 03 waren den 01ern leistungsmäßig durchaus ebenbürtig

REDAKTION: MANFRED WEISBROD; FOTOS: MEHNERT, TRUNK, SLG. HENGST

Die 03 1081 (Aufnahme im Bw Wien Westbahnhof um 1940) hatte ursprünglich tief heruntergezogene Verkleidungen mit Jalousien im Radsatzbereich

Baureihe 03.10

Auch auf Strecken mit leichterem Oberbau wollte die Deutsche Reichsbahn mit FD- und D-Zügen in den Geschwindigkeitsbereich bis 150 km/h vorstoßen. Analog der Weiterentwicklung der Baureihe 01 zur 01.10 entstand die Dreizylinder-Version der 03. Ebenso wie für die 01.10 gab die Hauptverwaltung vor, am Einheitslokkessel mit 6.800 mm Rohrlänge festzuhalten (in diesem Fall am 03-Kessel). Nun ließ sich mit einem dritten Zylinder zwar die Laufruhe verbessern, nicht aber die Leistung steigern. Bei gleichem Kessel konnten lediglich die aerodynamischen Vorteile der Stromschale einen Zugewinn am Zughaken bewirken. Die seinerzeit mit der Konstruktion der 03 beauftragte Firma Borsig baute auch die erste 03.10. Sie wurde im Februar 1940 als 03 1001 abgenommen. Von Borsig stammten noch 03 1002 – 1022, darunter die 1941 fertiggestellte 03 1020 mit der Fabriknummer 15000. Außerdem beteiligten sich Krupp (03 1043 – 03 1060) und Krauss-Maffei (03 1073 – 1092) am Bau der bis Ende 1941 gelieferten 60 Lokomotiven. Weitere schon ver-

gebene Aufträge wurden storniert. Geplant waren 140 Maschinen.

Die für die 03.10 aufgestellte Leistungstafel gab das bei 140 km/h in der Ebene zu bewältigende Zuggewicht mit 315 t an, mithin 65 t weniger als für die 01.10. Der Zweizylinder-03 wurden in der Ebene mit 120 km/h noch 430 t zugetraut, der 03.10 aber 540 t. Den Leistungsgewinn am Zughaken konnten die Stromlinienloks angesichts drastisch reduzierter Streckengeschwindigkeiten kaum noch ausspielen. Die für die Baureihe zulässige Höchstgeschwindigkeit wurde im Frühjahr 1941 von 150 auf 140 km/h herabgesetzt.

Ab 1948/49 ließen Bundes- und Reichsbahn die Stromschalen entfernen. Die Lokomotiven bekamen normale Kesselbleche und bei der DB Witte-Windleitbleche verpaßt. Die meisten DB-03.10 behielten bis 1954 die im oberen Bereich wegen der Stromschale abgeflachte Rauchkammertür und den weit vorne über der Rauchkammer liegenden Vorwärmer. Bei den DR-03.10 wurden der Vorwärmer in eine neue Rauchkammernische verlegt und zunächst große Wagner-Bleche ange-

bracht. 1952 rüstete das Raw Chemnitz die 03 1087 mit Kohlenstaubfeuerung System Wendler aus. Ab 1957 erhielten 26 Lokomotiven der DB neue Kessel mit Verbrennungskammer, desgleichen ab 1959 die 18 ins Rekonstruktionsprogramm einbezogenen Loks der DR. Zwei davon, 03 1077 und 03 1088, hatten noch 1956/57 Ersatzkessel alter Bauart erhalten.

TECHNISCHE DATEN

Bezeichnung		03.10
Indienststellung (1. Jahr)		1940
Hersteller		Borsig u.a.
Bauart		2'C1'h3
Spurweite	mm	1.435
Länge über Puffer		
m. Tender 2'2'T34 St	mm	23.905
Lokdienstmasse (ohne Tender)	t	103,2 [1]
Reibungsmasse	t	55,2 [1]
Betriebsvorräte Kohle	t	10
Wasser	m³	34
indizierte Leistung	kWi	1.320
Höchstgeschwindigkeit	km/h	140 (150 [1])

[1] mit Stromschale und kompletter Triebwerksverkleidung

03 1010 (DR-Ost) mit teilweise entfernter Verkleidung zwei Jahre nach Kriegsende in Leipzig

Konstruktion

Kessel, Rahmen und Laufwerk entsprachen in ihren Hauptkenndaten der Baureihe 03. Als Kesselbaustoff verwendete man jedoch den nicht alterungsbeständigen Sonderstahl St 47 K, für die Feuerbüchse IZ II-Stahl. Die Zylinderdurchmesser betrugen 470 mm bei 660 mm Kolbenhub. Die Außenzylinder trieben die zweite Kuppelachse an. Der um 600 mm nach vorne geschobene und im Verhältnis 1:10 geneigte Innenzylinder wirkte auf die als Kropfachse ausgebildete erste Kuppelachse. Die Lokomotiven besaßen für Außen- und Innentriebwerk unabhängig voneinander arbeitende Heusinger-Steuerungen mit innerer Einströmung und Druckausgleich-Kolbenschiebern Bauart Karl Schulz (Nicolai). Die Räder des Drehgestells und des Schleppradsatzes wurden einseitig abgebremst, die Räder der Kuppelachsen beidseitig durch Scherenklotzbremsen. Neben der üblichen Knorr-Druckluftbremse mit Zusatzbremse wirkte eine Druckluft-Schnellbremse als Treibrad- und Tenderbremse.

Bei 03 1002 bis 1022 und einigen Loks des Bauloses 03 1043 bis 1060 sparte die Stromlinienverkleidung die Kuppelradsätze schon im Lieferzustand aus, ansonsten reichte sie (mit Metalljalousien versehen) anfangs bis auf 400 mm über Schienenoberkante herab und wurde 1941 rückgeschnitten. Gekuppelt waren die Loks ab Werk mit Stromlinien-Tendern 2'2'T34 St mit Schiebedächern auf dem Kohlebehälter.

Betriebseinsatz

Schon bei Auslieferung gab es für die Stromlinienlokomotiven praktisch keinen Bedarf mehr. Ihr Leistungsvermögen galt es trotzdem zu ermitteln, und so dienten 03 1001, 1002 und 1043 dem Lokomotiv-Versuchsamt Grunewald für Meßfahrten. Die jeweils mit nur wenigen Exemplaren bedachten Betriebswerke setzten ihre 03.10 meist in Laufplänen der Baureihe 03 ein. Im Sommer 1941 verteilten sich die 03.10 u.a. auf Berlin-Grunewald, Breslau Hbf, Hamburg-Altona, Heidelberg, Köln Bbf, Nürnberg Hbf, Osnabrück Hbf, Rostock, Schneidemühl P und Ulm. Einen hohen Bestand verzeichnete aber das österreichische Bw Linz: Nach Zugang einiger 1940 dem Bw Wien West anvertrauter Maschinen waren im Herbst 1941 dort 17 Stück konzentriert. Bekannt ist der Einsatz vor schwersten Schnellzügen auf der 517 km langen Strecke Wien – Nürnberg. Spätestens im August 1942 endete dieser überharte Dienst. Die Linzer 03.10 kamen im Tausch gegen polnische Pt 31 (bei DRB 19.1) zum Bw Posen. Bis zu 25 dort stationierte Stromlinienloks liefen u.a. bis Berlin, Breslau, Dirschau und Stettin. Über eine ähnlich hohe Anzahl verfügte im Mai 1944 das Bw Breslau. Noch kamen die 03.10 mehr oder minder planmäßig nach Berlin, Kattowitz oder Dresden, manch' andere

Ziele wurden mit Fronturlauber- und Lazarettzügen erreicht. Etliche Loks gelangten 1944/45 noch über die Oder-Neiße-Linie, für andere endete der „Rückzug" aber auf bald polnischem Territorium. Zehn 03.10 übernahm die dortige Staatsbahn PKP als Pm 3, drei sollen bei der sowjetischen SZD verblieben sein, und zwei wurden wohl schon 1944 ausgemustert. Im späteren DB-Bereich zählte man 26 Maschinen, bei der DR 19; überwiegend gehörten sie bis 1948 zum Schadlokpark.

Mit der 1949 im AW Braunschweig ausgebesserten 03 1056 erprobte die Bundesbahn schnelle Reisezugwagen. 1950 führte die Firma Henschel an den übrigen 25 DB-03.10 Hauptuntersuchungen durch, anschließend teilte man sie den Bw Dortmund Bbf, Ludwigshafen und Offenburg zu. Nun begann ihre Glanzzeit. Vor allem die Dortmunder Lokomotiven führten bis 1957 immer wieder die Leistungsstatistik an; 03 1014, 1022 und 1043 erhielten angepaßt an die Wagen der F-Züge sogar einen stahlblauen Anstrich. Europaweit seinesgleichen suchte der 1953 abwechselnd mit 05 in der Relation Hamburg – Köln – Frankfurt (Main) gefahrene 703-km-Langlauf mit F 3/4 „Merkur". Das Bw Ludwigshafen setzte die 03.10 vornehmlich auf der Rheinstrecke bis Köln und weiter nach Aachen, Kaldenkirchen oder Münster ein. Offenburger Maschinen bestritten den hochwertigen Verkehr entlang des Oberrheins zwischen Frankfurt und Basel, kamen jedoch 1952 im Tausch gegen 01.10 zum Bw Paderborn und damit auf die Strecken zwischen Mönchengladbach/Düsseldorf und Kassel/Northeim. Einige Dortmunder und Paderborner Loks wurden 1954 ans Bw Hamburg-Altona abgegeben, wo sie F- und D-Züge zwischen Westerland/Flensburg und Hannover/Köln bespannten. Der zu Nahtrissen neigende Kesselstahl bereitete allerdings zunehmend Probleme. Abhilfe schaffte die 1957 eingeleitete Neubekesselung. Dafür gerie-

Die einstige 03 1005, in Polen als Pm 3 bezeichnet, ist für das Bahnmuseum Warschau reserviert

REDAKTION: KONRAD KOSCHINSKI; FOTOS: SLG. KOSCHINSKI; SLG. HÖRNEMANN (2), SLG. BÄZOLD (2), REIMER

Wie alle anderen 03.10 auch, wurde die 03 1014 der Deutschen Bundesbahn ihrer Stromlinienverkleidung entledigt

ten die Umbaulokomotiven wegen anderer Mängel in Verruf, schon 1966 kam für sie das Ende.

Die DR konzentrierte ihre 18 vom Raw Chemnitz aufgearbeiteten 03.10 zu Beginn der fünfziger Jahre bei den Bw Halle P und Leipzig Hbf West. 03 1079 war kriegsbeschädigt ausgemustert worden. Die 1952 auf Kohlenstaubfeuerung umgerüstete

03 1087 „Erwin Kramer" wurde erst dem Bw Berlin-Ostbahnhof, 1954 dem Bw Dresden-Altstadt zugeteilt. Beide Dienststellen beheimateten auch 03.10 mit üblicher Rostfeuerung. Acht ab 1954/56 zum Bw Stralsund umstationierte Maschinen fuhren internationale Schnellzüge und Bäderzüge auf der Route zwischen Berlin und Saßnitz – schließlich *die* 03.10-Paradestrecke. Dra-

stisch zeigte sich dann die Dringlichkeit einer Ersatzbekesselung: in Wünsdorf (Berlin – Dresden) zerknallte am 10. Oktober 1958 der Kessel der vor den Balt-Orient-Expreß gespannten 03 1046. Dieser Unfall gab Anlaß, die ohnehin geplante Rekonstruktion 1959 rasch durchzuführen. Anders als bei der DB stand den Reko-03.10 der DR noch eine große Zeit bevor.

Die Stromlinienverkleidung der 03.10 gab es in zwei Varianten. Hier die 03 1002 mit der von vornherein die Treibräder aussparenden Blechschale

oben: Die Stralsunder 03 1087 hat am 30. März 1968 den D 162 von Stralsund nach Hamburg zu befördern
(Hans Müller)

links: Ebenfalls in Stralsund beheimatet war die 03 0046 (ex 03 1046). Mit den ölgefeuerten Schnellzuglokomotiven bewältigte die Deutsche Reichsbahn bis Ende der 1970er Jahre den schweren Reisezugverkehr zwischen Berlin und Stralsund. Das Bild entstand im Juni 1978 am S-Bahnhof Berlin-Leninallee, rechts ein Zug der Berliner S-Bahn
(Udo Paulitz)

Aufgrund ihrer unerwartet hohen Leistung erhielten die 04 die neue Baureihenbezeichnung 02.1. Bild: Eisenbahn-Jubiläumsausstellung 1935 in Nürnberg

Baureihe 04 (spätere Baureihe 02.1)

Die Leistung der Dampflokomotiven zu steigern und den Verbrauch zu drosseln, war zu allen Zeiten das Bestreben der Konstrukteure: Im Zeitraum von der Entwicklung der Verbunddampfmaschine im ausgehenden 19. Jahrhundert bis zur allgemeinen Einführung des Abdampfvorwärmers vor dem ersten Weltkrieg stieg der maximale Dampfdruck in den Kesseln von 10 auf 15 bar.

Die Lokomotivindustrie und die Deutsche Reichsbahn unternahmen in den zwanziger Jahren einige Versuche, die Wirtschaftlichkeit der Dampflokomotive zu verbessern. Neben dem Turbinenantrieb schien insbesondere die Erhöhung des Dampfdrucks erfolgversprechend zu sein. So wurden Lokomotiven mit 60 und sogar 120 bar Kesseldruck erprobt. Bei allen Typen konnten Einsparungen an Energie gegenüber der herkömmlichen Kolbendampfmaschine gemessen werden, allerdings wurde dieser Fortschritt mit erheblichen Mehraufwendungen bei Beschaffung und Unterhaltung erkauft. Die Turbinenloks konnten sich über einige Jahre im Dienst behaupten, die Hochdrucklokomotiven waren dagegen so schadanfällig, daß sie schon nach kurzer Zeit von den Schienen verschwanden.

Neue Kesselstähle ließen Anfang der dreißiger Jahre hoffen, daß Dampfdrücke um 25 bar mit herkömmlichen Stephenson-Kesseln beherrschbar wären. Daraufhin ließ die Reichsbahn acht sogenannte Mitteldrucklokomotiven mit einem Kesseldruck von 25 bar bauen. Zwei dieser Maschinen waren 2'C1'-Vierzylinderverbundloks der Baureihe 04. Sie sollten, ähnlich wie Mitte der zwanziger Jahre zwischen den Baureihen 01 und 02, einen Vergleich zur Zwillingspazifik der Baureihe 03 bieten. Rahmen und Laufwerk entsprachen, abgesehen von den Änderungen für das Vierzylinderverbundtriebwerk, der 03. Die übrigen Bauteile wurden weitgehend von der 03 übernommen, äußerlich war die 04 von ihren Zwillings-Schwestern kaum zu unterscheiden. Mit dem Bau der 04 001 – 002 wurde die Lokfabrik Krupp beauftragt.

Die Dampfmaschine der 04 war, im Gegensatz zur mißratenen der BR 02, sorgfältig durchgearbeitet worden. Obwohl die Firma Krupp zu dieser Zeit kaum Erfahrung im Bau von Vierzylinderverbundtriebwerken hatte, gelang es ihr, eine in ihren Abmessungen ausgewogene Dampfmaschine zu entwickeln. Sie hatte eine gleichmäßige Verteilung der Arbeitsleistung auf Hoch-

und Niederdruckteil, und die Dampfwege mit weiten Leitungsquerschnitten führten – im Gegensatz zur 02 – nur zu geringen Drosselverlusten. Dem Gerücht nach soll L. Schneider, Mitarbeiter und Nachfolger Anton Hammels – dem Konstrukteur der S 3/6 und der IV h –, bei der Ausarbeitung der Dampfmaschine der 04 „Pate gestanden" haben. Im Juni 1932 wurde 04 001 nach ihrer Abnahme dem Lokomotiv-Versuchsamt Grunewald übergeben. Nach nur wenigen Versuchsfahrten mußte sie wegen diverser Mängel an das Herstellerwerk zurückgegeben werden.

TECHNISCHE DATEN

Bezeichnung		04 (02.1)
Indienststellung (1.Jahr)		1932
Hersteller		Krupp
Bauart		2´C1´h4v
Spurweite	mm	1.435
Länge über Puffer mit Tender 2'2'T 32	mm	23.905
Dienstmasse	t	106,3
Reibungsmasse	t	54,9
Betriebsvorräte Kohle	t	10
Wasser	m³	32
Leistung	kWi	1.700
Höchstgeschwindigkeit	km/h	130

Die von Krupp vorgestellte Baumusterlokomotive 04 001 im Ablieferungszustand von 1932

Konstruktion

Die Kessel der beiden Loks wurden unterschiedlich ausgeführt. Sie hatten genietete Langkessel mit zwei Schüssen. Bei 04 001 bestand der Kessel aus Kupfer-Mangan-Stahl, die Länge der Rohre zwischen den Rohrwänden betrug 5.800 mm, der Überhitzer Bauart Schmidt enthielt vier Überhitzerrohre je Rauchrohr. 04 002 hingegen hatte einen Kessel aus Chrom-Molybdän-Stahl mit 6.800 mm Rohrlänge sowie einen Weitrohrüberhitzer mit sechs Überhitzerrohren. Die genietete Feuerbüchse aus IZ I-Stahl war erstmals bei einer deutschen Lokomotive mit Nicholson-Wasserkammern versehen; diese waren allerdings weniger zur Vergrößerung der Strahlungsheizfläche vorgesehen, sondern man versprach sich von ihnen eine zusätzliche Versteifung der Feuerbüchse, außerdem sollten sie Kesselsteinablagerungen am Bodenring vermindern.

Der maximale Kesseldruck betrug 25 bar. Der vordere Speisedom besaß Winkelrost-Schlammabscheider, der hintere Dampfdom den Naßdampfventilregler Bauart Schmidt-Wagner. Der dazwischenliegende Sandkasten sandete die drei Kuppelachsen von vorn. Gespeist wurde der Kessel zum einen durch einen Oberflächenvorwärmer mit Kolbenspeisepumpe Bauart Knorr-Tolkien, sowie durch eine saugende Dampfstrahlpumpe, beide mit einer Förderleistung von je 250 l/min. Der genietete Barrenrahmen mit 90 mm starken Wangen und einer lichten Weite von 950 mm war im Bereich der Adamsachse auf 40 mm geschwächt. Der Rahmen war in vier Punkten auf dem Laufwerk abgestützt. Das vordere Drehgestell mit 1.000 mm Laufraddurchmesser hatte 50 mm Seitenausschlag, die hintere Adamsachse mit 1.250 mm Raddurchmesser war um 80 mm radial einstellbar. Die drei Kuppelachsen von 2.000 mm Durchmesser waren fest im Rahmen gelagert, die Spurkränze der mittleren Achse wiesen 15 mm Spurkranzschwächung auf. Die beiden innenliegenden Hochdruckzylinder waren im Verhältnis von 1 : 11,25 geneigt und trieben die erste Kuppelachse an. Die waagerecht außen liegenden Niederdruckzylinder arbeiteten auf den zweiten Kuppelradsatz. Sie hatten äußere Heusingersteuerung mit äußerer Einströmung, die Steuerung der Hochdruckzylinder mit innerer Einströmung wurde durch eine Übertragungswelle von der äußeren Steuerung abgenommen. Als Anfahrhilfe war ein Anfahrschieber mit Füllventilen vorhanden, der bei Füllungen über 70 % Frischdampf in den Verbinder leitete und bei kleineren Füllungen automatisch schloß. Die Abmessungen der Vierzylinder-Verbundmaschine waren: 350 mm Durchmesser für die Hochdruckzylinder sowie 520 mm bei den Niederdruckzylindern, der Kolbenhub betrug 660 mm. Die Bremse Bauart Knorr arbeitete als selbsttätige Einkammerdruckluftbremse mit Zusatzbremse. Die Räder des Drehgestells wurden einseitig von innen gebremst, die Kuppelachsen einseitig von vorn, die Laufachse war ursprünglich ungebremst, später bekam sie eine einseitige Abbremsung von vorn. Wegen der großen Zahl zu schmierender Teile der Vierzylinderverbund-Dampfmaschine mußten zwei Hochdruckschmierpressen der Bauart Bosch-Reichsbahn installiert werden. Die Loks waren mit dem Tender 2'2'T32 gekuppelt.

Betriebseinsatz

Nach ihrer Rückkehr von Krupp wurden 04 001 und 04 002, letztere war zwischenzeitlich ebenfalls dem Lokomotiv-Versuchsamt Grunewald zugeteilt worden, umfangreichen Versuchsfahrten unterzogen. Auffallend waren die großen Leistungsunterschiede zwischen beiden Maschinen. Während 04 001 trotz 20° höherer Heißdampftemperatur in der Leistung noch unterhalb der 03 lag, kam 04 002 der 01 bereits nahe. Die Ursache waren Undichtigkeiten in der Dampfmaschine, sie wurde allerdings erst Jahre später anläßlich einer Hauptuntersuchung gefunden. Die weiteren Angaben zu den Versuchsfahrten beziehen sich daher ausschließlich auf die Lokomotive 04 002.

Undichtigkeiten bei Feuerbüchsnähten und Stehbolzen führten zur Abstellung der Loks. Bei den Reparaturarbeiten wurden bei 04 002 Rauchrohreinsätze eingezogen, um die Heißdampftemperatur zu erhöhen. Die Versuchsfahrten hatten ergeben, daß die Temperaturen im Niederdruckzylinder zu niedrig lagen, er arbeitete weitgehend im unwirtschaftlichen Naßdampfbereich. Außerdem wurden die Zylinder und der Verbinder besser gegen Wärmeverluste isoliert. Nach diesen Änderungen zeigte die 04 002 überraschende Werte: Bei der effektiven Zugleistung war sie der 03 um fast 300 kW überlegen, und selbst die Werte der 01 wurden noch knapp übertroffen (gut 30 kW). Die Versuche und Umbauten zogen sich noch bis in das Jahr 1935 hinein. Dabei wurden unter anderem die Nicholson-Wasserkammern ausgebaut, neue, verstärkte Stehbolzen eingebaut, die Hochdruck-Druckausgleicher gegen solche der Bauart Krupp getauscht und die schweren Niederdruckschieber gegen leichtere mit einfacher Einströmung ausgewechselt. Zum Abschluß der Untersuchungen bespannte 04 002 anläßlich einer Betriebsmeßfahrt am 28. Februar und 1. März 1935 die Züge D 42 und D 41 zwischen Berlin und Frankfurt. Die bis zu 637 t schweren Züge konnten planmäßig befördert werden, auch Verspätungen wurden wieder eingeholt.

Wegen ihrer großen Leistungsfähigkeit wurden sie in die Baureihe 02.1 umgezeichnet, 02 101 wurde auf der Ausstellung „100 Jahre deutsche Eisenbahnen" in Nürnberg gezeigt, 02 102 wurde, wie später auch 02 101, an ihr ursprüngliches Heimat-Bw Altona zurückgegeben. Dort waren die Loks kaum im Einsatz, woraufhin ihre Umstationierung zum Bw Hof verfügt wurde. In Hof erfolgte der Einsatz zusammen mit den Baureihen 02 und 01 im schweren Dienst auf den Strecken Hof – Regensburg und Hof – Leipzig. Nach der Minderung des Kesseldrucks auf 20, zeitweise auch 16 bar, gab es kaum noch Probleme mit den Stehbolzen. Bereits Versuche in Grunewald hatten ergeben, daß die Reduzierung des Kesseldrucks auf 17 bar nur geringe Leistungseinbußen brachte. Lediglich der Durchmesser der Hochdruckzylinder war für das Anfahren schwerer Züge zu klein bemessen.

Am 3. April 1939 kam es bei Rothenstadt in der Nähe von Weiden infolge zu niedrigen Wasserstandes zu einem Kesselzerknall der 02 101, bei dem Lokführer und Heizer ihr Leben verloren. Daraufhin wurden beide Loks abgestellt und ausgemustert, obwohl der Kesselzerknall auf einen Bedienungsfehler, und nicht auf Konstruktionsmängel zurückzuführen war. Sicherlich wäre es möglich gewesen, mit Kesseln der Baureihe 41 die beiden Lokomotiven wieder aufzubauen. Aber sie paßten nicht in das Konzept Richard Paul Wagners, der die einfache Dampfdehnung favorisierte.

REDAKTION: MEINHARD STRIECK; FOTOS: SAMMLUNG KNIPPING (2)

Während einer Schnellfahrt des Lokomotiv-Versuchsamts am 11. Mai 1936 stellte die 05 002 den Geschwindigkeitsrekord von 200,4 km/h auf

Baureihe 05

Die DRG plante 1932 den Bau von Schnellfahrlokomotiven, die zum einen für die Erprobung von Reisezugwagen bei Geschwindigkeiten von etwa 150 km/h gedacht waren, zum anderen durch die Verkürzung der Reisezeiten der aufkommenden Konkurrenz auf der Straße begegnen sollten. Unter den eingereichten Entwürfen stammten die umfangreichsten Ausarbeitungen von den Borsig-Lokomotivwerken (BLW) in Berlin. Die wurden schließlich von der Reichsbahn auch beauftragt, zwei Prototypen zu bauen. Noch bevor sie fertig waren, versah man die 03 154 der bei Borsig laufenden Serie mit Windschneidenführerhaus, parabolischer Rauchkammertür und einer Triebwerksvoll-

verkleidung. Schon dadurch ergab sich bei den Versuchsfahrten bereits bei 140 km/h eine Mehrleistung von 160 kW. Später wurde bei Versuchen mit der vollverkleideten 03 193 bei ebenfalls 140 km/h sogar eine Leistungssteigerung von 280 kW erreicht. Da die Lagertemperaturen nur einige Grad über den bei unverkleideten Maschinen gemessenen Werten lagen, ließen auch noch höhere Drehzahlen einen kritischen Temperaturanstieg nicht befürchten. Daher wurde beschlossen, die neuen Lokomotiven mit einer vollständigen, bis fast zur Schienenoberkante herabreichenden Verkleidung zu versehen.

In der ersten Hälfte des Jahres 1935 verließen im Abstand von zwei Monaten die beiden Lokomotiven das Herstellerwerk in Berlin-Tegel. Sie trugen die Nummern 05 001 und 05 002. Alle Teile der Lokomotiven, die einer gelegentlichen, kurzfristigen Wartung bedurften, waren durch Rolladen und Klappen zugänglich.

Bereits beim Bau der 05 001 und 002 waren Bedenken laut geworden, daß bei den geplanten Geschwindigkeiten von 175 km/h die Strecken- und Signalbeobachtung durch das Personal bei hinten liegendem Führerstand nicht mehr einwandfrei gewährleistet sei. Friedrich Fuchs von der Hauptverwaltung wünschte eine Lokomotive mit Frontführerstand, die den Borsig-Lokomotivwerken in Auftrag gegeben wurde. Weil Lokführer und Heizer bei der Dienstausübung nicht getrennt werden sollten, entschied sich der Chefkonstrukteur der BLW, Adolf Wolff, dafür, die Lok mit dem Stehkessel voraus, also in der Hauptfahrtrichtung rückwärts laufen zu lassen. Der Tender lief demzufolge hinter

05 001 kurz vor der Ablieferung im Borsig-Werk

der Rauchkammer. Eine Stückkohlefeuerung schied aus diesem Grunde aus; die damalige Rohstoffpolitik ließ keine Ölfeuerung zu. Die DRG stellte die Forderung, die Lokomotive mit Steinkohlenstaub einer schlecht zu verkaufenden Sorte zu betreiben. Adolf Wolff hoffte, durch den Einbau einer 1.500 mm langen Verbrennungskammer den erforderlichen Brennweg zu schaffen. Die 05 003 war somit die erste deutsche Dampflokomotive mit einer Verbrennungskammer. Sie wurde nach dem Vorbild der Pennsylvania Railroad mit Dehnungsfalte ausgeführt.

Konstruktion

05 001 und 002: Die Baureihe erhielt einen genieteten Kessel aus dem Sonderbaustoff St 47 K mit zwei Kesselschüssen. Der vordere trug den Speisedom, der hintere die beiden Sicherheitsventile Bauart Ackermann und den Dampfdom mit darunter liegendem Naßdampfventilregler. Zusätzlich war aus Platzgründen auf jedem Kesselschuß ein Sandkasten angebracht. Die Rohrlänge betrug 7.000 mm. Zur Speisung des Kessels wurden eine Kolbenverbundspeisepumpe Bauart Knorr-Tolkien mit 250 l/min Förderleistung und im Führer-

TECHNISCHE DATEN

Bezeichnung			05 001, 05 002	05 003
Indienststellung	(1.Jahr)		1935	1937
Hersteller			Borsig	Borsig
Bauart			2'C2'h3	2'C2'h3
Spurweite		mm	1.435	1435
Länge über Puffer				
mit Tender 2'3 T 37 St		mm	26.265	
mit Tender 2'3 T 35 Kst		mm		27.000
Lokdienstmasse				
(leer, ohne Tender)		t	118,5/118,6	129,5
Reibungsmasse		t	57,6	59,0
Betriebsvorräte	Kohle	t	10	10
	Wasser	m³	37	35
indizierte Leistung		kWi	2.500	-
Höchstgeschwindigkeit		km/h	175	175

Die 05-Prototypen waren als Schnellfahrlokomotiven konzipiert. Mit ihnen wollte die Reichsbahn u.a. Reisezugwagen bei Tempo 150 km/h erproben

haus eine saugende Dampfstrahlpumpe (300 l/min) eingebaut. Der Kolbenspeisepumpe war ein Knorr-Oberflächenvorwärmer nachgeschaltet. Der Rahmen war als Barrenrahmen mit 90 mm starken Wangen ausgeführt, der sich an sechs Punkten auf dem Laufwerk abstützte. Dabei bildeten die Gleitflächen der Laufdrehgestelle die vorderen und hinteren Abstützpunkte, das

Lastausgleichsystem der Kuppelradsätze die beiden mittleren. Die 2.300 mm großen Kuppelradsätze waren fest im Rahmen gelagert. Die Spurkränze am mittleren wurden um 15 mm geschwächt, um eine zufriedenstellende Kurvengängigkeit zu erreichen. Die Durchmesser der Laufräder betrugen 1.100 mm. Das vordere Drehgestell war mit einem Innenrahmen versehen,

während das hintere einen Außenrahmen besaß, um Platz für den Aschkasten zu lassen. Gelagert wurden die Laufradsätze in Fischer-Pendelrollenlagern.

Um eine ausreichende Laufruhe und ein besseres Anfahrverhalten zu gewährleisten, erhielten die Maschinen ein Dreizylindertriebwerk, wobei die beiden Außenzylinder mit je 450 mm Durchmesser den

Um dem Personal die Streckensicht zu gewährleisten, fuhr 05 003 eigentlich „rückwärts", mit der Rauchkammer zum Tender. Später wurde sie gedreht

FOTOS: SLG. REINSHAGEN, SLG. HÖRNEMANN, SLG. CLÖSSNER, SLG. NIEDT

Bei ihren Nachkriegseinsätzen beim Bw Hamm erschienen die 05er, von den Stromschalen befreit, im gewohnten Aussehen der Einheitslokomotiven

zweiten Kuppelradsatz, der Innenzylinder vom gleichen Durchmesser den ersten Kuppelradsatz antrieben. Als Steuerung wurde eine der Bauart Heusinger verwendet. Zum Einbau gelangten Kolbenschieber, die durch eine schnelle und weite Öffnung der Steuerkanäle von der Regelausführung abwichen. Druckausgleicher der Bauart Borsig sorgten für gute Leerlaufeigenschaften.

Für eine ausreichende Abbremsung war eine selbsttätige Einkammer-Druckluftbremse mit Zusatzbremse der Bauart Knorr vorgesehen, die auf die Räder aller Radsätze beidseitig wirkte. Nur der erste Radsatz des Vorlaufgestells wurde einseitig abgebremst. Die Druckluft wurde von einer Doppelverbundluftpumpe der Bauart Nielebock-Knorr erzeugt. Zur Vermeidung festgebremster Radsätze kam ein Bremsdruckfliehkraftregler zum Einbau, der unter einer Geschwindigkeit von 60 km/h die Bremskraft reduzierte. Zur Sicherung der Lok im Stillstand fand eine Wurfhebelbremse Verwendung. Für die Schmierung aller unter Dampf gehenden Teile waren zwei Hochdruckschmierpumpen Bauart Bosch-Reichsbahn zuständig. Über Druckluftsandstreuer konnten alle gekuppelten Radsätze gesandet werden. Die Beleuchtung der Lokomotive erfolgte mit 24-Volt-Glühlampen; den dafür benötigten Strom lieferte ein Dampfturbogenerator, der auch die Energie für die Dreifrequenz-Indusi erzeugte. Zur Kontrolle der Geschwindigkeit wurde ein Tachometer Bauart Deuta verwendet. Gekuppelt waren die Maschinen mit Tendern der Bauart 2'3 T 37 mit Stromlinienverkleidung.

05 003: Bedingt durch die um 180° gedrehte Einbaulage des Kessels ergaben sich für diese Lok einige konstruktive Abweichungen von den beiden ersten Maschinen. Der aus Molybdän-Sonderstahl genietete Kessel erhielt als erster bei der DRG eine 1.500 mm

lange Verbrennungskammer an der geschweißten Feuerbüchse. Die Rohrlänge dieses Kessels betrug daher nur noch 5.500 mm. Verwendung fand eine Steinkohlenstaubfeuerung mit zwei Brennern der Bauart AEG. Dadurch konnte der Aschkasten entfallen, was wiederum den Einbau zweier Drehgestelle mit Innenrahmen ermöglichte. Weil die Hauptfahrtrichtung bei dieser Lok rückwärts war, wurde die Heusinger-Steuerung mit Kuhnscher Schleife ausgeführt. Als Tender kam ein 2'3 T 35 mit Stromlinienverkleidung und einem Fassungsvermögen von 10 t Kohlenstaub zum Einsatz.

Betriebseinsatz

Kurz nach der Abnahme 1935 begannen mit der 05 001 die planmäßigen Versuchsfahrten mit dem Meßwagen des LVA Grunewald. Dabei zeigte sich, abgesehen von den üblichen, unbedeutenden Kinderkrankheiten, daß die Lokomotive das geforderte Betriebsprogramm spielend erfüllte und darüberhinaus hervorragende Laufeigenschaften aufwies. Auch die Bremse arbeitete zufriedenstellend, sie konnte einen Zug selbst aus der zulässigen Höchstgeschwindigkeit von 175 km/h noch innerhalb des auf 1.200 m festgesetzten Vorsignalabstandes für Schnellfahrstrecken anhalten. Bei diesen Fahrten wurden bereits Geschwindigkeiten bis etwa 185 km/h erreicht, ohne daß besondere Anstrengungen unternommen wurden. Als durch die lange andauernden Versuchsfahrten mit ihren häufigen Abbremsungen ein Radreifen der Lokomotive wegen zu großer Wärmeentwicklung beschädigt wurde, setzte man die Versuche mit der 05 002 fort.

Nach ihrem Umbau wurde 05 003 im März 1945 in Tarnanstrich beim Bw Hamburg-Altona stationiert

Noch 1960 beeindruckte 05 003 die Besucher der Ausstellung „Schiene und Straße" in Essen

Nachdem diese Meßfahrten etwa ein Jahr gedauert hatten, allerdings mehrfach durch Ausstellungen der Lokomotive unterbrochen, entschloß sich die Reichsbahn, doch noch etwas für Prestige und Werbung zu tun. Sie setzte für den 11. Mai 1936 eine ausgesprochene Schnellfahrt von Hamburg Hbf nach Berlin-Spandau ins Programm. Hinter der 05 002 befanden sich außer dem Meßwagen noch drei Schnellzugwagen; das Gewicht des Zuges 4317 betrug 197 t. Am Regler stand Oberlokführer Oskar Langhans, während Reservelokführer Ernst Höhne als Heizer tätig war. Die besondere Bedeutung dieser Fahrt wurde dadurch unterstrichen, daß der damalige Reichsverkehrsminister Dorpmüller an ihr teilnahm. Doch die Öffentlichkeit wurde von der Rekordfahrt erst hinterher unterrichtet, so daß nur wenige Zuschauer den vorbeirasenden Zug beachteten.

Die Fahrt verlief planmäßig und ohne Störungen an der Lokomotive. Auch bei mehr als sechs Umdrehungen der riesigen Treibräder pro Sekunde lief sie erstaunlich ruhig. Bis Wittenberge, etwa auf halber Strecke gelegen, mußte die Geschwindigkeit wegen einiger Langsamfahrstellen und Bahnhofsdurchfahrten mehrmals gedrosselt werden; dennoch wurden Spitzenwerte von fast 180 km/h erreicht. Als eigentliche Rekordstrecke war ein etwa 20 km langer, ebener und nahezu krümmungsfreier Abschnitt zwischen Neustadt an der Dosse und Paulinenaue, im letzten Drittel der Gesamtstrecke, vorgesehen. Und hier wurde denn auch, zwischen den Bahnhöfen Friesack und Vietznitz, die höchste Geschwindigkeit gefahren. Die Aufzeichnung im Meßwagen zeigte 200,4 km/h. Damit war die 05 002 zweifellos die schnellste Dampflokomotive der Welt. Die Rekordgeschwindigkeit war einwandfrei durch den Meßstreifen belegt.

Nach Beendigung der Versuchsfahrten wurden die beiden Lokomotiven im Fernschnellzugdienst zwischen Berlin und Hamburg-Altona eingesetzt, wo sie mit ihrer weinroten Lackierung viel beachtet wurden. Das wesentliche Ergebnis der Versuchsfahrten zeigte sich in der Tatsache, daß die nach 1939 beschafften Serien der Einheits-Schnellzuglokomotiven für 150 km/h zulässige Höchstgeschwindigkeit mit Drillingstriebwerk und Voll-Stromlinienverkleidung geliefert wurden (Baureihen 01.10 und 03.10).

Keineswegs so positiv verliefen die Erprobungen der 05 003. Weil der für die Fahrversuche benötigte Steinkohlenstaub nicht rechtzeitig zur Verfügung stand, wurde bei den ersten Meßfahrten vom LVA Grunewald auf der Strecke Berlin-Hamburg im Oktober und November 1937 Braunkohlenstaub verwendet. Zwar wurden nur 60 % der geplanten Leistung erreicht, doch verbrennungstechnisch gab es keine Probleme. Die Ursachen für die geringere Leistung lagen darin, daß das Getriebe für die Förderung von Steinkohlenstaub ausgelegt und in der Leistung nicht verändert werden konnte.

Die Versuche mit Steinkohlenstaub waren jedoch ein Fehlschlag. Die Feuerung versagte wegen Luftmangels, das Staub-Luft-Gemisch entmischte sich teilweise, der Staub fiel unverbrannt aus den Brennern,

und es traten erhebliche Druckverluste in der Staub-Luft-Leitung auf. Außerdem war nach kurzer Zeit die Feuerbüchsrohrwand mit Schlackenestern völlig zugesetzt. Weil auch bauliche Veränderungen keine Besserung brachten, mußten die Versuchsfahrten schließlich abgebrochen werden.

Wie eine 1939/40 bei Borsig im Stand durchgeführte Untersuchung ergab, war Luftmangel die Hauptursache für das Versagen der Feuerung. Auf dem Weg zu den Brennern entstand in den langen und nicht in einer Flucht verlegten Leitungen ein Druckverlust von 80 %. Auch nach Begradigung der Rohre im Rahmen des baulich Möglichen und Vereinheitlichung der Querschnitte ergaben sich noch immer 50 % Druckverlust durch Reibung und Verwirbelung. Dadurch entschloß sich die DRG, den Auftrag zum Umbau in eine stückkohlegefeuerte Lokomotive, die mit dem Schornstein voraus fuhr, zu erteilen. Im März 1945 wurde sie unverkleidet von BLW abgeliefert. Sie war nun mit einem Tender der Bauart 2'3 T 38,5 gekuppelt, dem größten Tender, den die DRG bauen ließ. Anschließend wurde sie sofort dem Bw Hamburg-Altona zugeteilt und mit einem Tarnanstrich versehen. Planmäßig zum Einsatz kam die Lok aber erst nach einer 1950 bei Krauss-Maffei erfolgten Hauptuntersuchung. Auch die beiden zuerst gelieferten Maschinen erhielten zu dieser Zeit dort eine Hauptuntersuchung, die mit einem Umbau verbunden war. Man entfernte auch bei diesen Loks die Vollverkleidung, so daß nun alle drei 05er das typische Erscheinungsbild der Einheitsloks aufwiesen. Wegen der schlechten Eigenschaften des verwendeten Kesselbaustahls wurde bei allen drei Maschinen der zulässige Höchstdruck von 20 auf 16 bar reduziert.

Alle drei Lokomotiven der Baureihe 05 liefen dann beim Bw Hamm bis zu ihrer gemeinsamen Ausmusterung am 14. Juli 1958 im FD-Plan und beförderten die Zugpaare „Hanseat" und „Domspatz" zwischen Hamburg und Frankfurt anstandslos. Die 05 001 wurde später im AW Weiden zur Museumslok aufgearbeitet, wobei sie halbseitig wieder eine Stromlinienverkleidung erhielt. Heute steht sie im Verkehrsmuseum Nürnberg neben einer bayerischen S 2/6.

Im Jahre 1950 befanden sich die 05er zur Hauptuntersuchung bei Krauss-Maffei in München

REDAKTION: BODO JASTER; FOTOS: SLG. HÖRNEMANN (3), SÄUBERLICH

Die nach dem zweiten Weltkrieg bei der DR verbliebene Lokomotive der französischen BR 231 E wurde als 07 1001 im Schnellzugdienst eingesetzt

07 1001

Diese Lokomotive ist ursprünglich von der Paris-Orléans-Bahn (PO) beschafft worden, die bei den Firmen Fives-Lille, Belfort und Cail in den Jahren von 1909 bis 1914 insgesamt 70 Exemplare dieser 2'C1'h4v-Schnellzuglokomotiven mit den Nummern 3521 – 3590 bauen ließ. Unter der Leitung von André Chapelon ist versuchsweise im Jahre 1929 die Lok mit der Bahnnummer 3566 umgebaut worden. Sie erhielt einen neuen Kessel, der statt mit 16 nun mit 17 bar betrieben wurde, Überhitzer Bauart Houlet, ACFI-Speisewasservorwärmer, Nicholson-Thermosyphon zum besseren Wasserumlauf im Kessel und eine doppelte Kylchap-Blasrohranlage. Der Umbau wurde ein voller Erfolg. Die Lokomotive entwickelte vor schweren Zügen eine Kesselleistung von 2200 kWi bei 120 – 130 km/h, das war eine Steigerung um 880 kW$_i$. Insgesamt sind Anfang der 30er Jahre 28 Lokomotiven derart umgebaut und an die Nordbahn abgegeben worden, wo sie die Bahnnummern 3.1171 bis 3.1198 erhielten. Die Nordbahn beschaffte mit den Bahnnummern 3.1111 bis 3.1130 weitere 20 Lokomotiven dieses Typs. Nach Bildung der SNCF am 1. Januar 1938 erhielten die Loks die Bahnnummern 231 E 1 – 231 E 48. Eine dieser Maschinen

wurde nach 1945 auf dem Gebiet der DR vorgefunden. Sie war 1912 von Cail mit der Fabriknummer 3608 und der Bahnnummer 3580 an die PO geliefert worden und trug bei der Nordbahn die Bahnnummer 3.1188.

Konstruktion

Die lange schmale Feuerbüchse und das gut ausgeglichene Vierzylinder-Verbund-Heißdampftriebwerk ließen die Maschine geeignet erscheinen, sie in die Versuche mit Kohlenstaubfeuerung einzubeziehen. Das Raw Stendal baute die Lokomotive auf Kohlenstaubfeuerung System Wendler um; die Abnahme fand am 6. Juli 1952 statt. Neben den Veränderungen, die durch die Kohlenstaubfeuerung bedingt waren (Entfernung des Aschkastens, zweite Luftpumpe und Hauptluftbehälter zur pneumatischen Staubaustragung), erfolgte eine Anpassung an die Betriebsbedingungen der DR. Zwar behielt man die Dabeg-Ventilsteuerung bei, verlegte aber die Umsteuerung und die für den Lokführer wichtigen Armaturen und Instrumente auf die rechte Seite. Die Lokomotive erhielt ein Führerhaus der Einheitsbauart, behielt zunächst die Kylchap-Blasrohranlage und bekam später Blasrohr und Schornstein

der Baureihe 58.10–21. Für die Versuchsfahrten war sie mit einem Kohlenstaubtender 2'2' T 26 Kst gekuppelt, später erhielt sie den Kohlenstaubtender 2'2' T 28,5 Kst der rekonstruierten 03 1087.

Betriebseinsatz

Unter der Betriebsnummer 07 1001 wurde die Maschine erst dem Bw Berlin Ostbahnhof, dann dem Bw Dresden-Altstadt zugewiesen (1954) und kam zusammen mit der 08 1001 in den Schnellzugdienst auf der Strecke Dresden – Berlin. Als Einzelgänger mit einem komplizierten Innentriebwerk und vielen von den deutschen Normen abweichenden Bauteilen war ihre Existenz jedoch begrenzt. Die Lokomotive wurde am 4. Februar 1958 ausgemustert.

TECHNISCHE DATEN

Bezeichnung		07 1001
Umbaujahr		1952
Umbaustätte		Raw Stendal
Bauart		2'C1'h4v
Spurweite	mm	1435
Länge über Puffer		
mit Tender 2'2'T 28,5 Kst	mm	23455
Leermasse (ohne Tender)	t	93,9
Dienstmasse (ohne Tender)	t	101,8
Reibungsmasse	t	57,3
Verdampfungsheizfläche	m²	199,3
Strahlungsheizfläche	m²	18,9
Überhitzerheizfläche	m²	80,0
Betriebsstoffvorräte Kohlenstaub	t	10
Wasser	m³	28,5
Höchstgeschwindigkeit	km/h	140

REDAKTION: MANFRED WEISBROD; FOTO: SLG. KNIPPING

Die von der DR als 08 1001 bezeichnete ursprünglich französiche Lokomotive der Baureihe 241 A besaß eine Kohlenstaubfeuerung System Wendler

08 1001

Die von der DR als 08 1001 einge-nummerte Maschine ist ebenso wie die 07 1001 elne nach Krlegsende ln Deutschland verbliebene französische „Leihlokomotive". Sie war im Gebiet der Rbd Greifswald abgestellt.

Die 2'D1'h4v-Lokomotive ist eine Entwick-lung der Französischen Ostbahn, die 1925 in den Werkstätten von Epernay den Proto-typ mit der Bahnnummer 41 001 bauen ließ. In den Jahren 1931/1932 entstanden weitere 40 Maschinen mit den Bahnnum-mern 241.002 bis 241.041, die sich vom Prototyp u. a. durch die Erhöhung des Kes-selsdruckes von 17 auf 20 bar unterschie-den. An den Lokomotiven sind im Laufe der Jahre weitere Verbesserungen vorgenom-men worden. So erfolgte eine Verstärkung des Rahmenbaus, die Strömungswider-stände in den Dampfwegen vom Kessel zur Maschine wurden verringert, und die Injek-toren Bauart Davies & Metcalfe durch die große Mischvorwärmeranlage ACFI er-setzt. Nach der Umzeichnung durch die SNCF erhielten die Lokomotiven die Bau-reihenbezeichnung 241 A. Die bei der DR vorhandene Maschine hatte die Betriebs-nummer 241 A 21 getragen.

Konstruktion

Für den Umbau auf Kohlenstaubfeuerung war die Lokomotive insofern interessant, weil sie mit 12,25 m³ einen großen Ver-

brennungsraum und eine 2248 mm lange Verbrennungskammer (gemessen von der Stlefelknechtplatte bis zur Rohrwand) hat-te, somit also den für die Kohlenstaubfeue-rung erwünschten langen Ausbrennweg für die Staubpartikel besaß.

Die Lokomotive wurde im Raw „7. Oktober" Zwickau 1952 betriebsfähig hergerichtet und auf Kohlenstaubfeuerung System Wendler umgebaut. Die wesentlichen Än-derungen bestanden im Entfall der Rostla-ge und der Einbeziehung des Aschkastens in den Feuerraum, der Änderung der hinte-ren Kesselträger-Konstruktion durch die Einführung der Brenner in den Brennraum, dem Anbau einer zweiten Doppelverbund-Luftpumpe und eines zusätzlichen Haupt-luftbehälters für die pneumatische Staub-förderung und dem Einsatz eines Tenders der Bauart 2'2' T 28 Kst.

Weitere Umbauten bestanden im Aus-tausch des Überhitzers gegen einen der Bauart Schmidt, wobei die Überhitzerheiz-fläche um ca. 40 m² verkleinert wurde, der Ersatz des ACFI-Mischvorwärmers gegen einen Oberflächenvorwärmer Bauart Knorr mit einer Nielebock-Knorr-Kolbenspeise-pumpe, der Tausch der Kesselsicherheits-ventile Bauart Coale gegen solche der Bauart Ackermann, Verlegung des Führer-standes und der Umsteuerung auf die rech-te Seite. Der Kesseldruck wurde gemäß den Bestimmungen der DR auf 16 bar reduziert.

Betriebseinsatz

Im Februar 1953 kam die Maschine in die Fahrzeugversuchsanstalt (FVA) Halle zur meßtechnischen Untersuchung. Hierbei er-folgten Änderungen an der Saugzuganlage und der Einbau eines neuen Schornsteins. Mit einer derart kastrierten Lokomotive konnten natürlich nicht die Leistungen er-bracht werden, die die Maschinen dieser Gattung auf der Französischen Ostbahn ge-zeigt hatten. Vielmehr blieb die 08 1001 in der Zughakenleistung unter der der Baurei-hen 01 und 03, übertraf sie aber in den spe-zifischen Verbrauchswerten an Dampf und Brennstoff. Nach Abschluß der Meßfahrten, die sich fast über das ganze Jahr 1953 er-streckten, kam die Lok zum Bw Dresden-Altstadt und wurde im Schnellzugdienst nach Berlin eingesetzt. Als ungewohnter Einzelgänger mit einem wartungsauf-wendigen de Glehn-Triebwerk fand die Maschine keine Freunde und wurde 1958 zusammen mit der 07 1001 ausgemustert.

REDAKTION: MANFRED WEISBROD; FOTO: SLG. KNIPPING

TECHNISCHE DATEN

Bezeichnung		08 1001
Umbaujahr		1952
Umbaustätte		Raw „7. Oktober" Zwickau
Bauart		2'D1'h4v
Spurweite	mm	1435
Länge über Puffer		
mit Tender 2'2'T 28,5 Kst	mm	24800
Dienstmasse (ohne Tender)	t	122,5
Reibungsmasse	t	84,2
Verdampfungsheizfläche	m²	223,2
Überhitzerheizfläche	m²	94,2
Betriebsstoffvorräte	Kohlenstaub t	10
	Wasser m³	28,5
Höchstgeschwindigkeit	km/h	110

Die in nur zwei Exemplaren gebaute BR 10 bildete den Abschluß in der Entwicklung der Schnellzugdampflokomotiven bei der Deutschen Bundesbahn

Baureihe 10

Das Neubaudampflokprogramm der DB sah auch eine Schnellzugdampflokomotive vor, die die Baureihenbezeichnung 10 erhalten sollte. Der Entstehung dieser Lok gingen heftige Debatten voraus. Favorisierte man anfangs noch die Beschaffung einer für die Beförderung der leichten FD-Züge ausreichenden Lok mit der Achsfolge 1'C1', die somit einer verstärkten Variante der ebenfalls im Entstehen befindlichen BR 23 entsprochen hätte, wurde in der Baureihe 10 bald ein Ersatz für die BR 01.10 gesehen, die dieser leistungsmäßig sogar noch überlegen sein sollte. Durch lange Diskussionen über die zukünftige Lok verzögerte sich der Bau dieser Maschinen, so daß die Entwürfe bald vom technischen Fortschritt ein- bzw. überholt wurden. Noch während des Baus der Probelokomotiven faßte man den Entschluß, daß keine Weiterbeschaffung der Baureihe erfolgen sollte. Nunmehr Nachzügler einer vergehenden Epoche setzte die Baureihe 10 zwar keinen herausragenden, aber doch einen markanten Schlußstrich unter die Entwicklung der Deutschen Schnellzugdampfloks. 1956 lieferte Krupp die 10 001 unter der Fabriknummer 3351, als einzige Schwesterlok folgte die 10 002 Anfang 1957. In Aussehen und Technik unterschieden sich die Maschinen deutlich vom gewohnten Bild der Einheitsdampfloks.

Konstruktion

Der vollständig geschweißte, zweischüssige Kessel war eine Weiterentwicklung des Neubaukessels der Baureihe 01.10. Der Langkessel war jedoch um 500 mm länger als bei der 01.10. Daraus resultierte eine Rohrlänge von 5500 mm. Die Feuerbüchse mit der Verbrennungskammer bestand aus IZ II-Stahl und wurde von mit Spiel ohne Gewinde eingeschweißten Stehbolzen getragen. Der für einen Höchstdruck von 18 bar ausgelegte Kessel produzierte über 15 t Dampf in der Stunde bei einer Heizflächenbelastung von 74 kg/m²h. Über einen Einfachventil-Heißdampfregler mit Seitenzugbedienung wurde der Dampf entnommen. Gespeist wurde der Kessel über eine Kolbenspeisepumpe in Verbindung mit einer Heinl-Mischvorwärmeranlage mit Warmwasserspeicher über den Außenzylindern unter der Verkleidung und über einen nichtsaugenden Friedmann-Injektor. Der Abdampf wurde durch zwei hintereinanderliegende Blasrohre und einen aus einem Gußstück bestehenden Doppel-

schornstein ausgestoßen. Der somit erreichte stärkere Saugzug machte den Kessel in Verbindung mit einer hohen Überhitzung sehr leistungsfähig.

Der aus 25 mm starken Wangen bestehende Rahmen war vollständig geschweißt. Auch der aus Stahlguß bestehende Drei-Zylinderblock war mit dem Rahmen verschweißt. Der 1:10 geneigte Innenzylinder des Drillingstriebwerkes wirkte auf den ersten Kuppelradsatz, während die beiden

Nach ihrer Außerdienststellung im Jahre 1968 stand die 10 001 noch lange im Bw Kassel (Mai 1971)

Außenzylinder den mittleren Kuppelradsatz antrieben. Jeder Zylinder hatte eine separate Heusingersteuerung, wobei der mittlere Schieber von einer am dritten Kuppelradsatz links angebrachten Gegenkurbel angesteuert wurde. Der Schieberantrieb der Außenzylinder erfolgte über den zweiten Kuppelradsatz in herkömmlicher Bauart. Das Verstellen der Steuerung wurde mit Druckluft unterstützt. Die Stangenlager und alle Achslager der Loks waren als Wälzlager ausgebildet. Einzige Ausnahme bildete das hintere Treibstangenlager des Innentriebwerks der 10 001, das noch als Gleitlager ausgeführt wurde, während bei der 10 002 bereits ein geteiltes Wälzlager zur Anwendung kam. Gegenüber den Einheitsloks vergrößerte man den Drehgestellradsatzabstand auf 2250 mm. Der Laufraddurchmesser betrug hier, wie auch bei der Schleppachse 1000 mm. Die 2000 mm großen Treibräder waren fest im Rahmen gelagert, der Spurkranz des mittleren Radsatzes jedoch um 15 mm geschwächt. Die Sandung der Treibräder erfolgte über Druckluftsandstreuer und Fallrohre einseitig von vorn. Zur besseren Zugänglichkeit brachte man die Sandbehälter unterhalb des Umlaufs an. Alle Radsätze der Lok konnten abgebremst werden, wobei die Treibradsätze jeweils von innen über Scherenbremsen, die Drehgestellradsätze einseitig von innen und der Schleppradsatz und die Tenderradsätze beidseitig abgebremst wurden.

Die Tender, rahmenlose und selbsttragende Konstruktionen, unterschieden sich wegen unterschiedlicher Feuerungsarten bei der Anlieferung voneinander. Während 10 001 anfangs mit Kohle- und Ölzusatzfeuerung ausgerüstet war, verfügte 10 002 bereits ab Werk über eine Ölhauptfeuerung. Ab dem 22. Juli 1959 lief auch die 10 001 mit Ölhauptfeuerung. Der Tender der 10 001 hatte ursprünglich ein Fassungsvermögen von 9 t Kohle und 4,5 m³

Öl, war mit Kohlennachschubeinrichtung und Kohlenabdeckklappen ausgerüstet. Der Ölbunker des Tenders der 10 002 faßte 12,5 m³ Öl. Der Wasservorrat betrug bei beiden Loks 40 m³. Die Wassereinlaufdeckel konnten mit Druckluft betätigt werden. Nach dem Umbau der 10 001 waren beide Loks fast baugleich. Das geschlossene Führerhaus und der Tender waren mittels einer Gummiwulst gegeneinander abgedichtet.

An Sondereinrichtungen sind noch die Spurkranzschmierung und eine Zentralschmierung zur Versorgung unzugänglicher Schmierstellen zu erwähnen. Beide Lokomotiven verfügten außerdem über eine induktive Zugsicherung (Indusi). Markantes Augenmerk der Neubauloks war die teilweise Verkleidung des Triebwerks, die einerseits der Windschlüpfrigkeit, andererseits aber auch der Wärmedämmung der Dampfmaschine diente und außerdem der schnellen Verschmutzung des Triebwerks entgegenwirkte.

Betriebseinsatz

Nach der Indienststellung der Baureihe 10 kamen beide Loks im März 1958 nach Bebra. Ihr Einsatz erfolgte auf den Strecken nach Kassel, Frankfurt (Main) und Hannover. Später kamen Langläufe auf der Nord-Süd-Strecke zwischen Lüneburg/Hannover und Würzburg/Ingolstadt hinzu. Mit der Fertigstellung der Fahrleitung im Raum Bebra wurden die zwei Loks entbehrlich und am 20. September 1962 nach Kassel umbeheimatet. Ab dem Sommerfahrplan 1963 fuhren beide 10er planmäßig auf der Main-Weser-Bahn zwischen Kassel und Frankfurt (Main). Doch auch auf dieser Strecke schritt die Elektrifizierung voran und erreichte knapp zwei Jahre später Gießen, das hiermit ab Mai 1965 südlicher Wendepunkt wurde. Ein Triebwerksschaden an der 10 002 führte dann im Januar 1967 zu ihrer z-Stellung.

Am 20. März 1967 konnte der elektrische Betrieb zwischen Frankfurt und Kassel durchgehend aufgenommen werden. Der 10 001 oblag noch die Bespannung des Eröffnungszuges von Kassel nach Gießen. Die Rückleistung übernahm die E 03 003. Anschließend bestand weder in Kassel noch bei anderen Dienststellen Bedarf an dieser Lok. Dennoch kam 10 001 ab März noch auf der Relation Kassel – Münster über Paderborn, Soest und Hamm zum Einsatz. Ein Schieberstangenbruch erzwang im Januar 1968 ihre Abstellung. Somit schieden beide 10er nach nur etwa zehnjähriger Einsatzzeit aus dem Unterhaltungsbestand aus.

Während die 10 002 nach ihrer z-Stellung noch einige Jahre als Heizlok im Ludwigshafener Hauptbahnhof diente und später verschrottet wurde, wurde die 10 001 im Bw Kassel hinterstellt. Zunächst war sie für das Museum für Verkehr und Technik in Berlin vorgesehen. 1976 wurde sie dann aber an das Deutsche Dampflokmuseum in Neuenmarkt Wirsberg verkauft, wo sie noch heute besichtigt werden kann.

Einen Blick hinter die Frontverkleidung der 10 001 ermöglicht diese Aufnahme aus dem Jahre 1957

REDAKTION: JÖRG BADMANN; FOTOS: SLG. CARSTENS, REINSHAGEN, SLG. KNIPPING

Die weiterentwickelte preußische S 3 wurde später als S 5² bezeichnet. Noch nach dem Zweiten Weltkrieg waren Einzelexemplare in Betrieb

Baureihe 13⁶⁻⁸ (pr S 5²)

Ständig steigende Zugmassen und die Forderung nach höheren Geschwindigkeiten im Fernzugverkehr brachten in den neunziger Jahren des 19. Jahrhunderts auch die Preußischen Staatseisenbahnen in Zugzwang. Gefragt waren leistungsfähige Schnellzuglokomotiven. So kam die Erfindung des Zivilingenieurs Wilhelm Schmidt gerade recht, mit Hilfe des von ihm entwickelten Heißdampfverfahrens die Zugkraft der Dampflokomotiven zu erhöhen. 1898 rüstete die Stettiner Schiffs- und Maschinenbau AG Vulcan eine Lokomotive der Gattung S 3 mit Überhitzerelementen aus. Mit einer von Henschel ebenfalls umgerüsteten P 4 standen noch im gleichen Jahr die ersten beiden Heißdampflokomotiven der Welt zur Verfügung, die durch ihr Leistungsverhalten auf Anhieb überzeugten. 1901 ging die KPEV zur Serienbeschaffung der Heißdampf-S 3 über, und bis 1909 entstanden immerhin 109 dieser mit der Gattungsbezeichnung S 4 eingeordneten Maschinen. Die preußischen Lokomotivkonstrukteure scheuten aber weder Kraft noch Mühe, um die S 3 zu verstärken und damit ihre Leistungsfähigkeit weiter zu erhöhen. Mit den praktischen Arbeiten wurde wiederum Vulcan betraut. Ein vergrößerter Kessel ermöglichte die bessere Ausnutzung der Heizfläche. Die Kuhnsche Schleife verbesserte die Steuerung dieser Loks. Zwischen 1905 und 1911 stellte die KPEV 367 Lokomotiven dieser Bauart in Dienst. Zunächst als S 3 der verstärkten Bauart bezeichnet, erhielten die Maschinen ab 1910 die Bezeichnung S 5². Aber nicht alle Maschi-

nen wurden tatsächlich umgezeichnet! Neben der KPEV stellte die Oldenburgische Staatsbahn und die Lübeck-Büchener Eisenbahn derartige Lokomotiven in Dienst.

Konstruktion

Die preußische S 5² verfügte über einen genieteten Kessel mit kupferner Feuerbüchse und zwei Kesselschüssen. Hinzu kamen je zwei Dampfstrahlpumpen der Bauart Strube. Zum Einbau gelangte ein Blechrahmen. Ebenfalls in einem Blechrahmen lagerte das seitenverschiebbare Drehgestell. Für gute Laufeigenschaften sorgten stabile Blattfedern. Die Spurkränze der Treibachse wurden um 5 mm geschwächt. Bei der preußischen S 5 bewährte sich ein Zweizylinder-Naßdampf-Verbundtriebwerk. Beide Zylinder wirkten ausschließlich auf die erste Kuppelachse. Mit Ausnahme der für Oldenburg gebauten Lokomotiven, die Lentz-Ventilsteuerungen erhielten, statteten die Herstellerwerke die S 5² mit der bewährten außenliegenden Heusinger-Steuerung aus. Die Westinghouse-Druckluftbremse wirkte nur auf die Kuppelräder; die Laufräder blieben ungebremst.

Betriebseinsatz

Die preußische S 5² war in Maschinenstationen fast aller preußischen Eisenbahndirektionen beheimatet. Auffallend große Stückzahlen hatten die Bezirke Coeln, Hannover, Königsberg und Stettin erhalten. Nach dem Ersten Weltkrieg mußten

etwa 90 Maschinen nach Polen, Belgien und Lettland abgegeben werden oder verblieben dort. Im Umzeichnungsplan der DRG von 1925 waren noch 200 Maschinen der preußische S 5² enthalten, die nunmehr als Baureihe 13⁶⁻⁸ bezeichnet wurden. Einheitslokomotiven verdrängten Anfang der dreißiger Jahre die letzten der als 13 651 – 13 850 eingeordneten Maschinen aus dem Betriebsgeschehen. Allerdings wurden durch die Okkupation Polens während des Zweiten Weltkriegs erneut Maschinen der Baureihe 13⁶⁻⁸ in den Bestand der Deutsche Reichsbahn übernommen. Davon verblieben etwa zehn Loks in der sowjetischen Besatzungszone, die 1955 und 1956 den Polnischen Staatsbahnen zurückgegeben und hier 1962 ausgemustert wurden.

AUTOR: W.- D. MACHEL; AUFNAHME: SLG. KNIPPING

TECHNISCHE DATEN

Bezeichnung		13 651 – 13 850
		13 851 – 13 1861
frühere Bezeichnung		pr. S 5²
Beschaffungszeitraum		1905 – 1911
Bauart		2'Bn2v
Spurweite	mm	1435
Länge ü. Puffer mit Tender	mm	17 761
Tenderbauart		pr. 4 T 21,5
Leermasse (ohne Tender)	t	49,8
Dienstmasse (ohne Tender)	t	55,6
Reibungsmasse	t	32,4
Verdampfungsheizfläche	m²	136,3 und 141,0
Strahlungsheizfläche	m²	10,6 und 11,2
Kohlevorrat	t	7,0
Wasservorrat	m³	21,5
Höchstgeschwindigkeit	km/h	110

Bereits 1928 trennte sich die Deutsche Reichsbahn-Gesellschaft von den letzten pr. S 6-Maschinen. In Polen waren sie noch nach 1945 im Dienst

Baureihe 13¹⁰⁻¹² (pr S 6)

Die von der KPEV um 1902 vorgesehenen Schnellfahrversuche standen im Zusammenhang mit einem vom Verein deutscher Ingenieure ins Leben gerufenen Preisausschreibens. Das Forderungsprogramm berücksichtigte eine Maschine, die eine Wagenzugmasse von 180 t mit 120 km/h in der Ebene befördern kann. Daraufhin legte Robert Garbe im Verlaufe des Jahres 1904 dem preußischen Lokomotivausschuß den Entwurf einer 2'Bh2-Lokomotive vor, der in der Breslauer Maschinenbauanstalt ausgearbeitet worden war. Obwohl die Achsfahrmasse von 16,5 t eine halbe Tonne über dem angestrebten Wert lag, akzeptierte man diese Lösung im wesentlichen. Der wenig später leicht überarbeitete Entwurf bildete 1906 die Grundlage zum Bau der ersten Lokomotive in Breslau. Die im Direktionsbezirk Hannover stationierte Maschine bewährte sich auf Anhieb. Dennoch blieben Schwächen an der preußischen S 6 unübersehbar. Zum einen wurde ein „harter Gang" festgestellt, zum anderen erzitterte der Führerstand bei hohen Geschwindigkeiten stark. Durch Nachbesserungen konnten günstigere Laufeigenschaften erreicht werden. Alles in allem aber bewährten sich die Maschinen vor allem auf Flachlandstrecken und sorgten auf internationalen Ausstellungen 1910 in Brüssel und 1911 in Turin für großes Aufsehen. Immerhin wurden von 1906 bis 1913 insgesamt 584 Lokomotiven dieser Gattung gebaut.

Konstruktion

Der genietete Langkessel bestand aus zwei Schüssen und einem anschließenden Stehkessel mit zylindrischem Oberteil. Der Hinterkessel wurde zwischen den Rahmenwangen eingezogen. Der Dampfdom nebst Naßdampfventilregler fand auf dem ersten Kesselschuß, der Sandkasten in Kesselmitte Platz. Vorhanden waren eine Kolbenspeisepumpe der Bauart Schmidt und eine saugende Dampfstrahlpumpe. In den Blechrahmen war das Laufwerk mit Vierpunktabstützung integriert. Die beiden Achsen des führenden Drehgestells waren seitenverschiebbar. Zwei außenliegende, waagerecht liegende Zylinder mit einstufiger Dampfdehnung sorgten für ein ausreichendes Leistungsvermögen. Angetrieben wurde die erste Kuppelachse, auf die die Heusinger-Steuerung wirkte. Hinzu kamen Kolbenschieber und Westinghouse- oder Knorrbremsen

Betriebseinsatz

Die preußische S 6 gelangte mit Ausnahme der KPEV-Direktionen Berlin und Königsberg in allen Bezirken zum Einsatz. Als während des Ersten Weltkriegs der Schnellzugverkehr teilweise stark eingeschränkt werden mußte, wurde viele S 6-Loks abgestellt. Doch zu Beginn der zwanziger Jahre waren sie vor Schnellzügen auf den Strecken Berlin – Dresden, Leipzig – Dresden und Berlin – Stralsund noch unentbehrlich. Zuvor waren im Rahmen der Reparationsleistungen auf Grundlage des Versailler Vertrags bereits 81 Maschinen nach Polen, 42 nach Belgien, zwei nach Italien und eine nach Litauen abgegeben worden. Die DRG übernahm im endgültigen Umzeichnungsplan von 1925 noch 286 Loks als 13 1001 – 13 1286. Zu diesem Zeitpunkt lief die 1923 begonnene Ausmusterung schon auf Hochtouren; sie konnte 1928 im wesentlichen abgeschlossen werden. Einige Maschinen übernahm die Deutsche Reichsbahn wiederum während des Zweiten Weltkriegs im okkupierten Polen. Sie dürften aber bald ausgemustert worden sein.

TECHNISCHE DATEN

DRG-Bezeichnung		13 1001 – 13 1286
frühere Bezeichnung		pr. S 6
Beschaffungszeitraum		1906 – 1913
Bauart		2'Bh2
Spurweite	mm	1435
Länge über Puffer mit Tender	mm	18 350
Tenderbauart		pr. 2'2' T21,5
Leermasse (ohne Tender)	t	54,6
Dienstmasse (ohne Tender)	t	60,6
Reibungsmasse	t	34,7
Verdampfungsheizfläche	m²	36,83
Strahlungsheizfläche	m²	12,05
Kohlevorrat	t	5,0
Wasservorrat	m³	21,5
indizierte Leistung	kW	870
Höchstgeschwindigkeit	km/h	110

AUTOR: W.-D. MACHEL · AUFNAHME: SLG. KNIPPING

Die von der DRG übernommenen S 10²-Lokomotiven wurden bis auf wenige Exemplare bereits 1935 zugunsten von Einheitsmaschinen ausgemustert

Baureihe 17⁰⁻¹, ¹⁰⁻¹², ² (pr S 10, S 10¹·²)

Die im Jahre 1910 von der KPEV in Dienst gestellten 2'Ch4-Lokomotiven der Gattung S 8 waren die ersten beiden dreifachgekuppelten Schnellzuglokomotiven, die jedoch nur in zwei Exemplaren gebaut worden waren. Obwohl diese Maschinen noch nicht die Leistungsfähigkeit erreichten, die man erhofft hatte, wiesen sie den richtigen Weg. So wurden die Konstruktionsunterlagen gründlich überarbeitet. In diesem Zusammenhang führte man den vor dem ersten Kuppelradsatz befindliche Teil des Rahmens als Barrenrahmen aus. Umschlossen mit Rahmenwangen befanden sich je ein Innen- und Außenzylinder halbsattelförmig übereinander, und die Zylinder der jeweils einen Seite wurden an ein gemeinsames Einströmrohr angeschlossen. 1911 fertigte die Berliner Maschinenbau AG (BEMAG) die ersten zehn dieser Lokomotiven, von denen eine auf der im gleichen Jahr stattgefundenen Weltausstellung in Turin präsentiert wurde. Da die Leistungsfähigkeit dieser Maschine noch immer nicht befriedigte, entschied man sich, die Rostfläche von 2,62 m² auf 2,86 m² zu vergrößern. Dadurch ergab sich ein Leistungszuwachs von immerhin sieben Prozent. Weitere Verbesserungen bei den 1913 und 1914 hergestellten Serienmaschinen, zu denen ein höherer Kesseldruck, überarbeitete Laufdrehgestelle und eine Speisewasser-Vorwärmeranlage gehörten, garantierten noch bessere Laufeigenschaften und

mehr Zugkraft. Die für die S 10 gebauten Tender entsprachen der Bauart 2'2' T 31,5 und faßten 7 t Kohle. Bis 1914 stellte die KPEV 200 Lokomotiven der Gattung S 10 in Dienst. Noch 1911 forderten das preußische Ministerium der öffentlichen Arbeiten und das Eisenbahn-Zentralamt den Bau einer Verbundmaschine, um das Leistungsvermögen von Schnellzuglokomotiven weiter anzuheben, zumal damit ein geringerer Kohleverbrauch möglich war, der insbesondere von den Direktionen Bromberg, Stettin, Danzig, Königsberg und Posen mit Ziel gefordert worden war, Dienstkohlentransporte aus dem Ruhrgebiet und aus Oberschlesien senken zu können. Man rechnete zudem aus, daß die höheren Beschaffungs- und Unterhaltungsaufwendungen für die Lokomotiven durch eingesparte Kohletransportkosten gut ausgeglichen werden können. Die auf Grundlage der S 10 basierende Konstruktionszeichnung der Maschine legte die Firma Henschel & Sohn noch im Jahre 1911 vor. Sie wurde umgehend bestätigt, so daß noch im gleichen Jahr der Lokbau anlief. Der gegenüber der S 10 höher gelegte Kessel er-

möglichte eine Tieferlegung der Feuerbüchse. Außerdem versprach man sich mit dem Einbau eines durchgehenden Blechrahmens bessere Laufeigenschaften, allerdings zu ungunsten der Zugänglichkeit bei der Wartung der Maschinen. Das Triebwerk der Bauart de Glehn nahm die waagerecht liegenden Hochdruck-Zylinder auf. Die außenliegende Heusinger-Steuerung entsprach der bei der S 10 verwendeten, wurde jedoch durch sogenannte Übertragerwellen betrieben. Einige Loks stattete man mit viereckigen Sandkästen, andere mit runden Sandkästen aus. In der Praxis zeigte die S 10¹ ein noch höheres Leistungsvermögen als die S 10. Hinzu kam die geforderte Kohleersparnis. Gekuppelt waren die Maschinen mit einem Tender der Bauart pr. 2'2' T 31,5.

TECHNISCHE DATEN

		17⁰⁻¹	17¹⁰⁻¹²	17²
DRG-Bezeichnung				
frühere Bezeichnung		S 10	S 10¹	S10²
Beschaffungszeitraum		1911 – 1914	1911 – 1913	1914 – 1916
Bauart		2'Ch4	2'Ch4v	2'Ch3
Spurweite	mm	1435	1435	1435
Länge über Puffer mit Tender	mm	19 390	20 910	21 200
Tenderbauart		pr. 2'2' T 31,5	pr. 2'2' T 31,5	pr. 2'2' T 31,5
Leermasse (ohne Tender)	t	73,2	75,4	73,8
Dienstmasse (ohne Tender)	t	80,3	82,6	80,9
Reibungsmasse	t	51,8	51,4	53,4
Verdampfungsheizfläche	m²	153,9	165,6	155,5
Strahlungsheizfläche	m²	14,6	17,0	14,2
Kohlevorrat	t	7,0	7,0	7,0
Wasservorrat	m³	31,5	31,5	31,5
Höchstgeschwindigkeit	km/h	110	120	110

Im Ersten Weltkrieg wurde diese S 10^2 von Hanomag an die KPEV ausgeliefert und mit der Betriebsnummer HALLE 1208 in den Lokpark eingereiht

Von den ausschließlich bei Henschel gebauten 2'Ch4v-Maschinen wurden zwischen 1911 und 1913 insgesamt 135 Exemplare ausgeliefert. Während der Serienbau der S 10- und 10^1-Maschinen auf Hochtouren lief, beschäftigten sich die zuständigen KPEV-Beamten mit dem Einsatz leichter instandzuhaltener Maschinen, die weniger als vier Zylinder erhalten sollten. Eine von der pr. P 8 abgeleitete 2'Ch2-Variante, die im Entwurf vorlag, wurde abgelehnt, weil bei einer Zweizylinderlok erfahrungsgemäß mit zu hohen Lager- und Zapfenbeanspruchungen zu rechnen war. Als Kompromiß entschieden sich die Techniker schließlich für eine 2'C-Lok mit Drillingstriebwerk. Die Stettiner Schiffs- und Maschinenbau-AG

Vulcan erhielt 1913 den Auftrag, entsprechende Konstruktionsunterlagen zu erarbeiten. Im Prinzip betrat Vulcan mit dem Drillingstriebwerk Neuland, da bis auf den Mißerfolg mit der Gattung T 6 diese Bauart nicht weiter verfolgt worden war. Vulcan nahm die S 10 zur Grundlage für die Weiterentwicklung. Im Hinblick auf eine bessere Zugänglichkeit des Innentriebwerks wurde nun ein kombinierter Blech-Barren-Rahmen vorgesehen. In einer Querebene lagen die Zylinder waagerecht neben bzw. über dem Laufdrehgestell. An den Schieberkreuzköpfen befindliche Umkehrhebel sorgten für die Steuerung des Innenzylinders. Im Einsatz war die S 10^2 überwiegend mit Tendern der Gattung 2'2' T 31,5. Noch 1914 liefer-

te Vulcan die ersten dieser Maschinen aus. Weitere Baulose fertigten Hanomag und die BEMAG. Gut eignete sich die Dreizylinderlok im Einsatz vor Schnellzügen in Ballungsgebieten, wo in kurzen Abständen mehrmals gehalten werden mußte. Dies traf besonders im Ruhrgebiet und in Oberschlesien zu. Bis 1916 beschaffte die KPEV insgesamt 124 dieser 2'Ch3-Maschinen. Wegen der kriegsbedingt erforderlich gewordenen Einschränkung des Schnellzugverkehrs bestand dann jedoch kein weiterer Bedarf an derartigen Lokomotiven.

Konstruktion

pr. S 10: Die Maschinen erhielten genietete Kessel, schmale, jedoch lange kupferne Feuerbüchsen, die zwischen dem Garbe-Stehkessel eingezogen wurden. Der Dampfdom nebst einem Naßdampfventilregler der Bauart Schmidt & Wagner fand auf dem vorderen Langkesselschuß, der Sandkasten auf dem ersten Schuß Platz. Der kombinierte Blech-/Barrenrahmen besaß vorn eine Stärke von 100 mm und hinten eine solche von 25 mm. Das Laufwerk war in einem Blechrahmendrehgestell untergebracht. Ein seitenverschiebbares Drehgestellager garantierte eine gute Kurvenläufigkeit. Während die erste und dritte Kuppelachse fest im Rahmen lagerte, wurden die Spurkränze der zweiten Kuppelachse leicht geschwächt. Zum Einbau gelangte ein Vierzylinder-Triebwerk mit einfacher Dampfdehnung. Alle vier Zylinder wirkten auf die als Treibachse ausgelegte erste Kuppelachse. Die außenliegende Heusinger-Steuerung übertrug die Kräfte mit-

Deutlich sind die unterschiedlich gestalteten Vorderfronten der S 10^1-Maschinen zu erkennen

AUFNAHMEN: SLG. HÖRNEMANN (2), SLG. KNIPPING

Die einzige erhalten gebliebene S 10 stand zuletzt bei der DR als 17 1055 im Dienst und gehört heute dem Dresdner Verkehrsmuseum

tels Übertragungswelle auf die Innenzylinder. Vorhanden waren außerdem zwei Doppelkolbenschieber. Die selbsttätige Knorr-Druckluftbremse war beidseitig auf alle Kuppelachsen ausgerichtet; zudem wurden die Drehgestellräder einseitig abgebremst.

Pr. S 10¹: Der vollständig genietete Langkessel bestand aus zwei Schüssen. Auf dem vorderen Schuß befand sich der Dampfdom; der Sanddom wurde in Kesselmitte befestigt. Ein Knorr-Oberflächenvorwärmer mit einer Speisepumpe kam hinzu. Der kombinierte Blech-/Barrenrahmen war im vorderen Teil als Barrenrahmen ausgebildet. Die Kuppelachsen lagerten in einem 25 mm starken Blechrahmen. Das Drehgestell hannoverscher Bauart besaß eine Seitenverschiebbarkeit von 40 mm nach beiden Seiten. Die erste und dritte Kuppelachse waren fest im Rahmen gelagert; die Spurkränze der zweiten Kuppelachse wurden um 15 mm geschwächt. Das Vierzylinder-Heißdampf-Verbundtriebwerk der Bauart de Glehn verfügte über zwei innenliegende Niederdruck- und zwei außenliegenden Hochdruckzylinder. Während die Hochdruckzylinder die zweite Kuppelachse antrieben, übertrugen die Niedruckzylinder die Kräfte auf die erste Kuppelachse. Die außenliegende Heusinger-Steuerung beeinflußte lediglich die Hochdruckzylinder. Die Innenzylinder wurden durch Schwinghebel und Übertragungswellen von den äußeren Schieberstangen angeleitet. Eine Kuhn'sche Schleife diente der Umsteuerung. Ausgerüstet waren die Maschinen mit einer Knorr-Druckluftbremse, die eine einseitige Abbremsung der Kuppelachsen von vorn

und der Drehgestellachsen von innen ermöglichte.

Pr. 10²: Der zweischüssige und in Nietbauweise gefertigte Kessel nahm den Dampfdom auf dem hinteren Kesselschuß auf. Ventilregler der Bauart Schmidt & Wagner sowie zwei Ramsbottom-Sicherheitsventile, eine Kolbenspeisepumpe, ein Knorr-Oberflächenwärmer und Dampfstrahlpumpe vervollständigten die Kesselanlage. Auch die S 10² erhielt einen kombinierten Blech-/Barrenrahmen, der dem der S 10¹ entsprach. Zu dem mit Sechspunktabstützung ausgeführten Laufwerk gehörte ein zweiachsiges Drehgestell hannoverscher Bauart. Die Spurkränze der zweiten Kuppelachse waren ebenfalls geschwächt. Angetrieben wurde die erste Kuppelachse. Die beiden Außenzylinder waren mit dem Innenzylinder verschraubt. Alle drei Zylinder lagen waagerecht. Ausserdem bildeten die Innenzylinder die Auflage für den Kessel. Die Heusinger-Steuerung, ergänzt durch Kolbenschieber der Regelbauart, wirkte auf die Außenzylinder. Die Bewegung des Schiebers wurde von den Bewegungen der äußeren Schieberkreuzköpfe abgeleitet. Vorhanden war eine selbsttätige Knorr-Druckluftbremse. Sie ermöglichte das einseitige Abbremsen der Dreh-

gestellräder und wirkte zweiseitig auf die Kuppelräder.

Betriebseinsatz

Von den preußischen S 10-Maschinen mußten 31 Exemplare nach Polen, 16 nach Belgien, 12 an Elsaß-Lothringen, sechs nach Litauen und eine nach Italien abgegeben werden. 135 Lokomotiven wurden mit den Betriebsnummern 17 001 – 17 135 von der DRG im endgültigen Umzeichnungsplan aufgenommen. Für den Schnellzugverkehr in Nord-

Genau 200 Maschinen stellte die KPEV von der S 10 in Dienst

Die preußische S 10¹ wurde über einen längeren Zeitraum hergestellt. Die 17 1010 gehörte zu einem 1912 von Henschel gefertigten Baulos

deutschland erwiesen sich die Maschinen bis Anfang der dreißiger Jahre als unentbehrlich. Eine Hochburg der Reihe 17[0-1] war das Bw Osnabrück Bremer Bf. Von hier aus übernahmen sie den Schnellzugdienst auf der Relation Hamburg-Altona – Bremen – Münster – Aachen. Durch die Inbetriebnahme von Einheitslokomotiven der Baureihe 03, aber ebenso durch den Einsatz der bay. S 3/6 wurden viele S 10-Maschinen entbehrlich. Der Unterhaltungsaufwand und der zu hohe Brennstoffverbrauch führten zu der Entscheidung, bis 1935 fast alle Maschinen auszumustern. Von den damit nicht einmal zwei Jahrzehnte alt gewordenen Lokomotiven waren nach dem Zweiten Weltkrieg noch fünf Maschinen vorhanden. Die drei bei DB verbliebenen wurden 1948 und 1954 endgültig ausgemustert und anschließend verschrottet. Die DR hatte ihre beiden Lokomotiven bereits 1950/51 aus dem Verkehr gezogen und bald danach zerlegen lassen. Dagegen waren die S 10¹-Lokomotiven, von denen die DRG 1925 noch 77 Maschinen mit den

Betriebsnummern 17 1124 – 17 1144 und 17 1154 – 17 1209 erfaßt hatte, wesentlich länger im Einsatz. Zwar wurden auch sie aus dem Schnellzugdienst zugunsten der Einheitslokomotiven zurückgedrängt, leisteten aber weiterhin im schweren Personen- und Eilzugverkehr wertvolle Dienste. Bei der DB waren noch fünf Lokomotiven vorhanden, die jedoch bis 1950 ausgemustert wurden. Die 34 von der Deutschen Reichsbahn genutzten Maschinen erwiesen sich noch lange als unentbehrlich. Hier wurden die 17 1119 im Jahre 1949 und die 17 1104" im Jahre 1954 auf Kohlenstaubfeuerung umgebaut. Da sie sich bewährten, folgten weitere 13 Maschinen. Die Baureihe 17[10-12] eignete sich für den Kohlenstaubbetrieb hervorragend, da die langen und schmalen Feuerbüchsen lange Brennwege zum vollständigen Ausbrennen des Staubes boten. Die Kohlestaublokomotiven waren vorwiegend im Raum Cottbus stationiert und auf den Strecken nach Dresden, Frankfurt (Oder) und Berlin unterwegs. Nach und nach wurden die Lokomotiven

jedoch durch Neubaumaschinen der Baureihe 23[10] ersetzt. Doch erst im April 1964 rollten die letzten beiden Maschinen endgültig aufs Abstellgleis. Die 17 1055 konnte erhalten werden, wurde später im Raw Cottbus wieder in den Originalzustand versetzt und befindet sich heute als „Osten 1135" im Besitz des Dresdner Verkehrsmuseums. Nach dem Ersten Weltkrieg mußten von den S 10²-Lokomotiven 15 Exemplare nach Belgien, zehn nach Frankreich, zwei nach Polen und eine nach Italien abgegeben werden. Der DRG-Umzeichnungsplan von 1925 enthielt noch 96 dieser Dreizylinder-Lokomotiven. Sie wurden mit den Betriebsnummern 17 201 – 17 296 gekennzeichnet und überdauerten nahezu vollständig den Zweiten Weltkrieg, wurden aber bereits 1948 in den westlichen Besatzungszonen Deutschlands ausgemustert. Nur die 17 218 leistete als Lehrobjekt in der Lokfahrschule Gremberg bis 1957 noch gute Dienste. Leider wurde diese Maschine 1965 an Ort und Stelle zerlegt.

Ursprünglich hatte die 17 202 als MÜNSTER 1201 druckluftgesteuerte Anfahrventile erhalten, die man später durch Knorr-Druckausgleicher ersetzte

AUTOR: W. - D. MACHEL; AUFNAHMEN: B. SCHULZ; SLG. HÖRNEMANN (3)

Nur zehn Exemplare ließen Sachsens Staatseisenbahnen von diesen schnittigen Schnellzuglokomotiven der DRG-Baureihe 18⁰ fertigen. Bis zu ihrer Ausmusterung waren sämtliche Maschinen stets in Dresden stationiert. Als drittletzte Lok wurde die 18 010 im Jahre 1967 ausgemustert

Baureihe 18⁰ (sä. XVIII H)

Schon immer hatten die Königlich Sächsischen Staatseisenbahnen Bedarf an leistungsstarken Lokomotiven für den Reisezugdienst, die sowohl auf der steigungsreichen Strecke Dresden – Chemnitz – Hof als auch auf den durch das Flachland führenden Verbindungen nach Leipzig und Berlin benötigt wurden. In diesem Zusammenhang hielten die sächsischen Maschinentechniker die Erfahrungen der benachbarten Bayern für wertvoll. Während man hier der Bauart 2'C1' den Vorzug gab, blieb Preußen bei den 2'C-Lokomotiven. Erstere schienen sich aber auf Hügelland- und Gebirgsstrecken besser zu bewähren. So leihten sich die Königlich Sächsischen Staatseisenbahnen für Testzwecke im Ersten Weltkrieg die bayerische S 3/6 mit der Betriebsnummer 3654 (DRG-Nummer 18 465) aus. Der Einsatz vor planmäßigen Schnellzügen zwischen Reichenbach (Vogl.) und Dresden überzeugte und führte zunächst zu der Absicht, einige Maschinen für Sachsen nachbauen zu lassen.

Die daraufhin mit der Lokomotivfabrik Maffei geführten Verhandlungen hatten nicht den gewünschten Erfolg, so daß die Sächsische Maschinenfabrik, vormals Richard Hartmann, in Chemnitz beauftragt wurde, 2'C1h-Schnellzuglokomotiven mit einer Achsfahrmasse von 17 t zu bauen. Das von den Königlich Sächsischen Staatseisenbahn erarbeitete Forderungsprogramm enthielt als Leistungskennziffer die Beförderung von 430 t schweren

Schnellzügen mit einer Geschwindigkeit von 100 km/h. Die daraufhin in Chemnitz entwickelte Maschine vereinte offensichtlich dann doch nicht nur die neuesten Erkenntnisse des bayerischen, sondern auch die des preußischen Lokomotivbaus. Die gewünschte Leistungsfähigkeit wurde bei der bis 1917 konstruierten Lokomotive erreicht.

Noch im Herbst 1917 begann in Chemnitz die Fertigung einer zehn Maschinen umfassenden Serie, die mit den Fabriknummern 3966 – 3975 gekennzeichnet, bis zum Februar 1918 vollständig an Sachsens Staatseisenbahnen übergeben werden konnten und hier die Gattungsbezeichnung sä. XVIII H erhielten. Deutlich waren vom Fachmann verschiedene Bauteile ähnlicher Länderbahnlokomotiven auszumachen. Der große Kessel mit der breiten, über den Rahmen ragenden Feuerbüchse war in Süddeutschland anzutreffen. Hinzu kam allerdings eine große Überhitzerheizfläche. Der verwendete Blechrahmen nebst angeschuhtem vorderen Barrenrahmen und das Drillingstriebwerk waren eindeutig Elemente, die sich in preußischen Lokomotiven bewährten. Letzteres war in Sachsen bis dahin nicht üblich, da man sich auf die Verwendung des Vierzylinder-Triebwerks orientiert hatte. Im Gegensatz zur preußischen S 10² (DRG-Baureihe 17²) wurde als Kuppelachse die zweite Treibachse gewählt, wodurch wiederum längere Treibachsen als bei der S 10² erforderlich waren. Als wenig günstig

erwies sich in der Praxis allerdings die Steuerung des Innenzylinders · mit Zwischengelenken, die einem schnellen Verschleiß ausgesetzt waren. Das Drillingstriebwerk sollte aber eine schnelle Beschleunigung der Züge garantieren. Deshalb wurde der mit dieser Konstruktion verbundene hohe Unterhaltungsaufwand in Kauf genommen. Trotzdem bewährten sich die zehn Maschinen in dem ihnen zugedachten Einsatzgebiet gut. Die ausgezeichneten Laufeigenschaften führten sogar dazu, die ursprünglich vorgesehene Höchstgeschwindigkeit von 100 km/h auf 120 km/h zu erhöhen.

Konstruktion

Der genietete Langkessel bestand aus drei Schüssen. Auf dem zweiten Kes-

TECHNISCHE DATEN		
DRG-Bezeichnung		18 001 – 18 010
frühere Bezeichnung		sä XVII H
Beschaffungszeitraum		1917 – 1918
Bauart		2'C1'h3
Spurweite	mm	1435
Länge über Puffer mit Tender	mm	22 150
Tenderbauart		sä. 2'2 T 31
Leermasse (ohne Tender)	t	84,4
Dienstmasse (ohne Tender)	t	93,5
Reibungsmasse	t	50,7
Verdampfungsheizfläche	m²	216,25
Strahlungsheizfläche	m²	15,61
Kohlevorrat	t	7,0
Wasservorrat	m³	31,0
Höchstgeschwindigkeit	km/h	120

Die Aufnahme von der 18 001 entstand 1935 in Dresden; sie wartet hier im Altstädtischen Bw auf ihren nächsten Einsatz. Man beachte das Läutewerk

selschuß wurde der Dampfdom angeordnet. Hinzu kam der großflächige Rauchrohrüberhitzer der Bauart Schmidt.

Den Sandkasten plazierte man auf dem ersten Kesselschuß. Zwei Pop-Sicherheitsventile, zwei nichtsaugende Friedmann-Injektoren rechts und links unter dem Führerhaus sowie zwei quer liegende Knorr-Oberflächenwärmer zwischen der zweiten und dritten Kuppelachse zählten außerdem zu den Bestandteilen der Kesselausrüstungen.

Der aus dem preußischen Lokomotivbau übernommene Blechrahmen mit vorgeschuhtem Barrenrahmen wurde ergänzt durch vor jeder Kuppelachse befindliche Pendelbleche. Vorhanden war eine Sechspunktabstützung. Die Laufräder des vorderen Drehgestells wurden seitverschiebbar gelagert. Gleiches traf für die hintere Laufachse in Form einer Adamsachse zu. Alle drei Kuppelachsen lagerte man fest im Rahmen. Die beiden

Außen- und der Innenzylinder hatten die gleichen Abmessungen und erlaubten eine einstufige Dampfdehnung. Sämtliche Zylinder wirkten auf die zweite Kuppelachse. Die Außenzylinder wurden durch eine außenliegende Heusinger-Steuerung ergänzt. Die Innenzylinder steuerten zwei Schieberstangen, zu denen zwei in den Schwingenträgern gelagerte Zwischenwellen gehörten.

Die Westinghouse-Bremse wirkte auf die Kuppelräder einseitig vorn, auf die Drehgestellräder einseitig von innen und auf die Schleppachsräder wieder einseitig von vorn.

Da die Maschinen ab Anfang der dreißiger Jahre auf der Relation Berlin – Chemnitz auch den als Nebenbahn betriebenen Abschnitt von Elsterwerda nach Riesa befuhren, stattete die Deutsche Reichsbahn-Gesellschaft die Maschinen der Baureihe 18⁰ mit je einem Knorr-Druckluftläutewerk aus.

Betriebseinsatz

Die zehn Maschinen wurden im endgültigen Umzeichnungsplan der DRG von 1925 als 18 001 – 18 010 aufgenommen. Ihr Einsatz konzentrierte sich auf die Strecken Dresden – Chemnitz – Berlin – Dresden. Nach dem Zweiten Weltkrieg befanden sich die Maschinen in der sowjetisch besetzten Zone Deutschlands. Die Lok 18 002 mußte bereits 1945 infolge eines Bombenschadens ausgemustert werden. Die restlichen 18⁰-Loks gehörten zum Bestand des Bw Dresden-Altstadt. Nachdem die 18 004 Ende 1951 ausgemustert worden war, wurden die anderen acht Maschinen bis zum Beginn des Winterfahrplans 1961/62 vor Schnellzügen eingesetzt und anschließend abgestellt. Auf eine zunächst erwogene Rekonstruktion verzichtete die Deutsche Reichsbahn, da sich die Rahmen als zu schwach erwiesen hatten. Teilweise in untergeordneten Diensten des Reiseverkehrs danach noch genutzt, wurden die Dreikuppler 1967 endgültig abgestellt, teilweise aber noch für Heizzwecke in Reichenbach, Riesa, Rochlitz und Rossendorf „aufgebraucht". Die bereits 1965 abgestellte Lokomotive 18 010 sollte ursprünglich für das Verkehrsmuseum Dresden erhalten bleiben. Die Würfel fielen aber zugunsten einer Maschine der Baureihe 19⁰ (ex sä. XX HV). Daraufhin verschrottete man die Reste der 18 010 im Jahre 1974.

Obwohl die Baureihe 18⁰ nicht sehr wirtschaftlich war, überzeugte sie durch gute Laufeigenschaften

AUTOR: W.- D. MACHEL, AUFNAHMEN: SLG. HÖRNEMANN (2), KNIPPING

Die Maschinen der DRG-Baureihe 18¹ waren viele Jahre im Stuttgarter Raum stationiert. Die DB konzentrierte sie Anfang der fünfziger Jahre im Bw Ulm

Baureihe 18¹ (wü C)

Die von den Königlich Württembergischen Staatseisenbahnen betriebenen Strecken waren in der Mehrzahl durch erhebliche Steigungsverhältnisse gekennzeichnet. Obwohl der Lokomotivbestand für den Reisezugdienst zu Beginn des 20. Jahrhunderts noch ein relativ junges Durchschnittsalter aufwies, war er den ab 1905 stark gestiegenen Anforderungen nicht mehr in jedem Fall gewachsen. Das betraf die zweifach gekuppelten Maschinen der Gattungen Ac, E, AD und Adh ebenso wie die dreifach gekuppelten Lokomotiven der Gattung D mit einer Reibungsmasse von 45 t. Wenngleich die Grundgeschwindigkeit wegen der Trassierungsverhältnisse auf vielen Abschnitten 90 km/h nicht überschreiten durfte, waren doch zumindest auf den längeren Steigungsstrecken höhere Geschwindigkeiten wünschenswert. Eingeschlossen darin war die legendäre Geislinger Steige mit ihrem sechs Kilometer langen 1:44-Abschnitt zwischen Geislingen und Amstetten. Schließlich wurde die Maschinenfabrik Esslingen im Verlauf des Jahres 1908 beauftragt, eine Heißdampf-Pazifik-Schnellzuglokomotive zu entwickeln und zu bauen. Das Forderungsprogramm der Königlich Württembergischen Staatseisenbahnen berücksichtigte eine Maschine, die unter anderem einen 350 t schweren Zug in der Ebene mit 100 km/h und auf zehn Promille mit 60 km/h befördern sollte. Lokomotivtechniker der Staatseisenbahnen und der Maschinenfabrik bereiteten gemeinsam die Konstruktionsunterlagen vor. Zu Beginn des Jahres 1909 wurden die ersten fünf Maschinen der Bauart 2'C1'2hv ausgeliefert und der Gattung C

zugeordnet. Dabei handelte es sich um eine recht eigenwillige Konstruktion. Da man in Esslingen keine Barrenrahmen fertigen konnte, erhielt die Lokomotive einen durchgehenden Blechrahmen. Augenfällig waren außerdem der niedrige Umlauf mit dem außenliegenden Hilfsrahmen und den Radkästen für die Kuppelachsen. Mit 5 500 mm Rohrlänge wurde ein Rekord aufgestellt. Die Niederdruckzylinder hatte man weit nach hinten versetzt. Im Juli und August 1909 fanden mit den Neulingen ausgiebige Meßfahrten statt. Dabei erreichten die C-Maschinen mit einem 408 t schweren Zug auf zehn Promille immerhin 70 km/h. Damit war das geforderte Leistungsprogramm praktisch mehr als erfüllt, zumal die indizierte Leistung zwischen 1 325 kW und 1 384 kW lag. Obwohl sich der Kessel als überaus leistungsfähig erwies, blieb ein Druckabfall vom Regler bis zur Maschine von rund 1,5 bis 1,8 bar nicht aus. Hinzu kamen sich auf den Dampfverbrauch negativ auswirkende Drosselverluste des Überhitzers und bei den Steuerungsteilen. Dennoch bedeuteten die Lokomotiven der Gattung C für die Königlich Württembergischen Staatseisenbahnen ein Fortschritt. Von 1914 bis 1921 fertigte die Maschinenfabrik Esslingen 36 weitere bauartgleiche Dreikuppler, die zweifellos zu den kleinsten in Deutschland gebauten Pazifik-Lokomotiven zählten. Bereits 1919 mußten im Rahmen der Reparationsleistungen drei Maschinen nach Frankreich und eine nach Polen abgegeben werden. Die DRG übernahm noch 37 Exemplare, die im endgültigen Umzeichnungsplan von 1925 mit den Betriebsnummern 18 101 – 18 137 erfaßt wurden.

Konstruktion

Der vollständig genietete Langkessel bestand aus zwei Schüssen. Zum Stehkessel gehörten ein breit über dem Rahmen liegender quadratischer Rost mit zwei Feuerlöchern. Zum Einbau gelangten Rauchrohrüberhitzer der Bauart Schmidt mit sogenannten Heißdampf-Automaten, zwei getrennt angeordnete Pop-Sicherheitsventile, von denen eines am Dampfdom hinten und das zweite auf dem Stehkessel untergebracht wurde. Sandkasten und Dom bekamen eine gemeinsame Verkleidung.

Für die Kesselspeisung sorgten zwei nichtsaugende Dampfstrahlpumpen der Bauart Friedmann. Um die Seitenverschiebbarkeit der Schleppachse zu gewährleisten, mußte der 28 mm dicke Blechrahmen am hinteren Ende eingezogen werden. Der teilweise durch das Lauf-

TECHNISCHE DATEN

DRG-Bezeichnung		18 101 – 18 137
frühere Bezeichnung		wü C
Beschaffungszeitraum		1909 – 1921
Bauart		2'C1'h4v
Spurweite	mm	1435
Länge über Puffer mit Tender	mm	21 935*
Tenderbauart		wü 2'2' T 20, später pr 2'2' T 31,5
Leermasse (ohne Tender)	t	76,3 ... 79,5
Dienstmasse (ohne Tender)	t	85,2 ... 87,8
Reibungsmasse	t	47,8 ... 48,0
Verdampfungsheizfläche	m²	208,8
Strahlungsheizfläche	m²	15,0
Kohlevorrat	t	6,0/7,0
Wasservorrat	m³	20,0/31,5
Höchstgeschwindigkeit	km/h	100

* mit pr 2'2' T 30

Die ursprünglich mit einem kleinen württembergischen Tender der Gattung wü 2'2' T 20 gekuppelten 18¹-Lokomotiven erhielten bald größere Schlepptender nach preußischem Vorbild, die durch die Fachwerkdrehgestellte leicht erkennbar sind

und Triebwerk verdeckte äußere Hilfsrahmen trug nicht nur die Umlaufbleche, sondern auch die Lager der Steuerschwingen.

Zum Laufwerk gehörte eine Sechspunktabstützung. Die Drehgestell-Drehzapfen waren aus der Mitte heraus nach hinten versetzt. Die Adams-Schleppachse verfügte über keine Rückstellvorrichtung, die Treibachse über eine Spurkranzschwächung von 5 mm.

Das Vierzylinder-Heißdampf-Verbundtriebwerk mit Einachsantrieb wirkte auf die zweite Kuppelachse. Die Kräfte aus den innenliegenden Hochdruckzylindern wurden auf die äußeren Schieberkreuzköpfe mit Hilfe von Umkehrwellen übertragen, die der Niederdruckzylinder auf die aussenliegende Heusinger-Steuerung. Bei den Hochdruck-Kolbenschiebern handelte es sich um solche der Bauart Schmidt; die Niederdruck-Kolbenschieber hatten eine

innere Einströmung. Zum Einbau gelangten Druckluftbremsen der Bauart Westinghouse, die auf die Kuppelachsen einseitig von vorn wirkten; die Drehgestellachsen wurden dagegen von innen gebremst. Ungebremst blieb die Schleppachse. Die Knorr-Druckluftsandstreuer sandeten die Räder der ersten und zweiten Kuppelachse.

Die ursprünglich verwendeten Tender der Gattung wü 2'2' T 20 erwiesen mit 20 m³ als zu klein, so daß die Maschinen bald mit 2'2' T 31,5-Tendern nach preußischem Muster mit Fachwerkdrehgestellen versehen wurden.

Betriebseinsatz

Die Lokomotiven der Gattung C versahen bis 1932 den hochwertigen Schnellzugdienst auf der Strecke Stuttgart – Ulm. Danach mußten die Maschinen hier der

elektrischen Traktion weichen. Statt dessen kamen 1938 Langläufe von Nürnberg nach Friedrichshafen vom Bw Ulm aus. Auch danach verblieben die seit 1925 als Baureihe 18¹ bezeichneten Dreikuppler im Direktionsbezirk Stuttgart, hatten aber nie die Bedeutung der bayrischen S 3/6 oder badischen IV h bekommen.

Nach dem Zweiten Weltkrieg konzentrierte die Deutsche Bundesbahn alle Maschinen der Baureihe 18¹ im Bahnbetriebswerk Ulm. Nachdem bereits 1950 elf Lokomotiven ausgemustert worden waren, wurden die übrigen Maschinen ab 1953 schrittweise durch Lokomotiven der Reihen 03 und S 3/6 verdrängt. Einige der 18¹-Lokomotiven erhielten danach noch ein Gnadenbrot im Bahnbetriebswerk Heilbronn. Hier wurden im Mai 1955 dann auch die 18 133 und 18 136 als letzte Vertreter der württembergischen Pazifik-Maschinen ausgemustert.

Obwohl von den Loks der württembergischen Gattung C nur 41 Exemplare gebaut wurden, bewährten sich die Maschinen 50 Jahre im Betriebsdienst

AUTOR: W.- D. MACHEL, AUFNAHMEN: SLG. KNIPPING (2), HÖRNEMANN

Die von 1915 bis 1920 hergestellten Schnellzuglokomotiven der badischen Gattung IV h erhielten bewährte Bauteile von der legendären bay. S 3/6

Baureihe 18³ (bad IV h)

Die Badischen Staatsbahnen benötigten stets leistungsfähige Schnellzuglokomotiven, die sowohl auf den Flachlandstrecken des Rheintals als auch auf der steigungsreichen Schwarzwaldbahn genutzt werden konnten. Die um die Jahrhundertwende auf der Rheinstrecke verwendeten Zweikuppler der Gattungen II c und II d und die im Schwarzwald eingesetzten IVe-Maschinen der Bauart 2'Cn4v – übrigens die ersten deutschen 2'C-Lokomotiven – genügten bald nicht mehr den Anforderungen.

Als Synthese zwischen dem deutschen und amerikanischen Lokomotivbau entstanden deshalb im Auftrage der Badischen Staatsbahnen 1907 bei Maffei die ersten drei deutschen Pazifik-Maschinen der Bauart 2'C1'. Obwohl die bis 1913 beschafften 35 Lokomotiven der Gattung IV f die erwarteten Leistungen erbrachten, zeigten sich außerordentlich hohe Unterhaltungsaufwendungen und ein starker Triebwerksverschleiß innerhalb relativ kurzer Zeit. Ursache dafür war ein zu klein gewählter Kuppelraddurchmesser. Deshalb beschäftigten sich die Badischen Staatsbahnen noch vor dem Ersten Weltkrieg mit der Entwicklung

einer neuen Lokomotive, die in der Lage sein sollte, die inzwischen 500 t schweren Durchgangsschnellzüge anstandslos zu befördern.

Um eine optimale Konstruktion zu erreichen, forderten die Badischen Staatsbahnen von den Lokomotivfabriken im Rahmen eines 1915 gestarteten Preisausschreibens neue Angebote ein. Sieger wurde noch im gleichen Jahr die in München ansässige Lokomotivfabrik J. A. Maffei. Der hier tätige Konstrukteur Hammel entwickelte eine Maschine, die zwar einige Merkmale der bayerischen S 3/6 aufwies, aber auch Neuerungen berücksichtigte. So erhielt die Dampfmaschine nur ein Einströmrohr, eine auffallend kleine Rauchkammeröffnung, die wiederum den Einbau eines Löschetrichters mit Fallrohr erforderte, und eine recht knapp bemessene Verdampfungsoberfläche. Dafür sorgte der Fahrzeugdezernent der Badischen Staatsbahnen, Heinrich Baumann, für den Einbau von Kropfachsen der Bauart de Glehn. Baumann hatte nämlich bei Studien feststellen müssen, daß dem bisher verwendeten Einachsantrieb ein kürzer Lebenslauf beschieden war als den Kropfachsen. Tatsächlich ergab die Praxis, daß die

de Glehnschen Achsen mitunter zwei Millionen Kilometer störungsfrei liefen. Die im November 1915 bei Maffei in Auftrag gegebenen ersten drei Maschinen der Gattung IV h¹ konnten wegen kriegsbedingter Schwierigkeiten erst im Juni 1918 ausgeliefert werden. Zum einen fehlte es an Material, zum anderen an Arbeitskräften, die zum Militärdienst einberufen worden waren. Das von den Badischen

TECHNISCHE DATEN

DRG-Bezeichnungen		18 301 – 18 303
		18 311 – 18 319
		18 321 – 18 328
frühere Bezeichnungen		bad IV h¹, bad IV h²,
		bad IV h³
Beschaffungszeitraum		1918 – 1920
Bauart		2'C1'h4v
Spurweite	mm	1435
Länge über Puffer mit Tender	mm	23 050
Tenderbauart		bad. 2'2' T 29,6
Leermasse (ohne Tender)	t	87,5
Dienstmasse (ohne Tender)	t	97,0
Reibungsmasse	t	53,4
Verdampfungsheizfläche	m²	224,8
Strahlungsheizfläche	m²	15,6
Kohlevorrat	t	9,0
Wasservorrat	m³	29,6
Höchstgeschwindigkeit	km/h	140

Ziemlich wuchtig wirkte das Vierzylindertriebwerk der Baureihe 18³. Schon 1948 verschwanden die Maschinen als Splittergruppe aus dem Plandienst

Staatsbahnen aufgestellte Leistungsprogramm wurde von den IV h-Lokomotiven problemlos bewältigt. Vorgegeben war eine Zugmasse von 525 t in der Ebene mit 100 km/h zu bewegen und 70 km/h auf der 5,38-Promille-Steigung zwischen Köndingen und Freiburg. Die für die Ebene festgeschriebene Forderung wurde deutlich überboten: Die Maschinen zogen sogar einen 650 t schweren Zug mit 100 km/h!

1919 lieferte Maffei das neun Lokomotiven umfassende zweite Baulos als IV h² aus. Die dritte und letzte Lieferung folgte 1920 als IV h³ mit acht Exemplaren.

Alle 20 Lokomotiven wurden in den endgültigen Umzeichnungsplan der DRG von 1925 aufgenommen. Die Maschinen der Gattung IV h¹ erhielten die Betriebsnummern 18 301 – 18 303, die der Gattung IV h² die Betriebsnummern 18 311 – 18 319 und die der Gattung IV h³ die Betriebsnummern 18 321 – 18 328.

Konstruktion

Der Langkessel bestand aus drei Schüssen. Der hintere Schuß schloß konisch ab; auf dem vorderen befanden sich der Reglerdom und der Naßdampfventilregler. Der Sandkasten wurde vor dem Dom angeordnet. Beide Aufbauten waren gemeinsam verkleidet.

Die kupferne Feuerbüchse lag breit über dem Rahmen. Die Feuerlöcher waren mit zwei geteilten Schiebetüren ausgestattet. Hinzu kamen ein dreiteiliger Aschkasten mit Kipprost und zwei Pop-Sicherheitsventile. Zu den Speiseeinrichtungen

zählten eine Knorr-Pumpe mit Oberflächenvorwärmer und zwei nichtsaugende Dampfstrahlpumpen der Bauart Friedmann. Die auf der linken Lokseite plazierte Speisepumpe, und der hier ebenfalls vorhandene Vorwärmer und eine Dampfstrahlpumpe konnten nur wechselweise genutzt werden.

Der Barrenrahmen hatte große Ausschnitte erhalten. Pendelbleche existierten vor der zweiten und dritten Kuppelachse. Kennzeichnend für das Laufwerk war die Sechspunktabstützung. Die Drehzapfen des Drehgestells wurden um 110 mm nach hinten versetzt.

Das Drehgestellager war seitenverschiebbar gestaltet. Alle drei Kuppelachsen lagerten fest im Rahmen. Die Adams-Schleppachse wurde ebenfalls seitenverschiebbar konstruiert.

Geschwächte Spurkränze wies nur die zweite Kuppelachse auf. Das Vierzylinder-Heißdampf-Verbundtriebwerk mit Zweiachsantrieb der Bauart de Glehn bestand aus den inneren Niederdruck-Zylindern und den äußeren Hochdruckzylindern. Während die Innenzylinder auf die erste Kuppelachse wirkten, übertrugen die Außenzylinder ihre Kraft auf die zweite Kuppelachse. Bei der ersten Kuppelachse handelte es sich um eine Kropfachse. Sehr kurze Verbinder garantierten minimale Drosselverluste.

Die äußere Heusinger-Steuerung der Hoch- und Niederdruckzylinder wurde über Tandemschieber betrieben. Vorhanden war eine Westinghouse-Druckluftbremse, die sämtliche Achsen einseitig abbremste.

Betriebseinsatz

Bereits 1928 wurden einige Maschinen der Baureihe 18³ abgestellt, da inzwischen Einheitslokomotiven der Baureihe 01 zur Verfügung standen. 1933 erhielt das Bw Koblenz einige der 18³-Lokomotiven, und zwei Jahre später bekamen die Bahnbetriebwerke Bremen und Hamburg-Altona einige Exemplare der ehemaligen badischen Länderbahnmaschine. Ab 1942 konzentrierte man sämtliche Lokomotiven im Bw Bremen. Bis auf die 1944 durch einen Bombenschaden zerstörte 18 302 waren die anderen 19 Maschinen am Ende des Zweiten Weltkriegs noch vorhanden. Da alle Splittergattungen mit weniger als 20 Lokomotiven gemäß einer Reichsbahn-Verfügung von 1948 ausgemustert werden sollten, wurden die Lokomotiven der Baureihe 18³ nach Fristablauf abgestellt.

Die 18 316, 18 319 und 18 323 richtete man für den Versuchsdienst in Minden her, und die 18 314 gelangte im Tausch gegen die am Kriegsende in Dresden-Altstadt verbliebene 18 434 (ex bay. S 3/6) in die sowjetische Besatzungszone. Die Deutsche Reichsbahn nutzte die Lokomotive 18 314 ab 1951 für Schnellfahrversuche der Versuchs- und Entwicklungsstelle in Halle (Saale). Der 1958 rekonstruierte Einzelgänger wurde 1974 abgestellt, später nach Frankfurt (Main) verkauft und befindet sich heute im Auto + Technik Museum Sinsheim. Erhalten geblieben ist unter Obhut des Verkehrsmuseums Nürnberg außerdem die Lokomotive 18 323.

AUTOR: W.-D. MACHEL; AUFNAHMEN: HÖRNEMANN

Zu den beliebtesten deutschen Museumsloks gehört die in die Originalzustand zurückversetzte ehemalige 18 478 des Eisenbahnmuseums Nördlingen

Baureihe 18⁴⁻⁵ (bay S 3/6)

Wie alle anderen deutschen Länderbahnverwaltungen waren auch in Bayern die überwiegend zweifachgekuppelten Schnellzuglokomotiven zu Beginn des 20. Jahrhunderts nicht mehr den ständig steigenden Leistungsanforderungen gewachsen. Zwar ermöglichte der Einsatz von Lokomotiven der Gattung 3/5 ab 1903, von 1906 an auch als Heißdampfversion, einen deutlich verbesserten Schnellzugdienst, aber auf längere Sicht waren auch diese Maschinen auf den zum Teil topographisch komplizierten Hügellandstrecken Bayerns mit den immer schwerer werdenden Schnellzügen überfordert. Für die

Königlich Bayerischen Staatseisenbahnen gab die im Auftrage der Badischen Staatsbahnen entwickelte 2'C1'h4v-Maschine der Gattung bad. IV f (DRG-Baureihe 18²) den letzten Anstoß, ebenfalls eine Maschine gleicher Bauart entwickeln zu lassen, um für die Zukunft gerüstet zu sein. Die dabei gewonnen Erfahrungen mit den Schnellzuglokomotiven der Gattungen S 2/5, S 2/6 und S 3/5 sollten in die Entwürfe einbezogen werden. Das

Im Eisenbahnmuseum Bochum-Dahlhausen ist die 18 505 im Zustand der 50er Jahre erhalten

TECHNISCHE DATEN

DRG-Bezeichnung		18 401 ... 18 548
frühere Bezeichnung		bay S 3/6 a – k
Beschaffungszeitraum		1908 – 1931
Bauart		2'C1'h4v
Spurweite	mm	1435
Länge über Puffer mit Tender	mm	21 396 ... 22 862
Tenderbauart		bay 2'2' T 26,2
		bay 2'2' T 26,4
		bay 2'2' T 27,4
		bay 2'2' T 31,7
		bay 2'2' T 32,5
Leermasse (ohne Tender)	t	80,4 ...88,7
Dienstmasse (ohne Tender)	t	88,3 ...96,2
Reibungsmasse	t	49,6 ... 53,8
Verdampfungsheizfläche	m²	197,41
Strahlungsheizfläche	m²	14,36
Kohlevorrat	t	7,5 ... 9,0
Wasservorrat	m³	26,2 ... 32,5
Höchstgeschwindigkeit	km/h	120

Ohne den so typischen Krempenschornstein ist die 18 418 geliefert worden. Frisch bekohlt steht sie hier für eine neue Zugleistung bereit

Leistungsprogramm der Münchner Generaldirektion forderte, daß 400 t schwere Schnellzüge auf einer Steigung von zwei Promille mit 95 km/h und auf 10-Promille-Steigungen noch mit 65 km/h befördert werden sollten. Nachdem die Münchner Lokomotivfabrik Maffei offiziell den Auftrag erhalten hatte, entsprechende Entwürfe vorzulegen und diese Anfang 1908 bestätigt wurden, verließ am 16. Juli 1908

Deutlich sind bei der 18 535 – hier während eines RAW-Aufenthalts – die beiden Innenzylinder-Gehäuse zu erkennen

die erste S 3/6 das Firmengelände von Maffei. Die äußerlichen Ähnlichkeiten mit der badischen IV f waren darauf zurückzuführen, daß es sich praktisch um eine Weiterentwicklung dieser Maschinen unter Berücksichtigung der bayerischen Forderungen handelte. Bereits vier Tage später lieferte Maffei die zweite dieser Pazifik-Lokomotiven aus. Sie wurde jedoch nicht sofort in den Staatsbahndienst übernommen, sondern sorgte mit ihrem ockerfarbenem Anstrich auf der Ausstellung „München 1908" für großes Aufsehen. Im gleichen Jahr lieferte Maffei sieben weitere Maschinen. Zwischenzeitlich hatten die Dreikuppler längst ihre Bewährungsprobe bestanden. Für die Königlich Bayerischen Staatseisenbahnen stand nunmehr fest, die S 3/6 in größeren Stückzahlen auf längere Sicht zu beschaffen, wohl wissend, daß technische Verbesserungen aufgrund neuer Erkenntnisse und praktischer Erfahrungen nicht ausbleiben würden. Um sie sofort unterscheiden zu können, wurden die in den Jahren 1909, 1910 und 1916 fertiggestellten 16 Lokomotiven bauseriengebunden mit internen Buchstaben gekennzeichnet (S 3/6 a, b, c). Erwähnenswerte bauliche Unterschiede bestanden zwischen diesen Serien nicht. Der im Gegensatz zur badischen IV f von 1 800 auf 1 870 mm vergrößerte

Treibraddurchmesser ermöglichte auch auf ebenen Streckenabschnitten hohe Geschwindigkeiten. Besondere Anforderungen an diese Maschinen wurden mit Beginn des Sommerfahrplans 1912 auf den Relationen München – Würzburg/Nürnberg gestellt, da hier nun im Schnellzugverkehr eine Höchstgeschwindigkeit von 115 km/h vorgesehen war. Insbesondere für diesen Betrieb lieferte Maffei 1912 und 1913 die Bauserien d und e. Die Durchmesser der Treibräder betrugen 2 000 mm. Diese Maschinen hatten bei den Eisenbahnern als auch in breiten Kreisen der Bevölkerung schnell ihren Spitznamen erhalten: „die Hochhaxlgen". Neben dem veränderten Kolbenhub ergaben sich bei den 18 Maschinen auch ein veränderter Radstand, eine andere Kesselhöhe und eine höhere Reibungsmasse. Sofort fiel der erstmals bei diesen Baulosen verwendete Krempenschornstein ins Auge. Anstelle von bay 2'2 T 26,4-Tendern wurden die Maschinen nun mit solchen der Bauart bay 2'2' T 32,5 gekuppelt, die ein größeres Fassungsvermögen boten. Bereits im Januar 1914 erhielten die Königlichen Bayerischen Staatseisenbahnen eine weitere Serie, die – mit dem Buchstaben f gekennzeichnet – acht Maschinen umfaßte. Der Treibraddurchmesser betrug wieder 1 870 mm. Die zehn in Dienst gestellten Lokomotiven der Serie g gehörten zum Bestand der Pfalzbahnen; hinzu kamen im gleichen Jahr noch fünf Maschinen für das Stammnetz (Serie h) und während des Ersten Weltkriegs, zwischen 1915 und 1918, ergänzten weitere 30 Lokomotiven als Serie i den Bestand, die im Gegensatz zu allen ihren Vorgängerinnen mit 16 t Achsfahrmasse nunmehr für 17 t Achsfahrmasse ausgelegt waren. Im Interesse noch ausgewogenerer Laufeigenschaften erhielten letztere zusätzliche Ballaststücke. Zu diesem Zeitpunkt bildete die S 3/6 das Rückgrat im Schnell-

AUFNAHMEN: CWS, VÖLK, SLG. KNIPPING, BELLINGRODT/SLG. HÖRNEMANN

Die bayerische S 3/6 zählte zu den gelungensten Schnellzuglokomotiven in Deutschland. Selbst bei der DB galt sie noch lange als unabkömmlich

zugdienst Bayern. Anzutreffen waren diese Lokomotiven auf den Strecken nach Nürnberg, Würzburg, Regensburg, Lindau, Ulm, Aschaffenburg, Salzburg und Kufstein. Langläufe, wie von Nürnberg nach Halle (Saale), gehörten längst zum Alltag. Die in der Pfalz stationierten Loks zogen zuverlässig auf den Strecken Straßburg – Basel, Kaiserslautern – Metz und nach Stuttgart Schnellzüge. Nach mehrmaligen Umstationierungen während des Ersten Weltkriegs mußten im Rahmen von Reparationslieferungen 1919 drei 3/6-Loks nach Belgien und 16 nach Frankreich abgegeben werden.

Der zu Beginn des zwanziger Jahre nicht zuletzt durch die Reparationsleistungen spürbar gewordene Lokmangel für schnellfahrende Züge führte bei der jungen Reichsbahn zu der Entscheidung, kurzfristig den Weiterbau der bewährten S 3/6 zu genehmigen, wenngleich zu diesem Zeitpunkt längst feststand, daß die Zukunft den Einheitsmaschinen gehören wird. 1923 und 1924 lieferte Maffei 30 weitere Lokomotiven als Serie k. An diesen Maschinen fielen die Führerhäuser mit geraden Stirnwänden und schrägen Führerhauswänden auf. Die Überhitzerheizfläche betrug 62 m² und war damit um 12 m² vergrößert worden. Den Treibraddurchmesser von 1 870 mm behielt man bei, dafür wurde das Feuerloch verändert. Die Reibungsmasse der S 3/6 k-Lokomotiven erhöhte sich auf 53,8 t. Da der Hauptbahnausbau auf eine Achsfahrmasse von 20 t wegen knapper Kassen nur

langsam fortgesetzt werden konnte und die noch umzubauenden Strecken von den Lokomotiven der Baureihen 01 und 39 nicht befahren werden durften, stimmte die DRG dem Weiterbau der bayerischen Pazifik-Maschinen zu. Mit wiederum vergrößerter Überhitzerheizfläche lieferte Maffei 1927 insgesamt zwölf Maschinen, deren Achsfahrmasse nunmehr 18 t betrug. Der Kesseldruck wurde von 15 auf 16 bar erhöht und der Durchmesser der Hochdruckzylinder vergrößert. Anstelle der Westinghouse- gelangte nun die Knorr-Bremse zum Einbau. Da Maffei infolge der Auswirkungen der Weltwirtschaftskrise Konkurs anmelden und die Produktion einstellen mußte, lieferte diese Firma nur noch zwei weitere Maschinen, die restlichen 18 fertigte Henschel. Hier wurde die bis dahin verwendete Sechspunktabstützung durch eine Vierpunktabstützung und andere Federn ersetzt. Damit ergab sich eine wesentlich bessere Gleislage der Lokomotiven.

Nachdem die DRG im endgültigen Umzeichnungsplan von 1925 die S 3/6-Maschinen bauseriengemäß die Betriebsnummern 18 401 – 18 415 (a), 18 016 – 018 (c), 18 441 – 18 449 (d), 18 450 – 18 458 (e), 18 419 – 421 (f), 18425 – 434 (g, Pfalz), 18 422 – 424 (h), 18 461 – 478 (i) und 18 479 – 18 508 (k) festgelegt hatte, erhielten die 1927 und 1928 gelieferten Dreikuppler von der DRG die Betriebsnummern 18 509 – 18 528 und die 1930/31 fertigstellten Lokomotiven die Nummern 18 529 – 18 548.

Konstruktion

Der genietete Langkessel bestand aus drei Schüssen. Auf dem ersten Kesselschuß waren Dampfdom nebst Naßdampfventilregler und auf dem zweiten Kesselschuß der Sandkasten plaziert. Die kupferne Feuerbüchse hatte eine Fläche von 4,5 m², eine über dem Rahmen befindliche Rostfläche und geneigte Wände. In der Stehkesselrückwand befanden sich zwei runde Feuerlöcher. Zu den Kesseleinrichtungen zählten ferner ein Rauchrohrüberhitzer der Bauart Schmidt, zwei Pop-Sicherheitsventile und zwei Dampfstrahlpumpen der Bauart Friedmann. Der dreiteilige Barrenrahmen war im Bereich der Schleppachse eingezogen. Bei den Länderbahnlokomotiven wurde Sechspunktabstützung verwendet. Die Räder des zweiachsigen Blechrahmen-Drehgestells waren seitenverschiebbar. Gleiches traf für die hinter den Treibrädern angeordnete Adamsachse zu. Die drei Kuppelachsen lagerten fest im Rahmen. Das Vierzylinder-Verbundtriebwerk bildeten zwei außenliegende Niederdruck- und zwei innenliegende Hochdruckzylinder. Die waagerecht installierten Außenzylinder und die geneigt befestigten Innenzylinder lagen in einer Querebene. Angetrieben wurde nach dem Prinzip v. Borries die zweite Kuppelachse. Die außenliegende Heusinger-Steuerung für die Niederdruckzylinder übertrug ihre Kräfte per Übertragungswelle auf die Innenzylinder. Die Westinghouse-Druckluftbremse wirkte

Die Lokomotivpersonale waren stolz auf ihre Maschine. So blicken auch Lokführer und Heizer stolz von ihrer im Jahre 1926 gebauten 18 537

auf alle Kuppelradsätze einseitig von vorn, auf die Laufradsätze einseitig von innen. Die Luftpumpe wurde auf der linken Maschinenseite untergebracht. Der per Hand zu betätigende Sandstreuer wirkte auf die Räder der Treibachse von vorn. Die konstruktiven Veränderungen an den in der DRG-Zeit gebauten Lokomotiven gegenüber denen aus der Länderbahnzeit betrafen, wie bereits erwähnt, den vergrößerten Rauchrohrüberhitzer, den Oberflächenwärmer Bauart Maffei, den teilweise verkürzten Rahmen sowie die Einkammer-Druckluftbremse der Bauart Knorr.

Betriebseinsatz

Auch in der großen Zeit der Einheits-Schnellzuglokomotiven der DRG blieb die S 3/6 eine geschätzte und unabkömmliche Maschine. Außerhalb Bayerns erfreute sie sich auch in den Bahnbetriebswerken Wiesbaden, Darmstadt, Mainz, Bingerbrück und Halle (Saale) großer Beliebtheit bei den Personalen. Trotz des Vordringens der Einheitsloks der Baureihe 03 zog die S 3/6 weiterhin hochwertige Expreß- und Schnellzüge, unter anderem den legendären Rheingold oder den Wien-Ostende-Expreß. Ab 1938 verschlug es einige Maschinen ins oberschlesische Bw Hey-

debreck, um von hier aus Korridorzüge zu befördern. Die Lokomotiven 18 403, 18 413, 18 414, 18 426 und 18 474 wurden während des Zweiten Weltkriegs völlig zerstört und nicht wieder instand gesetzt. Nach 1945 wanderten viele der während der Kriegsjahre vernachlässigten Lokomotiven in den Personenzugdienst ab, und bis 1953 hatte sich die Deutsche Bundesbahn von den älteren Maschinen bis zur Betriebsnummern 18 458 allmählich getrennt. Wenige Jahre später gelangten auch die S 3/6-Maschinen bis zur Betriebsummer 18 478 auf das Abstellgleis. Manche Lok erlebte als Gnadenbrot noch örtliche Heizdienste. Dennoch vollbrachten die verbliebenen, vor allem in der DRG-Zeit gebauten Maschinen noch beachtliche Leistungen. Unabhängig davon baute die DB zwischen 1953 und 1956 insgesamt 30 Maschinen in den Ausbesserungswerken Ingolstadt und München-Freimann um. Sie erhielten neue, geschweißte Kessel und DB-übliche Führerhausausrüstungen. Während die Altbau-S 3/6 bis 1960 aus dem Zugdienst verschwanden, waren die als 18 601 – 18 630 bezeichneten Umbaumaschinen noch einige Jahre länger in Betrieb. Als letzte Betriebsloks wurden die 18 622 und 630 vom Bw Lindau am 6. Januar 1966 ausgemustert. Die 18 603

stand noch einige Monate länger im Bw Ludwigshafen als Heizlok. Für die solide Konstruktion und die enorme Leistungsfähigkeit der legendären S 3/6 sprechen allein zwei eindrucksvolle Fakten: Der Beschaffungszeitraum erstreckte sich über 24 Jahre, und erst sechs Jahre nach Beginn des Einheitslokbaus endete die Fertigung der bayerischen Pazifik-Maschine mit der technischen Grundkonzeption von 1908.

Um so erfreulicher ist es, daß einige Maschinen der Nachwelt erhalten geblieben sind. Die Lokomotive 18 451 kann seit 1958 im Deutschen Museum München besichtigt werden, die 18 528 hat einen Ehrenplatz vor dem Verwaltungsgebäude der Krauss-Maffei AG in München erhalten und die 18 505 erfreut Eisenbahnfreunde im Eisenbahnmuseum Neustadt an der Weinstraße.

Eine besondere Rarität ist jedoch die weitgehend in den Originalzustand versetzte ehemalige 18 478 mit der bayerischen Betriebnummer 3673. 1959 von der DB abgestellt, kaufte 1962 ein Schweizer Eisenbahnfreund die Maschine. Seit 1993 befindet sie sich im Bayerischen Eisenbahnmuseum Nördlingen, wurde wieder betriebsfähig aufgearbeitet und ist seitdem zweifellos ein besonderer Star der Dampftraktion auf deutschen Schienen!

Die Beförderung des legendären Rheingold war im Jahre 1935 ohne die S 3/6 unvorstellbar. Hier die 18 443 des Bw Mainz vor dem FFD 101

AUTOR: W.-D. MACHEL; AUFNAHMEN: SLG. HÖRNEMANN

Die noch heute betriebsfähige ölgefeuerte Schnellfahrlokomotive 18 201 entstand durch einen Umbau aus der Henschel-Wegmann-Lokomotive 61 002

18 201 (DR 02 0201)

Die 18 201 entstand durch den Umbau der dreizylindrigen Stromlinien-Tenderlokomotive 61 002 für den Henschel-Wegmann-Zug in eine Schlepptenderlokomotive. Die 61 002 war nach dem Kriege beim Bw Dresden-Altstadt verblieben und kam 1947 nach einer L3 im Raw Meiningen zum Bw Berlin Schlesischer Gbf. Ein Einsatz erfolgte, wenn überhaupt, nur im Nahverkehr. Ab 1950 erhielt sie den Status einer Regierungslok für den Sonderzug des Verkehrsministers Erwin Kramer. Die Schadanfälligkeit und Unzuverlässigkeit der Lokomotive veranlaßten Kramer 1954 auf ihre weiteren Dienste zu verzichten. Die Lok kam wieder zum Bw Berlin Osb und fuhr im Schnellverkehr zwischen Berlin und Leipzig. Die 61 002 war die einzige Lokomotive der DR, die für eine Geschwindigkeit von 175 km/h zugelassen war. Die FVA Halle, die auch mit der Erprobung von Reisezugwagen für den Export befaßt war, brauchte Lokomotiven, die Wagen im Geschwindigkeitsbereich bis 160 km/h testen konnten. So entstand der Gedanke, die 61 002 in eine Schnellfahr-Schlepptenderlokomotive umzubauen. Die Konstruktion lag bei der Fahrzeug-Versuchsanstalt Halle, die Bauausführung beim Raw Meiningen, wo im Juni 1960 Umbau und Rekonstruktion begannen.

Konstruktion

Von der 61 002 waren lediglich Rahmen, Kuppelradsätze und vorderes Drehgestell zu verwenden. Nun stand in Seddin noch das mißlungene Experiment der VVB LOWA, aus der 45 024 eine Hochdrucklokomotive mit La Mont-Zwangsumlaufkessel zu bauen, deren Lauf- und Triebwerksteile man zur Schadensbegrenzung weiter verwenden wollte.

Die neue Lokomotive bekam den Verbrennungskammerkessel vom Typ 39 E, wie er für die Rekonstruktion der BR 22 verwendet wurde, allerdings mit verlängerter Rauchkammer. Das hintere Rahmenteil wurde dem der BR 45 mit 80 mm Wangenstärke nachgebaut, die Bisselachse stammt von der H 45 024, die Schleppradsatzbremse von der BR 41. Auch die beiden Außenzylinder lieferte die H 45 024, der Innenzylinder war eine Neukonstruktion in Schweißausführung. Die Lokomotive erhielt ein Neubaulok-Führerhaus und einen Giesl-Flachejektor. Weil die Lokomotive mit Riggenbach-Gegendruckbremse ausgerüstet war, besaß sie Kolbenschieber der Regelbauart und Oberflächenvorwärmer Bauart Knorr. Die Kesselaufbauten lagen unter einer gemeinsamen Verkleidung. Verkleidet waren auch die Stirnpartie und die Außenzylinder, deren Verkleidung sich in einer breiten Umlaufschürze bis zum Führerhaus zog.

Betriebseinsatz

Die 18 201 unternahm am 5. Mai 1961 ihre Abnahmefahrt zum Verwiegen nach Halle und erhielt am 26. Juni 1961 von der Rbd Halle ihre Genehmigungsurkunde. Am 29. Juni 1967 bekam die Lok Ölhauptfeuerung und blieb auch nach Abstellung oder Rückbau auf Rostfeuerung aller ölgefeuerten Lokomotiven der DR 1981/1982 die einzige Öllok im Betriebsbestand der Reichsbahn. Die Lokomotive gehört zum Traditionsbestand der DB AG und wird ausschließlich für Sonderfahrten angeheizt.

TECHNISCHE DATEN

Bezeichnung		18 201
ab 1970		02 0201
Rekonstruktion		1961
Umbaustätte		Raw Meiningen
Bauart		2'C1'h3
Spurweite	mm	1435
Länge über Puffer mit Tender 2'2'T 34	mm	25145
Leermasse (ohne Tender)	t	102,5
Dienstmasse (ohne Tender)	t	113,6
Reibungsmasse	t	61,2
Verdampfungsheizfläche	m²	206,3
Strahlungsheizfläche	m²	21,3
Überhitzerheizfläche	m²	83,8
Betriebsvorräte	Öl m³	13,5
	Wasser m³	34
Höchstgeschwindigkeit	km/h	175

REDAKTION: MANFRED WEISBROD; FOTO: VÖLK

Für Versuchsfahrten mit Reisezugwagen bei Geschwindigkeiten um 160 km/h wurde neben der 18 201 auch die rekonstruierte 18 314 eingesetzt

18 314 (DR 02 0314)

Von der Baureihe 18.3, der bad. IV h, hatten 19 der einst 20 Maschinen den Zweiten Weltkrieg überstanden. Sie fielen als Splittergattung mit weniger als 20 Maschinen pro Baureihe unter die 1948 erlassene Ausmusterungsverfügung im Bereich der späteren DB. Zwischen Max Baumberg, Werkleiter des Raw Stendal und später Chef der Fahrzeug-Versuchsanstalt (FVA) Halle, und Theodor Düring, Chef der Versuchsanstalt Minden (Westf), wurde der Tausch der 18 314 aus den Westzonen gegen die bei Kriegsende im Bw Dresden-Altstadt stehengebliebene 18 434 (bay. S 3/6) ausgehandelt. Baumberg war Verehrer des süddeutschen, insbesondere des badischen Lokomotivbaus. 1951 kam die Maschine zur damaligen Lokversuchsanstalt nach Halle. Dort ist sie zunächst ohne größere Änderungen eingesetzt worden, lediglich den Tender hat man gegen den der zur Kohlenstaublok umgebauten 231 E 18 (07 1001) getauscht. Weil bei der FVA Halle die Aufträge der Schienenfahrzeugindustrie zur lauf- und bremstechnischen Untersuchung von Reisezugwagen bei Geschwindigkeiten bis 160 km/h zunahmen, entschloß man sich zur Rekonstruktion der 18 314 nach Plänen der FVA Halle im Raw „7. Oktober" Zwickau.

Konstruktion

Die Lokomotive hatte den Verbrennungskammerkessel Typ 39 E erhalten, wie er auch für die Rekonstruktion der Baureihen 03.10, 22 und 41 verwendet wurde. Allerdings mußten die Rohre um 220 mm gekürzt werden, damit der Dampfsammelkasten in die Rauchkammer eingebaut werden konnte. Dom und Sandkasten saßen unter einer gemeinsamen Verkleidung, die sich vom Ende der Rauchkammer bis zum Führerhaus erstreckte. Der Schornstein erhielt einen Caledonia-Kranz; der Vorwärmer war quer vor den Schornstein in eine Rauchkammernische verlegt worden. Zur Verbesserung des Ausgleichs der Radsatzfahrmassen war ein Ausgleichhebel zwischen dem zweiten und dritten Kuppelradsatz und ein Querausgleich für den ersten Drehgestellradsatz eingebaut worden. Wie die 18 201 erhielt auch die 18 314 eine keglige Rauchkammertür, eine Verkleidung von Frontpartie und Zylindergruppe, Sonderwindleitbleche und den grünen Anstrich der Schnellfahrlokomotiven. Die zulässige Geschwindigkeit wurde von 140 auf 150 km/h heraufgesetzt. Für den Einsatz als Bremslokomotive besaß sie eine Riggenbach-Gegendruckbremse.

Betriebseinsatz

1968 erhielt die Lokomotive wie vorher auch schon die 18 201 im Reichsbahn-Ausbesserungswerk Meiningen eine Öl-hauptfeuerung. Zum Jahresende 1971 ist der „Schorsch", wie das Personal die Maschine nannte, abgestellt worden. Sie stand lange im Schuppen des Bw Meuselwitz, dann war geplant, wenigstens ihr Triebwerk in die Halle des umgebauten Berliner Hbf zu stellen. Die bessere Variante war dann doch, sie komplett an die „Historische Eisenbahn Frankfurt e. V." zu verkaufen. Heute ist die Maschine im Museum „Auto + Technik" in Sinsheim zu bewunden.

TECHNISCHE DATEN

Bezeichnung			18 314
	ab 1970		02 0314
Rekonstruktion			1960
Umbaustätte			Raw Zwickau
Bauart			2´C1´h4v
Spurweite		mm	1435
Länge über Puffer			
mit Tender 2´2´T 34		mm	23630
Leermasse (ohne Tender)		t	95,0
Dienstmasse (ohne Tender)		t	105,0
Reibungsmasse		t	56,9
Verdampfungsheizfläche		m²	199,5
Strahlungsheizfläche		m²	21,3
Überhitzerheizfläche		m²	80,0
Betriebsvorräte	Öl	m³	13,5
	Wasser	m³	34
Höchstgeschwindigkeit		km/h	150

REDAKTION: MANFRED WEISBROD; FOTO: MEHNERT

Weil die Versuchs- und Entwicklungsstelle Halle nicht auf die Dienste der 19er als Bremsloks verzichten konnte, entschloß man sich zur Rekonstruktion

Baureihe 19.0 (DR 04.0)

Die Vierzylinder-Verbund-Heißdampf-Schnellzuglokomotiven der Baureihe 19, die ehemaligen sächsischen XX HV, gehörten in den 20er und 30er Jahren zu den stärksten deutschen Schnellzuglokomotiven. Sie waren speziell für den Einsatz auf den Strecken Dresden – Chemnitz – Hof und Leipzig – Werdau – Hof entwickelt worden und bei den Bw Dresden-Altstadt und Reichenbach (Vogtl) beheimatet. Mitte der 60er Jahre sind die Maschinen wegen steigender Unterhaltungskosten abgestellt worden. Lediglich die VES-M Halle besaß noch die 19 015, 017 und 022 als Bremslokomotiven. Für die leistungstechnische Untersuchung von Lokomotiven der modernen Traktion waren die starken, vierfach gekuppelten Mehrzylinder-Lokomotiven unverzichtbar. Ein weiterer Verbleib der 19er im Betriebsbestand machte jedoch eine gründliche Aufarbeitung der Maschinen erforderlich, weil die Kessel aus dem Jahre 1919 ausmusterungsreif waren. Grundmangel der Dampfmaschine waren die unzureichend dimensionierten Dampfführungskanäle in den Zylindern mit zu knapp bemessener Ein- und Ausströmung. Viele Triebwerksteile wie Kolben-, Schieberstopfbuchsen, Tragbuchsen usw. hatten das Werkgrenzmaß erreicht und waren

nicht mehr zu beschaffen, Kesselarmaturen und Führerhaus mußten dringend erneuert werden. Aus diesen Gründen entschloß man sich, die Maschinen in das Rekonstruktionsprogramm aufzunehmen.

Konstruktion

Kernstück der Rekonstruktion war die Ausrüstung mit dem Verbrennungskammerkessel Typ 39 E, wie ihn auch die BR 22 erhalten hatte, lediglich die Rauchkammer wich vom 22er Kessel ab. Eine bemerkenswerte Leistung war die Neukonstruktion der Dampfmaschine in Stahlschweißausführung, die nach Zeichnungen der VES-M im Raw Meiningen erfolgte. Es war der letzte Neubau eines Vierzylinder-Verbund-Triebwerkes in Deutschland. Sowohl der Zylinderblock der innenliegenden Hochdruck-Zylinder (HD) als auch die außenliegenden Niederdruck-Zylinder (ND) zeichneten sich durch strömungstechnisch günstige Dampfführungskanäle mit großen Querschnitten aus. In diesem Zusammenhang mußten auch neue Zylinder- und Schieberkastendeckel, Schieber- und Kolbenkörper (alles in Stahlschweißkonstruktion) gefertigt werden. Kolbenstangen-Trag- und Stopfbuchsen entsprachen

denen der BR 03.10. Der Rahmen erhielt, bedingt durch die neue Zylindergruppe, vorn einen Vorschuh, auch das hintere Rahmenende wurde, notwendig durch den Einbau des Kuppelkastens der Einheitsbauart, vorgeschuht. Die Lokomotiven erhielten einen neuen Pumpenträger in Fahrzeugmitte und einen neuen Stehkesselträger analog der BR 22. Die Umsteuerung erfolgte wie bei den Baureihen 01.5 und 03.10, jedoch mußte wegen der weit

TECHNISCHE DATEN

Bezeichnung			19.0
	ab 1970		04.0
Rekonstruktion (1.Jahr)			1964
Umbaustätte			Raw Meiningen
Bauart			1´D1´h4v
Spurweite		mm	1435
Länge über Puffer			
mit Tender 2'3 T 38		mm	24210
Leermasse (ohne Tender)		t	96,6
Dienstmasse (ohne Tender)		t	107,7
Reibungsmasse		t	74,1
Verdampfungsheizfläche		m²	206,3
Strahlungsheizfläche		m²	21,3
Überhitzerheizfläche		m²	83,8
Betriebsvorräte	Öl	m³	13,5
	Wasser	m³	38
Höchstgeschwindigkeit		km/h	120

Nach der Umstellung auf EDV-gerechte Fahrzeugnummern hießen die beiden Bremsloks „BR 04"

vorn liegenden Steuerwelle für die Steuerspindel eine Zwischenlagerung vorgesehen werden.

Eine Verbesserung erfuhr der Antrieb der HD-Schieber. Die inneren Voreilhebel entfielen. Der Antrieb für die HD-Schieber wurde vom Schieberkreuzkopf des ND-Schiebers abgeleitet und über Stangen und die bisherige Pendelwelle übertragen. Damit blieb das Füllungsverhältnis von HD- und ND-Zylinder stets konstant. Alle Schieber besaßen mit 300 mm Durchmesser das Maß für die großen Einheitslokomotiven und die Neubaulokomotiven. Die Gegenkurbel war jetzt voreilend, so daß sich bei Vorwärtsfahrt der Schwingenstein unterhalb der Schwingenmitte befand. Bei der Anfahrvorrichtung Bauart Maffei saßen je zwei Füllventile auf den ND-Zylindern, und der Anfahrhahn öffnete selbsttätig, wenn

die Steuerung über 60 Prozent ausgelegt war. Für gute Leerlaufeigenschaften sorgten die Eckventil-Druckausgleicher auf den ND-Zylindern und zwei selbsttätige Luftsaugeventile am Dampfsammelkasten. Für ihren Bremslokeinsatz erhielten die Lokomotiven eine Riggenbach-Gegendruckbremse mit Drosselventil, Einspritzventil, Blasrohrklappe, Schalldämpfer und zusätzlichen Luftsaugern. Wegen des Bremslokeinsatzes blieb auch der Oberflächenvorwärmer Bauart Knorr erhalten, der seinen Platz quer auf dem Rahmen zwischen dem zweiten und dritten Kuppelradsatz fand. Die beiden Sandkästen und der Dampfdom erhielten eine gemeinsame Verkleidung.

Die Änderungen am Laufwerk waren gering. Die Sechspunktabstützung blieb erhalten, jedoch ersetzte ein langer Aus-

gleichhebel zwischen dem vierten Kuppelradsatz und dem Schlepradsatz die bisherigen Winkelhebel. Durch den größeren Radsatzstand zwischen vorderem Laufrad- und erstem Kuppelradsatz erhöhte sich der Gesamtradsatzstand von 11920 mm auf 12100 mm. Die Laufradsätze wurden den Einheitsnormen angepaßt; der vordere Laufradsatz hatte 1000 mm, der hintere 1250 mm Durchmesser. Ein neues Führerhaus analog dem der BR 22, keglige Rauchkammertür und Windleitbleche Bauart Witte hatten das Aussehen der Lokomotiven gegenüber der Ursprungsausführung doch erheblich verändert.

Betriebseinsatz

Die beiden Lokomotiven vervollständigten die bemerkenswerte Sammlung von Sonderlokomotiven der VES-M Halle. Die Rekonstruktion der 19 015 war im Februar 1964 beendet. Die Lokomotive erhielt den Tender 2'3 T 38 der 45 024, der beim Umbau der Maschine in eine Hochdrucklokomotive frei geworden war. Im März 1965 folgte die 19 022, gekuppelt mit einem normalen Einheitstender 2'2' T 34. Es blieb bei diesen zwei Maschinen, eine Rekonstruktion der 19 017 ist nicht mehr erfolgt. Im Mai bzw. Dezember des Jahres 1967 sind die 19 015 und die 19 022 im Raw Meiningen auf Ölhauptfeuerung umgebaut worden. Die Maschinen stellten sowohl im Bremslokeinsatz als auch im Reisezugdienst beim Bw Halle P ihre Leistungsfähigkeit und ihre Überlegenheit gegenüber der Ursprungsausführung unter Beweis. Der Einsatz leistungsstarker Diesellokomotiven mit elektrodynamischer Bremse machte die beiden 19er im Jahre 1975 überflüssig. Im Mai 1976 wurde die 19 022, im November die 19 015 ausgemustert.

REDAKTION: MANFRED WEISBROD　FOTOS: MEHNERT, SLG. CARSTENS

Aus der ehemaligen preußischen Baureihe P 10 enstanden bei der Deutschen Reichsbahn die Rekolokomotiven mit der Baureihenbezeichnung 22

Baureihe 22 (DR 39.1)

Die Deutsche Reichsbahn besaß bei Kriegsende 85 Lokomotiven der Baureihe 39.0-2 (pr. P 10), von denen bis 1956 neun ausgemustert werden mußten. Die PKP gab der DR neun der zehn bei ihr verbliebenen Maschinen zurück (39 038, 039, 104, 112, 115, 171, 174, 187 und 191), so daß der Bestand wieder 85 betriebsfähige Maschinen umfaßte. Die 39 082 war als Pt 1-9 bereits 1947 bei den PKP ausgemustert worden.

Die P 10 galt als „Kohlenfresser". Dampf- und Kohleverbrauch standen durch mangelhafte Zufuhr der Verbrennungsluft in keinem Verhältnis zur Maschinenleistung, die Heißdampftemperatur erreichte kaum 350° C. Zur DRG-Zeit sind, obwohl die P 10 ausgiebig in Grunewald untersucht worden ist, keine Veränderungen an den Lokomotiven vorgenommen worden. Erst die DB bewies 1954 im Rahmen der „Aktion zur Verbesserung der Verdampfungswilligkeit", daß durch Verbesserung der Luftzufuhr und Änderungen an den Abmessungen von Blasrohr und Schornstein mehr aus den Lokomotiven herauszuholen war. Das LVA Minden erreichte mit der 39 119 eine Mehrleistung von 42 % gegenüber der Normalausführung und erzielte eine Zughakenleistung von fast 1470 kW.

Die Deutsche Reichsbahn, die nur über 65 Lokomotiven der Baureihe 01, 74 der Baureihe 03 und 16 der Baureihe 03.10 verfügte, konnte für den Reisezugdienst im Hügelland nicht auf die Baureihe 39 verzichten. Eine Generalreparatur hätte nicht die bauarttypischen Mängel beseitigt, zumal die mehr als 30 Jahre alten Kessel ersetzt werden mußten. Deshalb wurden alle Lokomotiven der BR 39.0-2 in das Rekonstruktionsprogramm aufgenommen.

Konstruktion

Kernstück der Rekonstruktion war die Ausrüstung der Lokomotiven mit dem geschweißten Verbrennungskammerkessel vom Typ 39 E, der auch für die Baureihen 03, 03.10 und 41 verwendbar war. Weil der Rekokessel länger als der Originalkessel war, mußte der Rahmen vorgeschuht werden. Hinter dem Achslagerausschnitt des vierten Kuppelradsatzes wurde der Rahmen getrennt und das hintere Rahmenteil durch einen 3050 mm langen Vorschuh ersetzt. Dadurch rückte der Schlepprad-satz um 550 mm nach hinten, so daß der Gesamtradsatzstand der Lokomotive von 11 600 mm auf 12 150 mm anstieg. Der Kessel besaß eine 1475 mm lange Ver-

brennungskammer und eine Strahlungs-heizfläche von 21,3 m² (Originalkessel 17,51 m²). Gleichzeitig wurde der preußische Kuppelkasten durch einen der Einheitsbauart ersetzt, so daß die Lokomotiven mit allen Einheitstendern gekuppelt werden konnten. Üblich waren die Tender 2'2'T 32 oder 2'2'T 34. Zur Verbesserung der Luftzufuhr zum Rost erhielten die Lokomotiven einen Aschkasten der Bauart

TECHNISCHE DATEN

Bezeichnung			22
	ab 1970		39.1
Rekonstruktion (1. Jahr)			1958
Umbaustätte			Raw Meiningen
Bauart			1'D1'h3
Spurweite		mm	1435
Länge über Puffer			
mit Tender 2'2'T 34		mm	23700
Leermasse (ohne Tender)		t	96,4
Dienstmasse (ohne Tender)		t	107,5
Reibungsmasse		t	74,0
Verdampfungsheizfläche		m²	206,3
Strahlungsheizfläche		m²	21,3
Überhitzerheizfläche		m²	83,8
Betriebsvorräte	Kohle	t	10
	Wasser	m³	34
indizierte Leistung		kWi	1243
Höchstgeschwindigkeit		km/h	110

Mit einem Emblem des Weltjugendverbandes war die 22 032 vom Bw Halberstadt 1969 unterwegs

Stühren. Dieser war nicht mehr am Kessel befestigt, sondern lagerte auf den Rahmenwangen. Die Luftzufuhr erfolgte direkt unter dem Bodenring, so daß auch bei gefülltem Aschkasten eine ungehinderte Zufuhr der Verbrennungsluft gesichert war. Die Kesselspeisung erfolgte durch eine Mischvorwärmeranlage Bauart IfS/DR mit in der Rauchkammer vor dem Schornstein befindlichem Mischkasten. Die Verbundmischpumpe saß links in Fahrzeugmitte an einem besonderen Pumpenträger, der auf der rechten Seite die Doppelverbund-Luftpumpe aufnahm. Die zweite Speiseeinrichtung war eine Strahlpumpe. Wegen der inneren Kesselspeisewasseraufbereitung konnte auf einen Speisedom verzichtet werden. Beide Speiseleitungen mündeten auf der linken Kesselseite vor dem Sandkasten über Kesselspeiseventile in den Kessel. Alle Kesselarmaturen waren mit denen der Neubaulokomotive der Baureihe 23.10 tauschbar, von der auch das neue Führerhaus stammte, so daß, in Verbindung mit den Witte-Windleitblechen, eine moderne Lokomotive im Stil der Einheits- und Neubaulokomotiven entstanden war.

Die verschlissenen Zylinder sind durch neue in Stahlschweißkonstruktion ersetzt worden, auch die Kropfachswellen wurden erneuert. An die Stelle der Regelkolbenschieber traten Druckausgleich-Kolbenschieber Bauart Trofimoff mit besseren Leerlaufeigenschaften. Der Steuerbock war, wie bei allen Neubau- und Rekolokomotiven, nicht mehr am Stehkessel, sondern am Rahmen befestigt und damit von der Wärmedehnung des Kessels unabhängig. Die Betätigung des Naßdampfreglers Bauart Schmidt & Wagner erfolgte durch Seitenzug. Ansonsten sind an Triebwerk und Steuerung keine Änderungen vorgenommen worden, auch die äußere Steuerung mit Winterthur-Schleife hat man belassen. Die 22 001, die 1958 durch die Rekonstruktion der 39 107 entstanden und mit dem Tender 2'2' T 30 der inzwischen bereits ausgemusterten Neubaulokomotive 25 001 gekuppelt war, erhielt 1959 anstelle der MV-Anlage einen Oberflächenvorwärmer Bauart Knorr und Riggenbach-Gegendruckbremse. Sie stand fortan als Bremslokomotive in Diensten der VES-M Halle.

Die 22 078 erhielt 1961 bereits bei der Rekonstruktion für Treib- und Kuppelräder eine Scherenbremse zur Erhöhung des Bremsgewichtes sowie Gleitbahnen und Kreuzköpfe der Einheitsschnellzuglokomotiven und verstärkte Treib- und Kuppelstangen. Man wollte mit dieser Maßnahme dem hohen Triebwerksverschleiß begegnen, dem die Lokomotiven beim Einsatz im Städte-Schnellverkehr ausgesetzt waren. Verstärkte Gleitbahnen und Kreuzköpfe haben zwar noch ca. zehn weitere Maschinen erhalten, eine generelle Umrüstung unterblieb wegen des sich abzeichnenden Traktionswandels. Dank Anwendung der Schweißtechnik bei Kessel und Führerhaus war die mittlere Kuppelradsatzfahrmasse der rekonstruierten und nun als Baureihe 22 bezeichneten Lokomotive geringer als die der P 10, so daß sie das Gattungszeichen P 46.18 erhielt.

Betriebseinsatz

Einsatzgebiete der BR 22 waren der Reisezugdienst auf den Mittelgebirgsstrecken. Heimatdienststellen waren u.a. Karl-Marx-Stadt, Dresden, Reichenbach, Gera und Saalfeld. Das Bw Karl-Marx-Stadt Hbf beheimatete zeitweise bis zu 30 Maschinen. Besonders im Städteschnellverkehr nach Berlin wurden die Lokomotiven hoch beansprucht, weil hier trotz zulässiger Höchstgeschwindigkeit von 110 km/h abschnittsweise mit 120 km/h gefahren wurde. Eilzugleistungen nach Leipzig gehörten ebenso zu den Diensten der Karl-Marx-Städter 22er wie Schnellzugleistungen Dresden – Plauen. Das Bw Dresden Altstadt fuhr mit den Lokomotiven Eilgüterzüge nach Seddin.

Mit der Elektrifizierung des sächsischen Dreiecks Dresden – Werdau, Dresden – Leipzig und Leipzig – Werdau – Reichenbach wurde die Baureihe 22 schneller entbehrlich als vorauszusehen war. Einige Loks wurden nach weniger als zehn Jahren Einsatzzeit zu Dampfspendern umgebaut, andere in den Raum Magdeburg/Halberstadt abgegeben, wo sie im Harzvorland wenig effektiv vor Eil- und Personenzügen eingesetzt waren. Ab 1968 sind 50 der insgesamt 85 Rekokessel zur Rekonstruktion der Baureihe 03 verwendet worden.

Selbst auf dem Gebiet der DB waren die Rekoloks der BR 22 zu sehen: Bw Hof, 19. September 1964

REDAKTION: MANFRED WEISBROD; FOTOS: SLG. REINSHAGEN, SLG. JASTER, MÜLLER

Weil die Personenzugmaschinen als Kriegslokomotiven nicht zu gebrauchen waren, blieben die beiden Vorausmaschinen der Baureihe 23 Einzelgänger

Baureihe 23

Man schrieb das Jahr 1906, als die preußische Staatsbahn erstmals ihre 2'C-Personenzuglokomotive der Gattung P 8 in Dienst stellte, von der im Laufe einer 24-jährigen Beschaffungszeit in Deutschland rund 3.800 Fahrzeuge gebaut wurden, knapp 3.000 wurden als Baureihe 38.10 in den Bestand der DRG übernommen. Zwar war im Typenplan von 1924 eine neue 2'C-Personenzuglok mit einer Achslast von 20 t als geplante Baureihe 20 enthalten, die – analog den 15 t-Achslast-Reihen 24 und 64 – als Schlepptender-Variante der vorgesehenen 2'C2'-Tenderlok-Reihe 62 mit dieser weitgehend identisch sein sollte. Als dritte Personenzug-Schlepptenderbauart für den Personenzugdienst war schließlich als Fortentwicklung der preußischen P 10 (DRG-Reihe 39) eine 1'D1'-Baureihe 22 gedacht. Aufgrund der einfachen, robusten Bauart, der Vielseitigkeit und der guten Bewährung der P 8 nimmt es nicht wunder, daß die Reihe 20 als nicht vordringlich zurückgestellt wurde und schließlich nie zur Ausführung gelangte. Lediglich die Reihe 62 wurde in einer Stückzahl von 15 Vorserienlokomotiven in Dienst gestellt, die aber neben den 460 preußischen T 18-Lokomotiven der Reihe 78 nie eine wichtige Rolle

spielten. Das Schicksal der Reihe 20 teilte die Reihe 22, die 260 P 10-Lokomotiven der Baujahre 1922 - 1927 genügten. Nennenswerte Stückzahlen erreichten die Reihen 24 mit 95 Stück und 64 mit 520 Stück als Ersatz für Länderbahnlokomotiven aus der Zeit der Jahrhundertwende.

Erst im Jahre 1936 ging die DRG wieder daran, von der Industrie Vorschläge zum Bau einer P 8-Nachfolgerin zu fordern, diesmal, da aufgrund der Streckenverhältnisse der Bedarf bestand, mit einer Achslast von 17,5 t. Wie schon 1924 ging man wieder von der bewährten Achsfolge 2'C aus. Gleichzeitig hatte die DRG eine Nachfolgerin der ebenfalls preußischen E-Güterzuglok G 10 aus dem Jahre 1910 mit 15 t Achslast, von der 1935 als Reihe 57.10 immerhin 2.350 Lokomotiven im Bestand waren, als Reihe 46 zu entwickeln. Die P 8 und die G 10 besaßen den gleichen Kessel; so kam der Gedanke auf, die beiden Neuentwicklungen, von denen hohe Stückzahlen erwartet wurden, ebenfalls mit einem gleichen Kessel auszustatten. Damit war aber für die Achsfolge 2'C wegen der hierfür nötigen, aber nicht sehr günstigen langen und schmalen Feuerbüchse, das Ende gekommen. Man wandte sich der neuen Achsfolge 1'C1' zu. Im Jahre 1939

war ein vordringlicher Bedarf von 800 Personenzuglokomotiven und 1.200 Güterzuglokomotiven ermittelt worden, die bis 1943, nun als Reihen 23 und 50, in Dienst gestellt werden sollten. Die Firma Schichau in Elbing, die schon maßgeblich am Bau der Reihe 24 beteiligt war, erhielt den Auftrag zum Bau zweier Vorauslokomotiven, die im August 1941 als 23 001 und 002 abgeliefert wurden. Den Verhältnissen im Kriege entsprechend wurden 1942 alle Lokomotivbestellungen, die nicht die Achsfolge 1'E aufwiesen, storniert, so daß die beiden Lokomotiven Einzelstücke blieben.

TECHNISCHE DATEN

Bezeichnung	bis 1970		23
	ab 1970 (DR)		35.20
Indienststellung (1. Jahr)			1940
Hersteller			Schichau
Bauart			1'C1'h2
Spurweite		mm	1.435
Länge über Puffer			
mit Tender 2'2'T26		mm	22.940
Lokdienstmasse (ohne Tender)		t	80,14
Reibungsmasse		t	53,92
Betriebsvorräte	Kohle	t	8
	Wasser	m³	26
indizierte Leistung		kWi	1.500
Höchstgeschwindigkeit		km/h	110

Beide Exemplare der Einheitsbaureihe 23 überstanden den Zweiten Weltkrieg. Sie gehörten danach zum Bestand der Deutschen Reichsbahn

Erst den beiden Bahnverwaltungen im Nachkriegsdeutschland blieb es vorbehalten, je eine 1'C1'-Personenzuglokomotive auf der Basis der „Vorkriegs-23" in nennenswerter Stückzahl zu beschaffen. Die DB erhielt zwischen 1950 und 1959 die 23 001 – 105, die sich vor allem durch den neuen Hochleistungskessel von der Vorkriegsausführung unterschied. Die DR stellte, wieder als Parallelentwicklung zu einer 1'E-Güterzuglok, der Reihe 50.40, zwischen 1956 und 1959 die 23 1001 – 1113 in Dienst. Die beiden nach dem Krieg bei der DR verbliebenen und als Einzelstücke im Betrieb nicht sehr erwünschten Lokomotiven kamen 1954 zur „Versuchs- und Entwicklungsstelle für die Maschinenwirtschaft" (VES-M) der DR in Halle. Nach 1957 sollten beide 23 mit dem für die Rekonstruktion der Reihe 50 zur 50.35 entwickelten Neubaukessel ausgestattet werden, was jedoch bei der 23 002 wegen festgestellter starker Rahmenschäden unterblieb. Die 23 001 erhielt 1961 einen neuen Kessel, das Führerhaus der Neubaulok 23.10, kleine Windleitbleche und eine Riggenbach-Gegendruckbremse, um als Reserve-Bremslokomotive zur Verfügung zu stehen. Unterschiede zum 50er-Kessel ergaben sich durch den wegen der Gegendruckbremse erforderlichen Oberflächenanstelle des Mischvorwärmers und der gemeinsamen Verkleidung der Dome auf dem Kesselscheitel. Wie viele andere Dampflokomotiven der DR erhielt auch die 23 001 im Jahre 1970, in dem sie EDV-gerecht zur 35 2001 umgezeichnet wurde, einen Giesl-Ejektor, den sie bis zu ihrer Ausmusterung behielt.

Konstruktion

Der Barrenrahmen der Zweizylinderlok mit seinen 100 mm starken Rahmenwangen ist eine Nietkonstruktion. Die vordere Laufachse ist mit der benachbarten Kuppelachse in einem Krauss-Helmholtz-Drehgestell zusammengefaßt, die hintere Laufachse als Adamsachse zur großzügigen Ausbildung des Aschkastens weit zurückverlegt. Der 5.200 mm lange Langkessel besteht aus zwei miteinander vernieteten Schüssen, er hat einen Durchmesser von 1.700 mm und beinhaltet 113 Heiz- und 35 Rauchrohre. Auf seinem Scheitel befinden sich der Speisedom, ein Sanddom und der Dampfdom mit dem Naßdampfregler der Bauart Schmidt & Wagner. In einer Nische der Rauchkammer ist der Oberflächenvorwärmer untergebracht. Die Lokomotiven besitzen Windleitbleche der großen Reichsbahnbauart. Das Führerhaus entspricht der Einheitsbauart, durch eine Schutzwand an der Vorderseite des Tenders ist es nach hinten geschützt. Der Tender ist identisch mit dem der Reihe 50 und wurde vollständig geschweißt. Die Knorr-Druckluftbremse mit Zusatzbremse wirkt beidseitig auf alle Achsen. Die beiden ersten Kuppelachsen sind beidseitig besandbar, die dritte Kuppelachse einseitig von vorne.

Betriebseinsatz

Nach der Anlieferung standen beide Lokomotiven zunächst dem Lokomotiv-Versuchsamt Berlin-Grunewald zur Verfügung, bevor sie im September bzw. November

1941 bahnamtlich abgenommen und beim Bw Berlin-Grunewald dem Betriebsdienst übergeben wurden. Hier waren sie zusammen mit den Schnellzuglok 03 auf den Richtung Osten führenden Strecken im Einsatz. Im Juni 1946 kamen beide 23 zum Bw Brandenburg, wo sie kaum eingesetzt wurden. Ein Jahr später kehrten sie nach Berlin zurück, um beim Bw Anhalter Bf wieder im Schnellzugdienst tätig zu sein. Bis zu ihrer Beheimatung beim Bw Ostbahnhof ab Oktober 1950 lernten die beiden Einzelgänger noch für jeweils einige Monate die Bahnbetriebswerke in Jüterbog, Berlin-Rummelsburg und Karlshorst kennen. Hier standen sie mit weiteren Exoten, wie den beiden Schnellzuglokomotiven französischer Herkunft 07 1001 und 08 1001, zwei 03.10 und etlichen 17.10 zusammen im Plandienst. Im Mai 1954 endlich kamen die beiden 23 zur Fahrzeugversuchsanstalt Halle, der späteren VES-M. Hier dienten sie vor allem als Reservelokomotiven bei Ausfall der vierzylindrigen 18 201 und 314 sowie 19 015, 017 und 022. Wenn sie hier nicht benötigt wurden, setzte sie das Bw Halle P im Schnellzugdienst nach Berlin, Eisenach oder Saalfeld ein.

Die 23 002 dürfte um 1959 abgestellt worden sein, nachdem anläßlich der geplanten Rekonstruktion starke Schäden am Rahmen und den Radsternen festgestellt wurden. Im Jahre 1967 erfolgte die Ausmusterung der bis zuletzt im Ursprungszustand gebliebenen Lok. Die 1961 rekonstruierte 23 001 stand bis zu ihrer Abstellung im September 1974 der VES-M und dem Bw Halle zur Verfügung. Nach ihrer Ausmusterung im Mai 1975 folgte in Cottbus die Verschrottung.

REDAKTION: AXEL ENDERLEIN; FOTOS: SLG. KNIPPING, SLG. HÖRNEMANN

Die Baureihe 23 war die zahlenmäßig am stärksten vertretene Neubaudampflokomotive der Deutschen Bundesbahn. Sie wurde in 105 Exemplaren gebaut

Baureihe 23 (DB 023)

Nach dem Krieg hatte die noch junge DB Bedarf an leistungsfähigen und modernen Personenzuglokomotiven. Deshalb stand eine solche Lokomotive auf Grundlage der schon 1941 gebauten 1´C1´-Personenzuglok der Baureihe 23 im Vordergrund der Entwicklungen der „Einheitslok 1950".

Im Dezember 1950 konnten von Henschel mit 23 001 – 005 die ersten Lokomotiven der DB übergeben werden. Bis April 1951 folgten von Henschel mit 23 006 – 015 die restlichen Lokomotiven der Vorserie. Sie besaßen den bewährten Knorr-Oberflächenvorwärmer, Gleitlager an den Treib- und Kuppelstangen, einen Lüfteraufbau auf dem Führerhausdach sowie einen durch Streben verstärkten Kohlenkasten des Tenders. Während 23 015 im November 1951 bis April 1954 der Lokomotivversuchsanstalt Minden zur Erprobung zur Verfügung gestellt wurde, teilte man die restlichen Lokomotiven auf drei Bahnbetriebswerke auf, um sie im Alltagsbetrieb zu testen. Hierbei traten neben Problemen mit dem Heißdampfregler und dem Fahrwerk insbesondere Schäden am Dampfdom auf, die, wie auch bei der Reihe 65, zur zeitweisen Abstellung der Lokomotiven führten, bis der Hersteller Henschel durch den Einbau von Verstärkungen Abhilfe schuf.

Ende 1952 lieferte Jung mit 23 016 – 023 die ersten Serienlokomotiven, die sich von der Vorserie durch die der Führerhausseitenwand entsprechend abgewinkelten Schiebetüren und eine Fußbodenheizung

unterschieden. Zu Erprobungszwecken wurden die 1953 durch Jung gelieferten 23 024 und 025 mit einem Mischvorwärmer der Bauart Henschel-MVC ausgestattet. Sie erhielten außerdem Rollenlager an den Treib- und Kuppelstangen und eine verbesserte Führerstandseinrichtung. Die 23 024 bekam außerdem eine Kylchap-Saugzuganlage. Da sich der Mischvorwärmer als nicht betriebstauglich erwies und das Kylchap-Blasrohr keine Einsparungen zeigte, wurden die nun folgenden Lokomotiven wieder mit dem Knorr-Oberflächenvorwärmer und der herkömmlichen Saugzuganlage geliefert. Bis November 1954 waren Henschel, Jung und Krupp am Bau der 23 026 – 052 beteiligt. Sie unterschieden sich von der ersten Serie im wesentlichen durch das runde Führerhausdach und die fehlenden Verstrebungen am Kohlenkasten des Tenders.

Nun war durch zahlreiche Erprobungen mit verschiedenen Lokomotivreihen der Mischvorwärmer der Bauart Heinl als brauchbar erkannt worden, so daß die zwischen Mai 1955 und April 1958 von Esslingen und Jung gelieferten 23 053 – 092 hiermit ausgestattet wurden. Die Treib- und Kuppelstangen besaßen nun endgültig Rollenlager. Ab 23 077 wurde der bisherige Faltenbalg zwischen Führerhaus und Tender durch einen Gummiwulst ersetzt. Als letzte Serie lieferte Jung zwischen Mai und Dezember 1959 die Lokomotiven 23 093 – 105 mit dem weiter verbesserten Mischvorwärmer MV 57. Die 23 105 war dann auch

die letzte für die DB neugebaute Dampflokomotive überhaupt. Zwischen 1959 und 1963 wurden auch die Mischvorwärmeranlagen der 23 053 – 092 auf die Bauart MV 57 umgestellt.

Ab 1967 wurden in Saarbrücken Lokomotiven der Reihe 23 anstelle von abzustellenden 78 mit einer indirekten Wendezugsteuerung ausgerüstet. Etwa gleichzeitig begann der Ersatz der unbefriedigenden Heißdampfregler durch Naßdampfregler der Bauart Schmidt. Einige weitere Umbauten brachten im Lauf der Zeit eine Angleichung an die zahlreich vorhandenen Lokomotiven der Vorkriegsbauarten.

TECHNISCHE DATEN

Bezeichnung		23
	ab 1968	023
Indienststellung (1. Jahr)		1950
Hersteller		Esslingen, Henschel, Jung, Krupp
Bauart		1´C1´h2
Spurweite	mm	1435
Länge über Puffer		
mit Tender 2´2´T 31	mm	21325
Leermasse (ohne Tender)	t	74,6
Dienstmasse (ohne Tender)	t	82,8
Reibungsmasse	t	56,0
Verdampfungsheizfläche	m²	156,3
Strahlungsheizfläche	m²	17,1
Überhitzerheizfläche	m²	73,8
Betriebsstoffvorräte	Kohle	t	8
	Wasser	m³	31
indizierte Leistung	kWi	1313
Höchstgeschwindigkeit	km/h	110

Die letztgebaute Dampflok der DB gehört heute zum Bestand des Nürnberger Verkehrsmuseums

Konstruktion

Die Zweizylinderlokomotiven besaßen einen vollständig geschweißten Blechrahmen. Für die mit Rollenachslagern ausgestatteten Lokomotiven 23 024, 025 sowie 053 – 105 mußte infolge der größeren benötigten Rahmenausschnitte die Statik der Rahmen neu berechnet werden. Der vordere Laufradsatz war mit dem benachbarten Kuppelradsatz in einem Krauss-Helmholtz-Drehgestell zusammengefaßt, der hintere Laufradsatz als Bissel-Deichsel ausgeführt. Der angetriebene, zweite Kuppelradsatz sowie der dritte Kuppelradsatz waren fest im Rahmen gelagert. Durch das Umstecken zweier Ausgleichshebelbolzen konnte die Radsatzlast der Kuppelradsätze durch Entlastung der Laufradsätze auf 17 oder 19 t eingestellt werden.

Der 4000 mm lange Langkessel hatte an der Rauchkammer einen Durchmesser von 1750 mm, im Bereich der Verbrennungskammer der Feuerbüchse war er konisch nach unten auf 1900 mm erweitert. Er war ebenfalls vollständig geschweißt und beinhaltete 130 Heiz- und 54 Rauchrohre. Auf dem Kesselscheitel befand sich der Dampfdom.

Die Lokomotiven 23 001 – 023 und 026 – 052 besaßen den bewährten Oberflächenvorwärmer der Bauart Knorr in einer Nische der Rauchkammer vor dem Schornstein. Der Mischvorwärmer der drei verschiedenen Bauarten der übrigen Lokomotiven befand sich ebenfalls in der Rauchkammer, darunter der später ausgebaute Warmwasserspeicher. Der Mehrfachventil-Heißdampfregler war in der Rauchkammer hinter dem Schornstein untergebracht, während sich der ab 1967 eingebaute Naßdampfregler im Dampfdom befand.

Die Lokomotiven hatten Windleitbleche der Bauart „Witte". Das Führerhaus war vollständig geschlossen. Unterschiede gab es in der Ausführung der Türen, die bei den Lokomotiven 23 001 – 015 als gerade Klapptüren, bei 23 016 – 076 als der Führerhausform entsprechende geknickte Schiebe- und ab 23 077 als Drehtüren ausgeführt sind. Da sich die Schiebetüren nicht bewährten, wurden sie ab 1966 gegen Drehtüren ausgetauscht. Die Lokomotiven 23 001 – 023 erhielten einen Dachaufbau zur Belüftung des Führerstandes, der bei den folgenden Lokomotiven durch eine geänderte Luftführung wieder entfiel. Diese besaßen stattdessen zur besseren Beleuchtung ein Dachfenster.

Die Knorr-Druckluftbremse mit Zusatzbremse wirkte beidseitig auf alle Radsätze. Je zwei Sandkästen befanden sich am Umlauf jeder Seite. Die beiden, mit einer Spurkranzschmierung versehenen Kuppelradsätze waren nur von vorne, der Treibradsatz beidseitig besandbar. Der rahmenlose Tender Bauart 2´2´T 31 war eine vollständig geschweißte Neukonstruktion. Die ersten, mit den Lokomotiven 23 001 – 025 gelieferten Tender, besaßen Verstärkungsspanten außen am Kohlenkasten.

Betriebseinsatz

Ihrem Verwendungszweck entsprechend waren die Lokomotiven der Reihe 23 im Eil- und Personenzugdienst, aufgrund ihrer Höchstgeschwindigkeit aber auch im Schnellzugdienst zu finden. Erst in den letzten Einsatzjahren kamen auch untergeordnete Dienste vor Güter- und Bauzügen hinzu. Die fabrikneuen Lokomotiven 23 001 – 005 kamen 1950/51 für nur drei Jahre zum Bw Kempten. 1951 erhielten das Bw Bremen Hbf die 23 005 – 010, das Bw Siegen die 23 011 – 015 und, 1954, die 23 026, 027 und 034. Weitere Erstbeheimatungen erfolgten bei den Bahnbetriebswerken Mainz, Paderborn, Mönchengladbach, Oberlahnstein, Oldenburg Hbf, Krefeld, Braunschweig Vbf und Minden.

Zum 1. Januar 1959 verteilten sich die bis dahin vorhandenen 92 Lokomotiven auf die elf Bahnbetriebswerke Bielefeld (8), Bingerbrück (18), Gießen (10), Hagen-Eckesey (1), Kaiserslautern (7), Koblenz Mosel (8), Krefeld (6), Mönchengladbach (11), Oldenburg Hbf (6), Siegen (11) und Trier (6). Weitere sechs Jahre später, am 1. Januar 1965, beheimateten neun Bahnbetriebswerke die inzwischen 105 Lokomotiven. Die Umzeichnung auf die EDV-gerechte Bezeichnung 023 zum 1. Januar 1968 erlebten alle Lokomotiven außer der bereits ausgemusterten 23 013 und 043. Anfang 1973 standen noch 68 Lokomotiven im Dienst der drei Bahnbetriebswerke Crailsheim (31), Kaiserslautern (6) und Saarbrücken (31). Den Beginn ihres letzten Einsatzjahres 1975 erlebten schließlich noch 44 Lokomotiven in Crailsheim (18), Kaiserslautern (5) und Saarbrücken (21). Am 31. Mai endeten in Saarbrücken und am 27. September 1975 in Crailsheim die Planeinsätze der 23er. Nur noch für Sonderdienste standen die 23 023, 029 und 058 dem Bw Crailsheim zur Verfügung, bis am 28. Dezember 1975 die 23 058 als letzte 23er der DB abgestellt wurde.

Acht 23er haben bis heute als Denkmalloks oder bei Museumsbahnen überlebt, darunter die durch die DB im Jahre 1984 anläßlich der 150-Jahr-Feiern betriebsfähig aufgearbeitete 23 105, die seitdem vor zahlreichen Sonderzügen im Einsatz steht.

Lange Zeit waren die in Crailsheim unbeliebten 23er alltägliche Gäste in Lauda (3. Februar 1973)

REDAKTION: AXEL ENDERLEIN; FOTOS: SLG. REINSHAGEN, HÖGEMANN, SCHÖPPNER

Als Ersatz für die reichlich betagten preußischen P 8 beschaffte die Deutsche Reichsbahn die Baureihe 23.10 (Bw Magdeburg Hbf, 23. Juni 1974)

Baureihe 23.10 (DR 35.1)

Bereits die DRG plante die Ablösung der überaus erfolgreichen Personenzuglokbaureihe 38.10-40, der preußischen P 8. Zwar sind die letzten dieser Lokomotiven erst 1923 geliefert worden, doch die ersten Maschinen stammten aus dem Jahre 1906. Unter dem Einfluß Friedrich Wittes entschied sich der Lokausschuß 1937 bei den Entwurfsberatungen für die Achsfolge 1'C1' und lehnte die von der P 8 abgeleiteten 2'C-Entwürfe von Borsig und Schwartzkopff ab. Die Achsfolge 1'C1' hatte in Deutschland bei Schlepptenderlokomotiven keine Tradition. Sowohl die badische IV g als auch die oldenburgische S 10 mit der Achsfolge 1'C1' waren Mißerfolge, was aber nicht in der Achsfolge begründet war. Friedrich Witte wollte bei der Ersatz-P 8, für die die Baureihenbezeichnung 23 vergeben worden ist, einen Verbrennungskammerkessel zur Erhöhung der spezifischen Heizflächenbelastung durchsetzen, doch der Lokausschuß empfahl den üblichen Einheitslokkessel, um die Kesselgleichheit mit der parallel entwickelten Baureihe 50 als Ersatz für die preußische G 10 zu wahren. Anstelle von geplanten 800 Lokomotiven der Baureihe 23 sind kriegsbedingt lediglich die Baumusterlokomotiven 23 001 und 002 entstanden.

Für beide deutsche Bahnverwaltungen stand nach dem Kriege das Thema Ersatz-P 8 wieder auf der Tagesordnung, da der Bestand zwischen 20 und 40 Jahren alt war und manche Lokomotiven nun bereits zwei Weltkriege durchfahren hatten. Man konnte auf das Ideengut der DRG zurückgreifen, denn Witte hatte für seinen Verbrennungskammerkessel von Schwartzkopff bereits Entwurfszeichnungen anfertigen lassen. So ist es nicht verwunderlich, wenn bei beiden deutschen Bahnverwaltungen die Neubau-Personenzugloks die Achsfolge 1'C1' und Kessel mit Verbrennungskammer erhielten.

Der erste Entwurf für die Reichsbahn-Maschine entstand 1954 im Institut für Schienenfahrzeuge in Berlin-Adlershof auf der Basis einer vom Lokausschuß in Auftrag gegebenen Projektskizze.

Konstruktion

In einer Beratung vom Mai 1954 zwischen der Deutschen Reichsbahn, dem Institut für Schienenfahrzeuge (IfS) und dem Hersteller (Lokomotivbau „Karl Marx" Babelsberg, LKM) meldete die DR Änderungswünsche an dem Projekt des IfS an. So sollte die Leistung der neuen Lokomotive um 50 Pro

zent über der der P 8 liegen, die spezifische Heizflächenbelastung 75 kg/m²h und die Kuppelradsatzfahrmasse 18 t betragen. Ende Mai 1954 ist auch die Fahrzeug-Versuchsanstalt (FVA) Halle in die Entwurfsberatung einbezogen worden, die ihre Erfahrungen für den Entwurf des Kessels und die Gestaltung des Blasrohrs einbrachte. Das vom IfS vorgeschlagene

TECHNISCHE DATEN

Bezeichnung	bis 1969		23.10
	ab 1970		35.1
Indienststellung (1. Jahr)			1956
Hersteller			LKM Babelsberg
Bauart			1'C1' h2
Spurweite		mm	1435
Länge über Puffer			
mit Tender 2'2' T28		mm	22660
Leermasse (ohne Tender)			78,5
Dienstmasse (ohne Tender)		t	87,2
Reibungsmasse		t	54,7
Verdampfungsheizfläche		m²	159,6
Strahlungsheizfläche		m²	17,9
Überhitzerheizfläche		m²	65,7
Betriebsstoffvorräte	Kohle	t	10
	Wasser	m³	28
indizierte Leistung		kWi	1103
Höchstgeschwindigkeit		km/h	110

Die ersten Loks der Serienlieferung gingen an die Reichsbahn-Direktionen Schwerin und Greifswald

geschlossene Führerhaus wurde durch ein geschweißtes nach Bauart der Reihe 03 ersetzt, den Wannentender mit 34 m³ Wasser und 14 t Kohle empfand die FVA als entschieden zu groß und empfahl einen geschweißten Tender analog dem der Baureihe 50.

Der zweite Entwurf des IfS lag schon am 30. Juni 1954 vor. Er berücksichtigte die Ergebnisse vorangegangener Beratungen und listete auch auf, welche Bauteile bereits für andere Neubaulokomotiven (25 und 65.10) durchkonstruiert waren und übernommen werden konnten.

Am 10. September 1955 erteilte die Hauptverwaltung der Maschinenwirtschaft (HvM) der LKM den Auftrag zur Herstellung von vier Baumusterlokomotiven, je zwei der Achsfolge 1'C1' (Reihe 23.10) und je zwei der Achsfolge 1'E (Reihe 50.40). Die Lokomotiven sollten im ersten und zweiten Quartal 1956 geliefert werden.

Sowohl das erste als auch das zweite Quartal 1956 verstrichen, ohne daß die DR eine der vier Baumusterlokomotiven zu sehen bekam. Ende Juli 1956 forderte der Leiter der HvM, Friedrich Vieser, in einem massiven Schreiben an LKM die Lieferung der Lokomotiven für das dritte Quartal. LKM antwortete Ende September 1956 und teilte der HvM mit, daß voraussichtlich Anfang Dezember mit der Lieferung des Baumusters 23 1001 zu rechnen sei. Es wurde jedoch der 16. Januar 1957, an dem LKM zur offiziellen Werksprobefahrt einladen konnte. Diese führte von Drewitz als Leerfahrt nach Michendorf, von dort als Zuglok vor einem planmäßigen Personenzug nach Belzig (380 t Zugmasse), von Belzig Lokzug nach Wiesenburg, von dort rückwärts als Vorspann vor einem Güterzug zurück nach Belzig und von dort als Vorspannlok vor einem planmäßigen Personenzug zurück nach Drewitz. Die Funktionsprobefahrt verlief ohne Beanstandungen, lediglich zwischen Protokoll und Mängelliste gab es eine Differenz. Während das Protokoll vermerkt, daß die Lok auch bei der höchsten ausgefahrenen Geschwindigkeit (110 km/h) ruhig lief, spricht die Mängelliste, die nur geringfügige Dinge enthielt, von unruhigem Lauf bei hohen Geschwindigkeiten. Ehe jedoch die FVA Halle am 19. Februar 1957 die Vorerprobung mit dem Einfahren der Lokomotive vor planmäßigen Zügen begann, hatte die HvM beim Hersteller für die Serienlieferung den Naßdampfregler Bauart Schmidt & Wagner anstelle des Heißdampfreglers bestellt. In einer Besprechung zwischen dem Technischen Zentralamt der DR, dem IfS Berlin-Adlershof und der FVA Halle am 1. März 1957 fielen die Entscheidungen für den Serienbau. Gegenüber den Baumusterlokomotiven 23 1001 und 1002 sollte die Serie Naßdampfregler mit Seitenzug und geschweißte Dampfsammelkästen erhalten. Der Speisedom sollte entfallen und die neue Mischvorwärmeranlage Bauart IfS/DR eingebaut werden. Im weiteren waren eine Reihe fertigungstechnischer Mängel oder Unhandlichkeiten bei der Bedienung abzustellen.

Um vergleichbare Werte bei den Meßfahrten zu erhalten, hatte die HvM die 23 001 und 23 002 zur Versuchsanstalt beordert und ihre meßtechnische Untersuchung angewiesen. Am 25. März 1957 begannen die Beharrungsmeßfahrten mit der 23 1001 bei den Geschwindigkeiten 30, 50, 70 und 90 km/h, die sich bis August 1957 erstreckten. Bei ihrer Höchstgeschwindigkeit von 110 km/h sind beide Loks nicht untersucht worden.

Nach Abschluß der Versuchsfahrten erteilte die HvM dem VEB Lokomotivbau „Karl Marx" Babelsberg den Auftrag zur Lieferung weiterer 111 Lokomotiven, die innerhalb von zwei Jahren gefertigt worden sind. Innerhalb der Serie gab es keine weiteren Bauartänderungen.

Betriebseinsatz

Wurden die beiden Baumuster noch vom Raw Stendal betreut, legte die Hauptverwaltung Ausbesserungswerke das Raw „Einheit" Leipzig in Engelsdorf, das bis 1967 auch die Baureihe 38.10-40 betreute, als zuständiges Ausbesserungswerk fest. Als Engelsdorf 1967 die Dampflokausbesserung aufgab, ging die Erhaltung an das Raw Cottbus über.

Die ersten Loks der Serienlieferung gingen an die Direktionen Schwerin und Greifswald, wo die Maschinen wegen ihres guten Beschleunigungsvermögens und ihres verdampfungsfreudigen Kessels häufig im Schnellzugdienst eingesetzt worden sind. Weitere Lieferungen gingen an die Direktionen Halle und Cottbus. Dort lösten die Neubauloks die kohlenstaubgefeuerten Maschinen der Baureihe 17.10-12 ab. Dann erhielten auch das Bw Gera und sächsische Bahnbetriebswerke Maschinen der BR 23.10. Auslauf-Bw wurde Nossen, das noch 1981 die letzte Maschine dieser Baureihe, die 23 1113, im Plandienst vor einem Eilzugpaar von Riesa über Falkenberg nach Wittenberg einsetzte. 1970 wurde die BR 23.10 zur Baureihe 35 umgezeichnet, weil die Kennziffern 1 und 2 der Stammnummer von den Lokomotiven der E- und Dieseltraktion belegt waren. Ab 1975/1976 sind die Loks allmählich aus dem Betriebsdienst ausgeschieden und durch Diesellokomotiven der Baureihe V 100 (ab 1970: 110, ab 1992: 201) ersetzt worden. Die 35 1113 ist noch heute in bestem Pflegezustand beim Bw Nossen erhalten, doch für ihre betriebsfähige Aufarbeitung genehmigt die DB AG keine Mittel. Es bleibt nur zu hoffen, daß die DB AG ihre derzeitige Position korrigiert und einer Hauptuntersuchung zustimmt.

Die 35 1113 ist heute in bestem Pflegezustand beim Bw Nossen erhalten

REDAKTION: MANFRED WEISBROD; FOTOS: SLG. CARSTENS, SLG. KNIPPING, TRUNK

Die Einheitsloks der Reihe 24 ersetzten ältere Länderbahnmaschinen auf langen Nebenstrecken. Die 24 083 blieb als Museumsstück erhalten

Baureihe 24 (DB 24/DR 37.10)

Das Netz der Deutschen Reichsbahn wies viele Nebenstrecken auf, die Tenderlokomotiven nicht ohne Ergänzen der Vorräte durchfahren konnten. War Wasserfassen am Bahnsteig noch möglich, so mußte zum Bekohlen abgespannt – ergo unterwegs umgespannt werden. Schon die Preußische Staatsbahn setzte deshalb auf langen Nebenstrecken leichte 1'C-Schlepptenderlokomotiven ein, besonders häufig die P 6 (DRG 37.0–1) oder G 5 (DRG 54.0–11) in ihren verschiedenen Spielarten. Für diese Maschinen sah der erste Typisierungsplan 1923 zunächst keinen Ersatz vor, bald wurde er aber um die 1'C-Lokomotive der Reihe 24 mit 15 t Achslast ergänzt. Schließlich handelte es sich bei den P 6 und G 5 schon um Veteranen. Zudem besaßen die G 5 noch das unwirtschaftlich arbeitende Naßdampftriebwerk, teils in Zweizylinder-Verbundausführung. Die neue 24er sollte hauptsächlich vor Personenzügen, im Flachland auch vor Güterzügen laufen. Laut Betriebsprogramm sollten die Einheitsloks 270 t auf 10 ‰ Steigung mit 50, auf 25 ‰ noch mit 20 km/h befördern. Im Vergleich zu beiden erwähnten preußischen Bauarten waren die Kessel reichlicher zu bemessen.

Anfang 1928 beschloß der Lokausschuß die Beschaffung der Reihen 24, 64 und 86, die in vielen Teilen übereinstimmten. Bei den BR 24 und 64 waren sogar Kessel,

Zylinder, Triebwerk, Radsätze und Bissel-Gestelle untereinander tauschbar. Noch 1928 lieferten Schichau und Linke-Hofmann die ersten Maschinen (24 001–010, 24 031–037). Am Bau der weiteren 78 Exemplare beteiligten sich bis 1939 auch die Firmen Hanomag, Henschel, Krupp und Borsig. Insgesamt stellte die Reichsbahn 95 Stück in Dienst, als letzte erst im November 1940 die 24 095. Die bei Schichau bereits bestellten 24 096–115 wurden storniert.

Als außergewöhnliche Spielart der Reihe 24 wurden 1932 zwei Lokomotiven in Dienst gestellt, die zu den Versuchsmaschinen mit sogenannten Mitteldruckkesseln zählen. Diese waren für eine Dampfspannung von 25 bar ausgelegt, wobei dem höheren Druck nicht etwa durch dickere Kesselbleche, sondern durch sehr hochwertigen Kesselbaustoff Rechnung getragen wurde (trotzdem zwangen Schäden zur Reduzierung auf 20 bar). Weil sich ein Dampfdruck von 25 bar in einstufiger Dampfdehnung nicht mehr sinnvoll verwerten läßt, erhielt die 24 069 ein Zwillings-Verbundtriebwerk mit Hoch- und Niederdruckzylinder und die 24 070 ein Triebwerk mit sogenannten Gleichstromzylindern. Letztere Lok verbrauchte aber zuviel Dampf und erhielt daher 1935 ein der 24 069 entsprechendes Verbundtriebwerk. Beide Mitteldruckloks baute die Deutsche Bundesbahn 1952 in die Regelausführung

um. Die von ihr als Erprobungsträger für Armaturen und Zubehörteile auserkorene 24 061 erhielt 1949 ein Krauss-Helmholtz-Gestell und wurde mit dem Tender 2'2'T26 gekuppelt. Im übrigen ersetzte die DB bei ihren 24ern die großen durch kleine Windleitbleche.

Konstruktion

Der genietete Einheitslokkessel mit nur 3.800 mm Rohrlänge bestand aus zwei Schüssen. Auf dem vorderen Kesselschuß saß der Speisedom, auf dem hinteren der Dampfdom mit Naßdampfventilregler Bauart Schmidt & Wagner, mittig der Sandkasten. Gespeist wurde der Kessel mittels Kolbenverbundpumpe, die das Wasser

TECHNISCHE DATEN

Bezeichnung	bis 1970		24
	ab 1.7.1970 (DR)		37.10
Indienststellung (1. Jahr)			1928
Hersteller			Schichau,
			Linke-Hofmann u.a.
Bauart			1'C h2
Spurweite		mm	1.435
Länge über Puffer mit Tender 3T16		mm	16.995
Lokdienstmasse (ohne Tender)		t	57,4
Reibungsmasse		t	45,2
Betriebsvorräte	Kohle	t	6
	Wasser	m³	16
indizierte Leistung		kWi	680
Höchstgeschwindigkeit		km/h	90

durch den in eine Rauchkammernische eingelassenen Knorr-Oberflächenvorwärmer führte. Als weitere Speiseeinrichtung diente die Dampfstrahlpumpe. Bei den Kesseln der Regelausführung betrug der zulässige Druck 14 bar. Bis zur Betriebsnummer 24 070 wurden die Lokomotiven mit Kupferfeuerbüchsen, ab 24 071 mit Stahlfeuerbüchsen geliefert. Der 70 mm starke Barrenrahmen stützte sich in vier Punkten auf dem Laufwerk ab. Der Kuppelraddurchmesser betrug 1.500 mm, der Laufraddurchmesser 850 mm. Die Laufachse saß in einem Deichsel-Gestell (Bissel-Gestell).

Die Spurkränze der Treibräder waren um 15 mm geschwächt. Die beiden Dampfzylinder mit 500 mm Durchmesser und 660 mm Kolbenhub trieben die zweite Kuppelachse an. Die Lokomotiven besaßen außenliegende Heusinger-Steuerung mit innere Einströmung und Schieber mit druckluftgesteuerten Druckausgleichern. Als Bremse fungierte die selbsttätig wirkende Einkammer-Druckluftbremse Bauart Knorr mit Zusatzbremse. Bei 24 001 – 070 waren Kuppel- und Laufräder einseitig abgebremst, bei 24 071 – 095 doppelseitig (Scherenbremsen); allerdings entfiel ab 24 077 die Laufradbremse. Der Druckluftsandstreuer sandete die Kuppelräder von vorn. Gekuppelt waren die Lokomotiven mit genieteten Tendern 3T16 und geschweißten 3T17 (letzterer ab 24 071 im Lieferzustand).

Abweichungen bei Mitteldruckloks: 25 bar-Kessel aus hochfestem Molybdänstahl, Feuerbüchse aus weichem Molybdänstahl; Verbundtriebwerk mit rechts liegendem Hochdruckzylinder von 400 mm Durchmesser und links liegendem Niederdruckzylinder von 600 mm Durchmesser; 24 070 anfangs zwei Gleichstromzylinder (300 mm Durchmesser) mit Ventil- statt Schiebersteuerung (Prinzip: Dampf strömt stets von Zylinderenden zur Zylindermitte ohne Richtungsänderung beim Auslaß).

1964 befand sich 24 058 im Bw Rahden, das bis 1965 Lokomotiven der Baureihe 24 beheimatete

Betriebseinsatz

Angesichts der recht geringen Stückzahl verteilte die Reichsbahn die Baureihe 24 auf erstaunlich viele Betriebswerke. Gleich 16 Erstbeheimatungs-Bw sind zu nennen (in zeitlicher Reihenfolge der Zuteilung): Wriezen, Neustettin, Kolberg, Schwerin, Waren, Freudenstadt, Landshut, Plattling, Rahden, Ulm Hbf, Treysa, Deutsch-Eylau, Marienburg, Allenstein, Insterburg und Königsberg. Die Mitteldruckloks 24 069 und 070 erprobte 1932/33 – schon selbstverständlich – das Lokomotiv-Versuchsamt Grunewald. Nach Umstationierungen erhielt u.a. auch das Bw Nordhausen 24er. Ihre Einsatzgebiete reichten also von Niederbayern, Oberschwaben und Württemberg im Süden über Nordhessen und den Harz bis ins nord- und nordostdeutsche Flachland. Dort waren die Maschinen vor allem auf langen Nebenstrecken Pommerns, West- und Ostpreußens zu Hause. So verdanken sie ihren Spitznamen „Steppenferd" den Einsätzen in dünn besiedelten Gegenden des Ostens. Populär wurden die kleinen Schlepptenderlokomotiven

aber auch als „Schwarzwaldloks": In Freudenstadt beheimatet, dominierten sie den Personenzugdienst auf den Strecken von Horb/Eutingen nach Pforzheim sowie nach Freudenstadt – Hausach. Ende der dreißiger und Anfang der vierziger Jahre wurden die 24er dann vorzugsweise in Ostpreußen konzentriert. Andererseits gehörten einige kurzzeitig sogar zum Bestand der österreichischen Bw Linz und Salzburg.

Die Angaben zum Verbleib nach Kriegsende differieren: eindeutig nachgewiesen sind bei der DB 1950 jedenfalls 42 Loks, bei der DR nur 5. Den Großteil der übrigen Maschinen reihte die polnische PKP als Oi 2 ein. Wichtige Heimat-Bw im Bereich der Bundesbahn waren in den fünfziger Jahren Kiel, Kleve, Lübeck und Rahden. Erst von 1960 an nahm der Bestand deutlich ab, ihre letzte Bleibe hatten die DB-24er in Kleve (bis 1963), Rahden (bis 1965) und schließlich in Rheydt. Die dort stationierte 24 067 wurde erst im August 1966 ausgemustert.

Für die noch von der Reichsbahn übernommenen „Steppenpferde" fand sich auf den Nebenstrecken des ehemaligen Genthiner Kleinbahnnetzes ein dauerhaftes Betätigungsfeld. Alle waren ab 1960 im Bw Jerichow beheimatet. Leicht überschaubar der Bestand: 24 002, 004, 009, 021 und 030. Mit Ausnahme der letztgenannten konnten sich die Lokomotiven bis 1968 in Jerichow behaupten. 24 004 kam noch zum Bw Güsten, wurde aber im gleichen Jahr abgestellt und später dem Verkehrsmuseum Dresden übereignet. 24 009 (1970 in 37 1009 umgenummert) wanderte – nach Zwischenspielen in Stendal und als Güstener Hilfszugreserve – im September 1972 in den Westen aus. Damals war der Erwerb der betriebsfähigen Lok durch die „Arbeitsgemeinschaft Eisenbahnkurier" spektakulär.

Auch 1995 steht 24 009 unter Dampf (Deutsche Museumseisenbahn Darmstadt). Ferner erhalten sind 24 004 (ex Verkehrsmuseum Dresden, abgestellt in Schlettau) und die schon vor Jahren aus Polen zurückgekehrte 24 083 (Dampflok-Betriebsgemeinschaft Hildesheim).

Auch die 24 004 blieb als Museumsstück erhalten; sie gehört dem Dresdener Verkehrsmuseum

REDAKTION: KONRAD KOSCHINSKI; FOTOS: HÖGEMANN, SLG. REINSHAGEN, SYDOW

Bis zum Ende des Zweiten Weltkriegs war die Baureihe 37 noch in Ostpreußen anzutreffen. Nach 1945 gelangten noch einige Maschinen zu den PKP

Baureihe 37⁰ (pr P 6)

Für den Personenzugverkehr hielt die KPEV in den neunziger Jahren des 19. Jahrhunderts vorwiegend zweifach gekuppelte Lokomotiven vor. Doch diese Maschinen waren auf Dauer nicht mehr den Anforderungen gewachsen. Mehr und mehr wuchs der Bedarf an einer Lokomotive, die darüber hinaus auch im leichten Schnellzugdienst, aber ebenso vor Güterzügen zum Einsatz gelangen sollte. Gleich nach der Jahrhundertwende wurde daher eine 1'Ch2-Maschine in Auftrag gegeben und von Hohenzollern im Jahre 1901 ausgeliefert. Versuchsfahrten vor Schnell- und Güterzügen zeigten die Überlegenheit dieser Lokomotive gegenüber den Maschinen der Gattungen S 4, S 7 und G 7. Bei der Beförderung gleicher Zugmassen fiel besonders der geringere Kohleverbrauch der P 6 auf, so daß ab 1903 die Serienproduktion anlief. Dennoch blieben konstruktive Schwächen unübersehbar. Dazu zählten ein unruhiger Lauf bei höheren Geschwindigkeiten, die ungünstige Masseverteilung durch die weit zurückversetzte Laufachse und die Zylinderanordnung. Dennoch bewerteten Praktiker die Maschinen recht unterschiedlich. Ausnahmslos positiv fiel unter anderem das Urteil der Direktion Erfurt aus. Bis 1909 lieferten die BMAG, Hanomag, Henschel und Humboldt 275 Maschinen der Gattung P 6.

Konstruktion

Der genietete Langkessel bestand aus zwei Schüssen. Während sich der Dampfdom auf dem hinteren Kesselschuß befand, war der Sandkasten in Kesselmitte plaziert. Sämtliche Maschinen erhielten Rauchkammerüberhitzer der Bauart Schmidt. Die kupferne Feuerbüchse nebst Hinterkessel war zwischen den Rahmenblechen eingezogen worden. Direkt an dem Langkessel angenietet wurde die Rauchkammer. Neben Kesselsicherheitsventilen der Bauart Ramsbottom waren zwei saugende Dampfstrahlpumpen vorhanden.

Die Maschinen wurden mit einer Vierpunktabstützung ausgerüstet, wobei die vordere Laufachse und die erste Kuppelachse in einem Krauss-Helmholtz-Gestell lagerten. Die zweite und dritte Kuppelachse waren fest im Rahmen untergebracht.

Beide außenliegenden und waagerecht angebrachten Zylinder arbeiteten nach dem Prinzip der einstufigen Dampfdehnung. Die zweite Kuppelachse wurde angetrieben. Zur außenliegenden Heusinger-Steuerung gehörten Kolbenschieber mit innerer Einströmung, jedoch keine Druckausgleicher. An deren Stelle kamen Lufteinlaßventile der Bauart Ricour zum Einbau.

Die Druckluftbremse wirkte doppelseitig, allerdings nur auf den zweiten und dritten Kuppelradsatz.

Betriebseinsatz

Während des Ersten Weltkriegs waren zahlreiche Maschinen bei der Feldeisenbahn im Einsatz. 1919 mußten 110 P 6-Lokomotiven an ausländische Bahnverwaltungen abgegeben werden. Allein 44 Lokomotiven erhielten in Polen, 24 in Belgien und 16 in Frankreich eine neue Heimat. Die in Deutschland verbliebenen P 6 wurden in Ostpreußen konzentriert. Der endgültige DRG-Umzeichnungsplan von 1925 enthielt noch 163 Lokomotiven mit den Betriebsnummern 37 001 – 37 163. Tatsächlich erwies sich die P 6 im vom übrigen Deutschen Reich abgetrennten Ostpreußen als Universalmaschine für den Reise- und Güterverkehr. Durch die starke Konzentration der relativ unterhaltungsfreundlichen Maschinen konnte hier auch die Ersatzteilversorgung mit wirtschaftlich vertretbaren Aufwendungen organisiert werden.

Nach dem Ende des Zweiten Weltkrieges verblieben fast alle P 6-Lokomotiven in Polen bzw. in der Sowjetunion. Die bei der Deutschen Reichsbahn vorhandenen vier Maschinen, unter ihnen drei bereits 1919 von den Polnischen Staatsbahnen (PKP) übernommene, wurden im Juli 1950 an die PKP abgegeben. Dort waren derartige Maschinen im Raum Gdansk (Danzig) noch bis in das Jahr 1966 im Einsatz.

TECHNISCHE DATEN		
DRG-Bezeichnung		37 001 – 37 163
frühere Bezeichnung		pr P 6
Beschaffungszeitraum		1902 – 1909
Bauart		1'Ch2
Spurweite	mm	1435
Länge über Puffer mit Tender	mm	17 608
Tenderbauart		pr 2'2' T 16
Leermasse (ohne Tender)	t	52,3
Dienstmasse (ohne Tender)	t	57,1
Reibungsmasse	t	44,6
Verdampfungsheizfläche	m²	132,3
Strahlungsheizfläche	m²	11,49
Kohlevorrat	t	5,0
Wasservorrat	m³	16,0
Höchstgeschwindigkeit	km/h	90

Die bayerischen Lokomotiven der DRG-Baureihe 38⁴ erlangten zwar nicht die Berühmtheit der preußischen P 8, doch bewährte sich auch diese Maschine. Allerdings wurden nur 80 Exemplare gebaut. Bereits 1955 musterte die DB die letzte 38⁴ aus

Baureihe 38⁴ (bay P 3/5)

Zu Beginn des 20. Jahrhunderts bestand bei den Königlich Bayerischen Staatseisenbahnen ein empfindlicher Mangel an Personenzug-Schlepptenderlokomotiven. Basierend auf den guten Erfahrungen mit den S 3/5-Schnellzuglokomotiven entwickelte Maffei 1905 deshalb die P 3/5 N, eine Personenzuglok, die aber dann doch dank ihrer soliden Konstruktion vorwiegend im Schnellzugdienst eingesetzt wurde. Von den 36 bis 1907 gebauten Maschinen übernahm die DRG nur 13 Exemplare. Alle anderen waren im Rahmen von Reparationslieferungen überwiegend nach Frankreich abgegeben worden oder gelten als verschollen.

Aufgrund des großen Lokmangels in Bayern und des noch nicht angelaufenen Einheitslokbaus gestattete deshalb die Reichsbahn 1921 der Gruppenverwaltung Bayern, bei Maffei 80 Vierzylinder-Heißdampf-Personenzug-Lokomotiven herstellen zu lassen, die im wesentlichen den P 3/5 N entsprachen, nun aber Heißdampftechnik und damit die Gattungsbezeichnung P 3/5 H erhielten.

Die gegenüber ihrer Vorgängerin leistungsstärkere Maschine bewährte sich ebenfalls vor Schnellzügen; beschafft wurden 1921 immerhin 80 Maschinen, die man im endgültigen Umzeichnungsplan der Deutschen Reichsbahn-Gesellschaft von 1925 mit den Betriebsnummern 38 401 – 38 480 erfaßte.

Konstruktion

Der genietete Langkessel besaß drei Schüsse. Auf dem ersten Schuß befand sich der Dampfdom, auf dem zweiten der Sandkasten. Die kupferne Feuerbüchse wurde zwischen den Rahmenwangen eingezogen. Hinzu kamen ein Überhitzer der Bauart Schmidt. Je zwei gegenüber der Naßdampfmaschine P 3/5 N vergrößerte Hochdruck- und Niederdruckzylinder sorgten für einen Leistungszuwachs. Der aus zwei Teilen bestehende Barrenrahmen wurde durch einen Blechrahmen für das Drehgestell ergänzt. Die Achsen des Drehgestells waren seitenverschiebbar, die Treibachsen im Rahmen fest gelagert.

Betriebseinsatz

Immerhin vermochten die Maschinen in der Ebene 420 t schwere Züge mit 90 km/h und in einer 10-Promille-Steigung noch mit 40 km/h zu befördern, so daß auch die P 3/5 H zunächst im hochwertigen Schnellzugdienst, unter anderem vor dem Orient-Expreß zwischen München und Salzburg, genutzt wurde. Durch den Nachbau der S 3/6 (DRG-Baureihe 18⁴) übernahmen die Maschinen der nunmehrigen Baureihe 38⁴ zunehmend Personenzugleistungen. Überwiegend in den Bahnbetriebswerken Augsburg, Neu-Ulm und Lindau beheimatet, waren nach dem Zweiten Weltkrieg noch alle Lokomotiven vorhanden.

Obwohl die Maschinen keiner Splittergruppe angehörten, nahm die Deutsche Bundesbahn bald ihre Ausmusterung zugunsten der preußischen P 8 vor. Von 1950 bis 1952 rollten fast alle Maschinen aufs Abstellgleis. Mit der Ausmusterung der 38 432 am 12. Mai 1955 wurde die letzte P 3/5 H der DB abgestellt. Einige Lokomotiven dienten danach noch längere Zeit Heizzwecken.

TECHNISCHE DATEN

DRG-Bezeichnung		38 401 – 38 480
frühere Bezeichnung		bay P 3/5 H
Beschaffungszeitraum		1921
Bauart		2'Ch4v
Spurweite	mm	1435
Länge über Puffer mit Tender	mm	16 600
Tenderbauart		bay 2'2' T 21,8
Leermasse (ohne Tender)	t	65,7
Dienstmasse (ohne Tender)	t	72,1
Reibungsmasse	t	47,1
Verdampfungsheizfläche	m²	142,5
Strahlungsheizfläche	m²	13,2
Kohlevorrat	t	8,0
Wasservorrat	m³	21,8
Höchstgeschwindigkeit	km/h	90

AUTOR: W.-D. MACHEL, AUFNAHMEN: SLG. KNIPPING

Im Gegensatz zu den ersten „sächsischen Rollwagen" hat die 1927 gebaute 38 275 wie spätere Einheitsloks eine gewölbte Rauchkammertür erhalten

Baureihe 38²⁻³ (sä XII H 2)

Das Eisenbahnnetz Sachsens gehörte einst zu den dichtesten in Deutschland. Bis auf eine Ausnahme waren alle sächsischen Städte auf der Schiene zu erreichen. Neben dem Güterverkehr nahm der Personenverkehr einen wichtigen Stellenwert ein. Die große Zahl von Reisezügen erforderte auch entsprechende Lokomotiven. Bis lange nach der Jahrhundertwende waren im Personenzugdienst vorwiegend Zweikuppler in Betrieb. Mithin bestand ein großer Nachholbedarf an zeitgemäßen und leistungsfähigen Personenzug-Schleppten-der-Lokomotiven. Die benachbarte KPEV hatte mit der legendären preußischen P 8 eine 2'Ch2-Maschine entwickelt, die sich zwar zunächst vorwiegend vor Schnellzügen bewährte, aber zunehmend auch im Personenzugdienst unverzichtbar wurde. Im Jahre 1909 begann die Sächsische Maschinenfabrik, vormals Hartmann, im Auftrag der Königlich Sächsischen Staatseisenbahnen mit der Entwicklung einer Personenzuglokomotive. Grundlage hierfür bildeten die Konstruktionsunterlagen für die Schnellzugloks der Gattungen XII H, XII HV und XII H 1 (DRG-Baureihen 17⁶, 17⁷ und 17⁸). Allerdings wurden ein kürzerer, aber mit gleichem Durchmesser konzipierter Kessel und ein Zwillingstriebwerk berücksichtigt. Die im Forderungsprogramm vorgegebene Leistung, nämlich eine Zugmasse von 235 t mit 60 km/h auf einer Steigung von zehn Promille zu befördern, sollte unter allen Umständen erreicht werden. Schließlich

lieferte die Sächsische Maschinenfabrik 1910 die ersten dieser als Gattung XII H 2 bezeichneten Maschinen an die Königlich Sächsischen Staatseisenbahnen aus. Eine Lokomotive aus dieser Serie sorgte auf der Weltausstellung in Brüssel 1911 für Aufsehen. Bis 1917 hatten die XII H 2-Lokomotiven spitze Rauchkammertüren nach bayerischem Vorbild erhalten, die aber später durch normal gewölbte ersetzt wurden. Bereits von 1916 an stattete das Herstellerwerk die Maschinen mit einem hochliegenden Umlauf aus. Hinzu kamen ein druckluftbetriebenes Läutewerk auf dem Stehkessel und eine Luftpumpe rechts vorn neben der Rauchkammer. Während des Ersten Weltkriegs wurden jährlich neue Maschinen dieser Gattung in Betrieb genommen. Die Beschaffung konnte in den Jahren 1920 und 1922 unter Obhut der Reichsbahn fortgesetzt werden. Nachdem 1919 insgesamt 30 Maschinen als Reparationsleistung unter anderem nach Frankreich und Belgien abgegeben werden mußten bzw. dort verblieben waren, ließ die DRG 1927 nochmals zehn Lokomotiven nachbauen. Damit wurden zwischen 1910 und 1927 insgesamt 169 Lokomotiven der späteren DRG-Baureihe 38²⁻³ gebaut. Im endgültigen Umzeichnungsplan hatte die DRG mit den 1927 nachgelieferten Maschinen immerhin 134 Lokomotiven mit den Betriebsnummern 38 201 – 38 334. Die leistungsstarken und robusten Maschinen bewährten sich ausgezeichnet, waren bei den Personalen beliebt und wurden gelegentlich sogar

zwischen Dresden und Reichenbach für den Schnellzugdienst genutzt.

Konstruktion

Der genietete Langkessel entsprach dem für die Lokomotiven der Gattung XII H 1 (DRG-Baureihe 17⁸) genutzten, fiel jedoch um 350 mm kürzer aus. Der Belpaire-Stehkessel mit kupferner Feuerbüchse war zwischen den Rahmenblechen eingezogen. Der Dampfdom wurde auf dem hinteren Kesselschuß plaziert. Davor hatte man den Sandkasten angeordnet. Hinzu kamen Pop-Sicherheitsventile und zwei nichtsaugende Dampfstrahlpumpen der Bauart Friedmann.

Der von vorn bis hinten durchgezogene Blechrahmen hatte eine Stärke von 30 mm. Während das führende Drehge-

TECHNISCHE DATEN

DRG-Bezeichnung		38 201 – 38 334
frühere Bezeichnung		sä XII H2
Beschaffungszeitraum		1910 – 1927
Bauart		2'Ch2
Spurweite	mm	1435
Länge über Puffer mit Tender	mm	18972
Tenderbauart		sä 2'2' T 21
Leermasse (ohne Tender)	t	65,6
Dienstmasse (ohne Tender)	t	73,3
Reibungsmasse	t	47,1
Verdampfungsheizfläche	m²	162,3
Strahlungsheizfläche	m²	13,4
Kohlevorrat	t	7,0
Wasservorrat	m³	21,0
Höchstgeschwindigkeit	km/h	90

Die 38 205 hat bis in unsere Tage als Traditionslokomotive überlebt. Die vom Bw Chemnitz-Hilbersdorf unterhaltene Maschine war schon vor vielen Sonderzügen und bei Plandampf-Veranstaltungen im Einsatz

stell eine Seitenverschiebbarkeit von 38 mm zuließ, waren die Kuppelachsen fest im Rahmen gelagert.

Die beiden außenliegenden Zylinder ordnete man waagerecht zwischen den Drehgestellachsen an. Angetrieben wurde die zweite Kuppelachse. Der Kreuzkopf bewegte sich zweischienig. Zur außenliegenden Heusinger-Steuerung gehörten Kolbenschieber mit federnden Ringen der Bauart Fester. Die Westinghause-Bremse wirkte auf alle Kuppelräder einseitig von vorn, auf die Drehgestellräder von innen. Der mechanische Sandstreuer der Bauart Krauss-Helmholtz war auf die Räder der ersten beiden Kuppelachsen ausgerichtet.

Betriebseinsatz

Von 1937 bis 1939 wurden einige Lokomotiven leihweise an die Bahnbetriebswerke Frankfurt (Main), Passau, Weiden, Landshut, Limburg und Plattling abgegeben. Zu ihnen zählten die 38 211, 38 245, 38 250, 38 259, 38 263, 38 270, 38 277, 38 278, 38 289, 38 296, 38 303, 38 311 und 38 318. Nach Besetzung des Sudetenlandes durch das Deutsche Reich im Jahre 1938 mußte die Reichsbahndirektion Dresden etwa 20 Lokomotiven an die Bahnbetriebswerke Aussig, Bodenbach, Komotau und Tetschen abgeben, da die Tschechoslowakischen Staatsbahnen die meisten der dort stationierten Maschinen in ihr Hinterland abgezogen hatten. Ein Teil der 1919 abgegebenen Loks kehrte nach der Okkupation Frankreichs im Jahre 1941 von dort nach Deutschland zurück. Sie wurden aber nur teilweise als „Leihfahrzeuge" in Betrieb genommen. Nach dem Zweiten Weltkrieg verblieben 61 Maschinen bei den Staatsbahnen der Tschechoslowakai und Polens. Dort waren sie zum Teil bis Ende der sechziger Jahre in Betrieb. Lediglich die Lokomotive 38 312 gelangte 1958 von den Tschechoslowakischen Staatsbahnen im Tausch gegen eine andere Maschine wieder zur DR zurück. Dagegen wurde die 1946 von den Tschechoslowakischen Staatsbahnen nach Ungarn abgegebene ehemalige 38 271 im Jahre 1952 an die Versuchsanstalt Minden abgegeben. Zu den im Juli 1945 in Sachsen verbliebenen 63 Maschinen gehörten auch 12 der französischen „Leihlokomotiven", von denen später fünf aufgearbeitet und im April 1957 mit den Betriebsnummern 38 351 – 38 354 gekennzeichnet wurden. 1967 verfügte die Deutsche Reichsbahn noch über 53 der als Rollwagen bekannten Loks, die in den Bahnbetriebswerken Bautzen, Nossen, Werdau und Karl-Marx-Stadt, aber auch in Brandenburg (Havel) und Ketzin stationiert waren. Obwohl im gleichen Jahr mit der konzentrierten Ausmusterung begonnen wurde, erhielten drei Maschinen 1970 noch EDV-Betriebsnummern. Die zuletzt genutzte 38 5308 (ex 38 308) zog anläßlich des MOROP-Kongresses in Dresden 1971 nochmals einen Sonderzug. Die 38 205 wurde dem Verkehrsmuseum Dresden übergeben und steht heute betriebsfähig zur Verfügung.

Diese Aufnahme zeigt eine flache Tür an der 38 251 im Bahnhof Wilkau-Haßlau (August 1958)

AUTOR: W.- D. MACHEL; AUFNAHMEN: SLG. VÖLK, VÖLK, SLG. KNIPPING

Bei der Deutschen Bundesbahn stande einige der preußischen P 8, zuletzt als Baureihe 038 im Bestand, noch bis Anfang der siebziger Jahre im Dienst

Baureihe 38¹⁰⁻⁴⁰ (pr P 8)

Lokomotivtechniker waren sich schon vor mehr als fünf Jahrzehnten einig: Die P 8 zählte zu den glücklichsten Schöpfungen des deutschen Dampflokbaus. Entstanden war diese Maschine aus dem Bestreben, eine weitere leistungsfähige Schnellzuglokomotive zu entwickeln, da die S 6 sich vorzugsweise im Flachland bewährte und mit den preußischen P 6- und P 7-Maschinen auch keine optimalen Bedingungen für die Zugförderung im Hügelland und Mittelgebirge geschaffen werden konnten. Deshalb war in den ersten Jahren des 20. Jahrhunderts erneut der Bau einer dreifach gekuppelten Schnellzuglokomotive ins Gespräch gekommen. Auf der Grundlage eines sorgfältig ausgearbeiteten Forderungsprogramms unter Federführung von Robert Garbe entstand in den Konstruktionsbüros der BMAG eine völlig neue 2'Ch2-Lokomotive. Der am 22. Dezember 1905 dem Ministerium der öffentlichen Arbeiten vorgelegte Entwurf wurde, nachdem Details verändert worden waren, schon am 15. Januar 1906 genehmigt. Bereits im Juni des gleichen Jahres konnte die KPEV die ersten vier Probelokomotiven für umfangreiche Testfahrten übernehmen.

Die Ergebnisse ließen die Techniker aufhorchen: Die P 8 erfüllte trotz einiger Kinderkrankheiten alle Erwartungen. So zog die Maschine ohne Wechsel auf der 600 Kilometer langen Relation Grunewald (b. Berlin) – Königsberg einen Schnellzug ohne Beanstandungen. Die indizierte Maximalleistung der Maschine betrug 1 000 kW bei 84 km/h. Bereits ein Jahr spä-

ter begann die Serienproduktion, wobei technische Mängel Schritt für Schritt weitgehend beseitigt werden konnten. So zwangen die starken Ruckelbewegungen bei höheren Geschwindigkeiten zu Veränderungen an den Spurkränzen. Weiter verbesserte Schieber und Treibstangerlager und etwas verkleinerte Zylinderdurchmesser sowie eine leicht reduzierte Heizfläche zugunsten einer größeren Überhitzerheizfläche trugen dazu bei, daß die P 8 eine technisch ausgereifte Lokomotive wurde. Hinzu kamen im Laufe der Jahre auch äußerliche Veränderungen: Von 1909 an verzichtete man auf die Windschneiden-Führerhäuser und verwendete nur noch solche mit gerader Stirnwand und doppelwandigem Tonnendach.

Ab 1911 wurde das Führerhaus bei unveränderter Länge des Dachs verkürzt, und ab 1913 gelangten ausschließlich konische Schornsteine mit größerem Durchmesser zum Einbau. Maßgeblich zur Leistungssteigerung trugen darüber hinaus die noch kurz vor Beginn des Ersten Weltkriegs verwendeten Abdampf-Oberflächenwärmer der Bauart Knorr bei. Ab 1919 sorgte ein serienmäßig im ersten Kesselschuß angebrachter Speisewasserreiniger für eine verbesserte Kesselversorgung. Etwa vom gleichen Zeitpunkt an führte man das Führerhausdach einwandig mit durchgehendem Absatz und seitlichen Lüftungsklappen aus, die bessere Arbeitsbedingungen für das Personal bedeuteten. Viele der während des laufenden Serienbaus eingeführten Neuerungen konnten im Rahmen von Revisionen in den Ausbesserungswer-

ken auch an den älteren Maschinen nachgerüstet werden. Daher waren die ursprünglichen Bauunterschiede im Laufe der Jahre kaum noch auszumachen.

Bis kurz vor dem Ersten Weltkrieg wurde die P 8 vorzugsweise für den Schnellzugdienst beschafft. Danach war sie immer häufiger auch im Personenzugdienst, vor Eilzügen und gelegentlich vor schnellfahrenden Güterzügen anzutreffen. Die P 8 bewährte sich bei nahezu allen Zugförderungsaufgaben bestens, was ihr auch die legendäre Bezeichnung „Mädchen für alles" einbrachte.

Allein für die KPEV und die DRG bauten die meisten deutschen Lokomotivfabriken mit Ausnahme von Hartmann, Esslingen, Krauss und Maffei bis 1923 insgesamt 3 444 P 8-Lokomotiven. Weitere wurden

TECHNISCHE DATEN

DRG-Bezeichnungen		38 1001 ... 38 4051
frühere Bezeichnung		pr P 8
Beschaffungszeitraum		1906 – 1923
Bauart		2'Ch2
Spurweite	mm	1435
Länge über Puffer mit Tender	mm	18 585
Tenderbauart		pr 2'2 T 21,5
		pr 2'2 T 31,5
		oder 2'2' T 30
Leermasse (ohne Tender)	t	70,7
Dienstmasse (ohne Tender)	t	78,2
Reibungsmasse	t	51,6
Verdampfungsheizfläche	m²	143,9
Strahlungsheizfläche	m²	14,58
Kohlevorrat	t	7,0
Wasservorrat	m³	21,5
Höchstgeschwindigkeit	km/h	100

Bei der DB waren P 8-Lokomotiven bis 1974 im Einsatz. Die in Freudenstadt beheimatete 038 772 zählte 1973 zu den letzten Planloks der Bundesbahn

für die Mecklenburgische Friedrich-Franz-Eisenbahn sowie die Oldenburgischen und Badischen Staatsbahnen, aber auch für ausländische Bahnverwaltungen gefertigt. Nach den Festlegungen des Versailler Vertrags mußte Deutschland schließlich 628 Maschinen an das Ausland abgeben, vorzugsweise nach Polen, Belgien und Frankreich. Für die 1920 gegründete Reichsbahn bedeuteten diese Reparationsleistungen herbe Verluste, so daß die P 8 trotz leerer Kassen und galoppierender Inflation zum Auffüllen des nunmehr gelichteten Bestandes bis 1923 weiter gebaut wurde.

Insgesamt 2 878 Lokomotiven der preussischen P 8 wurden im endgültigen DRG-Umzeichnungsplan von 1925 mit den Betriebsnummern 38 1001 – 38 1572, 38 1576 – 38 1749, 38 1752 – 38 1790, 38 1793 – 38 3389, 38 3395 – 38 3673, 38 3677 – 38 3792 und 38 3951 – 38 4051 berücksichtigt. Somit war die P 8 die zahlenmäßig dominierende Personenzuglokomotive Deutschlands und bildete nach beiden Weltkriegen das Rückgrat des Reisezugverkehrs. Daran änderten auch die bis 1933 teilweise vorgenommenen Ausmusterungen nichts. Im Gegenteil: Man bemühte sich, die gelungene Konstruktion durch technische Veränderungen noch weiter zu verbessern. Allerdings waren dem 1931 versuchsweise mit der 38 3255 gekuppelten Abdampf-Turbinen-Triebtender ebenso wie der Caprotti-Steuerung an der 38 2698 und der Lentz-Ventilsteuerung an den 38 2687 und 38 4010 kein rechter Erfolg beschieden, so daß man die Versuchslokomotiven wieder in ihren Ursprungszustand zurückbaute.

Veränderungen setzten sich auch bei den beiden deutschen Bahnverwaltungen nach dem Zweiten Weltkrieg durch. Die Deutsche Bundesbahn kuppelte zahlreiche Lokomotiven der Baureihe 38¹⁰⁻⁴⁰ mit Wannentendern von Maschinen der Kriegsbaureihe 52. Bei der Deutschen Reichsbahn stattete man im Jahre 1964 die Lokomotive 38 3276 für Testzwecke mit einem Giesl-Flach-Ejektor aus. Die

Zahlreiche P 8-Maschinen kuppelte die Deutsche Bundesbahn mit überzähligen Wannentendern längst verschrotteter Kriegsdampflokomotiven

AUFNAHMEN: WAGNER, SLG. KNIPPING, SLG HÖRNEMANN

Durch den Einbau von Giesl-Ejektoren erreichte die DR in den sechziger Jahren einen noch günstigeren Wirkungsgrad der alten P 8-Maschinen

Versuche erwiesen sich als erfolgreich, da immerhin 14 bis 24 Prozent Kohle eingespart wurden und der Kesselwirkungsgrad von 50 bis 75 Prozent auf 70 bis 80 Prozent stieg. Daraufhin erhielten 1966 und 1967 insgesamt 85 DR-Lokomotiven der früheren Gattung P 8 einen Giesl-Ejektor.

Konstruktion

Ausgerüstet wurden die P 8-Lokomotiven mit einem genieteten Langkessel nebst Dampfdom und Sandkasten. Hinzu kamen zwei zylindische Kesselschüsse; im oberen Teil befand sich der zylindrische Stehkessel. Die kupferne Feuerbüchse lag zwischen den Rahmenblechen. Zahlreiche Baulose erhielten neben einem Speisedom einen Winkelrost-Schlammabschneider. Vorhanden war ein Ramsbottom-Sicherheitsventil und auf dem Dampfdom ein Ventilregler der Bauart Schmidt & Wagner. Eine Kolbenspeisepumpe der Bauart Knorr versorgte den Oberflächenvorwärmer. Im Führerhaus war die saugende Dampfstrahlpumpe untergebracht. Der durchgehende Blechrahmen wurde über dem Drehgestell ausgeschnitten. Das mit einer Sechspunktabstützung ausgestattete Laufwerk besaß zwei Stützpunkte auf der Drehgestellmitte, zwei Stützpunkte auf der ersten und zwei weitere auf dem zweiten und dritten Kuppelradsatz. Da der dritte Kuppelradsatz zudem den Hinterkessel stützen mußte, ergab sich der bekannte unsymmetrische Kuppelachsabstand. Das Drehgestell der Bauart Hannover garantierte eine Seitenverschiebbarkeit von 40 mm nach beiden Seiten. Die Kuppelradsätze lagerten fest im Rahmen; die Spurkränze der Treibachse waren um 15 mm geschwächt. Zwei außenliegende

Zylinder gleicher Bauart ermöglichten eine einfache Dampfdehnung. Angetrieben wurde stets die zweite Kuppelachse. Die außenliegende Heusinger-Steuerung hatte bis 1912 Hängeeisen erhalten, die man anschließend durch die Kuhnsche Schleife ersetzte. Bei den Kolbenschiebern handelte es sich um solche der Regelbauart. Grundsätzlich waren die P 8-Lokomotiven mit Einkammerdruckluftbremsen der Bauart Knorr mit Zusatzbremse ausgerüstet. Die Bremse wirkte doppelseitig auf die Kuppelräder, ab 1913 auch einseitig von innen auf die Drehgestellräder. Die zweistufige Luftpumpe plazierte man in fast allen Fällen rechts am Langkessel. Versorgt wurde sie durch zwei rechts auf dem Umlaufblech befestigte Luftpumpen, die ab 1920 von den Herstellern zwischen die Rahmenwangen verlegt werden mußten. Der Knorr-Druckluftsandstreuer wirkte auf die ersten beiden Kuppelachsen.

Gekuppelt waren die Lokomotiven mit Tendern der Bauarten pr. 2'2 T 21,5 oder pr. 2'2 T 31,5. Die Deutsche Bundesbahn verwendete ab den fünfziger Jahren vorzugsweise Wannentender der Bauart 2'2' T 30. Die preußischen Tender hatten einen Plattenrahmen und Fachwerkdrehgestelle erhalten.

Betriebseinsatz

Es hat kaum eine deutsche Schlepptenderlokomotive gegeben, deren Einsatzgebiete so vielfältig waren wie die der P 8. So wurden Anfang der zwanziger Jahre auch zahlreiche P 8 im Auftrage der Reichsbahn neu gebaut, die gleich nach Polen geliefert wurden. 18 Maschinen verkaufte die DRG zusätzlich nach Rumänien. Während des Zweiten Weltkriegs erhielten insbesondere die P 8-Lokomotiven im okkupierten Polen Reichsbahn-Nummern. Nach dem Ende des Zweiten Weltkriegs befanden sich viele Maschinen in mehreren europäischen Ländern und wurden dort weiter genutzt. Neben Polen handelte es sich um Jugoslawien, Frankreich, Belgien, Dänemark aber auch um Österreich, Ungarn und die Tschechoslowakei. Im Rahmen von Typenbereinigungen wurden viele Maschinen bis zu Beginn der fünfziger Jahre mitunter noch einmal getauscht.

In Deutschland verblieben der DB etwa 1 200 und der DR rund 700 Maschinen. Die DB begann ab 1958 durch die zunehmende Elektrifizierung und die beginnende Verdieselung überzählige Lokomotiven der Baureihe 38[10-40] auszumustern und zu

Die ersten P 8-Loks erhielten im Vergleich zu später gebauten Maschinen ein längeres Führerhaus

In Heilbronn wartet die 038 959 der DB am 24. Juli 1970 auf ihren Einsatz. Bei der DR rollten die letzten P 8 bereits ein Jahr später auf den Rand

verschrotten. Ende 1963 verfügte die DB noch über 712 Maschinen. Fünf Jahre später waren nur noch 73 Lokomotiven einsatzbereit. Doch dieser Restbestand sollte noch einige Zeit erhalten bleiben. Erst Ende 1974 wurde als letzte DB-P 8 die 038 772 ausgemustert. Damit hatte diese Länderbahnbaureihe fast noch ihre Nachfolgerin, die Baureihe 23, überlebt. Bei der Deutschen Reichsbahn begann die systematische Ausmusterung der P 8 erst 1969, wurde aber innerhalb von nur zwei Jahren abgeschlossen. Als Ersatz

dienten hier vorwiegend Diesellokomotiven der Baureihe 110 (heute 201). Rund 500 P 8-Maschinen waren mehr als fünf Jahrzehnte zuverlässig im Einsatz, und manche Lokomotive galt sogar erst nach mehr als sechs Jahrzehnten als abkömmlich. Keine deutsche Personenzuglokomotive hat eine solche Lebensdauer erreicht. Dazu gehörte auch die 38 1182, die 1910 erbaut und erst 1971 im Bw Aschersleben ausgemustert wurde. Diese Maschine blieb erhalten und zählt heute zu den betriebsfähigen Lokomo-

tiven des Verkehrsmuseums Dresden. Für museale Zwecke erhalten blieben außerdem die 38 2884 (Verkehrsmuseum Nürnberg), die 38 2383 (Deutsches Dampflokmuseum Neuenmarkt-Wirsberg), die Ok 1-296 der PKP, ex DRG 38 2425 (Technikmuseum Berlin) und die 38 1444 (Werkmuseum Linke-Hofmann-Busch, Salzgitter). Überdies wird als Erinnerung an die aktive Zeit der P 8 als Baureihe Ok 1 in Polen unter anderem die Ok 1-359 von den PKP betriebsbereit gehalten.

Anzutreffen war die Baureihe 38[10-40] in den sechziger Jahren nicht nur vor Abteilwagen, sondern auch vor den modernen Doppelstockgliederzügen

AUTOR: W.- D. MACHEL, AUFNAHMEN: PREUSS, HÖRNEMANN, WAGNER, SLG. SCHÜTZE

Die 39 230 gehört heute nicht betriebsfähig zum Bestand des Nürnberger Verkehrsmuseums

Baureihe 39⁰⁻² (pr P 10)

Obwohl die preußische P 8 gute Dienste im Schnellzugdienst leistete, war sie mit Wagenzugmassen von über 550 t auf Strecken im Hügelland und Mittelgebirge ebenso überfordert wie ihre Vorgängerinnen. Der aufwendige und kostenintensive Vorspannbetrieb gehörte auf derartigen Strecken deshalb weiterhin zum Alltag. Um diese Situation zu verändern, dachte die KPEV zunächst daran, die bewährte P 8 mit einer zusätzlichen Kuppelachse auszurüsten und einen größeren Kessel vorzusehen. Rost und Stehkessel hätten dann aber nur zwischen den Rädern Platz gehabt, was wiederum eine kleinere Rostfläche bedeutet hätte. Damit wäre jedoch die Verwendung der überwiegend zur Verfügung stehenden minderwertige Kohle nicht mehr möglich gewesen. Diese durch den Ersten Weltkrieg bedingte Situation veranlaßte die Maschinentechniker der Preußischen Eisenbahn-Verwaltung, über eine neue Lokomotive nachzudenken. Zwar lagen im Herbst 1919 erste von Borsig erarbeitete Entwürfe vor, doch konnte man sich über eine zweckmäßige Konstruktion noch nicht endgültig einigen.

Die inzwischen bevorstehende Übernahme der Länderbahnen durch das Reich verzögerte die Entscheidung zusätzlich. Einig war man sich allerdings, das von Borsig vorgeschlagene Drillingstriebwerk zu akzeptieren. Es garantierte zum einen eine höhere Betriebssicherheit, zum anderen ein gutes Anfahr- und Beschleunigungsvermögen. Der Kuppelraddurchmesser von 1 750 mm ermöglichte zudem die dringend erforderliche höhere Zug-

kraft. Um eine möglichst große Rostfläche zu erzielen, mußte der Hinterkessel zwischen den Kuppelrädern eingezogen werden. Erstmals in Preußen gelangte das Krauss-Helmholtz-Lenkgestell mit seitenverschiebbarem Drehzapfenlager zur Anwendung. Insgesamt fiel die Kuppelachsfahrmasse mit 19 t höher aus als ursprünglich gefordert.

Inzwischen debattierte man darüber, ob der Weiterbau der sächsischen XX HV-Schnellzuglokomotive (spätere DRG-Baureihe 19⁰) nicht sinnvoller wäre und auf die Einführung der P 10 verzichtet werden könne. Die höheren Beschaffungs- und Unterhaltungskosten für die sächsische XX HV waren der Anlaß, sich schließlich doch für den Bau der P 10 zu entscheiden.

Noch 1921 wurden zehn dieser 1'D1'h3-Lokomotiven in Auftrag gegeben, von denen 1922 die ersten beiden Maschinen ausgeliefert werden konnten. Nach ausführlichen Testfahrten fielen die Würfel zugunsten des Serienbaus, wenngleich ein hoher Dampf- und Kohleverbrauch infolge mangelhafter Zufuhr von Verbrennungsluft zu verzeichnen war. Veränderte Abmessungen der Saugzuganlage brachten keine Besserung.

Nur die ersten beiden P 10-Lokomotiven erhielten noch ein gleichlautendes Gattungsschild. Die folgenden noch 1922 und 1923 ausgelieferten Maschinen bezeichnete die Reichsbahn mit den Betriebsnummern 17 003 – 17 022. Gemäß dem zweiten Umzeichnungsplan aus dem Jahre 1923 wurden die Lokomotiven dann endgültig als Baureihe 39 registriert. Die

DRG beschaffte bis 1926 insgesamt 260 P 10-Lokomotiven, die nicht nur Borsig, sondern auch Henschel, Hanomag, Linke, Krupp und Karlsruhe gefertigt hatte. Obwohl als Personenzuglokomotive in das DRG-Bezeichnungsschema eingeordnet, versahen die Maschinen trotz des reichlichen Energieverbrauchs zuverlässig ihren Dienst im Schnellzugverkehr unter anderem auf den Relationen Berlin – Erfurt – Frankfurt (Main), Breslau – Dresden, Kassel – Hannover und Köln – Saarbrücken.

Weitere Versuche, den Rost und Saugzuganlage zu verändern, fanden 1928 unter Obhut der DRG und 1954 unter Federführung der DB statt. Obwohl bei letzterer Aktion eine wesentlich größere Zugkraft durch Verbesserung der Luftzufuhr und Veränderung von Blasrohr und Schornstein erreicht wurde, unterblieb ein Umbau der Maschinen.

TECHNISCHE DATEN

DRG-Bezeichnung		39 001 – 39 260
frühere Bezeichnung		pr P 10
Beschaffungszeitraum		1922 – 1926
Bauart		1'D1'h3
Spurweite	mm	1435
Länge über Puffer mit Tender	mm	22 890
Tenderbauart		pr 2'2' T 31,5
Leermasse (ohne Tender)	t	100,4
Dienstmasse (ohne Tender)	t	110,4
Reibungsmasse	t	75,7
Verdampfungsheizfläche	m²	217,01
Strahlungsheizfläche	m²	17,51
Kohlevorrat	t	7,0
Wasservorrat	m³	31,5
Höchstgeschwindigkeit	km/h	110

Ein Einsatzzentrum der Baureihe 39 war bei der DB das Bw Kaiserslautern. Von hier aus fuhr 39 190 nach Saarbrücken, wo dieses Foto 1960 entstand

Konstruktion

Die P 10-Lokomotiven wurden mit einem genieteten Langkessel ausgerüstet. Die Rostfläche war trapezförmig ausgebildet und mit einem Kipprost ergänzt worden.

Unverkennbar ist die Ähnlichkeit der P 10 mit den Einheitsloks

Auf dem Kessel befanden sich der Speisedom, der Sandkasten und der Dampfdom mit zwei Pop-Sicherheitsventilen. Hinzu kamen eine Verbund-Speisepumpe der Bauart Nielebock-Knorr, ein Knorr-Oberflächenvorwärmer zwischen der zweiten und dritten Kuppelachse quer auf dem Rahmen und eine saugende Dampfstrahlpumpe der Bauart Strube.

Die P 10 stattete man ausschließlich mit Barrenrahmen aus. Das Laufwerk in Form einer Vierpunktabstützung nahm neben dem Krauss-Helmholtz-Drehgestell eine als Adamsachse ausgeführte Schleppachse auf. Während die zweite und vierte Kuppelachse fest im Rahmen gelagert wurde, waren die erste und dritte Kuppelachse seitenverschiebbar.

Alle drei Zylinder wirkten auf die zweite Kuppelachse. Die Außenzylinder bedingten eine außenliegende Heusinger-Steuerung; der Innenzylinder übertrug die Kräfte davon unabhängig über eine Gegenkurbel und eine Zwischenwelle auf die dritte Kuppelachse. Die

Maschinen erhielten eine Kuhnsche Schleife.

Die Einkammer-Schnellbremse der Bauart Knorr bremste alle Kuppelachsen einseitig und von vorn ab; die Laufachsen blieben ungebremst.

Betriebseinsatz

Nach dem zweiten Weltkrieg verblieben 154 Maschinen der Baureihe 39⁰⁻² bei der Deutschen Bundesbahn, die in den Direktionsbezirken Frankfurt (Main), Stuttgart, Karlsruhe und Köln Schnell- und Eilzüge beförderten.

Im Juli 1967 wurden schließlich die letzten P 10-Lokomotiven ausgemustert. Die 39 184 blieb erhalten und befindet sich heute im Werkmuseum der Firma Linke-Hofmann-Busch in Salzgitter.

Von den 85 bei der Deutschen Reichsbahn verbliebenen Lokomotiven wurden bis 1956 insgesamt neun Maschinen ausgemustert. Im Dezember 1955 erhielt die Deutsche Reichsbahn allerdings neun bei den Polnischen Staatsbahnen (PKP) verbliebene Lokomotiven zurück, so daß der Bestand wieder ergänzt werden konnte.

Um die weitgehend verschlissenen Lokomotiven weiter nutzen zu können, wurden sie von 1958 bis 1961 grundlegend rekonstruiert. Die Rekomaschinen bezeichnete die Deutsche Reichsbahn als Baureihe 22 und setzte sie vorzugsweise auf den Strecken des Direktionsbezirks Erfurt ein. 1971 wurde die letzte Maschine abgestellt.

Die Borsig-Lok 41 058 im Fotografieranstrich bei der Ablieferung 1937. Dienste vor Viehzügen brachte den 41ern den Spitznamen „Ochsenlok" ein

Baureihe 41 (DB 41/DR 41.10)

Der ursprüngliche Typisierungsplan von 1922 sah eine Baureihe 41 als 1'D mit 20 t Achsfahrmasse vor, die allerdings nicht ausgeführt wurde, da genügend neuere Länderbahnloks zur Verfügung standen. Um der in den dreißiger Jahren aufkommenden Konkurrenz des Kraftverkehrs auch im Gütertransport entgegenzutreten, wollte die DRG schnelle Güterzugverbindungen mit 90 km/h Höchstgeschwindigkeit einrichten. Außerdem sollte die neue Baureihe auch vor Reisezügen auf Mittelgebirgsstrecken zum Einsatz kommen. Die Ausschreibung der Reichsbahn an den DLV lautete auf eine 1'D-Maschine, und lediglich die Firma Schwartzkopff reichte einen Zusatzentwurf für eine 1'D 1' Lokomotive ein. Die Hauptverwaltung entschied sich zugunsten des Schwartzkopff-Vorschlages; als Vorteile wurden eine erhebliche Leistungssteigerung des Kessels (Nordmann prognostizierte bei einer modernen 1'D nur 16 % mehr gegenüber der 56.20), wesentlich ruhigere Laufeigenschaften bei der auf 90 km/h festgelegten Geschwindigkeit und die Verstellbarkeit der Kuppelachsmasse von 18 auf 20 t gesehen.

1936 lieferte Schwartzkopff die beiden ersten Vorausloks der Baureihe 41. Zur eingehenden Erprobung kam eine Lok zum Lokomotiv-Versuchsamt Grunewald (41 001), die andere zum Bw Schneidemühl. Aus den Erkenntnissen mit den Baumusterlokomotiven resultierten bei der Serie einige Modifikationen. So wurden

unter anderem der Bodenring des Stehkessels zwecks besserer Wasserzirkulation verbreitert, seitliche Luftfangtaschen am Aschkasten angebracht, um die Luftzufuhr zum Rost zu verbessern und die Regelkolbenschieber durch Druckausgleichkolbenschieber der Bauart Nicolai (Schultz) ersetzt.

Die Erhöhung des Kesseldrucks auf 20 bar führte nicht zum erhofften wärmewirtschaftlichen Vorteil. Es war gegenüber dem 03-Kessel keine Leistungssteigerung feststellbar, und trotz hoher Überhitzertemperatur auch kein geringerer Kohleverbrauch. Die Steigerung des Kesseldrucks über 16 bar hinaus, ohne Anwendung zweistufiger Dampfdehnung, verursachte lediglich höhere Baukosten und brachte überdies Ärger: Schon bald nach Indienststellung zeigten sich Schäden an den aus St 47 K-Stahl gefertigten Kesseln, es kam zu Rissbildungen. Das Reichsbahn-Zentralamt verfügte daraufhin, den Kesseldruck bei der nächstfälligen Untersuchung auf 16 bar zu reduzieren. Zusätzlich wurden 40 Ersatzkessel aus dem bewährten Kesselstahl St 34 in Auftrag gegeben, 35 bei der Deutschen Werft in Hamburg sowie fünf bei Krauss-Maffei. Diese Kessel der „Bauart 1943" mit von 16,5 auf 22 mm verstärkten Blechen waren zwar noch für 20 bar Kesseldruck vorgesehen, wurden aber nur für 16 bar abgenommen und in Dienst gestellt. Vom Kessel abgesehen bewährten sich die neuen Maschinen durchaus. Mit 90 km/h Höchstgeschwindigkeit

und ihrer hohen Zugkraft eigneten sie sich bestens für schnelle Güterzüge, aber auch für Schnellzüge im Mittelgebirge.

Nach dem Krieg bekam die DB die Probleme mit dem aus St47K gefertigten Kessel dank moderner Schweißtechnik in den Griff. Trotzdem wurde ein neuer Hochleistungskessel mit Verbrennungskammer, der auch bei der 03.10 zum Einbau kam, entwickelt und in den Jahren 1957–1961 in 99 Loks der Baureihe 41 eingebaut, 40 wurden zusätzlich auf Ölfeuerung umgerüstet. Bei beiden deutschen Bahnverwaltungen wurden die großen Wagner-Windleitbleche gegen kleinere der Bauart Witte ausgetauscht.

Bei der DR erhielten 21 Loks in den Jahren 1956–57 gebaute Ersatzkessel. Sie

TECHNISCHE DATEN

Bezeichnung	bis 68/70		41
	69-91 (DB)		041/042
	70-91 (DR)		41.10
	ab 1992		041
Indienststellung (1.Jahr)			1936
Hersteller			Schwartzkopff u.a.
Bauart			1'D1'h2
Spurweite		mm	1.435
Länge über Puffer			
mit Tender 2'2'T 32		mm	23.905
Dienstmasse		t	103,2
Reibungsmasse		t	70,0/78,0
Betriebsvorräte	Kohle	t	10
	Wasser	m³	32
Leistung		kWi	1.400
Höchstgeschwindigkeit		km/h	90

Die 41 352, eine der letzten Bundesbahn-Maschinen mit Altbaukessel, im April 1968 auf der Eifelstrecke. Man beachte die Doppelstockwagen

glichen konstruktiv den Originalen, wurden allerdings vollständig geschweißt und ohne Speisedom ausgeführt. Zwischen 1959 und 1962 wurden insgesamt 80 Maschinen rekonstruiert, deren Hauptmerkmal der neue vollständig geschweißte Kessel mit Verbrennungskammer und Mischvorwärmeranlage war. Nach 1962 stand keine 41er mit Originalkessel mehr im Einsatz.

Konstruktion

Der Kessel der 41er wurde fast unverändert von der Baureihe 03 übernommen. Um die Leistung zu steigern und trotzdem Brennstoff zu sparen, sollte der Betriebsdruck auf 20 bar gesteigert werden. Das erforderte einen Stahl höherer Festigkeit (St 47 K), denn bei herkömmlichem Stahl wären die Kesselbleche zu dick und somit der Kessel zu schwer geworden. Der zweischüssige Kessel mit 6.800 mm Rohrlänge war genietet, die Stahlfeuerbüchse aus IZ II- Stahl geschweißt. Der Speisedom mit Winkelrost-Schlammabscheider lag auf dem ersten Kesselschuß, der Dampfdom mit Naßdampfventilregler Bauart Schmidt-Wagner auf dem hinteren. Zwischen den Domen war der Sandkasten untergebracht, alle Kuppelachsen wurden von vorn gesandet. Gespeist wurde der Kessel zum einen durch einen Knorr-Oberflächenvorwärmer mit Verbundspeisepumpe Bau-

art Knorr-Tolkien, ferner durch eine saugende Dampfstrahlpumpe von jeweils 250 l/min Förderleistung. Der Barrenrahmen mit 100 mm Wangenstärke wies große Aussparungen auf. Im Bereich der Bisselachse war er auf 40 mm eingezogen, um deren Seitenverschiebung zu gewährleisten. Die Abstützung der Lokomotive auf das Laufwerk erfolgte in vier Punkten. Die Umstellbarkeit der Achsmasse von 18 auf 20 t erfolgte durch Umstecken der Gelenkbolzen in den Ausgleichshebeln zwischen Kuppel- und Laufachsen. Geführt wurde die Lokomotive durch ein Krauß-Helmholz-Gestell mit 3.000 mm Achsstand. Der Ausschlag des 1.000 mm großen Laufradsatzes betrug 122 mm, der der ersten Kuppelachse 15 mm. Die Spurkränze der Treibachse (Raddurchmesser 1.600 mm) waren um 15 mm abgedreht; die hintere Laufachse mit 1.250 mm Raddurchmesser war als Bisselgestell mit 65 mm Seitenausschlag ausgeführt. Somit waren nur die zweite und vierte Achse fest im Rahmen gelagert; mit diesem Laufwerk ließen sich Gleisbögen von 140 m Radius anstandslos befahren. Die zweizylindrige Dampfmaschine mit einem Zylinderdurchmesser von 520 mm bei 720 mm Hub trieb die dritte Kuppelachse an. Die Zylinder waren baugleich mit den Außenzylindern der Baureihen 06 und 45. Sie besaßen außenliegende Heusingersteuerung mit Kolbenschiebern der Regelbauart mit innerer Einströmung und

Eckventil-Druckausgleichern. 41 001 und 002 besaßen Heusingersteuerung mit Kuhn'scher Schleife, ab 41 003 mit Hängeeisen.

Die Bremsausrüstung der Lokomotive bestand aus einer Einkammerdruckluftbremse Bauart Knorr (Kbr) mit Zusatzbremse. Der zweite bis vierte Kuppelradsatz wurden beidseitig, der erste nur einseitig von vorn abgebremst. Zwischen zweitem und drittem sowie drittem und viertem Kuppelradsatz kamen Scherenbremsen zur Anwendung. Die Vorlaufachse war beidseitig, der Nachläufer einseitig von vorn abgebremst. In späteren Jahren entfiel die Abbremsung der Laufachsen. Hinter den 41ern liefen überwiegend Tender der Bauart 2'2'T 34. Einige waren auch mit 2'2'T 32 und wenige mit 2'2T 30 gekuppelt.

Betriebseinsatz

Von Januar bis Ende August 1939 nahm die Deutsche Reichsbahn 211 Maschinen ab und wies sie 33 Bahnbetriebswerken bei 18 Direktionen zu. Noch vor Beginn des Zweiten Weltkrieges waren die 41er außer bei den RBD Augsburg, Dresden, Karlsruhe, Königsberg, Münster, Oppeln und Saarbrücken in weiten Teilen Deutschlands beheimatet. Die meisten der im Krieg gelieferten Maschinen kamen in schon bis August 1939 bedachte Direktionsbezirke, wobei sich die Zahl der Erstzuteilungs-Bw

FOTOS: SLG. HÖRNEMANN, ROTTHOWE

schließlich auf 40 erhöhte. Eigentlich wollte die DR bis 1943 insgesamt 720 Lokomotiven beschaffen, der bereits fest erteilte Auftrag für 41 367 bis 436 wurde 1941 zugunsten der Kriegslokomotiven storniert. Die 41er waren von Beginn an sowohl im Flachland als auch im Hügelland eingesetzt. Auffällig ist die Beheimatung in mehreren für Reisezüge zuständigen Bw. Insbesondere auf den Mittelgebirgsstrecken des Erfurter Bezirkes blieben die 1'D1'-Maschinen über Jahrzehnte hinweg vor D-Zügen unentbehrlich.

Eine frühe Domäne war ansonsten bestimmungsgemäß der schnelle Güterverkehr. Wie schon die Prototypen leisteten auch die Serien-41er des Bw Schneidemühl ihren Beitrag zur Versorgung Berlins mit Fleisch und anderen Nahrungsmitteln aus den Ostgebieten, und wurden von Maschinen aus Mochbern und Frankfurt (Oder) dabei unterstützt. Im Nordosten Deutschlands erhielten die Betriebswerke Stargard und Stettin fabrikneue 41er. In der RBD Berlin bekamen Tempelhof Vbf sowie Seddin Loks ab Werk zugeteilt. Mit 42 abgelieferten „Mikados", so die internationale Bezeichnung für 1'D1'-Lokomotiven, erhielt die RBD Halle die größte Anzahl Loks und verteilte sie auf die Bw Cottbus, Engelsdorf, Falkenberg und Halle P. Für den Verkehr von den Seehäfen ins Binnenland bekamen drei Hamburger (Altona, Rothenburgsort, Harburg) sowie das Bw Wesermünde-Geestemünde 41er. Im Westen bedienten die Bahnbetriebswerke Hamm und Osnabrück Hbf die Hauptabfuhrstrecken aus dem Ruhrgebiet. Güterzüge entlang des Mittelrheins standen bei den Bw Koblenz-Mosel und Oberlahnstein auf dem Programm. Auf den Nord-Süd-Magistralen spielten die Lehrter, Göttinger und Kasselaner, südlich von Würzburg die Münchener, Ingolstädter und Treuchtlinger Lokomotiven eine wichtige Rolle. Im Südwesten Deutschlands wurden die Bahnbetriebswerke von Stuttgart und Ulm mit fabrikneuen 41ern versorgt.

41 187 in Hannover-Hainholz, 20. Mai 1966

Als kriegswichtige Transporte die Kapazität der DR weitgehend in Anspruch nahmen, wurden die süddeutschen Maschinen zwischen 1942 und 1944 aus den RBDen Mainz, München, Nürnberg und Stuttgart nach Nord- und Mitteldeutschland oder nach Schlesien, dort neu in den Bw Breslau Hbf und Kohlfurt, umbeheimatet. Bei einigen Bw hielt sich die neue Baureihe nur kurzzeitig. Dauerhafter fanden 41er ab 1943 in Magdeburg Hbf und Paderborn eine Bleibe, desgleichen ab 1944 in der RBD Wuppertal bei den Bw Hagen-Eckesey, Siegen und Wuppertal-Langerfeld. Die Lokomotiven in den pommerschen und den westpreußischen Dienststellen Schneidemühl Pbf und Hbf, Stargard und Stettin sowie jene aus Frankfut (Oder) gelangten im vorletzten Kriegsjahr meist nach Mitteldeutschland, so auch in die sächsischen Betriebswerke Chemnitz-Hilbersdorf und Reichenbach. Der Breslauer Bestand konnte größtenteils nicht mehr Richtung Westen verlegt werden. Wenigstens neun 41er blieben im neu gebildeten Polen, 41 153 gelangte 1945 in die Tschechoslowakei, der Verbleib von zwölf Loks ist unbekannt.

Nach dem Krieg waren insgesamt 344 Loks der BR 41 in Deutschland vorhanden, davon 220 in der amerikanischen und britischen Zone, 124 im sowjetischen Besatzungsgebiet. Am 30. April 1946 zählte der Einsatzbestand 93 Loks, davon 21 bei der Rbd Köln und 72 bei der Rbd Münster. Nachdem sich der Betriebsmaschinendienst allmählich normalisierte, wurden die Maschinen Ende Juli 1950 auf 18 Heimatbetriebswerke in sieben Eisenbahndirektionen verteilt. Hochburgen waren Osnabrück Hbf und Göttingen P mit 39 bzw. 30 Loks. Die übrigen verteilten sich auf folgende Bw: Bebra (1), Bielefeld (12), Braunschweig (11), Bremerhaven-Geestemünde (5), Hagen-Eckesey (2), Kasse (15), Marburg (18), Mönchengladbach (10), Rheine (9), Siegen (16), Wanne-Eickel (11), Warburg (9) und Uelzen (13).

Bis weit in die fünfziger Jahre bewährten sich die Loks im hochwertigen Reisezug-

41 184 bei der Deutschen Reichsbahn, Mitte der fünfziger Jahre

41 1143, eine der letzten Nachbaukessel-41er der DR, 1972 in Magdeburg

dienst. Das Bw Mönchengladbach bespannte sogar internationale FD- bzw. F-Züge auf dem Abschnitt Köln – Venlo. Hagen-Eckesey führte mit seinen Mikados Schnellzüge u.a. zwischen Siegen und Oberhausen. Beim Bw Braunschweig halfen die Loks in der unmittelbaren Nachkriegszeit dem Mangel an Pazifiklokomotiven ab. Einsätze kamen 1955 in Schleswig-Holstein hinzu. Neu in Lübeck beheimatete Maschinen übernahmen F- und D-Züge zwischen Hamburg und Großenbrode Kai, Hamburg-Eidelstedter Loks fuhren im Bäderverkehr nach Westerland. Beachtliche Leistungen wurden auch bald im hochwertigen Güterverkehr erbracht. Schier endlos wäre eine Liste der allein auf der Nord-Süd-Strecke gefahrenen Schnell- Eil- und Durchgangsgüterzüge. Zum Einsatz kamen hier die Maschinen der Bw Hannover Hgbf, Göttingen, Kassel Bahndreieck und Fulda. Anknüpfend an die bereits 1939 zugedachte Aufgabe setzte das Bw Bremerhaven-Geestemünde (vormals Wesermünde-Geestemünde) seine Lokomotiven vor den sogenannten „Bananenzügen" Richtung Hannover und Ruhrgebiet ein. Und ohne die zahlreichen 41er aus Osnabrück Hbf, Kirchweyhe und Wanne-Eickel war der eilige Frachtentransport zwischen den Nordseehäfen und der Ruhr kaum vorstellbar.

Erst ab 1963 begann der Stern der Baureihe zu sinken. Einen großen Einschnitt

Im Westen wie im Osten tauschte man nach dem Krieg die großen Wagner- gegen kleine Witte-Windleitbleche. 41 096 in Hagen-Eckesey, 17. April 1949

bedeutete in jenem Jahr die Elektrifizierung der Nord-Süd-Strecke auf den Abschnitten Hannover – Bebra – Fulda und Gemünden – Elm. Zahlreiche 41er der an dieser Strecke gelegenen Bw verloren ihr angestammtes Einsatzgebiet. Ferner ging 1963 die Vogelfluglinie nach Puttgarden in Betrieb, die prestigeträchtige V 200 übernahm die Dienste der Lübecker Dampflokomotiven. Konsequent strich die DB den Unterhaltungsbestand von 1/2 rostgefeuerten Loks Ende 1964 bis Oktober 1966 auf 91 zusammen. Ab 1967 wurden auch Maschinen mit den neuen Hochleistungskesseln ausgemustert. Bis 1971 waren alle kohlegefeuerten 41er ausgemustert, die letzten beiden Altkesselmaschinen, 041 253 und 334, wurden am 27. November 1970 beim Bw Köln-Eifeltor ausgemustert. Die ölgefeuerten 41er, seit 1968 Baureihe 042, hielten sich beim Bw Rheine noch ein Jahrzehnt länger, die letzten wurden erst im Sommer 1977 abgestellt und waren, zusammen mit den 043, die letzten aktiven Dampfloks der DB.

Bei der Reichsbahn in der sowjetischen Zone waren schnellfahrende Lokomotiven rar. Die wenigen betriebsfähigen 41er zählten damals zu den kostbaren Schnelläufern. Neben anderen Baureihen, insbesondere der 01, mußten die Mikados ab Sommer 1945 Züge der Besatzungsmacht bespannen. Ausschließlich für diesen Zweck wurden sogenannte Lokomotivkolonnen gebildet, beim Bw Grunewald sogar typenrein mit 41ern: per Stichtag 20. Juni 1946 waren es elf Maschinen.
Die letzten Kolonnendienste währten bis Anfang der fünfziger Jahre. Um diese Zeit hatte die Baureihe 41 bei der Rbd Magdeburg schon wieder größere Bedeutung für andere Aufgaben erlangt. Die Lokomotiven beförderten in ihrem Direktionsbezirk fast alle schnellfahrenden Reisezüge, seit Mai 1949 auch die zivilen Interzonen- und alierten Militärzüge zwischen Helmstedt und Berlin. Um die Welt gingen die Bilder der Magdeburger 41 055 vor dem britischen Militärzug DBA 671, mit dem sie am 12. Mai 1949 in Berlin Charlottenburg eintraf – an

diesem Tag endete die Berliner Blockade. Bis Mitte der fünfziger Jahre kamen weitere aus dem Schadlokpark aufgearbeitete Maschinen in den Betriebsdienst. 1954 waren sie vom hohen Norden bis zum äußersten Süden beheimatet. Die Rbd Magdeburg blieb dabei (fast) bis zum Schluß 41er Hochburg. Eine Paraderolle spielten die Lokomotiven ab 1958 beim Bw Meiningen, wo sie Personen- wie D-Züge über den Rennsteig nach Erfurt und entlang der Werra nach Eisenach brachten. Im Jahre 1959 kamen sie auch nach Nordhausen, 1963 nach Weimar.
Nach Abschluß des Rekonstruktionsprogramms stieg der Einsatzbestand der BR 41 auf insgesamt 112 Stück und blieb bis Anfang 1968 stabil. Zu diesem Zeitpunkt waren noch acht Maschinen mit Ersatzkessel Bauart 1943 im Bestand (41 008, 009, 070, 262, 265, 267, 280, und 287). Letztere wurde, nun als 41 1287 bezeichnet, erst am 20. Februar 1978 abgestellt. Leider blieb keine 41er in Ursprungsausführung erhalten.

REDAKTION: MEINHARD STRIECK; FOTOS: SLG. BÄZOLD, CARSTENS, SCHÖPPNER, SLG. SCHWARZ

Von Henschel und der Wiener Lokomotivfabrik Floridsdorf wurde die 42 0001 erbaut, die wie auch die 42 0002 mit einem Brotankessel ausgerüstet war

Baureihe 42 (DR 42.1)

Deutschland hatte sich in den zweiten Weltkrieg gestürzt. Der strenge Winter 1941/1942 und anhaltende Transportschwierigkeiten zeigten im Mai 1942, daß die Deutsche Reichsbahn (DRB) den Anforderungen des Krieges nicht gewachsen war. Der Beschaffungsplan von 1939 lag fest, die bereits vergebenen Aufträge für den Bau der Einheitslokomotiven der BR 44, 50 und 86 war inzwischen storniert worden oder mußten an die vereinfachten Bauformen angepaßt werden. Die Planung einer Kriegslokomotive orientierte sich noch 1941 an einer vereinfachten Form der Baureihe 50. Doch die Projekte einer „Weiterentwicklung" wurden bald wieder verworfen. Gänzlich Neues war gefordert.

Der Hauptausschuß Schienenfahrzeuge beim Reichsminister für Bewaffnung und Munition, Sonderausschuß Lokomotiven, legte unter der Leitung des Direktors Degenkolb im Juli 1942 ein „Typenprogramm der für die Dauer des Krieges zur Fertigung und Lieferung zugelassenen Lokomotiven" vor. Für die Regelspurbahnen enthielt er drei Varianten einer Kriegsdampflokomotive (KDL). Neben der KDL 1, der Baureihe 52, der später doch nicht gebauten KDL 2, der Reihe 534.0 der Böhmisch-Mährischen Bahnen, gehörte als KDL 3 die BR 42 dazu.

Diese Entwürfe einer schweren Kriegslokomotive reichen sogar in das Jahr 1941 zurück. Eine Lokomotive, ähnlich der BR 44, allerdings mit zwei Zylindern und mit 18 t Achslast, stand wiederholt zur Debatte. Zahlreiche Strecken der Ostbahn, im besetzten Rußland und in Österreich waren bereits für 17 – 18 t Achslast ausgebaut. Der Einsatz der BR 50 ÜK (Übergangskriegslokomotive) bzw. 52 wäre auf diesen Strecken unwirtschaftlich gewesen. Unabhängig von der Entwicklung der BR 52 forderte das Reichsverkehrsministerium stärkere Lokomotiven. Selbst eine erbeutete sowjetische 1'E1'-Güterzuglokomotive diente als Vorbild. Bis zum Ende des Jahres 1942 reichten alle Lokomotivfabriken 20 Entwürfe ein. So schlug u.a. Krupp eine BR 42 in Anlehnung an eine an Persien gelieferte Variante vor. Von Borsig stammte der Entwurf einer „stärkeren BR 52". Die Wiener Lokomotivfabrik Floridsdorf (WLF) wollte den Stehbolzenkessel gegen einen Brotankessel mit Wasserrohrfeuerbüchse tauschen (analog einer in dieser Form gebauten 50er), und Henschel warb für eine Kondensausführung. Die Varianten wurden ausführlich geprüft, da der Einsatz der BR 44 im Osten Oberbauschäden verursachte. Die Gemeinschaft großdeutscher Lokomotivfabriken entschied sich für eine der Baureihe 52 ähnliche Bauart. Das war das Ergebnis von elf in die engere Wahl gekommenen Vorschlägen, die in zwei Gruppen aufgeteilt wurden: BR 42 mit Blechrahmen und Brotankessel; BR 42 mit Barrenrahmen und Stehbolzenkessel. Diese Maschinen sollten 1.600 t Last in der Ebene noch mit 60 km/h ziehen können.

Geplant waren anfangs 8.000 Einheiten, später 5.000. Schließlich sah das Bauprogramm 500 Lokomotiven mit Blechrahmen und Brotankessel, 650 Lokomotiven mit Blechrahmen, Brotankessel und Kondensationseinrichtung sowie 2.300 Lokomotiven mit Barrenrahmen und Stehbolzenkessel vor. Wer am Blechrahmen zweifelte, war bereits mit der BR 52 überzeugt worden. Allerdings warnte Witte vor dem Einsatz der Brotankessel, da darüber keinerlei Erfahrungen vorlagen. Wagner hingegen nahm seinen Abschied. Sein Lebenswerk, der Bau der Einheitslokomotiven, war abrupt beendet. Ende Juli stand die erste Brotanlokomotive zur Probefahrt bereit. In Gemeinschaftsarbeit von Henschel (Fahr-

TECHNISCHE DATEN

Bezeichnung		42	42 0001/0002
ab 1.7.1970 (DR)		42.1	
Indienststellung (1. Jahr)		1943	1943
Hersteller		verschiedene	verschiedene
Bauart		1'E h2	1'E h2
Spurweite	mm	1.435	1.435
Länge über Puffer			
mit Tender 2'2'T32	mm	23.000	23.000
Lokdienstmasse (ohne Tender)	t	142,0	145,0
Reibungsmasse	t	85,5	88,8
Betriebsvorräte Kohle	t	10	10
Wasser	m³	32	32
indizierte Leistung	kWi	1.323	1.323
Höchstgeschwindigkeit	km/h	80	80

Eine der letzten Maschinen ihrer Reihe war die 42 845. Foto vom im August 1966 im Bw Angermünde

werk) und WLF (Kessel) war sie entstanden. Am 5. August wurde sie als 42 0001 abgenommen und dem Bw Bamberg zugeteilt. Ferner entstand die 42 0002. Sie war bereits die letzte Maschine mit Brotankessel. Trotz der guten Probeergebnisse mit der Brotanvariante beschloß der Hauptausschuß nach dem Bau der ersten mit Stehbolzenkessel gefertigten 42, der 42 501, diesen konventionellen Weg.

Insgesamt wurden durch die Firmen Schwarzkopff, Schichau, Maschinenfabrik Esslingen und die WFK während der Kriegszeit 859 Maschinen der Baureihe 42 gebaut. Aufgrund der Zerstörungen einzelner Lokomotivfabriken in Deutschland, übernahmen Floridsdorf für Borsig sowie Esslingen für Krauss-Maffei die Produktion. Nach dem Krieg kamen weitere 201 Lokomotiven hinzu. Die polnische Lokomotivfabrik Chrzanow (Krenau) baute von 1945 bis 1949 weitere 126 Maschinen diese Reihe nach und übergab sie der Polnischen Staatsbahn (PKP). Diese reihte sie als Ty 43 (Ty 43-1 bis 125 und Ty 43-127) ein. Aus vorhandenen Teile fertigte die DR in den Jahren 1948 und 1949 im Raw Stendal die 42 001 – 003 (Zweitbesetzung).

Konstruktion

Die Erfahrungen mit der BR 52 lagen vor. Daher verzichtete man auf jene konstruktiven Vereinfachungen, die sich dort nicht bewährten. Die BR 42 galt als vollkommener. So war wieder ein Barrenrahmen verwendet worden. Ferner gehörten auch wieder Achslager-Stellkeile, anfangs aus Kunststoff hergestellt, später aus Gußeisen bzw. Rotguß, dazu. Das Triebwerk wie auch das Krauss-Helmholtz-Gestell und die vereinfachten Stangen, glichen den Teilen der BR 52.

Der Kessel war mit einer gewölbten Feuerbüchsdecke mit langen, radialen Ecksteh-bolzen ausgeführt. Die Queranker und Deckenversteifungen entfielen, jedoch wurden später bei der DB und der ÖBB wieder Queranker eingezogen; zu viele Stehbolzen waren gebrochen. Die Rostfläche war verhältnismäßig groß bemessen. Dadurch konnte auch minderwertige Kohle gut verfeuert werden. Insgesamt erreichte der Kessel mit einer Verdampfungsheizfläche von 199,6 m² eine sehr gute Leistung von 2.200 PSi bei 80 km/h. Die geforderte Leistungsfähigkeit wurde sogar um 50 t überschritten! Am Kessel entfielen allerdings u.a. wieder Speisedom, Vorwärmer und Umlaufblech im Bereich der Rauchkammer.

Das Führerhaus war wie bei der BR 52 geschlossen. Gebremst wurde die Lokomotive mit einer Einkammer-Druckluftbremse der Bauart Knorr mit Zusatzbremse. Insgesamt konnte gegenüber der BR 52 der Anteil von Nichteisen-Metalle um 136 kg auf 573,25 kg gesenkt werden. Neben einigen Exemplaren in Tarnlackierungen war die BR 42 ansonsten in der herkömmlichen Farbgebung schwarz/rot gehalten.

Da die Achslast nicht voll genutzt wurde und der Kessel zu großzügig bemessen war, erwog der Hauptausschuß zur Erzielung einer höheren Reibungsmasse Bal-

Der Einsatz der Baureihe 42 bei der DB dauerte nur bis Mitte der fünfziger Jahre. 42 616 und 2805 (Bw Bingerbrück) durchfahren den Bahnhof Bingen

FOTOS: SLG. CLÖSSNER, DELLE, SLG. HÖRNEMANN

lastgewichte und Mischvorwärmer einzubauen. Versuchslokomotiven waren die 42 591 mit Knorr-Mischvorwärmer und die 42 2637 mit Heinl-Vorwärmer. Künftig sollte auch der Kessel vergrößert werden. Aufgrund der Kriegseinwirkungen unterblieb der Einbau. Nach dem Krieg baute die DB verschiedene Typen von Vorwärmern ein. Die baldige Ausmusterung stoppte weitere Versuche.

1951 ließ die DB aufgrund der Kohlenknappheit die 52 893 und 52 894 mit Abgasvorwärmern der Bauart Franco-Crosti ausrüsten. Wegen der Ausnutzung der Abgaswärme konnte eine Brennstoffersparnis von 18 % erreicht werden. Wegen ihres höheren Gewichtes als 42 9000 und 42 9001 einhereiht, wurden sie 1959 bzw. 1960 ausgemustert.

Vorrangig war die Baureihe 42 mit dem Leichtbau-Wannentender K 2'2'T30 oder 2'2'T 32 gekuppelt. Technisch war sie auch mit allen anderen Varianten der sogenannten Kriegstender kuppelbar.

Betriebseinsatz

Die im Frühjahr 1944 begonnene Serienlieferung der Baureihe 42 wurde größtenteils den Bw zugeteilt, die bisher kaum Kriegslokomotiven beheimateten oder sogar wegen der vorrangigen Ostzuteilungen in Bezug auf die BR 52 geradezu ausgelassen wurden. So kamen sie in die RBD Karlsruhe, Saarbrücken, Nürnberg, Wien, Villach, Köln, Mainz, Hannover, Frankfurt (Main), Augsburg, München, Münster, Erfurt und Stuttgart, also vorrangig in südwestliche Regionen Deutschlands und nach Österreich.

Für den eigentlichen Zweck, den Kriegseinsatz, spielte die BR 42 keine große Rolle mehr. Die nach dem Krieg noch bei Esslingen gebauten 42 1592 – 1605 gelangten direkt zur DB, die 42 1606 zur Eisenbahn im Saarland. Die zwischen 1945 und 1949 in der Wiener Lokfabrik in Florisdorf gebauten 42 2701 bis 2772 wurden direkt an die Österreichische Staatsbahn (spätere Bundesbahn) oder an die Eisenbahn Luxemburgs, CFL, ausgeliefert. Hinzu kamen einige Werklokomotiven. So für die Buna-Werke in Schkopau oder für die sowjetische Mineralölverwaltung in Österreich. Die 42 2743 bis 2772 wurden im Jahre 1952 an die Bulgarische Staatsbahn (BDZ) veräußert.

Die DR im westlichen Deutschland, die spätere DB, erfaßte 685 Lokomotiven der BR 42 bei einer Zählung zum 1. Januar 1946. Zugunsten der Baureihen 44 und 50 verzichtete die DB bei vielen Maschinen auf die nächste Hauptuntersuchung. Vier Jahre später war der Bestand auf 135 Lokomotiven abgesunken. Sie waren in den Bw Haltingen, Offenburg, Villingen, Bingerbrück und Bamberg stationiert. Im Jahre 1951 gab die DB 60 Maschinen der BR 42 an Frankreich ab. Dort kamen sie nicht (mehr) zum Einsatz. Im Gegenzug

Die 42 1417 vom Bw Minden wurde nach zehnjährigem Einsatz am 18. Oktober 1954 ausgemustert

durfte die DB einen Großteil der BR 44, 50 und 52 behalten, die in Frankreich gebaut wurden und nun zurückgegeben werden sollten. Weitere zugeführte 44er und 50er in diese genannten Bw und die Elektrifizierung im Süden der Bundesrepublik machten in den nächsten Jahren viele 42er entbehrlich. Die meisten ihrer Art wurden in Haltingen, Bamberg und Bingerbrück zum 7. September 1953 bzw. 18. Oktober 1954 ausgemustert. Die letzten sechs schieden dann im Jahre 1955 aus. Unter ihnen befand sich auch die 42 001, die einstige 42 0001.

Die am 1. April 1947 gebildeten Saarländischen Eisenbahnen verfügten über einen Bestand von 20 Lokomotiven der BR 42. Hinzu kam die 1949 in den Betrieb

genommene 42 5000. Sie entstand aus Teilen einer unbekannten 42er. Insgesamt 20 Saar-42er kamen 1957 noch zur DB. Vier Jahre später waren es nur noch sechs. 1962 wurden schließlich die letzten beiden, die 42 1606 und 2539 ausgemustert. Letztere und die 42 1883 wurden noch zu Heizlokomotiven umgebaut.

Zum 15. Juni 1964 wurden alle luxemburgischen 42er ausgemustert. Die bulgarischen Maschinen hielten sich etwa noch zwei Jahrzehnte länger im Einsatz. Einige waren noch Anfang der 90er Jahre auf Schrottplätzen zu bewundern. 42 1597 hingegen wurde 1945 als Beute in die USA gebracht und dort sieben Jahre später zerlegt. Die drei bei Chrzanow gebauten 42er der PKP (Ty 3) wurden in die Nachbaurei-

42 819 (mit Rauchkammerzentralverschluß!) am 14. Februar 1966 vor einem Güterzug in Berlin-Buch

42 2718 steht als der der wenigen erhaltenen Maschinen nach ihrer Aufarbeitung durch das Raw Meiningen seit 1991 wieder für Sonderzüge im Einsatz

he Ty 43 eingeordnet und waren gemeinsam mit den Nachbauten bis Mitte der 80er Jahre im Einsatz. Die Ty 3-2 (ehem. Ty 43-126, 42 1427) ist betriebsfähig im Museums-Bw der PKP Wolsztyn (Wollstein) zu besichtigen.

Die 1991 im Raw Meiningen betriebsfähig aufgearbeitete CFL 5519 (42 2718) bleibt ebenso der Nachwelt erhalten wie die 1994 zum Bayerischen Eisenbahnmuseum nach Nördlingen überführte BDZ 16.16 (42 2768). Ferner besitzt die ÖBB die 42.2708. Die bei der DR in der Sowjetischen Besatzungszone vorhandenen betriebsfähigen 42er wurden zunächst auch in den Kolonnenzugdienst der Sowjetischen Militär-Administration (SMA) in Deutschland (Kolonne 5, Berlin-Schöne-weide und 30, Weißenfels) einbezogen. Das betraf 14 Loks. Insgesamt zählte die DR 48 Exemplare, von denen sie 1946/47 wiederum die besten 16 an die SMA, also an die UdSSR, abgeben mußte. Zu den verbliebenen 32 gesellten sich schließlich 1948 und 1949 die drei Nachbauten.

Aufgrund ihres Einzeldaseins waren sie inzwischen aus den Kolonnen zugunsten der BR 52 herausgezogen und dem freien Verkehr der DR zugeteilt.

Neben den Bw Stralsund und Angermünde wurden sie auch vereinzelt von den Bw Dresden-Friedrichstadt und Karl-Marx-Stadt-Hilbersdorf aus eingesetzt. Mehr und mehr wurden sie im Norden des Landes zusammengezogen. Der Bestand im Bw Angermünde wuchs Anfang der 50er Jahre rasch auf 20 Maschinen an. Weitere gehörten zu den Bw Pasewalk und Stralsund.

Doch Angermünde sollte zum Auslauf-Bw dieser Reihe bei der DR werden. Mit dem Einbau der Ölbetankungsanlage im Bw Angermünde und dem Einsatz der Baureihe 50.0 (Öl) wurde ab 1966 die BR 42 vermehrt auf das Abstellgleis geschoben. Hinzu kam dort der Einsatz der BR 52.80 (Reko).

Zum Jahreswechsel 1966/67 waren schließlich nur noch acht Maschinen der BR 42 im Bw Angermünde vorhanden. Der Großteil wurde bei der DR 1967 und 1968 ausgemustert. Die ein Jahr später ausgemusterten 42 759 und 969 standen zumindest noch im EDV-Umzeichnungsplan der DR. Als letzte ihrer Art wurden zum 1. August 1972 die zu Heizlokomotiven umgebauten 42 001 (II) im Bw Stralsund und 42 814 im Bw Angermünde außer Dienst gestellt.

Im Großraum Berlin war die BR 42 häufig anzutreffen: 42 1791 durchfährt den Bf Frankfurter Allee

REDAKTION: MICHAEL REIMER; FOTOS: SLG. SCHWARZ, SLG. WEGEMUND, HEILMANN, SLG. KNIPPING

Die Reichsbahn verglich die Zwillingsloks der Baueihe 43 mit der Drillingsbaureihe 44. Dabei schnitten die 43er Im unteren Leistungsbereich besser ab

Baureihe 43

Obwohl im ersten Typisierungsplan der DRG keine zweizylindrige fünffach gekuppelte Güterzugdampflok enthalten war, verfügte die Hauptverwaltung den Bau von zehn Maschinen dieses Typs. Anhand späterer Untersuchungen wollte man entscheiden, ob mit der billigeren Zweizylinderlokomotive auszukommen oder die kostspieligere Dreizylinderlokomotive der Baureihe 44 weiter zu beschaffen sei. 1927 lieferten die Firmen Schwartzkopff und Henschel jeweils fünf dieser als Baureihe 43 bezeichneten 1'E h2-Lokomotiven an die DRG ab. Die Maschinen glichen denen der Baureihe 44 bis auf Triebwerk und Zylinder. Das Lokomotiv-Versuchsamt (LVA) Grunewald, das sich bereits mit diesem Problem anhand der preußischen Bauarten G 8.2 und G 8.3 beschäftigt hatte, sollte nun auch die Baureihen 43 und 44 im Hinblick auf ihre Leistungsfähigkeit und Wirtschaftlichkeit untersuchen und miteinander vergleichen.

Im Leistungsprogramm für die Baureihe 43 war die Beförderung von Güterzügen mit einer Last von 1.340 t in der Ebene beieiner Geschwindigkeit von 65 km/h vorgesehen, in Steigungen von 5 ‰ sollten 1.390 t mit 40 km/h, in Steigungen von 10 ‰ sollten 1.350 t noch mit 20 km/h bewältigt werden. Auf Steilstrecken von 25 ‰ mußten die Maschinen noch 510 t mit 20 m/h befördern können. Bei den Versuchsfahrten konnten die Lokomotiven diese Anforderungen mühelos erfüllen. Später wurde für Versuchszwecke der 43 013 ein Wagenzug mit einer Masse von 5.000 t angehängt. Sogar diese Last wurde bewältigt. Bei Leistungen um 1.100 PSi erreichte die Baureihe 43 einen Gesamtwirkungsgrad von 10 %. Dies war das beste Ergebnis aller Einheitslokomotiven des ersten Typisierungsplanes. Die Baureihe 44 kam dagegen bei 1.300 PSi auf ihren besten Gesamtwirkungsgrad von 9,5 %. Oberhalb von 1.500 PSi war sie dann aber der Baureihe 43 überlegen. Trotzdem wurden von der Baureihe 43 noch einmal weitere 25 Maschinen bestellt, die 1928 wiederum von den Firmen Schwartzkopff und Henschel gefertigt wurden. Diese nachbestellten Maschinen wurden mit einem geänderten Steuerungsträger geliefert, der jetzt dem der Baureihe 01 glich. Größere Bauartänderungen gab es bei dieser Baureihe nicht. Einige Maschinen erhielten später jedoch Windleitbleche der Bauart Wagner oder auch nur kleine Bleche neben dem Schornstein. Ab 1962 wurden teilweise auch Witte-Windleitbleche angebaut.

Konstruktion

Die Lokomotiven wurden mit einem genieteten Kessel von 1.900 mm Durchmesser ausgerüstet. Der Langkessel bestand aus zwei Schüssen, von denen der hintere den

Alle 35 Maschinen der Reihe 43 blieben nach dem Krieg im Bereich der Deutschen Reichsbahn

TECHNISCHE DATEN		
Bezeichnung		43
Indienststellung(1.Jahr)		1926
Hersteller		Henschel, Schwartzkopff
Bauart		1'E h2
Spurweite	mm	1.435
Länge über Puffer mit Tender 2'2'T 32	mm	22.620
Lokdienstmasse leer, ohne Tender)	t	100,9
Reibungsmasse	t	96,6
Betriebsstoffvorräte Kohle	t	10
Wasser	m³	32
indizierte Leistung	kWi	1.850
Höchstgeschwindigkeit	km/h	70

Das Verkehrsmuseum Dresden besitzt mit 43 001 die einzige erhaltene Lokomotive dieser Reihe

Dampfdom mit Naßdampfventilregler der Bauart Schmidt & Wagner sowie einen Sandkasten trug. Auf dem vorderen Kesselschuß befand sich der Speisedom mit darunter eingebautem Winkelrostschlammabscheider und ein zweiter Sandkasten. Im Stehkessel war die aus 16 mm starkem Kupfer gefertigte Feuerbüchse eingebaut, die eine Rostfläche von 4,7 m² aufwies. Von der Feuerbüchsrohrwand aus durchzogen 43 Rauch- und 127 Heizrohre den Kessel bis zur 5.800 mm entfernten Rauchkammerrohrwand. Der Aschkasten wurde sattelförmig über dem fünften Kuppelradsatz angeordnet. Zwei Kesselsicherheitsventile der Bauart Ackermann ließen den Kesseldruck nicht über 14 bar steigen. Zur Speisung des Kessels wurden eine im Führerhaus eingebaute saugende Dampfstrahlpumpe mit einer Förderleistung von 300 l/min sowie eine links in einer Rauchkammernische angebrachte Kolbenspeisepumpe der Bauart Nielebock-Knorr (350 l/min Förderleistung) verwendet. Der zugehörige Oberflächenvorwärmer der Bauart Knorr mit 13 m² Heizfläche fand seinen Platz quer vor dem Schornstein in der Rauchkammer.

Der 100 mm starke Barrenrahmen trug den Kessel über dem Rauchkammerträger, drei Pendelbleche sowie Stahlgußträger an der Stehkesselvorder- und -rückwand. Er stütze sich an vier Punkten auf dem Laufwerk ab. Dabei bildeten der Laufradsatz und die ersten drei Kuppelradsätze sowie die beiden letzten Kuppelradsätze jeweils ein Stützsystem. Laufradsatz und erster Kuppelradsatz waren als Krauss-Helmholtz-Drehgestell ausgebildet. Der zweite, dritte und vierte Kuppelradsatz waren fest im Rahmen gelagert, der fünfte Kuppelradsatz wies eine Seitenverschiebbarkeit von 300 mm auf. Zusätzlich waren die Spurkränze des Treibradsatzes um 10 mm geschwächt, um eine bessere Kurvengängigkeit zu erreichen. Die Kuppelradsätze hatten einen Durchmesser von 1.400 mm, der Laufradsatz von 850 mm. Das Triebwerk wies zwei Graugußzylinder mit je 720

mm Durchmesser auf. Die Schieberkästen wurden im selben Gehäuse mit eingegossen und mit Kolbenschiebern der Regelbauart versehen. Auf den Zylindern befanden sich Eckventil-Druckausgleicher. Eine außenliegende Heusinger-Steuerung sorgte für die Verteilung des Dampfes.

Die Bremsanlage wurde von einer Doppelverbundluftpumpe der Bauart Nielebock-Knorr, die in der rechten Rauchkammernische montiert war, mit Druckluft versorgt. Für die Speicherung der Druckluft waren zwei Hauptluftbehälter von je 400 l Fassungsvermögen zwischen Kessel und Rahmen quer zur Fahrtrichtung eingebaut. Die selbsttätig wirkende Einkammer-Druckluftbremse der Bauart Knorr wirkte auf alle Kuppelradsätze einseitig von vorn. Der Laufradsatz war ungebremst. Eine Zusatzbremse vervollständigte die Ausrüstung. Die Wurfhebelbremse zur Sicherung der Lokomotive im Stillstand wirkte nur auf die Tenderradsätze.

Weitere Einrichtungen waren eine Dampfpfeife, Druckluftsandstreuer Bauart Borsig-Reichsbahn, die alle angetriebenen Räder von vorn sandeten, eine Hochdruckschmierpumpe Bauart Bosch-Reichsbahn

zur Versorgung aller unter Dampf gehenden Teile, ein Geschwindigkeitsmesser Bauart Deuta, Gasbeleuchtung Bauart Pintsch sowie eine Dampfheizeinrichtung. Die Gasbeleuchtung wurde später durch eine elektrische Ausrüstung ersetzt. Die Energie zur Versorgung der 24-Volt-Glühlampen lieferte ein Dampfturbogenerator, der links hinter dem Schornstein auf der Rauchkammer montiert wurde. Gekuppelt waren die Lokomotiven mit Tendern der Einheitsbauart 2'2'T 32 mit einem Fassungsvermögen von 10 t Kohle und 32 m³ Wasser.

Betriebseinsatz

Von den Firmen Henschel und Schwartzkopff wurden 1927 die ersten zehn Baumusterlokomotiven der Baureihe 43 geliefert. Dabei erhielt das Bw Rothenkirchen die Maschinen 43 001 – 43 003. Zum Bw Erfurt G kamen die 43 005 und 006 sowie 43 008 – 43 010. Die 43 004 und 007 wurden wie schon erwähnt dem LVA Grunewald zugeteilt, das sie umfangreichen Meßfahrten zum Vergleich mit der Baureihe 44 unterzog. Die 1928 nachgelieferten 25 Exemplare wurden den Bw Dresden, Riesa, Erfurt und Mannheim Rbf zugeteilt. Ende 1944 kamen acht Lokomotiven der Baureihe 43 (004, 006, 010, 021, 027, 032, 033 und 035) zum Bw Eisenach, wo sie allerdings nur kurze Zeit im Einsatz standen. Nach dem zweiten Weltkrieg verblieben alle 35 Maschinen in der sowjetisch besetzten Zone und somit bei der DR. Bereits am 30. September 1950 wurde 43 023 ausgemustert. In den Jahren 1965 und 1966 folgten dann 43 030 – 43 032 auf das Abstellgleis. Die verbliebenen Lokomotiven der Baureihe 43 waren noch bis 1967/68 im Dienst, bevor auch sie ausgemustert wurden. Einzig erhalten ist noch die 43 001, die nach ihrer Abstellung aufgearbeitet wurde und heute als nicht betriebsfähiges Ausstellungsstück zum Bestand des Verkehrsmuseums in Dresden gehört.

Mit den kleinen Blechen neben dem Schornstein fiel die 43 010 auf. Dillenburg, Anfang der 30er Jahre

REDAKTION: BODO JASTER; FOTOS: SLG. HÖRNEMANN (2), SLG. REIMER, SLG. CARSTENS

Nach dem Einbau einer Ölhauptfeuerung, der bei 36 Loks durchgeführt wurde, waren die „Jumbos" die letzten von der DB eingesetzten Dampfloks

Baureihe 44 (DB 043/044)

Die Baureihe 44 bildete für die junge Deutsche Bundesbahn eine wichtige Stütze für den schweren Güterverkehr. Deshalb war ein Einsatz der leistungsstarken und relativ jungen Maschinen noch für einen Zeitraum von mindestens drei Erhaltungsabschnitten vorgesehen. Eine Neubekesselung, wie sie auch bei einigen anderen Baureihen durchgeführt wurde, war zwar im Gespräch, wurde aber nicht in die Tat umgesetzt, da die Kessel nicht aus dem schweißbrüchigen und nicht alterungsbeständigen Stahl St 47 K bestanden. Dennoch wurde versucht, die Wirtschaftlichkeit dieser Maschinen zu erhöhen und den Unterhaltungsaufwand zu reduzieren.

1950 erteilte die DB der Firma Henschel den Auftrag, fünf Lokomotiven der Baureihe 44 mit einer Mischvorwärmeranlage der Bauart Henschel MVR mit Turbospeisepumpe auszurüsten. Zusätzlich erhielten diese Loks einen neuen geschweißten Stehkessel und eine Feuerbüchse mit Verbrennungskammer und einen Heißdampf-Mehrfachventilregler. In den Jahren 1951 und 1952 wurden 44 239, 241, 242, 244 und 246 wiederum bei Henschel mit einer Standard-Stokerfeuerung ausgerüstet. Dabei erhielten diese Loks auch einen neuen

Stehkessel und eine Feuerbüchse mit Verbrennungskammer.
Bereits 1949 rüstete die Firma Knorr die 44 1383 mit einem Mischvorwärmer der Bauart Knorr aus. Ein Vorteil dieses Systems war die Anwendung einer Kolbenspeisepumpe, die im Vergleich zu den Turbospeisepumpen zwar größer und schwerer war, aber eine geringere Schadanfälligkeit besaß. Die Anordnung bewährte sich im Betrieb durchaus und war den anderen Mischvorwärmeranlagen mindestens ebenbürtig. Eine weitergehende Einführung unterblieb aber, da eine genaue meßtechnische Untersuchung erst nach fünf Jahren erfolgte und die DB die Anzahl der verwendeten Systeme nicht unüberschaubar werden lassen wollte.

1954 rüstete die DB vier Maschinen (44 281, 340, 842 und 1353) mit einer Kondensatrückgewinnungsanlage der Bauart Meister aus. Bei diesem System wurde das im Oberflächenvorwärmer anfal-

lende Kondensat nicht ins Freie abgelassen, sondern unter Ausnutzung der Rauchgaswärme zur Kesselspeisung mit herangezogen. Auf diese Weise wollte man Wasser und Brennstoff sparen. Obwohl sich die Einrichtung im Betrieb bewährt hatte, ent-

TECHNISCHE DATEN

Bezeichnung			44	44
	ab 1968		044[1]/-	043[3]
Umbau (1. Jahr)			1950[1]/1951[2]	1958
Umbaustätte			Henschel	Henschel, AW Braunschweig
Bauart			1'E h3	1'E h3
Spurweite		mm	1435	1435
Länge über Puffer				
mit Tender 2´2´T 34		mm	22620	22620
Leermasse (ohne Tender)		t	99,0[1]/99,9[2]	100,2
Dienstmasse (ohne Tender)		t	110,0	109,6
Reibungsmasse		t	95,3	95,0
Verdampfungsheizfläche		m²	195,4	237,7
Strahlungsheizfläche		m²	21,3	18,3
Überhitzerheizfläche		m²	86,0	100,0
Betriebsstoffvorräte	Kohle	t	10	-
	Öl	m³	-	11,2
	Wasser	m³	34	34
Höchstgeschwindigkeit		km/h	80	80

[1] Loks mit Henschel-Mischvorwärmer und Verbrennungskammer
[2] Loks mit Standard-Stoker und Verbrennungskammer
[3] Loks mit Ölhauptfeuerung

Die Baureihe 44 war für die DB im schweren Güterzugdienst lange unverzichtbar (Bw Emden, 1973)

schloß sich die DB nicht zu weiteren Umbauten. Ein Umbau, der in größerem Stil durchgeführt wurde, war die Einführung der Ölhauptfeuerung. Dazu verwendete man das damals bei der Erdölverarbeitung als Abfallprodukt anfallende schwere Heizöl. Der Einsatz der Ölfeuerung sollte den Heizer bei der Feuerung körperlich entlasten, eine höhere Leistung des Kessels und geringere Stillstandsverluste bewirken.

Konstruktion

Verbrennungskammerkessel: Die alten Stehkessel wurden durch neue Schweißkonstruktionen ersetzt und erhielten eine neue Feuerbüchse mit einer 585 mm langen Verbrennungskammer. Die Länge der Heiz- und Rauchrohre verkürzte sich dadurch um 600 mm. Die Kesselsicherheitsventile wurden in Höhe der Verbrennungskammerrohrwand eingebaut. Als Regler kam ein Heißdampf-Mehrfachventilregler zum Einbau.

Henschel-Mischvorwärmer: Zur Speisung des Kessels verwendete man eine Mischvorwärmeranlage Bauart Henschel MVR in Zusammenhang mit einer Turbospeisepumpe vom Typ VTP-B 250 und eine saugende Strahlpumpe der Einheitsbauart.

Stokerfeuerung: Die eingebaute Stoker-Einrichtung entsprach der Standardbauweise nach amerikanischer Lizenz mit Hülson-Düsen und Schüttelrost. Der Tender erhielt einen zusätzlichen Stückkohlebehälter mit 2,4 t Fassungsvermögen für die Feuerung per Hand mit langsam brennender Kohle bei langen Leerlauffahrten und im Stillstand. Zur Erzielung eines stärkeren Saugzuges wurde der Blasrohrdurchmesser verkleinert.

Ölhauptfeuerung: Die Kessel der Einheitsloks wurden für die ölgefeuerten Loks nur geringfügig verändert. Wie auch bei den Maschinen mit Stoker wurde der Blasrohrdurchmesser verkleinert. Der Funkenfänger in der Rauchkammer konnte entfallen.

Der Rost in der Feuerbüchse wurde entfernt, der Aschkasten durch einen Feuerkasten ohne Bodenklappen ersetzt, der ebenso wie auch der untere Teil der Feuerbüchse mit Schamottesteinen ausgekleidet wurde. Die zwei Brenner waren von vorn unterhalb des Bodenringes im Feuerkasten montiert. Das Öl lief im natürlichen Gefälle vom Tender über einen Vorwärmer dem direkt vor den Brennern sitzenden Regulierschieber zu. Die Marcotty-Feuertür wurde durch eine spezielle, in den Führerstand ragende Tür mit Schauloch ersetzt. Im Tender wurde der beheizbare Ölbehälter mit einem Fassungsvermögen von 11,2 m³ eingebaut. Das Befüllen des Ölbehälters erfolgte von oben durch druckluftbetätigte Klappen oder über Schlauchanschlüsse in Höhe der Tenderpufferbohle.

Sonstige Umbauten an den Serienloks: Die zweiteiligen Dampfsammelkästen tauschte man gegen einteilige aus. Bei Kesselreparaturen erfolgte verstärkt der Einsatz der Schweißtechnik. Die Doppelverbundluftpumpe wurde gegen eine einstufige, schnellaufende der Bauart Wülfel getauscht und wie auch die Speisepumpe zur Mitte hin verlegt. Nach und nach ersetzte man die Großen Windleitbleche durch kleinere der Bauart Witte. Wegen häufig schadhaft gewordener Mittelzylinder, die bislang auch als Rauchkammerbefestigung gedient hatten, baute man eine separate Auflage ein. Die Kolbenschieber wurden gegen solche der Bauart Müller getauscht. Dies bedingte auch den Einbau von Zylindersicherheitsventilen. Außerdem erfolgte bei den meisten Loks der Abbau der Frontschürze.

Betriebseinsatz

Nach Kriegende befanden sich im Bereich der späteren DB 1242 Lokomotiven der Baureihe 44. Von den ÖBB kamen noch neun Loks dazu. Allerdings mußte die DB 1949 und 1952 mindestens 291 Loks an

Frankreich zurückgeben, die dort während des Krieges hergestellt worden waren. Die Maschinen der Baureihe 44 waren in den Folgejahren im gesamten Bereich der Deutschen Bundesbahn im Einsatz. Erste größere Ausmusterungen erfolgten in den Jahren 1957, 1958 und vor allem 1960. Allein 1960 wurden 158 Loks aus dem Betriebsdienst genommen.

Die 1951 und 1952 auf Stokerfeuerung umgebauten Loks wurden anfangs dem Bw Würzburg zugewiesen. Bereits 1955 erfolgte die Umbeheimatung zum Bw Ehrang, da hier bessere Bedingungen für den Einsatz vorlagen. Zum einen war die Entfernung zur Zeche Luisenthal, die die Stokerkohle lieferte, geringer. Zum anderen konnte die Bekohlung der Loks ausschließlich im Heimat-Bw erfolgen, was ein Vorhalten der besonderen Stokerkohle in den Wende-Bw überflüssig machte. In der Kesselleistung waren diese Loks den rostgefeuerten Schwestermaschinen deutlich überlegen, was sich im Betriebsdienst als sehr vorteilhaft herausstellte. Auch der Unterhaltungsaufwand des Stokers war sehr gering. Dennoch wurde eine weitere Einführung dieser Feuerungsart von der DB nicht weiter verfolgt, da der Brennstoffverbrauch gegenüber den handgefeuerten Loks um mindestens 10 Prozent höher war und die betrieblichen Vorteile nicht in wirtschaftliche Berechnungen mit einflossen. Alle fünf Loks wurden in den Jahren 1964 bis 1966 ausgemustert. Die Maschinen mit Henschel-Mischvorwärmer liefen nach dem Umbau in den Plänen ihrer nicht umgebauten Schwesterloks mit. Obwohl sich die Anlagen bewährten, ließ auch hier die DB keine weiteren Loks entsprechend nachrüsten. Dennoch behielten alle fünf 44er ihren Mischvorwärmer bis zur Ausmusterung.

In den Jahren von 1958 bis 1960 ließ die DB bei Henschel und im AW Braunschweig 32 Loks mit Ölhauptfeuerung ausrüsten. Später, 1974, folgten noch einmal vier Umbauten. Der Einsatz der ölgefeuerten Loks erfolgte zunächst vom Bw Bebra aus. Ab 1962 wurden die „Öler" auch in Kassel stationiert, wo bereits 1967 die 44 552 als erste Öl-44er ausgemustert wurde. Einige Loks gab man bereits nach kurzer Zeit an das Bw Osnabrück Hbf ab. 1968 änderte man die Bezeichnung der Reihe 44 in 044 bzw. 043 für die ölgefeuerten Maschinen. In diesem Jahr hatte das Bw Rheine erste Zugänge an Öl-44ern.

In den nächsten Jahren nahm der Bestand der 44er durch die fortschreitende Elektrifizierung der Hauptstrecken weiter ab. Im Mai 1977 wurde schließlich die 044 508 als letzte 044 im Bw Gelsenkirchen-Bismarck ausgemustert. Etwas länger konnte sich noch die Reihe 043 behaupten, die noch bis Oktober 1977 im schweren Güterzugdienst auf der Emslandstrecke eingesetzt wurden. Letzte Leistung einer DB-Dampflok überhaupt war am 26. Oktober 1977 ein Hilfszugeinsatz mit 043 903.

REDAKTION: BODO JASTER. FOTOS: HÖGEMANN, SCHWARZ

Nach dem Umbau auf Ölhauptfeuerung zählten die „Jumbos" der BR 44 zu den stärksten Dampfloks auf dem Streckennetz der Deutschen Reichsbahn

Baureihe 44 (DR 44.0/44.1/44.2/44.9)

Die Umbauten der Deutschen Reichsbahn an den Lokomotiven der Baureihe 44 beschränkten sich keineswegs ausschließlich auf eine Änderung der Feuerungsart. Die Deutsche Reichsbahn verfügte nach Kriegsende über 335 Lokomotiven der Baureihe 44, zu denen in den Jahren 1948 und 1949 noch weitere zehn Maschinen hinzu kamen, die LEW Hennigsdorf aus Kesseln der dänischen Firma Frichs und noch in den einstigen Borsig-Lokomotivwerken lagernden Barrenrahmen und weiteren Teilen fertigte. Der Bestand von 345 Lokomotiven setzte sich aus der Vierzylinder-Verbund-Mitteldrucklokomotive 44 012, aus acht Lokomotiven der sogenannten Zwischenausführung (44 013 – 44 065) und 336 Lokomotiven der Standardausführung zusammen, unter denen allerdings auch Maschinen in der Übergangs-Kriegsausführung (ÜK-Ausführung) waren.

Der frühzeitige Entschluß der Deutschen Reichsbahn, die starke Drillings-Güterzuglokomotive möglichst lange im Betriebsbestand zu halten, um mit ihr den schweren Güterzugdienst, vor allem auf den hügeligen Mittelgebirgsstrecken, zu bewältigen, machen die Sorgfalt und Aufwendungen des Erhaltungswesens für

diese Baureihe nur zu gut verständlich. Die im Nachfolgenden aufgelisteten Bauartänderungen sind aus Platzgründen aber keineswegs vollständig und unabhängig von ihrer zeitlichen Reihenfolge oder ihres Umfanges dargestellt.

Konstruktion

Etwa ab 1955 sind verschlissene Stehkessel durch neue in Schweißausführung ersetzt worden, die an den Langkessel angenietet wurden. Um das arbeitsaufwendige und lärmintensive Nieten in der Kesselschmiede einzuschränken, ist die Rauchkammer nicht mehr durch Nietung, sondern unter Verwendung eines Profilringes mit dem Langkessel verschweißt worden. Auch die Rauchkammerrohrwand wurde eingeschweißt. Bei den Lokomotiven der Zwischenausführung tauschte man

den 70 mm schmalen Bodenring im Rahmen einer K4 gegen 90 mm bzw. 120 mm breite Bodenringe, wie sie ab 44 066 verwendet worden sind. Alle Lokomotiven erhielten bei planmäßigen Schadgruppen Stabstehbolzen Bauart Skoda und Gelenk-

TECHNISCHE DATEN

Bezeichnung			44	44	44
	ab 1970		44.0[1]	44.1/44.2[2]	44.9[3]
1. Umbaujahr			1963	1982	1953
Umbaustätte			Raw	Raw	Raw
			Meiningen	Meiningen	Meiningen
Bauart			1'E h3	1'E h3	1'E h3
Spurweite		mm	1435	1435	1435
Länge über Puffer					
mit Tender 2'2' T 34		mm	22620	22620	23202[4]
Leermasse (ohne Tender)		t	99,9	99,9	99,9
Dienstmasse (ohne Tender)		t	109,8	109,8	109,8
Reibungsmasse		t	95,0	95,0	95,0
Verdampfungsheizfläche		m³	238,0	238,0	238,0
Strahlungsheizfläche		m³	18,0	18,0	18,0
Überhitzerheizfläche		m³	100,0	100,0	100,0
Betriebsstoffvorräte	Kohle	t	–	10	–
	Öl	m³	13,5	–	–
	Kohlenstaub	m³	–	–	21
	Wasser	m³	34	34	24
Höchstgeschwindigkeit		km/h	80	80	80

[1] Öllok; [2] Kohlelok; [3] Kohlenstaublok; [4] mit Tender 2'2' T 24 Kst

Aufgrund der Ölkrise zu Beginn der achtziger Jahre wurden die Ölloks abgestellt (Gera, 27. Mai 1978)

stehbolzen mit Kugelkopf in den bruchgefährdeten Zonen. Wenn ein Aschkasten zu ersetzen war, erfolgte ein Neubau in Schweißausführung, der ohne ein Abheben des Kessels aus- und eingebaut werden konnte.

Die Reichsbahn-Ausbesserungswerke in Meiningen und Halberstadt fertigten 30 Ersatzkessel in Schweißausführung nach der Bauform 1937, die jedoch nur auf Lokomotiven mit Ölhaupt- oder Kohlenstaubfeuerung gesetzt wurden. Diese Kessel waren Schweißkonstruktionen und besaßen wegen der inneren Kesselspeisewasseraufbereitung keinen Speisedom. Kolbenspeise- und Dampfstrahlpumpe förderten über links am Langkessel angeordnete Speiseventile direkt in den Kessel. Die Winkelrost-Schlammabscheider sind bei den Maschinen mit Speisedom ebenfalls ausgebaut worden.

Die Verwendung des Innenzylinders als Rauchkammerträger war ungünstig, weil bei festsitzenden oder schlecht gepflegten Schlingerstücken durch die Wärmedehnung des Kessels das Rauchkammerauflager extrem beansprucht wurde und zu Rißbildungen im Zylinder führen konnte. Das war ein offensichtlicher Konstruktionsfehler bei den Einheitsdampflokomotiven mit Dreizylindertriebwerk, der schon von der preußischen P 10 (Baureihe 39.0-2) übernommen worden war. Beim Einbau neuer Zylinder erhielten die Lokomotiven einen besonderen Rauchkammerträger in Schweißkonstruktion. Ersatzbeschaffungen des Kuppelkastens erfolgten in Schweißkonstruktion. Ab 1957 wurden die Achslagerführungen am Rahmen nicht mehr wie bisher angeschraubt, sondern angeschweißt. Wie eben dargestellt, neigte der Innenzylinder wegen seiner Verwendung als Rauchkammerauflager zur Rißbildung. Neue Zylinder sind sowohl in Grauguß- als auch in Stahlschweißausführung gefertigt worden. Seit mit dem Einbau neuer Innenzylinder ein gesonderter Rauchkammerträger gefertigt wurde, gehörten Schäden am Innenzylinder zu den Ausnahmen. Beim Ersatz von Außenzylindern verwendete die Deutsche Reichsbahn Graugußzylinder mit angegossenen Ausströmkästen. Die Anschlüsse für Pyrometer und Schieberkastenmanometer waren bei den meisten Lokomotiven von den Zylindern an die Einströmrohre verlegt worden. Die Anschlüsse an den Zylindern wurden blind geflanscht, bei neueren Zylindern waren bereits im Modell die Flansche weggelassen worden.

Die Maschinen der Zwischenausführung (44 013 bis 44 065) besaßen noch eine Hubscheibe zum Antrieb der Steuerung des Innenzylinders. Diese Maschinen erhielten die ab 44 066 übliche Exzenterwelle als Steuerungsantrieb. Verschiedene Lagerstellen der äußeren Steuerung erhielten Buchsen aus Miramid.

Die DR-Lokomotiven der Baureihe 44 waren, ausgenommen die 44 1040, ohne Windleitbleche. Die Fahrzeugversuchsanstalt (FVA) Halle hatte bei der Erprobung der ölgefeuerten 44 195 Windleitbleche der Bauart Witte angebracht, diese jedoch höher gesetzt, so daß die Pumpen zugänglich blieben. Der Vorschlag der Hauptverwaltung Maschinenwirtschaft (HvM), an den Lokomotiven der Baureihen 43 und 44 Windleitbleche nach dem Vorbild der polnischen Ty 51 anzubringen, war damit gegenstandslos. Die Hauptverwaltung verfügte 1960 für beide Baureihen den Anbau von Witte-Blechen im Rah-

men der Schadgruppen L3 und L4 nach dem Vorbild der 44 195 und ordnete an, in diesem Zusammenhang die Luft- und Speisepumpen um 350 mm tiefer zu setzen.

Betriebseinsatz

Bereits zur DRG-Zeit war mit den Systemen der AEG und der Studiengesellschaft (STUG) die Kohlenstaubfeuerung auf Lokomotiven zur Betriebsreife entwickelt worden. Für die Deutsche Reichsbahn, der als Lokomotivbrennstoff im wesentlichen nur Braunkohle zur Verfügung stand, war diese Feuerungsart deshalb besonders interessant. Man suchte jedoch nach Wegen, die Art der Staubaustragung aus dem Tender zu vereinfachen und betriebssicherer zu gestalten. Anfang der 50er Jahre hatte das Kollektiv unter der Leitung von Hans Wendler die pneumatische Staubaustragung zur Betriebsreife entwickelt, die auf Förderschnecken und Hilfsantriebe, wie sie die Systeme AEG und STUG verwendeten, verzichten konnten. Die Deutsche Reichsbahn wollte auch hochbelastete Baureihen mit dieser Feuerungsart ausrüsten, um den Betrieb wirtschaftlicher zu gestalten und den Heizer von schwerer körperlicher Arbeit zu entlasten.

Im Jahre 1951 sind im Raw Meiningen 12 Lokomotiven auf Kohlenstaubfeuerung umgebaut worden. Um exakte Vergleiche zu einer rostgefeuerten Lokomotive ziehen zu können, ist vor der Kohlenstaublokomotive 44 506 zunächst die 44 1416 leistungstechnisch untersucht worden. Diese Maschine wurde mit Braunkohlenbriketts gefeuert und besaß ein Totes Feuerbett mit 24 mm Rostspaltenabstand (TF 24). Die Deutsche Reichsbahn hatte nach dem Kriege erhebliche Mühe, eine für die Verfeuerung von Briketts geeignete Rostform zu finden, weil auf dem Steinkohlenrost mit 14 mm Spaltenbreite durch die geringe Festigkeit der Briketts enorme Verluste an Brennstoff entstanden, der in den Aschkasten fiel. Die simpelste Methode erwies sich als die beste. Der Rostspaltenabstand wurde auf 24 mm vergrößert und der Rost mit einer Schicht faustgroßer Steine

Die Tender der Öl-44er hatten ein Fassungsvermögen von 13,5 m³ Schweröl

FOTOS: SPILLNER, LINDENBLATT (2)

bedeckt. So konnte ausreichende Verbrennungsluft zugeführt werden, und der Brennstoff wurde weitgehend daran gehindert, unverbrannt oder als Glut in den Aschkasten zu fallen. Die Vergleichsfahrten zwischen 44 1416 und 44 506 fanden im Jahre 1952 in den Geschwindigkeitsbereichen 30, 50 und 70 km/h statt. Die Kohlenstaublok erwies sich bei höheren Geschwindigkeiten als erheblich sparsamer im Brennstoffverbrauch. Die Ersparnis war um so größer, je höher die Lokomotivanstrengung und je geringer die gefahrene Geschwindigkeit war. Sie betrug zwischen

22 Lokomotiven der BR 44 erhielten bei der DR eine Kohlenstaubfeuerung der Bauart Wendler

Kohlenstaubloks der Baureihe 44

Betriebs-nummer bis 1969	Betriebs-nummer ab 1970
44 116	44 9116-3
44 268	44 9268-2
44 392	1968 ausgem.
44 449	1968 ausgem.
44 503	44 9503-2
44 506	44 9506-5
44 509	1970 ausgem.
44 528	44 9528-2
44 598	44 9598-2
44 612	44 9612-1
44 614	44 9614-7
44 674	44 9674-1
44 810	44 9810-1
44 860	44 9860-6
44 982	1969 ausgem.
44 991	44 9991-9
44 1232	44 9332-8
44 1238	44 9238-5
44 1272	44 9272-4
44 1309	1968 ausgem.
44 1400	44 9400-1
44 1481	44 9481-1

18 Prozent (bei 70 km/h) und 25 Prozent (bei 30 km/h). Weil die Kohlenstaublokomotive keine Brennstoffverluste durch den Rost und durch Funkenflug hatte, erzielte sie auch den besseren Kesselwirkungsgrad. Die Deutsche Reichsbahn rüstete insgesamt 22 Lokomotiven der Baureihe 44 mit Kohlenstaubfeuerung System Wendler aus, davon zwölf im Jahre 1951, zwei im Jahre 1956 und acht im Jahre 1957.

Die Maschinen waren bei den Bahnbetriebswerken Halle G und Arnstadt eingesetzt. Von Arnstadt aus, das in den siebziger Jahren alleiniges Einsatz-Bw war, befuhren die Lokomotiven die Strecke Erfurt – Arnstadt – Plaue – Gräfenroda – Oberhof – Zella-Mehlis – Suhl über den Thüringer Wald oder gaben auf dieser Strecke über den Rennsteig Schiebehilfe. 1974 war auch für die letzten Arnstädter Kohlenstaublokomotiven die Zeit abgelaufen. Die Abschiedsfahrt von dieser Baureihe fand mit der 44 9612-1 (ex 44 612) am 15. September 1974 statt – natürlich über den Thüringer Wald.

Niemand konnte zu diesem Zeitpunkt ahnen, daß es doch nicht die letzte Maschine gewesen sein sollte. Nachdem die Deutsche Reichsbahn 1981/1982 wegen steigender Rohölpreise und Devisenmangel alle ölgefeuerten Lokomotiven abstellen mußte, erwarb der VEB Braunkohlenwerk Geiseltal (bei Halle/Saale) zwei ölgefeuerte 44er (44 0851 und 44 0278) und ließ sie 1982 bzw. 1983 im Raw Meiningen auf Kohlenstaubfeuerung umbauen. Sie liefen als Werklokomotiven Nr. 5 und 6.

Im Jahre 1959 hatte die Deutsche Reichsbahn beschlossen, Lokomotiven mit Ölhauptfeuerung auszurüsten. Eine Arbeitsgemeinschaft im Bw Halle G entwickelte an der 44 195 die erste Ölhauptfeuerung für eine Lokomotive der Deutschen

Während die ölgefeuerten 44er im Süden hauptsächlich im Thüringer Bergland fuhren, kamen sie im Norden vor schwersten Güterzügen zum Einsatz

In den Jahren 1982/83 baute das Raw Meiningen 56 Maschinen der BR 44 auf Rostfeuerung zurück

Reichsbahn. Die Lokomotive ist in den gleichen Geschwindigkeitsbereichen wie zuvor die 44 1416 und die 44 506 meßtechnisch untersucht worden. Die Ölfeuerung erwies sich als funktionstüchtig, wenngleich sie noch verbesserungsbedürftig war. Die 44 195 zählte deshalb als Baumuster und entsprach noch nicht der Serienausführung. Den Prototyp der Serienausführung, die 44 1595, lieferte das Raw Meiningen im Oktober 1961. Gegenüber rostgefeuerten Lokomotiven waren folgende Umbauten vorgenommen worden: An die Stelle des Aschkastens trat der Feuerkasten als Brennraum, nachdem Rostlage und Rostbalkenträger entfernt worden waren. Der Feuerkasten war mit Siliziumkarbidsteinen ausgemauert. Die beiden Flachbrenner wurden an der Rückwand des Feuerkastens eingeführt. Unter dem Feuerkasten saß der Luftzuführkasten. Das Öl wurde mit Heißdampf, den man von einem Überhitzerelement abzweigte, in den Brennraum gesprüht. Für die Ölvorwärmung, die Heizung des Vorratsbehälters und zum Durchblasen der Ölleitungen diente Naßdampf. In den Kohlekasten des Tenders war der Heizölvorratsbehälter eingesetzt, der 11,2 m³ Heizöl faßte. Ende 1963 besaß die Deutsche Reichsbahn bereits 16 Lokomotiven der Baureihe 44 mit Ölhauptfeuerung, die bei den Bw Erfurt und Halle G beheimatet waren. Die Betriebsbewährung dieser Lokomotiven war Anlaß, nicht nur weitere Maschinen der Baureihe 44, sondern auch die der Baureihen 01.5, 03.10, 50.35-37 und 95 sowie die Bremslokomotiven 18 201, 18 314, 19 015 und 19 022 der VES-M Halle auf Ölhauptfeuerung umzubauen. 1964 erfolgten noch einige Bauartänderungen, u. a. wurde das Volumen des Ölbehälters auf dem Tender auf 13,5 m³ vergrößert und eine geräuschmindernde Feuertür eingebaut. Zwischen 1961 und 1967 hat das Raw Meiningen 95 Maschinen der Baureihe 44 auf Ölhauptfeuerung umgebaut. Die Baumu-

sterlokomotive 44 195 ist 1963 der Serienausführung angeglichen worden. Die 44 350 erhielt 1967 nachträglich anstelle der verunglückten 44 1207 Ölfeuerung. Die rostgefeuerten Lokomotiven der Baureihe 44 sind bis 1972 ausgemustert worden, so daß im Betriebsbestand nur die kohlenstaub- und ölgefeuerten Maschinen verblieben.

1982 begann die Deutsche Reichsbahn, ölgefeuerte Lokomotiven der Baureihe 44 auf Rostfeuerung zurückzubauen. Die Gründe dafür lagen in der Verteuerung des Erdöls auf dem Weltmarkt. Das schwere Heizöl, bislang „Abfallprodukt", konnte nun weiter aufgespalten werden und war daher als Brennstoff zu kostspielig geworden. So verfügte die Hauptverwaltung für Maschinenwirtschaft die Abstellung ölgefeuerter Lokomotiven zum 31. Dezember 1981. Dies betraf die Baureihen 01.5, 44 und 50.0. Die ebenfalls ölgefeuerten Baureihen 03.10 und 95 waren bereits vorher aus dem Betriebsdienst ausgeschieden. Da zu diesem Zeitpunkt nicht nur die ölgefeuerten Lokomotiven, sondern auch viele ölgefeuerte Heizanlagen außer Betrieb gesetzt und auf Kohlefeuerung umgebaut wurden, schien es sinnvoll, aus der BR 44 auch rostgefeuerte Heizanlagen zu gewinnen.

Das Raw Meiningen hat 1982 damit begonnen, im Rahmen der Schadgruppe L5 Lokomotiven umzubauen, die im Jahre 1981 eine L6 oder L7 erhalten hatten. Dabei bevorzugte man die Lokomotiven mit Neubau-Ersatzkessel. Die betriebsfähig vom Raw Meiningen abgelieferten Lokomotiven behielten die um 1000 mm gekürz-

ten Überhitzerelemente der ölgefeuerten Lokomotiven, erreichten aber dennoch eine Heißdampftemperatur von 300 bis 330° C. Die Lokomotiven waren für den Streckendienst tauglich, jedoch sind keine nennenswerten Einsätze bekannt geworden. Es waren und blieben kostspielig umgebaute Dampferzeuger. Ihr „Bewegungsdrang" erschöpfte sich darin, mit eigener Kraft zu Wasserkran und Kohlebunker oder zu der Stelle zu fahren, wo sie als Heizlokomotive benötigt wurden. 17 Maschinen wurden zu „Provisorischen mobilen Heizanlagen" (PmH) umgebaut, die aber nicht mehr aus eigener Kraft fahren konnten und keine Zylinderentwässerungsventile besaßen. Sie behielten die Betriebsnummer, die sie als Öllok getragen hatten. Acht weitere Lokomotiven wurden schließlich zu Dampfspendern umgebaut, die im wesentlichen nur noch aus Kessel und Fahrgestell bestanden. Dieses Stadium war, früher oder später, das Schicksal vieler 44er, denn seit April 1988 verließen die meisten zugeführten Lokomotiven — wenn sie nicht gleich zerlegt wurden — in diesem traurigen Zustand das Raw.

Die betriebsfähigen Lokomotiven bekamen Ordnungsnummern, aus denen die geänderte Feuerungsart ersichtlich war (das waren nach dem EDV-Nummernplan der Deutschen Reichsbahn die Ziffern 1 bis 8 an der ersten Stelle der Ordnungsnummer). Lokomotiven, die vor dem Umbau auf Ölhauptfeuerung eine vierstellige Ordnungsnummer hatten, bekamen diese wieder. Lokomotiven, die eine dreistellige Ordnungsnummer besessen hatten, erhielten anstelle der Null (für Ölfeuerung) eine 2 als erste Ziffer der Ordnungsnummer.

Zuletzt standen für Sonderfahrten noch die 44 1486 und die Traditionslokomotive 44 1093 der Deutschen Reichsbahn zur Verfügung. Außerdem sind noch die 44 1616 der Eisenbahnfreunde Zollernbahn, die 44 2225 vom Lausitzer Dampflokclub in Cottbus sowie die 44 2546 des Bayerischen Eisenbahnmuseums in Nördlingen betriebsfähig erhalten. Einige weitere Exemplare, meist nicht betriebsfähig, sind von anderen Vereinigungen und Privatleuten gekauft worden.

Durch die Ölhauptfeuerung waren längere Lokdurchläufe leichter möglich

REDAKTION: MANFRED WEISBROD; FOTOS: SCHEIBE, HÖGEMANN, SPILLNER, LINDENBLATT

Auch nach ihrem Umbau bei Krupp im Jahre 1950 war die 45 019 noch eine Zeitlang mit den großen Windleitblechen der Bauart Wagner unterwegs

Baureihe 45 (DB 045)

Die 28 schweren 1'E1'h3-Güterzuglokomotiven der Reihe 45, die zwischen 1937 und 1941 von Henschel an die Deutsche Reichsbahn geliefert worden waren, verblieben nach Kriegsende mit einer Ausnahme in den westlichen Besatzungszonen. Während 13 Lokomotiven aufgrund von Schäden abgestellt blieben und bis 1953 ausgemustert wurden, bekamen 1950 die fünf Loks 45 010, 016, 019, 021 und 023 von Krupp einen neuen Kessel, der durch den Einsatz der Schweißtechnik, dem Einbau einer Verbrennungskammer bei gleichzeitiger Verkleinerung der Rostfläche, einem Heißdampfregler sowie dem Fortfall des Speisedomes den Baugrundsätzen der DB entsprach. Ebenso wie die 1952 mit neuen Stehkesseln und Verbrennungskammer, aber unter Beibehaltung des alten Langkessels und der Rauchkammer, ausgerüsteten Lokomotiven 45 008, 009, 012, 014 und 022 erhielten sie eine mechanische Rostbeschickung des Systems Hulson-Stoker und den Hulson-Schüttelrost. Durch die Umbaumaßnahmen konnte die Zughakenleistung um 390 kW gesteigert werden. Mit dem Einsatz als Bremslokomotiven für das BZA in Minden wurde die Stoker-Einrichtung überflüssig, so daß sie bei den 1958 noch vorhandenen vier Lokomotiven wieder ausgebaut wurde.

Konstruktion

Der Rahmen und das Fahrwerk der Loks entsprach der Einheitsbauart. In dem aus zwei miteinander vernieteten Schüssen bestehenden Langkessel mit einem Durchmesser von 2000 mm waren 106 Heiz- und 44 Rauchrohre von 6500 mm Länge untergebracht. In einer Quernische der Rauchkammer war der Oberflächenvorwärmer Bauart Schmidt montiert. Die ursprünglichen großen Windleitbleche wurden in den fünfziger Jahren gegen kleine der Bauform Witte getauscht.

Die Vorräte des fünfachsigen Tender mussten durch den Einbau der Stoker-Einrichtung gegenüber der Ursprungsausführung verringert werden. Die Lokomotiven besaßen eine auf alle Radsätze wirkende Knorr-Druckluftbremse mit Zusatzbremse sowie die Riggenbach-Gegendruckbremse. Die Kuppelradsätze waren von vorn besandbar.

Betriebseinsatz

Die zehn Umbaulokomotiven der Reihe 45 wurden dem Bw Würzburg für den schweren Güterzugdienst zwischen Fulda und Treuchtlingen bzw. Nürnberg zugeteilt. Hier standen sie zusammen mit Lokomotiven der Reihe 44, die ebenfalls eine Stoker-Ein-

richtung besaßen, und den übrigen 45ern im Dienst. Bereits 1954 mußte als erste Umbaulok die 45 021 wegen Zylinderschäden abgestellt werden 1957/58 kamen die verbliebenen vier Umbauloks zur Lokversuchsanstalt nach Minden. Die 45 012 wurde jedoch schon 1957, die 45 020 dann 1958 abgestellt, zwei Jahre später ereilte auch die 45 016 wegen Zylinderschäden dieses Schicksal. 1965 wurde 45 023 zum Bw München Hbf umbeheimatet, um hier dem BZA zur Verfügung zu stehen. Mit der Aufgabe des Dampfbetriebes kam sie 1967 nach Mühldorf, wo sie im Jahre 1968 von der noch heute museal erhaltenen 045 010 abgelöst wurde.

REDAKTION: AXEL ENDERLEIN; FOTO: SLG. HÖRNEMANN

TECHNISCHE DATEN			
Bezeichnung			45
	ab 1968		045
1. Umbaujahr			1950
Umbaustätte			Krupp
Bauart			1'E1'h3
Spurweite		mm	1435
Länge über Puffer			
mit Tender 2'3 T 29[1] bzw. 2'3 T 38		mm	25645
Leermasse (ohne Tender)		t	114,4
Dienstmasse (ohne Tender)		t	128,5
Reibungsmasse		t	91,0/97,2[2]
Verdampfungsheizfläche		m²	269,0
Strahlungsheizfläche		m²	23,2
Überhitzerheizfläche		m²	120,0
Betriebsstoffvorräte	Kohle	t	12
	Wasser	m³	29[1]/38
indizierte Leistung		kWi	2059
Höchstgeschwindigkeit		km/h	90

[1] Loks mit Stokerfeuerung   [2] wahlweise einstellbar

Auf der Basis der bei der Deutschen Reichsbahn verbliebenen 45 024 entstand in relativ kurzer Zeit die als H 45 024 bezeichnete Hochdrucklokomotive

H 45 024

Es ist aus heutiger Sicht ein Leichtes, zu sagen, die DR hätte 1950 andere Aufgaben gehabt, als Experimente mit Hochdrucklokomotiven durchzuführen, die zur DRG-Zeit mit der H 02 1001 bereits als gescheitert betrachtet werden mußten. Die schlechte Situation bei der Bereitstellung von Lokomotivkohle und die Erfolge der Verfeuerung von Braunkohlenstaub nach dem System von Hans Wendler ließen die DR praktisch nach jedem Strohhalm greifen, der einen wirtschaftlichen Lokomotivbetrieb auf Braunkohlenbasis versprach.

Der Zwangsumlaufkessel Bauart La Mont war wesentlich unkomplizierter herzustellen als ein Kessel Stephensonscher Bauart, leichter an den vorhandenen Bauraum anzupassen und mit Kohlenstaubfeuerung zu betreiben. Dem Antrag des LOWA-Konstruktionsbüros auf Entwicklung einer Lok mit Zwangsumlaufkessel wurde 1950 stattgegeben. Auf der Basis der nach Kriegsende bei der DR verbliebenen 45 024 entstand in Zusammenarbeit zwischen dem Konstruktionsbüro der LOWA (dem späteren Institut für Schienenfahrzeuge Berlin-Adlershof, IfS), dem EKM Dampfkesselbau Meerane und dem VEB Lokomotivbau „Karl Marx" Babelsberg in relativ kurzer Zeit die als H 45 024 bezeichnete Lokomotive, die 1951 auf der Leipziger Messe ausgestellt war und durch ihre Architektur und

ihren kaffeebraunen Anstrich erhebliches Aufsehen erregte. Die Lokomotive war mit einem vierachsigen Kondenstender gekuppelt, dessen Kohlekasten für einen Vorrat von rund 11,5 t Kohlenstaub umgebaut war.

Konstruktion

Der Lokomotivkessel war als U-förmige Wanne ausgebildet. Statt einer Feuerbüchse besaß er einen Brennraum mit den Rohrbündeln des Verdampfers, an die Stelle des Langkessels waren die Rohrbündel von Überhitzer und Speisewasservorwärmer getreten. Für den Wasserumlauf sorgten Umwälzpumpen. Das im Verdampfer erzeugte Wasser-Dampf-Gemisch wurde im Ausdampfbehälter getrennt. Das Wasser kam zurück in den Kreislauf, der Dampf strömte durch den Überhitzer und den Regler zur HD-Maschine. Das im Prinzip unveränderte Triebwerk war in ein Verbundtriebwerk umgebaut worden, wobei der mittlere Zylinder mit 400 mm Durchmesser zum HD-Zylinder wurde. Der Abdampf der ND-Zylinder gelangte in den Kondensator des Tenders, wurde niedergeschlagen und dem Speisewasserkreislauf wieder zugeführt. Die errechneten Leistungsdaten (Dampfleistung des Kessels 13,5 t/h, Zylinderleistung 2131 kWi) waren erfolgversprechend, die 1953 durchgeführten ersten Fahrversuche jedoch nicht. Unzureichen-

der Kondensatvorrat bei der ersten Fahrt und ausgeglühte Überhitzerrohre bei der zweiten Fahrt nach jeweils wenigen Kilometern zeigten eine unbefriedigend arbeitende Kondensationsanlage und mangelhafte Abstimmung der Heizflächenanteile. Zwar gab es Vorschläge zur Behebung der Mängel, doch sahen IfS und LOWA, die Eigentümer der Maschine blieben, davon ab, das kostspielige Experiment fortzusetzen. Die Maschine stand lange in Seddin abgestellt. Die Fahrzeug-Versuchsanstalt Halle, der man die Maschine als Bremslokomotive angeboten hatte, lehnte ab, weil ihr für diesen Geschwindigkeitsbereich die besser geeignete 44 012 zur Verfügung stand. 1960 schließlich ist die Lokomotive im Raw Meiningen zerlegt worden. Einige Teile fanden Verwendung beim Bau der Schnellfahrlokomotive 18 201.

TECHNISCHE DATEN

Bezeichnung			H 45 024
Umbau			1951
Umbaustätte			LKM Babelsberg
Bauart			1'E1'h3
Spurweite		mm	1435
Länge über Puffer			
mit Tender 2'2T10 Kon/Kst		mm	27350
Leermasse (ohne Tender)		t	120,0
Dienstmasse (ohne Tender)		t	127,0
Reibungsmasse		t	95,0
Verdampfungsheizfläche		m²	149,0
Überhitzerheizfläche		m²	69,0
Betriebsstoffvorräte	Kohlenstaub	m³	11,5
	Wasser	m³	10
indizierte Leistung (theoretisch)		kWi	2131
Höchstgeschwindigkeit		km/h	100

REDAKTION: HANS WIEGARD; FOTO: SLG. WEISBROD

Lange Zeit konnte die DB nicht auf die Dienste der Baureihe 50 verzichten. Die 050 761 besaß einen ehemaligen 52er-Kessel sowie einen Kabinentender

Baureihe 50 (DB 050 – 053)

Von den insgesamt 3159 gebauten Lokomotiven der Baureihe 50 verblieben nach dem zweiten Weltkrieg über 2500 auf dem Gebiet der späteren DB, von denen ein großer Teil schadhaft war. Wegen ihrer vielseitigen Einsatzmöglichkeiten wurde die Baureihe 50 auch gleich nach dem Krieg verstärkt ausgebessert. Anfang der fünfziger Jahre ging man daran, etwa 800 Kessel, die noch aus dem nicht alterungsbeständigen und schweißbrüchigen Stahl St 47 K hergestellt worden waren, durch solche der Baureihe 52 zu ersetzen.

Da die Kessel der Baureihe 50 durch eine verhältnismäßig große Rostfläche nicht besonders wirtschaftlich waren, eine Neubekesselung aber wegen der erst durchgeführten Umrüstung mit 52er-Kesseln nicht in Frage kam, verkleinerte die DB bei zehn Maschinen die Rostfläche durch Einbau einer Wasserkammer in die Feuerbüchse (1 m² weniger Rostfläche), verlängerte die Überhitzer in die Feuerbüchse und änderte die Rohrteilung. Dadurch wurde eine Vergrößerung der hochwertigen Strahlungsheizfläche um 1,9 m² erreicht. Trotz relativ geringer Umbaukosten und einer deutlichen Brennstoffersparnis konnte sich die DB jedoch nicht zu weiteren Umbauten entschließen. Mitte der fünfziger Jahre entschied sich die DB, sieben der nach dem Krieg noch gebauten Loks der BR 52, die einen Mischvorwärmer besaßen, nicht

erneut zu untersuchen, sondern die stellkeillosen Rahmen durch solche der BR 50 zu ersetzen. Die daraus entstandenen Loks wurden anschließend als 50 3165 – 3171 im Bestand geführt.

Zur Einsparung von Güterzuggepäckwagen (Pwg) rüstete die DB im AW Lingen ab 1958 etwa 730 Tender für die Baureihe 50 mit Zugführerkabinen aus, in denen das Zugbegleitpersonal der Güterzüge mitfahren sollte. Der Wasserkasteninhalt konnte durch konstruktive Änderungen beibehalten werden. Die mitführbare Kohlenmenge reduzierte sich jedoch auf 6,6 m³.

Neben diesen teilweise speziellen Umbauten gab es natürlich noch zahlreiche weitere Änderungen, die oftmals einen Großteil oder sogar alle Maschinen betrafen. Generell wurden nach und nach die Kriegsbaustoffe wieder durch höherwertige Materialien ersetzt (Achslagerführungen, Lagermetalle etc.). Ebenso wurde die Saugzuganlage der Originalkessel wie bei den eingebauten 52er-Kesseln abgeändert. Nach und nach wurden Loks auch mit den kleinen Windleitblechen der Bauart Witte ausgerüstet.

Betriebseinsatz

Die Baureihe 50 war für die DB eine wesentliche Stütze für viele Transportaufgaben, ihre Verbreitung war dementsprechend groß. In den meisten Bahnbetriebs-

werken war diese Baureihe – zumindest zeitweilig – vorhanden; ein genauerer Einsatzüberblick würde den Rahmen deutlich sprengen. Ab 1968 bezeichnete man diese Reihe als 050 – 053. Zusammen mit den Baureihen 042, 043 und 044 gehörte sie zu den letzten Dampflokbaureihen, auf die die DB noch lange nicht verzichten konnte. Erst Anfang 1977 wurden die letzten sechs 50er beim Bw Duisburg-Wedau ausgemustert.

TECHNISCHE DATEN

Bezeichnung		50[1]	50[2]
ab 1968		050 – 053	
1. Umbaujahr		1951	1959
Umbaustätte		AW der DB	
Bauart		1'E h2	1'E h2
Spurweite	mm	1435	1435
Länge über Puffer mit Tender 2'2'T 26	mm	22940	22940
Leermasse (ohne Tender)	t	78,6	78,6
Dienstmasse (ohne Tender)	t	88,1	86,9
Reibungsmasse	t	76,6	75,3
Verdampfungsheizfläche	m²	177,8	153,9
Strahlungsheizfläche	m²	15,9	17,8
Überhitzerheizfläche	m²	68,9	90,2
Betriebsstoffvorräte Kohle	t	8/6,6[3]	8
Wasser	m³	26	26
Höchstgeschwindigkeit	km/h	80	80

[1] Loks mit Tauschkessel der Baureihe 52

[2] Loks mit „verkleinertem" Kessel
(50 117, 390, 620, 766, 783, 988, 1289, 1534, 1877, 2201)

[3] Loks mit Kabinentender 2'2'T 26 Kab

REDAKTION: BODO JASTER; FOTO: ARCHIV GERANOVA

oben: Die Maschinen der Baureihe 50 zählten zu den letzten Dampflokomotiven, die die Deutsche Bundesbahn einsetzte. Noch 1974 wurde 051 420 im AW Braunschweig in Stand gesetzt (D. Falk)

links und unten:
Als die DB im Vorfeld des Jubiläumsjahres 1985 beschloss, wieder Dampfzüge fahren zu lassen, war es die 50 622, die als erste DB-eigene Museumsdampflok wieder mit eigener Kraft unterwegs war, die Lastprobefahrten führten von Offenburg in den Schwarzwald. Zuvor war sie im ehemaligen Ausbesserungswerk Offenburg mühsam wieder aufgearbeitet worden. Rechts neben der schon weit gediehenen 50 622 steht die 01 1100 (W. Löckel)

Die Maschinen der BR 50.35 waren die ersten von der Deutschen Reichsbahn rekonstruierten Dampflokomotiven. Sie bewährten sich ausgezeichnet

Baureihe 50.35 (DR 50.35-37)

Von den Einheitsloks der BR 50 waren der Deutschen Reichsbahn nach dem zweiten Weltkrieg lediglich 350 Maschinen verblieben. Die Maschinen waren zum großen Teil abgewirtschaftet. Die geringe Stückzahl leistungsfähiger Güterzuglokomotiven bei der DR zwang jedoch dazu, die BR 50 weiter im Erhaltungsbestand zu belassen. Schwierigkeiten bereiteten insbesondere die aus dem zwar hochfesten, aber nicht alterungsbeständigen Stahl St 47 K bestehenden Kessel, mit denen die Loks der Friedensausführung durchgängig ausgerüstet waren. Die 50er der ÜK-Ausführung besaßen zwar in der Mehrzahl Kessel aus St 34, doch war bei den ÜK-Kesseln der Zustand keineswegs besser.

Die kriegsmäßige Fertigung dieser Dampferzeuger bewirkte letztlich ähnliche Probleme wie bei den St 47 K-Kesseln; denn die Kesselbleche der ÜK-Lokomotiven waren größtenteils von minderer Qualität, wiesen Materialdoppelungen oder ähnliche Werkstoffehler auf. Zwar behalf sich die DR in einigen wenigen Fällen mit dem Umsetzen einwandfreier 52-Kessel auf Fahrgestelle von Loks der BR 50, wie das die DB in großem Umfang auch praktiziert hatte; doch konnte diese Verfahrensweise bei der

DR keine grundlegende Lösung des Problems bringen, weil die Reichsbahn im Gegensatz zur Bundesbahn nicht auf die BR 52 verzichten konnte. Die Ersatzbeschaffung von Kesseln für die BR 50 im Rahmen der Lokgesundung war daher unumgänglich.

Konstruktion

Im Frühjahr 1957 stand die Lok 50 380 zur Neubekesselung an. Da man für sie keinen Nachbaukessel alter Konstruktion, aber aus normalem Kesselbaustoff beschaffen konnte, wurde beschlossen, die 50 380 mit einem Kessel auszurüsten, dessen Hauptbaugruppen mit denjenigen des Neubaukessels für die BR 23.10 und 50.40 identisch waren. Der Langkessel erhielt allerdings eine um 500 mm größere Länge zwischen den Rohrwänden. Entsprechend den neuen Baugrundsätzen der DR war der 50er Ersatzkessel völlig geschweißt; die Feuerbüchse erhielt eine Verbrennungskammer zur Vergrößerung der hochwertigen Strahlungsheizfläche. Der Aschkasten wurde nach Bauart Stühren mit seitlichen Luftklappen ausgeführt. Die Kesselspeisung erfolgte nunmehr durch einen Mischvorwärmer Bauart IfS/DR mit Kolbenver-

bundmischpumpe. Als zweite Speiseeinrichtung blieb die Dampfstrahlpumpe der Einheitsbauart erhalten. Der Steuerbock wurde nunmehr am Rahmen angebracht. Der Ventilregler Bauart Schmidt & Wagner wurde beibehalten, jedoch auf Seitenzugbetätigung umgestellt. Nach der Neubekesselung erhielt die 50 380 statt der bisherigen Wagner-Windleitbleche solche der Bauart Witte. An Lauf- und Triebwerk wur-

TECHNISCHE DATEN

Bezeichnung			50.35
	ab 1970		50.35-37
Rekonstruktion (1. Jahr)			1957
Umbaustätte			Raw Stendal
Bauart			1'E h2
Spurweite		mm	1435
Länge über Puffer			
mit Tender 2'2'T 26		mm	22940
Leermasse (ohne Tender)		t	78,1
Dienstmasse (ohne Tender)		t	88,2
Reibungsmasse		t	77,0
Verdampfungsheizfläche		m²	172,3
Strahlungsheizfläche		m²	17,9
Überhitzerheizfläche		m²	65,4
Betriebsvorräte	Kohle	t	8
	Wasser	m³	26
indizierte Leistung		kWi	1294
Höchstgeschwindigkeit		km/h	80

Über 60 Loks der BR 50.35 erhielten Giesl-Ejektoren für eine bessere Wirkung der Saugzuganlage

den keine Veränderungen vorgenommen. Die neubekesselte Lok wurde in 50 3501 umgenummert. Sie bewährte sich hervorragend. Der Ersatzkessel hatte eine wesentlich höhere Verdampfungsleistung als der Einheitskessel, und die Leistungsfähigkeit der Maschine war erheblich gestiegen. Nachdem die betriebliche Bewährung der Lok feststand, fiel die Entscheidung, künftig alle zur Neubekesselung vorgesehenen 50er auf gleiche Weise umzurüsten. Bis 1962 wurden weitere 207 Maschinen mit Ersatzkesseln ausgerüstet und als 50 3502 – 50 3708 eingereiht.

Die BR 50.35 war die erste Rekolok-Baureihe der DR. Gegenüber den ersten Ausführungen der Rekokessel wiesen die später gebauten einige Änderungen auf. So ist beispielsweise der Stutzen auf dem Langkesselscheitel, der an die Stelle des Speisedoms getreten war und die beiden Kesselspeiseventile trug, durch zwei hochliegende Speiseventile mit getrennten Eingängen ersetzt worden. Ebenso ist der kleine Mischkasten des Vorwärmers, den die ersten Ersatzkessel noch besaßen, durch einen größeren ersetzt worden. Die Erstausführungen der Rekokessel hat man später in ihrer Ausrüstung an die Serienbauart angeglichen.

Nicht einheitlich bei den Reko-50ern war auch die Ausführung des Führerhauses. Zwar besaßen alle Loks ein Führerhaus mit nachgerüstetem aufschiebbarem Oberlichtfenster, doch waren nicht bei allen Maschinen die seitlichen Lüfter in der Dachwölbung vorhanden. Die Führerhäuser, denen die seitlichen Lüfter fehlten, stammten in der Regel von ehemaligen ÜK-Loks. Schließlich waren auch die Windleitbleche unterschiedlich ausgeführt. Neben Witte-Blechen mit umlaufendem Verstärkungsrand baute man einigen Loks auch solche ohne Randverstärkung an.

Über 60 Loks der BR 50.35 erhielten Giesl-Flachejektoren, die das Aussehen der Maschinen zwar nicht verschönerten, aber sehr zweckmäßig waren; denn sie verbesserten erheblich den Wirkungsgrad der Saugzuganlage.

Bei einigen Reko-50ern ersetzte man die Druckausgleich-Kolbenschieber der Bauart Karl Schulz durch solche der Bauart Trofimoff, die bessere Leerlaufeigenschaften aufwiesen. Ein Teil der ÜK-Lokomotiven besaß im Ursprungszustand Winterthur-Druckausgleicher. Anläßlich der Rekonstruktion wurden auch sie mit Druckausgleich-Kolbenschiebern ausgerüstet.

Auch nach der Rekonstruktion besaßen die Maschinen ihre angestammten Einheitstender der Bauart 2'2'T 26. Anfang der 80er Jahre sind viele Reko-50 mit Neubautendern 2'2'T 28 der BR 50.40 gekuppelt worden. Diese Tender waren nach Ausmusterung der Neubauloks überzählig geworden und konnten so noch recht effektiv weiterverwendet werden. 1966 beginnend, wurden insgesamt 72 Maschinen mit Ölhauptfeuerung ausgerüstet und in die neue Unterbaureihe 50.50 umgezeichnet.

Betriebseinsatz

Die Rekoloks der BR 50.35 wurden zunächst vorwiegend auf Flachlandstrecken eingesetzt; sie waren in der Magdeburger Börde und der Altmark ebenso zu Hause wie in Mecklenburg.

Ab Anfang der 60er Jahre konnte man die Reko-50 jedoch auch im sächsischen Raum antreffen. Gerade hier wurden sie aufgrund ihrer Leistungsfähigkeit für den mittelschweren Güterzugdienst unentbehrlich. Sowohl die Durchgangs- als auch die Nahgüterzüge wurden mit der BR 50.35 bespannt. Noch in den 80er Jahren waren beispielsweise Güterzugleistungen zwischen Chemnitz (damals noch Karl-Marx-Stadt) und Roßwein eine Domäne der Reko-50. Das Bw Karl-Marx-Stadt-Hilbersdorf beheimatete damals übrigens fast ausschließlich Maschinen mit Neubautendern. Die letzten Lokomotiven der BR 50.35 standen bis 1989 im Dienst der Deutschen Reichsbahn. Eine beachtliche Anzahl von Maschinen ist nach ihrem Ausscheiden aus dem Betriebsdienst in den Besitz privater Sammler und Museen gelangt, die meisten davon betriebsfähig.

Die erste rekonstruierte 50er, 50 3501 ex 50 380, existiert ebenfalls noch. In den 80er Jahren fertigte das Raw Meiningen serienmäßig Dampfspeicherlokomotiven für Industriebetriebe. Um deren Kessel probeweise mit Dampf füllen zu können, benötigte das Raw dringend eine Lokomotive, die als fahrbarer Fremddampflieferant dienen sollte. Eben zu diesem Zweck stellte die DR dem Raw die 50 3501 zur Verfügung. Die notwendigen Umbauten an der Lok waren geringfügig. Der Mischvorwärmer wurde ausgebaut, eine zweite Strahlpumpe vorgesehen und ein verschließbarer Rohrstutzen mit großem Querschnitt, der der Abgabe von Frischdampf aus dem Lokkessel diente, angebaut. Heute dient die 50 3501 dem Werksverkehr des Ausbesserungswerkes Meiningen.

Anfang der 80er Jahre sind viele Reko-50 mit Neubautendern der Bauart 2´2´T 28 gekuppelt worden

REDAKTION: HANS WIEGARD; FOTOS: SLG. SCHWARZ, MEHNERT, TRUNK

Als einzige Vertreterin ihrer Baureihe besaß die 50 4011 eine Ölhauptfeuerung. Ungewöhnlich war der seitlich am Langkessel angebrachte Schornstein

Baureihe 50.40

Nach den guten Erfahrungen in bezug auf die Brennstoffersparniß bei den beiden aus der Reihe 52 hervorgegangenen Versuchslokomotiven 42 9000 und 9001 mit Franco-Crosti-Vorwärmer entschloß sich die Deutsche Bundesbahn, die zunächst der Anwendung dieses Rauchgas-Vorwärmers sehr ablehnend gegenübergestanden hatte, die zur Ausbesserung anstehende Lokomotive 50 1412 aus dem Jahre 1941 ebenfalls mit einem Abgasvorwärmer auszurüsten. Im Jahre 1953 erhielt Henschel den Auftrag, zusammen mit dem Bundesbahnzentralamt Minden die Konstruktionsarbeiten sowie den Umbau selbst durchzuführen.

Im Gegensatz zur 42.90 mit den zwei seitlich unter dem Lokomotivkessel befindlichen Vorwärmerkesseln erhielt die 50 nur noch einen größeren Kessel unterhalb des Lokkessels, was den inzwischen gemachten Erfahrungen der italienischen Staatsbahn FS mit ihren Franco-Crosti-Lokomotiven entsprach. Der Lokkessel selbst wurde nach den neuen Grundsätzen für die Neubaulok mit verkleinerter Rostfläche und Verbrennungskammer sowie ohne Speisedom in Schweißtechnik hergestellt. Um den Franco-Crosti-Vorwärmer bereits mit auf 90° C vorgewärmtem Speisewasser versorgen zu können, wurde zusätzlich in der Rauchkammer der bewährte Knorr-Oberflächenvorwärmer eingebaut. Wegen der zu erwartenden Belästigung durch Abgase, die durch den Fahrtwind aus dem nach hinten verlegten Schornstein über die Kohlenschütte in das Führerhaus eindringen würden, erhielt der ansonsten unveränderte Tender Abdeckklappen für den Kohlekasten.

Im November 1954 konnte die Lokomotive, die ihre alte Betriebsnummer behielt, abgenommen und der Versuchsanstalt Minden zur Erprobung übergeben werden. Anschließend wurde sie beim Bw Bingerbrück, das auch die beiden 42.90 beheimatate, dem Betriebsdienst übergeben. Es zeigte sich, daß die Franco-Crosti-Lokomotive trotz kleineren Kessels und Rostfläche die Verdampfungsleistung der normalen Reihe 50 um bis zu 20 % überbieten konnte, wobei sie ebenfalls etwa 20 % weniger Brennstoff verbrauchte. Das Problem der Franco-Crosti-Lokomotiven war jedoch die Korrosion der Heizrohre im Vorwärmerkessel, die durch das wenig bewegte Wasser hier besonders begünstigte wurde. Durch Beigabe von Dosierungsmitteln ins Speisewasser versuchte man zwar, den Sauerstoffgehalt zu senken, fand jedoch keine vernünftige Lösung. So mußten bereits nach gut 100 000 km die Heizrohre des Vorwärmers das erste Mal komplett gewechselt werden. Ab 1956 eingeführte chemische Zusätze, die sich in Italien bewährten, brachten einen etwas besseren Erfolg. Außerdem wurde beobachtet, daß der in Erprobung befindliche Mischvorwärmer Heinl MV 57 in der Lage war, dem Speisewasser einen hohen Anteil des Sauerstoffes zu entnehmen. Nunmehr stand, nachdem die Kessel der vorhandenen Lokomotiven der Reihe 50 ohnehin zu ersetzen waren, dem Serienbau von Franco-Crosti-Lokomotiven nichts mehr im Wege, so daß im Januar 1957 bei Henschel

TECHNISCHE DATEN

Bezeichnung		50.40
1. Umbaujahr		1954
Umbaustätte		Henschel, AW Schwerte
Bauart		1'Eh2
Spurweite	mm	1435
Länge über Puffer mit Tender 2'2'T 26	mm	22940
Leermasse (ohne Tender)	t	80,4
Dienstmasse (ohne Tender)	t	90,6
Reibungsmasse	t	78,4
Verdampfungsheizfläche	m²	193,5
Strahlungsheizfläche	m²	17,3
Überhitzerheizfläche	m²	48,8
Betriebsstoffvorräte	Kohle t	8
	Wasser m³	26
indizierte Leistung	kW	1133
Höchstgeschwindigkeit	km/h	80

Die Tender der kohlegefeuerten 50.40-Loks erhielten eine druckluftbetätigte Kohlekastenabdeckung

zehn Kessel und ein Jahr später weitere 20 bestellt wurden. Den Umbau der Lokomotiven übernahm das AW Schwerte ab Mai 1958, zwischen August 1958 und September 1959 konnten die dreißig gegenüber der 50 1412 im wesentlichen unveränderten Lokomotiven dem Betrieb übergeben werden. Sie erhielten die neuen Betriebsnummern 50 4002 – 4031, und auch die bisherige Prototyplok 50 1412 wurde nun in 50 4001 umgezeichnet. Die 50 4011 wurde nach ihrem Umbau direkt zu Henschel gebracht, um sie mit einer Ölhauptfeuerung entsprechend den Baureihen 01.10, 41 und 44 auszurüsten. Sie wurde dadurch mit einem Gesamtwirkungsgrad von bis zu 9,75 % zur modernsten aller deutschen Dampflokomotiven überhaupt.

Bald zeigten sich die Korrosionsprobleme bei den Vorwärmerkesseln erneut. Einige Lokomotiven erhielten zwar Rohre aus einem schwer zu bearbeitenden und teuren Chromstahl, aber der Vorwärmermantel blieb dem Rostfraß ausgesetzt. Im Oktober 1961 wurden alle 50.40 zur Überprüfung der Vorwärmer stillgelegt. Für zwei Lokomotiven wurden bei Henschel neue Vorwärmerkessel mit verkürzten Heizrohren gebaut, 22 weitere stellte das AW Schwerte selbst her. Nur bei sechs Kohleloks sowie der Öllok 50 4011 war der Vorwärmerkessel nach einem Umbau entsprechend dem Neubauvorwärmer wieder verwendbar. Bis Mai 1962 waren dann alle Lokomotiven wieder im Betrieb. Anstehende Hauptuntersuchungen, der Rückgang im Güterverkehr sowie durch die Elektrifizierung immer weniger mögliche Einsätze mit hohen Laufleistungen führten schließlich schon ab 1964 zur Abstellung dieser modernen Splittergattung.

Konstruktion

Die Umbaulokomotiven der Reihe 50.40 waren auf dem Barrenrahmen der Reihe 50 mit seinen 80 mm starken Rahmenwangen aufgebaut. Die Lokomotive war auf vier Punkten gegen den Rahmen abgestützt. Der erste Kuppelradsatz war zusammen mit dem Laufradsatz in einem Krauss-Helmholtz-Drehgestell gelagert, der zweite bis vierte Kuppelradsatz fest im Rahmen gelagert, der letzte Kuppelradsatz seitenverschiebbar. Die Spurkränze der Treibräder waren zur Verbesserung der Kurvengängigkeit um 15 mm geschwächt.

In dem aus drei miteinander verschweißten Schüssen bestehenden Langkessel mit einem Durchmesser von 1452 mm im Bereich der Rauchkammer und 1570 mm im konisch ausgeführten Bereich vor dem Stehkessel waren 39 Heiz- und 24 Rauchrohre mit einer Länge von 4700 mm untergebracht. Die Feuerbüchse war aus Stahl gefertigt und mit einer Verbrennungskammer versehen. Auf dem mittleren Kesselschuß saß der Dampfdom mit seinem Naßdampf-Ventilregler. Unter der Rauchkammer des Dampfkessels befand sich eine weitere Rauchkammer, in die die Rauchgase über zwei Umlenkkanäle geleitet wurden, um durch den unter dem Dampfkessel liegenden Vorwärmerkessel und eine weitere Rauchkammer über den an der linken Lokomotivseite vor dem Stehkessel befindlichen Schornsteins schließlich ins Freie zu gelangen. Der leicht nach hinten geneigte Vorwärmerkessel hatte einen Außendurchmesser von 960 mm, in ihm waren 163 Heizrohre mit einer Länge von 4600 mm untergebracht. Die ab 1961 eingebauten neuen Vorwärmer besaßen bei gleichem Außendurchmesser 160 Heizrohre mit einer Länge von 4030 mm. Bei der Lokomotive 50 4001 war dem Franco-Crosti-Vorwärmer ein herkömmlicher Oberflächenvorwärmer vorgeschaltet, die restlichen Lokomotiven besaßen hingegen einen auf der Rauchkammer sitzenden Mischvorwärmer der Bauart MV 57. Zum Anheizen war in der Rauchkammer des Lokomotivkessels noch ein herkömmlicher Schornstein vorhanden.

Die Lokomotiven besaßen die kleinen Windleitbleche der Bauart Witte, außerdem wurden wegen der Probleme mit den Abgasen im Führerhaus auch im Bereich des seitlichen Schornsteins Windleitvorrichtungen angebracht. Auch auf dem Dach des Führerhauses befand sich eine weitere Windleitvorrichtung. Das hinten offene Führerhaus entsprach dem der Ausgangsreihe 50, ebenso der Tender, der allerdings, um das Eindringen von Abgasen und Abdampf in das Führerhaus zu verhindern, druckluftbetätigte Abdeckklappen erhielt. Die Knorr-Druckluftbremse mit Zusatzbremse wirkte einseitig von vorne auf die fünf Kuppelradsätze. Die Sandbehälter waren auf den seitlichen Umlaufblechen angebracht. Die Kuppelradsätze waren von vorn und hinten besandbar.

Betriebseinsatz

Die spätere 50 4001 wurde als 50 1412 beim Bw Bingerbrück beheimatet, wo auch die beiden Versuchslokomotiven 42.90 im Dienst standen. Im Jahre 1958 erfolgte die gemeinsame Umbeheimatung der drei Franco-Crosti-Lokomotiven nach Oberlahnstein. Inzwischen war auch der Serienumbau in 50.40 angelaufen, so daß 1958/59 die Lokomotiven 50 4002 – 4024 und 4026 – 4029 beim Bw Kirchweyhe eintreffen konnten. Die Lokomotive 50 4025 war für einen Monat zunächst in Osnabrück Hbf stationiert, bevor sie ebenfalls nach Kirchweyhe kam. Bereits 1959 wurden 50 4016 – 4023 nach Oberlahnstein umbeheimatet, wohin auch die letztumgebauten 50 4030 und 4031 direkt rollten. Im selben Jahr trafen die Lokomotiven 50 4003 – 4009, 4012 und 4013 beim Bw Osnabrück Vbf ein, wo die meisten bis 1965 blieben. Im Jahre 1962 erhielt Bingerbrück mit 50 4001, 4016 – 4023, 4030 und 4031 wieder Franco-Crosti-Lokomotiven, sie blieben bis zu ihrer gemeinsamen Umbeheimatung nach Hamm im Jahre 1964. In diesem Jahr wurden bereits mit 50 4024 und 4027 die beiden ersten Lokomotiven nach nur fünf Jahren Betriebszeit abgestellt. Zum Beginn des Jahres 1965 verteilten sich die restlichen 29 Lokomotiven auf die drei Bahnbetriebswerke Hamm Gbf (11), Kirchweyhe (12) und Osnabrück Rbf (6). Nach einer Abstellung 1965 mit der 50 4008 des Bw Osnabrück lichtete sich der Bestand im Jahre 1966 sehr. Außer der Öllok 50 4011, die ihre sieben Einsatzjahre in Kirchweyhe verbrachte, wurden weitere 18 Lokomotiven abgestellt. Den Beginn des letzten Einsatzjahres 1967 erlebten somit nur noch neun Lokomotiven im aktiven Dienst bei den Bw Hamm (2) und Kirchweyhe (7). Im April stellte Hamm mit 50 4031 seine letzte Franco-Crosti-Lok ab, Kirchweyhe folgte im Juni mit 50 4007, 4025 und 4028. Im November 1967 waren schließlich alle Lokomotiven dieser Baureihe ausgemustert; keine von ihnen ist der Nachwelt erhalten geblieben.

REDAKTION: AXEL ENDERLEIN; FOTOS: SLG. KNIPPING, SLG. REINSHAGEN

Als Nachfolger der Einheitsbaureihe 50 entwickelte die DR die BR 50.40, die vorwiegend im Güterzugdienst der nördlichen DDR anzutreffen war

Baureihe 50.40 (DR 50.4)

Als nach dem zweiten Weltkrieg vor der Deutschen Reichsbahn die Aufgabe stand, ihren Lokomotivpark zu erneuern, standen hierfür zwei Möglichkeiten offen: Entweder konnte man bewährte Einheitsloks nachbauen oder neue Konstruktionen schaffen, die moderne fertigungstechnische Verfahren ermöglichten und in ihrer Gesamtheit neue technische Erkenntnisse berücksichtigten. Die Deutsche Reichsbahn entschied sich, wie auch die Deutsche Bundesbahn, für den Weg der Neukonstruktion. Ausschlaggebend dafür waren zwei Gründe: Erstens besaßen die DRG-Einheitslok-Baureihen bis auf wenige Ausnahmen die zwar bewährten, doch wegen fehlender Fertigungskapazitäten und gravierender Materialengpässe in der Nachkriegszeit kaum noch herstellbaren Barrenrahmen. Zweitens, und dies war sicherlich der ausschlaggebende Grund, entsprachen vor allem die Kessel der Einheitslokomotiven nicht mehr modernen Baugrundsätzen. Ihre Strahlungsheizfläche war zu klein, die Rohrheizfläche dagegen zu groß, so daß Heizflächenbelastungen über 57 kg/m²h, die im harten Betriebsalltag nicht selten auftraten, zur Überlastung der Kessel und daraus resultierenden Kesselschäden führten.

Unter Berücksichtigung dieser Erkenntnisse sollten alle Lokomotiv-Baureihen des Neubauprogramms, welches in seinen Grundzügen bereits 1949/50 feststand, geschweißte Blechrahmen und vor allen Dingen hochbelastbare, mit Verbrennungskammern versehene und in Schweißausführung gefertigte Kessel erhalten, deren absolute und spezifische Verdampfungsleistung nach Möglichkeit diejenige der Einheitslok-Kessel übertreffen sollte.

Nebenbei war noch zu berücksichtigen, daß in den ersten Nachkriegsjahren fast ausschließlich Braunkohle als Brennstoff für Lokomotiven zur Verfügung stand. Dieser Umstand erforderte, verhältnismäßig große Rostflächen für die Neubaulokomotiven vorzusehen. Um die Reichweite der Maschinen den betrieblichen Erfordernissen anzupassen, war außerdem dafür Sorge zu tragen, daß größere Vorräte an Wasser mitgeführt werden konnten.

Erste Vorentwürfe für die BR 50.40 waren bereits 1952 im vorläufigen Lokausschuß der DR diskutiert worden. Nach ursprünglichen Vorstellungen sollte die neue Güterzuglok 18 t Kuppelradsatzfahrmasse besitzen und die BR 52, 55, 56, 57 und 58 ersetzen. Damit hätte sie einen Leistungsbereich abdecken sollen, der demjenigen der

BR 42 entsprach. Nach Auffassung fast aller Reichsbahndirektionen war jedoch die Beschaffung einer leichteren und somit universeller einsetzbaren Lok vordringlich. Nur die Rbd Erfurt und Halle plädierten für eine Maschine mit 18 t Radsatzfahrmasse. Beide Direktionen hatten schwerste Güterzugleistungen zu erbringen, so daß ihre Forderung nach einer leistungsfähigeren

TECHNISCHE DATEN

Bezeichnung			50.40
	ab 1970		50.4
Indienststellung (1. Jahr)			1956
Hersteller			LKM Babelsberg
Bauart			1'E h2
Spurweite		mm	1435
Länge über Puffer			
mit Tender 2'2'T 28		mm	22600
Leermasse (ohne Tender)		t	77,1
Dienstmasse (ohne Tender)		t	85,9
Reibungsmasse		t	73,4
Verdampfungsheizfläche		m²	159,6
Strahlungsheizfläche		m²	17,9
Überhitzerheizfläche		m²	68,5
Betriebsstoffvorräte	Kohle	t	10
	Wasser	m³	28
indizierte Leistung		kWi	1294
Höchstgeschwindigkeit		km/h	80

Maschine mit höherer Reibungsmasse, als sie eine Neubau-50 bieten konnte, verständlich war. Dennoch setzten sich die Argumente der Verfechter einer weiterentwickelten BR 50 im Lokausschuß durch.

Konstruktion

Die neue Güterzuglok entstand auf den Reißbrettern des Instituts für Schienenfahrzeuge Berlin-Adlershof; gefertigt wurde sie vom VEB Lokomotivbau Babelsberg. Wie vorgesehen, handelte es sich dabei um eine Weiterentwicklung der Einheitslok BR 50. Lauf- und Triebwerk der Neubaulok entsprachen im wesentlichen der BR 50, doch wurde statt des Barrenrahmens ein geschweißter Blechrahmen verwendet. Der Neubaukessel war ebenfalls vollständig geschweißt. Seine Strahlungsheizfläche war dank der Verbrennungskammer größer als die des Einheitskessels, die Rohrlänge zwischen den Rohrwänden geringer. Die Lok erhielt eine Mischvorwärmeranlage mit Kolbenverbund-Mischpumpe; als zweite Speiseeinrichtung diente die übliche Dampfstrahlpumpe. Gleich der Luftpumpe hing auch die Speisewasserpumpe an einer Konsole unterhalb des Umlaufblechs vor dem Zylinder. Charakteristische Konstruktionsmerkmale waren weiterhin der neue Steuerbock mit Instrumentenpult, die verbesserte Saugzuganlage mit gegenüber der Einheitslok engerem Blasrohr und Schornstein sowie die neugestaltete Frontschürze mit fest eingebauten Signallaternen. Die Sandstreueinrichtung unterschied sich ebenfalls von der der alten BR 50 (Friedensausführung) - statt zweier Gußsandkästen wurde nur noch einer in geschweißter Ausführung vorgesehen. Um die Laufruhe der Lok zu verbessern, sah man für die Radreifen das Heumann-Lotter-Profil vor. Als Tender wurde der geschweißte Neubautender 2'2' T 28 verwendet, wie ihn auch die BR 23.10 erhielt. Die ersten beiden Maschinen der BR 50.40, im

Die 50 4001 unterschied sich auch in der Mischvorwärmeranlage von den späteren Serienloks

Jahre 1956 in Dienst gestellt, unterschieden sich im Lieferzustand in einigen Details von der späteren Serienausführung. So besaßen die Baumusterloks noch einen Speisedom, der Regler war ein Mehrfachventil-Heißdampfregler, und als Leerlaufeinrichtung dienten Druckausgleichkolbenschieber Bauart Müller.

Die beiden Vorauslokomotiven 50 4001 und 50 4002 hatten im Lieferzustand noch den Mischvorwärmer Bauart IfS/DR in der ursprünglichen Bauform mit dem charakteristischen eckigen Mischkasten. Ab Lok 50 4003 sind die Neubau-Maschinen mit der verbesserten Vorwärmeranlage der zweiten Bauform ausgerüstet worden. Bei den Serienlokomotiven verzichtete man auf den Speisedom; der Heißdampfregler, der sich nicht bewährt hatte, wich dem Naßdampfregler Bauart Schmidt & Wagner mit Seitenzugbetätigung, die Dampfpfeife war nicht mehr neben dem Dampfdom angeordnet, sondern saß rechts vorn auf dem Langkessel unmittelbar hinter der

Rauchkammer. Als Leerlaufeinrichtung dienten nunmehr Trofimoff-Schieber, die sich auch bei anderen Baureihen hervorragend bewährten. Die beiden Prototypen hat man später der Serienausführung angeglichen. Insgesamt sind 88 Loks der Baureihe 50.40 gebaut worden. Mit der am 28. Dezember 1960 ausgelieferten 50 4088 wurde das Dampflok-Neubauprogramm der DR abgeschlossen.

Betriebseinsatz

Die Loks der BR 50.40 kamen ausschließlich in den nördlichen Regionen der ehemaligen DDR zum Einsatz. Sie waren vorwiegend vor Güterzügen anzutreffen, beförderten aber auch Personenzüge. Insgesamt haben sich die Maschinen recht gut bewährt; ihr einziger Schwachpunkt war der Blechrahmen, der zu Anrissen und sogar Brüchen neigte. Viele 50.40 wurden deshalb zeitiger als vorgesehen ausgemustert. Rahmenschäden waren jedoch keine typische „Krankheit" von DR-Neubauloks. Auch die Deutsche Bundesbahn hat eine Anzahl ihrer Neubaulokomotiven wegen Rahmenschäden ausmustern müssen. 1981 waren alle Lokomotiven der BR 50.40 bereits aus dem Betriebsdienst ausgeschieden. Letzte einsatzfähige Maschinen waren die 50 4033 und 50 4077. Für den im gleichen Jahr gedrehten Dokumentarfilm „Traktion mit Tradition" versah man 50 4077 mit den Nummernschildern der ursprünglich einmal für museale Zwecke vorgesehenen 50 4088. Diese Maschine hatte aber im März 1980 einen schweren Unfall erlitten, war seitdem abgestellt und ist schließlich 1983 ausgemustert worden. Dennoch bleibt der Nachwelt auch ein Exemplar der Baureihe 50.40 erhalten. Das Bayerische Eisenbahnmuseum in Nördlingen erwarb die viele Jahre als Heizlok verwendete 50 4073 und läßt sie seit Sommer 1995 im Ausbesserungswerk Meiningen der DB AG wieder aufarbeiten.

Erst Anfang der achtziger Jahre schieden die letzten 50.40-Lokomotiven aus dem Betriebsdienst aus

REDAKTION: HANS WIEGARD; FOTOS: CARSTENS, SLG. REINSHAGEN, SLG. REIMER

Vor Sonderzügen kommen auch heute noch Maschinen der BR 52 zum Einsatz, wie beispielsweise die 52 7596 der Eisenbahnfreunde Zollernbahn

Baureihe 52 (DR 52.10-70/DB AG 052)

Nachdem der Lieferplan für die Gemeinschaft Großdeutscher Lokomotivfabriken (GGL) aus dem Jahr 1942 den Auslauf der BR 44 und 86 vorsah, sollten auch statt der vorgesehenen 65 Maschinen der BR 50 bereits 620 als vereinfachte Kriegsloks (BR 52) zwischen dem Januar 1942 und dem Juni 1943 gebaut werden. Schließlich bestellte die DR bei der GGL 15.000 Lokomotiven der vereinfachten Baureihe 52. Innerhalb von zwei Jahren sollten sie alle geliefert sein. Die Lieferfirmen der GGL erhielten dazu erstmals größere Mengen an Stahl. Er reichte für den Bau von 400 Lokomotiven im Monat aus. Doch ergaben sich beim Bau der Radsätze und der Barrenrahmen Engpässe. Der deshalb verwendete Blechrahmen fand zahlreiche Widersacher. Doch die ließen sich von der geplanten kurzen Lebensdauer der BR 52 überzeugen, die „nur" die Kriegszeit überdauern sollte.

Am 12. September 1942 rollte die 52 001 aus den Hallen der Firma Borsig vor die Presse, die anhand der 50 377 die deutlichen Einsparungen und Vereinfachungen feststellen konnte. Gegenüber dieser Baureihe wurden etwa 1.000 Teile eingespart, weitere 3.000 wurden durch konstruktive Änderungen wesentlich vereinfacht, im

damaligen Sprachgebrauch „entfeinert". Durch dieses Entfeinern wurden vor allem knapp gewordene Buntmetalle eingespart. Dadurch sparte man bei jeder Lok 26 t Material und 6.000 Arbeitsstunden. Noch im selben Monat übergab Henschel die 52 002. Sie und die bis zum Dezember 1942 gebauten 347 weiteren Maschinen der BR 52 waren einst als Baureihe 50 bestellt worden. Da an die Firmen die Baulose verteilt wurden, entsprach die numerische Reihenfolge keinesfalls der Lieferfolge.

Gebaut wurde die BR 52 während des Krieges durch die Firmen Borsig, DWM Posen, Esslingen, Grafenstaden, Henschel, Jung, MBA, Krenau, Schichau, Schwarzkopff, Skoda und Wiener Lokomotivfabrik Floridsdorf. Durch Luftangriffe im Jahre 1943 fielen die Fabriken von Borsig, Krupp und Krauss-Maffei aus, andere Firmen übernahmen deren Baulose. Auch die Warschauer Lokomotivfabrik AG konnte aufgrund der zurückkehrenden Front keine Maschinen mehr ausliefern. Vor allem Skoda und die Wiener sprangen ein. Einschließ-

lich der Nachbauten wurden insgesamt 6.719 Lokomotiven der Baureihe 52 gefertigt. In den Jahren 1943 und 1944, in denen jeweils 7.500 Stück der DR übergeben werden sollten, wurden tatsächlich nur 3.830 bzw. 2.154 ausgeliefert. Zahlreiche Einflüsse verhinderten höhere Stückzahlen.

TECHNISCHE DATEN

Baureihenbezeichnung		
bis 1967 bzw. 1970		52
ab 1970 (DR)		52
ab 1992 (DR/DB AG)		052
Bauart		1'E h2
Indienststellung (1. Jahr)		1942
Hersteller		versch.
Länge über Puffer	mm	22.975 / 23.055[1]
mit vierachs. Kondenstender	mm	26.205
mit fünfachs. Kondenstender	mm	27.535
Lokdienstmasse (Regelausführung)	t	75,9 / 76,5[1]
Reibungsmasse	t	75,7 / 75,5[1]
Leichtbau-Tender K 2'2'T 32:		
Wasservorrat	m³	32
Kohlenvorrat	t	10
Kondenstender 3'2'T 16 bzw. 2'2'T 13,5:		
Wasservorrat	m³	13,5[2] / 16,3[3]
Kohlenvorrat	t	9
Höchstgeschwindigkeit	km/h	80

[1] Ausführung mit Barrenrahmen; [2] 3'2'T 16; [3] 2'2'T 13,5

Aus Gründen des Frostschutzes wurden u.a. die Kesselspeiseleitungen verkleidet. Auch die Lichtmaschine wurde direkt vor dem Führerhaus montiert

Die polnischen Lokfabriken arbeiteten auch nach der Befreiung ihres Landes an der Baureihe 52 weiter. Die noch während bzw. unmittelbar nach dem Krieg gefertigten 81 Maschinen wurden nun der Staatsbahn PKP überstellt und erhielten die Bezeichnung Ty 42. Für sie hatten bereits deutsche Nummernpläne vorgelegen. Die Firma Henschel lieferte zwischen 1948 und 1951 weitere 40 Lokomotiven aus. Sie

wurden entsprechend in das Nummernschema eingeordnet. Die DB erprobte an diesen Maschinen verschiedene Arten von Mischvorwärmer-Bauarten. Ebenfalls unmittelbar nach dem Kriegsende baute man in der UdSSR diese Type nach. Die Stückzahlen blieben unbekannt.

Während der gesamten Produktionszeit versuchte die GGL immer wieder, dem Haupt-Ausschuß verschiedene Varianten

von Fertigungen vorzuschlagen. Dadurch sollten die Arbeitszeit und der Materialverbrauch weiter gesenkt werden. Aufgrund schlechter Erfahrungen mit einzelnen Baugruppen lehnte die DR wiederholt ab. Dennoch, auf eigene Verantwortung der Industrie, wurden einige Sonderbauarten der DR übergeben, die sich letztlich nicht bewährten. Eine Ausnahme bildeten die Kondenslokomotiven, die für die wasser-

Um in wasserarmen Gebieten größere Strecken durchfahren zu können, erhielten einige Maschinen einen Kondenstender zur Abdampfrückgewinnung

FOTOS: STUMPF, SLG. HÖRNEMANN, SLG. CLÖSSNER

armen Steppengebiete Südrußlands gedacht waren. Statt der 240 geplanten baute Henschel tatsächlich 178 Stück, einschließlich der Nachkriegslieferung. Diese Reihe bewährte sich gut. Um die Maschinen wieder auf 22-m-Drehscheiben wenden zu können, wurden ihr Wasservorrat verringert und nur noch vierachsige Tender verwendet. Mehrfach wurden auch Abdampfminderung, Panzerung, Frostschutz und Tarnfarben gefordert. Ersteres schied wegen des Aufwandes aus. Statt einer Panzerung wurden einige Metallplatten in das „Norweger-Führerhaus" eingebracht. Der Frostschutz hingegen war serienmäßig vorhanden; Tarnfarben, Verdunklungen mit bläulichem Licht der Frontscheinwerfer und weißen Pufferringen sowie einige feldgrau lackierte Maschinen brachten nur einen mäßigen Erfolg.

Nach dem Krieg konnten die Länder Westeuropas rasch auf die BR 52 verzichten. In Osteuropa entwickelte sie sich dagegen zur „Friedenslokomotive", die noch rund vier Jahrzehnte genutzt wurde. Die Deutsche Reichsbahn nahm wegen fehlender moderner Traktionsmittel an 200 Lokomotiven im Rahmen des Rekonstruktionsprogramms grundlegende Erneuerungen vor.

Konstruktion

Nachdem die für die BR 50 vorgesehenen Barrenrahmen aufgebraucht waren, baute die Industrie mit Blechrahmen weiter. Den Verzicht auf Achslager-Stellkeile bereute man sehr bald, die Lager nützten sich rasch ab. Die Treib- und Kuppelstangen wurden als Massenware vereinfacht gefertigt, die Stangenköpfe wurden an die unbearbeiteten I-Walzprofile angeschweißt. Der Kessel entsprach fast dem der BR 50; jedoch gab es nur einen großen Sandkasten und einen einteilig ausgeführten Überhitzer-Sammelkasten. Der Vorwärmer entfiel, dafür gab es zwei Strahlpumpen. Die Heizfläche mußte gegenüber der BR 50 nicht vergrößert werden, da die BR 52 mit einer Leistung von 1.195 kWi fast die gleichen Lasten (1.400 t mit 60 km/h) wie ihre Vorläuferin ziehen konnte. Ferner entfielen am Kessel die Windleitbleche. Das Führerhaus war rundum geschlossen ausgeführt und mit weiteren Teilen (Frostschutz) auf die Erfordernisse eines Osteinsatzes vorbereitet. Viele Kleinteile, wie Läutewerk oder zweiter sichtbarer Wasserstand entfielen. Statt letzterem gab es wieder Prüfhähne. Die losen Signallaternen wurden gegen fest angebaute getauscht.

Während des Krieges versuchte man sich bei der GGL mit dem Bau einiger Lokomotiven, die entweder eine gewölbte Feuerbüchsdecke (Henschel), einen geschweißten Blechrahmen (AEG), einen Wellrohrkessel der Bauart Krauss-Maffei, eine Lentz-Ventilsteuerung, einen geschweißten Langkessel (MBA) oder gewindelose, eingeschweißte Stehbolzen der Bauart

52 6431 mit einem Steifrahmentender der Wiener Lokomotivfabrik Floridsdorf 1975 in Dresden Mitte

Skoda erhielten. Bei den Nachbauten der DB versuchte man sich mit verschiedenen Oberflächen- bzw. Mischvorwärmern der Bauarten Knorr, Henschel, Heinl oder Franco-Crosti, einschließlich verschiedener Pumpen. Bei den Kondenslokomotiven strömte der Abdampf über einen Ölabscheider in den Kondenstender, wo ihn Axialventilatoren und die seitlichen Kühlerelemente wieder zu Wasser von 90° niederschlugen. Enthärtet wurde das Wasser dann dem Kessel wieder zugeführt. So ließen sich Entfernungen bis zu 1.200 km bewältigen.

Die DR ließ ab 1953 im Raw Stendal 25 Maschinen der BR 52 in zwei Serien auf Kohlenstaubfeuerung des Systems Wendler umbauen. Aufgrund der Wiederelektrifizierung einiger Strecken brach die DR jedoch das Kohlenstaubprogramm 1958

ab. Seit 1970 als BR 52.9 bezeichnet, standen die Loks bis 1979 dem Bw Senftenberg zur Verfügung. Parallel zum Reko-Programm nahm die DR zwischen 1959 und 1966 im Raw Stendal Generalreparaturen an 64 Lokomotiven der Reihe 52 vor. Diese erhielten Mischvorwärmer, Achslagerstellkeile und neue, geschweißte Stehkessel. Nachdem im gleichen Raw die Rekonstruktion der BR 50 beendet war, begann die der BR 52. Am 1. Oktober 1960 wurde als erste die 52 8001 dem Fahrbetrieb übergeben. Diese nun als BR 52.80 bezeichneten Maschinen hatten neue geschweißte Kessel mit Mischvorwärmer-Anlagen der DR-Bauart IfS sowie mit einem Dampfdom und zwei Sandkästen erhalten. Sie besaßen wieder sichtbare Wasserstände, Achslagerstellkeile, neue Radreifen und waren zum Teil auch mit

Steifrahmentender, Speichenvorlaufradsatz, Giesl-Ejektor und Läutewerk kennzeichneten die 52 356

neugebauten Wannentendern gekuppelt, die aus vorhandenen Teilen entstanden. Mit dem Ausscheiden der BR 50.0 erhielten einige 52.80 auch Trofimoff-Schieber, die deutliche bessere Leerlaufeigenschaften aufwiesen. Bis zum Dezember 1967 wurden insgesamt 200 Maschinen rekonstruiert. Danach wurde das Reko-Programm zugunsten der immer stärker in Erscheinung tretenden Dieseltraktion eingestellt.

Die Baureihe 52 war vorwiegend mit dem Leichtbau-Wannentender 2'2'T 32 bzw. 2'2'T 30 gekuppelt. Es liefen aber auch Tender der Bauart K 2'2'T 26 (Drehgestelleinheitstender - u.a. auch hinter BR 50) oder K 4T 30 (Steifrahmentender aus Wiener Produktion) hinter den 52ern. In wenigen Stückzahlen wurde auch ein Wannentender K 2'2'T 34 gebaut, der jedoch aufgrund seiner Länge von 8.950 mm – 400 mm länger als ein üblicher Wannentender – zusammen mit der Baureihe 52 für 20-m-Drehscheiben zu lang war. Der kürzere Steifrahmentender nahm aber auch zwei Tonnen weniger Kohlen auf. Ferner war er im Betrieb beim Personal unbeliebt, da die Kohlen schlecht nachrutschten bzw. die Bogenläufigkeit schlecht war. Die Kohlenstaubmaschinen erhielten Wannen- wie auch den Kastentender 2'2' T 31,5 mit ein oder drei Kammern. Die Österreichischen Bundesbahnen bauten später in einige Wannentender eine Kabine für das Zugpersonal ein.

Betriebseinsatz

Die ersten ausgelieferten Maschinen kamen sofort in die Ost-Direktionen der damaligen DR. Dazu zählten die RBD Osten, Posen, Königsberg, Oppeln oder zur Ostbahn. Dort war der Bedarf an Lokomotiven sehr hoch. Neben den Osteinsätzen wurde die BR 52 in allen wichtigen Bw der DR stationiert, um dem gesamten Güterverkehr für den Nachschub aufrecht zu erhalten. Vielerorts löste sie die BR 50 ab. Doch bald wechselten weitere in Richtung Ostfront. Die GGL lieferte aber auch direkt nach Bulgarien, Rumänien oder in die Türkei. So war die BR 52 innerhalb kürzester Zeit in ganz Europa zu Hause. Die Kondenslokomotiven bewährten sich in der Steppe Rußlands gut. Weitere, in Berlin-Schöneweide in Dienst gestellte Kondens-52er, kamen u.a. nach Belgien. Aufgrund ihrer konstruktiven Einfachheit genügte sie den Anforderungen im Kriege, konnte jedoch die kriegerischen Verluste Deutschlands nicht aufhalten.

Nach dem Kriegsende verblieben im Bereich der späteren DB 736 Lokomotiven der BR 52. Der größte Teil dieses Bestandes setzte sich jedoch aus den sogenannten Rückführlokomotiven aus den einst östlichen Direktionen sowie aus der UdSSR zusammen. Einige der Maschinen wurden jedoch sofort ausgemustert. Noch 1947/48 war die BR 52 über den gesamten Bereich der DRw verteilt. Aber in der Britischen/US-Zone zählten sie schon zur Reservegattung. Wegen zahlreicher Schäden ging der Gesamtbestand zum Jahresende 1949 von 814 (einschließlich 106 im Jahr 1946 nicht erfaßten Kondens-52ern) auf 154 Lokomotiven zurück. Durch die Neulieferungen glich sich der Bestand etwas aus. Neben der BD Hannover verfügten die in der französischen Zone befindlichen BD Karlsruhe, Mainz und Trier noch über diese Reihe. Die BR 52 sprang in Dienste der S 3/6 oder wurde mit „Allied Forces" beschriftet für die Besatzer genutzt. Inzwischen gab die DB 41 in Grafenstaden gebaute 52er an Frankreich ab und verkaufte 36 Maschinen nach Jugoslawien. Rasch verringerte

Die Schornsteinklappe sollte ein zu starkes Abkühlen des Kessels bei kurzen Abstellungen verhindern

Nach dem Krieg wurden viele Vereinfachungen an der Baureihe 52 wieder rückgängig gemacht. 52 4806 und 52 5423 etwa um 1950

FOTOS: BÄZOLD, SEITZ, MOHR, SLG. HÖRNEMANN

sich der Park: 1952 waren es noch 63 normale und 15 Kondens-52er. Zum Stichtag 18. Oktober 1954 wurden viele Lokomotiven ausgemustert. Übrig blieben nur einige Nachbauten in den Bw Wedau, Löhne und Bingerbrück. Bis 1961 waren sie alle abgestellt und als letzte musterte die DB die 52 138 (1962) und 52 887 (1963) aus. Von den 110 in den Westzonen verbliebenen Kondensationslokomotiven (nur noch vier betriebsfähige waren in der Zählung von 1946 enthalten!) wurden 60 auf die Normalausführung zurückgebaut. Sie wurden in Mainz, Minden, Kirchweyhe und Wedau stationiert. Bis 1954 waren sie alle ausgemustert; einige dienten als Heizkessel weiter. Die Eisenbahn des Saarlandes verfügte 1947 nur über 14 Exemplare der BR 52, davon elf Nachbauten. Noch zwölf Maschinen, alle vom BW Homburg, übernahm 1957 die DB, musterte sie aber alle rasch aus. Die letzten waren hier die 52 3329 (1962) und die zur Heizlok umgebaute 52 2587.

Die DR im Osten Deutschlands zählte 1945 knapp 1.500 Lokomotiven. Auch hier standen etliche Rückführ- und Schadlokomotiven. Doch die DR konnte den Park nur bedingt nutzen. Etwa die Hälfte aller 52er Maschinen kam im von der Sowjetischen Militär Administration (SMA) eingerichteten Kolonnenzugverkehr zum Einsatz. Ausschließlich die besten Lokomotiven wurden dazu ausgewählt. Weitere 150 Maschinen wurden sofort für die dringenden Transportdienste nach Polen überstellt. Aus den 30 Lokkolonnen wurden bis 1947 wiederholt 52er ausgesondert und als Reparationsleistung in die UdSSR übergeführt. Das waren 645 Lokomotiven. Hinzu kamen weitere Abgaben an die Tschechoslowakische Staatsbahn CSD.

Die DR mußte aber aufgrund der verhältnismäßig geringen Anzahl anderer Güter-

52 1331 hatte nach dem Krieg einen Speichenlaufradsatz bekommen (Bw Angermünde im Juli 1982)

zuglokomotiven vermehrt auf die BR 52 zurückgreifen. Durch einen größeren Tausch mit der späteren DB kamen auch fünf weitere 52er zur DR in die Sowjetische Zone. Mit der Auflösung der Kolonnen im Jahre 1954 und der Rückführung der verbliebenen 353 Lokomotiven, davon 267 der BR 52, kamen sie vermehrt zum Einsatz. Jedoch mußte die DR für über ein Jahr noch einmal 72 Exemplare an die polnische PKP abstellen. In den Jahren 1956 und 1961 verkaufte sie 20 bzw. 10 Lokomotiven der BR 52 als "Wirtschaftshilfe" nach Bulgarien.

Die DR konnte auch weiterhin nicht auf diese Baureihe verzichten. Jedoch wiesen viele Maschinen einen verschlissenen Eindruck auf: Die BR 52 mußte generalüberholt oder gar rekonstruiert werden. In dieses Reko-Programm kam auch ein Teil der in den Jahren 1962/1963 von der UdSSR übernommenen 61 Lokomotiven

ein. Das waren teilweise jene Maschinen, die 1947 als "Beute" mitgenommen worden waren. Lediglich die spätere 52 7794 ist eine Ausnahme. Hinter ihr verbirgt sich die ehemalige russische TE-8013. Die entstand aber erst nach dem Kriege in der UdSSR.

Bis Ende der 70er Jahre trug die Baureihe 52 in vielen Bw der Deutschen Reichsbahn die Hauptlast des Güterzugverkehrs. Dazu kamen auch vereinzelte Reisezugeinsätze. Hochburgen waren die Bw Bautzen, Zittau, Görlitz, Kamenz, Cottbus, Frankfurt (Oder), Berlin-Schöneweide, Falkenberg (Elster), Brandenburg und Elsterwerda. Jedoch standen fast nur noch Reko-52er im Einsatz. Die Altbau-52er waren in den vergangenen Jahren rasch auf das Abstellgleis geschoben oder oft noch zum Heizen verwendet worden. Hatte die DR noch 1971 einen Bestand von 492 Alt- und 199 Reko-52ern sowie 25 Kohlenstaublokomotiven der BR 52.90, so sanken diese Zahlen ein Jahrzehnt später auf 33 Altbau- und 196 Rekomaschinen. Bedingt durch die Ölkrise Anfang der 80er Jahre griff die DR vermehrt auf die BR 52 zurück. So kamen sie auch in den Bw Angermünde, Eberswalde, Sangerhausen oder Nordhausen zu Einsatzehren; 52 8022 des Bw Saalfeld durfte hingegen nicht fahren.

Die Baureihe 52 war einst außer in Meiningen in allen Bw der DR stationiert. Aufgrund der fortschreitenden Elektrifizierung im Netz der DR wurden vermehrt Diesellokomotiven frei. Diese übernahmen schließlich die letzten 52-Einsätze. Es waren Nahgüterzüge zwischen Frankfurt (Oder) und Cottbus oder Sonderdienste von den Bw Brandenburg sowie Wustermark aus. Die Renaissance kam 1990: einige Reko 52er erhielten eine Hauptuntersuchung im Raw Meiningen. Statt zu Heizen, wurden Dampflok-Seminare für Eisenbahnfreunde und Museumsbahner durchgeführt oder Saisonzüge nach Lübbenau (Spreewald) oder Rheinsberg

Die Baureihe 52 war bei der DR lange Zeit eine wichtige Stütze im Güterverkehr (Magdeburg Hbf)

Zwar sparte man durch zahlreiche „Entfeinerungen" viel Material und Zeit, doch mußten auch Sondereinrichtungen (Frostschutz) angebracht werden

(Mark) bespannt. Letzte Heimstätten waren die Bw Berlin-Schöneweide und Wustermark. Im Umzeichnungsplan der DR/DB AG von 1992 waren noch drei Altbau- und 133 Reko-52er enthalten. Der größte Teil war jedoch schon z-gestellt, zum Verkauf vorgesehen oder verdiente sich sein Gnadenbrot als Dampfspender. Als letzte Staatsbahn-Dampflok schied die Berliner 52 8134 (052 134) im November 1994 aus. Die DB AG hält die 52 6666 des Bh Berlin-Pankow als Museumslokomotive vor. Sie wurde 1990 im Raw Meiningen auf Wunsch des damaligen Pflegekollektives weitgehend an den Auslieferungszustand angepaßt und erhielt 1991 zusätz-

lich noch den letzten im deutschsprachigen Raum vorhandenen Steifrahmentender. Die Kesselfrist lief allerdings am 30. Juni 1994 ab; eine betriebsfähige Aufarbeitung ist derzeit nicht vorgesehen. 1989 ließ die DR im Bw Halberstadt die 52 9900 (4900) äußerlich aufarbeiten. Ferner sind mehrere 52er in der Original- oder Rekoversion im Besitz zahlreicher Eisenbahnvereine oder Museumsbahnen in der BRD, Schweiz, Österreich, Norwegen oder in den Niederlanden.
Die Baureihe 52 wurde außer in Deutschland auch in vielen anderen Ländern eingesetzt. Während des Krieges wurden u.a. 53 Maschinen in die Türkei verkauft,

weitere gingen nach Norwegen, Griechenland oder Jugoslawien (Kroatien). 100 in Rumänien eingesetzte 52er konnten aus dem eingeschlossenen Land nicht mehr geholt werden und wurden als Wert veräußert. Zahlreiche Maschinen verblieben nach dem Kriegsende in den befreiten Ländern. Man fand sie außer in Polen, der UdSSR, der Tschechoslowakei, Österreich, Frankreich, Luxemburg und Bulgarien auch in Italien, Ungarn und Belgien. Viele wurden sehr bald abgestellt. Die Österreichische Bundesbahn verkaufte die 52 2436 nach Japan; Vietnam übernahm Mitte der 80er Jahre einige Ty 2 aus Polen bzw. russische TE. Da sie zu schwer waren, kamen sie dort aber nicht zum Einsatz. Die als Beute in die USA gebrachten 52 2006 und 52 3674 wurden 1952 zerlegt.
Lediglich in Polen, in Bulgarien, in der Türkei und in der UdSSR waren noch 1990 einige Exemplare vorhanden, doch das Feuer in ihnen war erloschen. Große Bestände fanden sich lediglich in Polen mit etwa 1.400 Maschinen (Reihe Ty 2) und in der UdSSR (Reihe TE bzw. neu: 1042, Schätzung: 2.000 Loks). Zwischen 1962 und 1966 verkaufte die sowjetische SZD rund 700 Maschinen an die DR, PKP, BDZ, JZ, CSD, MAV (die Staatsbahnen in der DDR, Polen, Bulgarien, Jugoslawien, der Tschechoslowakei und Ungarn). Die sowjetische SZD und die CSD besaßen breit- und regelspurige, kohlen- und ölgefeuerte 52er. Im heutigen Rußland sowie in den baltischen Ländern werden die strategischen Reserven, unter ihnen viele TE bzw. 1042, jetzt aufgelöst.

Im Deutschen Dampflokmuseum (DDM) in Neuenmarkt-Wirsberg steht heute die 52 5804

REDAKTION: MICHAEL REIMER; FOTOS: TRUNK, REIMER (2), SLG. REINSHAGEN

Aus den eigentlich nur für eine kurze Nutzungszeit konstruierten Loks der BR 52 entstanden bei der DR die Reko-52.80, deren letzte erst 1994 ausschied

Baureihe 52.80 (DR 52.8)

Von den ehemaligen Kriegslokomotiven der BR 52, die im Zeitraum von 1942 bis 1945 in 6151 Exemplaren an die DRG geliefert worden waren, hatte die DR nach Kriegsende etwa 1500 Maschinen übernommen. Das war mehr als die vierfache Anzahl der auf DDR-Gebiet verbliebenen Einheitslokomotiven der BR 50. Einige wenige Exemplare aus DB-Beständen gelangten bis 1952 ebenfalls in den Besitz der Deutschen Reichsbahn, und schließlich wurde der Bestand im Jahre 1962 noch einmal aufgefüllt, denn damals kaufte die DR 61 Loks von den Sowjetischen Staatsbahnen (SZD) an. Bis auf eine Maschine, die der nach 1945 in der UdSSR gefertigten Nachbauserie TE 8001 – 8036 entstammte und, bei den SZD als TE 8013 registriert, bei der DR die Betriebsnummer 52 7794 erhielt, handelte es sich dabei um ehemalige DRG-Loks, die bei Kriegsende in der UdSSR verblieben oder von der Besatzungsmacht aus der sowjetischen Zone Deutschlands nach Osten verbracht worden waren. Die genaue Stückzahl an DR-52ern anzugeben ist so gut wie unmöglich, weil einerseits außer den erwähnten Zugängen auch zahlreiche Abgänge zu verzeichnen waren – teilweise durch Verkäufe ins Ausland, zum anderen

auch durch Ausmusterung, in einigen Fällen auch durch irreguläre Verschrottung (nämlich dann, wenn weder ein Ausmusterungsbescheid ergangen noch ein Zerlegungsvermerk erfolgt war). Dennoch kann davon ausgegangen werden, daß Anfang der 60er Jahre noch etwa 1200 Exemplare der BR 52 bei der DR vorhanden waren. Die Lokomotiven, ursprünglich nur für eine Lebensdauer von etwa fünf Jahren konzipiert, mußten den Hauptanteil der Zugförderungsleistungen im Güterzugdienst erbringen, weil der DR zu wenig Exemplare der Baureihen 44 und 50 zur Verfügung standen. An eine frühzeitige Ausmusterung wie bei der DB war also nicht zu denken. Vielmehr mußte die DR geeignete Vorkehrungen treffen, um einen Betriebseinsatz auf längere Sicht zu gewährleisten.

Konstruktion

Neben der umfassenden Erneuerung von Großteilen gehörte dazu die Beseitigung kriegsbedingter Vereinfachungen. Die 52er, gleichgültig ob mit Barren- oder Blechrahmen, waren mit stellkeillosen Achslagerführungen, in der Dicke gegenüber der Normalausführung verminderten Radreifen, ohne Vorwärmer und zum größ-

ten Teil ohne Windleitbleche geliefert worden. Auch die Kesselausrüstung wies starke Vereinfachungen auf. So war z.B. nur ein sichtbarer Wasserstand vorhanden; an die Stelle des zweiten waren einfache Probierhähne getreten. Viele 52er erhielten daher im Rahmen planmäßiger Schadgruppen neue Radreifen, neue Achslagerführungen mit Stellkeilen, einen zweiten Wasserstand und, soweit nicht bereits vor-

TECHNISCHE DATEN

Bezeichnung			52.80
	ab 1970		52.8
Rekonstruktion (1. Jahr)			1960
Umbaustätte			Raw Stendal
Bauart			1'E h2
Spurweite		mm	1435
Länge über Puffer			
mit Tender 2'2'T 30		mm	22975
Leermasse (ohne Tender)		t	80,0
Dienstmasse (ohne Tender)		t	89,7
Reibungsmasse		t	79,6
Verdampfungsheizfläche		m²	172,3
Strahlungsheizfläche		m²	17,9
Überhitzerheizfläche		m²	65,4
Betriebsvorräte	Kohle	t	10
	Wasser	m³	30
indizierte Leistung		kWi	1176
Höchstgeschwindigkeit		km/h	80

Nach ihrer Rekonstruktion waren die Loks der BR 52.80 durchaus mit den Reko-50ern vergleichbar

handen, Windleitbleche. Ehemalige Kondenslokomotiven baute man in die Normalausführung um und versah sie mit Oberflächenvorwärmern Bauart Knorr. Bei einer Anzahl von Maschinen wurden umfangreiche Kesselarbeiten erforderlich. 64 Loks erforderten Instandsetzungsarbeiten, die den üblichen Rahmen einer Hauptuntersuchung überschritten. Sie wurden einer Generalreparatur unterzogen und mit Mischvorwärmeranlagen versehen. Von den generalreparierten Maschinen erhielten 34 neue Stehkessel in geschweißter Ausführung. Zahlreiche 52er wiesen erhebliche Schäden am Langkessel auf. Für sie kam nur die Neubekesselung in Frage. Die DR prüfte daher, ob als Ersatzkessel der Rekokessel der BR 50.35 verwendet werden könnte. Es erwies sich, daß der Neubaukessel prinzipiell geeignet war und sein Einbau nur geringe Anpassungsarbeiten erforderte. Daraufhin wurde die BR 52 in das Rekonstruktionsprogramm aufgenommen. Als Baumuster diente die 52 671, die im Sommer 1960 mit neuem Kessel das Raw verließ und am 1. Oktober des gleichen Jahres abgenommen wurde. Nach der Rekonstruktion erhielt sie die neue Betriebsnummer 52 8001, und so entstand die neue Unterbaureihe 52.80. Die Rekonstruktion der BR 52 wurde im Jahre 1967 abgeschlossen. Insgesamt erhielten 200 Maschinen den Neubau-Ersatzkessel und wurden in 52 8001 – 8200 umgezeichnet. Für die Rekonstruktion sah man nur Blechrahmen-52er vor. Der ursprüngliche Stehkesselträger wurde durch eine Neukonstruktion ersetzt, die Pendelblechhalter mußten versetzt werden. Der neue, am Rahmen befestigte Aschkasten Bauart Stühren bedingte das Versetzen einer Rahmenquerverbindung nach vorn. Selbstverständlich ersetzte man bei dieser Gelegenheit die stellkeillosen, mit Paßschrauben am Rahmen befestigten Achslagerführungen durch eine Ausführung mit Stellkeilen. Zusätzlich zu den Arbeiten am Rahmen

wurden weitere umfangreiche Änderungen erforderlich. Wegen des breiteren Hinterkessels mußte man die Führerhausvorderwand erneuern, die mit ovalen Frontfenstern und neuen Sonnenblenden versehen wurde. Der alte Dachlüfter wurde abgebaut und statt dessen ein aufschiebbares Oberlichtfenster vorgesehen. Die Reko-52er erhielten einen neuen, am Rahmen befestigten Steuerbock. Wie alle rekonstruierten Lokomotiven erhielten auch die neubekesselten 52er einen Naßdampfregler mit Seitenzugbetätigung. Die Lokomotiven 52 8186 – 8200 erhielten statt der Regelsaugzuganlage einen Giesl-Flachejektor; bei einigen weiteren Maschinen wurde der Flachschornstein nachträglich eingebaut. Nach einigen Jahren mußten jedoch die Flachejektoren wegen Verschleißerscheinungen wieder entfernt werden. Die Bremseinrichtung blieb bei den rekonstruierten Maschinen gegenüber der Ursprungsausführung gleich; doch mußte wegen des Platzbedarfs des Überlauf-Mischbehälters

der Vorwärmeranlage einer der zwei Hauptluftbehälter auf den Umlauf verlegt werden. Zu erwähnen ist noch, daß 100 Loks neue Krauss-Helmholtz-Gestelle mit Speichenradsätzen erhielten. Im Gegensatz zu den 52ern der Ursprungsausführung, die mit drei verschiedenen Tenderbauarten gekuppelt waren, wurden den rekonstruierten Maschinen nur rollengelagerte Wannentender beigestellt.

Betriebseinsatz

Mit der rekonstruierten 52er war eine Güterzuglok entstanden, die der BR 50.35 an Leistung ebenbürtig war. Lokomotiven der BR 52.80 waren in vielen Bahnbetriebswerken der DR beheimatet, und sie waren auf Strecken der Lausitz ebenso zu Hause wie in der Altmark, in der Mark Brandenburg ebenso wie im Anhaltinischen. Zwar wurden im Laufe der Zeit die Zugförderungsleistungen der Reko-52 mehr und mehr eingeschränkt, und Ende der 70er Jahre waren viele Maschinen bereits abgestellt, doch die restriktive Energiepolitik der DDR-Staatsführung bewirkte Ende 1981 eine Renaissance für die BR 52.80. Als Ersatz für ölgefeuerte Dampflokomotiven, ja sogar als Ersatz für Dieselloks nahm man eine Anzahl von Reko-52ern wieder in Betrieb. Selbst z-gestellte, zum Teil schon ausgeschlachtete Maschinen wurden damals dem Raw Meiningen zugeführt und wieder betriebsfähig hergerichtet. Die Instandsetzung dieser Loks wurde aber teilweise recht notdürftig durchgeführt.
Bis Ende der 80er Jahre war die BR 52.80 im Betriebsdienst der DR eingesetzt. Sogar der 1992 in Kraft getretene gemeinsame Umzeichnungsplan DR/DB führte noch einige Maschinen auf. Als letzte Reko-52 wurde 52 8134 im November 1994 ausgemustert. Einige Maschinen sind – teilweise auch betriebsfähig – erhalten und befinden sich im Besitz privater Eigentümer und Interessengemeinschaften.

Einige 52.80 wurden nach der Ölkrise Anfang der achtziger Jahre im Raw Meiningen reaktiviert

REDAKTION: HANS WIEGARD; FOTOS: DOSTAL, STEINWASSER, GUSSMANN

Für den schweren Dienst auf Hauptbahnen vorgesehen, bewährten sich die G 3-Lokomotiven recht gut, wurden aber bis 1929 von DRG ausgemustert

Baureihe 53⁷⁰⁻⁷¹ (pr G 3)

Bereits vor der zwischen 1877 und 1883 vollzogenen Verstaatlichung der großen Privateisenbahn-Gesellschaften in Preußen wurde am 15. März 1875 ein Ministerialerlaß wirksam, der den Lokomotivbau nach einheitlichen Grundsätzen vorsah, da man sich in absehbarer Zeit mit einer Typenvielfalt von Lokomotivbauarten konfrontiert sah, die in einem organisierten Staatsbahnsystem auf Dauer keinen wirtschaftlichen Betrieb zuließ.

Schon 1876 lagen erste Entwurfszeichnungen für eine 1B-Personenzug- und eine dreifach gekuppelte Güterzuglok vor. Letzterer Konstruktionsvorschlag wurde für die bereits vom Staat erbaute und betriebene Berlin-Wetzlarer Eisenbahn in die Praxis umgesetzt.

Die Auslieferung der ersten Dreikuppler begann im September 1877. Für den Güterzugdienst schienen die Maschinen geeignet; der tiefliegende Kessel, der kurze Radstand und die vorn und hinten überragenden Massen waren charakteristisch für Lokomotiven jener Zeit. Die als preußische G 3 der Normalbauart bezeichneten Maschinen bewährten sich. Immer wieder wurden sie technisch verbessert und ständig in größeren Stückzahlen von der KPEV in Dienst gestellt. Immerhin wurden bis 1897 insgesamt 2 233 G 3-Lokomotiven gebaut. Zu Beginn des 20. Jahrhunderts konnte die G 3 schrittweise im schweren Güterzugdienst auf den Hauptstrecken durch leistungsfähigere Maschinen ersetzt werden. Die G 3 nutzte man fortan im leichten Güterzugdienst, auf einigen Nebenbahnen, im Rangier- und Anschlußbahn-

dienst, aber auch vor Arbeitszügen. Um die zum Betriebspark gehörenden zahlreichen und teilweise noch jungen G 3-Lokomotiven künftig sinnvoller zu nutzen, schlug der preußische Lokomotivausschuß im Jahre 1911 vor, die Maschinen zu Vierkupplern umzubauen.

Das Ministerium der öffentlichen Arbeiten in Berlin lehnte diesen Vorschlag jedoch aus Kostengründen zugunsten zeitgemäßer Heißdampfmaschinen ab. Nachdem 1903 die ersten G 3-Maschinen abgestellt worden waren, folgten 1910 und 1912 die ersten größeren Ausmusterungsaktionen.

Konstruktion

Der Langkessel bestand aus drei sich überlappenden Schüssen. Die kupfernen Feuerbüchswände waren vorne und hinten senkrecht ausgeführt. Das Speisewasser gelangte durch ein Rohr zum vorderen Teil des Langkessels. Anfänglich befand sich der Dampfdom auf dem ersten, später auf dem dritten Kesselschuß. Die G 3 verfügte über Ramsbottom-Sicherheitsventile und zwei Dampfstrahlpumpen.

Die Radsterne der unsymmetrisch angeordneten Kuppelachsen waren anfangs aus Schmiedeeisen, ab 1895 aus Stahlguß gefertigt worden.

Das Laufwerk verfügte über eine Dreipunktabstützung. Vorhanden war ein Zweizylinder-Naßdampftriebwerk. Angetrieben wurde die zweite Kuppelachse. Zudem zählten die innenliegende Allan-Steuerung und gußeiserne Flachschieber zur Standardausrüstung der G 3.

Betriebseinsatz

Im Ersten Weltkrieg wurden zahlreiche Maschinen von der Militäreisenbahn genutzt. 1917 waren noch 279 G 3-Lokomotiven vorhanden. Ein Teil dieser Maschinen verblieb nach Kriegsende im Ausland.

Ausmusterungswellen in den Jahren 1918, 1919 sowie zwischen 1922 und 1925 sorgten für eine weitere Dezimierung des G 3-Lokbestands. Im endgültigen DRG-Umzeichnungsplan von 1925 waren noch 153 Maschinen der Gattung G 3 erfaßt worden, die die Betriebsnummern 53 7001 – 53 7153 erhielten. Zu diesem Zeitpunkt war bereits eine baldige Ausmusterung der G 3-Lokomotiven aufgrund ihres überwiegend fortgeschrittenen Alters vorgesehen.

Schon im Verlaufe des Jahres 1929 gelangten die letzten Maschinen der Baureihe 53⁷⁰⁻⁷¹ auf das Abstellgleis

TECHNISCHE DATEN

DRG-Bezeichnung		53 7001 – 53 7153
frühere Bezeichnung		pr G 3
Beschaffungszeitraum		1877 – 1897
Bauart		Cn2
Spurweite	mm	1435
Länge über Puffer mit Tender	mm	15 375
Tenderbauart		pr 3 T 10,5
Leermasse (ohne Tender)	t	34,7
Dienstmasse (ohne Tender)	t	40,1
Reibungsmasse	t	40,1
Verdampfungsheizfläche	m²	116,0
Strahlungsheizfläche	m²	7,79
Kohlevorrat	t	4,0
Wasservorrat	m³	10,5
Höchstgeschwindigkeit	km/h	45

Den Maschinen der bayerischen Gattung C IV war bei der DRG keine lange Einsatzzeit mehr beschieden. 1932 wurden die letzten Loks ausgemustert

Baureihe 53⁸⁰ (bay C IV)

Die für den Güterzugdienst konzipierten Cn2-Lokomotiven der Gattungen C I und C II wurden ab 1847 und 1857 in Dienst gestellt, bewährten sich auf Grund ihrer soliden Konstruktion gut, galten aber in den achtziger Jahren des 19. Jahrhunderts als verschlissen, zumal die Leistungsanforderungen beträchtlich gewachsen waren.

Daraufhin wurde ein neuer Dreikuppler entwickelt, der ab 1884 zur Verfügung stand. Mit den wesentlich größeren Triebwerksabmessungen war er deutlich verstärkt worden. Die bei den Vorgängerbauarten von außen aufgesteckten Hallschen Kurbeln entfielen.

Die ersten Maschinen lieferte Maffei, aber 1889 kamen Serien von Krauss hinzu. Hier gelangte die Verbundwirkung zur Anwendung.

Die beiden Probemaschinen bewährten sich so gut, daß man ab 1892 nur noch solche Lokomotiven in Auftrag gab, die zusätzlich technisch verbessert werden konnten. Dazu gehörten vergrößerte Zylinderdurchmesser, ein Lindnerscher Anfahrhahn und ein Unterbrecherschieber der Bauart Helmholtz. Überdies wurde der Kessel im Interesse einer günstigeren Masseverteilung um 200 mm nach hinten verschoben.

Der damit veränderte Überhang ergab eine Länge über Puffer von 15 040 mm. Sie betrug bei der Zwillingsversion lediglich 14 630 mm. Die Verbundlokomotiven bewegten eine Zugmasse von 750 t mit 50 km/h in der Ebene. Noch 220 t schwere Züge schleppten sie mit 20 km/h über eine 20-Promille-Steigung.

Von der Zwillingsausführung nahmen die Königlich Bayerischen Staatseisenbahnen bis 1893 insgesamt 87 Maschinen in Betrieb. Hinzu kamen bis 1897 weitere 100 Lokomotiven mit Verbundwirkung.

Konstruktion

Vorhanden war ein genieteter Langkessel, auf dem Dampfdom und Sandkasten untergebracht waren.

Zum Einbau gelangte ein aus drei Platten bestehender Blechinnenrahmen. Blattfedern existierten oberhalb der ersten und zweiten gekuppelten Achse und unterhalb der dritten Kuppelachse. Die Federn der zweiten und dritten Achse waren durch Ausgleichhebel miteinander verbunden.

Die Zylinder des Naßdampf-Zwillingstriebwerks und des Naßdampfverbund-Triebwerks waren leicht geneigt angeordnet. Der Zylinderdurchmesser von 486/705 mm bei den Probelokomotiven wurde im Rahmen der Serienfertigung auf 500/705 mm vergrößert, um dadurch die Leistungsfähigkeit zu erhöhen. Die mittlere Achse diente als Treibachse. Die Kreuzkopfführung bestand aus zwei Gleitbahnen. Sämtliche Dreikuppler verfügten über eine innenliegende Allan-Steuerung. Mit Handbremse und Westinghouse-Schnellbremse statteten die Hersteller alle Lokomotiven aus. Während die Treibachsen nur einseitig gebremst wurden, waren die Tenderräder beidseitig mit Bremsbacken ausgestattet

Betriebseinsatz

Im Rahmen der Reparationsleistungen nach dem Ersten Weltkrieg mußten die Staatseisenbahnen Bayerns 1918 insgesamt 16 Zwillings- und sieben Verbundlokomotiven nach Belgien abgeben. Als im Krieg verschollen gelten eine Zwillingslokomotive und drei Verbundmaschinen.

Im endgültigen Umzeichnungsplan der Deutschen Reichsbahn-Gesellschaft von 1925 wurden noch 187 Maschinen beider Bauarten mit den Betriebsnummern 53 8011 – 53 8068 (Zwillingsausführung) und 53 8085 – 53 8168 (Verbundausführung) übernommen.

Allerdings war der bayerischen C IV keine allzu lange Einsatzzeit mehr beschieden. Noch 1925 begann die konzentrierte Ausmusterung, die 1932 endgültig abgeschlossen werden konnte.

TECHNISCHE DATEN			
DRG-Bezeichnung		53 8011 – 53 8068	53 8085 – 53 8168
frühere Bezeichnung		bay. C IV (Zwilling)	bay C IV (Verbund)
Beschaffungszeitraum		1884 – 1892	1892 – 1897
Bauart		Cn2	Cn2v
Spurweite	mm	1435	1435
Länge über Puffer mit Tender	mm	14 630	15 040
Tenderbauart		bay 3 T 10,5	bay 3 T 10,5
Leermasse (ohne Tender)	t	36,3	36,9
Dienstmasse (ohne Tender)	t	40,6	41,3
Reibungsmasse	t	40,6	41,3
Verdampfungsheizfläche	m²	111,8	111,8
Strahlungsheizfläche	m²	7,2	7,2
Kohlevorrat	t	5,0	5,0
Wasservorrat	m³	10,5	10,5
Höchstgeschwindigkeit	km/h	50	50

AUTOR: W. - D. MACHEL, AUFNAHMEN: SLG KNIPPING

Mit der Betriebsnummer 7183 wurde diese G 3/4 H-Maschine 1921 in Dienst gestellt. Ausgemustert wurde der Dreikuppler im Juni 1953 von der DB

Baureihe 54[13, 14, 15-17] (bay C VI, G 3/4 N / H)

Am Ende des 19. Jahrhunderts bestand bei den Königlich Bayerischen Staatseisenbahnen Bedarf für eine dreifach gekuppelte Güterzug-Schlepptenderlokomotive, die besonders auf Flachlandstrecken fehlte. Hier erachtete man Maschinen mit einer geringeren Zugkraft, aber einer höheren Geschwindigkeit für ideal, zumal seit 1892 planmäßig beschleunigte Güterzüge zu befördern waren. Zudem sollte die neue Lokomotive bei Spitzenleistungen im Personenverkehr, beispielsweise vor Verstärkungszügen im Sonn- und Feiertagsverkehr aushelfen.

Den Auftrag für die Erarbeitung entsprechender Entwürfe und die Herstellung derartiger Maschinen erhielt die Firma Krauss in München. Da ein voranlaufendes Krauss-Helmholtz-Gestell als günstig angesehen wurde, berücksichtigte man es. Den Kesseldruck legten die Konstrukteure auf 13 bar fest. Um eine möglichst gleiche Verteilung der Masse auf die gekuppelten Achsen zu erreichen, entstanden recht eigentümliche Laufwerkabmessungen. Betrug der Achsstand des Krauss-Helmholtz-Gestells 3 500 mm, war der feste Achsstand auf nur 1 580 mm festgelegt worden. Damit konnte jedoch ein verschleißarmer Betrieb auf krümmungsreichen Nebenstrecken gewährleistet wer-

den. Von 1899 bis 1905 beschafften die Königlich Bayerischen Staatseisenbahn von Krauss und Maffei insgesamt 83 dieser 1'Cn2v-Maschinen, die der Gattung bay. C VI zugeordnet wurden. Krauss fertigte in den Jahren 1899, 1902, 1904 und 1905 insgesamt 51 Lokomotiven, die restlichen stellte Maffei in den Jahren 1900 und 1902 her.

Da sich diese Dreikuppler auf Anhieb bewährten und weiterer Bedarf an derartigen Lokomotiven bestand, gaben die Staatseisenbahnen 27 zusätzliche Ma-

schinen in Auftrag, die in den Jahren 1907, 1908 und 1909 ausschließlich bei Krauss gefertigt wurden und Gattungsbezeichnung bay. G 3/4 N erhielten. Sie ähnelten sehr den bay. C VI-Lokomotiven, hatten aber einen um 20 mm längeren Überhang sowie eine etwas höhere Dienstmasse.

In der Ebene konnten diese Dreikuppler einen 590 t schweren Zug mit 60 km/h und auf einer 20-Promille-Steigung mit 25 km/h befördern. Besonders gut bewährten sich G 3/4 N-Lokomotiven auf

TECHNISCHE DATEN

DRG-Bezeichnung		54 1301 – 54 1384	54 1401 – 54 1427	54 1501 – 54 1725
frühere Bezeichnung		bay C VI	bay G 3/4 N	bay G 3/4 H
Beschaffungszeitraum		1899 – 1905	1907 – 1909	1919 – 1923
Bauart		1'Cn2v	1'Cn2v	1'Ch2
Spurweite	mm	1435	1435	1435
Länge über Puffer mit Tender	mm	14 570	14 572	14 050
Tenderbauart		bay 2'2' T 18	bay 2'2' T 18	bay 3' T 18
Leermasse (ohne Tender)	t	49,2	49,8	55,4 u. 56,2*
Dienstmasse (ohne Tender)	t	55,2	55,8	61,4 u. 62,2*
Reibungsmasse	t	42,6	43,2	49,0 u. 49,8*
Verdampfungsheizfläche	m²	133,2	133,2	128,6
Strahlungsheizfläche	m²	10,6	10,6	10,1
Kohlevorrat	t	6,5	6,5	6,0
Wasservorrat	m³	18	18	18,2
Höchstgeschwindigkeit	km/h	60	60	65

* ab 54 1666 (Baujahr 1922)

Schon zu Reichsbahnzeiten, und zwar 1921, wurde diese Heißdampfmaschine in Dienst gestellt. Da der Umzeichnungsplan noch in Arbeit war, blieb die typisch bayerische Beschriftung und Beschilderung bis 1925 verbindlich. Zunächst als G 3/4 1920 bezeichnet, wurde die Lokomotive von der Deutschen Reichsbahn-Gesellschaft in 54 1640 umgezeichnet. Im März 1954 musterte die Deutsche Bundesbahn die Lokomotive aus

den Nebenbahnstrecken. Im endgültigen Umzeichnungsplan der Deutschen Reichsbahn-Gesellschaft von 1925 waren noch 64 Lokomotiven beider Gattungen enthalten, die mit den Betriebsnummern 54 1301 – 54 1359 (G VI) und 54 1401 – 54 1427 (G 3/4 N) gekennzeichnet wurden. Von letzteren waren übrigens versehentlich die 54 1403, 54 1407, 54 1421, 54 1422 und 54 1431 nicht im vorläufigen Umzeichnungsplan erfaßt worden und tauchten daher erst wieder 1925 mit ihren endgültigen Bezeichnungen auf.

Nur langsam ließen sich die Maschineningenieure der Königlich Bayerischen Staatseisenbahnen von den Vorteilen der Heißdampftechnik überzeugen. Vielmehr vertrat man immer wieder die Auffassung, daß zwei- und vierzylindrige Naßdampf-Verbundlokomotiven am wirtschaftlichsten arbeiten würden.

Doch allmählich fruchtete die Erkenntnis, daß Heißdampflokomotiven leistungsfähiger sind. Die ersten zarten Versuche in der Praxis spiegelten sich in äußerst knapp bemessenen Überhitzerheizflächen wider, die keine nennenswerten Einsparungen zur Folge hatten, so daß weiterhin die Verbundwirkung berücksichtigt werden mußte. Erst die in der norddeutschen Lokomotivindustrie erzielten hohen Dampftemparaturen bei einstufiger Dampfdehnung überzeugten die Bayern

endgültig von den Vorteilen der Heißdampftechnik. So verließ man nach dem Ende des Ersten Weltkriegs auch bei den Güterzugdampflokomotiven das Naßdampfzeitalter und gab 1919 eine 1'Ch2-Lokomotive mit Heißdampfzwillingstriebwerk in Auftrag, wenngleich Krauss bereits 1906 Tenderlokomotiven mit dieser Technik an die Königlich Bayerischen Staatseisenbahnen ausgeliefert hatte. Noch im gleichen Jahr lieferte Maffei gemäß den Forderungen der bayerischen Verkehrsverwaltung die ersten Maschinen aus. Dabei handelte es sich aber lediglich um die Weiterentwicklung der bewährten C VI/G 3/4N-Maschinen aus den Jahren 1899 und 1907.

Immerhin wurden von 1919 bis 1923 insgesamt 225 Maschinen der als Gattung bay. G 3/4 H bezeichneten 1'Ch2-Lokomotiven in Dienst gestellt. Noch 1919 hatte Maffei 40 Lokomotiven fertiggestellt. Ein Jahr später lieferten Maffei 60 und Krauss 44 Lokomotiven. Schon im Auftrage der Reichsbahn folgten 1921 nochmals 15 Loks von Krauss. Im Jahre 1922 baute Maffei eine Großserie von 46 Exemplaren, die vor allem den Lokmangel infolge der Reparationslieferungen mildern sollten. Erst 1923 verließen die letzten 15 Maschinen die Werkhallen der Firma Maffei.

Baulich unterschieden sich die bei Maffei und Krauss gebauten Dreikuppler lediglich durch die rechteckige Haube, unter der sich Dom und Sandkasten befanden (Krauss) und die getrennt ausgeführte Variante (Maffei). Die G 3/4 H-Lokomotive war in der Lage, in der Ebene einen 1 000 t schweren Zug mit 60 km/h und einen 265-t-Zug auf 20-Promille-Steigungen noch mit 15 km/h zu befördern.

Technisch waren diese Lokomotiven stark weiter entwickelt worden. Aufgrund des um 20 Prozent vergrößerten Kessels und der höheren Reibungsmasse wurde eine spürbare Leistungssteigerung erreicht. Der feste Achsstand betrug 4 000 mm. Anstelle des Krauss-Helmholtz-Gestells gelangte eine Adamsachse zum Einbau. Die zulässige Maximalgeschwindigkeit erhöhte sich gegenüber den Vorgängerinnen von 60 auf 65 km/h. Dazu trug auch der um 10 mm vergrößerte Treibraddurchmesser bei. Trotz eines größeren Gesamtachsstandes vergrößerte sich die Länge über Puffer um lediglich knapp einen halben Meter.

Alle 225 von der Gattung G 3/4 H jemals gebauten Lokomotiven wurden im endgültigen Umzeichnungsplan der Deutschen Reichsbahn-Gesellschaft von 1925 aufgenommen. Erfaßt wurden sie mit den Betriebsnummern 54 1501 – 54 1725.

AUFNAHMEN: SLG. KNIPPING

Als Naßdampfverbundvariante wurden die Maschinen der Gattung C VI konzipiert. Dem bei den Königlich Bayerischen Staatseisenbahnen mit der Nummer 600 gekennzeichneten Dreikuppler ordnete die DRG die Betriebsnummer 54 1339 zu. Die 1902 gebaute Lok wurde um 1930 ausgemustert

Konstruktion

Die C VI- und G 3/4 H-Lokomotiven erhielten einen Crampton-Kessel mit einem großen Dampfdom hinter dem Schornstein. Der eingezogene Stehkessel war durchhängend ausgeführt worden. Auf seinem Scheitel existierte ein besonderer Trägerflansch für die Kesselsicherheitsventile. Der Kesselüberdruck durfte wie auch bei den Nachfolgebauarten 13 bar betragen.

Das Laufwerk der C VI bestand aus einem vorderen Krauss-Helmholtz-Gestell mit einem Achsstand von 3 500 mm, während der feste Achsstand nur 1 580 mm maß. Die Lauf- und erste Kuppelachse waren

über Winkelhebel, die zweite und dritte Kuppelachse über Ausgleichshebel miteinander verbunden.

Zwei nichtsaugende Dampfstrahlpumpen speisten den Kessel über seitlich am Stehkessel angebrachte Speiseventile. Die beiden Zylinder des Naßdampf-Verbundtriebwerks waren leicht geneigt. Die Zylinderdurchmesser betrugen 500 bzw. 740 mm. Der Kolbenhub war auf 630 mm festgelegt worden.

Als Treibachse mit einem Durchmesser von 1 340 mm diente ausschließlich die mittlere Achse. Zur Kreuzkopfführung gehörten zwei Bahnen. Zur außenliegenden Heusinger-Steuerung zählte eine gerade angeordnete Schwinge.

Die Westinghouse-Schnellbremse wirkte auf die zweite und dritte Kuppelachse sowie auf die Tenderachsen. Sämtliche Achsen wurden einseitig gebremst.

Der auf dem Langkessel befindliche Sandkasten sandete nur die Räder der Treibachse einseitig.

Da die Maschinen gelegentlich im Reisezugverkehr eingesetzt wurden, hatten sie eine Dampfheizleitung erhalten.

Grundlegend anders ausgeführt hatte man die Lokomotiven der Gattung G 3/4 H. Sie erhielten zwar ebenfalls einen Crampton-Stehkessel mit zwei zylindrischen Kesselschüssen, aber die Feuerbüchse ragte durch ihre größere Breite über den Rahmen hinaus. Kriegsbedingt

Ebenfalls zur Deutschen Reichsbahn-Gesellschaft gelangte die 1902 bei Krauss gebaute C VI-Lok 1602. 1925 erhielt sie die Betriebsnummer 54 1340

Noch vom Werkfotografen der Firma Maffei wurde die C VI 1606 aufgenommen. Die 1902 gebaute Lokomotive kennzeichnete die DRG als 54 1343

kamen anfänglich flußeiserne Feuerbüchsen zum Einbau, die später durch solche aus Kupfer ersetzt worden sind bzw. gleich ab Herstellerwerk zum Einbau gelangten.

Ein wichtiges Element der Heißdampftechnik war der Rauchrohrüberhitzer der Bauart Schmidt. Durch den Überhitzerrohrdurchmesser von 36 x 3,45 mm war eine hohe Leistungsfähigkeit garantiert. Der ansonsten 30 mm starke und genietete Blechrahmen hatte vorne eine Stärke von 25 mm und war um 55 mm eingezogen und im Zylinderbereich durch ein schmiedeeisernes Bauteil verstärkt worden. Bei der vorderen Laufachse handelte es sich bei diesen Maschinen um eine Adamsachse.

Obenliegende Blattfedern existierten für die Lauf- und erste Kuppelachse. Die Federn für die zweite und dritte Kuppelachse lagen unterhalb der Achslager. Während die Lauf- und erste Kuppelachse mit Hilfe von Winkelhebeln verbunden waren, befanden sich zwischen der zweiten und dritten Kuppelachse Ausgleichhebel.

Die beiden waagerecht angeordneten Zylinder des Heißdampftriebwerks hatten einen Durchmesser von 520 mm und wurden damit im Vergleich zu den Naßdampfmaschinen etwas vergrößert. Der Kolbenhub betrug 630 mm und entsprach damit dem der Vorgängerbauart. Der Kreuzkopf wurde auf einer Gleitbahn geführt.

Angetrieben wurde die mittlere Achse. Zur außenliegenden Heusinger-Steuerung gehörten Hängeeisen. Der Kolbenschieber wurde über eine innere Einströmung betrieben.

Die selbsttätige Westinghouse-Bremse, eingeschlossen eine Zusatzbremse, wirkte auf die Kuppelachsen einseitig, auf den Tender allerdings zweiseitig. Die Laufachse wurde nicht gebremst. Vorhanden waren ferner zwei Friedmann-Schmierpumpen, ein Geschwindigkeitsanzeiger der Bauart Haußhälter, ein Temperaturanzeiger für Vorwärmer und Überhitzer sowie der manuell zu bedienende Sandstreuer. Schließlich war sogar an einen Service für das Lokpersonal gedacht worden: Es gab ein Wärmefach für Speisen! Gekuppelt waren die G 3/4 H-Lokomotiven mit einem Tender der Bauart bay. 3 T 18,2, der maximal sechs Tonnen Kohle fassen konnte.

Betriebeinsatz

Den Lokomotiven der Gattung bay. C VI, ab 1925 als Baureihe 54[13] bezeichnet, war keine lange Einsatzzeit mehr beschieden. Ende der zwanziger Jahre begann die konzentrierte Ausmusterung, die 1935 ihren Abschluß fand. Ein Gnadenbrot erhielt die 54 1314; sie wurde als Dampfspender an ein Pumpenwerk in Hof verkauft. Wie lange die Lokomotive dort noch genutzt wurde, ist nicht bekannt. Wahrscheinlich länger im Einsatz blieben die nach dem Ersten Weltkrieg im Rahmen von Reparationsleistungen nach Polen und Belgien abgegebenen Lokomotiven. Die Polnischen Staatsbahnen ordneten acht Maschinen in ihr Baureihensystem mit dem Stammgättungszeichen Ti ein. Bei den CFB in Belgien handelte sich gar um elf Maschinen beider Ursprungsgattungen.

Offiziell ausgemustert hatte die DRG die Lokomotiven der Baureihe 54[14] bereits 1934. Offensichtlich befanden sich die Kessel dieser Maschinen noch in einem guten Zustand, denn verschiedene Lokomotiven, unter anderem die 54 1415, erfüllten ab Oktober 1933 noch wichtige Aufgaben als stationäre Dampfspender. Nur wenige dieser Maschinen verließen Deutschland nach dem Ersten Weltkrieg; je zwei gelangten nach Polen und Belgien. Dagegen durfte der Bestand an Heißdampflokomotiven vollständig in Deutschland verbleiben und war bis auf wenige Ausnahmen weiterhin auf dem bayerischen Schienennetz anzutreffen.

Nach dem Zweiten Weltkrieg befanden sich die 54 1534, 54 1548, 54 1559, 54 1589 und 54 1663 in Österreich, verblieben dort und wurden von den dortigen Bundesbahnen ab 1953 in das eigene Nummernsystem eingeordnet. Sie erhielten Betriebsnummern in der Reihe 654.1534 bis 654.1663.

Dagegen verblieben die 54 1507 und 54 1554 in der sowjetisch besetzten Zone Deutschlands und zählten fortan zum Lokomotivbestand der Deutschen Reichsbahn. Beheimatet waren beide Lokomotiven beim Bahnbetriebswerk Halle G. Doch im Gesamtbestand der Deutschen Reichsbahn galten die Maschinen als Einzelgänger und brachten dadurch überdurchschnittliche Aufwendungen bei der laufenden Instandhaltung mit sich.

1957 konnte man auf den Einsatz dieser Lokomotiven, nicht zuletzt durch Umstellung einiger Strecken auf elektrischen Betrieb, verzichten. Noch im Dezember gleichen Jahres verkaufte die Deutsche Reichsbahn die noch gut gut erhaltenen Maschinen an das Chemiewerk Weißandt-Gölzau, wo die beiden Dreikuppler auf den dortigen Anschlußbahnen als WL 5 und WL 6 noch einige Zeit zuverlässig rangierten. Wann sie dort entbehrlich wurden, ist nicht überliefert.

Die Deutsche Bundesbahn begann 1953 mit der Verschrottung der ersten Lokomotiven im Zuge der allgemeinen Traktionsumstellung. Die letzte nur noch für den Rangierdienst genutzte Maschine der Baureihe 54[15-17] verschwand erst im Jahre 1966 von den Bundesbahngleisen.

AAUTOR: W.- D. MACHEL, AUFNAHMEN: SLG. KNIPPING

Die Lokomotive FRANKFURT 1047 gehörte zur Gattung G 5², wurde im Jahre 1905 von Hohenzollern gebaut und nicht mehr von der DRG übenommen

Baureihe 54⁶, ⁸, ¹⁰, ¹² (pr G 5³⁻⁵, meck G 5⁵)

Für den Güterzugdienst auf den Hauptstrecken Preußens waren überwiegend die dreifach gekuppelten Lokomotiven der Gattungen G 3, G 4¹ und G4³ im Einsatz. Ihre geringen Geschwindigkeiten führten auf stark belasteten Abschnitten zu Einschränkungen in der Durchlaßfähigkeit. Abhilfe schafften die ab 1892 bzw. 1895 gebauten 1'Cn2-Lokomotiven der Gattungen G 5¹ und G 5². Doch ihre Bogenläufigkeit ließ zu wünschen übrig, weil die drei Kuppelachsen fest im Rahmen gelagert waren. Chancen, dieses Übel zu beseitigen, bot das inzwischen entwickelte Krauss-Lenkgestell.

Die KPEV beauftragte daraufhin die BMAG, eine 1'C-Güterzuglokomotive mit dieser Technik zu entwickeln. Der Bau dieser als G 5³ bezeichneten Lokomotive begann 1903 und endete 1906.

Insgesamt wurden von der BMAG, Hanomag, Borsig, Humboldt und Hohenzollern 206 Lokomotiven gefertigt, die sich aufgrund verkürzter Kuppelradstände auch gut für den Einsatz auf Nebenbahnen und zur Bedienung von Anschlußgleisen eigneten.

Allerdings zeigte sich im Lauf der Jahre, daß das Krauss-Lenkgestell neben einem starken Spurkranzverschleiß gerade in Gleisbögen einen unruhigen Lauf verursachte. Dagegen bewährten sich die von 1901 bis 1910 beschafften 750 Maschinen der Gattung G 5⁴ in Verbundausführung auf längeren Strecken ohne Halt wesentlich besser. Möglich wurde die Leistungssteigerung durch einen größeren Zylinderdurchmesser, der jedoch im Gegensatz zu den Vorgängerbauarten einen größeren Wasser- und Kohleverbrauch verursachte. Dennoch bewährten sich diese 1'Cn2v-

Maschinen, beförderten sie doch in der Ebene 590 t schwere Züge mit einer Geschwindigkeit von 40 km/h. Drei bauartgleiche Lokomotiven kaufte übrigens außerdem die Großherzogliche Mecklenburgische Friedrich-Franz-Eisenbahn, die sie als meck. G5⁴ kennzeichnete. Noch 1920 rüstete die Reichsbahn einige dieser Maschinen mit Rauchrohr-Überhitzer der Bauart Schmidt aus.

Abermals versuchte die KPEV im Jahre 1909 anstelle des Krauss-Lenkgestells bessere Laufeigenschaften mit Adamsachsen zu erreichen. Der Grund für diese Entscheidung ist heute nicht mehr eindeutig zu klären, denn das Krauss-Lenkgestell war ständig verbessert worden.

Es ist anzunehmen, daß die Adamsachse ebenfalls weiter entwickelt wurde, und man nun einen erneuten Versuch wagte. Ansonsten unterschieden sich diese Lokomotiven nicht von der G5⁴. In den Jahren 1909 und 1910 stellten die Königlich

Preußischen Staatseisenbahnen noch 30 Maschinen der als G 5⁵ bezeichneten Dreikuppler in Dienst.

Konstruktion

Der bei allen drei Gattungen verwendete Langkessel bestand aus drei überlascht genieteten Schüssen. Dampfdom und Flachschieberregler wurden auf dem mittleren Kesselschuß und der Sandkasten auf dem hinteren Schuß plaziert. Die kupferne Feuerbüchse erhielt einen aus Schamottsteinen bestehenden Feuerschirm. Das Ramsbottom-Sicherheitsventil wurde vor der Führerhausvorderwand angeordnet. Hinzu kamen zwei Dampfstrahlpumpen der Bauart Strube. Die Hauptrahmenplatten des Blechrahmens waren kurz vor der Treibachse auf beiden Seiten eingezogen, um das Ausschlagen des Krauss-Helmholtz-Lenkgestells zu gewährleisten. Das Laufwerk

TECHNISCHE DATEN

DRG-Bezeichnung		54 601 ... 54 1070..	54 801 ... 54 985	54 1067... 54 1083
frühere Bezeichnung		pr G 5³	pr G 5⁴	pr/meck G5⁵
Beschaffungszeitraum		1903 – 1906	1901 – 1910	1909 u. 1910
Bauart		1'Cn2	1'Cn2v (h2v)	1'Cn2v
Spurweite	mm	1435	1435	1435
Länge über Puffer mit Tender	mm	16 168	16 168	16 168
Tenderbauart		pr 3 T 12	pr 3 T 12	pr 3 T 12
Leermasse (ohne Tender)	t	49,4	48,8	49,7
Dienstmasse (ohne Tender)	t	54,1	55,1	54,4
Reibungsmasse	t	42,4	44,9	42,2
Verdampfungsheizfläche	m²	126,2	126,2	139,9
Strahlungsheizfläche	m²	10,8	10,8	10,8
Kohlevorrat	t	5,0	5,50	,50
Wasservorrat	m³	12,0	12,0	12,0
Höchstgeschwindigkeit	km/h	65	65	65

Diese G 5[4] wurde offensichtlich während des Ersten Weltkriegs von der Militär-Eisenbahn genutzt und absolviert hier gerade eine Belastungsprobe

besaß eine Vierpunktabstützung. Die Räder der ersten zum Krauss-Helmholtz-Gestell gehörenden Treibachse hatten geschwächte Spurkränze erhalten und waren beidseitig seitenverschiebbar. Bestandteil des Zwei-Zylinder-Naßdampf-triebwerks waren die außenliegenden und 1:20 geneigten Zylinder. Angetrieben wurde bei allen G 5-Lokomotiven die zweite Kuppelachse. Sämtliche Maschinen waren mit außenliegender Heusinger-Steuerung sowie Rotguß-Flachschiebern mit Trick-Kanal ausgestattet worden. Vorhanden waren Druckluftbremsen der

Bauarten Westinghouse bzw. Knorr. Der Preßluftsandstreuer wirkte auf die Räder der Treibachse. Da die Maschinen auch auf Nebenstrecken zum Einsatz gelangten, haben sie in der Mehrzahl Dampf-läutewerke erhalten.

Betriebseinsatz

Von den Lokomotiven der Gattung G5[3] waren im endgültigen Umzeichnungsplan noch 71 Maschinen enthalten, die mit den Betriebsnummern 54 601 – 54 671 gekennzeichnet wurden. Die letzten dieser

Dreikuppler wurden von der DRG 1930 ausgemustert.

Wesentlich mehr Maschinen übernahm die Deutsche Reichsbahn-Gesellschaft von der Gattung G 5[4]. Im Umzeichnungsplan waren noch 274 Lokomotiven berücksichtigt worden, die mit den Betriebsnummern 54 801 – 54 982, 54 985 – 54 1066 und 54 1070 – 54 1079 erfaßt wurden. Die rund 20 auf Heißdampf-Betrieb umgebauten Maschinen blieben zusammen mit zahlreichen Naßdampfloks besonders in Ostpreußen weiterhin im Einsatz.

Zudem verblieben einige Maschinen in Polen. Auch die Deutsche Reichsbahn verfügte nach dem Zweiten Weltkrieg noch über einige G 5[4]-Maschinen, die 1950, 1955 und 1956 an die Polnischen Staatsbahnen abgegeben wurden. Im Austausch gelangten dafür unter anderem die Lokomotiven der Baureihe 39 (ex P 10) in die DDR.

Die wenigen danach noch bei der Deutschen Reichsbahn im Rangierdienst genutzten Maschinen der Baureihe 54[8-10] wurden – da inzwischen völlig verschlissen und als Splitterbaureihe kaum zu erhalten – bis 1960 ausgemustert.

Für die Maschinen der Gattung G 5[5], von denen durch die Deutsche Reichsbahn-Gesellschaft ab 1925 noch 13 Maschinen in 54 1067 – 54 1069, 54 1083 – 54 1092 umgezeichnet wurden, trifft der für die G5[4] beschriebene Werdegang zu.

Die 1907 gebaute G 5[4] ALTONA 4196 vor dem Ersten Weltkrieg, ab 1925 trug sie die Nummer 54 967

AUTOR: W. – D. MACHEL, AUFNAHMEN: SLG. KNIPPING

Nur geringe Bauunterschiede wiesen die Loks der Gattungen G 7^1 und G7^2 auf. Wenige Maschinen waren noch bis Mitte der sechziger Jahre im Einsatz

Baureihe 55$^{0-6, 7-13,57}$ (pr G 7^{1,2}, meck G 7^2)

Zu Beginn der neunziger Jahre des 19. Jahrhunderts stellte die KPEV mehr und mehr Güterwagen mit einer Tragfähigkeit von 15 t in ihren Fahrzeugpark ein. Den dadurch stark ansteigenden Zugmassen waren die G 5-Maschinen zumindest auf Hügelland- und Gebirgsstrecken nicht mehr gewachsen. Um aufwendige Vorspanndienste auf Dauer ausschließen zu können, waren nunmehr Maschinen mit einer höheren Zugkraft gefragt. Untersuchungen hatten ergeben, daß ein Vierkuppler mit einem großen Zylinderdurchmesser und einem Kuppelraddurchmesser von 1250 mm diesen Anforderungen gerecht werden kann. Zunächst wurden zu Vergleichszwecken drei unterschiedliche Lokomotivtypen entwickelt, eine davon war die Dn2-Lok der Gattung G 7^1. Die Konstruktionsunterlagen für diese Maschine wurden in der Stettiner Schiffs- und Maschinenbau-AG Vulcan erarbeitet. Die ersten vier Vierkuppler dieser Bauart entstanden 1893, 18 weitere folgten 1894. Ausgiebige Testfahrten fanden im rheinisch-westfälischen Kohlerevier, auf der Moselbahn und auf der Strecke Erfurt – Grimmenthal statt. Von Anfang an zeichnete sich diese Lokomotive durch eine hohe Zugkraft aus. Hinzu kamen niedrige Beschaffungs- und

Unterhaltungskosten. Immerhin beschaffte die KPEV bis 1910 insgesamt 1 001 G 7^1-Lokomotiven, die anfänglich ausschließlich auf Steigungsstrecken, infolge steigender Zugmassen dann aber auch zunehmend auf Flachlandstrecken anzutreffen waren. Gefertigt wurden die Maschinen von Vulcan, Hanomag, der BMAG, Schichau, Linke, Henschel, Borsig und Orenstein & Koppel. Mit den G 5- und G 7^2-Lokomotiven bildete die G 7^1 bis zum Ersten Weltkrieg das Rückgrat im Güterzugdienst der KPEV. Diese bewährten Vierkuppler konnten einen 1 615 t schweren Wagenzug in der Ebene mit 40 km/h befördern, eine Leistung, die erst durch die legendären G 8 und G8^1 überboten werden konnte. Während des Ersten Weltkriegs spielten G 7^1-Maschinen bei der Feldeisenbahn eine wichtige Rolle. Am 31. Dezember 1917 leisteten 1 576 dieser Maschinen Kriegsdienst. Weitere 200 G7^1 wurden von 1916 bis 1918

gebaut, waren jedoch direkt dem Heer zur Verfügung gestellt worden. Zahlreiche Maschinen verblieben nach dem Ersten Weltkrieg im Ausland oder mußten als Reparationsgut abgegeben werden. Im endgültigen Umzeichnungsplan von 1925 waren noch 680 Maschinen damit den Betriebsnummern 55 001 – 55 680 berücksichtigt worden.

Nachdem das Ministerium der öffentlichen Arbeiten 1895 in einem Erlaß den Weiterbau von Verbundlokomotiven verfügt hatte, beschaffte die KPEV ab 1895 auch

TECHNISCHE DATEN

DRG-Bezeichnung		55 001 – 55 680	55 702 – 55 1392, 55 5701 – 55 5705
frühere Bezeichnung		pr G 7^1	pr G 7^2, meck G 7^2
Beschaffungszeitraum		1893 – 1910	1895 – 1911
Bauart		Dn2	Dn2v
Spurweite	mm	1435	1435
Länge über Puffer mit Tender	mm	16 613	16 620
Tenderbauart		pr 3 T 12	pr 3 T 12
Leermasse (ohne Tender)	t	47,7	48,5
Dienstmasse (ohne Tender)	t	52,6	54,4
Reibungsmasse	t	52,6	54,4
Verdampfungsheizfläche	m^2	149,4	136,6
Strahlungsheizfläche	m^2	10,8	10,3
Kohlevorrat	t	5,5	5,0
Wasservorrat	m^3	12	12
Höchstgeschwindigkeit	km/h	50	45

Auch die 55 669 konnte vor dem Schneidbrenner gerettet werden und blieb als nicht betriebsfähige Museumslok erhalten

die G 7 in dieser Ausführung und reihte sie in ihrem Gattungssystem als G 7[2] ein. Bis 1911 fertigten die bereits mit dem Bau der G 7[1] vertrauten Hersteller insgesamt 1 642 G 7[2]-Maschinen. Konstruktiv entsprachen sie bis auf die Verbundwirkung den Lokomotiven der Gattung G 7[1] und waren bis auf Berlin allen Direktionsbezirken zugeteilt worden. Die G 7[2] bewährte sich im Gegensatz zur G 7[1] nicht sonderlich im Rangierdienst und bei Rückwärtsfahrten. Sie konnten in der Ebene 1 715 t schwere Züge mit einer Geschwindigkeit von 40 km/h befördern, war damit also etwas leistungsfähiger als die G 7[1]. Insgesamt 691 Maschinen dieser Gattung wurden im endgültigen Umzeichnungsplan der DR von 1925 mit den Betriebsnummern 55 702 – 55 1392 berücksichtigt. Von den elf an die Großherzogliche Mecklenburgische Friedrich-Franz-Eisenbahn gelieferten G7[2] übernahm die DRG noch fünf Exemplare und bezeichnete sie als 55 5701 – 55 5705. Bereits 1922 waren die späteren 55 1291 und 55 1293 auf Heißdampftechnik umgebaut worden.

Konstruktion

Der Langkessel bestand aus drei überlascht genieteten Schüssen. Auf dem ersten Kesselschuß befand sich der Sandkasten, auf dem zweiten der Dampfdom. Das Ramsbottom-Sicherheitsventil war vor der Führerhausvorderwand angeordnet. Hinzu kamen je zwei Dampfstrahlpumpen der Bauart Strube.
Der Blechrahmen wurde sowohl genietet als auch verschraubt, das Laufwerk in Vierpunktabstützung ausgeführt. Zum Zweizylinder-Naßdampftriebwerk gehörten zwei außenliegende, leicht geneigt angeordnete Zylinder. Bei den Verbundmaschinen waren zusätzlich rechts ein Hochdruck- und links ein Niederdruckzylinder sowie als Anfahrvorrichtung das Wechselventil v. Borries oder Dultz vorhanden. Einheitlich ausgeführt wurden die einschienige Kreuzkopfführung und der Antrieb der dritten Kuppelachse.
Sämtliche G 7-Maschinen verfügten über eine Allan-Steuerung. Gleiches traf für die auf den zweiten und vierten Kuppelradsatz wirkende Dampfbremse zu. Der mecha-

nisch arbeitende Sandstreuer wirkte auf die zweite Kuppelachse einseitig vorn. Die Maschinen waren mit Tendern der Bauart pr 3 T 12 gekuppelt, die maximal fünf oder sieben Tonnen Kohle fassen konnten.

Betriebseinsatz

Einige G 7[1] überstanden in Deutschland sogar den Zweiten Weltkrieg. Teilweise handelte es sich um Maschinen, die 1919 nach Polen, Litauen und nach Elsaß-Lothringen abgegeben worden waren.
Während die in den westlichen Besatzungszonen verbliebenen Einzelstücke von der DB bis 1957 verschrottet wurden, übergab die Reichsbahn einen Teil ihrer rund 50 G 7[1]-Maschinen an die Polnischen Staatsbahnen im Austausch für andere Lokomotiven. Derartige Aktionen fanden 1947, 1950, 1955 und 1956 statt.
Andere Maschinen wurden an die Werkbahnen in Böhlen und Unterwellenborn verkauft. 1966 konnten die letzten G 7[1]-Maschinen 55 193 und 55 669 abgestellt werden. Sie verkehrten auf der ehemaligen Kleinbahnstrecke Erfurt – Nottleben. Die 55 669 blieb für die Nachwelt erhalten und gehört heute zu den Exponaten des Verkehrsmuseums Dresden.
Die wenigen nach 1945 bei beiden Bahnverwaltungen verbliebenen Verbundlokomotiven der Gattung G7[2] wurden bereits früher ausgemustert. Bei der Deutschen Bundesbahn hielten sie sich noch bis Anfang der fünfziger Jahre und konnten anschließend zum Teil an Privatbahnen verkauft werden. Die Deutsche Reichsbahn musterte ihre letzten Exemplare 1961 aus. Einige Lokomotiven wurden für Heizzwecke als stationäre Dampfspender an Industriebetriebe verkauft.

Druckluftbehälter und Dampfläutewerk waren wie bei der 55 566 typisch für G 7-Lokomotiven

AUTOR: W.-D. MACHEL; AUFNAHMEN: SLG. SCHWARZ, VÖLK, KNIPPING

Die preußische G 8 galt als unverwüstliche und leistungsstarke Güterzuglokomotive. Sie brachte es in einigen Fällen auf rund 70 Dienstjahre

Baureihe 55 16-22, 25-56, 58 (pr G 8, G 8¹)

Als sich zu Beginn des 20. Jahrhunderts im Dampflokbau zunehmend die leistungsfähige Heißdampftechnik durchsetzte, entwickelte auch die KPEV ein entsprechendes Typenprogramm. Darin enthalten war eine Dh2-Lokomotive, die von der Stettiner Maschinen- und Schiffsbau AG Vulcan unter Federführung von Robert Garbe bis ins Detail konstruiert wurde.

Zwischen 1902 und 1904 konnten die ersten 41 Maschinen gefertigt und in den Direktionsbezirken Frankfurt (Main), Kassel, Münster und Saarbrücken zum Einsatz gebracht werden. Diese Lokomotiven wurden sofort im schweren Güterzugdienst unter anderem auf den Strecken Koblenz – Trier, Köln – Euskirchen – Trier und auf den beiden Rheinlinien in den Plänen der G 7 genutzt. Damit sollte die höhere Leistungsfähigkeit der Heißdampfmaschinen gegenüber den „Naßdampfern" nachgewiesen werden. Die Überlegenheit der G 8 zeigte sich bereits während der ersten Betriebstage, so daß die daraufhin in Auftrag gegebenen Serienlieferungen vorzugsweise jenen Maschinenstationen zugewiesen wurden, die besonders hohe Leistungen zu erbringen hatten.

Bis 1913 beschaffte die KPEV 1 058 Maschinen der Gattung G 8, die nun außerdem im Nahgüterzug- und Rangierdienst verwendet wurden. An der Herstellung waren Hanomag, Vulcan, Schichau, Orenstein & Koppel, Graffenstaden und Henschel beteiligt.

Der gegenüber der G 7 größere Langkessel wurde höher gelegt, dafür konnte der Hinterkessel niedriger plaziert werden. Der Kuppelraddurchmesser betrug nunmehr 1 350 mm und war damit im Vergleich zur G 7 etwas erhöht worden. Da als größte zulässige Achsfahrmasse im Interesse eines freizügigen Einsatzes im Militärverkehr lediglich 14 Tonnen festgelegt worden war, mußten zwangsläufig viele Teile relativ schwach ausfallen. Im harten Alltagsbetrieb blieben deswegen Schäden nicht aus. Vielfach traten Rahmenrisse auf. Im Laufe der Jahre wurde die Technik der G 8 schrittweise verbessert. So gelangten ab 1906 innerhalb der Serienfertigung dreireihige Rauchrohr-Überhitzer, ab 1908/09 anstelle der Flachschieber Ventilregler und ab 1913 Speisewasser-Vorwärmanlagen zum Einbau. Die G 8 erreichte in der Ebene mit einem 1 140 t schweren Güterzug eine Dauergeschwindigkeit von 60 km/h. Während des Ersten Weltkriegs wurden nur wenige Maschinen von den Militär-Eisenbahn-Direktionen abgefordert. Im Rahmen der Reparationsleistungen mußten ab 1919 insgesamt 336 G 8-Lokomotiven den ausländische Bahnverwaltungen und 18 den Saarbahnen zur Verfügung gestellt werden. Im endgültigen Umzeichnungsplan von 1925 waren noch 656 Maschinen mit den Betriebsnummern 55 1601 – 55 2256 eingeordnet worden.

Wie bereits angedeutet, traten bei der G 8 häufig Rahmenrisse auf. Zudem mußte

TECHNISCHE DATEN

DRG-Bezeichnung		55 1601 – 55 2256	55 2501 – 55 2857 55 2861 – 55 5622 55 5851, 55 5852
frühere Bezeichnung		pr G 8	pr G 8¹
Beschaffungszeitraum		1902 – 1913	1913 – 1921
Bauart		Dh2	Dh2
Spurweite	mm	1435	1435
Länge über Puffer mit Tender	mm	17 968	18 290
Tenderbauart		pr 3 T 16,5	pr 3 T 16,5
Leermasse (ohne Tender)	t	52,0	62,2
Dienstmasse (ohne Tender)	t	58,5	69,9
Reibungsmasse		58,5	69,9
Verdampfungsheizfläche	m²	137,6	144,4
Strahlungsheizfläche	m²	12,6	11,7
Kohlevorrat	t	7,0	7,0
Wasservorrat	m³	16,5	16,5
Höchstgeschwindigkeit	km/h	55	55

Zahlreiche G 8-Lokomotiven erhielten auf dem Führerhausdach einen Lüfteraufsatz, wie auch die 1908 von Vulcan in Stettin gebaute 55 1840

zur Erzielung hoher Zugkräfte mit den Sandstreuern gearbeitet werden. In Vorbereitung der ab 1910 spruchreif gewordenen Oberbauverstärkung auf 17 t Achsfahrmasse wurde auch die Möglichkeit geprüft, die G 8 in einer verstärkten Ausführung zu bauen. Ein erster Entwurf für die weiter entwickelte Maschine lag 1911 vor.

Da im Verlaufe des Jahres 1913 die ersten Strecken verstärkt worden waren, konnte noch im gleichen Jahr die Fertigung der weiterentwickelten Maschinen in Angriff genommen werden. Die als G 8¹ bezeichneten Lokomotiven hatten einen stabileren Rahmen sowie eine größere Rost- und Verdampfungsheizfläche erhalten. Hinzu kamen bei fast allen Lokomotiven Oberflächenvorwärmer. Bis 1921 wurden 4 958 G 8¹-Lokomotiven in Dienst gestellt. Damit waren sie die in höchster Stückzahl beschafften Maschinen der KPEV.

Die ausgereifte Konstruktion, das enorme Leistungsvermögen – eine Lok konnte einen 1 500 t schweren Zug mit 60 km/h auf einer Steigung von 1:100 befördern – ließen sie zu den beliebtesten Güterzuglokomotiven Deutschlands werden. Ende 1917 waren lediglich 117 Maschinen bei der Feldeisenbahn im Einsatz; hier erwies sich die Heißdampftechnik als zu aufwendig in der Unterhaltung, weshalb von den Militär-Eisenbahn-Direktionen Naßdampfmaschinen bevorzugt wurden

Insgesamt 1 868 G 8¹-Lokomotiven gingen durch Kriegsschäden und Reparationsleistungen verloren. Im endgültigen Umzeichungsplan der Deutschen Reichsbahn-Gesellschaft waren noch 3 119 Maschinen enthalten, die mit den Nummern 55 2501 – 55 2857 und 55 2861 – 55 5622 gekennzeichnet wurden.

Konstruktion

Der genietete Langkessel setzte sich aus zwei Schüssen zusammen. Auf dem ersten Kesselschuß wurde der Sand-

kasten, auf dem zweiten der Dampfdom nebst Flachschieberregler untergebracht. Die kupferne Feuerbüchse stattete man mit zwei beweglichen vorderen Deckenankern aus. Hinzu kamen Überhitzer, Ramsbottom-Sicherheitsventile und je zwei Dampfstrahlpumpen.

Der Blechrahmen wurde bei der G 8¹ durch Querverbindungen versteift. Das Laufwerk erhielt Vierpunktabstützung. Die zweite Kuppelachse war seitenverschiebbar. Das Zweizylinder-Heißdampftriebwerk wirkte auf die dritte, mit abgeschwächten Spurkränzen ausgestattete Kuppelachse. Die außenliegende Heusinger-Steuerung arbeitete mit entlasteten Kolbenschiebern. Ursprünglich mußte eine einseitig auf die zweite und vierte Kuppelachse wirkende Dampfbremse genügen, später gelangten Westinghouse- und dann Knorr-Bremsen zum Einbau.

Fast alle Maschinen wurden mit einem Tender der Gattung pr 3 T 16,5 gekuppelt, der 7 t Kohle aufnehmen konnte.

Betriebseinsatz

Während die Deutsche Bundesbahn noch 200 G 8-Maschinen zu ihrem Bestand zählte, verblieben bei der Deutschen Reichsbahn lediglich 50 Exemplare. Die DB musterte ihre G 8-Loks bis 1955 aus. Im anderen Teil Deutschlands leisteten die Maschinen noch mehr als zehn Jahre länger Dienst. Die letzten Maschinen rollten 1969 auf das Abstellgleis.

Dagegen galten die 1 000 bei beiden deutschen Bahnverwaltungen verbliebenen G 8¹-Lokomotiven bis Ende der sechziger Jahre als unverzichtbar.

Teilweise hatten sie noch EDV-Nummern erhalten, wurden dann aber Anfang der siebziger Jahre endgültig ausgemustert. Fünf Jahre länger blieben dagegen die nach dem Ende des Zweiten Weltkriegs den Polnischen Staatsbahnen (PKP) überlassenen Maschinen in Betrieb.

In Deutschland blieben die 55 3528 (ex pr G 8¹) im Auto+Technik Museum Sinsheim und die 55 3345 (ex pr. G 8¹) in Bochum-Dahlhausen erhalten.

Noch 1967 waren bei der DR einige der bewährten G 8-Loks auch vor Personenzügen im Einsatz

AUTOR: W. – D. MACHEL, AUFNAHMEN: SLG. HÖRNEMANN, KNIPPING, DELIE

Ein vorgeschuhter Rahmen für die Aufnahme des Bissel-Gestells waren das äußere Kennzeichen der „Laufachsen-G 8¹", wie der 56 569

Baureihe 56²⁻⁸ (pr/meck G 8¹)

Von den Staatsbahnen Preußens und Mecklenburgs hatte die Deutsche Reichsbahn-Gesellschaft mehr als 3 000 Dn2-Lokomotiven übernommen. Bei beiden Ländenbahnverwaltungen als Gattung G 8¹ geführt, erhielten die Maschinen gemäß dem endgültigen Umzeichnungsplan von 1925 die Betriebsnummern 55 2501 – 55 2857, 55 2861 – 58 5622 (ex pr. G 8¹) sowie 55 5801 – 55 5810, 55 5851 und 55 5852 (ex meck. G 8¹).

Diese Lokomotiven waren aufgrund ihrer soliden Konstruktion, vor allem wegen des leistungsfähigen Kessels und der großen Zugkraft sehr beliebt. Allerdings blieb der Einsatz dieser Schlepptenderlokomotiven infolge ihrer Achsfahrmasse von 17,5 t auf Hauptbahnen beschränkt. Hinzu kam die zulässige Geschwindigkeit von 55 km/h. Eine höhere Geschwindigkeit hätte zu wesentlich schlechteren Laufeigenschaften geführt. Nach den damals verbindlichen technischen Vereinbarungen durfte der feste Achsstand nicht über 4 500 mm liegen; der der G 8¹ betrug jedoch 4 700 mm. Deshalb war schon seinerzeit die vierte Kuppelachse seitenverschiebbar gelagert worden.

Insgesamt wiesen die Lokomotiven der früheren Gattung G 8¹ noch einen ausgezeichneten Erhaltungszustand auf, so daß sich die Deutsche Reichsbahn-Gesellschaft entschloß, die Laufeigenschaften bei einer großen Anzahl dieser Maschinen durch den Einbau einer vorderen Laufachse wesentlich zu verbessern und damit gleichzeitig die Achsfahrmasse zu verringern. Die für dieses Vorhaben erarbeiteten Konstruktionsunterlagen sahen vor, den Rahmen zur Aufnahme eines Bissel-Gestells vorzuschuhen. Bei dem vorgesehenen Bissel-Gestell handelte es sich um eine modifizierte Ausführung der für die Einheits-Lokomotiven der Baureihen 24 und 64 gefertigten Gestelle.

Im Zusammenhang mit dem Umbau mußte zudem der G 8¹-Kessel um 720 mm nach vorn versetzt und um 80 mm höher gelegt werden. Die Bissel-Achse wurde für eine Seitenverschiebbarkeit konzipiert, und die drei Kuppelachsen blieben weiterhin fest, die vierte seitenverschiebbar im Rahmen gelagert. Unverändert blieben die geschwächten Spurkränze der zweiten und dritten Kuppelachse.

Die durch diese Umbauten erwünschten Ziele konnten erreicht werden: Die Achsfahrmasse der Laufachse erreichte 10,5 t, die der ersten und vierten Kuppelachse 16,2 t und die der Treibachse 16,1 t. Am geringsten belastet wurde mit 15,6 t die Treibachse. Da sich die Lokleermasse nach dem Umbau von 62,2 auf 67,9 t erhöhte, sich die Reibungsmasse von 69,9 auf 64,1 t verringerte und dennoch eine gleichmäßige Belastung aller Kuppelachsen erreicht werden sollte, baute man über den ersten beiden Kuppelachsen insgesamt zwei Tonnen schwere gußeiserne Massestücke ein. Trotz dieser zusätzlichen Erschwernisse konnte die umgebaute G 8¹ nun auch auf Nebenstrecken eingesetzt werden. Außerdem durfte die Höchstgeschwindigkeit bei Vorwärtsfahrten jetzt 70 km/h betragen. Rückwärtsfahrten waren allerdings nach wie vor nur mit 50 km/h zugelassen.

Die Loks der früheren Gattung G 8¹ mit vorderer Laufachse konnten in der Ebene

TECHNISCHE DATEN

DRG-Bezeichnung		56 201 – 56 891
frühere Bezeichnung		pr G 8¹, meck. G 8¹ (mit Laufachse)
Umbauzeitraum		1934 – 1941
Bauart		1'Dh2
Spurweite	mm	1435
Länge über Puffer mit Tender	mm	18 296
Tenderbauart		pr 3 T 16,5
Leermasse (ohne Tender)	t	68,9
Dienstmasse (ohne Tender)	t	74,6
Reibungsmasse	t	55,9
Verdampfungsheizfläche	m²	146,3
Strahlungsheizfläche	m²	13,9
Kohlevorrat	t	7,0
Wasservorrat	m³	16,5
Höchstgeschwindigkeit	km/h	70

Immerhin wurden von 1934 bis 1941 insgesamt 691 ehemalige G 8-Lokomotiven mit Laufachsen ausgerüstet und danach umnummeriert

2 100 t schwere Züge mit einer Höchstgeschwindigkeit von 40 km/h bewegen.

Nachdem die ersten zehn Lokomotiven 1934 bei Borsig umgebaut worden waren, wurden diese Arbeiten im Rahmen fälliger Hauptuntersuchungen von 1935 und 1941 in den zuständigen Reichsbahnausbesserungswerken Schneidemühl, Gleiwitz, Darmstadt, Schwerte, Lingen und Kaiserslautern ausgeführt.

Immerhin ließ die Deutsche Reichsbahn 691 Maschinen umbauen, die nunmehr als 1'D-Maschinen die Betriebsnummern 56 201 – 56 891 erhielten.

Konstruktion

Der genietete und aus zwei Schüssen bestehende Langkessel der G 8¹ blieb erhalten und wurde lediglich verschoben und höher gelegt.

Dampfdom und Sandkästen brauchten nicht verändert zu werden. Gleiches traf für Zusatzeinrichtungen wie Ramsbottom-Sicherheitsventil, Rauchrohrüberhitzer und Oberflächenvorwärmer zu. Der durchgehende Blechrahmen mußte lediglich vor der ersten Kuppelachse zur Aufnahme des Bisselgestells vorgeschuht werden. Ebenso gab es konstruktiv keinen Anlaß, die Vierpunktabstützung zu verändern. Die Tragfedern der ergänzten Bissel-Achse und der ersten beiden Kuppelachsen waren mit den beiden hinteren Kuppelachsen über Ausgleichshebel verbunden worden.

Keinerlei Veränderungen erfuhr das Triebwerk. Hier blieb es bei der Zweizy-linder-Heißdampftechnik und dem Antrieb auf die dritte Kuppelachse. Das Gleiche traf für die Heusinger-Steuerung mit Kuhnscher Schleife und dem Kolbenschieber zu.

Betriebseinsatz

Im Ergebnis des Zweiten Weltkrieges verblieben zahlreiche „Laufachsen-G 8¹" in Polen, Norwegen, Österreich, Jugoslawien und Belgien. Die in Norwegen und Belgien vorhandenen Maschinen gelangten bis 1950 in den Besitz der Deutschen Bundesbahn. Die musterte ihre verbliebenen Maschinen bis zu Beginn der sechziger Jahre endgültig aus.

Von den in der sowjetischen Besatzungszone verbliebenen Lokomotiven mußten im Mai 1946 noch etwa 30 Maschinen an die Sowjetischen Eisenbahnen als Reparationsgut abgegeben werden.

Bei der Deutschen Reichsbahn waren die G 8¹-Lokomotiven mit vorderer Laufachse in den nördlichen Reichsbahndirektionsbezirken konzentriert. Einige davon verkehrten auf der Insel Usedom und hatten eigens für diesen Einsatz zusätzliche Windleitbleche erhalten. Nachdem die 56 765'' im Jahre 1966 als letzte Maschine dieser Art auf der Insel Usedom entbehrlich geworden war, trennte sich die Deutsche Reichsbahn bis 1968 von den restlichen Lokomotiven, wenngleich für vier G 8¹ noch eine EDV-Nummer vorgesehen war. Verwendbare Kessel dieser Lokomotiven wurden von der Reichsbahn an verschiedene Firmen zur Dampferzeugung für Heizanlagen veräußert.

Den Umbau der G 8¹-Lokomotiven auf die Achsfolge 1'D übernahm die DRG fast ausschließlich selbst in ihren Ausbesserungswerken

AUTOR: W. - D. MACHEL; AUFNAHMEN:SLG. HÖRNEMANN

Von den fünfachsigen Güterzuglokomotiven der Gattung G 10 wurden bis 1925 insgesamt 2 589 Exemplare gebaut. Die 57 3334 stammt von 1923

Baureihe 57[10-35] (pr G 10)

Das Eisenbahn-Zentralamt beschäftigte sich 1907 erstmals umfassend mit dem Bau einer fünffach gekuppelten Güterzugschlepptender-Lokomotive. Hielten die Vertreter der Eisenbahndirektionen Erfurt und Elberfeld eine solche Maschine für überflüssig, so waren die Maschinentechniker der Direktionen Breslau, Köln und Saarbrücken gegenteiliger Meinung. Hier war man daran interessiert, auf stark belasteteten Hauptbahnen, unter ihnen die Verbindungen Breslau – Mittelwalde, Breslau – Dittersbach, Königszelt – Glatz, Köln – Euskirchen – Trier und die Moselbahn, Vorspann- und Schiebelokomotiven einzusparen. Fünffach gekuppelte Maschinen boten nicht nur Platz für einen leistungsfähigeren Kessel, sondern entwickelten auch eine höhere Reibungszugkraft. Zwar stand ein solcher Fünfkuppler mit der T 16 (Bauart Gölsdorf) zur Verfügung, doch die Vorräte dieser Tenderlokomotive reichten nicht aus, um längere Strecken ohne Restaurierungshalte zurückzulegen.

Zunächst beschäftigte sich der Lokausschuß in Berlin mit einem Entwurf, dem der P 8-Kessel und das Fahrwerk der T 16 zugrunde gelegt worden waren. Den vorgesehenen Antrieb der vierten Achse hielt man für ungünstig, die Seitenverschieb-

barkeit der dritten Achse für überflüssig. Daraufhin mußte ein neuer Entwurf vorgelegt werden, in dem die dritte Achse als Antriebsachse zu berücksichtigen war. Schließlich lagen im Verlaufe des Jahres 1908 überarbeitete Konstruktionsunterlagen vor, die vom Ministerium der öffentlichen Arbeiten bestätigt wurden. Nach den Maßgaben des Lokomotivausschusses erhielt schließlich die Firma Henschel den Auftrag, die Detailzeichnungen zu erarbeiten, wobei anstelle der Gölsdorfschen Achsanordnung nunmehr der dritte Kuppelradsatz als Treibradsatz und der P 8-Kessel zu berücksichtigen waren. Überdies ließ die für die G 10 errechnete Achsfahrmasse von 15 t sogar den Einsatz auf Nebenbahnen zu.

Die ersten Eh2-Maschinen der Gattung G 10 wurden im Jahre 1910 fertiggestellt und anschließend erprobt. Die Ergebnisse fielen positiv aus, so daß ab 1912 der Serienbau aufgenommen wurde.

In dessen Verlauf wurden aufgrund weiterer Erkenntnisse einige Veränderungen der Konstruktion wirksam. Beispielsweise fiel ab 1910 das Führerhaus etwas kürzer aus. Bei den ab 1913/14 gefertigten Baulosen berücksichtigte man Schornsteine mit größerem Durchmesser, leistungsfähigere Überhitzer, ab 1914 neben

dem zweiten Kesselschuß einen Abdampf-Oberflächenvorwärmer anstelle der Speisewasser-Vorwärmanlage, ab 1915 wegen des kriegsbedingten Rohstoffmangels flußeiserne Feuerbüchsen, ab 1918 schließlich Speisewasserreiniger der Bauart EZA und ab 1920 einwandige Führerhaus-Tonnendächer.

Die G 10-Lokomotiven konnten 1 400 t schwere Güterzüge mit 60 km/h in der Ebene befördern. In der Praxis erwies sich die Beschaffung und Unterhaltung der G 8[1] auf Dauer jedoch als kostengünstiger.

TECHNISCHE DATEN

DRG-Bezeichnung		57 1011 – 57 2725
		57 2892 – 57 3524
frühere Bezeichnung		pr. G 10
Beschaffungszeitraum		1919 – 1924
Bauart		Eh2
Spurweite	mm	1435
Länge über Puffer mit Tender	mm	18 910
Tenderbauart		pr 3 T 16,5
Leermasse (ohne Tender)	t	69,6
Dienstmasse (ohne Tender)	t	76,6
Reibungsmasse	t	76,6
Verdampfungsheizfläche	m²	143,3
Strahlungsheizfläche	m²	14,5
Kohlevorrat	t	7,0
Wasservorrat	m³	16,5
Höchstgeschwindigkeit	km/h	60

Die spätere 57 1002 stellte Henschel im Jahre 1910 als 10 0001. Dampflokomotive her. Sie gehörte zu den ersten G 10 für die KPEV

Letztere nutzte zudem die Gleise weniger ab als die G 10.

Trotzdem galt die G 10 als unersetzliches Zugpferd im schweren Güterzugdienst. Selbst die Reichsbahn beschaffte weitere Maschinen, so daß bis 1924 insgesamt 2 615 Exemplare zur Verfügung standen. Hergestellt wurden die G 10-Lokomotiven von Henschel, Hanomag, Rheinmetall, Borsig, Graffenstaden, Krupp, Hohenzollern und Orenstein & Koppel. Im Ergebnis des Ersten Weltkriegs waren 222 Maschinen im Ausland verblieben oder mußten dorthin abgegeben werdem, so nach Frankreich, Elsaß-Lothringen, Italien, Polen, an die Saarbahnen und die Türkischen Staatsbahnen.

Konstruktion

Die Lokomotiven der Gattung G 10 erhielten genietete Langkessel. Der Dampfdom befand sich auf dem ersten Kesselschuß, der Sandkasten in Kesselmitte. Die vergrößerte Rauchkammer nebst Winkelring wurde an den Langkessel angenietet, der Hinterkessel zwischen die Rahmenbleche eingezogen.

Die grundsätzlich kupfernen Feuerbüchsen wurden während des Ersten Weltkriegs ab Herstellerwerk durch solche aus Flußeisen ersetzt.

Das Ramsbottom-Sicherheitsventil wurde vor der Führerhausvorderwand plaziert. Zu den Speiseeinrichtungen gehörten Kolbenspeisepumpe mit Oberflächenvorwärmer und eine Damfstrahlpumpe. Die erste und fünfte Kuppelachse waren seitenverschiebbar, die Spurkränze der dritten Achse geschwächt.

Das Zweizylinder-Heißdampftriebwerk übertrug die Kräfte auf die dritte Kuppelachse. Die außenliegende Heusinger-Steuerung mit Kolbenschiebern entsprach der preußischen Regelbauart.

Betriebseinsatz

Ursprünglich sollten die Maschinen gemäß dem vorläufigen DRG-Umzeichnungsplan als Baureihe 33 eingeordnet werden.

Im endgültigen Umzeichnungsplan der DRG von 1925 wurden die G 10-Lokomotiven mit den Betriebsnummern 57 1011 – 57 2725 und 57 2892 – 57 3524 ausgewiesen. Die 1935 übernommenen G 10-Loks aus der Saar erhielten die Betriebsnummern 57 2727 – 57 2763 und die im Jahre 1941 eingereihten Maschinen der PKP die Betriebsnummern 57 2764 – 57 2772. Hinzu kamen im Jahre 1943 von der luxemburgischen Prinz-Heinrich-Bahn die als 57 2773 – 57 2783 bezeichneten Fünfkuppler sowie weitere 1944/45 von den bis 1939 zum Bestand der Polnischen Staatsbahnen gehörende als 57 2784 – 57 2804.

Nach dem Zweiten Weltkrieg war der auf deutschem Boden verbliebene G 10-Bestand wesentlich geringer. Zahlreiche Maschinen verblieben in Norwegen, Belgien, Frankreich, Österreich und gar Griechenland. Ein Teil dieser Loks wurde 1948 in die westlichen Besatzungszonen Deutschlands zurückgeführt.

Viele Maschinen waren außerdem in Polen verblieben und wurden von der nun wieder gebildeten PKP genutzt. Der dortige Bestand wurde sogar 1948 noch weiter erhöht, als die Österreichischen Bundesbahnen über 50 G 10-Maschinen an die PKP abgeben mußten. Letztendlich blieben der Deutschen Bundesbahn 649 und der Deutschen Reichsbahn 112 Lokomotiven. Die Deutsche Bundesbahn stellte im Jahre 1968 ihre letzten kurz zuvor noch mit Computernummern gekennzeichneten Maschinen dieser Baureihe ab. Bei der Deutschen Reichsbahn endete der Einsatz im Jahre 1972. Die zuletzt im Bahnbetriebswerk Stendal beheimatete 57 3297 wurde dem Verkehrsmuseum Dresden übergeben und blieb äußerlich aufgearbeitet als nicht betriebsfähiges Exponat für die Nachwelt erhalten.

Die spätere 57 2008 erhielt 1921 einen Rauchgas-Vorwärmer, der sich jedoch nicht bewährte

AUTOR: W.-D. MACHEL; AUFNAHMEN: SLG. HÖRNEMANN

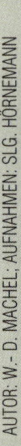

Die 58 2142 gehörte zu jenen Maschinen, die von der Reichsbahn nachbestellt worden waren und erst 1921 gebaut wurden. Sie verblieb nach 1945 bei der Deutschen Reichsbahn und erhielt 1970 noch die EDV-gerechte Nummer 58 2142-8

Baureihe 58 2-3, 4, 5, 10-21
(bad G 12 1-7, sä XIII H, wü G 12, pr G 12)

Bei den Länderbahnen innerhalb des Deutschen Reichs stand eine Vielzahl von Lokomotivbauarten im Einsatz. Jede Staatseisenbahn ließ die für sie am zweckmäßigsten erscheinende Konstruktion in Auftrag geben, die in aller Regel in Zusammenarbeit mit der Lokomotivindustrie entstand. Zwar gab es durch den Verein Deutscher Eisenbahnverwaltungen bereits vor Gründung des Deutschen Reichs Regelungen für den Eisenbahnfahrzeugbau, aber im Prinzip bewahrten sich die Länderbahnverwaltungen einen relativ großen Handlungsspielraum.

Nach Gründung des Staatsbahnwagenverbandes im Jahre 1908 verpflichteten sich alle selbständigen Eisenbahnen, nur noch Güterwagen nach einheitlichen Zeichnungen und Lieferbedingungen in Auftrag zu geben. Dadurch sollten der ohnehin schon damals freizügig organisierte Wageneinsatz und die Instandhaltung der Fahrzeuge wesentlich erleichtert werden. Dagegen störte die Typenvielfalt des Lokomotivparks kaum, denn hier gab es keinen Grund, Fahrzeuge auszutauschen. Grundlegend änderte sich diese Situation während des Ersten Weltkriegs. In den besetzten Gebieten führte die Unterhaltung des von den Länderbahnen zur Verfügung gestellten Lokparks infolge der Typenvielfalt zu erheblichen Schwierigkeiten. Die bei der Feldeisenbahn tätigen Lokomotivführer hatten teilweise mit der uneinheitlichen Bedienung der Maschinen größte

Schwierigkeiten. Hinzu kam die nicht befriedigende Ersatzteilbeschaffung aus dem Hinterland, denn für die unterschiedlichen Maschinen mußten unterschiedlichste Ersatzteile, deren Bedarf sprunghaft gestiegen war, herangefahren werden. Zudem mußte sich das Werkstattpersonal auf die häufig einmaligen technischen Begebenheiten der Maschinen einstellen und sich einarbeiten.

Aus diesen Erkenntnissen heraus forderte das Kriegsministerium bereits im Verlaufe des Jahres 1915 die kurzfristige Entwicklung einer leistungsstarken Einheitslokomotive mit möglichst geringer Achsfahrmasse, die von allen deutschen Staatsbahnen beschafft und dem Heer während der Kriegszeit zur Verfügung gestellt werden sollte. Da entsprechende Entwürfe nicht sofort zur Verfügung standen, wurde zunächst ein Nachbau der Naßdampflokomotiven der preußischen Gattungen G 7 1, Bauart Dn2, und G 7 3, Bauart 1'Dn2v, empfohlen. Doch dies lehnte die Heeresverwaltung ab. Man war hier nicht an veralteten und unwirtschaftlichen Naßdampflokomotiven interessiert, sondern forderte leistungsfähige Maschinen mit Überhitzer und Speisewasservorwärmer, die auf einer Steigung von 10 Promille maximal 750 t schwere Züge mit einer Geschwindigkeit von 20 km/h ziehen konnten und bei ruhigem Lauf eine Höchstgeschwindigkeit von 60 km/h erzielen sollten. Um diese Forderung schnellstmöglich in die Tat umzusetzen, wurde eine Kommission gebildet, der neben Ver-

tretern der einzelnen Staatsbahnen auch solche der Militär-Generaldirektionen und der Abteilung Feldeisenbahnwesen des Kriegsministeriums angehörten. Hier war man der Meinung, daß eine 1'D-Lokomotive mit einer Achsfahrmasse von 16 t den Anforderungen des Kriegsdienstes gerecht werden würde. Allerdings gab es unterschiedliche Auffassungen über die Zweckmäßigkeit der Heißdampftechnik. Dafür sprachen die höhere Leistungsfähigkeit, dagegen die erhöhten Unterhaltungsaufwendungen nahe der Kriegsschauplätze.

Mit Ausnahme der KPEV forderten alle anderen Vertreter den Bau einer Naß-

Auch diese Lok hat die große Zeit der Dampflokomotiven überlebt: die 58 261 ist als nicht betriebsfähige Traditionslok erhalten geblieben

dampflokomotive. Grundlage für die Fertigung sollte die G 12[1] bilden, allerdings ohne Überhitzer. Doch die Vertreter der KPEV ließen nicht locker und setzten den Bau einer 1'E-Heißdampf-Güterzuglokomotive durch. Das Argument, auch für Friedenszeiten eine leistungsfähige Güterzuglokomotive zur Verfügung zu haben, überzeugte nach und nach auch die anderen Kommissionsmitglieder.

Historisch aufschlußreich ist die Tatsache, daß man schon damals den Begriff der „Einheitslokomotive" geprägt hatte. Er bezog sich aber zunächst auf den universellen Einsatz im Heeresdienst. Später einigten sich die Kommissionsmitglieder darauf, daß damit die einheitliche Wahl der Anschlußmaße gemeint sei, um eine Ersatzteilhaltung für oft auszuwechselnde Baugruppen zu ermöglichen. Die übrigen

Einzelteile durften die Staatsbahnen weiterhin nach ihren eigenen Konstruktionsprinzipien beibehalten. Insgesamt können diese Bestrebungen aus historischer Sicht als eine Vorstufe des Einheitslokprogramms der 1920 gegründeten Reichsbahn gesehen werden.

Inzwischen liefen aber die Vorbereitungen zum Bau der „Einheitslokomotive" auf Hochtouren. Diskutiert wurde im Lokausschuß über zwei Entwürfe. Der eine betraf eine Eh2 Maschine mit einer Reibungsmasse von 77,5 t, der andere eine 1'Eh3 mit einer Reibungsmasse von 90 t. Da Erfahrungen ergaben, daß der Kuppelradsatz ohne Laufachse doppelt so schnell verschleißt wie beim Einsatz mit einer Laufachse und das Dreizylinder-Triebwerk trotz höherer Beschaffungskosten und Unterhaltungsaufwendungen eine gleichmäßigere Anfahrzeugkraft und geringere Lager- und Zapfenbeanspruchung garantierte, entschied man sich für die 1'Eh3-Variante.

Anfang 1917 erhielt Henschel & Sohn den Auftrag, die Konstruktionsunterlagen zu erarbeiten und die ersten 1'Eh3-Maschinen zu fertigen. Zu jenem Zeitpunkt baute Henschel gerade 1'E-Güterzuglokomotiven mit einem Kuppelraddurchmesser von 1 250 mm, 4,5 m² Rostfläche und Drillingstriebwerk für die Kaiserlich Ottomanische Generaldirektion der Militäreisenbahnen. Daraus und nicht zuletzt aus den Erfahrungen des G 12[1]-Baus konnten die Ingenieure des Hauses

Im sächsischen Aue konnte man bis 1976 auf die 1917 entwickelten „Kriegsloks" nicht verzichten

AUFNAHMEN: SLG. HÖRNEMANN (2), SLG. VÖLK

Das Bw Aue beheimatete die letzten G 12. Im Jahre 1975 wartet die 58 1934 vor einem Güterzug in ihrem Heimatbahnhof auf die Ausfahrt

Henschel wertvolle Erfahrungen beisteuern und kurzfristig die Konstruktionsarbeiten an der preußischen G 12 abschließen. Schon im Juli 1917 wurden die ersten Maschinen von der KPEV und den Reichseisenbahnen in Dienst gestellt. In gleicher Ausführung bestellten in den folgenden Jahren auch die Staatsbahnen Sachsens, Badens und Württembergs die gut gelungene Drillingslokomotive. Sie erhielt die Gattungsbezeichnungen XIII H (Sachsen), G 12¹⁻⁷ (Baden) und G 12 (Württemberg). Lediglich Bayern hatte sich von Anfang an aus der Aktion „Einheitslokomotive" herausgehalten und beteiligte sich weder an den Vorbesprechungen noch an dem länderübergreifenden Beschaffungsprogramm. Nur 15 Maschinen wurden direkt an die Feldeisenbahn-Direktionen geliefert. Die anderen für den Kriegsdienst erforderlichen Lokomotiven mußten die jeweiligen Staatseisenbahnen zur Verfügung stellen. Mit den jahrzehntelang gepflegten Traditionen des preußischen Lokomotivbaus hatte die G 12 fast nichts mehr gemein. Dazu zählten nicht nur der durchgehende Barrenrahmen und der breite Belpaire-Hinterkessel, sondern auch die Kesselhöhe von 3 000 mm. Technische Veränderungen zur Beseitigung von Kinderkrankheiten blieben auch bei der G 12 nicht aus. So wurde der zu kleine Schornsteindurchmesser vergrößert. Die aus Ersatzwerkstoffen gefertigten Hähne, Ventile und Flansche ersetzte man nach dem

Ende des Ersten Weltkriegs durch Rotgußarmaturen. Hinzu kamen veränderte Treibachslager und versetzte Sandkästen. Im allgemeinen zog die G 12 in der Ebene einen 1 330 t schweren Zug noch mit 65 km/h. Die Staatsbahnen Preußens, die Feldeisenbahnen und Reichsbahn beschafften bis 1921 insgesamt 1 112 G 12-Maschinen von Henschel, Linke-Hofmann, Borsig, Hanomag, Schichau, Krupp, Rheinmetall und der AEG. Außerdem stellten die Reichseisenbahnen 118 von Graffenstaden und Henschel gefertigte Maschinen in Dienst. Hinzu kamen 88 in Karlsruhe und bei BBC in Mannheim gebaute Lokomotiven für Baden und 63 in Esslingen hergestellte Fünfkuppler für Württemberg. Die DRG registrierte im endgültigen Umzeichnungsplan von 1925 die badischen G 12¹⁻⁷ als 58 201 – 58 225,

58 231 – 58 272, 58 281 – 58 303 und 58 311 – 58 318, die sächsischen XII H-Maschinen, eingeschlossen die bis 1924 beschafften Nachbauten, als 58 401 – 58 462, die württembergischen G 12 als 58 501 – 58 543 und die preußischen G 12 als 58 1001 – 58 2143.

Konstruktion

Der genietete Langkessel bestand aus zwei Schüssen. Die Rauchkammer nebst Zwischenring war am Langkessel angenietet. Der auf dem zweiten Kesselschuß befindliche Dampfdom wurde mit einem Ventilregler der Bauart Schmidt & Wagner ausgerüstet. Während die ersten G 12-Maschinen vor und hinter dem Dampfdom je einen Sandkasten erhalten hatten, wurden später der erste Sandkasten hinter der Rauchkammer und der zweite zwi-

Die spätere 58 1001 wurde 1917 für die Kaiserlich Ottomanische Militäreisenbahn (Türkei) gebaut, gelangte dann zur Militär-Eisenbahndirektion Brüssel. 1925 war die Lok in Hessen beheimatet

Der schwere Güterzugdienst gehörte zu den wichtigsten Einsatzgebieten der Baureihe 58[10-21]. Dieses Foto entstand 1935 in Heigenbrücken an der Strecke Aschaffenburg – Gemünden. Die spätere Lokomotive 58 1711 wurde 1920 von Borsig gebaut und an den Direktionsbezirk Elberfeld ausgeliefert

schen Dampfdom und Hinterkessel plaziert. Feuerbüchse und Stehbolzen wurden aus Flußstahl hergestellt, später aber durch solche aus Kupfer ersetzt. Der Knorr-Oberflächenvorwärmer mit Kolbenspeisepumpe und die Pop-Dampfstrahlpumpen sorgten für eine kontinuierliche Dampfzufuhr. Zum Laufwerk mit einer Dreipunktabstützung gehörten Federn der ersten bis dritten Kuppelachse oberhalb der Achslager. Für die vierte und fünfte Kuppelachse genügte eine gemeinsame Feder. Die als Bissel-Achse ausgeführte vordere Laufachse war ebenso wie die zweite und fünfte Kuppelachse seitenverschiebbar, während die erste, dritte und vierte Kuppelachse fest im Rahmen gelagert waren. Das Zweizylinder-Heißdampftriebwerk ermöglichte eine einfache Dampfdehnung. Die beiden waagerecht angeordneten Außenzylinder und der geneigte Innenzylinder trieben die dritte Kuppelachse an. Als Bremse war eine Knorr-Einkammer-Druckluftbremse vorhanden. Sämtliche Kuppelräder wurden einseitig von vorn abgebremst.

Betriebseinsatz

Die G 12 bewährte sich in fast allen Reichsbahndirektionsbezirken. Das betraf den Raum Saarbrücken/Trier sowie zahlreiche Einzugsbereiche in Bayern, Sachsen und Schlesien. Für den Dienst auf Flachlandstrecken waren die Maschinen weniger geeignet. Die nördlichsten Einsatzgebiete der Lokomotiven befanden sich im Direktionsbezirk Hannover. Nach dem Zweiten Weltkrieg drehte sich das Lokkarussell auch bei der G 12 heftig. Einige Maschinen verblieben in Rumänien, weitere erhielt dieses Land aus den westlichen Besatzungszonen Deutschlands. Zahlreiche G 12 befanden sich auch auf dem Gebiet der Tschechoslowakei, unter ihnen einige, die zum Beutebestand der UdSSR zählten. Nicht wenige Maschinen verblieben in Bulgarien, Jugoslawien, Österreich und Polen. Die bei der Deutschen Bundesbahn verbliebenen G 12-Lokomotiven wurden vielfach für Heizzwecke genutzt und nur selten für den Zugförderungsdienst eingesetzt. Hier verschwanden die letzten Maschinen im Jahre 1953.

Anders bei der Deutschen Reichsbahn, wo die Lokomotiven in Thüringen und auf sächsischen Gebirgsstrecken noch viele Jahre als unentbehrlich galten. Aufgrund einer Vereinbarung zwischen der DDR und Polen gaben die PKP 1955 insgesamt 13 Schadloks an die Deutsche Reichsbahn ab, die zum Teil wieder aufgearbeitet wurden. Nachdem bereits zwischen 1928 und 1930 sechs der Fünfkuppler auf Kohlenstaubfeuerung der Systeme AEG und STUG umgerüstet worden waren, wurde bei der DR ein weitaus umfangreiches Umbauprogramm auf das System Wendler vollzogen. Es erstreckte sich von 1950 bis 1953 und betraf eine badische G 12, zehn sächsische XIII H, eine württembergische G 12 und 43 preußische G 12. 1966 stellte die Deutsche Reichsbahn die letzten Kohlenstaubloks der Baureihe 58 ab.

Insgesamt 56 Lokomotiven wurden zwischen 1958 bis 1962 grundlegend rekonstruiert und als Baureihe 58[30] bezeichnet, wobei diese Arbeiten einem Lokomotivneubau nahe kamen. Die letzten rostgefeuerten G 12-Lokomotiven zählten zum Bestand des Bahnbetriebswerks Aue (Sachs) und waren erst im September 1976 entbehrlich. Das Verkehrsmuseum Dresden erhält die 58 261 (ex bad G 12[1]) als nicht betriebsfähiges Exponat für die Nachwelt.

Deutlich sind an der 58 1252 die G 12-typischen Konstruktionsmerkmale des Triebwerks mit den waagerecht angeordneten Außenzylindern, des Laufwerks und des Barrenrahmens zu erkennen

AUTOR: W.-D. MACHEL; G. WAGNER, SLG. HÖRNEMANN (3)

Durch die Rekonstruktion der BR 58 änderte sich das Aussehen der Loks erheblich, die teilweise auch mit ehemaligen P 10-Tendern gekuppelt wurden

Baureihe 58.30 (DR 58.3)

Die Deutsche Reichsbahn hatte nach dem 2. Weltkrieg über 500 Loks der BR 58.2-21 (preußische G 12) im Einatzbestand. Hinzu kamen einige Maschinen elsässischer Herkunft, die bei Kriegsende auf dem Territorium der sowjetischen Besatzungszone stehen geblieben waren. Wegen ihrer Leistungsfähigkeit waren die 58er vor allem im Mittelgebirgsdienst geschätzt und zudem unentbehrlich, weil der DR nicht genügend Einheitslokomotiven zur Verfügung standen. Die G 12 waren noch relativ jung und ihr Erhaltungszustand recht gut. In ihrer Ursprungsausführung wiesen sie jedoch einige konstruktive Mängel auf. Die Zylinder konnten eine größere Menge Dampf verarbeiten, als der Kessel hergab. Die vielteilige Steuerung unterlag Verschleißerscheinungen, die zu ungenauer Dampfverteilung führten. Besonders kraß machte sich dies bei der abgeleiteten Steuerung des Innenzylinders bemerkbar.

Um die grundlegenden Mängel abzustellen und das Leistungsvermögen der Loks voll auszuschöpfen, nahm die DR die Baureihe 58.2-21 in das Rekonstruktionsprogramm auf. Mit dem Neubaukessel der BR 50.35 stand ein Dampferzeuger mit höherer absoluter und spezifischer Verdampfungslei-

stung zur Verfügung. Der Einbau dieses Kessels in G 12-Lokomotiven versprach eine Beseitigung des Mißverhältnisses zwischen Kessel und Dampfmaschine.

Konstruktion

Der unverändert übernommene Ersatzkessel vom Typ 50 E besaß eine Verbrennungskammer. Gespeist wurde er von einer Mischvorwärmeranlage Bauart IfS/-DR mit Verbundmischpumpe VMP 15/20. Als zweite Speiseeinrichtung diente die übliche Dampfstrahlpumpe. Der Betriebsdruck des neuen Kessels war gegenüber dem alten G 12-Kessel um 2 bar höher. Der Neubaukessel übertraf den Ersatzkessel an Länge, so daß eine Vorschuhung des Rahmens erforderlich wurde. Luft- und Speisepumpe wurden an einem neuen Pumpenträger in Fahrzeugmitte angebracht. Der Naßdampfventilregler Bauart Schmidt & Wagner wurde auf Seitenzugbetätigung umgestellt. Der Aschkasten entsprach der Bauart Stühren und war nicht mehr am Stehkessel, sondern am Rahmen befestigt. Während die Steuerung der Außenzylinder unverändert blieb, wurde die Steuerung des Innenzylinders grundlegend umgestaltet. Um jedoch die kostspie-

lige Fertigung einer zweiten Kropfachse mit Steuerexzenter zu umgehen, griff man auf das bei der BR 39 (pr. P 10) bewährte Prinzip zurück. Der Antrieb der Innensteuerung wurde nunmehr vom fünften Kuppelradsatz abgenommen und mittels einer zwischen drittem und viertem Kuppelradsatz angeordneten Übertragungswelle auf die Innenschwinge übertragen. Statt der ursprünglichen Regelkolbenschieber und preußi-

TECHNISCHE DATEN

Bezeichnung			58.30
	ab 1970		58.3
Rekonstruktion (1. Jahr)			1958
Umbaustätte			Raw Zwickau
Bauart			1'E h3
Spurweite		mm	1435
Länge über Puffer			
mit Tender 2'2'T 28		mm	22110
Leermasse (ohne Tender)		t	88,0
Dienstmasse (ohne Tender)		t	97,2
Reibungsmasse		t	83,3
Verdampfungsheizfläche		m²	172,3
Strahlungsheizfläche		m²	17,9
Überhitzerheizfläche		m²	65,4
Betriebsvorräte	Kohle	t	10
	Wasser	m³	28
indizierte Leistung		kWi	1187
Höchstgeschwindigkeit		km/h	70

Neben anderen Dienststellen setzte auch das Bw Sangerhausen die Baureihe 58.30 ein (Juli 1972)

schen Druckausgleichventile Bauart Müller-Knorr erhielten alle drei Zylinder Trofimoff-Schieber. Für die rekonstruierte Baureihe 58 wurde das gleiche Führerhaus wie bei den Neubau-Schlepptenderlokomotiven der DR vorgesehen. Es entsprach im Prinzip der Einheitsbauart, wurde jedoch in geschweißter Ausführung gefertigt. Ursprünglich hatte man erwogen, das voranlaufende Bisselgestell gegen ein Krauss-Helmholtz-Lenkgestell zu tauschen. Diese Änderung ist jedoch nicht erfolgt.

Als Baumuster für die Rekonstruktion der G 12 diente die 58 1379. Sie verließ im März 1958 das Raw mit neuer Betriebsnummer 58 3001 und wurde bei der Fahrzeugversuchsanstalt Halle meßtechnisch untersucht. Die Meßfahrten wurden immer wieder wegen auftretender Heißläufer und Schieberschäden unterbrochen. Diese Schwierigkeiten resultierten aber nicht aus Konstruktionsmängeln, sondern waren das Ergebnis ungenauer Arbeitsausführung im Raw. Grundsätzlich zeigten die Ergebnisse der Meßfahrten, daß die Reko-G12 der Ursprungsausführung in allen Belangen überlegen war. Der Kohleverbrauch war niedriger, der Dampfverbrauch geringer als bei der alten G 12. Die Zugkraft der Reko-lok übertraf ebenfalls diejenige des Ausgangstyps.

Trotz der guten Ergebnisse der Meßfahrten erfolgten für den serienmäßigen Umbau einige Veränderungen an der Konstruktion. Diese Änderungen betrafen weniger prinzipielle, als vielmehr ästhetische Gesichtspunkte. Als ungünstig bei der 58 3001 wurde die Plazierung der Hauptluftbehälter auf dem Umlauf empfunden; die sehr unübersichtliche Verlegung der Kesselleitungen und Ventilzüge ließ jede Systematik vermissen. Für die serienmäßige Rekonstruktion erhielten die Hauptluftbehälter einen neuen Platz. Sie wurden nunmehr rechts und links unter dem Umlauf in Höhe der Zylinder angeordnet. Kesselleitungen und Ventilzüge verlegte man so, daß ein

ästhetisch befriedigendes Gesamtbild der Lok resultierte. Zur Vergrößerung des Aktionsradius wurden den rekonstruierten 58ern statt der angestammten dreiachsigen Tender vierachsige Tender unterschiedlicher Bauarten beigestellt, die ein größeres Fassungsvermögen für Wasser und Kohle besaßen. Zum Teil verwendete man überzählige Tender der BR 39 (preußische P 10), jedoch wurde eine Anzahl von Loks auch mit Neubautendern 2´2´T 28 gekuppelt, wie sie für die BR 23.10 und 50.40 Verwendung fanden. Auch der Wannentender der Kriegslok BR 52 lief hinter der Reko-58, und einige Maschinen waren sogar mit 26- bzw. 34-m³-Einheitstendern gekuppelt.

Die Rekonstruktion der Baureihe 58.2 erstreckte sich über den Zeitraum von 1958 bis 1963. Insgesamt wurden 56 Maschinen rekonstruiert, denen die Betriebsnummern 58 3001 – 3056 zugewiesen wurden. Darunter waren auch vier Loks elsässischer Herkunft – AL 5631, AL 5655, AL 5593 und AL 5673. Diese Maschinen waren vor ihrer Rekonstruktion nicht im Betriebsdienst der DR eingesetzt, sondern entstammten dem Abstellpark der DR.

Ursprünglich hatte man beabsichtigt, etwa 100 Loks der Reihe G 12 zu rekonstruieren. Daß jedoch nach der 56. Lok die Rekonstruktion nicht weitergeführt wurde, lag nicht etwa daran, daß sich die Maschinen nicht bewährt hätten, sondern daran, daß sich die DR verstärkt der modernen Traktion zuwandte und die allmähliche Ablösung der Dampfloks durch Diesel- und Elektrolokomotiven anstrebte.

Betriebseinsatz

Die Reko-Lokomotiven der BR 58.30 haben sich im Betriebsalltag sehr gut bewährt; ihnen waren Zugförderungsaufgaben zuzumuten, die sich von denen der schweren Einheitslok der BR 44 kaum noch unterschieden. Im Jahre 1970 wurde

bei allen 56 Maschinen entsprechend dem Umzeichnungsplan der DR der Betriebsnummer die EDV-Kontrollziffer hinzugefügt. Etwa zum gleichen Zeitpunkt wurde eine Bauartänderung in Angriff genommen, die das Aussehen der Maschinen leicht veränderte: Die Witte-Windleitbleche wurden im oberen Teil abgeschrägt. Diese Änderung geschah nicht etwa um eines schöneren Aussehens willen, sondern hatte höchst pragmatische Gründe. Da die Windleitbleche bei den Reko-58ern recht weit vorstanden, kam es häufig vor, daß sich bei mit der Front zueinander abgestellten Loks die Bleche miteinander verhakten. Das war insbesondere dann der Fall, wenn die Maschinen Puffer an Puffer standen. Lädierte Windleitbleche waren fast zwangsläufig die Folge. Mit der Abschrägung der Bleche wurde diesem Mißstand wirkungsvoll begegnet.

Die BR 58.30 war vorwiegend auf den Strecken des sächsischen und thüringischen Hügellandes zu Hause. Sie war zunächst in nur drei Bahnbetriebswerken konzentriert: Leipzig-Engelsdorf, Dresden-Friedrichstadt und Gera. Dem Bw Gera hatte man ausschließlich Maschinen mit Neubautender zugeteilt. Später beheimateten auch die Bw Karl-Marx-Stadt-Hilbersdorf, Saalfeld, Gotha und Sangerhausen die Reko-G 12. Im Jahre 1975 wurde eine größere Anzahl von Maschinen zum Bw Riesa umbeheimatet, das dafür seine nicht rekonstruierten 58er nach Aue abgab. Letztes Einsatz-Bw für die BR 58.30 wurde das Bw Glauchau, das noch bis Anfang der 80er Jahre Zugförderungsleistungen mit ihr erbrachte. 1982 schied die Reko-G 12 endgültig aus dem Betriebsdienst aus. Mit der 58 3047 blieb jedoch ein Exemplar als betriebsfähige Traditionslok erhalten. Die Maschine war als Traditionslok in ihrem letzten Einsatz-Bw, dem Bw Glauchau, stationiert und wurde von einem Team engagierter Eisenbahner gepflegt und instandgehalten. Sie war auf vielen Fahrzeugschauen zu sehen und wurde regelmäßig auch zur Bespannung von Sonderzügen für Eisenbahnfreunde und andere Interessenten herangezogen.

Heute ist das weitere Schicksal der 58 3047, wie das der meisten Museums- und Traditionsloks der ehemaligen DR, recht ungewiß – gleichgültig, ob sie sich nun im Eigentum der DB AG oder im Besitz privater Interessengemeinschaften befinden. Eine Erhaltung auf lange Sicht wäre für das letzte Exemplar der Reko-G 12 wünschenswert, hat doch die Deutsche Reichsbahn gerade mit der Baureihe 58.30 bewiesen, welch ungeahnte Möglichkeiten sich durch die Verbesserung einer bereits vorhandenen Konstruktion ergeben, und mit den rekonstruierten Maschinen eine Baureihe geschaffen, die es im Hinblick auf ihre Leistungsfähigkeit durchaus mit der Baureihe 44 aufnehmen konnte, jedoch wegen ihrer geringeren Radsatzfahrmasse freizügiger als jene einsetzbar war.

REDAKTION: HANS WIEGARD; FOTOS: SLG. JASTER, SCHEIBE

Die steigungsreichen Strecken Württembergs führten zur Konstruktion einer 1'F-Lokomotive. Von der DRG wurde sie als Baureihe 59⁰ eingeordnet

Baureihe 59⁰ (wü K)

Ständig waren die Königlich Württembergischen Staatseisenbahnen bemüht, vor allem für den Güterzugdienst auf der Geislinger Steige äußerst zugkräftige Dampflokomotiven zu entwickeln, um hier Zugteilungen oder Schiebedienste zu vermeiden. Nachdem die bereits 1892 entwickelte fünffach gekuppelte Klose-Lokomotive und 1905 eine Steifrahmenmaschine mit Gölsdorf-Laufwerk bemerkenswerte technische Fortschritte brachten, wagte man in Württemberg den seltenen Schritt zum Bau einer sechsfach gekuppelten Güterzugschlepptender-Lokomotive. Da zumindest in Mittel- und Westeuropa bis auf die österreichische Reihe 100 keinerlei Erfahrungen auf diesem Gebiet vorlagen, gehörte hierzu nicht nur viel Mut, sondern auch technisches Können. Aus den Erfahrungen mit den Lokomotiven der Gattungen H und Hh wurde eindeutig klar, daß eine weitere Leistungssteigerung nur durch einen größeren Kessel zu erzielen war. Da die zulässige Achsfahrmasse in Württemberg nur 16 t betrug, ergab sich die Forderung nach einer 1'Fh4v-Maschine. Um aber einen wirtschaftlichen Betrieb zu ermöglichen, konnte von der Besetzung eines Heizers und der traditionellen Handfeuerung nicht abgewichen werden, so daß die gewollte große Leistung nur durch Dampfüberhitzung, Verbundwirkung und Abdampfvorwärmung zu erzielen war. Noch vor dem Beginn des Ersten Weltkriegs übergaben die

Königlich Württembergischen Staatseisenbahnen einen Grobentwurf an die Maschinenfabrik Esslingen, der zunächst weiter entwickelt werden mußte. Unmittelbar danach war der Bau von drei Probelokomotiven vorgesehen. Durch den Ersten Weltkrieg verzögerte sich infolge Materialmangels und fehlender Arbeitskräfte die Fertigstellung der ersten Maschine bis 1917. Ausgiebige Versuchsfahrten zeigten, daß sich die Aufwendungen für eine solche Konstruktion gelohnt hatten. Es war eine ausgesprochene Bergmaschine entstanden, die problemlos auf einer 25-Promille-Steigung einen 420 t schweren Zug mit 25 km/h zog. In der Ebene vermochte die Lokomotive einen 1 420-t-Zug mit 65 und einen 2 600-t-Zug mit 50 km/h zu bewegen. Überdurchschnittliche Verschleißerscheinungen am Triebwerk waren nicht festzustellen. Das Leistungsvermögen der württembergischen K war so groß, daß selbst auf der Geislinger Steige Kessel- und Reibungsgrenze nicht voll ausgenutzt wurden. Nachdem 1918 weitere zwölf Maschinen hinzukamen, folgten 1919 eine Lok und 1923/24 nochmals 29 Loks. Im DRG-Umzeichnungsplan wurden alle 44 Fahrzeuge berücksichtigt; sie erhielten die Nummern 59 001 – 59 044.

Konstruktion

Der Langkessel bestand aus zwei zylindrischen Kesselschüssen. Der rechteckig

gestaltete Stehkessel schloß in halbrunder Form an den Langkessel an. Mit 4,2 m² bot der schräg liegende Rost eine ausreichende Verbrennungsfläche. Erhielten die ersten drei Lokomotiven noch eine kupferne Feuerbüchse mit üblicher Schirmbauart, mußten die folgenden Maschinen wegen kriegsbedingter Materialengpässe mit Stahlfeuerbüchsen ausgestattet werden, die allerdings einen nach unten gewölbten Feuerschirm besaßen. Er ruhte auf vier Wasserrohren zwischen Stehkesselrück- und Stehkesselvorderwand. Vorhanden waren ein Kipprost und ein trichterförmiger Aschkasten mit Bodenklappen. Hinzu kamen ein großer Rauchrohrüberhitzer der Bauart Schmidt,

TECHNISCHE DATEN

DRG-Bezeichnung		59 001 – 59 044
frühere Bezeichnung		wü K
Beschaffungszeitraum		1917 – 1924
Bauart		1'Fh4v
Spurweite	mm	1435
Länge über Puffer mit Tender	mm	20 190
Tenderbauarten		wü 2'2' T 20,
		pr 2'2' T 21,5 oder
		pr 2'2' T 31,5
Leermasse (ohne Tender)	t	98,2
Dienstmasse (ohne Tender)	t	108,0
Reibungsmasse	t	94,6
Verdampfungsheizfläche	m²	232,0
Strahlungsheizfläche	m²	38 x 4
Kohlevorrat	t	6,0
Wasservorrat	m³	20,0
Höchstgeschwindigkeit	km/h	60

Damit das komplizierte Triebwerk dieser Maschinen störungsfrei arbeitete, wurden 42 Stellen von im Führerstand installierten Bosch-Ölern versorgt

eine Speisewasservorwärmanlage mit Speisepumpe und zwei nichtsaugende Strahlpumpen der Bauart Friedmann. Der Blechrahmen setzte sich aus zwei durchlaufenden Rahmenplatten zusammen, die durch den vorderen und hinteren Kuppelkasten, die Zylinderteile und Stahlgußquerträger versteift wurden. Das Laufwerk mit Fünfpunktabstützung erhielt Blatttragfedern, die für die Laufachse oberhalb und für die sechs gekuppelten Treibachsen unterhalb der Achslager angebracht waren. Ausgleichhebel verbanden die Laufachse und die erste bis vierte sowie die fünfte und sechste Kuppelachse. Das voranliegende Bissel-Gestell war ebenso seitenverschiebbar wie die erste und sechste Kuppelachse. Die Räder der dritten und vierten Kuppelachse hatten geschwächte Spurkränze erhalten. Zum Vierzylinder-Heißdampf-Verbund-

triebwerk gehörten außenliegende und waagerecht installierte Niederdruck-Zylinder und die innenliegenden, geneigten Hochdruck-Zylinder.

Mit Einströmraum und Schieberkammern bildeten beide Hochdruckzylinder einen Gußteil. Zur außenliegenden Heusinger-Steuerung mit Hängeeisen gehörten fliegend gelagerte Schwingen. Die innenliegenden Hochdruckschieber wurden über Zwischenwelle und Umkehrhebel angetrieben. Ein Hilfsdampfventil gestattete die zusätzliche Einspeisung von Hochdruck-Dampf zur Verbesserung des Anfahrverhaltens.

Die Westinghouse Bremse nebst Zusatzbremse wirkte einseitig auf die erste bis fünfte Kuppelachse. Während die Laufachse ungebremst blieb, wurde der Tender zweiseitig abgebremst. Übrigens kuppelte man die K-Maschinen mit Tendern

der Gattungen wü 2'2' T 20, pr 2'2' T 21,5 oder pr 2'2' T 31,5. Um die umfangreichen beweglichen Teile des Sechskupplers ausreichend schmieren zu können, waren zwei Bosch-Schmierölpumpen vorhanden, die immerhin 42 Stellen des Lauf- und Triebwerks versorgten

Betriebseinsatz

Nachdem die Deutsche Reichsbahn-Gesellschaft schrittweise alle Hauptstrecken für eine Achsfahrmasse von 20 t ausgebaut hatte, waren leistungsfähige Lokomotiven in Form eines Fünfkupplers ausreichend und Maschinen der Bauart 1'Fh4v nicht mehr erforderlich. Bis zur Elektrifizierung der Geislinger Steige 1932/33 galten die Lokomotiven der Baureihe 59⁰ dort als unersetzlich.

Danach wurden sie noch auf anderen Strecken des Direktionsbezirks Stuttgart genutzt und ab 1942 auf die von der DR betriebenen Strecken im an das Reich „angeschlossenen" Österreich genutzt. 1945 übernahmen die ÖBB einen Teil der Maschinen, gaben sie aber zum größten Teil zwischen 1946 und 1952 nach Deutschland, Jugoslawien und in die Sowjetunion ab. Nachdem die ÖBB der Deutschen Bundesbahn im August 1952 vier Maschinen übergeben hatten, gelangten sechs weitere Lokomotiven der Baureihe 59⁰, die nach dem Zweiten Weltkrieg in Ungarn verblieben waren, ebenfalls zur DB. Hier wurden sie jedoch kaum noch genutzt.

Bereits 1953 waren sie im Betriebspark der Deutschen Bundesbahn nicht mehr enthalten, so daß eine erneute Inbetriebnahme in Deutschland angezweifelt werden muß.

Lokomotive 59 005 im schweren Güterzugdienst Mitte der dreißiger Jahre im Bahnhof Maulbronn

AUTOR: W.- D. MACHEL, AUFNAHMEN: SLG. HÖRNEMANN

Zusammen mit Stahlleichtbau-Wagen bildete die 61 001 den berühmten „Henschel-Wegmann-Zug", der den Schnelltriebwagen Paroli bieten sollte

Baureihe 61

Die ersten Schnellfahrdampflokomotiven gab die DRG 1933 in Auftrag, weil sie Reisezugwagen bei hohen Geschwindigkeiten erproben und betriebspraktische Erfahrungen mit sehr schnellen Dampfzügen sammeln wollte. So entstand die Baureihe 05. Anderen Gesichtspunkten entsprang 1934 der Entschluß der Reichsbahn, eine stromlinienverkleidete Tenderlokomotive zu beschaffen: Das Zeitalter des Schnellverkehrs war bereits eingeläutet. Der für Tempo 160 zugelassene Dieseltriebwagen VT 877 erreichte zwischen Berlin und Hamburg eine Reisegeschwindigkeit von 124,6 km/h. Weitere Schnelltriebwagen befanden sich in Entwicklung. Firmen wie Wumag, Linke-Hofmann und Maybach drohten für die vornehmlich mit dem Dampflokbau beschäftigten Fabriken zur ernsthaften Konkurrenz zu werden. Noch ehe der „Fliegende Hamburger" im Mai 1933 den Plandienst aufnahm, erkannte Henschel-Direktor Karl Imfeld die Gefahr, künftig weniger Aufträge für Schnellzuglokomotiven zu erhalten. Ein mit den Triebwagen konkurrenzfähiger leichter Dampfzug sollte speziell auf die Bedürfnisse des Städteschnellverkehrs zugeschnitten sein. So skizzierte das Henschel-Konstruktionsbüro unter Leitung von Georg

Heise den Vorentwurf einer stromlinienverkleideten 2'B1'-Tenderlok mit zweiylindrigem Innentriebwerk. Die wie Henschel in Kassel ansässige Waggonbaufirma Wegmann entwarf den dazu passenden kurzgekuppelten Doppelwagen. Im April 1933 wurde die Studie an DRG-Generaldirektor Julius Dorpmüller übergeben.

Erst im Oktober kam das Projekt auf die Tagesordnung des Lokausschusses. Professor Hans Nordmann, Versuchsdezernent des Reichsbahn-Zentralamtes, empfahl, den Entwurf zu überarbeiten und den „Dampftriebzug" dann ausführen zu lassen. Ausdrücklich sollte er auf den Routen Berlin – Hamburg und Berlin – Köln ersatzweise für die Schnelltriebwagen verkehren können. Entsprechend reichlich waren die Vorräte der Lokomotive zu bemessen: Kohle für 600 km, Wasser für 300 km. Im übrigen erwarteten die Reichsbahn-Experten vom leichten Dampfzug sogar einen Wirtschaftlichkeitsvorsprung gegenüber dem Dieseltriebwagen. Anhand des Henschel-Entwurfs errechneten sie um 6 % niedrigere Betriebskosten pro Kilometer. Außerdem spielte der Vorteil heimischen Brennstoffs eine entscheiden-

de Rolle, denn das Dritte Reich wollte von Ölimporten weitgehend unabhängig werden.

Der 1934 endgültig festgelegte Entwurf für den Henschel-Wegmann-Zug wich vom ursprünglichen dann doch stark ab. Die Projektstudie ging noch davon aus, den gesamten Zug samt Lokomotive an den Endbahnhöfen zu drehen, die durch Mittelpufferkupplung mit dem Doppelwagen verbundene Lok also nicht umzurangieren. Dies hätte das Wenden auf Gleisdreiecken erfordert. Nunmehr sollte die Lokomotive wechselweise an beiden Zugenden laufen, allerdings nicht gedreht werden müssen.

TECHNISCHE DATEN

Bezeichnung		61 001	61 002
Indienststellung (1. Jahr)		1936	1939
Hersteller		Henschel	Henschel
Bauart		2'C2' h2	2'C3' h3
Spurweite	mm	1.435	1.435
Länge über Puffer	mm	18.475	18.825
Lokdienstmasse (mit 2/3 Vorräten)	t	129,1	146,3
Reibungsmasse	t	56,7	56,3
Betriebsvorräte Kohle	t	5	6
Wasser	m³	17	21
indizierte Leistung	kWi	1.070	1.070
Höchstgeschwindigkeit	km/h	175	175

Die Laufruhe der zweizylindrigen 61 001 befriedigte noch, entsprach aber nicht den Erwartungen

Das Konzept der Mittelpufferkupplung Bauart Scharffenberg behielt man bei, sah aber eine herkömmliche Schraubenkupplung als Notkupplung vor. Dazu sollten Hülsenpuffer als Stoßvorrichtung dienen. Auch Sitzplatzangebot und Reisekomfort galt es zu erhöhen. Deshalb waren jetzt vier Wagen mit Faltenbalg-Übergängen geplant, davon einer mit Speiseraum (23 Plätze) sowie Post- und Gepäckabteil. Die übrigen wurden als Seitengangwagen mit insgesamt 48 Plätzen zweiter und 144 Plätzen dritter Klasse konzipiert. Damit bot der Zug eine von Schnelltriebwagen bisher unerreichte Kapazität.

Trotz Stahlleichtbauweise brachte es der Wagenzug auf ein Gewicht von 125 t. Daraus resultierte natürlich eine höhere Leistungsanforderung an die projektierte Lokomotive 61 001. Mit zwei Kuppelachsen war nicht mehr auszukommen. Da die Tenderlok sich gleichermaßen für Vor- und Rückwärtsfahrt eignen sollte, lief die Konstruktion beinahe zwangsläufig auf die

symmetrische Achsfolge 2'C2' hinaus. Hinsichtlich der Raddurchmesser orientierte man sich an der Baureihe 05: Die Kuppelräder maßen 2.300 mm und die Laufräder 1.100 mm. Bei der Ausbildung des Triebwerkes lehnten sich die Henschel-Ingenieure aber nicht an die 05 an. Sie wollten Gewicht sparen und wählten das Zwillingstriebwerk. Ein dritter Zylinder hätte angesichts der Vorräte, die auf der Lok unterzubringen waren (insbesondere in den seitlichen Wasserkästen), die Achslasten des vorderen Drehgestells zu sehr erhöht. Die Laufruhe hielten die Ingenieure bei optimal ausgeglichenen Gegengewichten der Kuppelradsätze für ausreichend. Planmäßig sollte der Henschel-Wegmann-Zug mit 160 km/h verkehren, was für die Kuppelräder eine Drehzahl von 369 U/min ergab. Dieser Wert entsprach fast der Drehzahl der Zwei-Meter-Räder der 03 bei 140 km/h (371 U/min). Kühn wurde die zulässige Höchstgeschwindigkeit der 61er sogar auf 175 km/h festgelegt.

Im Mai 1935 übergab Henschel die 61 001 an die Reichsbahn. Mit dem zugehörigen Wagenzug war sie von Juli bis Oktober eine Hauptattraktion auf der Nürnberger Jubiläumsschau „100 Jahre deutsche Eisenbahnen". Anfang 1936 begann das Lokomotiv-Versuchsamt Grunewald mit den Meßfahrten, wobei die Lok bis zu 185 km/h erzielte. Der Kessel zeigte sich auch extremen Leistungsspitzen gewachsen, dagegen konnte die Laufruhe bei 160 km/h gerade noch befriedigen – für Professor Nordmann ein Argument mehr, bei Schnellfahrloks generell zum Dreizylinder-Triebwerk überzugehen.

Konsequenterweise wurde die zweite für den Henschel-Wegmann-Zug bestimmte Lokomotive als „Drilling" ausgeführt. Rückblickend muten die für den Bau der 61 001 als Zweizylinderlok angegebenen Gründe etwas ominös an, schließlich bekamen die Konstrukteure bei der 61 002 die Gewichtsprobleme ja in den Griff! Warum wurde sie ber erst 1939 fertiggestellt? – Dazu trug sicherlich die inzwischen angestellte Überlegung bei, in der Konstruktion von Schnellfahrloks von der Kolbendampfmaschine überhaupt abzugehen. Erste Henschel-Entwürfe für Dampfmotorlokomotiven datieren aus dem Jahr 1934 und wurden 1936 nochmals aufgegriffen: die Firma legte der Reichsbahn-Hauptverwaltung die Skizze einer 2'Co3'-Lokomotive mit Kohlenstaubfeuerung und Kondensationseinrichtung vor. In Dampftriebwagen hatte sich der Einzelachsantrieb bewährt. Für eine sogleich im Plandienst mit 160 km/h einzusetzende Lokomotive erschien er den maßgeblichen Herren in Berlin wohl doch zu avantgardistisch. Im Oktober 1936 erhielt Henschel den Auftrag, die 61 002 in konventioneller Antriebstechnik zu bauen. Eine andere Gewichtsverteilung sollte den Einbau eines dritten Zylinders unter Einhaltung der zulässigen vorderen Drehgestell-Achslasten ermöglichen. Deshalb rückten Kessel und Führerhaus ein Stück

Sichtbarer Unterschied der 61 002 zu ihrer Schwesterlok war das dreiachsige hintere Laufgestell. Für den Plandienst kam sie im Jahr 1939 zu spät

nach hinten. Obendrein forderte die Reichsbahn größere Kohle- und Wasservorräte, die nur beim Einbau einer dritten hinteren Drehgestellachse unterzubringen waren. Das Henschel-Entwicklungsbüro ließ sich indes Zeit, zumal es sich bei der 61 002 um ein Einzelstück ohne Aussicht auf Folgeaufträge handelte. Trotz aller Autarkiebestrebungen des Deutschen Reiches wurde die Entwicklung der Diesel-Schnelltriebwagen noch vorangetrieben, die 1937 bestellten SVT der Bauart „Köln" boten mit Speiseraum und geschlossenen Abteilen einen dem Henschel-Wegmann-Zug ebenbürtigen Komfort. Eindeutig für den Dampfzug sprach nurmehr das größere Platzangebot, das mit einem fünften Wagen sogar erweitert werden sollte. Schließlich lieferte Henschel die 61 002 im Juni 1939 an die Reichsbahn – wegen der notwendigen Probefahrten bereits zu spät für den Plandienst im Schnellverkehr Berlin – Dresden. Dem hatte der Kriegsausbruch ein Ende gesetzt.

Die Deutsche Reichsbahn ließ nach 1945 das Triebwerk der 61 002 freilegen, die Stromschale aber blieb erhalten. Der Kesseldruck wurde auf 16 bar herabgesetzt. Nach wenig gattungsgerechten Einsätzen wurde die Lok 1961 zur 18 201 umgebaut, wobei lediglich das Laufwerk (ohne hinteres Drehgestell) und der Hauptteil des Rahmens für die „Rekolok" Verwendung fanden. Noch schlechter erging es der zur Bundesbahn gelangten 61 001: Auch die DB ordnete die Reduzierung des Kesseldrucks auf 16 bar und das Entfernen der Triebwerksverkleidung an. Sie wußte je-

doch mit der Stromlinienlok kaum Sinnvolles anzufangen (siehe Kapitel Betriebseinsatz).

Konstruktion

61 001: Der genietete, für 20 bar Druck ausgelegte Kessel hatte eine Rohrlänge von 5.000 mm. Der vordere Langkesselschuß trug den Speisedom, der hintere Langkesselschuß den Dampfdom mit Naßdampfventilregler Bauart Schmidt & Wagner. Der Sandkasten saß zwischen Dampfdom und Führerhaus. Die lange, schmale, über dem Rahmen liegende Feuerbüchse war aus Kupfer gefertigt. Der Kessel wurde mittels Verbundspeisepumpe gespeist, die das Wasser durch den quer in die Rauchkammer eingelassenen Knorr-Oberflächenvorwärmer in den Speisedom drückte. Als zweite Speiseeinrichtung diente eine Dampfstrahlpumpe. Der 80 mm starke Barrenrahmen stützte sich in sechs Punkten auf dem Laufwerk ab: in je zwei Punkten auf den beiden Drehgestellen, in weiteren zwei Punkten auf den durch Ausgleichhebel verbundenen Tragfedern der Kuppelachsen. Alle drei Kuppelachsen waren fest im Rahmen. gelagert. Der Kuppelraddurchmesser betrug 2.300 mm, der Laufraddurchmesser 1.100 mm. Die Spurkränze des Treibradsatzes waren um 15 mm geschwächt. Die beiden Dampfzylinder mit 460 mm Durchmesser und 750 mm Kolbenhub trieben die zweite Kuppelachse an. Die außenliegende Heusinger-Steuerung für Inneneinströmung war mit Kuhnscher Schleife durchgebildet. Das gewährleistete eine gleiche Dampfverteilung für beide Fahrtrichtungen. Die Schieberkästen hatten Druckausgleichkolbenschieber Bauart Karl Schulz (Nicolai). Die Lokomotive war mit der selbsttätig wirkenden Schnellbahnbremse Bauart Hildebrand-Knorr mit Zusatzbremse und einer Wurfhebelbremse ausgerüstet. Alle Kuppel- und Laufräder wurden doppelseitig abgebremst. Der Druckluft-

Die 61 002 erhielt bei der Ost-Reichsbahn eine neue Farbgebung

sandstreuer sandete alle Kuppelräder in beiden Fahrtrichtungen.

Um dem Lokführer die Streckensicht bei Rückwärtsfahrt zu erleichtern, waren Steuerbock, Regler, Bremsventile und andere Apparate doppelt ausgeführt. Die Stromlinienverkleidung reichte seitlich bis zur Achslagermitte der Laufachsen herab. Klappen gewährleisteten den Zugang zu Triebwerk, Armaturen und Rauchkammer. Der Wasservorrat von 17 m³ war in fünf Wasserkästen untergebracht (zwei seitlich am Langkessel, zwei zwischen den Rahmenwangen, einer hinter dem Führerhaus). Der 5 t Kohle fassende Kohlekasten war durch Klappen verschlossen.

61 002: Die konstruktiven Abweichungen gegenüber der 61 001 betrafen Stahlfeuerbüchse, zweiten Sandkasten auf dem Kesselscheitel, Vorwärmer längs über dem rechten Außenzylinder angeordnet, Treibradsatz zusätzlich mit 6 mm Rückenschwächung. Hinteres Drehgestell dreiachsig, Dreizylindertriebwerk mit 390 mm Zylinderdurchmesser und 660 mm Kolbenhub (Außenzylinder trieben die zweite, waagerecht liegender Innenzylinder trieb die erste Kuppelachse an), unabhängig voneinander arbeitende außen- und innenliegende Heusingersteuerungen, Wasservorrat auf 21 m³ und Kohlevorrat auf 6 t vergrößert.

Betriebseinsatz

Die mit der 61 001 ab Januar 1936 durchgeführten Leistungsversuche mußten wegen Demonstrationsfahrten mehrmals unterbrochen werden. Vor den für die Presse

Die DR hatte die Strecke Berlin – Dresden für die 61 vorgesehen

reservierten Henschel-Wegmann-Zug gespannt, legte die Lok am 25. Februar die Strecke Berlin Lehrter Bahnhof – Hamburg Hbf in zwei Stunden und 32 Minuten zurück (113 km/h Reisegeschwindigkeit bei 175 m/h Spitze). Zusammen mit 05 002, einem SVT „Bauart Leipzig" und einem Doble-Dampftriebwagen war sie vom 9. bis 11. Mai auch an den für hochrangige Gäste veranstalteten „Sonderfahrten mit Schnellfahrzeugen" beteiligt. Schlagzeilen machte damals allerdings die Weltrekordfahrt der 05. Für den Planeinsatz der 61 001 hatte die Reichsbahn die Strecke Berlin – Dresden ausgewählt, da sie ohne Wasserfassen bewältigt werden konnte. Die Forderung, 300 km „in einem Rutsch" zu durchfahren, ließ sich nicht erfüllen.

Am 14. Mai 1936 wurde 61 001 aus Grunewald zum Bw Dresden-Altstadt überführt. Einen Tag später nahm sie mit dem Henschel-Wegmann-Zug den Plandienst auf. Für D 53, D 57 und D 58 galten zwischen Berlin Anhalter Bf und Dresden-Neustadt 95 Minuten Fahrzeit, was bei 176 km Entfernung einem Reiseschnitt von 111,2 km/h entsprach (der vierte Kurs mit D 54 brachte es „nur" auf 108,9). Die 3,9 km zum Dresdener Hauptbahnhof blieben in der Reichsbahn-Statistik der schnellsten Dampfzüge außen vor. Nur noch die 05-bespannten FD und die mit 03 gefahrenen „Triebwagen-Ersatz-FD" zwischen Berlin und Hamburg übertrafen die Werte des Henschel-Wegmann-Zugs.

Demnach erreichte die mit 160 km/h schnellere 61 nicht die Reisezeiten der „nur" mit 140 km/h fahrenden 03. Dieses

Phänomen läßt sich erklären: Auf der Dresdener Bahn war nur der Abschnitt Zossen – Uckro für ein derartiges Tempo geeignet, und selbst wenn lediglich 135 m/h gefahren wurde, ließ sich der Plan halten. Schließlich waren die Fähigkeiten der Ersatzloks 01 184 und 185 (später auch 01 226 mit Stromlinientender) zu berücksichtigen. Ab Winter 1936/37 galt dann nur noch für D 53 die oben angegebene Fahrzeit, für die anderen drei Kurse wurde sie um bis zu vier Minuten verlängert.

In die Werkstatt mußte die 61 001 recht häufig, manchmal für Wochen und bei Zwischenausbesserungen im RAW Brandenburg-West sogar für Monate. Endlich durfte das Bw Dresden-Altstadt 1939 auf eine zweite Schnellfahrlok hoffen. Doch 61 002 traf nach Absolvierung der Grunewälder Meßfahrten erst um die Jahreswende 1939/40 ein. Da war es mit dem Plandienst des Henschel-Wegmann-Zuges schon vier Monate (seit Ende August '39) vorbei!

Bald diente die Wagengarnitur als Lazarettzug. 61 001 und 002 quälten sich mit schwereren Schnellzügen noch einige Zeit u.a. nach Berlin, mußten sich dann aber meist mit Personenzügen im Dresdener Raum begnügen.

1943 übernahm das RAW Braunschweig die Unterhaltung beider Lokomotiven. Dort befand sich 61 001 Ende des Krieges zur Zwischenausbesserung. Als diese im Juni 1945 abgeschlossen war, kam eine Rückkehr aus der britischen Zone ins angestammte Heimat-Bw nicht mehr in Frage. Im März 1946 gelangte die Stromlinienlok zum Bw Hannover Ost und im Oktober

1948 zum Bw Bielefeld. Dort verwendete man sie nach vorübergehender Abstellung 1950/51 im Triebwagen-Ersatzdienst Münster – Herford – Altenbeken. Rührige Bemühungen des Bielefelder Betriebswerkes, das im November 1951 bei einem Unfall beschädigte Einzelstück erneut in Braunschweig ausbessern zu lassen, scheiterten. Am 14. November 1952 wurde die 61 001 ausgemustert. Bis zu ihrer Zerlegung ließ sich die Bundesbahn immerhin noch viereinhalb Jahre Zeit.

61 002 blieb den Dresdenern zunächst erhalten und wurde vor Personenzügen auf der Strecke nach Bad Schandau eingesetzt. Sie kam aber des öfteren auch zu Schnellzugfahren auf der Stammroute nach Berlin Anhalter Bahnhof. Um 1950 wechselte die Lok zum Bw Berlin-Lichtenberg Ost und beförderte u.a. D 29/30 Berlin – Leipzig – Berlin. Für hohe Zuggewichte war sie aber nun mal nicht geschaffen. Und so folgte 1951/52 die Degradierung in den Personenzugdienst auf Berliner Vorortstrecken. Die Fahrzeugversuchsanstalt Halle indes wußte die wahren Qualitäten der 61 002 zu schätzen und holte sie gelegentlich zu Schnellfahrversuchen. Spätestens 1958 war die Berliner Zeit ein für allemal vorbei. Anschließend vollzog sich die Metamorphose zur 18 201.

Die Wagen des Henschel-Wegmann-Zuges wurden umgebaut und lief bei der Bundesbahn als feste Wagengarnitur hinter 01 oder V 200 als „Blauer Enzian". 1959 wurden die Wagen aus dem Verkehr gezogen und in den sechziger Jahren verschrottet.

Mit dem D 57 am Haken verläßt 61 001 den Dresdener Hauptbahnhof in Richtung Berlin. Im Gleisvorfeld warteten neben anderen 39 174 und 19 005

REDAKTION: KONRAD KOSCHINSKI; FOTOS: SLG. SÄUBERLICH, SLG. REIMER, SLG. KNIPPING

Lange Jahre taten einige der 62er im Berufsverkehr rund um Berlin Dienst. 1962 kam die 62 015 mit zwei Doppelstockeinheiten durch Ahrensfelde

Baureihe 62 (DR 62.10)

Nach dem ersten Typisierungsplan der Deutschen Reichsbahn von 1923 waren auch zwei weitgehend baugleiche Personenzuglokomotiven mit 20 t Achsfahrmasse vorgesehen, eine 2'C-Schlepptendermaschine und eine 2'C2'-Tenderlok. Zum Bau der 2'C mit der vorgesehenen Baureihenbezeichnung 20 ist es allerdings nie gekommen. Den Auftrag über den Bau von 15 Tenderloks der Baureihe 62 erhielt im Jahre 1927 die Firma Henschel. Je fünf Loks sollten an die Reichsbahndirektionen Elberfeld, Hannover und Würzburg geliefert werden. Sie waren für den schweren Personenzugdienst auf Kurzstrecken vorgesehen. Noch im selben Jahr wurde die geplante Verteilung geändert: nun waren zehn für die Rbd Halle, die restlichen für die Rbd Stettin vorgesehen. Als erste wurden 62 001 und 002 am 15. Juni 1928 an das Bw Lennep der Direktion Elberfeld geliefert. Die restlichen 13 wurden vorerst nicht abgenommen und standen konserviert abgestellt auf dem Werkhof der Firma Henschel, weil sich der Ausbau von Strecken für 20 t Achsfahrmasse aus Kostengründen erheblich verzögerte. Für die 62er fand sich daher kaum eine Verwendungsmöglichkeit. Erst auf mehrfaches Drängen Henschels

wurden die übrigen 13 Lokomotiven zwischen dem 14. Dezember 1931 und dem 25. Juli 1932 abgenommen.
Bald nach ihrer Abnahme wurden 62 001 und 002 im Lokomotiv-Versuchsamt Grunewald untersucht. Einen D-Zug von 625 t Last beförderte sie mit 100 km/h, 385 t auf einer Steigung von 10 ‰ noch mit 60 km/h. Als Zylinderleistung wurden 1.235 kW gemessen. Die Kohle- und Dampfverbrauchswerte lagen günstiger als die der Baureihe 01. Der Gesamtwirkungsgrad war höher als bei den meisten anderen Einheitslokomotiven. Mit gleichen Zylinderabmessungen, aber kleineren Kuppelachsen als die der 01 konnte die Baureihe 62 besser beschleunigen als die etwas träge Pazifik. Auch auf den Steigungsstrecken des Thüringer Waldes zeigte sie sich später den hochbeinigen Schnellzugloks überlegen. Durch die in beiden Fahrtrichtungen gleich hohe Geschwindigkeit von 100 km/h brauchte sie an den Endbahnhöfen nicht gedreht zu werden. Die Vorräte waren erstmals bei einer deutschen Tenderlok vollständig hinter dem Führerhaus untergebracht. So hatte das Personal freie Sicht auf die Strecke und der Kessel war besser zugänglich. Die Abnahme der Vorräte führte deshalb nur noch zu einer geringen

Reduzierung der Reibungsmasse. Die Einsatzmöglichkeiten wurden durch die geringen Vorräte von 14 m³ Wasser und 4,3 t Kohle jedoch stark eingeschränkt.
Weitere Lieferungen der Baureihe 62 erfolgten trotz ihrer Leistungsfähigkeit nicht mehr: Hoher Achsdruck und geringe Vorräte schränkten ihre Verwendungsmöglichkeiten zu stark ein. Der Kessel wurde später bei den Gebirgstenderlokomotiven der Baureihe 84 wieder angewendet.

Konstruktion

Die Lokomotiven besaßen genietete Einheitskessel aus zwei Schüssen mit 4.700 mm Rohrlänge. Der maximale Kesseldruck betrug 14 bar. Der vordere Speisedom besaß Winkelrost-Schlammabscheider, der hintere Dampfdom den Naßdampfventilregler Bauart Schmidt-Wagner. Der Sandkasten war abweichend von den mei-

Bezeichnung		62
ab 1970 (DR)		62.10
Indienststellung (1.Jahr)		1928
Hersteller		Henschel
Bauart		2'C2'h2
Spurweite	mm	1.435
Länge über Puffer	mm	17.140
Dienstmasse (bei 2/3 Vorräten)	t	117,5
Reibungsmasse	t	60,8
Betriebsvorräte Kohle	t	4,3
Wasser	m³	14
indizierte Leistung	kWi	1.235
Höchstgeschwindigkeit	km/h	100

Nach den Grunewalder Meßfahrten wurde 62 001 im Bw Düsseldorf Abstellbahnhof stationiert

sten Einheitsloks zwischen Dampfdom und Stehkessel angeordnet und sandete alle Achsen jeweils von vorn. Gespeist wurde der Kessel zum einen durch einen Oberflächenvorwärmer mit Kolbenspeisepumpe Bauart Nielebock-Knorr, zum anderen durch eine saugende Dampfstrahlpumpe, beide mit je 250 l/min Förderleistung. Der genietete Barrenrahmen von 100 mm Stärke hatte eine lichte Weite von 1.000 mm und war in sechs Punkten auf dem Laufwerk abgestützt. Die beiden Drehgestelle mit 850 mm großen Laufrädern waren untereinander (und mit denen der Loks 01 001 – 101) tauschbar. Beide wiesen einen Seitenausschlag von 58 mm am Drehzapfen auf. Die drei Kuppelachsen von 1.750 mm Durchmesser waren fest im Rahmen gelagert. Die Spurkränze der mittleren Treibachse waren um 15 mm geschwächt. Um Stehkessel und Aschkasten frei ausbilden zu können, war die letzte Kuppelachse – ähnlich wie bei der P 8 – nach hinten verschoben. Die Lokomotiven besaßen außenliegende Heusingersteuerung mit Kuhnscher Schleife und Kolbenschieber der Regelbauart für innere Einströmung. Die Bremse Bauart Knorr arbeitete als selbsttätige Einkammerdruckluftbremse mit Zusatzbremse. Zusätzlich war eine Wurfhebelhandbremse vorhanden. Die Kuppelachsen wurden einseitig von vorn, die Laufachsen von innen abgebremst.

Betriebseinsatz

Nach Abschluß der Untersuchungsfahrten beim Lokomotiv-Versuchsamt Grunewald kamen 62 001 und 002 zum Bw Düsseldorf Abstellbahnhof. Zu ihnen gesellten sich noch 62 003 – 005. Die 62 006 – 009 wurden beim Bw Saßnitz stationiert. Zum Bw Meiningen kamen 62 010 – 015. Drei völlig unterschiedliche Einsatzgebiete erwarteten die Loks. Beim Bw Düsseldorf Abstellbahnhof beförderten sie schwere Personenzüge mit häufigen Halten auf den Strecken Düsseldorf – Solingen – Remscheid – Lennep und Düsseldorf – Wup-

pertal mit der berühmten Rampe Erkrath – Hochdahl. Die Saßnitzer Lokomotiven waren für die Bespannung von Schnellzügen auf der Insel Rügen zwischen Saßnitz und Altefähr, nach Inbetriebnahme des Rügendamms am 8. Oktober 1936, bis Stralsund zuständig. Die Meininger 62 bespannten Personenzüge auf den Steigungsstrecken nach Eisenach.

Den Krieg überstanden alle Maschinen. Mit 62 001 – 005, 011 und 013 verblieben sieben bei der DB, die übrigen acht kamen zur DR. Da die Lokomotiven beim Bw Düsseldorf Abstellbahnhof nie sonderlich beliebt waren, gab man sie 1947 nach Braunschweig ab. 1948 kehrten sie wieder zurück. Ab 1949 kamen sie zum Bw Dortmund Bbf und wurden vor kurzen Eilzügen des Ruhrschnellverkehrs Dortmund – Köln eingesetzt. Die 62er befanden sich in schlechtem Zustand und waren auch bei den Dortmunder Lokpersonalen unbeliebt. Als das Bw dann eine größere Zahl 03.10 bekam, konnte es auf die 62er verzichten. Da das Bw Krefeld seinen Gesamtbestand der Baureihe 78 sowie einige 38.10 abgeben mußte, kamen dort bis Mitte Juni 1951 als Ersatz die sieben 62er von Dortmund zum Einsatz. Eingesetzt wurden sie nun

vor schweren Personenzügen Kleve – Krefeld – Köln/Düsseldorf. Auch der Nachtzug Amsterdam – Nürnberg auf dem Abschnitt zwischen Kleve und Köln stand auf auf dem Programm der 62er. Dieser Einsatz wurde für die Lokpersonale regelmäßig zu einer Zitterpartie, waren doch acht bis zehn Wagen durchweg mit 100 km/h zu befördern, und es bestand keine Möglichkeit, unterwegs Wasser zu nehmen, so daß die Lok häufig mit dem letzten Tropfen Wasser in Köln ankam.

Im Sommerfahrplan 1954 führten die Umläufe über Köln hinaus bis Linz am Rhein. Ab 1954 ging es bergab mit der Baureihe 62: Im Oktober waren 62 001, 004, 005 und 011 bereits abgestellt, am 1. Dezember 1955 nahm die BD Köln die 62 aus dem Unterhaltungsbestand. Im März 1956 standen nur noch 62 002, 003 und 013 im Einsatz. Am 1. Juli 1956 wurden sie endgültig abgestellt. 62 003 kam noch als Lehrmodell zur Lokomotivführerschule Troisdorf und später zum AW Schwerte. Sie wurde erst 1972 verschrottet.

Bei der DR waren die 62 über etliche Bw verstreut worden. Nachzuweisen ist lediglich die Umstationierung von 62 015 von Meiningen zum Bw Halle P im Jahre 1945. Ab 1947 wurde die Baureihe 62 im Bw Altenburg zusammengefaßt. Von dort kamen sie 1954 nach Meiningen. Im Jahre 1958 wurden sie zum Bw Berlin Ostbahnhof umstationiert und vor Sputnik-Zügen nach Werder bei Potsdam sowie auf der Strecke nach Frankfurt (Oder) eingesetzt. Nächste Station wurde 1965 Rostock, wo die Loks Doppelstockzüge zwischen Rostock und Warnemünde bespannten. Ab 1967 waren sie dann im Bw Wittenberge zu Hause. Gelegentlich gelangten sie von dort mit Interzonenzügen nach Lübeck. Ende 1968 wurde das Bw Frankfurt (Oder) die letzte Heimat für die 62er. Hier bespannten sie Personenzüge zwischen Erkner und Frankfurt (Oder). 62 007 wurde erst am 4. Mai 1971 unter der computergerechten Nummer 62 1007 aus dem Betriebsdienst genommen. Mit 62 015 blieb eine dieser formschönen Lokomotiven erhalten.

Die letzte Kuppelachse war nach hinten verschoben: mehr Platz für Stehkessel und Aschkasten

REDAKTION: MEINHARD STRIECK; FOTOS: SLG. REIMER, SLG. HÖRNEMANN (2)

Die Baureihe 64 trat die Nachfolge vieler veralteter Länderbahnbaureihen an. Am 30. Juni 1968 verläßt die 64 335 den Bahnhof Mosbach

Baureihe 64 (DB 064/DR 64.10–15)

Der Verkehr auf Nebenbahnen bedurfte nach dem ersten Weltkrieg einer durchgreifenden Verbesserung. Die hier eingesetzten Lokomotiven waren großenteils veraltet, die Typenvielfalt ließ sich kaum noch überschauen. Für besonders schwach genutzte Strecken favorisierte die DRG bald den Triebwagen. Auf stärker frequentierten Linien konnte sie dagegen den lokbespannten Zug nicht ersetzen. Um den verschiedenen Erfordernissen im Flachland, im Hügelland, auf kurzen und langen Strecken gerecht zu werden, schlug das Vereinheitlichungsbüro (besetzt mit Vertretern der im Deutschen Lokomotiv-Verband (DLV) zusammengeschlossenen Lokfabriken) dem Engeren Lokomotivausschuß der Reichsbahn im Jahr 1925 drei Bauarten vor: eine 1'C-Personenzuglok mit Schlepptender, eine 1'C1'-Personenzugtenderlok und eine 1'D1'-Güterzugtenderlok – alle mit Zwillingstriebwerken und ca. 15 t Achsfahrmasse. Ausgeführt wurden sie schließlich als Reihen 24, 64 und 86. Sie bildeten eine Lokomotivfamilie mit noch mehr untereinander tauschbaren Teilen, als ohnehin für die Einheitstypen charakteristisch war. Am weitesten ging die Übereinstimmung der 64er mit der als Parallelgattung für lange Nebenstrecken gedachten 24er.

Der Aufnahme der leichten 1'C1' ins Typisierungsprogramm waren allerdings längere Debatten vorausgegangen. Während die süddeutschen Länderbahnen bereits eine größere Anzahl Maschinen dieser Bauart beschafft hatten, war die preußische Staatsbahn mit der 1'C ausgekommen. Im Engeren Lokomotivausschuß, dem Lokfachleute der ehemaligen Länderbahnen angehörten, gab es deshalb Anfang der zwanziger Jahre eine starke Fraktion, die eine neue 1'C1' für überflüssig hielt. Erst allmählich setzte sich die Argumentation durch, daß nur eine Maschine mit gleich guten Laufeigenschaften in beiden Fahrtrichtungen – eben mit symmetrischer Achsfolge – das gewünschte Einsatzspektrum abdecke: einerseits sollten die Loks ja Nebenstrecken mit Endpunkten ohne Drehscheibe bedienen, andererseits Hauptbahnen mit relativ hoher Geschwindigkeit befahren. So konnten Berufsverkehrs- oder Ausflugszüge die Großstädte direkt mit nur durch Nebenstrecken erschlossenen Dörfern verbinden.

Die Baureihe 64 wurde im Vereinheitlichungsbüro in enger Kooperation mit dem Reichsbahn-Zentralamt entworfen. Mit der für 90 km/h zuge-

lassenen Lokomotive war eine sehr flexible Laufplangestaltung möglich. Einerseits eigneten sie sich noch für leichte Güterzüge, andererseits auch für den schnellen Nahverkehr auf Hauptbahnen, über kurze Distanzen sogar für den Schnellzugdienst. Dem Entwurf lag das gleiche Leistungsprogramm wie für die BR 24 zugrunde: die Beförderung eines Zuges von 270 t auf 10 ‰ Steigung mit 50 km/h und auf 25 ‰ mit 20 km/h. Diese Werte berücksichtigen vor allem die Betriebsverhältnisse auf

TECHNISCHE DATEN

Bezeichnung	bis 1967 bzw. 1970		64
	ab 1968 (DB)		064
	ab 1.7.1970 (DR)		64.10–15
Indienststellung (1. Jahr)			1928
Hersteller			Borsig, Hanomag, Henschel u.v.a.
Bauart			1'C1'h
Spurweite		mm	1.435
Länge über Puffer		mm	12.400 / 12.500[1]
Lokdienstmasse (mit 2/3 Vorräten)		t	70,9
Reibungsmasse		t	45,5
Betriebsvorräte	Kohle	t	3
	Wasser	m³	9
indizierte Leistung		kWi	700
Höchstgeschwindigkeit		km/h	90

1 ab 64 348

Als eine der meistgebauten Einheitslokbaureihen fand man die 64er fast in ganz Deutschland. 64 079 am 21. Juli 1968 bei einer Pause im Bw Lauda

Nebenstrecken. Die nach Versuchsfahrten aufgestellten Leistungstafeln veranschaulichen auch, was die kleinen Tenderloks auf Hauptbahnen vermochten: Vor aus vierachsigen Wagen gebildeten, 450 t schweren D- und Eilzügen erreichten sie in der Ebene 90 km/h und auf 4 ‰ Steigung noch 60 km/h.

Bei so vielfältigen Einsatzmöglichkeiten verwundert es nicht, daß die Baureihe 64 bald eine der meistgebauten Einheitsloks überhaupt wurde. Der Erstbestellung von 40 Maschinen im Jahr 1926 – bei Hanomag, Henschel, Krupp, Borsig und AEG – folgten ab 1927 weitere Aufträge. Am Bau beteiligten sich außer Schwartzkopff und Hohenzollern alle deutschen Lokomotivfabriken. Von 1928 bis 1940 stellte die Reichsbahn insgesamt 520 Exemplare in Dienst, lückenlos als 64 001 bis 520 durchnumeriert. Die bereits vergebenen Baulose über weitere 90 Stück wurden 1940 storniert. Bauartänderungen während des langen Beschaffungszeitraums gab es nur wenige. Einige Lokomotiven dienten jedoch als Vesuchsträger: beispielsweise besaßen 64 234, 243 – 257 und 64 273 – 282 ab Werk statt der gängigen Knorr-Oberflächenvorwärmer Friedmann-Abdampfinjektoren; 64 293 erhielt eine Ventilsteuerung Bauart Maschinenfabrik Esslingen. Bundes- und Reichsbahn nach 1945 begnügten sich meist mit Detailänderungen, wie sie für viele Baureihen zutrafen. Zwei DB-Maschinen (64 017 und 079) fielen in den 60er Jahren durch unterhalb der Rauchkammer angebrachte Arbeitsbühnen ähnlich denen der Umbau- und Neu-

bauloks auf. Einige DR-64er der Reichsbahn erhielten Rohranbauten zum Wasserfassen aus Tiefbrunnen (siehe dazu auch Betriebseinsatz).

Konstruktion

Der genietete Einheitslokkessel mit einer Rohrlänge von 3.800 m entsprach vollkommen dem der BR 24. Wie bei dieser waren die Feuerbüchsen der meisten Lieferserien aus Kupfer gefertigt, in der zweiten Hälfte der dreißiger Jahre kamen auch Stahlfeuerbüchsen zum Einbau. Der 70 mm starke Barrenrahmen stützte sich in vier Punkten auf dem Laufwerk ab. Wie üblich sorgten

Ausgleichshebel für eine gleichmäßige Lastverteilung; bei der BR 64 waren die Federn der vorderen Laufachse und der ersten Kuppelachse sowie die der beiden hinteren Kuppelachsen und der hinteren Laufachse untereinander durch Ausgleichshebel verbunden. Beide Laufachsen saßen in Bissel-Gestellen, deren Deichseln bereits in den dreißiger Jahren zur Verbesserung der Laufeigenschaften verstärkt wurden. Aus dem gleichen Grund erhielten 64 511 bis 520 Krauss-Helmholtz-Gestelle. Rädsätze und Triebwerk stimmten mit denen der Baureihe 24 überein. Die Heusinger-Steuerung war jedoch nicht mit dem bei Schlepptender-Lokomotiven meist

Am 23. August 1974 befand sich 64 1076 noch in Kalbe (Milde), dem letzten Refugium der 64er

FOTOS: KEMPF, SCHÖPPNER, CARSTENS

gebräuchlichen Hängeeisen, sondern zur gleichen Dampfverteilung in beiden Fahrtrichtungen mit Kuhn'scher Schleife ausgeführt. Die selbsttätig wirkende Einkammer-Druckluftbremse Bauart Knorr bremste bei 64 001 – 383 und 422 – 520 die Kuppelradsätze einseitig von vorn ab. Bei 64 384 – 421 waren die Kuppelradsätze doppelseitig abgebremst (Scherenklotzbremse). Außerdem hatten alle Loks mit Betriebsnummern ab 64 384 einseitig von innen abgebremste Laufradsätze. Der Druckluftsandstreuer sandete alle Kuppelräder in beiden Fahrtrichtungen. – Der Wasservorrat von 9 m³ verteilte sich auf zwei seitliche und einen unter dem Kohlekasten befindlichen Wasserkasten. Es konnten 3 t Kohle mitgeführt werden.

Fast alle deutschen Lokomotivwerke bauten 64er. 64 109 stammt von der Firma Jung in Jungenthal

Betriebseinsatz

Die Baureihe 64 war die einzige Einheitsloktype, die schon in den zwanziger Jahren in ganz Deutschland Verbreitung fand. Im September 1927 erhielt das Lokomotiv-Versuchsamt Grunewald die soeben angelieferte 64 019 für die obligatorischen Versuche. Vom Januar und Februar 1928 datieren die Erstbeheimatungen in Aschaffenburg und Neustadt/Weinstraße. Ende 1929 hatten rund 30 Betriebswerke von Trier bis Insterburg, von Flensburg bis Augsburg zusammen 224 Lokomotiven der Baureihe 64 im Bestand. Am 31. Dezember 1940, nach Indienststellung der letzten Maschinen, gab es in nahezu allen Direktionsbezirken 64er. Nur die RBD Erfurt, Stuttgart und Wuppertal kamen ohne sie aus. Kurzzeitig stationierte die Reichsbahn während des Zweiten Weltkrieges wenige Exemplare auch in Österreich, so 1940/41

in Salzburg und 1944/45 in Linz. Besonders sei auch auf die bereits 1930 erfolgte Stationierung im sudetendeutschen Eger hingewiesen, das damals noch nicht zum Gebiet des Deutschen Reiches gezählt wurde, trotzdem kurioserweise zur Rbd Regensburg gehörte. Und wem sind heute noch ostdeutsche Bw-Namen wie Meser, Naugard, Schweidnitz und Stolp geläufig, aber auch west- und süddeutsche wie Bergheim/Erft, Geldern, Gronau, Holzwikkede, Schongau, St. Wendel oder Waldshut? Von Anfang an waren die Loks nicht bloß vor Bummelzügen auf Nebenstrecken zu beobachten. Sie mußten auch auf Hauptbahnen ihre Höchstgeschwindigkeit voll ausfahren. Ansonsten durch Schnellzugloks bekannt gewordene Großstadt-Betriebswerke setzten 64er im Vorortverkehr ein, beispielsweise Berlin-Gesundbrunnen, Breslau Hbf, Leipzig Hbf Süd, Nürnberg Hbf und Würzburg.

Insgesamt 281 Lokomotiven der Baureihe 64 waren bei Kriegsende in den westlichen Besatzungszonen vorhanden, in der sowjetischen Zone etwa 120. Mehr als 60 Loks befanden sich in der Tschechoslowakei, von denen mindestens sechs (64 015, 121, 176, 182, 199 und 406) zur Deutschen Reichsbahn zurückkehrten. 53 Exemplare ordnete die ČSD aber als 365.401-453 ein. In Polen wurden nach dem Krieg 34 Maschinen gezählt, eine davon (64 369) kam ebenfalls zur DR zurück, die anderen zeichnete die PKP in Okl 2 um. Die nach dem Krieg, im Bereich der österreichischen Direktion Linz angetroffene 64 311 kam nach ihrer Anpassung an die Normalien der

ÖBB bis zu ihrer Abstellung 1957 in Wels zum Einsatz. Unbekannt ist das Schicksal der ca. 20 in der Sowjetunion verbliebenen Lokomotiven. Über ihren Einsatz im Rangierdienst auf dem Regelspurteil bjelorussischer Grenzbahnhöfe kann nur gemutmaßt werden.

Eine per 31. Dezember 1945 im Bereich der späteren Deutschen Bundesbahn durchgeführte Zählung ergab noch 276 Loks der BR 64. Fünf sind vermutlich wegen schwerer Kriegsschäden gar nicht mehr erfaßt worden. Sie verteilten sich auf die Direktionen Augsburg, Frankfurt (Main), Hamburg, Hannover, Karlsruhe, Kassel, Mainz, München, Nürnberg, Regensburg, Stuttgart und Trier. Über die mit Abstand meisten Loks verfügte die damalige ED Hannover (40 Stück), das Schlußlicht bildete mit nur zwei Exemplaren die ED Stuttgart. Als sich die Situation auf dem Triebfahrzeugsektor Mitte 1950 einigermaßen stabilisiert hatte, gab es 64er u.a. in folgenden Bw: Aschaffenburg, Augsburg, Bayreuth, Braunschweig Hbf, Gemünden, Hof, Krefeld, Kirchenlaibach, Lübeck, Mühldorf, München Ost, Nördlingen, Nürnberg Hbf, Passau, Plattling, Regensburg, Rosenheim, Trier, Schwandorf, Weiden und Würzburg. Ausgenommen in Braunschweig Hbf, Krefeld und Trier spielte die Baureihe bei den genannten Dienststellen mindestens bis Ende der 50er Jahre eine größere Rolle. Erst spät wurden die Tenderloks in nennenswerter Zahl im Stuttgarter Direktionsbezirk heimisch, der sich dann rasch zu einer ihrer letzten Hochburgen entwickelte. Den Anfang machte das 1958 bedachte Bw Lauda, 1959 folgten Rottweil, Heilbronn und Tübingen. 1960/61 erschienen die Loks auf den Bestandslisten der Bw Aalen, Friedrichshafen, Stuttgart und Ulm. Namentlich die letzten württembergischen T 5 (BR 75.0) wurden von 64ern verdrängt. Mit der Konzentration der Baureihe in Württemberg ging zunächst eine Abwanderung aus Norddeutschland einher, 1964/65 begann dann die massenhafte Ausmusterung. Die DB verkaufte die 64 246 im Februar 1963 übrigens an die Ilmebahn Einbeck-Dassel, wo sie als Lok 8 bis 1969 Dienst tat.

Die ersten 64er kamen 1958 nach Lauda. 64 461 am 29. Mai 1966

Die 64 289 steht jetzt für die Eisenbahnfreunde Zollernbahn in Hechingen unter Dampf

Im ab Januar 1968 gültigen Umzeichnungsplan waren noch 92 Lokomotiven vorgesehen. Über die inzwischen als 064 bezeichnete Baureihe verfügten nur die Direktionen Nürnberg, Regensburg und Stuttgart. Anfang Juli 1970 standen noch 37 Maschinen bei den Bw Aschaffenburg (9), Heilbronn (10), Tübingen (4), Plattling (2) und Weiden (12) im Einsatz. In Scharen pilgerten die Fans bald vor allem in die Oberpfalz, so an die verträumte Nebenbahn Weiden – Eslarn. Dort waren die letzten Weidener Loks (064 295, 393, 415) auch nach dem im Sommer 1973 beendeten Plandienst öfters anzutreffen. Und ganz zum Schluß wurde 064 491 die meistfotografierten DB-Lokomotiven: Buchmäßig in Crailsheim stationiert, dampfte sie 1974 als de facto letzte „Rottweilerin" häufig vor Eil- und Nahverkehrszügen auf der Strecke Rottweil – Villingen. Zusammen mit 038 772 und 078 246 bildete 064 491 ein einmaliges Trio, im September 1974 mußte die BD Stuttgart die Ausmusterungsverfügung wohl oder übel akzeptieren. Die Weidener 064 415 und die Crailsheimer 064 419 schieden im Dezember 1974 aus.

Die DR führte am 1. Juli 1950 insgesamt 129 Maschinen im Bestand. Er enthielt die erwähnten, aus Polen bzw. der Tschechoslowakei zurückgekehrten 64er, außerdem die 1949 von der Brandenburgischen Städtebahn übernommene 64 6576. Nein, kein Druckfehler: Diese Betriebsnummer gab es tatsächlich, 1945 hatte die DR die 64 511 an die damals private Bahn verkauft und bekam sie nach deren Verstaatlichung eben als 64 6576 zurück, erst 1957 wurde sie wieder „richtig" beschildert. Die 129 Lokomotiven der BR 64 befanden sich zum Stichtag 1. Juli 1950 bei den Direktionen Berlin, Dresden, Greifswald, Magdeburg und Schwerin. Einsam die Spitze hielt die Rbd Berlin mit 90 Exemplaren, in der Rbd Dresden gab es dagegen nur eine. Jeweils mindestens zehn beheimateten die Betriebswerke Berlin Lehrter Bahnhof, Berlin-Gesundbrunnen, Berlin Ostbahnhof, Wustermark und Wittstock.

Exakt zwanzig Jahre später, am 1. Juli 1970, war der Gesamtbestand auf 83 Maschinen geschrumpft, von denen damals wohl zehn bereits zum z-Park gehörten. Stationiert waren die 64.10 (wie sie jetzt EDV-gerecht hießen) in Anger-

münde (1), Berlin Ostbahnhof (1), Berlin-Pankow (8), Berlin-Schöneweide (10), Brandenburg (4), Eilsleben (1), Halberstadt (10), Haldensleben (3), Jerichow (11), Neuruppin (5), Nordhausen (6), Salzwedel (8), Schwerin (2), Stendal (2), Wittenberge (1), Wittstock (9) und Zwickau (1). Die Pankower 64er waren allerdings tatsächlich in den Einsatzstellen Oranienburg und Basdorf (für die Strecken der „Heidekrautbahn" nach Liebenwalde/Groß-Schönebeck), die Schöneweider meist in Königs Wusterhausen (für die Strecke nach Beeskow – Grunow) anzutreffen. Noch im Jahr 1970 setzte aber die letzte große Ausmusterungswelle ein. In schöner Erinnerung haben ältere Eisenbahnfreunde die letzten Refugien der Reichsbahn-64er im Magdeburger Bezirk: die Kleinbahnen der Altmark mit der geradezu legendären Salzwedeler Einsatzstelle Kalbe (Milde) und der ehemaligen Genthiner Kleinbahn mit dem Bw Jerichow. Dort hielten sie sich bis ins Jahr 1974. Etliche altmärkische Maschinen fielen durch ihren merkwürdigen Rohr-Anbau am Wasserkasten der Lokführerseite auf. Mit dessen Hilfe wurde – wie einst zu Kleinbahnzeiten – das Speisewasser aus Tiefbrunnen entnommen. In Salzwedel, dem Auslauf-Bw der Baureihe, zählten 64 1076, 1146, 1212, 1308, 1318 und 1455 noch im Sommer 1974 zum Betriebspark. Das darauffolgende Jahr erlebten bei der Reichsbahn nur wenige Reservelokomotiven. 64 1212 wurde erst im Oktober 1975 ausgemustert.

Stattlich ist die Zahl der erhaltenen 64er: gleich 18 Maschinen beider deutscher Bahnen blieb ein Ende unter dem Schneidbrenner erspart. Genannt seien die betriebsfähigen 64 289 (Eisenbahnfreunde Zollernbahn Balingen), 64 305 (Nene Valley Railway in Großbritannien), 64 415 (Museumsbahn Apeldorn – Dieren in den Niederlanden) und 64 491 (Verein zur Erhaltung und Förderung des Schienenverkehrs Bocholt). Geplant ist auch die Wiederinbetriebnahme der 64 419 (Bayerisches Eisenbahn-Museum Nördlingen, derzeit Crailsheim). Noch nicht entschieden ist über die Reaktivierung der in Güstrow hinterstellten ehemaligen DR-Traditionslokomotive 64 007.

REDAKTION: KONRAD KOSCHINSKI; FOTOS: SLG. HÖRNEMANN, SCHÖPPNER, SCHULZ

Nach ihrer Abnahme im Ausbesserungswerk München-Freimann kam die 65 004 zum Bw Darmstadt, wo sie rund zwanzig Jahre ihren Dienst versah

Baureihe 65 (DB 065)

Bereits Mitte der dreißiger Jahre befaßte man sich mit einer Ablösung der preußischen Tenderlokomotiven T 14.1 (Baureihe 93.5) durch Neukonstruktion einer Maschine der Achsfolge 1'D1'. Der Beginn des zweiten Weltkrieges verhinderte aber weitere Planungen. Erst Ende der vierziger Jahre befaßte sich der Fachausschuß für Lokomotiven wieder mit diesem nun „Baureihe 93 neu" genannten Projekt. Dabei waren bereits die ersten Vorgaben für diese neue Lokbaureihe festgelegt, die u.a. einen vollständig geschweißten Kessel, gewindelose, eingeschweißte Stehbolzen, ein geschlossenes Führerhaus und einen isolierten Stehkessel beinhalteten. Etwas später erweiterte der Fachausschuß das Pflichtenheft noch um einige konkrete Punkte. Danach sollte die Dampfleistung des Kessels bei 8,5 t/h liegen. Eine Radsatzlast von etwa 17 t ermöglichte Einsätze auch auf Strecken mit schwächerem Oberbau. Mögliche Achsfolgen waren 1'D1' und 1'D2'. Die Höchstgeschwindigkeit der Lok wurde auf 85 km/h angesetzt, die sie mit etwa 1500 mm Treibraddurchmesser erreichen sollte. Außerdem forderten die Vorgaben des Fachausschusses einen Kesseldruck von 14 bar, Heißdampfregler und im Fahrwerk ein Krauss-Helmholtz-Gestell. Nach Aufstellung dieser Vorgaben beauftragte die DB die Firmen Henschel, Jung, Krauss-Maffei,

Maschinenfabrik Esslingen und Krupp, entsprechende Konstruktionen zu entwerfen. Bereits kurze Zeit später, im Juni 1949, lagen alle Entwürfe der Hauptverwaltung zur Begutachtung vor. Nach eingehender Überarbeitung der Pläne erteilte die DB am 10. September 1949 der Firma Krauss-Maffei den Auftrag zum Bau der Lokomotiven auf der Grundlage der Entwürfe von Henschel.

Konstruktion

Der Kessel wurde vollständig als Schweißkonstruktion aus 15 mm starken St 34-Blechen ausgeführt. Der Langkessel bestand aus zwei Schüssen, deren größter Durchmesser 1770 mm betrug. Die aus IZ-II-Stahl hergestellte Feuerbüchse mit Verbrennungskammer war mit gewindelos mit Spiel eingeschweißten Stehbolzen im Stehkessel eingebaut. Den Langkessel durchzogen 46 Rauch- sowie 124 Heizrohre, die vorne in die 2385 mm lange Rauchkammer mündeten. Auf dem ersten Kesselschuß waren zwei Sicherheitsventile der Bauart Ackermann eingebaut, die den Kesselhöchstdruck auf 14 bar begrenzen sollten. Auf dem zweiten Schuß saß der Dampfdom. Der Dommantel, dessen Domhals aus dem Langkessel ausgepreßt war. Der Dommantel wurde daran angeschweißt. Ab Betriebsnummer 65 014 wurde der Dom auf-

genietet. In der Rauchkammer befand sich hinter dem Schornstein der mit dem einteiligen Dampfsammelkasten verbundene Mehrfachventil-Heißdampfregler, der über ein Seitenzuggestänge betätigt wurde. Vom Dampfsammelkasten führte ein Rohr zum Dom, wo ein vom Führerstand aus bedienbares Hilfsabsperrventil eingebaut war. Zur Erzeugung des Heißdampfes kamen Rauchrohrüberhitzer der Bauart Schmidt mit einer Heizfläche von 62,86 m² zum Einsatz. Zur Speisung des Kessels verwendete man eine nichtsaugende Dampfstrahlpumpe der Bauart Friedmann mit einer Förderleistung von 210 l/min sowie eine Kolbenspeisepumpe KT 1 in Verbindung mit einem Knorr Oberflächenvorwärmer, der seinen Platz in einer Nische quer vor dem Schornstein fand. Ab der 65 014 erhielten die Maschinen eine Mischvorwärmeranlage der Bauart Henschel MVT mit Turbospeisepumpe.

<table>
<tr><td colspan="3">**TECHNISCHE DATEN**</td></tr>
<tr><td>Bezeichnung</td><td></td><td>65</td></tr>
<tr><td>ab 1968</td><td></td><td>065</td></tr>
<tr><td>Indienststellung (1. Jahr)</td><td></td><td>1951</td></tr>
<tr><td>Hersteller</td><td></td><td>Krauss-Maffei</td></tr>
<tr><td>Bauart</td><td></td><td>1'D2'h2</td></tr>
<tr><td>Spurweite</td><td>mm</td><td>1435</td></tr>
<tr><td>Länge über Puffer</td><td>mm</td><td>15475</td></tr>
<tr><td>Lokmasse (leer)</td><td>t</td><td>81,2</td></tr>
<tr><td>Dienstmasse (2/3 Vorräte)</td><td>t</td><td>107,6</td></tr>
<tr><td>Reibungsmasse</td><td>t</td><td>67,6</td></tr>
<tr><td>Verdampfungsheizfläche</td><td>m²</td><td>139,9</td></tr>
<tr><td>Strahlungsheizfläche</td><td>m²</td><td>14,8</td></tr>
<tr><td>Überhitzerheizfläche</td><td>m²</td><td>62,9</td></tr>
<tr><td>Betriebsstoffvorräte   Kohle</td><td>t</td><td>4,8</td></tr>
<tr><td>Wasser</td><td>m³</td><td>14,3</td></tr>
<tr><td>Höchstgeschwindigkeit</td><td>km/h</td><td>85</td></tr>
</table>

Das Bw Darmstadt beheimatete die Baureihe 65 bereits seit ihrer Inbetriebnahme im Jahre 1951

Wie der Kessel, so wurde auch der 25 mm starke Blechrahmen einschließlich sämtlicher Quer- und Längsverbindungen vollständig als Schweißkonstruktion ausgeführt. Das Laufwerk stützte sich gegen den Rahmen in sechs Punkten ab. Ab der Nummer 65 014 bestand die Möglichkeit der Umstellung zwischen Vier- und Sechspunktabstützung. Der Vorlaufradsatz mit 121 mm und der erste Kuppelradsatz mit 23 mm Seitenverschiebbarkeit bildeten zusammen das Krauss-Helmholtz-Lenkgestell. Die vier Kuppelradsätze wiesen einen Durchmesser von 1.500 mm auf. Der zweite bis vierte, fest im Rahmen gelagerte Kuppelradsatz wurden zur Verbesserung der Kurvengängigkeit mit schwächeren Spurkränzen versehen. Das hintere Drehgestell besaß einen Innenrahmen und war um 60 mm seitlich verschiebbar.

Die Lokomotiven erhielten zwei außenliegende, waagerecht montierte Zylinder mit 570 mm Durchmesser und 660 mm Kolbenhub. Als Schieber kamen Druckausgleich-Kolbenschieber der Bauart Müller zum Einsatz. Der Kolben übertrug seine Antriebsenergie über den Kreuzkopf und die Treibstange auf den dritten Kuppelradsatz. Das hintere Treibstangenlager war das einzige, das über einen Stellkeil zum Nachstellen verfügte. Die anderen Lager der Kuppelstangen und der außenliegenden Heusinger-Steuerung hatten Buchsenlager.

Zur Bremsausrüstung der Lokomotive zählten die selbsttätige Einkammer-Druckluftbremse der Bauart Knorr mit Zusatzbremse sowie eine Wurfhebelbremse. Mit Druckluft wurde die Anlage über eine rechts neben der Rauchkammer am Rahmen befestigte, zweistufige Knorr-Tolkien Luftpumpe versorgt. Zur Speicherung der Druckluft dienten zwei Hauptluftbehälter von je 400 l Fassungsvermögen. Die Abbremsung der Kuppelräder erfolgte einseitig von vorn, die Räder des Nachlaufdrehgestells wurden innen abgebremst. Weitere Ausrüstungsteile waren die Hochdruckschmierölpumpe

Bauart Bosch zur Schmierung der unter Dampf laufenden Teile, Druckluftsandstreuer mit zwei hinter den seitlichen Wasserkästen angebrachten Sandkästen, Dampfpfeife, Rußbläser, Dampfheizeinrichtung sowie ein Druckluftläutewerk. Für die Beleuchtung verwendete man einen Dampfturbogenerator, dessen Abdampf in den Schornsteinmantel geleitet wurde. An Vorräten konnte die Loks 4,8 t Kohle sowie 14 m³ Wasser mitführen.

Betriebseinsatz

Als erste Vertreterin dieser Lokomotivbaureihe verließ am 28. Februar 1951 die 65 001 die Münchner Fabrikhallen. Insgesamt wurden 18 Maschinen gebaut, die sich auf zwei Serien verteilten (65 001 – 013 und 65 014 – 018). Anfang Juni 1951 war die erste Serie vollständig an die DB übergeben. Die Maschinen wurden den Bw Darmstadt, Düsseldorf und Letmathe zugeteilt. Im Betriebsdienst machten sich vor allem die große Leistungsfähigkeit des Kessels und die hervorragende Anfahrbeschleunigung bemerkbar. Damit waren die Loks für Einsätze im Nahverkehrsdienst sehr gut geeignet. Der Baureihe 93.5 waren die 65er lei-

stungsmäßig bei weitem überlegen. Auch der Kohleverbrauch lag unter dem der Baureihen 78 und 93.5. Die Laufeigenschaften konnten jedoch nicht überzeugen. Schlechter Geradeauslauf führte bald zu scharf gefahrenen Radreifenprofilen. Ursache dafür waren u.a. die zu schwach dimensionierten Rückstellfedern des Krauss-Helmholtz-Gestells sowie dessen schiefer Einbau. Die Beseitigung der Mängel führte zu bis zu drei Monate dauernden Aufenthalten der Loks im AW Jülich. Zu Beginn des Jahres 1952 zeigten sich dann Ausbeulungen am Dampfdom. Durch das Herauspressen der Domhälse aus dem Kesselblech war das Material an bestimmten Stellen zu dünn geworden. Hierauf verfügte die DB die vorübergehende Abstellung aller 65er. Die Dome wurden im AW Jülich mit eingenieteten Verstärkungsblechen wieder betriebssicher gemacht. Bei der zweiten Serie nietete man die Dome bereits ab Werk auf den Langkessel. Auch mit dem Heißdampfregler traten Probleme auf, die jedoch durch kleinere Umbauten reduziert werden konnten. Um die immer noch nicht befriedigenden Laufeigenschaften zu verbessern, erhielt die 65 018 ein Leichtbau-Triebwerk. Auf diese Weise konnte eine Gewichtseinsparung bei den hin- und hergehenden Massen erzielt werden, was zu einer deutlichen Steigerung der Laufruhe führte. Dieses Triebwerk erhielten auch die restlichen Maschinen zwischen 1960 und 1961. Nach Beseitigung ihrer Kinderkrankheiten stand mit der Baureihe 65 eine leistungsfähige und sparsame Loktype zur Verfügung, die bei den Personalen sehr beliebt war. Beheimatungen erfolgten bei den Bw Aschaffenburg, Darmstadt, Dillenburg, Düsseldorf Abstellbahnhof, Essen Hbf, Fröndenberg, Letmathe und Limburg. Auslauf-Bw war Aschaffenburg, das die Loks bis 1972 einsetzte. Als letzte ihrer Art wurde 65 018 am 28. Dezember 1972 z-gestellt. 1975 kam diese einzige erhaltene Lok ihrer Bauart zum Deutschen Dampflokmuseum nach Neuenmarkt-Wirsberg, bis sie 1981 von der Stoom Stichting Nederland übernommen wurde, die die Maschine nach erfolgter Hauptuntersuchung vor Sonderzügen einsetzte.

Die Abnahme der Baureihe 65 erfolgte im AW München-Freimann, wo 65 004 gerade gedreht wird

REDAKTION: BODO JASTER; FOTOS: SLG. REINSHAGEN, LINDENBLATT, SLG. SCHWARZ

Nach Beseitigung der anfänglichen konstruktiven Mängel stand der DR mit der Baureihe 65.10 eine leistungsfähige Tenderlokomotive zur Verfügung

Baureihe 65.10 (DR 65.1)

Die Personenzug-Tenderlokomotive der BR 65.10 war die erste normalspurige Neubaulok-Baureihe des nach dem zweiten Weltkrieg von der DR initiierten Typenprogramms, die in größerer Stückzahl gefertigt wurde. Ihre Achsfolge besaß zwar auf seiten der DRG-Einheitslokomotiven kein direktes Vorbild; doch hatte bereits die alte Reichsbahn Anfang der 40er Jahre entsprechende Vorstudien entwickelt, die nach dem Krieg von beiden deutschen Bahnen aufgegriffen und, neuen technischen Erkenntnissen sowie modernen Fertigungsmethoden angepaßt, konstruktiv umgesetzt wurden.

Die BR 65.10 wurde bei der DR vordringlich entwickelt, denn sie war für den Einsatz auf Hauptbahnen gedacht und sollte dort vor allem die schweren Personenzüge des Berufsverkehrs befördern. Als Mehrzweck-Tenderlokomotive sollte sie außerdem in der Lage sein, mittelschwere Güterzüge über größere Entfernungen sowohl im Flachland als auch im Mittelgebirge zu befördern. Darüberhinaus sollte sie die alten Länderbahn-Tenderlokomotiven der BR 74, 75, 78, 93 und 94 ersetzen, und schließlich war sie auch als Ablösung für die Einheitslok-BR 86 gedacht, die zwar ihr Leistungsprogramm hinsichtlich der Zug-

massen anstandslos erfüllte, aber lauftechnisch nicht voll befriedigte. Der BR 65.10 war also ein ähnlich weites Einsatzgebiet zugedacht wie der Schlepptenderlok der BR 41. Nicht umsonst hat die DR bei der konstruktiven Durcharbeitung des Laufwerks der BR 65.10 deutliche Anleihen bei der 41er getätigt, und tatsächlich hatte die DR zeitweise sogar erwogen, keine Hauptbahn-Tenderlok neu zu beschaffen, sondern die bewährte Einheits-Schlepptenderlok nachzubauen.

Konstruktion

Die Hauptbahn-Tenderlok BR 65.10 ist parallel mit einer Nebenbahnlok gleicher Achsfolge entwickelt worden; diese BR 83.10 wurde jedoch erst ein Jahr später in Fertigung gegeben. Der Prototyp der neuen BR 65.10, die 65 1001, wurde auf der Leipziger Herbstmesse 1954 zusammen mit der Versuchslokomotive 25 001 gezeigt. Hersteller war, wie auch bei der 65 1002, der VEB LEW Hennigsdorf. Beide 65er sind noch unter Borsig-Fabriknummern ausgeliefert worden. Die Serienfertigung der BR 65.10 erfolgte bei LKM Babelsberg.

Die Vorauslok wurde 1955 bei der Fahrzeugversuchsanstalt in Halle eingehend

untersucht. Sie bestach durch ihr vorzügliches Beschleunigungsvermögen, wies aber eine Reihe von Mängeln auf. Der Kessel war zu eng und ließ infolge hoher Strömungswiderstände keine gute Dampfentwicklung zu; die Mischvorwärmeranlage war nicht betriebstauglich; die automatische Umsteuerung hielt den eingestellten Füllungsgrad nicht konstant. Der neuentwickelte Heißdampfregler versagte seinen

TECHNISCHE DATEN

Bezeichnung		65.10
	ab 1970	65.1
Indienststellung (1. Jahr)		1954
Hersteller		LEW Hennigsdorf
Bauart		1'D2' h2
Spurweite	mm	1435
Länge über Puffer	mm	17500
Leermasse	t	88,9
Dienstmasse (2/3 Vorräte)	t	121,7
Reibungsmasse	t	71,0
Verdampfungsheizfläche	m²	147,4
Strahlungsheizfläche	m²	15,6
Überhitzerheizfläche	m²	47,4
Betriebsstoffvorräte	Kohle t	9
	Wasser m³	16
indizierte Leistung	kWi	1102
Höchstgeschwindigkeit	km/h	90

Die Tenderloks der BR 65.10 waren bei der DR noch bis 1982 im Einsatz (Löbau, 1. September 1981)

Dienst. Dampf- und Kohlenverbrauch lagen entschieden zu hoch. Für die Serienfertigung wurden daher Maßnahmen zur Beseitigung der konstruktiven Mängel getroffen. Die Serienlokomotiven erhielten einen Kessel mit etwas größerer Heizfläche; die Mischvorwärmanlage wurde konstruktiv überarbeitet. Die Maschinen bekamen verbesserte Heißdampfregler. Ab Lok 65 1003 verzichtete man auf die automatische Umsteuerung. Weitere konstruktive Änderungen, die erst im Laufe der Serienfertigung zum Tragen kamen, betrafen den Einbau eines in Naß- und Heißdampfkammer getrennten Dampfsammelkastens sowie den Ersatz der Umlaufsandkästen durch einen auf dem Kesselscheitel zwischen Speise- und Dampfdom angeordneten Zentralsandkasten. Im Vergleich zu den genannten umfangreichen Änderungen war die neugestaltete Frontschürze, die ab Lok 65 1003 angebaut wurde, ein kaum nennenswertes Detail. Die Mischvorwärmeranlage wurde übrigens noch ein

zweites Mal verändert; alle Loks hatten danach den Mischkasten der verbesserten Bauart IfS/DR, der den Wirkungsgrad des Vorwärmers erhöhte und das Aussehen der Rauchkammer nicht mehr in dem Maße wie die alte Bauform beeinträchtigte. Nach einigen Jahren Betriebseinsatz hat man bei allen Maschinen den störanfälligen Heißdampfregler gegen den altbewährten Naßdampfregler Bauart Schmidt & Wagner getauscht, der jedoch mittels Seitenzug betätigt wurde. Statt der Regelsaugzuganlage baute man bei sämtlichen Loks Giesl-Flachejektoren ein und erzielte damit bedeutend günstigere Verbrauchswerte für Kohle und Dampf.

Während der Serienfertigung vorgenommene Detailverbesserungen wurden nachträglich an den vorher gelieferten Maschinen ebenfalls ausgeführt, so daß die Baugleichheit der Lokomotiven stets gewährleistet war. Die umfangreichen Bauartänderungen, die bei der BR 65.10 notwendig waren, bestätigten letzten Endes nur, daß neuartige Baugruppen und Bauteile gegenüber den traditionellen nicht unbedingt einen Vorteil bringen mußten. Hätte die DR beispielsweise auf den Heißdampfregler von vornherein verzichtet, was ohne weiteres möglich gewesen wäre, wären manche damit verbundenen Probleme nicht aufgetreten. Bei der Wahl des Heißdampfreglers hatte man sich möglicherweise vom Vorbild der DB-Neubauloks leiten lassen, ebenso bei der Ausführung der Sandkästen als über dem Umlauf befindliche Kästen. Absolut schlüssig ist diese gängige Version jedoch nicht.

Eine Bauartänderung bleibt noch nachzutragen: 1961/62 wurden bei allen Maschinen die ursprünglich eingebauten Druckausgleich-Kolbenschieber der Bauart Müller gegen Trofimoff-Schieber getauscht. Die DR-Lok 65 1004 besaß zeitweilig Kohlenstaubfeuerung System Wendler, ist jedoch später wieder auf die ursprüngliche Rostfeuerung zurückgebaut worden.

Eine markante Frontpartie besaßen die 65.10

Betriebseinsatz

Trotz aller Schwierigkeiten und trotz der umfangreichen Bauartänderungen waren die Loks der Baureihe 65.10 für den Betriebsmaschinendienst gut brauchbar. Sie waren sowohl vor Personen- als auch vor Güterzügen eingesetzt und zeichneten sich neben hohem Beschleunigungsvermögen und akzeptabler Höchstgeschwindigkeit durch ihren relativ großen Aktionsradius aus. Keinen geringen Anteil an der für eine Tenderlok überdurchschnittlich großen Reichweite hatten die großzügig bemessenen Vorratsbehälter, die ursprünglich wegen der Braunkohlenfeuerung gewählt worden waren.

Die Lokomotiven der BR 65.10 sind in einer Anzahl von 95 Exemplaren gebaut worden; jedoch gelangten nur 88 Maschinen zur Deutschen Reichsbahn. Sieben Loks – zwei aus dem Baulos des Jahres 1955, fünf aus der Lieferung von 1957 – gelangten zu den Leuna-Werken als Werkloks. 1967 ersetzten die Leuna-Werke ihre Maschinen durch sechsachsige Dieselloks BR V 180 und boten der DR die verbliebenen fünf Dampfloks zum Kauf an. Die DR verzichtete jedoch, da mittlerweile die Traktionsumstellung in vollem Gange war.

Die neuangelieferten 65.10 wurden 13 Bahnbetriebswerken zugeteilt. Außer in den nördlichen Regionen waren sie in der ganzen DDR anzutreffen und bedienten vorzugsweise den Berufsverkehr mit Doppelstockzügen. Bis Mitte der 70er Jahre gehörten mit den leistungsfähigen Tenderlokomotiven bespannte Züge zum alltäglichen Bild. 1973 waren die ersten Maschinen infolge von Unfällen ausgemustert worden. Verstärkt auftretende Rahmenschäden machten innerhalb kurzer Zeit die Ausmusterung weiterer Lokomotiven erforderlich.

Schadhafte Rahmen waren jedoch nicht allein eine Krankheit von DR-Neubauloks. Die DB-Neubauten waren in nicht geringerem Maße von derartigen Schäden betroffen, und tatsächlich hat die Bundesbahn die Mehrzahl ihrer Tenderloks der BR 65, die konstruktiv mit der BR 65.10 der DR vergleichbar waren, wegen umfangreicher Rißbildungen an den Blechrahmen ausmustern müssen.

Die letzten Lokomotiven der Baureihe 65.10 schieden im Jahre 1982 aus dem Betriebsdienst aus. Drei von ihnen sind jedoch erhalten geblieben. Die 65 1049 war zunächst offizielle Traditionslok der DR und gehört heute der DB AG; die 65 1008 und 65 1057 befinden sich im Eigentum privater Interessengemeinschaften. Alle drei Maschinen besitzen übrigens wieder die Regelsaugzuganlage wie im Anlieferungszustand, weil bei den Loks der Baureihe 65.10, wie bei anderen Baureihen auch, in den letzten Betriebsjahren die verschlissenen Giesl-Flachejektoren durch Schornsteine und Blasrohre der Regelbauart ersetzt worden sind.

REDAKTION: HANS WIEGARD; FOTOS: SCHULZ, TRUNK, LINDENBLATT

Die nur in zwei Exemplaren bei Henschel gebaute Baureihe 66 der Deutschen Bundesbahn erwies sich als eine rundherum gelungene Konstruktion

Baureihe 66

Zu Beginn des Jahres 1954 lagen die Entwürfe für die neue Baureihe 66 in ihrer endgültigen Ausführung vor. Bereits sechs Jahre zuvor befaßte man sich im Rahmen des Neubaulokprogramms mit dem Gedanken zur Neubeschaffung einer Tenderlok mit 15 t Radsatzlast, einer Nachfolgebaureihe der Baureihe 64. Anfänglich dachte man dabei an eine geringfügig verbesserte Neuauflage der 64er. Jedoch glaubte man, daß diese Aufgaben auch von der als Ersatz für die Baureihen 78 und 93 vorgesehenen Neubaureihe 65 übernommen werden konnten. Den Entschluß zur Ablösung der in die Jahre gekommenen Loks der Reihen 64, 75, 86 und 91 faßte man im Verlauf des Jahres 1950. Eine Ersatzkonstruktion für 15 t Radsatzlast wurde gefordert, deren erste Entwürfe den Ursprung in der alten 64er erkennen ließen. Mit der Verkleinerung des Kuppelraddurchmessers auf 1400 mm versuchte man eine Art Mehrzwecklokomotive auf die Schienen zu stellen. Bald darauf legten Henschel und die Maschinenfabrik Esslingen erste Entwürfe vor. Nicht nur die Berücksichtigung der neuen Baugrundsätze, sondern auch insbesondere die Überlegung, zur Erhöhung des Reibungsgewichtes die Radsatzlast auf 16 t anzuheben

und dabei auch die Vorräte zu vergrößern, führten schließlich zu der Entwicklung einer 1'C2'h2t. Die Merkmale der Neubauloks, wie Schweißkonstruktion, Rollenlager, Verbrennungskammerkessel und Mischvorwärmer wurden auch bei der jetzt als Baureihe 66 bezeichneten Lok bedacht. Doch der bereits beschlossene und eingeleitete Strukturwandel forderte seinen Tribut, und so sollten der nur noch vorsorglichen Beschaffung der beiden im Bau befindlichen Prototypen keine weiteren mehr folgen. Die Lokfabrik Henschel in Kassel lieferte die 66 001 am 6. Oktober 1955 und die 66 002 am 14. Oktober 1955 an die Deutsche Bundesbahn aus.

Konstruktion

Der Rahmen war als Kastenträger ausgebildet und vollständig mit seinen Rahmenwangen, Versteifungen und Gurten zu einer Einheit zusammengeschweißt. Der Kessel hatte seine Lagerung vorn auf den beiden angeschraubten Rauchkammerstutzen, hinten am Langkessel auf einem Pendelblech und außerdem unter dem Bodenring auf Gleitbahnen. Der erste Kuppelradsatz besaß 10 mm Spiel nach beiden Seiten. Der Treibradsatz und der dritte Kup-

pelradsatz waren fest im Rahmen gelagert. Die Kuppelradsätze hatten einen Durchmesser von 1600 mm, der vordere Laufradsatz, der in einem von dem ersten Kuppelradsatz angelenkten, geschweißten Gestell mit beidseitig 105 mm Seitenspiel untergebracht war, 1000 mm. Das hintere geschweißte Innenrahmengestell vereinigte beide Laufradsätze von 850 mm Durchmesser, und gewährte am Drehzapfen einen Seitenausschlag von jeweils 80 mm. Die Lok hatte somit einen festen Radsatz-

TECHNISCHE DATEN

Bezeichnung		66
Indienststellung (1. Jahr)		1955
Hersteller		Henschel
Bauart		1'C2' h2
Spurweite	mm	1435
Länge über Puffer	mm	14798
Lokmasse (leer)	t	69,8
Dienstmasse (2/3 Vorräte)	t	93,9
Reibungsmasse	t	47,1
Verdampfungsheizfläche	m²	87,5
Strahlungsheizfläche	m²	11,4
Überhitzerheizfläche	m²	45,1
Betriebsstoffvorräte	Kohle	t	5
	Wasser	m³	14,3
indizierte Leistung	kWi	861
Höchstgeschwindigkeit	km/h	100

Die 66 001 auf dem Werksgelände der Firma Henschel nach ihrer Fertigstellung im Oktober 1955

stand von 1850 mm und einen Gesamtradsatzstand von 11050 mm. Alle Radsätze der Lok konnten beidseitig abgebremst werden. Die beiden außenliegenden, vollständig geschweißten Zylinder waren waagerecht und achsmittig angebracht. Als Schieber kamen solche der Bauart Müller zur Anwendung. Sämtliche Achsen waren in Wälzlagern gelagert, die Stangenlager waren ebenfalls als Rollenlager ausgebildet. Bei dem ersten und dritten Kuppelradsatz sowie bei der Treibstange am Kurbelzapfen kamen Pendelrollenlager zum Einsatz. Die Heusingersteuerung entsprach der üblichen Bauart; ihre Betätigung erfolgte über ein Kettenwerk.

Der vollständig geschweißte St 34-Kessel bestand aus zwei Schüssen, dessen vorderer zylindrisch ausgebildet war. Der hintere, konisch verlaufende Schuß trug den Dampfdom. Die Feuerbüchse hatte senkrechte Seitenwände, eine nach hinten geneigte Decke, bestand aus IZ II-Stahl

und enthielt zur Verbesserung des Verhältnisses von Strahlungs- zu Rohrheizfläche eine Verbrennungskammer. Gespeist wurde der Kessel über einen nichtsaugenden Friedmann-Injektor sowie über eine Turbospeisepumpe mit Mischvorwärmer. Beide Speiseventile waren zu einem gemeinsamen Gußstück zusammengefaßt und links am vorderen Kesselschuß angebracht. Am unteren Teil der Stehkesselvorderwand befand sich ein Abschlammventil der Bauart Gestra. Der Kessel verfügte über zwei Ackermann-Sicherheitsventile und einen Einfachventil-Heißdampfregler. Die Feinausrüstung des Kessels entsprach der allgemein üblichen Bauart. Als schmückendes Beiwerk wurde ein Kranzschornstein verwendet.

Das Führerhaus, das ohne Verbindung zu den anderen Aufbauten befestigt war, war geräumig und besaß genügend Stauraum für Werkzeuge und Kleider. Luftklappen, ein großes Oberlicht und eine Fußbodenheizung verbesserten die Arbeitsbedingungen des Personals. Im Herbst 1956 wurden beide Loks noch mit einer Wendezugsteuerung ausgerüstet, und 1958 wurde dem Mischvorwärmer, der seinen Platz im vorderen Teil des linken Wasserkastens hatte, ein Abdampfentöler vorgeschaltet.

Betriebseinsatz

Nach der Auslieferung der beiden Lokomotiven wurde die 66 001 beim Versuchsamt in Minden stationiert. Hier verblieb die Maschine bis zum September 1956. Verschiedene Erprobungen bestätigten die sehr gut gelungene Konstruktion. Die Maschine erfüllte die in sie gesetzten Erwartungen und war ohne weiteres in der Lage, die Aufgaben der preußischen P 8 und T 18 zu übernehmen. Der sehr verdampfungsfreudige Kessel lieferte bei einer problemlos möglichen Heizflächenbelastung von 90 kg/m²h knapp 8 t Dampf pro Stunde und war zudem noch sparsa-

mer als vergleichbare Gattungen. Auch im Betriebseinsatz überzeugten die Maschinen durch ihren ausgezeichneten Lauf, der aber vom Versuchsamt Minden keinen genaueren Untersuchungen unterzogen worden war.

Die 66 002 gelangte, im Gegensatz zu ihrer Schwesterlok, direkt nach ihrer Anlieferung in den Betriebsdienst und wurde dem Bahnbetriebswerk Frankfurt (Main) 3 am 14. Oktober 1955 zugeteilt. Die 66 001 folgte von ihren Versuchsfahrten in Minden im September 1956. Der Einsatz der beiden Maschinen erfolgte hier vornehmlich im Nahverkehr vor Reisezügen. Für die 66er wurde kein separater Umlauf aufgestellt, sondern sie fuhren in den Dienstplänen der dort 38.10 und 78 mit. Auch nach ihrer Ausrüstung mit Wendezugsteuerung erhielten die 66er keinen eigenen Umlaufplan. Ihr Einsatzgebiet erstreckte sich bis Hanau, Aschaffenburg, Darmstadt, Wiesbaden und Mannheim. Mit der Auflösung des Frankfurter Bw 3 im Jahr 1957 wechselten die beiden Loks zum Bw Frankfurt (Main) 1. Doch die voranschreitende Elektrifizierung engte ihren Aktionsradius immer weiter ein, der sich zuletzt nur noch auf die Strecken nach Friedberg, Mannheim und Wiesbaden beschränkte. 1960 wechselten die Loks ein letztes Mal ihre Heimatdienststelle und kamen zum Bw Gießen. Nach den eher geringen Frankfurter Laufleistungen sollten die 66er nun richtig gefordert werden. Dienstplanmäßig wurden sie jetzt den in Gießen beheimateten Loks der Baureihe 23 gleichgestellt. Sogar Schnellzüge nach Frankfurt und Personenzüge bis Mannheim gehörten fortan zu ihren Aufgaben. Weitere Wendebahnhöfe hießen Dillenburg, Fulda, Gelnhausen und Marburg. Auch in Gießen reduzierte die Elektrifizierung den Dampfeinsatz. Zum Schluß blieben nur noch die Strecken nach Wetzlar und Fulda.

Die 66 001 wurde nach einem am 2. Oktober 1966 erlittenen schweren Triebwerksschaden, der sich während der Fahrt durch den Bruch der Treibstange ergab, z-gestellt und am 24. Februar 1967 ausgemustert. Im Juli verschrottete man die Lok im AW Trier. Die 66 002 blieb weiterhin im Einsatz, jedoch nur noch als Reservemaschine vor Zügen in Richtung Fulda und Lollar/Londorf. Am 15. September 1967 kam auch für sie die z-Stellung. Auf Drängen der Deutschen Gesellschaft für Eisenbahngeschichte (DGEG) konnte die 66 002 von der Verschrottung zurückgestellt und am 21. März 1969 erworben werden. Noch heute kann die Lok als nicht betriebsfähiges Ausstellungsstück im Eisenbahnmuseum im ehemaligen Bahnbetriebswerk Bochum-Dahlhausen besichtigt werden. Mit der Baureihe 66 war der Deutschen Bundesbahn die nahezu einzige in vollem Umfang befriedigende Neubaulok gelungen, deren Indienststellung aber zu spät kam, so daß eine größere Beschaffung nicht mehr erfolgte.

Die markante Stirnpartie der fabrikneuen 66 001

REDAKTION: JÖRG BADMANN; FOTOS: SLG. CLÖSSNER (3)

Mit der 1'B1'-Tenderlok der Baureihe 71 entwickelte Schwartzkopff eine Lok, die so gar nicht in das DRG-Typisierungsprogramm paßte

Baureihe 71

Maybach stellte im Jahre 1930 einen speziell für die Deutsche Reichsbahn entwickelten 410 PS-Motor vor, der besonders für den Triebwagenbau geeignet war. Ab 1932 gelangten dann die ersten vierachsigen Verbrennungstriebwagen für Haupt- und Nebenbahnen mit Höchstgeschwindigkeiten bis 100 km/h zum Einsatz. Zusammen mit ein bis zwei Bei- oder Steuerwagen konnten sie Dampfzüge auf Hauptbahnen in den verkehrsschwachen Zeiten ersetzen, auf Nebenbahnen den Personenverkehr völlig übernehmen. Der wachsenden Konkurrenz des Straßenverkehrs konnte die Reichsbahn durch zusätzlich eingelegte, moderne Triebwagenkurse auf Hauptbahnen entgegentreten. Obendrein wurde Personal eingespart, Kohlenschippen war nicht mehr nötig.

Das brachte die Dampflokindustrie auf den Plan: Sie wollte dieses Marktsegment (wie man heute so sagt) nicht kampflos der Konkurrenz überlassen und schlug der DRG eine Lokomotive vor, die so gar nicht in deren Typisierungsprogramm passen wollte: Eine 1'B1'-Tenderlok sollte den Triebwagen den Kampf ansagen. Insbesondere die Flexibilität des lokbespannten Zuges wurden von der Industrie angepriesen, konnte man doch problemlos Güter- oder Kurswagen in den Zug einstellen, oder diesen um weitere Wagen verstärken, ohne eine zweite Antriebseinheit einsetzen zu müssen. In ihrer Ausführung wich die vorgeschlagene Type stark von den Einheitslokomotiven ab. Es war die einzige Dampflok der DRG mit Blechrahmen, von den späteren Kriegsloks einmal abgesehen. Dank einer mechanischen Rostbeschickung konnte der Heizer wie bei der Dieselkonkurrenz eingespart werden, und erstmals kam bei ihr der 20 bar-Kessel, der später bei den Baureihen 06, 41 und 45 noch wenig Freude bereiten sollte, zur Anwendung. Äußerlich fiel der nicht bis zur Führerhausvorderwand durchgeführte Wasserkasten auf, vielleicht eine Reminiszenz an ihre ältere Schwester, die BR 71.2 (bay Pt 2/4)?

Schwartzkopff lieferte 1934 die ersten beiden Baumusterlokomotiven mit den Fabriknummern 10261 und 10262. Bei den folgenden 71 003 – 004 (Borsig), sowie 005 – 006 (Krupp) wurde der Treibraddurchmesser von 1.500 auf 1.600 mm vergrößert, um die Höchstgeschwindigkeit auf 100 km/h anheben zu können, schließlich fuhren die Dieseltriebwagen auch mit 100, teilweise sogar mit 110 km/h durch die Lande. Außerdem wurde der Zylinderdurchmesser von 310 auf 330 mm erweitert, der Hub von 660 mm beibehalten. Trotz letzterer Maßnahme befriedigte die 71 im Betriebsdienst nicht. Obwohl sie einen leistungsfähigen Kessel besaß, der Leistungen von 77 kg Dampf je m² Heizfläche pro Stunde mühelos erbrachte (andere Einheitsloks hatten schon Mühe, die sogenannte „Kesselgrenze" von 57 kg/m² über längere Zeit zu halten), war die Dampfmaschine, trotz Vergrößerung des Zylinderdurchmessers, zu klein geraten. Der Zylinderdurchmesser mit seinen 310 mm in der Ursprungsversion war noch um 10 mm geringer als der des Glaskastens (BR 98.3). Die zu klein ausgeführte Dampfmaschine führte zu überhöhtem Kohlenverbrauch. Die Konstrukteure hatten sich wohl von der Steigerung des Dampfdruckes auf 20 bar zuviel versprochen. Eine sinnvolle Nutzung des Dampfgefälles ist oberhalb von 16 bar nur mit Verbundwirkung zu erreichen.

Am Triebwerk, besonders am schwach ausgeführten Kreuzkopf, häuften sich Schäden, die Höchstgeschwindigkeit bei 71 003 – 006 mußte später auf 90 km/h reduziert werden. Der Kessel zeigte im Betrieb ebenfalls Mängel, hauptsächlich an Feuerbüchse, Rauchkammer und Blasrohr. Der Dampfdruck mußte, wie bei allen anderen 20 bar-Kesseln, auf 16 bar gesenkt werden. Leider konnte auch die mechanische Rostbeschickung nicht befriedigen,

TECHNISCHE DATEN

Bezeichnung		71 001-002	71 003-006
Indienststellung (1.Jahr)		1934	1936
Hersteller		Schwartzkopff	Borsig, Krupp
Bauart		1´B1´h2	1´B1´h2
Spurweite	mm	1.435	1.435
Länge über Puffer	mm	11.800	11.800
Dienstmasse (bei 2/3 Vorräten)	t	55,3	55,3
Reibungsmasse	t	29,9	30
Betriebsvorräte Kohle	t	3	2,8
Wasser	m³	7	7
indizierte Leistung	kWi	420	420
Höchstgeschwindigkeit	km/h	90	100

Die Baureihe 71 befriedigte nicht, der Dampfdruck mußte bald von 20 auf 16 bar gesenkt werden

sie wurde später ausgebaut, nunmehr mußte also doch wieder ein Heizer auf der Lok seinen Dienst verrichten.

Ein Widerspruch ergibt sich bei den Baujahren und der Indienststellung: Obwohl 1936 gebaut, tauchten die Borsig-Maschinen erst 1939, die von Krupp gar erst 1941 im Bahnbetriebswerk Nürnberg Hbf als Erstzuteilung auf. Ob es sich hier, ähnlich wie bei der Baureihe 62, um von der Deutschen Reichsbahn bestellte, dann aber nicht abgenommene Lokomotiven, oder aber von der Industrie ohne Auftrag gebaute, letztlich dann aber doch von der Reichsbahn übernommene Maschinen handelt, dürfte heute nicht mehr zu klären sein. Eigentlich hätten die 71 ja eine für Einheitslokomotiven vorgesehene Baureihennummer zwischen 60 und 69 erhalten müssen, statt dessen belegte man die Länderbahnbaureihe 71 zum zweitenmal; die alten preußischen T 5.1 waren bereits bis 1930 ausgemustert worden.

Konstruktion

Der genietete Langkessel von 1.300 mm Durchmesser hatte nur einen Kesselschuß und war aus Stahl St 47 K gefertigt, die Rohrlänge betrug 3.500 mm. Der vordere Speisedom mit Schlammabscheider war ebenso wie der hintere Dampfdom mit Naßdampfventilregler mit dem Kessel vernietet, zwischen beiden lag der Sandkasten. Trotz des hohen Druckes von 20 bar kam eine geschweißte kupferne Feuerbüchse zum Einbau. Die Speiseeinrichtungen entsprachen der üblichen Reichsbahnnorm: Erstens ein Knorr Oberflächenvorwärmer mit Verbundspeisepumpe Bauart Knorr-Tolkien, und zweitens eine Dampfstrahlpumpe von je 125 l/min Förderleistung. Der 16 mm starke Blechrahmen war einschließlich der Rahmenverbindungen

vollständig geschweißt, Rahmenwangen und Querverstrebungen wurden zur Ausbildung des mittleren Wasserkastens herangezogen. Der Rahmen war in vier Punkten abgestützt und hatte zwei Bisselgestelle mit 850 mm Raddurchmesser und 65 mm Seitenausschlag, die beiden Kuppelachsen waren fest im Rahmen gelagert. Das Zweizylindertriebwerk mit einfacher Dampfdehnung und waagerecht liegenden Außenzylindern hatte äußere Heusingersteuerung mit Kuhn'scher Schleife und innerer Einströmung, der Antrieb erfolgte auf die zweite Kuppelachse. Die Bremse Bauart Knorr arbeitete als Einkammerdruckluftbremse mit Zusatzbremse. Sämtliche Achsen wurden beidseitig abgebremst. Bis auf die mechanische Unterflurfeuerung entsprachen die weiteren Einrichtungen der 71 denen anderer Einheitslokomotiven.

Betriebseinsatz

71 001 wurde am 26.11.1934 an das Lokomotiv-Versuchsamt Grunewald geliefert, ihr folgte kurze Zeit später die 71 002. Beide wurden nun bis Mai 1935 gründlichen Versuchen vor Meß- und Planzügen unterzogen. Das Versuchsamt hatte großes Interesse an dem 20 bar-Kessel, erhoffte man sich doch von höheren Dampfdruck eine Leistungssteigerung bei vermindertem Energiebedarf. Die Ergebnisse der Versuchsfahrten waren allerdings enttäuschend, die Verbrauchswerte der 71er lagen nicht unter denen anderer Reichsbahnlokomotiven. Man sah die Hauptursache in den kleinen Zylinderabmessungen, bei den folgenden 71 003 – 006 wurden sie vergrößert. Eventuelle gründlichere Untersuchungen über die Effizienz von Drucksteigerungen über 16 bar hinaus, wie sie bei der 04 durchgeführt wor-

den sind, hätten der DRB viel Ärger und Kosten mit den 20 bar-Kesseln erspart. Nach ihrer Zeit beim Versuchsamt kamen die beiden Maschinen zum Bw Bamberg und wurden auf der Nebenbahn Forchheim – Behringersmühle eingesetzt, erwiesen sich jedoch für die dort eingesetzten Züge als zu schwach.

Auf den Strecken Bamberg – Maroldsweisach und Bamberg – Scheßlitz beförderten sie nun Züge außerhalb des Berufsverkehrs. Da für die ersetzten Lokomotiven kein sinnvoller Einsatz gefunden werden konnte und sich nunmehr zwei Maschinen die Arbeit von einer teilten, kam man bald wieder von diesem Einsatz ab. Die Baureihe 71 wurde zum Bw Nürnberg Hbf umstationiert. Hier übernahmen sie die Leistungen von der BR 70.0 (bay Ptl 2/3) auf der Strecke Nürnberg Hbf – Nürnberg Stein – Unternbibert-Rügland. Mit maximal fünf Zugpaaren waren die nunmehr sechs Lokomotiven nicht ausgelastet. Gelegentlich sollen sie auch auf der Nebenbahn (Nürnberg) – Feucht – Wendelstein eingesetzt worden sein, die übrigen 71er verdingten sich im Arbeitszugdienst oder waren abgestellt. Daran änderte sich bis 1945 wenig.

Nach dem Krieg gab es in Nürnberg keine Planleistungen mehr, lediglich gelegentliche Arbeitszug-Einsätze. Spätestens ab 1948 waren alle Lokomotiven z-gestellt. Obwohl sie mit nur sechs Exemplaren eigentlich zu den Splittergattungen gehörte, wurde die BR 71 nicht ausgemustert. 1952 wurden alle Lokomotiven nach Kaiserslautern überführt, im dortigen AW hauptuntersucht und den Bw Kaiserslautern (71 001, 002, 004, 005) und Landau (Pfalz) (71 003 und 006) zugeteilt.

In Kaiserslautern konnten sie dann endlich die Triebwagenkonkurrenten verdrängen, wofür sie ja ursprünglich einmal gebaut worden waren; allerdings nur die ein Vierteljahrhundert älteren Akkutriebwagen der Baureihe ETA 180. Der dreitägige Umlauf war der Höhepunkt in der Karriere der Baureihe 71: Ab Sommer 1953 erreichten die vier Lokomotiven im Tagesmittel 338 km. Langläufe von 116 Kilometer von Kusel nach Ludwigshafen vor dem E 789 waren der Höhepunkt, aber auch Durchläufe von Kaiserslautern nach Bingerbrück (82 km) konnten sich durchaus sehen lassen. Im Umlaufplan vom Sommer 1954 wurde eine Tagesspitzenleistung von 408 km erbracht. Die ganze Herrlichkeit hatte mit dem Sommerfahrplan 1955 ein Ende. Drei Loks wurden zum Bw Landau (Pfalz) abgegeben, die 71 001 war bereits nach z-Stellung vom 27. Dezember 1954 am 18. März 1955 in Kaiserslautern ausgemustert worden.

In Landau erhielten die 71er keinen eigenen Umlaufplan mehr, sie verdienten sich ihr Gnadenbrot hauptsächlich bei Ausfall einer 64er. Mit Erscheinen der VT 95 wurden sie überflüssig und ausgemustert, die 71 003 am 12. Mai 1955 alle übrigen am 7. August 1956.

REDAKTION: KONRAD KOSCHINSKI; FOTOS: SLG. KNIPPING

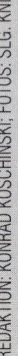

Die 1965 beim Bw Gotha ausgemusterte 74 231 kam anschließend zu den Erfurter Industriebahnen, bevor sie als Denkmal in Erfurt aufgestellt wurde

Baureihe 74⁰⁻³ (pr T 11)

Die bis zu Beginn des 20. Jahrhunderts vor Nahverkehrszügen auf Hauptstrecken genutzten zweifach gekuppelten Lokomotiven wurden aufgrund ihrer unbefriedigenden Leistungen und Laufeigenschaften den Anforderungen nicht mehr gerecht. Auch die inzwischen eingesetzten und nur 60 km/h schnellen Maschinen der Gattung T 9³ (DRG BR 91³⁻¹⁸) galten für diese Leistungen als ungeeignet. Daraufhin entwickelte die Union-Gießerei in Königsberg einen Dreikuppler mit Krauss-Helmholtz-Gestell.

Im Vergleich zur T 9³ wurden der Kuppelraddurchmesser von 1 350 auf 1 500 mm, die Rostfläche von 1,53 auf 1,73 m² und die Verdampfungsheizfläche von 109 auf 124 m² vergrößert. Die 645 PS starke und ab 1906 als Gattung T 11 bezeichnete Maschine mit einer Achsfahrmasse von 15 t beförderte in der Ebene einen 350 t schweren Zug anstandslos mit 70 km/h.

Von 1903 an stellten die Staatseisenbahnen Preußens 471 Lokomotiven der Gattung T 11 in Dienst, die vorwiegend von Union, aber auch von Vulcan, Borsig und Hohenzollern gebaut wurden. Die Maschinen bewährten sich gut, wurden aber ab 1910 zugunsten der als Gattung T 12 (DRG-BR 74⁴⁻¹³) eingereihten Heißdampfausführung nicht weiter beschafft. Die T 11 wurde in fast allen Direktionsbezirken eingesetzt. Allein die Königliche Eisenbahn-Direktion Berlin nutzte 141 der Dreikuppler auf der Stadt- und Ringbahn sowie auf den Vorortstrecken. Einige T 11 wurden später auf Heißdampftechnik umgerüstet.

Konstruktion

Der genietete und aus zwei Schüssen bestehende Kessel entsprach im wesentlichen dem der T 9³. Neben einer tiefen kupfernen Feuerbüchse gelangte ein geräumiger Achskasten zum Einbau. Ein Ramsbottom-Sicherheitsventil und zwei saugende Dampfstrahlpumpen kamen hinzu. Das Laufwerk erhielt eine Vierpunktabstützung. Die Tragfedern der Laufachse und ersten Kuppelachse bildeten ein Krauss-Helmholtz-Gestell und waren durch Ausgleichhebel verbunden. Gleiches traf für die zweite und dritte Kuppelachse zu. Laufachse und erste Kuppelachse waren seitenverschiebbar gelagert. Zum Naßdampftriebwerk zählten zwei außenliegende, waagerecht angeordnete Zylinder. Angetrieben wurde die zweite Kuppelachse. Hinzu kam eine außenliegende Heusinger-Steuerung. Die Knorr-Druckluftbremse wirkte auf die zweite und dritte Kuppelachse einseitig von innen.

Betriebseinsatz

Im DRG-Umzeichnungsplan der DRG von 1925 waren noch 358 Lokomotiven enthalten, die als 74 001 - 74 358 bezeichnet wurden. Einige Maschinen veräußerte die DRG ab 1930 an Dritte für den Einsatz auf Werkbahnen. Etwa 50 Loks, die nach dem Ersten Weltkrieg in Polen verblieben, erhielten ab 1941 wieder DR-Nummern. Nach 1945 gab es in den westlichen Besatzungszonen Deutschlands noch 65 Lokomotiven, die von der Deutschen Bundesbahn bis zum 14. August 1950 ausgemustert oder an Dritte verkauft wurden. Die etwa 55 bei der DR vorhandenen T 11 wurden vorzugsweise im Thüringer Raum genutzt, nachdem zuvor zahlreiche Maschinen an Industriebetriebe verkauft worden waren. Die bis 1965 im Bw Gotha stationierte 74 231 war bis zum Jahre 1974 bei der Erfurter Industriebahn in Betrieb und wurde danach als Denkmal vor dem Bw Erfurt aufgestellt.

TECHNISCHE DATEN		
DRG-Bezeichnung		74 001 – 74 358
frühere Bezeichnungen		pr T 11
Beschaffungszeitraum		1903 – 1910
Bauart		1'Cn2t
Länge über Puffer	mm	11 190
gesamter Radsatzstand	mm	6 350
Dienstmasse	t	62,6
Wasservorrat	m³	7,4
Kohlevorrat	t	2,5
Stahlungsheizfläche	m²	8,7
Rostfläche	m²	1,73
Betriebsdruck	bar	12
Zylinderdurchmesser	mm	480
Kolbenhub	mm	630
Treibraddurchmesser	mm	1 500
zulässige Geschwindigkeit	km/h	80
Reibungsmasse	t	48,7
effektive Leistung	PS	645
	kW	480

AUTOR: W.-D. MACHEL; AUFNAHME: SCHÜTZE

Zum Jubiläum „100 Jahre Orlabahn" am 3. Oktober 1989 war auch die 74 1230 im Bahnhof Orlamünde ausgestellt

Baureihe 74⁴⁻¹³ (pr T 12)

Ein Jahr bevor bei den Preußischen Staatseisenbahnen die Naßdampflokomotiven der späteren Gattung T 11 in Dienst gestellt wurden, baute Union 1902 die ersten vier 1'C-Heißdampftendermaschinen für den Probetrieb auf den Berliner Stadt-, Ring- und Vorortbahnen. Bis auf die zusätzlichen Einrichtungen, die zur Dampfüberhitzung notwendig waren, entsprachen diese Lokomotiven den T 11-Maschinen. Vergleiche auch mit anderen Tenderlokomotiven fanden bis 1905 statt. Letztendlich setzte sich die Heißdampflokomotive durch, zumal im Berliner Raum die Wasserersparnis besonders wichtig war. Ab 1905 wurden 41 weitere, nunmehr als T 12 bezeichnete Heißdampfmaschinen gebaut, die unter anderem eine verlängerte Rauchkammer, größere Zylinderdurchmesser und einen längeren Lüftungsaufsatz erhielten. Bis 1916 beschafften die Preußischen Staatseisenbahnen bereits 929 Maschinen. Die Serienlieferungen wurden bis dahin unter anderem durch den Einbau neuer Ventilregler, zweistufiger Luftpumpen, Kuhnscher Schleifen und Oberflächenvorwärmer ständig verbessert. Die Maschinen der letzten Baujahre waren in der Lage, einen 670 t schweren Zug in der Ebene bequem mit 70 km/h zu bewegen. Am Bau der T 12 waren Union, Borsig, Hohenzollern und Grafenstaden beteiligt. 1921 lieferte Borsig nochmals T 12-Lokomotiven insbesondere für die Eisenbahndirektion Berlin nach, so daß insgesamt 974 Maschinen gebaut wurden. Zwar bildete der Direktionsbezirk Berlin ein Schwerpunkt im Einsatz der Dreikuppler der Gattung T 12 , aber auch andernorts bewährten sich diese Loks vor Personenzügen.

Konstruktion

Der genietete Langkessel bestand aus drei Schüssen. Zum Einbau gelangten Rauchrohrüberhitzer der Bauart Schmidt, Oberflächenvorwärmer und Ramsbottom-Sicherheitsventile. Der Blechrahmen war als Krauss-Wasserkasten ausgebildet. Das Laufwerk besaß eine Vierpunktabstützung. Die Laufachse und die erste Kuppelachse, beide seitenverschiebbar, bildeten das Krauss-Helmholtz-Gestell. Angetrieben wurde die zweite Kuppelachse. Vorhanden war eine außenliegende Heusinger-Steuerung. Die Knorr-Druckluftbremse wirkte beidseitig auf die Räder der zweiten und dritten Kuppelachse. Hinzu kamen eine Wurfhebelbremse und ein Knorr-Druckluftsandstreuer, der die Treibräder bei Vorwärts- und Rückwärtsfahrten versorgte.

Betriebseinsatz

Im endgültigen Umzeichnungsplan von 1925 waren 899 T 12-Lokomotiven unter den Betriebsnummern 74 401 – 74 543 und 74 545 – 74 1300 aufgenommen worden. Nach der „Großen Elektrisierung" der Berliner Stadt-, Ring- und Vorortbahnen wurden zahlreiche Maschinen für den Rangierdienst genutzt. Nach 1945 übernahmen die Polnischen, Rumänischen und Tschechoslowakischen Staatsbahnen zahlreiche Lokomotiven. Zudem fielen rund zehn T 12-Loks unter die Reparationsleistungen an die UdSSR. Bei den beiden deutschen Staatsbahnen begann Ende der fünfziger Jahre die verstärkte Ausmusterung. Während sie bei der DB 1966 endete, rollte bei der DR zwei Jahre später die letzte T 12 auf das Abstellgleis. Die Lokomotive 74 1230 blieb als Museumsfahrzeug für die Nachwelt erhalten.

TECHNISCHE DATEN

DRG-Bezeichnung		74 401 ...74 1300
frühere Bezeichnungen		pr T 12
Beschaffungszeitraum		1902 – 1921
Bauart		1'Ch2t
Länge über Puffer	mm	11 800
gesamter Radsatzstand	mm	6 350
Dienstmasse	t	67,1
Wasservorrat	m³	7,0
Kohlevorrat	t	2,5
Strahlungsheizfläche	m²	9,41
Rostfläche	m²	1,73
Betriebsdruck	bar	12
Zylinderdurchmesser	mm	540
Kolbenhub	mm	630
Treibraddurchmesser	mm	1 500
zulässige Geschwindigkeit	km/h	80
Reibungsmasse	t	50,1
effektive Leistung	PS	1 000
	kW	750

AUTOR: W.-D. MACHEL; AUFNAHME: LINDENBLATT

Zur 150 Jahr Feier der Deutschen Bundesbahn zeigte sich die 75 1118 bei der großen Fahrzeugaustellung in Bochum Dahlhausen dem Publikum

Baureihen 75⁴, 75¹⁰⁻¹¹ (bad VIc)

Bei den Badischen Staatseisenbahnen bewährten sich die ab 1900 in Dienst gestellten 1'C1'n2t-Lokomotiven der Gattung VIb gut. Die Karlsruher Generaldirektion wollte im Interesse einer höheren Wirtschaftlichkeit nun auch die Heißdampftechnik nutzen und dabei nicht auf die Bauart 1'C1' verzichten. Die ersten 1914 von der Maschinenbau-Gesellschaft Karlsruhe gelieferten Lokomotiven der Gattung VIc wurden den Anforderungen nicht voll gerecht, so daß nach kurzer Zeit noch größere Erhitzer zum Einbau gelangten. Um höhere Geschwindigkeiten zu erreichen, vergrößerte man den Kuppelraddurchmesser. Bis 1921 entstanden 135 Lokomotiven in neun Lieferungen, wobei 14 der Baujahre 1917/18 von Jung hergestellt wurden.

Konstruktion

Der Langkessel bestand aus zwei Schüssen. Vorhanden waren ein Rauchrohrüberhitzer der Bauart Schmidt, Coale-Sicherheitsventile und eine nichtsaugende Dampfstrahlpumpe. Der genietete Blechrahmen wurde durch den zwischengenieteten Wasserkasten und Winkelprofile sowie durch zusätzliche Bleche in den Achsausschnitten verstärkt. Zur An-

wendung gelangte eine Sechspunktabstützung. Beide Laufachsen waren seitenverschiebbar und die Kuppelachsen fest im Rahmen gelagert, die Spurkränze der Treibachse geschwächt. Der Antrieb erfolgte über die zweite Kuppelachse. Es existierte eine einschienige Kreuzkopfführung. Die Steuerung und die Bremsanlagen stimmten mit denen an den Lokomotiven der Gattung VIb (DRG-BR 75¹⁻³) überein.

Betriebseinsatz

Insgesamt 28 Maschinen mußten nach dem Ersten Weltkrieg an das Ausland abgegeben werden. Die DRG ordnete den 107 noch vorhandenen Loks 1925 die Betriebsnummern 75 401 – 75 409 (Baujahr 1914), 75 411 – 75 430 (Baujahre 1915/16), 75 431 – 75 441 (Baujahre 1916/17), 75 451 – 75 464, 75 471 – 75 473, 75 481 – 75 483, 75 491 – 75 494 (alle Baujahr 1917), 75 1001 – 75 1023 (Baujahr 1920) und 75 1101 – 75 1120 (Baujahr 1921) zu. 1935 gelangten 38 Maschinen nach Mecklenburg. 1941 übernahm die DR einige der 1918 nach Luxemburg abgegebenen Maschinen und bezeichnete sie als 75 1121 – 75 1133. Die DB besaß nach dem Zweiten Weltkrieg noch 66 Maschi-

nen, die unter anderem in Freiburg, Offenburg, Karlsruhe und Villingen stationiert waren. Im April 1967 wurde als letzte Lokomotive die 75 1118 ausgemustert. Sie ist heute ein Exponat im Eisenbahnmuseum Neustadt (Weinstraße). Die DR hatte nach 1945 noch 29 Maschinen im Bestand. Letzte Einsatzbereiche waren bis 1969 Haldensleben, Bautzen und Löbau.

DRG-Bezeichnung		75 401 ...75 494
		75 1001 ... 75 1133
frühere Bezeichnungen		bad VIc
Beschaffungszeitraum		1914 – 1921
Bauart		1'C1'h2t
Länge über Puffer	mm	12 700
gesamter Radsatzstand	mm	8 900
Dienstmasse	t	79,5
Wasservorrat	m³	10,0
Kohlevorrat	t	4,0
Strahlungsheizfläche	m²	9,96
Rostfläche	m²	2,06
Betriebsdruck	bar	12
Zylinderdurchmesser	mm	540
Kolbenhub	mm	640
Treibraddurchmesser	mm	1 600
zulässige Geschwindigkeit	km/h	90
Reibungsmasse	t	50,6
effektive Leistung	PS	790
	kW	580

AUTOR: W.-D. MACHEL; AUFNAHME: SLG. VÖLK

Die zunächst in Chemnitz Hbf als Exponat aufgestellte 75 515 wurde durch einen Auffahrunfall 1983 stark beschädigt, aber wieder aufgebaut

Baureihe 75⁵ (sä XIV HT)

Die K. Sächs. St. B. beschafften ab 1911 von Hartmann insbesondere für den Berufs- und Vorortverkehr leistungsfähige 1'C1'h2t-Heißdampfloks, die bis 1921 weitergebaut wurden. Insgesamt gab es 106 Exemplare. Alsbald zeigte sich, daß diese Maschinen auch auf zahlreichen Nebenstrecken gute Dienste leisteten. Die Baulose von 1911 und 1912 hatten durchlaufende und bis zur Schornsteinmittelachse reichende Wasserkästen erhalten. Charakteristisch für diese Dreikuppler waren die Krempenschornsteine und kegligen Rauchkammertüren. Die ab 1915 hergestellten Serien wiesen im Gegensatz zu den ersten Maschinen mit einer Achsfahrmasse von 16,3 t eine solche von 15,9 t auf. Die XIV HT-Lokomotiven zogen in der Ebene einen 750 t Wagenzug mit einer Geschwindigkeit von 75 km/h.

Konstruktion

Der genietete Langkessel bestand aus zwei Schüssen. Hinzu kamen zwei Sicherheitsventile, zwei nichtsaugende Dampfstrahlpumpen und von 1917 an Knorr-Oberflächenwärmer. Der Blechrahmen wurde wegen der ausschwenkbaren Laufachsen an den Enden etwas eingezogen. Vorhanden war eine Vierpunktabstützung. Die Tragfedern der Kuppelachsen lagen unterhalb, die der Laufachsen oberhalb der Achslager. Die Adams-Laufachsen waren im Interesse einer guten Kurvenläufigkeit um 60 mm sei-

tenverschiebbar. Die Kuppelachsen lagerten fest im Rahmen. Sämtliche Maschinen verfügten über ein Zwei-Zylinder-Heißdampftriebwerk mit außenliegenden, waagerecht angeordneten Zylindern, eine zweischienige Kreuzkopfführung und außenliegende Heusinger-Steuerung. Vorhanden waren einseitig wirkende Westinghouse-Druckluftbremsen für alle Kuppelachsen. Das Dampfläutewerk war besonders für den Einsatz auf Nebenstrecken unabkömmlich.

Betriebseinsatz

Von den 1921 ausschließlich in Chemnitz gebauten Lokomotiven übernahm die DRG noch 83 Maschinen in ihren endgültigen Umzeichnungsplan von 1925. Sie erhielten die Betriebsnummern 75 501 – 75 505 und 75 511 – 75 588. Im Rahmen von Reparationsleistungen waren zuvor unter anderem fünf der Dreikuppler nach Polen, acht nach Frankreich und vier nach Belgien abgegeben worden. Nach 1945 gab es bei der Deutschen Reichsbahn wieder 89 Lokomotiven der Baureihe 75⁵. Einige der nach dem Ersten Weltkrieg abgegebenen Maschinen gelangten während des Zweiten Weltkriegs wieder nach Sachsen. Zwei Maschinen verblieben nach 1945 bei den Tschechoslowakischen Staatsbahnen.
Ab 1953 begann die DR allmählich mit der Ausmusterung dieser Baureihe. Der Bestand wurde bis Mitte der sechziger Jahre

auf rund 30 Exemplare reduziert. Beheimatet waren sie in Glauchau, Karl-Marx-Stadt-Hilbersdorf, Zittau, Bautzen und Löbau.
Als im Jahre 1969 der Umzeichnungsplan für computergerechte Betriebsnummern vorbereitet wurde, zählten noch 19 Maschinen zum Bestand. Für sie waren EDV-Nummern vorgesehen, doch dürften letztere nicht mehr angebracht worden sein, denn im Verlaufe des Jahres 1970 wurden die letzten Lokomotiven der Baureihe 75⁵, zu denen die 75 573 und 75 574 gehörten, ausgemustert. Die 75 515 gelangte unter Obhut des Verkehrsmuseums Dresden.

DRG-Bezeichnung		75 501 ...75 588
frühere Bezeichnungen		sä. XIV HT
Beschaffungszeitraum		1911 – 1921
Bauart		1'C1'h2t
Länge über Puffer	mm	12 415
gesamter Radsatzstand	mm	8 700
Dienstmasse	t	82,2
Wasservorrat	m³	9,0
Kohlevorrat	t	2,8
Strahlungsheizfläche	m²	11,76
Rostfläche	m²	2,3
Betriebsdruck	bar	12
Zylinderdurchmesser	mm	550
Kolbenhub	mm	600
Treibraddurchmesser	mm	1 590
zulässige Geschwindigkeit	km/h	75
Reibungsmasse	t	49,5
effektive Leistung	PS	990
	kW	728

AUTOR: W.-D. MACHEL; AUFNAHME: SLG. VÖLK

Der Umbau der preußischen P 8 zur Tenderlokomotive der Baureihe 78.10 hatte sich nicht bewährt. Es blieb deshalb bei den zwei Vorauslokomotiven

Baureihe 78.10

Die Baureihe 38 (preußische P 8) war eine im Betrieb hervorragend bewährte Lokomotive. Ihre Rückwärtsgeschwindigkeit von 45 km/h ließ eine Verwendung im Städteschnellverkehr mit kurzen Wendezeiten jedoch nicht zu. Um auch in diesem Bereich Leistungen mit der Baureihe 38 erbringen zu können, ließ die DB auf Vorschlag von Professor Mölbert von der TH Hannover zwei Maschinen zu Tenderlokomotiven umbauen. Ausgewählt wurden hierfür die 38 2919 und 38 2990, die als Vorauslokomotiven von Krauss-Maffei in Zusammenarbeit mit dem BZA München mit einem Kurztender ausgerüstet wurden. Nach dem Umbau galten diese beiden 2'C2'-Maschinen als Tenderlokomotiven und erhielten die Betriebsnummern 78 1001 und 1002.

Konstruktion

Die Lokomotiven selbst wurden nur geringfügig gegenüber der P 8, die ja als Ausgangsobjekt diente, verändert. Die bislang vorhandene, saugende Strahlpumpe mit 250 l/min Förderleistung wurde gegen eine nichtsaugende, die nur 125 l/min fördern konnte, ersetzt. Auch der Schlammsammler wurde rückgebaut. Der Rahmen der Lok wurde im Bereich des Vorlaufdrehgestells höher ausgeschnitten, um eine größere Seitenbeweglichkeit zu ermöglichen. Zusätzlich erhielt das vordere Drehgestell ein neues Drehzapfengehäuse, das auch schon bei der Baureihe 65 Verwendung gefunden hatte. Das Drehgestell des Kurztenders 2 T 17 wurde mit einer Deichsel an den Lokrahmen gekuppelt. Der Radsatzstand des Tenders betrug 2800 mm. Beide Drehgestelle bekamen eine Rückstelleinrichtung, deren Kraft jeweils bei Rückwärtsfahrt um etwa ein Drittel verringert wurde. Die Tenderradsätze erhielten Rollenlager und wurden beidseitig abgebremst. Zur Regulierung der Bremskraft in Abhängigkeit von der mitgeführten Wassermenge wurde ein Knorr-Druckminderer verwendet. Das Führerhaus wurde durch einen geschweißten Neubau mit geschlossener Rückwand ersetzt. Der Zugang zum Kohlenkasten wurde durch eine runde Öffnung in der Rückwand erreicht, die gegen den Tender durch eine Gummiwulst abgedichtet war.

Betriebseinsatz

Beide so entstandenen Lokomotiven der Baureihe 78.10 wurden am 22. März 1951 der DB übergeben. Von weiteren Umbauten sah die DB im Hinblick auf den sich abzeichnenden Strukturwandel ab. Im alltäglichen Einsatz konnten die Maschinen die Erwartungen, die man in sie gesetzt hatte, nicht erfüllen. Wegen der schlechten Laufeigenschaften waren rückwärts statt der vorgesehenen 100 km/h nur etwa 60 km/h gefahrlos möglich. Damit waren die Vorteile, die die 78.10 gegenüber der BR 38 haben sollte, praktisch nicht vorhanden, so daß die Maschinen an den Endpunkten nach Möglichkeit jedesmal gedreht werden mußten. Dadurch unterschieden sie sich kaum noch von der P 8, hatten aber einen geringeren Aktionsradius.

Beide Loks wurden zuerst in München beheimatet, um anschließend zum Bw Lindau umstationiert zu werden. Von 1955 bis zu ihrer Abstellung im Jahre 1959 setzte sie das Bw Augsburg ein. Beide Maschinen wurden im Laufe des Jahres 1961 ausgemustert (78 1001 am 4. August; 78 1002 am 19. Januar) und später zerlegt.

TECHNISCHE DATEN

Bezeichnung			78.10
Indienststellung (1. Jahr)			1951
Umbaustätte			Krauss-Maffei
Bauart			2'C2'h2
Spurweite		mm	1435
Länge über Puffer		mm	17237
Leermasse		t	81,1
Dienstmasse (2/3 Vorräte)		t	109,7
Reibungsmasse		t	51,1
Verdampfungsheizfläche		m²	146,0
Strahlungsheizfläche		m²	14,47
Überhitzerheizfläche		m²	58,90
Betriebsstoffvorräte	Kohle	t	5
	Wasser	m³	17
Höchstgeschwindigkeit		km/h	100

REDAKTION: BODO JASTER; FOTO: SLG. KNIPPING

60 Jahre prägten die Loks der preußischen T 18 das Bild der Bahn, so wie am 1. April 1971, als die 78 164 in Rottweil ihren Wasservorat ergänzt

Baureihe 78⁰⁻⁵ (pr T 18)

Die preußischen T 10 (DRG-BR 76⁰) erfüllten nicht die erhofften Erwartungen. Die zuständige ED Mainz forderte weiterhin eine geeignete Tenderlok. Derartige Maschinen wurden auch für andere Strecken notwendig. Daher erhielt Vulcan 1911 den Auftrag, eine 2'C2'h-Maschine zu entwickeln. Ein Jahr später konnten die ersten zehn der als Gattung T 18 eingeordneten Lokomotiven den Betriebswerkstätten Sassnitz, Stralsund und Berlin-Gesundbrunnen zur Erprobung übergeben werden. Die Serienproduktion begann 1914, geriet kriegsbedingt etwas ins Stocken und lief erst 1927 aus. Insgesamt wurden 458 Maschinen gebaut. Bis auf vier 1923 und 1924 bei Henschel gefertigte Serien blieb Vulcan Alleinhersteller der T 18. Die einzelnen Baulose konnten durch veränderte Oberflächenwärmer, Bremssysteme, Gestaltung des Führerhauses und weitere Details technisch verbessert werden. Gemäß dem endgültigen DRG-Umzeichnungsplan von 1925 erhielten die Maschinen die Betriebsnummern 78 001 – 78 282 und 78 351 – 78 528.

Konstruktion

Alle Lokomotiven bekamen einen genieteten und aus zwei Schüssen bestehenden Langkessel. Die kupferne Feuerbüchse wurde über der dritten Kuppelachse plaziert. Zum Einbau gelangte eine Knorr-Speisepumpe mit einem Oberflächenvorwärmer der Bauarten Vulcan oder Knorr. Im Bereich der Drehgestelle wurde der Blechrahmen durch Stahlguß-Querversteifungen stabilisiert. Das Laufwerk verfügte über eine Sechspunktabstützung. Sämtliche Tragfedern befanden sich unterhalb der Achslager. Während die Kuppelachsen fest im Rahmen lagerten, waren die beiden Laufachsendrehgestelle seitenverschiebbar. Angetrieben wurde die zweite Kuppelachse, deren Spurkränze als einzige geschwächt waren. Vulcan stattete die T 18 mit Druckluftbremsen der Bauarten Knorr oder Westinghouse aus, die auf die Kuppelradsätze einseitig von hinten und auf die Drehgestellradsätze von innen wirkten.

Betriebseinsatz

Da auch die Württembergischen Staatseisenbahnen und die Saarbahn zusätzlich T 18-Lokomotiven erhalten hatten, wurden nach 1945 bei der späteren DB 424 und bei der DR in der sowjetischen Besatzungszone 53 Loks gezählt. Lange konnte man auf diese unverwüstliche Lokomotive nicht verzichten. Noch 1962 waren bei der DB 400 Loks in Betrieb. Danach wurde der Bestand jedoch drastisch reduziert. Das Auslauf-Bw für die Baureihe 78⁰⁻⁵ war Rottweil, wo die 78 246 als letzte 1974 ausgemustert wurde.

Bei der DR gehörten 1968 rund 40 Lokomotiven zum Betriebspark, die bis 1972 entbehrlich waren. Für die Nachwelt erhalten blieben die 78 009 und 78 510.

DRG-Bezeichnung		78 001 ... 78 528
frühere Bezeichnungen		pr T 18
Beschaffungszeitraum		1912 – 1927
Bauart		2'C2'h2t
Länge über Puffer	mm	14 800
gesamter Radsatzstand	mm	11 700
Dienstmasse	t	104,6
Wasservorrat	m³	12,0
Kohlevorrat	t	4,5
Stahlungsheizfläche	m²	13,04
Rostfläche	m²	2,39
Betriebsdruck	bar	12
Zylinderdurchmesser	mm	560
Kolbenhub	mm	630
Treibraddurchmesser	mm	1 650
zulässige Geschwindigkeit	km/h	100
Reibungsmasse	t	51,1
effektive Leistung	PS	1 380
	kW	1 035

AUTOR: W.-D. MACHEL · AUFNAHME: WAGNER

Die Rangierlokomotiven der Baureihe 80 sollten die veralteten und zum Teil technisch völlig überholten Länderbahnmaschinen ersetzen

Baureihe 80

Bei den meisten Bahnverwaltungen wurden für den Verschiebedienst alte, für andere Einsätze zu schwache Lokomotiven verwendet, die häufig unterschiedlichsten Baureihen angehörten, und deren Technik überholt war. Manche dieser Lokomotiven waren noch mit Flachschiebern, Allan- oder gar Stephenson-Steuerung ausgerüstet. Die Beschaffung von Ersatzteilen war in diesen Fällen oft schwierig, fallweise mußten sie gar als Einzelstück in der Werkstatt hergestellt werden. Die Reparaturkosten dieser in die Jahre gekommenen Maschinen waren dementsprechend hoch, insbesondere wenn man sie auf die geleisteten Kilometer bezog.

Vor diesem Hintergrund ist es nicht verwunderlich, daß die Deutsche Reichsbahn in ihrem ersten Typisierungsplan von 1923 auch den Bau drei verschiedener Verschiebelokomotiven mit den Achsfolgen C, D und E vorsah. Da die preußische T 3, die meistverbreitete C-gekuppelte Tenderlok in Deutschland, mittlerweile ein Konstruktionsalter von über vierzig Jahren erreicht hatte, erschien ihre Ablösung dringend geboten. Mit den neuen Verschiebeloktypen wollte die DRG die Kosten des Ran-

gierdienstes senken. Sie sollten einfach und robust gebaut sein und dennoch den neusten Erkenntnissen des Lokomotivbaus entsprechen. Es sollte sich unbedingt um Heißdampflok handeln, da Versuche ergeben hatten, daß gegenüber dem Naßdampf auch im Rangierdienst Einsparungen bei Kohle und Wasser zu erwarten waren, außerdem die Heißdampflok bei gleichen Abmessungen der Naßdampfmaschine leistungsmäßig überlegen sein sollte. Allerdings war kein Oberflächenvorwärmer vorgesehen um der Gefahr des Kaltspeisens des Kessels vorzubeugen. Ursprünglich war für die drei Rangierlokomotivbaureihen 80 (C), 81 (D) und 87 (E) ein Treibraddurchmesser von 1.250 mm vorgesehen, wie ihn auch die letzte preußische Verschiebelokomotive, die Baureihe T 13 (92.5-10), aufwies. Bei der Durcharbeitung der Konstruktionspläne entschied man sich dann allerdings für den kleineren Durchmesser von 1.100 mm, wie ihn auch die preußische T 3 hatte. Dadurch konnte erheblich Gewicht eingespart werden, was im Falle der 80 einer Vergrößerung der Verdampfungsheizfläche von 64 auf 70 m³ zugute kam. Der geringere Raddurchmes-

ser führte auch zu einer besseren Beschleunigung und war für die Höchstgeschwindigkeit von 45 km/h völlig ausreichend. Allerdings erforderte nun die Ausbildung des Rahmens und der Federung viel konstruktives Geschick: Der Rahmen mußte zu den Puffern hin hochgekröpft und die untenliegenden Tragfedern trotz der tiefen Lage der Rahmenunterkante und damit der Achslager noch profilfrei untergebracht werden. Bei den Baureihen 80, 81 und 87 konnten wie auch bei den 24, 64 und 86 viele vereinheitlichte Teile untereinander getauscht werden, viele Werkzeuge, wie z.B. die Kümpelteile der Kessel, für die Herstellung der Bauelemente waren identisch. In den Jahren 1928 bis 1929 lieferten Hohenzollern, Wolf, Union und Jung insgesamt 39 Maschinen der Baureihe 80. Nach den Leistungstafeln beförderten die 80er

Bezeichnung			80
Indienststellung (1. Jahr)			1927
Hersteller			Hohenzollern u.a.
Bauart			Ch2
Spurweite		mm	1.435
Länge über Puffer		mm	9.670
Dienstmasse (bei 2/3 Vorräten)		t	54,4
Reibungsmasse		t	54,4
Betriebsvorräte	Kohle	t	2
	Wasser	m³	5
indizierte Leistung		kWi	420
Höchstgeschwindigkeit		km/h	45

Die DGEG erhält in Bochum die 80 030 im Fotografieranstrich der Nachwelt

Noch bis Ende der siebziger Jahre standen viele 80er als Werklok im Dienst

865 t in der Ebene mit 45 km/h, 385 t auf 10 ‰ Steigung mit 25 km/h sowie 145 t auf 25 ‰ bei gleicher Geschwindigkeit. Trotz ihrer gelungenen Konstruktion – die Lokomotiven der BR 80 waren bei den Personalen beliebt und oft über Jahrzehnte von ihrer Anlieferung bis zur endgültigen Ausmusterung bei ein und dem selben Bw behelmatet – unterblieben weitere Bestellungen. Auch die ab 1934 in nur zehn Exemplaren gebaute, leichtere Rangierlok der Baureihe 89, löste die 80 nicht ab. Vielmehr wurden auch daneben alte, für den Rangierdienst noch taugliche Maschinen verwendet. Erst die Dieselloks V 60, V 75 und Köf III, die man in Arbeitspausen einfach abschalten konnte und die somit keine Energie verschwendeten, machten die 80er, auch „Bulli" genannt, arbeitslos.

Konstruktion

Die Lokomotiven besaßen genietete Langkessel mit einem Kesselschuß von 2.500 mm Rohrlänge. Der maximale Kesseldruck betrug 14 bar. Der vordere Speisedom mit Schlammabscheider war ebenso wie der hintere Dampfdom mit Naßdampfventilregler mit dem Kessel vernietet, zwischen beiden lag der Sandkasten, von dem alle Radsätze jeweils von vorn gesandet wurden. Gespeist wurde der Kessel durch

zwei saugende Dampfstrahlpumpen von jeweils 125 Litern Förderleistung pro Minute. Der genietete Barrenrahmen von 70 mm Stärke hatte eine lichte Weite von 930 mm und mußte wegen der geringen Höhe zu den Pufferbohlen hin hochgezogen werden.

Der Rahmen war in drei Punkten auf dem Laufwerk abgestützt. Die drei Kuppelachsen mit einem Durchmesser von 1.100 mm waren ohne Seitenspiel fest im Rahmen gelagert, die Spurkränze der mittleren Achse um 10 mm geschwächt. Die beiden Zylinder mit 450 mm Durchmesser bei 550 mm Hub trieben die dritte Kuppelachse an. Die Lokomotiven besaßen außenliegende Heusingersteuerung mit Kolbenschiebern der Regelbauart für innere Einströmung sowie Druckausgleicher mit Eckventilen. Die Bremse Bauart Knorr arbeitete als selbsttätige Einkammerdruckluftbremse mit Zusatzbremse, ferner war eine Wurfhebelbremse vorhanden. Alle Achsen wurden einseitig von vorn abgebremst. An Vorräten konnten 5 m³ Wasser sowie 2 t Kohle mitgeführt werden.

Betriebseinsatz

Die zwischen 1928 und 1929 gelieferten 39 Loks der Baureihe 80 kamen unter anderem zu folgenden Bahnbetriebswerken: im Norden zu den Bw Wesermünde-Geestemünde und -Lehe, in Mitteldeutschland nach Leipzig (Bw Leipzig Hbf West und Süd, Halle und Magdeburg H), sowie in Süddeutschland zu den Bw Regensburg, Augsburg und Schweinfurt, wohin mit 80 035 – 039 im Jahre 1929 die letzten fünf Maschinen geliefert wurden. Die mitteldeutschen Einsatzstellen sowie Schweinfurt entwickelten sich zu Schwerpunkten des Einsatzes. Gegen Ende des Krieges gaben die Wesermünder Betriebswerke ihren Bestand ab.

Die 21 nach dem Krieg bei der DR verbliebenen Lokomotiven waren bei den Betriebswerken Halle P sowie Leipzig Hbf West und Süd beheimatet. Der Magdeburger Bestand wurde aufgelöst und den

anderen Dienststellen zugeordnet. 1962/63 wurden die 80er von den aus der CSSR importierten dieselektrischen Rangierlokomotiven V 75, der späteren 107, abgelöst. Viele der abgestellten Loks wurden als Werkloks an Raw verkauft, als letzte 80 006 am 4. August 1964. Bei den Ausbesserungswerken standen die Maschinen noch über längere Zeit im Einsatz. So waren 80 002 und 017 noch bis 1979 in Meiningen, 80 012 und 024 bis 1978 im Raw Dresden und 80 009 und 019 sogar bis 1980 beim Raw Leipzig vorhanden. Die 80 009 konnte 1981 von einem Berliner Lokführer gegen eine entsprechende Menge Schrott von der Reichsbahn erworben werden und bleibt der Nachwelt erhalten. Die 80 023 wird vom Verkehrsmuseum Dresden betreut und steht heute im Bw Leipzig Hbf Süd.

Eine Maschine war als Kriegsverlust abzuschreiben, der DB verblieben 17 Lokomotiven der Baureihe 80. Im Jahre 1950 waren bei den Bw Nürnberg Hbf zwei (80 005 und 013), Gemünden fünf (80 016, 028, 029, 032 und 033), Pressig-Rothenkirchen eine (80 031) sowie Schweinfurt neun (80 014, 015, 030, 034-039) 80er beheimatet. Die nächsten Jahre blieb der Bestand weitgehend konstant. Lediglich Pressig-Rothenkirchen gab seine Lok ab, in Ansbach waren 1958 drei Maschinen beheimatet. Bis 1958 wurde lediglich die 80 032 ausgemustert, allerdings standen zum 31. Dezember 1958 bereits sechs Maschinen auf „z", waren also von der Ausbesserung zurückgestellt und wurden auch nicht mehr aufgearbeitet. Schweinfurt wurde zum Auslauf-Bw der Deutschen Bundesbahn für die Baureihe 80. Am 22. November 1960 waren hier 80 016, 028, 030, 031 und 039 stationiert, zum 31. Dezember 1964 war nur noch 80 031 übrig, allerdings bereits z-gestellt. Auch die DB verkaufte nach der Ausmusterung einige Loks an Werkbahnen.

So gingen 80 013, 014, 030, 036-039 an Klöckner in Unna-Königsborn und wurden später von der Ruhrkohle AG (RAG) übernommen. Dort liefen sie als D-721 – 727 noch bis in die siebziger Jahre, als letzte wurde die D-727 (ex 80 039) erst 1977 ausgemustert. Weniger bekannt dürfte die weitere Geschichte der 80 032 sein: Sie kam wahrscheinlich über einen Zwischenhändler zur Ilseder Schlackenverwertung (ISV, bei Peine). Im Mai 1961 wurde sie bei der Osthannoverschen Eisenbahn einer Hauptuntersuchung unterzogen, anschließend bis zum 8. November 1966 auf den Gleisen der ISV eingesetzt und im Mai 1968 verschrottet. Von den sieben zur RAG gekommenen Lokomotiven blieben fünf erhalten. Zwei konnten nach England verkauft werden, eine in die Niederlande an die Museumsbahn in Apeldoorn, die 80 030 steht heute im Museum Bochum-Dahlhausen der Deutschen Gesellschaft für Eisenbahn-Geschichte und 80 039 haben die Hammer Eisenbahnfreunde erworben.

REDAKTION: MEINHARD STRIECK. FOTOS: REIMER, ARCHIV GERANOVA, SLG. CARSTENS

Da bis in die zwanziger Jahre zahlreiche Länderbahnlokomotiven beschafft wurden, bestand an einer mittelschweren Rangierlok eigentlich kein Bedarf

Baureihe 81

Der erste Typisierungsplan der DRG sah drei Verschiebelokomotiven mit 17 t Radsatzfahrmasse vor. Sie sollten als C-, D- und E-Kuppler mit 1.250 mm Raddurchmesser gebaut werden. Das Maß von 1.250 mm war von der preußischen T 13 (92.4,5-20) übernommen worden, die noch bis zum Jahre 1922 an die Reichseisenbahnen geliefert worden war. Im Verlauf der Entwurfsarbeiten ergab sich jedoch, daß der beabsichtigte Betriebszweck mit einem Treibraddurchmesser von 1.100 mm besser zu erreichen war. Gleichzeitig konnte der Kolbenhub von 600 auf 550 mm verringert werden. Durch Gewichtseinsparungen bei Zylindern, Stangen, Treib- und Kuppelachsen konnte die Verdampfungsheizfläche des Kessels um über 15 % auf 95,9 m² gesteigert und zusätzlich noch der Wasservorrat um einen auf acht Kubikmeter erhöht werden. Die kleineren Raddurchmesser führten auch zu einer besseren Beschleunigung der Lokomotive. Bei einer Höchstgeschwindigkeit von 45 km/h waren Raddurchmesser von 1.100 mm außerdem völlig ausreichend.

Die Baureihen 80, 81 und 87 sowie 24, 64 und 86 konnten weitgehend übereinstimmend konstruiert werden. Entsprechend dem identischen Kesseldurchmesser von 1.500 mm stimmten die Kümpelteile der Feuerbüchsen, der Rauchkammertür sowie der Dampfdome überein. Viele Triebwerksteile, wie Kreuzköpfe, Schieberschubstangen, Voreilhebel, Schwingen, sowie der Steuerbock, Treib- und Kuppelachslager, Achslagerführungen und Stellkeile, die Achsgabelstege und Bremsklötze und weitere Bauteile waren für alle sechs Baureihen dieselben. Die Treib- und Kuppelachsen waren, abgesehen von der Stärke der Spurkränze, bei den Baureihen 81 und 80 identisch. Ferner war der Kessel der BR 81 mit dem der 1'E 1'-Schmalspurdampflokomotiven der Baureihe 99.22 austauschbar, lediglich die Dome und die Rauchkammer mußten angepaßt werden.

Im Jahre 1927 wurden zehn Maschinen der Baureihe 81 von der Lokomotivfabrik Hanomag geliefert. Fünf erhielt das Bahnbetriebswerk Oldenburg Hbf, für die anderen fünf liegt keine gesicherte Angabe vor. Im Bereich der Königlich Preußischen Eisenbahn-Verwaltung (KPEV) waren noch ausreichend T 13 vorhanden, in Süddeutschland waren die letzten bayerischen R 4/4 (Baureihe 92.20) erst 1925 beschafft worden. Eine Nachfrage nach mittelschweren Rangierlokomotiven bestand daher nicht, so daß es bei zehn Exemplaren blieb.

Die Heißdampflokomotive hatte sich seit ihrer Einführung im Jahre 1898 allgemein durchgesetzt. Naßdampfmaschinen wurden von den großen Bahngesellschaften nur noch für den Rangierdienst beschafft da man annahm, daß das größere Wärmegefälle des Heißdampfes auf den gefahrenen kurzen Strecken nicht ausgenutzt werde. Auch war die Heißdampflok in Beschaffung und Unterhalt teurer. Untersuchungen des Lokomotiv-Versuchsamtes Grunewald hatten allerdings ergeben, daß auch im Rangierdienst die Einsparungen größer waren als die Kosten. Daraufhin ließ die DRG die Rangierloks der Baureihen 80, 81 und 87 als Heißdampfmaschinen ausführen. Wie richtig diese Entscheidung der DRG war, bewies einige Jahre später die Baureihe 89: Drei dieser Loks wurden ver-

TECHNISCHE DATEN

Bezeichnung		81
Indienststellung (1. Jahr)		1928
Hersteller		Hanomag
Bauart		Dh2
Spurweite	mm	1.435
Länge über Puffer	mm	11.080
Dienstmasse (bei 2/3 Vorräten)	t	67,5
Reibungsmasse	t	67,5
Betriebsvorräte Kohle	t	3
Wasser	m³	8
indizierte Leistung	kWi	630
Höchstgeschwindigkeit	km/h	45

Das Konzept der Heißdampfmaschine bewährte sich bei der BR 81, es blieb aber bei 10 Exemplaren

suchsweise als Naßdampfmaschinen ausgeführt, die übrigen als Heißdampflokomotiven. Die mit Überhitzern ausgestatteten Heißdampfmaschinen brachten es gegenüber den Naßdampfmaschinen auf eine über 60 % größere Zughakenleistung und entsprechende Brennstoffeinsparungen.

Das Leistungsprogramm für die BR 81 sah die Beförderung von 1.100 t in der Ebene mit 45 km/h vor. Auf einer Steigung von 10 ‰ sollten 425 t mit 25 km/h, bei 25 ‰ noch 160 t mit ebenfalls 25 km/h befördert werden. Dieses Leistungsprogramm erfüllten die Maschinen mühelos.

Im Zusammenhang mit den Rüstungsmaßnahmen zu Beginn des Zweiten Weltkrieges wurde 1939 ein Beschaffungsprogramm für Lokomotiven aufgestellt, das auch wieder Maschinen der Baureihe 81 vorsah. 1940 sollten sechzig Lokomotiven der Baureihe 81 ausgeliefert werden, die sich zum Teil bereits in Arbeit befanden, als der gesamte Auftrag zugunsten des Baues von Kriegslokomotiven storniert wurde. Bereits fertiggestellte Teile wurden, sofern als Ersatzteile verwendbar, von der Deutschen Reichsbahn übernommen. Größere Bauartänderungen wurden an den Lokomotiven im Lauf der Zeit nicht vorgenommen.

Konstruktion

Die Lokomotiven hatten genietete Langkessel mit einem Kesselschuß von 3.500 mm Rohrlänge. Der maximale Kesseldruck betrug 14 bar. Der vordere Speisedom besaß Winkelrost-Schlammabscheider, der hintere Dampfdom den Naßdampfventilregler Bauart Schmidt-Wagner. Die beiden Sandkästen waren hinter Speise- und Dampfdom angeordnet und sandeten alle Achsen jeweils von vorn. Gespeist wurde der Kessel durch zwei saugende Dampfstrahlpumpen von jeweils 125 Litern Förderleistung pro Minute. Der genietete Barrenrahmen von 70 mm Stär-

ke mußte wegen der geringen Höhe zu den Pufferbohlen hin gekröpft werden, der Abstand zwischen den Rahmenwangen betrug 930 mm. Der Rahmen war in drei Punkten auf das Laufwerk abgestützt. Die vier Kuppelachsen mit einem Durchmesser von 1.100 mm waren fest ohne Seitenspiel im Rahmen gelagert, die Spurkränze der zweiten und dritten Kuppelachse waren um 10 mm abgedreht. Die beiden Zylinder mit 500 mm Durchmesser bei 550 mm Hub trieben die dritte Kuppelachse an.

Die Lokomotiven hatten außenliegende Heusingersteuerung mit Kolbenschiebern der Regelbauart für innere Einströmung sowie Druckausgleicher mit Eckventilen. Die Bremse Bauart Knorr arbeitete als selbsttätige Einkammerdruckluftbremse mit Zusatzbremse, außerdem war eine Wurfhebelbremse vorhanden. Alle Achsen wurden einseitig von vorn abgebremst. Die Vorratsbehälter faßten 8 m³ Wasser und 3 t Kohle.

Betriebseinsatz

Die Lokomotiven 81 006 – 010 wurden 1928 als Erstzuteilung an das Bw Oldenburg Hbf geliefert und blieben dort bis zu ihrer Ausmusterung Anfang der sechziger Jahre. Zuverlässige Erststationierungsangaben für 81 001 – 005 sind nicht vorhanden, genannt wird gelegentlich das Bw Paderborn. Im Jahre 1936 waren 81 003 – 005 im Bw Hof stationiert.

Die 81 001 – 005 wurden in den Jahren 1943/44 von der RBD Regensburg zur RBD Münster umbeheimatet. Die 81 004 beispielsweise kam am 28. März 1943 vom Bw Hof zum Bw Delmenhorst und wurde von dort am 4. Mai 1944 an das Bw Oldenburg Hbf abgegeben. Die weiteren vier 81er wurden ebenfalls nach Oldenburg Hbf umstationiert, so daß 1944 alle Lokomotiven der BR 81 dort beheimatet waren.

Daran änderte sich erst 1953 mit der Umstationierung der 81 001 und 002 zum Bahnbetriebswerk Delmenhorst etwas. 1955 wurden die Delmenhorster Maschinen, zusammen mit der 81 003 aus Oldenburg, an das Bw Rheine abgegeben; in Rheine hielten sich die drei Loks nicht lange und wurden im Februar 1957 zum Bw Emden umstationiert. Ab 1960 wurden durch die neu abgelieferten V 60 578 – 580 die Dienste der 81er in Emden entbehrlich und die Loks zum Bw Oldenburg Hbf umstationiert. Dort waren am 28. September 1961 trotz Anlieferung von sechs V 60 noch alle sieben 81er betriebsfähig vorhanden, doch bereits gut ein Jahr später, am 30. September 1962, wurden nur noch 81 004 und 010 eingesetzt, 81 001 und 007 waren z-gestellt. Bis zum 26. Mai 1963 waren alle Lokomotiven der Baureihe 81 ausgemustert.

Die 81 004 blieb erhalten und steht heute als Denkmal in der Nähe des Bahnhofs Marienhafe an der Strecke Emden – Norddeich.

Reichlich heruntergekommen sah 1977 die 81 004 aus, die heute als Denkmal bei Marienhafe steht

REDAKTION: MEINHARD STRIECK; FOTOS: SLG. KNIPPING (2), SLG. GLÖCKNER

Die 82 024 gehörte zu den Loks, die ab Werk mit zwei Strahlpumpen ausgerüstet waren. In der Rauchkammer ist die Vorwärmernische zu erkennen

Baureihe 82 (DB 082)

Als Ersatz für die von den verschiedenen Länderbahnen stammenden Tenderlokomotiven der Reihe 94, allen voran die betagten preußischen T 16.1, die neben dem schweren Rangierdienst auch im gemischten Dienst auf Steilstrecken zum Einsatz kamen, und für die 16 Einheitslokomotiven der Reihe 87, die mit ihren wartungsintensiven Luttermöller-Endachsen speziell für den Rangierdienst im Hamburger Hafen mit sehr engen Gleisradien gebaut waren, ging die junge DB die Entwicklung einer fünffach gekuppelten Tenderlokomotive vorrangig an. Von den nach den 1949 ausgearbeiteten Entwürfen im Jahre 1950 bestellten 37 Lokomotiven konnte die Firma Henschel bereits im Oktober desselben Jahres mit der 82 023 die erste Neubaulokomotive fertigstellen, die der Lokversuchsanstalt Minden zur Erprobung übergeben wurde.

In rascher Folge lieferten die Maschinenfabrik Esslingen, Henschel und Krupp bis Ende 1951 die restlichen 36 Lokomotiven aus. Da zu diesem Zeitpunkt noch nicht fest stand, wie die Vorwärmung des Kesselspeisewassers erfolgen sollte, erhielten die 82 013 – 022 den bewährten Knorr-Oberflächenvorwärmer, die restlichen Maschinen wurden ohne Vorwärmer und mit

zwei Strahlpumpen geliefert. Jedoch waren sie für den nachträglichen Einbau sowohl des Oberflächen- als auch des Mischvorwärmers vorbereitet. Versuchsweise erhielten die 82 029 und 030 im Juli 1952 einen bereits in Lokomotiven der Baureihe 52 erprobten Mischvorwärmer der Bauart Henschel MVT, mit dem gute Erfahrungen im ausgiebigen Probebetrieb gemacht werden konnten. Zu Vergleichszwecken rüstete man die 82 010 im Jahre 1955 mit einem Tolkien-Mischvorwärmer aus, der sich jedoch im täglichen Einsatz nicht bewährte und daraufhin ein Jahr später wieder ausgebaut wurde. Zwischen 1954 und 1956 erhielten nunmehr die bisher vorwärmerlosen Lokomotiven im AW Lingen und bei Henschel den Mischvorwärmer eingebaut.

Im Jahre 1955 lieferte die Maschinenfabrik Esslingen noch einmal vier Lokomotiven, die als 82 038 – 041 eingereiht wurden. Die Maschinen dieses Bauloses erhielten bereits ab Werk den Henschel-Mischvorwärmer. Äußerlich fielen sie durch das runde Führerhausdach ohne Lüfteraufbau sowie die der Führerhauswand entsprechend abgewinkelten Türen auf. Die Lokomotiven der Baureihe 82 zeichneten sich im Betrieb durch eine hohe Leistungs-

fähigkeit sowie durch gute Laufeigenschaften, auch in engen Bögen, aus, die auf das Beugniot-Laufwerk zurückzuführen waren. Weniger erfreulich waren aber vor allem die bald auftretenden Rahmenrisse sowie die mit Mängeln behafteten Heißdampf-Mehrfachventilregler, was immer wieder zu Schwierigkeiten und Werkstattaufenthalten führte.

Bezeichnung		82
	ab 1968	082
Indienststellung (1.Jahr)		1950
Hersteller		Esslingen, Krupp, Henschel
Bauart		Eh2
Spurweite	mm	1435
Länge über Puffer	mm	14060
Leermasse	t	69,7
Dienstmasse (2/3 Vorräte)	t	91,8
Reibungsmasse	t	91,8
Verdampfungsheizfläche	m²	122,2
Strahlungsheizfläche	m²	12,6
Überhitzerheizfläche	m²	51,9
Betriebsstoffvorräte	Kohle t	4
	Wasser m³	11
indizierte Leistung	kWi	955
Höchstgeschwindigkeit	km/h	70

Bereits ab Werk war die 82 038 mit einem Henschel-Mischvorwärmer ausgerüstet (Bw Siershahn)

Konstruktion

Die Lokomotiven der Reihe 82 besaßen einen vollständig geschweißten Blechrahmen mit 25 mm starken Rahmenwangen. Der erste und zweite sowie der vierte und fünfte Kuppelradsatz waren durch Beugniot-Lenkhebel verbunden und dadurch seitenbeweglich, der Spurkranz des fest im Rahmen gelagerten Treibradsatzes wurde zur Verbesserung der Kurvengängigkeit um 10 mm geschwächt. In dem aus zwei miteinander verschweißten Schüssen bestehenden Langkessel mit einem Durchmesser von 1600 mm waren 115 Heiz- und 38 Rauchrohre mit einer Länge von jeweils 4000 mm untergebracht. Die Stahlfeuerbüchse besaß eine Verbrennungskammer und gewindelos mit Spiel eingeschweißte Stehbolzen. Das mittlere Feld des Rostes war als Kipprost ausgebildet. Auf dem hinteren Kesselschuß saßen der Dampfdom und die Kesselsicherheitsventile.

In einer Quernische der Rauchkammer vor dem Schornstein war bei 82 013 – 022 der Oberflächenvorwärmer der Bauart Schmidt untergebracht, ebenfalls hatte der Heißdampf-Mehrfachventilregler seinen Platz in der Rauchkammer. Die seitlichen Wasserkästen, das Führerhaus sowie der hintere Wasser- und Kohlekasten waren vollkommen geschweißt. Die Mischvorwärmeranlage Henschel MVT befand sich im linken Wasserkasten. Als Bremse kam eine einlösige, selbsttätig wirkende Druckluftbremse der Bauart Knorr mit Zusatzbremse zum Einsatz, die einseitig von vorn auf alle Kuppelradsätze wirkte. Für den Einsatz auf Steilstrecken besaßen die Lokomotiven zusätzlich eine Riggenbach Gegendruckbremse. Die Kuppelradsätze waren von vorn und hinten besandbar. Ein Teil der Lokomotiven besaß eine Rangierfunkeinrichtung. Den dafür sowie für die Beleuchtung benötigten Strom lieferte ein Turbogenerator der Einheitsbauart.

Betriebseinsatz

Entsprechend ihrem Verwendungszweck waren die Lokomotiven der Reihe 82 insbesondere bei den norddeutschen Betriebswerken im Verschiebe- und Übergabedienst eingesetzt. Lediglich in Emden fielen kurze Personenzugleistungen im Stadtbereich an. Ganz andersartig waren die Leistungen der Bw Altenkirchen, Freudenstadt und Koblenz, wo die Lokomotiven vor allem im gemischten Personen- und Güterzugdienst auf den umliegenden Steilstrecken tätig waren.

Die im Oktober 1950 erstgelieferte 82 023 stand zunächst für ein halbes Jahr der Lokversuchsanstalt in Minden zur Verfügung, bevor sie im März 1951 dem Bw Siegen zugeteilt wurde. Hier traf sie auf die fabrikneuen 82 024 und 025. Weitere Erst-Bw für die 82 der Baujahre 1950/51 waren Bremen-Walle mit 82 029 – 032, Emden mit 82 033 – 037, Hamburg-Wilhelmsburg mit 82 009 – 022, Hamm mit 82 003 – 008, Ratingen West mit 82 026 – 028 und Soest mit 82 001 und 002. Die Lokomotiven des Bw Bremen kamen bereits 1952 zum Bw Hamburg-Wilhelmsburg, die des Bw Siegen sowie die des Bw Ratingen über Siegen im Jahre 1953 zum Bw Letmathe. Im Januar 1955 verteilten sich die 37 Lokomotiven auf die vier Bahnbetriebswerke Altenkir-chen (3), Emden (12), Hamburg-Wilhelmsburg (20), Soest (2). Die in diesem Jahr nachgelieferte 82 038 stationierte man, nach einer dreimonatigen Erprobung bei der Versuchsanstalt Minden, zusammen mit 82 039 beim Bw Altenkirchen, die 82 040 und 041 in Freudenstadt. Anfang 1965 verteilten sich die 41 Lokomotiven auf die vier Betriebswerke Altenkirchen (6), Emden (13), Freudenstadt (2) und Hamburg-Wilhelmsburg (20). Sehr kurz war eine Beheimatung von 82 002 und 003 von Dezember 1963 bis Juni 1964 in Paderborn.

Als erste Lokomotive ihrer Reihe wurde im Juli 1966 die Hamburger 82 018 abgestellt, ihr folgte im Dezember die 82 037 aus Emden. Weitere zwölf Lokomotiven wurden im Laufe des Jahres 1967 aus dem Dienst genommen, so daß die Umzeichnung in die Reihe 082 nur noch 27 Lokomotiven in Emden (8), Hamburg-Rothenburgsort (11) und Koblenz Mosel (8), das ab 1966 zur Heimat für die Reihe geworden war, aktiv erlebten. 1968 wurden weitere 14 Lokomotiven abgestellt. Das Bw Hamburg-Rothenburgsort besaß nun keine 82 mehr. Emden verlor mit der Abstellung der 082 024 im Juli 1970 seine letzte 82, so daß als letztes Bahnbetriebswerk Koblenz mit fünf Lokomotiven zum Jahresbeginn 1971 übrigblieb. Mit der Übernahme der Leistungen durch die Diesellokreihen 213 und 290 wurden in Koblenz mit 082 021 im Januar und 082 035 im April 1972 die beiden letzten 82 der DB abgestellt, übrigens zeitgleich mit den letzten hier beheimateten 094, die sie ja eigentlich ersetzen sollten. Einzig erhalten blieb als Denkmal in Lingen (Ems) die 82 008.

Für den Einsatz im Rangierdienst wurde die 82 033 mit Funk ausgerüstet (Bw Emden, August 1967)

REDAKTION: AXEL ENDERLEIN; FOTOS: SLG. KNIPPING, LINDENBLATT, SLG. CARSTENS

Die Lokomotiven der BR 83.10 wurden in den Jahren 1954/1955 vom VEB Lokomotivbau Babelsberg in einer Stückzahl von 27 Maschinen gefertigt

Baureihe 83.10 (DR 83.1)

Die zweite normalspurige Tenderlokomotive des von der DR 1950 konzipierten Neubauprogramms war die BR 83.10. Im Gegensatz zur gleichzeitig entwickelten BR 65.10 war dieser Loktyp für den Einsatz auf Nebenbahnen gedacht und sollte hier vor allem die Lokomotiven der ehemaligen Privatbahnen, die die DR im Jahre 1949 übernommen hatte, ablösen. Die neue Lokomotive war daher so auszulegen, daß 15 t Radsatzfahrmasse bei den gekuppelten Radsätzen nicht überschritten wurden. Ansonsten deckten sich die Prämissen für ihre Entwicklung weitgehend mit denen, die auch für die Hauptbahn-Tenderlok gesetzt worden waren: Der Kessel sollte modernen Baugrundsätzen entsprechen, die Maschine mußte reichliche Vorräte mitführen können, um einen genügend großen Aktionsradius zu gewährleisten, und schließlich war auf die Verfeuerung von Braunkohle Rücksicht zu nehmen.

Die Lokomotiven der BR 83.10 wurden 1954/1955 vom VEB LKM Babelsberg in einer Stückzahl von 27 Maschinen gefertigt. Im Gegensatz zu allen bisher üblichen Gepflogenheiten nahm man die Serienfertigung auf, ohne die Erprobung eines Baumusters abzuwarten, und stellte alle Loks

bis auf die 83 1002 binnen eines Jahres in Dienst. Das spricht für den dringenden Bedarf, den die DR an einer leistungsfähigen Nebenbahnlok hatte. Die 83 1002 wurde auf der Leipziger Frühjahrsmesse im Jahre 1955 gezeigt, während 83 1001 ab April desselben Jahres bei der FVA Halle erprobt wurde.

Konstruktion

Erste Projekte für die neue Nebenbahn-Tenderlok zeigten noch eine deutliche Anlehnung an die Einheitslok der BR 86. Der endgültige Entwurf, auf dessen Grundlage die Lok dann konstruiert wurde, besaß viele Gemeinsamkeiten mit der BR 65.10. Diese bestanden nicht nur in der Verwendung eines geschweißten Kessels mit Mischvorwärmeranlage und eines Blechrahmens, sondern umfaßten auch solche Baugruppen wie Heißdampfregler und dezentrale Sandkästen – Ursache dafür, daß man sich mit der BR 83.10 die gleichen Anlaufschwierigkeiten einhandelte wie mit der 65.10. Wenn indessen auch solche Baugruppen wie Kohlekasten und Wasserkästen bei beiden Baureihen prinzipiell übereinstimmten, so gereichte dies der Nebenbahnlok nur zum Vorteil. Der große

Kohlekasten ermöglichte die Mitführung reichlicher Brennstoffvorräte, und die seitlichen, nicht bis zum Führerhaus reichenden Wasserkästen erleichterten notwendige Arbeiten am Stehkessel. Auch das nachlaufende Drehgestell stimmte bis auf den geringeren Achsstand prinzipiell mit dem der BR 65.10 überein. Bezeichnungen wie „verkleinerte 65" oder „Schrumpf-65", die für die BR 83.10 kursierten, entbehrten also nicht einer gewissen Berechtigung.

TECHNISCHE DATEN

Bezeichnung		83.10
Indienststellung (1. Jahr)		1955
Hersteller		LKM Babelsberg
Bauart		1'D2' h2
Spurweite	mm	1435
Länge über Puffer	mm	15000
Leermasse	t	70,9
Dienstmasse (2/3 Vorräte)	t	99,7
Reibungsmasse	t	59,9
Verdampfungsheizfläche	m²	106,2
Strahlungsheizfläche	m²	12,2
Überhitzerheizfläche	m²	39,3
Betriebsstoffvorräte	Kohle t	8
	Wasser m³	14
indizierte Leistung	kWi	794
Höchstgeschwindigkeit	km/h	60

Die BR 83.10 erfüllte auf Nebenstrecken und im Güterzugdienst ihre Aufgaben recht zuverlässig

Wie nicht anders zu erwarten, stellten die Versuchsfahrten mit der 83 1001 die prinzipielle Brauchbarkeit der Konstruktion unter Beweis. Allerdings traten während der Meßfahrten einige schwerwiegende Störungen auf, die eine zügige Durchführung des Versuchsprogramms verhinderten. Die Mischvorwärmeranlage war nicht betriebstüchtig; für die Versuchsfahrten versah man die Lok daher mit einem Knorr-Oberflächenvorwärmer. Schäden an der Speisepumpe machten einen Pumpentausch erforderlich, und auch der Heißdampfregler streikte nach kurzer Zeit. Diese Unzulänglichkeiten waren mit denjenigen identisch, die bereits bei den Versuchsfahrten mit der Lok 65 1001 aufgetreten waren. Außer diesen Mängeln wurden weitere registriert, die nur der BR 83.10 anhafteten – eine zu kleine Feuertür, schlechte Zugänglichkeit des Aschkastens und ungünstig verlegte Rohrleitungen in der Rauchkammer.

Als Vergleichslok bei den Meßfahrten hatte die Einheitslok 86 001 gedient. Man mußte feststellen, daß Brennstoff- und Dampfverbrauch bei der Neubaulok höher waren als bei der Lok der BR 86. Als Ursache wurden zu kleine Zylinder erkannt. Als Vorteil gegenüber der 86er konnte die Neukonstruktion jedoch eine wesentlich bessere Laufgüte verbuchen; sie war wendiger, lief zwanglos auch durch engere Kurven und neigte nicht zum Entgleisen.

Da bei Beendigung der Versuchsfahrten mit 83 1001 das gesamte Baulos von 27 Maschinen bereits fertiggestellt war, konnten notwendige Bauartänderungen nur im Nachhinein erfolgen. Um die erheblichen Kosten für die Änderungen zu reduzieren, beschränkte man sie jedoch auf ein Minimum. Die Umlaufsandkästen wurden bei allen Maschinen durch einen geschweißten Zentralsandkasten ersetzt; allerdings erstreckte sich dieser Umbau auf einen Zeitraum von mehr als zehn Jahren. Den Heißdampfregler tauschte man gegen den bewährten Naßdampfregler der Bauart

Schmidt & Wagner aus. Auch hier dauerte es ein rundes Jahrzehnt, bis alle Loks umgerüstet waren. Statt der Müller-Schieber wurden Trofimoff-Schieber eingebaut. Der zu schwache Blechrahmen wurde durch Einschweißen von Verstärkungen stabilisiert. In den Jahren 1964/1965 versah man die beweglichen Teile der äußeren Steuerung mit Miramid-Buchsen. Miramid war ein speziell als Lagerwerkstoff entwickeltes Hart-Perlon, das die Standfestigkeit von Rotguß erheblich übertraf. Nicht nur die Loks der BR 83.10, sondern fast alle Dampflokomotiven der DR wurden in den 60er Jahren auf Miramid-Buchsen umgestellt. Diese Bauartänderung wurde auch äußerlich kenntlich gemacht: Die umgerüsteten Maschinen erhielten auf dem Schwingenträger die Anschrift „Miramid" in weißer Farbe. Zur Verringerung des Radreifenverschleißes versah man einige Lokomotiven mit der Spurkranzschmierung Bauart Heyder. Dagegen wurden andere, vielleicht noch dringlichere Bauartänderungen nicht durchgeführt. Weder wurden die Zylinder vergrößert, noch baute man die verbesserte Mischvorwärmeranlage ein. Man beschränkte sich bei der BR 83.10 darauf, die alte Ausführung betriebstüchtig zu machen. Auch der unzulängliche Ölabscheider, der nur aus einem Knierohr bestand, wurde nicht geändert. Der Forderung der Lokpersonale nach Abdeckklappen für den Kohlekasten zwecks Beseitigung der ständigen Staubverwirbelungen wurde nicht entsprochen. Stattdessen erhielten die Maschinen Witte-Windleitbleche, die den klobigen Mischkasten des Vorwärmers wenigstens zum Teil verdeckten. So erwiesen sich letztlich die vorgenommenen Änderungen nur als halbherzig, und die Möglichkeiten, aus der Baureihe 83.10 eine ausgereifte Konstruktion zu machen, wurden nicht ausgeschöpft. Dennoch waren die Neubauloks bei weitem nicht so schlecht, wie manche Darstellungen glauben machen. Es waren für den Betriebs-

dienst brauchbare Maschinen, denen die letzte Vollendung versagt blieb - nicht mehr und nicht weniger.

Betriebseinsatz

Es ist kein Geheimnis, daß die DR sich bereits zur Zeit der Indienststellung der BR 83.10 mit dem Gedanken trug, die Zugförderungsaufgaben im Nebenbahndienst künftig der Dieseltraktion anzuvertrauen. Dieser Gedankengang war letztlich mit entscheidend dafür, daß die an den Loks der BR 83.10 verwirklichten Bauartänderungen nur einen minimalen Umfang besaßen, und aus dem gleichen Grund erfolgte auch keine Nachbestellung von Maschinen dieses Typs.

Die 27 Maschinen der BR 83.10 wurden ab Lieferwerk nur zwei Reichsbahndirektionen zugeteilt – der Rbd Halle sowie der Rbd Magdeburg. Später erhielten auch die Rbd Dresden und die Rbd Erfurt die Nebenbahn-Tenderloks. Insgesamt machten im Laufe der Jahre zehn Bahnbetriebswerke Bekanntschaft mit der BR 83.10. Auslauf-Bw wurden schließlich das Bw Haldensleben und das Bw Saalfeld.

Die Lokomotiven erfüllten auf Nebenstrecken und im Güterzugdienst ihre Aufgaben recht zuverlässig. Entgegen ihrer vorgesehenen Zweckbestimmung setzte man sie jedoch auch auf Hauptstrecken und vor schweren Reisezügen ein, oftmals sogar in Dienstplänen der Baureihe 65.10. Für derartige Zugförderungsaufgaben waren die 83er allerdings weder geschaffen noch geeignet – für den Hauptbahndienst waren sie zu langsam, und die Beförderung schwerer, aus einer oder gar zwei vierteiligen Doppelstockeinheiten bestehender Personenzüge überstieg eindeutig das Leistungsvermögen der Maschinen. Waren die Loks dagegen in den für sie vorgesehenen Diensten eingesetzt, gab es kaum einen Anlaß zur Klage – weder hinsichtlich des Beschleunigungsvermögens, noch in bezug auf die Verdampfungswilligkeit des Kessels.

Die Umzeichnung gemäß dem EDV-Nummernschema im Jahre 1970 erlebten noch alle Maschinen; doch wenig später wurde die Baureihe 83.10 aus dem Betriebsdienst zurückgezogen. 1972 waren nur noch die 83 1025 und 83 1027 des Bw Haldensleben sowie 83 1010 des Bw Saalfeld im Zugdienst eingesetzt. 1973 gehörte keine dieser Maschinen mehr zum Betriebsbestand der Deutschen Reichsbahn. Ein paar Loks fristeten noch ein bis zwei Jahre als Heizloks ihr Dasein; nach und nach führte man jedoch alle Maschinen der Zerlegung zu. Letzte existierende 83er überhaupt dürfte 83 1004 gewesen sein, die es nach ihrer Ausmusterung beim Bw Saalfeld als Heizlok nach Erfurt verschlagen hatte. Sie war noch im Herbst 1976 auf den Gleisen der städtischen Industriebahn Erfurt abgestellt, wurde dann aber bei der VHZ Schrott in Erfurt zerlegt.

REDAKTION: HANS WIEGARD; FOTOS: SLG. REIMER, MEHNERT

Speziell für die sächsische Müglitztalbahn lieferten BMAG sowie Orenstein & Koppel die 1'E1'-Tenderlokomotiven der Baureihe 84

Baureihe 84

Südlich Dresdens an der Hauptbahnstrecke nach Bad Schandau – Decin – Prag liegt Heidenau. Hier zweigt seit 1890 die eingleisige Nebenbahn nach Geising, 1923 bis Altenberg verlängert, ab. Die rund 38 km lange und mit einer maximalen Steigung von 1:28 gesegnete, im Ausflugsverkehr vor allem nach dem Wintersportort Altenberg stark frequentierte, Bahnlinie entlang des Flüßchens Müglitz wurde von der sächsischen Staatsbahn als Schmalspurbahn mit 750 mm Spurweite erbaut. Nach einem ungewöhnlich heftigen Gewitter suchte in der Nacht vom 8. zum 9. Juli 1927 eine schwere Hochwasserkatastrophe das Müglitztal heim, die insbesondere an den vielfach in Flußnähe liegenden Bahnanlagen schwerste Verwüstungen anrichtete.

Diese Katastrophe sowie der seit längerem gehegte Wunsch nach einer vereinfachten Betriebsführung und erhöhter Leistungsfähigkeit ließen nunmehr eine Umspurung zur Vollspurbahn mit gleichzeitiger, teilweiser Verlegung des Bahnkörpers in eine geschütztere Hanglage, Wirklichkeit werden. Zudem sollten durchgehende Züge ab Dresden Hbf dem starken Ausflugsverkehr Rechnung tragen. Zwischen 1934 und 1939 erfolgten die Arbeiten unter größtmöglicher Beibehaltung des Bahnbetriebs der Schmalspurbahn.

Auch die Vollspurbahn wies Gleisradien bis 140 m, in Anschlußgleisen sogar bis

100 m, auf, so daß die Rbd Dresden herkömmliche Dampflokomotiven, die üblicherweise einen Mindestradius von 180 m befahren können, auch im Zusammenhang mit den zu erwartenden Zuglasten für die Müglitztalbahn für ungeeignet hielt. Im Jahre 1935 lieferte die Berliner Maschinenbau-AG (BMAG), vormals Schwartzkopff, in Berlin-Wildau, die beiden Probelokomotiven 84 001 und 002, im darauffolgenden Jahr Orenstein & Koppel (O&K) in Drewitz bei Potsdam zwei weitere mit den Betriebsnummern 84 003 und 004. Diese vier Lokomotiven mit der Achsfolge 1'E1' stimmten sowohl in ihren Hauptabmessungen wie auch den Kesselleistungen überein, nicht jedoch in der Ausführung des Trieb- und Fahrwerks. Außerdem war eine weitgehende Übereinstimmung mit der Reihe 85 gegeben.

Die beiden Lokomotiven der BMAG hatten ein Dreizylinder-Triebwerk erhalten, die Laufachsen waren mit den beiden jeweils benachbarten Kuppelachsen in einem gemeinsamen Schwartzkopff-Eckardt-Lenkgestell vereint, die Lokomotiven wiesen somit keinen festen Achsstand auf. Zwischen den beiden Kuppelachsen der Drehgestelle befanden sich im Lokrahmen die Drehzapfen, deren Abstand voneinander als Achsstand der Lokomotiven

galt. Die als Treibachse dienende mittlere Achse war ohne Spurkranz ausgeführt, so daß insgesamt eine ausreichende Kurvenbeweglichkeit gegeben war.

Die beiden Lokomotiven von O&K hingegen besaßen nur zwei Zylinder. Hier versuchte man, die Kurvenbeweglichkeit durch den Luttermöller-Achsantrieb entsprechend der Reihe 87 herzustellen. Hierbei waren lediglich die beiden der mittleren Treibachse benachbarten Kuppelachsen über Kuppelstangen angetrieben, während die äußeren Kuppelachsen von diesen über ein Zahnradgetriebe verbunden waren, was von außen durch die fehlenden Kuppelstangen kenntlich war. Hier wurden die beiden Laufachsen in einem Bisselgestell geführt.

Die Probefahrten im Jahre 1936 zeigten deutlich ruhigere Fahreigenschaften der BMAG-Lokomotiven 84 001 und 002, wor-

TECHNISCHE DATEN				
Bezeichnung		84 001/002	003/004	005–012
Baujahr		1935	1936	1937
Hersteller		BMAG	O&K	BMAG
Bauart		1'E1'h3	1'E1'h2	1'E1'h3
Länge über Puffer	mm	15.550	15.950	15.550
Dienstgewicht	t	119,9	119,5	119,9
Betriebsvorräte Kohle	t	3,0	3,0	3,0
Wasser	m³	14,0	14,0	13,7
indizierte Leistung	PSi	1.426	1.426	1.426
Höchstgeschwindigkeit	km/h	70	70	80

Während die BMAG-Maschinen als Dreizylinderlokomotiven ausgeführt waren (im Bild der Prototyp), bot Orenstein & Koppel Zwillingsmaschinen an

aufhin die Bestellung der weiteren acht benötigten Lokomotiven 84 005 - 012 bei der BMAG erfolgte. Diese unterschieden sich von den Probelokomotiven durch den von 20 auf 16 bar herabgesetzten Kesseldruck, geänderte Zylinderabmessungen und eine um 10 km/h auf 80 km/h heraufgesetzte Höchstgeschwindigkeit, die für die Hauptbahnstrecke zwischen Dresden und Heidenau vonnöten war. Es war sogar vorgesehen, die Geschwindkeit auf 100 km/h zu erhöhen, dies unterblieb dann aber doch.

Im Betrieb bereiteten beide Bauarten Schwierigkeiten. Die beiden Luttermöller-Lokomotiven 84 003 und 004 zeichneten sich durch eine hohe Schadanfälligkeit dieses Antriebes aus, die sich besonders in den Nachkriegsjahren bemerkbar machte, so daß sie wegen fehlender Ersatzteile des öfteren mit wechselnden Achsfolgen 2D1, 2C2 oder 1D2 im Einsatz standen. Die BMAG-Lokomotiven hingegen bereiteten Schwierigkeiten durch das schwer zugängliche Innentriebwerk, außerdem neigte die spurkranzlose Treibachse zum Entgleisen. Nachdem die Deutsche Reichsbahn festgestellt hatte, daß auch die Tenderlokomotiven der Reihe 86 und sogar die Schlepptenderlok der Reihe 50 auf der Müglitztalbahn eingesetzt werden konnten, wurden die 84 hier abgezogen.

Konstruktion

Als Novum für Einheitslokomotiven der DRG wurde bei der Reihe 84 weitgehend die Schweißtechnik verwendet, was ihr

gegenüber der vergleichbaren Reihe 85 trotz höherer Leistung ein um rund 7 t geringeres Leergewicht bescherte. So sind die Rahmenverbindungen des mit 80 mm starken Rahmenwangen ausgeführten Barrenrahmens ebenso wie die Vorratsbehälter für Kohle und Wasser geschweißt. Die Ausführung des Fahrwerks beider Bauarten ist bereits oben beschrieben.

Als Weiterentwicklung des bereits in der Reihe 43 verwendeten Kessels hat dieser einen Durchmesser von 1.900 mm, der Langkessel besteht aus zwei miteinander vernieteten Schüssen, er enthält 48 Rauchrohre und 158 Heizrohre, jeweils mit einer Länge von 4.700 mm. Die Feuerbüchse aus Molybdänstahl K 35 ist vollständig geschweißt, ebenso hieran die Stehbolzen und Rohre. In einer Nische der Rauchkammer vor dem Schornstein befindet sich der Oberflächenvorwärmer Bauart Knorr.

Besonderer Aufmerksamkeit bedurfte im Hinblick auf die starken Steigungen der Einsatzstrecke die Durchbildung der Bremse, Bauart Knorr. So sind beide Laufachsen beidseitig gebremst, wobei der Grad der Abbremsung (vorauslaufende Achse: 50 %, nachlaufende Achse: 80 %) selbsttätig durch Umstellen der Steuerung geregelt wird.

Das Bremsgehänge der Kuppelradbremsen ist mit Rücksicht auf die Verschiebbarkeit der Achsen seitenbeweglich. Der vorgesehene Einbau der Riggenbach-Gegendruckbremse unterblieb. Alle Kuppelachsen sind beidseitig besandbar. Die

Lokomotiven erhielten einen Turbogenerator für die elektrische Beleuchtung sowie für ihren Einsatz auf der Nebenbahn ein Druckluftläutewerk.

Betriebseinsatz

Die Lokomotiven der Reihe 84 wurden zunächst beim Bw Dresden-Friedrichstadt und dessen Lokbahnhof Altenberg beheimatet. Dort waren sie im Personenzugdienst zusammen mit ebenfalls eigens für die Müglitztalbahn gebauten Leichtbauwagen der Bauart „Altenberg" mit Mitteleinstieg hauptsächlich nach Altenberg, aber auch nach Bischofswerda und Arnsdorf, eingesetzt. Nach 1945 wurde die Baureihe 84 zunächst komplett zum Bw Dresden-Altstadt abgegeben, von wo aus sie bis Berlin fuhren.

Ab 1949 waren sie alle bis auf 84 004 beim Bahnbetriebswerk Schwarzenberg (Erzgeb) zu finden, um die Arbeiter- und Uranzüge der Sowjetisch-Deutschen Aktiengesellschaft Wismut zu befördern. Ab 1955 kam es zu Stationierungen einzelner Lokomotiven bei den Bahnbetriebswerken Aue, Gera, Karl-Marx-Stadt, Riesa und Saalfeld.

Bereits 1953 begann die Abstellung der Lokomotiven mit der Luttermöller-Lok 84 004, ein Jahr darauf folgte ihre Schwester 84 003. Die Schwartzkopf-Lokomotiven wurden ab 1955 abgestellt, mit 84 008 endete 1961 der Einsatz der Baureihe. Verschiedene Lokomotiven fanden noch als Heizlok Verwendung, bis 1968 waren alle verschrottet.

REDAKTION: AXEL ENDERLEIN; FOTOS: SLG. KNIPPING

Mit den gewaltigen Maschinen der Baureihe 85 konnte der Zahnradbetrieb auf der Höllentalbahn zugunsten des Adhäsionsbetriebes aufgegeben werden

Baureihe 85

Von Freiburg (Breisgau) aus führt seit 1897 die Höllentalbahn nach Neustadt im Schwarzwald. Auf 25 Kilometern überwindet sie bis Hinterzarten einen Höhenunterschied von gut 600 Metern, danach fällt sie auf den restlichen 10 Kilometern wieder um 80 m ab. Die Badische Staatsbahn nahm den Betrieb als gemischte Reibungs- und Zahnradbahn auf, wobei die Zahnstange zwischen Hirschsprung und Hinterzarten auf sieben Kilometern eine maximale Steigung von 55 ‰ zu überwinden half. Die Geschwindigkeit betrug hier nur 18 km/h, so daß die

DRG bestrebt war, nach dem Vorbild der Halberstadt-Blankenburger Eisenbahn, die im Harz die Rübelandbahn auf Adhäsionsbetrieb umgestellt hatte, und der erfolgreichen Umstellung verschiedener Bahnen in Thüringen, den Zahnradbetrieb auf der Hauptbahn von Freiburg nach Neustadt durch den deutlich schnelleren Reibungsbetrieb mit entsprechenden Lokomotiven zu ersetzen. Eine Verwendung der bewährten preußischen T 20 (DRG-Reihe 95) kam nicht in Frage, da hiervon nur 45 Lokomotiven existierten. Ein Nachbau der T 20 wurde auch nicht erwogen, da sie weder den Grundsätzen der Einheitslokomotiven noch dem neuesten Stand der Technik entsprach.

In einem Typenplan von 1924 war bereits eine 1'E1'-Tenderlokomotive für 20 t Achslast vorgesehen, die als Reihe 84 das von der DRG favorisierte Zweizylindertriebwerk erhalten sollte. Aufgrund der Erfahrungen mit den Vorserien-Güterzuglokomotiven der Reihen 43 mit zwei und 44 mit drei Zylindern aus den Jahren 1926/27 entschloß sich die DRG dann allerdings doch für eine Dreizylinder-Maschine, die bessere Anfahr- sowie ruhigere Fahreigenschaften versprach. Die Firma Henschel in Kassel lieferte in den Jahren 1932/33 zehn Tenderlokomotiven 85 001 – 010 entsprechend den Grundsätzen der Einheitslokomotiven. Das Fahr- und Triebwerk entsprach, um eine Nachlaufachse ergänzt, dem der Schlepptenderlokomotive 44, der Kessel

bis auf die Rauchkammer dem der Baureihe 62. Die neuen Lokomotiven konnten auf der Steilstrecke eine Last von 165 t mit einer Geschwindigkeit von 20 km/h, eine Last von 70 t mit 30 km/h befördern.

Mit der Übernahme des Zugbetriebes durch die Reihe 85 konnte am 7. Oktober 1933 der Zahnradbetrieb endgültig eingestellt und die Zahnradlokomotiven der Gattung IX b (DRG-Reihe 97²) von 1910 ausgemustert werden. Zuvor schon wurden die badischen 1'C1'-Tenderlokomotiven der Gattungen VI b und VI c (DRG-Reihen 75.1 und 75.4) mit Erfolg im Personenzugdienst der Höllentalbahn eingesetzt.

Konstruktion

Die 100 mm starken Rahmenwangen des Barrenrahmens sind mit den Querverbindungen vernietet. Der auf gleicher Ebene wie die Außenzylinder liegende, gegenüber der Waagerechten nach hinten geneigte Innenzylinder, stützt sich mit vier Punkten auf die Rahmenquerverbindungen. Die Lokomotive selbst ist auf vier

85 007 ist als einzige ihrer Art erhalten geblieben

Bezeichnung		85
Indienststellung (1. Jahr)		1932
Hersteller		Henschel
Bauart		1'E1'h2
Spurweite	mm	1.435
Länge über Puffer	mm	16.300
Lokdienstmasse (bei 2/3 Vorräten)	t	127,4
Reibungsmasse	t	99,7
Betriebsvorräte Kohle	t	4,5
Wasser	m³	14
indizierte Leistung	PSi	1.103
Höchstgeschwindigkeit	km/h	80

Punkten gegen den Rahmen abgestützt. Die erste und die letzte Kuppelachse sind zusammen mit der jeweils benachbarten Laufachse in einem Krauss-Helmholtz-Drehgestell gelagert, die übrigen Treib- und Kuppelachsen hingegen fest im Rahmen gelagert, wobei der Spurkranz der mittleren Treibachse zur Verbesserung der Kurvengängigkeit um 10 mm geschwächt wurde. Das Triebwerk ist als Zweiachsantrieb ausgebildet. Der Innenzylinder wirkt auf die zweite, die beiden Außenzylinder auf die dritte Kuppelachse. Für alle drei Zylinder ist eine eigene Steuerung der Bauart Heusinger vorhanden. In dem aus zwei miteinander vernieteten Schüssen bestehenden Langkessel mit einem Durchmesser von 1.800 mm sind 155 Heiz- und 41 Rauchrohre mit einer Länge von 4.700 mm untergebracht. Auf dem vorderen Kesselschuß sitzt der Speisedom, auf dem hinteren Dampfdom mit seinem Naßdampf-Ventilregler, außerdem auf beiden Kesselschüssen je ein Sanddom. In einer Quernische der Rauchkammer vor dem Schornstein ist der Oberflächenvorwärmer der Bauart Schmidt untergebracht. Die seitlichen Wasserkästen, das Führerhaus sowie der hintere Wasser- und Kohlekasten sind genietet. Für den Einsatz auf der Steilstrecke besitzen die Lokomotiven neben der auf die Kuppelachsen von vorn wirkenden Knorr-Druckluftbremse mit Zusatzbremse eine Riggenbach-Gegendruckbremse. Die Kuppelachsen sind von vorn und hinten besandbar. Die elektrische Energie liefert ein Turbogenerator. Als einzige Tenderlokomotiven der DB erhielt die Baureihe 85 nach 1949 kleine Windleitbleche der Bauform Witte.

Betriebseinsatz

Die 85 001 stand nach ihrer Anlieferung am 1. Dezember 1932 zunächst bis März 1933 dem Lokomotiv-Versuchsamt Berlin-Grunewald zur Verfügung, bevor sie wie ihre

Vor einer herrlichen Garnitur aus Länderbahnwagen kämpfte sich 85 008 in den dreißiger Jahren durch das Höllental bergan

zwischen Dezember 1932 und Februar 1933 gelieferten Schwestern 85 002 – 010 dem Bw Villingen zugeteilt wurden. Von dessen Lokbahnhof Neustadt aus leisteten sie Dienst auf der Höllentalbahn. Daneben sollten sie auch auf der Schwarzwaldbahn nach Offenburg eingesetzt werden, was jedoch an den zu geringen Betriebsvorräten der Tenderlok scheiterte. Im Oktober 1933 schließlich waren alle 85 zum Bw

Freiburg umbeheimatet, neben der Höllentalbahn gehörte auch die 19 Kilometer lange Zweigstrecke nach Seebrugg zum Einsatzgebiet. An den Einsätzen änderte auch die versuchsweise Elektrifizierung der beiden Stammstrecken mit 50 Hz/20 kV-Wechselstrom ab 1936 nichts, zumal die vier Elloks der Reihe E 244 für den Betrieb nicht ausreichten und die schweren Züge Nachschub durch die 85er benötigten.

Im zweiten Weltkrieg wurde die 85 004 so schwer beschädigt, daß sie ausgemustert werden mußte. Zumindest von 85 002 sind für die ersten Nachkriegsjahre Beheimatungen bei den Bw Bruchsal, Geislingen und Pforzheim bekannt. Ende 1948 waren alle 85 in Freiburg als betriebsfähig gemeldet. Durch den Umbau einer Serien-E 44 zur E 244 22 war der Ellokbestand in Freiburg auf fünf Lokomotiven angewachsen. Daneben stand der aus einem ET 25 umgebaute ET 255 01 auf der Steilrampe im Dienst. Dennoch waren die 85er noch unverzichtbar und weiterhin im Zug- und Schiebedienst zu beobachten. Mit dem Tourismus der fünfziger Jahre zählten bald auch Sonderzüge der Reisebüros mit nagelneuen blauen und grünen Schürzenliegewagen zum Zugförderungsprogramm der schweren Tenderlokomotiven.

Als erste Lok mußte im September 1958 die 85 008 abgestellt werden. Doch erst die Umstellung der Höllentalbahn auf das übliche Stromsystem 16 2/3 Hz/15 kV im Jahre 1960 und die hierfür in ausreichender Stückzahl vorhandenen Elloks E 40.11 und E 44 mit elektrischer Widerstandsbremse (ab 1968: Baureihen 139 und 145) beendeten den Einsatz der 85 im Schwarzwald. Sieben der noch vorhandenen 85 wurden abgestellt und zum 29. Mai 1961 ausgemustert, von 85 002 sind noch Heizlokeinsätze in Karlsruhe bekannt.

Die 85 007 wurde zum Bw Wuppertal-Vohwinkel umbeheimatet, wo sie für ein Jahr auf der Steilrampe Erkrath – Hochdahl als Schiebelok Verwendung fand. Am 4. Dezember 1961 erfolgte auch ihre Ausmusterung, der eine Verwendung als Heizlok folgte. Im Jahre 1967 wurde die 85 007 vor der Ingenieurschule Konstanz auf den Denkmalsockel gestellt, den sie 1977 wieder verließ, um nach Freiburg zurückzukehren. Hier wurde sie durch das Kameradschaftswerk des Lokpersonals nicht betriebsfähig wieder aufgearbeitet.

Durch die äußerliche Aufarbeitung in Freiburg wurde die 85 007 wieder zu einem Schmuckstück

REDAKTION: MEINHARD STRIECK; FOTOS: SLG. CLÖSSNER, ARCHIV GERANOVA (2), SLG. KNIPPING

Die zum Bestand des Nürnberger Verkehrsmuseums zählende 86 457 wurde für Sonderzugfahrten zum 150. Eisenbahnjubiläum wieder aufgearbeitet

Baureihe 86 (DB 086/DR 86.10-18)

Der 1'D1'-Bauart war innerhalb der 1925 vom Vereinheitlichungsbüro vorgeschlagenen Lokomotivfamilie für Nebenbahnen ein umfangreiches Aufgabengebiet zugedacht. Die Maschinen der künftigen Baureihe 86 sollten auf Rampen bis zu 25 ‰ im gemischten Dienst verwendbar sein, aber sich auch für den Personennahverkehr auf steigungsärmeren Hauptstrecken eignen. Das Leistungsprogramm orientierte sich an der preußischen T 14 (spätere BR 93), ebenfalls einer 1'D1'. Auf 10 ‰ Steigung sah es die Beförderung 400 t schwerer Züge mit 40 km/h, auf 25 ‰ 310 t mit 20 km/h vor. Ihre Höchstgeschwindigkeit von 70 km/h sollte die Lokomotive in der Ebene mit 770 t am Zughaken erreichen.

In vielen Einzelteilen stimmte die 86er mit den anderen Gattungen für 15 bzw. 17 oder 18 t Achslast überein: also mit den 1'C- und 1'C1'-Maschinen der Reihen 24 und 64 sowie den Verschiebeloks der Achsfolgen C, D und E, den Reihen 80, 89, 81 und 87. Der Kessel glich mit Ausnahme der Rauchkammer dem der 87er. Besonderer Wert wurde auf einen guten Bogenlauf gelegt. Trotzdem entschied die Hauptverwaltung im Jahr 1925, auf den zunächst erwogenen Einbau von Krauss-Helmholtz-Lenkgestel-

len zu verzichten und befürwortete statt dessen die einfacheren Bissel-Deichselgestelle. Zumindest die Maschinen der ersten Bauserie sollten für den Gebirgseinsatz eine Gegendruckbremse erhalten. Nach etlichen kleineren Entwurfsänderungen gab die DRG 1927 die Baumusterlokomotiven in Auftrag. Von Juli bis September 1928 lieferten die Maschinenbau-Gesellschaft Karlsruhe und die Firma Linke-Hofmann die 86 001 bis 016. Am 1931 begonnen Großserienbau beteiligten sich Krupp, Borsig, Henschel, Linke-Hofmann, Schichau, die Maschinenfabrik Esslingen, Schwartzkopff bzw. Berliner Maschinenbau-AG, Orenstein & Koppel und schließlich ab 1938 die Wiener Lokomotivfabrik Floridsdorf sowie ab 1942 DWM Posen. Bis 1943 stellte die Deutsche Reichsbahn 774 Maschinen in Dienst (86 001 bis 591, 86 606 bis 627, 86 698 bis 816, 86 835 bis 875 und 86 966. Letztere fertigte Krupp 1943 aus noch vorhandenen Ersatzteilen, obwohl das von 86 966 bis 86 999 reichende Baulos storniert worden war. Hinzu kamen zwei von Privatbahnen bestellte Loks: Die 86 817, ursprünglich für die Prignit-

zer Eisenbahn bestimmt, gelangte 1942 mit Reichsbahnnummer zur Bentheimer Eisenbahn. Schließlich wurde 1942 an die schon 1938 für die Eutin-Lübecker Eisenbahn gebaute Lok die Betriebsnummer 86 1000 vergeben.

Während des langen Lieferzeitraums nahm man bereits werksseitig zahlreiche Bauartänderungen vor. So entfiel ab 86 017 die Gegendruckbremse, die meisten Loks ab

TECHNISCHE DATEN

Bezeichnung	bis 1967 bzw. 1970		86
	ab 1968 (DB)		086
	ab 1.7.1970 (DR)		86.10-18
	ab 1992 (DR)		086
Indienststellung (1. Jahr)			1928
Hersteller			MBG Karlsruhe, Linke-Hofmann u.v.a.
Bauart			1'D1'h2
Spurweite		mm	1.435
Länge über Puffer		mm	13.820 / 13.920 [1]
Lokdienstmasse (bei 2/3 Vorräten)		t	84,2 / 83,0 [2]
Reibungsmasse		t	60,6 / 59,4 [2]
Betriebsvorräte	Kohle	t	4
	Wasser	m³	9
indizierte Leistung		kWi	760
Höchstgeschwindigkeit		km/h	70 / 80 [3]

[1] ab 86 230, [2] ab 86 293, [3] ab 86 234

Für die Einsätze auf der Insel Usedom bekamen die Loks der Baureihe 86 Witte-Windleitbleche

Betriebsnummer 86 293 erhielten nun doch Krauss-Helmholtz-Gestelle. Sie verbesserten die Laufeigenschaften, so daß die Höchstgeschwindigkeit der Maschinen bedenkenlos von 70 auf 80 km/h heraufgesetzt werden konnte. Dieses Tempo galt allerdings schon für die zuvor mit beidseitig gebremsten Kuppelradsätzen und Laufradbremsen gelieferten Loks (ab 86 234). Als kriegswichtige Baureihe wurden die 86er nach Kriegsausbruch weiterbeschafft, ab 1942 in einer entfeinerten Ausführung. Ab Betriebsnummer 86 465 kennzeichnete man sie teils mit den Buchstaben ÜK für „Übergangs-Kriegslok". Die Vereinfachungen betrafen zahlreiche Ausrüstungsteile, z.B. entfiel der Rauchkammerzentralverschluß. Nichteisenmetalle wie Zinkguß oder Messing wurden durch Stahl und andere Heimstoffe ersetzt. Auffällig waren die als Laufräder verwendeten Scheibenräder. Zunehmend wurde die Schweißtechnik angewandt. Die Vorratsbehälter waren aber schon seit 1935 geschweißt statt genietet. Die später von der Bundesbahn vorgenommenen Bauartänderungen beschränkten sich auf die üblichen Detailverbesserungen (Spurkranzschmierung, Verstärkung von Laufwerksteilen etc.). Die Reichsbahn rüstete darüberhinaus einige Loks mit geschweißten Nachbaukesseln aus und ersetzte durch die Braunkohlefeuerung abgezehrte kupferne durch stählerne Feuerbüchsen. Auf der Insel Usedom eingesetzte 86er erhielten kleine Windleitbleche.

Konstruktion

Der genietete, für 14 bar Druck ausgelegte Einheitslokkessel hatte eine Rohrlänge von 4.500 mm. Auf dem vorderen Kesselschuß saß der Speisedom, auf dem hinteren der Dampfdom mit Naßdampf-Ventilregler Bauart Schmidt & Wagner. Hinter den Domen war je ein Sandkasten angeordnet. Bei den vor 1935 gelieferten Lokomotiven bestand die Feuerbüchse aus Kupfer, ab 1935/36 kamen Stahlfeuerbüchsen zum Einbau. Der Kessel wurde mittels Kolbenspeisepumpe gespeist, die das Wasser durch den Oberflächenvorwärmer Bauart Knorr förderte. Als zweite Speiseeinrichtung diente die Dampfstrahlpumpe.

Der 70 mm starke Barrenrahmen stützte sich in vier Punkten auf dem Laufwerk ab. Die Federn des vorderen Laufradsatzes und der ersten beiden Kuppelachsen sowie die Federn des hinteren Laufradsatzes und der letzten beiden Kuppelachsen waren durch Ausgleichshebel verbunden. Beide Laufachsen lagerten in Bisselgestellen. 86 293 bis 296, 86 336 bis 875 und 86 966 hatten Krauss-Helmholtz-Lenkgestelle, die zusammen mit der ersten bzw. fünften Kuppelachse ein Drehgestell bildeten. Der Laufraddurchmesser betrug 850 mm, der Kuppelraddurchmesser 1.400 mm. Die Spurkränze des zweiten und dritten Kuppelradsatzes waren um jeweils 15 mm geschwächt.

Die beiden Dampfzylinder mit 570 mm Durchmesser und 660 mm Kolbenhub trieben die dritte Kuppelachse an. Die außenliegende Heusinger-Steuerung für innere Einströmung war mit Kuhnscher Schleife ausgeführt (für gleiche Dampfverteilung bei Vor- und Rückwärtsfahrt). Bei den ersten Lieferserien besaßen die Schieberkästen Eckventil-Druckausgleicher, ab 86 048 meist Druckausgleich-Kolbenschieber der Bauart Karl Schulz.

Alle Lokomotiven besaßen die selbsttätig wirkende Einkammerdruckluftbremse Bauart Knorr mit Zusatzbremse und waren für die Anbringung der Riggenbach-Gegendruckbremse vorbereitet. Letztere kam aber nur in 86 001 bis 016 zum Einbau. Eine Wurfhebelbremse diente als Handbremse. Die Kuppelradsätze wurden einseitig von vorn abgebremst (nur bei 86 234 bis 292 und 86 297 bis 335 beidseitig), bei allen Loks ab 86 234 wurden außerdem die Laufradsätze beidseitig abgebremst. Der Druckluftsandstreuer sandete alle Kuppelräder in beiden Fahrtrichtungen. Der Wasservorrat von 9 m³ war in zwei seitlichen und einem unter dem Kohlekasten befindlichen Wasserkasten untergebracht. Es konnten 4 t Kohle mitgeführt werden.

Betriebseinsatz

Die im Sommer 1928 gelieferten 16 Vorserienloks wurden entgegen ursprünglicher Planung nicht bloß Bahnbetriebswerken im Mittelgebirgsraum zugeteilt, sondern kamen von Beginn an auch im Flachland zum Einsatz. Als Erstbeheimatungs-Bw bekannt sind Wittenberge (86 001), Mayen, Ehrang, Engelsdorf und Rendsburg. Dann trat eine zweijährige Beschaffungspause ein. Bis Ende 1932 stieg der Bestand auf etwa 100 Maschinen an, von denen die Hälfte in Sachsen (Rbd Dresden) stationiert war. Ein Haupteinsatzgebiet war das Erzgebirge mit den Bw Adorf, Buchholz (später Annaberg-

86 1501 im Jahre 1983 im Bw Rochlitz. Heute gehört die betriebsfähige Lok der ÖGEG in Linz

FOTOS: NIEDT, MEHNERT, SCHULZ

Buchholz), Chemnitz-Hilbersdorf, Flöha und Schwarzenberg. Auch in anderen jahrzehntelang typischen Einsatzräumen hatten sich die Lokomotiven bereits 1932/33 etabliert: in Schlesien (Rbd Oppeln und Breslau), Nordhessen (Rbd Kassel) und Ostbayern (Rbd Regensburg). In den Folgejahren hielten sie in allen Direktionsbezirken Einzug, so 1935 auch in der nach Wiedereingliederung des Saargebiets gebildeten Rbd Saarbrücken, 1939-42 in den mit dem „Anschluß" Österreichs eingerichteten RBD Wien, Villach und Linz sowie in der nach dem Polen-Feldzug gegründeten RBD Posen.

Mitte 1945 zählte man in den westlichen Besatzungszonen 386 Exemplare der BR 86. Davon wurden sechs wegen schwerster Schäden bald ausgemustert, eine weitere 1952. 15 Loks gingen im Jahr 1947 an die „Eisenbahnen des Saarlandes", 14 davon wurden Anfang 1957 bei der DB eingereiht. Deren Bestand erreichte jetzt die Höchstzahl von 378 Stück.

In der sowjetischen Zone wurden im Herbst 1945 noch 244 Lokomotiven registriert, von denen aber 71 in den Jahren 1946/47 in die Sowjetunion rollten, um teils auf Breitspurgleisen Dienst zu tun. Nach Ausmusterung kriegsbeschädigter Maschinen nahm die Deutsche Reichsbahn 164 Stück in den Unterhaltungsbestand auf. Zum Verbleib im Ausland: Etwa 65 in Schlesien und Sudetendeutschland beheimatete 86er erlebten das Kriegsende in der wiedererstandenen tschechoslowakischen Republik, einige gelangten von dort in die UdSSR, jedenfalls 26 liefen als Reihe 455.2 bei der tschechoslowakischen CSD. 46 Maschinen reihte die Polnische Staatsbahn PKP als Tkt 3 ein. Mit Sicherheit 27 Stück befanden sich Mitte 1945 in Österreich. Eine Odyssee widerfuhr 86 014, 241 und 339 – von tschechischem Gebiet kamen sie als Beuteloks der Sowjets nach Ungarn, von dort im Jahr 1950 nach Österreich. Andererseits wurde die 86 477 zuvor

Für Einsätze auf den Erzgebirgsstrecken war die 86er die ideale Lok (Johanngeorgenstadt, 1976)

aus der dort ebenfalls gebildeten sowjetischen Zone in die UdSSR geschafft. Die Österreichischen Bundesbahnen setzten die Reihe 86 bis 1972 ein, als letzte die 86.476 und 86.481.

Bei der Deutschen Bundesbahn war die BR 86 während der fünfziger Jahre fast in allen Direktionsbezirken anzutreffen, nur die BD Essen, Münster und Karlsruhe konnten auf sie verzichten. Die BD Kassel und Regensburg behielten bis 1960 konstant jeweils ca. 40 bis 50 Lokomotiven, die BD Nürnberg sogar mehr als 60. Allein bei den Bw Fulda, Kassel und Treysa waren zeitweilig über 20 konzentriert, meist wenigstens 10 in Bamberg, Coburg, Nürnberg Rbf und Passau. Als vierte süddeutsche Direktion verfügte Stuttgart, hier vor allem das Bw Plochingen, über zahlreiche 86er. Weiter westlich und nördlich waren sie u.a. in den Bw Kaiserslautern, Trier, Friedberg und Goslar gut vertreten. Erst in den frühen sechziger Jahren hatte die Baureihe ihre große Zeit im Direktionsbezirk

Hannover, wo sie nun auch in Göttingen P, Hildesheim und für den Rangierdienst sogar in Bremerhaven-Lehe erschienen.

Ab 1965 strich die DB den Unterhaltungsbestand radikal zusammen; Hauptuntersuchungen erhielten die 86er nicht mehr. Nachweislich bekamen nur 38 Lokomotiven die per 1. Januar 1968 gültigen EDV-Nummern, einige weitere liefen bis zur 1969 erfolgten Abstellung noch mit ihren alten Schildern. Akuter Triebfahrzeugmangel zwang die DB, sich mit weiteren Ausmusterungen zurückzuhalten. So erlebte die BR 086 ab 1969 ein Comeback beim Bw Mayen (bis zu fünf Loks für Nebenbahnen nach Andernach und Koblenz). Beim Bw Nürnberg Rbf blieb sie für die traditionelle Bedienung der Nebenstrecken nach Markt Erlbach, Allersberg und Beilngries ebenso unverzichtbar wie für den Rangierdienst. Mit Beginn der Winterfahrplanperiode 1971/72 war die Mayener Episode zu Ende, dafür wuchs der Betriebsbestand des Bw Nürnberg Rbf ein letztes Mal auf 20 Loks an. Ferner waren zu diesem Zeitpunkt noch einsatzfähige Maschinen in Hof (2), Schwandorf (2) und Schweinfurt (1) stationiert. Ab Ende 1971 trafen nach und nach ein Dutzend 086 in Hof ein. Soweit nicht umgehend z-gestellt, verrichteten sie dort aber nur Gelegenheitsarbeiten. Ein wenig besser erging es den 1972 überraschend von Schwandorf nach Ulm umbeheimateten Loks: im Sommer leistete 086 198 Rangierdienst in Aulendorf, 086 283 dampfte von Friedrichshafen aus sogar vor Personenzügen nach Ravensburg und Mimmenhausen-Neufrach. Die letzten Einsätze der Baureihe 086 sind indes aus ihrer angestammten fränkischen Heimat zu vermelden. Noch bis zum 15. Dezember 1972 bestritten die Nürnberger 086 132, 160, 431, 534 und 721 den Personenzugdienst auf der Strecke Neumarkt (Oberpfalz) – Beilngries, ehe sie endgültig von ihrer Nachfolgerin par excellence, der V 100, abgelöst wurden. Die Chronistenpflicht

86 724 war eine Lok der „ÜK"-Ausführung, erkennbar u.a. an nur einem Führerhausseitenfenster

Bei der Deutschen Reichsbahn fuhren die Loks der BR 86 lange Zeit im Direktionsbezirk Dresden

gebietet, auf das definitive Ende beim Bw Hof hinzuweisen: die meisten der dorthin 1973 von Nürnberg gelangten Maschinen waren kalt abgestellt, endlich war im Februar 1974 mit Ausmusterung der 086 201 amtlich der Schlußstrich gezogen.

Bei der Deutschen Reichsbahn blieb die Rbd Dresden unangefochten die Domäne der 86er. Wenig geändert haben sich hier in den fünfziger und sechziger Jahren die Einsatzorte, klassische Heimat-Dienststellen verschwanden nur deshalb aus den Stationierungslisten, weil sie umbenannt oder mit anderen Betriebswerken zusammengelegt wurden. Beispielsweise ging das Bw Annaberg-Buchholz 1967 im Bw Aue auf; die Bw Chemnitz Hbf und Chemnitz-Hilbersdorf änderten zunächst ihre Ortsbezeichnung in Karl-Marx-Stadt und fusionierten 1968; Pirna ordnete die DR dem Bw Dresden zu, Rochlitz dem Bw Glauchau. Nach Abschluß der Konzentrationsmaßnahmen beheimatete allein Aue ca. 40 Loks der BR 86, gefolgt von den Bw Karl-Marx-Stadt und Glauchau mit je 20 bis 30 Maschinen sowie Dresden und Zwickau mit jeweils ca. 15. Damit gehörten um 1970 etwa drei Viertel aller Reichsbahn-86er zur Dresdener Direktion. Immer noch beherrschten sie auf vielen Nebenstrecken im Elbsandsteingebirge und im Erzgebirge den Personen- und Güterzugdienst. In der Relation Zwickau – Aue – Schwarzenberg – Johanngeorgenstadt bespannten sie sogar Schnellzüge. Vergleichsweise bescheiden blieb die Bedeutung der Baureihe 86 in anderen Rbd-Bezirken. Der Rbd Cottbus unterstellt, aber ebenfalls auf sächsischen Strecken eingesetzt waren bis 1968 in Kamenz, danach in Bautzen und Zittau beheimatete Loks. Im Hallenser Bezirk verfügte seit Mitte der fünfziger Jahre nur Halle P über einen nennenswerten, auf verschiedene Einsatzstellen verteilten Bestand. Für ein halbes Jahr-

zehnt teilte die Deutsche Reichsbahn erst 1970 den zur Rbd Erfurt zählenden Bw Meiningen und Sangerhausen 86er zu. Ein ganz besonderes Kapitel war der Einsatz beim Bw Heringsdorf (Rbd Greifswald): Auf der Insel Usedom traten die Einheitstenderloks 1966 die Nachfolge der preußischen G 8.1 (56.2) an. Mit Windleitblechen versehen, dampften sie acht Jahre lang zwischen Seebad Ahlbeck und Wolgaster Fähre, zwischen Zinnowitz und Peenemünde.

Als am 1. Juli 1970 das neue Nummernschema in Kraft trat, besaß die DR 162 Loks der BR 86 (jetzt 86.10), von denen die meisten noch EDV-gerecht umgezeichnet wurden. Erst allmählich ging der Bestand zurück, doch ab 1974 lichteten sich die Reihen rasant. Bald endete der Plandienst auch in den letzten Reservaten: 1975 verabschiedeten sich die Glauchauer Loks

von der Muldentalbahn nach Großbothen, zum Ende des Sommerfahrplans 1976 die in der Einsatzstelle Gerbstedt aktiven Hallenser Maschinen von der Strecke Hettstedt – Heiligenthal. Am 25. September 1976 bespannte eine 86er des Bw Aue den letzten Dampfzug zwischen Schlettau und Crottendorf, höchstoffiziell jedenfalls! In der Rbd Dresden blieben außer der Traditionslok 86 001 (alias 86 1001) auch noch die 86 1049, 1056, 1333 und 1501 noch bis Ende der achtziger Jahre im Unterhaltungsbestand. Vor allem für Heizzwecke bestimmt, waren die buchmäßig in Aue, Karl-Marx-Stadt, Dresden und Glauchau beheimateten Lokomotiven meist voll betriebsfähig und sporadisch auch im Zugdienst anzutreffen – schließlich galt es, Dieselkraftstoff zu sparen. Mit der 86 1001 nahm die Einsatzstelle Annaberg-Buchholz am 23. Mai 1982 erneut den Plandienst auf der Strecke Schlettau – Crottendorf auf. Er währte fast ununterbrochen bis zum 26. Mai 1988; als Stammlok diente dabei zeitweilig auch die 86 1501. Im übrigen bespannten die Loks immer wieder Sonder- und Regelzüge auf sächsischen Strecken.

86 1333 wurde 1992 sogar noch in 086 333 umgezeichnet, 1993 wechselte sie aber von der DR zur Eisenbahn-Verkehrsgesellschaft Aalen. Nach einigen Einsätzen wurde die Lok Anfang 1995 an das Bayerische Eisenbahnmuseum in Nördlingen verkauft, das die Lok künftig für Sonderfahrten bereithält.

Betriebsfähig sind auch noch die Maschinen 86 001 (Museumslok DB AG/Aue) und 86 501 (Österreichische Gesellschaft für Eisenbahngeschichte, Linz) sowie die ehemaligen Bundesbahnloks 86 346 (Ulmer Eisenbahnfreunde/Ettlingen) und 86 457 (Museumslok DB AG/Nürnberg). Mindestens sechs weitere 86er sind als Denkmalloks oder museal der Nachwelt erhalten geblieben.

Im Fotografieranstrich kann die 86 283 heute im Deutschen Dampflokmuseum bewundert werden

REDAKTION: KONRAD KOSCHINSKI; FOTOS: ARCHIV GERANOVA, SLG. REIMER, SLG. JASTER, REICHERT

Für die Anschlußgleise im Hamburger Hafen mit Radien von 100 m beschaffte die DRG die Lokomotiven der BR 87 mit zahnradgetriebenen Endachsen

Baureihe 87

Für die Hamburger Hafenanlagen bestand die Notwendigkeit, eine leistungsfähige fünffach gekuppelte Rangierlokomotive mit maximal 17 t Achsfahrmasse zu beschaffen, die anstandslos Gleisbögen mit einem Radius von 100 m durchfahren konnte. Besonders die Gleisanlagen des Güterbahnhofes Hamburg-Süd und die dortigen Anschlußgleise wie-

Von Unterschieden im Rauchkammerbereich abgesehen, entsprach der Kessel dem der BR 86

sen wegen der räumlichen Beschränkung viele Gleisbögen mit 100 m Radius auf. Die 94.5-17 (preußische T 16.1) war wegen des hohen Spurkranzverschleißes und der Beanspruchung der Gleise für diesen Einsatz nicht brauchbar. Das Leistungsprogramm, das dem Entwurf zugrunde lag, sah die Beförderung eines Zuges von 670 t auf 10 ‰ Steigung mit 25 km/h bzw. von 260 t auf 25 ‰ mit der gleichen Geschwindigkeit vor. Zur Erfüllung dieses Leistungsprogramms waren bei einer größten Radsatzfahrmasse von 17 t fünf angetriebene Achsen erforderlich.

Das Vereinheitlichungsbüro (VB) der Deutschen Reichsbahn entschied sich, die Lokomotiven mit zahnradgetriebenen Endachsen der Bauart Luttermöller ausführen zu lassen und beauftragte die Firma Orenstein & Koppel mit der Konstruktion der neuen Lokomotive. Diese hatte unter ihrem Ingenieur Luttermöller eine besondere Art der Kraftübertragung entwickelt, die sich bereits bei den preußischen Schmalspurlokomotiven der Baureihen T 39 und T 40 im Betrieb bewährt hatte. Außerdem war Orenstein & Koppel auch an den Entwicklungsarbeiten für die preußische T 22 beteiligt gewesen, einem F-Kuppler mit zahnradgekuppelten Endachsen, der allerdings nicht ausgeführt wurde.

Beim Luttermöller-Antrieb wurde ein Endradsatz mit dem benachbarten festen Radsatz durch ein Zahnradgetriebe gekuppelt, das aus je einem Zahnrad auf beiden zu

kuppelnden Achsen und einem Zwischenrad bestand. Der Getriebekasten und das Zahnrad auf der festen Achse waren drehbar gelagert, die Antriebskraft wurde auf dieses Zahnrad durch einen Zapfen übertragen. Der Endradsatz konnte um das Kugelgelenk nach beiden Seiten ausschwenken, der Getriebekasten stellte gewissermaßen eine Deichsel dar. Eine Rückstellvorrichtung verbesserte den Lauf des Radsatzes in der Geraden. Das Laufwerk der 87er bot einen seltsamen Anblick: Von den fünf gleich großen Achsen waren nur die mittleren drei durch Stangen gekuppelt, die beiden äußeren wirkten wie Laufachsen. Der feste Achsstand von 3.400 mm schloß den zweiten bis vierten Kuppelradsatz ein, der Treibradsatz wurde ohne Spurkränze ausgeführt. Die beiden

TECHNISCHE DATEN

Bezeichnung		87
Indienststellung (1.Jahr)		1927
Hersteller		Orenstein & Koppel
Bauart		Eh2
Spurweite	mm	1.435
Länge über Puffer	mm	13.300
Dienstmasse (bei 2/3 Vorräten)	t	85,6
Reibungsmasse	t	85,6
Betriebsvorräte Kohle	t	3
Wasser	m³	9
indizierte Leistung	kWi	690
Höchstgeschwindigkeit	km/h	45

Die beiden äußeren Radsätze, durch Zahnräder statt Stangen mit den benachbarten verbunden, waren um jeweils 45 mm radial im Gleis einstellbar

Endachsen konnten um jeweils 45 mm zur Seite ausschwenken, so daß die Loks mühelos 100-m-Radien befahren konnten, der lange Radstand von 6.200 mm gewährleistete eine gute Führung bei der Fahrt in der Geraden.

Die Baureihe 87 war bereits im ersten Typisierungsplan der DRG in der Gruppe der Verschiebelokomotiven mit 17 t Achslast enthalten, zu der auch die Baureihen 80 und 81 gehörten. Mit diesen waren zahlreiche Bauteile austauschbar, auch von den 20- und 15-t-Reihen konnten Baugruppen verwendet werden, so von der 86er der komplette Kessel, der nur im Bereich der Rauchkammer geändert werden mußte.

Konstruktion

Die Lokomotiven hatten genietete Einheitskessel mit zwei Kesselschüssen bei 4.500 mm Rohrlänge. Der maximale Druck betrug 14 bar. Der vordere Speisedom besaß Winkelrost-Schlammabscheider, der hintere Dampfdom den Naßdampfventilregler Bauart Schmidt-Wagner. Die beiden Sandkästen waren hinter Speise- und Dampfdom angeordnet und sandeten die zweite bis vierte Kuppelachse jeweils von vorn. Gespeist wurde der Kessel durch zwei saugende Dampfstrahlpumpen von jeweils 125 l Förderleistung pro Minute.

Der genietete Barrenrahmen hatte eine Stärke von 70 mm. Die Abstützung der Lokomotive auf das Laufwerk erfolgte in vier Punkten. Von den fünf 1.100 mm

großen Kuppelachsen waren die drei mittleren fest im Rahmen gelagert (die Treibachse ohne Spurkränze). Die beiden äußeren Radsätze mit Luttermöller-Zahnradantrieb waren um je 45 mm radial im Gleis einstellbar. Eine Rückstellfeder verbesserte den Lauf des Luttermöller-Radsatzes in der Geraden.

Die beiden Zylinder mit 600 mm Durchmesser bei 550 mm Hub trieben die dritte Kuppelachse an. Die Lokomotiven besaßen außenliegende Heusingersteuerung mit Kolbenschiebern der Regelbauart für innere Einströmung sowie Druckausgleicher mit Eckventilen. Die Bremse Bauart Knorr arbeitete als selbsttätige Einkammerdruckluftbremse mit Zusatzbremse, ferner war als Handbremse eine Wurfhebelbremse vorhanden. Die erste bis vierte Kuppelachse wurden einseitig von vorn, die letzte mußte einseitig von hinten abgebremst werden um Zugbeanspruchungen vom Zahnradgetriebekasten fernzuhalten. Der Wasserkasteninhalt betrug 9 m³, an Kohle konnten 3 t mitgeführt werden.

Betriebseinsatz

Im Jahre 1927 lieferte Orenstein & Koppel die 87 001 – 008 mit den Fabriknummern 11231 – 11238, im folgenden Jahr dann 87 009 – 013 (11411 – 11415) und 87 014 – 016 (11551 – 11553). Alle 16 Lokomotiven wurden beim Bahnbetriebswerk Hamburg-Wilhelmsburg stationiert.

Bis zu ihrer Ausmusterung in den fünfziger

Jahren verblieben sie dort, lediglich die 87 001 war für kurze Zeit beim benachbarten Bw Hamburg-Harburg beheimatet, und die 87 008 gehörte ebenfalls nicht lange zum Bw Essen. Durch ihre hervorragende Bogenläufigkeit bei hoher Zugleistung waren sie auf den Strecken im Hamburger Hafen universell einsetzbar. Allerdings führte der Luttermöller-Achsantrieb mit zunehmendem Alter der Lokomotiven zu erhöhtem Reparaturaufwand.

Ab den vierziger Jahren mußte wegen nicht zu beschaffender Ersatzteile der Endantrieb der Achsen teilweise stillgelegt werden, so daß die 87er als 1'D, D1' oder gar als 1'C1' fahren mußten. Als dann im Jahre 1950 die neue E-gekuppelte Rangierlokomotive mit Beugniot-Hebeln der Baureihe 82 zur Auslieferung anstand, bat die für Hamburg-Wilhelmsburg zuständige Generalbetriebsleitung West um die ersten aus der Neulieferung kommenden Loks, damit man die in ihrer Unterhaltung zu teuren 87er ablösen könne. Diesem Wunsch wurde alsbald entsprochen. Im Januar 1951 erhielt Hamburg-Wilhelmsburg seine ersten 82er, und bis Anfang September waren 14 vorhanden. Die sofortige Ablösung der 87er gelang allerdings nicht, da sich bei den 82ern Probleme ergaben.

Die endgültige Ablösung der Baureihe 87 gelang erst im Jahre 1953. Am 9. November 1953 wurden 13 Maschinen ausgemustert, ihnen folgten am 17. März 1954 die 87 001 und am 18. März 1955 die 87 002 und 015.

REDAKTION: MEINHARD STRIECK; FOTOS: SLG. HÖRNEMANN

Die Baureihe 89 entstand als Naßdampf- und als Heißdampfversion. Die folgenden Leistungsmessungen fielen zugunsten der Heißdampf-Bauart aus

Baureihe 89

Die zu den frühen Einheitsloktypen zählende C-gekuppelte Rangierlokomotive der Baureihe 80 brachte es wegen ihrer kräftigen Bauart auf eine Dienstmasse von 54 und 18 t Achsfahrmasse. Als Ablösung der noch in großer Stückzahl im Verschub auf Personenbahnhöfen eingesetzten leichten Dreikuppler aus der Länderbahnära erschien sie unangemessen. Andererseits hatten die preußischen, württembergischen und pfälzischen T 3, die sächsischen V T sowie die diversen bayerischen und badischen Typen inzwischen ein beträchtliches Alter erreicht. Diese Naßdampfloks sollten durch neue Dreikuppler mit nur 15 t Achsfahrmasse ersetzt werden.

1931 erörterte der Lokausschuß jedoch die Frage, ob die wärmewirtschaftlichen Vorteile des bisher bei Einheitsloks generell angewandten Heißdampfprinzips im leichten Verschubdienst die gegenüber Naßdampfmaschinen höheren Beschaffungs- und Unterhaltungskosten rechtfertigen könnten. Um das in der Praxis zu klären, schlug das Gremium vor, die neue Baureihe 89 sowohl in einer Naßdampf- als auch einer Heißdampfversion ausführen zu las-

sen. Entsprechend gab die Hauptverwaltung je drei Exemplare beider Spielarten in Auftrag.

1934 baute Schwartzkopff die 89 001 bis 003 als Naßdampflokomotiven, Henschel fertigte die 89 004 bis 006 als Heißdampflokomotiven. Ab Frühjahr 1935 führte das Lokomotiv-Versuchsamt (LVA) Grunewald mit 89 001 und 89 004 eingehende Vergleichsuntersuchungen durch. Außerdem befand sich 89 004 von Mitte Juli bis Mitte Oktober 1935 in Nürnberg und repräsentierte auf der „Ausstellung 100 Jahre deutsche Eisenbahnen" die kleinste Einheitsloktype überhaupt. Doch zurück zur Erprobung beim Grunewälder Versuchsamt: Im Berliner Raum wurden Streckenfahrten mit Geschwindigkeiten zwischen fünf und 40 km/h absolviert. Bereits bei fünf km/h und damit noch vor Erreichen der Kesselgrenze, der höchstmöglichen Dampferzeugung, erwies sich die Heißdampflok bei gleicher Zughakenleistung im Dampf- und Kohleverbrauch als sparsamer. Ab 10 km/h war die

89 004 der 89 001 nicht nur wärmewirtschaftlich, sondern auch leistungsmäßig überlegen. Bei 40 km/h betrug die Mehrleistung am Zughaken effektiv 55 %, der Minderverbrauch an Kohle 33 % .Im Rangierdienst mit seinem Wechsel aus schnellen Einzelfahrten, Dampfpausen und Lastfahrten zeigte sich die Heißdampflok der Naßdampflok zwar nicht ganz so drastisch überlegen, verbrauchte aber noch immer ein Sechstel bis ein Viertel weniger Kohle. So war es nur logisch, weitere 89er ausschließlich in der Heißdampfversion zu bestellen. Aber nur noch vier Lokomotiven

TECHNISCHE DATEN

		89 001-003	89 004-010
Betriebsnummern		89 001-003	89 004-010
Indienststellung (1. Jahr)		1935	1938
Hersteller		Schwartzkopff	Henschel
Bauart		C n2	C h2
Spurweite	mm	1435	1435
Länge über Puffer	mm	9600	9600
Lokdienstmasse (mit 2/3 Vorräten)	t	43,4	44,1
Reibungsmasse	t	45,8	46,6
Betriebsvorräte Kohle	t	2,6	2,6
Wasser	m³	4,5	4,8
indizierte Leistung	kWi	235	385
Höchstgeschwindigkeit	km/h	45	45

Gut sichtbar trägt die 89 001 am Zylinder und der Steuerung die Indiziereinrichtung, mit der die Leistung einer Dampflokomotive gemessen wurde

(89 007 – 010) lieferte Henschel 1938 ab. Die geplante Großserienbeschaffung vereitelte der Krieg.

Konstruktiv unterschied sich die Baureihe 89 von der Baureihe 80 mit gleicher Achsfolge erheblich. So besaß sie statt des Barrenrahmens einen Blechrahmen, der zugleich die Wasserkästen aufnahm. In vielen Teilen und in der Ausrüstung war sie einfacher gehalten. In weit höherem Maße als bei den frühen Einheitslokomotiven wurde die Schweißtechnik angewandt.

Konstruktion

Die Rohrlänge des für 14 bar Druck ausgelegten Kessels betrug 2.000 mm. Der Langkessel bestand aus nur einem Schuß mit genieteter Längsnaht. Hinter dem Dampfdom mit Naßdampf-Ventilregler Bauart Wagner war der Sandkasten angeordnet, auf Speisedom und Vorwärmer wurde verzichtet. Als Speiseeinrichtungen dienten zwei Dampfstrahlpumpen.

Der lediglich 14 mm starke Blechrahmen stützte sich in vier Punkten auf dem Laufwerk ab. Ausgleichhebel verbanden die Tragfedern der ersten und zweiten Kuppelachse, zwei Tragfedern der dritten Kuppelachse bildeten die hinteren Rahmenstützpunkte. Der Kuppelraddurchmesser betrug 1.100 mm. Die beiden Zylinder wiesen sowohl in der Naßdampf- als auch in der Heißdampf-Version 420 mm Durchmesser und 550 mm Kolbenhub auf. Der Antrieb erfolgte auf die dritte Kuppelach-

se. Die außenliegende Heusinger-Steuerung für innere Einströmung war mit Kuhnscher Schleife ausgeführt, die Schieberkästen besaßen Druckausgleich-Kolbenschieber Bauart Müller.

Die Loks waren mit selbsttätig wirkender Einkammerdruckluftbremse Bauart Knorr und einer als Handbremse dienenden Wurfhebelbremse ausgerüstet. Alle Achsen wurden einseitig von vorn abgebremst. Der Druckluftsandstreuer sandete bei Vorwärtsfahrt die erste und zweite, bei Rückwärtsfahrt die zweite und dritte Kuppelachse. Mitgeführt werden konnten 2,6 t Kohle und 4,5 bzw. 4,8 m³ Wasser. Die beiden Wasserbehälter (davon einer unter dem Langkessel) bildeten eine mit dem Rahmen verbundene Schweißkonstruktion.

Betriebseinsatz

Alle sechs zuerst gelieferten Maschinen kamen im Januar und Februar 1935 fabrikneu zum Bw Berlin Anhalter Bf, auch die wenige Wochen später zu Streckenversuchsfahrten des LVA Grunewald herangezogen 89 001 und 004. Ideal für die Praxiserprobung eignete sich der Anhalter Personenbahnhof. Dort erledigten die Loks dann bis in die vierziger Jahre hinein den Verschubdienst, während des Krieges rangierten sie auch auf dem Anhalter Güterbahnhof.

Die 1938 in Dienst gestellten 89 007 bis 010 teilte die Reichsbahn dem Bw Berlin-Gesundbrunnen zu. 89 004 und 006 befan-

den sich nachweislich mindestens bis Mai bzw. September 1944 beim Bw Berlin Anhalter Bf. Im Jahr 1946 wurden sie zusammen mit 89 001 beim polnischen Bw Leszno registriert. Auch 89 007 und 010 verblieben in Polen. Die übrigen Lokomotiven waren im ersten Nachkriegsjahr in verschiedenen Berliner Betriebswerken beheimatet; 89 002, 003 und 009 gelangten aber bald ebenfalls nach Polen. Somit verfügte die Deutsche Reichsbahn nur noch über zwei der kleinen Tenderloks.

Noch im November 1946 tauchte die 89 005 in einer Bestandsliste des Bw Anhalter Bf auf. Wann genau sie Berlin verließ, ist nicht bekannt.

Anfang der fünfziger Jahre gehörte die Lokomotive jedenfalls zum Bw Leipzig Hbf West und versah gemeinsam mit ihren kräftigeren Schwestern der Baureihe 80 den Rangierdienst im größten Kopfbahnhof Europas. Am 5. September 1962 erwarb das Raw „Einheit" Engelsdorf die 89 005 als Werklok und nutzte sie später als Heizlok. Das weitere Schicksal ließ sich nicht genau ermitteln.

Die 89 008 kam um 1950 zum Bw Dresden-Altstadt und war u.a. im Dresdener Hauptbahnhof als Rangierlok eingesetzt. Die DR strich sie am 24. Mai 1968 aus dem Betriebspark und überließ sie anschließend dem Verkehrsmuseum Dresden. Das Maschinchen wird heute vom Verein Mecklenburgische Eisenbahnfreunde Schwerin betreut und befindet sich - leider nicht einsatzfähig - im Bw Schwerin.

REDAKTION: KONRAD KOSCHINSKI; FOTOS: SLG. KNIPPING (2)

Die 93 230 blieb der Nachwelt erhalten und zählt heute zum Bestand des Verkehrsmuseums Dresden (Potsdam Stadt, 20. Mai 1993)

Baureihe 93⁰⁻⁴ (pr T 14)

Auslöser für den Auftrag zum Bau einer 1'D1'h2t-Lokomotive gaben die auf der Berliner Ringbahn für den Güterverkehr genutzten Vierkuppler der Gattung T 13 (DRG-BR 92⁵⁻¹⁰). Sie erwiesen sich als zu schwach und unwirtschaftlich. Die Preußischen Staatseisenbahnen beauftragten die Union-Gießerei Königberg, eine leistungsstärkere Heißdampf-Lok zu konstruieren. Letztere sollten höhere Geschwindigkeiten ermöglichen und zudem die Spurkranzabnutzung bei gleichzeitig besserer Bogenläufigkeit reduzieren. 1914 und 1915 erhielt die Königliche Eisenbahn-Direktion Berlin 98 der als T 14 bezeichneten Loks. Die Maschinen bewährten sich auf Anhieb gut, so daß sie auch von anderen Direktionen für den Güterzugdienst auf Hauptbahnen bestellt wurden. Als Mangel stellte sich die ungünstige Masseverteilung heraus. Dennoch beschafften die Preußischen Staatseisenbahnen von ihrer damals stärksten Güterzug-Tenderlok zwischen 1914 bis 1918 insgesamt 547 Maschinen.

Konstruktion

Der genietete Langkessel bestand aus zwei Schüssen Auf dem Dampfdom befand

sich ein Naßdampf-Ventilregler der Bauart Schmidt & Wagner. Vorhanden war ein Rauchrohrüberhitzer der Bauart Schmidt. Zu den Speiseeinrichtungen zählten eine Kolbenspeisepumpe, ein Oberflächenwärmer und eine Dampfstrahlpumpe. Der Blechrahmen war als Wasserkasten ausgebildet. Das Laufwerk besaß eine Vier–punktabstützung. Die Laufachsen wurden als Adamasachsen ausgeführt. Von den fest gelagerten Kuppelachsen wiesen die zweite und dritte Spurkranzschwächungen auf. Zum Heißdampftriebwerk gehörten zwei außenliegende und schwach geneigte Zylinder. Angetrieben wurde die dritte Kuppelachse. Die außenliegende Heusinger-Steuerung wurde durch eine Kuhnsche Schleife und Kolbenschieber der preußischen Regelbauart ergänzt.

Betriebseinsatz

Im Ergebnis des Ersten Weltkriegs gingen 147 Maschinen der Gattung T 14 in den Besitz ausländischer Bahnverwaltungen über. Im Umzeichnungsplan der DRG von 1925 wurden 406 T 16 berücksichtigt. Nach dem Zweiten Weltkrieg verfügte die DB über 144 und die DR über 159 Maschinen der Baureihe 93⁰⁻⁴. Zuvor waren

einige Maschinen im Rahmen von Reparationsleistungen in die Sowjetunion gebracht worden. Als letzte Lokomotiven der DB wurden 1957 die 93 210 und 93 331 ausgemustert. Wesentlich länger wurde die T 13 bei der DR genutzt. Sie war vor allem im Berliner Raum anzutreffen. Noch 1968 gab es 33 betriebsfähige Exemplare. Erst 1972 wurden die letzten abgestellt.

DRG-Bezeichnung		93 001 – 93 406
frühere Bezeichnungen		pr T 14
Beschaffungszeitraum		1914 – 1918
Bauart		1'D1'h2t
Länge über Puffer	mm	13 800
gesamter Radsatzstand	mm	9 300
Dienstmasse	t	97,6
Wasservorrat	m³	11,0
Kohlevorrat	t	4,0
Strahlungsheizfläche	m²	13,9
Rostfläche	m²	2,6
Betriebsdruck	bar	12
Zylinderdurchmesser	mm	600
Kolbenhub	mm	660
Treibraddurchmesser	mm	1 350
zulässige Geschwindigkeit	km/h	65
Reibungsmasse	t	63,4
effektive Leistung	PS	1 430
	kW	1 070

AUTOR: W.-D. MACHEL; AUFNAHME: B. SCHULZ

Die 1923 unter der Fabriknummer 1780 von Humboldt erbaute 93 1114 war lange Zeit beim Bw Köln Kalk Nord beheimatet

Baureihe 93⁵⁻¹² (pr T 14¹)

Gleich nach dem Ende des Ersten Weltkriegs begann die Königsberger Union-Gießerei im Auftrage Preußischen Staatseisenbahnen mit der Überarbeitung der preußischen T 16. Gefordert wurden höhere Brennstoff- und Wasservorräte sowie ein verbessertes Fahrwerk. Der Rahmen wurde geringfügig verlängert. Da die Anzahl der Rauchrohre erhöht und die Rostfläche vergrößert worden waren, ergab sich eine noch höhere Leistungsfähigkeit. Die Maschinen zogen einen 1 470 t schweren Zug mit einer Geschwindigkeit von 60 km/h. Insgesamt blieb die Lokmasse aber ähnlich schlecht verteilt wie bei der T 14. Lediglich die Belastung des vorderen Laufradsatzes fiel etwas günstiger aus. Von der „verstärkten Normalbauart", nunmehr als T 14¹ bezeichnet, wurden von 1918 bis 1924 immerhin 729 Lokomotiven beschafft. An der Herstellung waren Union, Hohenzollern, Esslingen, Hanomag, BMAG (ehemals Schwartzkopff), Hagans, Schichau, Humboldt und Rheinmetall beteiligt. Wie die T 14 gelangte die T 14¹ im Güterverkehr auf Hauptstrecken, aber auch vor Personenzügen im Nahbereich zum Einsatz. Zu den Veränderungen innerhalb des Serienbaus gehörten der ab 1921 berücksichtigte Winkelrost-Speisewasserreiniger, eine verbesserte Sandstreutechnik sowie der ab 1924 zusätzlich eingebaute Oberflächenwärmer.

Konstruktion

Sämtliche Maschinen erhielten einen genieteten und aus zwei Schüssen bestehenden Langkessel, Rauchrohrüberhitzer der Bauart Schmidt und Ventilregler der Bauart Schmidt & Wagner. Die kupferne Feuerbüchse wurde zwischen den Rahmenblechen eingezogen. Hinzu kam ein Ramsbottom-Sicherheitsventil. Zu den Speiseeinrichtungen zählten eine Knorr-Kolbenspeisepumpe, ab 1924 ein Knorr-Oberflächenwärmer und eine Dampfstrahlpumpe. Der mit kräftigen Längs- und Querverbindungen versteifte Blechrahmen war im vorderen und hinteren Teil als Wasserkasten ausgebildet. Das Laufwerk besaß eine Vierpunktabstützung. Die Federn der vorderen Laufachse und der ersten beiden Kuppelachsen sowie der letzten beiden Kuppelachsen und der hinteren Laufachsen waren mit Ausgleichhebeln verbunden. Das Heißdampftriebwerk verfügte über außenliegende, leicht geneigt angeordnete Zylinder. Angetrieben wurde die dritte Kuppelachse. Die außenliegende Heusinger-Steuerung mit Kuhnscher Schleife wurde durch Kolbenschieber preußischer Regelbauart ergänzt.

Die Hersteller rüsteten die Maschinen mit selbsttätig wirkenden Knorr-Druckluftbremsen nebst Zusatzbremse aus. Sie wirkten auf alle Kuppelradsätze einseitig von hinten. Hinzu kam eine Wurfhebelbremse im Führerhaus. Der Druckluftsandstreuer sandete die Räder der ersten und dritten Kuppelachse bei Vorwärtsfahrt und die Räder der zweiten und vierten Kuppelachse bei der Rückwärtsfahrt. Serienmäßig erhielten die Maschinen Dampfheizungseinrichtungen, um jederzeit den Einsatz im Reiseverkehr zu ermöglichen.

Betriebseinsatz

Gemäß dem endgültigen Umzeichnungsplan der DRG von 1925 erhielten die T 14¹-Lokomotiven die Betriebsnummern 93 501 – 93 794, 93 815 – 93 831 und 93 851 – 93 1261. Von 1945 bis 1947 mußten von den in der sowjetisch besetzten Zone Deutschlands verbliebenen T 16¹ insgesamt 34 Maschinen als Reparationsleistung an die UdSSR abgegeben werden. Weitere Lokomotiven verblieben bei den Tschechoslowakischen und Polnischen Staatsbahnen. Die Deutsche Bundesbahn übernahm noch 444 und die Deutsche Reichsbahn 172 Lokomotiven. Die letzten T 16¹ der DB waren die 1969 ausgemusterten 93 526 des Bw Hannover sowie die 93 836 und 93 985 des Bw Aachen West. Zu diesem Zeitpunkt lief die Ausmusterung auch bei der DR auf Hochtouren. Zu den letzten betriebsfähigen Maschinen zählte die 93 916, die bis 1972 noch Rangierdienst in Halberstadt versah.

DRG-Bezeichnung		93 501 ... 93 1261
frühere Bezeichnungen		pr T 14¹
Beschaffungszeitraum		1918 – 1924
Bauart		1'D1'h2t
Länge über Puffer	mm	14 500
gesamter Radsatzstand	mm	9 300
Dienstmasse	t	101,5
Wasservorrat	m³	14,0
Kohlevorrat	t	4,5
Strahlungsheizfläche	m²	13,9
Rostfläche	m²	2,56
Betriebsdruck	bar	12
Zylinderdurchmesser	mm	600
Kolbenhub	mm	660
Treibraddurchmesser	mm	1 350
zulässige Geschwindigkeit	km/h	65
Reibungsmasse	t	67,8
effektive Leistung	PS	1 570
	kW	1 180

AUTOR: W.-D. MACHEL; AUFNAHME: BELLINGRODT/SLG. HÖRNEMANN

Im Jahr 1998 feierte die 94 249 des Verkehrsmusems Dresden ihren 90. Geburtstag. Die Aufnahme zeigt sie 1985 im Lokalbahnhof Neuselwitz

Baureihe 94²⁻⁴ (pr T 16)

Bald nach Erfindung der seitenverschiebbaren Gölsdorf-Achsen beauftragten die Preußischen Staatseisenbahnen die Berliner Maschinenbau-AG, vormals Schwartzkopff (BMAG), eine Eh2t-Lokomotive mit entsprechendem Laufwerk zu entwickeln. Im Jahre 1905 lieferte die BMAG die ersten beiden Lokomotiven für Probeeinsätze aus. Bei der ab 1906 aufgenommenen Serienfertigung wurden die aufgetretenen Mängel beseitigt. Dazu gehörten ein veränderter Standort für die Sandkästen sowie andere Bremssysteme und Überhitzerelemente. Da die Treibstangen auf den vierten und einzigen fest gelagerten Kuppelradsatz wirkten, waren sie sehr lang und damit äußerst schwer ausgefallen, so daß die Höchstgeschwindigkeit der Maschinen auf 50 km/h begrenzt werden mußte. Ab 1909 wurde der Antrieb auf den dritten Kuppelradsatz verlegt, dessen Spurkränze abgeschwächt werden mußten. Die als T 16 bezeichneten Maschinen erwiesen sich in der Folgezeit als recht brauchbar und bewährten sich im Güterzugdienst auf neigungsstarken Strecken sowie im Rangier- und Nachschiebedienst auf Steilrampen. In der Ebene vermochte die 1 170 PS starke T 16 einen 1 000 t schweren Güterzug mit 60 km/h zu befördern. Von 1905 bis 1913 stellten die Preußischen Staatseisenbahnen 343 Maschinen der Gattung T 16 in Dienst. Gefertigt wurden die Maschinen ausschließlich von der BMAG.

Konstruktion

Der genietete Langkessel bestand aus zwei Schüssen. Die Rauchkammer war mit einem Winkelring an den Langkessel angenietet worden. Die Feuerbüchse wurde zwischen den Rahmenblechen eingezogen. Vorhanden waren ein Rauchkammerüberhitzer der Bauart Schmidt, ein Naßdampf-Ventilregler, ein Ramsbottom-Sicherheitsventil und zwei Dampfstrahlpumpen. Der im Mittelteil als Wasserkasten ausgebildete Blechrahmen erhielt zahlreiche Querversteifungen. Berücksichtigt wurde eine Sechspunktabstützung. Die Federn der ersten und zweiten sowie der vierten und fünften Achse waren mit Ausgleichhebeln verbunden. Die erste, dritte und fünfte Achse waren seitenverschiebbar gelagert. Zum Einbau gelangte ein Zwei-Zylinder-Heißdampftriebwerk mit außenliegenden und waagerecht angeordneten Zylindern. Angetrieben wurde die vierte, später die dritte Kuppelachse. Hinzu kamen Druckluftbremsen der Bauarten Westinghouse und Knorr, die doppelseitig auf die zweite und vierte Kuppelachse wirkten.

Betriebseinsatz

Nach dem Ersten Weltkrieg verblieben 65 Maschinen der Gattung T 16 im Ausland oder mußten nachträglich dorthin abgegeben werden. Der endgültigen DRG-Umzeichnungsplan von 1925 enthielt

noch 262 Maschinen, für die die Betriebsnummern 94 201 – 94 467 reserviert wurden. Allerdings waren die 94 465 und 94 467 falsch eingeordnete T 16[1]. Die nach dem Zweiten Weltkrieg bei beiden deutschen Bahnverwaltungen verbliebenen T 16-Lokomotiven wurden bis 1955 bei der Deutschen Bundesbahn und bis 1971 bei der Deutschen Reichsbahn ausgemustert. Letzte Einsatz-Bahnbetriebswerke waren Ludwigshafen (DB) sowie Haldensleben und Leipzig Hbf West (DR). Die 94 249 blieb als Exponat des Verkehrsmuseums Dresden für die Nachwelt erhalten.

DRG-Bezeichnung		94 201 ... 94 467
frühere Bezeichnungen		pr T 16
Beschaffungszeitraum		1905 – 1913
Bauart		Eh2t
Länge über Puffer	mm	12 800
gesamter Radsatzstand	mm	5 800
Dienstmasse	t	75,6
Wasservorrat	m³	7,0
Kohlevorrat	t	2,0
Strahlungsheizfläche	m²	12,5
Rostfläche	m²	2,28
Betriebsdruck	bar	12
Zylinderdurchmesser	mm	610
Kolbenhub	mm	660
Treibraddurchmesser	mm	1 350
zulässige Geschwindigkeit	km/h	50
Reibungsmasse	t	74,0
effektive Leistung	PS	1 170
	kW	880

Zu den bekanntesten Länderbahn-Tenderlokomotiven zählt ohne Zweifel die preußische T 16^1. Die 94 533 sonnte sich noch 1972 im Bw Dillenburg

Baureihe 94$^{5\text{-}17}$ (pr T 16^1)

Die Lokomotiven der Gattung T 16 waren für eine Achsfahrmasse von 14 t ausgelegt. Deshalb mußten bei der Konstruktion dieses Fünfkupplers relativ schwache Rahmen berücksichtigt werden, die infolge der ständig wachsenden Zugmassen gelegentlich rissen. Zudem lösten sich hin und wieder die Zylinderblöcke.

Da nach 1910 die Achsfahrmasse zahlreicher Hauptstrecken auf 16 t erhöht werden konnte, entschieden sich die Preußischen Staatseisenbahnen zur Überarbeitung der Konstruktionsunterlagen für die T 16, wobei Rahmen und Teile des Fahrwerks verstärkt wurden. Zudem gelang es, die Überhitzerheizfläche um vier auf 45 m² zu vergrößern und damit die eine höhere Leistung zu erzielen. Die ersten als verstärkte Normalbauart und als T 16^1 bezeichneten Eh2t-Lokomotiven lieferte die Berliner Maschinenbau AG (BMAG) 1913 aus. Bis 1924 wurden 1 236 Lokomotiven gebaut. Die meisten dieser Fünfkuppler fertigte die BMAG. Kleinere Baulose stellten Grafenstaden, Hanomag, Linke und Henschel her. Ein Teil der Maschinen wurde mit Speisewasser-Vorwärmeranlagen ausgestattet, die ein um acht bis zehn Prozent höheres Leistungsvermögen garantierten. Äußerlich fiel die T 16^1 im Vergleich zur T 16 durch die im vorderen Teil geneigten Wasserkastendecken auf. Außerdem hatte der Abdampf-Oberflächenwärmer anfänglich eine flache, später eine zylinderische Form. Ab 1921 kam ein Winkelrost-Speisewasserreiniger hinzu. Damit verbunden waren veränderte Standorte des Dampfdoms und Sandkastens.

Konstruktion

Der genietete Langkessel bestand aus zwei Schüssen. Die Feuerbüchse erhielt eine geneigte Rückwand. Vorhanden waren ein vierreihiger Rauchrohrüberhitzer der Bauart Schmidt, ein Naßdampfventilregler der Bauart Schmidt & Wagner und ein Ramsbottom-Sicherheitsventil. Zu den Speiseeinrichtungen zählten eine Knorr-Kolbenspeisepumpe mit einem Knorr-Oberflächenvorwärmer und eine Dampfstrahlpumpe. Der Blechrahmen, zwischen den Zylindern und Feuerbüchse für den Wasserkasten als Rahmen dienend, wurde durch den Pufferträger, Zugkasten und zahlreiche Querverstrebungen verstärkt. Sonst stimmte die Konstruktion mit der der T 16 überein: Sechspunktabstützung, erste und vierte Kuppelachse seitenverschiebbar gelagert, dritte Kuppelachse angetrieben und Spurkranzschwächung. Hinzu kamen außenliegende Heusinger-Steuerung mit Kuhnscher Schleife, Regelkolbenschieber mit doppelter innerer Einströmung und selbsttätig wirkende Druckluftbremsen mit Zusatzbremsen. Einzelne Maschinen hatten Riggenbach-Gegendruckbremsen erhalten.

Betriebseinsatz

Nach 1918 gingen 119 Lokomotiven der Gattung T 16^1 in ausländischen Besitz über. Die verbliebenen 1 160 Maschinen erhielten 1925 die Betriebsnummern 94 502 – 94 1377 und 94 1501 – 94 1740. Nur die Reichsbahndirektionen Königsberg, Oldenburg, Schwerin und Augsburg verfügten in den dreißiger Jahren über keine T 16^1-Lokomotiven. Erst in den zwanziger Jahren zeigte sich, daß diese Maschinen auch hervorragend für den Steilstreckendienst geeignet sind und hier den kostenintensiven Zahnstangenbetrieb ersetzen können. Nach dem Zweiten Weltkrieg waren bei der DB noch etwa 670 und bei DR rund 240 ehemalige T 16^1 vorhanden. Anfang 1973 setzte die DB noch 12 Maschinen ein. Im gleichen Jahr endete ihr Einsatz. 1974 konnte auch die DR auf die Baureihe 94$^{5\text{-}17}$ verzichten, die sie zuletzt von der zum Bw Meiningen gehörenden Einsatzstelle Suhl auf den Steilstrecken des Thüringer Waldes benötigte. Erhalten geblieben sind die Lokomotiven 94 1692, 94 1538, 94 1730 und 94 1292. Letztere ist betriebsfähig und gelegentlich vor Sonderzügen im Einsatz.

DRG-Bezeichnung		94 502 ... 94 1740
frühere Bezeichnungen		pr T 16^1
Beschaffungszeitraum		1913 – 1924
Bauart		Eh2t
Länge über Puffer	mm	12 660
gesamter Radsatzstand	mm	5 800
Dienstmasse	t	82,4
Wasservorrat	m³	8,0
Kohlevorrat	t	3,4
Strahlungsheizfläche	m²	11,7
Rostfläche	m²	2,25
Betriebsdruck	bar	12
Zylinderdurchmesser	mm	610
Kolbenhub	mm	660
Treibraddurchmesser	mm	1 350
zulässige Geschwindigkeit	km/h	50
Reibungsmasse	t	82,8
effektive Leistung	PS	1 350
	kW	1 010

AUTOR: W.-D. MACHEL, AUFNAHME: SCHÖPPNER

Immerhin fünf Lokomotiven der Baureihe 95⁰ sind erhalten geblieben. Eine davon ist die hier abgebildete 95 027 (Saalfeld, 15. Juli 1977)

Baureihe 95⁰ (pr T 20)

Die um die Ablösung ihres Zahnstangenbetriebs bemühte Halberstadt-Blankenburger Eisenbahn (HBE) machte 1917 auf sich aufmerksam. Sie hatte mit Borsig eine 1'E1'2ht-Lokomotive der sogenannten Tierklasse entwickelt, die sich sofort bewährte. Auf diese technische Errungenschaft aufmerksam geworden, beschäftigten sich nun auch die Staatseisenbahnen Preußens mit dem Bau solcher Maschinen. Zunächst lieh man sich von der HBE eine Lokomotive für Testfahrten aus. Die Ergebnisse beeindruckten die Maschinentechniker der Staatsbahn ebenfalls. Nur forderte die inzwischen zuständige Reichsbahn einen noch stärkeren Rahmen und ein stärkeres Triebwerk, gab aber mit diesen Wünschen zugleich grünes Licht für den Bau derartiger Fünfkuppler. Borsig erhielt den Auftrag, zehn derartige, als Gattung T 20 bezeichnete Lokomotiven zu fertigen. 1922 wurden zehn, 1923 acht, 1923 insgesamt 16 und 1924 nochmals elf Lokomotiven gebaut. Zu den typisch preußischen Merkmalen dieser kräftigen Loks zählten unter anderem der Belpaire-Stehkessel, der die Rahmenwangen überragende Hinterkessel, der Barrenrahmen und der Speisedom mit Winkelrost-Speisewasserreiniger. Obwohl sich die Maschinen hervorragend bewährten, mußten Versuchsfahrten auf den Thüringer Strecken Stützerbach – Rennsteig und Suhl – Suhl-Friedberg eingestellt werden, da die Achsfahrmasse von 19 t hier den Oberbau beschädigt hatte. Einsatzgebiet der T 20 wurde nun der Nach-

schiebedienst auf den Steilrampen unter anderem zwischen Arnstadt und Grimmenthal, zwischen Tharandt und Klingenberg-Colmnitz, zwischen Lichtenfels und Saalfeld und die Geislinger Steige.

Konstruktion

Der genietete Langkessel bestand aus einem Schuß. Der Barrenrahmen erhielt teilweise Stahlgußversteifungen. Das Laufwerk besaß eine Vierpunktabstützung. Die Federn der vorderen Laufachse und der ersten drei Kuppelachsen sowie der letzten beiden Kuppelachsen und der hinteren Laufachse wurden durch Ausgleichhebel verbunden. Die Laufachsen bildeten mit dem benachbarten Kuppelachsen zwei Krauss-Helmholtz-Gestelle. Bis auf die zweite und vierte Kuppelachse waren alle anderen Achsen seitenverschiebbar. Das Heißdampftriebwerk mit zwei außenliegenden, waagerecht angeordneten Zylindern trieb die dritte Kuppelachse an. Die Heusinger-Steuerung wurde durch eine Kuhnsche Schleife und Kolbenschieber ergänzt. Die Maschinen erhielten selbsttätige Knorr-Druckluftbremsen, die auf die ersten vier Kuppelradsätze wirkten, und Riggenbach-Gegendruckbremsen.

Betriebseinsatz

Gemäß dem DRG-Umzeichnungsplan von 1925 bekamen die T 20-Lokomotiven die Betriebsnummern 95 001 – 95 045. Die nach 1945 bei der Deutschen Bundesbahn

verbliebenen Lokomotiven der Baureihe 95⁰ wurden im Bw Aschaffenburg konzentriert. Nachdem bis 1953 drei Maschinen als Ersatzteilspender zerlegt und weitere Lokomotiven bald danach abgestellt worden waren, musterte die DB 1958 die letzten sechs T 20 aus.

Die 31 bei der Deutschen Reichsbahn verbliebenen Lokomotiven wurden im Harz (Rbd Magdeburg) und in Thüringen (Rbd Erfurt) genutzt. 1966 erhielten 24 Maschinen Ölhauptfeuerung. Erst Ende 1980 waren die letzten Lokomotiven im Bahnbetriebswerk Probstzella entbehrlich. Erhalten geblieben sind die Lokomotiven 95 009, 95 016, 95 020, 95 027 und 95 028.

DRG-Bezeichnung		95 001 – 95 045
frühere Bezeichnungen		pr T 20
Beschaffungszeitraum		1922 – 1924
Bauart		1'Eh1'2t
Länge über Puffer	mm	11 900
gesamter Radsatzstand	mm	3 300
Dienstmasse	t	127,4
Wasservorrat	m³	12,0
Kohlevorrat	t	4,0
Strahlungsheizfläche	m²	17,0
Rostfläche	m²	4,36
Betriebsdruck	bar	14
Zylinderdurchmesser	mm	700
Kolbenhub	mm	660
Treibraddurchmesser	mm	1400
zulässige Geschwindigkeit	km/h	70
Reibungsmasse	t	95,3
effektive Leistung	PS	2 400
	kW	1 800

AUTOR: W.-D. MACHEL; AUFNAHME: SCHÖPPNER

Bis zum 29. Mai 1953 zählte die 98 315 zum Bestand des Bw Rosenheim, danach wechselte sie zum Bw Freilassing

Baureihe 98³ (bay PtL 2/2)

Zu Beginn des 20. Jahrhunderts bestand in Bayern Bedarf an Maschinen für Lokalbahnen. Gewünscht wurden zweiachsige Loks mit einer halbselbsttätigen Schüttfeuerung, die eine Einmannbesetzung ermöglichte. Ab 1905 lieferte Krauss Bh2t-Lokomotiven der Gattung PtL 2/2, die sich gut bewährten. Sie wurden wegen ihrer großen Seitenfenster als Glaskastl bezeichnet. Die ersten PtL 2/2 der Baujahre 1905/06 hatten noch nicht den durch das Dach führenden trichterförmigen Kohlenvorratskasten erhalten. Bei den einzelnen Bauserien wurden im Laufe der Zeit weitere Verbesserungen wirksam. Dazu gehörten ein vergrößerter Zylinderdurchmesser und abgerundete Stirnwandfenster. Die PtL 2/2 erreichten maximal 50 km/h und konnten in der Ebene eine Zugmasse von 170 t mit 40 km/h bewegen Bis 1914 wurden 48 Maschinen in Dienst gestellt und mit den Bahnnummern 4501 – 4548 versehen.

Konstruktion

Die PtL 2/2 erhielten einen einschüssigen genieteten Langkessel. Da zwischen der Rückseite des Stehkessels und der Feuerbüchse kein Wasserraum vorhanden war, wurde die Rückwand mit Schamottesteinen ausgemauert (!), eine Lösung, die im deutschen Dampflokbau einmalig blieb. Alle Maschinen verfügten über einen

Rauchrohrüberhitzer. Vorhanden war eine Worthington-Kolbenspeisepumpe. Der genietete Blechrahmen wurde im Bereich zwischen den Zylindern und dem Stehkessel als Wasserkasten genutzt. Die Treib- und Kuppelachse, durch längsliegende Blattfedern abgefedert, waren fest im Rahmen gelagert. Die Federn der hinteren Achse wurden über zwei Winkelhebel und eine Zugstange miteinander verbunden. Während die bis 1909 gebauten Loks mit Hilfe einer zwischen beiden Achsen liegenden Blindwelle angetrieben wurden, verzichtete man ab 1911 zugunsten eines Antriebs der zweiten Kuppelachse auf diese Blindwelle, da die kurze Treibstange schnell zur Erwärmung des Treibstangenlagers neigte. Sämtliche „Glaskastl" verfügten über eine außenliegende Heusinger-Steuerung und wurden mit Westinghouse-Schnellbremsen ausgerüstet. Zur halbselbsttätigen Schüttfeuerung gehörte der auffällig hohe Fülltrichter. Die Regler- und Bremseinrichtungen waren auf der rechten Seite installiert. Hinzu kam rechts ein zusätzliches Feuerloch mit einem darüber angeordneten Schauloch.

Betriebseinsatz

Zu Beginn der zwanziger Jahre waren noch alle 48 „Glaskastl" vorhanden. 1923 wurden die ersten Maschinen ausgemustert. Im endgültigen Umzeichnungsplan der

DRG von 1925 waren nur noch 22 Loks enthalten, die als 98 301 – 98 322 bezeichnet wurden. Während des Zweiten Weltkriegs mußten einige Maschinen abgegeben werden. Die ÖBB übernahmen nach 1945 die 98 304. Bis auf die 1946 ausgemusterte 98 321 gelangten die restlichen Maschinen zur DB. Als letztes „Glaskastl" setzte die DB am 8. Oktober 1962 die 98 307 des Bw Nürnberg Hbf zwischen Georgensmünd und Spalt ein. Dieser Zweikuppler blieb als Exponat des Nürnberger Verkehrsmuseums erhalten.

DRG-Bezeichnung		98 301 – 93 352
frühere Bezeichnungen		bay PtL 2/2
Beschaffungszeitraum		1905 – 1914
Bauart		Bh2t
Länge über Puffer	mm	6 800
gesamter Radsatzstand	mm	2 700
Dienstmasse	t	22,1
Wasservorrat	m³	2,2
Kohlevorrat	t	0,6
Strahlungsheizfläche	m²	3,05
Rostfläche	m²	0,6
Betriebsdruck	bar	12
Zylinderdurchmesser	mm	320
Kolbenhub	mm	400
Kuppelraddurchmesser	mm	1 006
zulässige Geschwindigkeit	km/h	50
Reibungsmasse	t	22,1
effektive Leistung	PS	210
	kW	154

AUTOR: W.-D. MACHEL; AUFNAHME: SCHEINGRABER/SLG. SCHWARZ

Seit 1942 war die 98 727 im Besitz der Zuckerfabrik Regensburg. Heute gehört sie zum Eisenbahnmuseum Darmstadt-Kranichstein

Baureihe 98⁷ (bay BB II)

Für die steigungs- und krümmungsreichen Lokalbahnstrecken erhielten die Königlich-Bayerischen Staatseisenbahnen von 1899 bis 1908 insgesamt 31 Mallet-Lokomotiven der Gattung BB II. Mit diesen Maschinen wurde zugleich die Beschaffung von Naßdampflokomotiven für den Lokalbahndienst abgeschlossen. Konstruktiv schloß die BB II an ein Einzelstück an, einer Malletschlepptenderlok, die 1896 für Probezwecke auf nordbayrischen Steilrampen in Dienst gestellt wurde, sich aber nicht bewährt hatte. Die Maschinen der Gattung BB II erhielten Kessel, die denen der Gattung D IX entsprachen und vom Hauptrahmen getragen wurden. Eine Besonderheit bildete die Aufhängung des Voreilhebels an einem einschienig geführten Kreuzkopf, der zugleich als Befestigung für die Schieberschubstange diente. Im rauhen Alltagsbetrieb neigten die Mallets der Gattung BB II zum Schleudern. Unter anderem dadurch wurde ein empfindlicher Triebwerkverschleiß verursacht. Die Lokomotiven entstanden ausschließlich in den Werkhallen der Firma Maffei.

Konstruktion

Alle Lokomotiven waren mit einem genieteten und aus zwei Schüssen bestehenden Langkessel ausgerüstet. Das Ramsbottom-Sicherheitsventil mit konischer Ummantelung befand sich auf dem Stehkesselscheitel. Jede Maschine erhielt zwei Dampfstrahlpumpen. Verwendet wurde ein genieteter Blechrahmen. Zur Anwendung gelangte eine Vierpunktabstützung. Die Tragfedern lagen ausschließlich unterhalb der Achslager. Fest im Hauptrahmen gelagert waren die dritte und vierte Kuppelachse. Die gewünschte gute Kurvenläufigkeit wurde durch die Seitenverschiebbarkeit des Niederdruck-Triebgestells erleichtert. Zum Naßdampf-Verbundtriebwerk gehörten vier außenliegend und geneigt angebrachte Zylinder. Während sich vorn die Niederdruckzylinder befanden, waren hinten die Hochdruckzylinder angeordnet. Angetrieben wurde jeweils die zweite hintere Kuppelachse. Die Hoch- und Niederdruckmaschine besaßen eine außenliegende Heusinger-Steuerung. Beide Steuerungen waren über Ausgleichgestänge miteinander verbunden. Die ursprünglich installierten Hardy-Saugluftbremsen wurden später durch Westinghouse-Bremsen für die Wagenzüge ergänzt. Jede Lokomotive erhielt eine Wurfhebelbremse.

Betriebseinsatz

Die 31 Mallet-Maschinen wurden im endgültigen Umzeichnungsplan der DRG von 1925 vollständig mit den Betriebsnummern 98 701 – 98 731 berücksichtigt.

Beheimatet waren die Lokomotiven in Würzburg, Hof, Weiden, Schweinfurt, Plattling und Passau. 1932 begann der DRG mit der Ausmusterung der Baureihe 98⁷, die zum größten Teil 1938 abgeschlossen wurde. Vier Lokomotiven konnten an Industriebetriebe verkauft werden. Darunter befand sich die 1942 in den Besitz der Zuckerfabrik Regensburg übergegangene 98 727. Sie war dort noch lange im Einsatz und konnte nach der Aussonderung für Museumszwecke erhalten werden.

DRG-Bezeichnung		98 701 – 98 731
frühere Bezeichnungen		bay BB II
Beschaffungszeitraum		1899 – 1908
Bauart		B'Bn4vt
Länge über Puffer	mm	10 235
gesamter Radsatzstand	mm	5 200
Dienstmasse	t	43,8
Wasservorrat	m³	4,3
Kohlevorrat	t	1,5
Strahlungsheizfläche	m²	5,4
Rostfläche	m²	1,4
Betriebsdruck	bar	12
Zylinderdurchmesser	mm	2 x 310/490
Kolbenhub	mm	530
Treibraddurchmesser	mm	1 006
zulässige Geschwindigkeit	km/h	45
Reibungsmasse	t	42,6
effektive Leistung	PS	380
	kW	279

AUTOR: W.-D. MACHEL; AUFNAHME: SCHÖPPNER

Zu den ersten von Krauss im Jahre 1911 gebauten GtL 4/4-Maschinen zählte die Lokomotive 2552, die von der DRG 1925 als 98 802 umgezeichnet wurde

Baureihe 98⁸⁻⁹ (bay GtL 4/4)

Mit den 1911 bei Krauss gefertigten vierfach gekuppelten Heißdampf-Tendermaschinen wurde der Höhepunkt im Lokbau für bayerische Lokalbahnen erreicht. Um die vielfach kleinen Krümmungshalbmesser der inzwischen zahlreichen Nebenstrecken mit möglichst geringem Verschleiß befahren zu können, erhielten diese Lokomotiven seitenverschiebbare Gölsdorf-Achsen. Beweglich gelagert wurden die zweite und vierte Achse. Die als Gattung GtL 4/4 bezeichneten Vierkuppler waren nun die leistungsstärksten Lokalbahnlokomotiven. 1914 begann der Serienbau, der aber durch den Beginn des Ersten Weltkriegs erst 1921 fortgeführt werden konnte und zunächst 1924 endete. Ursprünglich betrug die Höchstgeschwindigkeit 40 km/h. Ab 1934 rüstete die DRG 39 Lokomotiven mit einer Bissel-Laufachse aus. Diese Umbaumaschinen bezeichnete man intern als Gattung GtL 4/5. Sie durften 55 km/h fahren. Bis 1924 lieferte Krauss 100 Lokomotiven, die 1925 fortlaufend die Betriebsnummern 98 801 – 98 900 erhielten. 1927 gab die DRG nochmals 17 Maschinen in Auftrag, die die Nummern 98 901 – 98 917 bekamen, jedoch nach dem Umbau zur Bauart 1'Dh2t von 1934 bis 1937 in die Unterbaureihe 98¹¹ eingeordnet wurden. 45 derartige Maschinen wurden von 1929 bis 1933 sogar noch neu gebaut. Sie galten intern ebenfalls als Gattung GtL 4/5 und erhielten die Betriebsnummern 98 1001 – 98 1045.

Konstruktion

Die Maschinen wurden von Krauss mit einem genieteten Langkessel, bestehend aus zwei Schüssen, ausgestattet. Hinzu kamen Pop-Sicherheitsventile, Rauchrohrüberhitzer der Bauart Schmidt und zwei saugende Dampfstrahlpumpen. Die Kuppelachsen waren durch Ausgleichhebel verbunden. Vorhanden waren eine Vierpunktabstützung, das erwähnte Gölsdorf-Prinzip und ein Zweizylinder-Heißdampftriebwerk. Angetrieben wurde die dritte Kuppelachse über eine entsprechend lange Treibstange. Alle Lokomotiven erhielten eine außenliegende Heusinger-Steuerung mit Kolbenschiebern und gerader Schwinge. Während die ersten 13 Lokomotiven eine schnellwirkende Westinghouse-Bremse erhielten, kam danach eine solche mit Zusatzbremse zum Einbau. Außerdem installierte Krauss an allen Maschinen eine Wurfhebelbremse.

Betriebseinsatz

Vier Lokomotiven der Baureihe 98⁸⁻⁹ gingen im Zweiten Weltkrieg verloren. Drei Maschinen verblieben bei den CSD, zwei in der sowjetisch besetzten Zone Deutschlands. Die 98 810 wurde 1952 an die Kahlgrund-Verkehrsgesellschaft verkauft. Mit dem zunehmenden Einsatz von Schienenbussen wurden zahlreiche Vierkuppler entbehrlich und Schritt für Schritt

ausgemustert. Im Jahre 1960 waren noch 60 Maschinen im Betriebsdienst eingesetzt. 1968 erhielten die 98 812, 98 813, 98 861 und 98 886 noch eine EDV-Nummer. Am 22. Juni 1970 ging die 98 812 als letzte GtL 4/4 der DB auf Abschiedsfahrt. Mithin überdauerte die Baureihe 98⁸⁻⁹ sogar noch die Maschinen der Reihen 98¹⁰ und 98¹¹ um vier bzw. zwei Jahre. Für die Nachwelt erhalten geblieben sind die 98 886 als Denkmal vor dem Hauptbahnhof Schweinfurt und die 98 812 als betriebsfähiges Museumslok in Darmstadt.

TECHNISCHE DATEN		
DRG-Bezeichnungen		98 801 – 93 917*
		98 1001 – 98 1045
frühere Bezeichnungen		bay GtL 4/4 und bay GtL 4/5
Beschaffungszeitraum		1911 – 1933
Bauart		Dh2t
Länge über Puffer	mm	9 250
gesamter Radsatzstand	mm	3 900
Dienstmasse	t	43,0 ... 46,7
Wasservorrat	m³	5,3
Kohlevorrat	t	1,7
Strahlungsheizfläche	m²	5,85
Rostfläche	m²	1,34
Betriebsdruck	bar	12
Zylinderdurchmesser	mm	460
Kolbenhub	mm	508
Treibraddurchmesser	mm	1 006
zulässige Geschwindigkeit	km/h	40/55
Reibungsmasse	t	46,3
effektive Leistung	PS	450
	kW	330

* Umbau ausgewählter Maschinen in 1'Dh2t von 1934 bis 1941 und als 98¹¹ (GtL 4/5) bezeichnet

AUTOR: W.-D. MACHEL; AUFNAHME: SLG. MACHEL

Bei der Wangerooger Inselbahn wurde dieser Zweikuppler den Anforderungen des Reise- und Güterverkehrs gerecht. Heimat-Bw der Wangerooger Lokomotiven war in den dreißigen Jahren Oldenburg

99 023

Seit 1897 verkehrt auf der Insel Wangerooge eine Meterspurbahn. Die ursprünglich 4,6 km lange Strecke Wangerooge – Saline – Westanleger wurde 1900 bis zum Westturm, 1904 bis zum Ostanlager und während des ersten Weltkriegs bis zu einem Marinelager erweitert. Damit hatte das Streckennetz eine Länge von 13,3 Kilometern. Auf der von Anfang durch die Großherzoglich Oldenburgischen Staatseisenbahn verwalteten und betriebenen Inselbahn waren bis Ende zwanziger Jahre ausschließlich zweiachsige Lokomotiven im Einsatz. Die Firma Hanomag lieferte 1910 und 1913 je eine bauartgleiche B-gekuppelte Naßdampf-Tenderlokomotive an die Großherzoglich Oldenburgische Staatseisenbahn für die Wangerooger Inselbahn aus. Anfangs mit den Betriebsnummern 4 und 5 gekennzeichnet, erhielten beide Maschinen um 1925 die neuen DRG-Bezeichnungen 99 022 (Fabriknummer 5876) und 99 023 (Fabriknummer 6930). Zuständig für den Betriebseinsatz war der Lokbahnhof der Inselbahn, der dem Bahnbetriebwerk Oldenburg unterstand. 1942 mußte die Lokomotive 99 042 aufgrund einer Anweisung des Reichsbahn-Zentralamtes in Berlin für den Einsatz an der Ostfront abgegeben werden. Über den Verbleib der Lok sind bisher keine Einzelheiten bekannt. Die andere Maschine blieb dagegen auf Wangerooge. Fortan war sie die kleinste und leistungsschwächste

meterspurige Lok der Reichsbahn und ab 1949 der Deutschen Bundesbahn.

Konstruktion

Gemäß den Wangerooger Inselbahnverhältnissen, wie kurze Streckenlängen und begrenzte Zugmassen, war der Aufbau dieser Maschine einfach gehalten und glich dem einer Baulokomotive. Der genietete Dampfkessel lag zwar mit seiner Mitte nur 1 700 mm über der Schienenoberkante, besaß aber infolge seiner kleinen Durchmessers einen größeren Abstand zum Rahmen. Bei einem Abstand zwischen den Rohrwänden von 2 210 mm enthielt der zweischüssige Langkessel 70 Heizrohre. Im Dampfdom war ein Flachschieberregler eingebaut. Zur Kesselspeisung dienten zwei 75-l-Dampfstrahlpumpen. Der ebenfalls genietete Blechrahmen nahm im vorderen Teil den gesamten Wasservorrat auf. Nachgefüllt wurde das Wasser über kleine verschließbare Stutzen hinter der Steuerwelle. Für die Dampfverteilung sorgte eine Heusinger-Steuerung, die auf einem Flachschieber arbeitete und über Steuerhändel eingestellt werden konnte. Beide Achsen wurden vorn durch zwei querliegende Blattfedern oberhalb des Rahmens über Federstifte belastet, hinten durch eine querliegende Blattfeder, wodurch das Fahrzeug in drei Punkten abgestützt war. Die an der Führerhausrückwand befindliche Hebelhandbremse

wirkte auf beide Achsen. Bis zuletzt verfügten die Loks über Petroleumlampen.

Betriebseinsatz

Die 99 023 war stets auf der Wangerooger Inselbahn eingesetzt. Noch 1955 erhielt der Zweikuppler eine Hauptuntersuchung, diente aber mit dem Einsatz zugkräftigerer Dieselloks ab 1956 zunehmend Reservezwecken, wurde schließlich am 22. November 1958 ausgemustert und anschließend verschrottet.

TECHNISCHE DATEN

Loknummer		99 023
Bauart		Bn2t
Spurweite	mm	1000
Hersteller		Hanomag
Baujahr		1910
Länge über Puffer	mm	5350
gesamter Achsstand	mm	1400
Dienstmasse	t	12,2
Wasservorrat	m³	1,0
Kohlevorrat	t	0,35
Kesselheizfläche	m²	21,1
Rostfläche	m²	0,45
Betriebsdruck	bar	12
Zylinderdurchmesser	mm	235
Kolbenhub	mm	400
Raddurchmesser	mm	800
zulässige Geschwindigkeit	km/h	30
Zugkraft (0,6 p)	kN	19,9
effektive Leistung	PS	70
	kW	51,5

AUTOR: KLAUS JÜNEMANN; FOTO: SAMMLUNG KIEPER

Mit dem schrittweisen Umbau der Feldabahn in Thüringen auf Normalspur wurden 1931 einige Meterspurloks der RBD Erfurt überflüssig und in Neustadt (Weinstraße) beheimatet. Die Aufnahme von der 99 041 entstand Mitte der dreißiger Jahre

99 041, 99 044, 99 045

Die Preußischen Staatseisenbahnen betrieben im Thüringer Raum drei meterspurige Bahnen, auf denen insgesamt 24 C-gekuppelte Tenderlokomotiven eingesetzt waren. Zwölf dieser Maschinen gelangten noch zur Deutschen Reichsbahn. Nach dem Umbau einer Strecke auf Normalspur und durch den Einsatz stärkerer Lokomotiven musterte man die C-Kuppler 1935 aus. Im Einsatz blieben aber die 1912 von Hagans hergestellten und mit den Fabriknummern 689, 692 und 693 ausgelieferten und nunmehr als 99 041, 99 044 und 99 045 bezeichneten Lokomotiven. Sie waren bereits 1931 an die Reichsbahndirektion Ludwigshafen abgegeben worden.

Konstruktion

Für den Einsatz auf den steigungsreichen Strecken Thüringen waren es kräftige und leistungsfähige Dreikuppler, die allerdings durch die großen Überhänge zum unruhigen Lauf neigten.
Bei einem Abstand zwischen den Rohrwänden von 3 100 mm enthielt der genietete Dampfkessel 116 Heizrohre mit 41/46-mm-Durchmesser. Der Stehkessel mit fast quadratischer Rostfläche befand sich oberhalb des Rahmens. Der aus drei

Schüssen bestehende Langkessel trug in der Mitte den mit einem Flachschieberregler ausgerüsteten Dampfdom.
In dem genieteten und im vorderen Teil als Wasserkasten ausgeführten Rahmen wurden die drei Achsen ohne Seitenspiel geführt, wobei die mittlere Achse geschwächte Spurkränze besaß. Die Tragfedern der ersten beiden Achsen lagen oberhalb des Rahmens und waren über Ausgleichhebel miteinander verbunden. Bei der hinteren Achse befanden sich die Tragfedern innerhalb des Rahmens direkt über den Achslagern.
Für die Dampfverteilung in den Zylindern sorgte eine Heusinger-Steuerung mit Hängeeisen und Flachschiebern. Bereits in Thüringen hatten die Maschinen eine Druckluftbremse der Bauart Schleifer erhalten; sie wirkte auf alle drei Achsen. Die seinerzeit verwendete einstufige Luftpumpe gehörte weiterhin zur Ausrüstung dieser Lokomotiven. Beide Druckluftbehälter waren unterhalb des Führerstandes angeordnet. Während in Thüringen Gasbeleuchtung vorhanden war, erhielten die Maschinen nach der Umsetzung eine elektrische Ausrüstung mit einem großen 2,5-kW-Turbogenerator, der gleichzeitig die Beleuchtung in den Reisezugwagen mit versorgen konnte.

Betriebseinsatz

Die drei Loks gehörten zum Bw Neustadt (Haardt) und verkehrten auf der 29,1 km langen Strecke Neustadt (Weinstraße) – Speyer. Infolge Stilllegung dieser Bahn wurde die 99 044 am 15. August 1955 ausgemustert, die beiden anderen Maschinen folgten am 10. August 1957.

TECHNISCHE DATEN		
Loknummern		99 041, 99 044, 99 045
Bauart		Cn2t
Spurweite	mm	1000
Hersteller		Hagans
Baujahr		1912
Länge über Puffer	mm	7250
gesamter Achsstand	mm	2250
Dienstmasse	t	29,7
Wasservorrat	m³	3,0
Kohlevorrat	t	1,0
Kesselheizfläche	m²	51,02
Rostfläche	m²	0,9
Betriebsdruck	bar	12
Zylinderdurchmesser	mm	350
Kolbenhub	mm	400
Raddurchmesser	mm	875
zulässige Geschwindigkeit	km/h	30
Zugkraft (0,6 p)	kN	40,3
effektive Leistung	PS	170
	kW	125

AUTOR: KLAUS JÜNEMANN, AUFNAHME: SAMMLUNG KNIPPING

Noch 1952 war die 1888 gebaute Trambahnlokomotive 99 087 der Deutschen Bundesbahn vor Reise- und Güterzügen in der Pfalz anzutreffen

99 081 – 99 093

Für die meterspurigen Lokalbahnen in der Pfalz von Ludwigshafen nach Großkarlbach bzw. nach Dannstadt sowie von Speyer nach Neustadt (Weinstraße) beschaffte man einheitliche C-gekuppelte Naßdampftenderlokomotiven. Von 1888 bis 1899 fertigte Krauss zwölf derartige Maschinen, denen 1907 und 1911 je eine weitere folgten. Wegen der häufigen und engen Ortsdurchfahrten waren die Maschinen mit einem kastenförmigen Aufbau ausgestattet, der auch das Triebwerk verdeckte.

Diese sogenannten Straßenbahnlokomotiven erhielten die Gattungsbezeichnung L 1. Neben den Betriebsnummern XI bis XXII sowie XXVIII und XXIX trugen sie außerdem Namen von pfälzischen Ortschaften. Nach Übernahme der Pfalzbahnen durch die Bayerische Staatseisenbahnen wurde die Gattung in Pts 3/3, später in Pts 3/3N, geändert. 13 Lokomotiven gelangten in den Bestand der Deutschen Reichsbahn, und erhielten hier die Betriebsnummern 99 081 – 99 093.

Konstruktion

Schon äußerlich wichen die Maschinen von üblichen Bauformen durch den kastenförmigen, ringsum verglasten und in voller Länge überdachten Aufbau ab. Zwecks Lüftung konnten die seitlichen Fenster längs verschoben werden. Der genietete Naßdampfkessel mit 2 600 mm Abstand zwischen den Rohrwänden entsprach der normalen Bauart, lediglich das

Feuer wurde durch eine rechtsseitig liegende Feuertür beschickt. Da die meisten Personale Rechtshänder waren, garantierte man somit eine leichtere Bedienung des Feuers. Auf der anderen Maschinenseite befand sich in Fahrzeugmitte der Platz des Lokführers. Die Bedienung des Flachschieberreglers erfolgte linksseitig direkt am Dampfdom. Trieb- und Laufwerk entsprachen der üblichen Bauweise. Alle drei Achsen waren im Blechinnenrahmen festgelegt, die Mittelachse besaß geschwächte Spurkränze. Als Treibachse diente die dritte Achse. Für die Dampfverteilung sorgte eine Allan-Steuerung mit Flachschieber; umgesteuert wurde mit einem Händel.

Der Rahmen nahm gleichzeitig den Wasservorrat auf, der über zwei Einfüllstutzen direkt neben der Rauchkammertür ergänzt werden konnte. Der Kohlevorrat befand sich zwischen der Rückwand und dem Stehkessel. Dementsprechend erschwert war das nur per Hand mögliche Nachbunkern.

Neben einer auf die beiden äußeren Achsen wirkenden Wurfhebelbremse verfügte ein Teil der Lokomotiven über Einrichtungen, mit denen die Vakuumbremsen der Wagenzüge betätigt werden konnten. Über spezielle Anschlüsse war auch die Heizung der Reisezugwagen möglich. Ende der vierziger Jahre erhielten die zuletzt vorhandenen Lokomotiven anstelle der Petroleumlampen eine elektrische Beleuchtung, mit der auch die Lampen in den Reisezugwagen versorgt werden konnten.

Der dafür erforderliche große Turbogenerator wurde außerhalb des Lokkastens über der Rauchkammertür befestigt.

Betriebseinsatz

Durch die Stillegung einzelner Streckenbereiche der pfälzischen Schmalspurbahnen verringerte sich auch der benötigte Lokomotivpark.

1949 existierten noch sechs Maschinen, von denen die 99 081 bereits 1936 zur Wangerooger Inselbahn umgesetzt worden war und dort 1952 ausgemustert wurde.

Die Lokomotiven 99 086, 99 087, 99 091 und 99 092 waren zwischen 1953 und 1955 abgestellt worden. Als letzte Maschine folgte die 99 093 am 10. August 1957. Sämtliche Lokomotiven wurden verschrottet.

TECHNISCHE DATEN

Loknummern		99 081 – 99 093
Bauart		Cn2t
Spurweite	mm	1000
Hersteller		Krauss
erstes Baujahr		1888
Länge über Puffer	mm	6000
gesamter Achsstand	mm	1800
Dienstmasse	t	22,7
Wasservorrat	m³	2,1
Kohlevorrat	t	1,1
Kesselheizfläche	m²	43,75
Rostfläche	m²	0,85
Betriebsdruck	bar	12
Zylinderdurchmesser	mm	320
Kolbenhub	mm	350
Raddurchmesser	mm	845
zulässige Geschwindigkeit	km/h	30
Zugkraft (0,6 p)	kN	30,5
effektive Leistung	PS	145
	kW	106,6

AUTOR: KLAUS JÜNEMANN; AUFNAHME: SAMMLUNG KIEPER

Noch von den Bayerischen Staatseisenbahnen bestellt, wurden drei derartige Straßenbahnlokomotiven 1923 an die Deutsche Reichsbahn geliefert

99 101 – 99 103

Auf drei der in der Pfalz gelegenen Schmalspurstrecken waren C-gekuppelte Naßdampf-Tenderlokomotiven der Gattung L 1 bzw. Pts 3/3 N eingesetzt, die aufgrund der vielen Ortsdurchfahrten als vollverkleidete Straßenbahnlokomotiven ausgeführt worden waren. Genügten diese Maschinen hinsichtlich der Leistung den Anforderungen, so klagte man oft über die vom Dampfkessel ausstrahlende Wärme sowie über die ungünstige Lage des Kohlevorrats. Beim Bau von drei weiteren Lokomotiven, die diesmal in Heißdampfausführung entstanden, veränderte man den kastenförmigen Aufbau, indem er vorne und hinten gekürzt wurde. Diese von Krauss 1923 mit den Fabriknummern 7987 bis 7989 ausgelieferten Maschinen erhielten noch die bei den Bayerischen Staatseisenbahnen übliche Gattungsbezeichnung Pts 3/3 H mit den Betriebsnummern XXXI bis XXXIII, obwohl bereits die Reichsbahn existierte. 1925 bekamen die Maschinen dann im Rahmen der Umzeichnung die Nummern 99 101 bis 99 103.

Konstruktion

Das kastenförmige Führerhaus erstreckte sich über Lang- und Stehkessel. Dagegen blieb die Rauchkammer mit ihrer hohen Wärmeabstrahlung außerhalb der Umbauung. Auch der an der Rückseite befindliche Kohlenkasten war außerhalb des Führerhauses angebracht und ließ

sich leicht von oben füllen. Die seitlichen Fenster waren nach unten herablaßbar. Die Beschickung der Feuerbüchse erfolgte wie bei der Naßdampfausführung von der rechten Seiten aus. Der Platz des Lokomotivführers mit all seinen Bedienungselementen war auf der linken Seite in Fahrzeugmitte untergebracht.

Der Heißdampfkessel in genieteter Ausführung hatte einen Abstand von 2 500 mm zwischen den Rohrwänden. Der zweischüssige Langkessel enthielt 73 Heizrohre und zwölf Rauchrohre mit einem Kleinrohrüberhitzer der Bauart Schmidt. Die Anordnung des Laufwerks entsprach der der Naßdampfmaschinen, beim Triebwerk kam statt der Allan-Steuerung die Heusinger-Steuerung mit Kolbenschiebern zur Anwendung. Ein Luftsaugeventil auf der Rauchkammer hinter dem Schornstein diente zur Verbesserung des Leerlaufs. Innerhalb des Blechrahmens war der Wasservorrat untergebracht, zusätzlich existierten beiderseits der Rauchkammer kleine Wasserbehälter.

Die Maschinen besaßen eine Wurfhebelbremse, die auf die erste und dritte Achse wirkte.

Die Vakuumbremsen des Wagenzuges konnten über einen Körtingschen Luftsauger betätigt werden. Anfangs dienten Petroleumlampen als Beleuchtung, die erst nach dem zweiten Weltkrieg durch eine elektrische Anlage ersetzt wurden. Der zugehörige Turbogenerator mit 2,5 kW Leistung befand sich seitlich vom

Schornstein auf der Rauchkammer. Mit diesem Generator konnten auch die Lampen in den Reisezugwagen versorgt werden.

Betriebseinsatz

Bis zuletzt waren die drei Lokomotiven auf den pfälzischen Schmalspurbahnen eingesetzt und in den Bahnbetriebswerken Ludwigshafen bzw. Neustadt (Haardt) beheimatet.

Nach der letzten Streckenstillegung bestand kein Bedarf mehr an diesen Maschinen. Die Lokomotive 99 101 wurde am 18. April 1956 ausgemustert, die anderen beiden Dreikuppler konnten per 10. August 1957 abgestellt und anschliessend verschrottet werden.

TECHNISCHE DATEN

Loknummern		99 101 – 99 103
Bauart		Ch2t
Spurweite	mm	1000
Hersteller		Krauss
Baujahr		1923
Länge über Puffer	mm	5945
gesamter Achsstand	mm	1800
Dienstmasse	t	24,2
Wasservorrat	m³	2,0
Kohlevorrat	t	1,2
Kesselheizfläche	m²	35,02*
Rostfläche	m²	0,85
Betriebsdruck	bar	12
Zylinderdurchmesser	mm	350
Kolbenhub	mm	350
Raddurchmesser	mm	845
zulässige Geschwindigkeit	km/h	30
Zugkraft (0,6 p)	kN	36,5
effektive Leistung	PS	190
	kW	139,7

* zuätzlich 10,1 m² Überhitzerheizfläche

AUTOR: KLAUS JÜNEMANN; AUFNAHME: SAMMLUNG ASMUS

Die ursprüngliche Vollverkleidung der sächsischen Fairlie-Lokomotiven wurde außer an den Triebwerken wegen hoher Hitzeentwicklung abgebaut

99 161, 99 162

Eine der bei beiden meterspurigen Strecken der Königlich Sächsischen Staatseisenbahnen war die von Reichenbach (Vogtland) nach Oberheinsdorf führende und 5,4 km lange Stichbahn, die vornehmlich dort ansässige Industriebetriebe erschloß und ab 1909 auch für den Reisezugverkehr genutzt wurde. Da die Streckenführung Steigungen bis zu 40 Promille (1:25) aufwies, in den Werkanschlüssen Gleisbögen mit nur 15 m Radius zu befahren und im Güterverkehr nur aufgebockte Normalspurwagen zu befördern waren, glaubte man, diesen Anforderungen mit Lokomotiven der Bauart Fairlie gerecht werden zu können. Bei diesen Maschinen ruhte ein Doppelkessel auf einem durchgehenden Rahmen, der sich auf zwei Drehgestelle abstützte. Hartmann stellte 1902 drei derartige Maschinen mit den Fabriknummern 2647 bis 2649 her. Zunächst als sä I M 251 – I M 253 bezeichnet, erhielten diese Loks bei der DRG ab 1925 die Betriebsnummern 99 161 – 99 163.

Konstruktion

Der Bauart Fairlie zufolge bestehen zwei Dampfkessel mit aneinanderstoßenden Feuerbuchsen in einem gemeinsamen Stehkessel mit getrennten seitlich angeordneten Feuertüren. Beiderseits des Stehkessels schließen sich normale Langkessel nebst Rauchkammer an. Durch den gemeinsamen Stehkessel waren beide Langkessel drucktechnisch stets miteinander verbunden. Jeder Langkessel enthielt 135 Heizrohre mit 2 400 mm freier Länge und verfügte über einen Dampfdom mit Flachschieberegler. Beide Regler verband eine gemeinsame seitlich auf der Führerseite angeordnete Reglerstange.

Jeder Dampfdom besaß auf dem Deckel ein Sicherheitsventil. Der genietete Blechrahmen war so breit ausgeführt, daß er den Stehkessel mit den beiden 1 100 mm breiten und 860 mm langen Rostflächen noch zwischen den Rahmenwangen aufnehmen konnte. Jedes der beiden unter sich gleichen Triebgestelle mit nur 1 100-mm-Achsstand trug einen Hochdruck- und einen Niederdruckzylinder. Die Dampfzufuhr erfolgte über die Drehzapfen mit anschließendem Kugelgelenk. Nach Art der Straßenbahnloks waren die Drehgestelle durch seitliche Klappen abgedeckt. Heusinger-Steuerung mit Hängeeisen und Flachschieber sowie doppelschienige Kreuzkopfführungen kennzeichneten das Triebwerk. Eine Besonderheit waren die Fahrpumpen an der verlängerten Schieberstange am Niederdruckzylinder. Außer vom mittig gelegenen Führerhaus konnte der Lokführer die Maschine ursprünglich auch von beiden Fahrzeugenden aus bedienen, was sich nach einiger Zeit als überflüssig erwies. Geblieben waren davon die vier Stirnwandtüren des Führerhauses und der durch ein Geländer geschützte Umlauf. Nur über diesen waren die durch den Dampfkessel getrennten Lokführer- und Heizerstände miteinander verbunden. Deshalb mußten auch die seitlich vom Langkessel angeordneten Vorratsschieber recht schmal gehalten werden. Die Bremsausrüstung bestand neben der auf der Heizerseite befindlichen Handbremse aus den in beiden Drehgestellen enthaltenen Dampfbremsen, die 1939 (99 162) und 1956 (99 161) durch Westinghouse-Druckluftbremsen ersetzt wurden. Die Heberleinbremsen des Wagenparks konnten über eine Seilhaspel auf der Lokführerseite betätigt werden.

Betriebseinsatz

Auf der kurzen Stichbahn nach Oberheinsdorf war stets nur eine Lokomotive für den Gesamtverkehr im Einsatz. Von 1939 bis 1941 setzte man die 99 162 auf die badische Strecke Mosbach – Mudau zu Aushilfszwecken um, für die diese Maschine neben der Druckluftbremse auch eine Vakuum-Bremsausrüstung erhielt. 1942 sollte die 99 163 in Griechenland eingesetzt werden, ist aber auf dem Seeweg verloren gegangen. Nachdem 1963 der verliebene Güterverkehr eingestellt worden war, musterte man beide Lokomotiven aus. Die 99 161 wurde bald zerlegt, die 99 162 blieb dagegen erhalten, sollte zunächst als in Klingenthal (Sachsen) als Denkmal aufgestellt werden, wurde schließlich 1971 äußerlich wieder aufgearbeitet und in den Ursprungszustand versetzt. Als ein nicht betriebsfähiges Museumsfahrzeug wird die Fairlie-Lok heute von Eisenbahnern der Harzer Schmalspurbahnen (HSB) betreut.

TECHNISCHE DATEN

Loknummern		99 161 – 99 163
Bauart		B'B'n4vt
Spurweite	mm	1000
Hersteller		Hartmann
Baujahr		1902
Länge über Puffer	mm	10480
gesamter Achsstand	mm	7600
Dienstmasse	t	41,8
Wasservorrat	m³	3,2
Kohlevorrat	t	1,4
Kesselheizfläche	m²	79,05
Rostfläche	m²	2 x 0,946
Betriebsdruck	bar	14
Zylinderdurchmesser	mm	280/430
Kolbenhub	mm	380
Raddurchmesser	mm	760
zulässige Geschwindigkeit	km/h	30
Zugkraft (0,45 p)	kN	58,2
effektive Leistung	PS	260
	kW	191,1

AUTOR: KLAUS JÜNEMANN; AUFNAHME: SAMMLUNG KIEPER

Bis zur Stillegung der Strecke Gera-Pforten – Wuitz-Mumsdorf im Jahre 1969 war die 99 183 dort anzutreffen

99 183

Für den Einsatz auf der in Thüringen betriebenen meterspurigen Feldabahn bestellten die Preußischen Staatseisenbahnen bei Orenstein & Koppel drei fünffach gekuppelte Heißdampflokomotiven, die 1923 mit den Fabriknummern 8996 bis 8998 ausgeliefert wurden und von der inzwischen gebildeten DRG die Betriebsnummern 99 181 – 99 183 erhielten. Gegenüber den bisher auf den thüringischen Strecken eingesetzten C-Kupplern besaßen diese Maschinen eine größere Zugkraft und waren als Heißdampflokomotiven wesentlich wirtschaftlicher. Um die engen Gleisbögen befahren zu können, waren die Endradsätze vom Hersteller nach dem Luttermöller-Prinzip seitlich ausschwenkbar ausgeführt und über Zahnräder mit den übrigen Achsen verbunden worden.

Konstruktion

Der leistungsfähige Heißdampfkessel in genieteter Ausführung hatte einen Abstand zwischen den Rohrwänden von 2 800 mm, der zweischüssige Langkessel erhielt 17 Heizrohre (Durchmesser 46/41 mm) und 48 Rauchrohre (Durchmesser 70/64 mm) sowie einen Kleinrohrüberhitzer der Bauart Schmidt. Im Dampfdom befand sich ein Ventilregler. Der Stehkessel mit schräger Rückwand saß auf dem Rahmen, die anfänglich kupferne

Feuerbüchse wurde bei der 99 183 im Jahre 1955 durch eine stählerne ersetzt. Im genieteten Blechinnenrahmen waren die drei mittleren Achsen fest gelagert, wobei die mittlere keine Spurkränze besaß. Die beiden äußeren Radsätze führten Deichselgestelle, die um den Achsmittelpunkt der zweiten bzw. vierten Achse jeweils 65 mm seitlich ausschwenken konnten. Durch diese Anordnung war das Durchfahren von Gleisbögen mit 30 m Radius möglich. Die Deichseldrehgestelle waren gleichzeitig als Getriebekasten gestaltet, in denen über Zahnräder die Endradsätze von der jeweils benachbarten Kuppelachse mit angetrieben wurden. Die Tragfedern der drei mittleren durch Kuppelstangen verbundenen Achsen waren untereinander über Ausgleichhebel verbunden, die zahnradgekuppelte Endradsätze dagegen mittig über Schraubenfedern und Gleitplatten abgefedert, so daß sich eine Vierpunktabstützung ergab. Die Heusinger-Steuerung mit Kuhnscher Schleife arbeitete auf Regelkolbenschieber mit 160 mm Durchmesser. Die erforderliche druckluftgesteuerte Leerlaufeinrichtung ersetzte das Raw Görlitz 1961 durch Trofimoffschieber. Betätigt wurde die Steuerung über eine Steuerspindel. Die Druckluftbremse, anfangs Bauart Schleifer, ab 1956 Bauart Knorr, wirkte nur auf die drei festgelegten Achsen. Der gesamte Wasservorrat konnte in den bei-

den Seitenbehältern untergebracht werden, während sich die Kohle hinter dem Führerhaus befand. Die anfängliche Ölgasbeleuchtung ersetzte man 1932 durch eine elektrische, die bis 1956 mit einem großen Turbogenerator auch die Lampen der Reisezugwagen versorgte.

Betriebseinsatz

Alle drei Lokomotiven waren zunächst auf der Feldabahn im Dienst. Nach deren Umbau auf Normalspur gelangten die Maschinen 1933 auf die Strecke Hildburghausen – Heldburg – Lindenau. Während die 99 181 und 99 182 hier bis zur Abgabe an die UdSSR im Jahre 1946 verblieben, war die 99 183 schon 1943 zur Strecke Eisfeld – Unterneubrunn umgesetzt worden. Hier war die Lokomotive wie bereits in Hildburghausen mit einer Janney-Kupplung ausgerüstet.

Durch den Einsatz von 1'E1'-Neubaumaschinen in Eisfeld hier entbehrlich, erhielt die 99 183 von 1956 bis 1962 bei der Spreewaldbahn ein neue Heimat. In dieser Zeit entfernte man auch die Zahnräder für die Endradsätze, so daß die Maschine fortan als 1'C1' betrieben wurde.

Der letzte Einsatz erfolgte auf der von Gera-Pforten ausgehenden Schmalspurbahn. Hier verblieb die Lokomotive 99 183 bis zu ihrem Verkauf für Heizzwecke im Juli 1969.

TECHNISCHE DATEN

Loknummer		99 183
Bauart		Eh2t
Spurweite	mm	1000
Hersteller		Orenstein & Koppel
Baujahr		1923
Länge über Puffer	mm	8925
gesamter Achsstand	mm	4180
Dienstmasse	t	37,3
Wasservorrat	m³	5,0
Kohlevorrat	t	2,5
Kesselheizfläche	m²	36,03*
Rostfläche	m²	1,01
Betriebsdruck	bar	12
Zylinderdurchmesser	mm	400
Kolbenhub	mm	450
Raddurchmesser	mm	850
zulässige Geschwindigkeit	km/h	30
Zugkraft (0,6 p)	kN	61,0
effektive Leistung	PS	200
	kW	147

* zusätzlich 10,1 m² Überhitzerheizfläche

AUTOR: KLAUS JÜNEMANN; AUFNAHME: SAMMLUNG KIEPER

Bis zum 30. November 1967 war die sehr zugkräftige Lokomotive 99 193 auf der Strecke Nagold – Altensteig planmäßig in Betrieb

99 191 – 99 193

Auf der von den Württembergischen Staatseisenbahn betriebenen meterspurigen Strecke von Nagold nach Altensteig waren ursprünglich vierachsige Tenderlokomotiven mit dem unterhaltungsaufwendigen Klose-Triebwerk eingesetzt. Ein Ersatz verzögerte sich durch die Auswirkungen des ersten Weltkriegs und konnte erst 1927 beschafft werden. Unter den Fabriknummern 4181 – 4184 lieferte die Maschinenfabrik Esslingen vier fünffach gekuppelte Heißdampf-Tenderloks und stützte sich dabei auf die bewährte Konstruktion der von Henschel 1918 an die Heeresfeldbahnen gelieferten Lokomotiven für 750-mm-Spurweite.

Diese mehrfach nachgebauten Maschinen wurden hauptsächlich auf sächsischen, aber vereinzelt auch auf württembergischen 750-mm-Spur-Strecken eingesetzt. Bis auf die nun größere Spurweite und die etwas abweichende Gesamtlänge durch die unterschiedlichen Kupplungssysteme waren beide Ausführungen technisch fast gleich. Von der DRG erhielten die Maschinen die Betriebsnummern 99 191 bis 99 194.

Konstruktion

Der Heißdampfkessel in genieteter Ausführung lag in seiner Mitte 2 050 mm über Schienenoberkante und wies einen Abstand zwischen den Rohrwänden von 3 240 mm auf. Der zweischüssige Langkessel enthielt 85 Heizrohre (Durchmesser 41/46 mm) und 18 Rauchrohre (Durchmesser 125/133 mm). In letzteren befan-

den sich die Überhitzerrohrbündel. Der Stehkessel stand auf dem Rahmen, besaß eine schräge Rückwand und eine nach vorn abfallende Rostfläche. Im Blechinnenrahmen befanden sich alle fünf Achsen nach dem System Gölsdorf, wobei die zweite und vierte Achse fest lagerten sowie die erste und fünfte je 30 mm und die dritte Achse 20 mm Seitenspiel erhalten hatten. Durch diese Anordnung bei nur 1 860 mm festen Achsstand konnten noch Gleisbögen mit 50-m-Radius befahren werden. Die Heusinger-Steuerung mit Kuhnscher Schleife arbeitete auf Regelkolbenschiebern mit 200 mm Durchmesser. Die erforderliche Leerlaufeinrichtung konnte 1961 bei der 99 191 durch Trofimoffschieber ersetzt werden. Bei dieser Lok tauschte man auch die tiefliegenden Abdampfstrahlpumpen gegen hochliegende selbstsaugende Strahlpumpen aus. Die Maschinen waren mit Westinghouse-Druckluftbremse, später teils mit Druckluftbremsen der Bauart Knorr ausgerüstet. Die anfängliche Acetylenbeleuchtung konnte 1932 durch eine elektrische mit Turbogenerator abgelöst werden.

Betriebseinsatz

Auf der 15,1 km langen Strecke Nagold – Altensteig genügte meist der Einsatz nur einer Lokomotive, Mit ihr konnten noch 70 Tonnen Wagenmasse mit 20 km/h auf Steigungen von 40 Promille (1:25) befördert werden. 1944 setzte man leihweise zwei Maschinen auf andere Bahnen um: die 99 191 nach Eisfeld in Thüringen und

die 99 194 zur Slawonischen Drautalbahn in Jugoslawien. Letztere verblieb dort. Die 99 192 und 99 193 verkehrten weiterhin auf ihrer Stammstrecke. Durch die Umsetzung der V 29 952 von der Walhallabahn nach Altensteig musterte man die 99 192 zum 15. Mai 1959 aus und behielt die 99 193 für Reservezwecke. Diese Maschine wurde am 30. November 1967 abgestellt. Danach erwarb die Schweizer Museumsbahn Blonay – Chamby diesen Fünfkuppler. Die 99 191 erhielt ab 1955 auf der Strecke Gera – Wuitzer Mumsdorf ein weiteres Einsatzgebiet. Am 11. Juni 1970 stellte man die Lok von der Ausbesserung zurück. Nachdem sich ein erhoffter Verkauf an die „Interessengemeinschaft Historischer Schienenverkehr IHS" zerschlagen hatte, wurde die Maschine im Juli 1975 im Raw Görlitz verschrottet.

TECHNISCHE DATEN

Loknummern		99 191 – 99 194
Bauart		Eh2t
Spurweite	mm	1000
Hersteller		Esslingen
Baujahr		1927
Länge über Puffer	mm	8435
gesamter Achsstand	mm	3720
Dienstmasse	t	43,5
Wasservorrat	m³	4,7
Kohlevorrat	t	2,5
Kesselheizfläche	m²	64,2*
Rostfläche	m²	1,6
Betriebsdruck	bar	14
Zylinderdurchmesser	mm	430
Kolbenhub	mm	400
Raddurchmesser	mm	800
zulässige Geschwindigkeit	km/h	30
Zugkraft (0,6 p)	kN	77,6
effektive Leistung	PS	380
	kW	279

* zusätzlich 24,5 m² Überhitzerheizfläche

AUTOR: KLAUS JÜNEMANN; AUFNAHME: OBERMAYER

Stets auf der Wangerooger Inselbahn eingesetzt war die Lokomotive 99 211. Die Maschine wurde im Auftrage der Deutschen Reichsbahn-Gesellschaft bei Henschel in Kassel gebaut

99 211

Der zunehmende Bäderverkehr wirkte sich auch auf den Fahrzeugpark der Wangerooger Inselbahn aus. Dadurch sah sich die DRG veranlaßt, eine zugkräftige Lokomotive in Auftrag zu geben, die künftig den Hauptreiseverkehr mit den inzwischen beschafften vierachsigen Reisezugwagen übernehmen sollte. Gefertigt wurde die Maschine als Einzelexemplar bei Henschel, wo sie 1929 unter der Fabriknummer 21443 ausgeliefert wurde und gleich die Betriebsnummer 99 211 erhielt. Entsprechend den Anforderungen des Inselbetriebs legte man Wert auf einen einfachen und wartungsfreien Aufbau.

Konstruktion

Der Naßdampfkessel in genieteter Ausführung lag 1 850 mm über Schienenoberkante. Der zweischüssige Langkessel enthielt 90 Heizrohre bei 2 550 mm freier Länge. Obwohl die DRG bereits seit längerer Zeit ihren Dampflokpark mit Ventilreglern ausrüsten ließ, baute man hier noch einen auch bei den anderen Inselbahn-Maschinen üblichen Flachschieberregler ein. Im genieteten Blechrahmen waren die drei Achsen fest gelagert, um noch Gleisbögen mit 50 m Radius befahren zu können. Deshalb besaß die Mittelachse keine Spurkränze. Alle Radkörper waren nach einem Modell hergestellt worden und verfügten über gleichförmige Gegenmassen. Die Tragfedern befanden sich oberhalb des Rahmens, wobei die ersten beiden Achsen über Ausgleichshebel miteinander verbunden waren. Der einfache Aufbau der Maschine zeigte sich auch bei der Verwendung von Flachschiebern, weil damit auf besondere Leerlaufeinrichtungen, wie sie Kolbenschieber erfordern, verzichtet werden konnte. Der Wasservorrat verteilte sich auf die beiden Seitenkästen und den Rahmenwasserkasten, während sich der Kohlevorrat im hinteren Teil beider Seitenkästen befand.

Die Maschine besaß nur eine Handbremse, und zwar an der Rückwand des Führerstandes. Diese Bremse wirkte auf alle drei Achsen einseitig von vorn. Als Beleuchtung dienten lange Zeit Petroleumlampen. Erst bei der letzten Hauptuntersuchung im AW Bremen installierte man 1953 eine elektrische Beleuchtung mit Turbogenerator.

Betriebseinsatz

Auf der Inselbahn übernahm die 99 211 als leistungsstärkste Lokomotive während der Hauptsaison die meisten Beförderungsleistungen. Erst nachdem 1952 die erste und 1957 zwei weitere Diesel-lokomotiven in Dienst gestellt worden waren, erwies sich der Dreikuppler als überflüssig.

Am 1. Juli 1957 wurde er letztmalig eingesetzt. Danach diente die Lokomotive Reservezwecken.

Auch nach Ablauf der Kesselfrist blieb die 99 211 erhalten und wurde 1968 als Denkmal für die Zeit des Dampflokbetriebs am Wangerooger Leuchtturm aufgestellt.

TECHNISCHE DATEN

Loknummer		99 211
Bauart		Cn2t
Spurweite	mm	1000
Hersteller		Henschel
Baujahr		1929
Länge über Puffer	mm	6400
gesamter Achsstand	mm	2000
Dienstmasse	t	18,3
Wasservorrat	m³	1,8
Kohlevorrat	t	0,75
Kesselheizfläche	m²	29,1
Rostfläche	m²	0,6
Betriebsdruck	bar	14
Zylinderdurchmesser	mm	310
Kolbenhub	mm	400
Raddurchmesser	mm	800
zulässige Geschwindigkeit	km/h	40
Zugkraft (0,6 p)	kN	40,3
effektive Leistung	PS	95
	kW	69.8

AUTOR: KLAUS JÜNEMANN; AUFNAHME: SAMMLUNG KIEPER

Von 1902 bis 1908 wurden für die Walhallabahn drei derartige C1´-Maschinen geliefert. Die 99 253 blieb erhalten

99 251 – 99 253

Eine der wenigen von der Localbahn AG (LAG) in München betriebenen meterspurigen Strecken war die 1889 eröffnete und von Stadtamhof bei Regensburg nach Donaustauf führende 8,7 km lange Walhallabahn. Eingesetzt waren zweiachsige Trambahnlokomotiven. Für die 1903 um 14,7 km bis nach Wörth (Donau) verlängerte Bahn benötigte man größere Maschinen.

Die erste lieferte die Münchner Firma Krauss 1902 unter der Fabriknummer 4823 mit der Achsfolge C1'. Diese Lokomotive erhielt im Bezeichnungssystem der LAG die Nr. 61.

Obwohl Krauss bei der Achsfolge C1' gern die Laufachse mit der benachbarten Kuppelachse durch ein Lenkgestell verband, kam hier eine Bisselachse zum Einbau.

Der Wasservorrat war anfangs nur innerhalb des Rahmens untergebracht, was sich als unzureichend erwies, denn nach kurzer Zeit versah man die Lokomotive mit seitlichen Zusatzkästen. Sie waren sehr schmal ausgeführt, denn trotz der zusätzlichen Belastung durfte die seinerzeit begrenzte Achsfahrmasse nicht überschritten werden. In dieser Ausführung lieferte Krauss 1904 und 1908 je eine weitere Lokomotive mit den Fabriknummern 5173 und 5929 nach. Sie bekamen die Betriebsnummern 67 und 62".

Nach Übernahme der LAG durch die DR am 1. August 1938 erhielten die drei Walhallabahn-Lokomotiven die Betriebsnummern 99 251 – 99 253.

Konstruktion

Der sehr schlank ausgeführte Naßdampfkessel mit 3 160 mm Abstand zwischen den Rohrwänden war eine Nietkonstruktion. Der Langkessel mit 879 mm Durchmesser enthielt 74 Heizrohre. Der Stehkessel mit kupferner Feuerbüchse war im unteren Teil seitlich eingezogen und ragte zwischen die Rahmenplatten. In dem glatt durchgehenden Blechinnenrahmen waren die drei gekuppelten Achsen festgelagert. Um bei dem festen Achsstand von 2 100 mm noch Gleisbögen mit 50 m Radius durchfahren zu können, besaß die mittlere Achse keine Spurkränze. Die Laufachse lagerte in einem Bisselgestell.

Die Tragfedern der gekuppelten Achsen waren auf jeder Seite durch Ausgleich- bzw. Winkelhebel miteinander verbunden, und über der Laufachse war eine querliegende Tragfeder angeordnet. Somit wurde die Maschine in drei Punkten abgestützt. Die Schwingen der Heusinger-Steuerung waren nicht gekrümmt, sondern der leichteren Bearbeitung wegen gerade ausgeführt. Die Umsteuerung erfolgte über einen Händel. Alle Lokomotiven besaßen nur eine auf alle gekuppelten Achsen wirkende Wurfhebelbremse an der linken Stehkesselseite.

Die in den Wagen vorhandenen Vakuumbremsen der Bauart Körting konnten über einen Luftsauger betätigt werden. An der linken Rauchkammerseite war ein Turbo-generator größerer Ausführung befestigt, der neben den Lampen auf der Lokomotive auch die Zugbeleuchtung mit Strom versorgte. Die Fahrzeugkupplung bei der Walhallabahn wich von den sonst gebräuchlichen Systemen ab. Unter dem mittig angeordneten Stoßpuffer sorgten eine Gabel mit waagerecht liegendem Bolzen und ein gesondertes Kuppeleisen für die Verbindung der einzelnen Fahrzeuge.

Betriebseinsatz

Die Lokomotiven 99 251 – 99 253 übernahmen bei der Walhallabahn vorrangig den Reisezugdienst. Durch die Umsetzung von zwei Diesellokomotiven vom pfälzischen Schmalspurnetz wurden sie entbehrlich. Auf die nächstfälligen Hauptuntersuchungen wurde verzichtet, so daß die 99 251 am 18. April 1956 und die 99 252 am 29. Oktober 1959 ausgemustert wurden. Anschließend erfolgte auch die Verschrottung der über 50 Jahre alten Maschinen. Die Ausmusterung der 99 253 fand am 30. September 1960 statt. Der Dreikuppler blieb jedoch erhalten und wurde als Denkmal vor dem Gebäude der Bundesbahndirektion (BD) Regensburg aufgestellt. Nach Auflösung dieser BD Ende Mai 1976 und Umgestaltung des Vorplatzes setzte man die Lokomotive nach Regensburg-Stadtamhof in die Nähe der Schleuse des Rhein-Main-Donau-Kanals um.

TECHNISCHE DATEN

Loknummern		99 251 – 99 253
Bauart		C1'n2t
Spurweite	mm	1000
Hersteller		Krauss
erstes Baujahr		1902
Länge über Puffer	mm	7600
gesamter Achsstand	mm	3800
Dienstmasse	t	17,4
Wasservorrat	m³	2,3
Kohlevorrat	t	0,8
Kesselheizfläche	m²	31,2
Rostfläche	m²	0,56
Betriebsdruck	bar	12
Zylinderdurchmesser	mm	290
Kolbenhub	mm	280
Raddurchmesser	mm	720/560
zulässige Geschwindigkeit	km/h	35
Zugkraft (0,6 p)	kN	23,5
effektive Leistung	PS	105
	kW	77

Die 1926 gelieferte vierfach gekuppelte Heißdampflokomotive 99 261 der Walhallabahn wurde 1961 ausgemustert und anschließend verschrottet

99 261

Auf der zur Localbahn AG München (LAG) gehörenden Walhallabahn war anfangs der Reiseverkehr dominierend, der Güterverkehr nahm erst zu, als nach Verstärkung der Gleisanlagen auch der Rollbockverkehr eingeführt werden konnte, der jedoch eine Lokomotive mit höherer Zugkraft erforderte. Ein günstiges Angebot unterbreitete Maffei. Diese Firma lieferte schließlich 1926 unter der Fabriknummer 4200 eine vierfach gekuppelte Heißdampf-Tenderlokomotive an die LAG aus. Mit der Betriebsnummer 64" gekennzeichnet, war der Vierkuppler wegen seines ausgeglichenen Aufbaus eine modern wirkende Maschine, die trotz ihrer höheren Leistung eine kürzere Länge als die schon vorhandenen C1'n2t-Lokomotiven aufwies. Bei der Übernahme der LAG durch die DR erhielt die Lok die Betriebsnummer 99 261.

Konstruktion

Mit 2 100 mm Höhe der Kesselmitte über Schienenoberkante lag der Heißdampfkessel verhältnismäßig hoch. Der Langkessel enthielt keine Heizrohre, sondern nur 90 Rauchrohre mit 57,5/63,5 mm Durchmesser, die alle mit einem Kleinrohrüberhitzer bestückt waren. Dadurch ergab sich eine große Überhitzerheizfläche gegenüber der Gesamtheizfläche.

Durch die hohe Kessellage konnte der Stehkessel ohne seitliche Einschränkung über dem Rahmen angeordnet werden. Der genietete Blechrahmen war vor dem Stehkessel hoch ausgeführt und nahm den mittleren Wasserkasten auf. Die ersten drei Achsen, von denen die mittlere keine Spurkränze besaß, waren im Rahmen fest gelagert. Dadurch bestand ein fester Achsstand von 1 820 mm. Um auch Gleisbögen mit 50 m Radius ohne Zwänge durchfahren zu können, verfügte die vierte Achse über je 20 mm Seitenspiel aus der Mittellage. Alle Tragfedern lagen innerhalb des Rahmens direkt über den Achslagern, wobei die der ersten und zweiten sowie der dritten und vierten Achse untereinander ausgeglichen waren. Die Heusinger-Steuerung mit Hängeeisen hatte eine gekrümmte Schwinge erhalten. Für die Dampfverteilung sorgten Druckausgleich-Kolbenschieber. Ein linksseitig angebrachtes Luftsaugeventil verhinderte den entstehenden Unterdruck in der Dampfmaschine beim Leerlauf. Entsprechend der bei der Walhallabahn benutzten Vakuumbremsen rüstete man auch die Maffei-Lokomotive mit einer Körting-bremsanlage aus. Die Bremse wirkte auf die beiden mittleren Achsen. Um den hinteren Überhang einzuschränken, brachte man den Kohlenvorrat im hinteren Teil beider seitlichen Wasserkästen unter.

Speziell für den Güterverkehr beschafft, besaß die Lokomotive anfangs Petroleumlampen. Später ist eine elektrische Beleuchtungsanlage mit einem Turbogenerator nachgerüstet worden.

Betriebseinsatz

Fast ausschließlich war die Maffei-Lok vor Güterzügen der Walhallabahn anzutreffen. Nach Inbetriebnahme von zwei Dieselloks im Frühjahr 1956 geriet die 99 261 allmählich in die Reserve und verkehrte nur noch zeitweise. Nach längerer Abstellzeit wurde der Vierkuppler am 19. Januar 1961 ausgemustert.

TECHNISCHE DATEN		
Loknummer		99 261
Bauart		Dh2t
Spurweite	mm	1000
Hersteller		Maffei
Baujahr		1926
Länge über Puffer	mm	7390
gesamter Achsstand	mm	2780
Dienstmasse	t	29,0
Wasservorrat	m³	3,5
Kohlevorrat	t	1,2
Kesselheizfläche	m²	50,1*
Rostfläche	m²	1,01
Betriebsdruck	bar	13
Zylinderdurchmesser	mm	380
Kolbenhub	mm	400
Raddurchmesser	mm	800
zulässige Geschwindigkeit	km/h	30
Zugkraft (0,6 p)	kN	56,3
effektive Leistung	PS	280
	kW	206

* zusätzlich 29 m² Überhitzer-Heizfläche

AUTOR: KLAUS JÜNEMANN, AUFNAHME: SAMMLUNG KNIPPING

Fotos von den Lokomotiven 99 271, 281 und 291 sind rar. 99 281 stand schon im Mai 1954 in Regensburg auf dem Rand

99 271, 99 281, 99 291

Unter diesen Betriebsnummern verbergen sich drei meterspurige Tenderlokomotiven, die weder von einer Länderbahn noch von der DRG bzw. DR beschafft worden waren, sondern im Juli 1944 für das militärisch hochrangige Küstenbauprogramm durch die Organisation Todt auf das Gleisnetz der Wangerooger Inselbahn gelangten.

Über den Einsatz dieser Maschinen im Rahmen des Bauprogramms ist wenig bekannt. Sie verblieben aber nach Kriegsende auf Wangerooge und wurden 1946 in das Nummernschema der Deutschen Reichsbahn aufgenommen. Im einzelnen handelt es sich um folgende Lokomotiven:

99 271: Hergestellt 1918 von Jung und ausgeliefert mit der Fabriknummer 2483 war dieser Zweikuppler zuletzt bei der holländischen Tramweg Maatschappij mit der Betriebsnummer 21 in Betrieb. Die Maschine besaß ein Innentriebwerk und war nach Art der Straßenbahnlokomotiven unterhalb des Umlaufblechs verkleidet.

99 281: Sie war die älteste der drei Lokomotiven und hatte 1910 mit der Fabriknummer 165 die Werkstatt von Weid-

knecht in Paris verlassen. Eingesetzt war diese Maschine zunächst auf einer französischen Sekundärbahn. Im Aufbau bot dieser Dreikuppler keine Besonderheiten, verfügte über einen Innenrahmen, der gleichzeitig als Wasserkasten diente. Der geringe Kohlevorrat war im Führerhaus untergebracht. Angetrieben wurde die dritte Achse, und die Flachschieber trieben eine aussenliegende Allan-Steuerung an.

99 291: Unter der Fabriknummer 4801 lieferte Orenstein & Koppel 1911 die C-gekuppelte Lokomotive an Boulicault für die Tram d'Archeche in Südost-Frankreich aus. Auch diese Maschine entsprach im Aufbau einer normalen dreiachsigen Tenderlokomotive mit Blechinnenrahmen, Wasservorrat seitlich des Dampfkessels und innerhalb des Rahmens. Der Kohlevorrat mußte im hinteren Teil der beiden Seitenkästen untergebracht werden. Das Triebwerk bestand aus Flachschie-

bern und Heusinger-Steuerung. Angetrieben wurde die dritte Achse.

Einsätze

Von diesen drei Maschinen sah man nur die beiden C-Kuppler 99 281 und 99 291 als verwendungsfähig an. Beide Lokomotiven gelangten 1949 in das AW Aalen, um dort einsatzfähig hergerichtet zu werden. Die zweiachsige 99 271 blieb dagegen auf der Inselbahn. Ob die Maschine dort noch im Einsatz war, ist fraglich, denn bereits im Juli 1952 schied sie aus dem Betriebspark aus. Die 99 281 und 99 291 gelangten nach Aufarbeitung 1952 zur Walhallabahn. Da hier der vorhandene Lokomotivpark ausreichte, hielt man die 99 281 als Reserve vor und musterte sie im August 1955 aus. Die 99 291 als zugkräftigste Maschine erhielt bereits im September 1952 auf der badischen Strecke Mosbach – Mudau eine neue Heimat. Nach gelegentlichen Einsätzen und Ablauf der Kesselfrist verzichtete man auf die fällige Untersuchung und musterte den Einzelgänger im November 1955 aus. Anschließend wurde der Dreikuppler verschrottet.

TECHNISCHE DATEN

Loknummern		99 271	99 281	99 291
Bauart		Bn2t	Cn2t	Cn2t
Spurweite	mm	1000	1000	1000
Hersteller		Jung	Weidknecht	Orenstein
Baujahr		1918	1910	1911
Länge über Puffer	mm		5550	6500
gesamter Achsstand	mm	2000	1800	1790
Dienstmasse	t	12	11,8	19,5
Wasservorrat	m³	1,6	1,0	2,4
Kohlevorrat	t	0,5	0,3	0,8
Kesselheizfläche	m²	19,4	23,8	38,0
Rostfläche	m²		0,34	0,71
Betriebsdruck	bar	12	10	12
Zylinderdurchmesser	mm		245	310
Kolbenhub	mm		360	400
Raddurchmesser	mm	820	700	800
zulässige Geschwindigkeit	km/h	37	25	40
Zugkraft (0,6 p)	kN		18,5	28,9
effektive Leistung	PS		80	100
	kW		58,9	73,5

AUTOR: KLAUS JÜNEMANN, AUFNAHME: TODT

Zuständig für die „Molli-Lokomotiven" war auch schon vor dem Zweiten Weltkrieg das Bw Rostock. Die Aufnahme entstand 1930 in Bad Doberan

99 312, 99 313

Durch die starke Zunahme des Verkehrs auf der Ostsee-Bäderbahn von Bad Doberan nach Arendsee (seit 1938 Kühlungsborn) mit der für eine öffentlichen Schmalspurbahn seltenen Spurweite von 900 mm waren Anfang der zwanziger Jahre die hier eingesetzten C-gekuppelten Tenderlokomotiven in ihrer Leistungsfähigkeit bald überfordert. Die 1920 gebildete Reichsbahn bestellte daraufhin D-gekuppelte Lokomotiven mit entsprechend höherer Leistung. Henschel lieferte vorerst zwei Maschinen, die 1923 mit den Fabriknummern 19747 und 19748 das Kasseler Werk verließen. Bereits ein Jahr später folgte eine dritte Maschine gleicher Bauart mit der Fabriknummer 20223. Gegenüber den älteren C-Kupplern wiesen diese als 99 311 bis 99 313 gekennzeichneten Lokomotiven fast die doppelte Leistung auf. Auffällig war die Anordnung von je einem Läutewerk über der Rauchkammertür und an der Führerhaus-Rückwand. Um die akustische Wirksamkeit bei der Ortsdurchfahrt in Bad Doberan zu erhöhen, wurde jeweils das in Fahrtrichtung vorn befindliche Läutewerk angestellt.

Konstruktion

Der genietete Naßdampfkessel mit einem zweischüssigen Langkessel erhielt 112 Heizrohre mit 41/46 mm Durchmesser und 3 100 mm freier Länge. Außer dem Dampfdom mit Flachschieberregler war im vorderen Kesselbereich ein gleichgroßer Speisedom vorhanden. Mit seiner Höhe von 1 950 mm über Schienenoberkante konnte der Stehkessel auf den Rahmen gesetzt werden. Im Blechrahmen lagerten die erste bis dritte Achse ohne Seitenspiel, während sich die vierte Achse um jeweils 12,5 mm seitlich verschieben ließ. Somit war das Befahren von Gleisbögen mit 75 m Radius möglich.

Für die Dampfverteilung sorgte eine Heusinger-Steuerung mit Hängeeisen und Flachschieber. Zur Umsteuerung diente eine Steuerspindel. Bremstechnisch waren die Maschinen mit Wurfhebelhandbremse und einer Knorr-Zweikammerbremse ausgerüstet, die trotz eines einfachen Aufbaus ein mehrlösiges Bremsen zuließ. Zwecks Verhütung von Funkenflug war der Schornstein mit einem Kobel versehen, der infolge der zulässigen Höhe von 3 400 mm recht tief gesetzt werden mußte.

Betriebseinsatz

Auf der Bäderbahn versahen die drei Maschinen zunächst den Hauptanteil der Zugförderung. Erst als ab 1932 drei 1'D1'-Heißdampflokomotiven zum Einsatz kamen, konnten die Maschinen für Reservezwecke genutzt werden.

Während die 99 311 um 1942 nach Dänemark abgegeben wurde, blieben die anderen beiden Vierkuppler bis 1961 einsatzfähig und verkehrten in der Hochsaison weiterhin. Danach erhielten sie für Heizzwecke bei der Bauindustrie in Rostock noch eine „Galgenfrist".

TECHNISCHE DATEN

Loknummern		99 311 – 99 313
Bauart		Dn2t
Spurweite	mm	900
Hersteller		Henschel
Baujahr		1923
Länge über Puffer	mm	7900
gesamter Achsstand	mm	3400
Dienstmasse	t	31,9
Wasservorrat	m³	3,5
Kohlevorrat	t	1,5
Kesselheizfläche	m²	50,0
Rostfläche	m²	1,1
Betriebsdruck	bar	12
Zylinderdurchmesser	mm	350
Kolbenhub	mm	400
Raddurchmesser	mm	830
zulässige Geschwindigkeit	km/h	30
Zugkraft (0,6 p)	kN	42,5
effektive Leistung	PS	170
	kW	125

AUTOR: KLAUS JÜNEMANN, AUFNAHME: SAMMLUNG KIEPER

Während die Mallet-Lok 99 634 bereits Ende der dreißiger Jahre ausgemustert wurde, war die 99 633 bis 1969 bei der DB in Betrieb

99 631, 99 637 – 99 639

AUTOR: KLAUS JÜNEMANN; SAMMLUNG KIEPER

Auf den staatlichen Schmalspurstrecken Württembergs waren anfänglich sogenannte Klose-Lokomotiven im Einsatz, die zwar gute Laufeigenschaften besonders auf den krümmungsreichen Strecken aufwiesen, aber in der Unterhaltung aufgrund der komplizierten Konstruktion recht aufwendig waren. In Vorbereitung weiterer Neuanschaffungen für die vier 750-mm-spurigen Strecken entschied man sich für die Mallet-Lokomotiven, die einfacher zu unterhalten und instandzusetzen waren. Insgesamt fertigte die Maschinenfabrik Esslingen als Hauptlieferant der württembergischen Bahnen neun Lokomotiven dieser Bauart. Jeweils drei verließen 1899 und 1901 die Werkhallen. Ihnen folgten drei weitere Einzelanfertigungen bis 1913. Die Württembergischen Staatseisenbahnen kennzeichneten die Maschinen als Tssd und mit den Betriebsnummern 41 bis 49. Bei der DRG erhielten die Drehgestell-Lokomotiven die Betriebsnummern 99 631 – 99 639.

Konstruktion

In der klassischen Ausführung der Bauart Mallet befand sich der Dampfkessel auf dem hinteren Hauptrahmen, der gleichzeitig die Hochdruckzylinder trug, während das vordere seitlich ausschwenkbare Lenkgestell die Niederduckzylinder aufnahm. Der Hauptrahmen war als Außenrahmen gestaltet, in den der im unteren Bereich sich verjüngende Stehkessel ragt. Nach vorne war der Rahmen schwanenhalsförmig bis zur Mitte des Lenkgestells verlängert, wo er sich auf letzteres abstützte und hier gleichzeitig den Langkessel trug. Ein kräftiges Scharnier verband Lenkgestell und Hauptrahmen. Eine querliegende Schraubenfeder sorgte für die Rückstellung in die Mittellage. Der Dampfkessel war eine Nietkonstruktion, wobei der Langkessel aus drei Schüssen bestand. Der Stehkessel mit leicht schräger Rückwand besaß eine nach vorn stark abfallende Rostfläche. Auffällig war das Führerhaus mit guter Rundumsicht, deren seitliche Öffnungen ursprünglich offen und unverglast waren. Erst später setzte man verschiebbare Blechtafeln ein. Die große Mittelöffnung in der Rückwand konnte dagegen mit einem Holzrolladen verschlossen werden. Bei den zuerst gelieferten Lokomotiven befand sich das Ramsbottom-Sicherheitsventil sogar im Führerhaus, wurde dann aber bald auf den Langkessel umgesetzt.

Betriebseinsatz

Die ersten Mallet-Lokomotiven kamen auf der 1899 eröffneten Strecke Ochsenhausen – Warthausen zum Einsatz. Aber bald verkehrte diese Gattung auf allen württembergischen 750-mm-Spur-Bahnen. Mit der Umsetzung der Eh2t-Lokomotiven aus Sachsen wurden ab 1937 die ersten Maschinen abgestellt. Nach dem zweiten Weltkrieg gehörten noch vier Maschinen zum Bestand, von denen die 99 638 am 26. Oktober 1954 und die 99 639 am 27. November 1946 ausgemustert und anschließend zerlegt werden konnten. Als letzte Mallet-Lokomotiven der DB waren noch die 99 633 und 99 637 auf der Federseebahn Buchau – Schussenried eingesetzt. Die 99 637 schied am 25. März 1965 aus und wurde als Denkmal in Buchau aufgestellt. Die Deutsche Gesellschaft für Eisenbahngeschichte erwarb die am 18. März 1969 ausgemusterte 99 633. Nach langjähriger Aufarbeitung kam die Lok für Museumszwecke ab November 1982 auf der Jagstalbahn Möckmühl – Dörzbach zum Einsatz und ab 1987 auf der württembergischen Öchsle-Strecke beheimatet. Derzeit ist die Maschine konserviert abgestellt.

TECHNISCHE DATEN		
Loknummern		99 631 – 99 639
Bauart		B'Bn4vt
Spurweite	mm	750
Hersteller		Esslingen
erstes Baujahr		1899
Länge über Puffer	mm	8226
gesamter Achsstand	mm	4440
Dienstmasse	t	28,7
Wasservorrat	m³	3,0
Kohlevorrat	t	1,2
Kesselheizfläche	m²	56,4
Rostfläche	m²	0,97
Betriebsdruck	bar	12
Zylinderdurchmesser	mm	275/420
Kolbenhub	mm	450
Raddurchmesser	mm	900
zulässige Geschwindigkeit	km/h	30
Zugkraft (0,45 p)	kN	47,6
effektive Leistung	PS	185
	kW	136

Bis 1965 war die Lok 99 7201 zwischen Mosbach und Mudau planmäßig im Einsatz. Am 3. September 1964 stand sie abfahrbereit in Mosbach (Baden)

99 7201 – 99 7204

D
ie einzige im einstigen Baden gelegene Schmalspurbahn für den öffentlichen Verkehr führte von Mosbach nach Mudau. Erst am 1. Mai 1931 wurde diese Meterspurbahn von DRG übernommen und der Reichsbahndirektion Karlsruhe zugeordnet. Für diese im Odenwald gelegene 28,2 km lange und krümmungsreiche Strecke mit ausgedehnten Steigungen fertigte Borsig 1904 vier Cn2t-Lokomotiven mit den Fabriknummern 5324 – 5327. Zunächst erhielten diese Maschinen die Betriebsnummern 1 bis 4. Die DRG kennzeichnete die Dreikuppler mit den Betriebsnummern 99 7201 – 99 7204.

Konstruktion

Im Aufbau entsprachen diese Maschinen der üblichen Ausführung dreiachsiger Tenderlokomotiven mit mäßig langen Überhängen. Der Blechinnenrahmen in genieteter Ausführung führte alle drei Achsen ohne Seitenspiel und diente gleichzeitig zur Aufnahme des gesamten Wasservorrats. Der ebenfalls genietete Dampfkessel ragte mit seinem Stehkessel bis in den Rahmen hinein und mußte im Bereich des Rostes schmal ausgeführt werden. Der zweischüssige Langkessel enthielt 129 Heizrohre (Durchmesser 33/38 mm)

bei 2 865 mm freier Länge. Im Dampfdom befand sich ein Flachschieberregler. Zur Verhütung des Funkenflugs war der Schornstein durch eine Kappe aus engmaschigem Drahtgeflecht abgedeckt. Die auf Flachschieber arbeitende Allan-Steuerung konnte mittels Steuerhändel eingestellt werden.

Anfangs besaßen die Maschinen außer einer Wurfhebelhandbremse einen Luftsauger zum Betätigen der an den Wagen befindlichen Körting-Saugluftbremsen. Mit Einführung des Rollwagenbetriebs stattete man die Maschinen mit Westinghouse-Druckluftbremsen aus. Der dafür erforderliche Hauptluftbehälter wurde auf dem Langkessel befestigt. Die zu Beginn der fünfziger Jahre installierte elektrische Ausrüstung mit einem 2,5-kV-Turbogenerator versorgte auch die Beleuchtungsanlagen in den Reiszugwagen.

Betriebseinsatz

Bis zur Umstellung auf Dieseltraktion im Jahre 1964 verkehrten die Maschinen auf ihrer Stammstrecke und blieben auch danach erhalten. 99 7201, ausgemustert am 10. März 1965, gelangte als Denkmal vor das Gasthaus „Blauer Engel" in Passau-Angel. 99 7202, ausgemustert am 10. März 1965, wurde vor der Odenwald-

halle in Mudau aufgestellt. 99 7204, ausgemustert am 10, März 1965, konnte an eine Firma in Unterbernbach als Denkmal verkauft werden. 99 7203, ausgemustert am 26. Oktober 1964, wurde von der Albtal-Verkehrsgesellschaft übernommen, wo die Maschine kurze Zeit beim Streckenbau eingesetzt war. Danach ging sie in den Besitz der Deutschen Gesellschaft für Eisenbahngeschichte über. Im März 1988 gelangte der Dreikuppler nach Geislingen zur Hauptuntersuchung. Seit Juli 1990 steht die Lokomotive dem Verein Ulmer Eisenbahnfreunde für den Betrieb auf der Museumsbahn Amstetten – Oppingen zur Verfügung.

TECHNISCHE DATEN

Loknummern		99 7201 – 99 7204
Bauart		Cn2t
Spurweite	mm	1000
Hersteller		Borsig
Baujahr		1904
Länge über Puffer	mm	7060
gesamter Achsstand	mm	2140
Dienstmasse	t	23,0
Wasservorrat	m³	2,4
Kohlevorrat	t	0,95
Kesselheizfläche	m²	47,2
Rostfläche	m²	0,77
Betriebsdruck	bar	12
Zylinderdurchmesser	mm	320
Kolbenhub	mm	420
Raddurchmesser	mm	900
zulässige Geschwindigkeit	km/h	30
Zugkraft (0,6 p)	kN	34,4
effektive Leistung	PS	155
	kW	113,9

AUTOR: KLAUS JÜNEMANN; AUFNAHME: SEITZ

Beliebt beim Personal des Prignitzer Schmalspurnetzes war die 1947 in Potsdam-Babelsberg gebaute Schlepptenderlok, hier 1965 in Perleberg

99 1401

Schon bald nach dem Ende des zweiten Weltkriegs begann im Werk „Volkseigene Betriebe Brandenburg, Lokomotivfabrik Orenstein & Koppel, Babelsberg" – so die damals offizielle Firmenbezeichnung, später dann umbenannt in „Lokomotivbau Karl Marx" – wieder der Lokomotivbau.

Grundlage dafür war im Rahmen von Reparationslieferungen ein Großauftrag der UdSSR über die Herstellung leistungsfähiger Schmalspurlokomotiven, für die bei 750-mm-spurigen Waldeisenbahnen großer Bedarf bestand. Die Konstruktion beinhaltete eine D-gekuppelte Schlepptender-Heißdampflokomotive mit 250 PS (184 kW) Nennleistung.

Die Fertigung lief bereits 1946 an und endete 1954. In dieser Zeit verließen 418 Maschinen dieser Bauart das Werk. Da die Herstellung der Dampfkessel vorerst noch nicht möglich war, bezog man diese von der Dampfkesselfabrik Uebigau bei Dresden.

Am 30. April 1947 wurde die erste Nachkriegslokomotive feierlich übergeben, und unter der Fabriknummer 15101 (Kesselnummer 7426) erhielt sie entsprechend dem Exportauftrag die Bezeichnung „Gr No 001" (Gr bedeutete: „Ableitung Germania") in kyrillischen Buchstaben. Mit dieser Lokomotive fanden vom 15. September bis 22. Oktober 1947 mehrere Versuchsfahrten auf der sächsischen Strecke von Hainsberg nach Kurort Kipsdorf statt.

Zur Auswertung der Versuchsergebnisse gelangte der Vierkuppler wieder zurück zum Hersteller. Es zeigte sich, daß die Achslager mit Lagerschalen aus Rotguß ohne Weißmetalleinlage zum Warmlaufen neigten. Auch stand die nur auf die Maschine wirkende Dampfbremse nicht im erforderlichen Verhältnis zu den möglichen Zugmassen und der zugelassenen Höchstgeschwindigkeit von 35 km/h.

In Absprache mit dem Auftraggeber kam die „Gr No 001" nicht zu der ursprünglich vorgesehenen Auslieferung, sondern wurde der Generaldirektion der Landesbahnen Brandenburg übergeben, die unter anderem die in 750-mm-Spur wieder aufgebaute ehemalige Normalspurstrecke von Glöwen nach Havelberg zu betreiben hatte, und die für die am 3. September 1948 vorgesehene Eröffnung dringend Triebfahrzeuge benötigte. Die Dampfbremse war inzwischen gegen eine Druck-

luftbremse der Bauart Knorr ausgetauscht worden, die nun auch auf den Tender wirkte. Weiterhin konnte auf den gitterförmigen Tenderaufbau zur Lagerung von Brennholz verzichtet werden. Für den Einsatz in der Prignitz entfernte man lediglich die

TECHNISCHE DATEN		
Loknummer		99 1401
Bauart	.	Dh2
Spurweite	mm	750
Hersteller		Orenstein & Koppel
Baujahr		1947
Länge über Puffer	mm	12014*
gesamter Achsstand	mm	8258*
Dienstmasse	t	59,6*
Wasservorrat	m³	5,5
Kohlevorrat	t	3
Kesselheizfläche	m²	42,89
Rostfläche	m²	1,6
Betriebsdruck	bar	13
Zylinderdurchmesser	mm	370
Kolbenhub	mm	400
Raddurchmesser	mm	800
zulässige Geschwindigkeit	km/h	35
Zugkraft (0,6 p)	kN	53,5
effektive Leistung	PS	250
	kW	184

* mit Tender

Gegenüber den anderen Lokomotiven des Prignitzer Schmalpurnetzes wirkte die 99 1401 ausgesprochen wuchtig. Glöwen am 13. April 1958

beiden kyrillischen Buchstaben. Mit der Betriebsnummer. 001 gelangte diese Lokomotive 1950 in den Bestand der DR. Hier setzte man nur die Baureihen-Bezeichnung 99 davor. Da die so entstandene Betriebsnummer 99 001 jedoch bereits 1925 an eine Bn2t-Lok der ehemaligen Pfalzbahn vergeben worden war, fand im Oktober 1953 die endgültige Umnumerierung in 99 1401 statt.

Um die zugkräftige Maschine auch auf den Strecken des benachbarten Perleberger Netzes freizügig einsetzen zu können, erhielt die Lokomotive im April 1951 eine Haspeleinrichtung zur Bedienung der hier vorhandenen Heberleinbremseinrichtungen sowie Anschlüsse für die Dampfheizung.

Konstruktion

Mit einer Höhe der Kesselmitte über Schienenoberkante von 2 100 mm lag der Dampfkessel für eine Lokomotive dieser Spurweite verhältnismäßig hoch. Dadurch war es möglich, die Luftklappen seitlich unterhalb des Bodenringes anzuordnen, vorteilhaft für eine ungehinderte Zuströmung der Verbrennungsluft. Geräumig konnte auch der Aschkasten ausgeführt werden. Bemerkenswert war die große Anzahl von 64 Rauchrohren gegen nur neun Heizrohren, die einzeln am Rande des Rohrspiegels verteilt waren.

Der Heißdampfkessel war in Nietkonstruktion ausgeführt. Trotz der Länge von 2 600 mm zwischen den Rohrwänden bestand der Langkessel mit 1 100 mm innerem Durchmesser aus nur einem Schuß. Der Rauchrohrüberhitzer entsprach der

Bauart Schmidt mit einfacher Umkehrung. Infolge der auch für Holzfeuerung vorgesehenen großen Rostfläche besaß der Stehkessel eine schräge Rückwand, die Feuerbüchse bestand aus IZ-II-Stahl.

Hinzu kamen ein Ventilregler der Bauart Wagner, zwei saugende 60-l-Dampfstrahlpumpen und eine Abschlammvorrichtung der Bauart Strube. Der Innenrahmen aus 30 mm dicken Blechplatten mit mehreren Querversteifungen war vollständig geschweißt. Alle Tragfedern befanden sich innerhalb des Rahmens über den Achslagern. Ausgleichhebel waren jeweils zwischen der ersten und zweiten sowie der dritten und vierten Achse angeordnet. Zum Einstellen der Tragfedern hatte der Rahmen im Bereich jeder Federspannschraube kreisrunde Ausschnitte erhalten. Der feste Achsstand betrug 2 800 mm und wurde durch die beiden äußeren Achsen gebildet. Für das geforderte Durchfahren von Gleisbögen mit 40 m Radius verfügten die zweite und dritte Achse über jeweils 25 mm Seitenspiel aus der Mittellage. Während die sehr langen Treibstangen an beiden Enden geteilte Lager besaßen, waren die Kuppelstangen mit Buchsenlagern versehen.

Die Heusinger-Steuerung wurde über eine Steuerschraube bedient. Für die Dampfverteilung sorgten anfangs Druckausgleich-Kolbenschieber der Bauart Müller mit 200-mm-Durchmesser, die 1962 gegen solche der Bauart Trofimoff ausgetauscht wurden.

Das geräumige Führerhaus war allseitig umschlossen, die seitlichen Einstiege hatten hohe Drehtüren erhalten. In der Rückwand ermöglichte eine zweiteilige Schie-

betür den Zugang zum Tender. Führerhausrückwand und die an deren Form angeglichene Tendervorderwand war zwecks Witterungsschutz für das Personal durch einen Faltenbalg verbunden.

Beim Tender, der sämtliche Wasser- und Kohlevorräte aufnahm, wurden die drei festgelagerten Achsen in einem genieteten Außenrahmen aus 12 mm dickem Blech geführt.

Alle Tragfedern waren außen angeordnet, die der zweiten und dritten Achse über Ausgleichhebel verbunden.

Lokomotive und Tender hatte man mit der Druckluftbremse Bauart Knorr ausgerüstet. Vorhanden waren außerdem eine zweistufige Luftpumpe an der rechten Rauchkammerseite sowie ein 400-l-Hauptluftbehälter auf dem linken Umlaufblech und am Tender eine Spindelhandbremse.

Betriebseinsatz

Die 99 1401 war vorrangig auf der Strecke Glöwen – Havelberg eingesetzt, jedoch verkehrte sie zeitweise auch auf den übrigen Strecken des Prignitzer Schmalspurnetzes. Der Vierkuppler war bei den Lokpersonalen beliebt, größere Störungen traten nicht auf.

Der sich auf vielen Schmalspurbahnen abzeichnende Verkehrsträgerwechsel war Anlaß, die Lokomotive 99 1401 als Einzelgänger trotz ihrer modernen Bauart nicht mehr der Ende 1967 fälligen Hauptuntersuchung zu unterziehen. Nach Ablauf der Betriebszeit wurde die Maschine in das Raw Görlitz übergeführt und dort bis Ende März 1968 verschrottet.

AUTOR: KLAUS JÜNEMANN; AUFNAHMEN: KIEPER, JÜNEMANN

Im September 1958 hielt die Ex-Bau- und Waldbahnlok 99 3001 vor einen gemischten Zug von Jarmen nach Schmarsow in Wilhelminenthal

99 3001

Zeitlich in Zusammenhang mit dem teilweisen Wiederaufbau der 1945 demontierten und 750-mm-spurigen Demminer Bahnen von Jarmen bis Schmarsow in 600-mm-Spur bestand dringender Bedarf an Triebfahrzeugen. Deshalb erhielt der Maschinendezernent des seinerzeit für diese Strecke zuständigen Reichsbahnamts Neustrelitz den Auftrag, ein geeignetes Fahrzeug aus zahlreichen im Raw Chemnitz abgestellten Schadlokomotiven auszusuchen.

Die Wahl fiel auf die spätere 99 3001. Dabei handelte es sich um eine Werklokomotive, die Henschel als Typ Monta in größerer Stückzahl hergestellt hatte. Die Maschine entstand 1924 unter der Fabriknummer 20452 und trug die äußere Kennzeichnung BO 021 (nach anderen Quellen Bo 121), mit der sie zuletzt bei einer Waldeisenbahn im 1939 okkupierten Teil Oberschlesiens verkehrte.

Bis zum 19. April 1949s erhielt der Zweikuppler im Raw Chemnitz eine Hauptuntersuchung. Da die 1949 eröffnete Strecke ein reiner Inselbetrieb ohne jeglichen Bahnanschluß war, gelangte die Lokomotive anschließend von Tutow auf einem Straßentransporter nach Jarmen zum künftigen Einsatzort. Hier war sie zwar einsatzbereit, doch der ausschließlich innerhalb des Rahmens untergebrachte Wasservorrat von nur 0,76 m³ erwies sich für die 12,4 km lange Strecke einschließlich der anfallenden Rangierarbeiten als zu knapp. Es mußte erst eine Rohrverbindung vom Rahmenwasserkasten zum hinteren Ende geschaffen werden, um hier einen aus dem Fahrzeugpark der ehemaligen Mecklenburg-Pommerschen Schmalspur-bahn entbehrten und 1894 in der Waggonfabrik Güstrow hergestellten Wassertender anschließen zu können. Vom 10. Februar 1950 an verkehrte die nun komplettierte Lokomotive zwischen Jarmen und Schmarsow. Zunächst ohne nähere Bezeichnung eingesetzt, erhielt die Maschine aufgrund einer gesonderten Anweisung von der DR noch im gleichen Jahr die Betriebsnummer 99 3001, die stets nur mit Farbe auf einem schmalen Schild angeschrieben war.

Konstruktion

Der genietete Naßdampfkessel entsprach der normalen Bauart mit einem einschüssigen Langkessel, die Kesselmitte lag 1 420 mm über Schienenoberkante, der Abstand zwischen den Rohrwänden betrug 2 000 mm. Der Stehkessel mit kupferner Feuerbüchse und waagerecht liegendem Rost stand auf dem Rahmen, der hier etwas abgesetzt war. Zwei selbstansaugende 33-l-Dampfstrahlpumpen dienten der Kesselspeisung. Der Dampfdom enthielt zwei Sicherheitsventile der Bauart Coale und auf dem Deckel den über einen Seitenzug zu betätigenden Ventilregler. Der vordere Teil des Rahmens war als Wasserkasten ausgeführt. Dessen Einfüllöffnung am vorderen Rahmenende mußte fest verschlossen werden, da der Wasserspiegel im Tender höher lag. Um bei Bedarf den Tender am vorderen Lokende ankuppeln zu können, bestand auch hier ein Wasserschlauchanschluß.

Das Laufwerk war in vier Punkten abgestützt, die Tragfedern der hinteren Achse lagen innerhalb des Rahmens über den Achslagern.

Die Heusinger-Steuerung mit Hängeeisen und Flachschiebern konnte über einen Händel umgestellt werden. Beide Seitenkästen beinhalteten den Kohlevorrat. Für die Beleuchtung diente ein Turbogenerator.

Betriebseinsatz

Bis zur Betriebseinstellung am 13. Dezember 1958 war die 99 3001 auf der Inselstrecke eingesetzt und war stets im zum Bahnbetriebswerk Neubrandenburg gehörenden Lokbahnhof Jarmen.

Allerdings wurde die Maschine fast nur zur Bewältigung des Rübenverkehrs benötigt. Dabei fuhr sie in Richtung Schmarsow vorwärts und hinter ihr der über die normale Kupplung verbundene Wassertender. Auf der Rückfahrt blieb der Tender am Zugschluß, womit man einer Entgleisung vorbeugen wollte, weil die normale nicht spannbare Kupplung keine sichere Führung beim Schieben versprach.

Nach Stillegung der Strecke Jarmen Nord – Schmarsow wurde die Maschine nach Anklam übergeführt. Am 28. Dezember 1961 in den Schadpark aufgenommen, blieb sie bis Mitte 1966 in Anklam und wurde am 12. August 1966 im Raw Görlitz verschrottet.

TECHNISCHE DATEN

Loknummer		99 3001
Bauart		Bn2t+T
Spurweite	mm	600
Hersteller		Henschel
Baujahr		1924
Länge über Puffer	mm	5630
gesamter Achsstand	mm	1400
Dienstmasse	t	9,8
Wasservorrat	m³	0,8
Kohlevorrat	t	0,55
Kesselheizfläche	m²	19,7
Rostfläche	m²	0,45
Betriebsdruck	bar	12
Zylinderdurchmesser	mm	235
Kolbenhub	mm	300
Raddurchmesser	mm	630
zulässige Geschwindigkeit	km/h	20
Zugkraft (0,6 p)	kN	18,9
effektive Leistung	PS	65
	kW	47,8

AUTOR: KLAUS JÜNEMANN; AUFNAHME: SAMMLUNG MACHEL

Die hier im August 1967 in Tiergarten Ost befindliche 99 3301 war die älteste Maschine Waldeisenbahn Muskau. Heute ist sie bei der Parkeisenbahn Cottbus im Einsatz

99 3301

Das Vorkommen reicher Bodenschätze und die zu deren Verarbeitung entstandenen Fabriken im weitläufigen Gebiet der Standesherrschaft Muskau erforderte den Bau von Verbindungsbahnen zwischen den einzelnen meist auseinander liegenden Abbau- und Verarbeitungsstellen. Der anfängliche Pferdebetrieb erwies sich nach kurzer Zeit als unzweckmäßig, weshalb schon bald bei Krauss in München geeignete Dampflokomotiven bestellt wurden. Unter der Fabriknummer 3311 entstand 1895 die erste Maschine, der 1896 und 1899 je eine weitere in gleicher Konstruktion folgte. Es waren dreifach gekuppelte Tenderlokomotiven leichter Bauart, um auch schnell verlegte Gleise auf unbefestigtem Untergrund befahren zu können. Die zuerst ausgelieferte Lokomotive erhielt den Namen des Besitzers der Standesherrschaft: GRAF ARNIM. Die geringen Vorräte von 0,88 m³ Wasser und 0,17 t Kohle waren für die damaligen Betriebsverhältnisse ausreichend. Erst später, als größere Lokomotiven zur Verfügung standen, beschränkte sich der Einsatz mehr auf örtliche Dienste. 1933 mußte die nach Südwesten führende Strecke der als „Gräflich von Arnim'schen Kleinbahn Muskau" bezeichneten Werk- und Industriebahn in Weißwasser vom übrigen Netz getrennt werden. Auf dieser so entstandenen „Inselstrecke" setzte man fortan den C-Kuppler mit der Fabriknummer 3311 ein. Zur Vergrößerung der Vorräte hatte er einen zweiachsigen Zusatztender erhalten, der von einem auch zur Waldbahn gehörenden B-Kuppler (O & K 1919/8171) stammte. Das Führerhaus erhielt rückwärtig eine schmale Drehtür sowie ein hochklappbares Übergangsblech zum Tender.

Bei der Übernahme der Werkbahn durch die Deutsche Reichsbahn im Jahre 1951 erhielt die Lokomotive die Betriebsnummer 99 3301. Fortan war sie die älteste 600-mm-spurige DR-Lokomotive.

Konstruktion

Der genietete Dampfkessel liegt mit seiner Mitte nur 1 185 mm über Schienenoberkante, der zweischüssige Langkessel mit einem verhältnismäßig hohen Dampfdom enthält 56 Heizrohre mit 2 175 mm freier Rohrlänge.

Der Stehkessel mit schräger Rückwand befindet sich auf dem Rahmen, der dazu entsprechend abgestuft ist, und enthält eine kupferne Feuerbüchse mit einem nach vorn geneigten Rost.

Bei der 1963 durchgeführten Hauptuntersuchung veränderte man die Sicherheitsventile. Anstelle der Federwaagventile kamen Ventile die Bauart Ackermann zum Einbau, und das mittig vor dem Dampfdom befindliche Reglerventil wich einem Flachschieberregler mit Seitenzug an der rechten Domseite.

Der genietete Blechrahmen dient im vorderen Teil als Wasserkasten. Im Bereich des Stehkessels und des Führerstandes ist er stark abgesetzt. Alle drei Achsen sind festgelagert, deren Achsstand nur 1 300 mm beträgt, was bei der Loklänge von 5 300 mm große Überhänge bewirkt. Das Laufwerk stützt sich auf drei Punkten ab. Alle Tragfedern liegen oberhalb des Rahmens, aber außerhalb der Achslagerebenen. Die Abstützung erfolgt über querliegende Träger und Federstifte. Die Tragfedern der ersten Achse sind über einen Querausgleich mit Winkelhebel untereinander verbunden, die zweite und dritte Achse verfügen über gemeinsame als Ausgleich fungierende Federn. Die Stephenson-Steuerung mit Flachschiebern entspricht der Ausführung mit offenen Stangen. Zur Umsteuerung dient ein Händel. An der Führerhausrückwand ist der Bremshebel mit Ratschenhemmung vorhanden.

Die Seitenkästen enthalten im vorderen Teil Wasser, im hinteren beidseitig den Kohlevorrat. Auf letzteren wurde seit der Beistellung des Zusatztenders verzichtet, dafür konnte rechtsseitig bei Bedarf die Batterie für eine provisorische Beleuchtungseinrichtung untergebracht werden. Der zweiachsige Zusatztender selbst ist ungebremst. Er ist mit der Maschine über die normale bei der Waldbahn üblichen Mittelpufferkupplung verbunden, dadurch besteht zwischen Führerhaus und Tender ein relativ weiter Abstand.

Betriebseinsatz

Bei der Übernahme durch die DR war die 99 3301 hauptsächlich auf der von Weißwasser nach Tzschelln/Ruhlmühle führenden „Inselstrecke" eingesetzt. Wegen der einfachen Betriebsverhältnisse war die Einmannbedienung zugelassen. Nachdem hier am 4. Januar 1966 der Betrieb stillgelegt worden war, blieb die Maschine im dortigen Lokschuppen abgestellt. Im April 1969 wurde die 99 3301 von der Stadt Cottbus für ihre Pioniereisenbahn erworben. Nach einer Hauptuntersuchung im Raw Stendal kam sie dann ab April 1970 mit der Bezeichnung 04 erneut zum Einsatz.

Während der Bundesgartenschau 1995 in Cottbus war die jetzige Parkeisenbahn ein Publikumsmagnet. Hier stand die inzwischen 100jährige und mit einem erneuerten Kessel ausgerüstete Lokomotive die gesamte Zeit im Einsatz, fand große Beachtung und erzielte vorher nie erreichte monatliche Laufleistungen.

TECHNISCHE DATEN

Loknummer		99 3301
Bauart		Cn2t+T
Spurweite	mm	600
Hersteller		Krauss
Baujahr		1895
Länge über Puffer	mm	8720*
gesamter Achsstand	mm	5840
Dienstmasse	t	8,0
Wasservorrat	m³	2,6*
Kohlevorrat	t	1,2*
Kesselheizfläche	m²	18,76
Rostfläche	m²	0,39
Betriebsdruck	bar	12
Zylinderdurchmesser	mm	200
Kolbenhub	mm	300
Raddurchmesser	mm	560
zulässige Geschwindigkeit	km/h	15
Zugkraft (0,6 p)	kN	15,5
effektive Leistung	PS	60
	kW	44,1

* mit Tender

AUTOR: KLAUS JÜNEMANN; AUFNAHME: KIEPRER

Durch ihren charkteristischen Kobelschornstein waren die Brigadeloks der Waldeisenbahn Muskau leicht von anderen Maschinen gleicher Bauart zu unterscheiden. Die 99 3313 ist inzwischen in Frankfurt (Main) in den Originalzustand zurückgebaut worden

99 3310, 3311, 3313 – 3318

Aus dem Bestand der zahlreichen vor und im ersten Weltkrieg von fast allen deutschen Lokomotivfabriken hergestellten vierachsigen Heeresfeldbahnlokomotiven für 600-mm-Spurweite – den sogenannten Brigadelokomotiven – fand noch ein Teil für friedliche Zwecke im In- und Ausland Verwendung. So kaufte auch die „Gräflich von Arnimsch'sche Kleinbahn Muskau" 1921 und 1922 insgesamt sieben dieser Maschinen, von denen eine 1934 an die Mecklenburg-Pommersche Schmalspurbahn verkauft wurde und eine 1945 unter die Reparationsleistungen an die UdSSR fiel. Der bei der Muskauer Bahn vorhandene Lokpark war für das inzwischen gewachsene Verkehrsaufkommen, vor allem durch den Anschluß mehrerer Kohlengruben, nicht mehr ausreichend. Für die teilweise einfach verlegten Gleise der „Gräflich von Arnimsch'sche Kleinbahn Muskau" waren die Brigadelokomotiven mit ihrer geringen Achsfahrmasse sehr gut geeignet. Lediglich die Einrichtungen zur Funkenflugvermeidung mußte verbessert werden, indem ein vergrößerter Kobel auf dem Schornstein die bisherige flache Ausführung ersetzte. Außerdem wurden die beweglichen Hohlachsen durch feste Achsen

ersetzt, denn erstere verursachten einen unruhigen Lauf, auch war die mit ihnen erreichbare Bogenläufigkeit von nur 20 m Radius nicht erforderlich. Der Umbau wurde jedoch erst ab 1945 in eigener Werkstatt vollzogen. Der feste Achsstand vergrößerte sich, und die zugelassene Geschwindigkeit konnte von 15 auf 25 km/h erhöht werden. Mit der Übernahme der Werkbahn durch die DR erhielten die sonst nur mit den Fabriknummern bezeichneten Lokomotiven erstmals durchlaufende Betriebsnummern, die entsprechend der Spurweite und der Achsfahrmasse alle mit 99 33.. begannen.In den bei Weißwasser gelegenen Kohlengruben waren auch einige dieser Brigadelokomotiven eingesetzt, von denen in den fünfziger Jahren drei weitere von der WEM übernommen wurden. Deren neue Betriebsnummern schlossen sich an die 99 3316 an. Allerdings erhielt die mit der Nummer 99 3319 vorgesehene Maschine durch einen Übertragungsfehler die Bezeichnung 99 3310.

Konstruktion

Trotz der vielen Hersteller entsprachen alle Lokomotiven einer einheitlichen

Konstruktion, die gemäß des vorgesehenen Einsatzzwecks in Kriegsgebieten keine hohen Ansprüche hinsichtlich Bedienung und Wartung stellten sowie den Tausch einzelner Bauteile ermöglichen sollten. Der genietete Dampfkessel liegt mit seiner Mitte 1 200 mm über Schienenoberkante sehr niedrig. Der ein-

TECHNISCHE DATEN

Loknummern		99 3310, 99 3311, 99 3313 – 99 3318
Bauart		Dn2t
Spurweite	mm	600
Hersteller		verschiedene
erstes Baujahr		1914
Länge über Puffer	mm	5885
gesamter Achsstand	mm	2260
Dienstmasse	t	12,0
Wasservorrat	m³	1,1
Kohlevorrat	t	0,3
Kesselheizfläche	m²	16,4
Rostfläche	m²	0,42
Betriebsdruck	bar	15
Zylinderdurchmesser	mm	240
Kolbenhub	mm	240
Raddurchmesser	mm	600
zulässige Geschwindigkeit	km/h	25
Zugkraft (0,6 p)	kN	20,7
effektive Leistung	PS	50
	kW	36,8

Die Lok 99 3316 war bis 1981 auf dem Betriebshof Krauschwitz im Einsatz, hier im Jahre 1974

Ein Vergleich mit der 99 3316 (oben) zeigt nur wenige bauliche Unterschiede zur 99 3315 (1974)

schüssige Langkessel mit nur 698 mm innerem Durchmesser enthält 43 Heizrohre bei 2 800 mm freier Länge. Der Stehkessel mit schräger Rückwand steht breit ausladend hinter der letzten Kuppelachse überhängend auf dem Rahmen. Die größere Breite gegenüber der Länge ermöglichte es, den Kesselschwerpunkt mehr nach vorn zu bringen. Der versuchsweise Tausch der kupfernen Feuerbüchse gegen eine aus Stahl bewährte sich nicht, es blieb bei der ursprünglichen Materialauswahl. Der hohe Dampfdom war anfangs mit Federwaag-Sicherheitsventilen ausgerüstet, die in den sechziger Jahren gegen Ventile der Bauart Ackermann ausgewechselt wurden. Rechtsseitig am Dampfdom ist der Flachschieberregler mit Seitenzug angeordnet. Im genieteten Blechaußenrahmen sind alle vier Achsen fest gelagert. Zum Befahren von Gleisbögen haben die beiden mittleren Achsen geschwächte Spurkränze erhalten. Alle acht Tragfedern befinden sich oberhalb des Rahmens, die Belastung erfolgt über paarweise durch Ausgleichhebel verbundene Federstifte. Für die Dampfverteilung dient eine Stephenson-Steuerung mit gekreuzten Stangen, die Umsteuerung geschieht durch einen Händel.

Die langen seitlichen bis zur Rauchkammervorderwand reichenden und anfangs genieteten Wasserkästen wurden in den fünfziger Jahren sämtlich durch geschweißte ersetzt. Der linke Kasten enthält im hinteren Bereich den Kohlenvorrat, der durch einen teils abklappbaren Holz- bzw. Blechaufsatz vergrößert werden konnte. Die elektrische Beleuchtung, bestehend aus je einem Kraftfahrzeug-Scheinwerfer sowie einer Schlußleuchte an beiden Fahrzeugenden, speiste eine im rechten Seitenkasten untergebrachte Batterie.

Betriebseinsatz

Alle Lokomotiven der WEM verkehrten auf dem gesamten Streckennetz, das in besten Zeiten bis zu 75 km lang war. Typisch bei den Maschinen war ein langer Holzstamm, der seitlich oberhalb des Dampfkessels stets in Halterungen mitgeführt wurde, er diente vor allem zum Eingleisen der leichten Fahrzeuge, kam aber auch als Rangierhilfe im Weichenbereich zur Anwendung.

Infolge der einfachen Betriebsverhältnisse war auf den WEM-Lokomotiven die Einmannbesetzung zugelassen. Ab Ende der sechziger Jahre reduzierte sich das Verkehrsaufkommen der WEM. Der Betrieb wurde im März 1978 endgültig eingestellt.

Die letzte betriebsfähige Lokomotive 99 3316 stand noch bis Januar 1981 für innerbetriebliche Zwecke im örtlichen Einsatz. Alle Maschinen blieben erhalten. Nähe Angaben dazu enthält die Übersicht.

Brigadelokomotiven der Waldeisenbahn Muskau

DR-Nummer	Herstellerdaten	HF-Nr.	Einsatz bis	Verbleib
99 3311	Krauss 1917/7349	1575	24.03.1977	Baumschulbahn Schinznach(Schweiz)
99 3313	Borsig 1914/8836	312	01.03.1976	Dampfbahn Rhein-Main Frankfurt (Main)
99 3314	Henschel 1917/15226	1487	04.04.1975	Dampflok-Museum Neuenmarkt
99 3315	Henschel 1917/15307	1547	31.05.1977	Dampfkleinbahn Mühlenstroth
99 3316	Borsig 1916/9757	634	06.01.1981	Technik-Museum Sinsheim
99 3317	Borsig 1918/10306	1914	31.01.1977	Denkmal in Weißwasser, seit 1990 im Besitz des Vereins „Waldeisenbahn Muskau", Weißwasser
99 3318	Borsig 1918/10364	2301	09.12.1972	Dampfkleinbahn Mühlenstroth
99 3310	O&K 1917/8338	1638	04.01.1973	Ohs Bruk Järnväg/Schweden

AUTOR: KLAUS JÜNEMANN, AUFNAHMEN: KIEPER, MACHEL (2)

Stets ein Einzelgänger war bei der Waldseisenbahn Muskau die 1912 von Borsig gebaute 99 3312. Sie ist heute in Weißwasser zu besichtigen

99 3312

Die Standesherrschaft in Muskau beschaffte zur Bewältigung größerer Zuglasten auf ihrer Wirtschafts- und Industriebahn im Jahre 1912 von Borsig eine vierfach gekuppelte Tenderlokomotive. Sie wurde unter der Fabriknummer 8472 gefertigt und erhielt bei der „Gräflich von Arnim'schen Kleinbahn Muskau" den Namen DIANA. Obwohl Borsig bereits seit 1907 D-gekuppelte Tenderlokomotiven für 600-mm-Spurweite im Rahmen der späteren Großfertigung für die Heeresfeldbahnen herstellte, handelte es sich bei dieser Maschine um eine Neukonstruktion, die mit den späteren Brigadelokomotiven keine Gemeinsamkeiten besitzt. Es sind noch drei Nachbauten bekannt, von denen zwei später bei der Mecklenburg-Pommerschen Schmalspurbahn verkehrten. Bei der Waldbahn war die DIANA die zugkräftigste Maschine und brachte auch die höchsten Laufleistungen. Bei der DR erhielt der Vierkuppler 1951 die Nummer 99 3312.

Konstruktion

Der genietete Naßdampfkessel mit einem Abstand zwischen den Rohrwänden von 2 400 mm liegt mit seiner Mitte 1 245 mm über Schienenoberkante, der zweischüssige Langkessel enthält 67 Heizrohre mit 39,5/44,5 mm Durchmesser. Der Steh-

kessel mit kupferner Feuerbüchse steht auf dem Rahmen. Der Dampfdom war ursprünglich mit Federwaag-Sicherheitsventilen ausgerüstet, die 1963 gegen Akkermann-Ventile ausgetauscht wurden. Rechtsseitig am Dampfdom ist der Flachschieberregler mit Seitenzug angeordnet. Im genieteten Blechaußenrahmen sind alle vier Achsen fest gelagert. Zum Befahren von Gleisbögen sind die Spurkränze der zweiten und dritten Achse geschwächt. Alle Tragfedern befinden sich außen über den Achslagern, der Federausgleich existiert zwischen der ersten und zweiten sowie der dritten und vierten Achse. Zur Heusinger-Steuerung gehören Hängeeisen und Flachschieber. Die Umstellung erfolgte mittels Händel. Beide Seitenkästen dienen nur zur Unterbringung des Wasservorrats, da sich der Kohlenvorrat hinter dem Führerhaus befindet. Für die vielfach im Waldgebiet liegenden Strecken diente der große Kobelschornstein mit seinen inneren Drallblechen. Die elektrische Beleuchtung, bestehend aus je einem Kraftfahrzeug-Scheinwerfer sowie einer Schlußleuchte an beiden Fahrzeugenden, speiste eine Batterie.

Betriebseinsatz

Als zugkräftigste Lokomotive war die DIANA auf allen Strecken der Wald-

eisenbahn eingesetzt. Rationalisierungsmaßnahmen mit Streckenstillegungen ab Ende der sechziger Jahre erforderten immer weniger Lokomotiven, weshalb an der 99 3312 die im Oktober 1977 fällige Revision nicht mehr durchgeführt wurde. Die Maschine wurde abgestellt, aber kurz darauf an eine Interessengemeinschaft abgegeben, die sie in Oberoderwitz (Oberlausitz) als Denkmal aufstellte. Im Januar 1994 holte der Verein „Waldeisenbahn Muskau e.V." die DIANA mit dem Ziel einer betriebsfähigen Aufarbeitung nach Weißwasser, dem Ausgangspunkt einer auf WEM-Trassen wieder aufgebauten Touristik- und Museumseisenbahn.

AUTOR: KLAUS JÜNEMANN, AUFNAHME: KIEPER

TECHNISCHE DATEN

Loknummer		99 3312
Bauart		Dn2t
Spurweite	mm	600
Hersteller		Borsig
Baujahr		1912
Länge über Puffer	mm	5770
gesamter Achsstand	mm	2400
Dienstmasse	t	14,0
Wasservorrat	m³	1,4
Kohlevorrat	t	0,6
Kesselheizfläche	m²	21,15
Rostfläche	m²	0,45
Betriebsdruck	bar	12
Zylinderdurchmesser	mm	240
Kolbenhub	mm	300
Raddurchmesser	mm	600
zulässige Geschwindigkeit	km/h	25
Zugkraft (0,6 p)	kN	20,7
effektive Leistung	PS	70
	kW	51,5

Auf der Drehscheibe vor dem Anklamer Ringlokschuppen steht im Juli 1967 die 99 3351

99 3351 – 99 3353

Anfangs waren bei der 600-mm-spurigen Mecklenburg-Pommerschen Schmalspurbahn (MPSB) nur B- und C-gekuppelte Lokomotiven eingesetzt. Der Fahrzeuglauf dieser Maschinen ließ durch die langen Überhänge vielfach zu wünschen übrig. Verbesserung brachte die in eigener Werkstatt eingebauten hinteren Laufachsen an einigen C-Kupplern. Bei weiteren Neuanschaffungen wurde daher die Achsfolge C1' gefordert. Die ersten beiden von Jung gefertigten Lokomotiven wurden 1906 gebaut. Ihnen folgten bis 1913 fünf weitere Maschinen. Im Aufbau waren es reine Tenderlokomotiven, denn Wasser befand sich in einem im Rahmen eingesetzten Kasten von 0,6 m³ Inhalt. Die Kohle war vor dem Führerhaus beiderseits des Dampfkessels untergebracht. Im Streckeneinsatz stellte man den Maschinen einen zusätzlichen Hilfstender bei, der 3 m³ Wasser faßte. Diese „Wasserwagen" waren symmetrisch gebaute kurze Fahrzeuge mit 1 400 mm Achsstand und normalen Zug- und Stoßvorrichtungen. Die Wagen entstanden meistens in der bahneigenen Werkstatt Friedland. An beiden Stirnenden befand sich ein absperrbarer Schlauchanschluß, über den der Wasserkasten in der Lokomotive mittels Rohrleitung ständig nachgefüllt wurde. Die normalen Einfüllstutzen auf der Maschine kurz vor den seitlichen Kohlekästen waren wegen ihrer niedrigen Lage ständig dicht verschlossen. Wasserschlauchanschlüsse gab es an beiden Enden, da der Hilfstender im Zugbetrieb stets nur hinter der Maschine eingestellt werden durfte. Von den insgesamt sieben ausschließlich von Jung gebauten Lokomotiven standen ab 1946 infolge Reparationsabgaben an die UdSSR nur noch

drei zur Verfügung: Nr. 1 (1906/989), Nr. 4 (1907/1138) und Nr. 5 (1908/1261). In den ersten Nachkriegsjahren entstanden beim Streckeneinsatz wegen fehlender Steinkohle Schwierigkeiten, denn die nun erforderliche größere Menge an Brikett bzw. auch Rohbraunkohle konnte nicht mehr untergebracht werden. Deshalb fertigte die Werkstatt in Friedland zusätzliche Kohlenkästen an, die an der Führerhausrückwand befestigt wurden. So umgebaut gelangten die drei Maschinen 1949 in den Bestand der DR, bei der sie die Betriebsnummern 99 3351 bis 99 3353 erhielten.

Konstruktion

Mit 1 360 mm über Schienenoberkante lag der genietete Naßdampfkessel sehr niedrig. Der Abstand zwischen den Rohrwänden betrug 2 100 mm. Der Langkessel enthielt 84 Heizrohre mit 33/38 mm Durchmesser. Der Stehkessel mit einer kupfernen Feuerbüchse und waagerecht liegendem Rost stand frei auf dem Rahmen. Art und Lage der Sicherheitsventile waren unterschiedlich, anfangs überwiegend die der Bauart Ramsbottom direkt vor dem Führerhaus, später die der Bauart Ackermann, teils auf bzw. am Dampfdom. Der genietete Blechaußenrahmen enthielt gleichzeitig den Wasserkasten, der sich im Bereich der gekuppelten Achsen zwischen den Radscheiben befand. Alle Kuppelachsen waren fest gelagert, die Laufachse führte ein Bisselgestell, das gleichzeitig die hintere Zug- und Stoßvorrichtung trug. Alle Tragfedern der Kuppelachsen befanden sich oberhalb des Rahmens und wurden über Federstifte belastet; die Federn der zweiten und dritten Achse verbanden Ausgleichshebel. Das Bisselgestell mit der

Laufachse wurde mittig ohne Federung belastet, wodurch sich die eigenartige Fünfpunktabstützung ergab. Die Radkörper waren Speichenräder mit eingegossenen Gegenmassen. Die Heusinger-Steuerung mit Hängeeisen und Flachschiebern konnte mit einem Steuerhändel eingestellt werden. Neben der an der Führerhausrückwand befindlichen Handbremse besaßen die Lokomotiven eine Dampfbremse, die auf die erste und dritte Achse wirkte. Erwähnenswert sind die Anschlüsse für die Dampfheizung zu den Reisezugwagen. Eine elektrische Beleuchtung mit einem Turbogenerator erhielten die Maschinen erst in den fünfziger Jahren.

Betriebseinsatz

Die 99 3351 und 99 3353 waren im Lokbahnhof Anklam des Bw Pasewalk und die 99 3352 im Lokbahnhof Friedland des Bw Neubrandenburg beheimatet, wobei ein gelegentlicher Austausch stattfand. Während die 99 3352 infolge eines Zylinderrisses bereits 9. Oktober 1968 abgestellt werden mußte und die 99 3353 wegen abgelaufener Kesselfrist und der bevorstehenden Betriebseinstellung am 27. Juni 1969 ausgemustert wurde, blieb die 99 3351 bis zum letzten Betriebstag, dem 27. September 1969, einsatzfähig und ist erst per 10. November 1969 ausgemustert worden. Alle drei Lokomotiven blieben erhalten: Die 99 3351 gelangte am 27. November 1970 in die USA. Seit 1987 gehört sie zum Museum der La Porte County Historical Society in Michingan. Die 99 3352 befindet sich in einer vom Heimatmuseum der Stadt Friedland aufgebauten Fahrzeughalle, und die 99 3353 kaufte die Llanberis Lake Railway in Llanberis, Caernarvonshire, Wales in England, wurde betriebsfähig aufgearbeitet und verkehrt heute im fast ursprünglichen Zustand als GRAF SCHWERIN-LÖWITZ bei der Brecon Montain Railway in Merthyr Tydfil.

TECHNISCHE DATEN		
Loknummern		99 3351 – 99 3353
Bauart		C1'n2t+T
Spurweite	mm	600
Hersteller		Jung
Baujahr		1906
Länge über Puffer	mm	9480*
gesamter Achsstand	mm	2900
Dienstmasse	t	13,2
Wasservorrat	m³	3,6*
Kohlevorrat	t	0,55
Kesselheizfläche	m²	20,67
Rostfläche	m²	0,45
Betriebsdruck	bar	12
Zylinderdurchmesser	mm	215
Kolbenhub	mm	300
Raddurchmesser	mm	630/500
zulässige Geschwindigkeit	km/h	25
Zugkraft (0,6 p)	kN	15,8
effektive Leistung	PS	65
	kW	47,8

* mit Tender

AUTOR: KLAUS JÜNEMANN; AUFNAHME: KIEPER

Die bis 1969 stets in Friedland beheimatete Lokomotive 99 3361 auf der Drehscheibe vor dem dortigen 15-ständigen Ringlokschuppen im Mai 1967

99 3361

Orenstein & Koppel hatte 1930 und 1934 drei sehr leistungsfähige Schlepptenderlokomotiven an die Mecklenburg-Pommersche Schmalspurbahn geliefert, von denen eine als 99 3462 noch von der DR übernommen wurde. Konnten diese Maschinen vor allem im saisonbedingten schweren Güterverkehr mit hohem Wirkungsgrad einsetzt werden, so war dies im übrigen leichteren Verkehr weniger möglich. Außerdem lag ihre Achsfahrmasse mit 4,1 t sehr hoch, so daß sie auf einigen Streckenabschnitten nur unter Vorbehalt einsetzbar waren. Dennoch sollten die nun 30 Jahre alten Naßdampfloks abgelöst werden. Aufbauend auf die schwere Ausführung entwickelte O & K eine leichtere Maschine, die erstmalig 1937 ausgeliefert wurde. Ihre betriebliche Eignung erwies sich bald, denn bereits im März 1939 erschien eine weitere gleichartige Maschine unter der Fabriknummer 13200. Beide verkehrten mit den Betriebsnummern 13 bzw. 14. Im äußeren Erscheinungsbild glichen die Loks der schweren Ausführung. Ebenso stimmte der feste Achsstand mit 2 400 mm überein. Kleiner wurde vor allem der Dampfkessel mit einer geringeren Verdampfungsheizfläche ausgeführt. Die Zylinder erhielten kleinere Bohrungen, und das gesamte Triebwerk war leichter gehalten, weshalb bei der Lok 14 nur noch die Kurbelblätter der Treibachse die erforderlichen Gegenmassen erhielt. Das geschlossene Führerhaus wurde beibehalten, jedoch in seiner Länge etwas gekürzt. Baugleich war auch der zweiachsige Schlepptender. Infolge von Reparationsabgaben an die UdSSR verblieb nur die Lokomotive 14 in ihrem Einsatzgebiet. Nach Übernahme durch die DR bekam sie die Betriebsnummer 99 3361

Konstruktion

Der genietete Heißdampfkessel hatte einen Abstand zwischen den Rohrwänden von 2 400 mm, seine Mitte lag 1 485 mm über Schienenoberkante. Der einschüssige Langkessel enthielt acht Heizrohre (Durchmesser 39,5/44,5 mm) und 34 Rauchrohre (Durchmesser 57,5/63,5 mm). Letztere waren mit einem Kleinrohrüberhitzer bestückt. Der auf dem Rahmen sitzende Stehkessel besaß eine kupferne Feuerbüchse mit waagerechtem Rost. Im Dampfdom befand sich ein Ventilregler. Auf der Domdecke waren die beiden Sicherheitsventile angeordnet, anfangs der Bauart Coale, später durch solche der Bauart Ackermann ausgetauscht. In dem flach durchgehenden Blechaußenrahmen waren alle Achsen fest gelagert. Für die Befahrbarkeit von Gleisbögen mit 50 m Radius besaßen die zweite und dritte Achse um 5 mm geschwächte Spurkränze. Alle Achsen hatten einfache Speichenräder erhalten, nur die Treibachse verfügte über Kurbelblätter mit Gegenmassen. Außerhalb des Rahmens lagen die Tragfedern direkt auf den Achslagern. Paarweise erfolgte eine Verbindung über mehrere Ausgleichhebel. Die Heusinger-Steuerung war mit Aufwerfhebel sowie einer Geradführung der Schieberschubstangen ausgerüstet. Zur Umsteuerung diente eine Steuerschraube. Die anfangs eingesetzten Druckausgleichkolbenschieber ersetzte das Raw Görlitz durch solche der Bauart Trofimoff. Die Maschine hatte eine auf die erste und dritte Achse wirkende Dampfbremse, der Tender eine Wurfhebelbremse erhalten. Beide Lokomotiven wurden bereits beim Hersteller mit einem Turbogenerator für die elektrische Beleuchtung ausgestattet. Die Verbindung zwischen Maschine und Tender bestand aus einem Kuppeleisen mit darüber befindlichem Stoßpuffer.

Betriebseinsatz

Die 99 3361 war auch vor 1945 stets in Friedland stationiert und zu DR-Zeiten dem Bw Neubrandenburg zugeordnet. Nach Stillegung der Reststrecke diente diese Maschine noch beim Streckenabbau, der sich bis September 1970 hinzog. Im Mai 1972 wurde die 99 3361 in die USA verkauft und ist seit 1987 im Besitz des Museums der La Porte County Historical Society in Michigan.

TECHNISCHE DATEN

Loknummer		99 3361
Bauart		Dh2
Spurweite	mm	600
Hersteller		Orenstein & Koppel
Baujahr		1938
Länge über Puffer	mm	9678*
gesamter Achsstand	mm	6440*
Dienstmasse	t	15,1
Wasservorrat	m³	3,5
Kohlevorrat	t	1,2
Kesselheizfläche	m²	19,67**
Rostfläche	m²	0,52
Betriebsdruck	bar	13
Zylinderdurchmesser	mm	270
Kolbenhub	mm	300
Raddurchmesser	mm	650
zulässige Geschwindigkeit	km/h	25
Zugkraft (0,6 p)	kN	26,3
effektive Leistung	PS	110
	kW	80.8

* mit Tender   ** zusätzlich 9,2 m² Überhitzerheizfläche

AUTOR: KLAUS JÜNEMANN AUFNAHME: KIEPER

Diese Maschine eröffnete bei der MPSB 1914 das Zeitalter die Heißdampftechnik. 1949 mit der Betriebsnummer 99 3451 bezeichnet, war die Lok bis 1966 in Betrieb – hier in Anklam am 16. Oktober 1958

99 3451

Die guten Erfahrungen der Mecklenburg-Pommerschen Schmalspurbahn (MPSB) mit den bis 1913 beschafften sieben C1'-Naßdampf-Tenderlokomotiven veranlaßte die Betriebsleitung, eine weitere derartige Maschine zu beschaffen. Die MPSB wagte aber einen für die 600-mm-Spur beachtlichen Schritt und bestellte die Lok in Heißdampfausführung. Jung nahm auch diesen Auftrag an und lieferte ihn 1914 unter der Fabriknummer 2155 nach Friedland.

Im Gesamtaufbau lehnte sich die neue Lokomotive an die zuvor hergestellten Maschinen an, jedoch war der Dampfkessel etwas höher gelagert und der Langkessel größer im Durchmesser. Da die zuvor beschafften Naßdampflokomotiven bereits ständig mit einem zusätzlichen Wasserwagen zum Einsatz kamen, wurde dies bei der Heißdampfausführung von Anbeginn vorgesehen, deshalb auf die niedrigliegenden Einfüllöffnungen für den mittleren Wasserkasten verzichtet und an beiden Fahrzeugenden der Schlauchanschluß für den zusätzlichen Wassertender angebracht.

Anfänglich war die Lokomotive mit einer Vakuumbremse der Bauart Körting ausgerüstet, da die Betriebsleitung um diese Zeit die durchgehende Bremse bei den Reisezugwagen einführen wollte. Dieser Weg erwies sich jedoch als unzweckmäßig, da bei entsprechenden Versuchen betriebliche Schwierigkeiten im gemischten Zugbetrieb aufgetreten waren. Dafür erhielten die meisten Lokomotiven eine Dampfbremse. Die mit der Betriebsnummer 8 eingesetzte Lok trug in der ersten Zeit auch den Namen VON DER

LANCKEN. Der Dreikuppler erreichte durch den größer gewählten Zylinderdurchmesser eine höhere Zugkraft und zeichnete sich durch einen geringeren Wasser- und Kohleverbrauch aus. Dadurch war nach 1945 wegen der schlechteren Brennstoffsituation die Anbringung des hinteren Kohlenkastens nicht so vordringlich wie bei den Naßdampfmaschinen. Erst nachdem sie in den Bestand der DR gelangt war und hier die Betriebsnummer 99 3451 erhalten hatte, bekam die Lokomotive Ende der fünfziger Jahre einen zusätzlichen Kohlenkasten an der Führerhausrückwand.

Konstruktion

Der genietete Heißdampfkessel lag mit seiner Mitte 1 480 mm über Schienenoberkante. Der Abstand zwischen den Rohrwänden betrug 2 100 mm. Der Langkessel mit 850 mm Durchmesser enthielt 46 mit einem Kleinrohrüberhitzer bestückte Rauchrohre (Durchmesser 54/60 mm). Heizrohre existierten nicht. Gegenüber der Gesamtheizfläche war die Überhitzerheizfläche verhältnismäßig groß. Der Stehkessel stand auf dem Rahmen. Die anfangs kupferne Feuerbüchse mußte 1961 einer stählernen weichen. Der Dampfdom enthielt einen Flachschieberregler. Der Blechaußenrahmen war genietet und im vorderen Teil als Wasserkasten für 0,6 m³ Inhalt ausgeführt. Alle Kuppelachsen wurden festgelagert, die hintere Laufachse führte ein Bisselgestell, das gleichzeitig die hintere Zug- und Stoßvorrichtung trug. Die Tragfedern der Kuppelachsen lagen oberhalb des Rahmens, die der zweiten und drittem Achse verbanden Ausgleichhebel, das federlose Bisselgestell war mittig belastet.

Die Heusinger-Steuerung besaß Aufwerfhebel und Geradführung der Schieberschubstangen, die Einstellung erfolgte

mittels Händel. Für die Dampfverteilung sorgten Regelkolbenschieber. Als Leerlaufeinrichtung fungierte je Zylinder ein Plattenventil, das sich durch Federdruck öffnete und bei geöffnetem Regler durch den Frischdampf schloß. 1962 kamen im Raw Görlitz Trofimoffschieber mit besseren Leerlaufeigenschaften zum Einbau. Im Gegensatz zu den anderen ehemaligen MPSB-Lokomotiven verfügte die 99 3451 seit dem Ausbau der Vakuumbremseinrichtungen nur über eine Handbremse, die auf die erste und dritte Achse wirkte. Von Anfang an waren Anschlüsse für die Dampfheizung in den Reisezugwagen vorhanden. Eine elektrische Beleuchtung mit Turbogenerator erhielt die Maschine erst um 1960.

Betriebseinsatz

Nach der Übernahme durch die DR war die zur MPSB-Einsatzstelle Friedland gehörende Lokomotive in Anklam stationiert und verkehrte vorwiegend auf dem Abschnitt nach Wegezin-Dennin. Der sich anbahnende Verkehrsträgerwechsel war Anlaß, die im Jahre 1965 fällige Hauptuntersuchung nicht mehr durchzuführen. Gutachten hatten ergeben, daß in diesem Zusammenhang ein völliger Neuaufbau in Form einer Rekonstruktion erforderlich gewesen wäre.

Somit war die Lokomotive 99 3451 die erste der ehemaligen MPSB-Maschinen, die von der Ausbesserung zurückgestellt wurde. Nach der Ausmusterung am 11. November 1966 wurde die 99 3451 noch im gleichen Jahr in Görlitz zerlegt.

TECHNISCHE DATEN		
Loknummer		99 3451
Bauart		C1'h2t+T
Spurweite	mm	600
Hersteller		Jung
Baujahr		1914
Länge über Puffer	mm	9620*
gesamter Achsstand	mm	3000
Dienstmasse	t	14,0
Wasservorrat	m³	3,6*
Kohlevorrat	t	0,55
Kesselheizfläche	m²	18,6**
Rostfläche	m²	0,52
Betriebsdruck	bar	12
Zylinderdurchmesser	mm	255
Kolbenhub	mm	300
Raddurchmesser	mm	650/500
zulässige Geschwindigkeit	km/h	25
Zugkraft (0,6 p)	kN	21,6
effektive Leistung	PS	100
	kW	73,5

*mit Tender   ** zusätzlich 8,5 m² Überhitzerheizfläche

AUTOR: KLAUS JÜNEMANN; AUFNAHME: SAMMLUNG MACHEL

Eisenbahnfreunde halten die Lokomotive 99 3461 für die formschönste Maschine auf 600-mm-Spurweite. Die Aufnahme entstand 1968 in Friedland

99 3461

Bei der Mecklenburg-Pommerschen Schmalspurbahn (MPSB) hatte mit der Lokomotive Nr. 8 – der späteren 99 3451 der DR – die Heißdampftechnik Einzug gehalten und ihre Wirtschaftlichkeit auch auf 600-mm-Spur bewiesen. Da höchstens dreifach gekuppelte Lokomotiven zum Bestand gehörten, war die erreichbare Zugkraft durch die zulässige Achsfahrmasse von 4 t begrenzt.

Nur eine vierfach gekuppelte Heißdampf-Lokomotive versprach weitere Leistungssteigerungen und höhere Zugkräfte. Diese Aufgabe übernahm Vulcan und baute eine Dh2-Lokomotive mit Schlepptender, die 1925 unter der Fabriknummer 3852 fertiggestellt werden konnte.

Diese mit der Betriebsnummer 9 eingesetzte Maschine enthielt selbst keine Vorräte mehr, so daß die Achsfahrmasse durch abnehmende Vorräte nicht mehr beeinflußbar war. In traditioneller Bauweise war das Führerhaus seitlich geschlossen und hinten offen. Der Zugang erfolgte über die Tenderbrücke. Maschine und Tender waren miteinander steif gekuppelt.

Im Gesamtaufbau stellte diese Lokomotive eine moderne und ausgeglichene Konstruktion dar.

Nachdem die MPSB 1949 von der DR übernommen worden war, erhielt diese Maschine die Betriebsnummer 99 3461.

Konstruktion

Mit 1 570 mm über Schienenoberkante war der genietete Dampfkessel für 600-mm-Spurweite verhältnismäßig hoch angeordnet, und mit 2 600 mm besaß er auch den größten Abstand zwischen den Rohrwänden. Der Langkessel bestand aus zwei Schüssen, enthielt 34 Heizrohre (Durchmesser 39,5/44,5) und zehn Rauchrohre (Durchmesser 100/108 mm). Der Überhitzer entsprach der Bauart Schmidt mit dreifacher Umkehrung.

Der Stehkessel stand frei auf dem Rahmen und enthielt eine kupferne Feuerbüchse mit waagerecht liegendem Rost. Im großen Dampfdom war ein Ventilregler untergebracht. Zur Kesselspeisung dienten zwei 40-l-Dampfstrahlpumpen.

In dem glatt durchgehenden Außenrahmen aus 12 mm dickem Blech waren alle vier Achsen fest gelagert, so daß der feste Achsstand 2 400 mm betrug.

Um Gleisbögen mit 50 m Radius befahren zu können, waren die Spurkränze der beiden mittleren Achsen um 5 mm geschwächt.

Alle Tragfedern lagen außerhalb des Rahmens über den Achslagern und waren paarweise über Ausgleichhebel verbunden. Die Heusinger-Steuerung mit Hängeeisen arbeitete auf Kolbenschieber, die Umsteuerung erfolgte über eine Steuerspindel.

Als Leerlaufeinrichtung entwickelte Vulcan ein selbsttätiges kombiniertes Druckausgleich-, Luftsauge- und Zylindersicherheitsventil, das durch die Stellung des Reglers gesteuert wurde. Anfang der sechziger Jahre gelangten Trofimoffschieber zum Einbau.

Die Dampfbremse wirkte auf die erste und vierte Achse der Maschine. Der Tender war mit einer auf beide Achsen wirkenden Spindelhandbremse ausgerüstet.

Für die Beleuchtung wurde anfangs Acetylen verwendet, für dessen Erzeugung ein im Führerstand untergebrachter Kleinentwickler sorgte. Erst nach Übernahme durch die DR kam eine elektrische Beleuchtung mit Turbogenerator zum Einbau. Bereits bei Vulcan hatte die Lokomotive Anschlüsse für die Dampfheizung in den Reisezugwagen sowie ein Fernthermometer zur Messung der Heißdampftemperatur bei Eintritt in die Schieberkästen erhalten.

Betriebseinsatz

Bei der Deutschen Reichsbahn war die Lokomotive überwiegend in Friedland und nur kurzzeitig in Anklam stationiert. Nach Stillegung der Reststrecke wurde die 99 3461 noch bis zum 26. November 1969 für Überführungsfahrten genutzt. Am 27. November 1970 kaufte ein Privatmann diese Maschine, um sie auf der englischen Vals of Rheidol Railway einzusetzen, was sich aber zerschlug.

In Großbritannien abgestellt, erhielt die Lokomotive 1980 bei der französischen Touristikbahn Froissy-Dompierre (CFCD) eine neues Einsatzgebiet.

TECHNISCHE DATEN

Loknummer		99 3461
Bauart		Dh2
Spurweite	mm	600
Hersteller		Vulcan
Baujahr		1925
Länge über Puffer	mm	9790*
gesamter Achsstand	mm	6650*
Dienstmasse	t	14,7
Wasservorrat	m³	3,8
Kohlevorrat	t	1,2
Kesselheizfläche	m²	22,3**
Rostfläche	m²	0,6
Betriebsdruck	bar	12
Zylinderdurchmesser	mm	290
Kolbenhub	mm	300
Raddurchmesser	mm	650
zulässige Geschwindigkeit	km/h	25
Zugkraft (0,6 p)	kN	28
effektive Leistung	PS	120
	kW	88,2

* mit Tender   ** zusätzlich 7,65 m² Überhitzheizfläche

AUTOR: KLAUS JÜNEMANN, AUFNAHME: LUFT

Die leistungsstärksten MPSB-Schlepptenderloks wurden 1930 und 1934 in Dienst gestellt. Die eine von der DR übernommene Lok verkehrte als 99 3462

99 3462

Ermutigt durch die guten Betriebserfahrungen mit der späteren Lok 99 3461 erweiterte die Betriebsleitung der Mecklenburg-Pommerschen Schmalspurbahn (MPSB) ihren Maschinenpark im Rahmen von Neuanschaffungen nur noch mit vierfach gekuppelten Heißdampf-Schlepptenderloks. Da Vulcan 1928 die Produktion von Schienenfahrzeugen eingestellt hatte, übernahm Orenstein & Koppel die weiteren Bestellungen. Nach der Vulcan-Konzeption entstand eine völlig neue Konstruktion, denn das inzwischen weiter angestiegene Güterverkehrsaufkommen erforderte Maschinen mit noch größerer Zugkraft. Die erste Lok von O & K wurde 1930 gebaut, zwei weitere gleicher Bauart folgten 1934. Sie erhielten die Betriebsnummern 10 bis 12 und waren die leistungsstärksten MPSB-Maschinen überhaupt. Der Zugang in das Führerhaus erfolgte durch seitliche halbhohe Drehtüren, und die Rückseite ließ sich durch eine zweiteilige Schiebetür verschließen. Von den drei Loks mußten zwei nach dem Ende des zweiten Weltkriegs als Reparationsleistung an die UdSSR abgegeben werden, so daß nur Lok 12 (Fabriknummer 12518) verblieb. Bei der DR erhielt sie die Betriebsnummer 99 3462.

Konstruktion

Von allen MPSB-Loks besaßen diese O & K-Konstruktionen mit 1 580 mm über Schienenoberkante den höchstgelegenen Dampfkessel. Sie waren genietet und hatten einen Abstand zwischen den Rohrwänden von 2 400 mm. Der einschüssige Langkessel enthielt zwölf Heizrohre (Durchmesser 39,5 x 44,5 mm) und 46 Rauchrohre (Durchmesser 57,5/63,5 mm). Letztere waren mit einem Kleinrohrüberhitzer bestückt. Der auf dem Rahmen sitzende Stehkessel hatte eine kupferne Feuerbüchse mit waagerechtem Rost erhalten. Im Dampfdom war ein Ventilregler untergebracht, und auf der Domdecke befanden sich Coale-Sicherheitsventile, die in DR-Zeiten gegen Ackermann-Ventile ausgetauscht wurden. In dem sehr flach gehaltenen genieteten Blechaußenrahmen lagerten alle vier Achsen ohne Seitenspiel, so daß mit einem festen Achsstand von 2 400 mm ein ruhiger Fahrzeuglauf erreicht wurde. Um noch Gleisbögen mit 50 m Radius befahren zu können, waren die Spurkränze der zweiten und dritten Achse um 5 mm geschwächt. Die Achsen besaßen einfache Speichenräder. Für den erforderlichen Massenausgleich waren alle Kurbelblätter mit gleichgroßen Gegenmassen versehen. Die Tragfedern lagen direkt über den Achslagern außerhalb des Rahmens und waren paarweise über Ausgleichhebel verbunden. Die Heusinger-Steuerung verfügte über Aufwerfhebel und eine Geradführung der Schieberschubstangen. Zur Umsteuerung diente eine Steuerschraube. Die anfangs verwendeten Druckausgleichkolbenschieber mit 130 mm Durchmesser ersetzte das Raw Görlitz durch Trofimoffschieber. Die Maschine war mit einer auf die erste und dritte Achse wirkenden Dampfbremse, der Tender mit einer Wurfhebelbremse ausgerüstet. Die Petroleumlampen wurden in den fünfziger Jahren durch eine elektrische Beleuchtung mit einem 0,5 kW erzeugenden Turbogenerator ersetzt. Zwischen Lok und Tender existierte ein Kuppeleisen mit einem darüber befindlichem Stoßpuffer.

Betriebseinsatz

Zunächst waren diese zugkräftigen Maschinen in Friedland beheimatet. Die DR stationierte die 99 3462 im Lokbahnhof Anklam. Am 23. Juni 1969 wurde die Lok abgestellt und am 27. November 1970 an einen Privatmann verkauft, der sie nach England überführen ließ. Da sich hier kein Einsatzgebiet fand, erwarb im Dezember 1978 die Dampfkleinbahn in Mühlenstroth die Maschine. Seit 1980 ist sie hier mit der Bezeichnung MECKLENBURG in Betrieb.

TECHNISCHE DATEN

Loknummer		99 3462
Bauart		Dh2
Spurweite	mm	600
Hersteller		Orenstein & Koppel
Baujahr		1934
Länge über Puffer	mm	10325*
gesamter Achsstand	mm	6865*
Dienstmasse	t	16,5
Wasservorrat	m³	3,5
Kohlevorrat	t	1,2
Kesselheizfläche	m²	26,7*
Rostfläche	m²	0,76
Betriebsdruck	bar	14
Zylinderdurchmesser	mm	310
Kolbenhub	mm	300
Raddurchmesser	mm	650
zulässige Geschwindigkeit	km/h	25
Zugkraft (0,6 p)	kN	37,2
effektive Leistung	PS	155
	kW	113,9

* mit Tender ** zusätzlich 12,4 m² Überhitzheizfläche

AUTOR: KLAUS JÜNEMANN; AUFNAHME: KIEPER

Noch kurz nach Übernahme durch die DR trug die Jung-Baulokomotive ihre alte Nummer 21. Erst später wurde die Maschine als 99 3652 bezeichnet

99 3651, 99 3652

Der durch Reparationsabgaben erheblich verminderte Lokomotivpark veranlaßte Mitarbeiter der Mecklenburg-Pommerschen Schmalspurbahn (MPSB) in der ersten Nachkriegszeit Ausschau nach Ersatzmaschinen zu halten. 1946 ergab sich die Möglichkeit im südlich von Friedland (Meckl) gelegenen Woldegk zwei kleine, dort abgestellte B-gekuppelte Tenderlokomotiven zu übernehmen. Beide Maschinen brachte man in die bahneigene Werkstatt nach Friedland, um sie betriebsfähig herzurichten.

Im April 1947 konnte die von Jung 1941 mit der Fabriknummer 9296 gebaute Bn2t fertiggestellt werden, bezeichnet mit der Nummer 21. Um unabhängig von einer ständigen Ergänzung des geringen Wasservorrates der Maschine zu sein, kuppelte man sie mit einem zusätzlichen Wassertender, aus dem sich der Rahmenwasserkasten ständig nachfüllte.

Die andere Maschine, 1940 von Krauss-Maffei unter der Fabriknummer 15793 ausgeliefert, war auch ab 1947 betriebsbereit, erhielt die Nummer 22, ebenfalls einen zusätzlichen Wassertender und versah Rangierdienst in Anklam, wurde aber noch 1949 nach Jarmen umgesetzt.

Bei der DR wurde die Krauss-Maffei-Maschine als 99 3651 und die etwas jüngere Jung-Lok als 99 3652 bezeichnet.

Konstruktion

Die Dampfkessel in genieteter Zusammensetzung besaßen einen einschüssigen Langkessel mit 800 mm innerem Durchmesser und 67 Heizrohren (Durchmesser 39,5/ 44,5 mm) bei 2150 mm freier Länge. Diese für die Krauss-Maffei-Lokomotive geltenden Maße sind auch für die Jung-Lokomotive zutreffend. Der Regler saß an der Dampfdomvorderseite und konnte über einen mittigen (bei der Jung-Maschine seitlichen) Zug betätigt werden. Die beiden Sicherheitsventile Bauart Coale befanden sich auf der Domdecke. Die Maschinen hatten In-

nenrahmen, die im vorderen Teil als alleiniger Wasserkasten dienten. Die niedrig liegenden Wassereinfüllstutzen vor den Zylindern mußten bei angeschlossenem Wassertender infolge des höheren Niveauspiegels dicht verschlossen werden. Der Kohlevorrat war in beiden Seitenkä-

TECHNISCHE DATEN			
Loknummern		99 3651	99 3652
Bauart		Bn2t	Bn2t
Spurweite	mm	600	600
Hersteller		Krauss-Maffei	Jung
Baujahr		1940	1941
Länge über Puffer	mm	ca. 5400	5570
gesamter Achsstand	mm	1250	1300
Dienstmasse	t	9,5	10,7
Wasservorrat	m³	0,76	0,8
Kohlevorrat	t	0,36	0,6
Kesselheizfläche	m²	20,2	21,4
Rostfläche	m²	0,41	0,47
Betriebsdruck	bar	12	12
Zylinderdurchmesser	mm	210	240
Kolbenhub	mm	300	300
Raddurchmesser	mm	620	630
zulässige Geschwindigkeit	km/h	18	18
Zugkraft (0,6 p)	kN	15,4	19,8
effektive Leistung	PS	60	60
	kW	44	44

Eine der wenigen Aufnahmen von der 99 3651 vor dem Lokschuppen in Jarmen Mitte der fünfziger Jahre. Die nur aufgemalte Betriebsnummer befand sich auf einer Blechtafel oberhalb des ovalen Fabrikschildes, ist aber wegen der Öl- und Rußschicht nicht zu erkennen

sten untergebracht. Die Achsen besaßen gegossene Scheibenradkörper mit zwei ovalen Öffnungen. Die Tragfedern der vorderen Achse waren oberhalb des Rahmens angeordnet und über Federstifte belastet, während die Tragfedern der hinteren Achse innerhalb des Rahmens direkt auf den Achslagern lagen. Die Krauss-Maffei-Lokomotive verfügte noch über

eine Stephenson-Steuerung mit offenen Stangen, wogegen die von Jung-Maschine bereits die einfachere Heusinger-Steuerung besaß. In beiden Fällen sorgten Flachschieber für die Dampfverteilung, umgesteuert wurde mittels Händel. Die Maschinen hatten an der Führerhausrückseite eine Hebelbremse mit Ratschenhemmung; sie wirkte auf beide Achsen.

Betriebseinsatz

Die 99 3652 (ex Nr. 21) war zunächst im örtlichen Bereich von Friedland, dann in Ferdinandshof und später in Anklam eingesetzt, denn für den Streckendienst erwies sich ihre Leistung für die hier vorkommenden Zuglasten als nicht ausreichend. Die 99 3651 (ex Nr. 22) verkehrte ab 1949 auf der nur 12,4 km langen Strecke Jarmen – Schmarsow, um die hier eingesetzten kleinen Motorlokomotiven besonders während der Erntekampagne zu unterstützen. Überwiegend standen beide Loks aber in Reserve, wobei die 99 3652 zeitweilig an die VEB Zuckerfabrik Anklam vermietet werden konnte. Im August 1958 verkaufte die Deutsche Reichsbahn beide Zweikuppler an die Kieswerke in Doberlug-Kirchhain.

Gute Dienste leistete die hier noch mit der Nummer 21 bezeichnete 99 3652 im Jahre 1949 in der Zuckerfabrik Friedland

AUTOR: KLAUS JÜNEMANN, AUFNAHMEN: SAMMLUNG MACHEL

Noch mit der Nummer 4321 stand die spätere 99 4051 am 31. Januar 1949 im sächsischen Wilsdruff

99 4051

Während in Deutschland zu Beginn des 20. Jahrhunderts eine vierachsige Tenderlokomotive mit Klien-Lindner-Endachsen für die Heeresfeldbahnen der 600-mm-Spur gebaut wurde, entstand bei der Maschinenfabrik der Staats-Eisenbahn-Gesellschaft (StEG) in Wien eine ebenfalls vierachsige Lokomotive für die k.u.k. Feldbahn der Österreichisch-Ungarischen Monarchie, die jedoch ihre Anlagen und Fahrzeuge mit der abweichenden Spurweite von 700 mm herstellen ließ. Gefertigt wurde eine Schlepptenderlokomotive mit einem Zweizylinder-Verbundtriebwerk und der Kategoriebezeichnung IV47/A. Auffällig war der große vierachsige Tender, bei dem Achsstand und Raddurchmesser die gleichen Maße aufwiesen wie bei der Maschine. Die Anzahl der bei der StEG gebauten Lokomotiven war gering, sie dürfte keine 20 erreicht haben, acht weitere entstanden in gleicher Ausführung bei MAVAG in Budapest. Von den wenigen Lokomotiven, die beide Weltkriege überlebten, zählte die 1907 von der StEG mit der Fabriknummer 3453 ausgelieferte Maschine, ihre ursprüngliche Feldbahn-Nummer lautete 3.09. Der Vierkuppler gelangte um 1920 auf eine in Südpolen gelegene Bahn der 750-mm-Spur. Hier erhielt die Lokomotive nach der erforderlichen technischen Anpassung die Betriebsnummer 4321. Während der deutschen Besetzung übernahm die Deutsche Reichsbahn dieses Triebfahrzeug und ordnete es mit der Betriebsnummer 99 2571 in ihr Schema ein, gleichzeitig erfolgte auch der Abtransport ins „Altreich", der 1942 in Wilsdruff (Sachsen) endete. Die vorgesehene Umzeichnung unterblieb jedoch in der Praxis, denn noch 1950 war die polnische Nummer erhalten geblieben. Nach sieben Jahren Abstellzeit, Anfang 1949, als der Bedarf an Triebfahrzeugen anstieg, richtete man diese Lokomotive betriebsfähig her. Sie blieb in Wilsdruff, aber nur als Rangier- bzw. Arbeitszuglok, denn für einen planmäßigen Streckeneinsatz war die Zugkraft zu gering, zumal außerdem die entsprechenden Einrichtungen für die Bedienung der Bremsen im Wagenzug fehlten.

1953 gelangte die Maschine in das Raw Meiningen, um für die geplante Erfurter Pioniereisenbahn hergerichtet zu werden, die aber nie gebaut wurde. In dieser Zeit wurde von der DR die Betriebsnummer 99 4051 festgelegt. Ob sie jemals am Fahrzeug vermerkt war, ist fraglich. Es fand sich für diesen Einzelgänger kein geeignetes Einsatzgebiet mehr, so daß auf die fällige Untersuchung verzichtet wurde. Bereits am 12. Oktober 1953 stimmte man der Ausmusterung dieser Maschine zu. Anschließend erfolgte die Verschrottung.

Konstruktion

Der genietete Naßdampfkessel ließ den ungewöhnlich hohen Betriebsdruck von 17 bar zu. Der Stehkessel war kurz, dafür aber sehr breit ausgeführt und besaß eine schräge Rückwand. Der Regler im Dampfdom wurde über einen außenliegenden Seitenzug betätigt. Zwei nichtsaugende Dampfstrahlpumpen der Bauart Friedmann befanden sich unterhalb des Führerstands, die Kesselspeiseventile an der Stehkesselrückwand. Das Führerhaus der nur 1 870 mm breiten Maschine bot dem Lokpersonal infolge der offenen Bauweise nur geringen Witterungsschutz. In dem genieteten Blechrahmen waren nur die zweite und dritte Achse festgelagert, die beiden Endachsen besaßen jeweils 25 mm Seitenspiel aus der Mittellage, um das geforderte Befahren von Gleisbögen mit nur 18 m Radius zu ermöglichen. Die Tragfedern der ersten bis dritten Achse waren oberhalb des Rahmens angeordnet und untereinander über Ausgleichhebel verbunden. Die Tragfedern der vierten Achse befanden sich unter dem Rahmen in Höhe der Dampfstrahlpumpen und wurden über Hebelarme belastet. Die beiden Dampfzylinder arbeiteten in Verbundwirkung, der Hochdruckzylinder war an der rechten, der größere Niederdruckzylinder an der linken Maschinenseite angeordnet. Zum Anfahren bei ungünstiger Kolbenstellung der Hochdruckseite existierte eine im Querschnitt klein gehaltene Einströmleitung zum Niederdruckzylinder. Die Steuerung mit Flachschiebern entsprach der Bauart Joy mit vereinfachtem Gölsdorf-Antrieb allein von der Treibstange aus, was ungleiche Füllungsverhältnisse zur Folge hatte.

Der Tender, der sämtliche Vorräte an Wasser und Kohle aufnahm, lief auf vier innengelagerten Radsätzen, die wie bei der Lokomotive in einem durchgehenden Blechrahmen geführt wurden und die gleichen Seitenspiele besaßen. Zum Füllen des Wasserkastens diente je Seite eine lange Öffnung, die durch einen langen durchgehenden Deckel neben dem Kohlenkastenaufbau verschlossen werden konnte. Lokomotive und Tender hatten Achsen mit Scheibenrädern. Zur Bremsung verfügten beide Fahrzeuge über je eine Spindelhandbremse, die nur auf die festgelagerten Achsen wirkte.

Betriebseinsatz

Unter der Betriebsnummer 99 4051 war die Maschine nicht mehr im Einsatz, wohl aber mit der ehemaligen polnischen Bezeichnung 4321. Im Bereich des Bw Wilsdruff übernahm der Vierkuppler gelegentlich den Rangierdienst und war mitunter vor Arbeitszügen anzutreffen.

TECHNISCHE DATEN		
Loknummer		99 4051
Bauart		Dn2v
Spurweite	mm	750
Hersteller		StEG
Baujahr		1907
Länge über Puffer	mm	8699*
gesamter Achsstand	mm	6365*
Dienstmasse	t	23,4*
Wasservorrat	m³	4,6
Kohlevorrat	t	1,5
Kesselheizfläche	m²	28,9
Rostfläche	m²	0,6
Betriebsdruck	bar	17
Zylinderdurchmesser	mm	236/350
Kolbenhub	mm	300
Raddurchmesser	mm	600
zulässige Geschwindigkeit	km/h	25
Zugkraft (0,6 p)	kN	23,4
effektive Leistung	PS	80
	kW	59
* mit Tender		

AUTOR: KLAUS JÜRNMANN, AUFNAHME: SAMMLUNG MACHEL

Rangier- und Nachschubdienst leistete die Lokomotive 99 4301 bis ins Jahr 1965 auf dem Burger Umladebahnhof. Heute befindet sie sich als Denkmal vor dem Bahnhof der Kleinstadt Gommern

99 4301

Wegen ständig steigender Zuckerrübentransporte in der etwa 20 km südöstlich von Magdeburg gelegenen Zuckerfabrik Gommern mit Gleisanschlüssen zur Staatsbahn und zu den schmalspurigen Kleinbahnen des Kreises Jerichow I (KJI) nahmen die innerbetrieblichen Rangierarbeiten zu. Deshalb beschaffte die Zuckerfabrik eine leichte Dampflokomotive, die Orenstein & Koppel 1920 mit der Fabriknummer 9418 auslieferte.

Der geforderten geringen Achsfahrmasse wegen war sie dreiachsig ausgeführt und entsprach dem Serientyp C mit 50 PS (36,8 kW) Nennleistung. Die Maschine wurde sogar als Werklok 1 bezeichnet, nachdem ab 1923 noch ein normalspuriger B-Kuppler von Henschel zum Bestand der Zuckerfabrik gehörte.

1945 fiel das Werk unter die Reparationslieferungen an die Sowjetunion, der Abbau war 1946 beendet. An der kleinen Werklok 1 bestand offensichtlich kein Interesse, sie blieb stehen.

Bevor der Gleisanschluß demontiert wurde, überführte man die Maschine zur Werkstatt der KJI nach Burg (b. Magdeburg) und unterzog sie einer Hauptuntersuchung, die am 22. Februar 1949 abgeschlossen werden konnte.

Die Lok, inzwischen als „23" bezeichnet, zählte zum letzten Erwerb der KJI, die ab 1948 offiziell als Kreisbahn Burg firmierte. Die nur 1 600 mm breite Lokomotive war für den Streckendienst nicht geeignet, wohl aber für die Rangierarbeiten auf dem Burger Umladebahnhof und zum Nachschieben ausfahrender Züge.

Nach Übernahme der Burger Kreisbahn durch die Deutsche Reichsban wurden die Angaben über die Maschine offensichtlich fehlerhaft an die Hauptverwaltung der Deutschen Reichsbahn gemeldet, weshalb zunächst in Berlin die Betriebsnummer 99 4401 vorgegeben wurde. Die Nummernschilder aus Aluminium waren bereits fertig, bevor die Richtigstellung in 99 4301 erfolgte. Der Einfachheit halber entfernte man die zweite „4" und ersetzte sie durch eine „3", allerdings aus nicht korrosionsbeständigem Stahlblech, was die stets dunkler erscheinende „3" auf vielen Fotos erklärt.

Im Aufbau blieb die Maschine fast unverändert, weiterhin war sie nur mit der Handbremse ausgerüstet.

Lediglich eine elektrische Beleuchtung mittels 0,5-kW-Turbogenerator installierte man 1957, und die stirnseitigen Führerstandsfenster erhielten Sonnenblenden.

Konstruktion

Der Aufbau dieser Maschine entsprach der einer einfachen Feldbahn- bzw. Baulokomotive.

An die Fahrgeschwindigkeit und die Laufruhe bestanden keine großen Forderungen, dafür waren aber Wendigkeit und die Befahrbarkeit enger Gleisbögen gefragt. Daraus ergaben sich ein kurzer Achsstand und ein kleiner Raddurchmesser.

Die Federung übernahmen zwei längsliegende Tragfedern über der ersten und zweiten Achse. Sie wirkten gleichzeitig als Ausgleichshebel. Hinzu kam eine dritte Tragfeder, die sich querliegend über der dritten Achse befand.

Der Wasservorrat war ausschließlich im Blechrahmen untergebracht und konnte nur per Schlauch über die Ejektoreinrichtung auf dem rechten Umlaufblech ergänzt werden.

Der Naßdampfkessel war genietet. Der Langkessel mit nur 760 mm innerem Durchmesser bestand aus einem Schuß. Der auf dem Rahmen stehende Stehkessel enthielt eine kupferne Feuerbüchse mit ebenem Planrost. Der außenliegende Flachschieberregler wurde über einen Handzug bedient.

Betriebseinsatz

Bei den ehemaligen KJI war die Lokomotive stets auf dem Burger Umladebahnhof eingesetzt. Nach Betriebseinstellung auf dem Burger Schmalspurnetz am 25. September 1965 übernahm die Ballerstedt-Transport KG in Pretzien (Elbe) die Maschine für die hier anfallenden Kies- und Sandtransporte. Die Betriebsnummer 99 4301 blieb erhalten.

Bereits 1967 mußte die Lokomotive infolge abgelaufener Kesselfrist endgültig abgestellt werden, zumal der Betriebsverwaltung jeglicher Einsatz feuerbeheizter Triebfahrzeuge wegen der damit verbundenen Waldbrandgefahr untersagt wurde. Auch nach dem 1975 eingestellten Schienenverkehr dieses 1972 endgültig verstaatlichten Betriebes blieb die 99 4301 auf dem Werkgelände stehen.

Durch die Initiative von Eisenbahnfreunden gelang es mit Unterstützung eines örtlichen Betriebs, die Lokomotive äusserlich soweit aufzuarbeiten, daß sie im Juli 1975 auf einem Sockel vor dem Bahnhof Gommern als Denkmal aufgestellt werden konnte.

TECHNISCHE DATEN

Loknummer		99 4301
Bauart		Cn2t
Spurweite	mm	750
Hersteller		Orenstein & Koppel
Baujahr		1920
Länge über Puffer	mm	5630
gesamter Achsstand	mm	1400
Dienstmasse	t	9,8
Wasservorrat	m³	0,8
Kohlevorrat	t	0,5
Kesselheizfläche	m²	17,64
Rostfläche	m²	0,41
Betriebsdruck	bar	12
Zylinderdurchmesser	mm	210
Kolbenhub	mm	300
Raddurchmesser	mm	600
zulässige Geschwindigkeit	km/h	15
Zugkraft (0,6 p)	kN	15,9
effektive Leistung	PS	50
	kW	37

AUTOR: KLAUS JÜNEMANN; AUFNAHME: KIEPER

Einen neuen Kessel erhielt 1965 die fast immer in der Prignitz eingesetzte 99 4503. Heute ist die Lok im Eisenbahnmuseum Gramzow zu besichtigen

99 4501 – 99 4503

Die Prignitz, ein im Nordwesten des Landes Brandenburg gelegenes Agrargebiet, wurde ab 1897 von einem 750-mm-spurigen Kleinbahnnetz erschlossen. Es bestand ursprünglich aus verschiedenen Kleinbahnunternehmen, die sich im Besitz der Kreise Ost- und Westprignitz befanden, und erst während des zweiten Weltkriegs zu einem Unternehmen, den Ost- und Westprignitzer Kreiskleinbahnen, verschmolzen. Die Beschaffung aller Betriebsmittel war Angelegenheit jedes einzelnen Unternehmens, was schließlich eine Typenvielfalt zur Folge hatte. So beschaffte der Kreis Westprignitz (Perleberg) anfangs drei B-Kuppler von Hagans, dagegen der Kreis Ostprignitz (Kyritz) drei C-Kuppler von Hartmann, die 1897 mit den Fabriknummern 2262 – 2264 geliefert wurden. Dabei handelte es sich um eine Lokbauart, die Hartmann bereits zwei Jahre zuvor für die Urskog-Hølandsbahn in Norwegen gebaut hatte. 1900 folgte von Hartmann

noch ein weiterer gleicher C-Kuppler mit der Fabriknummer 2622, der jedoch vom Kreis Westprignitz bestellt worden war. Diese vier bis 1912 mit den Namen BERNSTORFF, KYRITZ, DANNENWALDE und WITTENBERGE bezeichneten Maschinen erhielten vom Betriebsführer eine durchlaufende, vom jeweiligen Unternehmen unabhängige Betriebsnummer hier die 14 – 17. Das Landesverkehrsamt Brandenburg als zuständiger Betriebsführer der Ost- und Kreiskleinbahnen führte 1943 einen neuen Umzeichnungsplan ein, wobei die Maschinen wiederum nach den beiden Kreisen eingeordnet wurden. Die vorgenannten Loks erhielten nunmehr die Betriebsnummern 07-20 bis 07-22 (für die Ostprignitz) und 08-21 (für die Westprignitz).
Zum Zeitpunkt der Übernahme der Ost- und Westprignitzer Kreiskleinbahnen durch die Deutsche Reichsbahn fehlte bereits die 07-21, die anderen drei unter sich gleichen Lokomotiven erhielten die Betriebs-

nummern 99 4501 – 4503. Ursprünglich waren die Maschinen für eine Fahrge-

TECHNISCHE DATEN

Loknummern		994501 – 99 4503
Bauart		Cn2t
Spurweite	mm	750
Hersteller		Hartmann
erstes Baujahr		1897
Länge über Puffer	mm	6200
gesamter Achsstand	mm	1800
Dienstmasse	t	15,5
Wasservorrat	m³	1,2
Kohlevorrat	t	0,5
Kesselheizfläche	m²	26,7
Rostfläche	m²	0,55
Betriebsdruck	bar	12
Zylinderdurchmesser	mm	250
Kolbenhub	mm	380
Raddurchmesser	mm	750
zulässige Geschwindigkeit	km/h	30
Zugkraft (0,6 p)	kN	22,8
effektive Leistung	PS	85
	kW	62,5

Obwohl die 99 4501 nach Einstellung der Strecke Pasewalk Ost – Klockow noch kurze Zeit in Perleberg und Dahme (Mark) beheimatet war, trug die Maschine im Raw Görlitz vor ihrer Verschrottung noch die „alten" Beheimatungsanschriften „Rbd Greifswald" und „Bw Pasewalk"

schwindigkeit von 25 km/h zugelassen, was für die Fahrzeiten der Züge bestimmend war. Um diese zu verkürzen, beantragte der Betriebsführer bei der Königlichen Eisenbahn-Direktion Altona als der zuständigen Aufsichtsbehörde eine Erhöhung der zugelassenen Geschwindigkeit. Daraufhin erfolgte auf der überwiegend geradlinig verlaufenden Strecke Perleberg – Viesecke eine Probefahrt mit 40 km/h, die am 2. Juli 1910 mit der Lokomotive 14 BERNSTORFF stattfand. Da sie erwartungsgemäß zur Zufriedenheit verlief, wurde die Höchstgeschwindigkeit der Hartmann-Maschinen auf 30 km/h festgelegt und konnte somit den anderen Lokomotiven von der Prignitzer Kreiskleinbahnen angepaßt werden.

Konstruktion

Der Naßdampfkessel hatte nur einen Abstand 1 960 mm zwischen den Rohrwänden. Trotzdem bestand der Langkessel aus zwei Schüssen, in dem sich 98 Heizrohre befanden. Der Stehkessel war im unteren Bereich seitlich eingezogen, so daß ein quadratischer Rost mit 750 mm Kantenlänge entstand. Die 99 4501 und 99 4502 behielten bis zur Ausmusterung ihre genieteten Dampfkessel, bei der 99 4503 dagegen wurde dieser 1965 gegen einen Dampfkessel ersetzt, den das Raw Görlitz nach den gleichen Hauptmaßen, jedoch in Schweißkonstruktion, fertigte. Zwei selbstansaugende 50-l-Dampfstrahlpumpen dienten der Kesselspeisung. Die drei Achsen waren in einem

Blechinnenrahmen, der im vorderen Teil gleichzeitig als Wasserkasten diente, festgelagert. Zwecks einer guten Bogenläufigkeit war der Spurkranz der zweiten Achse etwas geschwächt. Die Allan-Steuerung arbeitete auf Flachschieber und konnte mittels Händel eingestellt werden. Die Tragfedern der ersten Achse lagen oberhalb des Rahmens und wurden über Federstifte belastet. Für die zweite und dritte Achse existierte je Seite eine gemeinsame Tragfeder innerhalb des Rahmens über den Achslagern, die gleichzeitig als Ausgleich wirkte. Gebremst wurde die Maschine nur über eine an der linken Stehkesselseite befindliche Hebelbremse. Für die Bedienung der Gewichtsbremsen im Zug war im Führerstand eine Seilhaspel angeordnet. Der Wasservorrat verteilte sich auf die beiden Seitenkästen sowie auf dem Rahmenwasserkasten. Für den Kohlevorrat war im linken Seitenkasten der hintere Bereich vom Wasserteil abgetrennt. Die anfängliche Karbidbeleuchtung wurde Mitte der fünfziger Jahre durch eine elektrische mit Turbogenerator ersetzt.

Betriebseinsatz

Waren diese Lokomotiven vorerst auf allen Strecken des Prignitzer Kreiskleinbahnnetzes eingesetzt, so gerieten sie durch den Einsatz zugkräftiger Maschinen zunehmend auf das Reservegleis. Mit ihrer geringen Achsfahrmasse von nur 5 t waren sie jedoch freizügig auf allen Bahnnetzen mit 750-mm-Spurweite ein-

setzbar. So gehörte die 99 4501 vom 4. Juli 1959 bis zum 10. September 1960 zum Rügener Netz, kam anschließend nach Pasewalk, wo sie bis 6. Oktober 1963 als zweite Lokomotive diente. Ab 8. Oktober 1964 wurde die Maschine nach Dahme (Mark) umgesetzt, jedoch nur noch als Heizlok zum Kartoffeldämpfen genutzt, um ab 24. Dezember 1964 endgültig außer Dienst gestellt zu werden. Die 99 4502 war zweimal Gast in Nauen (10. September 1954 – 29. März 1955 sowie 11. November 1956 – 22. März 1960) und einmal in Dahme (Mark) (23. März 1960 – 17. Oktober 1961). Die restliche Zeit verbrachte diese Lokomotive bis zu ihrer Ausmusterung am 23. Mai 1966 in ihrer Heimat, vor allem auf dem Abschnitt Glöwen – Havelberg. Auch die 99 4503 verkehrte kurzzeitig in Nauen, und zwar vom 16. Oktober 1954 bis zum 17. Januar 1956, stand aber meist in Reserve, denn ihre Laufleistung blieb hier stets gering. Ansonsten gehörte diese Maschine durchgehend zum Prignitzer Netz. Nach der Neubekesselung 1965 war sie hauptsächlich zwischen Glöwen und Havelberg eingesetzt. Der letzte Betriebstag war wegen der abgelaufenen Untersuchungsfrist der 9. September 1969. Nach langer Abstellzeit erwarb ein Eisenbahnfreund die Lok, der sie 1974 auf seinem Grundstück bei Berlin als technisches Denkmal aufstellte. Seit 1996 befindet sich die 99 4503 im Brandenburgischen Museum für Privat- und Kleinbahnen Gramzow (Uckermark) als Leihgabe.

AUTOR: KLAUS JÜNEMANN; AUFNAHMEN: KIEPER

Im September 1965 entstand die Aufnahme von der 99 4504 auf der Strecke Glöwen – Havelberg. 1967 wurde die Maschine in Görlitz verschrottet

99 4504

Das seit 1897 bestehende Prignitzer Schmalspurnetz der Kreise West- und Ostprignitz erfuhr 1907 eine nördliche Erweiterung von Lindenberg bis nach Pritzwalk. Die 18,7 km lange Strecke führte teilweise über hügeliges Gelände. Überdies mußte hier die höchste Erhebung mit 96,8 m über dem Meeresspiegel überwunden werden. Um die Anforderungen auf dieser Strecke zu bewältigen, sah man von Nachbestellungen bereits vorhandener Maschinentypen ab und bezog von Orenstein & Koppel zwei ebenfalls dreifach gekuppelte Tenderlokomotiven, aber mit höherer Zugkraft.

Die mit den Fabriknummern 2087 und 2129 gelieferten Maschinen erhielten entsprechend den damaligen Geflogenheiten Namen, und zwar HEINZ und v. DÖRFEL. Die Prignitzer Eisenbahngesellschaft als damaliger Betriebsführer aller Schmalspurbetriebe der Region teilte die Betriebsnummern 21 bzw. 22 zu. Das später für den Kleinbahnbetrieb zuständige Landesverkehrsamt Brandenburg bezeichnete beide Maschinen ab 1943 mit den Betriebsnummern 07-24 bzw. 07-25, wobei die „07" für den Kreis Ostprignitz (Kyritz) stand.

1945 mußte Lokomotive 07-24 im Rahmen von Reparationslieferungen an die UdSSR abgegeben werden. Die Maschine 07-25 wurde 1949 von der Deutschen Reichsbahn übernommen. Entsprechend Spurweite, Bauart und Achsfahrmasse

wurde ihr die neue Betriebsnummer 99 4504 zugeordnet.

Konstruktion

Der Dampfkessel in Nietkonstruktion bot im Aufbau keine Besonderheiten. Der Langkessel mit 940 mm innerem Durchmesser bestand aus zwei Schüssen und enthielt 98 Heizrohre (Durchmesser 39,5/44,5 mm) mit 2 400 mm freier Rohrlänge. Der Dampfdom enthielt den Flachschieberregler und seit 1955 zwei Sicherheitsventile der Bauart Ackermann. Vorher war auf der Stehkesseldecke ein Ramsbottom-Sicherheitsventil installiert. Zur Kesselspeisung dienten zwei selbstansaugende Dampfstrahlpumpen mit je 75-l/min-Leistung. Der Blechrahmen war ebenfalls genietet und im vorderen Teil als Wasserkasten ausgebildet. Die Tragfedern der ersten und zweiten Achse befanden sich oberhalb des Rahmens. Sie wurden über Federstifte belastet und je Seite untereinander ausgeglichen. Die Tragfedern der dritten Achse waren innerhalb des Rahmens über den Achslagern angeordnet. Für die Betätigung der auf die erste und dritte Achse wirkenden Bremse diente eine an der Führerhausrückwand befindliche Wurfhebelbremse. Ebenfalls hier, aber außerhalb, war eine Seilhaspel für die Bedienung der im Zuge befindlichen Gewichtsbremsen angeordnet und von einem Kasten umgeben. Die ursprüngliche Gasbeleuchtung mußte 1955 einer elektrischen mit Turbogenerator weichen. Das Speisewasser war in den beiden Seitenkästen sowie im Rahmenwasserkasten untergebracht, es konnte unterwegs aus offenen Gewässern er-

gänzt werden. Dazu diente ein Ejektor auf dem rechten Wasserkasten. Der Kohlevorrat lagerte im hinteren Teil des linken Seitenkastens.

Betriebseinsatz

Anfangs für die Strecke Lindenberg – Pritzwalk vorgesehen, kam diese zugkräftige Lokomotive bald auf allen Strecken des Prignitzer Schmalspurnetzes zum Einsatz, aber nicht auf anderen Bahnen außerhalb der Prignitz. Der Einsatz größerer vierachsiger Maschinen war der Anlaß, auf die 99 4504 zu verzichten. Ihr letzter Einsatz fand im Dezember 1966 statt, der Ausmusterung wurde am 31. Juli 1967 stattgegeben. Daraufhin erfolgte die Verschrottung im Raw Görlitz.

TECHNISCHE DATEN

Loknummer		99 4504
Bauart		Cn2t
Spurweite	mm	750
Hersteller		Orenstein & Koppel
Baujahr		1906
Länge über Puffer	mm	6400
gesamter Achsstand	mm	1900
Dienstmasse	t	15,5
Wasservorrat	m³	1,75
Kohlevorrat	t	0,6
Kesselheizfläche	m²	33,0
Rostfläche	m²	0,6
Betriebsdruck	bar	12
Zylinderdurchmesser	mm	300
Kolbenhub	mm	350
Raddurchmesser	mm	750
zulässige Geschwindigkeit	km/h	30
Zugkraft (0,6 p)	kN	30,2
effektive Leistung	PS	105
	kW	77

AUTOR: KLAUS JÜNEMANN; AUFNAHME: KIEPER

Auf einem normalspurigen Transportwagen wartete die im Jahre 1960 zur Revision aus Perleberg im Raw Görlitz eingetroffene Lokomotive 99 4505

99 4505

Das Prignitzer Schmalspurnetz wurde letztmalig 1912 erweitert. Dabei handelte es sich um eine Verbindungsstrecke zwischen der 1897 eröffneten Strecke Perleberg – Hoppenrade – Kyritz und des ab 1900 bestandenen in südliche Richtung führenden Abschnitts Viesecke – Glöwen. Diese nunmehr entstandene Linie von Lindenberg bis Kreuzweg war nur 10,2 km lang und lag überwiegend in flachem Gelände. Daraus ergaben sich relativ geringe Leistungsansprüche für die auf diesem Teilabschnitt benötigte Lokomotive. Offenbar bot die Firma Borsig eine günstige Offerte an, worauf der Kreis Westprignitz die Bestellung aulöste. Der Neuzugang mit der

Fabriknummer 8388 aus dem Jahre 1912 erhielt den Namen LINDENBERG und von der Prignitzer Eisenbahngesellschaft als Betriebsführerin die Betriebsnummer 23. Im Vergleich zu den anderen bisher auf Prignitzer Schmalspurnetz eingesetzten Lokomotiven wies diese Maschine hinsichtlich Zugkraft und Leistung die kleinsten Werte auf. Dagegen besaß der Dreikuppler den größten Achsstand bei geringer Länge über Puffer, was kurze Überhänge brachte und auf einen ruhigen Lauf schließen läßt. 1943 erhielt die Borsig-Lokomotive vom Landesverkehrsamt Brandenburg die Betriebsnummer 07-26 und Ende 1949 von der Deutschen Reichsbahn entsprechend dem Umzeichnungsplan die Betriebsnummer 99 4505.

Konstruktion

Dieser C-Kuppler läßt den Trend von Borsig erkennen, im Interesse guter Laufeigenschaften möglichst kurze Lokomotiven zu bauen. Trotz der freien Rohrlänge von 2 000 mm konnte der Langkessel mit einem inneren Durchmesser von 872 mm aus nur einem Schuß gewalzt werden. Er enthielt 83 Heizrohre (Durchmesser 41/46 mm). Der Stehkessel war im unteren Bereich um 130 mm schmaler gehalten als im oberen,

die waagerecht liegende Rostfläche war etwas länger als breit. Im Dampfdom befand sich ein Flachschieberregler. So wie der Dampfkessel war auch der Blechinnenrahmen eine Nietkonstruktion, in dem alle drei Achsen festgelagert waren. Um die geforderte Bogenläufigkeit (Radius 50 m) zu erreichen, mußten die Spurkränze der Mittelachse geschwächt werden. Die Tragfedern der ersten und zweiten Achse befanden sich frei zugänglich oberhalb des Rahmens, während die Tragfedern der hinteren Treibachse innerhalb des Rahmens über den Achslagern lagen. Abgebremst wurden nur die erste und dritte Achse einseitig von vorn. Hierzu diente ein Wurfhebel der Bauart Exter. Die in den Wagen teilweise vorhandenen Gewichtsbremsen konnten über eine Seilhaspel betätigt werden. Sie befand sich ursprünglich rechts oberhalb des Stehkessels, wurde aber später in die Führerhausrückwand verlegt, wobei die Seilhaspelrolle außen innerhalb eines Schutzkastens angeordnet war. Bei den Lokomotiven der Prignitzer Kreiskleinbahnen war die von Borsig gelieferte die erste mit Heusinger-Steuerung. Die anfängliche Petroleumbeleuchtung wurde im April 1956 durch eine elektrische mittels Turbogenerator ersetzt. Der Wasservorrat verteilte sich auf die beiden Seitenkästen und den mittigen Rahmenwasserkasten, der linke Seitenkasten enthielt im hinteren Teil den Kohlevorrat.

Betriebseinsatz

Ein Einsatz außerhalb der Prignitzer Kreiskleinbahnen, auf deren Strecken sie freizügig eingesetzt war, ist nicht bekannt. Seit der Umsetzung leistungsstärkerer Maschinen war die 99 4505 die erste Lokomotive des Stammparkes, die abgestellt wurde. Die Maschine war bis zum Januar 1962 in Betrieb. Nach der Ausmusterung folgte die am 6. November 1963 beendete Zerlegung im Raw Görlitz.

Als Lok LINDENBERG wurde die spätere 99 4505 in Dienst gestellt

TECHNISCHE DATEN		
Loknummer		99 4505
Bauart		Cn2t
Spurweite	mm	750
Hersteller		Borsig
Baujahr		1912
Länge über Puffer	mm	6060
gesamter Achsstand	mm	2000
Dienstmasse	t	15,5
Wasservorrat	m³	1,5
Kohlevorrat	t	0,6
Kesselheizfläche	m²	23,4
Rostfläche	m²	0,5
Betriebsdruck	bar	12
Zylinderdurchmesser	mm	240
Kolbenhub	mm	400
Raddurchmesser	mm	800
zulässige Geschwindigkeit	km/h	30
Zugkraft (0,6 p)	kN	20,75
effektive Leistung	PS	80
	kW	59

AUTOR: KLAUS JÜNEMANN, AUFNAHMEN: SAMMLUNGEN MACHEL, JÜNEMANN

Den größten Anteil an der Zugförderung übernahm auf der Strecke Nauen – Senzke – Kriele die 99 4511, hier im Juli 1960 auf dem Bahnhof Senzke

99 4511 (I)

Das zwischen den beiden Hauptstrecken Berlin – Hamburg und Berlin – Hannover liegende Gebiet des Westhavellandes war verkehrstechnisch wenig erschlossen. So entstand für die durch die Landwirtschaft geprägte Region als Zubringer zu den beiden Staatsbahnstrecken eine 750-mm-spurige Kleinbahn, die von Rathenow ausgehend in nordöstliche Richtung bis nach Paulinenaue führte. Die Strecke war 31,5 km lang und verlief auf eigenem Bahnkörper. Zur Eröffnung des Bahnbetriebs am 2. April 1900 standen drei Lokomotiven zur Verfügung, die Krauss im Jahre 1899 mit den Fabriknummern 4111 – 4113 in der bewährten Bauart C1'n2t ausgeliefert hatte. Die Maschinen erhielten die Bahnbezeichnungen 1 bis 3. Zum Einsatz gelangten die Loks auch auf der 1901 zusätzlich eröffneten Kleinbahnstrecke von Senzke nach Nauen. 1930 bezog die Kleinbahn von Krauss einen Ersatz- bzw. Tauschkessel mit der Fabriknummer 8487, um unabhängig von den längeren Kesselaufarbeitungszeiten zu sein. So erhielt un-

ter anderem die Lok 3 im Tausch zuletzt den Dampfkessel 4111 von der Lok 1. Im August 1945 begann in Rathenow der Abbau der Kleinbahn für Reparationszwecke. Er wurde auf Befehl der sowjetischen Besatzungsmacht gestoppt, so daß der Streckenabschnitt von Kriele über Senzke bis Nauen einschließlich des Anschlusses zur dortigen Zuckerfabrik erhalten blieb. Auf diesem Teil befand sich die Lokomotive 3, die in den letzten Jahren hier überhaupt die Stammlok und im Lokschuppen Nauen stationiert war. Lediglich zu größeren Reparaturarbeiten gelangte der Dreikuppler zur Werkstatt in Rathenow. 1949 erhielt diese Lokomotive von der Deutschen Reichsbahn die Betriebsnummer 99 4511.

Konstruktion

Die drei gekuppelten Achsen wurden in einem genieteten Innenrahmen geführt, der sich hinter der dritten Achse zum Außenrahmen so verbreiterte, daß er den Stehkessel und die Laufachse umschloß.

Die Laufachse war mit der dritten Kuppelachse zu einem Krauss-Helmholtz-Gestell verbunden; Treibachse war die spurkranzlose zweite Achse. Statt eines festen

TECHNISCHE DATEN

Loknummer		99 4511 (')
Bauart		C1'n2t
Spurweite	mm	750
Hersteller		Krauss
Baujahr		1899
Länge über Puffer	mm	6530
gesamter Achsstand	mm	3300
Dienstmasse	t	14,0
Wasservorrat	m³	1,75
Kohlevorrat	t	0,6
Kesselheizfläche	m²	29,51
Rostfläche	m²	0,55
Betriebsdruck	bar	12
Zylinderdurchmesser	mm	260
Kolbenhub	mm	300
Raddurchmesser	mm	680/560
zulässige Geschwindigkeit	km/h	25
Zugkraft (0,6 p)	kN	21,5
effektive Leistung	PS	95
	kW	70

Nach dem Umsetzen der Lokomotive 99 4511 in Senzke Mitte 1960. Ein knappes Jahr später wurde hier der Betrieb eingestellt

Achsstands bestand dadurch eine geführte Länge von der ersten (festgelagerten) Achse bis zum Drehzapfen des Krauss-Helmholtz-Gestells.

Durch die Seitenverschiebbarkeit der dritten Achse mußten deren Kurbelzapfen sowie die Zapfen an der Gegenkurbel zum

Deutlich zu erkennen: der später ergänzte Turbogenrator

Antrieb der Heusinger-Steuerung kugelförmig ausgeführt werden, während die hinteren Kuppelstangen und sowie die Schwingenstangen an den vorderen Enden vertikale Gelenke besaßen.

Die Tragfedern der gekuppelten Achsen waren oberhalb des Rahmens angeordnet und mittels Ausgleichhebel auf jeder Lokseite miteinander verbunden. Die Tragfeder der Laufachse lag quer zum Rahmen mit Mittenabstützung, wodurch sich eine Dreipunktabstützung ergab.

Der Dampfkessel war eine Nietkonstruktion in üblicher Bauart und enthielt im Langkessel 81 Heizrohre mit einer freien Rohrlänge von 2 630 mm. Der waagerecht liegende Rost in der kupfernen Feuerbüchse wies ein größeres Breiten- als Längenmaß auf.

Innerhalb des Dampfdoms war ein Flachschieberregler angeordnet. Auf der Domdecke existierten zwei Sicherheitsventile der Bauart Ackermann.

Zur Heusinger-Steuerung gehörte eine billig auszuführende gerade Schwinge, die bei einfachen Lokomotiven kleinerer Leistung zu vertreten war. Die Umsteuerung erfolgte mittels Händel. Die alleinige Handbremse wirkte nur auf die erste und zweite Achse, der Handbremshebel mit Ratschenhemmung war links am Stehkessel angeordnet. Der Wasservorrat war

beiderseits des Langkessels sowie innerhalb des Rahmens untergebracht. Ergänzt wurde der Vorrat über einen zwischen Dampfdom und Sandkasten befindlichen Trichter mit Ablauf in beide Seitenkästen. Mittels Ejektor vor dem rechten Seitenkasten konnte auch Wasser aus offenen Gewässern aufgenommen werden.

Die ursprüngliche Beleuchtung mittels Petroleum wurde erst von der Deutschen Reichsbahn durch eine elektrische mit Turbogenerator ersetzt.

Betriebseinsatz

Die 99 4511 verkehrte vorerst nur auf ihrer Stammstrecke Nauen – Senzke – Kriele der ehemaligen bis nach Rathenow führenden Kreisbahn. Das ab 1949 für diese Maschine zuständige Heimat-Bahnbetriebswerk war Ketzin, das damals zur Rbd Berlin gehörte. Vom 9. Januar 1953 an wechselte das Bahnbetriebswerk Ketzin zur Rbd Magdeburg. Fortan wurden die Lokomotiven der Nauener Schmalspurbahn vom Bahnbetriebswerk Wustermark betreut.

Nach Betriebseinstellung auf der ehemaligen Kleinbahn am 1. Mai 1961 wurde die Lokomotive per 1. Juni 1961 zum Rügener Netz umgesetzt und war im zum Bw Putbus gehörenden Lokbahnhof Altenkirchen (Rügen) stationiert. Anläßlich der nächstfälligen Revision ab Mai 1965 entstand für dieser Maschine im Raw Görlitz ein nahezu vollständiger Neubau (siehe 99 4511[II]).

AUTOR: KLAUS JÜNEMANN, AUFNAHMEN: POCHADT

Bei der letzten in Dienst gestellten Neubaudampflok der Deutschen Reichsbahn handelte es sich um die 99 4511'', hier im April 1968 in Perleberg

99 4511 (II)

Die von der ehemaligen Kreisbahn Rathenow-Senzke-Nauen (RSN) übernommene und mit der DR-Betriebsnummer 99 4511 versehene C1'n2t-Lokomotive wurde 1965 dem Raw Görlitz zur Hauptuntersuchung zugeführt. Der allgemeine Zustand, die Maschine stand bereits 66 Jahre im Betriebseinsatz, erforderte eine Erneuerung fast aller Hauptbauteile. Dazu zählten vor allem der Dampfkessel, der Rahmen und die bis ins Grenzmaß aufgebohrten Zylinder.

Die Wiederherstellung des Originalzustandes erschien sehr kostenaufwendig, zumal sich die 1964 durchgeführte Rekonstruktion der Cn2t-Lokomotive 99 4701 als erfolgreich erwiesen hatte. So lag es nahe, unter Zugrundelegung der Zeichnungsunterlagen für die Lokomotive 99 4701 einen Umbau unter Weglassung der Laufachse zu vollziehen, der schließlich zu einem völligen Neubau führte. Erneuert wurden: Rahmen mit Achslagerung, Führerhaus mit -boden, Kohle- und Wasserkasten, vorderer und hinterer Pufferträger, das gesamte Triebwerk samt Steuerung. Aufarbeitungswürdig waren Teile vom Ausgleich und von der Bremse. Weiterhin kam ein im Raw Halberstadt eigens neu hergestellter Dampfkessel (Fabriknummer 338) zum Einbau. Damit ist die so entstandene Lokomotive der letzte Dampflokomotiv-Neubau für die DR.

Konstruktion

Alle Großbauteile, wie Rahmen, Führerhaus und Vorratsbehälter entstanden in reiner Schweißkonstruktion. Verwendet wurden viele Details der bereits vorher rekonstruierten 99 4701, so daß eine äußere Ähnlichkeit mit dieser Lokomotive entstand. Auch der Dampfkessel wurde völlig geschweißt.

Bei der Festlegung der Kesselabmessungen orientierte man sich an denen der 99 4701, wobei sich das Verhältnis Heizfläche/Rostfläche wesentlich günstiger gestaltete als beim alten Dampfkessel der 99 4511. Dadurch konnte auch Kohle mit minderer Qualität gut verfeuert werden.

Neu waren außerdem die Zylinderblöcke. An Stelle der bisherigen Flachschieber kamen jetzt Druckausgleich-Kolbenschieber der Bauart Trofimoff zur Verwendung.

Betriebseinsatz

Die „neue" 99 4511 gelangte nunmehr als Cn2t-Maschine am 1. April 1966 wieder zur Strecke Fährhof – Altenkirchen auf Rügen. Hier absolvierte die Maschine die zur Abnahme erforderlichen Probefahrten, blieb aber danach abgestellt, nachdem sich herausstellt hatte, daß die Zugkraft nicht ausreichte, um den Anforderungen auf diesem Streckenabschnitt zu bewälti-

gen. Da für den Nordabschnitt der ehemaligen Rügenschen Kleinbahnen inzwischen drei Lokomotiven der Baureihe 99⁴⁶⁵ zur Verfügung standen, wurde die 99 4511 zum Prignitzer Netz umgesetzt und im Lokbahnhof Perleberg beheimatet.

Hier verkehrte sie auf den Stammstrecken, nach deren Betriebseinstellung im Jahre 1969 ab Mitte 1970 auf dem Abschnitt von Glöwen nach Havelberg. Als der Betrieb hier 1971 ebenfalls stillgelegt wurde, gelangte die Lokomotive auf den Bahnhof Glöwen. 1977 von einem Privatmann erworben, wurde die Neubaulok im Holidaypark von Haßloch bei Neustadt (Weinstraße) aufgestellt.

TECHNISCHE DATEN

Loknummer		99 4511''
Bauart		Cn2t
Spurweite	mm	750
Hersteller		Raw Görlitz
Baujahr		1966
Länge über Puffer	mm	6045
gesamter Achsstand	mm	2000
Dienstmasse	t	18,1
Wasservorrat	m³	1,8
Kohlevorrat	t	0,75
Kesselheizfläche	m²	25,1
Rostfläche	m²	0,71
Betriebsdruck	bar	14
Zylinderdurchmesser	mm	250
Kolbenhub	mm	330
Raddurchmesser	mm	780
zulässige Geschwindigkeit	km/h	25
Zugkraft (0,6 p)	kN	22,2
effektive Leistung	PS	80
	kW	59

AUTOR: KLAUS JÜNEMANN, AUFNAHME: KIEPER

Die Lok 99 4512 erhielt bei der Deutschen Reichsbahn einen Kohlekasten an der Führerhausrückwand (Senzke 1957)

99 4512

Für die am 1. Oktober 1901 eröffnete Strecke Senzke – Nauen des fortan als Kreisbahn Rathenow-Senzke.-Paulinenaue-Nauen bezeichneten Unternehmens hätten die vorhandenen drei C1'n2t-Lokomotiven von Krauss nicht mehr für das nunmehr 51,6 km lange Netz ausgereicht. So beschaffte der Kreisausschuß Rathenow zwei weitere C1'n2t-Maschinen, die jedoch Orenstein & Koppel 1901 mit den Fabriknummern 845 und 846 auslieferte. Da der leichte Oberbau nur eine Achsfahrmasse von 5 t zuließ, waren der Konstruktion Grenzen gesetzt. Eingesetzt wurden beide Lokomotiven mit den Betriebsnummern 4 und 5. 1935 kaufte man bei Orenstein & Koppel für die Lok 5 einen Tauschkessel mit der Fabriknummer 12656. Während des zweiten Weltkriegs mußte die Kreisbahn die bereits 1933 ausgemusterte Lok 4 für den Osteinsatz abgeben. Die Lok 5 wurde 1944 zwecks einen größeren Revision zur damaligen Firma Ernst Kühne, Lokomotiv-Ausbesserungswerk Mühlhausen (Thür.) transportiert. Die Maschine konnte Anfang 1946 fertiggestellt und nach Nauen übergeführt werden. Da die ab August 1945 begonnene Demontage der Kleinbahn abgebrochen wurde, konnte mit der Lok 5 und der in Nauen verbliebenen Lok 3 ein bescheidener Zugbetrieb auf der Reststrecke von Nauen bis Kriele aufgenommen werden. Während die Lok 3 von Krauss wegen besserer Laufeigenschaften vorrangig eingesetzt wurde, blieb die Lok 5 – ab 1949 als 99 4512 bezeichnet – überwiegend in Reserve. Um die Vorräte und damit den Aktionsradius zu ver-

größern, verlegte man vor 1949 den bisher seitlich innerhalb der Wasserkästen befindlichen Kohlenvorrat in einen an die Führerhausrückwand angesetzten Kasten. Dies wirkte sich negativ auf die Masseverteilung aus. Besonders vor den schweren Rübenzügen neigte der Dreikuppler nach dem Umbau zum Entgleisen. Bei der sogenannten Kupferdrahtprobe, bei der jeweils ein Stück dieses Drahtes vor jedes Rad gelegt und von diesem dann einmal überrollt wird, stellte sich durch Vergleich der unterschiedlichen Quetschungen heraus, daß die vordere Kuppelachse am geringsten und die Laufachse am meisten belastet war. Zwar wurde im April 1957 der vordere Rahmenteil um 250 mm verlängert und dieser Raum mit Stahlschrott ausgefüllt, aber die Entgleisungsneigung blieb.

Schwierigkeiten bereitete zudem stets die Regulierung der Lenkersteuerung, bei der sich infolge der Geometrie der Hebelbewegungen ein in beiden Fahrtrichtungen gleichmäßiges Arbeiten der Maschine nicht erreichen ließ.

Konstruktion

Alle drei gekuppelten Achsen waren ohne Seitenspiel im genieteten Außenrahmen geführt, die Laufachse lief in einem Bisselgestell, die zweite Kuppelachse war spurkranzlos. Alle Tragfedern lagen oberhalb des Rahmens, wobei die der ersten und zweiten Kuppelachse und die der Treibachse über Ausgleichhebel miteinander verbunden waren. Die Laufachsfeder lag quer zum Rahmen und stützte sich mittig ab, wodurch sich eine Dreipunktabstützung ergab. Der genietete Naßdampfkessel besaß einen Langkessel aus einem Schuß und beinhaltete 94 Heizrohre (Durchmesser 39,5/44,5 mm, freie Rohrlänge 2 400 mm). Im Steh-

kessel befand sich eine kupferne Feuerbüchse mit fast quadratischem Rost, im Dampfdom ein Ventilregler. Vorhanden war eine außenliegende Lenkersteuerung nach dem Patent von Orenstein & Koppel mit einer im ungefederten Teil befindlichen Steuerwelle. Für die Umsteuerung diente ein Händel. Die gekuppelten Achsen besaßen aufgesteckte Kurbeln, wobei sich die Ausgleichmassen nur an den Kurbeln der Treibachse befanden. Gebremst wurden die erste und dritte Achse über einen Handbremshebel an der Führerhausrückwand. Der Wasservorrat war beiderseits des Langkessels untergebracht und konnte über einen Trichter, der sich hinter dem Dampfdom befand, ergänzt werden. Vor dem rechten Wasserkasten war außerdem ein Ejektor angeordnet, um Wasser aus offenen Stellen aufzunehmen. Die ursprüngliche Petroleum-Beleuchtung wich zu DR-Zeiten einer elektrischen Ausrüstung mit einem 0,5-kW-Turbogenerator.

Betriebseinsatz

Die 99 4512 war stets im Lokbahnhof Nauen stationiert, der bis zum 9. Januar 1953 dem Bw Ketzin unterstellt war und anschließend dem Bw Wustermark zugeordnet wurde. Aufgrund der schlechten Laufeigenschaften ließ man die Maschine gern als Reserve stehen, im August 1958 fand ihr letzter Einsatz statt. Die 99 4512 stand dann noch längere Zeit aufgebockt im Bw Wustermark. Die Lok wurde schließlich 1964 im Raw Görlitz verschrottet.

TECHNISCHE DATEN		
Loknummer		99 4512
Bauart		C1'n2t
Spurweite	mm	750
Hersteller		Orenstein & Koppel
Baujahr		1901
Länge über Puffer	mm	6150
gesamter Achsstand	mm	2940
Dienstmasse	t	13,0
Wasservorrat	m³	1,6
Kohlevorrat	t	0,6
Kesselheizfläche	m²	31,2
Rostfläche	m²	0,62
Betriebsdruck	bar	12
Zylinderdurchmesser	mm	250
Kolbenhub	mm	350
Raddurchmesser	mm	700/450
zulässige Geschwindigkeit	km/h	25
Zugkraft (0,6 p)	kN	22,5
effektive Leistung	PS	100
	kW	73,5

AUTOR: KLAUS JÜNEMANN; AUFNAHME: NICKEL

Bis Mitte der sechziger Jahre konnte auf den Einsatz der Mallet-Lokomotiven auf Rügens Schmalspurbahnen nicht verzichtet werden (Putbus, 1963)

99 4521 – 99 4525

Auf den vom Eisenbahnbau- und Betriebsunternehmen GmbH Lenz & Co. betriebenen Bahnen mit 750- und 1000-mm-Spur verkehrten anfänglich ausschließlich B-gekuppelte Tenderloks. Da bei einigen dieser Kleinbahnen das Verkehrsaufkommen erheblich gewachsen war, wurden diese Maschinen während der Erntezeit und besonders auf den Rügenschen Kleinbahnen (Rü.K.B.) auch während der Badesaison überfordert.

Stärkere Maschinen mit mindestens vier Achsen wurden benötigt, um den personalaufwendigen Betrieb mit Vorspannlokomotiven zu vermeiden. Die Firma Vulcan, die bisher fast alle Triebfahrzeuge für die sogenannten Lenz-Bahnen entwickelt und gebaut hatte, berücksichtigte nun wegen ungenügender Erfahrungen mit seitenverschiebbaren Achsen in einem durchgehenden Rahmen eine B'B-Tenderlokomotive nach dem System Mallet, um der erforderlichen Bogenläufigkeit gerecht zu werden.

Die neue Konstruktion sah die weitgehende Verwendung gleicher Bauteile in der Ausführung für 750- als auch für 1000-mm-Spur vor. Überein stimmten Dampfkessel mit Ausrüstung, Zylinder, Triebwerk mit Steuerung sowie die Radkörper. 1902 lieferte Vulcan gleich vier dieser Lokomotiven aus, eine für Meterspur und drei für 750 mm-Spur. Bis 1910 folgten noch sechs weitere Mallet-Maschinen aus dem

Hause Vulcan. Die Ausführung für die kleinere Spur erhielt die Gattungsbezeichnung „nn", vermutlich deshalb, weil die Zugkraft dieser Maschinen doppelt so war wie der der Gattung „n", eines kleinen auf Rügen eingesetzten B-Kupplers.

Die Rü.K.B. erhielten die Lokomotiven mit der Fabriknummern 2010 (1902), 2013 (1903), 2172 (1905) und 2451 (1908) und registrierten die Maschinen mit den Betriebsnummern 31ⁿⁿ bis 34ⁿⁿ. Der ständige Verkehrszuwachs erforderte auf Rügen noch eine weitere Maschine dieser kräftigen Bauart. Da aber Vulcan inzwischen den Bau einer D-gekuppelten Lokomotive vorbereitete, übernahm Hanomag die Herstellung nach Unterlagen von Vulcan.

Unter der Fabriknummer 6227 wurde diese Mallet-Maschine 1911 ausgeliefert und verkehrte als 35ⁿⁿ auf dem Rügener Kleinbahnnetz.

Nach der verwaltungstechnischen Übernahme der fortan als Rügensche Bahnen bezeichneten Rü.K.B. durch die Pommerschen Landesbahnen im Jahre 1940 sollten die Mallets ab 1943 die neuen Betriebsnummern 241 bis 245 erhalten, die aber durch die kriegsbedingten Umstände meist nicht mehr angebracht werden konnten.

Alle Maschinen wurden 1949 von der DR übernommen und in der Reihenfolge ihrer Fabriknummern in 99 4521 – 99 4525 umgezeichnet.

Konstruktion

Entsprechend dem System von Mallet waren Lauf- und Triebwerk zweigeteilt, das hintere im Hauptrahmen, der gleichzeitig den Dampfkessel und die Hochdruckzylinder trug, das vordere in einem am Hauptrahmen angelenkten und seitlich ausschwenkbaren Lenkgestell mit den Niederdruckzylindern. Auf dieses Lenkgestell stützte sich mittig der Hauptrahmen, der dazu mit einer Art Ausleger entspre-

TECHNISCHE DATEN

Loknummern		99 4521 – 99 4525
Bauart		B'Bn4vt
Spurweite	mm	750
Hersteller		Vulcan/Hanomag
erstes Baujahr		1902
Länge über Puffer	mm	7065
gesamter Achsstand	mm	3750
Dienstmasse	t	20,8
Wasservorrat	m³	2,0
Kohlevorrat	t	0,7
Kesselheizfläche	m²	34,9
Rostfläche	m²	0,73
Betriebsdruck	bar	12
Zylinderdurchmesser	mm	225/340
Kolbenhub	mm	360
Raddurchmesser	mm	720
zulässige Geschwindigkeit	km/h	30
Zugkraft (0,45 p)	kN	31,2
effektive Leistung	PS	115
	kW	84

Geringfügig wich die von Hanomag gebaute Lok 99 4525 von den anderen Mallets auf der Insel Rügen ab (Wittower Fähre, Mai 1963)

chend verlängert war. Der Dampf gelangte vom Kessel zuerst in die Hochdruckzylinder und nach einer hier erfolgten Teilentspannung über eine bewegliche Rohrleitung in die Niederdruckzylinder.

Der Hauptrahmen war als Außenrahmen mit 980 mm äußerer Breite ausgeführt, wodurch sich eine günstigere Gestaltung des Aschkastens ergab. Das Lenkgestell mit den größeren Niederdruckzylindern bestand aus einem Innenrahmen mit 650 mm äußerer Breite.

Beide Rahmen sowie der Dampfkessel waren genietet. Der Langkessel mit einem inneren Durchmesser von 940 mm bestand aus zwei Schüssen und enthielt 90 Heizrohre mit 2 800 mm freie Länge. An

der Rückseite des Dampfdoms war ein Ventilregler angeordnet, der über einen Seitenzug betätigt werden konnte.

Alle Tragfedern lagen oberhalb der Achslager, beim Hauptrahmen außerhalb, beim Lenkgestell innerhalb des Rahmens. Die Federn beider Triebwerksgruppen waren durch Ausgleichhebel untereinander verbunden.

Beide Triebwerksgruppen verfügten über eine Heusinger-Steuerung mit Flachschieber. Die Umsteuerung erfolgte gemeinsam mittels einer Steuerschraube. Als Bremse diente eine Wurfhebelbremse, die auf die jeweils hintere Achse jeder Triebwerksgruppe wirkte. Der gesamte Wasservorrat war in den beiden langen Seitenkästen

untergebracht, der Kohlevorrat im hinteren Teil beider Seitenkästen.

Betriebseinsatz

Waren die Mallet-Maschinen zunächst auf allen Strecken der Rü.K.B. eingesetzt, so konzentrierte sich ihr Einsatz später auf die Abschnitte Altefähr – Putbus sowie Bergen (Rügen) Ost – Wittower Fähre. Anlaß dafür war die Entscheidung, Anfang der sechziger Jahre auf der stark frequentierten Bäderbahn Putbus – Göhren (Rügen) nur noch Fahrzeuge mit Druckluftbremseinrichtung einzusetzen.

Die erforderliche Umrüstung scheiterte bei den Mallet-Lokomotiven aufgrund fehlender Unterbringungsmöglichkeiten der bremstechnischen Ausrüstung. Außerdem stand eine Erneuerung besonders der Dampfkessel an.

Da jedoch zu diesem Zeitpunkt bereits mehrere Lokomotiven der Baureihe 99⁵¹⁻⁶⁰ (sächs. IV K) mit neuen Dampfkesseln zur Verfügung standen, verzichtete man auf die weitere Erhaltung und stellte die Mallet-Maschinen zur nächstfälligen Revision ab. Ausgemustert wurden sie zwischen dem 10. August 1965 und dem 12. August 1966 im Heimat-Bw Putbus.

Von der anschließenden Verschrottung blieb zunächst lediglich die Lokomotive 99 4525 verschont. Sie konnte noch am 27. Januar 1966 an einen Baubetrieb in Neubrandenburg für Heizzwecke verkauft werden.

Die 1902 bei Vulcan gebaute 99 4521 war 1960 in Sellin vor einem Bäderzug Richtung Putbus anzutreffen

AUTOR: KLAUS JÜNEMANN; AUFNAHMEN: NICKEL, POCHADT, SAMMLUNG MACHEL

Unentbehrlich war von 1963 bis 1991 die einstige Trusebahnlok 99 4532 für den Rangierdienst in Zittau. Die Aufnahme entstand im Mai 1980

99 4531, 99 4532

Mit den Betriebsnummern 99 4531 und 99 4532 bezeichnete die DR zwei Lokomotiven, die sie nach der Übernahme der nur 9,73 km langen Trusebahn von Wernshausen nach Trusetal in Thüringen in ihrem Bestand führte. Es waren vierachsige Naßdampf-Tenderlokomotiven, die Orenstein & Koppel 1908 (Fabriknummer 3177) und 1924 (Fabriknummer 10844) ausgeliefert hatte. Bei der Trusebahn trugen sie die Bezeichnungen GLÜCK AUF bzw. TRUSETAL. Da Gleisbögen mit 40 m Halbmesser zu befahren waren, verfügten die Maschinen über radial einstellbare Endachsen der Bauart Klien-Lindner. Durch den Güterverkehr auf der Trusebahn – er bestand hauptsächlich in der Abfuhr von Schwerspat und Manganerz in auf Rollböcken transportierten Normalspurwagen über die im Gefälle bis 33 Promille (1:30) liegenden

Strecke – waren Lokomotiven und Wagen bereits kurz nach der Jahrhundertwende mit einer Druckluftbremse ausgerüstet worden, während die Rollböcke die Heberleinbremse besaßen.

Nach dem zweiten Weltkrieg mußte die Trusebahn durch den verstärkten Erzabbau noch beachtliche Transportaufgaben bewältigen. Dabei erwiesen sich diese Maschinen vor den nunmehr eingesetzten Rollwagenzügen als zu schwach. Deshalb stationierte die DR ab 1952 drei ihrer 1'E1'h2t-Neubaulokomotiven in Trusetal. Die Lokomotiven 99 4531 und 99 4532 wurde schließlich nicht mehr benötigt und gelangten in das Raw Görlitz.

Konstruktion

Ein besonderes Merkmal beider Lokomotiven waren die beiden radial einstell-

TECHNISCHE DATEN

Loknummern		99 4531, 99 4532
Bauart		Dn2t
Spurweite	mm	750
Hersteller		Orenstein & Koppel
erstes Baujahr		1908
Länge über Puffer	mm	6930
gesamter Achsstand	mm	3400
Dienstmasse	t	21,0
Wasservorrat	m³	2,0
Kohlevorrat	t	0,8
Kesselheizfläche	m²	35,9
Rostfläche	m²	0,8
Betriebsdruck	bar	12
Zylinderdurchmesser	mm	300
Kolbenhub	mm	400
Raddurchmesser	mm	750
zulässige Geschwindigkeit	km/h	25
Zugkraft (0,6 p)	kN	34,5
effektive Leistung	PS	120
	kW	88

Bevor die Lok 99 4531 ausgemustert wurde, war sie ausschließlich auf der Trusebahn in Thüringen anzutreffen, wie hier 1952 vor einem Personenzug

baren Endachsen, die einen Außenrahmen erfordert hatten. Bauartbedingt waren die Endachsen scheibenförmige Radkörper. Bei den beiden Mittelachsen handelte es sich um normale Speichenräder mit den erforderlichen Ausgleichmassen. Der Antrieb erfolgte über sogenannte Hallsche Kurbeln, bei denen Kurbel und Lagerhals einen Körper bildeten, der auf die Achswelle aufgepreßt wird. Die radial einstellbaren Hohlachsen wur-

Rangierdienst in Zittau mit Lok 99 4532 (1976)

den bei der 99 4532 anläßlich der Hauptuntersuchung 1962 gegen die beiden Mittelachsen der inzwischen ausgemusterten 99 4531 ausgetauscht. Alle vier Achsen waren nun fest im Rahmen gelagert. Um die erforderliche Bogenläufigkeit zu ermöglichen, wurden die Spurkränze der beiden Mittelachsen entsprechend geschwächt.

Die Tragfedern lagen außerhalb des Rahmens über den Achslagern, wobei die der beiden vorderen wie hinteren Achsen mittels Ausgleichhebel eine Federgruppe bildeten. Die Heusinger-Steuerung trieb die Flachschieber an. Umgesteuert wurde per Händel mit Rastung.

Der genietete Dampfkessel normaler Bauart besaß einen Langkessel mit zwei Schüssen, der Abstand zwischen den Rohrwänden betrug 2 600 mm. Beide Maschinen verfügten über einen im Dampfdom untergebrachten Ventilregler. Neben der Handbremse waren die Lokomotiven mit einer Druckluftbremse – anfangs Bauart Schleifer, nach Übernahme durch die DR die der Bauart Knorr – ausgerüstet. Sie wirkte nur auf die beiden festgelagerten Mittelachsen, auch nach dem 1962 durchgeführten Tausch der Endachsen. Die einstufige Luftpumpe der Schleiferbremse war anfangs liegend auf dem linken Seitenkasten angeordnet, später stehend links neben der Rauchkammer. Nach Übernahme durch die DR wurde eine zweistufige Luftpumpe angebaut. Die Seilhaspel an der Führerhausrückwand entfiel 1952, nachdem druckluftgebremste Rollwagen die bisherigen Rollböcke abgelöst hatten. Für ihren Einsatz in Zittau, wo der Wagenpark mit der Körtingbremse ausgerüstet war, er-

hielt die 99 4532 an der rechten Rauchkammerseite eine entsprechende Betriebseinrichtung.

Eine elektrische Beleuchtung besaßen beide Lokomotiven bereits in den dreißiger Jahren, der zugehörige Turbogenerator befand sich auf dem rechten Wasserkasten. Erst Anfang der fünfziger Jahre wurde der Generator zwischen Schornstein und Dampfdom plaziert.

Betriebseinsatz

Während die 99 4531 stets nur auf der Trusebahn verkehrte und am 28. Februar 1962 ausgemustert wurde, war für die 16 Jahre jüngere 99 4532 nach einer Hauptuntersuchung ab 28. März 1962 ein weiterer Einsatz auf Rügen vorgesehen. Wegen ihrer bereits vorhandenen Druckluftbremse sollte sie auf der Bäderbahn Putbus – Göhren zur Unterstützung der hier stark ausgelasteten 99 4631 – 99 4633 dienen, was aber aufgrund der geringeren Zugkraft und der nur auf 25 km/h zugelassenen Höchstgeschwindigkeit scheiterte.

Bereits ab 9. Juli 1963 erhielt die 99 4532 in Zittau eine neue Heimat als örtliche Rangierlokomotive. Durch ihre leichte Bedienbarkeit und Wendigkeit sowie dem sparsamen Kohleverbrauch war sie beim Lokpersonal bald beliebt.

Anläßlich einer Kesselrevision Ende 1991 zeigten sich nach 67 Einsatzjahren jedoch größere Verschleißerscheinungen, die einen Ersatz des Dampfkessels notwendig machen. Somit wanderte die Lok auf ein Abstellgleis. Ob der Einzelgänger einen neuen Kessel erhalten wird, war 1996 noch nicht entschieden.

AUTOR: KLAUS JÜNEMANN; AUFNAHMEN: MACHEL (2), MALSCH

Zu den von der Deutschen Reichsbahn übernommenen „Beuteloks" gehörte die in der UdSSR 1934 gebaute 99 4541. 1960 war sie in Nauen beheimatet

99 4541

Unter den zahlreichen Fremdlokomotiven, die während des zweiten Weltkriegs nach Deutschland gelangten, befanden sich auch mehrere Exemplare einer D-gekuppelten Heißdampf-Schlepptenderlokomotive für 750-mm-Spur. Derartige Fahrzeuge stellte – soweit bekannt – zwischen 1930 und 1937 der Kraftmaschinenbaubetrieb Kriskingo in Nikolajewski (später Podolsk) in der UdSSR her. Mit seinem kleinen Raddurchmesser von nur 600 mm war dieser Loktyp besonders für Waldbahnen geeignet, bei denen weniger die Fahrgeschwindigkeit als die Zugkraft im Vordergrund stand. Mit den vier angetriebenen Achsen betrug die Achsfahrmasse nur 5 t, was günstig für einen freizügigen Einsatz auf leichtem Oberbau war. Der Tender besaß einen gitterförmigen Aufbau zur Unterbringung von zusätzlichem Brennholz. Wieviele Loks dieses Typs auf deutschen Boden gelangten, konnte bisher nicht exakt ermittelt werden. Einige der Maschinen waren bald einsatzbereit, andere blieben abgestellt. So verkehrte zumindest ein solcher Vierkuppler ab 1948 auf der Luckenwalde-Jüterboger Kleinbahn. Er mußte dann

aber mit zwei weiteren bauartgleichen Maschinen wieder rückgeführt werden. Auch im Bereich der Rbd Dresden befanden sich drei bauartgleiche Kriskingo-Loks, die mit den Betriebsnummern 159-420 (Baujahr 1934) sowie 159-331 und 159-334 (Baujahr 1936) gekennzeichnet waren.
Durch die Reparationsleistungen an die UdSSR, die auch bei den sächsischen Schmalspurlokomotiven empfindliche Lücken gerissen hatte, war eine Auffüllung des Lokparks dringend notwendig. So wurde die Lokomotive 159-420 im Winter 1948/49 im Bw Zittau betriebsfähig hergerichtet, während die beiden anderen nicht betriebsfähig in Mügeln (b. Oschatz) verblieben. Ab 20. Februar 1949 begann der Einsatz der in Zittau hergerichteten Lok vom zum Bw Dresden-Altstadt gehörenden Lokbahnhof Wilsdruff aus. Die Maschine besaß zwar eine wirkungsvolle Dampfbremse, doch mußte ihr Einsatz auf den Rangierdienst und vor Arbeitszügen beschränkt werden. Die fremde Betriebsnummer blieb zunächst erhalten. Erst Ende 1949 wurde sie durch die zugeordnete Betriebsnummer 99 4052 ersetzt, die man 1957 nochmals, und zwar in 99 4541, än-

derte. Trotz ihrer betrieblichen Einschränkung erschien die Lok brauchbar, denn bereits Ende 1950 erhielt sie im Raw Schlauroth – dem späteren Raw Görlitz – ihre erste Hauptuntersuchung.

TECHNISCHE DATEN

Loknummer		99 4541
Bauart		Dh2
Spurweite	mm	750
Hersteller		Kriskingo
Baujahr		1934
Länge über Puffer	mm	9450*
gesamter Achsstand	mm	6800*
Dienstmasse	t	13,9
Wasservorrat	m³	4,5*
Kohlevorrat	t	2,5*
Kesselheizfläche	m²	33,3
Rostfläche	m²	0,72
Betriebsdruck	bar	12
Zylinderdurchmesser	mm	285
Kolbenhub	mm	300
Raddurchmesser	mm	600
zulässige Geschwindigkeit	km/h	25
Zugkraft (0,6 p)	kN	29,2
effektive Leistung	PS	180
	kW	133

* mit Tender

Der vierachsige Tender war ursprünglich für die Lagerung von Holzvorräten vorgesehen. Noch bei der Trusebahn hatte der Tender einen dafür bestimmten Gitteraufsatz. Nach dem Einsatz der 99 4541 in Nauen gelangte sie nach Dahme (Mark), wo bereits 1948 eine solche Lok in Betrieb war

Konstruktion

Der genietete Heißdampfkessel war mit 56 Heizrohren und zwölf Rauchrohren bei einer freien Rohrlänge von 2 530 mm bestückt. Ein Überhitzer der Bauart Schmidt produzierte den Heißdampf. Der Langkessel bestand aus zwei Schüssen, der Stehkessel war mit einer Stahlfeuerbüchse mit waagerechter Rostlage ausgerüstet. In dem verhältnismäßig großen Dom befand sich der Ventilregler. Zur Kesselspeisung dienten zwei saugende Strahlpumpen mit je 60-l-Leistung. Der ebenfalls genietete Blechinnenrahmen war glatt durchgehend gestaltet und lediglich im Führerhausbereich leicht abgesenkt. Das Führerhaus hatte zwei halbhohe Drehtüren, die Öffnung zum Tender verdeckte ein Segeltuchvorhang.

Von den vier gekuppelten Achsen waren die erste und vierte fest gelagert, so daß sich ein fester Achsstand von 2 250 mm ergab. Die zweite Achse war seitenverschiebbar und die dritte als Treibachse spurkranzlos. Alle Tragfedern der vorderen beiden Achsen befanden sich oberhalb des Rahmens mit Federstiften, dagegen wurden die beiden hinteren Achsen beidseitig durch je eine innenliegende ausgleichende Tragfeder belastet. Die Dampfmaschine war mit einer über ein Steuerhändel bedienbaren Heusinger-Steuerung und Druckausgleich-Kolbenschieber der Bauart Trofimoff ausgerüstet. Es dürften die ersten Schieber dieser

Bauart sein, die bei einer DR-Lokomotive seinerzeit vorhanden waren. Die Vorräte wurden hauptsächlich auf dem Tender untergebracht. Außerdem bestand die Möglichkeit, in den beiden Seitenkästen der Lokomotive geringe Vorräte zum kurzzeitigen Einsatz ohne Schlepptender mitzuführen. Maschine und Tender waren untereinander mit der üblichen Zug- und Stoßeinrichtung verbunden.

Zu den vollzogenen technischen Veränderungen gehörten 1950 der Abbau der Ejektoreinrichtung und die Ausrüstung mit Dampfheizanschlüssen. 1953 erhielt der Vierkuppler elektrische Beleuchtung mittels Turbogenerator sowie eine nur auf die Lokomotive wirkende Druckluftbremse. Zwei Jahre später schloß man den Tender an die Druckluftbremse an und ergänzte einen druckluftbetätigten Sandstreuer. 1958 wurde der Gitteraufbau des Tenders entfernt.

Betriebseinsatz

Anfangs in Wilsdruff eingesetzt, diente die Maschine 1951 für etwa zehn Wochen als zusätzliche Bremslokomotive beim Abbau der Strecke Goßdorf-Kohlmühle – Hohnstein bei Bad Schandau, da die hier eingesetzte 99 555 (ex sächsische IV K) auf der Gefällestrecke eine ungenügende Bremskraft aufwies. Am 5. August 1951 gelangte die 99 4052 zum Bw Thum, um hauptsächlich den Anschluß der Papierfabrik in Wilischthal zu bedienen. Bald fehl-

ten auf der damals nur für eine geringe Achsfahrmasse zugelassenen Trusebahn zugkräftige Lokomotiven. So brachte man den Einzelgänger im Februar 1953 zunächst in das Bw Eisenach, wo Bremse und Beleuchtung umgebaut wurden. Vom 1. April 1953 an verkehrte die Maschine auf der Trusebahn. Obwohl die Lok in bezug auf die Zugkraft enttäuschte, häufig wegen Dampfmangel liegenblieb und oft wegen Schieberschäden ausfiel, erreichte sie im Trusetal die längste Dienstzeit bei der DR überhaupt. Nach Verstärkung des Oberbaus und dem Einsatz der 1'E1'-Neubaulokomotiven war die inzwischen in 99 4541 umgezeichnete Maschine in Thüringen entbehrlich geworden und gehörte vom 26. August 1958 an zum Bw Wustermark, das für die mit nur 5 t Achsfahrmasse zugelassene Strecke Nauen – Senzke – Kriele zuständig war und auf der häufig Lokmangel herrschte.

Hier blieb die 99 4541 bis zur Betriebseinstellung und erhielt am 20. Oktober 1961 im zum Bw Jüterbog gehörenden Lokbahnhof Dahme (Mark) eine neue Heimat, wo man die Maschine nur ungern und selten einsetzte. Als sich auch in Dahme (Mark) die Betriebseinstellung abzuzeichnen begann, folgte 1963 die letzte Umsetzung nach Burg (b. Magdeburg), wo für den Vierkuppler kein Einsatzbedarf mehr bestand. Am 4. November 1965 wurde der Ausmusterung des Einzelgängers zugestimmt und die Lokomotive bis Dezember 1966 im Raw Görlitz zerlegt.

AUTOR: KLAUS JÜNEMANN; AUFNAHMEN: SAMMLUNG MACHEL (2)

Die spätere DR-Lokomotive 99 4603 wurde bereits 1932 von den Demminer Kleinbahnen West nach Rügen umgesetzt und war bis 1964 in Betrieb

99 4601 – 99 4603

Das Eisenbahnbau- und -betriebsunternehmen GmbH Lenz & Co beschaffte für ihre selbst betriebenen Bahnen billige und in der Bedienung einfache zweiachsige Tenderlokomotiven in zwei Leistungsgrößen. Die kleinere Gattung n mit 50 PS (36,8 kW) Nennleistung erwies sich jedoch als zu schwach, weshalb dessen Herstellung zugunsten des stärkeren Typs m auslief. Gefertigt wurden die Lokomotiven in der Stettiner Maschinenfabrik Vulcan, die an der Entwicklung dieser Zweikuppler maßgeblich beteiligt war. Von der Gattung m entstanden bis 1902 insgesamt 40 Maschinen. Zwei davon mit den Fabriknummern 1560 und 1561 erhielten 1896 die Rügenschen Kleinbahnen (Rü.K.B.), wo sie als 7ᵐ und 8ᵐ eingesetzt wurden. Ein weiterer B-Kuppler, die 9ᵐ, war 1912 von Henschel mit der Fabriknummer 11347 hergestellt worden und gehörte bis 1932 den Demminer Kleinbahnen West. Die 1940 gebildeten Pommerschen Landesbahnen, zu denen auch die Rü.K.B. gehörten, führte 1943 ein einheitliches Nummernsystem aller zugehörigen Triebfahrzeuge ein. Für die Lokomotiven 7ᵐ bis 9ᵐ war die Umzeichnung in 203 bis 205 vorgesehen, die aber in den letzten Kriegsjahren und danach kaum noch praktische Bedeutung

erlangte. Bei Übernahme aller Privat- und Kleinbahnen durch die DR gehörten noch die Lokomotiven 203 (ex 7ᵐ) von Vulcan und 205 (ex 9ᵐ) von Henschel zum Rügener Netz.

Hinzu kam aber noch eine weitere Maschine der früheren Lenz-Gattung m. Dabei handelte es sich um eine aus Teilen zweier Lokomotiven der Greifswalder und Demminer Bahnen zusammengebaute Maschine. Genannte Bahnen waren 1945 unter die Reparationsleistungen an die UdSSR gefallen. Jedoch verblieben in Jarmen neben einigen Güterwagen auch die erwähnten Lokteile. 1947 stand die im erhalten gebliebenen Landesbahnausbesserungswerk Jarmen aufgebaute Lokomotive wieder zur Verfügung und wurde von der Zuckerfabrik Jarmen auf ihrem ebenfalls von der Demontage verschont gebliebenen Werkbahnnetz für innerbetriebliche Transporte genutzt. Der Rahmen mit Lauf- und Triebwerk sowie das Führerhaus dieses Zweikupplers stammte von der Lokomotive 208 der Demminer Bahnen (ex Demminer Kleinbahnen Ost 4ᵐ,

Vulcan 1896/1559) und der Dampfkessel von der Lok 212 der Greifswalder Bahnen (ex Greifswald-Jarmener Kleinbahn 1ᵐ, Vulcan 1897/1584).

Bei der DR wurden die drei Lokomotiven in der Reihenfolge der Baujahre bzw. der Fabriknummern eingeordnet. Es erhielten die Jarmener Maschine die Betriebsnummer 99 4601, die Rügener 203 die

TECHNISCHE DATEN

Loknummern		99 4601, 99 4602	99 4603
Bauart		Bn2t	Bn2t
Spurweite	mm	750	750
Hersteller		Vulcan	Henschel
erstes Baujahr		1896	1912
Länge über Puffer	mm	5860	6070
gesamter Achsstand	mm	1700	1700
Dienstmasse	t	12,5	12,5
Wasservorrat	m³	1,3	1,3
Kohlevorrat	t	0,5	0,5
Kesselheizfläche	m²	20,6	23,7
Rostfläche	m²	0,59	0,70
Betriebsdruck	bar	12	12
Zylinderdurchmesser	mm	230	230
Kolbenhub	mm	360	360
Raddurchmesser	mm	720	720
zulässige Geschwindigkeit	km/h	30	30
Zugkraft (0,6 p)	kN	19	19
effektive Leistung	PS	70	75
	kW	51,4	55,0

Obwohl bei der DR als 99 4601 registriert, trug diese 1947 in Jarmen aus Teilen zweier Lokomotiven der Greifswalder und Demminer Bahnen zusammengebaute Maschine nie eine DR-Nummer

99 4602 und die 205 von Henschel die 99 4603. Die 99 4601, ständig in Jarmen eingesetzt, trug niemals diese Betriebsnummer und wurde erst 1954 im Rahmen einer Grundmittelbereinigung der Zuckerfabrik Jarmen überschrieben. Dies geschah übrigens zugunsten der 1947 von der Zuckerfabrik Stavenhagen an die Pommerschen Landesbahnen abgegebenen und bei der Deutschen Reichsbahn als 99 4621 bezeichneten Maschine.

Konstruktion

Der einfache Aufbau der Lokomotiven entsprach im Prinzip dem von der Firma Krauss. Die beiden Achsen führte ein Innenrahmen, der gleichzeitig den gesamten Wasservorrat aufnahm. Hierzu war er vor dem Stehkessel höher ausgeführt. Gleich darüber befand sich der Langkessel, bei der Vulcan-Ausführung mit nur 1 550 mm über Schienenoberkante, um eine damals angestrebte tiefe Schwerpunktlage zu erreichen. Henschel dagegen ordnete den Kessel 150 mm höher an und erreichte damit eine leichtere Feuerbedienung sowie eine bessere Entleerung des Aschkastens. Außerdem konnten dadurch Rost- und Heizfläche etwas größer gestaltet werden.

Während in den Hauptabmessungen beide Ausführungen fast gleich waren, gab es äußerlich erkennbare Unterschiede bei der Anordnung bzw. Gestaltung von Sicherheitsventilen, Sandkasten, Schieberkastenform und Führerhaus. Beide Hersteller verwendeten genietete Kessel mit einem Abstand zwischen den Rohrwänden von 2 400 mm und ordneten einen Flachschieberregler im Dampfdom an.

Die Tragfedern der vorderen Achse befanden sich oberhalb des Rahmenwasserkastens und waren über Federstifte belastet. Die Tragfedern der hinteren Achse ordnete Vulcan unterhalb des Rahmens hinter der Achse an und belastete sie mittels Wechselhebel, bei Henschel lagen sie innerhalb des Rahmens direkt über den Achslagern.

Die Stephenson-Steuerung – Bauart mit gekreuzten Stangen – arbeitete auf Flachschieber, die Einstellung erfolgte über einen Händel. Die Wurfhebelhandbremse an der Führerrückwand wirkte auf beide Achsen; eine Bedienung der Gewichtsbremsen im Wagenzug war nicht möglich, sie mußte durch das Zugpersonal im Gepäckwagen nach entsprechenden Pfeifsignalen durch den Lokführer ausgeführt werden.

Beide Lokomotiven verfügten über einen Ejektor auf dem linken Umlaufblech zur Ergänzung des Wasservorrats aus offenen Gewässern.

Die ursprüngliche Petroleumbeleuchtung wurde 1952 (99 4603) bzw. erst 1957 (99 4602) durch eine elektrische mittels Turbogenerator abgelöst.

Betriebseinsatz

Die B-Kuppler waren auf den erwähnten vorpommerschen Kleinbahnnetzen im Einsatz.

Bei Übernahme durch die DR verkehrten die auf Rügen verliebenen beiden Maschinen ausschließlich auf dem Abschnitt Fährhof – Altenkirchen (Rügen). Der letzte Einsatz der 99 4602 fand im Oktober 1962 statt. Die 99 4603 wurde im August 1964 abgestellt, anschließend musterte man beide Lokomotiven aus und verschrottete sie im Reichsbahnausbesserungswerk Görlitz. Die offiziellen Ausmusterungsdaten sind der 4. November 1965 (99 4602) und 1. November 1966 (99 4603).

Die „Pseudo-Lokomotive 99 4601" wurde bis 1963 in der Zuckerfabrik Jarmen auf dem dortigen Werkbahnnetz für innerbetrieblichen Transporte genutzt und anschließend an Ort und Stelle zerlegt.

Von 1896 bis 1962 versah der in Stettin gebaute Zweikuppler seinen Dienst auf Rügens Kleinbahnen

AUTOR: KLAUS JÜNEMANN; AUFNAHMEN: POCHADT, NICKEL, SAMMLUNG

Neben der DR-Betriebsnummer 99 4611 trug dieser Dreikuppler bis zur Ausmusterung noch die „6" der Bröltalbahn

99 4611

Die 785-mm-spurige Bröltalbahn im Rheinland war die erste öffentliche Schmalspurbahn in Deutschland, auf der Dampflokomotiven eingesetzt wurden. Bereits 1863 nahm hier die erste Lokomotive – ein C-Kuppler – ihren Dienst auf. Ihr folgten noch vier weitere B- bzw. C-Kuppler. Die letzte Lok mit der Betriebsnummer 5 lieferte 1884 die Maschinenbauanstalt Karlsruhe. Sie war das Vorbild für eine Serie von sechs gleichartigen Loks, die Jung 1891 und 1892 mit den Fabriknummern 110 – 115 fertigte und die auf dem ab 1923 als Rhein-Sieg-Eisenbahn bezeichneten Streckennetz mit den Betriebsnummern 6 – 11 verkehrten.

Von 1923 an standen hier moderne zugkräftigere Maschinen zur Verfügung, so daß auf den Einsatz der alten C-Kuppler schrittweise verzichtet werden konnte, die dann verschrottet wurden oder, wie die Lokomotive 6 an die Trusebahn in Thüringen, abgegeben werden konnten.

Hier wurde eine weitere Lokomotive erforderlich, weil im Trusetal Erzgruben wiedereröffnet bzw. erweitert wurden und der Güterverkehr größere Ausmaße annahm. Die Lok 6 war nach Umspurung von 785 auf 750 mm ab 1941 auf der Trusebahn im Einsatz, aber vermutlich erst nur angemietet, denn nach den Betriebsunterlagen erhielt der Dampfkessel im März 1942 eine Untersuchung. Daraufhin folgte am 8. August 1942 die Abnahmeprüfung mit Probefahrt auf der Trusebahn.

Anläßlich dieser Untersuchung wurde die Maschine umgebaut. Ursprünglich war der Kohlenvorrat im hinteren Teil der seitlichen Wasserkästen untergebracht, für den jetzt ein Anbau an der Führerhausrückwand diente. Dies erforderte einen etwa 600 mm langen Anbau am Rahmen, um die hintere Fahrzeugkupplung weiterhin zugänglich zu halten. Außerdem erhielt die Maschine eine Druckluftanlage mit einer einstufigen Luftpumpe, mit der nur die Bremsen des Zuges betätigt werden konnten. Hierzu bekam ein nur 76 l großer Luftbehälter seinen Platz zwischen Schornstein und Sandkasten.

Bei der DR erhielt die bei der Trusebahn weiterhin mit der Betriebsnummer 6 registrierte Maschine die Betriebsnummer 99 4611.

1952 ersetzte das Raw Meiningen die Petroleumlampen durch eine elektrische Beleuchtung mit einem Turbogenerator. Gleichzeitig wurde die Bremsanlage insofern erweitert, als sie nun auch als Lokomotivbremse wirken konnte, ferner ersetze man die einstufige Luftpumpe durch eine zweistufige.

Konstruktion

Der genietete Dampfkessel für Naßdampfbetrieb bestand aus dem zweischüssigen Langkessel mit 2 300 mm freier Rohrlänge sowie dem Stehkessel mit eingezogenen Seitenwänden im unteren Teil, so daß er zwischen die Rahmenplatten paßte.

Der Dampfdom enthielt den Flachschieberregler und die beiden Sicherheitsventile. Der Blechaußenrahmen in Nietkonstruktion nahm im vorderen Teil einen eingehangenen Rahmenwasserkasten auf.

Die drei Achsen waren festgelagert, wobei die zweite Achse eine Spurkranzschwächung erhalten hatte. Die Tragfedern waren oberhalb des Rahmens angeordnet und über Federstifte belastet. Für den Achsantrieb sorgten einfache aufgesteckte Kurbeln auf den Achswellen. Die entsprechenden Gegenmassen als Ausgleich der Treib- und Kuppelstangen waren in den Scheibenrädern angegossen.

Die Allan-Steuerung arbeitete auf Flachschieber und für die Fülwlungsverstellung sowie zur Bestimmung der Fahrtrichtung diente ein Händel.

Betriebseinsatz

Bei der Trusebahn war die Lokomotive vornehmlich im Rollbock- und später Rollwagenbetrieb eingesetzt, stand aber häufig in Reserve, da sie leicht zum Entgleisen neigte.

Durch den Einsatz von drei 1'E1'-Neubaulokomotiven konnte die 99 4611 im Mai 1957 zur Strecke Nauen – Senzke – Kriele umgesetzt werden, wo meist Mangel an Triebfahrzeugen herrschte. Hier erwies sie sich für den leichten Oberbau als zu schwer.

Noch im Oktober des gleichen Jahres setzte man die 99 4611 nach Burg (b. Magdeburg) um. Doch auch hier blieben ihre Einsatzzeiten sehr begrenzt.

Im August 1963 kam der Dreikuppler in das Reichsbahnausbesserungswerk Görlitz, wurde zunächst abgestellt und bis 1966 an Ort und Stelle verschrottet.

Neben ihrer DR-Betriebsnummer trug die Lokomotive bis zuletzt die ursprüngliche und auch bei der Trusebahn gültige Betriebsnummer 6 der Bröltalbahn an beiden Führerstandsseiten.

TECHNISCHE DATEN

Loknummer		99 4611
Bauart		Cn2t
Spurweite	mm	750
Hersteller		Jung
Baujahr		1891
Länge über Puffer	mm	6630
gesamter Achsstand	mm	2100
Dienstmasse	t	18,5
Wasservorrat	m³	2,5
Kohlevorrat	t	0,7
Kesselheizfläche	m²	41,5
Rostfläche	m²	0,68
Betriebsdruck	bar	12
Zylinderdurchmesser	mm	300
Kolbenhub	mm	350
Raddurchmesser	mm	720
zulässige Geschwindigkeit	km/h	30
Zugkraft (0,6 p)	kN	31,5
effektive Leistung	PS	135
	kW	100

AUTOR: KLAUS JÜNEMANN; AUFNAHME: MALSCH

Nachdem die Lokomotiven der Kleinbahn Klockow-Pasewalk 1949 von der Deutschen Reichsbahn übernommen worden waren, blieben die alten Schilder bis zur Ausmusterung erhalten (Lok 99 4613 am 23. September 1958 in Neuenfeld)

99 4612, 99 4613

Bereits 1893 entstand auf Anregung der Grundbesitzer mehrerer südlich von Pasewalk gelegenen Güter eine Wirtschaftsbahn, um die landwirtschaftlichen Erzeugnisse auf leichtere Art bis an die Staatsbahn zu befördern. Die 750-mm-spurige Strecke begann im pommerschen Pasewalk an der Strecke nach Stettin und führte in südliche Richtung bis nach Klockow (Uckermark). Zugkräfte waren Pferde.

Nach Ausbau und Verstärkung der Gleisanlagen beschaffte die Kleinbahn Klockow-Pasewalk GmbH (KKP) als Betreiber dieser Strecke zwei Dampflokomotiven, die Orenstein & Koppel 1908 mit den Fabriknummern 3009 und 3010 nach Pasewalk lieferte. Diese C-Kuppler waren mit dem Eigentumsschild KKP an beiden seitlichen Wasserkästen gekennzeichnet sowie den Betriebsnummern 1 bzw. 2. Beide Maschinen standen wechselweise im Betrieb, während der Erntekampagne zeitweise auch beide. 1949 wurde diese Bahn der Reichsbahndirektion Greifswald unterstellt, und die Lokomotiven erhielten die Betriebsnummern 99 4612 und 99 4613. Fortan gehörten die Maschinen zum Bestand des Bw Pasewalk.

Konstruktion

Der aus Blechen hergestellte Innenrahmen diente im vorderen Teil gleichzeitig als Wasserkasten. Für den Betrieb auf einfach verlegten Gleisen besaß der Rahmen vorn und hinten stabile Stirnbleche, die über die gesamte Fahrzeugbreite reichten und gleichzeitig als Bahnräumer dienten. Sie verhinderten bei eventuellen Entgleisungen ein Versinken im unbefestigten Untergrund.

Die Tragfedern waren oberhalb des Rahmens angeordnet, wobei die erste und zweite Achse je Seite eine gemeinsame Feder mit Federstiften besaßen. Die Tragfeder der dritten Achse war über dieser querliegend angeordnet, so daß eine Dreipunktlagerung existierte. Der Dampfkessel war genietet, der Langkessel bestand aus zwei Schüssen, der Abstand zwischen den Rohrwänden betrug 2 200 mm.

Außer den 99 Heizrohren waren zehn Ankerrohre eingesetzt. Der Stehkessel nahm eine kupferne Feuerbüchse auf, deren unterer Abschluß aus einem waagerechten fast quadratischen Planrost bestand.

Für die Kesselspeisung dienten zwei saugende Strahlpumpen mit 40 l/min Leistung. Der Wasservorrat war innerhalb des Rahmens sowie in den beiden Seitenkästen untergebracht, die im hinteren Teil den Kohlenvorrat aufnahmen. Gebremst wurde ausschließlich mit der Wurfhebel-Handbremse.

Bis auf die Ausrüstung mit einer elektrischen Beleuchtung mittels 0,5-kW-Turbogenerator und dem Tausch der Federwaag-Sicherheitsventile durch solche der Bauart Pop blieben beide Lokomotiven bis zur ihrer Ausmusterung unverändert.

Betriebseinsatz

Die Lokomotiven waren nur auf ihrer Stammstrecke eingesetzt, sie fuhren wegen einer längeren Steigung von 16 Promille hinter Pasewalk in Richtung Klockow stets vorwärts. Die 99 4613 mußte wegen abgelaufener Untersuchungsfrist am 21. November 1959 abgestellt werden. Da sich die Betriebseinstellung bereits abzeichnete, verzichtete man auf die weitere Erhaltung der Lokomotive. Nach längerer Abstellzeit in Pasewalk wurde die Maschine im Dezember 1966 auf dem Gelände des Reichsbahnausbesserungswerks Görlitz verschrottet.

Dagegen blieb die 99 4612 bis zur Betriebseinstellung am 4. Oktober 1963 betriebsfähig. Danach wurde der Dreikuppler noch für Heizzwecke an den Pasewalker Schlachthof vermietet und anschließend für den gleichen Zweck an einen Landwirtschaftsbetrieb in Steinmocker bei Jarmen verkauft.

Dort wurde der Dampfkessel jedoch nicht mehr genutzt und die Maschine an Ort und Stelle zerlegt. Die amtliche Ausmusterung datiert vom Juni 1966.

TECHNISCHE DATEN

Loknummern		99 4612, 99 4613
Bauart		Cn2t
Spurweite	mm	750
Hersteller		Orenstein & Koppel
Baujahr		1908
Länge über Puffer	mm	5880
gesamter Achsstand	mm	1880
Dienstmasse	t	20,5
Wasservorrat	m³	3,2
Kohlevorrat	t	0,55
Kesselheizfläche	m²	33,0
Rostfläche	m²	0,6
Betriebsdruck	bar	12
Zylinderdurchmesser	mm	300
Kolbenhub	mm	450
Raddurchmesser	mm	750
zulässige Geschwindigkeit	km/h	25
Zugkraft (0,6 p)	kN	38,9
effektive Leistung	PS	110
	kW	81

AUTOR: KLAUS JÜNEMANN; AUFNAHME: SAMMLUNG MACHEL

Stets auf dem Netz der ehemaligen Kleinbahnen des Kreises Jerichow I war die Lokomotive 99 4614 beheimatet

Wasservorrat war in den bei den Seitenkästen sowie im mittleren Rahmenwasserkasten untergebracht, der Kohlenvorrat im hinteren Teil beider Seitenkästen. Mittels Ejektoreinrichtung vor dem rechten Wasserkasten konnte der Wasservorrat auch aus offenen Gewässern ergänzt werden.

Betriebseinsatz

Beide Lokomotiven waren stets auf dem Streckennetz der ehemaligen Kleinbahnen des Kreises Jerichow I im Einsatz. Die 99 4615 mit dem nun etwas älteren Dampfkessel schied zuerst aus. Sie wurde 1957 im Raw Görlitz verschrottet. Dagegen erhielt die 99 4614 im Juli 1959 noch eine Zwischenuntersuchung (L3). In dieser Zeit fiel die Entscheidung, daß alle für den Streckendienst vorgesehenen Betriebsmittel des Burger Netzes anstelle der bisher gebräuchlichen Heberleinbremse mit Druckluftbremsen der Bauart Knorr ausgerüstet werden. Somit erhielt die 99 4614 noch diese Bremsausrüstung. Wegen der beengten Platzverhältnisse konnten neben der Luftpumpe nur zwei kleine 100-l-Druckluftbehälter untergebracht werden. Gleichzeitig wurden die bereits mehrfach geflickten seitlichen Wasserkästen gegen zwei neu angefertigte ersetzt. Nach einem Unfall mußte der C-Kuppler Ende September 1961 abgestellt werden. Da die endgültige Betriebseinstellung der Strecke Loburg – Gommern in Vorbereitung war, verzichtete man auf die Ausbesserung der 99 4614, zumal genügend andere Triebfahrzeuge zur Verfügung standen. Am 7. Mai 1963 wurde der Dreikuppler nach längerer Abstellzeit ausgemustert.

99 4614, 99 4615

Zur Erschließung des östlich von Magdeburg gelegenen Gebiets ließ der Kreis Jerichow I eine 750-mm-spurige Kleinbahn errichten, die von Burg bis Ziesar bzw. bis Lübars führte. Den damaligen Verkehrsbedürfnissen entsprechend waren fünf dreifach gekuppelte Tenderlokomotiven eingesetzt, die Jung 1895 und 1896 ausgeliefert hatte. Eine Erweiterung des Kleinbahnnetzes von Lübars bis Gommern erforderte drei weitere Lokomotiven, die man jedoch von Hagans aus Erfurt bezog. Diese C-Kuppler waren gegenüber ihren Vorgängerinnen um 30 Prozent leistungsstärker. Für den steigenden Transport von land- und forstwirtschaftlichen Produkten wurden bei Hagans nochmals zwei gleichartige Lokomotiven bestellt, die 1909 (Fabriknummer 611) und 1910 (Fabriknummer 651) in Dienst gestellt werden konnten. Bei bei den Maschinen erhöhte man den Zylinderdurchmesser von 250 auf 300 mm, wodurch sich die Zugkraft um 44 Prozent erhöhte. Schloß der Rahmen bisher mit der Rauchkammer-Vorderwand ab, wurde er hier zugunsten eines um 0,7 m³ vergrößerten Wasservorrats verlängert. Während alle älteren C-Kuppler bei Übernahme der Kleinbahn durch die DR nicht mehr existierten, erhielten die beiden zuletzt beschafften Maschinen mit den Betriebsnummern 9 und 10 noch die DR-Bezeichnungen 99 4614 und 99 4615. 1949 kam es anläßlich einer gleichzeitig durchgeführten Revision beider Loks zum Tausch der zugehörigen Dampfkessel. Die Petroleumlampen konnten 1952 durch eine elektrische Beleuchtung mit Turbogenerator ersetzt werden. Weitere Änderungen waren nicht erforderlich.

Konstruktion

Der Kessel für Naßdampf war genietet. Der Langkessel mit einem inneren Durchmesser von 946 mm bestand aus zwei Schüssen. Die freie Rohrlänge betrug 2 300 mm. Der Stehkessel enthielt eine kupferne Feuerbüchse mit einem waagerecht liegenden Rost; die senkrechten Seitenwände fanden innerhalb des Rahmens Platz. Im Dampfdom war ein Flachschieberregler eingebaut. Zwei saugende Dampfstrahlpumpen der Bauart Strube mit einer Leistung von je 60 l/min sorgten für die Kesselspeisung. Die drei gekuppelten Achsen wurden durch einen Außenrahmen geführt. Innerhalb der Radscheiben befand sich ein eingesetzter mittlerer Wasserkasten, der bis zur vorderen Pufferbohle reichte. Sämtliche Tragfedern waren an der Außenseite des Rahmens über den Achslagern angeordnet, die der zweiten und dritten Achse über Ausgleichhebel verbunden, so daß eine Vierpunktabstützung bestand. Der Achsantrieb erfolgte über aufgezogene einfache Kurbeln der Bauart Hall; die ausgleichenden Gegenmassen waren in den Scheibenrädern eingegossen. Die mittlere Achse besaß wegen der erforderlichen Bogenläufigkeit geschwächte Spurkränze. Die außenliegende Stephenson-Steuerung wurde nicht wie üblich durch Exzenter, sondern durch Kurbeln angetrieben, was ebenso etwas abnorm war wie die einschienige Kreuzkopfführung. Neben der Handbremse, die auf die zweite und dritte Achse wirkte, diente eine Haspel für die Bedienung der Heberleinbremsen in den Wagen. Ab 1959 verfügte die 99 4614 über eine Druckluftbremse. Der

TECHNISCHE DATEN

Loknummern		99 4614, 99 4615
Bauart		Cn2t
Spurweite	mm	750
Hersteller		Hagans
erstes Baujahr		1909
Länge über Puffer	mm	6160
gesamter Achsstand	mm	2000
Dienstmasse	t	18,5
Wasservorrat	m³	2,5
Kohlevorrat	t	0,6
Kesselheizfläche	m²	35,9
Rostfläche	m²	0,81
Betriebsdruck	bar	12
Zylinderdurchmesser	mm	300
Kolbenhub	mm	400
Raddurchmesser	mm	800
zulässige Geschwindigkeit	km/h	30
Zugkraft (0,6 p)	kN	32,4
effektive Leistung	PS	120
	kW	88

AUTOR: KLAUS JÜNEMANN; AUFNAHME: SAMMLUNG KIEPER

Bevor die spätere 99 4621 nach Rügen gelangte, war sie in Oberschlesien und in Mecklenburg zu Hause (26. Juni 1960)

99 4621

Diese Lokomotive mit der eigenartigen Achsanordnung C2' ist durch eine wechselvolle Geschichte gekennzeichnet. Entstanden in einer Zeit, als seitenverschiebbare Kuppelachsen zum Befahren enger Gleisbögen noch nicht bekannt waren, entwickelte die Erfurter Firma Hagans ein 1891 patentiertes System, bei dem ein dem Hauptrahmen nachfolgendes Lenkgestell über ein Hebelwerk mit angetrieben wurde. Von diesen sogenannten Schwinghebel-Lokomotiven verkehrten vier mit fünf gekuppelten Achsen auf dem Streckennetz der von den Preußischen Staatseisenbahnen betriebenen Oberschlesischen Schmalspurbahnen mit 785 mm Spurweite. Hier wurden die Schwinghebel-Maschinen nach einigen Jahren durch vierachsige und leichter zu unterhaltende Tenderloks mit Klien-Lindner-Hohlachsen verdrängt.

Eine dieser Schwinghebel-Lokomotiven des Baujahrs 1901 (Fabriknummer 441, Kesselnummer 532) übernahm die ehemalige Kreisbahn Landsberg – Rosenberg im heutigen Polen. Für den dortigen Einsatz mußte die Maschine der hier verwendeten Spurweite von 750 mm angepaßt werden. Bei diesem Umbau entfernte man gleichzeitig den aufwendigen Hebelmechanismus und ersetzte die beiden Kuppelachsen des Lenkgestells durch normale Laufachsen gleichen Durchmessers. Am 17. Dezember 1917 war der Umbau beendet. Unter der Betriebsnummer 5 begann der Einsatz auf der Kreisbahn, nun mit der Achsanordnung C2'. Infolge der im Jahr 1928 beendeten Umspurung dieser Bahn auf Normalspur wurden die schmalspurigen Betriebsmittel zum Verkauf angeboten. Die mecklenburgische Zuckerfabrik Stavenhagen, die

über Anschlußgleise mit den Demminer Kleinbahnen West verbunden war, übernahm noch 1928 die Hagans-Lokomotive 5. Als zugkräftige Werklok versah die Maschine hier zuverlässig ihren Dienst.

Nach Demontage der Demminer Bahnen im Jahre 1945 hatte das Anschlußgleis für Stavenhagener Zuckerfabrik keine Bedeutung mehr. 1947 wurde die Maschinen daher den Pommerschen Landesbahnen übergeben, die sie unter der Betriebsnummer 265 auf dem Rügener Schmalspurnetz einsetzten. Als Ausgleich dafür durfte die Zuckerfabrik Jarmen die später als 99 4601 bezeichnete Maschine nutzen. 1949 erhielt die Hagans-Lokomotive die DR-Betriebsnummer 99 4621.

Wesentliche Umbauten erfuhr die Lokomotive nicht mehr, lediglich Mitte der fünfziger Jahre bekam sie eine elektrische Beleuchtung mittels Turbogenerator. Äußerlich änderte sich der Anblick durch die erneuerte Verkleidung des Dampfdoms, die im oberen Teil nicht mehr gerundet, sondern wie ein Kugelstumpf eckig ausgeführt war.

Konstruktion

Bei einer lichten Weite zwischen den Rohrwänden von 3 000 mm bestand der Langkessel aus drei Schüssen. Alle Kesselteile waren durch Nietnähte miteinander verbunden.

Die ehemals kupferne Feuerbüchse wurde 1954 gegen eine stählerne ausgewechselt. Mit 1 685 mm Höhe der Kesselmitte über Schienenoberkante konnte der Hinterkessel noch oberhalb des Lokrahmens plaziert werden.

Der kombinierte Innen- und Außenrahmen war ebenfalls genietet, dabei diente der Außenrahmen hauptsächlich zur Aufnahme des Schwinghebel-Mechanismus, trug aber auch die Vorratsbehälter sowie das Führerhaus und stützte sich auf das hintere Lenkgestell ab. Im Innenrahmen waren

die drei gekuppelten Achsen gelagert. Er diente oberhalb der Achslager gleichzeitig als Wasserkasten. Die Tragfedern der gekuppelten Achsen befanden sich oberhalb des Innenrahmens und stützten sich über durch den Rahmenwasserkasten führende Federstifte auf den Achslagern ab. Alle Tragfedern waren je Lokseite über Hebel untereinander verbunden.

Das hintere Lenkgestell war 830 mm hinter der Treibachse angelenkt und besaß einen Innenrahmen. Die unterhalb der Achslager liegenden Tragfedern waren ebenfalls über Ausgleichhebel verbunden, die ihrerseits über einen querliegenden Brückenträger mit Mittenabstützung belastet wurden. Das Lenkgestell konnte jeweils 60 mm seitlich ausschwenken, die Rückführung besorgten Pendelstützen.

Die Heusinger-Steuerung mit Flachschieber konnte über eine Steuerschraube betätigt werden. Die alleinige Handbremse wirkte nur auf die gekuppelten drei Achsen im Hauptrahmen.

Betriebseinsatz

Die Lokomotive 99 4621 war hauptsächlich auf dem 22,7 km langen Nordabschnitt von Bergen (Rügen) Ost nach Wittower Fähre eingesetzt.

Im Rahmen einer Gattungsbereinigung und unter Berücksichtigung des erforderlichen Instandhaltungsaufwandes verzichtete die DR auf den Einsatz dieses Einzelgängers und musterte ihn per 15. November 1965 aus. Zerlegt wurde die Maschine im Reichsbahnausbesserungswerk Görlitz.

TECHNISCHE DATEN		
Loknummer		99 4621
Bauart		C2'n2t
Spurweite	mm	750
Hersteller		Hagans
Baujahr		1901
Länge über Puffer	mm	8200
gesamter Achsstand	mm	4650
Dienstmasse	t	27,2
Wasservorrat	m³	2,5
Kohlevorrat	t	1,0
Kesselheizfläche	m²	51,6
Rostfläche	m²	1,11
Betriebsdruck	bar	12
Zylinderdurchmesser	mm	350
Kolbenhub	mm	400
Raddurchmesser	mm	810
zulässige Geschwindigkeit	km/h	25
Zugkraft (0,6 p)	kN	43,6
effektive Leistung	PS	175
	kW	128,7

Der älteste Vierkuppler der Rügenschen Kleinbahnen wurde 1984 an einen Liebhaber nach Lehrte verkauft. Auf Aufnahme entstand 1967 in Putbus

99 4631 – 99 4633

Frei verschiebbare Achsen in einem durchgehenden starren Rahmen nach dem System Gölsdorf brachte um die Jahrhundertwende die gesuchte Lösung, um bei Lokomotiven höherer Leistung und damit größerer Länge mit einfachen Mitteln eine genügende Bogenläufigkeit zu garantieren. Während sich dieses System auf Normalspurbahnen rasch durchsetzte, zögerte man damit bei den schmalspurigen Lokomotiven. Hier bestanden wegen des steilen Anlaufwinkels der führenden Achse in engen Gleisbögen noch gewisse Bedenken. Auch Vulcan baute für die schmalspurigen Lenz-Bahnen noch bis 1910 die Bauart Mallet, ehe eine gleich fünffach gekuppelte Maschine mit Gölsdorf-Achsen für Meterspur konstruiert und 1912 in zwei Exemplaren ausgeliefert wurde.

Diese E-Kuppler bewährten sich und können als Vorstufe der danach entstandenen Serie vierachsiger Tenderlokomotiven angesehen werden. 1913 fertigte Vulcan drei vierachsige Maschinen für 750-mm-Spur, von denen die mit der Fabriknummer 2896 gekennzeichnete zu den Rügenschen Kleinbahnen (Rü.K.B.) gelangte. Bemerkenswert an diesen als Gattung M bezeichneten Lokomotiven war die höhere Kessellage, womit der Grundsatz eines möglichst tiefliegenden Schwerpunkts verlassen wurde. Neu war auch die Unterbringung des gesamten Wasservorrates unterhalb des Langkessels. Da der Kohlevorrat in einem besonderen Anbau an der

Führerhausrückwand untergebracht wurde, blieb der Dampfkessel seitlich frei zugänglich, was beim Werkstattpersonal großen Anklang fand.

Der Wasserkasten selbst befand sich teils innerhalb, teils oberhalb des Rahmens, wo er eine Breite von 1 860 mm erreichte und somit einen T-förmigen Querschnitt aufwies. Diese Merkmale sind bei den späteren ELNA-Lokomotiven der Normalspur übrigens wieder angewendet worden. 1914 und 1915 entstanden von dieser Bauart weitere neun Lokomotiven, von denen jedoch vier für Meterspur gebaut wurden. Alle zwölf Maschinen waren „Naßdämpfer", besaßen Flachschieber und leisteten etwa 160 PS (118 kW) am Zughaken.

Aus dieser zweiten Bauserie gelangte die Lokomotive mit der Fabriknummer 2951 zu den Rü.K.B. Zusammen mit der Maschine aus der ersten Serie erhielten sie die Betriebsnummern 51[M] und 52[M].

1925 entstanden bei Vulcan zwei weitere Lokomotiven der inzwischen bewährten Bauart, jedoch in Heißdampfausführung, wobei nur die dazu erforderlichen Änderungen vorgenommen worden waren. Der Dampfkessel erhielt 16 Rauchrohre zur Unterbringung der Überhitzerelemente, und die Zylinderblöcke mußten solchen mit Kolbenschiebern weichen. Hinzu kamen einige Änderungen an der Heusinger-Steuerung. Eine wesentliche Neuerung an dieser Lokomotive war die elektrische Beleuchtungseinrichtung. Der

dazugehörige „Dampf-Generator" war linksseitig auf dem Wasserkasten montiert. Die Rü.K.B. erhielten die mit der Fabriknummer 3851 ausgelieferte Lokomotive und bezeichneten sie als 53[Mh], wobei das „h" im Index der Betriebsnummer schlicht Heißdampf bedeutete. Die Vorteile der Heißdampfausführung – Leistungssteigerung von etwa 25 PS (18,4 kW), geringerer Wasser- und Kohleverbrauch – waren so überzeugend, daß kurzfristig der Umbau der beiden Naßdampflokomotiven auf Heißdampfbetrieb beschlossen wurde,

TECHNISCHE DATEN

Loknummern		99 4631 – 99 4633
Bauart		Dh2t
Spurweite	mm	750
Hersteller		Vulcan
Baujahre		1913/1925
Länge über Puffer	mm	8000
gesamter Achsstand	mm	3450
Dienstmasse	t	25,4
Wasservorrat	m³	2,2
Kohlevorrat	t	0,8
Kesselheizfläche	m²	33,77*
Rostfläche	m²	0,9
Betriebsdruck	bar	12
Zylinderdurchmesser	mm	350
Kolbenhub	mm	400
Raddurchmesser	mm	850
zulässige Geschwindigkeit	km/h	30
Zugkraft (0,6 p)	kN	41,5
effektive Leistung	PS	185
	kW	136

* zusätzlich 30 m³ Überhitzerheizfläche

Längst Geschichte ist die in DR-Zeiten viele Jahre üblich gewesene Farbgebung und Beschriftung. Lokomotive 99 4633 im Jahre 1974 auf dem Bahnhof Putbus

den der Hersteller Vulcan 1927 selbst ausführte. Alle drei Lokomotiven kamen 1949 in den Bestand der DR, nachdem für sie von den Pommerschen Landesbahnen als letzter Betriebsführer 1943 eine Umzeichnung in 257 bis 259 vorgesehen war.

Ab 1950 erhielten die Vierkuppler die Betriebsnummern 99 4631 – 4633. In den achtziger Jahren machte sich das Alter dieser Maschinen bemerkbar. Erhebliche Verschleißerscheinungen besonders an den Dampfkesseln zwangen zu der Entscheidung, entweder neue Kessel herzustellen oder die Lokomotiven abzustellen. Bereits 1984 war die 99 4631 an einen Interessenten in Lehrte als nicht betriebsfähige Standlok verkauft worden. Die beiden anderen Maschinen dienten vorerst noch als Reserve bis ihre Revisionsfrist ablief.

Erst Anfang der neunziger Jahre, als sich die Regionalisierung der verbliebenen Bäderbahn Putbus – Göhren (Rügen) abzuzeichnen begann, erhielten beide Lokomotiven 1992 im Raw Görlitz eine Hauptuntersuchung. Damit verbunden war der Einbau neuer Dampfkessel. Mit den alten Betriebsnummern 52^Mh bzw. 53^Mh sowie mit einem weitgehend originalem Anstrich versehen, werden die Lokomotiven seitdem vor allem vor Traditionszügen eingesetzt.

Konstruktion

Die neuen geschweißten Dampfkessel entsprechen in ihren Abmessungen den alten genieteten, der Abstand zwischen den Rohrwänden blieb bei 2 750 mm. Ebenso nicht verändert wurde die Anzahl der Rauch- (16) und Heizrohre (48). Der Stehkessel mit schräger Rückwand enthält eine stählerne Feuerbüchse mit nach vorn geneigter Rostfläche.

Die anfänglichen Sicherheitsventile Bauart Ramsbottom wichen schon zu DR-Zeiten solchen der Bauart Ackermann. Alle drei Lokomotiven sind im Dampfdom mit einem Ventilregler Bauart Wagner ausgerüstet. Der Innenrahmen besteht aus 10 mm dickem Blech, seine durchgehend gerade Oberkante ist im Bereich des Führerstands leicht abgesetzt.

Die ursprünglich genieteten Rahmen sind in den sechziger Jahren durch geschweißte ersetzt worden, dabei konnte der von der 99 4631 gleichzeitig im hinteren Teil in Anpassung an die beiden anderen verlängert und das Führerhaus etwas geräumiger gestaltet werden.

Im Rahmen sind die erste und dritte Achse festgelagert, während die zweite jeweils 14 mm und die vierte Achse 22 mm Seitenspiel aus der Mittellage besitzen. Alle Tragfedern sind unterhalb der Achslager angeordnet, wobei sich Ausgleichshebel zwischen der ersten und zweiten sowie der dritten und vierten Achse befinden, was eine Vierpunktabstützung ergibt.

Die Heusinger-Steuerung kann mittels Steuerspindel bedient werden. Durch die niedrige Lage der Schwinge und dem breiten Wasserkasten mußten Hängeeisen statt der günstigeren Kuhnschen Schleife zur Führung der Schieberschubstange verwendet werden. Für einen guten Leerlauf bei dampfloser Fahrt sorgen Trofimoffschieber der Bauart Görlitz.

Anfangs waren die Maschinen nur mit einer Handhebelbremse nebst Sperrklinke ausgerüstet. Erst ab 1964 erhielten die Lokomotiven eine Druckluftbremse der Bauart Knorr mit Zusatzbremse, zwei Druckluftbehälter fanden linksseitig vor bzw. unter dem Führerhaus und eine zweistufige Luftpumpe an der linken Rauchkammerseite Platz. Kurzzeitig war die 99 4631 außerdem mit einer Haspel für die Heberleinbremse ausgerüstet. Diese Zusatzeinrichtung war nach Umsetzung zahlreicher Wagen aus dem sächsischen Raum erforderlich geworden.

Eine Besonderheit ist der T-förmige Wasserkasten, der als geschlossener Behälter im Lokrahmen eingehangen ist. Die elektrische Beleuchtung ersetzte an den Lokomotiven 99 4631 und 99 4632 erst Anfang der fünfziger Jahre die Petroleumlampen. Einheitlich kamen die Turbogeneratoren auf die Rauchkammer rechts vom Schornstein.

Betriebseinsatz

Die Lokomotiven der Gattung Mh waren bereits vor dem zweiten Weltkrieg vorrangig auf der Bäderbahn Putbus – Göhren (Rügen) eingesetzt, da hier der Reiseverkehr zwecks Beschleunigung zuerst fast gänzlich vom Güterverkehr getrennt wurde. Gelegentlich waren die Maschinen bis 1967/68 auch auf den Strecken Altefähr – Putbus und Bergen (Rügen) Ost – Wittower Fähre anzutreffen. Beim Personal sind die beiden Maschinen wegen des geringen Pflegeaufwands und der guten Laufeigenschaften noch heute sehr beliebt.

Äußerlich fiel die 99 4632 durch ihren wuchtigen Dampfdom auf

AUTOR: KLAUS JÜNEMANN; AUFNAHMEN: KIEPER (2), MACHEL

Die rekonstruierte 99 4641 wurde im Juni 1965 von Burg nach Perleberg umgesetzt. Die Aufnahme entstand im April 1968 auf dem Bahnhof Pritzwalk

99 4641, 99 4644

Die ehemalige Kreisbahn Landsberg-Rosenberg in Oberschlesien – heute Polen – wurde 1928 von 750-mm-Spur auf Normalspur umgebaut. Danach waren unter anderem vier D-Kuppler von Orenstein & Koppel überflüssig, von denen die Kleinbahnen des Kreises Jerichow (KJI) drei mit den Fabriknummern 2235, 5216 und 10 501 übernahm. Da bei den KJI ebenfalls ein Umbau auf Normalspur im Gespräch war, bildeten diese Altkäufe eine wirtschaftlich vertretbare Alternative, die bisher eingesetzten schwachen C-Kuppler durch stärkere Maschinen abzulösen. Nach entsprechender Aufarbeitung setzten die KJI sie mit den Betriebsnummern 17, 16 und 15 auf ihrem Streckennetz ein.

Während die Lokomotive 17, eine Maschine mit einer kleineren Leistung gegenüber den anderen beiden, im zweiten Weltkrieg abgegeben werden mußte, gelangten die Lokomotiven 16 und 15 in den Bestand der DR, die sie mit den Betriebsnummern 99 4641 und 99 4644 kennzeichnete. Die 99 4641 war die erste Lokomotive der ehemaligen KJI, die im Raw Görlitz einer Rekonstruktion unterzogen wurde. Anlaß war vor allem der nun 50 Jahre alte und erneuerungsbedürftige Dampfkessel. Bei der Konstruktion des Ersatzkessels war von vornherein vorgesehen, ihn auch für die anderen von Orenstein & Koppel gebauten D-Kuppler zu verwenden, wobei gleichzeitig eine höhere Leistung erzielt werden sollte. Da

es lauftechnisch keine Probleme gab, blieben Rahmen und Triebwerk bis auf Verbesserungen an der Steuerung ebenso wie die Zylinderblöcke mit Flachschieber erhalten. Einer Erneuerung bedurften die seitlichen Wasserkästen sowie das Führerhaus samt hinterem Kohlenkasten, wobei die Schweißtechnik voll in Anwendung kam. Die Formgebung des Führerhauses mit oben leicht abgeschrägten Seiten konnte auch beim Umbau anderer ehemaliger Kleinbahnlokomotiven verwendet werden. Die Rekonstruktion der 99 4641 war am 10. Oktober 1963 beendet, die der 99 4644 am 16. Januar 1964.

Konstruktion

Die neuen Naßdampfkessel für die 99 4641 und 99 4644 fertigte das Raw Görlitz selbst und registrierte sie mit den Herstellernummern 1/1963 und 2/1963. Dabei handelte es sich um Schweißkonstruktionen, lediglich die Rauchkammer war angenietet. Der Abstand zwischen den Rohrwänden erhöhte sich von 2 400 auf 2 650 mm, die Zahl der Heizrohre blieb mit 128 fast unverändert. Im Dampfdom fand wiederum ein Ventilregler Verwendung. Die früher gleich hinter der Rauchkammer-Rohrwand befindliche obere Kesseleinspeisung verlegte man hinter den Dampfdom. Im Blechaußenrahmen waren die erste und dritte Achse fest gelagert. Die zweite und vierte Achse besaßen Seitenspiel. Der feste Achsstand

betrug 2 200 mm. Die außen über den Achslagern liegenden Tragfedern waren bei der ersten und zweiten sowie bei der dritten und vierten Achse über Ausgleichhebel miteinander verbunden. Alle vier Achsen besaßen Speichenräder mit gleichgroßen Gegenmassen. Bei der Heusinger-Steuerung, deren Umstellung über einen Händel erfolgte, wurde die Geradführung der Schieberschubstange Bauart Orenstein & Koppel durch eine Kuhnsche Schleife ersetzt. Entfallen waren zugun-

TECHNISCHE DATEN

Loknummern		99 4641, 99 4644	
		alt	Reko
Bauart		Dn2t	Dn2t
Spurweite	mm	750	750
Hersteller		O & K	Raw Görlitz
erstes Baujahr		1912	1963
Länge über Puffer	mm	7770	7800
gesamter Achsstand	mm	3300	3300
Dienstmasse	t	22,6	23,0
Wasservorrat	m³	4,0	4,0
Kohlevorrat	t	1,4	1,1
Kesselheizfläche	m²	40,00	48,33
Rostfläche	m²	1,0	1,14
Betriebsdruck	bar	12	12
Zylinderdurchmesser	mm	340	340
Kolbenhub	mm	350	350
Raddurchmesser	mm	800	800
zulässige Geschwindigkeit	km/h	30	30
Zugkraft (0,6 p)	kN	36,5	36,5
effektive Leistung	PS	135	160
	kW	99	118

Geliefert wurde die DR-Lokomotive 99 4644 ursprünglich an die Rosenberger Kreisbahn in Oberschlesien. Von dort gelangte sie 1928 zu den Kleinbahnen des Kreises Jerichow I und war nahezu unverändert bis 1963 im Einsatz. Die Aufnahme zeigt den Dreikuppler 1960 unweit von Loburg

sten einer Rückzugfeder die Gegenmassen am Aufwerfhebel.

Die Druckluftbremse mit Zusatzbremse Bauart Knorr wurde bereits in den fünfziger Jahre eingebaut; gebremst wurden nur die beiden festgelagerten Achsen.

Der Wasservorrat verteilte sich auf die beiden Seitenkästen sowie einen Mittelkasten, der innerhalb des vorderen Rahmenteils eingehangen war. Sämtliche Kohle lagerte hinter dem Führerhaus. Eine elektrische Beleuchtung besaßen die Lokomotiven bereits seit den dreißiger Jahren, wie ältere Fotos beweisen, offenbar gespeist über Batterien. Erst Anfang der fünfziger Jahre rüstete die DR die Maschine mit je einem Turbogenerator aus.

Betriebseinsatz

Beide Lokomotiven kehrten nach der Rekonstruktion wieder auf die Strecken der ehemaligen KJI zurück. Als hier die ersten Teilstillegungen erfolgten, erhielt die Lokomotive 99 4641 ab 3. Juni 1965 ihr Einsatzgebiet auf dem Prignitzer Schmalspurnetz, die 99 4644 folgte am 14. November 1965.

Nachdem auch diese Bahnen am 31. Mai 1969 stillgelegt worden waren, wurde die 99 4641 noch im gleichen Jahr ausgemustert. Die Lokomotive 99 4644 gelangte noch nach Bergen (Rügen), um hier auf dem Abschnitt zur Wittower Fähre als wenig benutzte Reserve zu dienen.

Mit der Einstellung des Restbetriebs im Jahre 1970 wurde der Vierkuppler unter freiem Himmel in Putbus abgestellt und 1977 auf das Gelände des Bahnbetriebswerks Neustrelitz umgesetzt. Äußerlich wieder aufgearbeitet. stand er hier mit drei Schmalspurwagen als technisches Denkmal ebenfalls ohne Wetterschutz.

Am 30. Mai 1994 wurde die Lok wieder in die Prignitz zum neu entstandenen Kleinbahnmuseum in Lindenberg geholt. Eine betriebsfähige Aufarbeitung der Maschine für eine künftige Museumsbahn in dieser Region ist mittelfristig vorgesehen.

Auf der Insel Rügen gelangte die Reko-99 4644 kaum zum Einsatz. 1969 stand sie in Bergen auf einem Nebengleis

AUTOR: KLAUS JÜNEMANN; AUFNAHMEN: KIEPER, SAMMLUNG MACHEL, SCHULTZ

99 4645 in Burg (b. Magdeburg) am 14. Juni 1964. Der für diese Maschine bestimmte Neubaukessel war zu diesem Zeitpunkt schon im Bau

99 4643, 99 4645

Die Kleinbahnen des Kreises Jerichow I (KJI) betrieben ihr knapp 115 km umfassendes Streckennetz seit der Betriebseröffnung mit dreiachsigen Tenderlokomotiven, die zunächst den Anforderungen gerecht werden konnten. Schließlich wurden die Züge insbesondere durch die Gütertransporte für die Land- und Forstwirtschaft zeitweise so schwer, daß mit zwei Maschinen gefahren werden mußte. Deshalb kaufte die Betriebsleitung der KJI 1922 bei Orenstein & Koppel zwei zugkräftige vierachsige Tenderlokomotiven. Die mit den Fabriknummern 9681 und 9682 ausgelieferten Maschinen erhielten die Betriebsnummern 11 und 12. Zwei Jahre später folgte mit der Fabriknummer 10862 eine weitere Lokomotive gleicher Bauart. Ihre Betriebsnummer legte man mit „14" fest, da die „13" wegen des Aberglaubens nie besetzt wurde. Auffallend war bei den neuen Vierkupplern der lange feste, durch die beiden Endachsen entstandene Achsstand. Offenbar hatte die Kleibahnverwaltung den Gesamtachsstand vorgegeben, weil man trotz der erheblichen Überhänge eine möglichst ruhige Führung im Gleis errei-

chen wollte. Da die Treibachse die letzte Achse war, fiel die Treibstange besonders lang aus. Die Einzelachsstände waren mit 865 mm so knapp, daß Bremsklötze nur noch außen an den Endachsen angeordnet werden konnten.

Die drei Lokomotiven und weitere altgekaufte Vierkuppler dominierten bald auf den KJI-Strecken. Da für die Feuerung nach dem zweiten Weltkrieg nur minderwertige Kohle zur Verfügung stand, mußte fortan bei längeren Zugfahrten hinter der Lokomotive ein offener und mit Kohle beladener Wagen mitgeführt werden, um unterwegs den Brennstoffvorrat ergänzen zu können. Um diese Betriebsweise abzustellen, versah die Werkstatt in Burg 1946 vorerst Lokomotive 11 mit einem Schlepptender. Man entfernte den hinteren Kohlenkasten und brachte eine Öffnung in der Führerhausrückwand ein. Außerdem wurde das Dach etwas verlängert. Auf die beiden seitlichen Wasserkästen verzichtete man, sie wurden abgebaut. Sämtliche Vorräte nahm nun der Tender auf. Zwar erhöhte sich jetzt der Aktionsradius der Lokomotive, aber zugleich verringerte sich durch die fehlenden Vorräte auf der

Maschine auch die Achsfahrmasse um etwa 1 t, was sich wiederum nachteilig auf die Zugkraft auswirkte. Weiteres über diese Maschine ist in der Beschreibung über die 99 4642 bzw. 99 4551 enthalten.

TECHNISCHE DATEN

Loknummern		99 4643, 99 4645	
		alt	Reko
Bauart		Dn2t	Dn2t
Spurweite	mm	750	750
Hersteller		O & K	Raw Görlitz
Baujahr		1922/24	1964
Länge über Puffer	mm	7445	8300
gesamter Achsstand	mm	2595	3000
Dienstmasse	t	23,7	25,0
Wasservorrat	m³	3,0	4,0
Kohlevorrat	t	1,0	1,1
Kesselheizfläche	m²	39,46	48,33
Rostfläche	m²	1,05	1,14
Betriebsdruck	bar	12	12
Zylinderdurchmesser	mm	330	330
Kolbenhub	mm	400	400
Raddurchmesser	mm	800	800
zulässige Geschwindigkeit	km/h	30	30
Zugkraft (0,6 p)	kN	39,1	39,1
effektive Leistung	PS	135	160
	kW	99	118

Als Rekolokomotive war die 99 4645 von 1965 bis Anfang 1969 auf dem Prignitzer Schmalspurnetz in Betrieb und wurde noch im gleichen Jahr „auf freier Strecke" zerlegt

Nach Übernahme der Burger Schmalspurbahn durch die DR erhielten die vorgenannten Loks die neuen Betriebsnummern 99 4642, 99 4643 und 99 4645. Diese lückenhafte Reihenfolge ergab sich durch das Baujahr all derer Triebfahrzeuge, bei denen Spurweite, Achsfolge und Achsfahrmasse unabhängig von Bauartunterschieden übereinstimmten. Da die Lok 11 ursprünglich ohne Schlepptender lief, wurde sie als solche mit eingestuft, erst 1956 berücksichtigte man den Umbau und änderte die Betriebsnummer in 99 4551.

Anfang der sechziger Jahre begann die DR einen Teil des Lokparks zu rekonstruieren, da zu diesem Zeitpunkt noch mehrere Schmalspurbahnen auf weite Sicht als volkswirtschaftlich notwendig galten. Im Rahmen dieser Aktion wurden die 99 4643 und 99 4645 in Görlitz bei fälligen Hauptuntersuchungen völlig umgebaut.

Durch den Einbau von Neubaukesseln mit vergrößerter Heiz- und Rostfläche konnte die Leistung beider Maschinen erhöht werden.

Konstruktion

Gegenüber den alten genieteten Dampfkesseln kamen geschweißte Neubaukessel zum Einbau. Den Kessel für die 99 4643 fertigte das Raw Görlitz (Herstellernummer 3/1964), für die 99 4645 das Raw Halberstadt (Herstellernummer 304/1964). Die Zahl der Heizrohre erhöhte sich von 117 auf 128 mit 2650 mm freier Rohrlänge gegenüber 2 400 mm bei den alten Kesseln. Wesentlich war ebenso die Erhöhung der Feuerbüchsheizfläche von 3,96 auf 5,3 m². Die kupferne Feuerbüchse wich einer aus Stahl. Der im Dampfdom befindliche Ventilregler konnte dagegen weiter verwendet werden.

Mit dem neuen als Schweißkonstruktion ausgeführten Blechinnenrahmen konnten die bisher sehr engen Einzelachsstände auf nunmehr 1 000 mm vergrößert werden, wodurch die Abbremsung aller Achsen möglich war. Als Treibachse wirkte jetzt die dritte Achse. Treib- und Schwingenstangen mußten entsprechend gekürzt werden. Den festen Achsstand bildeten weiterhin die Endachsen; er wurde auf 3 000 mm vergrößert. Zum Durchfahren von Gleisbögen waren die festgelagert Treibachse spurkranzlos und die zweite Achse mit Seitenspiel versehen. Alle Tragfedern befanden sich innerhalb des Rahmens über den Achslagern. Ein Ausgleich bestand zwischen der ersten und zweiten sowie der dritten und vierten Achse (Vierpunktabstützung). Die bisherigen Zylinderblöcke konnten beibehalten werden, wurden jedoch tiefer gesetzt, so daß die Zylindermitte in Achsmitte kam. Die Druckausgleich-Kolbenschieber der Bauart Müller ersetzte man durch solche der Bauart Trofimoff. Das erneuerte Führerhaus in modernisierter Gestaltung war im oberen Teil seitlich leicht abgeschrägt. Die seitlichen Wasserkästen, ebenfalls in Schweißkonstruktion erneuert, wurden länger ausgeführt. Die alte Ejektoreinrichtung wurde beibehalten und befand sich vor dem rechten Seitenkasten. Die bereits Mitte der fünfziger Jahre eingebaute Druckluftbremsanlage der Bauart Knorr mit Zusatzbremse blieb erhalten, die beiden Hauptluftbehälter fanden unter dem Führerhaus Platz. Aus dieser Zeit stammt auch die Ausrüstung mit der elektrischen Beleuchtung mittels Turbogenerator, die die Batteriebeleuchtung ersetzte.

Betriebseinsatz

Die Lokomotive 99 4643 kehrte nach der Rekonstruktion am 22. April 1964 wieder auf das Burger Schmalspurnetz zurück, obwohl sich die Betriebseinstellungen bereits ankündigten. Als es dann soweit war, gelangte sie am 10. Dezember 1965 auf das Prignitzer Netz. Nach vier Einsatzjahren endete auch hier der Betrieb. Bereits 1968 war die 99 4643 nach in Bergen (Rügen) umgesetzt worden und fuhr auf dem Abschnitt nach Wittower Fähre. Im September 1971 wurde die Maschine verladen und vor dem Bahnhof Perleberg auf einem Gleisstück abgesetzt, um von hier per 1. Oktober 1971 an das Fleischkombinat Dannewitz als Heizlok verkauft zu werden.

Die 99 4645 gelangte nach ihrer Rekonstruktion am 12. März 1965 gleich auf das Prignitzer Schmalspurnetz. Während eines Schneeräumeinsatzes im März 1969 entgleisten infolge eines Schienenbruchs bei Kehrberg sowohl der geschobene Schneepflug als auch die 99 4645 und stürzten um. Beide Fahrzeuge wurden daraufhin im folgenden Sommer an gleicher Stelle zerlegt.

Am 26. August 1969 rangierte die Lokomotive 99 4643 auf dem Bahnhof Trent (Rügen)

AUTOR: KLAUS JÜNEMANN. AUFNAHMEN: SAMMLUNG MACHEL, KIEPER, DR. UHLEMANN

Nach dem fast 20-jährigen Einsatz auf märkischen Schmalspurgleisen verkehrte die Heeresfeldbahnlok 99 4651 noch knapp vier Jahre auf Rügen

99 4651 – 99 4653

Die zu dieser Unterbaureihe gehörenden Maschinen sind keine speziell für Kleinbahnen gebauten Triebfahrzeuge. Vielmehr gehören sie zu einem Typ schmalspuriger Dampflokomotiven, die in Vorbereitung des zweiten Weltkriegs durch die Industrie entwickelt wurden. Daran waren maßgebend die Firmen Jung und Henschel beteiligt, die auch die meisten von den über 100 gebauten Maschinen fertigten.

Es sind dreiachsige Naßdampflokomotiven mit Schlepptender, die sowohl für 750-mm- als auch für 600-mm-Spur einsetzbar waren. Als Halbtenderlokomotiven konnten auf der Maschine selbst geringe Vorräte an Wasser (0,6 m³) und Kohle (0,5 t) untergebracht werden, weshalb auch ein Einsatz ohne Tender – der im Regelfall alle Vorräte enthielt – bei geringem Aktionsradius möglich war. Nach dem Ende des zweiten Weltkriegs verblieben etliche dieser Heeresfeldbahnlokomotiven in mehreren Zwischenlagern, zu denen als zentrale Einrichtung der südlich von Berlin gelegene Eisenbahnpionierpark Rehagen-Klausdorf gehörte.

Ende 1945 wurde auf den von Dahme (Mark) ausgehenden und bereits 1939 stillgelegten, aber während des zweiten Weltkriegs teilweise als Übungsgerät der Eisenbahnpioniere genutzten Jüterbog-Luckenwalder Kreiskleinbahnen (JLKB) der öffentliche Betrieb wieder aufgenommen. Für die reaktivierte 750-mm-Bahn, nunmehr als Luckenwalde-Jüterboger Kleinbahn (LJK) bezeichnet und der einzige neu gegründete deutsche Schmalspur-

betrieb nach 1945, konnte aus dem nunmehr unter sowjetischer Militärverwaltung stehenden Objekt in Rehagen-Klausdorf eine noch einsatzfähige Heeresfeldbahnlokomotive erworben werden. Von Henschel 1941 unter der Fabriknummer 25983 erbaut, bekam sie bei der Kleinbahn die Betriebsnummer 1. 1948 konnten noch zwei weitere Maschinen gleicher Bauart aus Rehagen-Klausdorf übernommen werden, die nach entsprechenden Revisionen ab 1948 als Nummer 4 (Henschel 1941/25979) bzw. ab 1949 als Nummer 5 (Jung 1944/10123) in Betrieb gingen. Nachdem die DR am 1. April 1949 die LJK übernommen hatte, erhielten die drei Lokomotiven die dem Umzeichnungsplan entsprechende Betriebsnummern 99 4651 (ex Nr. 4), 99 4652 (ex Nr. 1) und 99 4653 (ex Nr. 5).

Konstruktion

Bei der mit 2 800 mm größter Höhe niedrig gehaltenen Lokomotive lag auch die Kesselmitte nur 1 650 mm über Schienenoberkante. Der völlig genietete Naßdampfkessel besaß zwischen den Rohrwänden einen Abstand von 2 200 mm. Die Feuerbüchse war von vornherein aus Stahl hergestellt, die sonstige Ausrüstung war üblich: zwei Dampfstrahlpumpen, Sicherheitsventile Bauart Coale und Ventilregler im Dampfdom. Entsprechend der Umspurbarkeit wurde ein aus 10 mm dickem Blech genieteter Außenrahmen verwendet, in dem alle drei Achsen fest lagerten. Die Achswellen waren so gestal-

tet, daß die Radscheiben für die jeweils benötigte Spurweite umgepreßt werden konnten. Die Radscheiben selbst waren Speichenräder, die der Treibachse enthielten Gegenmassen. Die Übertragung der Kolbenkräfte auf die Achswellen erfolgte über aufgesteckte Kurbeln, die gleichzeitig die untereinander gleichförmigen Gegenmassen trugen. Zum Befahren von 30-m-Gleisbögen blieb die Mittelachse spurkranzlos.

Die Tragfedern aller Achsenlagen befanden sich außen und somit über den Achslagern. Dabei waren die der ersten und zweiten Achse untereinander verbunden,

TECHNISCHE DATEN

Loknummern		99 4651 – 99 4653
Bauart		Cn2t+T
Spurweite	mm	750
Hersteller		Henschel/Jung
erstes Baujahr		1941
Länge über Puffer	mm	9940
gesamter Achsstand	mm	6600
Dienstmasse	t	29,5*
Wasservorrat	m³	6,6*
Kohlevorrat	t	3,6*
Kesselheizfläche	m²	30,2
Rostfläche	m²	0,73
Betriebsdruck	bar	13
Zylinderdurchmesser	mm	300
Kolbenhub	mm	350
Raddurchmesser	mm	700
zulässige Geschwindigkeit	km/h	30
Zugkraft (0,6 p)	kN	35,1
effektive Leistung	PS	100
	kW	73,5

* mit Tender

Das Führerhaus der 99 4652 entsprach noch der Ursprungsausführung mit je einem zusätzlichen Fenster, das bei den anderen Maschinen fehlte

die dritten Achse war für sich gefedert und für die Dreipunktabstützung mit einem Querausgleich versehen. Die Heusinger-Steuerung mit Druckausgleich-Kolbenschieber der Bauart Müller – seit den sechziger Jahren der Bauart Trofimoff – wurde über eine Steuerspindel mittels Handrad bedient. Für die Bremsung diente eine nur auf alle drei Achsen der Maschine wirkende Dampfbremse. Außerdem besaß der Dreikuppler eine Wurfhebelhandbremse an der Führerhausrückwand. Der Tender verfügte über eine Spindelhandbremse.

Zur Verbindung mit dem Tender hatte die Maschine hinten einen normalen Mittelpuffer mit Kuppelhaken erhalten, der am verstärkten Rahmenstirnblech des Tenders anlag. Zwei seitliche Stoßpuffer am Tender dämpften die Fahrbewegungen.

Eine zweiteilige Schiebetür in der Führerhausrückwand ermöglichte den Zugang zum Tender. Die elektrischen Beleuchtung war von Anfang an vorhanden, mußte durch die Deutsche Reichsbahn also nicht nachgerüstet werden.

Betriebseinsatz

Die drei Lokomotiven bildeten den Stammpark auf den von Dahme (Mark) nach Jüterbog bzw. Luckenwalde führenden und Anfang 1965 endgültig stillgelegten Strecken.

Nur kurzzeitig für einige Wochen leistete 1955 je eine Maschine Aushilfe auf der Strecke Nauen – Senzke – Kriele. Zwischen März 1964 und Mai 1965 wurden alle drei Lokomotiven nach Rügen umgesetzt, wo sie auf dem nördlichsten Abschnitt Fährhof – Altenkirchen (Rügen) den gesamten Verkehr übernahmen. Die hier im Jahre 1968 vorgesehene Stillegung war Anlaß, von den fälligen Untersuchungen dieser Lokomotiven abzusehen.

Die 99 4651 war bereits am 7. Februar 1968 ausgemustert und als Dampfspender an das Betonwerk Ueckermünde abge-

geben worden. Am 10. Juli 1968 folgte die Ausmusterung der 99 4653. Dagegen blieb die 99 4652 bis zur Stillegung der Strecke Fährhof – Altenkirchen (Rügen) am 10. September 1968 im Einsatz. Sowohl die 99 4652 als auch die 99 4653 überführte man wenig später in das Raw Görlitz.

Während die Lokomotive 99 4653 zerlegt wurde, blieb die 99 4652 auf dem Rand stehen. 1973 bewarb sich eine Privatmann um diese Maschine. Durch Umpressen der Radscheiben wurde sie für die 600-mm-Spur hergerichtet und im Bw Wernigerode Westerntor aufgearbeitet.

Vom 19. Oktober 1974 an war die Lokomotive als „Nummer 4 – FRANK S." auf der Dampfkleinbahn Mühlenstroth bei Gütersloh wieder unter Dampf.

Nach einer erneuten Umspurung auf 750 mm fuhr der Dreikuppler ab 1982 mehrere Jahre auf der inzwischen stillgelegten Jagsttalbahn Möckmühl – Dörzbach. Die nächste Hauptuntersuchung sollte im Raw Görlitz erfolgten, da jedoch der Rahmen einer kostenaufwendigen Erneuerung bedurfte, wurde der noch brauchbare Dampfkessel im Tausch auf eine andere bauartgleiche Lok umgesetzt, deren Kessel verschlissen war.

Somit wurde die ehemalige 99 4652, bei der Rahmen und Dampfkessel nicht mehr betriebstauglich sind, äußerlich hergerichtet und im April 1994 als Denkmal im Kleinbahnhof Putbus (Rügen) aufgestellt. Inzwischen trägt die Maschine wieder ihre alte DR-Betriebsnummer.

Hohenseefeld 1960: die erst 16 Jahre alte 99 4651 mit Tenderaufsatz

AUTOR: KLAUS JÜNEMANN; AUFNAHMEN: KIEPER (2), SAMMLUNG MACHEL

Die rekonstruierte 99 4701 vor einem PmG im Jahre 1967 abfahrbereit im Bahnhof Glöwen nach Havelberg

99 4701

Gestiegene Verkehrsleistungen und die Aussonderung der kleinen B-Kuppler veranlaßten die Prignitzer Eisenbahngesellschaft als Betriebsführer durch die beiden Eigentümer, die Kreise Ost- bzw. Westprignitz, je eine neue Lokomotive zu beschaffen. Der Auftrag zum Bau von zwei dreifach gekuppelten Tenderlokomotiven ging an Henschel. Unter den Fabriknummern 13021 und 13022 wurden beide Maschinen 1914 ausgeliefert und erhielten die Betriebsnummern 18 und 19. Gegenüber den bereits vorhandenen Lokomotiven waren die Neubauten schwerer und hatten eine etwas höhere Achsfahrmasse.

Offenbar war ihr Einsatz hauptsächlich auf dem Abschnitt Glöwen – Lindenberg vorgesehen, auf dem durch den hier stattfindenden Rollbockverkehr ein verstärkter Oberbau bestand. War man mit der Zugkraft der neuen Lokomotiven zufrieden, so erwies sich vor allem der Wasservorrat als recht knapp. Hierfür stand außer dem Rahmenwasserkasten nur in kurzer Seitenkasten auf der Lokführerseite zur Verfügung, während im linken Seitenkasten lediglich der Kohlenvorrat lagerte.

1943 erhielten die Lokomotiven durch das Landesverkehrsamt Brandenburg die Betriebsnummern 07-21 für die Ostprignitzer bzw. 08-20 für die Westprignitzer Lokomotive.

Erstere mußte 1945 als Reparationsleistung an die UdSSR abgegeben werden. Dagegen gelangte die Lokomotive 08-20 zur DR und verkehrte jetzt mit der neuen Betriebsnummer 99 4701.

Die knappen Vorräte waren Anlaß, die Maschine 1964 anläßlich einer Hauptuntersuchung zu rekonstruieren. Vor allem der Rahmen erfuhr eine hintere Verlängerung, so daß der Kohlenvorrat seinen Platz hinter dem Führerhaus bekam. Die beiden neu angefertigten Seitenkästen wurden verlängert und ausschließlich für den Wasservorrat genutzt. Das Führerhaus bekam eine moderne oben leicht abgeschrägte Form.

Weitgehend kam die Schweißtechnik zur Anwendung. Der Dampfkessel blieb erhalten, erfuhr aber einige Umbauten, wie Lage der Sicherheitsventile und der Kesselspeiseventile. Die Haube des Dampfdomes wurde ebenfalls erneuert.

Konstruktion

Langkessel, Stehkessel und Rauchkammer waren durch Nietnähte miteinander verbunden. Mit einer freien Rohrlänge von 2 310 mm waren 82 Heizrohre (Durchmesser 39,5/44,5 mm) eingebaut.

Der Dampfdom beherbergte auch nach der Rekonstruktion den Flachschieberregler. Die alte verschlissene Dampfdomverkleidung mußte durch eine neue, jetzt allerdings mit ebener Decke, ersetzt werden. Die Sicherheitsventile der Bauart Akkermann installierte man an der Domrückseite.

Die ursprünglich tiefsitzenden Kesselspeiseventile wurden auf dem Kesselrücken hinter dem Dampfdom verlegt.

Der durchgehende Blechinnenrahmen blieb im vorderen Teil eine Nietkonstruktion, im hinteren Bereich samt der Verlängerung war er geschweißt. Alle drei Achsen waren fest ohne Seitenspiel gelagert. Um das Durchfahren von engen Gleisbögen zu ermöglichen, erhielt die Mittelachse geschwächte Spurkränze.

Die Tragfedern waren innerhalb des Rahmens angeordnet. Die ursprüngliche Heusinger-Steuerung blieb erhalten, ebenso die Zylinderblöcke mit den Flachschiebern. Über eine Wurfhebelhandbremse an der Führerhausrückwand konnten alle drei Achsen einseitig von vorn abgebremst werden.

Für die Betätigung der Gewichtsbremsen in den Wagen diente eine ebenfalls an der Rückwand angebrachten Seilhaspel. Der Wasservorrat war in beiden Seitenkästen sowie im mittleren Rahmenkasten untergebracht. Er konnte über einen Ejektor vor dem rechten Seitenkasten auch aus Oberflächengewässern ergänzt werden.

Ein Kasten hinter dem Führerhaus nahm den gesamten Kohlevorrat auf. Ab Mitte der fünfziger Jahre besaß die Lokomotive eine elektrische Beleuchtung mit einem Turbogenerator.

Betriebseinsatz

Die Lokomotive war stets auf den Strecken des Prignitzer Schmalspurnetzes eingesetzt. Während der letzten Jahre bis zur Betriebseinstellung am 26. September 1971 verkehrte die Maschine vorzugsweise zwischen Glöwen und Havelberg.

Danach stand der Dreikuppler auf dem Bahnhof Glöwen, wurde 1976 von einem Privatmann gekauft und auf dem Gelände der Betonwerke in Wöllstein bei Bad Kreuznach (Hessen) als technisches Denkmal aufgestellt.

TECHNISCHE DATEN

Loknummer		99 4701
Bauart		Cn2t
Spurweite	mm	750
Hersteller		Henschel
Baujahr		1914
Länge über Puffer	mm	2000
gesamter Achsstand	mm	2250
Dienstmasse	t	18,2
Wasservorrat	m³	1,8
Kohlevorrat	t	0,8
Kesselheizfläche	m²	26,38
Rostfläche	m²	0,71
Betriebsdruck	bar	12
Zylinderdurchmesser	mm	265
Kolbenhub	mm	360
Raddurchmesser	mm	800
zulässige Geschwindigkeit	km/h	35
Zugkraft (0,6 p)	kN	22,8
effektive Leistung	PS	85
	kW	62,5

Die letzte für die schmalspurigen Kreisbahnen der Prignitz beschaffte Maschine war die spätere 99 4711. 1965 stand sie vor dem Perleberger Schuppen

99 4711

Bei den Kleinbahnen der Kreise Ost- und Westprignitz waren außer drei B-Kupplern nur C-gekuppelte Tenderlokomotiven ohne Laufachsen eingesetzt. Diese wurden von 1897 bis 1914 von fünf verschiedenen Herstellern geliefert. 1920 konnte die letzte Maschine für die steigungsreichste Kleinbahnstrecke von Lindenberg nach Pritzwalk bei Hartmann mit der Fabriknummer 4420 erworben werden. Die Lokomotive verfügte zwar über eine hintere Laufachse; dennoch waren die technischen Abmessungen dieser Maschine eher bescheiden. Vermutlich bestand bei der Bestellung die Forderung nach Unterbringung etwas größerer Vorräte, wodurch sich die Gesamtmasse in der Parxis erhöhte. Um die seinerzeit zulässige Achsfahrmasse von 7 t nicht zu überschreiten, war deshalb eine zusätzliche Achse erforderlich. Der Abstand der in einem Bisselgestell geführten Laufachse zur letzten der gekuppelten Achsen war recht kurz. Der dadurch geringere Gesamtachsstand ermöglichte die Nutzung der auf einigen Bahnhöfen vorhandenen Drehscheiben.

Die Lokomotive erhielt die Betriebsnummer 20. Auf den bisher üblichen und zusätzlichen Namen verzichtete man. Seine Probefahrt absolvierte der Dreikuppler am 8. Dezember 1920 auf dem 8 km langen Abschnitt Perleberg – Kleinow. Obwohl die Abnahmeuntersuchung am 19. Oktober 1920 erfolgte, wurde die Urkunde über die Genehmigung durch die Eisenbahndirektion Altona als zuständige Aufsichtsbehörde erst am 29. Dezember 1922 ausgestellt.

Das Landesverkehrsamt Brandenburg ordnete der Maschine 1943 die Betriebsnummer 07-80 zu. Bei der Deutschen Reichsbahn verkehrte die Lokomotive als 99 4711.

Konstruktion

Der Dampfkessel war genietet. Der Langkessel mit 950 mm innerem Durchmesser bestand aus zwei Schüssen und enthielt 88 Heizrohre mit einer freien Länge von 2 475 mm. Die kupferne Feuerbüchse mußte 1963 durch eine stählerne ersetzt werden.

Im Dampfdom befand sich ein Flachschieberregler. Zwei selbstansaugende 60-l-Dampfstrahlpumpen dienten der Kesselspeisung. Der ebenfalls genietete Blechinnenrahmen enthielt im vorderen Teil den mittleren Wasserkasten. Die Tragfedern der ersten und zweiten Achse waren frei zugängig über dem Rahmen angeordnet und über Ausgleichhebel verbunden.

Die Tragfedern der Treibachse sowie der im Bisselgestell geführten Laufachse lagen über den Achslagern untereinander ausgeglichen innerhalb des Rahmens, so daß eine Vierpunktlagerung entstand. Gebremst wurden lediglich die zweite Achse von vorn und die dritte Achse von hinten über eine Wurfhebelbremse an der Führerhausrückwand. Eine Seilhaspel für die Betätigung der Gewichtsbremsen im Wagenzug war in einem gesonderten Anbau an der Führerrückwand angebracht. Der Wasservorrat verteilte sich auf die beiden Seitenkästen und den Rahmenwasserkasten. Eine Ejektoreinrichtung befand sich vor dem rechten Seitenkasten.

Die Kohle war in einem hinter dem Führerhaus angeordneten Kasten untergebracht. Außer dem Austausch der alten Gasbeleuchtung gegen eine elektrische mittels Turbogenerator blieb der Gesamtaufbau der Lokomotive bis zuletzt unverändert.

Betriebseinsatz

Die 99 4711 war stets auf den Strecken des Prignitzer Schmalspurnetzes im Einsatz. Er endete im Juli 1966. Noch im gleichen Jahr wurde die Lokomotive ausgemustert und im Raw Görlitz zerlegt.

TECHNISCHE DATEN		
Loknummer		99 4711
Bauart		C1'n2t
Spurweite	mm	750
Hersteller		Hartmann
Baujahr		1920
Länge über Puffer	mm	7190
gesamter Achsstand	mm	3220
Dienstmasse	t	25,0
Wasservorrat	m³	2,4
Kohlevorrat	t	0,8
Kesselheizfläche	m²	30,32
Rostfläche	m²	0,6
Betriebsdruck	bar	12
Zylinderdurchmesser	mm	250
Kolbenhub	mm	400
Raddurchmesser	mm	780/480
zulässige Geschwindigkeit	km/h	35
Zugkraft (0,6 p)	kN	23,0
effektive Leistung	PS	106
	kW	73,5

AUTOR: KLAUS JÜNEMANN, AUFNAHME: KIEPER

Die Lokomotive 99 4721 gehörte einst den CSD, gelangte nach Sachsen und schließlich in die Prignitz

99 4712

Während der deutschen Besetzung von Teilen der Tschechoslowakei gelangten 1939 unter anderem drei C1'-Tenderlokomotiven der 750-mm-Spur in den Bestand der Deutschen Reichsbahn. Sie gehörten zur östlich von Zittau gelegenen Friedländer Bezirksbahn und entstanden 1899 bei Krauss in Linz unter den Fabriknummern 4183 – 4185. Ursprünglich mit den Betriebsnummern 1 – 3 bezeichnet, kamen sie 1924 zu den Tschechoslowakischen Staatsbahnen (CSD), die sie als U 37.007 – U 37.009 einreihten. Die Deutsche Reichsbahn ordnete die Maschinen im Oktober 1940 als 99 791 – 99 793 in den Lokpark ein. Gegen Ende des zweiten Weltkriegs wurde die 99 791 stark beschädigt und kam zwecks Aufarbeitung am 31. März 1945 in das Raw Chemnitz, das sie bereits am 9. August 1945 wieder verließ. Eine Rückführung war nun nicht mehr möglich. Die Maschine verblieb in Sachsen und verkehrte fortan auf der Strecke Hetzdorf – Eppendorf – Großwaltersdorf. Im Februar 1953 erhielt die Lokomotive schließlich auf dem Prignitzer Schmalspurnetz eine neue Heimat. Durch die Inbetriebnahme der 750-mm-spurigen und mit den Betriebsnummern 99 771 – 99 794 gekennzeichneten 1'E1'h2t-Neubauloks aus dem LKM Potsdam-Babelsberg wäre eine Doppelbesetzung entstanden. Zu deren Vermeidung erhielt die 1899 gebaute Krauss-Lokomotive am 25. Mai 1957 die Betriebsnummer 99 4712.

Konstruktion

Im Aufbau entsprach die 99 4712 völlig der in Österreich weit verbreiteten Reihe U, von denen in dieser Art, jedoch für 760-mm-Spurweite, rund 50 Maschinen vor allem von Krauss hergestellt wurden. Unterschiede bestanden durch die abweichende Kupplung sowie das andere Bremssystem. Charakteristisch war das Krauss-Helmholtz-Gestell, bei dem die Laufachse mit der hinteren Kuppelachse durch eine Deichsel verbunden wurde und das beide Achsen gegenläufig um jeweils 25 mm seitlich ausschwenken ließ. Trotz 4 000 mm Gesamtachsstand konnten diese Maschinen Gleisbögen von 50 m anstandslos durchfahren. Der Blechrahmen, im Bereich der gekuppelten Achsen als Innenrahmen ausgeführt, verbreiterte sich unmittelbar hinter der letzten Kuppelachse so, daß er den Hinterkessel und die Laufachse umschloß. Nur die beiden ersten Achsen waren im Rahmen fest gelagert. Durch die seitliche Verschiebbarkeit der hinteren Kuppelachse mußten deren Kurbelzapfen kugelförmig ausgeführt und die Kuppelstange vorn mit einem vertikalen Gelenk versehen werden. Die Tragfedern der gekuppelten Achsen waren oberhalb des Rahmens angeordnet und untereinander mit Ausgleichhebeln verbunden. Die Laufachse enthielt eine querliegende Blattfeder mit mittiger Abstützung. Somit bestand eine Dreipunktlagerung. Bei der Heusinger-Steuerung fiel die ungekrümmte Schwinge auf, die zwar die Gleichmäßigkeit der Dampfverteilung beeinflußte, aber dafür die Herstellung und Aufarbeitung erleichterte. Die Bedienung der Steuerung erfolgte über einen Händel. Der Dampfkessel für Naßdampfbetrieb war genietet, der Langkessel bestand aus zwei Schüssen bei einem Abstand zwischen den Rohrwänden von 3 250 mm. Der Stehkessel enthielt bis zuletzt eine kupferne Feuerbüchse. Der im Dampfdom vorhandene Flachschieberregler wurde über eine seitliche Zugstange betätigt. Die ursprünglichen Sicherheitsventile der Bauart Pop wurden zu DR-Zeiten gegen solche der Bauart Ackermann ausgetauscht. Links vom Stehkessel befand sich eine Wurfhebelbremse, die auf die beiden festgelagerten Achsen wirkte. Zur Bedienung der Heberleinbremse in den Wagen diente eine Seilhaspel rechts vom Stehkessel. Die Vorräte waren in den beiden langen, anfangs genieteten, zuletzt vollständig geschweißten Seitenkästen untergebracht, wobei die Kohle nur im hinteren Teil des linken Kastens lagerte. Für den Einsatz in der Prignitz erhielt die Lok Anschlüsse für die Dampfheizung der Wagen sowie eine Ejektoreinrichtung.

Betriebseinsatz

Ab 1953 war die Maschine meist in Kyritz beheimatet. Mit ihrer großen Zugkraft und den guten Laufeigenschaften wurde die Lok gern eingesetzt, war aber nach Inbetriebnahme der vierfach gekuppelten Tenderlokomotiven aus Burg entbehrlich. Ihr Einsatz endete im Oktober 1964. Anschließend kam die Lok in das Raw Görlitz, wurde hier am 15. November 1965 ausgemustert und anschließend zerlegt.

TECHNISCHE DATEN

Loknummer		99 4712
Bauart		C1'n2t
Spurweite	mm	750
Hersteller		Krauss
Baujahr		1899
Länge über Puffer	mm	7590
gesamter Achsstand	mm	4000
Dienstmasse	t	24
Wasservorrat	m³	3,2
Kohlevorrat	t	1,4
Kesselheizfläche	m²	45,9
Rostfläche	m²	1,0
Betriebsdruck	bar	12
Zylinderdurchmesser	mm	290
Kolbenhub	mm	400
Raddurchmesser	mm	845/580
zulässige Geschwindigkeit	km/h	35
Zugkraft (0,6 p)	kN	29,5
effektive Leistung	PS	155
	kW	114

AUTOR: KLAUS JÜNEMANN; AUFNAHME: SAMMLUNG KIEPER

Fast 20 Jahre versah die Lokomotive 99 4721 auf dem Burger Umladebahnhof den Rangierdienst. 1966 zog die kleine Maschine die Abbauzüge

99 4721

Bei Übernahme der früheren Klein-bahnen des Kreises Jerichow I (KJI) durch die DR im Jahre 1949 gehörte zum Betriebspark auch eine zweiachsige Tenderlok mit der Betriebsnummer 22. Hergestellt hatte sie Henschel im Jahre 1922 mit der Fabriknummer 19514 und an die Baufirma Polinsky & Zöllner ausgelie-fert. Im Aufbau entsprach die Maschine dem Bauloktyp „Cassel" mit einer Nenn-leistung von 100 PS (73,6 kW), den Hen-schel in größerer Stückzahl, teilweise auf Vorrat, fertigte. Die Verwendung der Loko-motive zwischen dem ersten Eigentümer und der Zeit auf dem Burger Netz ist un-klar. Im Betriebsbuch findet sich ein Ver-merk, daß die Lok im April 1948 vom Land-rat des Kreises Haldensleben übernom-men wurde. Möglich ist ein Einsatz bereits beim Bau der Autobahn Berlin – Hannover (A 2), für den die KJI erhebliche Trans-porte durchführte, und ein dortiger Ver-bleib als Leihlok. Für den Streckeneinsatz waren die Vorräte zu knapp bemessen, aber für Rangieraufgaben im Umlade-bahnhof Burg und zum Nachschieben der von hier in einer Steigung ausfahrenden Züge eignete sich die Maschine gut. Bis auf die Ausrüstung mit einem Dampf-läutewerk und die in DR-Zeiten ergänzte elektrische Beleuchtung, wurde am Auf-bau diese Zweikupplers nichts verändert.

Konstruktion

Der genietete Naßdampfkessel ruhte mit seinem Stehkessel auf dem Rahmen. Der Langkessel bestand aus einem Schuß, wobei der Abstand zwischen den Rohr-wänden 2 350 mm maß. Im verhältnismä-ßig großen Dampfdom war ein Flach-schieberregler angeordnet. Zur Speisung des Dampfkessels dienten zwei saugende Dampfstrahlpumpen.

Der ebenfalls genietete Blechrahmen war im vorderen Teil als Wasserkasten ausge-führt. Die Tragfedern der ersten Achse be-fanden sich oberhalb des Rahmens mit Federstiften, die Tragfedern der zweiten Achse innerhalb des Rahmens über den Achslagern.

Das Zweizylinder-Naßdampftriebwerk war mit einer Allan-Steuerung ausgerüstet, die über einen Steuerhändel bedient wurde. Hinzu kam der zweischienig geführte Kreuzkopf. Der sich ausschließlich inner-halb des Rahmens befindliche Wasservor-rat konnte nur über den Sauganschluß der Ejektoreinrichtung ergänzt werden.

Der Kohlevorrat fand in den beiden Seitenkästen vor dem Führerhaus seinen Platz.

Betriebseinsatz

Bis zur Betriebseinstellung des Burger Schmalspurnetzes am 25. September 1965 war die von den Personalen „Düsen-bomber" bezeichnete 99 4712 stets in Burg (b. Magdeburg) beheimatet, kam danach noch beim Streckenabbau zum Einsatz und wurde schließlich am 2. Mai 1967 ausgemustert. Am 4. Juli 1967 erwarb der Klub Junger Techniker in Halberstadt die Maschine und ließ sie am Südhang der Klusberge auf einem kurzen Gleisstück aufstellen. Zuvor wurde der Zweikuppler von Eisenbahnern des Bahn-betriebswerks Halberstadt äußerlich auf-gearbeitet. Doch man verschätzte sich wohl mit dem erforderlichen Pflegeauf-wand, denn das Technikdenkmal verwan-delte sich bald in einen abgewrackten Schrotthaufen, der schließlich Ende der siebziger Jahre entsorgt wurde.

TECHNISCHE DATEN		
Loknummer		99 4721
Bauart		Bn2t
Spurweite	mm	750
Hersteller		Henschel
Baujahr		1922
Länge über Puffer	mm	6360
gesamter Achsstand	mm	1600
Dienstmasse	t	15,1
Wasservorrat	m³	1,0
Kohlevorrat	t	0,5
Kesselheizfläche	m²	35.2
Rostfläche	m²	0,8
Betriebsdruck	bar	12
Zylinderdurchmesser	mm	280
Kolbenhub	mm	360
Raddurchmesser	mm	700
zulässige Geschwindigkeit	km/h	25
Zugkraft (0,6 p)	kN	29,0
effektive Leistung	PS	100
	kW	74

AUTOR: KLAUS JÜNEMANN; AUFNAHME: KIEPER

Auf Rügen bewähren sich die schweren 1'D-Maschinen aus Burg (b. Magdeburg) vor den langen Bäderzügen. Lok 99 4802 im Jahre 1973 in Putbus

99 4801, 99 4802

Die Kleinbahnen des Kreises Jerichow I (KJI) betrieben unter anderem den 12 km langen dreischienigen Abschnitt von Loburg – hier endete eine in Biederitz (b. Magdeburg) beginnende normalspurige Nebenbahn – bis nach Altengrabow. Normalspurige Wagenzüge beförderten die KJI mit ihren Schmalspurlokomotiven bis zum Truppenübungsplatz Altengrabow. Zwei zu den Betriebsmitteln der Kleinbahn gehörende Zwischenwagen, die mit beiden Kupplungssystemen ausgerüstet waren, ermöglichten diese finanziell sehr einträchtige Aufgabe. Die Stärke dieser Züge war jedoch begrenzt, da die Druckluftbremsen in den Normalspurwagen wegen fehlender Einrichtungen auf den KJI-Lokomotiven nicht bedient werden konnten. Die Zugkraft der Kleinbahn-Lokomotiven reichte jedoch aus. Wegen bestehender Pläne, die Strecken der KJI auf Normalspur umzubauen, wurden über 15 Jahre keine neuen Triebfahrzeuge beschafft. Erst nachdem Umspurungspläne endgültig gescheitert waren, bemühte man sich um die Beschaffung neuer Lokomotiven.

Ausschlaggebend war die Beförderung der zeitweise sehr schweren Züge auf dem dreischienigen Abschnitt, weshalb sich an den Beschaffungskosten außer der Geschäftsführung der Kleinbahn auch der Fiskus in erheblichem Maße beteiligte. Den Auftrag zur Herstellung von zwei leistungsfähigen 1'D-Heißdampf-Tenderlokomotiven erhielt die Firma Henschel und lieferte sie 1938 mit den Fabriknummern 24367 und 24368 aus.

Die mit den Betriebsnummern 20 und 21 eingesetzten 1'Dh2t-Maschinen waren mit Druckluftbremsen ausgerüstet und für eine Höchstgeschwindigkeit von 45 km/h zugelassen. Nachdem man die beiden Zwischenwagen mit einer Bremsluftleitung nachrüstet hatte, war es nun möglich, schwere und druckluftgebremste Militärzüge zu fahren.

Aus bisher ungeklärten Gründen ließ die Burger Kreisbahn kurz vor Übernahme durch die DR die Lokomotive 21 im LOWA-Reparaturwerk Freital bei Dresden in eine D-gekuppelte Lokomotive ohne vordere Laufachse umbauen. Vermutlich erhoffte man sich eine Verbesserung der

Laufeigenschaften, die durch die Sechspunktlagerung zu wünschen übrig ließ, ein Umstand, über den auch später häufig geklagt wurde. Anläßlich dieses Umbaus

TECHNISCHE DATEN

Loknummern		99 4801, 99 4802
Bauart		1'Dh2t
Spurweite	mm	750
Hersteller		Henschel
Baujahr		1938
Länge über Puffer	mm	9440
gesamter Achsstand	mm	5200
Dienstmasse	t	29,7
Wasservorrat	m³	3,5
Kohlevorrat	t	1,25
Kesselheizfläche	m²	39,8*
Rostfläche	m²	0,9
Betriebsdruck	bar	12
Zylinderdurchmesser	mm	360
Kolbenhub	mm	410
Raddurchmesser	mm	850/500
zulässige Geschwindigkeit	km/h	45
Zugkraft (0,6 p)	kN	48,9
effektive Leistung	PS	220
	kW	161

* Neubaukessel

Im Sommer 1965 wartete die 99 4801 noch auf ihrer „Heimatbahn" im Burger Umladebahnhof auf die nächste Leistung in Richtung Ziesar West

mußte der Dampfkessel samt Führerhaus etwas nach hinten versetzt werden. Trotz der damals unterschiedlichen Achsanordnung versah die DR beide Lokomotiven mit den fortlaufenden Betriebsnummern 99 4801 und 99 4802.

Da die Laufeigenschaften bei der 99 4802 infolge der langen Überhänge eher schlechter waren, wurde sie 1964 im Raw Görlitz während einer Hauptuntersuchung in den alten Zustand versetzt. Bereits im Jahre 1960 erhielten beide Lokomotiven etwas höhere und seitlich im oberen Teil etwas abgeschrägte Führerhäuser sowie neue geschweißte seitliche Wasserkästen. Gemäß dem gemeinsamen Umzeichnungsplan von DR und DB erhielten die 1966 auf die Insel Rügen umgesetzten Maschinen ab 1992 die Betriebsnummern 099 780-9 und 099 781-7. Da ein Einsatz auf Rügen weiterhin vorgesehen ist, wurden beide Lokomotiven 1993 einer Generalreparatur unterzogen, bei der die 45 Jahre alten Dampfkessel durch neue ersetzt wurden. Mit der im Juli 1995 erfolgten Regionalisierung der Schmalspurbahn Putbus – Göhren (Rügen) gingen beide Lokomotiven in den Bestand der neu gegründeten Rügenschen Kleinbahn GmbH & Co über. In diesem Zusammenhang sind die alten Betriebsnummern 99 4801 und 99 4802 wieder angebracht worden.

Konstruktion

Der ursprüngliche Dampfkessel in Heißdampfausführung war genietet, der Langkessel bestand aus zwei Schüssen mit 2 900 mm Abstand zwischen den Rohrwänden. Ungewöhnlich war der hohe Anteil von 54 Rauchrohren gegenüber nur 16 Heizrohren. Als Überhitzer mit 21 m²

Heizfläche waren sogenannte Bündelelemente eingesetzt worden, die sich infolge des kleinen Rohrdurchmessers bei schlechten Wasserverhältnissen leicht zusetzten. Die 1993 im Raw Görlitz gefertigten Neubaukessel (Herstellernummern 14 und 13) sind dagegen eine Schweißkonstruktion bei gleichen äußeren Abmaßen. Lediglich das Rohrverhältnis wurde verändert, so daß nunmehr 16 Rauchrohre und 52 Heizrohre vorhanden sind. Dadurch wurde die Heizfläche um etwa 10 Prozent verkleinert. Sie reicht aber für das Leistungsprogramm aus. Der Überhitzer, jetzt normaler Bauart, bringt nur noch 14,1 m² Heizfläche. Die ehemals kupfernen Feuerbüchsen wichen bereits 1964 stählernen. Hinzu kam der Einbau eines Kipprostes. Für die Kesselspeisung sind zwei 125-l-Dampfstrahlpumpen vorhanden.

Der aus Blechen geschweißte Innenrahmen ist im vorderen Teil als Wasserkasten ausgeführt. Die erste und dritte der gekuppelten Achsen sind fest gelagert und bilden den festen Achsstand von 2 700 mm, die zweite Kuppelachse kann sich jeweils 5 mm seitlich verschieben und besitzt außerdem geschwächte Spurkränze. Die vierte Kuppelachse hat ein Seitenspiel von 24 mm aus der Mittellage. Die Laufachse führt ein Bisselgestell, bei seitlichen Ausschlägen sorgen Schraubenfedern für seine Rückführung in die Mittellage. Die Lokomotiven besitzen eine Sechspunktabstützung. Alle Tragfedern sind innerhalb des Rahmens angeordnet, bei den gekuppelten Achsen unterhalb, bei der Laufachse oberhalb der Achslager. Vorhanden sind ein Tragfederausgleich zwischen der ersten und zweiten sowie der dritten und vierten Kuppelachse. Hinzu kommt die separat gefederte Laufachse. Die mit

einem Händel einzustellende Heusinger-Steuerung arbeitet auf Kolbenschieber mit 150 mm Durchmesser. Ein zusätzliches Luftsaugeventil hinter dem Schornstein verhinderte einen eventuellen Unterdruck bei dampfloser Fahrt. Dieses Ventil konnte entfallen, als 1967 anstelle der Schieber der Bauart Müller Trofimoffschieber zum Einbau kamen.

Außer der an der Führerhausrückwand befindlichen Wurfhebelhandbremse sind beide Lokomotiven mit einer Druckluftbremse der Bauart Knorr ausgerüstet. Gebremst werden alle gekuppelten Achsen einseitig von vorne. Eine zweistufige Luftpumpe ist an der linken Rauchkammerseite befestigt.

Für den Einsatz auf Rügen sind beide Lokomotiven mit Anschlüssen für die Dampfheizung in den Wagen ausgerüstet worden, dagegen entfiel der Ejektor zum Wassernehmen aus Oberflächengewässern.

Betriebseinsatz

Bei den KJI waren beide Lokomotiven auf dem gesamten Streckennetz im Einsatz, wurden aber bei der Beförderung von Militärzügen auf dem dreischienigen Abschnitt bevorzugt verwendet. Nach der Betriebseinstellung auf dem Burger Netz am 25. September 1965 setzte man beide Maschinen nach Rügen um, wo sie auf der Bäderbahn Putbus – Göhren (Rügen) als Unterstützung für die Stammlokomotiven der Baureihe 99⁴⁶³ dienten. Anfangs klagte man über einen hohen Spurkranzverschleiß, dem aber durch eine bessere Materialauswahl begegnet werden konnte. Noch heute erreicht allein eine Maschine während der Saison eine tägliche Laufleistung bis zu 240 km.

AUTOR KLAUS JÜNEMANN, AUFNAHMEN: MACHEL, KIEPER

Von 1957 bis 1967 versah die aus Spremberg stammende 99 5001 den Rangierdienst in Nordhausen

99 5001

Die kommunale Spremberger Stadtbahn verband zum einen die zahlreichen Fabriken in der Stadt mit der Staatsbahn und zum anderen mit den südlich von Spremberg gelegenen Kohlegruben. Die Erschließung einer neuen Grube bei Haidemühl erforderte wegen des zu erwartenden höheren Transportaufkommens auf dieser 7,5 km langen Kohlenbahn eine weitere Lokomotive. Die Firma Borsig, die bisher fast alle Lokomotiven für die Stadtbahn lieferte, übernahm den Auftrag und lieferte 1925 mit der Fabriknummer 11870 eine zweiachsige Maschine, die gegenüber den bisher eingesetzten B-Kupplern wesentlich leistungsstärker war und in vielen Details einer neuzeitlichen Konstruktion entsprach. Bei der Stadtbahn erhielt die neue Lokomotive im Anschluß an die im Bestand geführten die Betriebsnummer 11 und blieb die einzige Heißdampfmaschine. Im Einsatz erwiesen sich die Vorräte bald als recht knapp, weshalb der Kohlevorrat aus dem linken Seitenkasten in einen Anbau hinter dem Führerhaus verlegt wurde. Dadurch konnte im Seitenkasten mehr Wasser aufgenommen werden. Nachdem 1953 der Verkehr auf der Kohlenbahn entfallen war, wurde die Lokomotive 11 abgestellt.

Für den verbliebenen Rollbockverkehr innerhalb der Stadt genügten die älteren Maschinen geringerer Leistung. Da die Heißdampflok für örtliche Rangierleistungen auf der meterspurigen Harzbahn geeignet erschien, übernahm die Deutsche Reichsbahn die Lokomotive und ließ sie 1956 im Raw Görlitz im Rahmen einer Hauptuntersuchung für den künftigen Einsatz herrichten.

In erster Linie war die Bremsausrüstung zu verbessern, da die alleinige Handbremse nicht den Anforderungen entsprach. Die DR bezeichnete den Zweikuppler mit der Betriebsnummer 99 5001.

Konstruktion

Für das geforderte Durchfahren von Gleisbögen mit nur 20 m Halbmesser war der Achsstand mit 1 500 mm vorgegeben, weshalb auch die Gesamtlänge der Lokomotive in Grenzen bleiben mußte. Daher wurde der genietete Dampfkessel mit einem Abstand zwischen den Rohrwänden von nur 1 900 mm recht kurz, und da der Langkessel mit 1 402 mm einen für schmalspurige Lokomotiven verhältnismäßig großen inneren Durchmesser besaß, wirkte er besonders gedrungen. Für die Dampfüberhitzung gelangte die Bauart Schmidt mit einmaliger Umkehrung zur Anwendung. Allerdings kam es durch den kleinen Querschnitt der Rauchrohre (Durchmesser 81,5/89 mm) leicht zu Verstopfungen. Der Dampfdom enthielt einen Ventilregler und zwei Sicherheitsventile der Bauart Pop. Letztere tauschte man 1963 gegen ein kurz vor dem Führerhaus angeordnetes Sicherheitsventil der Bauart Ramsbottom aus. Auffallend war der bei Schmalspurlokomotiven selten angewandte Barrenrahmen. Er erleichterte die Anbringung der Tragfedern unter den Achslagern. Aus Profilgründen waren die Zylinderblöcke leicht geneigt angeordnet. Die ursprünglichen Regelkolbenschieber mit Druckausgleichvorrichtung der Bauart Winterthur tauschte das Raw Görlitz gegen Trofimoffschieber aus. Modern war die Aufhängung der Schieberschubstange mit der Kuhnschen Schleife. Neben der üblichen Handbremse besaß die 99 5001 eine nichtselbsttätige Knoor-Druckluftbremse, ferner einen Luftsauger für die bei der Harzbahn verwendeten Vakuumbremsen. Der Wasservorrat befand sich in den seitlichen Wasserkästen sowie in einem über die gesamte Fahrzeugbreite reichenden Kasten unterhalb des Führerstands. Für den Einsatz auf der Harzbahn erhielt die Maschine weitere Einrichtungen wie eine elektrische Beleuchtung mit Turbogenerator, einen druckluftbetriebenen Sandstreuer, Dampfheizungsanschlüsse zum Vorheizen der Personenwagen sowie ein Dampfläutewerk, das später durch ein mit Druckluft betriebenes ausgetauscht wurde.

Betriebseinsatz

Nach der Indienststellung bei der DR im März 1957 übernahm die Lokomotive 99 5001 den Rangierdienst im Bahnhof Nordhausen Nord, kam später nach Wernigerode, wo sie auch einzelne Werkanschlüsse bediente. Zur 1967 fälligen Revision kam es nicht mehr, denn im Zuge der Bereinigung des Lokparks geriet sie als Einzelgänger auf das Abstellgleis. Nach sechs Jahren Abstellzeit wurde der Zweikuppler für eine Vorführfahrt unter Dampf hergerichtet, um am 13. Dezember 1973 an die französische Museumsbahn Dunieres – St. Agreve verkauft zu werden. Es stellte sich hier aber eine zu große Achsfahrmasse heraus, so daß sie im Fahrzeugdepot in Dunieres abgestellt werden mußte. Von hier gelangte die Maschine ebenfalls für Museumszwecke nach Pithiviers.

TECHNISCHE DATEN		
Loknummer		99 5001
Bauart		Bh2t
Spurweite	mm	1000
Hersteller		Borsig
Baujahr		1925
Länge über Puffer	mm	6150
gesamter Achsstand	mm	1500
Dienstmasse	t	20,5
Wasservorrat	m³	1,4
Kohlevorrat	t	0,85
Kesselheizfläche	m²	40,3*
Rostfläche	m²	1,2
Betriebsdruck	bar	13
Zylinderdurchmesser	mm	340
Kolbenhub	mm	400
Raddurchmesser	mm	850
zulässige Geschwindigkeit	km/h	25
Zugkraft (0,6 p)	kN	42,5
effektive Leistung	PS	230
	kW	169

* zusätzlich 15 m² Überhitzerheizfläche

Die DR kaufte diesen Zweikuppler für die Harzquerbahn 1958 von der Stadt Spremberg, hier im Mai 1967

99 5201

Die Spremberger Stadtbahn, die mit ihrem meterspurigen Netz direkt auf die Höfe der meisten Fabriken fuhr, betrieb auch eine 7,5 km lange Kohlenbahn bis zur Grube „Clara" in Haidemühl. Insgesamt hatte die Stadtbahn sieben B-gekuppelte Tenderlokomotiven in Dienst gestellt, von denen die beiden ältesten aus dem Jahr 1897 nach 40 Einsatzjahren einen Ersatz forderten. Zwar lieferte Borsig bereits 1925 eine moderne zugkräftige Heißdampflokomotive, die ausschließlich auf der Kohlenbahn verkehrte. Fiel diese aber aus, so mußte eine der leistungsschwachen Lokomotiven einspringen, die den Anforderungen kaum gerecht werden konnte.

Daher bestellte die Spremberger Stadtverwaltung bei Orenstein & Koppel eine weitere Maschine, für die das Forderungsprogramm der Borsig-Lokomotive von 1925 galt. Allerdings legte man auf eine Heißdampfausführung keinen besonderen Wert, da die Vorteile bei der zugelassenen Geschwindigkeit von nur 10 km/h auf der Kohlenbahn fraglich erschienen. Deshalb wurde eine billigere Naßdampfausführung in Auftrag gegeben. Die 1938 mit der Fabriknummer 13178 ausgelieferte Maschine erhielt die Betriebsnummer12 und verkehrte fortan im Wechsel mit der Lokomotive 11 auf der Kohlenbahn.

Bei vollen Vorräten war sie recht schwer, die Achsfahrmasse von knapp 12 t wurde von keiner der zur Stadtbahn gehörenden Lokomotiven erreicht. Die Einstellung des Betriebes auf der Kohlenbahn war Anlaß, auf die hier eingesetzten Lokomotiven zu verzichten und sie ab 1954 zum Verkauf anzubieten.

Für die Deutsche Reichsbahn bot sich die Verwendung der Lokomotive 12 für Rangierarbeiten auf den Endbahnhöfen der Harzquerbahn an. Sie ließ den Zweikuppler für diesen Zweck im Raw Görlitz herrichten. Nach einer am 18. März 1958 abgeschlossenen Hauptuntersuchung wurde die Maschine zur Harzquerbahn gebracht. Die an die bereits vorher umgebaute Maschine anschließende Betriebsnummer 99 5002 war vorgesehen, wurde aber noch vor Verlassen des Raw in 99 5201 geändert.

Konstruktion

Der vorgegebene Achsstand von nur 1 500 mm zum Befahren von Gleisbögen mit 20 m Halbmesser erforderte eine besonders kurze Bauart, die sich vor allem auf die Länge des Dampfkessels auswirkte. Der aus einem Schuß hergestellte Langkessel enthielt 176 Heizrohre (Durchmesser 39,5 mm x 44,5 mm) mit einer freien Rohrlänge von 1 900 mm; sein innerer Durchmesser betrug 1 186 mm. Um die fast quadratische Rostfläche in ihrer erforderlichen Größe zu erhalten, waren Seitenwände und Rückwand des Stehkessels schräg ausgeführt. Die Feuerbüchse bestand aus 10 mm dickem IZ-II-Stahl. Der Naßdampfbetrieb erforderte einen größeren Wasservorrat, zu deren Unterbringung neben den beiden Seiten-

kästen noch ein Rahmenwasserkasten vorgesehen war, der wiederum einen Blechrahmen notwendig machte. Bereits bei der Spremberger Stadtbahn klagte man über ein schlechtes Leerlaufverhalten der Maschine, dem man beim Umbau im Raw Görlitz mit einem zusätzlichen frischdampfbetätigten Druckausgleicher am Schiebergehäuse begegnen wollte. Aber erst die 1961 eingesetzten Trofimoffschieber brachten den besten Leerlauf.

Bei dem 1958 durchgeführten Umbau erhielt die Lokomotive neben der vorhandenen Handbremse eine nur auf die Maschine wirkende nichtselbsttätige Druckluftbremse mit einer zweistufigen Luftpumpe und einem Luftsauger zur Betätigung der in den Harzbahnwagen vorhandenen Vakuumbremsen. Für die bereits vorhandene und bisher von einer Batterie gespeiste elektrische Beleuchtung kam ein Turbogenerator zum Einsatz. Ein Heizhahn an beiden Stirnenden ermöglichte das Vorheizen der Reisezüge.

Betriebseinsatz

Die Lokomotive 99 5201 rangierte überwiegend im Bahnhof Nordhausen Nord. Interessant ist, daß die zweite Hauptuntersuchung vom 1. April 1964 bis 22. Januar 1965 im Bw Straupitz der Spreewaldbahn ausgeführt wurde. Eine lange Einsatzzeit war aber der Lokomotive danach auch nicht mehr beschieden, denn die betrieblichen Aufzeichnungen weisen ab April 1965, abgesehen von kurzzeitigen Heizdiensten, nur noch Abstellzeiten auf. Mit Fälligkeit der nächsten Kesselrevision wurde die Lokomotive endgültig abgestellt. Da sich für die 99 5201 kein Interessent fand, wurde sie 1973 verschrottet.

TECHNISCHE DATEN

Loknummer		99 5201
Bauart		Bn2t
Spurweite	mm	1000
Hersteller		Orenstein & Koppel
Baujahr		1938
Länge über Puffer	mm	6720
gesamter Achsstand	mm	1500
Dienstmasse	t	23,8
Wasservorrat	m³	3,0
Kohlevorrat	t	0,9
Kesselheizfläche	m²	45,8
Rostfläche	m²	1,2
Betriebsdruck	bar	13
Zylinderdurchmesser	mm	340
Kolbenhub	mm	400
Raddurchmesser	mm	860
zulässige Geschwindigkeit	km/h	30
Zugkraft (0,6 p)	kN	42,0
effektive Leistung	PS	155
	kW	114

AUTOR: KLAUS JÜNEMANN, AUFNAHME: LIEBE, SAMMLUNG KIEPER

Es gibt wohl keine deutsche Schmalspurlok, für die der Begriff „Kleinbahn" so zutrifft, wie für die Maschinen der alten Lenz-Gattung „i" (Barth 1966)

99 5601 – 99 5606

Das 1892 erlassene preußische Kleinbahngesetz bot die Grundlage, Eisenbahnen in einfacher und billiger Art für die Flächenerschließung besonders in landwirtschaftlichen Gebieten zu bauen und wesentlich günstiger zu finanzieren.

Zu den großen deutschen Kleinbahnbau- und Betriebsunternehmen gehörte die noch im gleichen Jahr gegründete GmbH Lenz & Co. Sie erhielt bald den Auftrag, vier meterspurige Kleinbahnen in Pommern zu bauen und vorerst auch zu betreiben. Dazu zählten die von Barth ausgehenden Franzburger Kreisbahnen (FKB).

Mit der Konstruktion und dem Bau kostengünstiger Dampflokomotiven, die allen Betriebsanforderungen gerecht werden sollten, beauftragte die GmbH Lenz & Co die Stettiner Maschinenfabrik Vulcan. Hier wurde speziell für Meterspurbahnen ein solider Zweikuppler entwickelt und ab 1893 mit der anfänglichen Typenbezeichnung „Pommern" gefertigt. Da im Auftrag von der GmbH Lenz & Co schon bald

weitere Maschinen für Normalspur- und Schmalspurbahnen entstanden, wurde wenig später aus dem Typ „Pommern" die Lenz-Gattung „i".

Vulcan fertigte bis 1901 insgesamt 38 derartige Maschinen in mehreren Serien. Zu den FKB gelangten in der Reihenfolge ihres Einsatzes die 1893 hergestellten und mit den Fabriknummern 1347, 1348, 1349, 1363, 1379 und 1359 gekennzeichneten Zweikuppler. Die Lokomotiven erhielten in Barth die Betriebsnummern 1ⁱ– 6ⁱ und waren bereits beim Streckenbau eingesetzt.

Die 1940 gegründeten Pommerschen Landesbahnen führten ab 1943 bei allen ihr unterstellten Bahnen ein zentrales Nummernschema für den Fahrzeugpark ein. Den Lokomotiven der Gattung i der fortan als Franzburger Bahnen Nord bezeichneten FKB wurden die Nummern 119 bis 124 zugeteilt.

Bei der Deutschen Reichsbahn erhielten die noch vollständig vorhandenen Maschinen im Verlaufe des Jahres 1950 die

Betriebsnummern 99 5601 bis 99 5606, jedoch in der Reihenfolge ihrer Fabriknummern.

TECHNISCHE DATEN

Loknummern		99 5601 – 99 5606
Bauart		Bn2t
Spurweite	mm	1000
Hersteller		Vulcan
Baujahr		1893
Länge über Puffer	mm	5800
gesamter Achsstand	mm	1700
Dienstmasse	t	12,0
Wasservorrat	m³	1,5
Kohlevorrat	t	0,45
Kesselheizfläche	m²	20,48
Rostfläche	m²	0,4
Betriebsdruck	bar	12
Zylinderdurchmesser	mm	210
Kolbenhub	mm	400
Raddurchmesser	mm	800
zulässige Geschwindigkeit	km/h	30
Zugkraft (0,6 p)	kN	15,8
effektive Leistung	PS	65
	kW	47,8

Noch im Juni 1962 gehörte die 1893 gebaute Lokomotive 99 5602 zum Betriebspark des Bw Barth

Konstruktion

Kennzeichnend für die Konstruktion war ein möglichst einfacher Aufbau. Bei der ersten 24 Maschinen umfassenden und noch 1893 fertiggestellten Serie war sogar auf den Dampfdom verzichtet worden. Seine Aufgabe übernahm ein Regleraufsatz auf dem vorderen Kesselschuß. Hier befand sich außerdem das Sicherheitsventil der Bauart Ramsbottom. Die Reglerstange lag offen oberhalb des Langkessels und führte mittig durch den Sandkasten. Die Dampfeinströmrohre waren außerhalb des Kessels angeordnet und endeten in den Zylindern.

Um die Dampfkessel anläßlich von Revisionen auch befahren zu können, waren sie unterhalb des Sandkastens mit einem Mannlochdeckel versehen.

Der Langkessel mit einem inneren Durchmesser von 800 mm enthielt 66 Heizrohre (Durchmesser 38/42 mm) mit 2 350 mm freier Länge, seine Mitte lag nur 1 450 mm über Schienenoberkante, wodurch der Dampfkessel gegenüber dem Führerhaus besonders klein erschien. Der Stehkessel mit senkrechten Seitenwänden ragte bis in Rahmen hinein, die waagerechte Rostfläche lag 250 mm tiefer als der Führerhausboden.

Die kupfernen Feuerbüchsen konnten bis zuletzt genutzt werden. Der glatt durchlaufende Blechinnenrahmen aus 7 mm dickem Blech diente gleichzeitig zur Unterbringung des gesamten Wasservorrates. Die beiden kurzen Seitenkästen nahmen lediglich den Kohlevorrat auf, im unteren Teil konnten Werkzeug und Ölkannen untergebracht werden.

Beide Achsen besaßen untereinander gleiche Radkörper, lediglich die Treibachse erhielt längere Kurbelzapfen. Alle vier Tragfedern lagen oberhalb des Rahmens und waren über Federstifte belastet.

Die auf Flachschieber arbeitende Heusinger-Steuerung konnte über einen Händel umgestellt werden. Alle Maschinen verfügten über eine Hebelhandbremse mit Ratschenhemmung. Lediglich die Lokomotive 5ˡ bekam 1936 eine Druckluftbremsausrüstung und war ab 31. März 1937 für eine Höchstgeschwindigkeit von 40 km/h zugelassen. Damit konnte sie die Leistung eines inzwischen beschafften Triebwagens bei dessen Ausfall übernehmen. Die Druckluftausrüstung wurde um 1950 wieder entfernt.

Außer dem Tausch der Petroleumlampen gegen eine elektrische Beleuchtung mit Turbogenerator erfuhren die Lokomotiven keine Umbauten mehr.

Betriebseinsatz

Alle sechs Lokomotiven waren stets in Barth beheimatet, sie bewährten sich gut, waren einfach in der Handhabung und anspruchslos in der Unterhaltung.

Als erste schied die 99 5604 im Jahre 1957 aus dem Bestand aus. Über die Abstellung, Ausmusterung und Zerlegung der Lokomotiven 99 5601, 99 5602 und 99 5603 liegen teilweise widersprüchliche Angaben vor, wenngleich feststeht, daß diese Maschinen zwischen 1961 und 1963 allmählich verschwanden.

1968 gehörten noch die Lokomotiven 99 5605, zuletzt mit dem Dampfkessel der 99 5601 versehen, und die 99 5606 zum Bestand.

Die 99 5605 erwachte zu neuem Leben, nachdem sie der Deutsche Eisenbahn-Verein in Bruchhausen-Vilsen erworben und aufgearbeitet hatte. Am 19. Juni 1982 konnte der Zweikuppler, nunmehr mit dem Namen FRANZBURG versehen, wieder in Dienst gestellt werden.

Eine Nürnberger Modellbahnfirma übernahm 1972 die Lokomotive 99 5606, die sie als Denkmal auf ihrem Werkgelände aufstellte.

Am 2. Juli 1967 befand sich die 99 5606 vor dem Barther Lokschuppen als betriebsfähige Reserve. Fünf Jahre später wurde die Lok auf dem Gelände einer Nürnberger Modellbahnfirma aufgestellt

AUTOR: KLAUS JÜNEMANN. AUFNAHMEN: KIEPER (2), SAMMLUNG MACHEL

99 5611: Für die Altmärkische Kleinbahn gebaut, 1928 nach Barth und 1973 nach Frankreich verkauft

99 5611

Um die Jahrhundertwende entstand die von Salzwedel nach Diesdorf führende meterspurige Salzwedeler Kleinbahn. Als Betriebsmittel dienten hier je ein B- und C-Kuppler von Hanomag, ab 1903 ein weiterer C-Kuppler, den Henschel mit der Fabriknummer 6526 ausgeliefert hatte. Die Kleinbahnanlagen wurden von 1925 bis 1927 auf Normalspur umgebaut, die Fahrzeuge soweit möglich verkauft.

Die Franzburger Kreisbahnen (FKB) erwarben die Henschel-Lokomotive 1928 als Gelegenheitskauf. Die FKB erstreckten sich über 62,2 km zwischen Stralsund, Klausdorf und Ribnitz-Damgarten, der betriebliche Mittelpunkt befand sich in Barth. Da im ersten Weltkrieg die Lokomotive 9 abgegeben werden mußte, erhielt der Neuling diese Betriebsnummer, die allerdings nach dem alten Lenz-System in 9° präzisiert wurde. Nachdem die FKB 1940 Bestandteil Pommerschen Landesbahnen geworden waren und diese ein einheitliches System der Numerierung einführte, erhielt die Henschel-Lokomotive die Betriebsnummer 130. Sie änderte sich nach Übernahme der ehemaligen FKB durch die Deutsche Reichsbahn letztmalig in 99 5611.

Konstruktion

Im Aufbau hatte der Dreikuppler keine Besonderheiten aufzuweisen. Er entsprach dem leichteren Typ für Kleinbahnen, den Henschel in ähnlicher Form mehrmals, beispielsweise für die Kleinbahn des Kreises Norderdithmarschen hergestellt hatte. Der Naßdampfkessel war genietet, der aus zwei Schüssen bestehende Langkessel enthielt 102 Heizrohre (Durchmesser 38/42 mm) mit einer freien Rohrlänge von 2 500 mm. In dem verhältnismäßig großen Dampfdom befand sich ein Flachschieberegler.

Der ebenfalls genietete Innenrahmen war vor dem Stehkessel erhöht ausgeführt und enthielt den Wasserkasten. Alle drei Achsen waren festgelagert, die mittlere Achse besaß geschwächte Spurkränze, so daß noch Gleisbögen mit 60 m Radius durchfahren werden konnten. Die Tragfedern der ersten und zweiten Achse lagen oberhalb des Rahmens und waren über Ausgleichhebel untereinander verbunden. Die Tragfeder der dritten Achse war innerhalb des Rahmens über den Achslagern angeordnet. Die auf Flachschieber arbeitende Allan-Steuerung erhielt ihren Antrieb nicht wie üblich über

Exzenterscheiben, sondern über kleine Kurbelzapfen. Für die Umsteuerung diente auf dem Führerstand ein Händel mit Rastenhemmung. An der Führerhausrückwand existierte eine Handbremse, die nur auf die erste und dritte Achse wirkte. Da sich der Wasservorrat ausschließlich innerhalb des Rahmens befand, dienten die beiden kleinen Seitenkasten nur zur Unterbringung des Kohlevorrats. Zur Ergänzung des Wasservorrats dienten außer den Einlauftrichtern hinter der Rauchkammer noch eine Ejektoreinrichtung zur Aufnahme aus Oberflächengewässern, Sie war auf dem rechten Umlaufblech untergebracht. Die Petroleumlampen wurden erst nach Übernahme durch die DR durch eine elektrische Beleuchtung mit einem Turbogenerator ersetzt.

Betriebseinsatz

Die FKB wollten die Henschel-Lok anfangs nur zum Rangieren und für Gelegenheitsdienste verwenden, setzte sie aber doch bald im regulären Zugdienst ein, denn gegenüber den vorrangig verwendeten B-Kupplern besaß sie die doppelte Zugkraft, die in etwa denen der beiden Malletlokomotiven entsprach, war aber dafür wesentlich einfacher und billiger in der Unterhaltung als letztere. Nach der endgültigen Stillegung dieser Schmalspurbahn am 4. Januar 1971 war die 99 5611 die letzte betriebsfähige Dampflok, die dann beim Streckenabbau zum Einsatz kam. Noch im gleichen Jahr gelangte die Maschine in die Harzbahn-Werkstatt Wernigerode, wo sie betriebsfähig aufgearbeitet und mit einer Luftsaugeeinrichtung zum Bedienen von Vakuumbremsen ausgerüstet wurde. Am 12. Dezember 1973 konnte die 99 5611 nach einer am Vortage stattgefundenen Probefahrt an einen französischen Interessenten verkauft werden. Heute verkehrt die Lokomotive auf der Strecke von Tence nach St. Agreve.

TECHNISCHE DATEN

Loknummer		99 5611
Bauart		Cn2t
Spurweite	mm	1000
Hersteller		Henschel
Baujahr		1903
Länge über Puffer	mm	6600
gesamter Achsstand	mm	2000
Dienstmasse	t	20,8
Wasservorrat	m³	1,7
Kohlevorrat	t	0,6
Kesselheizfläche	m²	37,6
Rostfläche	m²	0,74
Betriebsdruck	bar	12
Zylinderdurchmesser	mm	300
Kolbenhub	mm	430
Raddurchmesser	mm	860
zulässige Geschwindigkeit	km/h	30
Zugkraft (0,6 p)	kN	32,4
effektive Leistung	PS	125
	kW	92

AUTOR: KLAUS JÜNEMANN; AUFNAHME: KIEPER

Henschel hatte schon 1903 den C-Kuppler für die meterspurige Kleinbahn Salzwedel – Diesdorf geliefert. Weil die Strecke auf Normalspur umgenagelt wurde, kam die Lok an die Ostseeküste, wo sie bis 1970 unter der DR-Nummer 99 5611 im Einsatz blieb
(Foto: Klaus Kieper)

Die 99 5621 und 5622 sind B'Bn4v-Mallet-Maschinen, 1902 und 1910 an die Franzburger Kreisbahn geliefert. Wie die 99 5911 (Cn2t von 1903) gehören sie zum Bw Barth
(Foto: Klaus Kieper)

Die Mallet-Lokomotiven der ehemaligen Franzburger Kreisbahnen wurden von der DR bis auf die Beschriftung kaum verändert. Barth im Juni 1962

99 5621, 99 5622

Obwohl auf den von der GmbH Lenz & Co betriebenen Meterspurbahnen die als Gattung i bezeichneten zweiachsigen Naßdampf-Tenderlokomotiven meist den betrieblichen Anforderungen genügten, erwiesen sie sich aber während der Zuckerrübenernte für die schweren Güterzüge als zu schwach, so daß dann mit einer zusätzlichen Vorspannlokomotive gefahren werden mußte. Die inzwischen zum Hoflieferanten der GmbH Lenz & Co gewordene Stettiner Maschinenfabrik Vulcan entwickelte daraufhin eine vierachsige Tenderlok nach dem System Mallet für Meterspur parallel zu einer solchen für die 750-mm-Spur. 1902 entstanden gleich vier dieser Mallet-Lokomotiven, drei für die kleinere Spurweite und eine mit der Fabriknummer 2008 für Meterspur. Vulcan versuchte dabei, möglichst viele Bauteile gleicher Konstruktion bei beiden Spurweiten zu verwenden. Dies traf vor allem zu bei den Hauptbauteilen Dampfkessel mit Ausrüstung, Zylinderblöcke, Triebwerk mit Steuerung sowie Radkörper. Die erwähnte Meterspurlok wurde an die Franzburger Kreisbahnen (FKB) ausgeliefert und hier mit der Betriebsnummer 7ⁱⁱ eingesetzt. Eine weitere baugleiche Lokomotive fertigte Vulcan mit der Fabriknummer 2652 im Jahre 1910 ebenfalls für die FKB. Hier verkehrte diese Maschine mit der Betriebsnummer 8ⁱⁱ.

Die Bemessung des Triebwerks ergab die doppelte Zugkraft einer Lok der Gattung i, was wohl den Anlaß zur Typenbezeichnung ii gab. Diese beiden Ausführungen waren auch die einzigen, die Vulcan für die von der GmbH Lenz & Co betriebenen Meterspurbahnen geliefert hatte.

Bei den Pommersche Landesbahnen erhielten die Loks die Betriebsnummern 165 bzw. 166. Die Deutsche Reichsbahn ordnete beide Maschinen als 99 5621 und 99 5622 in den Betriebspark ein.

Konstruktion

Gemäß dem System Mallet bestanden zwei Antriebsgruppen: Eine hintere mit den Hochdruckzylindern und eine vordere seitlich ausschwenkbare mit den Niederdruckzylindern. Der Hauptrahmen enthielt die hintere Antriebsgruppe und trug gleichzeitig den Dampfkessel, die Vorratsbehälter sowie das Führerhaus. Dieser Hauptrahmen war ein genieteter Innenrahmen aus 10 mm dickem Blech, in dem die beiden Achsen des Hochdrucktriebwerks fest lagerten. Im vorderen Teil war er nach vorn in Art eines Auslegers verlängert, auf dem der Langkessel ruhte. Das vordere Ende des Auslegers stützte sich auf dem beweglichen Lenkgestell über seitliche Gleitstücke ab. Der Dampf gelangte vom Kessel zuerst in die Hochdruckzylinder und nach einer hier erfolg-

TECHNISCHE DATEN

Loknummern		99 5621, 99 5622
Bauart		B'Bn4vt
Spurweite	mm	1000
Hersteller		Vulcan
erstes Baujahr		1902
Länge über Puffer	mm	6990
gesamter Achsstand	mm	3950
Dienstmasse	t	20,6
Wasservorrat	m³	2,0
Kohlevorrat	t	0,8
Kesselheizfläche	m²	34,9
Rostfläche	m²	0,73
Betriebsdruck	bar	12
Zylinderdurchmesser	mm	225/340
Kolbenhub	mm	360
Raddurchmesser	mm	720
zulässige Geschwindigkeit	km/h	30
Zugkraft (0,45 p)	kN	31,2
effektive Leistung	PS	115
	kW	84

In Stralsund rangierte am 25. Juni 1960 die Lokomotive 99 5621 gegenüber den Normalspuranlagen. Deutlich ist der Turbogenerator zu erkennen

ten Teilentspannung über eine mittig verlegte bewegliche Rohrleitung in die Niederdruckzylinder. Den Abdampf führte eine ebenfalls gelenkig gestaltete Rohrverbindung in das Blasrohr.

Das seitlich ausschwenkbare Lenkgestell war als Innenrahmen ausgeführt und bestand aus 10 mm dickem Blech mit den gleichen Breitenmaßen wie der Hauptrahmen. Die Verbindung beider Rahmen bildeten zwei stabile Gelenke mit einem durchgehenden Gelenkbolzen. Alle Tragfedern waren innerhalb der Rahmen über den Achslagern angeordnet, wobei die

Federn jeder Antriebsgruppe durch Ausgleichhebel verbunden waren. Beide Gruppen besaßen die Heusinger-Steuerung mit Flachschiebern. Die Umsteuerung erfolgte gemeinsam mittels einer Steuerschraube.

Der Dampfkessel war identisch mit dem für die Ausführung in 750-mm-Spur. Der Langkessel mit einem inneren Durchmesser von 940 mm bestand aus zwei Schüssen und enthielt 90 Heizrohre mit 2 800 mm freier Länge. Der Stehkessel mußte im unteren Teil seitlich etwas eingezogen werden, um zwischen die Rah-

menbleche zu passen. Der Dampfdom enthielt außen an der Rückseite einen Drehschieberregler, der über einen Seitenzug betätigt wurde.

Eine Wurfhebelbremse wirkte auf die jeweils hintere Achse jeder Triebwerksgruppe einseitig von vorne. Der gesamte Wasservorrat war in den beiden Seitenkästen untergebracht; der Kohlevorrat befand sich im hinteren Teil beider Seitenkästen. Beide Maschinen blieben im Laufe ihrer Einsatzjahre fast unverändert. Abgesehen von den oberhalb des Langkessels geführten Betätigungsstangen für Ventile am Dampfdom konnten Ende der fünfziger Jahre die Petroleumlampen durch eine elektrische Beleuchtung ersetzt werden. Hinzu kamen Sicherheitsventile der Bauart Ackermann.

Betriebseinsatz

Zuerst vorrangig für die schweren Erntezüge bei den FKB vorgesehen, übernahmen beide Maschinen alsbald Aufgaben im regulären Zugdienst, nachdem die anfänglich zugelassene Höchstgeschwindigkeit von 25 km/h Ende 1912 auf 30 km/h erhöht worden war.

Als die schrittweise Einstellung einzelner Streckenabschnitte begann, wurden die fälligen Revisionen nicht mehr ausgeführt, zumal für den zuletzt verbliebenen Reiseverkehr ohnehin Triebwagen eingesetzt wurden. Als erste wurde die 99 5622 am 22. Juli 1967 ausgemustert, die 99 5621 folgte am 30. September 1970.

1958 stand die Mallet-Lok 99 5622 vor der Bekohlungsanlage in Stralsund und wartete auf ihren Einsatz vor einem gemischten Zug in Richtung Altenpleen und Klausdorf

AUTOR: KLAUS JÜNEMANN; AUFNAHMEN: SAMMLUNG MACHEL

Die 1890 gebaute 99 5631 leistete von 1957 bis 1965 auf dem Barther Netz noch gute Dienste

99 5631, 99 5632

Auf dem Gelände des in Thüringen gelegenen Bahnhofs Hildburghausen, dem Ausgangspunkt einer bis zum 14. Mai 1946 betriebenen Meterspurbahn nach Lindenau-Friedrichshall, befanden sich zwei nicht betriebsfähige C1'-Tenderlokomotiven französischer Herkunft, die während des zweiten Weltkrieges hier abgestellt worden waren. Anhand des Aufbaus und der technischen Parameter handelte es um Maschinen aus einer Serie, die die Firma Schneider & Cie in Le Creusot 1890 mit den Fabriknummern 2456 bis 2467 als Typ 110 für die Tram de La Cóte d' Or ausgeliefert hatte und die hier mit den Betriebsnummern 1 bis 12 verkehrten.

Fotos belegen, daß während des zweiten Weltkriegs die Maschinen 3 und 4 dieser Bauserie zu den meterspurigen Warschauer Eisenbahnen West gelangten und 1943 auf dem Bahnhof Piaseczno entladen wurden.

Nachforschungen ergaben, daß die Dreikuppler hier nicht lange verblieben, wieder abtransportiert wurden und mit großer Wahrscheinlichkeit dann nach Hildburghausen gelangten, wo aber eine betriebsfähige Herrichtung gegen Kriegsende unterblieb. Offensichtlich entgingen die Lokomotiven beim Abbau der Meterspurbahn Hildburghausen – Lindenau-Friedrichshall den Reparationslieferungen. Als auf der teilweise wieder aufgebauten Gernrode-Harzgeroder Eisenbahn der Betrieb aufgenommen werden sollte und hier nur eine Lokomotive zur Verfügung stand, erinnerte man sich beider Schadlokomotiven und brachte sie in das Raw Blankenburg (Harz) zur Aufarbeitung. Für die nicht mehr aufarbeitungswürdigen Dampfkessel fertigte das Raw entsprechende Ersatzkessel, die 1952 (Herstellernummer 1) bzw. 1953 (Herstellernummer 2) in die inzwischen überarbeiteten Maschinen eingesetzt wurden.

Nach einer am 21. Mai 1952 erfolgten Probefahrt von Wernigerode bis Drei Annen Hohne konnte die erste Lokomotive abgenommen werden, die zweite folgte ein Jahr später. Die Deutsche Reichsbahn kennzeichnete die Lokomotiven mit den Betriebsnummern 99 5631 und 99 5632.

Konstruktion

Die im Raw Blankenburg gefertigten Ersatzkessel waren entsprechend den Originalkesseln ebenfalls eine Nietkonstruktion, jedoch mußte der Langkessel aus Fertigungsgründen aus drei Schüssen gefertigt werden. Der Abstand zwischen den Rohrwänden betrug 2 805 mm, der Stehkessel enthielt eine stählerne Feuerbüchse mit stark nach vorn geneigter Rostfläche.

Zum Dampfdom gehörten ein Flachschieberregler und zwei Sicherheitsventile der Bauart Ackermann. Zur Kesselspeisung dienten zwei selbstsaugende 80-l-Dampfstrahlpumpen.

Der genietete Blechinnenrahmen war hinter der dritten Achse stark abgestuft, um Platz für das nachfolgende Bisselgestell zu schaffen, in dem die Laufachse von einem Außenrahmen geführt wurde. Die Tragfedern der gekuppelten Achsen lagen innerhalb des Rahmens über den Achslagern. Ein Ausgleich befand sich zwischen der zweiten und dritten Achse. Vorhanden waren Scheibenräder, die der gekuppelten Achsen verfügten über eingegossene Gegenmassen.

Die Stephenson-Steuerung mit offenen Stangen und Flachschieber konnte mit einem Steuerhändel umgestellt werden. Die Maschinen besaßen nur eine Hebelbremse mit Ratschenhemmung an der Führerhausrückseite. Die Bremse wirkte einseitig auf die erste und dritte Achse. Eine Einrichtung zur Betätigung der Bremsen im Wagenzug existierte nicht.

Bei der Aufarbeitung im Raw Blankenburg erhielten beide Lokomotiven elektrische Beleuchtung und Anschlüsse für die Dampfheizung. Der Wasservorrat befand sich in den beiden Seitenkästen, die Kohle im hinteren Teil des linken Seitenkastens.

Betriebseinsatz

Beide Lokomotiven setzte man erst im Rangierdienst auf der von Wernigerode ausgehenden Harzbahn ein, wo sie sich allerdings keiner großen Beliebtheit erfreuten. Schon bald erfolgte die Umsetzung nach Gernrode. Nach den technischen Parametern war die Zugkraft mit der der Harzbahn-Lokomotive 99 5811 fast vergleichbar, konnte aber durch die geringere Achsfahrmasse nicht voll genutzt werden, da die Maschinen leicht ins Schleudern gerieten. Trotzdem halfen sie die Zeit zu überbrücken, bis die Mallet-Lokomotiven von der Harzquer- und Brockenbahn endgültig und vollständig nach Gernrode umgesetzt werden konnten.

Danach kamen die „Französinnen" auf das Reservegleis. Während die 99 5632 ab Februar 1956 von der Ausbesserung zurückgestellt und im Mai 1960 in Wernigerode zerlegt wurde, gelangte die 99 5631 am 31. Dezember 1957 nach Barth auf das Streckennetz der ehemaligen Franzburger Kreisbahnen. Obwohl die Maschine mehrmals im Monat eingesetzt wurde, diente sie dennoch überwiegend Reservezwecken.

Im März 1965 letztmalig eingesetzt, wurde die 99 5631 am 1. November 1966 ausgemustert und anschließend im Raw Görlitz verschrottet.

TECHNISCHE DATEN

Loknummern		99 5631, 99 5632
Bauart		C1'n2t
Spurweite	mm	1000
Hersteller		Schneider
Baujahr		1890
Länge über Puffer	mm	6950
gesamter Achsstand	mm	3550
Dienstmasse	t	23,5
Wasservorrat	m³	2,65
Kohlevorrat	t	1,5
Kesselheizfläche	m²	53,1
Rostfläche	m²	0,83
Betriebsdruck	bar	12
Zylinderdurchmesser	mm	320
Kolbenhub	mm	380
Raddurchmesser	mm	800/640
zulässige Geschwindigkeit	km/h	25
Zugkraft (0,6 p)	kN	35
effektive Leistung	PS	175
	kW	128,6

Über 20 Jahre war die heute in Bruchhausen-Vilsen stationierte 99 5633 im Spreewald anzutreffen

99 5633, 99 241

Für die Ostdeutsche Eisenbahn- Gesellschaft mit dem Sitz in Königsberg stellte Jung mehrere 1'C-gekuppelte Naßdampftenderlokomotiven für die Meterspur her. Eine Serie von fünf Exemplaren entstand 1917 und wurde mit den Fabriknummern 2517 – 2521 ausgeliefert. Vorgesehen waren die Maschinen für die von 750- auf 1000 mm umgespurten Pillkaller Kleinbahn (heute Rußland), auf der sie mit den Betriebsnummern 21 – 25 den gesamten Zugdienst übernahmen. Als sich die Kriegsfront im zweiten Weltkrieg näherte, liquidierte man diese Kleinbahn, wobei zumindest vier Lokomotiven westwärts ins Hinterland transportiert wurden. Lok 21 gelangte bis in die Pfalz, wo sie im Bw Neustadt (Weinstraße) stationiert und auf der 29,1 km langen Strecke nach Speyer zum Einsatz kam. In Anlehnung an die vorgefundene und offensichtlich zwischenzeitlich angebrachte Heeresfeldbahnbezeichnung lautete die Betriebsnummer 99 2700, die dann 1955 von der DB in 99 241 geändert wurde. Am 16. August 1957 wurde die Lok ausgemustert.

Dagegen befand sich die Lok 23 gegen Kriegsende auf dem Lieberoser Anschlußbahnhof der Spreewaldbahn. Nach 1947 wurde die Maschine in der bahneigenen Werkstatt Straupitz betriebsfähig aufgearbeitet. Im Anschluß an die hier eingesetzten C-Kuppler erhielt die Jung-Lokomotive gemäß dem 1943 eingeführten Umzeichnungsplan für die brandenburgischen Landesbahnen die Betriebsnummer 09-27. Nach Übernahme durch die DR zunächst als 99 5631 gekennzeichnet, wurde für die Maschine 1954 die Betriebsnummer 99 5633 wirksam, da zu dieser Zeit zwei C1'-gekuppelte Loks bei den Harzbahnen

in Betrieb gingen, denen aufgrund des älteren Baujahres die Nummern 99 5631 und 99 5632 zustanden. Die Lokomotiven 24 und 25 tauchten bei der in Thüringen gelegenen Weimar-Großrudestedter Eisenbahn auf, bei der sie kurzzeitig mit ihren alten Betriebsnummern verkehrten. Mit der Demontage dieser Bahn im Jahre 1946 mußten beide Jung Richtung Osten abtransportiert werden.

Die 99 5633 stellte gegenüber den Maschinen der Spreewaldbahn zwar eine abweichende Bauart dar, besaß aber die gleichen Triebwerksabmessungen. Obwohl die Zugkraft infolge des niedrigeren Kesseldrucks geringer war, wurde sie im Zugdienst voll mit einbezogen, denn sie zeichnete sich durch eine verhältnismäßig große Laufruhe aus. Gemeinsam mit den Lokomotiven der Baureihe 99^{570} erhielt auch die 99 5633 im Jahre 1954 eine komplette Knorr-Bremsausrüstung, denn die ursprüngliche Einrichtung der Körting-Vakuumbremse war hier nicht verwendbar. Nach einer starken Beschädigung des Führerhauses mußte 1966 dessen Oberteil teilweise erneuert werden, wobei das Dach eine konventionelle Form erhielt.

Konstruktion

Vorhanden ist ein genieteter Naßdampfkessel mit 2 300 mm Abstand zwischen den Rohrwänden. Der Langkessel besteht aus einem Schuß. Der Stehkessel mit allseitig senkrechten Wänden enthält eine kupferne Feuerbüchse mit waagerechter Rostlage. Im Dampfdom ist ein Flachschieberegler eingesetzt. Die Sicherheitsventile auf der Domdecke entsprechen der Bauart Pop. Beide selbstansaugenden Dampfstrahlpumpen besitzen eine Förder-

leistung von je 75 l/min. In dem genieteten Blechinnenrahmen, der auch einen kleineren mittleren Wasserkasten enthält, sind die drei gekuppelten Achsen festgelagert und die Laufachse mit jeweils 55 mm Seitenspiel aus der Mittellage als Adamsachse geführt. Um das Befahren von Gleisbögen mit 70 m Halbmesser zu gewährleisten, ist die zweite Kuppelachse mit geschwächten Spurkränzen versehen. Das Laufwerk ist in vier Punkten abgestützt. Die Tragfedern der Laufachse sowie der zweiten und dritten Achse befinden sich innerhalb, die der ersten Kuppelachse oberhalb des Rahmens. Beide Zylinderblöcke sind schwach geneigt und enthalten Flachschieber. Die Heusinger-Steuerung wird mittels Steuerhändel umgestellt. Während die 99 5633 bei DR eine Knorr-Druckluftbremse mit Zusatzbremse erhalten hatte, konnte bei der 99 241 die ursprüngliche Körtingbremse weiterhin genutzt werden. Die 99 241 versorgte mit ihrer großen Lichtmaschine (85 V, 5 kW) auch die Beleuchtungseinrichtungen in den Reisezugwagen mit Strom. Bei der 99 5633 reichte die Lichtmaschine mit 0,5-kW-Leistung nur für das eigene 24-V-Bordnetz. Die beiden Seitenkästen und der im Rahmen befindliche Kasten nahmen den Wasservorrat auf. Zu dessen Ergänzung erhielt die 99 5633 bei der DR unter anderem zur Aufnahmen von Oberflächenwasser eine Elevatoreinrichtung vor dem rechten Wasserkasten.

Betriebseinsatz

Nach der Stillegung der Spreewaldbahn am 3. Januar 1970 erwarb der Deutsche Eisenbahn-Verein (DEV) in Bruchhausen-Vilsen die 99 5633 und ließ sie im Bw Wernigerode Westerntor aufarbeiten. Im Juni 1971 fand eine Probefahrt bis Drei Annen Hohne statt, bei der die Lok bereits die neue Bezeichnung SPREEWALD trug. Seitdem gehört die Maschine zum Betriebspark der DEV-Museumsbahn.

TECHNISCHE DATEN		
Loknummern		99 5633, 99 241
Bauart		1'Cn2t
Spurweite	mm	1000
Hersteller		Jung
Baujahr		1917
Länge über Puffer	mm	7000
gesamter Achsstand	mm	3900
Dienstmasse	t	22
Wasservorrat	m³	2,4
Kohlevorrat	t	1,0
Kesselheizfläche	m²	34,5
Rostfläche	m²	0,75
Betriebsdruck	bar	12
Zylinderdurchmesser	mm	300
Kolbenhub	mm	400
Raddurchmesser	mm	850/600
zulässige Geschwindigkeit	km/h	40
Zugkraft (0,6 p)	kN	28,8
effektive Leistung	PS	125
	kW	91,9

AUTOR: KLAUS JÜNEMANN, AUFNAHME: KIEPER

Fertig bekohlt wartet die Lokomotive 99 5701 Mitte September 1966 auf ihren Einsatz in Straupitz; ein Teil des Kohlevorrats lagert im Führerhaus

99 5701 – 99 5707

Die von Lübben nach Lieberose, Goyatz und Cottbus führenden sowie zwischen 1899 und 1904 eröffneten Lübben-Cottbuser Kreisbahnen betrieben – abgesehen von einigen Zugängen nach dem zweiten Weltkrieg – ihr Streckennetz mit einem einheitlichen Lokomotivpark. Dabei handelte es sich um von Hohenzollern hergestellte Naßdampf-Tenderlokomotiven der Meterspur.

Die erste Serie über fünf Maschinen wurde 1897 mit den Fabriknummern 938 – 942 ausgeliefert.

1899 kam mit der Fabriknummer 1211 eine weitere und 1903 die letzte Lok dieser Art zu dem ab 1923 als Spreewaldbahn bezeichneten Unternehmen. Da diese Maschine die Fabriknummer 1212 erhalten hatte, ist anzunehmen, daß die Lok bereits 1899 bestellt worden war, aber der Kauf durch die Lübben-Cottbuser Kreisbahnen aus finanziellen Gründen erst später zustande kam. Alle sieben Lokomotiven hatten der damaligen Zeit entsprechend Namen von größeren Bahnhöfen der Spreewaldbahn erhalten.

Knapp 40 Jahre lang waren dies die einzigen Bezeichnungen an den Maschinen.

Schließlich ordnete das ab 1934 für die Betriebsführung der Meterspurbahn zuständige Landesverkehrsamt Brandenburg am 13. November 1937 die Einführung einfacher Betriebsnummern mit dem Zusatz „Spwb" an. Eine weitere Umzeichnung erfolgte ebenfalls auf Anweisung des Landesverkehrsamtes Brandenburg Anfang 1943, wobei die erste Zahlengruppe auf die zugehörige Bahn des Betriebsführers hinwies.

Nach Übernahme der Spreewaldbahn durch die DR erhielten die Maschinen nochmals neue Betriebsnummern, so daß sich folgende Übersicht ergibt:

Fabrik-Nr.	Anlieferung	Bezeichnung ab 1937	1943	1949
938	LÜBBEN	Spwb 1	09-20	99 5701
938	LIEBEROSE	Spwb 2	09-21	99 5702
940	COTTBUS	Spwb 3	09-22	99 5703
941	STRAUPITZ	Spwb 4	09-23	99 5704
942	BURG	Spwb 5	09-24	99 5705
1211	GOYATZ	Spwb 6	09-25	99 5706
1212	WERBEN	Spwb 7	09-26	99 5707

Die Bauart der Maschinen war dem Einsatzzweck auf Bahnen mit mäßigen Krümmungen, mittleren Steigungen und gemischtem Zugbetrieb zugeschnitten und bewährte sich in fast gleicher konstruktiver Ausführung auch auf anderen meterspuri-

TECHNISCHE DATEN

Loknummern		99 5701 – 99 5707
Bauart		Cn2t
Spurweite	mm	1000
Hersteller		Hohenzollern
erstes Baujahr		1897
Länge über Puffer	mm	6600
gesamter Achsstand	mm	2200
Dienstmasse	t	21,0
Wasservorrat	m³	2,4
Kohlevorrat	t	1,0
Kesselheizfläche	m²	34,9
Rostfläche	m²	0,68
Betriebsdruck	bar	14
Zylinderdurchmesser	mm	300
Kolbenhub	mm	400
Raddurchmesser	mm	900
zulässige Geschwindigkeit	km/h	35
Zugkraft (0,6 p)	kN	33,7
effektive Leistung	PS	115
	kW	84,5

Die Lok 99 5707 stand nach Stillegung der Spreewaldbahn in Straupitz und wurde hier wenig später zerlegt

gen Bahnen, beispielsweise bei der Geldernschen Kreisbahn und der Kleinbahn Piesberg – Rheine.

Bei der Spreewaldbahn erreichten die Hohenzollern-Lokomotiven eine hohe Laufleistung. Während des zweiten Weltkriegs konnte in der Werkstatt Straupitz, in der sämtliche anfallenden Instandsetzungsarbeiten ausgeführt wurden, nicht mehr allen Verschleißerscheinungen begegnet werden, so daß mehrmals die Kurbelzapfen der ersten Achse an die Kreuzköpfe stießen. Man preßte bei mehreren Maschinen die Zapfen dieser Achsen aus und nahm die vorderen Kuppelstangen ab. Jetzt als 1B-gekuppelt, fuhren die Maschinen unterschiedlich lange, die 99 5705 sogar bis zu ihrer Ausmusterung.

Reichte die Leistung der Lokomotiven lange Zeit aus, so wurden vor allem durch den zunehmenden Berufsverkehr die Züge schwerer und die Fahrzeiten kürzer. Damit waren die Leistungsgrenzem der Maschinen häufig erreicht. Besonders das Kesselmaterial unterlag hohen Beanspruchungen.

Ein 1954 bei der 99 5701 vorgenommener Tausch der kupfernen gegen eine stählerne Feuerbüchse zeigte, daß sich letztere nicht bewährte. Bereits nach sieben Jahren war sie verbraucht. Um die starken Belastungen aufnehmen zu können, entschied man sich wieder für den Einbau einer kupfernen Feuerbüchse, die, wie bei den anderen sechs Lokomotiven, bis zur

Außerbetriebsetzung verblieb. Die hohe Belastung der Dampfkessel allein für die Zugförderung ließ die Anwendung der Dampfheizung in den Reisezugwagen nicht zu.

Die stets vom Lokomotivführerführer bedienten Heberleinbremseinrichtungen wurden 1952/53 durch die Druckluftbremsen der Bauart Knorr ersetzt. Die Umrüstung der Lokomotiven fand im Reichsbahnausbesserungswerk Karl-Marx-Stadt (Chemnitz) statt.

Die durch ihre eckig geformten Ziffern bekannten Nummernschilder hatte die Werkstatt in Straupitz selbst gefertigt. Lediglich die Lokomotive 99 5702 erhielt Schilder mit den reichsbahnüblichen runden Ziffern. Die Maschine befand sich zum Zeitpunkt der allgemeinen Neubeschilderung gerade zur Bremsumrüstung im Raw Karl-Marx-Stadt, wo man gleich die neue Betriebsnummer angebracht hatte.

Konstruktion

Bei dem genieteten Naßdampfkessel normaler Bauart bestand der Langkessel aus einem Schuß. Der Abstand zwischen den Rohrwänden betrug 2 400 mm. Der Stehkessel mit schräger Rückwand stand auf dem Rahmen und enthielt eine kupferne Feuerbüchse mit fast quadratischer Rostfläche. Im Dampfdom war ein Flachschieberregler eingebaut.

Für die Kesselspeisung dienten zwei 60-l-Dampfstrahlpumpen. Der genietete Blech-

innenrahmen enthielt den gesamten Wasservorrat und war im vorderen Teil höher ausgeführt; er füllte den Platz unterhalb des Langkessels voll aus. Bei dem in vier Punkten abgestützten Laufwerk lagen alle Tragfedern oberhalb des Rahmens. Zwischen der ersten und zweiten Achse befanden sich Ausgleichshebel. Alle Tragfedern der dritten Achse lagen wegen der Breite des Stehkessels außerhalb der Achslagerebene. Die Kraft wurde durch einen querliegenden Träger übertragen.

Die Knorr-Druckluftbremse mit Zusatzbremse wirkte auf alle Radsätze einseitig von vorne. Links vor der Rauchkammer war die zweistufige Luftpumpe angebracht, während ein Hauptluftbehälter (400 l) auf dem rechten Umlauf Platz fand. Zusätzlich existierte an der Führerhausrückwand eine Wurfhebelbremse.

Für den Kohlenvorrat dienten die beiden seitlichen Kästen, deren Volumen war in der Zeit der Braunkohlebriketts recht knapp, weshalb beim Bekohlen ein erheblicher Teil des Brennstoffs im Führerstand gelagert werden mußte. Die elektrische Beleuchtung mit einem Turbogenerator löste Anfang der fünfziger Jahre die bis dahin verwendeten Acetylen-Lampen ab.

Betriebseinsatz

Alle sieben Lokomotiven waren stets auf dem Netz der Spreewaldbahn im gemischten Zugdienst, ab den sechzigen Jahre überwiegend im verbliebenen Reisezugdienst eingesetzt. Bei letzterem mußte die zulässige Höchstgeschwindigkeit meist ausgefahren werden.

Durch die ersten Streckenstillegungen reduzierte sich auch der Bestand dieser Loks. Zuerst wurde im August 1967 die 99 5702 abgestellt, ihr folgten 1968 die 99 5701 und 99 5705, bei der 99 5707 lief im Juni 1969 die Kesselfrist ab.

Nach der endgültigen Betriebseinstellung am 3. Januar 1970 standen für den Streckenrückbau noch drei Lokomotiven zur Verfügung, von denen die 99 5704 und die 99 5706 am 22. Dezember 1970 ausgemustert und danach, wie auch die anderen, bis 1974 in Straupitz verschrottet wurden. Lediglich die Lokomotive 99 5703 blieb für das Spreewald-Museum in Lübbenau erhalten. Sie kann heute dort besichtigt werden.

AUTOR: KLAUS JÜNEMANN, AUFNAHMEN: KIEPER

Bis 1968 wurden die Mallets der Geraer Schmalspurbahn ausgemustert. Hier 99 5711 im Jahre 1958

99 5711 – 99 5714

Die Firma Borsig baute 1898 ihre erste Mallet-Lokomotive, die für die meterspurige Nebenbahn Müllheim – Badenweiler bestimmt war. Zwei Jahre später griff Borsig wiederum das System Mallet auf, da die ebenfalls meterspurige Gera-Meuselwitz-Wuitzer Eisenbahn (GMWE) zugkräftige Lokomotiven bestellte, die auf der steigungs- und krümmungsreichen Strecke die vorrangig anfallenden Kohlenzüge befördern sollten. Mit den Fabriknummern 4797 – 4799 ausgeliefert, erhielten diese Maschinen bei der GMWE die Betriebsnummern 1 – 3. Die Maschinen entsprachen dem geforderten Leistungsprogramm, denn auf den häufig vorkommenden Steigungen von 25 Promille (1:50) konnten Zugmassen bis 140 t planmäßig befördert werden. 1902 und 1907 beschaffte die GMWE vom gleichen Hersteller nochmals je eine Mallet-Lokomotive (Betriebsnummern 4 und 6 (Fabriknummern 5107 bzw. 6770). Die letzte Mallet-Maschine für die GMWE fertigte 1919 ebenfalls Borsig unter der Fabriknummer 10653. Da während des ersten Weltkriegs die Lokomotive abgegeben werden mußte, erhielt die neue Maschine deren Betriebsnummer 1 in Zweitbesetzung. Obwohl Bauart, Hersteller und die Hauptabmessungen gleich waren, gab es bei den einzelnen Lieferjahren mehrere bauliche Unterschiede. Am auffälligsten war die bei der Lokomotive 1" gerade Führerhausrückwand gegenüber der sonst verwendeten Abschrägung im unteren Teil. Durch den unterschiedlichen hinteren Überhang bestanden bei den einzelnen Lieferungen Differenzen in der Länge über Puffer bis zu 360 mm. Auch waren die seitlichen Wasserkästen zu den späteren Lieferungen länger als bei der ursprünglichen Ausführung. An allen Lokomotiven

fallen die verstärkten Kopfstücke auf, die beidseitig kurze ungefederte Holzbohlen trugen. Letztere waren notwendig, um auf dem Dreischienengleis im Bahnhof Wuitz-Mumsdorf auch normalspurige Wagen rangieren zu können. Gekuppelt wurde mit der Kuppelkette der Schmalspurlok bzw. mit der des normalspurigen Wagens. Die größte Veränderung im Erscheinungsbild entstand 1929, als der Fahrzeugpark der GMWE anstelle der bisherigen Heberleinbremsen mit Druckluftbremsen ausgerüstet wurde. Die auf der Lokomotive erforderlichen beiden Druckluftbehälter ordnete man jeweils nebeneinander auf dem Dach des Führerhauses an. Bis auf die Lokomotive 3, die bereits 1926 verschrottet wurde, gelangten alle vier verbliebenen Maschinen in den Fahrzeugpark der DR und erhielten hier in der Reihenfolge ihres Herstellungsjahres die Bezeichnungen 99 5711 – 99 5714.

Konstruktion

Vorhanden waren ein genieteter Naßdampfkessel mit nur 1 650 mm Höhe der Kesselmitte über Schienenoberkante; der Langkessel mit 1 058 mm innerem Durchmesser besaß zwei Schüsse (99 5714 nur ein Schuß) und einen Abstand der Rohrwände von 3 300 mm. Die Stehkessel hatten ursprünglich kupferne Feuerbüchsen erhalten. Sie wurden mit Ausnahme der 99 5712 von 1955 bis 1958 gegen stählerne ausgetauscht. Im Dampfdom befand sich ein Flachschieberregler. Die Dampfeinströmrohre führten von der Domrückseite außen am Dampfkessel entlang zu den am Hauptrahmen angeordneten Hochdruckzylindern. Mit dem Hauptrahmen, der gleichzeitig den Dampfkessel, das Führerhaus sowie die Vor-

ratsbehälter trug, war das vordere seitlich ausschwenkbare Lenkgestell über ein kräftiges Scharnier verbunden. Belastet wurde es durch den vorderen verlängerten Anbau des Hauptrahmens. Das Laufwerk war in vier Punkten abgestützt. Alle Tragfedern befanden sich innerhalb des Rahmens über den Achslagern. Die Federn jeder Triebwerksgruppe waren durch Ausgleichhebel verbunden. Die auf Flachschieber arbeitende Heusinger-Steuerung wurde über eine Steuerschraube eingestellt. Aus Profilgründen mußten Hoch- und Niederzylinder etwas erhöht und damit leicht geneigt angeordnet werden. Ursprünglich waren die Lokomotiven nur mit der Handbremse ausgerüstet, die auf die jeweils hintere Achse beider Triebwerke wirkte. Ab 1929 gelangte eine Knorr-Druckluftbremse zum Einbau, jedoch ohne nichtselbsttätige Zusatzbremse. Gleichzeitig entfiel die Haspel zur Bedienung der bislang in den Wagen vorhandenen Heberleinbremsen. In dieser Zeit erhielten die Maschinen auch Anschlüsse für die Dampfheizung in den Personenwagen. Sämtliche Vorräte lagerten in den beiden langen Seitenkästen. Die DR installierte an den Loks eine elektrische Beleuchtung mittels 0,5-kW-Turbogenerator. Sie ersetzten die bisher verwendeten Petroleum- bzw. Karbidlampen.

Betriebseinsatz

Alle vier von der DR übernommenen Lokomotiven waren nur auf ihrem Stammnetz eingesetzt. Durch den starken Güterverkehr gehörten sie stets zum erforderlichen Betriebspark. Erst als sich das Verkehrsaufkommen stark verringerte, wurde auf die nächstfälligen Revisionen verzichtet, da für die restlichen Leistungen die vorhandenen Heißdampflokomotiven ausreichten. In der Reihenfolge der DR-Betriebsnummern gelten als Ausmusterungsdaten: 18. Mai 1965, 6. Dezember 1966, 12. Juli 1967 und 12. März 1968.

TECHNISCHE DATEN		
Loknummer		99 5711 – 99 5714
Bauart		B'Bn4vt
Spurweite	mm	1000
Hersteller		Borsig
erstes Baujahr		1900
Länge über Puffer	mm	7840 – 8200
gesamter Achsstand	mm	4200
Dienstmasse	t	28
Wasservorrat	m³	2,5
Kohlevorrat	t	1,4
Kesselheizfläche	m²	49,4
Rostfläche	m²	1,1
Betriebsdruck	bar	12
Zylinderdurchmesser	mm	265/400
Kolbenhub	mm	400
Raddurchmesser	mm	820
zulässige Geschwindigkeit	km/h	35
Zugkraft (0,45 p)	kN	42,1
effektive Leistung	PS	160
	kW	117,6

AUTOR: KLAUS JÜNRMANN; AUFNAHME: SAMMLUNG MACHEL

Bis 1965 war die Lokomotive 99 5801 auf der einzigen Schmalspurbahn der Rbd Halle (Saale) in Betrieb

99 5801, 99 5802

Die Hallesche Hafenbahn AG verband den an der Saale gelegenen Sophienhafen mit dem Bahnhof Halle (Saale) der Staatsbahn. Sie verlief am südlichen Stadtrand, an dem sich zahlreiche Fabriken befanden, die aber durch ihre örtliche Lage keinen direkten Gleisanschluß zur normalspurigen Hafenbahn erhalten konnten. Erst mit dem Bau einer nur 1,21 km langen meterspurigen Anschlußbahn mit engen Gleisradien war es möglich, Normalspurgüterwagen auf Rollböcken in die einzelnen Werke und zum Teil sogar bis in die Fabrikhallen zu schieben. Während auf der normalspurigen Hafenbahn zwei Cn2t-Lokomotiven mit den Betriebsnummern 1 und 2 verkehrten, beschaffte man für die Anschlußbahn zwei kurze gedrungene zweiachsige Tenderlokomotiven mit den Betriebsnummern 3ˣ bzw. 4ˣ. Diese Bezeichnungen änderten sich auch nicht, als die bisher selbständige Hafenbahn gegen Ende des ersten Weltkriegs von der Halle-Hettstedter Eisenbahn übernommen wurde.

Beide Meterspurlokomotiven lieferte die Erfurter Firma Hagans 1894 mit den Fabriknummern 302 und 303 aus, während die Dampfkessel die Nummern 387 und 388 erhalten hatten. In ihrem Aufbau entsprachen die beiden Maschinen dem speziellen Zweck des Rollbockverkehrs. Daher erübrigte sich die Anordnung von Pufferbohlen mit den üblichen Zug- und Stoßvorrichtungen. An beiden Fahrzeugenden genügte eine seitenbewegliche Kuppelstange, die bei Nichtbenutzung hochgeklappt oder auch abgenommen werden konnte. Das hintere Rahmenwerk besaß auch kein Stirnblech, so daß unterhalb des Führerstandes ein freier Durchblick bis zum Aschkasten bestand. Wegen der engen Gleisradien auf den Fabrikhöfen mußte der Achsstand klein gehalten werden. Recht gering waren auch die Vorräte bemessen, da sich die Länge der meterspurigen Gleisanlagen in Grenzen hielt. Die Maschinen bekamen 1949 bei der Deutschen Reichsbahn die Betriebsnummern 99 5801 und 99 5802 und waren die einzigen Schmalspurlokomotiven im Rbd-Bezirk Halle (Saale).

Konstruktion

Der genietete Dampfkessel entsprach der normalen Bauart. Trotz des geringen Abstands zwischen den Rohrwänden von 2 100 mm bestand der Langkessel aus zwei Schüssen. Er enthielt 97 Heizrohre mit 39,5/44,5 mm Durchmesser. Vor dem Dampfdom lag der Flachschieberregler nebst Seitenzug. Für die Kesselspeisung sorgten zwei saugende Strahlpumpen mit 40-l-Leistung.

Der genietete Blechinnenrahmen diente im vorderen Teil anfangs zur alleinigen Aufnahme des Wasservorrats, später setzte man vor die kleinen dem Kohlevorrat dienenden Seitenkästen beidseitig je einen zusätzlichen Wasserkasten, um das häufige Wassernehmen zu reduzieren. Die bisherigen Einfüllstutzen an der linken Rahmenseite wurden nun nutzlos und fest verschlossen, bei der Lokomotive 3ˣ sogar entfernt. Ursprünglich besaßen beide Maschinen Scheibenräder. Während sie an der Lok 3ˣ verblieben, wurden diese bei der 4ˣ 1939 anläßlich einer Instandsetzung in der Werkstatt der Halle-Hettstedter Eisenbahn in Nietleben gegen Speichenräder getauscht.

Die Tragfedern der vorderen Achse lagen oberhalb des Rahmens, die der hinteren Achse querliegend innerhalb des Rahmens. Damit ergab sich eine Dreipunktabstützung. Die über Kurbeln angetriebenen Stephenson-Steuerung besaß Flachschieber und konnte mittels Händel umgestellt werden. Beide Loks verfügten nur über je eine Handbremse, ab 1958 erhielten die Zweikuppler elektrische Beleuchtung mit Turbogenerator.

Betriebseinsatz

Seit ihrer Abnahmeprüfung am 13. Februar 1895 versahen beide Maschinen zweckgebunden ihren Dienst auf dem kurzen Anschlußbahnnetz.

Nach dem Eintreffen der ersten Diesellok übernahm diese den Rollbockbetrieb. Die Zweikuppler dienten ab Mai 1965 als Reserve und wurden mit Ablauf der Kesselfristen ausgemustert. 1967 bzw. 1966 verschrottete man die Loks im Reichsbahnausbesserungswerk Görlitz.

TECHNISCHE DATEN

Loknummern		99 5801, 99 5802
Bauart		Bn2t
Spurweite	mm	1000
Hersteller		Hagans
Baujahr		1894
Länge über Rahmen	mm	4635
gesamter Achsstand	mm	1400
Dienstmasse	t	16,7
Wasservorrat	m³	2,5
Kohlevorrat	t	0,8
Kesselheizfläche	m²	28,2
Rostfläche	m²	0,66
Betriebsdruck	bar	12
Zylinderdurchmesser	mm	265
Kolbenhub	mm	400
Raddurchmesser	mm	800
zulässige Geschwindigkeit	km/h	20
Zugkraft (0,6 p)	kN	25,3
effektive Leistung	PS	90
	kW	66,8

AUTOR: KLAUS JÜNEMANN; AUFNAHME: SAMMLUNG MACHEL

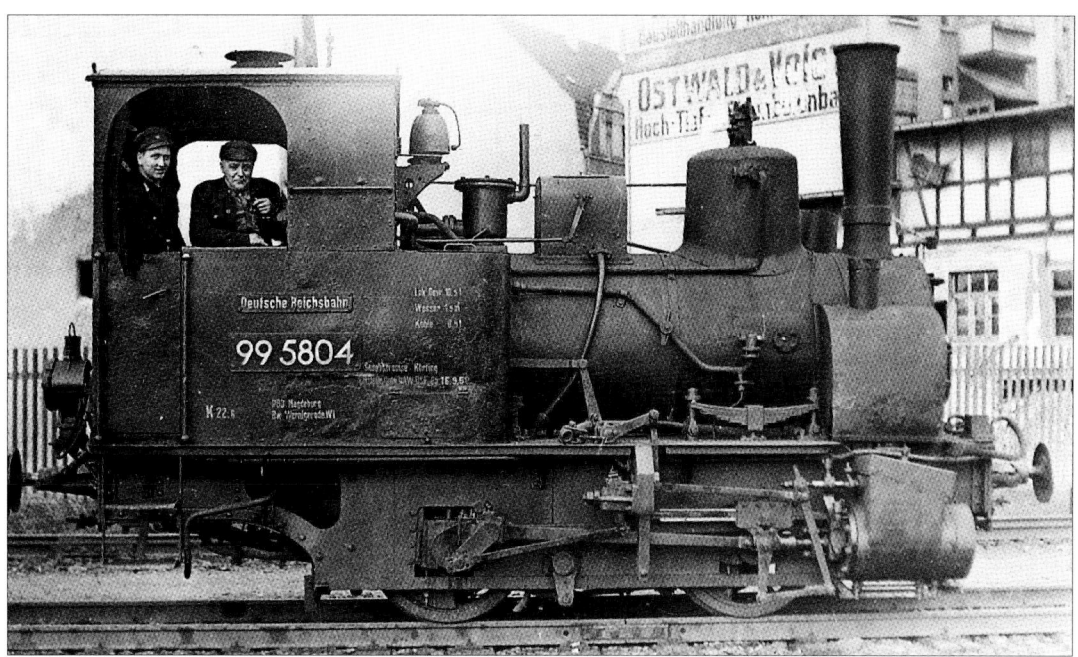

Zu den wenigen von der Güstrower Waggonfabrik gebauten Lokomotiven gehörte dieser Zweikuppler der Harzquerbahn

99 5803, 99 5804

Für den Bau der meterspurigen Harzquer- und Brockenbahn lieferte die Mecklenburgische Waggonfabrik in Güstrow drei kleine zweiachsige Tenderlokomotiven mit den Fabriknummern 163 – 165 an die gerade gegründete Nordhausen-Wernigeroder Eisenbahn (NWE), wobei die Dampfkessel die Nummern 751 – 753 erhalten hatten.

Nach Fertigstellung der Bahnanlage versahen die mit den Betriebsnummern 1 – 3 bezeichneten Maschinen den örtlichen Rangierdienst in Wernigerode und Nordhausen, bedienten aber auch hier ansässige Anschlußbetriebe.

1936 mußte die Lokomotive 2 wegen eines Kesselrisses aus dem Betrieb gezogen werden. Nähere Untersuchungen ergaben, daß das Material der Dampfkessel nicht mehr die erforderliche Sicherheit gab, weshalb bei den verbliebenen Maschinen 1 und 3 der Betriebsdruck von 12 auf 10 bar herabgesetzt wurde. Beide Lokomotiven gelangten in den Bestand der DR und erhielten die neuen Bezeichnungen 99 5803 (ex Betriebsnummer 3) und 99 5804 (ex Betriebsnummer 1).

Konstruktion

Der mit 1 550 mm Höhe zwischen Kesselmitte und Schienenoberkante sehr niedrig liegende genietete Dampfkessel besaß einen Abstand zwischen den Rohrwänden von 2 150 mm. Im Langkessel waren 116 Heizrohre mit 39,5/44,5 mm Durchmesser untergebracht. Der im unteren Bereich etwas eingezogene Stehkessel saß tief im Rahmen.

Die ursprünglich kupferne Feuerbüchsen wichen 1958 stählernen. Der genietete Außenrahmen enthielt den gesamten Wasservorrat. Hierfür waren drei Behälter eingesetzt, von denen der mittlere wegen der Radscheiben der vorderen Achse schmaler ausgeführt war.

Rohre verbanden die Behälter untereinander. Die Einfüllstutzen befanden sich direkt neben der Rauchkammer und ragten nur mit ihrem oberen Teil aus der Verkleidung der Ein- und Ausströmrohre heraus. Mittels Ejektoreinrichtung auf dem rechten Umlaufblech konnte der Wasservorrat auch aus offenen Gewässern ergänzt werden.

Alle vier Tragfedern lagen oberhalb des Rahmens und wurden über Federstifte belastet. Auf beiden Achsen waren Kurbeln der Bauart Hall aufgesteckt. Die Heusinger-Steuerung mit Hängeeisen und verhältnismäßig kleiner Schwinge arbeitete auf Flachschieber. Sie konnte mittels Händel umgestellt werden.

Die alleinige Handbremse der Lokomotive war an der linken Stehkesselseite angebracht. Die Bremskraft wurde über einen Winkelhebel am hinteren Rahmenende, einer Zugstange unterhalb des linken Umlaufbleches und einem Wechselhebel außen am Rahmen auf die vier Bremsklötze übertragen.

Mit den Ausrüstungsteilen der Vakuumbremse Bauart Hardy, wie Luftsauger und Schalldämpfer, konnten nur die Bremsen mitgeführter Wagen betätigt werden. Ab 1958 wurden die Petroleumlampen durch eine elektrische Beleuchtung ersetzt.

Betriebseinsatz

Die allgemein als „Toni" bezeichneten Maschinen waren billig im Betrieb und in der Unterhaltung. Im Winter heizte man mit den Maschinen auch die Reisezüge vor.

Durch den Einsatz von zwei zugkräftigen B-Kupplern von der Spremberger Stadtbahn wanderten die „Tonis" in die Reserve. Während die 99 5804 ab Oktober 1960 von der Ausbesserung zurückgestellt und erst am 15. Mai 1965 ausgemustert wurde, erhielt die 99 5803 ab Dezember 1961 auf der sächsischen Rollbockbahn von Reichenbach unterer Bahnhof nach Oberheinsdorf im Vogtland ein neues Einsatzgebiet.

Vorher erhielt die Lokomotive im Raw Görlitz noch eine Druckluftbremsausrüstung mit einer zweistufigen Luftpumpe an der rechten Rauchkammerseite.

Die Betriebseinstellung der Rollbockbahn am 1. Juni 1962 bedeutete auch das endgültige Aus für die Lokomotive 99 5803, es folgten die Ausmusterung und die Verschrottung im Reichsbahnausbesserungswerk Görlitz, die am 12. Juli 1967 beendet werden konnte.

TECHNISCHE DATEN

Loknummern		99 5803, 99 5804
Bauart		Bn2t
Spurweite	mm	1000
Hersteller		Güstrow
Baujahr		1896
Länge über Puffer	mm	6250
gesamter Achsstand	mm	1700
Dienstmasse	t	16,0
Wasservorrat	m³	1,5
Kohlevorrat	t	0,5
Kesselheizfläche	m²	38,0
Rostfläche	m²	0,7
Betriebsdruck	bar	10
Zylinderdurchmesser	mm	300
Kolbenhub	mm	450
Raddurchmesser	mm	900
zulässige Geschwindigkeit	km/h	30
Zugkraft (0,6 p)	kN	27
effektive Leistung	PS	125
	kW	90

Rahmenende. Das Laufwerk war in vier Punkten abgestützt. Alle Tragfedern lagen oberhalb des Rahmens, wobei die der ersten und zweiten Achse mit einem Ausgleich verbunden waren. Die Allan-Steuerung mit Antrieb über Kurbeln wurde mittels Steuerhändel umgestellt. Flachschieber sorgten für die Dampfverteilung. Die Maschine selbst war nur mit einer auf alle Räder wirkenden Wurfhebelhandbremse ausgerüstet. Die Vakuumbremsen in den Wagen konnten über einen Luftsauger betätigt werden. Mit dem Einbau des neuen Dampfkessels erhielt die Lokomotive auch die elektrische Beleuchtung mittels Turbogenerator. Gleichzeitig tauschte man den ursprünglich runden Sandkasten gegen einen eckigen der Länderbahnausführung aus.

Von 1949 bis mit Mitte der sechziger Jahre war die 99 5811 die älteste Schmalspurlokomotive der DR

99 5811

Für den im August 1887 eröffneten ersten Abschnitt der Gernrode-Harzgeroder Eisenbahn (GHE) erhielt Henschel den Auftrag, vorerst drei Lokomotiven zu liefern, wobei die Streckenführung mit Steigungen bis 40 Promille (1:25) und der kleinste Bogenhalbmesser von 50 m berücksichtigt werden mußten. Daher war ein leistungsfähiger Dampfkessel auf drei Achsen unterzubringen, denn seitenverschiebbare Gölsdorf-Achsen gab es noch nicht. So blieben bei einem verhältnismäßig langen Dampfkessel große Überhänge nicht aus, erschienen aber bei einer zugelassenen Geschwindigkeit von 30 km/h vertretbar. Die ausgeführte Konstruktion bewährte sich, so daß man im Zuge der Streckenerweiterungen drei weitere baugleiche Maschinen bestellte.

Auch andere Bahnen übernahmen diesen Typ, so kam 1899 bei der Nassauischen Kleinbahn gleich eine Serie von acht Lokomotiven zum Einsatz, und 1900 folgten drei weitere Exemplare für die Kleinbahn Selters-Hachenburg.

Bei der GHE bewältigten die C-Kuppler lange Zeit den gesamten Zugbetrieb. Als 1946 die GHE unter die Reparationslieferung an UdSSR fiel, verblieb nur ein Streckentorso mit lediglich einer der drei ältesten Maschinen, und zwar die mit der Fabriknummer 2227 von 1887 und der

Bezeichnung GERNRODE. Der Dreikuppler gelangte 1949 in den Betriebspark der DR, erhielt die Betriebsnummer 99 5811 und war fortan die älteste Schmalspurlokomotive der DR. Auf dem teilweise wieder aufgebauten Streckennetz übernahm sie die meisten Zugleistungen, denn andere hier eingesetzte Lokomotiven besaßen entweder eine geringere Zugkraft oder die Bogenläufigkeit bereitete Schwierigkeiten. 1956 erhielt die Maschine einen im Raw Blankenburg (Harz) gefertigten Dampfkessel (Herstellungsnummer 1), der dem alten genieteten voll entsprach. Lediglich die Stehkesselrückwand wurde eingeschweißt.

Konstruktion

Der genietete Naßdampfkessel entsprach der normalen Bauart. Der Langkessel bestand aus zwei Schüssen, der Abstand zwischen den Rohrwänden betrug 2 850 mm. Der Stehkessel war im unteren Bereich eingezogen und saß hier zwischen den Rahmenplatten. Die Decke der kupfernen Feuerbüchse fiel nach hinten ab, so wurde deren Entblößen bei Vorwärtsfahrt im starken Gefälle verhindert. Im genieteten Blechinnenrahmen waren alle Achsen festgelagert. Die mittlere Achse besaß geschwächte Spurkränze, um den geforderten Bogenlauf zu garantieren. Der Rahmen nahm außerdem den gesamten Wasservorrat auf, zum einen im vorderen Teil und zum anderen unterhalb des Führerstands. Die Einfüllstutzen befanden sich beiderseits am vorderen

Betriebseinsatz

Die Lokomotive 99 5811 war stets auf ihren Stammstrecken eingesetzt und versah hier fast den gesamten Zugdienst. Bei Werkstattaufenthalten mußte für die 99 5811 eine Lokomotive der benachbarten, aber gleismäßig getrennten Harzquer- und Brockenbahn aushelfen. Erst als hier in den fünfziger Jahren die 1'E1'-Neubaulokomotiven zum Einsatz kamen, wurden die bislang dort benötigten Mallet-Lokomotiven entbehrlich und konnten nach Gernrode umgesetzt werden. Da letztere eine größere Zugkraft aufwiesen und auch die Bogenläufigkeit befriedigte, kam der C-Kuppler bald in die Reserve, wurde schließlich am 29. Mai 1965 von der Ausbesserung zurückgestellt und im Juli 1967 im Raw Görlitz verschrottet.

TECHNISCHE DATEN		
Loknummer		99 5811
Bauart		Cn2t
Spurweite	mm	1000
Hersteller		Henschel
Baujahr		1887
Länge über Puffer	mm	7800
gesamter Achsstand	mm	2250
Dienstmasse	t	25,0
Wasservorrat	m³	3,0
Kohlevorrat	t	1,75
Kesselheizfläche	m²	47,2
Rostfläche	m²	0,82
Betriebsdruck	bar	12
Zylinderdurchmesser	mm	300
Kolbenhub	mm	500
Raddurchmesser	mm	910
zulässige Geschwindigkeit	km/h	30
Zugkraft (0,6 p)	kN	35,6
effektive Leistung	PS	160
	kW	117,6

AUTOR: KLAUS JÜNEMANN; AUFNAHME: KIEPER

Anläßlich des 75jährigen Bestehens der Harzquerbahn erhielt die 99 5903 bereits im Jahre 1974 einen teilweise grünen Anstrich

99 5901 – 99 5905

Bei der Projektierung der Nordhausen-Wernigeroder Eisenbahn (NWE) war die Wahl der richtigen Lokomotivbauart von großer Bedeutung, da die Strecken der Harzquer- und Brokkenbahn lang anhaltende Steigungen verbunden mit engen Gleisbögen aufweisen. Bei der benachbarten und 1887 eröffneten Gernrode-Harzgeroder Eisenbahn zeigte sich bald die Leistungsgrenze der hier eingesetzten C-Kuppler, weshalb man bei der NWE gleich auf den Einsatz vierachsiger Mallet-Lokomotiven orientierte.

Die Firma Jung erhielt den Auftrag für den Bau der ersten vier Maschinen, die 1897 zur Auslieferung kamen. Ihnen folgten noch weitere, insgesamt zwölf derartige Lokomotiven, von denen drei die Mecklenburgische Waggonfabrik in Güstrow in gleicher Konstruktion fertigte. Die Mallet-Lokomotiven bildeten stets den Hauptanteil bei den Triebfahrzeugen der NWE, obwohl es nie an Versuchen mangelte, mit anderen Maschinentypen bessere Betriebsergebnisse zu erzielen. Die hohe Belastung auf dieser Gebirgsbahn forderte ab Mitte der zwanziger Jahre einen Ersatz von sechs inzwischen stark ver-

schlissenen Dampfkesseln. Die restlichen Lokomotiven waren im ersten Weltkrieg abgegeben worden und nicht mehr in den Harz zurückgekehrt. Gleichzeitig sollte mit den neuen Kesseln auch die Leistungsfähigkeit der Lokomotiven erhöht und die Bedienung erleichtert werden. Dafür waren in erster Linie der Betriebsdruck von 12 auf 14 bar zu erhöhen sowie die nur 1,2 m² großen Rostfläche zu vergrößern. Bei gleicher Breite mußte ein 200 mm längerer Stehkessel berücksichtigt werden, was zwar eine Verkürzung der Rohrlänge, aber dafür ein besseres Verhältnis von Feuerbüchs- zur Rohrheizfläche brachte. Gleichzeitig erhielt der Kessel eine um 300 mm höhere Lage, wodurch sich die Gestaltung des Aschkastens und der Luftzuführung verbessern ließ. Vor allem brachte sie dem Heizer erhebliche Erleichterungen bei der Bedienung des Feuers. Nachdem 1927 eine Malletmaschine infolge von Unfallschäden verschrottet werden mußte und einige NWE-Betriebsnummern geändert worden waren, gelangten 1949 noch fünf Lokomotiven zur DR, von denen Einzelangaben in der Tabelle auf Seite 2 enthalten sind.

Konstruktion

Dem System von Mallet entsprechend waren Trieb- und Laufwerk geteilt, wobei sich das hintere im Hauptrahmen, der gleichzeitig den Dampfkessel und die Hoch-

TECHNISCHE DATEN

Loknummern		99 5901 – 99 5905
Bauart		B'Bn4vt
Spurweite	mm	1000
Hersteller		Jung
erstes Baujahr		1897
Länge über Puffer	mm	8875
gesamter Achsstand	mm	4600
Dienstmasse	t	36,0
Wasservorrat	m³	5,0
Kohlevorrat	t	1,5
Kesselheizfläche	m²	61,3
Rostfläche	m²	1,39
Betriebsdruck	bar	14
Zylinderdurchmesser	mm	285/425
Kolbenhub	mm	500
Raddurchmesser	mm	1000
zulässige Geschwindigkeit	km/h	30
Zugkraft (0,45 p)	kN	56,9
effektive Leistung	PS	205
	kW	150,6

Für die Fahrten in das Selketal wurden die Mallet-Lokomotiven in Gernrode restauriert. 1966 stand die 99 5904 vor der dortigen Bekohlungsanlage

druckzylinder trug, und das vordere in einem seitlich ausschwenkbaren und am Hauptrahmen angelenkten Gestell mit den Niederdruckzylindern befinden. Auf dieses Gestell stützt sich mittig der nach vorn verlängerte Hauptrahmen. Vom Dampfkessel gelangt der Dampf über eine fest verlegte Leitung in die Hochdruckzylinder und nach einer hier erfolgten Teilentspannung über eine bewegliche Rohrleitung in die Niederdruckzylinder.

Der Dampfkessel in Nietkonstruktion besitzt einen Abstand zwischen den Rohrwänden von 3 400 mm, der zweischüssige Langkessel einen inneren Durchmesser von 1 150 mm. Der Stehkessel mit senkrechten Seitenwänden saß oberhalb des Rahmens und enthielt ursprünglich eine kupferne, seit den sechziger Jahren eine stählerne Feuerbüchse mit einem länglichen schwach nach vorn geneigten Rost.

Für die Kesselspeisung dienen zwei selbstansaugende 80-l-Dampfstrahlpumpen. Der Ventilregler ist im Dampfdom angeordnet. An dessen Rückseite liegen

die Einströmrohre zu den Zylindern. Die anfangs verwendeten Ramsbottom-Sicherheitsventile sind durch solche der Bauart Ackermann bzw. Pop ersetzt worden. Der hinten befindliche Hauptrahmen ist als Außenrahmen, das vordere Lenkgestell als Innenrahmen gestaltet.

Das Lenkgestell kann aus der Mittellage um jeweils 300 mm seitlich ausschwenken, für die Rückführung dienen zwei waagerecht angeordnete Blattfedern. Der Antrieb der im Hauptrahmen gelagerten Achsen erfolgt über Hallsche Kurbeln. Sämtliche Tragfedern liegen oberhalb der Achslager, beim Hauptrahmen außerhalb, beim Lenkgestell innerhalb des Rahmens. Die Tragfedern beider Laufwerksgruppen sind über Ausgleichhebel miteinander verbunden. Die auf Flachschieber arbeitende Heusinger-Steuerung wird über eine Steuerspindel mit Handrad umgestellt. Bremstechnisch waren bzw. sind die Lokomotiven neben einer an der Führerhausrückwand befindlichen Handbremse mit der Saugluftbremse Bauart Hardy versehen; sie wirkte auf die zweite und vierte

Achse. Um aber als Traditionslokomotiven die in den achtziger Jahren auf Druckluftbremsen umgerüsteten Wagenzüge zu bespannen, erhielten die Maschinen eine entsprechende Bremstechnik, wozu eine einstufige Luftpumpe gehört, die im vorderen Teil des rechten Seitenkastens untergebracht werden konnte. Der Wasservorrat verteilt sich auf die beiden Seitenkästen, wobei der linke im hinteren Teil die Kohle bevorratet.

Betriebseinsatz

Jahrzehntelang bewältigten die Mallet-Lokomotiven den Hauptverkehr auf der Harzquer- und Brockenbahn. Von 1954 bis 1956 wurden die Maschinen nach Gernrode umgesetzt. Durch den 1983 beendeten Wiederaufbau der seit 1946 fehlenden Verbindung zwischen beiden Bahnnetzen und nach einigen profiltechnischen Anpassungen konnten dann bald die schweren Neubauloks auf der Selketalbahn verkehren. Der Einsatz der Mallet-Loks konnte dadurch stark reduziert werden. Die Lok 99 5905 war infolge eines Zylinderschadens bereits im November 1975 ausgemustert worden. Ihr folgte zehn Jahre später die 99 5904 wegen ihres schlechten Allgemeinzustands. Für die restlichen drei Maschinen ergab sich mit der 1993 wirksam gewordenen Regionalisierung als Harzer Schmalspurbahnen (HSB) eine spezielle Aufgabe. Die Lokomotiven werden nach einer gründlichen Aufarbeitung im Anstrich früherer Zeiten und mit den alten NWE-Betriebsnummern für Sonderfahrten bereit gehalten.

Von der DR übernommene Malletloks der Harzquer- und Brockenbahn

Lokomotive		Ersatzkessel		Betriebsnummer		
Fabrik-Nr.	Baujahr	Fabrik-Nr.	Baujahr	NWE	NWE ab 1927	DR
258	1897	3632	1925	11	11	99 5901
261	1897	10342*	1929	14	12	99 5902
345	1898	3560	1924	18	13	99 5903
464	1901	3961	1927	21	15	99 5904
465	1901	3789	1925	22	14	99 5905

* Hersteller Hanomag, sonst ausschließlich Jung

AUTOR: KLAUS JÜNEMANN; AUFNAHMEN: MACHEL, HÖRSTEL

Die Mallet-Lokomotive 99 5906 war rund 30 Jahre im Lokbahnhof Gernrode stationiert und verkehrte von hier aus auf den Strecken der Selketalbahn

99 5906

Obwohl die Lokomotive 99 5906 auch zum Bestand der Harzbahn-Mallet-Maschinen gehört, weicht sie im Aufbau etwas ab. Außerdem stammt sie von einem anderen Hersteller. Die Verwaltung der Heeresfeldbahnen im ersten Weltkrieg, die unter anderem auch sechs Lokomotiven der Nordhausen-Wernigeroder Eisenbahn (NWE) requirierte, benötigte für die Westfront weitere zugkräftige Maschinen und beauftragte die Maschinenbau-Gesellschaft Karlsruhe mit dem Bau von sieben schweren meterspurigen Mallet-Lokomotiven, die jedoch erst 1918 mit den Fabriknummern 2050 bis 2056 ausgeliefert werden konnten.

Durch die Beendigung des Krieges kam es nicht mehr zu dem vorgesehenen Einsatz, für den bereits die Bezeichnungen HF 94 – HF 100 feststanden. Daraufhin wurden die Maschinen an deutsche Meterspurbahnen verkauft. Nur zwei dieser Mallets überlebten das große Dampflaksterben in den fünfziger und sechziger Jahren: die mit der Fabriknummer 2051, welche 1968 zur Museumsbahn Blonay – Chamby (Schweiz) gelangte und die mit der Fabriknummer 2052.

Letztere wurde im Jahre 1920 von der Nordhausen-Wernigeroder Eisenbahn (NWE) erworben und unter der Betriebsnummer 41 in Zweitbesetzung eingesetzt. Hier ständig zum Betriebspark gehörend, gelangte die Lokomotive 1949 zur Deutschen Reichsbahn und wurde hier als 99 5906 gekennzeichnet.

Konstruktion

Gegenüber den Mallet-Lokomotiven von Jung (99 5601 – 99 5606) ist der hintere Hauptrahmen als Innenrahmen ausgeführt, da der Dampfkessel von vornherein die Höhenlage erhielt, wie sie bei den Jung-Lokomotiven erst mit dem Einbau der Ersatzkessel erreicht wurde. Dadurch konnte der Stehkessel frei auf dem Rahmen stehend angeordnet werden.

Der genietete Dampfkessel ist zwar mit 3 600 mm Abstand zwischen den Rohrwänden etwas länger und besitzt eine größere Gesamtheizfläche, hat aber dafür einen um zwei bar geringeren Betriebsdruck.

Die Abmessungen von Lauf- und Triebwerk stimmen mit denen der Jung-Lokomotiven größtenteils überein.

Im Zuge der laufenden Instandhaltung im zuständigen Reichsbahnausbesserungswerk Görlitz wurden die genieteten Wasserkästen durch geschweißte ersetzt und gleichzeitig verlängert, so daß sich der Wasservorrat etwas erhöhte.

Die früher stark gewölbte Rauchkammertür mit alleinigem Zentralverschluß wich einer flachgewölbten, die nur mit Vorreibern verschlossen wird. Die bei den Meterspurbahnen des Harzes übliche Hardy-Bremstechnik wurde inzwischen durch eine Druckluftbremsanlage ersetzt.

Die vorderen und hinteren Führerstandsfenster erhielten Sonnenblenden.

Ebenso nachgerüstet wurde von der Deutschen Reichsbahn die elektrische Beleuchtung mit einem 0,5-kW-Turbogenerator.

Betriebseinsatz

Vorerst nur auf den Strecken der ehemaligen Nordhausen-Wernigeroder Eisenbahn eingesetzt, verkehrte auch die 99 5906 nach dem Eintreffen der 1'E1'-Neubaulokomotiven 1956 auf der von Gernrode ausgehenden Selketalbahn. Seit 1993 gehört die Lokomotive zum Betriebspark der Harzer Schmalspurbahnen (HSB), ist aber gelegentlich noch immer vor Reisezügen im Selketal anzutreffen.

TECHNISCHE DATEN		
Loknummer		99 5906
Bauart		B'Bn4vt
Spurweite	mm	1000
Hersteller		Karlsruhe
Baujahr		1918
Länge über Puffer	mm	9400
gesamter Achsstand	mm	4670
Dienstmasse	t	36,0
Wasservorrat	m³	3,8
Kohlevorrat	t	1,1
Kesselheizfläche	m²	64,9
Rostfläche	m²	1,36
Betriebsdruck	bar	12
Zylinderdurchmesser	mm	280/425
Kolbenhub	mm	500
Raddurchmesser	mm	1000
zulässige Geschwindigkeit	km/h	30
Zugkraft (0,45 p)	kN	48,8
effektive Leistung	PS	215
	kW	158

Die modernsten Loks der Gera-Meuselwitz-Wuitzer Eisenbahn waren die 99 5911 und 99 5912. Die DR setzte sie bis 1969 auf der Stammstrecke ein

99 5911, 99 5912

Der Triebfahrzeugpark der Gera-Meuselwitz-Wuitzer Eisenbahn (GMWE) bestand, abgesehen von einer altgekauften dreiachsigen Trambahnlokomotive, einheitlich aus B'B-Mallet-Lokomotiven von Borsig. Deren Leistungsgrenze war erreicht, als die Braunkohlentransporte aus den Meuselwitzer Gruben umfangreicher wurden. Die GMWE beauftragte daher wiederum Borsig mit dem Bau von zwei leistungsstärkeren Maschinen, die 1922 mit den Fabriknummern 11383 und 11384 ausgeliefert wurden und die Betriebsnummern 7 und 8 erhielten. Borsig verwendete mit kleineren Änderungen eine Konstruktion, nach der zwei Jahre zuvor drei Dh2-Tenderlokomotiven für die ebenfalls meterspurige Herforder Kleinbahn gefertigt worden waren. Auffallend war der gedrungen wirkende Dampfkessel und die Verwendung eines Barrenrahmens. Gegenüber den GMWE-Mallet-Loks waren die Vierkuppler kürzer, besaßen eine um 25 Prozent größere Heizfläche mit einem leistungsfähigen Überhitzer und erwiesen sich als wesentlich zugkräftiger. Zum Rangieren normalspuriger Wagen auf den Dreischienengleisen des Bahnhofs Wuitz-Mumsdorf erhielten beide Loks bereits bei Borsig hölzerne Holzbohlen in Pufferhöhe normalspuriger Wagen. Die langen Seitenkästen mit der darunter befindlichen Trittleiste sowie dem in gleicher Höhe befindlichen hinteren Kohlenkasten verliehen den Lokomotiven ein modern wirken-

des Aussehen. Beide Maschinen gelangten 1949 zur DR und liefen nun als 99 5911 und 99 5912.

Konstruktion

Der genietete Heißdampfkessel hatte zwischen den Rohrwänden einen Abstand von 2 400 mm. Der einschüssige Langkessel mit 1 428 mm Durchmesser enthielt neben 146 Heizrohren 24 Rauchrohre mit 100/108 mm Durchmesser, in denen die Überhitzerrohre (mit einmaliger Umkehrung) untergebracht waren. Der Stehkessel konnte, da er sich über dem Rahmen befand, mit senkrechten Seitenwänden ausgeführt werden. Die ehemals kupfernen Feuerbüchsen wurden 1956 gegen stählerne ausgewechselt. Zu den Ausrüstungsteilen gehörten außerdem ein Ventilregler im Dampfdom, zwei saugende 120-l-Dampfstrahlpumpen und Coale-Sicherheitsventile Coale. Im Barrenrahmen waren die erste und dritte Achse festgelagert, während die zweite und vierte Achse Seitenspiel besaßen. Alle Tragfedern befanden sich unterhalb der Achslager, wobei die der ersten und zweiten sowie der dritten und vierten Achse über Ausgleichhebel verbunden waren. Die seitengleichen Zylinderblöcke enthielten Kolbenschieber mit 200 mm Durchmesser. Für Fahrten ohne Dampf im ungehinderten Leerlauf sorgte ein Luftsaugeventil hinter dem Schornstein. Es entfiel 1960/61 mit dem Einbau von Trofimoff-Druckaus-

gleichschiebern. Bei der Heusinger-Steuerung wurden die Schieberschubstangen durch solche der Bauart Winterthur geführt. Außer einer Wurfhebel-Handbremse wurden beide Loks ab 1929 mit der selbsttätigen Knorr-Druckluftbremse ausgerüstet, aber auf die nichtselbsttätige Zusatzbremsen verzichtet.

Betriebseinsatz

Beide Loks waren bis zur Stillegung am 3. Mai 1969 stets in Gera eingesetzt. Die 99 5911 konnte noch 1969 für Heizzwecke verkauft werden, die 99 5912 stellte man 1970 von der Ausbesserung zurück. Da ein vorgesehener Verkauf nicht zustande kam, wurde diese Maschine bis zum 31. Juli 1975 im Raw Görlitz zerlegt.

TECHNISCHE DATEN		
Loknummern		99 5911, 99 5912
Bauart		Dh2t
Spurweite	mm	1000
Hersteller		Borsig
Baujahr		1922
Länge über Puffer	mm	8380
gesamter Achsstand	mm	3300
Dienstmasse	t	34
Wasservorrat	m³	3,5
Kohlevorrat	t	1,2
Kesselheizfläche	m²	63,9*
Rostfläche	m²	1,6
Betriebsdruck	bar	12
Zylinderdurchmesser	mm	400
Kolbenhub	mm	400
Raddurchmesser	mm	850
zulässige Geschwindigkeit	km/h	35
Zugkraft (0,6 p)	kN	54,1
effektive Leistung	PS	350
	kW	257,5

* zusätzlich 16,5 m² Überhitzerheizfläche

AUTOR: KLAUS JÜNEMANN; AUFNAHME: KIEPER

In Wernigerode war die 99 6001 im Mai 1967 zur Überführung von Rollbockzügen eingesetzt

99 6001

Das Streckennetz der Nordhausen-Wernigeroder Eisenbahn (NWE) stellt durch die lange Steigungen mit 33 Promille (1:30) in Verbindung mit engen Gleisbögen bis zu 60 m Halbmesser besonders hohe Anforderungen an die Triebfahrzeuge. Für diese Betriebsbedingungen erweisen sich vorhandenen Mallet-Lokomotiven am geeignetsten. Die Vielteiligkeit dieser Maschinen und das inzwischen erreichte Alter ließ den Reparaturaufwand immer höher werden. Zudem beanspruchten sie die Gleisanlagen bei Rückwärtsfahrt entschieden höher als bei Vorwärtsfahrt. Im Hinblick auf eine größere Leistung, bessere Laufeigenschaften sowie eine höheren Reisegeschwindigkeit infolge der erstarkenden Konkurrenz durch die Kraftfahrzeuge setzte die NWE in das Angebot einer 1'C1'-Heißdampflokomotive von Krupp große Erwartungen. Die mit der Fabriknummer 1875 registrierte Maschine wurde 1939 an die NWE ausgeliefert und hier mit der Betriebsnummer 21 gekennzeichnet. Die erste Probefahrt am 14. Juli 1939 führte gleich von Wernigerode bis auf den Brocken. Die an sie gestellten Forderungen hat die neue Konstruktion auf Anhieb erfüllt. Außerdem beeindruckten der sparsame Brennstoff- und Ölverbrauch. Die Laufgüte in Verbindung mit dem großen Raddurchmesser ließen eine Höchstgeschwindigkeit zu, die bei Lokomotiven deutscher Meterspurbahnen bislang nicht erreicht worden war. Daraufhin wurde geprüft, ob auch die leistungsstarken (1'B)B1'-Mallet-Loks durch größere Zweizylinder-Lokomotiven ersetzt werden können, um damit gleichzeitig den Rollfahrzeugverkehr bis in den Oberharz ausdehnen zu können. Krupp entwickelte deshalb ausgehend von der vorhandenen 1'C1'-Ausführung eine Typenreihe, die noch eine 1'D1'- sowie eine 1'E1'-Tenderlok vorsah, bei denen möglichst viele Bauteile untereinander austauschbar sein sollten. Durch den Beginn des zweiten Weltkriegs konnten diese Vorhaben nicht mehr verwirklicht werden. Die Lok 21 wurde 1949 von der DR übernommen und hier als 99 6001 eingereiht.

Konstruktion

Der geschweißte Heißdampfkessel ist bei einem Abstand zwischen den Rohrwänden von 2 750 mm wesentlich kürzer als bei den Mallet-Loks der NWE, weist aber eine um etwa 17 Prozent größere Heizfläche auf. Der aus einem Schuß gefertigte Langkessel mit 1 450 mm Durchmesser enthält 108 Heizrohre (Durchmesser 39,5/44,5 mm) sowie 32 Rauchrohre (Durchmesser 100/108 mm). Der Stehkessel mit schräger Rückwand mußte 1964 durch einen in geschweißter Ausführung ersetzt werden. Dabei kam anstelle der kupfernen Feuerbüchse eine stählerne zum Einbau. Für die Kesselspeisung dienten zunächst eine selbstansaugende 80-l-Dampfstrahlpumpe sowie eine Abdampfstrahlpumpe unterhalb der linken Führerstandsseite. Da die Förderleistung recht knapp war, tauschte man sie gegen zwei 125-l-Strahlpumpen der Bauart Strube aus. Bemerkenswert ist das Laufwerk, mit dem noch Gleisbögen von 55 m Halbmesser befahren werden können. In dem innenliegenden Barrenrahmen aus 70 mm dickem Blech sind die drei Kuppelachsen fest gelagert, so daß der feste Achsstand von 1 400 mm eine gute Führung im Gleis ermöglicht. Durch eine direkte Verbindung der unter sich gleichen Bisselgestelle mit den Tragfedern der jeweils nächstliegenden Kuppelachse mittels Längs- und Querausgleichhebel erreichte man auch bei schlechter Gleislage eine sehr hohe Laufruhe. Um eine seitliche Stabilität zu erreichen, mußten jedoch die Tragfedern der mittleren Achse separat angeordnet werden. Für einen guten Leerlauf sorgten die beiden Druckausgleich-Kolbenschie-ber Bauart Schulz mit 180 mm Durchmesser. Der Leelauf wurde 1966 durch den Einbau von Trofimoff-Schiebern weiter verbessert. Neben der Wurfhebel-Handbremse hatte die Maschine eine Hardy-Vakuumbremse sowie eine Riggenbach-Gegendruckbremse erhalten. Die Hardy-Bremse wich Anfang der sechziger Jahre einer nur auf die Lokomotive wirkenden nichtselbsttätigen Druckluftbremse, wobei der Luftsauger für die Vakuumbremsen in den Wagen erhalten blieb. Nach der Umstellung des Fahrzeugparks der Harzbahnen auf Druckluftbremse in den achtziger Jahren erhielt auch die 99 6001 weitere Teile, so daß die Vakuumbremseinrichtung entfallen konnte. Von Anfang an besaß die Lok eine elektrische Beleuchtung. Der 2,5-kW-Turbogenerator versorgte zudem den Wagenzug mit Strom. Nach Ausrüstung der Reisezugwagen mit separaten Beleuchtungseinrichtungen konnte dieser Generator gegen einen kleineren mit 0,5-kW-Leistung ausgetauscht werden.

Betriebseinsatz

Bei der NWE erreichte die Lok bald die höchsten Einsatzzeiten aller hier eingesetzten Triebfahrzeuge. Durch die guten Laufeigenschaften, die geringen Wartungs- und Reparaturarbeiten war sie bei den Personalen beliebt. Mit dem Einsatz der 1'E1'-Neubauloks war die 99 6001 ab 1956 vorrangig auf der Selketalbahn in Betrieb. Nach Wiederherstellung der Verbindung zwischen beiden Bahnnetzen und der durchgehenden Einführung der Neubauloks konnte die Lok im planmäßigen Zugdienst entbehrt werden. Die für 1992 vorgesehene Umzeichnung in 099 120-8 wurde nicht mehr vollzogen. Inzwischen erhielt die 99 6001 einen grünen Anstrich und die alte Bezeichnung „NWE 21", um so bei den Harzer Schmalspurbahnen vor historischen Sonderzügen weiter eingesetzt zu werden.

TECHNISCHE DATEN

Loknummer		99 6001
Bauart		1'C1'h2t
Spurweite	mm	1000
Hersteller		Krupp
Baujahr		1939
Länge über Puffer	mm	8910
gesamter Achsstand	mm	6060
Dienstmasse	t	47,6
Wasservorrat	m³	5,0
Kohlevorrat	t	2,0
Kesselheizfläche	m²	72,0*
Rostfläche	m²	1,56
Betriebsdruck	bar	14
Zylinderdurchmesser	mm	420
Kolbenhub	mm	500
Raddurchmesser	mm	1000/600
zulässige Geschwindigkeit	km/h	50
Zugkraft (0,6 p)	kN	74,0
effektive Leistung	PS	430
	kW	316

* zusätzlich 25,2 m² Überhitzerheizfläche

Die Lokomotive 99 6011 war 1952 noch unentbehrlich. Die Aufnahme entstand bei Drei Annen Hohne

99 6011, 6012

Die auf der Nordhausen-Wernigeroder Eisenbahn (NWE) eingesetzten B'Bn4vt-Malletloks hatten vielfach im Betrieb ihre Leistungsgrenze erreicht. Jeder schwere Zug mußte mit einer Vorspannlok gefahren werden. Auch stärkere Mallet-Lokomotiven der Bauarten C'Ch4vt und 1'D1'h2t brachten nicht die erhofften Erfolge.

Schließlich bot Borsig der NWE eine Malletlokomotive an mit der eigenartigen Achsfolge (1'B) B1' in Heißdampfverbundausführung und einer um 40 Prozent größeren Heizfläche als bei den bisherigen Mallet-Lokomotiven. Die Verwendung von Heißdampf versprach mit günstigen Triebwerksabmessungen eine wirtschaftliche Zugkrafterhöhung. Am 19. August 1922 lieferte Borsig die Lok mit der Fabriknummer 11382 aus. Anschließend begann die NWE umfangreiche Versuche. Befriedigten Zugkraft und Bogenläufigkeit der mit der Betriebsnummer 51 gekennzeichneten Maschine, gab es hinsichtlich der Leistungsreserve bei nur 12 bar Kesseldruck in Verbindung mit dem verwendeten Rauchkammer-Überhitzer Beanstandungen. Hinzu kam, daß die eingebaute Dampfbremse besonders im Winter nicht die erforderliche Betriebssicherheit garantierte. Trotzdem kam es zur Bestellung einer zweiten Lokomotive, jedoch mit der Forderung nach Beseitigung der erkannten Mängel und dem Umbau der ersten Maschine. Während die mit der Betriebsnummer 52 versehene zweite Lokomotive am 10. Juli 1924 unter der Fabriknummer 11831 zur Auslieferung kam, konnte der Umbau der Lok 51 bis zu diesem Zeitpunkt nicht beendet werden, obwohl deren neue Herstellerschilder mit der Jahreszahl 1924 bereits gegossen worden waren. Erst im Sommer 1925 wurde die Lok 51 der NWE übergeben. Die Abnahmefahrt fand am 24. Juli 1925 statt. Beide Maschinen verkehrten meist in Saisonzeiten. Das Führen dieser Maschinen erforderte viel Gefühl, da sie schnell zum Schleudern neigten. Außerdem verursachte der kurze feste Achsstand von nur 1 300 mm ein ständiges Schlingern.

Konstruktion

Entsprechend der Bauart Mallet bestand ein hinterer Hauptrahmen, der den Dampfkessel, das Hochdrucktriebwerk, die Vorräte und das Führerhaus trug, und ein vorderen Lenkgestell, auf dem sich der Hauptrahmen mittels eines Stahlgußstücks abstützte. Leicht geneigte Stützflächen dienten zur Rückstellung nach dem Durchfahren von Gleisbögen. Das mit den Niederdrucktriebwerk ausgerüstete Lenkgestell war mit dem Hauptrahmen durch ein starkes Scharnier verbunden. Der seitliche Ausschlag aus der Mittelachse betrug jeweils 135 mm. Haupt- und Lenkgestellrahmen waren als innenliegende Barrenrahmen ausgeführt. Bei dem leistungsfähigen Heißdampfkessel handelte es sich um eine Nietkonstruktion. Der Abstand zwischen den Rohrwänden betrug 2 900 mm. Der einschüssige Langkessel mit 1 402 mm innerem Durchmesser enthielt 146 Heizrohre (Durchmesser 35/40 mm) und 24 Rauchrohre (Durchmesser 100/108 mm). Der Schmidt-Überhitzer bestand aus Rohren mit 29 mm Durchmesser. Im Stehkessel war eine kupferne Feuerbüchse mit einem zweilagigen Rost in waagerechter Lage untergebracht. Zur weiteren Ausrüstung zählten Sicherheitsventile der Bauart Coale, Ventilregler und zwei 125-l-Dampfstrahlpumpen. Beim Laufwerk war jede Rahmengruppe in vier Punkten abgestützt. Bei den gekuppelten Achsen lagen die Tragfedern unterhalb der Achslager. Die im Hauptrahmen und Lenkgestell vorhandenen Laufachsen wurden durch Bisselgestelle geführt. Diese eigenartige Gesamtachsanordnung gestattete das Durchfahren von Gleisbögen mit 40 m Radius. Die Zylinderblöcke beider Triebwerksgruppen enthielten Kolbenschieber der Regelbauart. Zur

Leerlaufeinrichtung gehörten Druckausgleicher der Bauart Winterthur sowie ein zusätzliches Luftsaugeventil hinter dem Schornstein. Die Bedienung der Heusinger-Steuerungen erfolgten über eine Steuerspindelschraube. Beide Loks besaßen neben einer Spindelhandbremse an der Führerhausrückwand eine nur auf die Maschine wirkende nichtselbsttätige Druckluftbremse, mit der alle gekuppelten Achsen gebremst werden konnten. Für die langen Talfahrten waren die Loks mit einer Gegendruckbremse der Bauart Riggenbach ausgerüstet worden. Ein Hardy-Luftsauger diente zur Betätigung der Vakuumbremsen an den Wagen. Der Wasservorrat befand sich in beiden Seitenkästen sowie in einem zusätzlichen Raum unter dem hinter dem Führerhaus angebrachten Kohlekasten. Vorhanden waren außerdem ein Dampfheizungsanschluß, ein Läutewerk, und druckluftbetriebene Sandstreuer, elektrische Beleuchtung (ab 1953), eine hell- und eine tieftönende Dampfpfeife, ein doppelwandiger Schornstein zur Auspuff-Schalldämpfung, eine Luftpumpe und ein Luftsauger.

Betriebseinsatz

Beide Loks verkehrten vorrangig zwischen Wernigerode und dem Brocken. Mit dem Einsatz der 1'E1'-Neubaulok ab 1954 blieben beide Maschinen meist abgestellt. Eine Umsetzung zur benachbarten Selketalbahn in Gernrode brachte keinen Erfolg. Am 16. November 1959 wurde die 99 6011 nach Gera-Pforten umgesetzt, nachdem die Druckluftbremse der hier verwendeten Bremsanlage angepaßt worden war. Auch in Gera konnte mit 38 Einsatztagen keine große Laufleistung erreicht werden. Während man die 99 6012 bereits im August 1963 von der Ausbesserung zurückgestellt hatte, geschah dies bei der 99 6011 drei Jahre später. 1966 wurden beide Loks in Görlitz verschrottet.

TECHNISCHE DATEN

Loknummern		99 6011, 99 6012
Bauart		(1'B)B1'h4vt
Spurweite	mm	1000
Hersteller		Borsig
Baujahr		1922
Länge über Puffer	mm	10350
gesamter Achsstand	mm	7800
Dienstmasse	t	53,0
Wasservorrat	m³	7,3
Kohlevorrat	t	2,5
Kesselheizfläche	m²	85,89*
Rostfläche	m²	1,99
Betriebsdruck	bar	14
Zylinderdurchmesser	mm	360/560
Kolbenhub	mm	400
Raddurchmesser	mm	850/600
zulässige Geschwindigkeit	km/h	30
Zugkraft (0,45 p)	kN	93
effektive Leistung	PS	510
	kW	374,9

* zusätzlich 22 m² Überhitzerheizfläche

AUTOR: KLAUS JÜNEMANN; AUFNAHME: MALSCH

Reger Rollbockverkehr herrschte im April 1964 in Wernigerode. Die Lokomotive 99 6101 hatte kurz zuvor in Görlitz einen neuen Anstrich erhalten

99 6101, 99 6102

Henschel lieferte 1914 an die damalige heerestechnische Prüfungskommission zwei meterspurige C-gekuppelte Tenderlokomotiven, die im Aufbau und ihren äußeren Abmessungen fast übereinstimmten. Offenbar sollten mit diesen Maschinen wirtschaftliche Vergleiche angestellt werden, denn der mit der Fabriknummer 12879 ausgelieferte Dreikuppler war in Heißdampf- und der mit der Fabriknummer 12880 registrierte in Naßdampfausführung geliefert worden. Konstruktiv entstanden mit 11 t Achsfahrmasse recht schwere Maschinen mit großem Überhang, bei denen mehr Wert auf Zugkraft als auf Geschwindigkeit gelegt wurde. Da bei der Heißdampflokomotive ein geringerer Wasserverbrauch zu erwarten war, erhielt sie kürzere Wasserkästen, die somit auch das hauptsächliche äußere Unterscheidungsmerkmal gegenüber der Naßdampflokomotive darstellen. Die Erprobungen der beiden Maschinen, die auf Versuchsstrecken im Harz stattfanden, endeten 1917. Anschließend wurden beide Lokomotiven verkauft. Die Nordhausen-Wernigeroder Eisenbahn (NWE) übernahm die bei der Prüfungskommis-

sion mit der Nummer 20 gekennzeichnete Heißdampfmaschine. Hier wurde sie nach einer am 27. April 1917 erfolgten Probefahrt von Wernigerode bis Steinerne Renne mit der Betriebnummer 6 in den Betriebspark eingereiht.

Die Naßdampfmaschine dagegen gelangte 1917 zur Nassauischen Kleinbahn (St. Goarshausen bzw. Brauchbach am Rhein – Narstätten – Zollhaus) und erhielt die Nummer 15. Durch den Einsatz D-gekuppelter Loks verzichtete man hier bald auf diesen Einzelgänger und verkaufte ihn ebenfalls an die NWE. Nach einer Probefahrt am 10. Mai 1921 zwischen Wernigerode – Steinerne Renne erhielt die Maschine die NWE-Nummer 7. Beide Loks kamen 1949 als 99 6101 bzw. 99 6102 in den Bestand der DR.

Konstruktion

Die beiden genieteten Dampfkessel besitzen, abgesehen von der unterschiedlichen Rohraufteilung und einer etwas anderen Rostfläche, gleiche äußere Abmessungen. Bei einem Abstand zwischen den Rohrwänden von 2 600 mm weist der ein-

schüssige Langkessel einen inneren Durchmesser von 1 326 mm auf, der 88 Heiz- und 18 Rauchrohre (Heißdampfkessel) bzw. 173 Heizrohre (Naßdampfkessel) enthält. Der auf dem Rahmen sitzende Stehkessel mit schräger Rückwand und eingezogenen Seitenwänden enthielt früher eine kupferne Feuerbüchse mit nach hinten abfallender Decke und nach vorn geneigtem Rost. Die Feuerbüchse wurde 1967 gegen eine stählerne ausge-

TECHNISCHE DATEN

Loknummer		99 6101	99 6102
Bauart		Ch2t	Cn2t
Spurweite	mm	1000	1000
Hersteller		Henschel	Henschel
Baujahr		1914	1914
Länge über Puffer	mm	7734	7734
gesamter Achsstand	mm	2500	2500
Dienstmasse	t	32	32
Wasservorrat	m³	4,0	4,4
Kohlevorrat	t	1,1	1,1
Kesselheizfläche	m²	51,36*	69,65
Rostfläche	m²	1,4	1,5
Betriebsdruck	bar	14	14
Zylinderdurchmesser	mm	430	400
Kolbenhub	mm	400	400
Raddurchmesser	mm	800	800
zulässige Geschwindigkeit	km/h	30	30
Zugkraft (0,6 p)	kN	77,6	67,0
effektive Leistung	PS	305	235
	kW	224,2	173,5

* zusätzlich 18,7 m² Überhitzerheizfläche

Im Gegensatz zur 99 6101 ist die 99 6102 eine Naßdampflokomotive. Die Maschine rangierte im Januar 1968 im Bahnhof Wernigerode Westerntor

tauscht. Der große Dampfdom mit halbkugelförmiger Haube enthält einen Ventilregler. Als Speiseeinrichtung dienen zwei 125-l-Dampfstrahlpumpen. Der genietete Blechinnenrahmen ist unterhalb des Stehkessels abgesetzt und im vorderen Teil als Wasserkasten ausgeführt. Das Laufwerk wird auf vier Punkten abgestützt; die Tragfedern der ersten und zweiten Achse liegen oberhalb des Rahmens mit Belastung durch Federstifte. Bei der dritten Achse befinden sich die Federn über den Achslagern, die der zweiten und dritten Achse sind mittels Ausgleichhebel verbunden. Alle Radkörper wurden mit gleichförmigen Ausgleichmassen versehen, die

zweite Achse hat geschwächte Spurkränze. Beide Lokomotiven sind mit Kolbenschiebern ausgestattet, seit 1967 mit solchen der Bauart Trofimoff (Durchmesser 160 mm). Die Umsteuerung der Heusinger-Steuerung erfolgt mittels Steuerspindelschraube. Beide Loks waren vom Hersteller neben der Wurfhebelhandbremse mit einer Dampfbremse ausgerüstet. Bei der NWE erhielten sie Hardy-Vakuumbremsen, in den sechziger Jahren eine nur auf die Maschine wirkende nichtselbsttätige Druckluftbremse mit einer zweistufigen Luftpumpe an der linken Rauchkammerseite. Der Luftsauger auf den Maschinen blieb erhalten, um die

Vakuumbremsen der Wagen weiterhin bedienen zu können. Mit der Umstellung des gesamten Fahrzeugparks der Harzbahnen auf die Druckluftbremse in den achtziger Jahren wurde die Bremsausrüstung so vervollständigt, daß auch die Wagenbremsen betätigt werden können.

Betriebseinsatz

Beide Loks kamen vor allem in Wernigerode und Nordhausen zum Einsatz. Neben dem örtlichen Rangierdienst beförderten sie vor allem Rollbockzüge zu den einzelnen Anschlüssen, weshalb sich bald die allgemeine Bezeichnung „Rollbocklok" durchsetzte. Aber auch auf der Selketalbahn fuhren sie häufig. Nach Vervollständigung des Harzer Schmalspurnetzes, dem durchgehenden Einsatz der 1'E1'-Maschinen sowie mit Übernahme der Rangierleistungen durch D[iesel]loks bestand kein direkter Bedarf mehr an den Dreikupplern. Mit dem Ablauf der Kesselfristen wurde als erste am 31. Januar 1987 die 99 6102 von der Ausbesserung zurückgestellt. Die Lok 99 6101 mußte schließlich am 9. März 1992 abgestellt werden. Beide Maschinen gehören weiterhin zum Fahrzeugpark der seit 1993 bestehenden Harzer Schmalspurbahnen GmbH. Die museale Betreuung hat die Interessengemeinschaft Harzer Schmalspurbahnen übernommen. Für Traditionsfahrten ist die 99 6101 im Mai 1994 wieder betriebsfähig hergerichtet worden, das gleiche ist für die 99 6102 vorgesehen.

Charakteristisch für beide Henschel-Dreikuppler der ehemaligen NWE sind die runden Dampfdome

AUTOR: KLAUS JÜNEMANN; AUFNAHMEN: KIEPER

Einzige Einheitsdampflokomtive der DRG für meterspurige Bahnen war die Baureihe 99.22, von der allerdings nur drei Maschinen gebaut worden sind

Baureihe 99.22 (DR 99.72)

Ende der zwanziger Jahre unterhielt die Deutsche Reichsbahn-Gesellschaft noch drei von der Preußischen Staatsbahn übernommene Meterspurstrecken in Thüringen: Dorndorf – Kaltennordheim, Hildburghausen – Heldburg – Lindenau-Friedrichshall und Eisfeld – Unterneubrunn. Während für die Kaltennordheimer Strecke die Umstellung auf Regelspur vorgesehen war, sollten die anderen beiden weiterhin als Schmalspurbahnen betrieben werden. Dort standen noch die die leistungsschwachen C-Kuppler der preußischen Gattung T 33 (DRG 99.03-06) im Dienst, die es zu ersetzen galt. Unter Mitwirkung des Reichsbahn-Zentralamts erarbeitete das Vereinheitlichungsbüro in Berlin deshalb den Entwurf für die stärkste Schmalspurlokomotive der DRG. Dieser lehnte sich eng an die Baugrundsätze für regelspurige Einheitslokomotiven an. Der Kessel wurde fast unverändert von der BR 81 übernommen, das Laufwerk ähnelte konstruktiv dem der wenig später entwickelten BR 85. Im übrigen entsprach der Entwurf den „Grundzügen für die Bau- und Betriebseinrichtungen der Lokalbahnen" und den „Vorläufigen Bedingungen für den Bau von Schmalspurfahrzeugen". Die als zweizylindrige 1'E1' mit 10 t Achslast konzipierten Maschinen sollten sich auch für den Einsatz auf badischen, bayerischen und württembergischen Meterspurstrecken eignen.

Mit dem Bau der Lokomotiven wurde die Firma Schwartzkopff beauftragt. Die im Jahre 1931 gelieferten drei Exemplare stellte die DRG als 99 221 bis 223 auf der Strecke Eisfeld – Unterneubrunn in Dienst. Die wuchtig wirkenden Tenderloks zeigten die unverkennbaren Merkmale der Einheitstypen. Ihr Leistungsvermögen reichte durchaus an das der BR 81 heran, in der Ebene konnten sie ca. 1.000 t mit 40 km/h befördern. Unter den speziellen Einsatzbedingungen auf schmaler Spur, bei einem Krümmungshalbmesser von nur 60 m und auf einer Steigung von 25 ‰ schleppten sie noch 195 t mit 20 km/h. Allerdings mußte sich die Deutsche Reichsbahn auf ihren anderen Meterspurstrecken dann doch mit wesentlich schwächeren Maschinen begnügen. Zu einer Weiterbeschaffung der BR 99.22 kam es nicht, und nach Abtransport von 99 221 und 223 Richtung Norwegen blieb der RBD Erfurt ab Sommer 1944 nur noch ein „Schmalspurgigant". Erst die Nachkriegs-DR stellte die noch stärkeren Neubaulokomotiven der BR 99.23-24 in Dienst. An der fast sechs Jahrzehnte auf Reichsbahngleisen eingesetzten 99 222 nahm man nur wenige bauliche Änderungen vor (siehe Konstruktion).

Konstruktion

Der genietete, für 14 bar Druck ausgelegte Einheitslokkessel mit 3.500 mm Rohrlänge war – abgesehen von niedrigeren Domaufbauten und einer längeren Rauchkammer – identisch mit dem der BR 81. Der vordere Kesselschuß trug den Speisedom, der hintere den Dampfdom mit Naßdampfventilregler Bauart Schmidt & Wagner. Hinter den Domen befand sich je ein Sandkasten. Der Kessel wurde mittels Kolbenspeisepumpe gespeist, die das Wasser durch den Oberflächenvorwärmer Bauart Knorr förderte (bei 99 222 im Jahr 1973 durch Mischvorwärmer Bauart IfS/DR ersetzt). Der 60 mm starke Barrenrahmen stützte sich in vier Punkten auf dem Laufwerk ab. Die Tragfedern der drei vorderen und der vier hinteren Achsen waren jeweils durch Ausgleichhebel verbunden. Der Kuppelraddurchmesser betrug 1.000 mm, der Laufraddurchmesser 550 mm. Beide Laufachsen lagerten in Bissel-Gestellen. Die beiden Dampfzylinder mit 500 mm Durchmesser und 500 mm Kolbenhub trieben die dritte Kuppelachse an. Die Kuhnsche Schleife der außenliegenden Heusin-

TECHNISCHE DATEN			
Bezeichnung	bis 1970		99.22
	ab 1.7.1970		99.722
	ab 1992		099.14
Indienststellung (1. Jahr)			1931
Hersteller			Schwartzkopff
Bauart			1'E1'h2
Spurweite		mm	1.000
Länge über Puffer (Kupplung)		mm	11.636
Lokdienstmasse (mit 2/3 Vorräten)		t	65,8
Reibungsmasse		t	50,5
Betriebsvorräte	Kohle	t	3
	Wasser	m³	8
indizierte Leistung		kWi	515
Höchstgeschwindigkeit		km/h	40

1973 erhielt die heute als 99 7222 bezeichnete Maschine den markanten Mischvorwärmerkasten

ger-Steuerung für Inneneinströmung gewährleistete gleiche Dampfverteilung bei Vor- und Rückwärtsfahrt. Auf den Schieberkästen saßen Eckventil-Druckausgleicher. Die Loks waren mit selbsttätig wirkender Einkammerdruckluftbremse Bauart Knorr mit Zusatzbremse sowie einer Wurfhebelbremse ausgerüstet. Alle Kuppelräder wurden beidseitig abgebremst. Speziell für die Betriebsverhältnisse auf der nei-

gungsreichen Harzquerbahn erhielt die 99 222 im Jahr 1966 eine saugluftgesteuerte Druckluftbremse Bauart Hardy. Zu den bereits werksseitig eingebauten und an sich selbstverständlichen „Sondereinrichtungen" zählte der Druckluftsandstreuer; er sandete alle Kuppelräder in beiden Fahrtrichtungen. Die Loks besaßen die bei Schmalspurfahrzeugen üblichen Mittelpufferkupplungen (Kupplungsköpfe Bauart

Janney gegen solche der Bauart Scharfenberg austauschbar). Der Wasservorrat von 8 m³ war in zwei seitlichen Wasserkästen und einem Behälter unter dem Kohlekasten untergebracht. Es konnten 3 t Kohle mitgeführt werden.

Betriebseinsatz

Von 1931 an waren alle drei Lokomotiven der Rbd Erfurt unterstellt und bedienten die im Thüringer Wald gelegene Strecke Eisfeld – Niederneubrunn, deren Endbahnhof erst später den Namen Schönbrunn trug. Im Mai oder Juni 1944 wurden 99 221 und 99 223 mit Ziel Norwegen abtransportiert. Im damals von der deutschen Wehrmacht besetzten Land sollten sie auf der Strecke Thamshaven – Lökken zum Einsatz kommen. Ob sie dort wirklich – wie einige Quellen besagen – jahrelang liefen, gilt als umstritten. Hartnäckig hält sich auch die Version, die beiden Loks hätten ihr Ziel niemals erreicht, sondern lägen auf dem Grunde der Ostsee. Gesichert überliefert ist nur der weitere Lebensweg von 99 222: sie blieb bis 1966 dem Bw Meiningen zugeteilt und dampfte von der Einsatzstelle Eisfeld aus weiterhin nach Schönbrunn. Nach Stillegung ihrer Stammstrecke kam die Lok am 1. August 1966 zum Bw Wernigerode-Westerntor (Rbd Magdeburg). Gemeinsam mit den Neubauloks der BR 99.23-24 bestritt sie nun den Zugdienst auf der Harzquerbahn Wernigerode – Nordhausen, auf der nur dem Militärverkehr vorbehaltenen Brockenbahn dürfte sie dagegen höchst selten gefahren sein. 1970 änderte sich die Betriebsnummer in 99 7222 (pardon, computergerecht 99 7222-5). Ende der achtziger Jahre war die Lokomotive längere Zeit abgestellt; für den Betrieb auf der Harzquerbahn wie auch auf der inzwischen wieder mit ihr verbundenen Selketalbahn reichten die Neubauloks und die vorhandenen Maschinen der ehemaligen Nordhausen-Wernigeroder Eisenbahn (NWE) aus. Im Jahr 1991 erhielt 99 7722 dann doch noch eine Hauptuntersuchung im Raw Görlitz, immerhin stand zu diesem Zeitpunkt die Reaktivierung der Strecke zum Brocken fest.
Am 1. Februar 1993 übernahm die Harzer Schmalspurbahnen GmbH den Betrieb des größten deutschen Schmalspurnetzes und damit auch die einzige noch erhaltene 1'E1'-Einheitslok für Meterspur. Ausgerechnet ihr wurde am 21. August 1994 die Mißachtung eines planmäßigen Kreuzungsaufenthaltes in der Ausweichstelle Drängetal zum Verhängnis: mit N 8934 vom Brocken kommend, stieß sie frontal mit dem von einer Diesellok geführten N 8937 zusammen. Bei diesem Unglück wurden 39 Reisende und Eisenbahner verletzt, Lokführer und Heizer erlitten schwere Verbrennungen. Trotz der schweren Schäden an der Lokomotive war die Wiederaufarbeitung der 99 7222 aber sogleich beschlossene Sache.

Seit 1966 versieht die 99 222 ihren Dienst auf der Harzquerbahn. Bw Wernigerode, Januar 1968

REDAKTION: KONRAD KOSCHINSKI; FOTOS: KIEPER (2), SCHULZ

Die Neubauloks der Baureihe 99.23 unterschieden sich in der Konstruktion nur geringfügig von den DRG-Einheitslokomotiven der Baureihe 99.22

Baureihe 99.23 (DR 99.723-724)

Nach Ende des zweiten Weltkriegs bestand bei der DR dringender Bedarf an leistungsfähigen Schmalspurlokomotiven. Von den meterspurigen Bahnen war es insbesondere die für den Personen- und Güterverkehr im Harz bedeutsame Harzquer- und Brockenbahn, die von der DR 1949 übernommen worden war und deren Lokomotivpark der Aufstockung und Modernisierung bedurfte. Die DR erteilte daher bereits im Jahre 1950 dem VEB Lokbau Babelsberg den Auftrag zur Konstruktion einer schweren Schmalspurlokomotive, die vordringlich die veralteten Loks der Harzquerbahn ersetzen, gleichwohl aber auch auf anderen Meterspur-Strecken einsetzbar sein sollte. Als Vorbild für die Neukonstruktion sollte die Einheitslok der BR 99.22 dienen, die 1931 von der DRG in drei Exemplaren beschafft worden war. Nach dem 2. Weltkrieg stand der DR mit 99 222 nur noch eine Maschine dieser Bauart zur Verfügung, da die anderen beiden Loks von der Wehrmacht für den Kriegseinsatz beschlagnahmt und nach Norwegen verschifft worden waren, von wo sie nicht mehr zurückkehrten.
Die DR wählte für die neue Meterspur-Lok mit Recht die Eineitslok als Vorbild; denn die von Schwartzkopff durchkonstruierten

und gebauten Maschinen hatten sich hervorragend bewährt. Eine Lokomotive gleicher Konzeption, wenn auch nach modernen Grundsätzen gefertigt, versprach von vornherein Erfolg. Die an der ursprünglichen Konstruktion für die Neubaulok vorgenommenen Änderungen waren denn auch kaum prinzipieller, sondern vielmehr technologischer Natur und berücksichtigten neben den Fertigungsverfahren der Nachkriegszeit auch die neuen Einsatzbedingungen der Lokomotiven. Wenn die Konstruktion der Neubaulok 1951/1952 für ein ganzes Jahr unterbrochen wurde, so lag das weniger an auftretenden Schwierigkeiten, als vielmehr daran, daß die DR zwischenzeitlich wichtige konstruktive Vorarbeiten für ihre Normalspur-Neubauloks als vorrangig betrachtete.

Konstruktion

Die endgültige Ausführung der Neubaulok unterschied sich nur geringfügig von dem ersten, 1951 im Lokausschuß der DR diskutierten Projekt. Desgleichen waren auch die Unterschiede zur Einheitslok der Baureihe 99.22 nicht erheblich. Gleich jener besaß die Neubaulok fünf gekuppelte Radsätze. Statt des vorderen und hinteren

Bisselgestells hatte man je ein Krauss-Helmholtz-Gestell vorgesehen. Der Rahmen der Neubaulok war als geschweißter Blechrahmen ausgebildet, ebenso waren Kessel, Führerhaus und Vorratsbehälter vollständig geschweißt. An die Stelle des Oberflächenvorwärmers der BR 99.22 trat bei der Neubaulok ein Mischvorwärmer mit Kolbenverbund-Mischpumpe. Alle anderen Abweichungen betrafen Details und änderten nichts an der Tatsache, daß es sich bei

TECHNISCHE DATEN

Bezeichnung			99.23-24
	ab 1970		99.723-724
Indienststellung (1. Jahr)			1954
Hersteller			LKM Babelsberg
Bauart			1'E h2
Spurweite		mm	1000
Länge über Puffer		mm	11730
Leermasse		t	47,3
Dienstmasse		t	65,0
Reibungsmasse		t	47,5
Verdampfungsheizfläche		m²	95,5
Strahlungsheizfläche		m²	10,4
Überhitzerheizfläche		m²	30,0
Betriebsstoffvorräte	Kohle	t	4
	Wasser	m³	8
Höchstgeschwindigkeit		km/h	40

Die Harzquerbahn war schon seit jeher das Haupteinsatzgebiet für die Neubaulokbaureihe 99.23

der Neubaulok im Prinzip um einen modernisierten Nachbau der Einheitslok handelte. Dem trug die DR auch insofern Rechnung, als sie für die neue Meterspur-Lok die Bezeichnung 99.23 vergab.

Die ersten Lokomotiven der BR 99.23 wurden 1954 gebaut; die Fertigung wurde bis Ende 1956 fortgesetzt. Von den durch LKM gefertigten 21 Maschinen erhielt die DR jedoch nur 17. Aus heute nicht mehr nachvollziehbaren Gründen wurden vier Loks des Baujahres 1956 in die UdSSR geliefert. Sehr wahrscheinlich hing diese Transaktion mit der Begleichung nachträglicher Reparationsforderungen an die DDR zusammen.

Die 17 an die DR gelieferten Loks wurden als 99 231 - 247 in den Betriebspark eingereiht. Das zweite Baulos erhielt statt der Krauss-Helmholtz-Lenkgestelle ab Werk Eckhardt-II-Lenkgestelle. Im Prinzip waren das durch zusätzliche Beugniot-Hebel ergänzte Krauss-Helmholtz-Gestelle. Diese Änderung am Laufwerk nahm man vor, um die Bogenläufigkeit der Maschinen zu verbessern. Besonders auf der Harzquerbahn mit ihren engen Kurvenradien waren die mit Krauss-Helmholtz-Gestellen ausgerüsteten Loks häufig entgleist. Das geänderte Laufwerk der zweiten Lieferung beseitigte diesen Übelstand. Auch die ersten Maschinen wurden nachträglich mit Eckhardt-II-Lenkgestellen versehen.

Weitere Bauartänderungen waren von untergeordneter Bedeutung und wurden von der DR in gleicher oder ähnlicher Weise auch an anderen Dampflok-Baureihen durchgeführt. Das betraf etwa den Austausch der Müller-Schieber durch solche der Bauart Trofimoff, die Anordnung zusätzlicher Waschluken am Kessel oder auch den Einbau von Reflexglas-Wasserständen der Bauart Cardo. An der Grundkonzeption der Baureihe änderte sich durch diese Maßnahmen, die im Rahmen fälliger Raw-Zuführungen erfolgten, nicht das geringste. Zwei Bauartänderungen sollen hier noch erwähnt werden, weil sie auch äußerlich sichtbar in Erscheinung traten: Die im Anlieferungszustand vorhandenen Radkörper der Laufräder mit fünf Speichen wurden später durch Radkörper mit sieben Speichen ersetzt, um den gehäuft aufgetretenen Anbrüchen zu begegnen. Das Raw Görlitz tauschte nach und nach die ursprünglichen gekümpelten Rauchkammertüren (die bei einigen, jedoch nicht bei allen Loks einen Zentralverschluß besaßen) gegen Türen in Schweißausführung aus. Die Gründe waren, wie bei anderen Baureihen auch, Alterungserscheinungen an den ursprünglichen Rauchkammertüren.

Betriebseinsatz

Wesentlich bedeutender für den Betriebsdienst als alle Detailänderungen an den Maschinen war der ab 1976 erfolgte Einbau der Ölhauptfeuerung. Er erfolgte zu einer Zeit, als alle 17 Loks der BR 99.23-24 längst auf der Harzquerbahn Dienst taten und abzusehen war, daß sie noch für einen langen Zeitraum den Hauptanteil des Betriebes bewältigen müßten. Erste Lokomotive mit Ölhauptfeuerung war die 99 244. Nach erfolgreicher Erprobung erhielten bis Ende 1980 auch die anderen 16 Maschinen die Ölfeuerung. Im Prinzip entsprach die Ölfeuerung derjenigen der Normalspurloks, wies jedoch einige Vereinfachungen auf. Die ölgefeuerten Maschinen der BR 99.23 waren damit die leistungsfähigsten Schmalspurloks, die je auf deutschen Bahnen zum Einsatz gelangten.

Die DR machte den Umbau auf Ölfeuerung auch durch eine Veränderung der Betriebsnummern kenntlich. Hatten die Loks ab 1970 entsprechend dem EDV-Umzeichnungsplan die Nummern 99 7231 – 7247 getragen, so wurden sie nunmehr als 99 0231 – 0247 bezeichnet. Die Ölloks bewährten sich ausgezeichnet, doch Ende 1981 verfügte die HvM der DR die Abstellung aller ölgefeuerten Dampflokomotiven, um „volkswirtschaftlich wertvolles Heizöl einzusparen", wie es offiziell hieß. Für die Schmalspurloks der BR 99.23, auf die man nicht verzichten konnte, wurde der Rückbau auf Rostfeuerung angeordnet. So resultierte als Kuriosum, daß unmittelbar nach Ablieferung der letzten auf Ölfeuerung umgebauten Lok durch das Raw die erste Maschine dem Ausbesserungswerk zwecks Rückbaus zugeführt wurde. Der Rückbau war 1982 beendet, und die Maschinen trugen seitdem wieder die Betriebsnummern 99 7231 – 7247.

Nicht alle Loks der BR 99.23 taten von Anfang an Dienst auf der Harzquerbahn. Vielmehr hatte man 99 236 und 99 237 ab Werk zum Einsatz auf der Strecke Eisfeld – Schönbrunn verfügt. 1956 gesellten sich noch 99 231 und 99 235 hinzu; letztere kam von der Strecke Gera-Pforten – Wuitz-Mumsdorf nach Eisfeld. Beim Bw Gera-Pforten waren kurzfristig außerdem noch 99 233 und 99 234 beheimatet. Nach Stillegung der Strecke Eisfeld – Schönbrunn 1973 gehörten alle 17 Loks zum Bw Wernigerode Westerntor. 1992 sollten die Maschinen nach dem gemeinsamen Umzeichnungsplan DR/DB neue Nummern erhalten; doch diese Umzeichnung unterblieb ebenso wie der beabsichtigte Wiedereinbau der Ölhauptfeuerung, weil die Reprivatisierung der Harzquerbahn kurz bevorstand. Seit Februar 1993 befinden sich alle 17 Neubauloks der BR 99.23 im Eigentum der Harzer Schmalspurbahnen GmbH, die die Loks weiter unter ihrer Reichsbahn-EDV-Nummer führt. Lediglich 99 247 als „heimliche Traditionslok" ist mit alter DR-Nummer ohne EDV-Kontrollziffer auf ihrer Stammstrecke eingesetzt.

Fast noch fabrikneu: 99 247 im Bf Eisfelder Talmühle (25. Juli 1958)

REDAKTION: HANS WIEGARD; FOTOS: SLG. VÖLK, TRUNK, SLG. REIMER

Nur auf Spezialwagen können die 900-mm-Lokomotiven ihr Heimat-Bahnbetriebswerk erreichen: 99 2323 am 7. August 1983 im Bw Rostock

Baureihe 99.32 (DR 99.232/DBAG 099.901-903)

Von den Großherzoglichen Staatseisenbahnen in Mecklenburg-Schwerin übernahm die Deutsche Reichsbahn auch die 900 mm-Schmalspurbahn von Bad Doberan nach Arendsee. Sie wurde im Jahre 1886 auf dem 6,6 km langen Abschnitt Bad Doberan – Heiligendamm, in der heute unvorstellbaren Zeit von nur sieben Wochen von der bekannten Eisenbahnbaufirma Lenz & Co. erbaut, und im Jahre 1910 über Brunshaupten bis Arendsee verlängert. (Beide Orte wurden 1938 zum Ostseebad Kühlungsborn vereinigt.) Die Strecke, oft „Molli" genannt, dient weitgehend touristischen Zwecken, allerdings spielt auch der Berufs- und Schülerverkehr noch eine gewisse Rolle. Übrigens wurde am 7. August 1993, anläßlich der Wiedereröffnung Kontinentaleuropas ältester Galopprennbahn bei Bad Doberan, auch der Haltepunkt gleichen Namens wieder in Betrieb genommen. „Molli" hält hier aber nur an den Renntagen, 1994 zwei an der Zahl. Die Bahn ist im Kursbuch unter der Nummer 157 zu finden, und bis zu 15 Zugpaare am Tag garantieren, daß man nie allzulange auf eine Fahrgelegenheit warten muß. Doch nun zu den Lokomotiven.

Die in den Jahren 1923 – 24 beschafften mecklenburgischen T 4² (99.31), laufachslose D-Kuppler, konnten anscheinend nicht befriedigen, denn schon Anfang der dreißiger Jahre erteilte die DR der Lokomotivfabrik Orenstein & Koppel (O&K) den Auftrag, drei neue Lokomotiven für die Bäderbahn zu entwickeln. Im ursprünglichen Typisierungsplan waren diese zwar nicht vorgesehen, aber durch die Verwendung vieler Baugruppen und genormter Teile aus dem Einheitslokprogramm kann man sie durchaus zu diesen rechnen. O&K lieferte die Maschinen mit den Fabriknummern 12400 bis 12402 im Jahre 1932 an die DRG. Im Einsatz zeigten sie sich ihren Vorgängerinnen überlegen. Mit ihren 1.100 mm großen Kuppelachsen konnte die größte Geschwindigkeit auf 50 km/h festgesetzt werden, zum damaligen Zeitpunkt die schnellste Schmalspurdampflok in Deutschland; nur noch die bekannte 99 6001 der Harzquerbahn erreichte später dieselbe Höchstgeschwindigkeit.

Das jeweils führende Bisselgestell sorgte für eine gute Führung im Gleis, ein gewaltiger Fortschritt gegenüber den großen überhängenden Massen der T 4². Diese wurden von den 99.32 auch alsbald in den Reservedienst verdrängt. Nur wenn mehr als eine 1'D1' nicht zur Verfügung stand, mußten diese einspringen. Schließlich

konnte auch die alte Reservelok, die mecklenburgische T 7 mit der Reichsbahnnummer 99 302, noch im Jahre 1932 ausgemustert werden. Zwei T 42, die 99 312 und 313 blieben übrigens bis 1961 als Reservemaschinen in Kühlungsborn West, und wurden von den beim VEB Karl Marx Babelsberg Anfang der fünfziger Jahre gebauten ehemaligen SDAG-Wismut-Lokomotiven der Baureihe 99.33 (heute 099 904 und 905) abgelöst, die allerdings auch die Aufgabe ihrer Vorgänger übernehmen mußten: Reservelok!

TECHNISCHE DATEN

Bezeichnung			
	bis 68/70		99.32
	70-91 (DR)		99.232
	ab 1992		099 901-903
Indienststellung 1.Jahr			1932
Hersteller			O&K
Bauart			1'D1h2
Spurweite		mm	900
Länge über Puffer (Kupplung)		mm	10.595
Dienstmasse (bei 2/3 Vorräten)		t	43,7
Reibungsmasse		t	31,8
Betriebsvorräte	Kohle	t	1,7
	Wasser	m³	3
indizierte Leistung Leistung		kWi	340
Höchstgeschwindigkeit		km/h	50

Berühmt wurde die als „Molli" bekannte Schmalspurbahn durch die Bad Doberaner Ortsdurchfahrt

Äußerlich machen die 99.32 einen gefälligen Eindruck, eine gewisse Ähnlichkeit mit der Normalspurlokomotive gleicher Achsfolge Baureihe 86 läßt sich kaum leugnen. Wegen der Profilverhältnisse der Strecke mußte das Führerhaus im oberen Bereich stark eingezogen werden. Durch die Stadt Bad Doberan fährt „Molli" so wie andernorts die Straßenbahn, deshalb wurde ursprünglich nicht nur vor dem Schornstein ein Läutewerk angebracht, sondern auch ein zweites hinten auf dem Kohlenkasten, doch den Anwohnern war dieses Gebimmel auf die Dauer zu laut, so daß die hintere Glocke entfernt werden mußte. Eine frühe Form des Umweltschutzgedankens war an der Ursprungsausführung der Lokomotiven zu finden: Mit einer über Seilzüge betätigten Klappe konnte die Schornsteinöffnung verschlossen werden, lästige Abgase sollten so aus den Straßen Bad Doberans ferngehalten werden. Einmal davon abgesehen, daß nun die Rauchgase, denen der vorgedachte Weg durch die Esse jetzt versperrt war, sich den Weg über die Feuerbüchse durch den Führerstand ins Freie suchten und somit das Lokpersonal peinigten, führte die Dank abgedeckeltem Schornstein unvollständige Verbrennung nur zu weiterer Verqualmung der Umwelt. Die Klappe auf dem Schornstein war nicht von langer Dauer.

Wie weit die Verbundenheit der Bevölkerung und der von ihr gewählten Repräsentanten mit der Bahn geht, zeigt die Tatsache, daß eine vom „Molli" befahrene Straße, die ehemalige Thälmannstraße, nach ihm benannt worden ist. Bei der Mollistraße ist zumindest eine Geschlechtszuordnung eindeutig, bei „Molli" sind sich die „Experten" bis heute nicht einig: heißt es nun die, der oder gar das „Molli"?

Die mittlerweile klassischen „Molli"-Lokomotiven mußten sich in ihrer nunmehr über sechzigjährigen Laufbahn natürlich auch einige Änderungen gefallen lassen: So waren die ursprünglich angebauten Graugußzylinder Mitte der siebziger Jahre verschlissen und sind im Raw Görlitz durch Schweißkonstruktionen ersetzt worden.

Die Regelkolbenschieber wurden nach dem Krieg durch Druckausgleichkolbenschieber Bauart Müller ersetzt, heute sind, wie bei allen DB-Schmalspurdampflokomotiven, Trofimoff-Schieber Bauart Görlitz eingebaut. Anläßlich einer Hauptuntersuchung in Görlitz-Schlauroth erhielt 099 903 einen neuen geschweißten Kessel. Am 22. September 1994, zwei Tage nach ihrer Lastprobefahrt, kam sie wieder zum Einsatz. An dem mittlerweile über sechzigjährigen Führerhaus steht hochaktuell: Deutsche Bahn, GB Traktion, Rostock.

Konstruktion

Die Lokomotiven besitzen einen genieteten Kessel aus zwei Schüssen mit 3.500 mm Rohrlänge. Der maximale Kesseldruck beträgt 13 bar. Der Dampfdom mit Naßdampfventilregler Bauart Schmidt-Wagner sitzt auf dem zweiten Kesselschuß, davor liegt der Sandkasten mit Druckluftsandstreuer Bauart Borsig-Reichsbahn und sandet bei Vorwärtsfahrt die erste und zweite Kuppelachse, bei Rückwärtsfahrt die dritte und zweite Kuppelachse jeweils von vorn. Gespeist wird der Kessel durch zwei saugende Dampfstrahlpumpen Bauart Strube von jeweils 125 l/min Förderleistung. Im Gegensatz zu den Einheitslokomotiven ihrer Zeit bekam die 99.32 einen genieteten Blechrahmen. Die Lokomotive ist in vier Punkten auf das Laufwerk abgestützt. Die vor- und nachlaufenden Bisselgestelle mit 550 mm Raddurchmesser haben einen Seitenausschlag von 20 mm, die vier Kuppelachsen mit 1.100 mm Raddurchmesser sind fest im Rahmen gelagert. Die Treibachse weist 15 mm Spurkranzschwächung auf. Die Zwillingsdampfmaschine einfacher Dampfdehnung hat waagerecht liegende Außenzylinder mit einem Kolbendurchmesser von 380 mm bei 550 mm Hub und treibt die dritte Kuppelachse an. Die Lokomotiven besitzen außenliegende Heusingersteuerung mit Kuhnscher Schleife und Kolbenschiebern der Regelbauart für innere Einströmung sowie Druckausgleichern mit Eckventilen. Nach dem Krieg wurden die Regelkörperschieber gegen Druckausgleichkolbenschieber der Bauart Müller ausgetauscht, heute fahren die Maschinen mit Trofimoffschiebern der Bauart Görlitz. Die Zweikammerdruckluftbremse mit Zusatzbremse Bauart Knorr bremst alle Kuppelachsen einseitig von vorn, die Laufachsen sind ungebremst.

Betriebseinsatz

Seit ihrer Ablieferung 1932 zum Bahnbetriebswerk Rostock, Einsatzstelle Arendsee (heute Kühlungsborn West) blieben die Lokomotiven, von gelegentlichen Aufenthalten in Ausbesserungswerken abgesehen, immer auf ihrer Stammstrecke. Täglich sind zwei Maschinen im Einsatz, die dritte ist Reservelok.

Die zulässige Fahrzeugumgrenzung bedingte die schrägen Führerhauswände. Doberan, Juni 1966

REDAKTION: MEINHARD STRECK; FOTOS: U. WEHMEYER, GLÖCKNER, KIEPER

Auf der Schmalspurstrecke Oschatz – Mügeln – Kemmlitz besorgen die kleinen IV K-Meyer-Lokomotiven noch immer die gesamte Zugförderung.

099.70-71 (ex 99.15-16)

Ende des 19. Jahrhunderts waren in Sachsen etwa 20 Schmalspurbahnen von 750 mm Spurweite mit einer Gesamtlänge von 384 km in Betrieb. Die kleinen Dreikuppler der Gattung I K konnten den gestiegenen Anforderungen im Zugdienst nicht gerecht werden, die Lokomotiven der Gattungen II K und III K kamen aufgrund ihrer komplizierten Konstruktion und geringen Leistung als Ablösevarianten nicht in Betracht. Die Erwartungen an eine neue Schmalspurlokomotive waren für damalige Verhältnisse hoch: größerer Kessel als bei den Vorgängern, vier gekuppelte Achsen, befahrbarer Bogenhalbmesser 40 Meter. Die „Hausfirma" der Königlich Sächsischen Staatseisenbahn, die Sächsische Maschinenfabrik vorm. Richard Hartmann in Chemnitz, entwickelte mit der IV K jene Lokomotive, die diesen Ansprüchen gerecht werden sollte. Sie war als Vierzylinder-Verbund-Naßdampflokomtive mit zwei Triebdrehgestellen (vorderes mit Niederdruckzylindern, hinteres mit Hochdruckzylindern) ausgeführt.

Mit insgesamt 96 Maschinen wurde zwischen 1896 und 1921 die größte Serie deutscher Schmalspurlokomotiven beschafft. In dieser langen Zeit ergaben sich

nur geringe Bauunterschiede. Von der Kgl.Sä.Sts.E.B. erhielten die IV K die Bahnnummern 103 bis 198; die DRG übernahm 91 Maschinen und reihte sie gemäß Umzeichnungsplan von 1925 als 99 511 bis 608 ein, wobei die Ordnungsnummern 547-550, 559, 560 und 580 unbesetzt blieben. Diese Lokomotiven waren nach dem ersten Weltkrieg auf dessen südöstlichen Schauplätzen geblieben; zum Teil auf 760 mm umgespurt, kamen sie in Rumänien, Jugoslawien und Ungarn zum Einsatz.

Auch nach dem Erscheinen neuer, leistungsfähigerer Schmalspurlokomotiven wurden die IV K nicht arbeitslos. 1962 entschloß sich die Hauptverwaltung der Maschinenwirtschaft, die teilweise über 60 Jahre alten IV K einer Generalreparatur zu unterziehen. Bis 1967 wurden 30 Loks umgebaut; sie erhielten im Raw „Deutsch-Sowjetische Freundschaft" Görlitz neue Kessel in Schweißausführung und teilweise neue Rahmen.

Konstruktion

Der Langkessel besteht aus zwei Schüssen mit 3.500 mm Abstand zwischen den Rohrwänden. Bei der Generalreparatur wurde er gegen einen neuen Kessel in

Schweißausführung getauscht. Auf dem 1. Kesselschuß war ursprünglich ein Verteilerdom, auf dem zweiten der hohe Dampfdom angeordnet. Der Verteilerdom fiel nach der Generalreparatur weg, der Dampfdom erhielt eine flache Decke und zwei Sicherheitsventile der Bauart Ackermann. Als Speiseeinrichtungen sind zwei nichtsaugende Dampfstrahlpumpen der Bauart Friedmann (40 l/min) sowie vorn links und rechts vorn Pulsometer zum direkten Wasserfassen installiert. Auf dem

TECHNISCHE DATEN

Bezeichnung	ab 1992	099.70-71
	1970-1991	99 1551-1608
	bis 1970	9951-60
Indienststellung (1. Jahr)		1891
Rekonstruktion (1. Jahr)		1963
Hersteller		Hartmann, Chemnitz
Rekonstruktion		Raw Görlitz
Bauart		B'B'n4v (Bauart Meyer)
Spurweite	mm	750
Länge über Puffer	mm	9.000
Dienstmasse		
(bei 2/3 Vorräten)	t	25,5 – 28,5
Betriebs-Kohle	t	1,02
vorräte Wasser	m³	2,4
indizierte Leistung	kW	ca. 147
Höchstgeschwind.	km/h	30

Die 099 701 ist in Radebeul Ost beheimatet. Speziell für die Traditionszüge wurde sie in ihren Ursprungszustand als IV K Nr. 132 zurückversetzt.

Kesselscheitel befinden sich der typische hohe Schornstein und davor, über der Rauchkammer, das Dampfläutewerk der Bauart Latowski. Der Sandkasten hinter dem Dampfdom entfiel nach der Generalreparatur. Ursprünglich besaßen die IV K keine elektrische Beleuchtung; der Turbo-Dampfgenerator wurde erst zu DRG-Zeiten angebracht – zuerst quer vor dem Schornstein, später längs auf der Rauchkammer.

Der Hauptrahmen ist aus 13 mm starkem Blech gefertigt; die Neubau-Rahmen aus den sechziger Jahren sind geschweißt. Der vordere Drehgestellrahmen ist als Innenrahmen, der hintere als Außenrahmen ausgeführt. Die beiden zweiachsigen Triebdrehgestelle der Bauart Günther Meyer sind durch Zugeisen miteinander verbunden, deren Gelenkpunkte unter den Rohrgelenken der Dampfverbindungsleitungen liegen, damit die Rohrgelenke und Stopfbüchsen vor Stößen geschützt werden. Die Drehgestelle haben jeweils 1.400 mm Achsabstand. Ihre Tragfedern sind oberhalb der Achslager und innerhalb des Drehgestells durch Ausgleichshebel verbunden. Die Hochdruckzylinder im hinteren Drehgestell treiben die 2. Kuppelachse, die Niederdruckzylinder im vorderen Drehgestell die 1. Kuppelachse an. Die Dampfverteilung erfolgt mittels Flachschieber. Beide Drehgestelle besitzen eine außenliegende Heusinger-Steuerung mit gemeinsamer Umsteuerung.

Die Wurfhebelbremse wirkt auf die Achsen des hinteren, die Dampfbremse auf die des vorderen Drehgestells. Auf jeder Lok sind die Einrichtungen der Heberlein-Seilzugbremse für den Wagenzug vorhanden. 1910 wurde die Saugluftbremse Bauart Körting als Lok- und Zugbremse eingeführt. Für den Einsatz auf der Insel Rügen erhielten einige Maschinen vorübergehend eine Einkammerdruckluftbremse Bauart Knorr, wozu Luftbehälter längs auf dem Kesselscheitel angebracht wurden.

Die IV K befördern auf 10 Promille Steigung 170 t mit 30 km/h, auf 33 Promille Steigung immer noch 75 t mit 10 km/h.

Betriebseinsatz

Die IV K waren jahrzehntelang unverzichtbar. Auf einigen Linien konnten sie nie durch modernere Maschinen abgelöst werden, weil deren Achslast zu hoch ausfiel oder ihre Bogenläufigkeit nicht reichte. So fuhren die IV K unter anderem auf den Strecken Wolkenstein – Jöhstadt, Wilkau-Haßlau – Carlsfeld, Grünstädel – Oberrittersgrün und Mulda – Sayda bis zur Stilllegung.

Nicht nur der erste Weltkrieg riß Lücken in den Park, auch der zweite Weltkrieg brachte Verluste. Daher führte die DR nach 1945 in ihrem Bestand nur noch 57 einsatzfähige IV K. Zeitweise fuhren sie auch außerhalb von Sachsen – auf der Insel Rügen, im Burger Schmalspurnetz, zwischen Glöwen und Havelberg und zwischen Senzke und Nauen. Einige gelangten als Werklokomotiven zum Mansfeld-Kombinat.

1970 wurde vor die dreistellige Ordnungsnummer eine „1" gestellt, seit dem 1.1.1992 laufen die letzten IV K unter den Betriebsnummern 099 701 bis 713. Planmäßig werden sie noch immer auf der Strecke Oschatz – Mügeln – Kemmlitz im Güterzugdienst eingesetzt. Die 099 701 (ex 99 539, ex sä. 132) zieht auf der Strecke Radebeul Ost – Radeburg (KBS 509) Traditionszüge. Dazu wurde sie – soweit als technisch möglich – in ihren Ursprungszustand zurückversetzt. Auf der Strecke Cranzahl – Kurort Oberwiesenthal (KBS 518) wird die 099 711 (ex 99 586) vorgehalten.

Mehrere IV K landeten in Museen oder auf Denkmalsockeln, einige stehen im Dienst von Museumsbahnen oder dienen als Heizlok.

BEHEIMATUNGEN

Bahnbetriebswerk Aue (Sachs), Einsatzstelle Cranzahl
Bahnbetriebswerk Nossen, Einsatzstellen Mügeln und Radebeul Ost

REDAKTION: CHRISTOPH WALTHER; AUFNAHMEN: MEHNERT, HEILMANN

Die Lokomotiven der Reihe 99.73 sind neben den 900-mm-Maschinen des „Molli" die letzten planmäßig eingesetzten Einheitsdampfloks der DB AG

Baureihe 99.73 (DR 99.173-176/DB AG 099.72-73)

Die DRG übernahm von den sächsischen Staatseisenbahnen ein 520 km langes Schmalspurnetz mit 750 mm Spurweite, auf denen um 1923 insgesamt 159 Dampflokomotiven ihren Dienst verrichteten. Deren älteste, die Gattungen I K von 1881 und die III K von 1889, schieden bis 1928 aus. Am zahlreichsten war die Gattung IV K von 1892 – 1921 mit 91 als 99 511 – 608 übernommenen Lokomotiven. Im Jahre 1919 erwarb die sächsische Staatsbahn 15 für die Heeresfeldbahnen gebaute Lokomotiven von Henschel. Diese modernen Fünfkuppler der Gattung VI⁻K kamen als 99 641 – 655 in den Bestand der DRG. Die ließ zwischen 1923 und 1927 noch 47 Lokomotiven nachbauen, hiervon kamen 42 nach Sachsen, die restlichen nach Württemberg. Als Nachfolger vor allem für die zahlreichen älteren sächsischen Typen wurde unter Berücksichtigung der teilweise schwierigen Steigungsverhältnisse der im Erzgebirge und im Zittauer Gebirge liegenden Bahnen eine 1'E1'-Lokomotive als 99.73 bereits in den ersten Typenplan für die Einheitslokomotiven mit aufgenommen.

Im August 1927 erging an die Sächsische Maschinenfabrik, vormals R. Hartmann, in Chemnitz der Auftrag zum Bau von zehn Lokomotiven als 99 731 – 740, im November 1928 wurden drei weitere als 99 741 – 743 bestellt. Diese 13 Fahrzeuge konnten von November 1928 bis April 1929 geliefert werden, anschließend schloß Hartmann aufgrund der Wirtschaftskrise seine Werkstore für immer. Die Baukontingente übernahm die Berliner Maschinenbau-AG, vormals Schwartzkopff und lieferte zwischen Ende 1929 weitere sieben, aus Gründen der Lastverteilung leicht abgeänderte Lokomotiven als 99 744 – 750. Eine letzte Bestellung umfaßte die zwischen Mai und November 1933 gelieferten 99 751 – 762. Damit war der endgültige Bestand von 32 der im Volksmund in Fortführung der sächsischen Gattungen als VII K bezeichneten Lokomotiven erreicht.

Alle Lokomotiven überstanden den Zweiten Weltkrieg, allerdings mußten im Jahre 1945 mit 99 736 und 753 zwei Lokomotiven in die UdSSR abgegeben werden. Weitere acht Lokomotiven, 99 733, 737, 744, 748, 751, 752, 755 und 756 kamen als Reparationsleistung 1945/46 zum metallurgischen Kombinat Beloretzk im Ural, so daß zu Beginn des Jahres 1946 noch 22 Lokomotiven im Einsatz standen. Da auch der Bestand der ehemaligen VI K stark dezimiert war, stand der Bau von Neubaulokо-

motiven für die Schmalspurbahnen der DR an vorderer Stelle. Im Juli 1952 wurde die erste, den Einheitslokomotiven in den Hauptabmessungen weitgehend entsprechende Neubaulok der DR übergeben; bis März 1957 entstanden insgesamt 24 Lokomotiven 99 771 – 794.

Zu Beginn der sechziger Jahre zeigten sich an den Kesseln der Einheitslokomotiven starke Schäden, so daß man sich zur Neubekesselung von vierzehn Lokomotiven (99 731, 734, 735, 741, 746, 747, 749, 750, 757 – 762) in den Jahren 1963 – 1966 entschloß. Die Kessel lieferten die Raw Cott-

TECHNISCHE DATEN

Bezeichnung	bis 1970		99.73
	1970-1991		99.1731 –1762
	ab 1992		099 722 – 735
Indienststellung (1.Jahr)			1928
Hersteller			Hartmann/BMAG
Bauart			1'E1'h2
Spurweite		mm	750
Länge über Puffer (Kupplung)		mm	10.540
Dienstmasse (bei 2/3 Vorräten)		t	56,7
Reibungsmasse		t	46,1
Betriebsvorräte	Kohle	t	2,5
	Wasser	m³	5,8
indizierte Leistung		kWi	600
Höchstgeschwindigkeit		km/h	30

Die 99.73 des Zittauer Schmalspurnetzes (unser Bild: Bahnhof Bertsdorf) erhielten Ölfeuerungen

bus und Halberstadt. sie entsprachen weitgehend den Originalkesseln, die Halberstädter Kessel waren weitgehend geschweißt. Aufgrund des sinkenden Bedarfs wegen Streckenstillegungen wurden zwischen Juli 1964 und August 1967 fünf Lokomotiven mit Altbaukessel, 99 738, 739, 742, 743 und 754, abgestellt und 1967/68 ausgemustert. Die drei verbliebenen Altbaukessel-Lokomotiven 99 732, 740 und 745, bekamen nach erfolgten Untersuchungen eine Gnadenfrist, wurden jedoch in den Jahren 1973/74 ebenfalls abgestellt und ausgemustert. Der verbliebene Bestand von 14 Lokomotiven, der 1970 bereits erstmals auf die EDV-gerechten Nummern 99 1731 – 1762 umgezeichnet wurde, erlebte auch die Umzeichnungsaktion des Jahres 1992 im Zuge der Zusammenführung beider deutscher Bahnen in 099 722 – 735.

Versuchsweise erhielt die Lokomotive 99 1760 (099 733) des Bw Zittau im Januar 1992 eine Leichtöl-Feuerung, um neben der Erleichterung der Arbeit des Lokpersonals einen besseren Wirkungsgrad und eine höhere Umweltverträglichkeit zu erzielen. Nach den erfolgreichen Erprobungen wurden zwischen Juli 1992 und April 1993 vier weitere Altbaulokomotiven, 099 724, 728, 729 und 731 sowie die Neubaulok 099 751 mit der Leichtölfeuerung ausgerüstet. Ihr Einsatz erfolgt ausnahmslos beim Bw Zittau.

Konstruktion

Die Zweizylinderlokomotive der Reihe 99.73 besitzt einen genieteten Barrenrahmen mit 60 mm starken Rahmenwangen. Die 1., 3. und 4. Kuppelachse sind fest im Rahmen gelagert, die übrigen um 6 mm seitenverschiebbar. Die Laufachsen sind in je einem identischen Bisselgestell gelagert und mit den beiden benachbarten Kuppelachsen über Längsausgleichhebel verbunden. Der Kessel besteht aus zwei Schüssen von 1.400 mm Durchmesser und ent-

hält 92 Heiz- und 28 Rauchrohre von je 3.500 mm Länge. Auf dem Kessel befinden sich zwei Sanddome und je ein Speise- und Dampfdom. In der Rauchkammernische vor dem doppelwandigen Schornstein befindet sich der Oberflächenvorwärmer Bauart Knorr. Das Führerhaus und die Vorratsbehälter für Wasser und Kohle seitlich des Kessels und hinter dem Führerhaus sind genietet.

Entsprechend den unterschiedlichen Bremssystemen der Schmalspurbahnen verfügten die Lokomotiven über die inzwischen ausgebaute Heberlein-Seilzugbremse, die Knorr-Druckluftbremse mit Zusatzbremse und die Körting-Saugluftbremse für den Wagenzug. Die Druckluftbremse wirkt einseitig von vorn auf die Kuppelachsen. Die Lokomotiven von Hartmann waren ursprünglich mit der Riggenbach-Gegendruckbremse ausgerüstet. Bauartunterschiede ergeben sich zwischen beiden Hartmann-Serien und den BMAG-Serien insbesondere am Führerhaus, an der Dampfheizung und der Anordnung der Hauptluftbehälter. Die 99 731 – 743 hatten urprünglich Gasbeleuchtung, wurden aber 1931/32 entsprechend den restlichen Loks auf elektrische Beleuchtung umgestellt. Für den Einsatz auf den Nebenbahnen ist neben der Dampfpfeife auch ein Druckluftläutewerk vorhanden.

Betriebseinsatz

Nach den Probefahrten zur Abnahme kamen die Fahrzeuge zuerst bei den Bw Chemnitz-Hilbersdorf, Außenstelle Thum, Kirchberg, Ast. Oberwiesenthal und Zittau zum Einsatz. Ab 1931 waren zehn Lokomotiven in Wilsdruff, Ast. Hainsberg stationiert. Weitere Einsatzgebiete waren, teilweise zur Aushilfe, Klingenberg-Colmnitz, Altenberg (1932 – 1934) und Mohorn. Diese Einsatzgebiete blieben auch den nach dem Krieg der DR erhaltenen 22 Maschinen, bis in den sechziger und siebziger Jahren das Einsatzgebiet durch Streckenstillegungen ständig schrumpfte. Somit bildeten ab den achziger Jahren die Strecken ab Zittau und Freital-Hainsberg die Einsatzgebiete der 14 übrigen Altbauloks. Versuchsweise kam im Juni 1977 die 99 735 nach Putbus auf die Insel Rügen. Elf Maschinen der Reihe 99.73 stehen heute im täglichen Einsatz:

099 722	= 99 731	Einsatz 1.1.1995, z 6.1.94
099 723	= 734	Freital-Hainsberg
099 724	= 735	Zittau (Öfeuerung)
099 725	= 741	Freital-Hainsberg
099 726	= 746	Freital-Hainsberg
099 727	= 747	Freital-Hainsberg
099 728	= 749	Zittau (Ölfeuerung)
099 729	= 750	Zittau (Ölfeuerung)
099 730	= 757	z 6.1.94
099 731	= 758	Zittau (Ölfeuerung)
099 732	= 759	Oberwiesenthal
099 733	= 760	Zittau (Ölfeuerung)
099 734	= 761	Freital-Hainsberg
099 735	= 762	+ 13.8.93

Die 99 1762 (Aufnahme vom 17. September 1989 bei Olbersdorf) wurde inzwischen ausgemustert

REDAKTION: AXEL ENDERLEIN; FOTOS: MOSER, SCHULZ (2)

Der Neubau einer leistungsfähigen Lok in größerer Stückzahl für die 750-mm-Schmalspurstrecken war nach dem Krieg für die DR nicht zu umgehen

Baureihe 99.77 (DR 99.17)

Das Neubauprogramm für Dampflokomotiven, welches die Deutsche Reichsbahn im Jahre 1950 verabschiedet hatte, umfaßte neben normalspurigen Loks auch zwei Baureihen von Schmalspurlokomotiven, die eine für 1000 mm, die zweite für 750 mm Spurweite. Die Neubaulok für 750 mm Spurweite war für den Einsatz auf dem sächsischen Schmalspurnetz vorgesehen. Für dieses Netz waren zwar in den Jahren 1928 – 1933 die leistungsstarken Einheitslokomotiven der BR 99.73-76 beschafft worden; doch hatte der Lokbestand bei Kriegsende durch Reparationsabgaben erhebliche Einbußen erlitten. Nicht nur an den Einheitslokomotiven der BR 99.73 hatte sich die sowjetische Besatzungsmacht reichlich bedient, sondern ebenso an den Maschinen der ehemals sächsischen Länderbahn-Bauarten IV K und VI K, von denen eigentlich jede einzelne Lok für den Betriebsdienst unentbehrlich war. Zwar hatte man versucht, durch Aufarbeitung einiger vorgefundener Loks unterschiedlicher Herkunft den akuten Lokmangel etwas zu mildern; doch eine durchgreifende Lösung des Problems wurde damit nicht erreicht. Besonders schmerzlich wurde der Verlust zahlreicher Einheitsloks der BR 99.73 spür

bar; denn die noch verfügbaren Maschinen anderer Baureihen reichten nicht an die Leistungsfähigkeit der Einheitslok heran und konnten deren Zugmassen nicht bewältigen. Der Neubau einer leistungsfähigen Lok in größerer Stückzahl, die die Lücken im Betriebspark schließen und in ihren Parametern dem gestiegenen Verkehrsaufkommen Rechnung tragen konnte, war daher nicht mehr zu umgehen. Wegen der hohen Dringlichkeit wurde der Bau der 750-mm-Schmalspurlok vorgezogen; sie wurde mithin zur ersten Neubaulok, die von der DR beschafft wurde.

Konstruktion

Als Vorbild für die Konstruktion der neuen Schmalspurlok diente selbstverständlich die Einheitslok der BR 99.73. Daher lehnte sich die Neubaulok in vielem an die Einheitslok an. Das betraf nicht nur die Leistungsdaten, sondern ebenso die Hauptabmessungen und die architektonische Durchbildung. Unterschiede zur Einheitslok lagen im wesentlichen darin, daß für die Neukonstruktion die Fertigungstechniken der Nachkriegszeit berücksichtigt wurden und in den Entwurf einige neue Erkenntnisse des Lokomotivbaus einflossen.

Statt des Barrenrahmens wurden für die Neubauloks geschweißte Blechrahmen vorgesehen; die Achslagerführungen sollten mit dem Rahmen verschweißt werden. Ansonsten entsprachen Lauf- und Triebwerk weitgehend der Einheitslok. Auch die Führung der Maschine durch vorderes und hinteres Bisselgestell wurde unverändert von der BR 99.73 übernommen. Die Lok erhielt einen geschweißten Kessel in

TECHNISCHE DATEN

Bezeichnung			99.77-79
	1970 - 1991		99.177-179
	ab 1992		99.73-75
Indienststellung (1. Jahr)			1952
Hersteller			LKM Babelsberg
Bauart			1'E1'h2
Spurweite		mm	750
Länge über Puffer mit Tender		mm	11300
Leermasse		t	41,5
Dienstmasse		t	58,0
Reibungsmasse		t	42,8
Verdampfungsheizfläche		m²	76,1
Strahlungsheizfläche		m²	8,3
Überhitzerheizfläche		m²	27,0
Betriebsstoffvorräte	Kohle	t	4
	Wasser	m³	5,8
Höchstgeschwindigkeit		km/h	30

Anlehnung an den der Einheitslokomotive. Der Neubaukessel wurde jedoch nicht mittels Oberflächenvorwärmer und Kolbenspeisepumpe gespeist, sondern durch zwei Dampfstrahlpumpen. Zwar hatte man im ursprünglichen Entwurf einen Mischvorwärmer vorgesehen; doch zum Zeitpunkt des Fertigungsbeginns der Neubaulok lag die Konstruktion des Vorwärmers noch nicht vor. Auch später ist kein Mischvorwärmer nachgerüstet worden; man beließ es bei den beiden Strahlpumpen. Gegenüber der Einheitslok bekam die Neubaulok einen größeren Rost, der für die Verfeuerung von Braunkohlenbriketts ausgelegt war. Der neue, geschweißte Aschkasten erhielt seitlich über die Rahmenwangen hinausreichende Behälterteile und auf jeder Seite zwei Luftklappen. Die großen Vorratsbehälter ermöglichten die Mitführung reichlicher Vorräte an Kohle und Wasser. Im Unterschied zur Einheitslok war bei der Neubaulok das Führerhaus dank neu konstruierter hoher Türen vollständig verschließbar. Alle Hilfseinrichtungen waren analog der Einheitslok ausgeführt. Die Bremsausrüstung der Neubaulok bestand aus einer saugluftgesteuerten Hardy-Bremse mit Zusatzbremse Bauart Knorr, unterschied sich also von derjenigen der BR 99.73.

Der VEB LKM Babelsberg lieferte an die DR von 1952 bis 1957 insgesamt 24 Loks, die die Baureihenbezeichnung 99.77 erhielten und mit den Nummern 99 771 – 794 in Dienst gestellt wurden. Die Neubaukessel zeigten bald nach Indienststellung der Loks erhebliche Schäden, die auf schlechte Werkstoffqualität und fehlerhafte Arbeitsausführung beim Hersteller zurückzuführen waren. Wesentlich schwerwiegender als die Kesselundichtigkeiten waren die Rahmenschäden, derenthalber man die Loks häufig außerplanmäßig dem Raw zuführen mußte. Der Rahmen der

Die großen Vorratsbehälter ermöglichten die Mitführung reichlicher Mengen an Kohle und Wasser

BR 99.77 neigte zwar nicht in dem Maße zur Rißbildung wie bei den normalspurigen Neubaulokomotiven, dafür verbog er sich aber sowohl in der Längs- als auch in der Querachse. Die Neubauloks waren und blieben erhaltungstechnisch außergewöhnlich aufwendig. Das vorgegebene Leistungsprogramm erfüllten sie jedoch ohne Anstände.

Betriebseinsatz

Ab Neulieferung bedienten die Loks vorwiegend die Strecken Freital-Hainsberg – Kipsdorf und Cranzahl – Oberwiesenthal, waren jedoch auch auf dem Thumer Netz eingesetzt. Drei Maschinen hatte man dem Bw Meiningen für den Einsatz auf der Strecke Wernshausen – Trusetal zugeteilt. das waren 99 772, 99 786 und 99 794. Auch diese Maschinen gelangten später nach Sachsen.

Von der BR 99.77 sind insgesamt 26 Loks gefertigt worden. Zwei Maschinen des Baujahres 1953 wurden jedoch nicht der DR übergeben, sondern gelangten zur Werkbahn des Mansfeld-Kombinates.

Schon 1972 schieden mit 99 774 und 99 792 die ersten Neubauloks aus dem Betrieb aus. Um der ständigen Rahmen- und Kesselschäden Herr zu werden, stellten die Rbd Dresden und das Erhaltungs-Raw Görlitz zu Beginn der 80er Jahre den Antrag, diese Großteile vollständig zu erneuern. Erst 1991/1992 fertigte das Raw Meiningen jedoch 14 neue Blechrahmen und 14 neue Kessel. Mit diesen Hauptbaugruppen hat man 99 771, 772, 773, 775, 777, 778, 779, 782, 785, 787, 788, 789, 793 und 794 de facto neu aufgebaut.

Inzwischen wurden weitere Maschinen ausgemustert. Die 99 781 befindet sich als Dauerleihgabe im Verkehrsmuseum Nürnberg. Die 99 782 und 99 784, die auf die Insel Rügen umgesetzt wurden, dürften nach der Reprivatisierung der Rügenschen Kleinbahn in das Eigentum der dortigen Bahngesellschaft übergehen. Neben einigen Loks der BR 99.73, die ab 1992 auf Leichtöl-Feuerung umgebaut wurden, hat auch die 99 787 als Erprobungsträger diese Feuerungsart erhalten. Die noch vorhandenen Neubaulokomotiven werden gemäß dem Umzeichnungsplan DR/DB, der zum 1. Januar 1992 in Kraft trat, als 099 736 – 757 bezeichnet. Die neuen Betriebsnummern lassen keine Rückschlüsse auf die ehemalige DR-Nummer zu.

Nachzutragen bleibt noch, daß in neuester Fachliteratur die BR 99.77 irreführend als „VII K Neubau" bezeichnet wird – in Anlehnung an die gleichermaßen falsche Bezeichnung der Einheitslok-BR 99.73 als „VII K Altbau". Doch hat die Einheitslok niemals eine sächsische Länderbahn-Bezeichnung getragen, und die Bezeichnung einer nach dem zweiten Weltkrieg entstandenen DR-Neubaulok mit einem derartigen Gattungsbegriff ist absurd.

Die Neubauloks der Baureihe 99.77 erfüllten das vorgegebene Leistungsprogramm ohne Anstände

REDAKTION: HANS WIEGARD; FOTOS: DOSTAL, TRUNK, HÖGEMANN

Das Dampflok-Lexikon

Die 150 wichtigsten Stichworte aus Technik und Betrieb

A **Achsfolge:** Zahl und Art der Radsätze einer Lokomotive. Laufradsätze werden mit einer arabischen Ziffer, gekuppelte Radsätze mit einem lateinischen Großbuchstaben wiedergegeben. Gezählt wird von vorn. Für einen vorderen → Laufradsatz steht eine 1, für zwei Laufradsätze (Drehgestell) eine 2. Für einen → Treibradsatz steht ein A, für einen Treib- und einen Kuppelradsatz ein B, für einen Treibradsatz und vier gekuppelte Radsätze, insgesamt also fünf gekuppelte Radsätze ein E. Hintere Laufradsätze werden entsprechend ihrer Zahl mit 1 oder 2 oder 3 bezeichnet. Seitenverschiebbare Laufradsätze werden als 1' oder 2' gekennzeichnet. Eine Güterzuglokomotive der BR 41 mit vorderem und hinterem seitenverschiebbarem Laufradsatz und vier gekuppelten Radsätzen ist also eine 1'D 1'.

Adamsachse: seitenverschiebbarer, einachsiger → Laufradsatz. Eine kreisförmige Führung der Achslagergehäuse zwingt den Radsatz, sich im Gleisbogen radial einzustellen. Ein Drehzapfen ist nicht vorhanden. Ältere Adamsachsen hatten → Rückstellvorrichtungen mit Blattfedern, neue Adamsachsen werden durch Druckstangen und Schraubenfeder zurückgestellt.

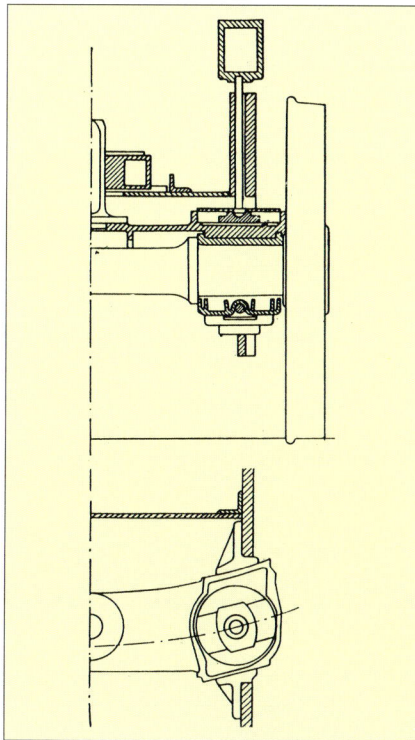

Adamsachse der ursprünglichen Bauart

Die Adamsachse ist als vorderer und hinterer Laufradsatz verwendet worden. Die BR 01 und 03 haben Adamsachsen als hinteren Laufradsatz.

Anfahrvorrichtung: für Verbundlokomotiven notwendige Einrichtung, da beim Anfahren (Öffnen des → Reglers) nur der Hochdruck-Zylinder Dampf erhält. Mit nur einem Zylinder kann die Lokomotive nicht anfahren, schon gar nicht, wenn die Kurbelstellung im Totpunkt steht. Die Anfahrvorrichtung bewirkt, daß beide Zylinder (auch der Niederdruckzylinder) mit Frischdampf beaufschlagt werden, die Lokomotive also im Zwillingsbetrieb arbeitet (→ Dultzsches Wechselventil).

Anfahrzugkraft: maximale → Zugkraft, die eine Lokomotive von Bewegungsbeginn bis zur Übergangsgeschwindigkeit entwickelt. Sie wird begrenzt durch die Zylinderleistung und den Kraftschluß zwischen Rad und Schiene. Bei einer Zwillingslokomotive entfallen auf eine Radumdrehung vier Kolbenhübe, so daß in der Anfahrphase viermal die Zugkraft gleich null ist. Bei ungünstiger Kurbelstellung und schwerem Zug verschafft sich der Lokführer durch kurzes Zurückdrücken eine günstigere Kurbelstellung und die erforderliche Zugkraft.

Geöffneter Aschkasten beim Entschlacken (018 323 des Bw Lehrte, Juli 1969)

Aschkasten: unterhalb des → Rostes angeordnet, nimmt die durch den Rost fallende Asche und Schlacke auf. Er kann durch vom Führerstand aus bedienbare und verriegelbare Klappen geöffnet und entleert werden. Der Aschkasten ist aus Blechen genietet (ältere Ausführung) oder geschweißt, besitzt Luftklappen zum Ansaugen der Verbrennungsluft und ist am Bodenring befestigt. Die moderne Bauart Stühren (bei vielen Neubau- und → Rekolokomotiven) ist am Rahmen befestigt, so daß dem Rost zwischen Bodenring und Aschkasten Verbrennungsluft zugeführt werden kann.

Ausgleichhebel: verbinden die Endpunkte der → Tragfedern der Radsätze, sind in einem festen Drehpunkt gelagert und fassen die Federn der Radsätze zu Gruppen zusammen. Stöße durch Gleisunebenheiten werden dadurch auf alle zu einer Gruppe zusammengefaßten Federn übertragen. Die Federgruppen bilden die Abstützpunkte des Rahmens gegen das Fahrwerk (Dreipunkt-, Vierpunkt-, Sechspunktabstützung). Bei den → Einheitslokomotiven der BR 41 und 45 konnte durch Umstecken der Bolzen in den Ausgleichhebeln zwischen Kuppelrad- und → Laufradsatz die Achsfahrmasse wahlweise auf 18 oder 20 t eingestellt werden.

Ausströmrohr: der Dampf strömt aus dem Zylinder über den → Schieberkasten (Ausströmkasten) in das Ausströmrohr. Die Ausströmrohre beider Zylinder werden vor dem → Blasrohr in einem Hosenrohr vereinigt.

Außenrahmen: → Blechrahmen-Bauart, bei der die Radsätze hinter den Rahmenwangen liegen. Der A. bietet den Vorteil etwas größerer Laufruhe, weil die Radsatzlager weiter auseinander liegen als beim → Innenrahmen, aber den Nachteil, schlechter versteift werden zu können. Im deutschen Lokomotivbau war der Innenrahmen üblich. Bestimmte Triebwerksbauarten bedingten jedoch den A. (z.B. → Klien-Lindner-Hohlachse). Aus Platzgründen ist der A. auch bei Lokomotivdrehgestellen verwendet worden (z.B. 05 003, 65[10]).

B **Barrenrahmen:** vom amerikanischen Lokomotivbau entwickelte Bauform aus 70 bis 100 mm dickem Walzmaterial. Der B. ist wesentlich niedriger als der → Blechrahmen, deshalb zur Aufnahme breiter → Hinterkessel geeignet. Er bietet den Vorteil der guten Zugänglichkeit innerer Triebwerks- und Kesselteile und kann besser allseitig lehrenhaltig für den Austauschbau bearbeitet werden als der Blechrahmen. Im deutschen Lokomotivbau ist der B. zuerst in Bayern eingeführt worden, später auch in Preußen. → Einheitslokomotiven besaßen, von wenigen Ausnahmen abgesehen, alle B. Er darf nur mit aufgesetztem Kessel bewegt werden.

Beugniot-Hebel: vom Franzosen Eduard Beugniot (1822-1878) 1863 erstmals verwendeter → Ausgleichhebel bei seitenverschiebbaren Radsätzen. So wird der 1. Radsatz mit dem 3. durch eine Deichsel verbunden, der 3. Radsatz mit dem 2. durch den B.-Hebel, wodurch eine gleichmäßige Verteilung der Spurkranzkräfte möglich ist (→ Schwartzkopff-Eckart-Drehgestell).

Bisselachse: nach dem Amerikaner Levi Bissel benannte Lenkachse mit Deichselgestell für Laufradsätze. Der → Laufradsatz ist in einem Deichselgestell gelagert und kann seitlich ausschwenken. Eine → Rückstellvorrichtung zwingt die B. wieder in die Mittellage. Im Gleisbogen übernimmt die B. einen Teil der Führungsarbeit.

Blasrohr: am Rauchkammerboden angeordnetes Rohr, durch das der Zylinderabdampf mit Überdruck entweicht. Das B. ist genau unter dem Schornstein angeordnet. Blasrohrmündung und Schornstein sind so aufeinander abgestimmt, daß der dem B. entweichende Dampf den Schornstein voll ausfüllt. Der ausströmende Dampf erzeugt in der → Rauchkammer einen Unterdruck, der die Rauchgase mitreißt und die zur Verbrennung erforderliche Luft durch den → Aschkasten in die → Feuerbüchse saugt. Das System regelt sich selbst, da bei höherem Dampfverbrauch auch ein höherer Unterdruck entsteht und demzufolge mehr Luft angesaugt wird.

Blechrahmen: vor Einführung des → Barrenrahmens die im Lokomotivbau übliche Rahmenform. Der B. besteht aus 25 bis 40 mm dicken Blechen, die genietet und verschraubt, im modernen Lokomotivbau verschweißt sind. Er ist leichter als der Barrenrahmen, billiger herzustellen, erreicht aber zur Erzielung der erforderlichen Steifigkeit eine größere Bauhöhe. Im Gegensatz zum Barrenrahmen bildet der B. ein selbsttragendes System und darf auch ohne aufgesetzten Kessel bewegt werden. Im modernen Lokomotivbau können auch B. lehrenhaltig für den Austauschbau gefertigt werden. Zur besseren Zugänglichkeit des Innentriebwerkes war bei verschiedenen Lokomotiven (pr. S 101) der Hauptrahmen ein B., der vordere Teil als Barrenrahmen angeschuht.

Bosch-Öler: → Einheitslokomotiven sind mit der Hochdruckschmierpumpe Bauart Bosch ausgerüstet. Der B. wird über Hebelgestänge vom linken Rad des letzten Kuppelradsatzes angetrieben und versorgt alle

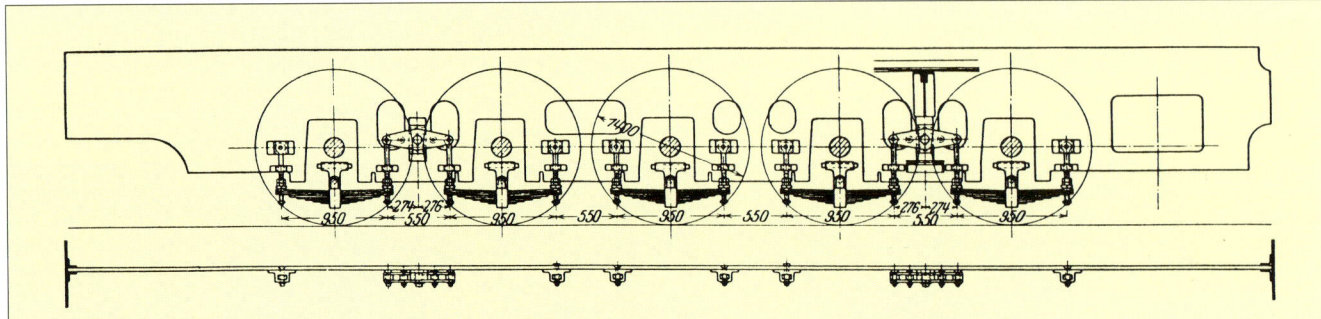

Ausgleicheinrichtung: Feder- und Hebelanordnung bei einer E-Güterzuglokomotive der preußischen Gattung G 10

unter Dampf gehenden Teile der Lokomotive mit Öl. Der B. ist auf dem Führerstand (Heizerseite) untergebracht und besitzt Tropfanzeiger, an denen sichtbar ist, ob alle abgehenden Schmierleitungen mit Öl versorgt werden.

Bremsbauart: nach ihrer Wirkung wird zwischen schnellwirkenden Bremsen (Bremsbauart I) und langsamwirkenden Bremsen (Brembauart II) unterschieden. Bremsbauart I: **P** (Personenzüge), **S** (Schnellzüge), **SS** (schnellstfahrende Züge). Bremsbauart II: **G** (Güterzüge). Handbremsen zählen zur Bremsbauart II.

C **Cardo-Wasserstand:** Neubau- und → Rekolokomotiven der DR sind mit zwei Reflexions-→Wasserstandsanzeigern Bauart Cardo ausgerüstet. Statt des Glasrohres ist eine mit Rillen versehene Glasplatte vorhanden, die infolge der verschiedenen Lichtbrechung den dahinter liegenden Wasserraum dunkel, den darüber liegenden Dampfraum hell anzeigt. Verbrühungen des Personals durch ein geplatztes Glasrohr sind ausgeschlossen.

Crampton-Kessel: nach dem Engländer Thomas Russel Crampton (1816-1888) benannte Bauform des → Hinterkessels, bei dem sich der → Stehkessel mit kreisförmig gewölbter Stehkesseldecke glatt an den Langkessel anschließt. Die → Feuerbüchse hat sich nach oben verjüngende Seitenwände und eine ebene Decke.

D **Dampfkolben:** Anfangsglied des Triebwerkes, das die Dampfkraft aufnimmt und über die Kolbenstange weiterleitet. Der D. bewegt sich im → Dampfzylinder, muß sehr stabil, aber von geringer Masse sein. Er ist am äußeren Umfang verstärkt, um die Kolbenringe zur Abdichtung gegen die Zylinderwandung aufzunehmen. Die Verstärkung in der Mitte ist zur Aufnahme der Kolbenstange erforderlich. Ältere Lokomotiven hatten D. mit U-förmigem Querschnitt (schwedische Bauform), Einheits- und Neubaulokomotiven haben D. mit Z-förmigem Querschnitt.

Dampfstrahlpumpe: Teil der Kesselspeiseeinrichtung, auch als Injektor bezeichnet. Je nachdem, ob das Speisewasser aus dem Tender oder → Wasserkasten der Pumpe zufließt oder angesaugt werden muß, unterscheidet man nichtsaugende und saugende D. Die nichtsaugende D. muß unterhalb des Wasserkastenbodens angebracht sein, liegt also außerhalb des Führerhauses und ist frostgefährdet. Die saugende D. ist frostgeschützt an der Rückwand des → Stehkessels befestigt. Bei Einheits- und Neubaulokomotiven waren saugende D. üblich. Die D. arbeitet weitgehend störungs- und verschleißfrei, da sie keine beweglichen Teile hat.

Dampfzylinder: Teil des Zylinderblockes, der außerdem noch den → Schieberkasten enthält. Üblicherweise sind D. aus feinkörnigem Gußeisen. Das Raw Meiningen hat

Aufgeschnittener Dampfzylinder mit Dampfkolben (S 10, Museum für Verkehr und Technik Berlin)

ein Verfahren zur Herstellung von D. in Schweißkonstruktion aus Walzblechen entwickelt. Damit werden teure Gußmodelle gespart; außerdem können eventuelle Schäden durch Schweißen behoben werden. Der D. ist mit Paßschrauben fest mit dem Rahmen verschraubt. Längsverschiebungen werden durch angegossene (angeschweißte) Winkelleisten verhindert, die in einen Rahmenausschnitt eingreifen. Die Laufbuchse des D. ist geschliffen und an den Enden leicht aufgeweitet, um den Kolben leichter einbauen zu können.

Dom: runder Aufbau auf dem Scheitel des Langkessels. Auf dem hinteren Teil des Langkessels enthält der D. den → Regler, womit der Dampfmaschine oder den Hilfseinrichtungen Dampf aus dem Kessel zugeführt wird. Lokomotiven mit → Speisewasserreiniger (z.B. → Einheitslokomotiven) haben auf dem vorderen Teil des Langkessels einen → Speisedom, in den die Leitungen von Kolben- und → Dampfstrahlpumpe münden und den Kessel speisen. In einem Winkelrost-Schlammabscheider werden dem Speisewasser die Härtebildner entzogen. Bei Neubau- und → Rekolokomotiven mit innerer Kesselspeisewasseraufbereitung ist der Speised. entfallen, die Leitungen der Pumpen münden über Kesselspeiseventile direkt in den Kessel. Der D. hat ein eingenietetes oder eingeschweißtes Unterteil und ein aufgeschraubtes Oberteil.

Doppelverbundluftpumpe: zählt zu den leistungsfähigsten und wirtschaftlichsten → Luftpumpen. Sie wird mit Dampf betrieben, der in einem Hochdruck- und einem Niederdruckzylinder im Verbundverfahren entspannt wird. Die Luft wird zweistufig in einem Niederdruck- und einem Hochdruckzylinder verdichtet. Der Abdampf der D. wird dem Speisewasservorwärmer der Lokomotive zugeführt.

Druckausgleicher: bei Fahrt mit geschlossenem → Regler (Leerlauf) entsteht auf der Saugseite des Kolbens im Zylinder ein Unterdruck, der die Lokomoti-

ve abbremst. Es besteht auch die Gefahr, daß über das → Blasrohr heiße Rauchgase und Flugasche angesaugt werden, die Zylinderschäden verursachen. Die D. sind → Luftsaugeventile, die beim Schließen des Reglers durch Druckluft geöffnet werden und Frischluft in die Zylinder lassen. D. sind am → Einströmrohr oder am → Schieberkasten befestigt. Beim Öffnen des Reglers werden sich durch den Dampfdruck geschlossen.

Dultzsches Wechselventil: → Anfahrvorrichtung für Zweizylinder-Verbundlokomotiven. Da beim Öffnen des → Reglers nur der Hochdruckzylinder Dampf bekommt, kann die Lokomotive den Totpunkt der Kurbelstellung nicht überwinden und nicht anfahren. Das D. besteht aus einem doppelwandigen Gehäuse mit der voneinander getrennten Kammern, wovon eine mit dem → Blasrohr, eine mit dem → Ausströmrohr des HD-Zylinders und die dritte mit dem → Einströmrohr des ND-Zylinders verbunden ist. Ein → Kolbenschieber steuert die Verbindung zwischen den Kammern. Beim Anfahren wird der Kolben vom Lokführer zurückgezogen, so daß sowohl HD- als auch ND-Zylinder gleichzeitig Dampf erhalten, die Lokomotive also im Zwillingsbetrieb arbeitet. Nach der Anfahrphase wird auf Verbundwirkung umgeschaltet.

E **Einheitslokomotive:** von der DRG ab 1920 vom „Engeren Ausschuß für Lokomotiven zur Vereinheitlichung der Lokomotiven" in Zusammenarbeit mit dem Vereinheitlichungsbüro der Deutschen Lokomotivbau-Vereinigung entwickeltes Typenprogramm für Neubaulokomotiven der DRG, die die Länderbahnlokomotiven ersetzen sollten. Grundprinzip der E. war straffe Typisierung der verschiedenen Gattungen, die Standardisierung und Normung aller Bauteile (Lo-Norm) und der Austauschbau, d.h. die Verwendung von Bauteilen und Baugruppen an verschiedenen Baureihen ohne Anpaßarbeiten. Entsprechend dem Einsatzgebiet und Verwendungszweck gab es Lokomotiven

Einheitslokomotive: Nach den vereinheitlichten Baugrundsätzen entstand auch die Reihe 01

mit 20 t, 17,5 t und 15 t mittlerer Kuppelradsatzfahrmasse. Vorteil dieser Vereinheitlichung waren u.a. kurze Entwicklungs- und Fertigungszeiten, eine Verringerung der Zahl von Bauteilen und Gruppen, geringere Ersatzteilvorhaltung und günstigere Bedingungen für die Erhaltung.

Einströmrohr: gehört zur Kesselausrüstung und mündet in den → Schieberkasten des Zylinders. Bei der Heißdampflokomotive strömt beim Öffnen des → Reglers über das E. Dampf von der Heißdampfkammer des Dampfsammelkastens in den Schieberkasten. Zur Vermeidung von Strömungswiderständen und Abkühlungsverlusten sind kurze und möglichst geradlinig geführte E. anzustreben.

Einströmung: Weg des Dampfes vom → Einströmrohr durch den → Schieberkasten zum Zylinder. Beim → Flachschieber strömt der Frischdampf in den Schieberkasten und gelangt, wenn der Schieberlappen den Einströmkanal freigibt, in den Zylinder. Da der Dampf von außen auf den Schieber strömt, spricht man von äußerer E. Beim → Kolbenschieber gelangt der Dampf vom Einströmrohr zwischen die beiden Schieberkörper, die beim Flachschieber aufwendige Abdichtung der durch das Schiebergehäuse führenden Schieberstange gegen den Kesseldruck entfällt. Man spricht von innerer E.

Einzelachsantrieb: im deutschen Lokomotivbau nur bei der Stromlinienlokomotive 19 1001 (Henschel 25 000/1941) ausgeführt. Die Lokomotive mit der → Achsfolge 1'Do 1' wurde durch vier Dampfmotore in V-Form angetrieben, die außerhalb der Radebene angeordnet waren. Die Treibradsätze 1 und 3 hatten den Dampfmotor links, die Treibradsätze 2 und 4 rechts. Die Treibradsätze waren untereinander nicht gekuppelt. Die Lokomotive kam mit 1250 mm Treibraddurchmesser aus, erreichte 175 km/h und war voll funktionstüchtig. 1945 ist sie in die USA abtransportiert worden.

Fachwerkdrehgestell: vom amerikanischen Lokomotivbau abgeleitete Bauform des Tender-Drehgestells bei den preußischen Tendern 2'2' T 21,5 und 2'2' T 31. Die Tendermasse wird nicht durch Ausschnitte in den Rahmenwangen auf die Radsätze übertragen, sondern durch Stützpfannen auf den Wiegebalken des F. Diese Drehgestellbauart ist leichter und übersichtlicher als ein → Blechrahmendrehgestell.

Feuerbüchse: Teil des → Hinterkessels, bildet den Verbrennungsraum, der unten durch den → Rost abgeschlossen wird. Sie besteht aus dem Feuerbüchsmantel, der Feuerbüchs-→ Rohrwand und der Feuerbüchsrückwand. Stekkesselmantel und Feuerbüchsrückwand sind hier durch den Feuerlochring mit dem Feuerloch verbunden. Die untere Verbindung zwischen F. und Stehkesselmantel bildet der Bodenring. Gegen den Stehkesselmantel ist die F. durch Deckenanker, Bügelanker Queranker und → Stehbolzen versteift. Seitenwände, Rückwand und Decke der F. sind vom Wasser umspült. Die niedrigste Wasserstand über der leicht nach hinten geneigten Decke beträgt 100 mm. F. wurden früher aus Kupfer hergestellt, im 1. Weltkrieg wegen Buntmetallmangel aus Flußeisen, nach Vervollkommnung der Schweißtechnik aus Stahl.

Flachejektor: patentierte Erfindung des Österreichers Adolph Giesl-Gieslingen zur Verbesserung des thermischen Wirkungsgrades der Dampflokomotive. Bei der herkömmlichen → Blasrohranlage gehen 70 % der kinetischen Energie des Auspuffdampfes beim Zusammentreffen mit dem langsameren Rauchgasstrom verloren. Durch die fächerförmige Anordnung mehrerer Blasrohranlagen (bis zu sieben) wird der Rauchgasstrom frühzeitig beschleunigt. Die Ergebnisse sind niedrigerer Gegendruck in den → Dampfzylindern, bessere Feueranfachung, Steigerung der Kesselleistung um bis zu 20 % und Kohleersparnis bis zu 10 %. Der Giesl-F. ist bei 551 Lokomotiven der DR eingebaut worden, überdies bei anderen Bahnverwaltungen in Europa, Asien und Afrika.

Flachschieber: Teil der inneren Steuerung der Naßdampflokomotive, der die Ein- und Ausströmung des Dampfes in bzw. aus dem Zylinder regelt. Der F. oder Muschelschieber (wegen seiner Form) wird vom Dampfdruck auf den Schieberspiegel gedrückt und erfordert deshalb viel Energie für seine Bewegung. Die Kanten des F. (=Schieberlappen) steuern den Dampfein- und -austritt. F. mit doppelter Ein- und Ausströmung besitzen den sog. Trick-Kanal (nach Josef Trick, 1812-1865, Konstrukteur bei Maschinenfabrik Kessler in Esslingen). Weiterentwicklung des F. ist der entlastete F. Bauart v. Borries. Abb. auf S. 6.

Franco-Crosti-Vorwärmer: →Vorwärmer.

Führerstand: Arbeitsplatz von Lokomotivführer und Heizer, in der Regel hinter dem → Hinterkessel angeordnetz.

Führerstand: Armaturen am Hinterkessel (S 10 im Museum für Verkehr und Technik Berlin)

FOTOS: SCHULZ (3)

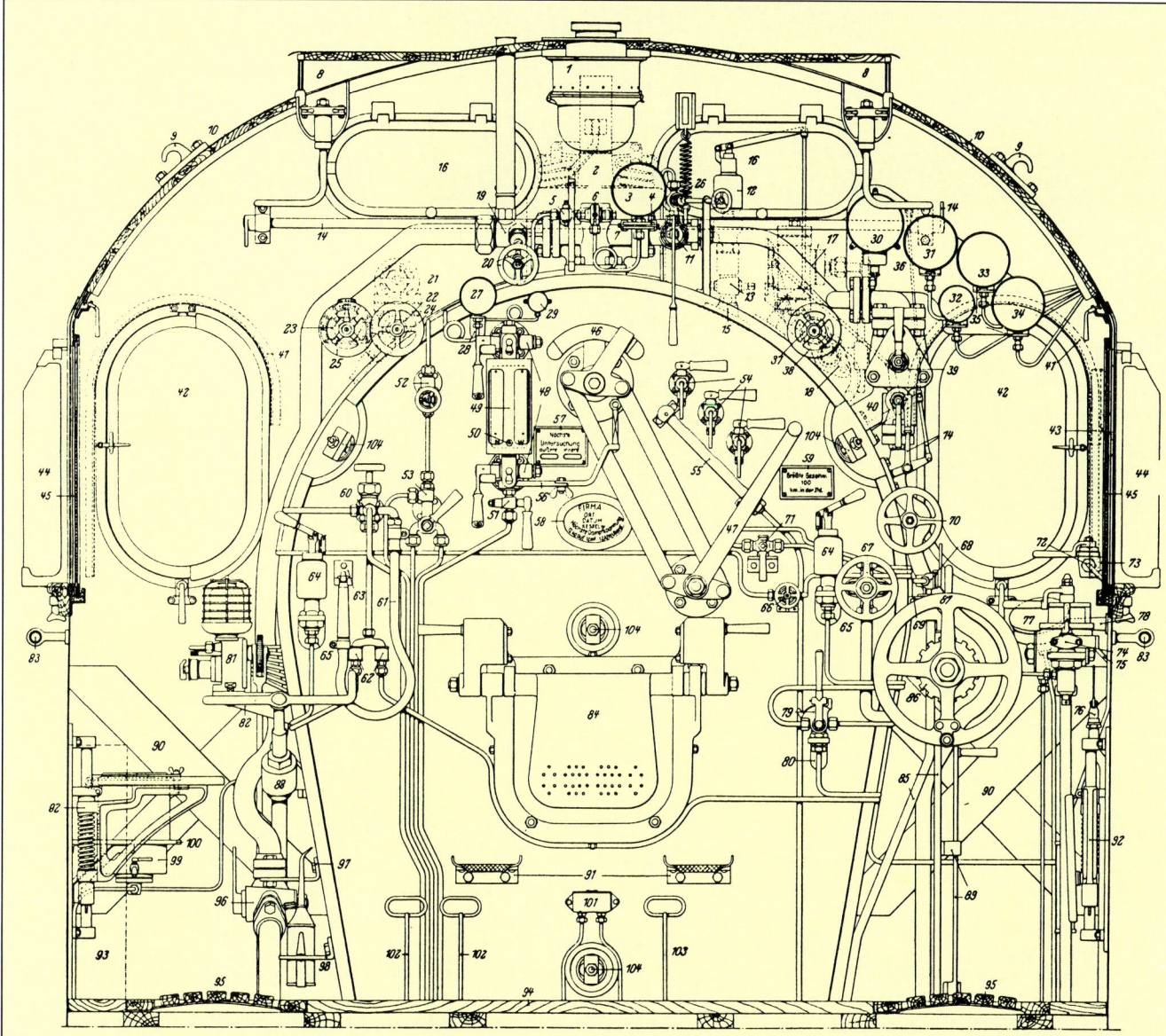

1 Führerhauslaterne, 2 Sicherheitsventil, 3 Kesseldruck-messer, 4 Halter für Kesseldruckmesser, 5 Druckmesser-hahn, 6 Eichdruckmesserhahn, 7 Dampfentnahmestutzen, 8 Lüftungsaufsatz, 9 Haken zum Abheben des Hauses,

10 Holzbedachung, 11 Strahlpumpendampfventil, 12 Dampfpfeife, 13 Dampfpfeifenhahn, 14 Pfeifenzug, 15 Untersatz zur Dampfpfeife, 16 Klappfenster in der Führerhausvorderwand, 17 Kesselspeiseventil, 18 Feuer-löschstutzen, 19 Dampfheizventil,

20 Zug zur Dampfheizeinrichtung, 21 Absperrventil zur Speisepumpe, 22 Dampfventil zur Speisepumpe, 23 Dampfventil zum Hilfsbläser, 24 Zug zum Speisepum-pendampfventil, 25 Hilfsbläserzug, 26 Dampfventil zur Koch- und Wärmeeinrichtung, 27 Heizdruckmesser, 28 Halter für Heizdruckmesser, 29 Vorwärmerdruckmesser,

30 Fernthermometer, 31 Ferndruckmesser, 32 Druck-messer für Bremsluftbehälter, 33 Druckmesser für Bremsleitung, 34 Druckmesser für Bremszylinder, 35 Halter zum Bremsdruckmesser, 36 Halter für Druck-messer, 37 Luftpumpendampfventil, 38 Zug zum Luft-pumpendampfventil, 39 Strahlpumpe,

40 Halter zur Strahlpumpe, 41 Fensterschirm, 42 Dreh-fenster in der Führerhausvorderwand, 43 Fahrplanrah-men, 44 seitliches Schutzfenster, 45 Schiebefenster in der Führerhausseitenwand, 46 Reglerstopfbuchse, 47 Reglerhandhebel, 48 Wasserstandsanzeiger, 49 Was-serstandsschutz,

50 Wasserstandsmarke, 51 Wasserstandsablaßhahn, 52 Dampfventil zur Radreifenspritze, 53 Strahlpumpe zur Radreifenspritze, 54 Prüfhahn, 55 Fangrohr, 56 Laternenstütze zum Wasserstandsanzeiger, 57 Unter-suchungsschild, 58 Kesselschild, 59 Geschwindig-keitsschild,

60 Ventil für Aschkasten-, Rauchkammer- und Kohlen-spritze, 61 Kohlenspritzschlauch, 62 Rückschlagventil für Rauchkammer- und Aschkastenspritze, 63 Halter für Kohlenspritzschlauch, 64 Handschmierpumpe, 65 Hal-ter zur Handschmierpumpe, 66 Dampfventil zum Läute-werk, 67 Ventil zur Gegendruckbremse, 68 Anstellhahn für Druckausgleicher, 69 Halter zum Anstellhahn für Druckausgleicher,

70 Handrad zum Drosselventil für Gegendruckbremse,

71 Dreiwegehahn zum Preßzylinder, 72 Zusatzbrems-hahn, 73 Halter für Zusatzbremshahn, 74 Führerbrems-ventil, 75 Halter zum Führerbremsventil, 76 Auslöseven-til, 77 Geschwindigkeitsmesser, 78 Halter zum Geschwindigkeitsmesser, 79 Hahn zum Sandstreuer, 80 Halter zum Hahn für Sandstreuer, 81 Schmier-pumpe, 82 Träger zur Schmierpumpe, 83 Handstan-genstütze, 84 Feuertür, 85 Steuerbock und Halter, 86 Steuerschraube und Teile, 87 Steuerrad, 88 Spindel-bock zum Kipprost, 89 Führungsbock und Handhebel zum Zylinderventilzug,

90 Holzversteifung der Führerhauswände, 91 Tritte an der Stehkesselrückwand, 92 Sitze, 93 Werkzeugkasten im Führerhaus, 94 Führerhausbodenbelag, 95 federn-de Fußunterlage im Führerhaus, 96 Dreiweghahn zur Dampfheizeinrichtung, 97 Halter für Dreiweghahn, 98 Halter für Ölflaschen, 99 Teile zur Koch- und Wär-meeinrichtung,

100 Halter zur Koch- und Wärmeeinrichtung, 101 Schmiergefäß, 102 Aschkastenzüge, 103 Aschka-stenbodenklappenzug, 104 Waschluken mit Pilz

Führerstand einer preußischen Dampflokomotive nach der Jahrhundertwende mit zeitgenössischen Bezeichnungen der Bauteile

Flachschieber: Außenliegende Allan-Steuerung mit gekreuzten Stangen und F. (89 7159)

Funkenfänger: Vorrichtung in der → Rauchkammer, die verhindert, daß aus der → Feuerbüchse mitgerissene größere Funken oder glühende Kohleteilchen durch den Schornstein ins Freie geschleudert werden. Weit verbreitet ist die Bauart Holzapfel, ein aufklappbarer Drahtkorb mit 4x4 mm Maschenweite, der an der Unterkante des Schornsteins aufgehängt ist und den Raum bis zum → Blasrohr ausfüllt.

Gasbeleuchtung: vor Einführung der elektrischen Beleuchtung mit Dampfturbogenerator auf Lokomotiven üblich. Das Gas wurde in einem zylindrischen Vorratsbehälter auf dem Werkzeugkasten des Tenders (bei Tenderlokomotiven hinter dem → Kohlekasten oder auf dem Hauptrahmen) mitgeführt. Es stand unter mindestens 6 bar Druck, war ein in bahneigenen Gasanstalten aus Öl gewonnenes Fettgas (zeitweise auch Stadtgas) und wurde über ein Druckminderungsventil Bauart Pintsch per Gummischlauch den Brennstellen zugeführt.

Auf den Treibzapfen geschraubte Gegenkurbel

Gegendruckbremse: nach ihrem Erfinder Nikolaus Riggenbach (1817-1899) auch Riggenbach-G. genannt. Triebwerksbremse, die zur Schonung von → Radreifen und Bremsklötzen auf längeren Gefällestrecken verwendet wird. Im Lokomotiv-Versuchswesen auch zur Simulierung von Belastung durch Zugmasse bei der leistungstechnischen Untersuchung von Lokomotiven verwendet. Bei geschlossenem → Regler und gegen die Fahrtrichtung ausgelegter Steuerung arbeitet die Dampfmaschine als Luftverdichter und erzeugt eine Bremswirkung. Ein Absperrorgan verschließt das → Blasrohr, damit keine → Lösche oder Ruß angesaugt werden, ermöglicht aber das Ansaugen von Frischluft.

Gegenkurbel: auch als Schwingenkurbel bezeichnet. Teil der äußeren Steuerung Bauart Heusinger, treibt die Schwingenstange an. Die G. wurde früher mit dem Treibzapfen aus einem Stück geschmiedet, wodurch sehr große oder offene hintere Treibstangenköpfe erforderlich waren. Heute wird die G. in den Treibzapfen eingeschraubt.

Gleitbahn: Führungsschiene für den → Kreuzkopf. Bei älteren Lokomotiven wurde der Kreuzkopf zwischen zwei G. geführt. Als man sich überzeugte, daß bei hoher Paßgenauigkeit das Kippmoment keine Rolle spielte, ging man zur einschienigen Kreuzkopfführung. → Einheits-, Neubau- und → Rekolokomotiven haben nur eine G. Die Gleitbahn ist hochwertiger Stahl von I-förmigem Querschnitt. Die Gleitflächen werden im Einsatz gehärtet und geschliffen, um den Verschleiß zu minimieren. Abgenutzte G. können durch Plattieren oder Auftragsschweißen regeneriert werden.

Gleitlager: Bauart des Radsatz- oder Stangenlagers, bei dem sich die Nabe oder der → Kuppelzapfen bzw. Treibzapfen glei-

tend in der Lagerschale dreht. Die Lagerschale als massive Stützschale besteht aus Rotguß oder Bronze und hat schwalbenschwanzförmige Einfräsungen, die mit → Lagermetall (Legierung aus Kupfer, Zinn und Antimon) ausgegossen sind. G. in → Treib- und → Kuppelstangen sind, vom hinteren Treibstangenlager abgesehen, nicht nachstellbare Buchsenlager. Die Schmierung der G. erfolgt durch Mineralöl (Nadel-, Docht- oder Schleuderschmierung).

GP-Wechsel: In die Verbindung vom einlösigen Steuerventil über das Doppelrückschlagventil zum Bremszylinder ist ein Umstelldrosselhahn mit den Stellungen **PZ** (Personenzug) und **GZ** (Güterzug) eingebaut. In der Stellung PZ kann die Bremsluft ungehindert zum Bremszylinder strömen, wodurch der Höchstdruck bei Schnellbremsung nach 5-6 s erreicht wird (→ Bremsbauart I). Im Güterzugdienst wird der Drosselhahn in die Stellung GZ gelegt (→ Bremsbauart II), wodurch die zum Bremszylinder strömende Luft so gedrosselt wird, daß der Höchstdruck erst nach ca. 35 s erreicht ist. Beim Zugartwechsel muß der Lokführer den GP-W. bedienen.

Hängeeisen: Teil der äußeren Steuerung (Bauart Heusinger), das den Aufwerfhebel über die Schwinge mit der → Schieberschubstange verbindet. Bei überwiegend vorwärts fahrenden Lokomotiven wählt man die Aufhängung der Schieberschubstange am H., da dann das Springen des Schwingensteins bei Vorwärtsfahrt relativ gering ist.

Hauptkuppeleisen: wichtigstes Verbindungsglied zwischen Lokomotive und Tender, an dem die gesamte Zugmasse hängt. Das H. ist mit dem → Kuppelkasten von Lokomotive und Tender durch die Hauptkuppelbolzen verbunden. Die Bohrungen im H. sind Langlöcher, die nach oben und unten ausgeweitet sind, so daß sich Lokomotive und Tender auch senkrecht gegeneinander bewegen können (wichtig bei Gleisunebenheiten, Befahren von Drehscheiben und Schiebebühnen).

Hauptluftbehälter: Vorratsbehälter der für den Betrieb der Bremsen erforderlichen Druckluft. In der Regel sind zwei H. von je 400 l Inhalt vorhanden. Dem H. wird auch die Druckluft zur Betätigung des → Sandstreuers, der → Druckausgleicher usw. entnommen. Die H. sind an der Lokomotive so angeordnet, daß sie vom Fahrtwind gekühlt werden (zu beiden Seiten des Führerhauses oder quer auf dem Hauptrahmen), da die Luft beim Verdichten erwärmt wird.

Heißdampfregler: Reglerbauart bei einigen Neubau- und Umbaulokomotiven von DB und DR, die in der → Rauchkammer zwischen Heißdampfkammer des Dampfsammelkastens und → Einströmrohr angeordnet ist und durch Seitenzug bedient wird. Beim H. stehen in geschlossenem Zustand die Überhitzerrohre unter vollem Kesseldruck, vergrößern also den

Hauptluftbehälter unter dem Führerhaus

Dampfraum des Kessels. Vorteil des H.: der Dampf hat einen kürzeren Weg vom Regler zu den Zylindern, es kann feinfühliger angefahren (beim Naßdampfregler strömt beim Öffnen des → Reglers der Dampf erst durch die Überhitzerelemente, ehe er in den Zylinder gelangt) und angehalten werden. Nachteil: relativ störanfällig durch Kesselstein, Korrosion oder mechanische Schäden am Entlastungsventil. Bauarten: Einfach- und Mehrfachventil-H.

Heizfläche: Wasserberührte Oberfläche von → Feuerbüchse, → Heiz- und → Rauchrohren, die in m² gemessen wird. Die Größe der H. ist entscheidend für die Leistung des Kessels. Man unterscheidet zwischen der → Strahlungsheizfläche der Feuerbüchse H_{vs} und der Berührungsheizfläche der Rohre H_{vb}. Der Wert der Heizfläche nimmt mit der Entfernung vom → Rost ab. Die Verdampfungsleistung von 1 m² Strahlungsheizfläche ist etwas sechsmal größer als die von 1 m² Berührungsheizfläche. Bei vielen Neubau- und → Rekolokomotiven ist die H_{vs} durch Einbau einer Verbrennungskammer vergrößert worden.

Heizflächenbelastung: Maß der stündlich pro m² Verdampfungsheizfläche erzeugten

Dampfmenge. Die maximal erzielbare Dampfmenge gilt als sog. Kesselgrenze. Die H. (*b*) errechnet man *b* (kg/m²h) = Dampfleistung des Kessels D_K *(kg/h)* : Verdampfungsheizfläche H_V (m2). Bei DRG, DR und DB galten als max. H. 57 kg/m²h. Für Neubau- und Rekokessel mit Verbrennungskammer ist eine H. von 70-80 kg/m²m zulässig. Die zulässige H. kann bei Leistungsspitzen durchaus überschritten werden; längere Überlastung kann zu Kesselschäden führen (Rohrlaufen).

Heizrohre: verbinden die → Feuerbüchse (Feuerbüchsrohrwand) mit der → Rauchkammer (Rauchkammerrohrwand) und versteifen zugleich beide Rohrwände. Durch sie entweichen die Rauchgase aus der Feuerbüchse und geben dabei die Rauchgaswärme an das Kesselwasser ab, das sie umspült. Die Zahl der H. hängt von der geforderten Verdampfungsheizfläche ab, ihr Durchmesser vom Abstand der Rohrwände. Naßdampflokomotiven besitzen nur H. Heißdampflokomotiven besitzen zusätzlich im Durchmesser größere →

Rauchrohre gleicher Funktion, die aber noch die Überhitzerelemente aufnehmen.

Heusinger-Steuerung: äußere Lokomotivsteuerung, die 1849 von Edmund Heusinger von Waldegg (1817-1886), damals Ingenieur der Taunusbahn, unabhängig von einer gleichartigen Steuerung des Belgiers Walschaert entwickelt worden ist. Die H. wurde 1866 von August v. Borries im deutschen Lokomotivbau eingeführt und hat sich wegen ihrer einfachen (nur ein Schwingenantrieb) und übersichtlichen Bauweise durchgesetzt. Alle Einheits- und Neubaulokomotiven besitzen H.

Hinterkessel: Teil des Lokomotivkessels Stephensonscher Bauart, der aus → Rauchkammer, Langkessel und H. besteht. Zum H. gehören der außenliegende → Stehkessel und die darin befindliche → Feuerbüchse. Beide sind durch den Bodenring verbunden.

Hubscheibe: Bauteil der äußeren Steuerung der Dampflokomotive, das außen oder innen auf der → Treibradsatzwelle

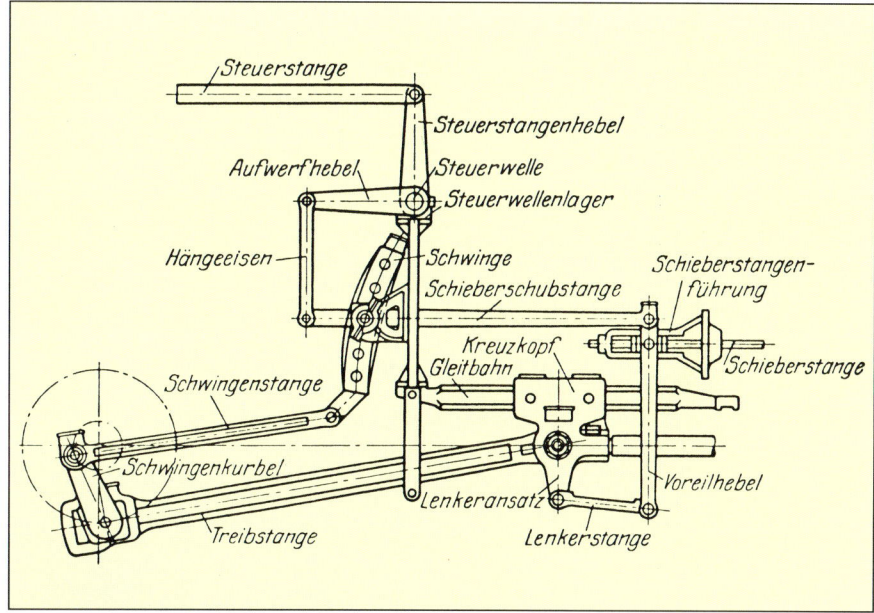

Die Heusinger-Steuerung und ihre Bauteile im Überblick

Aufgeschnittener Kessel mit deutlich sichtbaren Heizrohren (Museum für Verkehr und Technik)

zum Antrieb der Schwinge angeordnet ist. Die H. wird auch als Exzenter bezeichnet. Die Allan-Steuerung brauchte zwei H. für äußere und innere Schwingenstange. Bei den → Einheitslokomotiven ist z. B. bei den ersten Lok der BR 44 zum Steuerungsantrieb des Innenzylinders eine H. verwendet worden.

Hulson-Schüttelrost: aus dem amerikanischen Lokomotivbau stammende Bauform des → Rostes, die es ermöglicht, das Feuer während der Fahrt aufzulockern, um ein Festbacken der Schlacke zu verhindern. Der H. besteht aus Roststäben, die in senkrechter Richtung aneinander vorbeibewegt werden können. Bei DB versuchsweise bei den mit → Stoker-Feuerung ausgerüsteten Maschinen der BR 44 und 45 verwendet.

Zylinderblock der 01 1100 mit ausgebautem Kolbenschieber (unten im Bild)

Indikator: Meßgerät zur Ermittlung der Dampfverteilung im Zylinder. Der I. wird an den → Dampfzylinder angeschlossen. Durch einen Dreiwegehahn wird die Verbindung zur vorderen oder hinteren Zylinderseite hergestellt. Bei langsamer Fahrt (mit angezogener Bremse) wird auf einer Papierrolle mit Schreibstift die Dampfverteilung im vorderen bzw. hinteren Zylinderteil aufgezeichnet. Das Indizieren erfolgt im Ausbesserungswerk nach jeder → Schadgruppe.

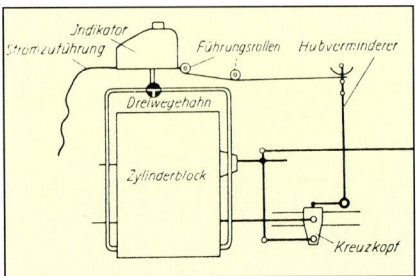

Arbeitsschema eines Indikators, Bauart Maihak

Indusi: Kurzbezeichnung für **Indu**ktive **Zugsi**cherung. System zur automatischen, punktförmigen Zugüberwachung und -beeinflussung. Die I. besteht aus einer Streckeneinrichtung (in Abhängigkeit von der Signalstellung wirksamer oder kurzgeschlossener Gleismagnet) und einer Fahrzeugeinrichtung (Gleismagnet und Dreifrequenzgenerator). Die I. arbeitet mit den Frequenzen 500, 1000 und 200 Hz. Abbildung auf Seite 8.

Innenrahmen: Bauform des Rahmens, bei der die Rahmenwangen innerhalb der Räder liegen. Der I. kann aus Barren-, Blech- oder kombinierter Blech-/→ Barrenrahmen ausgeführt sein und bietet gegenüber dem → Außenrahmen den Vorteil eines gut zugänglichen Triebwerkes.

Karl-Schulz-Schieber: → Kolbenschieber für Heißdampflokomotiven, der aus zwei auf der Schieberstange festsitzenden und zwei beweglichen Kolbenhälften besteht. Der K. erspart besondere Druckausgleichvorrichtungen am Zylinder, weil bei geschlossenem → Regler eine Verbindung beider Zylinderhälften über den Ausströmkasten hergestellt wird. Der K. ist baugleich mit dem Druckausgleich-Kolbenschieber Bauart → Nicolai.

Kipprost: der → Rost als unterer Abschluß der → Feuerbüchse muß in bestimmten Abständen von Schlackeresten befreit werden, die wegen ihrer Größe nicht durch die Roststäbe fallen. Bedingt durch die Länge der Roststäbe ist der Rost in mehrere Felder unterteilt. Bereits bei Länderbahnlokomotiven gab es den K., der aber mit dem Schürhaken gedreht werden mußte. Die DRG hat den Spindel-K. eingeführt, bei dem mittels einer Handspindel vom Führerhaus aus eines der mittleren Rostfelder nach unten geklappt werden konnte. Beim K.-Rostfeld sind die Roststäbe durch Bolzen befestigt.

Klien-Lindner-Hohlachse: Sonderbauart eines von Ewald Richard Klien (1841-1917) und Heinrich Robert Lindner (1851-1933) bei der Sächsischen Staatseisenbahn entwickelten seitenverschiebbaren Kuppelradsatzes. Die KLH. besteht aus einer fest im → Außenrahmen gelagerten Kernachse mit außen angeordneten → Kuppelzapfen. Die Räder sitzen auf einer Hohlachse, durch die die Kernachse hindurchführt und zum Mitdrehen zwingt. Die Hohlachse ist seitenverschiebbar und kann sich auch radial einstellen. Die Rückstellung erfolgt durch Schraubenfedern. Die KLH. ist u.a. bei den sächsischen Gattungen IX V, IX HV und V K verwendet worden.

Klose-Triebwerk: von Adolph Klose (1844-1923) entwickeltes kurvenbewegliches Laufwerk mit radial einstellbaren Endradsätzen. Die beim Befahren von Gleisbögen erforderliche Längenänderung der → Kuppelstangen wurde durch zwei Parallelogrammlenker auf jeder Triebwerksseite erreicht, die an den Kuppelstangen der Endradsätze angriffen. Die gute Bogenläufigkeit des K. mußte mit erheblichem Unterhaltungsaufwand des vielteiligen Hebelsystems erkauft werden. K. besaßen u.a. die wü. G, Ts 4, Tss 3, Tss 4 und die sä. III K.

Kohlekasten: Vorratsbehälter für den Brennstoff der Lokomotiven. Bei → Schlepptender-Lokomotiven ist der K. in den → Wasserkasten des Tenders eingelassen oder auf die Wasserkastendecke aufgesetzt. Bei Tenderlokomotiven befindet sich der K. an der Führerhausrückwand oder, bei kleinen und älteren Bauarten, links vor dem Führerhaus.

Kolbenschieber: Teil der inneren Steuerung der Dampfmaschine mit zwei ringförmigen, auf der Kolbenstange befestigten Kolbenkörpern, die gegen die Schieberbuchse mit federnden Ringen abdichten. Der K. ist ein entlasteter Schieber, da der Dampfdruck auf beide Körper gleichmäßig

Indusi-Fahrzeugmagnet an der 044 508 (August 1987)

FOTOS: SCHULZ (3), HENSCHEL

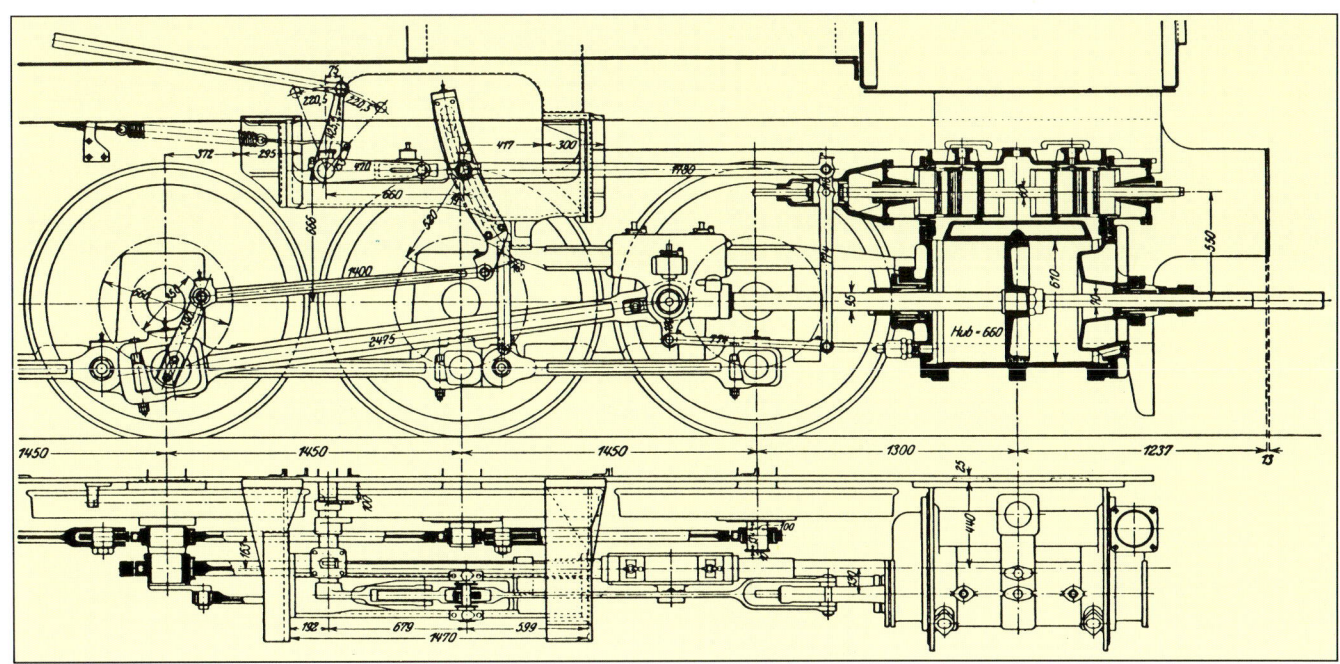

Heusinger-Steuerung in der Ausführung mit Kuhnscher Schleife, wobei der Aufwerfhebel direkt mit der Schieberschubstange verbunden ist

wirkt und sich dadurch aufhebt. Der K. hat nur die Reibung zwischen Kolbenringen und Schieberbuchse zu überwinden. In Heißdampflokomotiven werden ausschließlich K. verwendet.

Körting-Bremse: die vom Engländer Smith eingeführte nichtselbsttätige Einkammer-➔ Saugluftbremse ist von Ernst Körting (1842-1921) zur selbsttätigen Zweikammerbremse weiterentwickelt worden. Die K.-Bremse arbeitet wie alle Vakuumbremsen im Gegensatz zur Druckluftbremse nicht mit Überdruck, sondern mit einem vom Ejektor erzeugten Unterdruck. Weil dieser nur 0,55 bis 0,65 bar erzeugen kann, sind größere Bremszylinder erforderlich. Die K. ist nur noch bei Schmalspurlokomotiven zu finden.

Krauss-Helmholtz-Lenkgestell: Bauart eines kurvenbeweglichen Laufwerkes, bei

dem ein seitenverschiebbarer ➔ Laufradsatz und der benachbarte seitenverschiebbare Kuppelradsatz durch eine Deichsel verbunden sind, die am Rahmen einen Drehpunkt hat. Das K. bewirkt, daß beim Einlaufen in einen Gleisbogen Laufradsatz und Kuppelradsatz an der Außenschiene (beim vorauslaufenden K.) bzw. an der Innenschiene (beim nachlaufenden K.) anlaufen. Das K. ist eine Kombination von radial einstellbarem Laufradsatz mit parallelverschiebbaren Kuppelradsatz und besitzt eine ➔ Rückstellvorrichtung. Das K. wurde 1888 von Georg Ritter von Krauss (1826-1906) und Richard von Helmholtz (1852-1934) entwickelt.

Kraußscher Wasserkasten: von Georg Ritter von Krauss (1826-1906) entwickelte Bauform des ➔ Wasserkastens bei Tenderlokomotiven, die zwischen den Rah-

menwangen der Lokomotive eingehängt war und vor allem bei kleinen Lokomotiven den Wasservorrat vergrößerte.

Kreuzkopf: Gelenk zwischen Kolben- und Treibstange, mit dem die Horizontalbewegung des Kolbens in eine Drehbewegung umgesetzt wird. Der K. wird auf der K.-➔ Gleitbahn ein- oder zweischienig (nur bei älteren Lokomtiven) geführt und ist mit der Kolbenstange durch einen hydraulisch eingepreßten Keil verbunden.

Kreuzkopf einer preußischen S 10

Kuhnsche Schleife: Teil der äußeren Lokomotivsteuerung Bauart Heusinger, bei der der Aufwerfhebel direkt mit der ➔ Schieberschubstange (ohne ➔ Hängeeisen) verbunden ist. Entwickelt von Michael Kuhn (1851-1903), Oberingenieur bei Henschel & Sohn. Die K. wird bevorzugt bei Lokomotiven verwendet, die keine Hauptfahrrichtung haben.

Kuppelkasten: bei Lokomotiven die hintere Rahmenverbindung, besteht aus zusammengeschweißten Stahlblechen oder einem Stahlgußstück und nimmt die Kuppeleisen auf, die Lokomotive und Ten-

Ausgebautes Krauss-Helmholtz-Lenkgestell einer Einheitslokomotive

Kuppelzapfen bei abgebauter Kuppelstange (links) und Kuppelstange zwischen dem vierten und dem fünften Radsatz der 94 1292

der verbinden. Tender haben an der Stirnseite einen analog ausgebildeten K. zur Aufnahme der Kuppeleisen. Am K. des Tenders befinden sich zwei → Stoßpuffer, die mit ihren keilförmigen Köpfen durch eine Blattfeder gegen die Stoßpufferplatten am K. der Lokomotive gepreßt werden, um die Dreh- und Schlingerbewegungen der Lokomotive durch die Tendermasse zu dämpfen. Die Vorspannung der Feder beträgt 8 t. Erst nach Überwinden der Vorspannung lassen sich Lokomotive und Tender kuppeln.

Kuppelstange: Die K. überträgt das vom → Dampfkolben über → Kreuzkopf und Treibstange auf den → Treibradsatz kommende Drehmoment auf den (bzw. die) benachbarten Kuppelradsatz (-radsätze). Früher hatten K. ein rechteckiges Profil,

später wurden sie I-förmig ausgefräst, um bei gleicher Biege- und Knickfestigkeit Masse zu sparen. Die K. umgreift mit dem Stangenkopf den → Kuppelzapfen. Der Stangenkopf besitzt in der Regel ein nicht nachstellbares Buchsenlager (→ Gleitlager), bei einigen DB-Maschinen sind → Rollenlager eingebaut worden.

Kuppelzapfen: von den Laufrädern unterscheiden sich die Kuppelräder dadurch, daß in ihnen Bohrungen eingegossen sind, in die der Kuppelzapfen eingepreßt wird. Er nimmt den Stangenkopf der → Kuppelstange auf und überträgt das Drehmoment vom → Treibradsatz oder von benachbarten Kuppelradsatz. Bei Zweizylinderlokomotiven eilen die K. der rechten Maschinenseite denen der linken um 90° voraus.

Lagermetall: die Lagerschalen der → Gleitlager werden mit Lagermetall ausgegossen, auch als Weißmetall (WM) bezeichnet. Vor dem Zweiten Weltkrieg war die Legierung WM 80 (83,3 % Zinn, 5,6 % Kupfer, 11,1 % Antimon) üblich. Die DB hat weiter WM 80 verwendet, die DR aus Rohstoffmangel WM 80 nur für Treibstangenlager. → Kuppelstangenlager erhielten einen Ausguß aus WM 10 (Zinnanteil durch Blei ersetzt).

Lastausgleich: um einen ruhigen Lauf der Lokomotive zu erzielen und Unebenheiten im Gleis auszugleichen, werden immer mehrere → Tragfedern einer Lokomotivseite durch Längsausgleichhebel zu einer Federgruppe verbunden, so daß alle Federn an der Be- oder Entlastung eines Radsatzes beteiligt sind. Die Federgruppen können auch durch einen Querausgleichhebel verbunden sein. Jede Federgruppe bildet einen Abstützpunkt (z.B. Dreipunktabstützung bei BR 58[10] und BR 81, Vierpunktabstützung bei BR 01 und 03).

Laufblech: auch Umlauf genannt. Ein Steg zu beiden Seiten des Langkessels und vor der → Rauchkammer. Vom L. führen am Kessel Trittstufen zu den Kesselaufbauten. Für ein sicheres Begehen ist das L. aus Riffelblech oder Streckmetall.

Laufradsatz: nicht angetriebener Radsatz, der dann erforderlich ist, wenn die Gesamtmasse der Lokomotive die von den gekuppelten Radsätzen aufgenommene Radsatzfahrmasse die zulässige Radsatzfahrmasse übersteigt. Der L. besteht aus Achswelle, den beiden Radsternen und den → Radreifen. Der L. wird als vor- oder nachlaufender Radsatz oder im zwei- oder dreiachsigen Drehgestell eingesetzt.

Läutewerk: Signaleinrichtung für Nebenbahnlokomotiven, die unbeschrankte Wegeübergänge befahren. Beim L. wird ein dampfbetriebener Klöppel gegen eine Glocke geschlagen (z. B. Dampfläutewerk Bauart Latowski) oder eine Stahlkugel durch Luftdruck rhythmisch gegen eine Glocke geschleudert (Druckluftläutewerk Bauart Knorr).

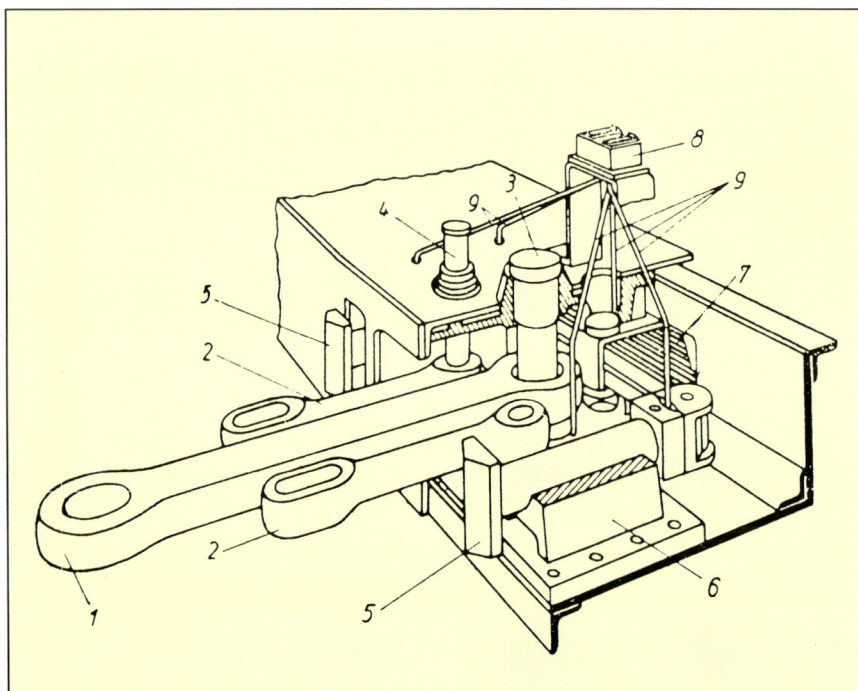

1 Hauptkuppeleisen, 2 Notkuppeleisen, 3 Hauptkuppelbolzen, 4 Notkuppelbolzen, 5 Stoßpuffer, 6 Stoßpufferführung, 7 Stoßfeder, 8 Dochtschmiergefäß, 9 Ölrohre

Kuppelkasten eines Lokomotivtenders in der Schnittdarstellung

FOTOS: PILLMANN (2), HEILMANN

Lentz-Ventilsteuerung: von Hugo Lentz (1859-1944) erfundene → Ventilsteuerung, ersetzt den Schieber durch Ein- und Auslaßventile und die Schieberstange durch eine Nockenstange zum Bewegen der Ventile. Als Vorteile der L. galten schnelle Öffnung von Ein- und Ausströmung und geringe Drosselung, als Nachteil der schnelle Verschleiß und damit ungenaue Dampfverteilung. Die Oldenburgische Staatsbahn hat mit Erfolg die L. eingesetzt, Erprobungen an → Einheitslokomotiven kamen über das Versuchsstadium nicht hinaus.

Lichtmaschine: Turbogenerator, bei dem durch eine Dampfturbine ein Generator zur Stromerzeugung für die Lokomotive (Signallaternen, Triebwerksleuchten, Führerstandsbeleuchtung) angetrieben wird. Die Leistung beträgt bei der Bauart AEG 0,5 kW. Die Drehzahl der Turbine wird durch einen Fliehkraftregler begrenzt, der sie bei Kesseldrücken von 4,5 bar bis 16 bar bei 3600 min^{-1} konstant hält.

Lösche: Flugasche und unverbrannte Kohleteilchen, die sich während der Fahrt auf dem auszementierten Boden der → Rauchkammer ansammeln, durch die Rauchkammerspritze gelöscht werden und im Wende-Bw oder dem Heimat-Bw ausgeschaufelt werden müssen.

Luftpumpe: dampfbetriebener Luftverdichter, der die zum Bremsen und zur Betätigung druckluftbetätigter Baugruppen erforderliche Druckluft erzeugt. Die L. wird vom Lokführer bedient und ist auf der rechten Lokseite möglichst weit vorn angeordnet, um staubfreie Luft anzusaugen. Zur wirtschaftlichen Ausnutzung des für den Pumpenantrieb erforderlichen Dampfes sind zweistufige oder Doppelverbund-L. üblich.

Luftsaugeventil: am → Einströmrohr zum → Dampfzylinder angeordnetes, druckluftbetätigtes Ventil, das bei geschlossenem → Regler (Leerlauf) vom Führerstand aus

Luftpumpe älterer Bauart

Meyer-Lokomotive 98 001, für die Windbergbahn von der Sächsischen Maschinenfabrik gebaut

geöffnet wird und Frischluft in den Zylinder läßt. Die bei Fahrt mit geschlossenem Regler bestehende Gefahr, daß durch den sich hin und her bewegenden → Dampfkolben über die Ausströmung heiße Rauchgase und Flugasche angesaugt werden, wird dadurch vermieden. Bei Öffnen des Reglers schließt der Dampfdruck das L.

Luttermöller-Antrieb: von Gustav Luttermöller (1868-1954), ab 1932 Direktor bei Orenstein & Koppel, erfundener Antrieb gekuppelter Endradsätze. Der Endradsatz wird vom benachbarten Kuppelradsatz nicht über → Kuppelstange, sondern über Zahnräder angetrieben. Das Zahnradgehäuse ist zugleich als Deichsel ausgebildet. Mit dem L. können mehrfach gekuppelte Lokomotiven auch enge Radien befahren. Der L. wurde u.a. verwendet bei den Schmalspurlokomotiven pr. T 39 und T 40 und bei den → Einheitslokomotiven der BR 84 (003/004) und 87.

Mallet-Lokomotive: vom Schweizer Anatole Mallet (1837-1919) entwickelte Gelenklokomotive, die zwei Triebwerke besitzt. Das hintere Triebwerk mit den Hochdruck-Zylindern ist fest im Hauptrahmen gelagert, das vordere Triebwerk mit den Niederdruckzylindern ist als Drehgestell ausgebildet. Gegenüber anderen Gelenklokomotiven (Fairlie, → Meyer) hat die M. keine beweglichen Heißdampfleitungen, sondern nur bewegliche ND-Leitungen zur vorderen Maschine. Die M. ist von vielen europäischen und außereuropäischen Bahnverwaltungen gebaut worden. Die größte und stärkste deutsche Mallet war die bay. Gt 2x 4/4 (D'D h4v), die BR 96.

Massenausgleich: zur Erzielung eines ruhigen Ganges der Lokomotive müssen die durch die umlaufenden und die hin- und hergehenden Triebwerkteile erzeugten störenden Bewegungen beseitigt werden. Die umlaufenden Massen (Treib- und → Kuppelzapfen, → Kuppelstangen) können durch Gegenmassen in den Rädern nahezu vollständig ausgeglichen werden. Die hin- und hergehenden Massen (Kolben, Kolbenstange, → Kreuzkopf, Steuerungsteile, anteilig die Treibstange) gleichen sich beim Vierzylinder-Triebwerk von selbst aus, bei Zweizylinder-Triebwerk werden sie zu 25 bis 30 % ausgeglichen.

Meyer-Lokomotive: vom Elsässer Jean Jacques Meyer (1804-1877) entwickelte Gelenklokomotive mit zwei Triebwerken, die beide in je einem Drehgestell gelagert sind. Der Kessel ruhr auf einem Brückenrahmen, der beide Drehgestelle aufnimmt. Typisch für die M. sind die in Lokmitte einander zugekehrten Zylinder beider Maschinendrehgestelle, wodurch kurze Dampfleitungen vom Kessel zur (hinteren) HD-Maschine und zur ND-Maschine möglich waren. In Deutschland ist die M. nur von der Sächsischen Staatsbahn gebaut worden. Die bekannteste Ausführung ist die Schmalspurlokomotive Gattung IV K, von der einige Exemplare heute noch betriebsfähig sind.

Mischvorwärmer: Speisewasservorwärmer für Heißdampflokomotiven, bei dem der Abdampf der Pumpen und der → Lichtmaschine und ein Teil des Abdampfes der Zylinder in einen mit Wasser gefüllten Mischkasten geleitet wird, dort kondensiert und das Speisewasser vorwärmt. Die Kesselspeisung erfolgt aus dem Mischkasten über eine Kolbenpumpe. Im Gegensatz zum → Oberflächenvorwärmer wird durch den M. 10 bis 12 % des verdampften Speisewassers zurückgewonnen, wodurch sich der Wasservorrat der Lokomotive vergrößert. Der Mischkasten ist gewöhnlich in oder unter der → Rauchkammer untergebracht.

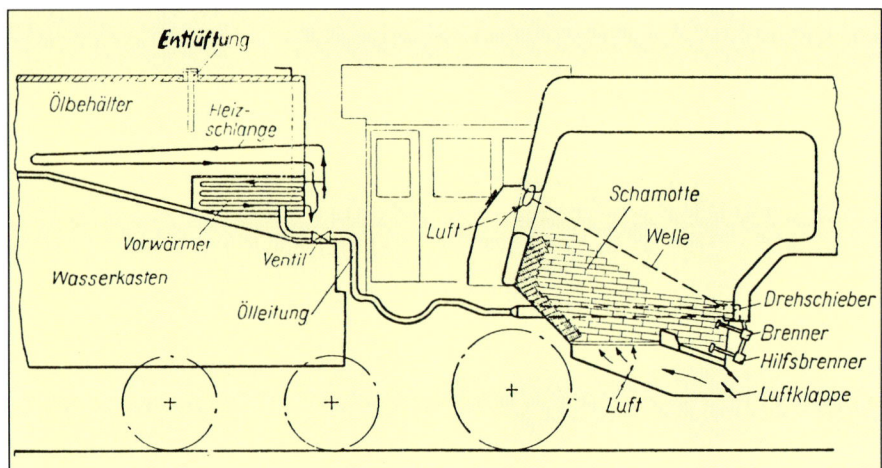

Bauteile und Arbeitsweise der Dampflokomotive mit Ölhauptfeuerung

Müller-Schieber: Bauart eines Druckausgleich-→ Kolbenschiebers, die als Weiterentwicklung des → Karl-Schulz-Schiebers gilt. Der Schieber ist von Franz A.W. Müller (1873-1938), Konstrukteur bei Henschel und AEG, entwickelt worden. Die Schieberkörper sitzen fest auf der Schieberstange und besitzen je ein Druckausgleichventil, das bei neuen Ausführungen ohne Federn arbeitet. Der M. war bei der DB sehr verbreitet, bei der DR waren nur die BR 65¹⁰ und 83¹⁰ damit ausgerüstet.

Nadelschmierung: Schmiereinrichtung für Stangenlager, die zuerst bei der Badischen Staatsbahn eingeführt und von der DRG für die → Einheitslokomotiven übernommen worden ist. Die vom Schmiergefäß zum Lager gelangende Ölmenge wird durch eine eingehängte Nadel reguliert. Ihre Stärke ist abhängig von der Ölsorte und der Jahreszeit.

Nicolai-Schieber: Druckausgleich-→ Kolbenschieber, der baugleich mit dem → Karl-Schulz-Schieber ist. Da Nicolai Jude war, ist sein Name bei den Nazis mit dieser Schieberbauart nicht mehr erwähnt worden.

Notbremse: selbsttätige Druckluftbremsen sprechen sofort an, wenn an einer beliebigen Stelle des Zuges die Hauptluftleitung entlüftet oder getrennt wird. Auf diesem Prinzip basiert die N., mit der alle Rei-sezug-, Packwagen und luftgebremste Güterwagen ausgerüstet sind (auch die Zugführerkabinen beim Kabinentender der BR 50 DB). In Reisezugwagen wird durch Ziehen des Handgriffes durch einen Seilzug die Notbremshahn geöffnet. Auf Lokomotiven und Triebwagen befindet sich die N. unter dem Führerbremsventil und darf nur bedient werden, wenn das Führerbremsventil während der Fahrt schadhaft geworden ist.

Oberflächenvorwärmer: Bauteil zur Vorwärmung des Speisewassers durch Abdampf. Die bei deutschen Bahnen gebräuchlichste Form ist der O. Bauart Knorr, bei dem in einem zylindrischen Behälter vom Kesselspeisewasser durchflossene Rohrschlangen liegen. In den Behälter wird durch drei Stutzen Zylinder-, Pumpen- und → Lichtmaschinenabdampf geleitet, der die Rohre umspült, seine Wärmeenergie an das Speisewasser abgibt und dabei kondensiert. Der O. hat einen geringeren Wirkungsgrad als der → Mischvorwärmer, der noch mit zunehmender Verschmutzung der Rohre abnimmt. Versuche zur Kondensatrückgewinnung erreichten nicht Betriebsreife.

Ölfeuerung: Lokomotiven mit Ölfeuerung gab es auf der ganzen Welt. Zuerst hat man in Rußland versucht, Erdöl für Lokomotivfeuerung zu verwenden. Bei den beiden deutschen Bahngesellschaften ist die Ö. für hochbelastete Reise- und Güterzuglokomotiven Ende der 50er und Anfang der 60er Jahre eingeführt worden. Die Ö. entlastet den Heizer von schwerer körperlicher Arbeit, spart Zeit und Personal beim Ab- und Aufrüsten der Lokomotive, ermöglicht einen höheren Kesselwirkungsgrad und eine sparsamere Betriebsführung, weil die Ö. während der Fahrt und bei Stillstand der Lokomotive abgestellt werden kann. Das Heizöl hat einen höheren Heizwert (9700 kcal/kg) als feste Brennstoffe, so daß mit einem relativ geringen Heizölvorrat, der in einem in den → Kohlekasten des Tenders eingesetzten Behälter untergebracht ist,

große Strecken durchfahren werden können. Das im Vorratsbehälter vorgewärmte Öl fließt dem Brennermaul zu und wird durch Heißdampf in den mit Schamottesteinen ausgemauerten Brennraum gespritzt.

Pendelblech: Verbindung zwischen Langkessel und Rahmenquerverbindung. Die P. werden relativ schwach ausgeführt, so daß sie der Wärmedehnung des Kessels folgen können. Bei betriebswarmem Kessel stehen die P. senkrecht.

Puffer: Stoßvorrichtung bei Lokomotiven, Tendern und Wagen, die den Zweck hat, beim Rangieren und während der Fahrt auftretende horizontale Stöße abzufangen. Bei Dampflokomotiven etc.hat der in Fahrtrichtung linke Puffer einen flachen, der rechte einen gewölbten Teller, so daß beim Kuppeln immer ein flacher und ein gewölbter Teller aufeinander treffen und Kantenpressungen vermieden werden. Nach neuen UIC-Bestimmungen werden alle Fahrzeuge mit zwei gewölbten Puffertellern ausgerüstet. Die ältere Bauart ist der Stangen-P., die neuere Bauart der Hülsen-P. Die Stoßenergie wird durch starke Ring- oder Wickelfedern aufgefangen und zurückgegeben. Die P. sind an der Pufferbohle (→ Pufferträger) angeschraubt.

Pufferträger: vordere Rahmenverbindung bei Lokomotiven, die die Stoßeinrichtung (→ Puffer) aufnimmt. Bei Einheits- und Neubaulokomotiven besteht der P. aus U-förmig gebogenem Blech und ist mit gekümpelten Befestigungsstücken mit dem Rahmen verschraubt, um bei Unfällen leicht ausgewechselt werden zu können.

Radreifen: besteht aus sehr hartem, nahtlos gewalztem Stahl, wird mit Schrumpfmaß warm auf den Radstern aufgezogen und mit Sprengring gegen Verschieben gesichert. Die Stärke beträgt im Neuzustand 75 mm. Der R. trägt einen Spurkranz zur Führung des Rades im Gleis. Die 1:20 geneigte Lauffläche bewirkt ein ständiges Zentrieren des Radsatzes während der Fahrt.

Ramsbottom-Sicherheitsventil: vom Engländer John Ramsbottom (1814-1897) entwickeltes Kesselsicherheitsventil, das bei vielen Länderbahnlokomotiven zu finden war. Das R. besteht aus einem Hosenrohr mit Flansch, der auf den Kessel geschraubt wird, und zwei Ventilaufsätzen mit Spannfedern, die bis zum eingestellten Kesseldruck das Auslaßventil geschlossen halten. Ein vom Führerhaus aus bedienbarer Lüftungshebel dient zur Prüfung der Funktionstüchtigkeit.

Rauchkammer: vorderer Abschluß des Lokomotivkessels. Die aus einem Schuß bestehende R. ist hinten mit dem Langkessel verbunden und kann vorn durch eine Tür geöffnet werden. In der R. sammeln sich die durch → Heiz- und → Rauchrohre einströmenden Rauchgase, um durch den

Treibradsatz einer Dreizylinder-Lokomotive, erkennbar an der gekröpften Welle

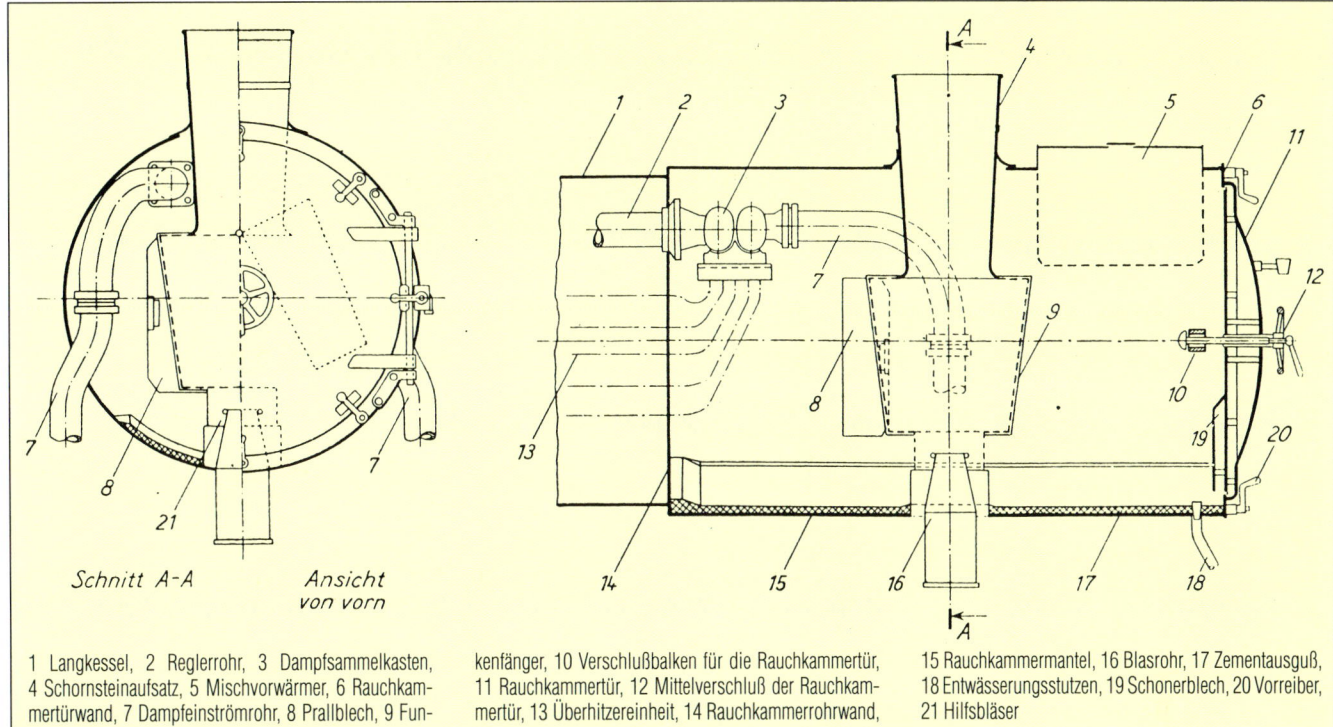

1 Langkessel, 2 Reglerrohr, 3 Dampfsammelkasten, 4 Schornsteinaufsatz, 5 Mischvorwärmer, 6 Rauchkammertürwand, 7 Dampfeinströmrohr, 8 Prallblech, 9 Funkenfänger, 10 Verschlußbalken für die Rauchkammertür, 11 Rauchkammertür, 12 Mittelverschluß der Rauchkammertür, 13 Überhitzereinheit, 14 Rauchkammerrohrwand, 15 Rauchkammermantel, 16 Blasrohr, 17 Zementausguß, 18 Entwässerungsstutzen, 19 Schonerblech, 20 Vorreiber, 21 Hilfsbläser

Schematischer Schnitt durch die Rauchkammer einer Dampflokomotive, links Front-, rechts Seitenansicht

Schornstein zu entweichen. Der Boden der R. ist mit Zement ausgegossen, um ein Ausglühen durch glühende Kohleteilchen zu verhindern. Der Zementausguß ist auch Schutz gegen Rost, da die Glut mit der Rauchkammerspritze genäßt wird und die ➜ Lösche bildet. Mittig unter dem Schornstein ist das ➜ Blasrohr angeordnet, durch das der Zylinderabdampf ausgestoßen wird, den für die Verbrennung erforderlichen Saugzug erzeugt und die Rauchgase aus dem Schornstein reißt. Zu Ausrüstung der R. gehört weiterhin der ➜ Funkenfänger. Die Rauchkammer muß luftdicht gegen diie Außenluft abgeschlossen sein, da sonst kein Unterdruck erzeugt werden kann. Die R.-Tür wird durch Vorreiber gegen eine bearbeitete Dichtfläche gepreßt. Einheits- und auch einige Länderbahnlokomotiven besaßen zusätzlich einen Zentralverschluß mit Handrad in der Mitte der Tür.

Rauchkammer-Überhitzer: Wärmetauscher zur Überhitzung des Dampfes, der von W. Schmidt 1899 entwickelt wurde und den Flammrohrüberhitzer ablöste. Der Naßdampf wird durch ein Rohrbündel geleitet, das in der ➜ Rauchkammer von den Rauchgasen umspült wird. Der R. ist erstmals 1899 an zwei pr. S 3-Lokomotiven erprobt worden.

Rauchrohr-Überhitzer: Wärmetauscher für Heißdampflokomotiven zur Erzeugung überhitzten Dampfes. Der R. ist von Wilhelm Schmidt (1858-1924) 1899 als Weiterentwicklung des ➜ Rauchkammer-Überhitzers eingeführt worden. Bei R. sind die Überhitzerschlangen in die ➜ Rauchrohre eingeführt, wodurch eine größere Überhitzerheizfläche und ein besserer Wirkungs-

Rauchrohr-Überhitzer am aufgeschnittenen Kessel einer preußischen S 10

Reglerhebel und -gestänge

grad als beim Rauchkammer-Überhitzer erzielt wird. Der überhitzte Dampf gelangt in einen in der ➜ Rauchkammer befindlichen Heißdampfsammelkasten und von dort über die ➜ Einströmung in den Zylinder.

Rauchrohre: nur bei Heißdampflokomotiven vorhanden, verbinden die ➜ Feuerbüchse mit der ➜ Rauchkammer und nehmen die Überhitzerelemente auf. Sie sind deshalb im Durchmesser größer als die ➜ Heizrohre. Ihr Durchmesser ist abhängig von der Länge des Kessels, ihre Zahl von der unterzubringenden Überhitzerheizfläche.

Regler: Teil der Kesselausrüstung, mit dem die Dampfmenge bestimmt wird, die aus dem Dampfraum des Kessels zur Dampf-

Feuerbüchsrohrwand mit großen Öffnungen für die Heiz- und kleinen Öffnungen für die Rauchrohre

maschine strömt. Ältere Naßdampflokomotiven kamen mit dem → Flachschieberregler aus, der aber bei höheren Kesseldrücken nicht mehr einsetzbar war. Er wurde vom → Ventilregler abgelöst. Je nach dem, ob der R. vor oder hinter dem → Überhitzer angeordnet ist, unterscheidet man zwischen Naßdampf- und Heißdampfventilregler. Der Reglerhandhebel ist in der Mitte der Stehkesselrückwand angebracht, die Reglerwelle führt durch den Dampfraum des Kessels zum R. Neubau- und → Rekolokomotiven besaßen Regler mit Seitenzugbetätigung, bei dem die Reglerwelle außen am Langkessel geführt wird. Der Handhebel war auf der rechten Seite des → Stehkessels befestigt.

Reibungsmasse: Summe der Radsatzfahrmassen der gekuppelten Radsätze. Bei einer laufradsatzlosen Lokomotive (z.B. pr. G 10) ist die Dienstmasse = Reibungsmasse. Bei einer 1'D 1'-Lokomotive der BR 86 beträgt die Dienstmasse 88,5 t, die Reibungsmasse nur 60 t. Die R. wird auch als Kraftschlußbeiwert bezeichnet, der die mögliche maximale → Zugkraft oder Bremskraft am Radumfang anteilig zur statischen Radsatzfahrkraft angibt.

Rekolokomotive: Bezeichnung für Lokomotiven der Deutschen Reichsbahn, die in das Rekonstruktionsprogramm einbezogen worden waren. Das waren Lokomotiven, die noch mindestens drei Erhaltungsabschnitte im Betriebsdienst verblieben. Die Rekonstruktion hatte den Zweck der Leistungssteigerung der Lokomotive, der Behebung bauarttypischer Mängel und der Modernisierung. Kernstück der Rekonstruktion war die Ausrüstung mit einem Hochleistungskessel mit Verbrennungskammer. Erste R. war die Ende 1957 abgelieferte 50 3501. Die Rekonstruktion war 1972 mit der Ausrüstung von 52 Lokomotiven der BR 03 mit Kesseln der Rekolok BR 22 beendet.

Rohrwand: der Langkessel ist von zahlreichen → Heiz- und → Rauchrohren durchzogen, die von den Rauchgasen durchströmt werden und dabei ihre Wärmeenergie an das sie umspülende Kesselwasser abgeben. Die Rohre stellen die Verbindung zwischen → Feuerbüchse und → Rauchkammer her. Sie werden auf der Feuerseite von der Feuerbüchs-R., auf der Wasserseite von der Rauchkammer-R. aufgenommen. Die aus weichem Flußstahl nahtlos gewalzten Rohre verjüngen sich beim Durchgang durch die Feuerbüchs-R. und sind bei einer kupfernen R. eingewalzt, bei einer stählernen eingeschweißt. In der Rauchkammer-R. sind die Rohre aufgeweitet, um sie auch bei Kesselsteinansatz leicht ausbauen zu können.

Rollenlager: da die rollende Reibung geringer ist als die gleitende Reibung, hat man schon Mitte der 30er Jahre Radsatzlager als R. ausgeführt, z.B. die Laufradsatzlager bei der 05 001 und die Tenderradsatzlager beim 2'2' T 34. Die DB hat versuchsweise bei einigen Lokomotiven auch Achs- und Stangenlager als R. ausgeführt.

Rost: unterer Abschluß der → Feuerbüchse, auf dem die Verbrennung fester Brennstoffe stattfindet. Der R. ist nach vorn geneigt (ca. 1:10), besteht aus mehreren Feldern. In die Rostbalken sind die genormten Roststäbe aus Sondergrauguß lose eingelegt. Die Roststäbe haben eine Kronenbreite von 16 mm, verjüngen sich nach unten, um ein Festklemmen der Schlackteilchen zu vermeiden und die durchströmende Luft zu beschleunigen. Zwischen den Stäben besteht ein 14 mm freier Luftspalt. Eines der Rostfelder ist bei neueren Lokomotiven als → Kipprost ausgebildet.

Rückstellvorrichtung: seitenverschiebbare Laufradsätze müssen mit einer R. ausgerüstet werden, damit sie die Lokomotive im Gleis führen können und nicht schlingern. Die älteste Form der R. ist die Keilrückstellung, die ohne Federn arbeitete und nur unbefriedigende Ergebnisse brachte. Sehr bald ging man dazu über, die R. mit Blatt- oder Schraubenfedern auszustatten, die den Radsatz in die Mittellage zurückdrücken.

Rußbläser: Vorrichtung zum Reinigen der Feuerbüchsrohrwand und der Rauch-, Heiz- und Überhitzerrohre von Ruß und Flugasche durch einen Dampfstrahl. Der R. ist je nach Bauart in die Stehkesselrückwand oberhalb der Feuertüre oder in die Seitenwände des → Stehkessels eingebaut. Bekannte Bauarten: Gärtner, IfS/DR, VES-M.

Sandstreuer: Einrichtung zum Streuen von feinkörnigem Sand auf den Schienenkopf, um die Haftreibung zwischen Kuppelrad und Schiene zu vergrößern. Der Sandvorrat wird üblicherweise in ein oder zwei Vorratsbehältern (Sandkästen) auf dem Langkes-

Sandstreueinrichtung: deutlich sichtbar sind die vom Sandkasten ausgehenden Fallrohre (23 1113)

FOTOS: SCHULZ (3), ENDERLEIN

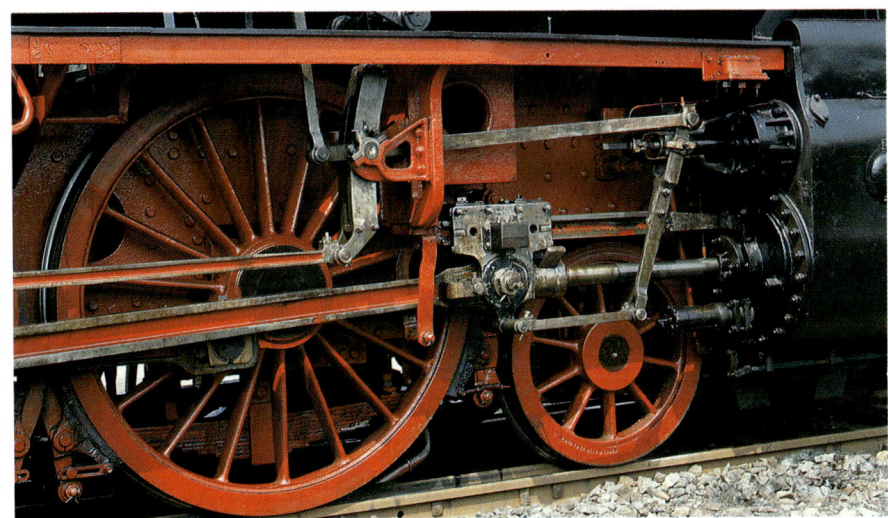

Schieberschubstange in waagerechter Stellung, zugleich Mittelstellung der Heusinger-Steuerung

selscheitel mitgeführt und hat beidseits Fallrohre, die unmittelbar vor die zu sandenden Räder führen. Es werden möglichst alle gekuppelten Räder in der Hauptfahrrichtung gesandet; bei Tenderlokomotiven können die Räder auch bei Rückwärtsfahrt gesandet werden. Ältere Lokomotiven besaßen handbetätigte S., mit Einführung der Druckluftbremse sind Druckluft-S. üblich geworden. Einige Neu- und Umbaulokomotiven beider deutscher Bahnen besaßen statt eines zentralen Sandkastens mehrere Einzelbehälter zwischen Kessel und → Laufblech.

Saugluftbremse: → Bremsbauart, bei der die Bremskraft durch den Druckunterschied in einem Zweikammer-Bremszylinder erzeugt wird. Der Unterdruck wird durch einen Dampfstrahlsauger oder eine Vakuumpumpe erzielt. Da nicht mehr als 0,65 bar erzielt werden können, müssen die Bremszylinder den 2,5fachen Durchmesser eines Druckluftbremszylinders besitzen. Die S. ist nur für geringe Fahrgeschwindigkeiten und kurze Züge geeignet. Bei der DR war die S. bei vielen Schmalspurbahnen zu finden (Bauarten Hardy, Körting); sie ist jedoch nach und nach durch die Druckluftbremse ersetzt worden.

Schadgruppe: von der Eisenbahn-Bau- und -Betriebsordnung (EBO) vorgeschriebene Fristuntersuchungen an Fahrzeugen. Man unterscheidet die Bedarfsausbesserung, Betriebsausbesserung, Zwischenausbesserung, Zwischenuntersuchung und Hauptuntersuchung. Für die beiden letzten Sch. sind gesetzliche Fristen vorgeschrieben, alle anderen Sch. richten sich nach Zustand und Laufleistung der Lokomotive. In der Dienstvorschrift (DV) 946 ist für Dampflokomotiven festgelegt, welche Arbeiten bei den einzelnen Sch. ausgeführt werden müssen.

Schädlicher Raum: Raum, der im → Dampfzylinder zwischen der Endstellung des Kolbens und dem Zylinderdeckel verbleibt. Sein Volumen wird in Prozent des gesamten Zylinderhubraumes angegeben. Zum sch. R. zählt auch der Dampfzufuhr-kanal der betreffenden Zylinderseite. Er wirkt sich ungünstig auf den Dampfverbrauch der Lokomotive aus, da er erst mit Frischdampf gefüllt werden muß, ehe der Dampf auf den Kolben wirkt; außerdem werden durch den sch. R. die Abkühlflächen vergrößert. Im sch. Raum werden aber auch die hin- und hergehenden Massekräfte von Kolben und Kolbenstange durch das verbliebene Dampfpolster abgefangen.

Schieberkasten: Der Sch. ist an den → Dampfzylinder angegossen oder angeschraubt, besitzt zwei Anschlußstutzen (für Ein- und → Ausströmrohr) und nimmt den Schieber (→ Flach- oder → Kolbenschieber) auf, der die Dampfverteilung im Zylinder regelt.

Schieberschubstange: Teil der äußeren Steuerung. Die Sch. verbindet den Aufwerfhebel über → Hängeeisen oder → Kuhnsche Schleife mit dem → Voreilhebel. Sie wird von der Schwingenstange über die Schwinge angetrieben. Eine Veränderung der Stellung des Aufwerfhebels bewirkt eine Änderung der Lage der Schieberschubstange. Bei waagerecht stehender Sch. liegt die Steuerung auf Mitte, nach unten zeigende Sch. bedeutet Vorwärts-, nach oben zeigende Rückwärtsfahrt.

Schiebersteuerung: nach Form und Gestaltung der Steuerorgane für die Ein- und Ausströmung des Dampfes im Zylinder unterscheidet man zwischen Sch. (→ Flachschieber oder → Kolbenschieber) und → Ventilsteuerung (Steuerung durch Ein- und Auslaßventile).

Schlepptender: nimmt die Vorräte an Wasser und Brennstoff auf und ist auf der Führerhausseite mit der Lokomotive gekuppelt. Die Größe des Sch. richtet sich nach der Menge der mitzuführenden Vorräte, die von der Länge der zu befahrenden Strecke bestimmt werden. Schnellzuglokomotiven haben im allgemeinen größere Sch. als Güterzuglokomotiven. Der Sch. hat sich bei deutschen Bahnen vom zweiachsigen über den dreiachsigen bis zum vier- und fünfachsigen Tender (bei → Einheitslokomotiven) entwickelt. Große Tender fassen 34-38 m³ Wasser und 10 t Kohle. Anstelle der Stückkohle können auch Heizöl oder Kohlenstaub als Brennstoff mitgeführt werden. Sonderform: Tender mit Kondensationseinrichtung des Abdampfes. Der Sch. hat überdies die Aufgabe, durch straffe Kupplung mit der Lokomotive durch seine Eigenmasse die Zuck- und Schlingerbewegungen der Lokomotive zu dämpfen.

Schlingerstück: der Lokomotivkessel ist nur vorn mit dem Rahmen am Rauchkammerträger fest verbunden, nach hinten kann er der Wärmedehnung folgen. Die hintere Auflage ist der Stehkesselträger. Klammern verhindern, daß der Kessel vom Rahmen abhebt. Das auf den → Kuppelkasten aufgesetzte Sch. verhindert seitliche Bewegungen des Kessels, läßt aber Längsbewegungen durch Wärmedehnung zu.

Schmelzpfropfen: um die → Feuerbüchse, die ständig vom Wasser umspült sein muß, vor dem Ausglühen zu schützen, werden in die Feuerbüchsdecke feuerseitig ein oder zwei Schmelzpfropfen eingeschraubt.

Im Schlepptender werden die Brennstoff- und Wasservorräte für die Lokomotive mitgeführt

Speisepumpen sorgen für die Förderung des Wassers vom Tender in den Lokomotivkessel

Diese bestehen aus Rotguß und besitzen eine mit Blei ausgegossene Bohrung. Wenn die Kühlung durch zu niedrigen Wasserstand nicht mehr ausreicht, schmilzt das Blei, das in die Feuerbüchse eindringende Wasser dämpft das Feuer und gibt dem Personal ein Zeichen, das Feuer vom → Rost zu entfernen.

Schwartzkopff-Eckhardt-Drehgestell: dreiachsiges Drehgestell, das bei Lokomotiven der BR 84 verwendet worden ist, um engere Radien, als auf Regelspurstrecken üblich, befahren zu können. Der → Laufradsatz ist mit dem 2. bzw. 4. Kuppelradsatz durch eine lange Deichsel verbunden, dieser wiederum mit dem 1. bzw. 5. Kuppelradsatz durch einen Drehhebel (→ Beugniot-Hebel). Dieser hat einen Drehzapfen am Rahmen. Der Drehzapfen der Deichsel liegt kurz vor dem 1. bzw. 5. Kuppelradsatz. Auf ihn wirkt eine → Rückstellvorrichtung, eine weitere liegt dicht hinter dem Laufradsatz.

Speisedom: Lokomotiven mit → Speisewasserreiniger besitzen als Kesselaufbau einen Sp., in den links das Kesselspeiseventil der → Dampfstrahlpumpe, rechts das der Vorwärmerpumpe mündet. Durch die Vorwärmerleitung tritt das Wasser in dünnen Strahlen aus, durch die von der Strahlpumpe kommende Leitung in einer Art Froschmaul. Der Sp. hat oben einen Mann-

lochdeckel, um die Teile, an denen sich der Kesselstein zuerst absetzt, zur Reinigung ausbauen zu können.

Speisepumpe: sofern die Lokomotive nicht mit zwei Strahlpumpen ausgerüstet ist, besitzt sie als zweite Speiseeinrichtung einen Speisewasservorwärmer mit einer Kolbenspeisepumpe. Diese saugt das Wasser aus dem Tender an, drückt es durch den → Vorwärmer und über das Kesselspeiseventil in den Kessel. Die Sp. ist eine doppeltwirkende Dampfmaschine, bei neueren Bauarten eine Verbundmaschine. Der Wasserteil ist meist als doppeltwirkende Pumpe ausgeführt, d.h. der Kolben fördert bei Auf- und Abwärtsbewegung. Bekannte Bauarten: Knorr, Nielebock-Knorr, Knorr-Tolkien, KP 4-250.

Speisewasserreiniger: Kesselspeisewasser enthält je nach geografischer Lage verschieden große Mengen an Verunreinigungen, die beim Erwärmen des Wassers als Schlamm ausgefällt werden und an den → Heizflächen als Kesselstein festbrennen können. Der in den → Speisedom eingebaute Sp. soll das verhindern und den Schlamm an einer Stelle am Kesselbauch sammeln, wo er über ein Abschlammventil entfernt werden kann. Die gebräuchlichste Form ist der Winkelrost-Schlammabscheider.

Spurkranzschmierung: die → Radreifen des vorderen Laufrad- und des 1. Kuppelradsatzes unterliegen besonders hohem Verschleiß, weil sie im Gleisbogen an der Außenschiene anlaufen. Die Sp. hat den Zweck, den Verschleiß zu mindern. Bei der Sp. Bauart Heyder wird per Druckluft Fett auf die Spurkränze gespritzt, das auf Grund seiner Konsistenz an der Innenseite des Schienenkopfes und den Spurkränzen haftet. Der Schmiervorgang wird durch die Seitenbewegung der Radsätze gegenüber dem Hauptrahmen selbsttätig ausgelöst.

Stahlfeuerbüchse: ursprünglich bestanden die → Feuerbüchsen der Lokomotiven wegen der Zähigkeit und der guten Wärmeleitfähigkeit des Materials aus Kupfer. Rohstoffmangel zwang schon im Ersten Weltkrieg, Feuerbüchsen aus Flußeisen zu verwenden. Mit der Entwicklung des I Z II-Stahls durch die Fr. Krupp AG stand ein Material zur Verfügung, das Wärmespannungen in ausreichendem Maße aufnehmen konnte. Die sechsmal schlechtere Wärmeleitfähigkeit von Stahl wird durch die dünneren Wandungen der St. (10 bis 11 mm, Cu = 16 mm) nahezu ausgeglichen.

Stehbolzen: Verbindung zwischen → Stehkessel und → Feuerbüchse mit dem Zweck, Ausbeulungen des Stehkessels und Eindrücken der Feuerbüchse zu vermeiden. Zahl und Abstand der St. wird von Kesselgröße und -druck bestimmt; der Abstand beträgt zwischen 80 und 90 mm, die Zahl bei großen Kesseln ca. 1500. Die St. sind aus hohlgezogenem Material (bei → Stahlfeuerbüchsen aus Stahl) und werden an der Feuerbüchsinnenwand und der Stehkesselaußenwand verschweißt. Durch die Kontrollbohrung kann bei gerissenem St. Wasser in die Feuerbüchse dringen und auf den Schaden aufmerksam machen. An der Stehkesselaußenwand ist die Bohrung verschlossen.

Stehkessel: bildet zusammen mit der → Feuerbüchse den → Hinterkessel. Decke und Seitenwände des St. bestehen aus einem Stück, dem Stehkesselmantel, wobei die Decke meist halbrund entsprechend der Rundung des Langkessels gebogen ist (→ Crampton-Kessel). Mit der Rückwand, deren Ränder nach vorn gekümpelt sind, ist der St.-Mantel doppelt vernietet oder verschweißt. Die Vorderwand ist im unteren Teil nach hinten

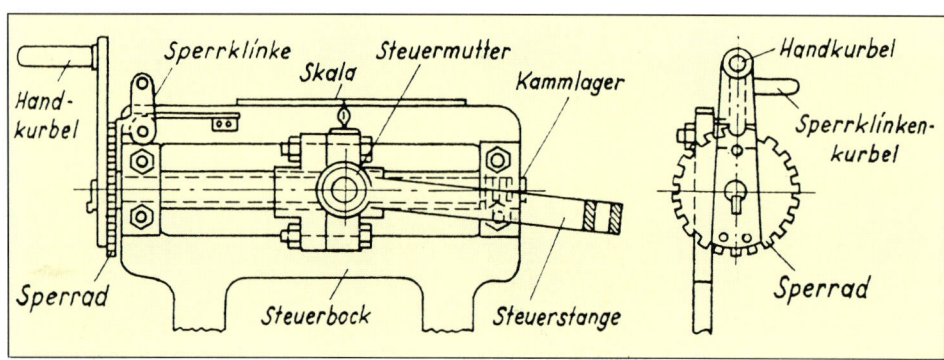

Der Steuerbock einer Dampflokomotive preußischer Bauart im Überblick und auf der 94 1292, einer ehemaligen preußischen T 16¹

FOTOS: SCHULZ, HÖGEMANN, HEILMANN

gekümpelt, der Hals jedoch ist nach vorn gekümpelt, um einen guten Übergang zum Langkessel zu erreichen. Wegen ihrer Form trägt sie die Bezeichnung Stiefelknechtplatte. Der Stehkessel kann zwischen den Rahmenwangen eingezogen sein (schmale Feuerbüchse) oder auf dem Rahmen sitzen (breite Feuerbüchse).

Steuerbock: Umsteuerung und die Einstellung der Füllung der Zylinder erfolgen vom Führerhaus aus über Handrad und Steuermutter. Die Steuerspindel ist im St. gelagert, der bei älteren Lokomotiven und → Einheitslokomotiven am → Stehkessel befestigt ist. Bei Neubau- und → Rekolokomotiven ist der St. am Rahmen befestigt, wo er von der Wärmedehnung des Kessels nicht beeinflußt wird.

Steuerwelle: zur Übertragung der Stellung der Steuermutter dient die Steuerstange, die am Langkessel entlang geführt und mit dem Steuerstangenhebel verbunden ist. Steuerstangenhebel und Aufwerfhebel sind auf der drehbar gelagerten St. fest aufgekeilt. Die auf dem Rahmen gelagerte St. überträgt die Bewegungen der Steuerstange auf die linke Lokomotivseite.

Stoker-Feuerung: mechanische Rostbeschickungsanlage. Beim St. (engl. = Heizer) wird vom Tender über eine drehzahlregelbare und gelenkige Förderschnecke die Kohle zum Feuerloch transportiert und mit Dampfstrahlen auf den → Rost geblasen. Die St. stammt aus den USA, ist aber auch in Kanada, in der Sowjetunion, in Frankreich und bei den CSD zur Befreiung des Heizers von körperlicher Arbeit eingesetzt worden. Bei deutschen Bahnen hatten einige DB-Maschinen der BR 44 und 45 versuchsweise St., bei der DR die Neubaulok 25 001.

Stopfbuchse: da die Kolbenstange durch den Zylinderdeckel hindurchgeführt wird, muß die Bohrung im Zylinderdeckel gegen den Schieberkastendruck abgedichtet werden. Die St. besteht aus zwei längsgeteilten Halbschalen, die dampfdicht aufeinander eingeschliffen sind und drei Kammern besitzen. Schrauben und Paßstifte halten die Schalen zusammen. In jeder der drei Kammern befinden sich zwei Dichtringe, die durch Schlauchfedern aus rostfreiem Stahl zusammengehalten werden. Die Dichtringe bestehen aus Gußeisen.

Stoßpuffer: zur festen Verbindung zwischen Lokomotive und Tender muß das → Hauptkuppeleisen immer unter Spannung stehen. Das bewirken zwei prismatisch ausgeformte St., die von der Stoßfeder gegen die St.-Platten am → Kuppelkasten der Lokomotive gedrückt werden. Die Vorspannung der Stoßfeder beträgt bei Einheits- und Neubaulokomotiven 13 oder 21 Mp.

Strahlungsheizfläche: → Heizfläche der → Feuerbüchse. Gegenüber der Rohrheizfläche ist sie der hochwertigere Teil der Verdampfungsheizfläche und bestimmt die spezifische → Heizflächenbelastung und damit die Dampfleistung des Kessels. Bei Neubau- und → Rekolokomotiven ist die St.

Treibradsatz: Bei der 50 622 wirken die Treibstangen auf den dritten Radsatz, von dem aus dann alle anderen Radsätze über Kuppelstangen angetrieben werden

durch eine in den Langkessel hineingebaute Verbrennungskammer vergrößert worden, wodurch die Kessel höher belastbar und leistungsfähiger als die Einheitslokkessel waren.

Stromlinienverkleidung: Blechverkleidung zur Verminderung der Luftwiderstandskraft bei hohen Fahrgeschwindigkeiten. Die günstigste Form der St. ist von der DRG im Windkanal ermittelt und zuerst bei den Lokomotiven 05 001/002 und 03 193 erprobt worden. Die errechneten 60 % → Zugkraft-Gewinn am → Zughaken bei 160 km/h gegenüber unverkleideten Lokomotiven sind in der Praxis bestätigt worden. Weitere DRG-BR mit St. waren die 01[10], 03[10], 06 und 61.

T

Tenderbrücke: der Zwischenraum zwischen Lokomotive und Tender wird durch die T. aus Riffelblech abgedeckt, die an der Lokomotive befestigt ist und dem Heizer einen sicheren Stand ermöglicht, da sie die Bewegungen der Lokomotive, nicht die des Tenders mitmacht. Lokomotiven der BR 42 und 52 haben keine T.

Tender: siehe → Schlepptender.

Tragfedern: über die T. stützt sich der Rahmen auf die Radsatzlager ab. Bei Dampflokomotiven werden als T. üblicherweise Blattfedern verwendet, deren Länge von unten nach oben

zunimmt (Keilform). Blattfedern zehren die Stoßkräfte durch die Reibung zwischen den Federblättern rasch auf und haben im Gegensatz zu Wickel- oder Ringfedern eine hohe Dämpfung.

Treibradsatz: von der oder den Treibstangen angetriebener Radsatz. Zwillingslokomotiven haben nur einen T., Mehrzylinderlokomotiven können einen oder zwei T. haben (Einachs- oder Zweiachsantrieb). Der T. trägt den Treibzapfen, der nicht nur die Treibstange, sondern auch die → Kuppelstangen aufnimmt und deshalb stärker als der → ausgebildet ist.

Trofimoff-Schieber: federloser Druckausgleich-→ Kolbenschieber für Heißdampflokomotiven, der vom sowjetischen Ingenieur Trofimoff entwickelt und in alle Dampflokomotiven der SZD eingebaut worden ist. Der T. gilt als Schieber mit den besten Leerlaufeigenschaft. Bei geschlossenem → Regler (Leerlauf) bleiben die

Die Tragfedern, hier unten im Bild durch die Radspeichen zu sehen, dienen zur Abstützung des Rahmens gegenüber den Radsatzlagern

Vorwärmer: aufgeschnittener Oberflächenvorwärmer. Durch das Rohrbündel fließt das Kesselspeisewasser; seine Strömungsrichtung ist der des Wärme abgebenden Dampfes entgegengesetzt

Schieberkörper infolge der Schieberringspannung in Zylindermitte stehen, nur die Schieberstange läuft, von der äußeren Steuerung angetrieben, hindurch. Bei der DR sind viele Neubau- und ➜ Rekolokomotiven mit T. ausgerüstet worden.

Turbinenlokomotive: Sonderbauform der Dampflokomotive, bei der anstelle einer Kolbendampfmaschine eine Dampfturbine den Antrieb übernimmt. Die T. ist eine der Bemühungen, die Wärmewirtschaft der Dampflokomotive zu verbessern und den Dampf bis zum atmosphärischen Druck auszunutzen. Die DRG hat zwei T. entwickeln lassen, 1923 die T18 1001 von Krupp, 1925 die T18 1002 von Maffei. Beide Maschinen arbeiteten nach dem gleichen Prinzip, wobei eine Dampfturbine über Vorgelege, Blindwelle und ➜ Kuppelstangen die drei gekuppelten Radsätze (➜ Achsfolge 2'C 1') antrieb. Beide Lokomotiven waren mit Kondensationseinrichtung und Kühltender ausgerüstet und mehr als 15 Jahre im Betriebseinsatz. Wirkungsgrad und Dampfersparnis waren bei voller Auslastung wesentlich besser als bei Kolbendampfmaschinen.

U Überhitzer: überhitzter Dampf hat einen wesentlich höheren Energiegehalt als Naßdampf, so daß die Heißdampflokomotive nicht nur leistungsfähiger ist, sondern auch wesentlich sparsamer im Verbrauch von Wasser und Brennstoff. Bei deutschen Bahnen hat sich der ➜ Rauchrohr-Überhitzer Bauart Schmidt durchgesetzt, mit dem eine Überhitzung des Dampfes auf 350-400 °C erreicht wird. Da eine Überhitzung des Dampfes erst möglich ist, wenn er von der Wasseroberfläche getrennt ist, wird der vom Dampfraum des Kessels kommende Dampf über die Naßdampfkammer des Dampfsammelkastens in Überhitzerschlangen geleitet, die in den ➜ Rauchrohren übergebracht sind. Über den Heißdampfsammelkasten gelangt er zur ➜ Einströmung.

V Ventilregler: ältere Naßdampflokomotiven mit geringem Kesseldruck kamen mit dem Schieberregler aus. Bei höheren Dampfdrücken ist nur noch der Ventilregler zu verwenden. Mit dem ➜ Regler wird die Dampfmenge dosiert, die dem Kessel entnommen und der Dampfmaschine zugeführt wird. Da auf dem Reglerventil der volle Kesseldruck lastet, wäre es von Hand nicht zu öffnen. Deshalb wird zunächst über ein Hilfsventil zur Entlastung des Hauptventils Dampf in das Reglerohr gelassen. Der Naßdampfregler ist im Dampfdom (Reglerdom) untergebracht, der ➜ Heißdampfregler nach dem ➜ Überhitzer in der Rauchkammer.

Ventilsteuerung: die Dampfverteilung im Zylinder kann durch eine ➜ Schiebersteuerung (➜ Flach- oder ➜ Kolbenschieber) oder durch eine V. erfolgen. Die V. macht als Vorteile kürzere Ein- und Ausströmzeiten geltend und hat gegenüber den nur allmählich öffnenden und schließenden Schiebern kaum Drosselverluste. Von Nachteil sind der hohe Wartungs- und Instandhaltungsaufwand. Bekannteste Bauarten: Lentz, Caprotti.

Verbund-Mischpumpe: die bei der DR entwickelte V. VMP 15-20 ist eine Speisewasser-Kolbenpumpe für Lokomotiven mit ➜ Mischvorwärmeranlage, die 15 m³ Wasser pro Stunde gegen 20 bar Kesseldruck fördern kann. Hochdruck- und Niederdruck-➜ Dampfzylinder liegen nebeneinander. Die Pumpe hat ein Kaltwasserteil, das das Wasser aus dem Tender ansaugt und in den Mischkasten drückt. Aus dem Mischkasten fließt das Wasser drucklos dem Heißwasserteil zu, von dem es über das Kesselspeiseventil in den Kessel gedrückt wird.

Voreilhebel: Teil der äußeren Steuerung Bauart Heusinger, die unten über die Lenkerstange mit dem ➜ Kreuzkopf und oben in einer Gabel über den Schieberkreuzkopf mit der Schieberstange verbunden ist. Durch den V. wird der Schieber bewegt.

Vorwärmer: Einrichtung zum Vorwärmen des Kesselspeisewassers, die die Wärmebilanz der Lokomotive verbessert. Der V. kann mit Abdampf oder Rauchgas betrieben werden. Der Abdampf von Pumpen, ➜ Lichtmaschine und Zylindern (nur teilweise) umspült im Oberflächen-V. ein Rohrbündel, das vom Kesselspeisewasser durchflossen ist oder wird im wassergefüllten Mischkasten des Misch-V. kondensiert. Die bekannteste Form des Rauchgas-V. ist die Bauart Franco-Crosti, bei der die Rauchgase des Kessels in der ➜ Rauchkammer um 180° umgelenkt werden, den oder die Vorwärmertrommeln durchstreichen und durch einen flachen, an den Langkessel angelehnten Schornstein entweichen. Die DB hatte Maschinen der BR 42^{90} und 50^{40} mit Rauchgas-V. ausgerüstet.

W Wasserkammer: in die ➜ Feuerbüchse eingebaute Rohre, die mit der Feuerbüchsdecke und dem unteren Teil der ➜ Rohrwand verbunden sind. Auch als Feuerbüchssieder bezeichnet. Zweck der W. ist weniger, die Verdampfungsleistung zu erhöhen, als den Wasserumlauf zu beschleunigen. Die DRG hatte die 44 011/012 und 04 001/002 mit W. ausgerüstet, die aber bereits nach kurzer Erprobung wegen Undichtigkeiten wieder ausgebaut werden mußten. Die W. stammt aus dem amerikanischen Lokomotivbau, ist u.a. auch bei den CSD verwendet worden.

Die Verbund-Mischpumpe fördert in der ersten Stufe Kaltwasser vom Tender zum Mischvorwärmer und in der zweiten Stufe Heißwasser vom Vorwärmer in den Kessel

FOTOS: SYDOW, SCHULZ, REICHERT

Wasserstandsanzeiger: Das Wasserstandsglas wird durch ein weiteres Glas geschützt

Wasserkasten: Vorratsbehälter für das Kesselspeisewasser mit verschließbaren Einlaßöffnungen. Beim → Schlepptender ist der W. das Hauptbauteil. Tenderlokomotiven führen das Wasser meist in zwei seitlichen W. am Langkessel und im W. unterhalb des → Kohlekastens an der Führerhausrückwand mit. Der W. kann bei Tenderlokomotiven auch unterhalb des Langkessels auf dem Rahmen oder als Rahmenwasserkasten zwischen den Rahmenwangen angeordnet sein. Alle W. der Tenderlokomotive sind untereinander durch Rohre verbunden.

Wasserstandsanzeiger: nach der Eisenbahn-Bau- und -Betriebsordnung muß der Lokomotivkessel mit mindestens zwei unabhängig voneinander funktionierenden Wasserstandsanzeigern ausgerüstet sein, wobei einer ein Wasserstandsglas sein muß. Bei Wasserstandsglas muß der Wasserspiegel erkennbar sein. Der niedrigste Wasserstand wird durch eine Marke gekennzeichnet, die 100 mm über dem höchsten Punkt der Feuerbüchsdecke liegt. An die Stelle des zweiten Wasserstandsglases können auch drei Prüfhähne treten, wobei aus dem oberen immer Dampf, aus dem mittleren ein Gemisch von Dampf und Wasser und aus dem unteren nur Wasser treten soll.

Windleitbleche: seitlich an der → Rauchkammer angebrachte Bleche, die die aus dem Schornstein austretenden Rauchgase und den Abdampf so leiten sollen, daß die Führerhausstirnfenster frei bleiben und das Führerhaus nicht verqualmt wird. W. sind vor allem bei schnellfahrenden Reise- und Güterzuglokomotiven angebracht worden. Tenderlokomotiven trugen nur in Ausnahmefällen W. Die ersten → Einheitslokomotiven der BR 01, 02 und 62 besaßen die kleineren, auf Umlauf und Schrägblech aufgesetzten W. der Bauart Grunewald, die später durch die großen Wagner-Bleche (nach R. P. Wagner, Bauartdezernent der DRG) ersetzt wurden. Mit der Kriegslokomotive BR 52 sind die materialsparenden Witte-Bleche (nach Friedrich Witte) in Gebrauch gekommen, die

die gleiche Wirkung haben und auch bei DB und DR Verwendung fanden.

Winterthur-Druckausgleicher: einfachste Form des → Druckausgleichers, bei dem die beiden Zylinderräume durch ein Rohr verbunden sind, das in der Mitte durch ein einfaches, federloses Tellerventil unterbrochen ist. Im Leerlauf fällt der Teller durch die Schwerkraft nach unten, bei Fahrt unter Dampf wird das Ventil durch den Dampfdruck geschlossen. Mit dem W., entwickelt von der Schweizer Lokomotivfabrik Winterthur, waren die Lokomotiven der BR 39, 42 und 52 ausgerüstet.

Wurfhebelbremse: Handbremse für Tenderlokomotiven und → Schlepptender, auch als Extersche W. bezeichnet. Die W. arbeitet als Kniehebelbremse und erzielt in kurzer Zeit die volle Bremswirkung. Die Bedienung erfolgt durch Umlegen eines Hebelarmes mit einem Gewicht.

Z Zahnradlokomotive: Sonderbauform der Lokomotive für Steigungsstrecken, auf denen die Haftreibung zwischen Rad und Schiene nicht mehr ausreicht. Auf Hauptbahnen waren 30 ‰, auf Nebenbahnen 70 ‰ im Reibungsbetrieb zulässig. Bei Z. für gemischten Reibungs- und Zahnradbetrieb ist in der Steigungsstrecke eine Zahnstange fest zwischen den Schienen verlegt, in die ein oder zwei von der Dampfmaschine angetriebene Zahnräder bei Berg- und Talfahrt eingreifen. In der Ebene oder auf weniger starken Steigungen fährt die Z. ausschließlich im Reibungsbetrieb. Für Steigungen über 150 ‰ ist reiner Zahnradbetrieb vorgeschrieben.

Zentralschmierung: versorgt von einer zentralen Stelle aus mehrere Schmierstellen gleichzeitig mit Öl. Von der Z. werden alle unter Dampf gehenden Teile mit Öl ver-

Windleitblech: Ungewöhnliche Form bei der Reichsbahn-Rekolokomotive Baureihe 01[5]

sorgt, also Kolben, Schieber, Kolbenstangen und Schieberstangen. Der Öler (→ Bosch-Öler) ist im Führerhaus auf der Heizerseite untergebracht und wird mechanisch vom letzten Kuppelradsatz angetrieben. Die Dampf- und Luftzylinder der Pumpen sowie deren Kolbenstangen besitzen eigene Schmierpumpen.

Zughaken: Teil der Zugvorrichtung, die aus Z., Zughakenführung, Zughakenfedern und der Kupplung (bei Regelspur Schraubenkupplung) besteht. Bei Einheits- und Neubaulokomotiven ist die Z.-Führung so ausgebildet, daß der Z. auch seitliche Bewegungen ausführen kann. Der Z. ist mit dem Zugbaken an einer Rahmenquerverbindung befestigt und durch vorgespannte Kegelfedern abgefedert.

Zugkraft: vom Antriebssystem der Lokomotive entwickelte Kraft zur Herstellung und Erhaltung des Bewegungszustandes, die mit zunehmender Fahrgeschwindigkeit abnimmt. Man unterscheidet zwischen drei verschiedenen Zugkräften. 1. Der Z. Z_r aus der → Reibungsmasse, 2. der Z. Z_i aus der Zylinderleistung und 3. die Z. $Z_{i'}$ aus der Kesselleistung.

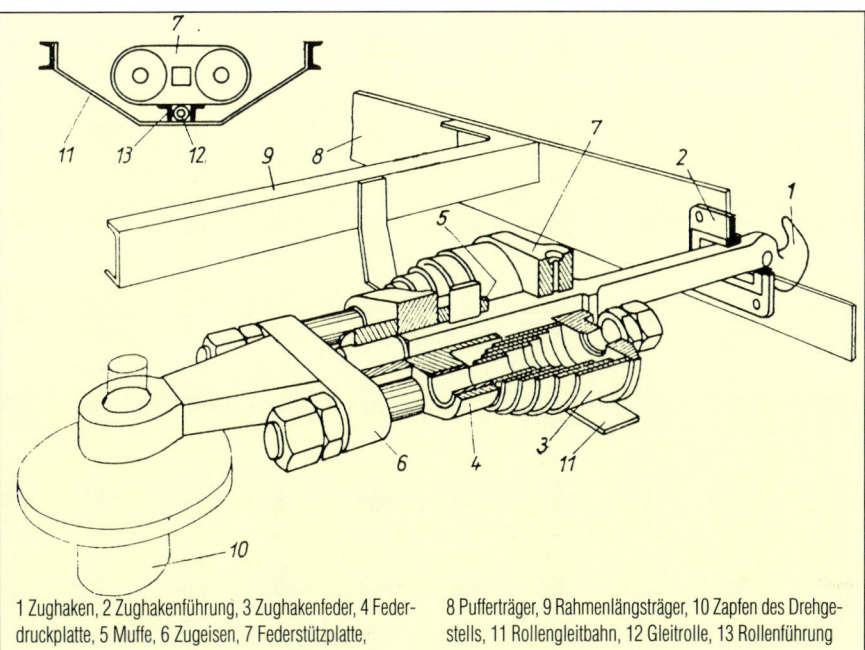

1 Zughaken, 2 Zughakenführung, 3 Zughakenfeder, 4 Federdruckplatte, 5 Muffe, 6 Zugeisen, 7 Federstützplatte, 8 Pufferträger, 9 Rahmenlängsträger, 10 Zapfen des Drehgestells, 11 Rollengleitbahn, 12 Gleitrolle, 13 Rollenführung

Lagerung des Zughakens im Schlepptender mit Drehgestellen

REDAKTION: MANFRED WEISBROD, FOTOS: SCHULZ (2)